普通高等教育“十一五”国家级规划教材

高等数学

GAODENG SHUXUE

第五版 下册

金　路　童裕孙　於崇华　张万国　编

高等教育出版社·北京

内容提要

本书是在第四版的基础上修改而成的。作者根据大量的教学信息反馈和更加深刻的教学体会，对原书作了适当修改，并增删了部分内容，其目的是使本书更适用于大学数学基础课的实际教学过程，符合实际需要，并且使教学内容更易于学生理解和接受。同时，还通过二维码附加了部分拓展性的数字资源，以满足学生个性化的学习需求。本书的主要特色是以现代数学的观点审视经典的内容，科学组织并简洁处理相对成熟的素材，对分析、代数、几何等方面作了统一的综合处理，揭示数学的本质、联系和发展规律；注重数学概念的实际背景和几何直观的引入，强调数学建模的思想和方法；在适度运用严格数学语言的同时，注意论述方式的自然朴素，以便读者易于理解；配有丰富的图示、多样的例题和习题，便于学生理解和训练。

全书分上、下两册。上册包括一元微积分、线性代数、空间解析几何；下册包括多元微积分、级数、常微分方程、概率论与数理统计。

本书可作为高等学校理工科非数学类专业的教材，也可供经济、管理等有关专业使用，其中微积分部分（包括打 * 号内容）也可作为工科、经管类数学分析课程的教材使用，并可作为上述各专业的教学参考书。

图书在版编目（CIP）数据

高等数学．下册/金路等编．--5版．--北京：高等教育出版社，2020.6（2023.4重印）

ISBN 978-7-04-053649-2

Ⅰ．①高… Ⅱ．①金… Ⅲ．①高等数学-高等学校-教材 Ⅳ．①O13

中国版本图书馆 CIP 数据核字（2020）第 025030 号

高等数学

Gaodeng Shuxue

策划编辑 张彦云 责任编辑 张晓丽 封面设计 王 洋 版式设计 马 云
插图绘制 于 博 责任校对 胡美萍 责任印制 刘思涵

出版发行 高等教育出版社
社 址 北京市西城区德外大街4号
邮政编码 100120
印 刷 佳兴达印刷（天津）有限公司
开 本 787mm×1092mm 1/16
印 张 32.75
字 数 780千字
购书热线 010-58581118
咨询电话 400-810-0598

网 址 http://www.hep.edu.cn
http://www.hep.com.cn
网上订购 http://www.hepmall.com.cn
http://www.hepmall.com
http://www.hepmall.cn
版 次 2001年12月第1版
2020年6月第5版
印 次 2023年4月第3次印刷
定 价 64.00元

本书如有缺页、倒页、脱页等质量问题，请到所购图书销售部门联系调换

物 料 号 53649-00

目录

第三篇 多元函数微积分

第八章　多元函数积分学　97

第九章　级数　184

第四篇　常微分方程

第五篇　概率论与数理统计

第三篇　多元函数微积分

在丰富多彩的现实世界中，各类客观事物的发展过程一般都受到众多因素的制约．其中，有些因素的作用是独立的，更多的因素却相互关联，相互影响，彼此交织地作用着，远比单一因素的效应复杂．为了定量地刻画由多个因素决定的客观对象的变化规律，经常需要作多元分析，多元函数微积分就是多元分析的重要基础．

多元微积分的研究产生于18世纪初期．在早期并没有导数与偏导数的区别，而物理学的研究要求在多个自变量中考虑只有某一个自变量变化的导数，才使偏导数有了坚实的背景和意义．多元微分学的发展动力来源于早期的偏微分方程研究和物理学的需要，经过法国数学家Fontaine(方丹)，Clairaut(克莱罗)，d'Alembert(达朗贝尔)和瑞士数学家Euler(欧拉)等欧洲数学家的工作，逐步形成了完整的理论．

重积分的思想是Newton(牛顿)从研究引力问题引入的．在18世纪，Euler建立了平面区域的二重积分理论，并给出了利用累次积分计算重积分的方法．法国数学家Lagrange(拉格朗日)用三重积分表示引力，并利用球坐标变换来计算三重积分，开始了重积分变量代换的研究．在19世纪上半叶，德国数学家Jacobi(雅可比)发现了重积分变量代换的Jacobi行列式，俄国数学家Остроградский(奥斯特罗格拉茨基)在研究热传导理论中建立了Gauss(高斯)公式(Gauss也发现了这个公式)，英国数学家Green(格林)在研究位势方程中发现了Green公式，之后Stokes(斯托克斯)又将其推广到三维空间，建立了Stokes公式．这三个公式揭示了重积分与曲面积分及曲线积分，以及曲面积分与曲线积分之间的联系，至此，形成了内容丰富的多元积分理论．

多元微积分理论在数学及各个科学技术领域都有着重要的应用，是不可或缺的数学工具．

在多元微积分中，有关极限、连续、导数、微分和积分的概念虽然与一元微积分中的相应概念源于同类问题的思考，并遵循类似的分析途径．但是，它们具有一系列新的特点，同时，面对多元情况下形态各异的种种研究对象，还出现了许多更为复杂的问题，需要引入更为深刻的方法和技巧，作出本质上比较一般的讨论．本篇的前两章就来建立起多元函数的微分学与积分学．

本篇还将介绍有着广泛应用的级数理论，它从离散的角度来研究函数关系．如果把数列看作自然数集上的函数，那么函数列便可视为一类特殊的多元函数．由于与之对应的函数项级数是表示函数和研究函数性质的重要工具，因而级数理论也是微积分的一个重要组成部分．

第七章
多元函数微分学

本章讨论的问题类同于一元函数微分学,主要是以极限为工具研究有关增量、变化率、极值等函数的局部性质,并由此进而分析函数的最值等某些整体性质,以及曲线和曲面的几何性质．由于多元函数定义于 n 维线性空间,而微分学的基本思想之一又是局部线性化,因而线性代数的理论和方法在多元函数微分学中起着重要的作用．

§1 多元函数的极限与连续

$\mathbf{R}^n$ 中的点集

$\mathbf{R}^n$ 中的元素也称为**点**,下面要展开讨论的 n 元函数定义于 $\mathbf{R}^n$ 的子集(也称为**点集**)上．为了讨论 n 元函数的变化性态,首先需要介绍一些 $\mathbf{R}^n$ 中的距离以及有关点集的基本概念与性质．

上一篇已经在 $\mathbf{R}^n$ 中引入范数:对 $\boldsymbol{x}=(x_1,x_2,\cdots,x_n)\in\mathbf{R}^n$,称

$$\|\boldsymbol{x}\|=\left(\sum_{i=1}^{n}x_i^2\right)^{\frac{1}{2}}$$

为 $\boldsymbol{x}$ 的**范数**．利用范数,可以自然地引入 $\mathbf{R}^n$ 中两点的距离,即,对于 $\boldsymbol{x},\boldsymbol{y}\in\mathbf{R}^n$,规定 $\boldsymbol{x}$ 与 $\boldsymbol{y}$ 的**距离**

$$d(\boldsymbol{x},\boldsymbol{y})=\|\boldsymbol{x}-\boldsymbol{y}\|.$$

我们已经知道,这样规定的距离具有以下性质:

(1) **正定性**:$d(\boldsymbol{x},\boldsymbol{y})\geqslant 0,\boldsymbol{x},\boldsymbol{y}\in\mathbf{R}^n$;且 $d(\boldsymbol{x},\boldsymbol{y})=0$ 当且仅当 $\boldsymbol{x}=\boldsymbol{y}$;

(2) **对称性**:$d(\boldsymbol{x},\boldsymbol{y})=d(\boldsymbol{y},\boldsymbol{x}),\boldsymbol{x},\boldsymbol{y}\in\mathbf{R}^n$;

(3) **三角不等式**:$d(\boldsymbol{x},\boldsymbol{z})\leqslant d(\boldsymbol{x},\boldsymbol{y})+d(\boldsymbol{y},\boldsymbol{z}),\boldsymbol{x},\boldsymbol{y},\boldsymbol{z}\in\mathbf{R}^n$.

设 $\boldsymbol{x}\in\mathbf{R}^n$,$r>0$. 记

$$O(\boldsymbol{x},r)=\{\boldsymbol{y}\mid d(\boldsymbol{y},\boldsymbol{x})<r\},$$

称它为 $\boldsymbol{x}$ 的 r **邻域**．

定义 7.1.1 设 $S\subset\mathbf{R}^n$ 为点集,$\boldsymbol{x}\in\mathbf{R}^n$. 如果存在 $r>0$,使得

$$O(\boldsymbol{x},r)\subset S,$$

则称 $\boldsymbol{x}$ 为 S 的**内点**(见图 7.1.1);如果对于任何 $r>0$,均有

$$O(\boldsymbol{x},r)\cap S\neq\varnothing,\text{ 且 }O(\boldsymbol{x},r)\cap(\mathbf{R}^n\setminus S)\neq\varnothing,$$

则称 $\boldsymbol{x}$ 为 S 的**边界点**. S 的内点全体称为 S 的**内部**,记作 $\mathring{S}$;S 的边界点全体称为 S 的**边界**,记作 ∂S.

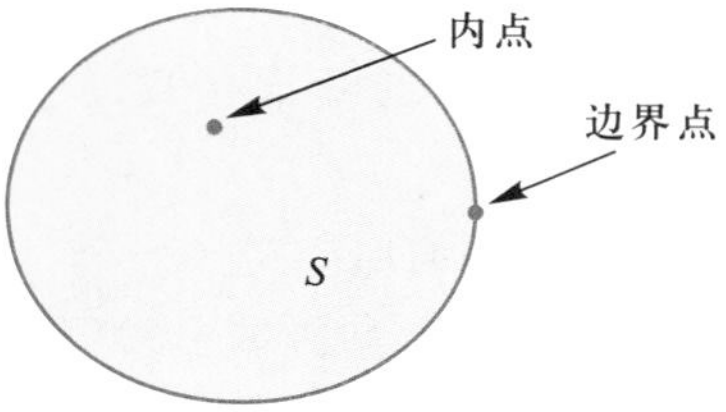

图 7.1.1

例如,对 $S=[a,b)\subset\mathbf{R}(=\mathbf{R}^1)$,满足 $a<x<b$ 的每个 x 均为 S 的内点,S 的边界点为 a 和 b,即 $\partial S=\{a,b\}$.

又如,对 $S=\{(x,y)\mid 1<x^2+y^2\leqslant 2\}$,$S$ 的内部为 $\mathring{S}=\{(x,y)\mid 1<x^2+y^2<2\}$,$S$ 的边界为 $\partial S=\{(x,y)\mid x^2+y^2=1$ 或 $x^2+y^2=2\}$.

由定义可见 $\partial S=\partial(\mathbf{R}^n\setminus S)$. 并且对于 $\boldsymbol{x}\in S$,$\boldsymbol{x}\in\mathring{S}$ 当且仅当 $\boldsymbol{x}\notin\partial S$.

定义 7.1.2 设 $S\subset\mathbf{R}^n$ 为点集. 如果 S 中的每一点均为 S 的内点,则称 S 为**开集**;如果 $\partial S\subset S$,则称 S 为**闭集**.

设 $S\subset\mathbf{R}^n$,常记 $\mathbf{R}^n\setminus S$ 为 $\complement S$ 或 S^C,称为 S 的**余集**或**补集**. 由定义可知,点集 S 为开集,当且仅当 S 不包含其任何边界点. 这又等价于 S 的边界(即其余集的边界)包含于 S 的余集中,即其余集为闭集. 这就得到一个结论:开集的余集是闭集,闭集的余集是开集.

$\mathbf{R}^n$ 中的点列

对于 $\boldsymbol{x},\boldsymbol{y}\in\mathbf{R}^n$,称集合

$$\{t\boldsymbol{x}+(1-t)\boldsymbol{y}\mid 0\leqslant t\leqslant 1\}$$

为 $\mathbf{R}^n$ 中连接 $\boldsymbol{x}$ 和 $\boldsymbol{y}$ 的**线段**. $\mathbf{R}^n$ 中首尾彼此相接的有限条线段组成 $\mathbf{R}^n$ 中的**折线**.

定义 7.1.3 设 $S\subset\mathbf{R}^n$ 为点集. 如果对 S 中任意两点 $\boldsymbol{x},\boldsymbol{y}$,都有一条完全落在 S 中的折线将 $\boldsymbol{x}$ 和 $\boldsymbol{y}$ 连接起来,则称 S 为(折线)**连通**的.

定义 7.1.4 $\mathbf{R}^n$ 中的连通开集称为**开区域**,简称为**区域**.

常把开区域连同它的边界组成的点集称为**闭区域**.

例如,若 $r>0$,则 $S=\{\boldsymbol{x}\mid\boldsymbol{x}\in\mathbf{R}^n,\|\boldsymbol{x}\|<r\}$ 是 $\mathbf{R}^n$ 中的一个开区域;$S_1=\{\boldsymbol{x}\mid\boldsymbol{x}\in\mathbf{R}^n,\|\boldsymbol{x}\|\leqslant r\}$ 是 $\mathbf{R}^n$ 中的一个闭区域.

设 S 是 $\mathbf{R}^n$ 中的一个点集,如果存在 $r>0$,使得 $S\subset O(\mathbf{0},r)$,则称 S 是 $\mathbf{R}^n$ 中的**有界点集**,也称 S 是**有界**的. 否则称 S 为**无界点集**,也称 S 是**无界**的.

例如,$\mathbf{R}^2$ 中的区域 $\{(x,y)\mid |x|+|y|<1\}$ 是有界(开)区域;矩形区域 $[a,b]\times[c,d]=\{(x,y)\mid a\leqslant x\leqslant b,c\leqslant y\leqslant d\}$ 是有界闭区域;右半平面 $\{(x,y)\mid x>0\}$ 是无界(开)区域.

多元函数

一元函数反映了在只含两个变量的变化过程中,这两个变量间的依赖关系;n 元函数反映了一个因变量关于 n 个自变量的依赖关系.

定义 7.1.5 设 D 为 $\mathbf{R}^n$ 中的一个点集. 如果按规则 f,对于 D 中每个点 $\boldsymbol{x}$,均有确定的实数 y 与之对应,则称 f 是 D 上的 n **元函数**,记作

$$f:D\to\mathbf{R},$$

$$\boldsymbol{x}\mapsto y,$$

并记 $y=f(\boldsymbol{x})$ 或 $y=f(x_1,x_2,\cdots,x_n)$，其中 $\boldsymbol{x}=(x_1,x_2,\cdots,x_n)\in\mathbf{R}^n$. 这个函数也常简记作 $f:D\to\mathbf{R}$. 称 $\boldsymbol{x}$ 为自变量，y 为因变量．称 D 为 f 的**定义域**，常记为 $D(f)$，并称

$$R(f)=\{f(\boldsymbol{x})\mid \boldsymbol{x}\in D\}$$

为函数 f 的**值域**．

如上定义的函数也常记作 $y=f(\boldsymbol{x})$，$\boldsymbol{x}\in D$，或 $y=f(x_1,x_2,\cdots,x_n)$，$\boldsymbol{x}\in D$.

例如，圆柱体的体积 V 取决于底圆半径 r 和高 h，它们间的依赖关系为

$$V=V(r,h)=\pi r^2h.$$

显然，$D(V)=\{(r,h)\mid r>0,h>0\}$，$R(V)=(0,+\infty)$.

如同一元的初等函数那样，如果在多元函数的解析表达式中未对定义域作附加说明，则其定义域应理解为一切使表达式有意义的自变量的变化范围．

二元函数 $z=f(x,y)$ 的定义域 $D(f)$ 是 Oxy 平面上的一个点集，其图像

$$G(f)=\{(x,y,z)\mid z=f(x,y),\quad (x,y)\in D(f)\}$$

是空间直角坐标系 $Oxyz$ 中的一个曲面．

例如，二元函数 $z=2\sqrt{2-x^2-\dfrac{y^2}{3}}$ 的定义域是 $\left\{(x,y)\ \middle|\ \dfrac{x^2}{2}+\dfrac{y^2}{6}\leqslant 1\right\}$，其图像见图 7.1.2；函数 $z=\sin(x^2+y^2)$ 的定义域是整个 Oxy 平面，其图像见图 7.1.3.

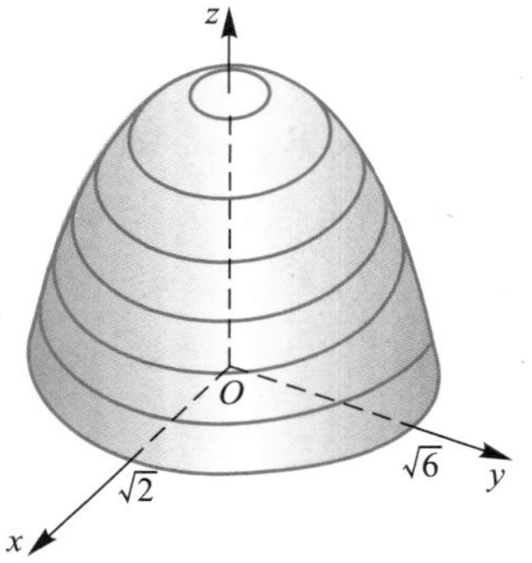

图 7.1.2

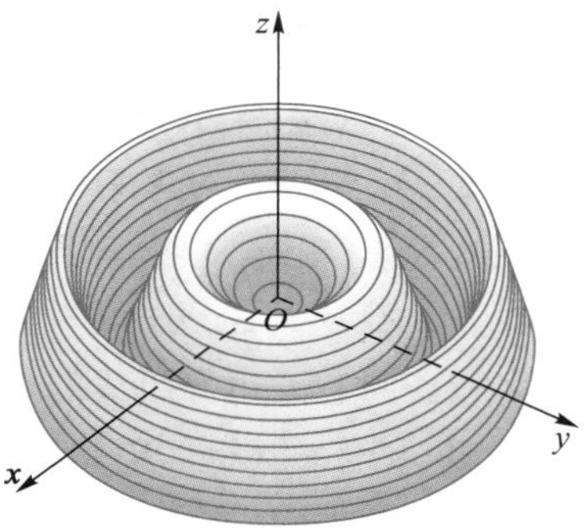

图 7.1.3

在实际应用中经常用到函数的等位线图和等高线图．二元函数 $z=f(x,y)$ 的**等位线**是 Oxy 平面上由方程 $f(x,y)=k$（k 是常数）确定的曲线．显然，它是函数 $z=f(x,y)$ 在空间中的**等高线** $\begin{cases} z=f(x,y), \\ z=k \end{cases}$ 在 Oxy 平面上的投影．事实上，人们常常并不做这种区分．例如，在大多数地形图中，称表示同一海拔高度的线为等高线，而非等位线．在实际应用中，人们可以借助于等位线图，根据 k 的不同取值，从等位线的分布来想象出函数图像或地形等的大致形状．在等位线图中，等位线越密集的地方，曲面越陡；越稀疏的地方，曲面越平坦．图 7.1.4 是函数 $z=2\sqrt{2-x^2-\dfrac{y^2}{3}}$ 的等位线图；图 7.1.5 是函数 $z=\sin(x^2+y^2)$ 的等位线图，这个等位线图也清晰地显示了函数图像的凹凸状态．

当自变量的个数多于两个时，无法作出直观的函数图像，因而分析与代数的方法将起更为重要的作用．

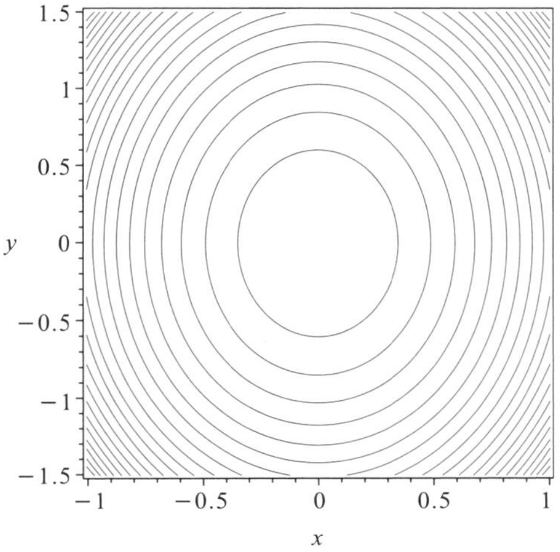

图 7.1.4

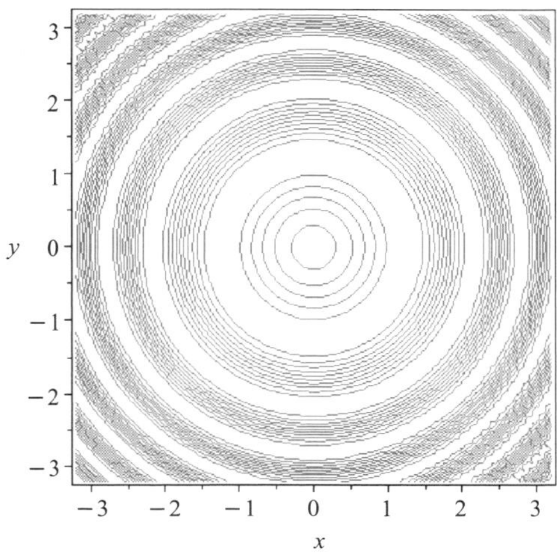

图 7.1.5

例 7.1.1(多元线性函数)　设 f 是定义在 $\mathbf{R}^n$ 上的函数,如果对于任何实数 α,β 和任何 $\boldsymbol{x},\boldsymbol{y}\in\mathbf{R}^n$,均有

$$f(\alpha\boldsymbol{x}+\beta\boldsymbol{y})=\alpha f(\boldsymbol{x})+\beta f(\boldsymbol{y}),$$

则称 f 是 $\mathbf{R}^n$ 上的**线性函数**.

例如,可以直接验证

$$f(\boldsymbol{x})=3x_1+2x_2,\quad \boldsymbol{x}=(x_1,x_2)\in\mathbf{R}^2,$$

就是 $\mathbf{R}^2$ 上的一个线性函数.

下面来导出线性函数的一般形式.

设 f 是 $\mathbf{R}^n$ 上的一个线性函数,记 $\boldsymbol{e}_i=(0,\cdots,0,1,0,\cdots,0)\in\mathbf{R}^n$($\boldsymbol{e}_i$ 的第 i 个分量为 1,其余分量为 $0,1\leqslant i\leqslant n$). 我们知道,对任何 $\boldsymbol{x}=(x_1,x_2,\cdots,x_n)\in\mathbf{R}^n$,有

$$\boldsymbol{x}=\sum_{i=1}^{n}x_i\boldsymbol{e}_i,$$

从而

$$f(\boldsymbol{x})=f\Big(\sum_{i=1}^{n}x_i\boldsymbol{e}_i\Big)=\sum_{i=1}^{n}f(\boldsymbol{e}_i)x_i.$$

记 $\boldsymbol{a}=(f(\boldsymbol{e}_1),f(\boldsymbol{e}_2),\cdots,f(\boldsymbol{e}_n))$,则 $\boldsymbol{a}\in\mathbf{R}^n$,且

$$f(\boldsymbol{x})=(\boldsymbol{a},\boldsymbol{x}),\quad \boldsymbol{x}\in\mathbf{R}^n.$$

其中 $(\boldsymbol{a},\boldsymbol{x})$ 是 $\mathbf{R}^n$ 中向量 $\boldsymbol{a}$ 与 $\boldsymbol{x}$ 的内积,并常记为 $\boldsymbol{a}\cdot\boldsymbol{x}$. 常称 $\mathbf{R}^n$ 中的内积为**数量积**.

上式就是多元线性函数的一般表达式. 实际上,n 元线性函数 f 就是 $\mathbf{R}^n\to\mathbf{R}^1$ 的线性变换,这个线性变换在 $\mathbf{R}^n$ 和 $\mathbf{R}^1$ 的自然基下的表示矩阵就是 $\boldsymbol{a}$.

根据以上讨论,如果 f 是 $\mathbf{R}^2$ 上的线性函数,则必有常数 A,B,使得

$$f(x,y)=Ax+By,$$

因而 $f(x,y)=k$(k 为常数)对应于 $\mathbf{R}^2$ 上的直线;如果 g 是 $\mathbf{R}^3$ 上的线性函数,则必有常数 A, B, C,使得

$$g(x,y,z)=Ax+By+Cz,$$

因而 $g(x,y,z)=k$（k 为常数）对应于 $\mathbf{R}^3$ 中的平面．

多元函数的极限

多元函数的极限有与一元情况完全类似的定义．

定义 7.1.6　设 f 是定义于 $D\subset\mathbf{R}^n$ 上的一个函数，$\boldsymbol{x}_0$ 是 D 的一个内点或边界点，A 是某个常数．如果对任意给定的 $\varepsilon>0$，存在 $r>0$，使得当 $\boldsymbol{x}\in D$ 且 $0<\|\boldsymbol{x}-\boldsymbol{x}_0\|<r$ 时，

$$|f(\boldsymbol{x})-A|<\varepsilon,$$

则称（在 D 中）$\boldsymbol{x}\to\boldsymbol{x}_0$ 时，f 以 A 为**极限**，记作 $\lim\limits_{\boldsymbol{x}\to\boldsymbol{x}_0}f(\boldsymbol{x})=A$. 此时也称 A 为函数 f 在点 $\boldsymbol{x}_0$ 的极限．

如果我们把 $\mathbf{R}^n$ 中的点用其坐标表示：$\boldsymbol{x}=(x_1,x_2,\cdots,x_n)$，$\boldsymbol{x}_0=(x_1^0,x_2^0,\cdots,x_n^0)$，则上述极限关系式又可写作

$$\lim_{(x_1,x_2,\cdots,x_n)\to(x_1^0,x_2^0,\cdots,x_n^0)}f(x_1,x_2,\cdots,x_n)=A.$$

例 7.1.2　证明 $\lim\limits_{(x,y)\to(0,0)}\dfrac{2xy}{\sqrt{x^2+y^2}}=0.$

证　因为 $|2xy|\leqslant x^2+y^2$，所以

$$\left|\frac{2xy}{\sqrt{x^2+y^2}}\right|\leqslant\sqrt{x^2+y^2}.$$

因此，对任意给定的 $\varepsilon>0$，取 $\delta=\varepsilon$，则当 $0<\sqrt{x^2+y^2}<\delta$ 时，

$$\left|\frac{2xy}{\sqrt{x^2+y^2}}-0\right|\leqslant\sqrt{x^2+y^2}<\delta=\varepsilon.$$

所以 $\lim\limits_{(x,y)\to(0,0)}\dfrac{2xy}{\sqrt{x^2+y^2}}=0.$

证毕

多元函数极限的定义虽然从形式到本质与一元情况是一致的，但多个自变量毕竟带来一些更为复杂的现象．这是因为在一元情况下，自变量 x 只能沿实轴从左、右两侧趋向于某点 x_0，因此，只要函数在 x_0 处左、右两侧的极限均存在且相等，就可断言函数在 x_0 处的极限是存在的．在 $\mathbf{R}^n$ 中，自变量 $\boldsymbol{x}$ 趋向于某点 $\boldsymbol{x}_0$ 的方式具有更大的自由度，只有当 $\boldsymbol{x}$ 以任意方式趋于 $\boldsymbol{x}_0$ 时，函数值均趋于同一个常数，该函数在 $\boldsymbol{x}_0$ 处的极限才是存在的．

例 7.1.3　讨论当 $(x,y)\to(0,0)$ 时函数

$$f(x,y)=\frac{xy}{x^2+y^2}$$

的极限是否存在．

解　这个函数在 Oxy 平面上除原点外均有定义，而且

$$f(x,0)=0,\quad x\neq0,$$
$$f(0,y)=0,\quad y\neq0.$$

因此，当 (x,y) 沿 x 轴或沿 y 轴趋于原点时，$f(x,y)$ 均趋向于 0. 但是，当 $x=y\neq0$ 时，

$$f(x,y)=f(x,x)=\frac{1}{2},$$

因此,当(x,y)沿直线$y=x$趋于原点时,$f(x,y)$趋向于$\frac{1}{2}$. 由此可见,当$(x,y)\to(0,0)$时,$f(x,y)$的极限并不存在.

实际上,在这个例子中,当(x,y)沿不同直线$y=kx$趋于原点时,函数值的极限均不相同. 图 7.1.6 和图 7.1.7 分别是该函数的图像和等位线图. 虽然从等位线图看起来函数图像有着对称性,但要注意这个函数在第一、三象限的图像是自 Oxy 平面向上凸起的,但在第二、四象限是自 Oxy 平面向下凹进的.

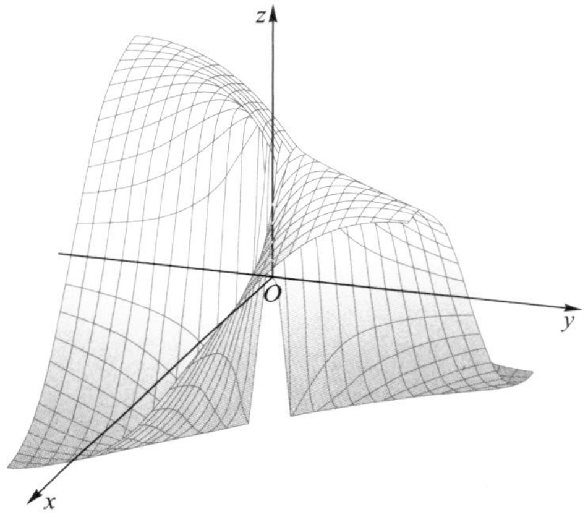

图 7.1.6

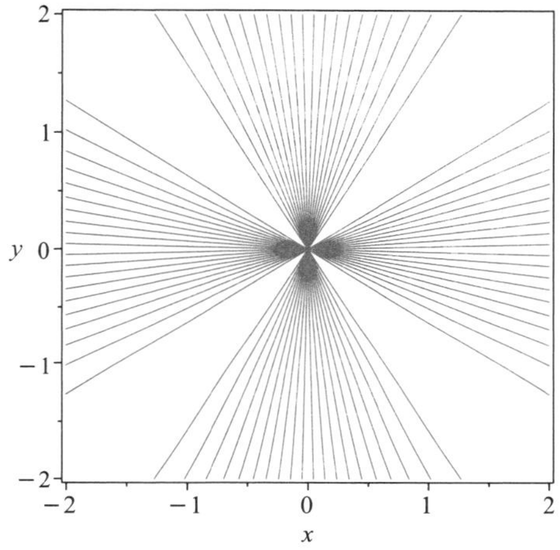

图 7.1.7

例 7.1.4　讨论函数$f(x,y)=\frac{x^2y}{x^4+y^2}$当$(x,y)\to(0,0)$时极限的存在性.

解　这个函数除原点外均有定义. 当(x,y)沿任一直线$y=kx(k\neq 0)$趋向原点时,因为

$$f(x,y)=\frac{kx^3}{x^4+k^2x^2}=\frac{kx}{x^2+k^2},$$

所以,

$$\lim_{\substack{(x,y)\to(0,0)\\ y=kx}} f(x,y)=\lim_{x\to 0}\frac{kx}{x^2+k^2}=0.$$

又显然有$f(x,0)=0(x\neq 0)$和$f(0,y)=0(y\neq 0)$,所以,当(x,y)沿着x轴或y轴趋向原点时,函数值$f(x,y)$也趋于 0.

但是,当点(x,y)沿抛物线$y=kx^2$趋于原点时,由于

$$f(x,kx^2)=\frac{kx^4}{x^4+k^2x^4}=\frac{k}{1+k^2},$$

故而,各条抛物线上的函数值取彼此不同的常数,因而有不同的极限. 这就说明,当$(x,y)\to(0,0)$时,函数值的极限并不存在.

多元函数的极限运算满足与一元情况相类似的运算法则,即和、差、积、商的极限等于极限的和、差、积、商. 当然,在商的情况下,应以分母的极限非零为条件.

多元函数的连续性

利用极限概念可以讨论多元函数的连续性．

定义 7.1.7　设函数 f 定义于 $\mathbf{R}^n$ 中的（开或闭）区域 D 上，点 $\boldsymbol{x}_0\in D$. 如果

$$\lim_{\boldsymbol{x}\to\boldsymbol{x}_0}f(\boldsymbol{x})=f(\boldsymbol{x}_0),$$

则称 f 在点 $\boldsymbol{x}_0$ **连续**．

如果 f 在 D 上的每一点处均连续，则称 f 在 D 上连续．此时也称 f 是 D 上的**连续函数**．

由于多元函数的极限比一元情况复杂，所以多元函数出现不连续的现象也较一元情况更为复杂．例如，二元函数

$$f(x,y)=\begin{cases}\dfrac{1}{x^2+y^2-1}, & x^2+y^2\neq 1,\\ 1, & x^2+y^2=1\end{cases}$$

在单位圆周 $x^2+y^2=1$ 上处处不连续．实际上，当 (x,y) 趋于单位圆周上的点时，f 的极限不存在．又如函数

$$f(x,y)=\begin{cases}\dfrac{xy}{x^2+y^2}, & x^2+y^2\neq 0,\\ 0, & x^2+y^2=0,\end{cases}$$

虽然对任何固定的 x，它是 y 的连续函数；对任何固定的 y，它是 x 的连续函数．但是，这个函数在点 $(0,0)$ 并不连续，因为当 $(x,y)\to(0,0)$ 时，f 的极限不存在．

由于连续性是用极限定义的，根据对多元函数极限运算的说明，可知多元连续函数经四则运算后仍保持连续性（商的情况下要求分母在所考虑的点处非零）.

例 7.1.5　计算极限 $\lim\limits_{(x,y)\to(0,0)}\dfrac{\sin[(1+x^2)(x^2+y^2)]}{x^2+y^2}$.

解　因为 $\lim\limits_{(x,y)\to(0,0)}(1+x^2)(x^2+y^2)=0$，$\lim\limits_{u\to0}\dfrac{\sin u}{u}=1$，所以

$$\begin{aligned}\lim_{(x,y)\to(0,0)}\frac{\sin[(1+x^2)(x^2+y^2)]}{x^2+y^2}&=\lim_{(x,y)\to(0,0)}\frac{\sin[(1+x^2)(x^2+y^2)]}{(1+x^2)(x^2+y^2)}(1+x^2)\\&=\lim_{(x,y)\to(0,0)}\frac{\sin[(1+x^2)(x^2+y^2)]}{(1+x^2)(x^2+y^2)}\cdot\lim_{(x,y)\to(0,0)}(1+x^2)=1\times1=1.\end{aligned}$$

在上面例题中出现的 $\sin[(1+x^2)(x^2+y^2)]$ 是由一元连续函数 $\sin u$ 与二元连续函数 $u=(1+x^2)(x^2+y^2)$ 复合而成，它是一个二元连续函数．事实上，与一元函数情形类似地可以证明：一个一元连续函数与一个 n 元连续函数的复合也是一个 n 元连续函数．

一般地，由 $\boldsymbol{x}=(x_1,\cdots,x_n)$ 的 n 个分量 $x_1,\cdots,x_n$ 的基本初等函数经过有限次的四则运算和与一元基本初等函数的复合所得到的函数便是 n **元初等函数**．多元初等函数在其定义区域上是连续的．一个函数的定义区域，是指包含在其定义域中的区域．

例 7.1.6　计算极限 $\lim\limits_{(x,y)\to(3,4)}\sin(\sqrt{x^2+y^2}-xy+1)$.

解　由于极限号下出现的是二元初等函数，它是连续的，因此

$$\lim_{(x,y)\to(3,4)}\sin\left(\sqrt{x^2+y^2}-xy+1\right)=\sin\left(\sqrt{3^2+4^2}-3\cdot4+1\right)=-\sin 6.$$

例 7.1.7　考察函数 $z=\tan(x^2+y^2)$ 的连续性．

解　由于函数 $z=\tan u$ 在 $\left\{u\in\mathbf{R}\,\middle|\,u\neq k\pi+\dfrac{\pi}{2},k=0,\pm1,\pm2,\cdots\right\}$ 上是连续的，而二元函数 $u=x^2+y^2$ 在 $\mathbf{R}^2$ 上连续，因此复合函数 $z=\tan(x^2+y^2)$ 在 $\left\{(x,y)\in\mathbf{R}^2\,\middle|\,x^2+y^2\neq k\pi+\dfrac{\pi}{2}\right\}$ $(k=0,1,2,\cdots)$ 上连续．当 $x^2+y^2=k\pi+\dfrac{\pi}{2}$ 时，函数 $z=\tan(x^2+y^2)$ 无定义，因此不连续．于是这个函数的不连续点全体是一族圆心为原点的同心圆，其半径分别为 $\sqrt{k\pi+\dfrac{\pi}{2}}$ $(k=0,1,2,\cdots)$．

有界闭区域上连续函数的性质

与闭区间上连续函数相类似，$\mathbf{R}^n$ 中有界闭区域上连续的多元函数也具有一些十分重要的性质．

定理 7.1.1（最大最小值定理）　设 f 是 $\mathbf{R}^n$ 中有界闭区域 D 上的连续函数，则它必定能在 D 上取到其最大值与最小值，即存在 $\boldsymbol{x}_1,\boldsymbol{x}_2\in D$，使得

$$f(\boldsymbol{x}_1)\leqslant f(\boldsymbol{x})\leqslant f(\boldsymbol{x}_2),\quad \boldsymbol{x}\in D.$$

设 D 是函数 f 的定义域中的子集，若 f 在 D 上的像集

$$\{y\mid y=f(\boldsymbol{x}),\boldsymbol{x}\in D\}$$

是有界的，则称 f 在 D 上**有界**．否则称 f 在 D 上**无界**．

定理 7.1.1 说明，若 f 是 $\mathbf{R}^n$ 中有界闭区域 D 上的连续函数，则 f 在 D 上有界．

定理 7.1.2（介值定理）　设 f 是 $\mathbf{R}^n$ 中有界闭区域 D 上的连续函数，M 和 m 分别是 f 在 D 上的最大值和最小值，则对介于 m 和 M 间的任何实数 c，必存在 $\boldsymbol{\xi}_c\in D$，使得

$$f(\boldsymbol{\xi}_c)=c.$$

$\mathbf{R}^n\to\mathbf{R}^m$ 的映射（向量值函数）

为了讨论多元函数变量代换的需要，我们引入更一般的映射概念．

定义 7.1.8　设 D 是 $\mathbf{R}^n$ 中的一个子集，如果对 D 中每个点 $\boldsymbol{x}=(x_1,x_2,\cdots,x_n)$，按规则 $\boldsymbol{f}$ 有 $\mathbf{R}^m$ 中一个确定的点 $\boldsymbol{y}=(y_1,y_2,\cdots,y_m)$ 与之对应，则称 $\boldsymbol{f}$ 是定义在 D 上的一个**映射**或**向量值函数**，记作

$$\boldsymbol{f}:D\to\mathbf{R}^m,$$
$$\boldsymbol{x}\mapsto\boldsymbol{y},$$

并记 $\boldsymbol{y}=\boldsymbol{f}(\boldsymbol{x})$．这个映射也常简记作 $\boldsymbol{f}:D\to\mathbf{R}^m$，称 D 为 $\boldsymbol{f}$ 的**定义域**，常记为 $D(\boldsymbol{f})$，并称 $R(\boldsymbol{f})=\{\boldsymbol{f}(\boldsymbol{x})\mid\boldsymbol{x}\in D\}$ 为 $\boldsymbol{f}$ 的**值域**，也常记其为 $\boldsymbol{f}(D)$．

如上定义的映射（向量值函数）也常记作 $\boldsymbol{y}=\boldsymbol{f}(\boldsymbol{x}),\boldsymbol{x}\in D$. 用坐标表示，这个映射可表为 m 个 n 元数值函数组成的函数组：

$$\begin{cases} y_1=f_1(x_1,x_2,\cdots,x_n), \\ y_2=f_2(x_1,x_2,\cdots,x_n), \\ \cdots\cdots\cdots\cdots \\ y_m=f_m(x_1,x_2,\cdots,x_n), \end{cases} \quad \boldsymbol{x}\in D,$$

为方便起见,常记$\boldsymbol{f}=(f_1,f_2,\cdots,f_m)$.

显然,一元函数是 $\mathbf{R}\to\mathbf{R}$ 的映射,n 元函数是 $\mathbf{R}^n\to\mathbf{R}$ 的映射,因此它们是向量值函数的特例.

例 7.1.8 一条空间曲线可以看作一个质点在空间运动的轨迹. 设质点在时刻 t 位于点 $P(x(t),y(t),z(t))$处,也就是说,它在时段 I(I 是区间)中任何时刻的坐标可以用

$$\begin{cases} x=x(t), \\ y=y(t), \quad t\in I \\ z=z(t), \end{cases}$$

来表示. 因此,一条空间曲线可以看作是从 $\mathbf{R}$ 上区间 I 到 $\mathbf{R}^3$ 的一个映射. 这个映射也可以表示为向量形式:

$$r(t)=x(t)\boldsymbol{i}+y(t)\boldsymbol{j}+z(t)\boldsymbol{k}, \quad t\in I,$$

其中 $\boldsymbol{i},\boldsymbol{j},\boldsymbol{k}$ 分别为沿 x,y,z 三条坐标轴正向的单位向量.

例 7.1.9 设 $\theta\in[0,2\pi)$,定义

$$\boldsymbol{f}:\mathbf{R}^2\to\mathbf{R}^2,$$
$$(x_1,x_2)\mapsto(y_1,y_2),$$

其中

$$\begin{cases} y_1=f_1(x_1,x_2)=x_1\cos\theta-x_2\sin\theta, \\ y_2=f_2(x_1,x_2)=x_1\sin\theta+x_2\cos\theta. \end{cases}$$

我们知道,这里的映射$\boldsymbol{f}=(f_1,f_2)$就是 $\mathbf{R}^2$ 上向量绕原点按逆时针旋转 θ 角的旋转变换,它是一个线性变换.

定义 7.1.9 *设 D 是 $\mathbf{R}^n$ 中的一个区域,$\boldsymbol{f}:D\to\mathbf{R}^m$ 是以 D 为定义域的映射,$\boldsymbol{a}\in\mathbf{R}^m$,$\boldsymbol{x}_0$ 是 D 的一个内点或边界点. 如果*

$$\lim_{\boldsymbol{x}\to\boldsymbol{x}_0}\|\boldsymbol{f}(\boldsymbol{x})-\boldsymbol{a}\|=0,$$

则称 $\boldsymbol{x}\to\boldsymbol{x}_0$ 时 $\boldsymbol{f}$(在 D 中)以 $\boldsymbol{a}$ 为极限,记作$\lim\limits_{\boldsymbol{x}\to\boldsymbol{x}_0}\boldsymbol{f}(\boldsymbol{x})=\boldsymbol{a}$. 如果

$$\lim_{\boldsymbol{x}\to\boldsymbol{x}_0}\boldsymbol{f}(\boldsymbol{x})=\boldsymbol{f}(\boldsymbol{x}_0).$$

则称映射 $\boldsymbol{f}$ 在点 $\boldsymbol{x}_0$ **连续**.

*如果 $\boldsymbol{f}$ 在 D 上的每一点处连续,则称 $\boldsymbol{f}$ 在 D 上***连续**. *此时也称 $\boldsymbol{f}$ 为 D 上的***连续映射***或***连续的向量值函数**.

如前所述,把映射 $\boldsymbol{f}$ 用分量表示为$\boldsymbol{f}=(f_1,f_2,\cdots,f_m)$,则有

$$|f_j(\boldsymbol{x})-f_j(\boldsymbol{x}_0)|\leqslant\|\boldsymbol{f}(\boldsymbol{x})-\boldsymbol{f}(\boldsymbol{x}_0)\|$$
$$=\left[\sum_{i=1}^{m}(f_i(\boldsymbol{x})-f_i(\boldsymbol{x}_0))^2\right]^{\frac{1}{2}}\leqslant\sum_{i=1}^{m}|f_i(\boldsymbol{x})-f_i(\boldsymbol{x}_0)|.$$

由此即得

定理 7.1.3 设 D 是 $\mathbf{R}^n$ 中的区域，$\boldsymbol{x}_0\in D$. 映射 $\boldsymbol{f}=(f_1,f_2,\cdots,f_m)$ 在点 $\boldsymbol{x}_0$ 连续的充分必要条件是 m 个 n 元函数 $f_1,f_2,\cdots,f_m$ 均在点 $\boldsymbol{x}_0$ 连续.

设 $\boldsymbol{g}$ 是定义于 $\mathbf{R}^n$ 某区域上的映射，取值于 $\mathbf{R}^m$，$\boldsymbol{f}$ 是定义于 $\mathbf{R}^m$ 某区域上的映射，取值于 $\mathbf{R}^k$，则可以定义复合映射 $\boldsymbol{f}\circ\boldsymbol{g}$：

$$(\boldsymbol{f}\circ\boldsymbol{g})(\boldsymbol{x})=\boldsymbol{f}[\boldsymbol{g}(\boldsymbol{x})],$$

其中 $D(\boldsymbol{f}\circ\boldsymbol{g})=\{\boldsymbol{x}\mid\boldsymbol{x}\in D(\boldsymbol{g}),\boldsymbol{g}(\boldsymbol{x})\in D(\boldsymbol{f})\}$.

关于复合映射，有如下的连续性的结论：

定理 7.1.4 若上述的 $\boldsymbol{f}$ 和 $\boldsymbol{g}$ 都是连续映射，则复合映射 $\boldsymbol{f}\circ\boldsymbol{g}$ 也是连续的.

读者可以仿照一元复合函数的情况，根据连续性的定义证明这个定理.

作为这个定理的特例可知，如果 $\boldsymbol{g}$ 是从 $\mathbf{R}^n$ 到 $\mathbf{R}^m$ 的连续映射，f 是一个 m 元连续函数，则 $f\circ\boldsymbol{g}$ 便是 n 元连续函数.

例 7.1.10 考察依赖于自变量 (x,y) 的二元函数

$$z=f(x^2+y^2,x-y,xy),$$

它是由三元函数

$$z=f(u,v,w)$$

和映射 $\boldsymbol{g}:(x,y)\mapsto(u,v,w)$ 复合而成的，其中

$$\begin{cases}u=x^2+y^2,\\ v=x-y,\\ w=xy.\end{cases}$$

因为 u,v,w 均连续地依赖于 (x,y)，因而 $\boldsymbol{g}$ 是 $\mathbf{R}^2\to\mathbf{R}^3$ 的连续映射. 如果 f 是一个三元连续函数，则它与 $\boldsymbol{g}$ 的复合 $f\circ\boldsymbol{g}$，即 $z=f(x^2+y^2,x-y,xy)$ 就是一个连续的二元函数.

*紧集和连通集上连续函数的性质

$\mathbf{R}^n$ 中的一列点

$$\boldsymbol{x}_1,\boldsymbol{x}_2,\cdots,\boldsymbol{x}_k,\cdots$$

称为**点列**，记为 $\{\boldsymbol{x}_k\}$.

定义 7.1.10 设 $\{\boldsymbol{x}_k\}$ 是 $\mathbf{R}^n$ 中的一个点列，$\boldsymbol{a}\in\mathbf{R}^n$ 是一个定点. 若

$$\lim_{k\to\infty}\|\boldsymbol{x}_k-\boldsymbol{a}\|=0,$$

则称 $\boldsymbol{a}$ 为点列 $\{\boldsymbol{x}_k\}$ 的**极限**，记为 $\lim\limits_{k\to\infty}\boldsymbol{x}_k=\boldsymbol{a}$. 此时也称点列 $\{\boldsymbol{x}_k\}$ **收敛**于 $\boldsymbol{a}$. 若一个点列不收敛就称其**发散**.

定义 7.1.11 设 $S\subset\mathbf{R}^n$ 为点集，$\boldsymbol{a}$ 为 $\mathbf{R}^n$ 中一点. 若点 $\boldsymbol{a}$ 的任何邻域都含有 S 中的无限个点，则称 $\boldsymbol{a}$ 是 S 的**聚点**.

注意，S 的聚点可能属于 S，也可能不属于 S. 例如，在 $\mathbf{R}$ 中，0 是点集 $\left\{\dfrac{1}{k}\,\middle|\,k=1,2,\cdots\right\}$ 的聚点，但它不属于这个点集；0 是点集 $[0,1]$ 的聚点，它属于这个点集.

设 $S\subset\mathbf{R}^n$ 为点集，记 S 的聚点全体构成的点集为 S'. 显然，S 为闭集的充分必要条件为 $S'\subset S$.

定理 7.1.5　设 S 是 $\mathbf{R}^n$ 中的点集，则 $\boldsymbol{a}$ 是 S 的聚点的充分必要条件是：存在 $\mathbf{R}^n$ 中的点列 $\{\boldsymbol{x}_k\}$，满足 $\boldsymbol{x}_k\in S,\boldsymbol{x}_k\neq\boldsymbol{a}(k=1,2,\cdots)$，且 $\lim\limits_{k\to\infty}\boldsymbol{x}_k=\boldsymbol{a}$.

证　充分性是显然的，现证明必要性．因为 $\boldsymbol{a}$ 是点集 S 的聚点，所以它的任何邻域都含有 S 中的无限个点．因此对于 $\boldsymbol{a}$ 的邻域 $O(\boldsymbol{a},1)$，存在 $\boldsymbol{x}_1\in O(\boldsymbol{a},1)\cap S$ 且 $\boldsymbol{x}_1\neq\boldsymbol{a}$；对于 $\boldsymbol{a}$ 的邻域 $O\left(\boldsymbol{a},\dfrac{1}{2}\right)$，存在 $\boldsymbol{x}_2\in O\left(\boldsymbol{a},\dfrac{1}{2}\right)\cap S$ 且 $\boldsymbol{x}_2\neq\boldsymbol{a}$；…，对于 $\boldsymbol{a}$ 的邻域 $O\left(\boldsymbol{a},\dfrac{1}{k}\right)$，存在 $\boldsymbol{x}_k\in O\left(\boldsymbol{a},\dfrac{1}{k}\right)\cap S$ 且 $\boldsymbol{x}_k\neq\boldsymbol{a}$. 这样由归纳原理，可得到 S 中的一个点列 $\{\boldsymbol{x}_k\}$ 满足 $\|\boldsymbol{x}_k-\boldsymbol{a}\|<\dfrac{1}{k}$ 且 $\boldsymbol{x}_k\neq\boldsymbol{a}$，显然 $\lim\limits_{k\to\infty}\boldsymbol{x}_k=\boldsymbol{a}$.

证毕

定义 7.1.12　设 S 为 $\mathbf{R}^n$ 中的点集．如果 $\mathbf{R}^n$ 中的一组开集 $\{U_\alpha\}$ 满足 $S\subset\bigcup\limits_{\alpha}U_\alpha$，则称 $\{U_\alpha\}$ 为 S 的一个**开覆盖**．

如果 S 的任意一个开覆盖 $\{U_\alpha\}$ 中总存在一个有限子覆盖，即存在 $\{U_\alpha\}$ 中的有限个开集 $U_{\alpha_1},U_{\alpha_2},\cdots,U_{\alpha_p}$，使得 $S\subset\bigcup\limits_{i=1}^{p}U_{\alpha_i}$，则称 S 为**紧集**．

下面不加证明地给出紧集的判断方法．

定理 7.1.6　设 S 是 $\mathbf{R}^n$ 中的点集，则以下三个命题等价：

(1) S 是紧集；

(2) S 是有界闭集；

(3) S 的任一无限子集在 S 中必有聚点．

例如，$\mathbf{R}^2$ 中的圆周 $\{(x,y)\mid x^2+y^2=1\}$ 和闭矩形 $[a,b]\times[c,d]$ 都是紧集．但 $S=\{(x,y)\mid 1<x^2+y^2\leqslant 2\}$ 不是紧集，因为它不是闭集．

下面给出一般点集上连续映射的概念．

定义 7.1.13　设点集 $S\subset\mathbf{R}^n$，$\boldsymbol{f}:S\to\mathbf{R}^m$ 为映射（向量值函数），点 $\boldsymbol{x}_0\in S$. 若对于任意给定的 $\varepsilon>0$，存在 $\delta>0$，使得当 $\boldsymbol{x}\in O(\boldsymbol{x}_0,\delta)\cap S$ 时，成立

$$\|\boldsymbol{f}(\boldsymbol{x})-\boldsymbol{f}(\boldsymbol{x}_0)\|<\varepsilon\quad(\text{即 }\boldsymbol{f}(\boldsymbol{x})\in O(\boldsymbol{f}(\boldsymbol{x}_0),\varepsilon)),$$

则称 $\boldsymbol{f}$ 在点 $\boldsymbol{x}_0$ **连续**．

如果映射 $\boldsymbol{f}$ 在 S 上每一点连续，则称 $\boldsymbol{f}$ 在 S 上连续，或称映射 $\boldsymbol{f}$ 为 S 上的**连续映射**．

定理 7.1.7　连续映射将紧集映射成紧集．

证　设 K 是 $\mathbf{R}^n$ 中紧集，$\boldsymbol{f}:K\to\mathbf{R}^m$ 为连续映射．要证明 K 的值域

$$\boldsymbol{f}(K)=\{\boldsymbol{y}\in\mathbf{R}^m\mid\boldsymbol{y}=\boldsymbol{f}(\boldsymbol{x}),\boldsymbol{x}\in K\}$$

是紧集，根据定理 7.1.6，只要证明 $\boldsymbol{f}(K)$ 中的任意一个无限点集必有聚点属于 $\boldsymbol{f}(K)$ 即可．因为每一个无限点集都有可列无限点集，所以只要证明 $\boldsymbol{f}(K)$ 的任意一个可列无限点集必有聚点属于 $\boldsymbol{f}(K)$ 即可．

设 $\{\boldsymbol{y}_k\}$ 为 $\boldsymbol{f}(K)$ 的任意一个可列无限点集（不妨设 $\boldsymbol{y}_j\neq\boldsymbol{y}_k(j\neq k)$）. 对于每个 $\boldsymbol{y}_k$，任取一个满足 $\boldsymbol{f}(\boldsymbol{x}_k)=\boldsymbol{y}_k$ 的 $\boldsymbol{x}_k\in K(k=1,2,\cdots)$，则 $\{\boldsymbol{x}_k\}$ 为紧集 K 中的一个可列无限点集，由定理 7.1.6 知，它必有聚点 $\boldsymbol{a}\in K$，因此由定理 7.1.5 知，存在 $\{\boldsymbol{x}_k\}$ 的子列 $\{\boldsymbol{x}_{k_l}\}$ 满足

$$\lim_{l\to\infty}\boldsymbol{x}_{k_l}=\boldsymbol{a}\in K.$$

由映射 $\boldsymbol{f}$ 在 $\boldsymbol{a}$ 点的连续性得

$$\lim_{l\to\infty}\boldsymbol{y}_{k_l}=\lim_{l\to\infty}\boldsymbol{f}(\boldsymbol{x}_{k_l})=\boldsymbol{f}(\boldsymbol{a}),$$

因而 $\boldsymbol{f}(\boldsymbol{a})$ 是 $\{\boldsymbol{y}_k\}$ 的一个聚点，它显然属于 $\boldsymbol{f}(K)$．因此，$\boldsymbol{f}(K)$ 是紧集．

证毕

由此定理和定理 7.1.6 立即得到下面紧集上连续函数的性质．

定理 7.1.8（有界性定理）　设 K 是 $\mathbf{R}^n$ 中紧集，f 是 K 上的连续函数，则 f 在 K 上有界．

定理 7.1.9（最值定理）　设 K 是 $\mathbf{R}^n$ 中紧集，f 是 K 上的连续函数，则 f 在 K 上必能取到最大值和最小值，即存在 $\boldsymbol{\xi}_1,\boldsymbol{\xi}_2\in K$，使得对于一切 $\boldsymbol{x}\in K$，成立

$$f(\boldsymbol{\xi}_1)\leqslant f(\boldsymbol{x})\leqslant f(\boldsymbol{\xi}_2).$$

定义 7.1.14　设 S 是 $\mathbf{R}^n$ 中点集，若连续映射

$$\boldsymbol{\gamma}:[0,1]\to\mathbf{R}^n$$

的值域全部落在 S 中，即满足 $\boldsymbol{\gamma}([0,1])\subset S$，则称 $\boldsymbol{\gamma}$ 为 S 中的**道路**或**曲线**，$\boldsymbol{\gamma}(0)$，$\boldsymbol{\gamma}(1)$ 分别称为道路的**起点**和**终点**．

若对于 S 中的任意两点 $\boldsymbol{x},\boldsymbol{y}$，都存在 S 中以 $\boldsymbol{x}$ 为起点，$\boldsymbol{y}$ 为终点的道路，则称 S 为（**道路**）**连通集**．

定理 7.1.10　连续映射将连通集映射成连通集．

证　设 S 是 $\mathbf{R}^n$ 中的连通集，$\boldsymbol{f}:S\to\mathbf{R}^m$ 为连续映射，要证明 $\boldsymbol{f}$ 的值域

$$\boldsymbol{f}(S)=\{\boldsymbol{y}\in\mathbf{R}^m\mid\boldsymbol{y}=\boldsymbol{f}(\boldsymbol{x}),\boldsymbol{x}\in S\}$$

是连通集．

对任意 $\boldsymbol{f}(\boldsymbol{x})$，$\boldsymbol{f}(\boldsymbol{y})\in\boldsymbol{f}(S)\ (\boldsymbol{x},\boldsymbol{y}\in S)$，由 S 的连通性知，存在连续映射

$$\boldsymbol{\gamma}:[0,1]\to S,$$

满足 $\boldsymbol{\gamma}(0)=\boldsymbol{x},\boldsymbol{\gamma}(1)=\boldsymbol{y}$．于是对于连续映射 $\boldsymbol{f}\circ\boldsymbol{\gamma}$ 来说，有 $\boldsymbol{f}(\boldsymbol{\gamma}([0,1]))\subset\boldsymbol{f}(S)$，且 $\boldsymbol{f}(\boldsymbol{\gamma}(0))=\boldsymbol{f}(\boldsymbol{x})$ 及 $\boldsymbol{f}(\boldsymbol{\gamma}(1))=\boldsymbol{f}(\boldsymbol{y})$．这就是说，$\boldsymbol{f}\circ\boldsymbol{\gamma}$ 是 $\boldsymbol{f}(S)$ 中以 $\boldsymbol{f}(\boldsymbol{x})$ 为起点，以 $\boldsymbol{f}(\boldsymbol{y})$ 为终点的道路．

由 $\boldsymbol{f}(\boldsymbol{x})$，$\boldsymbol{f}(\boldsymbol{y})$ 的任意性即知 $\boldsymbol{f}(S)$ 是连通的．

证毕

由此定理立即得到：

定理 7.1.11（中间值定理）　设 K 为 $\mathbf{R}^n$ 中连通的紧集，f 是 K 上的连续函数，则 f 可取到它在 K 上的最小值 m 与最大值 M 之间的一切值．换言之，f 的值域是闭区间 $[m,M]$．

显然，定理 7.1.1 和定理 7.1.2 分别是定理 7.1.9 和定理 7.1.11 的直接推论．

现在引入一致连续性的概念．

定义 7.1.15　设 S 是 $\mathbf{R}^n$ 中点集，$\boldsymbol{f}:S\to\mathbf{R}^m$ 为映射．若对于任意给定的 $\varepsilon>0$，存在 $\delta>0$，使得对于一切满足 $|\boldsymbol{x}'-\boldsymbol{x}''|<\delta$ 的 $\boldsymbol{x}',\boldsymbol{x}''\in S$，成立

$$\|\boldsymbol{f}(\boldsymbol{x}')-\boldsymbol{f}(\boldsymbol{x}'')\|<\varepsilon,$$

则称 $\boldsymbol{f}$ 在 S 上**一致连续**．

显然，一致连续的映射一定是连续的，但反之不然．然而下面的定理说明了紧集上的连续映射必定一致连续（证明略去）．

定理 7.1.12　设 K 是 $\mathbf{R}^n$ 中紧集，$\boldsymbol{f}:K\to\mathbf{R}^m$ 为连续映射，则 $\boldsymbol{f}$ 在 K 上一致连续．

习　题

1. 当 $(x,y)\to(0,0)$ 时，下列函数的极限是否存在？若存在，求出其极限：

(1) $\dfrac{x^3+xy^2}{x^2+y^2}$；　(2) $\dfrac{x^2+y^2}{\sqrt{x^2+y^2+1}-1}$；

(3) $\dfrac{\sqrt{x^2y^2+1}-1}{x^2+y^2}$；　(4) $\dfrac{(x+y)^2}{x^2+y^2}$；

(5) $(x^2+y^2)e^{-(x+y)}$；　(6) $\dfrac{x^2-y^2}{x^2+y^2}$；

(7) $\dfrac{1-\cos(x^2+y^2)}{x^2+y^2}$；　(8) $\dfrac{x^2}{x^2+y^2-x}$.

2. 求出下列极限：

(1) $\lim\limits_{(x,y)\to(1,0)}\dfrac{\ln(x+e^y)}{\sqrt{x^2+y^2}}$；　(2) $\lim\limits_{(x,y)\to(0,0)}\left(\dfrac{1}{x^2}+\dfrac{1}{y^2}\right)e^{-\left(\frac{1}{x^2}+\frac{1}{y^2}\right)}$；

(3) $\lim\limits_{(x,y,z)\to(1,2,3)}\dfrac{xy^2-y^2z}{xyz-1}$；　(4) $\lim\limits_{(x,y,z)\to(0,0,0)}\dfrac{x^2y^2z^2}{x^2+y^2+z^2}$.

3. 讨论下列函数在原点 $(0,0)$ 处是否连续？

(1) $z=\begin{cases}1, & xy=0,\\ 0, & xy\neq 0;\end{cases}$　(2) $z=\begin{cases}\dfrac{\sin(x^3+y^3)}{x^3+y^3}, & x^3+y^3\neq 0,\\ 0, & x^3+y^3=0;\end{cases}$

(3) $z=\begin{cases}\dfrac{\sin(x^3+y^3)}{x^2+y^2}, & x^2+y^2\neq 0,\\ 0, & x^2+y^2=0.\end{cases}$

4. 指出下列函数的连续范围：

(1) $u=\dfrac{1}{\sin x\cdot\sin y}$；　(2) $u=\ln(1-x^2-y^2)$；

(3) $u=\ln\dfrac{1}{(x-a)^2+(y-b)^2}$.

5. 下列映射 $\boldsymbol{f}:(x,y)\mapsto(u,v)$ 在 $\mathbf{R}^2$ 的哪个子集上是连续的？

(1) $u=x^2-y^2,\quad v=\dfrac{1}{x^2-y^2}$；　(2) $u=\dfrac{x}{x^2+y^2},\quad v=\dfrac{y}{x^2+y^2}$.

§ 2　全微分与偏导数

对于 n 元函数 $u=f(\boldsymbol{x})$，当自变量 $\boldsymbol{x}=(x_1,x_2,\cdots,x_n)$ 有改变量 $\Delta\boldsymbol{x}=(\Delta x_1,\Delta x_2,\cdots,\Delta x_n)$

时，因变量 u 有相应的改变量 Δu，我们希望进一步寻找 Δu 与 $\Delta\boldsymbol{x}$ 间的数量关系．受一元函数可微性的启示，首先要问：在适当的条件下，是否可以把 Δu 分解为两部分，一部分关于 $\Delta\boldsymbol{x}$ 是线性的，即 Δu 的局部线性化；另一部分当 $\|\Delta\boldsymbol{x}\|$ 趋于 0 时，关于 $\|\Delta\boldsymbol{x}\|$ 是高阶无穷小量？这就引出关于全微分和偏导数的讨论．

全微分

例 7.2.1　设 S 是边长分别为 x 和 y 的矩形面积，则

$$S=xy.$$

如果边长 x 和 y 分别有改变量 Δx 和 Δy，那么面积 S 相应地有一个改变量

$$\Delta S=(x+\Delta x)(y+\Delta y)-xy=y\Delta x+x\Delta y+\Delta x\Delta y.$$

可见 ΔS 的表达式中包含两部分，第一部分 $y\Delta x+x\Delta y$ 是 $(\Delta x,\Delta y)$ 的线性函数，第二部分 $\Delta x\Delta y$ 是比 $\sqrt{(\Delta x)^2+(\Delta y)^2}$ 高阶的无穷小量．这样，在允许略去高阶无穷小量的情况下，可以用 Δx 和 Δy 的线性函数 $y\Delta x+x\Delta y$ 近似替代 ΔS.

定义 7.2.1　设 n 元函数 $u=f(\boldsymbol{x})$ 在点 $\boldsymbol{x}_0=(x_1^0,x_2^0,\cdots,x_n^0)$ 的某邻域上有定义，如果有一个关于 $\Delta\boldsymbol{x}=(\Delta x_1,\Delta x_2,\cdots,\Delta x_n)$ 的线性函数 k，使得

$$f(\boldsymbol{x}_0+\Delta\boldsymbol{x})-f(\boldsymbol{x}_0)=k(\Delta\boldsymbol{x})+o(\|\Delta\boldsymbol{x}\|),$$

则称函数 f 在点 $\boldsymbol{x}_0$ **可微**，并称 $k(\Delta\boldsymbol{x})$ 为 f 在点 $\boldsymbol{x}_0$ 的**全微分**，记作 $\mathrm{d}u$，即

$$\mathrm{d}u=k(\Delta\boldsymbol{x}).$$

由例 7.1.1 可知，对于线性函数 k，必存在 $\boldsymbol{a}=(a_1,a_2,\cdots,a_n)\in\mathbf{R}^n$，使得

$$k(\Delta\boldsymbol{x})=\boldsymbol{a}\cdot\Delta\boldsymbol{x}=a_1\Delta x_1+a_2\Delta x_2+\cdots+a_n\Delta x_n,$$

从而，$\mathrm{d}u=a_1\Delta x_1+a_2\Delta x_2+\cdots+a_n\Delta x_n$.

特别地，如果取

$$u=g(\boldsymbol{x})=x_i,\quad \boldsymbol{x}=(x_1,x_2,\cdots,x_n)\in\mathbf{R}^n,$$

则有

$$\Delta u=g(\boldsymbol{x}+\Delta\boldsymbol{x})-g(\boldsymbol{x})=\Delta x_i.$$

因而 $\mathrm{d}x_i=\mathrm{d}u=\Delta x_i$. 因此，在多元情况下同样规定：自变量每一分量的微分就是该分量的改变量，即 $\mathrm{d}x_i=\Delta x_i(i=1,2,\cdots,n)$. 回到原来的函数 $u=f(\boldsymbol{x})$，即得

$$\mathrm{d}u=a_1\mathrm{d}x_1+a_2\mathrm{d}x_2+\cdots+a_n\mathrm{d}x_n.$$

定理 7.2.1　设 n 元函数 $u=f(\boldsymbol{x})$ 在点 $\boldsymbol{x}_0$ 可微，则 f 在点 $\boldsymbol{x}_0$ 连续．

证　由于 $u=f(\boldsymbol{x})$ 在 $\boldsymbol{x}_0$ 点可微，所以存在 $(a_1,a_2,\cdots,a_n)\in\mathbf{R}^n$，使得

$$\Delta u=f(\boldsymbol{x}_0+\Delta\boldsymbol{x})-f(\boldsymbol{x}_0)=\sum_{i=1}^n a_i\Delta x_i+o(\|\Delta\boldsymbol{x}\|),$$

因而当 $\|\Delta\boldsymbol{x}\|=\left(\sum_{i=1}^n\Delta x_i^2\right)^{\frac{1}{2}}\to 0$ 时，$\Delta u\to 0$，即 f 在点 $\boldsymbol{x}_0$ 连续．

证毕

当多元函数 f 在区域 D 上每一点处均可微时，称 f 在 D 上**可微**，此时也称 f 是 D 上的**可微函数**．由上面的定理可知，区域上可微的函数在其上也连续．

偏导数

在全微分定义中出现的线性函数 k 自然与 $\boldsymbol{x}_0$ 有关，因而在 $\mathrm{d}u$ 的表达式 $\mathrm{d}u=a_1\mathrm{d}x_1+a_2\mathrm{d}x_2+\cdots+a_n\mathrm{d}x_n$ 中出现的 $a_1,a_2,\cdots,a_n$ 应与 $\boldsymbol{x}_0$ 有关．我们来说明这些 a_i 就是将要引入的 f 在点 $\boldsymbol{x}_0$ 关于 x_i 的偏导数．

当函数 $u=f(\boldsymbol{x})$ 在 $\boldsymbol{x}_0=(x_1^0,x_2^0,\cdots,x_n^0)$ 点可微时，有 $(a_1,a_2,\cdots,a_n)\in\mathbf{R}^n$，使得

$$\Delta u=\sum_{i=1}^{n}a_i\Delta x_i+o(\|\Delta\boldsymbol{x}\|).$$

为了求出 a_1，应在上式中把 a_1"分离"出来，不妨取 $\Delta\boldsymbol{x}=(\Delta x_1,0,\cdots,0)$，这时，$\Delta u$ 的表达式就是

$$f(x_1^0+\Delta x_1,x_2^0,\cdots,x_n^0)-f(x_1^0,x_2^0,\cdots,x_n^0)=a_1\Delta x_1+o(|\Delta x_1|).$$

由此可见

$$a_1=\lim_{\Delta x_1\to 0}\frac{1}{\Delta x_1}[f(x_1^0+\Delta x_1,x_2^0,\cdots,x_n^0)-f(x_1^0,x_2^0,\cdots,x_n^0)].$$

这就是说，如果把 n 个变量中的 $n-1$ 个变量 $x_2,x_3,\cdots,x_n$ 固定下来，得到一个以 x_1 为自变量的一元函数，这个一元函数的导数就是要寻找的 a_1．类似地，如果将 n 个变量中除 x_i 外其余 $n-1$ 个变量固定下来，把 f 作为 x_i 的一元函数，其导数即 a_i．由此，我们引入以下定义．

定义 7.2.2　设 n 元函数 $u=f(\boldsymbol{x})$ 在点 $\boldsymbol{x}_0=(x_1^0,x_2^0,\cdots,x_n^0)$ 的某邻域上有定义，如果极限

$$\lim_{\Delta x_1\to 0}\frac{1}{\Delta x_1}[f(x_1^0+\Delta x_1,x_2^0,\cdots,x_n^0)-f(x_1^0,x_2^0,\cdots,x_n^0)]$$

存在，则称此极限值为函数 f 在点 $\boldsymbol{x}_0$ 对于 x_1 的**偏导数**，记作 $\left.\dfrac{\partial u}{\partial x_1}\right|_{\boldsymbol{x}_0}$，或 $\dfrac{\partial u}{\partial x_1}(\boldsymbol{x}_0)$，$f'_{x_1}(\boldsymbol{x}_0)$，$u'_{x_1}(\boldsymbol{x}_0)$．

类似地，可以定义 $\left.\dfrac{\partial u}{\partial x_i}\right|_{\boldsymbol{x}_0}$，$i=2,\cdots,n$．

如果多元函数 $u=f(x_1,x_2,\cdots,x_n)$ 在区域 D 上每一点处均存在偏导数 $\dfrac{\partial u}{\partial x_i}$，则映射

$$\boldsymbol{x}\in D\to\frac{\partial u}{\partial x_i}(\boldsymbol{x})$$

是区域 D 上的一个函数，称为 u 关于 x_i 的**偏导函数**，常简称为**偏导数**，记为 $\dfrac{\partial u}{\partial x_i}$，或 u'_{x_i}，f'_{x_i}，$\dfrac{\partial f}{\partial x_i}(i=1,2,\cdots,n)$．

若 n 元函数 $u=f(x_1,x_2,\cdots,x_n)$ 在点 $\boldsymbol{x}_0$ 关于每个变量 $x_i(i=1,2,\cdots,n)$ 均可偏导，就称 f 在点 $\boldsymbol{x}_0$ **可偏导**．若 f 在某区域 D 上每一点处均可偏导，则称它在 D 上可偏导．

由前面的讨论可得

定理 7.2.2　若 n 元函数 $u=f(\boldsymbol{x})$ 在点 $\boldsymbol{x}$ 可微，则它在该点处关于诸 $x_i(i=1,2,\cdots,n)$ 的偏导数均存在，而且

$$\mathrm{d}u=\frac{\partial u}{\partial x_1}\mathrm{d}x_1+\frac{\partial u}{\partial x_2}\mathrm{d}x_2+\cdots+\frac{\partial u}{\partial x_n}\mathrm{d}x_n.$$

值得注意的是：与一元函数不同，对多元函数而言，在某点处诸偏导数的存在性并不能保证它在该点处的可微性．事实上，诸偏导数的存在性甚至不能保证函数在该点的连续性．

例 7.2.2　二元函数

$$f(x,y)=\begin{cases}\dfrac{xy}{x^2+y^2}, & x^2+y^2\neq 0,\\ 0, & x^2+y^2=0.\end{cases}$$

连续、可偏导和可微的关系的进一步说明

由例 7.1.3 的讨论，已经知道此函数在点(0,0)的极限不存在，从而不连续；但是，这个函数在 x 轴上恒等于 0，在 y 轴上也恒等于 0，从而在点(0,0)两个偏导数均存在，且 $f'_x(0,0)=f'_y(0,0)=0$.

在上例中，二元函数在原点处偏导数存在，只反映了函数在原点处沿 x 轴和沿 y 轴方向上的变化特征．它可以保证函数在原点处沿 x 轴和沿 y 轴方向是连续变化的，但是，正如上一节指出的，这并不意味着它沿平面中任何方向上是连续变化的．

定理 7.2.3　若函数 $u=f(x_1,x_2,\cdots,x_n)$ 的偏导数 $\dfrac{\partial f}{\partial x_i}(i=1,2,\cdots,n)$ 在点 $\boldsymbol{x}_0$ 都连续，则函数 f 在点 $\boldsymbol{x}_0$ 处可微，而且

$$\mathrm{d}u=\sum_{i=1}^{n}\frac{\partial f}{\partial x_i}\mathrm{d}x_i.$$

证　为叙述方便，我们仅就 $n=2$ 的情况写出证明．

设函数 $u=f(x,y)$ 的偏导数 $\dfrac{\partial f}{\partial x},\dfrac{\partial f}{\partial y}$ 在点 (x,y) 连续，此时要证明的是，f 在该点处可微，且 $\mathrm{d}u=\dfrac{\partial f}{\partial x}\mathrm{d}x+\dfrac{\partial f}{\partial y}\mathrm{d}y$.

考察

$$\begin{aligned}\Delta u&=f(x+\Delta x,y+\Delta y)-f(x,y)\\&=[f(x+\Delta x,y+\Delta y)-f(x,y+\Delta y)]+[f(x,y+\Delta y)-f(x,y)].\end{aligned}$$

利用微分中值定理可知，存在 $\theta_1,\theta_2\in(0,1)$，使得

$$\Delta u=f'_x(x+\theta_1\Delta x,y+\Delta y)\Delta x+f'_y(x,y+\theta_2\Delta y)\Delta y.$$

由 f'_x，f'_y 的连续性可知，当 $\sqrt{(\Delta x)^2+(\Delta y)^2}\to 0$ 时，

$$f'_x(x+\theta_1\Delta x,y+\Delta y)=f'_x(x,y)+\alpha,$$

$$f'_y(x,y+\theta_2\Delta y)=f'_y(x,y)+\beta,$$

其中 $\alpha=o(1)$，$\beta=o(1)$．这样

$$\Delta u=f'_x(x,y)\Delta x+f'_y(x,y)\Delta y+\alpha\Delta x+\beta\Delta y,$$

而

$$\frac{|\alpha\Delta x+\beta\Delta y|}{\sqrt{(\Delta x)^2+(\Delta y)^2}}\leqslant|\alpha|+|\beta|=o(1),$$

可见 $\alpha\Delta x+\beta\Delta y=o(\sqrt{(\Delta x)^2+(\Delta y)^2})$，因此，

$$\Delta u=f'_x(x,y)\Delta x+f'_y(x,y)\Delta y+o(\sqrt{(\Delta x)^2+(\Delta y)^2}).$$

这就是说，f 在点 (x,y) 可微，且

$$du=f'_x(x,y)dx+f'_y(x,y)dy.$$

证毕

偏导数与全微分的计算

由定义可知，偏导数的计算与一元函数求导的方法完全相同．若求 n 元函数对于某个变量的偏导数，只需把 n 个自变量中的那个变量作为变量，其余 $n-1$ 个均视作常量，即把固定了 $n-1$ 个变量的 n 元函数视为该变量的一元函数，采用一元函数求导法即可．

关于多元函数求偏导数的运算也遵循类似于一元函数求导的四则运算法则．

例 7.2.3　设 $z=x^3\sin(y^2)+\frac{1}{2}\ln(x^2+y^2)$，求 $\frac{\partial z}{\partial x}$ 和 $\frac{\partial z}{\partial y}$.

解　利用求导法则，得

$$\frac{\partial z}{\partial x}=3x^2\sin(y^2)+\frac{1}{2}\cdot\frac{1}{x^2+y^2}\frac{\partial}{\partial x}(x^2+y^2)=3x^2\sin(y^2)+\frac{x}{x^2+y^2},$$

$$\frac{\partial z}{\partial y}=x^3\cos(y^2)\frac{\partial}{\partial y}(y^2)+\frac{1}{2}\cdot\frac{1}{x^2+y^2}\frac{\partial}{\partial y}(x^2+y^2)=2x^3y\cos(y^2)+\frac{y}{x^2+y^2}.$$

例 7.2.4　在热力学中，已知压强 P，体积 V 和温度 T 之间满足理想气体状态方程：$PV=kT$，其中 k 是常数．证明

$$\frac{\partial P}{\partial V}\cdot\frac{\partial V}{\partial T}\cdot\frac{\partial T}{\partial P}=-1.$$

证　由 $P=k\frac{T}{V}$，得 $\frac{\partial P}{\partial V}=-k\frac{T}{V^2}$；由 $V=k\frac{T}{P}$，得 $\frac{\partial V}{\partial T}=\frac{k}{P}$；由 $T=\frac{1}{k}PV$，得 $\frac{\partial T}{\partial P}=\frac{1}{k}V$. 因此，

$$\frac{\partial P}{\partial V}\cdot\frac{\partial V}{\partial T}\cdot\frac{\partial T}{\partial P}=-\frac{kT}{V^2}\cdot\frac{k}{P}\cdot\frac{V}{k}=-\frac{kT}{PV}=-1.$$

证毕

例 7.2.5　设 $f(x,y)=x^3+(y^2-1)\arctan\sqrt{\frac{x}{y}}$，求 $f'_x(x,1)$，$f'_y(x,1)$.

解　由于 $f(x,1)=x^3$，所以

$$f'_x(x,1)=3x^2.$$

由于 $f'_y(x,y)=2y\arctan\sqrt{\frac{x}{y}}+(y^2-1)\left(\arctan\sqrt{\frac{x}{y}}\right)'_y$，所以

$$f'_y(x,1)=2\arctan\sqrt{x}.$$

例 7.2.6　设 $z=xe^{xy}+y$，求它在点 $(1,1)$ 处的全微分．

解　易计算

$$dz=z'_xdx+z'_ydy=e^{xy}(1+xy)dx+(x^2e^{xy}+1)dy,$$

因此，

$$dz\big|_{(1,1)}=2e\,dx+(e+1)\,dy.$$

设二元函数 $u=f(x,y)$ 在点 (x_0,y_0) 可微，则在点 (x_0,y_0) 附近，$\Delta u=du+o(\sqrt{(\Delta x)^2+(\Delta y)^2})$，即

$$\begin{aligned}f(x_0+\Delta x,y_0+\Delta y)&\approx f(x_0,y_0)+du\\&=f(x_0,y_0)+f'_x(x_0,y_0)\Delta x+f'_y(x_0,y_0)\Delta y.\end{aligned}$$

这就是全微分用于近似计算的关系式．它说明在点 (x_0,y_0) 附近，可以用函数

$$L(x,y)=f(x_0,y_0)+f'_x(x_0,y_0)(x-x_0)+f'_y(x_0,y_0)(y-y_0)$$

来近似 $f(x,y)$．函数 L 称为 f 在点 (x_0,y_0) 的**线性化**或**线性逼近**，而且在 (x_0,y_0) 附近的近似

$$f(x,y)\approx L(x,y)$$

也常称为 f 的线性逼近．

例 7.2.7　求函数 $f(x,y)=x^y$ 在点 $(1,2)$ 的线性化，并求 $(1.04)^{2.02}$ 的近似值．

解　由计算得，$f'_x(x,y)=yx^{y-1}$，$f'_y(x,y)=x^y\ln x$．于是

$$f(1,2)=1,\quad f'_x(1,2)=2,\quad f'_y(1,2)=0.$$

所以函数 f 在点 $(1,2)$ 的线性化为

$$\begin{aligned}L(x,y)&=f(1,2)+f'_x(1,2)(x-1)+f'_y(1,2)(y-2)\\&=1+2\cdot(x-1)+0\cdot(y-2)=2x-1.\end{aligned}$$

于是

$$(1.04)^{2.02}=f(1.04,2.02)\approx L(1.04,2.02)=2\times1.04-1=1.08.$$

例 7.2.8　由电阻 R_1，R_2 和 R_3（单位：Ω）（见图 7.2.1）并联配线产生的电阻 R 由下式计算：

$$\frac{1}{R}=\frac{1}{R_1}+\frac{1}{R_2}+\frac{1}{R_3}.$$

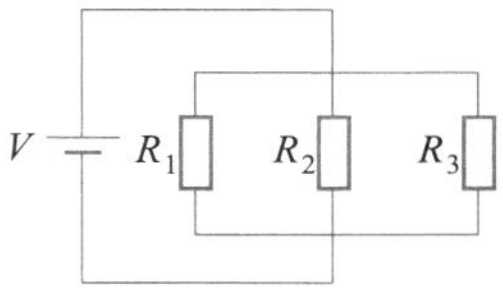

图 7.2.1

（1）设计要求 $R_1=100$，$R_2=400$，$R_3=200$，但购买的电阻的阻值可能会有一定的偏差，问 R 的电阻值对 R_1，R_2 和 R_3 的阻值偏差哪一个更敏感？

（2）若对于 R_1，R_2 和 R_3 购买的电阻的阻值分别为 100.1，400.2 和 200.1，问 R 比设计要求改变了多少？

解　对 $\frac{1}{R}=\frac{1}{R_1}+\frac{1}{R_2}+\frac{1}{R_3}$ 关于 R_1 求偏导，得

$$-\frac{1}{R^2}\frac{\partial R}{\partial R_1}=-\frac{1}{R_1^2},$$

因此

$$\frac{\partial R}{\partial R_1}=\left(\frac{R}{R_1}\right)^2.$$

同理

$$\frac{\partial R}{\partial R_2}=\left(\frac{R}{R_2}\right)^2,\quad \frac{\partial R}{\partial R_3}=\left(\frac{R}{R_3}\right)^2.$$

于是

$$dR=\frac{\partial R}{\partial R_1}dR_1+\frac{\partial R}{\partial R_2}dR_2+\frac{\partial R}{\partial R_3}dR_3=\left(\frac{R}{R_1}\right)^2dR_1+\left(\frac{R}{R_2}\right)^2dR_2+\left(\frac{R}{R_3}\right)^2dR_3.$$

（1） 当 $R_1=100, R_2=400, R_3=200$ 时，由上式得

$$dR=\frac{1}{10\ 000}R^2dR_1+\frac{1}{160\ 000}R^2dR_2+\frac{1}{40\ 000}R^2dR_3.$$

这说明，当 R_1, R_2 和 R_3 作同样微小变化时，R_1 的变化对 R 变化的贡献是 R_2 的 16 倍，是 R_3 的 4 倍，因此 R 的电阻值对 R_1 的阻值偏差更敏感．

（2） 取 $R_1=100, R_2=400, R_3=200, \Delta R_1=0.1, \Delta R_2=0.2, \Delta R_3=0.1$，此时

$$R=\frac{R_1R_2R_3}{R_1R_2+R_2R_3+R_1R_3}=\frac{100\times400\times200}{100\times400+400\times200+100\times200}=\frac{400}{7}.$$

因此 R 的改变为

$$\begin{aligned}\Delta R &\approx dR=\left(\frac{R}{R_1}\right)^2\Delta R_1+\left(\frac{R}{R_2}\right)^2\Delta R_2+\left(\frac{R}{R_3}\right)^2\Delta R_3\\ &=\left(\frac{4}{7}\right)^2\times0.1+\left(\frac{1}{7}\right)^2\times0.2+\left(\frac{2}{7}\right)^2\times0.1\approx0.045.\end{aligned}$$

空间曲面的切平面（1）

二元函数的偏导数也可作出类似于一元函数导数的几何解释：可偏导函数 $z=f(x,y)$ 的图像是 $\mathbf{R}^3$ 中一个曲面 S，该曲面被平面 $y=y_0$ 所截，得一曲线

$$C_1:\begin{cases}z=f(x,y),\\ y=y_0.\end{cases}$$

这条曲线在点 $P(x_0,y_0,f(x_0,y_0))$ 处的切线 PT_1 的斜率，即它与 x 轴正向夹角的正切，就是 $f'_x(x_0,y_0)$．同样的，$f'_y(x_0,y_0)$ 就是截线

$$C_2:\begin{cases}z=f(x,y),\\ x=x_0\end{cases}$$

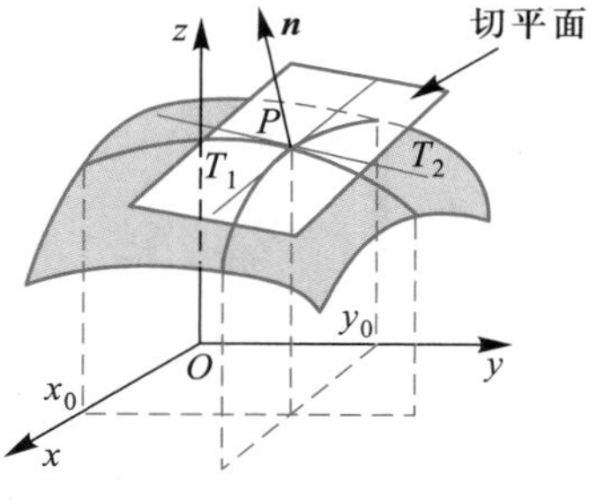

图 7.2.2

在点 P 处切线 PT_2 的斜率（见图 7.2.2）．若函数 $z=f(x,y)$ 在点 P 还是可微的，我们定义切线 PT_1 和 PT_2 所在的平面为曲面 S 在点 P 的**切平面**．由于该平面的法向量与 PT_1 和 PT_2 垂直，故可取为

$$\boldsymbol{n}=\begin{vmatrix}\boldsymbol{i} & \boldsymbol{j} & \boldsymbol{k}\\ 1 & 0 & f'_x(x_0,y_0)\\ 0 & 1 & f'_y(x_0,y_0)\end{vmatrix}=-f'_x(x_0,y_0)\boldsymbol{i}-f'_y(x_0,y_0)\boldsymbol{j}+\boldsymbol{k}.$$

从而曲面 S 在点 P 处的切平面方程为

$$f'_x(x_0,y_0)(x-x_0)+f'_y(x_0,y_0)(y-y_0)-(z-f(x_0,y_0))=0.$$

与这个切平面垂直的向量称为曲面 S 在点 P 的**法向量**．显然，$\boldsymbol{n}$ 就是 S 在点 P 的一个法向量．

过点 P 且与曲面 S 在点 P 的切平面垂直的直线称为该曲面在点 P 的**法线**．从以上计算

可知，曲面在点 P 的法线方程为

$$\frac{x-x_0}{f'_x(x_0,y_0)}=\frac{y-y_0}{f'_y(x_0,y_0)}=\frac{z-z_0}{-1}.$$

若函数 $z=f(x,y)$ 在点 (x_0,y_0) 可微，则

$$f(x,y)=f(x_0,y_0)+f'_x(x_0,y_0)(x-x_0)+f'_y(x_0,y_0)(y-y_0)+ o\left(\sqrt{(x-x_0)^2+(y-y_0)^2}\right),$$

将它与曲面 S 在点 (x_0,y_0,z_0) $(z_0=f(x_0,y_0))$ 的切平面方程比较一下就知道：在点 (x_0,y_0,z_0) 附近，曲面 S 可以用它在该点的切平面近似，其误差是比 $\sqrt{(x-x_0)^2+(y-y_0)^2}$ 高阶的无穷小.

例 7.2.9　求椭圆抛物面 $z=2x^2+y^2$ 在点 $(1,1,3)$ 处的切平面方程和法线方程.

解　设 $f(x,y)=2x^2+y^2$，则

$$f'_x(1,1)=4x\big|_{(1,1)}=4,\quad f'_y(1,1)=2y\big|_{(1,1)}=2.$$

从而可得抛物面在点 $(1,1,3)$ 的切平面方程为

$$4(x-1)+2(y-1)-(z-3)=0,$$

即

$$4x+2y-z=3.$$

该曲面在点 $(1,1,3)$ 的法线方程为

$$\frac{x-1}{4}=\frac{y-1}{2}=\frac{z-3}{-1}.$$

高阶偏导数

一般说来，多元函数 $u=f(x_1,x_2,\cdots,x_n)$ 关于 x_i 的（一阶）偏导数 $\frac{\partial u}{\partial x_i}=f'_{x_i}(x_1,x_2,\cdots,x_n)$ 仍是一个多元函数．若它还可偏导，则它对于 x_j 的偏导数 $\frac{\partial}{\partial x_j}\left(\frac{\partial u}{\partial x_i}\right)=(f'_{x_i})'_{x_j}$ 称为 u 对于 x_i,x_j 的**二阶偏导数**，记作

$$\frac{\partial^2 u}{\partial x_j\partial x_i}\quad \text{或}\quad f''_{x_ix_j}(x_1,x_2,\cdots,x_n).$$

当 $j=i$ 时，称为 u 对于 x_i 的二阶偏导数，记作 $\frac{\partial^2 u}{\partial x_i^2}$ 或 $f''_{x_i^2}(x_1,x_2,\cdots,x_n)$.

例 7.2.10　设二元函数 $f(x,y)=\mathrm{e}^{xy}+x\sin y$，求其各个二阶偏导数.

解　由求导法则得

$$f'_x(x,y)=y\mathrm{e}^{xy}+\sin y,\quad f'_y(x,y)=x\mathrm{e}^{xy}+x\cos y,$$

$$f''_{xx}(x,y)=y^2\mathrm{e}^{xy},\quad f''_{xy}(x,y)=\mathrm{e}^{xy}(yx+1)+\cos y,$$

$$f''_{yx}(x,y)=\mathrm{e}^{xy}(xy+1)+\cos y,\quad f''_{yy}(x,y)=x^2\mathrm{e}^{xy}-x\sin y.$$

在上例中，对二元函数 f 的偏导数 f'_x 和 f'_y 继续作求偏导数的运算，得到了四个二阶偏导数：

$$f''_{xx},\quad f''_{xy},\quad f''_{yx},\quad f''_{yy}.$$

注意,由于求导运算次序不同,两个混合偏导数f''_{xy}和f''_{yx}未必相同(见习题第9题),但是,在这两个混合偏导数均为连续的条件下,它们是相等的.

定理 7.2.4(Schwarz(施瓦茨)定理)　如果函数$u=f(x,y)$的偏导数$f''_{xy}(x,y)$和$f''_{yx}(x,y)$在点(x_0,y_0)连续,那么

$$f''_{xy}(x_0,y_0)=f''_{yx}(x_0,y_0).$$

证　考察下面的代数和:

$$S=f(x_0+\Delta x,y_0+\Delta y)-f(x_0+\Delta x,y_0)-f(x_0,y_0+\Delta y)+f(x_0,y_0).$$

引入辅助函数φ和ψ:

$$\varphi(x)=f(x,y_0+\Delta y)-f(x,y_0),$$

$$\psi(y)=f(x_0+\Delta x,y)-f(x_0,y).$$

利用微分学中值定理,可得

$$\begin{aligned}S&=\varphi(x_0+\Delta x)-\varphi(x_0)=\varphi'(x_0+\theta_1\Delta x)\Delta x\\&=[f'_x(x_0+\theta_1\Delta x,y_0+\Delta y)-f'_x(x_0+\theta_1\Delta x,y_0)]\Delta x\\&=f''_{xy}(x_0+\theta_1\Delta x,y_0+\theta_2\Delta y)\Delta y\Delta x,\end{aligned}$$

其中$0<\theta_1,\theta_2<1$. 同样的,利用微分学中值定理,又可得

$$\begin{aligned}S&=\psi(y_0+\Delta y)-\psi(y_0)=\psi'(y_0+\theta_3\Delta y)\Delta y\\&=[f'_y(x_0+\Delta x,y_0+\theta_3\Delta y)-f'_y(x_0,y_0+\theta_3\Delta y)]\Delta y\\&=f''_{yx}(x_0+\theta_4\Delta x,y_0+\theta_3\Delta y)\Delta x\Delta y,\end{aligned}$$

其中$0<\theta_3,\theta_4<1$. 由此得到

$$f''_{xy}(x_0+\theta_1\Delta x,y_0+\theta_2\Delta y)=f''_{yx}(x_0+\theta_4\Delta x,y_0+\theta_3\Delta y).$$

再根据f''_{xy}与f''_{yx}的连续性,得到

$$\begin{aligned}f''_{xy}(x_0,y_0)&=\lim_{(\Delta x,\Delta y)\to(0,0)}f''_{xy}(x_0+\theta_1\Delta x,y_0+\theta_2\Delta y)\\&=\lim_{(\Delta x,\Delta y)\to(0,0)}f''_{yx}(x_0+\theta_4\Delta x,y_0+\theta_3\Delta y)=f''_{yx}(x_0,y_0).\end{aligned}$$

证毕

类似地,我们把二阶偏导数的(一阶)偏导数称为三阶偏导数;一般地,把$n-1$阶偏导数的(一阶)偏导数称为n**阶偏导数**.

例如,$u=f(x,y)$先对x求$n-k$阶偏导数,再对y求k阶偏导数,所得的n阶偏导数可记作$\dfrac{\partial^n u}{\partial y^k\partial x^{n-k}}$或$f^{(n)}_{x^{n-k}y^k}$.

我们称一个函数的n阶偏导数在某点(或某区域上)连续,是指这个函数的各个n阶偏导数均在该点(或该区域上)连续.

定理7.2.4的结论对于n元函数的任意阶混合偏导数都是成立的,即高阶混合偏导数在偏导数连续的条件下与求导次序无关. 例如,当$u=f(x_1,\cdots,x_n)$的三阶偏导数连续时,有$f'''_{x_1x_2x_3}=f'''_{x_2x_1x_3}=f'''_{x_3x_2x_1}$等,这里不一一赘述.

例 7.2.11　设$u(x,y,z)=\sin(2x+3yz)$,求$u^{(4)}_{xxyz}$.

解　由求导法则得

$$u'_x=2\cos(2x+3yz),$$

$$u''_{xx}=-4\sin(2x+3yz),$$
$$u'''_{xxy}=-12z\cos(2x+3yz),$$
$$u^{(4)}_{xxyz}=-12\cos(2x+3yz)+36yz\sin(2x+3yz).$$

例 7.2.12　证明：若 $u=\dfrac{1}{r}$，其中 $r=\sqrt{(x-a)^2+(y-b)^2+(z-c)^2}$，则

$$\frac{\partial^2 u}{\partial x^2}+\frac{\partial^2 u}{\partial y^2}+\frac{\partial^2 u}{\partial z^2}=0.$$

证　直接求导可得 $\dfrac{\partial r}{\partial x}=\dfrac{x-a}{r}$. 又易知

$$u'_x=\frac{\mathrm{d}u}{\mathrm{d}r}\frac{\partial r}{\partial x}=-\frac{x-a}{r^3}.$$

同样的，

$$u'_y=-\frac{y-b}{r^3},\quad u'_z=-\frac{z-c}{r^3}.$$

再求导，得到

$$\begin{aligned}\frac{\partial^2 u}{\partial x^2}&=-\frac{1}{r^6}\left[r^3-(x-a)\cdot 3r^2\frac{\partial r}{\partial x}\right]\\&=\frac{-1}{r^6}\left[r^3-3(x-a)r^2\cdot\frac{x-a}{r}\right]=-\frac{1}{r^3}+\frac{3}{r^5}(x-a)^2.\end{aligned}$$

同样可得

$$\frac{\partial^2 u}{\partial y^2}=-\frac{1}{r^3}+\frac{3}{r^5}(y-b)^2,\quad \frac{\partial^2 u}{\partial z^2}=-\frac{1}{r^3}+\frac{3}{r^5}(z-c)^2.$$

于是，

$$\frac{\partial^2 u}{\partial x^2}+\frac{\partial^2 u}{\partial y^2}+\frac{\partial^2 u}{\partial z^2}=-\frac{3}{r^3}+\frac{3}{r^5}[(x-a)^2+(y-b)^2+(z-c)^2]=0.$$

证毕

例 7.2.13　证明函数 $u(x,t)=\sin(x-at)$ 满足**波动方程**

$$\frac{\partial^2 u}{\partial t^2}=a^2\frac{\partial^2 u}{\partial x^2}.$$

证　由直接计算可得

$$u'_x=\cos(x-at),\quad u''_{xx}=-\sin(x-at),$$
$$u'_t=-a\cos(x-at),\quad u''_{tt}=-a^2\sin(x-at).$$

所以 $u''_{tt}=a^2u''_{xx}$，即函数 u 满足波动方程.

证毕

可微映射

最后，我们讨论从 $\mathbf{R}^n$ 中某区域到 $\mathbf{R}^m$ 的映射的可微性. 设 $\boldsymbol{f}$ 是一个这样的映射，前面已经指出，它对应于 m 个 n 元函数：

$$\begin{cases} u_1=f_1(x_1,x_2,\cdots,x_n), \\ u_2=f_2(x_1,x_2,\cdots,x_n), \\ \cdots\cdots\cdots\cdots \\ u_m=f_m(x_1,x_2,\cdots,x_n). \end{cases}$$

类似于多元函数可微性的概念,可以引入映射的可微性．

定义 7.2.3　设映射 $\boldsymbol{f}$ 定义于 $\boldsymbol{x}_0$ 的某邻域,如果对于自变量 $\boldsymbol{x}=(x_1,x_2,\cdots,x_n)^{\mathrm{T}}$ 的改变量 $\Delta\boldsymbol{x}=(\Delta x_1,\Delta x_2,\cdots,\Delta x_n)^{\mathrm{T}}$,因变量 $\boldsymbol{u}=(u_1,u_2,\cdots,u_m)^{\mathrm{T}}$ 的改变量 $\Delta\boldsymbol{u}=(\Delta u_1,\Delta u_2,\cdots,\Delta u_m)^{\mathrm{T}}$ 可以分解为

$$\Delta\boldsymbol{u}=\boldsymbol{f}(\boldsymbol{x}_0+\Delta\boldsymbol{x})-\boldsymbol{f}(\boldsymbol{x}_0)=\boldsymbol{J}\Delta\boldsymbol{x}+o(\|\Delta\boldsymbol{x}\|),$$

其中 $\boldsymbol{J}$ 是一个与 $\Delta\boldsymbol{x}$ 无关的 $m\times n$ 矩阵,$o(\|\Delta\boldsymbol{x}\|)$ 是 m 维空间 $\mathbf{R}^m$ 中的向量,它的各分量均是比 $\|\Delta\boldsymbol{x}\|$ 高阶的无穷小量,则称映射 $\boldsymbol{f}$ 在点 $\boldsymbol{x}_0$ **可微**,其微分为

$$\mathrm{d}\boldsymbol{u}=\boldsymbol{J}\mathrm{d}\boldsymbol{x},$$

其中 $\mathrm{d}\boldsymbol{u}=(\mathrm{d}u_1,\mathrm{d}u_2,\cdots,\mathrm{d}u_m)^{\mathrm{T}}$,$\mathrm{d}\boldsymbol{x}=(\mathrm{d}x_1,\mathrm{d}x_2,\cdots,\mathrm{d}x_n)^{\mathrm{T}}$. 这里的 $\boldsymbol{J}$ 称作映射 $\boldsymbol{f}$ 在点 $\boldsymbol{x}_0$ 的 **Jacobi 矩阵**,也称作映射 $\boldsymbol{f}$ 在点 $\boldsymbol{x}_0$ 的**导数**,记作 $\boldsymbol{f}'(\boldsymbol{x}_0)$ 或 $D\boldsymbol{f}(\boldsymbol{x}_0)$,$\boldsymbol{J}_f(\boldsymbol{x}_0)$.

如果 $\boldsymbol{f}$ 在区域 D 上的每一点处可微,则称 $\boldsymbol{f}$ 为 D 上的**可微映射**．

注　(1) 在定义中,我们实际上已采用了规定:自变量的微分等于自变量的改变量,即 $\mathrm{d}\boldsymbol{x}=\Delta\boldsymbol{x}$.

(2) 映射的导数是一个矩阵,从而它确定了一个线性变换(映射). 因此,为叙述与表示方便,本书在涉及高维空间中映射(向量值函数)的微分或导数的运算时,将 $\mathbf{R}^n$ 中的元素以列向量形式表示．但注意在讨论数值函数、空间或平面上的点时,仍常用行向量表示．

定理 7.2.5　设 $\boldsymbol{f}$ 是从 $\mathbf{R}^n$ 上某区域 D 到 $\mathbf{R}^m$ 的映射,

$$\boldsymbol{f}:\quad (x_1,x_2,\cdots,x_n)^{\mathrm{T}}\mapsto(u_1,u_2,\cdots,u_m)^{\mathrm{T}},$$

其中 $u_i=f_i(x_1,x_2,\cdots,x_n)$ $(i=1,2,\cdots,m)$,则映射 $\boldsymbol{f}$ 在点 $\boldsymbol{x}_0(\in D)$ 可微的充分必要条件是诸 f_i 在点 $\boldsymbol{x}_0$ 均可微．当 $\boldsymbol{f}$ 在点 $\boldsymbol{x}_0$ 可微时,相应的 Jacobi 矩阵为

$$\boldsymbol{J}=\boldsymbol{f}'(\boldsymbol{x}_0)=\left.\begin{pmatrix} \dfrac{\partial f_1}{\partial x_1} & \dfrac{\partial f_1}{\partial x_2} & \cdots & \dfrac{\partial f_1}{\partial x_n} \\ \dfrac{\partial f_2}{\partial x_1} & \dfrac{\partial f_2}{\partial x_2} & \cdots & \dfrac{\partial f_2}{\partial x_n} \\ \vdots & \vdots & & \vdots \\ \dfrac{\partial f_m}{\partial x_1} & \dfrac{\partial f_m}{\partial x_2} & \cdots & \dfrac{\partial f_m}{\partial x_n} \end{pmatrix}\right|_{x_0}.$$

且此时成立

$$\mathrm{d}\boldsymbol{u}=\boldsymbol{f}'(\boldsymbol{x}_0)\mathrm{d}\boldsymbol{x}.$$

证　根据定义,映射 $\boldsymbol{f}$ 在点 $\boldsymbol{x}_0$ 可微,即存在与 $\Delta\boldsymbol{x}$ 无关的 $m\times n$ 矩阵 $\boldsymbol{J}$,使得

$$\boldsymbol{f}(\boldsymbol{x}_0+\Delta\boldsymbol{x})-\boldsymbol{f}(\boldsymbol{x}_0)=\boldsymbol{J}\Delta\boldsymbol{x}+o(\|\Delta\boldsymbol{x}\|),$$

其中 $o(\|\Delta\boldsymbol{x}\|)\in\mathbf{R}^m$,其每个分量均是比 $\|\Delta\boldsymbol{x}\|$ 高阶的无穷小量．设 $\boldsymbol{J}=(k_{ij})_{m\times n}$,上式又相当于

$$f_i(\boldsymbol{x}_0+\Delta\boldsymbol{x})-f_i(\boldsymbol{x}_0)=\sum_{j=1}^{n}k_{ij}\Delta x_j+o(\|\Delta\boldsymbol{x}\|),\quad i=1,2,\cdots,m.$$

这就等价于每个 f_i 在点 $\boldsymbol{x}_0$ 均可微，且此时

$$k_{ij}=\left.\frac{\partial f_i}{\partial x_j}\right|_{\boldsymbol{x}_0},\quad i=1,2,\cdots,m;j=1,2,\cdots,n.$$

证毕

例 7.2.14　设映射 $\boldsymbol{f}$ 定义为

$$\boldsymbol{f}(x,y,z)=\begin{pmatrix}3x+ze^y\\x^3+y^2\sin z\end{pmatrix},$$

求 $\boldsymbol{f}$ 在 (x,y,z) 处的 Jacobi 矩阵．

解　记分量函数

$$f_1(x,y,z)=3x+ze^y,\quad f_2(x,y,z)=x^3+y^2\sin z,$$

则 $\boldsymbol{f}$ 在 (x,y,z) 处的 Jacobi 矩阵

$$\boldsymbol{f}'(x,y,z)=\begin{pmatrix}\dfrac{\partial f_1}{\partial x}&\dfrac{\partial f_1}{\partial y}&\dfrac{\partial f_1}{\partial z}\\\dfrac{\partial f_2}{\partial x}&\dfrac{\partial f_2}{\partial y}&\dfrac{\partial f_2}{\partial z}\end{pmatrix}=\begin{pmatrix}3&ze^y&e^y\\3x^2&2y\sin z&y^2\cos z\end{pmatrix}.$$

例 7.2.15　设 $D=\{(r,\theta)\mid 0<r<+\infty,-\pi<\theta\leqslant\pi\}$，映射 $\boldsymbol{f}:D\to\mathbf{R}^2$ 为

$$\boldsymbol{f}:(r,\theta)^{\mathrm{T}}\mapsto(x,y)^{\mathrm{T}},$$

其中

$$\begin{cases}x=r\cos\theta,\\y=r\sin\theta.\end{cases}$$

试求 $\boldsymbol{f}$ 在点 (r,θ) 处的 Jacobi 矩阵及 $\boldsymbol{f}$ 的微分．

解　映射 $\boldsymbol{f}$ 的 Jacobi 矩阵为

$$\boldsymbol{J}_f=\begin{pmatrix}\dfrac{\partial x}{\partial r}&\dfrac{\partial x}{\partial\theta}\\\dfrac{\partial y}{\partial r}&\dfrac{\partial y}{\partial\theta}\end{pmatrix}=\begin{pmatrix}\cos\theta&-r\sin\theta\\\sin\theta&r\cos\theta\end{pmatrix}.$$

因此，$\boldsymbol{f}$ 的微分为

$$\mathrm{d}\boldsymbol{f}=\begin{pmatrix}\mathrm{d}x\\\mathrm{d}y\end{pmatrix}=\begin{pmatrix}\cos\theta&-r\sin\theta\\\sin\theta&r\cos\theta\end{pmatrix}\begin{pmatrix}\mathrm{d}r\\\mathrm{d}\theta\end{pmatrix}=\begin{pmatrix}\cos\theta\mathrm{d}r-r\sin\theta\mathrm{d}\theta\\\sin\theta\mathrm{d}r+r\cos\theta\mathrm{d}\theta\end{pmatrix}.$$

空间曲线的切线（1）

前面已经指出，一条空间曲线 Γ 可以视作从 $\mathbf{R}$ 上某区间 I 到 $\mathbf{R}^3$ 的映射．设 Γ 对应于映射 $\boldsymbol{r}:t\mapsto(x,y,z)^{\mathrm{T}}$，其中

$$\begin{cases}x=x(t),\\y=y(t),\quad t\in I.\\z=z(t),\end{cases}$$

如果 $x(t),y(t),z(t)$ 关于 t 都具有连续导数,且 $(x'(t),y'(t),z'(t))^{\mathrm{T}}\neq\mathbf{0}$,则称相应的空间曲线为**光滑曲线**.

如果 Γ 是一条光滑的空间曲线,现在来考察 Γ 在点 $P_0(x(t_0),y(t_0),z(t_0))$ 处的切线.

切线被视作割线的极限位置. 在 Γ 上另取一点 $P_1(x(t),y(t),z(t))$,则过点 P_0 和 P_1 的割线方程为

$$\frac{x-x(t_0)}{x(t)-x(t_0)}=\frac{y-y(t_0)}{y(t)-y(t_0)}=\frac{z-z(t_0)}{z(t)-z(t_0)}.$$

在上述三个分母上均除以 $t-t_0$,得

$$\frac{x-x(t_0)}{\dfrac{x(t)-x(t_0)}{t-t_0}}=\frac{y-y(t_0)}{\dfrac{y(t)-y(t_0)}{t-t_0}}=\frac{z-z(t_0)}{\dfrac{z(t)-z(t_0)}{t-t_0}}.$$

再令 $t\to t_0$,注意到 Γ 是光滑曲线,三个分母的极限均存在且不全为零,即得 Γ 在点 P_0 的切线方程

$$\frac{x-x(t_0)}{x'(t_0)}=\frac{y-y(t_0)}{y'(t_0)}=\frac{z-z(t_0)}{z'(t_0)}.$$

过点 P_0 且与 Γ 在该点的切线垂直的平面,称为 Γ 在点 P_0 的**法平面**. 显然这个法平面的方程为

$$x'(t_0)(x-x(t_0))+y'(t_0)(y-y(t_0))+z'(t_0)(z-z(t_0))=0.$$

曲线 Γ 在点 P_0 之切线的方向向量称为 Γ 在点 P_0 的**切向量**. 显然,映射 $\boldsymbol{r}$ 在点 t_0 的导数(即其 Jacobi 矩阵)为

$$\boldsymbol{r}'(t_0)=(x'(t_0),y'(t_0),z'(t_0))^{\mathrm{T}},$$

因此 $\boldsymbol{r}'(t_0)$ 为曲线 Γ 在点 P_0 的切向量. 由此可见,光滑曲线即指其单位切向量可以连续变化的曲线.

例 7.2.16　求曲线 $x=\dfrac{t}{1+t},y=\dfrac{1+t}{t},z=t^2$ 在 $t=1$ 所对应的点的切线方程与法平面方程.

解　显然

$$x'=\frac{1}{(1+t)^2},\quad y'=-\frac{1}{t^2},\quad z'=2t.$$

$t=1$ 所对应的点为 $\left(\dfrac{1}{2},2,1\right)$,曲线在该点的切向量可取为 $\left.\left(\dfrac{1}{(1+t)^2},-\dfrac{1}{t^2},2t\right)^{\mathrm{T}}\right|_{t=1}=\left(\dfrac{1}{4},-1,2\right)^{\mathrm{T}}$,于是所求切线方程为

$$\frac{x-\dfrac{1}{2}}{\dfrac{1}{4}}=\frac{y-2}{-1}=\frac{z-1}{2},$$

即

$$\frac{x-\dfrac{1}{2}}{1}=\frac{y-2}{-4}=\frac{z-1}{8}.$$

进一步,所求法平面方程为

$$\frac{1}{4}\left(x-\frac{1}{2}\right)-(y-2)+2(z-1)=0,$$

即

$$2x-8y+16z-1=0.$$

习　题

1. 求下列函数的各个一阶偏导数:

(1) $z=x^3y+3x^2y-xy^3$;　　(2) $z=\frac{y}{x}+\frac{x}{y}$;

(3) $z=\ln\tan\frac{y}{x}$;　　(4) $z=x^{xy}$.

2. 计算下列函数在指定点的偏导数:

(1) $z=\arcsin\frac{x}{y}$在点(1,2)的 z'_x,z'_y;

(2) $u=\frac{1}{\sqrt{x^2+y^2+z^2}}$在点(1,2,-1)的 u'_x,u'_y,u'_z;

(3) $u=e^{3x+4y}\cos(2x+5z)$在点(-2,1,2)的 u'_x,u'_y,u'_z;

(4) $u=\sin^2x+\sin\left[(y-1)\ln\tan\sqrt{\frac{x}{y}}\right]$在点$\left(\frac{\pi}{4},1\right)$的 u'_x.

3. 求下列函数的全微分:

(1) $z=ax^2y+bx^2$;　　(2) $z=\tan^2(x^2+y^2)$;

(3) $z=\ln(x+\sqrt{x^2-y^2})$;　　(4) $z=xe^{-y}+ye^{-x}$;

(5) $z=\arctan\frac{y}{x^2}$;　　(6) $z=\int_x^y e^{t^2}dt$.

4. 求曲线$\begin{cases}z=\frac{1}{4}(x^2+y^2),\\ y=2\end{cases}$在点 $M_0(4,2,5)$ 的切线关于 x 轴的倾角,并求该切线的方程.

5. 讨论下列函数在(0,0)处的可微性:

(1) $z=\sqrt[3]{x}\cos y$;　　(2) $z=\begin{cases}\frac{2xy}{\sqrt{x^2+y^2}}, & x^2+y^2\neq0,\\ 0, & x^2+y^2=0.\end{cases}$

6. 用全微分求下列函数在指定点的近似值:

(1) $\sqrt{20-x^2-7y^2}$,在点(1.95,1.08);　　(2) $\ln(x-3y)$,在点(6.9,2.06).

7. 测得一矩形的长和宽分别为 20 cm 和 12 cm,可能的最大测量误差为 0.1 cm,试用全微分估计由测量值计算出的矩形面积的最大误差.

8. 求下列函数的二阶偏导数 $u''_{xx},u''_{xy},u''_{yy}$:

(1) $u=\sin(ax-by)$;　　(2) $u=e^{ax}\cos by$;

(3) $u=ye^{xy}$；　　　　(4) $u=x^{\ln y}$.

9. 设函数

$$f(x,y)=\begin{cases} xy\dfrac{x^2-y^2}{x^2+y^2}, & x^2+y^2\neq 0,\\ 0, & x^2+y^2=0.\end{cases}$$

试求 $f'_x(0,y)$ 及 $f'_y(x,0)$，并证明 $f''_{xy}(0,0)\neq f''_{yx}(0,0)$.

10. 设 $u=2\cos^2\left(x-\dfrac{t}{2}\right)$，证明：$2\dfrac{\partial^2 u}{\partial t^2}+\dfrac{\partial^2 u}{\partial x\partial t}=0$.

11. 证明：函数 $u(x,t)=\dfrac{1}{2a\sqrt{\pi t}}e^{-\frac{(x-b)^2}{4a^2t}}$ 满足热传导方程

$$\frac{\partial u}{\partial t}=a^2\frac{\partial^2 u}{\partial x^2}.$$

12. 证明：n 元函数 $u=(x_1^2+x_2^2+\cdots+x_n^2)^{\frac{2-n}{2}}$ 满足方程

$$u''_{x_1x_1}+u''_{x_2x_2}+\cdots+u''_{x_nx_n}=0\quad (n>2).$$

13. 设映射 $\boldsymbol{f}$ 为 $(x,y)^{\mathrm{T}}\mapsto(u,v)^{\mathrm{T}}$，其中的对应关系由下列函数组定义，试求出 $\boldsymbol{f}$ 的 Jacobi 矩阵及微分：

(1) $\begin{cases} u=e^x\cos y,\\ v=e^x\sin y;\end{cases}$　　　　(2) $\begin{cases} u=\ln\sqrt{x^2+y^2},\\ v=\arctan\dfrac{y}{x}.\end{cases}$

14. 计算下列映射的导数：

(1) $\boldsymbol{f}(x,y)=\begin{pmatrix} x+y\\ x^2+y^2\end{pmatrix}$；　　　　(2) $\boldsymbol{g}(u,v)=\begin{pmatrix} u\cos v\\ u\sin v\\ v\end{pmatrix}$.

15. 求曲面 $z=2x^2+4y^2$ 在点 $(2,1,12)$ 的切平面方程和法线方程．

16. 求螺旋线 $\boldsymbol{r}(t)=2\cos t\boldsymbol{i}+\sin t\boldsymbol{j}+t\boldsymbol{k}$ 在点 $\left(0,1,\dfrac{\pi}{2}\right)$ 的切线方程和法平面方程．

17. 求曲线 $x=t-\sin t, y=1-\cos t, z=4\sin\dfrac{t}{2}$ 在点 $\left(\dfrac{\pi}{2}-1,1,2\sqrt{2}\right)$ 的切线方程．

18. 求曲线 $x=t, y=t^2, z=t^3$ 上切线平行于平面 $x+2y+z=4$ 的点．

§ 3　链式求导法则

在一元函数微分学中，复合函数求导的链式法则提供了一项基本的运算工具，当我们求多元函数的偏导数时，也需要寻求相应的方法．本节将介绍求多元函数偏导数的链式法则，进而在这一基础上建立复合可微映射的链式法则，并以此讨论变量代换下微分表达式的变换方法．

多元函数求导的链式法则

一元复合函数的链式求导法则指出，如果 $y=g(x)$ 在点 $x=x_0$ 可微，$u=f(y)$ 在点 $y_0=g(x_0)$ 可微，则复合函数 $f\circ g$ 在点 $x=x_0$ 可微，而且

$$(f\circ g)'(x_0)=f'(y_0)g'(x_0).$$

以下的多元函数求导的链式法则将指出，如果把上面的 g 换成 $\mathbf{R}^n\to\mathbf{R}^m$ 的可微映射 $\boldsymbol{g}$，f 换成 m 元可微函数，则同样也有 $(f\circ\boldsymbol{g})'(\boldsymbol{x})=f'(\boldsymbol{y})\boldsymbol{g}'(\boldsymbol{x})$. 为了应用的方便，下面定理的表述仍以分量形式给出.

定理 7.3.1　设 m 元函数

$$u=f(y_1,y_2,\cdots,y_m)$$

可微，且 m 个 n 元函数

$$\begin{cases}y_1=g_1(x_1,x_2,\cdots,x_n),\\ y_2=g_2(x_1,x_2,\cdots,x_n),\\ \cdots\cdots\cdots\cdots\\ y_m=g_m(x_1,x_2,\cdots,x_n)\end{cases}$$

均可微. 那么，u 作为 $(x_1,x_2,\cdots,x_n)^{\mathrm{T}}$ 的函数 $u=f[g_1(x_1,x_2,\cdots,x_n),\cdots,g_m(x_1,x_2,\cdots,x_n)]$ 是可偏导的，而且

$$\frac{\partial u}{\partial x_i}=\sum_{j=1}^{m}\frac{\partial u}{\partial y_j}\frac{\partial y_j}{\partial x_i},\quad i=1,2,\cdots,n.$$

证　为叙述方便，我们只证 $m=2$ 的情形.

先看 $n=1$ 的情形，设二元函数 $u=f(y_1,y_2)$ 可微，一元函数 $y_1=g_1(x)$ 和 $y_2=g_2(x)$ 均可微，此时要证明的是，复合函数

$$u=f[g_1(x),g_2(x)]$$

也可微，且成立

$$\frac{\mathrm{d}u}{\mathrm{d}x}(x)=\frac{\partial u}{\partial y_1}(y_1,y_2)\frac{\mathrm{d}y_1}{\mathrm{d}x}(x)+\frac{\partial u}{\partial y_2}(y_1,y_2)\frac{\mathrm{d}y_2}{\mathrm{d}x}(x),$$

其中 $y_1=g_1(x),y_2=g_2(x)$.

由于函数 f 在点 (y_1,y_2) 可微，因此

$$\begin{aligned}&f(y_1+\Delta y_1,y_2+\Delta y_2)-f(y_1,y_2)\\=&\frac{\partial u}{\partial y_1}(y_1,y_2)\Delta y_1+\frac{\partial u}{\partial y_2}(y_1,y_2)\Delta y_2+\alpha(\Delta y_1,\Delta y_2)\sqrt{(\Delta y_1)^2+(\Delta y_2)^2},\end{aligned}$$

其中 $\lim\limits_{(\Delta y_1,\Delta y_2)\to(0,0)}\alpha(\Delta y_1,\Delta y_2)=0$，即 $\alpha(\Delta y_1,\Delta y_2)$ 为 $\sqrt{(\Delta y_1)^2+(\Delta y_2)^2}\to 0$ 时的无穷小量. 定义 $\alpha(0,0)=0$，那么当 $(\Delta y_1,\Delta y_2)=(0,0)$ 时上式也成立.

记

$$\Delta y_1=g_1(x+\Delta x)-g_1(x),\quad \Delta y_2=g_2(x+\Delta x)-g_2(x),$$

由 $y_1=g_1(x)$ 和 $y_2=g_2(x)$ 的可微性，可知

$$\Delta y_1=\frac{\mathrm{d}y_1}{\mathrm{d}x}(x)\Delta x+o(\Delta x),\quad \Delta y_2=\frac{\mathrm{d}y_2}{\mathrm{d}x}(x)\Delta x+o(\Delta x),$$

且有 $\lim\limits_{\Delta x\to 0}\sqrt{(\Delta y_1)^2+(\Delta y_2)^2}=0$. 于是有

$$\begin{aligned}\Delta u&=f[g_1(x+\Delta x),g_2(x+\Delta x)]-f[g_1(x),g_2(x)]\\&=f(y_1+\Delta y_1,y_2+\Delta y_2)-f(y_1,y_2)\\&=\frac{\partial u}{\partial y_1}(y_1,y_2)\Delta y_1+\frac{\partial u}{\partial y_2}(y_1,y_2)\Delta y_2+\alpha(\Delta y_1,\Delta y_2)\sqrt{(\Delta y_1)^2+(\Delta y_2)^2}\\&=\left[\frac{\partial u}{\partial y_1}(y_1,y_2)\frac{\mathrm{d}y_1}{\mathrm{d}x}(x)+\frac{\partial u}{\partial y_2}(y_1,y_2)\frac{\mathrm{d}y_2}{\mathrm{d}x}(x)\right]\Delta x+\\&\quad\frac{\partial u}{\partial y_1}(y_1,y_2)o(\Delta x)+\frac{\partial u}{\partial y_2}(y_1,y_2)o(\Delta x)+\alpha(\Delta y_1,\Delta y_2)\sqrt{(\Delta y_1)^2+(\Delta y_2)^2}.\end{aligned}$$

显然,有

$$\frac{\partial u}{\partial y_1}(y_1,y_2)o(\Delta x)+\frac{\partial u}{\partial y_2}(y_1,y_2)o(\Delta x)=o(\Delta x).$$

注意 $\lim\limits_{\Delta x\to 0}\frac{\Delta y_1}{\Delta x}=\frac{\mathrm{d}y_1}{\mathrm{d}x}(x)$ 及 $\lim\limits_{\Delta x\to 0}\frac{\Delta y_2}{\Delta x}=\frac{\mathrm{d}y_2}{\mathrm{d}x}(x)$,因此当 $\Delta x\to 0$ 时,成立

$$\frac{\alpha(\Delta y_1,\Delta y_2)\sqrt{(\Delta y_1)^2+(\Delta y_2)^2}}{\Delta x}=\alpha(\Delta y_1,\Delta y_2)\cdot\frac{|\Delta x|}{\Delta x}\cdot\sqrt{\left(\frac{\Delta y_1}{\Delta x}\right)^2+\left(\frac{\Delta y_2}{\Delta x}\right)^2}\to 0,$$

即 $\alpha(\Delta y_1,\Delta y_2)\sqrt{(\Delta y_1)^2+(\Delta y_2)^2}=o(\Delta x)$. 于是成立

$$\Delta u=\left[\frac{\partial u}{\partial y_1}(y_1,y_2)\frac{\mathrm{d}y_1}{\mathrm{d}x}(x)+\frac{\partial u}{\partial y_2}(y_1,y_2)\frac{\mathrm{d}y_2}{\mathrm{d}x}(x)\right]\Delta x+o(\Delta x).$$

这说明,函数 $u=f[g_1(x),g_2(x)]$ 是可微的,因而可导,且

$$\frac{\mathrm{d}u}{\mathrm{d}x}(x)=\frac{\partial u}{\partial y_1}(y_1,y_2)\frac{\mathrm{d}y_1}{\mathrm{d}x}(x)+\frac{\partial u}{\partial y_2}(y_1,y_2)\frac{\mathrm{d}y_2}{\mathrm{d}x}(x).$$

当 $n>1$ 时,设二元函数 $u=f(y_1,y_2)$ 可微,n 元函数 $y_1=g_1(x_1,x_2,\cdots,x_n)$ 和 $y_2=g_2(x_1,x_2,\cdots,x_n)$ 也可微. 由于 $u=f[g_1(x_1,x_2,\cdots,x_n),g_2(x_1,x_2,\cdots,x_n)]$ 对 x_i 求偏导,就是将其他变量看成常量,而对 x_i 求导($i=1,2,\cdots,n$),因而可用 $n=1$ 时的结论,于是有

$$\begin{aligned}&\frac{\partial u}{\partial x_i}(x_1,x_2,\cdots,x_n)\\&=\frac{\partial u}{\partial y_1}(y_1,y_2)\frac{\partial y_1}{\partial x_i}(x_1,x_2,\cdots,x_n)+\frac{\partial u}{\partial y_2}(y_1,y_2)\frac{\partial y_2}{\partial x_i}(x_1,x_2,\cdots,x_n).\end{aligned}$$

证毕

注　可以证明,这个定理中的函数 $u=f[g_1(x_1,x_2,\cdots,x_n),\cdots,g_m(x_1,x_2,\cdots,x_n)]$ 还是可微的,具体细节请读者自行考虑.

注意,此定理中的条件"函数 $u=f(y_1,y_2,\cdots,y_m)$ 可微"不能减弱为它只是可偏导. 例如,二元函数

$$u=f(x,y)=\begin{cases}\dfrac{x^2y}{x^4+y^2}, & x^2+y^2\neq 0,\\ 0, & x^2+y^2=0,\end{cases}$$

易知它在(0,0)点可偏导，且 $f'_x(0,0)=f'_y(0,0)=0$. 但我们在本章第一节已经知道，当$(x,y)\to(0,0)$时，这个函数的极限不存在，因此它在(0,0)点不连续，因而也不可微 .

现在设 x,y 分别是自变量 t 的函数：

$$\begin{cases}x=t,\\ y=t,\end{cases}$$

此时所得到的复合函数就是 $u=\dfrac{t}{1+t^2}$，因此它在 $t=0$ 点的导数为

$$\left.\frac{\mathrm{d}u}{\mathrm{d}t}\right|_{t=0}=\left.\frac{1-t^2}{(1+t^2)^2}\right|_{t=0}=1.$$

但若贸然套用这个定理，就会导出

$$\left.\frac{\mathrm{d}u}{\mathrm{d}t}\right|_{t=0}=[f'_x(0,0)\cdot 1+f'_y(0,0)\cdot 1]=0$$

的错误结果 .

上述定理中出现的求复合函数偏导数的关系式即为求多元复合函数偏导数的链式法则 . 这个法则表明，因变量 u 关于自变量 x_i 的偏导数，等于 u 关于各中间变量的偏导数与该中间变量关于 x_i 的偏导数乘积之和 .

定理 7.3.1 的链式求导法则可以用矩阵表示为

$$\left(\frac{\partial u}{\partial x_1},\frac{\partial u}{\partial x_2},\cdots,\frac{\partial u}{\partial x_n}\right)=\left(\frac{\partial u}{\partial y_1},\frac{\partial u}{\partial y_2},\cdots,\frac{\partial u}{\partial y_m}\right)\begin{pmatrix}\dfrac{\partial y_1}{\partial x_1} & \dfrac{\partial y_1}{\partial x_2} & \cdots & \dfrac{\partial y_1}{\partial x_n}\\ \dfrac{\partial y_2}{\partial x_1} & \dfrac{\partial y_2}{\partial x_2} & \cdots & \dfrac{\partial y_2}{\partial x_n}\\ \vdots & \vdots & & \vdots\\ \dfrac{\partial y_m}{\partial x_1} & \dfrac{\partial y_m}{\partial x_2} & \cdots & \dfrac{\partial y_m}{\partial x_n}\end{pmatrix}.$$

如果记 $\boldsymbol{g}=(g_1,g_2,\cdots,g_m)^{\mathrm{T}}$，则上述链式法则便是

$$(f\circ\boldsymbol{g})'(\boldsymbol{x})=f'(\boldsymbol{y})\boldsymbol{g}'(\boldsymbol{x}).$$

例 7.3.1　设 $u=x^2y+3xy^4$，其中 $x=\mathrm{e}^t,y=\sin t$，求$\dfrac{\mathrm{d}u}{\mathrm{d}t}$.

分析　本例中因变量 u 依赖于两个中间变量 x,y，而 x,y 又都是自变量 t 的一元函数，因而 u 实际上是 t 的一元函数 .

解　由链式法则得

$$\begin{aligned}\frac{\mathrm{d}u}{\mathrm{d}t}&=\frac{\partial u}{\partial x}\frac{\mathrm{d}x}{\mathrm{d}t}+\frac{\partial u}{\partial y}\frac{\mathrm{d}y}{\mathrm{d}t}\\ &=(2xy+3y^4)\mathrm{e}^t+(x^2+12xy^3)\cos t\\ &=(2\mathrm{e}^t\sin t+3\sin^4 t)\mathrm{e}^t+(\mathrm{e}^{2t}+12\mathrm{e}^t\sin^3 t)\cos t.\end{aligned}$$

例 7.3.2　设 $u=e^{x}\sin y, x=s+t, y=st$，求$\frac{\partial u}{\partial s},\frac{\partial u}{\partial t}$.

解　由链式法则得

$$\begin{aligned}\frac{\partial u}{\partial s}&=\frac{\partial u}{\partial x}\frac{\partial x}{\partial s}+\frac{\partial u}{\partial y}\frac{\partial y}{\partial s}\\&=e^{x}\sin y\cdot 1+e^{x}\cos y\cdot t=e^{s+t}[\sin(st)+t\cos(st)],\\\frac{\partial u}{\partial t}&=\frac{\partial u}{\partial x}\frac{\partial x}{\partial t}+\frac{\partial u}{\partial y}\frac{\partial y}{\partial t}\\&=e^{x}\sin y\cdot 1+e^{x}\cos y\cdot s=e^{s+t}[\sin(st)+s\cos(st)].\end{aligned}$$

例 7.3.3　设 $u=x^3y+y^2z^4$，其中 $x=rst, y=r^2se^t, z=rs\cos t$. 求 $r=1, s=2, t=0$ 时$\frac{\partial u}{\partial s}$的值.

解　由链式法则得

$$\begin{aligned}\frac{\partial u}{\partial s}&=\frac{\partial u}{\partial x}\frac{\partial x}{\partial s}+\frac{\partial u}{\partial y}\frac{\partial y}{\partial s}+\frac{\partial u}{\partial z}\frac{\partial z}{\partial s}\\&=3x^2yrt+(x^3+2yz^4)r^2e^t+4y^2z^3r\cos t.\end{aligned}$$

当 $r=1, s=2, t=0$ 时，$x=0, y=2, z=2$，代入即得

$$\left.\frac{\partial u}{\partial s}\right|_{r=1,s=2,t=0}=2\cdot 2\cdot 2^4\cdot 1^2\cdot e^0+4\cdot 2^2\cdot 2^3\cdot 1\cdot\cos 0=192.$$

例 7.3.4　设 $u=e^{x^2+y^2+z^2}$，而 $z=x^2\sin y$，求$\frac{\partial u}{\partial x},\frac{\partial u}{\partial y}$.

分析　记 $f(x,y,z)=e^{x^2+y^2+z^2}$，需要注意的是$\frac{\partial u}{\partial x}$与$\frac{\partial f}{\partial x}$以及$\frac{\partial u}{\partial y}$与$\frac{\partial f}{\partial y}$都各有不同的含义. $\frac{\partial f}{\partial x}$, $\frac{\partial f}{\partial y}$即三元函数 f 关于 x 和 y 的偏导数，而$\frac{\partial u}{\partial x},\frac{\partial u}{\partial y}$是以 x, y 为自变量，x, y, z 为中间变量的复合函数 u 关于自变量 x, y 的偏导数.

解　由链式法则得

$$\begin{aligned}\frac{\partial u}{\partial x}&=\frac{\partial f}{\partial x}\frac{\partial x}{\partial x}+\frac{\partial f}{\partial y}\frac{\partial y}{\partial x}+\frac{\partial f}{\partial z}\frac{\partial z}{\partial x}\\&=\frac{\partial f}{\partial x}+\frac{\partial f}{\partial z}\frac{\partial z}{\partial x}\\&=2xe^{x^2+y^2+z^2}+2ze^{x^2+y^2+z^2}\cdot 2x\sin y\\&=2x(1+2x^2\sin^2 y)\ e^{x^2+y^2+x^4\sin^2 y}.\end{aligned}$$

同样的，

$$\begin{aligned}\frac{\partial u}{\partial y}&=\frac{\partial f}{\partial y}+\frac{\partial f}{\partial z}\frac{\partial z}{\partial y}\\&=2ye^{x^2+y^2+z^2}+2ze^{x^2+y^2+z^2}\cdot x^2\cos y\\&=2(y+x^4\sin y\cos y)\ e^{x^2+y^2+x^4\sin^2 y}.\end{aligned}$$

例 7.3.5　设 f 是一个三元可微函数，$u=f\left(x,xy,\frac{y}{x}\right)$. 求 $\frac{\partial u}{\partial x},\frac{\partial u}{\partial y}$.

解　记 $u=f(v_1,v_2,v_3)$，$v_1=x$，$v_2=xy$，$v_3=\frac{y}{x}$. 于是

$$\frac{\partial u}{\partial x}=\frac{\partial f}{\partial v_1}\frac{\partial v_1}{\partial x}+\frac{\partial f}{\partial v_2}\frac{\partial v_2}{\partial x}+\frac{\partial f}{\partial v_3}\frac{\partial v_3}{\partial x}=\frac{\partial f}{\partial v_1}+y\frac{\partial f}{\partial v_2}-\frac{y}{x^2}\frac{\partial f}{\partial v_3},$$

$$\frac{\partial u}{\partial y}=\frac{\partial f}{\partial v_1}\frac{\partial v_1}{\partial y}+\frac{\partial f}{\partial v_2}\frac{\partial v_2}{\partial y}+\frac{\partial f}{\partial v_3}\frac{\partial v_3}{\partial y}=x\frac{\partial f}{\partial v_2}+\frac{1}{x}\frac{\partial f}{\partial v_3}.$$

上述运算也可用矩阵形式表示如下：

$$\left(\frac{\partial u}{\partial x},\frac{\partial u}{\partial y}\right)=\left(\frac{\partial f}{\partial v_1},\frac{\partial f}{\partial v_2},\frac{\partial f}{\partial v_3}\right)\begin{pmatrix}\frac{\partial v_1}{\partial x} & \frac{\partial v_1}{\partial y}\\ \frac{\partial v_2}{\partial x} & \frac{\partial v_2}{\partial y}\\ \frac{\partial v_3}{\partial x} & \frac{\partial v_3}{\partial y}\end{pmatrix}=\left(\frac{\partial f}{\partial v_1},\frac{\partial f}{\partial v_2},\frac{\partial f}{\partial v_3}\right)\begin{pmatrix}1 & 0\\ y & x\\ -\frac{y}{x^2} & \frac{1}{x}\end{pmatrix}$$

$$=\left(f'_{v_1}+yf'_{v_2}-\frac{y}{x^2}f'_{v_3},xf'_{v_2}+\frac{1}{x}f'_{v_3}\right).$$

复合函数的高阶偏导数同样可以由链式法则求得.

例 7.3.6　设二元函数 f 具有二阶连续偏导数，$w=f(x+y+z,xyz)$，求 $\frac{\partial w}{\partial x}$ 及 $\frac{\partial^2 w}{\partial z\partial x}$.

解　记 $u=x+y+z$，$v=xyz$，则 $w=f(u,v)$. 由链式法则可得

$$\frac{\partial w}{\partial x}=\frac{\partial f}{\partial u}\frac{\partial u}{\partial x}+\frac{\partial f}{\partial v}\frac{\partial v}{\partial x}=\frac{\partial f}{\partial u}+yz\frac{\partial f}{\partial v}.$$

继续用链式法则求导，可得

$$\frac{\partial^2 w}{\partial z\partial x}=\frac{\partial}{\partial z}\left(\frac{\partial f}{\partial u}+yz\frac{\partial f}{\partial v}\right)$$

$$=\frac{\partial^2 f}{\partial u^2}\frac{\partial u}{\partial z}+\frac{\partial^2 f}{\partial v\partial u}\frac{\partial v}{\partial z}+y\frac{\partial f}{\partial v}+yz\left(\frac{\partial^2 f}{\partial u\partial v}\frac{\partial u}{\partial z}+\frac{\partial^2 f}{\partial v^2}\frac{\partial v}{\partial z}\right)$$

$$=y\frac{\partial f}{\partial v}+\frac{\partial^2 f}{\partial u^2}+y(x+z)\frac{\partial^2 f}{\partial u\partial v}+xy^2z\frac{\partial^2 f}{\partial v^2}.$$

注　常用函数 f'_i 表示 f 对其第 i 个变量的偏导数，f''_{ij} 表示 f 先对其第 i 个变量，再对第 j 个变量的二阶偏导数，例如

$$f'_1=\frac{\partial f(u,v)}{\partial u},\quad f'_2=\frac{\partial f(u,v)}{\partial v},\quad f''_{11}=\frac{\partial^2 f(u,v)}{\partial u^2},\quad f''_{21}=\frac{\partial^2 f(u,v)}{\partial u\partial v},$$

如此等等，则上面的结果可表示为

$$\frac{\partial w}{\partial x}=f'_1+yzf'_2,$$

$$\frac{\partial^2 w}{\partial z\partial x}=yf'_2+f''_{11}+y(x+z)f''_{21}+xy^2zf''_{22}.$$

全微分的形式不变性

设以 $\boldsymbol{y}=(y_1,y_2,\cdots,y_m)^{\mathrm{T}}$ 为自变量的 m 元函数 $u=f(y_1,y_2,\cdots,y_m)$ 可微，则其全微分

$$\mathrm{d}u=\sum_{i=1}^{m}\frac{\partial u}{\partial y_i}\mathrm{d}y_i .$$

如果变量 y_i 是变量 $(x_1,x_2,\cdots,x_n)^{\mathrm{T}}$ 的可微函数 $(i=1,2,\cdots,m)$，则 $\mathrm{d}y_i=\sum_{j=1}^{n}\frac{\partial y_i}{\partial x_j}\mathrm{d}x_j$ $(i=1,2,\cdots,m)$．于是，全微分

$$\begin{aligned}\mathrm{d}u&=\sum_{j=1}^{n}\frac{\partial u}{\partial x_j}\mathrm{d}x_j=\sum_{j=1}^{n}\left(\sum_{i=1}^{m}\frac{\partial u}{\partial y_i}\frac{\partial y_i}{\partial x_j}\right)\mathrm{d}x_j\\&=\sum_{i=1}^{m}\frac{\partial u}{\partial y_i}\left(\sum_{j=1}^{n}\frac{\partial y_i}{\partial x_j}\mathrm{d}x_j\right)=\sum_{i=1}^{m}\frac{\partial u}{\partial y_i}\mathrm{d}y_i .\end{aligned}$$

由此可见，无论 $(y_1,y_2,\cdots,y_m)^{\mathrm{T}}$ 是自变量还是中间变量，因变量 u 的全微分的形式是一致的．这个性质称为**全微分的形式不变性**．

例 7.3.7　利用全微分的形式不变性解例 7.3.2.

解　由全微分的形式不变性，得

$$\mathrm{d}u=\mathrm{d}(\mathrm{e}^x\sin y)=\mathrm{e}^x\sin y\mathrm{d}x+\mathrm{e}^x\cos y\mathrm{d}y,$$

再把 $x=s+t,y=st$ 代入，得到

$$\begin{aligned}\mathrm{d}u&=\mathrm{e}^{s+t}\sin(st)\mathrm{d}(s+t)+\mathrm{e}^{s+t}\cos(st)\mathrm{d}(st)\\&=\mathrm{e}^{s+t}\sin(st)(\mathrm{d}s+\mathrm{d}t)+\mathrm{e}^{s+t}\cos(st)(t\mathrm{d}s+s\mathrm{d}t)\\&=\mathrm{e}^{s+t}[\sin(st)+t\cos(st)]\mathrm{d}s+\mathrm{e}^{s+t}[\sin(st)+s\cos(st)]\mathrm{d}t.\end{aligned}$$

因此

$$\frac{\partial u}{\partial s}=\mathrm{e}^{s+t}[\sin(st)+t\cos(st)],$$

$$\frac{\partial u}{\partial t}=\mathrm{e}^{s+t}[\sin(st)+s\cos(st)].$$

复合映射的导数

一元函数复合的链式求导法则和多元函数复合的链式求导法则，都可以作为更一般的复合映射（即复合的向量值函数）的链式求导法则的特例．

设 $\boldsymbol{g}$ 是定义于 $\mathbf{R}^n$ 某区域上的映射，取值于 $\mathbf{R}^m$，记 $\boldsymbol{y}=\boldsymbol{g}(\boldsymbol{x})=(y_1(\boldsymbol{x}),\cdots,y_m(\boldsymbol{x}))^{\mathrm{T}}$；又设 $\boldsymbol{f}$ 是定义于 $\mathbf{R}^m$ 某区域上的映射，取值于 $\mathbf{R}^k$，记 $\boldsymbol{u}=\boldsymbol{f}(\boldsymbol{y})=(u_1(\boldsymbol{y}),\cdots,u_k(\boldsymbol{y}))^{\mathrm{T}}$．考察定义于 $D(\boldsymbol{f}\circ\boldsymbol{g})$ 上的复合映射 $\boldsymbol{f}\circ\boldsymbol{g}$．如果 $\boldsymbol{f}$ 与 $\boldsymbol{g}$ 均是可微映射，由定理 7.2.5 和定理 7.3.1 后面的注，可知相应于复合映射 $\boldsymbol{u}=\boldsymbol{f}\circ\boldsymbol{g}$ 的 k 个 n 元分量函数

$$u_i=u_i(y_1(x_1,\cdots x_n),\cdots,y_m(x_1,\cdots x_n)),\quad i=1,2,\cdots,k,$$

均是可微的，而且

$$\frac{\partial u_i}{\partial x_j}=\sum_{p=1}^{m}\frac{\partial u_i}{\partial y_p}\frac{\partial y_p}{\partial x_j},\quad i=1,2,\cdots,k;j=1,2,\cdots,n.$$

把这里的 $k\times n$ 个关系式写成矩阵形式,即得

$$\begin{pmatrix}\frac{\partial u_1}{\partial x_1} & \frac{\partial u_1}{\partial x_2} & \cdots & \frac{\partial u_1}{\partial x_n}\\ \frac{\partial u_2}{\partial x_1} & \frac{\partial u_2}{\partial x_2} & \cdots & \frac{\partial u_2}{\partial x_n}\\ \vdots & \vdots & & \vdots\\ \frac{\partial u_k}{\partial x_1} & \frac{\partial u_k}{\partial x_2} & \cdots & \frac{\partial u_k}{\partial x_n}\end{pmatrix}_{k\times n}=\begin{pmatrix}\frac{\partial u_1}{\partial y_1} & \frac{\partial u_1}{\partial y_2} & \cdots & \frac{\partial u_1}{\partial y_m}\\ \frac{\partial u_2}{\partial y_1} & \frac{\partial u_2}{\partial y_2} & \cdots & \frac{\partial u_2}{\partial y_m}\\ \vdots & \vdots & & \vdots\\ \frac{\partial u_k}{\partial y_1} & \frac{\partial u_k}{\partial y_2} & \cdots & \frac{\partial u_k}{\partial y_m}\end{pmatrix}_{k\times m}\begin{pmatrix}\frac{\partial y_1}{\partial x_1} & \frac{\partial y_1}{\partial x_2} & \cdots & \frac{\partial y_1}{\partial x_n}\\ \frac{\partial y_2}{\partial x_1} & \frac{\partial y_2}{\partial x_2} & \cdots & \frac{\partial y_2}{\partial x_n}\\ \vdots & \vdots & & \vdots\\ \frac{\partial y_m}{\partial x_1} & \frac{\partial y_m}{\partial x_2} & \cdots & \frac{\partial y_m}{\partial x_n}\end{pmatrix}_{m\times n},$$

即

$$(\boldsymbol{f}\circ\boldsymbol{g})'(\boldsymbol{x})=\boldsymbol{f}'(\boldsymbol{y})\boldsymbol{g}'(\boldsymbol{x}).$$

这就是复合映射求导的链式法则.

例 7.3.8　设有三个可微映射

$$\boldsymbol{f}:\mathbf{R}^2\to\mathbf{R}^3,\quad (x,y)^{\mathrm{T}}\mapsto(x,y,u)^{\mathrm{T}},$$
$$\boldsymbol{g}:\mathbf{R}^3\to\mathbf{R}^3,\quad (x,y,u)^{\mathrm{T}}\mapsto(x,u,v)^{\mathrm{T}},$$
$$h:\mathbf{R}^3\to\mathbf{R}^1,\quad (x,u,v)^{\mathrm{T}}\mapsto w,$$

映射 $\boldsymbol{f}=(f_1,f_2,f_3)^{\mathrm{T}}$,$\boldsymbol{g}=(g_1,g_2,g_3)^{\mathrm{T}}$,求 $\frac{\partial w}{\partial x},\frac{\partial w}{\partial y}$.

解　根据复合映射求导的链式法则,有

$$\begin{aligned}\left(\frac{\partial w}{\partial x},\frac{\partial w}{\partial y}\right)&=\left(\frac{\partial h}{\partial x},\frac{\partial h}{\partial u},\frac{\partial h}{\partial v}\right)\begin{pmatrix}\frac{\partial g_1}{\partial x} & \frac{\partial g_1}{\partial y} & \frac{\partial g_1}{\partial u}\\ \frac{\partial g_2}{\partial x} & \frac{\partial g_2}{\partial y} & \frac{\partial g_2}{\partial u}\\ \frac{\partial g_3}{\partial x} & \frac{\partial g_3}{\partial y} & \frac{\partial g_3}{\partial u}\end{pmatrix}\begin{pmatrix}\frac{\partial f_1}{\partial x} & \frac{\partial f_1}{\partial y}\\ \frac{\partial f_2}{\partial x} & \frac{\partial f_2}{\partial y}\\ \frac{\partial f_3}{\partial x} & \frac{\partial f_3}{\partial y}\end{pmatrix}\\ &=\left(\frac{\partial h}{\partial x},\frac{\partial h}{\partial u},\frac{\partial h}{\partial v}\right)\begin{pmatrix}1 & 0 & 0\\ 0 & 0 & 1\\ \frac{\partial g_3}{\partial x} & \frac{\partial g_3}{\partial y} & \frac{\partial g_3}{\partial u}\end{pmatrix}\begin{pmatrix}1 & 0\\ 0 & 1\\ \frac{\partial f_3}{\partial x} & \frac{\partial f_3}{\partial y}\end{pmatrix}\\ &=\left(\frac{\partial h}{\partial x}+\frac{\partial h}{\partial u}\frac{\partial f_3}{\partial x}+\frac{\partial h}{\partial v}\left(\frac{\partial g_3}{\partial x}+\frac{\partial g_3}{\partial u}\frac{\partial f_3}{\partial x}\right),\ \frac{\partial h}{\partial u}\frac{\partial f_3}{\partial y}+\frac{\partial h}{\partial v}\left(\frac{\partial g_3}{\partial y}+\frac{\partial g_3}{\partial u}\frac{\partial f_3}{\partial y}\right)\right).\end{aligned}$$

坐标变换下的微分表达式

在应用微积分工具解决各类问题的过程中,常常需要求出给定的微分关系式在坐标变换下的相应形式. 下面将通过一些例子来说明这类方法.

例 7.3.9　设二元函数 u 具有连续偏导数,求出直角坐标下的微分关系式$\left(\frac{\partial u}{\partial x}\right)^2+\left(\frac{\partial u}{\partial y}\right)^2$在极坐标下的相应形式.

解　直角坐标和极坐标的关系为

$$\begin{cases}x=r\cos\theta,\\ y=r\sin\theta,\end{cases}$$

因此,由链式求导法则得

$$\left(\frac{\partial u}{\partial r},\frac{\partial u}{\partial \theta}\right)=\left(\frac{\partial u}{\partial x},\frac{\partial u}{\partial y}\right)\begin{pmatrix}\frac{\partial x}{\partial r} & \frac{\partial x}{\partial \theta}\\ \frac{\partial y}{\partial r} & \frac{\partial y}{\partial \theta}\end{pmatrix}=\left(\frac{\partial u}{\partial x},\frac{\partial u}{\partial y}\right)\begin{pmatrix}\cos\theta & -r\sin\theta\\ \sin\theta & r\cos\theta\end{pmatrix}.$$

从而

$$\left(\frac{\partial u}{\partial x},\frac{\partial u}{\partial y}\right)=\left(\frac{\partial u}{\partial r},\frac{\partial u}{\partial \theta}\right)\begin{pmatrix}\cos\theta & -r\sin\theta\\ \sin\theta & r\cos\theta\end{pmatrix}^{-1}=\left(\frac{\partial u}{\partial r},\frac{\partial u}{\partial \theta}\right)\begin{pmatrix}\cos\theta & \sin\theta\\ -\frac{\sin\theta}{r} & \frac{\cos\theta}{r}\end{pmatrix},$$

所以

$$\begin{aligned}\left(\frac{\partial u}{\partial x}\right)^2+\left(\frac{\partial u}{\partial y}\right)^2&=\left(\frac{\partial u}{\partial x},\frac{\partial u}{\partial y}\right)\begin{pmatrix}\frac{\partial u}{\partial x}\\ \frac{\partial u}{\partial y}\end{pmatrix}\\&=\left(\frac{\partial u}{\partial r},\frac{\partial u}{\partial \theta}\right)\begin{pmatrix}\cos\theta & \sin\theta\\ -\frac{\sin\theta}{r} & \frac{\cos\theta}{r}\end{pmatrix}\begin{pmatrix}\cos\theta & -\frac{\sin\theta}{r}\\ \sin\theta & \frac{\cos\theta}{r}\end{pmatrix}\begin{pmatrix}\frac{\partial u}{\partial r}\\ \frac{\partial u}{\partial \theta}\end{pmatrix}\\&=\left(\frac{\partial u}{\partial r},\frac{\partial u}{\partial \theta}\right)\begin{pmatrix}1 & 0\\ 0 & \frac{1}{r^2}\end{pmatrix}\begin{pmatrix}\frac{\partial u}{\partial r}\\ \frac{\partial u}{\partial \theta}\end{pmatrix}=\left(\frac{\partial u}{\partial r}\right)^2+\frac{1}{r^2}\left(\frac{\partial u}{\partial \theta}\right)^2.\end{aligned}$$

例 7.3.10　设二元函数 u 具有二阶连续偏导数,求出直角坐标下的微分关系式$\frac{\partial^2 u}{\partial x^2}+\frac{\partial^2 u}{\partial y^2}$在极坐标下的相应形式.

解　利用上一题的结论

$$\frac{\partial u}{\partial x}=\cos\theta\frac{\partial u}{\partial r}-\frac{\sin\theta}{r}\frac{\partial u}{\partial \theta},\quad \frac{\partial u}{\partial y}=\sin\theta\frac{\partial u}{\partial r}+\frac{\cos\theta}{r}\frac{\partial u}{\partial \theta},$$

可得

$$\begin{aligned}\frac{\partial^2 u}{\partial x^2}&=\left(\cos\theta\frac{\partial}{\partial r}-\frac{\sin\theta}{r}\frac{\partial}{\partial \theta}\right)\left(\cos\theta\frac{\partial u}{\partial r}-\frac{\sin\theta}{r}\frac{\partial u}{\partial \theta}\right)\\&=\cos^2\theta\frac{\partial^2 u}{\partial r^2}-\cos\theta\sin\theta\left(-\frac{1}{r^2}\frac{\partial u}{\partial \theta}+\frac{1}{r}\frac{\partial^2 u}{\partial r\partial \theta}\right)-\end{aligned}$$

$$\frac{\sin\theta}{r}\left(-\sin\theta\frac{\partial u}{\partial r}+\cos\theta\frac{\partial^2 u}{\partial\theta\partial r}-\frac{\cos\theta}{r}\frac{\partial u}{\partial\theta}-\frac{\sin\theta}{r}\frac{\partial^2 u}{\partial\theta^2}\right)$$

$$=\frac{\sin^2\theta}{r}\frac{\partial u}{\partial r}+\frac{2\sin\theta\cos\theta}{r^2}\frac{\partial u}{\partial\theta}+\cos^2\theta\frac{\partial^2 u}{\partial r^2}-\frac{2\sin\theta\cos\theta}{r}\frac{\partial^2 u}{\partial r\partial\theta}+\frac{\sin^2\theta}{r^2}\frac{\partial^2 u}{\partial\theta^2}.$$

类似地可算得

$$\frac{\partial^2 u}{\partial y^2}=\frac{\cos^2\theta}{r}\frac{\partial u}{\partial r}-\frac{2\sin\theta\cos\theta}{r^2}\frac{\partial u}{\partial\theta}+\sin^2\theta\frac{\partial^2 u}{\partial r^2}+\frac{2\sin\theta\cos\theta}{r}\frac{\partial^2 u}{\partial r\partial\theta}+\frac{\cos^2\theta}{r^2}\frac{\partial^2 u}{\partial\theta^2}.$$

两式相加,即得

$$\frac{\partial^2 u}{\partial x^2}+\frac{\partial^2 u}{\partial y^2}=\frac{1}{r}\frac{\partial u}{\partial r}+\frac{\partial^2 u}{\partial r^2}+\frac{1}{r^2}\frac{\partial^2 u}{\partial\theta^2}.$$

例 7.3.11　设因变量 u 是自变量 x 与 y 的函数,它具有二阶连续偏导数,且满足偏微分方程

$$\frac{\partial^2 u}{\partial x^2}+2\frac{\partial^2 u}{\partial x\partial y}+\frac{\partial^2 u}{\partial y^2}=0.$$

作变量代换

$$\begin{cases}\xi=x+y,\\ \eta=x-y,\end{cases}$$

试把原方程化为因变量 u 关于自变量 ξ,η 的偏微分方程,并由此求出原方程的解.

解　在变量代换下,根据链式求导法则可得

$$\frac{\partial u}{\partial x}=\frac{\partial u}{\partial\xi}\frac{\partial\xi}{\partial x}+\frac{\partial u}{\partial\eta}\frac{\partial\eta}{\partial x}=\frac{\partial u}{\partial\xi}+\frac{\partial u}{\partial\eta},$$

同样可得

$$\frac{\partial u}{\partial y}=\frac{\partial u}{\partial\xi}-\frac{\partial u}{\partial\eta}.$$

继续用链式法则求导,可得

$$\frac{\partial^2 u}{\partial x^2}=\frac{\partial^2 u}{\partial\xi^2}\frac{\partial\xi}{\partial x}+\frac{\partial^2 u}{\partial\eta\partial\xi}\frac{\partial\eta}{\partial x}+\frac{\partial^2 u}{\partial\xi\partial\eta}\frac{\partial\xi}{\partial x}+\frac{\partial^2 u}{\partial\eta^2}\frac{\partial\eta}{\partial x}$$

$$=\frac{\partial^2 u}{\partial\xi^2}+2\frac{\partial^2 u}{\partial\xi\partial\eta}+\frac{\partial^2 u}{\partial\eta^2}.$$

同样可求得

$$\frac{\partial^2 u}{\partial x\partial y}=\frac{\partial^2 u}{\partial\xi^2}-\frac{\partial^2 u}{\partial\eta^2},$$

$$\frac{\partial^2 u}{\partial y^2}=\frac{\partial^2 u}{\partial\xi^2}-2\frac{\partial^2 u}{\partial\xi\partial\eta}+\frac{\partial^2 u}{\partial\eta^2}.$$

因此

$$\frac{\partial^2 u}{\partial x^2}+2\frac{\partial^2 u}{\partial x\partial y}+\frac{\partial^2 u}{\partial y^2}=4\frac{\partial^2 u}{\partial\xi^2}.$$

于是原方程可化为

$$\frac{\partial^2 u}{\partial\xi^2}=0.$$

关于 ξ 积分后，得到

$$\frac{\partial u}{\partial \xi}=\varphi(\eta),$$

其中 φ 是任意的二阶连续可微函数（即具有二阶连续导数的函数）. 再将上式关于 ξ 积分，得到

$$u=\varphi(\eta)\xi+\psi(\eta),$$

其中 ψ 也是任意的二阶连续可微函数. 这样，原方程的解具有如下的一般形式：

$$u=(x+y)\varphi(x-y)+\psi(x-y).$$

习　题

1. 设 $z=u^2\ln v, u=\frac{x}{y}, v=3x-2y$，求 $\frac{\partial z}{\partial x},\frac{\partial z}{\partial y}$.

2. 设 $w=x^2+y^2+\sin(x+y), x=u+v, y=uv$，求 $\frac{\partial w}{\partial u},\frac{\partial w}{\partial v}$.

3. 设 $z=x^2y-xy^2, x=r\cos\theta, y=r\sin\theta$，求 $\frac{\partial z}{\partial r},\frac{\partial z}{\partial \theta}$.

4. 设 $z=\arccos(x+y), x=3t, y=4t^3$，求 $\frac{\mathrm{d}z}{\mathrm{d}t}$.

5. 设 $z=\arctan(xy), y=\mathrm{e}^x$，求 $\frac{\mathrm{d}z}{\mathrm{d}x}$.

6. 设 $u=\frac{\mathrm{e}^{ax}(y-z)}{a^2+1}, y=a\sin x, z=\cos x$，求 $\frac{\mathrm{d}u}{\mathrm{d}x}$.

7. 设二元函数 f 具有连续偏导数，求 $\frac{\partial u}{\partial x}$ 和 $\frac{\partial u}{\partial y}$，其中

(1) $u=f(x^2-y^2,\mathrm{e}^{xy})$；　　(2) $u=f\left(\frac{x}{y},\frac{y}{x}\right)$.

8. 设二元函数 f 具有连续偏导数，且 $f(1,1)=1$，$f'_x(1,1)=2$，$f'_y(1,1)=3$. 如果 $\varphi(x)=f(x,f(x,x))$，求 $\varphi'(1)$.

9. 设 f 是可微的二元函数，a,b 为常数，$z=f(x+at,y+bt)$，证明：

$$\frac{\partial z}{\partial t}=a\frac{\partial z}{\partial x}+b\frac{\partial z}{\partial y}.$$

10. 设 f 是可微的一元函数，$u=xy+xf\left(\frac{y}{x}\right)$，证明：

$$x\frac{\partial u}{\partial x}+y\frac{\partial u}{\partial y}=u+xy.$$

11. 设 f 是具有二阶连续偏导数的二元函数，求下列函数的 $\frac{\partial^2 z}{\partial x^2},\frac{\partial^2 z}{\partial x\partial y},\frac{\partial^2 z}{\partial y^2}$：

(1) $z=f(xy,y)$；　　(2) $z=f\left(x,\frac{x}{y}\right)$；

(3) $z=f(\cos x,\ \cos y)$；　　(4) $z=f(x^2y,xy^2)$.

12. 设 f 是具有二阶连续偏导数的三元函数，$u=f(x+y,x-y,xy)$，求 $\dfrac{\partial^2 u}{\partial x^2},\dfrac{\partial^2 u}{\partial x\partial y}$.

13. 设 $f(x,y)=\int_0^{xy}\mathrm{e}^{-t^2}\mathrm{d}t$，求 $\dfrac{x}{y}\dfrac{\partial^2 f}{\partial x^2}-2\dfrac{\partial^2 f}{\partial x\partial y}+\dfrac{y}{x}\dfrac{\partial^2 f}{\partial y^2}$.

14. 设 $u=f(x,y)$ 具有各个二阶连续偏导数，$x=\dfrac{1}{2}(s-\sqrt{3}t)$，$y=\dfrac{1}{2}(\sqrt{3}s+t)$. 证明：

（1）$\left(\dfrac{\partial u}{\partial x}\right)^2+\left(\dfrac{\partial u}{\partial y}\right)^2=\left(\dfrac{\partial u}{\partial s}\right)^2+\left(\dfrac{\partial u}{\partial t}\right)^2$；

（2）$\dfrac{\partial^2 u}{\partial x^2}+\dfrac{\partial^2 u}{\partial y^2}=\dfrac{\partial^2 u}{\partial s^2}+\dfrac{\partial^2 u}{\partial t^2}$.

15. 设有映射

$$\boldsymbol{f}:\mathbf{R}^2\to\mathbf{R}^3,\quad (x,y)^{\mathrm{T}}\mapsto(u,v,w)^{\mathrm{T}},$$
$$\boldsymbol{g}:\mathbf{R}^2\to\mathbf{R}^2,\quad (s,t)^{\mathrm{T}}\mapsto(x,y)^{\mathrm{T}},$$

其中

$$u=x+y,\quad v=xy,\quad w=\frac{y}{x},$$

$$x=\frac{s}{s^2+t^2},\quad y=\frac{t}{s^2+t^2}.$$

求复合映射 $\boldsymbol{f}\circ\boldsymbol{g}$ 的 Jacobi 矩阵.

16. 设映射 $\boldsymbol{f}=(f_1,f_2)^{\mathrm{T}}$，$\boldsymbol{g}=(g_1,g_2)^{\mathrm{T}}$，其中

$$f_1(s,t)=s^2+t^2,\quad f_2(s,t)=s^2-t^2,$$

$$g_1(x,y)=\ln\sqrt{x^2+y^2},\quad g_2(x,y)=\arctan\frac{y}{x}.$$

求复合映射 $\boldsymbol{f}\circ\boldsymbol{g}$ 的 Jacobi 矩阵.

17. 设在直角坐标系 (x,y) 下，变量 u,v 满足 Cauchy-Riemann（柯西-黎曼）方程：

$$u'_x=v'_y,\quad u'_y=-v'_x.$$

证明在极坐标系 (r,θ) 下，上述方程相应地变换成

$$u'_r=\frac{1}{r}v'_\theta,\quad \frac{1}{r}u'_\theta=-v'_r.$$

18. 求 λ 和 μ，使得线性变换

$$\begin{cases}\xi=x+\lambda y,\\ \eta=x+\mu y\end{cases}$$

将微分关系式

$$A\frac{\partial^2 u}{\partial x^2}+2B\frac{\partial^2 u}{\partial x\partial y}+C\frac{\partial^2 u}{\partial y^2}=0$$

化简为

$$\frac{\partial^2 u}{\partial\xi\partial\eta}=0,$$

其中 A,B,C 为常数，且 $C\neq 0$，$B^2-AC>0$.

19. 设$\dfrac{\partial^2 z}{\partial x^2}-2\dfrac{\partial^2 z}{\partial x\partial y}+\dfrac{\partial^2 z}{\partial y^2}=0$,且

$$\begin{cases}u=x+y,\\ v=\dfrac{y}{x},\end{cases}\qquad w=\frac{z}{x},$$

写出新的因变量 w 关于新的自变量 u,v 所满足的微分关系式.

20. 利用变量代换

$$\begin{cases}\xi=x-at,\\ \eta=x+at\end{cases}$$

求解波动方程

$$\frac{\partial^2 u}{\partial t^2}=a^2\frac{\partial^2 u}{\partial x^2},$$

其中 a 为常数.

21. 设三元函数 $u(x,y,z)$ 具有二阶连续偏导数,证明:

(1) 在变换$\begin{cases}x=r\cos\theta,\\ y=r\sin\theta,\\ z=z\end{cases}$下,成立

$$\frac{\partial^2 u}{\partial x^2}+\frac{\partial^2 u}{\partial y^2}+\frac{\partial^2 u}{\partial z^2}=\frac{1}{r}\frac{\partial}{\partial r}\left(r\frac{\partial u}{\partial r}\right)+\frac{1}{r^2}\frac{\partial^2 u}{\partial\theta^2}+\frac{\partial^2 u}{\partial z^2};$$

(2) 在变换$\begin{cases}x=r\cos\theta\sin\varphi,\\ y=r\sin\theta\sin\varphi,\\ z=r\cos\varphi\end{cases}$下,成立

$$\frac{\partial^2 u}{\partial x^2}+\frac{\partial^2 u}{\partial y^2}+\frac{\partial^2 u}{\partial z^2}=\frac{1}{r^2}\frac{\partial}{\partial r}\left(r^2\frac{\partial u}{\partial r}\right)+\frac{1}{r^2\sin^2\varphi}\frac{\partial^2 u}{\partial\theta^2}+\frac{1}{r^2\sin\varphi}\frac{\partial}{\partial\varphi}\left(\sin\varphi\frac{\partial u}{\partial\varphi}\right).$$

§ 4　隐函数微分法及其应用

在讨论一元函数时,我们已经注意到两个变量 x 与 y 间的函数关系有时未必能表示为显函数 $y=f(x)$ 的形式. 设 F 是一个二元函数,由它导出的方程$F(x,y)=0$ 在一定条件下确定了 x 与 y 间的函数关系,我们称这类函数为**隐函数**. 在什么条件下,隐函数是存在的? 这个函数是否连续、可导? 又如何求隐函数的导数? 这些自然是人们关心的问题. 对于多元函数和多元函数组(即向量值函数),同样也会提出是否能由变量间满足的方程或方程组,确定相应的变量间的函数关系,以及这些函数是否可微等问题.

一元函数的隐函数存在定理

先考察一个简单的方程

$$x^2+y^2-1=0.$$

它对应于平面上的单位圆周．容易知道在上半圆周(或下半圆周)上，除(1,0)和(-1,0)这两点外，任何点处都能取到一个邻域，在此邻域内，由方程 $x^2+y^2-1=0$ 唯一确定了 x 与 y 间的函数关系，即 $y=\sqrt{1-x^2}$（或 $y=-\sqrt{1-x^2}$），其图像恰好是单位圆周落在该邻域中的一段弧(见图 7.4.1)．我们注意到圆周上在这种点处的切线斜率都是有限值．另一方面，在(1,0)和(-1,0)的任何邻域内，一个 x 值可能有两个满足方程 $x^2+y^2-1=0$ 的 y 值与之对应，因而不能确定 x 与 y 间的函数关系．值得注意的是，曲线在这两点处有垂直于 x 轴的切线，即切线斜率为∞．

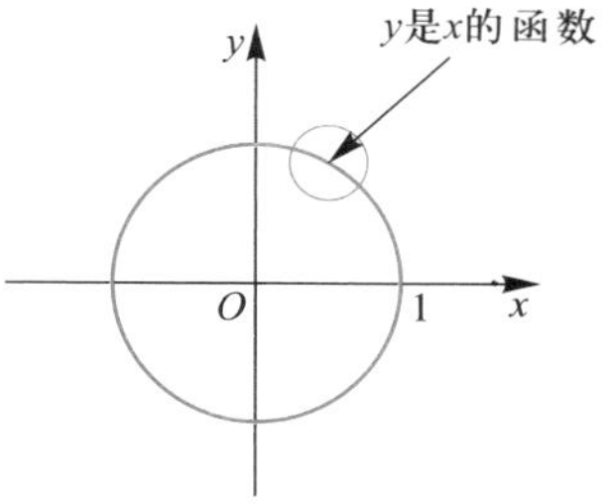

图 7.4.1

下面的定理给出了隐函数存在性和可微性的充分条件．

定理 7.4.1（**隐函数存在定理**）　设二元函数 F 在点 $P_0(x_0,y_0)$ 的某邻域 $O(P_0,r)$ 上有定义，而且

(1) $F(x_0,y_0)=0$；

(2) 在 $O(P_0,r)$ 中，F 的偏导数 F'_x, F'_y 连续；

(3) $F'_y(x_0,y_0)\neq 0$，

则存在 $\delta>0$ 和在 $(x_0-\delta,x_0+\delta)$ 中唯一确定的一元函数 f，使得

(1) $F(x,f(x))=0\,(x\in(x_0-\delta,x_0+\delta))$，且 $y_0=f(x_0)$；

(2) f 在 $(x_0-\delta,x_0+\delta)$ 上可微，而且

$$\frac{\mathrm{d}f}{\mathrm{d}x}=-\frac{F'_x}{F'_y}.$$

定理 7.4.1 的证明

以上定理的证明可扫描二维码查阅．当隐函数 f 存在时，由 $F(x,f(x))=0$，两边对 x 求导，即得

$$F'_x(x,y)+F'_y(x,y)f'(x)=0,$$

其中 $y=f(x)$．由 F'_y 的连续性，在 (x_0,y_0) 的某邻域中 $F'_y(x,y)\neq 0$，所以 $f'(x)=-\dfrac{F'_x(x,y)}{F'_y(x,y)}$．这就是定理中关于隐函数导数的关系式．

注意，对于在区域 $D\subset\mathbf{R}^2$ 上具有连续偏导数的二元函数 F，定理 7.4.1 也只是保证了在一定的条件下，函数方程 $F(x,y)=0$ 在局部(而并不一定是整体)确定了 y 关于 x 的函数关系 $y=f(x)$．而且，它也并不意味着这种关系能用显式表示出来．事实上，这种函数关系常常并不能显式表出，这从下例就可以看出．

例 7.4.1　讨论由 Kepler(开普勒)方程

$$y-x-\varepsilon\sin y=0\quad(0<\varepsilon<1)$$

确定的 y 关于 x 的隐函数的存在性与可微性．

解　记 $F(x,y)=y-x-\varepsilon\sin y$．易得 $F(0,0)=0$，$F'_x(x,y)=-1$，且

$$F'_y(x,y)=1-\varepsilon\cos y>0.$$

显然，F, F'_x, F'_y 均是 $\mathbf{R}^2$ 上的连续函数．因而，在原点附近由 Kepler 方程唯一地确定了 y 关于 x 的隐函数关系，这个隐函数是可微的，而且

$$\frac{\mathrm{d}y}{\mathrm{d}x}=-\frac{F'_x(x,y)}{F'_y(x,y)}=\frac{1}{1-\varepsilon\cos y}.$$

这个结果与应用一阶微分形式不变性求得的导数自然是一致的．

多元函数的隐函数存在定理

在定理 7.4.1 中，一元隐函数 $y=f(x)$ 是由二元函数 F 满足的方程 $F(x,y)=0$ 导出的．如果形式上把自变量 $\boldsymbol{x}$ 视为 $\mathbf{R}^n$ 中的元，F 视为 $n+1$ 元函数，则相应的结论便是多元隐函数的存在与可微性定理；如果形式上把 $\boldsymbol{x}$ 视为 $\mathbf{R}^n$ 中的元，$\boldsymbol{y}$ 视为 $\mathbf{R}^m$ 中的元，$\boldsymbol{F}$ 视为 $\mathbf{R}^{n+m}\to\mathbf{R}^m$ 的映射，则又得到更一般的多元隐函数组的存在与可微性定理．当然，此时关于偏导数的条件与结论必须用相应的 Jacobi 矩阵取代．下面我们先来叙述多元隐函数的存在定理．

定理 7.4.2　设 $n+1$ 元函数 F 在点 $P_0(x_1^0,\cdots,x_n^0,y_0)$ 的某邻域 $O(P_0,r)$ 上有定义，而且

(1) $F(x_1^0,\cdots,x_n^0,y_0)=0$；

(2) 在 $O(P_0,r)$ 中，F 的各偏导数 $F'_{x_i}(i=1,\cdots,n)$，F'_y 均连续；

(3) $F'_y(x_1^0,\cdots,x_n^0,y_0)\neq 0$，

则存在 $\delta>0$ 和在 $\boldsymbol{x}_0=(x_1^0,\cdots,x_n^0)$ 的 δ 邻域上定义的 n 元函数 f，使得

(1) $F(x_1,\cdots,x_n,f(x_1,\cdots,x_n))=0((x_1,\cdots,x_n)\in O(\boldsymbol{x}_0,\delta))$，且

$$y_0=f(x_1^0,\cdots,x_n^0);$$

(2) f 在 $O(\boldsymbol{x}_0,\delta)$ 上可微，而且

$$\left(\frac{\partial f}{\partial x_1},\cdots,\frac{\partial f}{\partial x_n}\right)=-\frac{1}{F'_y}(F'_{x_1},\cdots,F'_{x_n}).$$

例 7.4.2　求由 $1+yz+x^2z^2+z^3=0$ 确定的隐函数 $z=z(x,y)$ 的偏导数 $\frac{\partial z}{\partial x},\frac{\partial z}{\partial y}$ 以及它们在点 $(1,1,-1)$ 处的值．

解　记 $F(x,y,z)=1+yz+x^2z^2+z^3$，则

$$F'_x(x,y,z)=2xz^2,\quad F'_y(x,y,z)=z,\quad F'_z(x,y,z)=y+2x^2z+3z^2.$$

因此

$$\frac{\partial z}{\partial x}=-\frac{F'_x}{F'_z}=\frac{-2xz^2}{y+2x^2z+3z^2},$$

$$\frac{\partial z}{\partial y}=-\frac{F'_y}{F'_z}=\frac{-z}{y+2x^2z+3z^2}.$$

由此又得

$$\left.\frac{\partial z}{\partial x}\right|_{(1,1,-1)}=-1,\quad \left.\frac{\partial z}{\partial y}\right|_{(1,1,-1)}=\frac{1}{2}.$$

例 7.4.3　设二元函数 F 的偏导数连续，$z=z(x,y)$ 是由 $F(x-z,y+z)=0$ 所确定的隐函数，试求 $\frac{\partial z}{\partial x},\frac{\partial z}{\partial y}$.

解　记 $u=x-z,v=y+z$，则 $F(x-z,y+z)=0$，即

$$F(u,v)=0.$$

将此方程两端关于 x 求偏导数，得

$$F'_u\frac{\partial u}{\partial x}+F'_v\frac{\partial v}{\partial x}=0,$$

即

$$F'_u\left(1-\frac{\partial z}{\partial x}\right)+F'_v\frac{\partial z}{\partial x}=0.$$

从而

$$\frac{\partial z}{\partial x}=\frac{F'_u}{F'_u-F'_v}.$$

同样，将 $F(u,v)=0$ 两边同时关于 y 求偏导数，可得

$$\frac{\partial z}{\partial y}=\frac{F'_v}{F'_u-F'_v}.$$

本例中如引入 $f(x,y,z)=F(x-z,y+z)$，则由定理 7.4.2 同样可得

$$\left(\frac{\partial z}{\partial x},\frac{\partial z}{\partial y}\right)=-\frac{1}{f'_z}(f'_x,f'_y)=-\frac{1}{-F'_u+F'_v}(F'_u,F'_v)=\frac{1}{F'_u-F'_v}(F'_u,F'_v).$$

多元函数组的隐函数存在定理

下面我们讨论由多元函数组对应的隐函数（即向量值函数的隐函数，亦即隐映射）的存在性与可微性，即讨论由方程组

$$\begin{cases}F_1(x_1,\cdots,x_n,y_1,\cdots,y_m)=0,\\ \cdots\cdots\cdots\cdots\\ F_m(x_1,\cdots,x_n,y_1,\cdots,y_m)=0\end{cases}$$

是否能确定诸 y_i 均是 $x_1,\cdots,x_n$ 的函数，这些函数的可微性如何？下面的定理指出，对应于单个函数的情形下 $F'_y\neq 0$ 的条件，这里的函数组应满足形如

$$\begin{pmatrix}\dfrac{\partial F_1}{\partial y_1} & \cdots & \dfrac{\partial F_1}{\partial y_m}\\ \vdots & & \vdots\\ \dfrac{\partial F_m}{\partial y_1} & \cdots & \dfrac{\partial F_m}{\partial y_m}\end{pmatrix}$$

的 Jacobi 矩阵可逆，这又等价于此矩阵的行列式非零．下面，记

$$\frac{D(F_1,\cdots,F_m)}{D(y_1,\cdots,y_m)}=\det\begin{pmatrix}\dfrac{\partial F_1}{\partial y_1} & \cdots & \dfrac{\partial F_1}{\partial y_m}\\ \vdots & & \vdots\\ \dfrac{\partial F_m}{\partial y_1} & \cdots & \dfrac{\partial F_m}{\partial y_m}\end{pmatrix},$$

并称之为 $F_1,\cdots,F_m$ 关于 $y_1,\cdots,y_m$ 的 **Jacobi 行列式**．

定理 7.4.3　设有 m 个 $n+m$ 元函数 $F_1,\cdots,F_m$，它们在点 $P_0(x_1^0,\cdots,x_n^0,y_1^0,\cdots,y_m^0)$ 的某邻域 $O(P_0,r)$ 上有定义，而且

(1) $F_i(x_1^0,\cdots,x_n^0,y_1^0,\cdots,y_m^0)=0,\ i=1,\cdots,m$；

(2) 在 $O(P_0,r)$ 中每个 F_i 的 $n+m$ 个一阶偏导数均连续；

(3) $\left.\dfrac{D(F_1,\cdots,F_m)}{D(y_1,\cdots,y_m)}\right|_{P_0}\neq 0$，

则存在 $\delta>0$ 和在 $\boldsymbol{x}_0=(x_1^0,\cdots,x_n^0)$ 的 δ 邻域上定义的 m 个 n 元函数 $f_i(i=1,\cdots,m)$，使得

(1) $F_i(x_1,\cdots,x_n,f_1(x_1,\cdots,x_n),\cdots,f_m(x_1\cdots,x_n))=0,(x_1,\cdots,x_n)\in O(\boldsymbol{x}_0,\delta)$，且

$$y_i^0=f_i(x_1^0,\cdots,x_n^0),\quad i=1,\cdots,m;$$

(2) 函数 $f_i\ (i=1,\cdots,m)$ 在 $O(\boldsymbol{x}_0,\delta)$ 上可微，而且

$$\begin{pmatrix}\dfrac{\partial f_1}{\partial x_1} & \cdots & \dfrac{\partial f_1}{\partial x_n}\\ \vdots & & \vdots\\ \dfrac{\partial f_m}{\partial x_1} & \cdots & \dfrac{\partial f_m}{\partial x_n}\end{pmatrix}=-\begin{pmatrix}\dfrac{\partial F_1}{\partial y_1} & \cdots & \dfrac{\partial F_1}{\partial y_m}\\ \vdots & & \vdots\\ \dfrac{\partial F_m}{\partial y_1} & \cdots & \dfrac{\partial F_m}{\partial y_m}\end{pmatrix}^{-1}\begin{pmatrix}\dfrac{\partial F_1}{\partial x_1} & \cdots & \dfrac{\partial F_1}{\partial x_n}\\ \vdots & & \vdots\\ \dfrac{\partial F_m}{\partial x_1} & \cdots & \dfrac{\partial F_m}{\partial x_n}\end{pmatrix}.$$

例 7.4.4　证明：方程组

$$\begin{cases}3x^2+y^2=1-u^2-v^2,\\ x^2+2y^2=1+u^2-v^2\end{cases}$$

当 $u_0v_0\neq 0$ 时，在满足方程组的点 $P_0(x_0,y_0,u_0,v_0)$ 附近确定了一个映射

$$\boldsymbol{f}:\begin{pmatrix}x\\y\end{pmatrix}\mapsto\begin{pmatrix}u\\v\end{pmatrix},$$

并求该映射的 Jacobi 矩阵．

解法一　记

$$F_1(x,y,u,v)=3x^2+y^2+u^2+v^2-1,$$
$$F_2(x,y,u,v)=x^2+2y^2-u^2+v^2-1.$$

问题即是证明存在隐函数组

$$\begin{cases}u=f_1(x,y),\\ v=f_2(x,y),\end{cases}$$

使之满足 $F_1(x,y,u,v)=F_2(x,y,u,v)=0$.

由于 F_1,F_2 及其各偏导数均连续，而且

$$\frac{D(F_1,F_2)}{D(u,v)}=\begin{vmatrix}2u & 2v\\ -2u & 2v\end{vmatrix}=8uv.$$

所以在 P_0 近旁 $\dfrac{D(F_1,F_2)}{D(u,v)}\neq 0$，由定理 7.4.3，在 (x_0,y_0) 的某邻域中确定了隐函数组 $u=f_1(x,y)$，$v=f_2(x,y)$，即确定了映射 $\boldsymbol{f}=(f_1,f_2)^{\mathrm{T}}$，$\boldsymbol{f}$ 的 Jacobi 矩阵

$$\boldsymbol{J}_f=\begin{pmatrix}\dfrac{\partial u}{\partial x} & \dfrac{\partial u}{\partial y}\\ \dfrac{\partial v}{\partial x} & \dfrac{\partial v}{\partial y}\end{pmatrix}=-\begin{pmatrix}\dfrac{\partial F_1}{\partial u} & \dfrac{\partial F_1}{\partial v}\\ \dfrac{\partial F_2}{\partial u} & \dfrac{\partial F_2}{\partial v}\end{pmatrix}^{-1}\begin{pmatrix}\dfrac{\partial F_1}{\partial x} & \dfrac{\partial F_1}{\partial y}\\ \dfrac{\partial F_2}{\partial x} & \dfrac{\partial F_2}{\partial y}\end{pmatrix}$$

$$= -\frac{1}{4}\begin{pmatrix} \frac{1}{u} & -\frac{1}{u} \\ \frac{1}{v} & \frac{1}{v} \end{pmatrix}\begin{pmatrix} 6x & 2y \\ 2x & 4y \end{pmatrix} = \begin{pmatrix} -\frac{x}{u} & \frac{y}{2u} \\ -\frac{2x}{v} & -\frac{3y}{2v} \end{pmatrix}.$$

解法二　由解法一知，在 (x_0,y_0) 的某邻域中确定了隐函数组 $u=f_1(x,y)$，$v=f_2(x,y)$，即确定了映射 $\boldsymbol{f}=(f_1,f_2)^{\mathrm{T}}$.

对

$$\begin{cases} 3x^2+y^2=1-u^2-v^2, \\ x^2+2y^2=1+u^2-v^2 \end{cases}$$

中的两个关系式分别关于 x 求偏导，得

$$\begin{cases} 6x=-2u\dfrac{\partial u}{\partial x}-2v\dfrac{\partial v}{\partial x}, \\ 2x=2u\dfrac{\partial u}{\partial x}-2v\dfrac{\partial v}{\partial x}. \end{cases}$$

解此方程组，得

$$\frac{\partial u}{\partial x}=-\frac{x}{u},\quad \frac{\partial v}{\partial x}=-\frac{2x}{v}.$$

再对所给的两个关系式分别关于 y 求偏导，得

$$\begin{cases} 2y=-2u\dfrac{\partial u}{\partial y}-2v\dfrac{\partial v}{\partial y}, \\ 4y=2u\dfrac{\partial u}{\partial y}-2v\dfrac{\partial v}{\partial y}. \end{cases}$$

解此方程组得

$$\frac{\partial u}{\partial y}=\frac{y}{2u},\quad \frac{\partial v}{\partial y}=-\frac{3y}{2v}.$$

于是

$$\boldsymbol{J}_f=\begin{pmatrix} \frac{\partial u}{\partial x} & \frac{\partial u}{\partial y} \\ \frac{\partial v}{\partial x} & \frac{\partial v}{\partial y} \end{pmatrix}=\begin{pmatrix} -\frac{x}{u} & \frac{y}{2u} \\ -\frac{2x}{v} & -\frac{3y}{2v} \end{pmatrix}.$$

作为隐函数组存在定理的特例，还可以得到下面关于映射 $\begin{cases} y_1=f_1(x_1,\cdots,x_n), \\ \cdots\cdots\cdots\cdots \\ y_n=f_n(x_1,\cdots,x_n) \end{cases}$ 的重要结论.

定理 7.4.4（逆映射定理）　设 n 个 n 元函数 f_i $(i=1,\cdots,n)$ 在点 $\boldsymbol{x}_0=(x_1^{(0)},\cdots,x_n^{(0)})$ 的某邻域 $O(\boldsymbol{x}_0,r)$ 上有定义，而且

（1）$y_i^{(0)}=f_i(x_1^{(0)},\cdots,x_n^{(0)})$，　$i=1,\cdots,n$；

（2）在 $O(\boldsymbol{x}_0,r)$ 中每个 f_i 的各个一阶偏导数连续；

（3）$\left.\dfrac{D(f_1,\cdots,f_n)}{D(x_1,\cdots,x_n)}\right|_{\boldsymbol{x}_0}\neq 0$，

则存在 $\delta>0$ 和在 $\boldsymbol{y}_0=(y_1^{(0)},\cdots,y_n^{(0)})$ 的邻域 $O(\boldsymbol{y}_0,\delta)$ 上定义的 n 个 n 元函数 $g_i(i=1,\cdots,n)$，使得

(1) $y_i=f_i(g_1(y_1,\cdots,y_n),\cdots,g_n(y_1,\cdots,y_n)),(y_1,\cdots,y_n)\in O(\boldsymbol{y}_0,\delta)$，且

$$x_i^{(0)}=g_i(y_1^{(0)},\cdots,y_n^{(0)}),\quad i=1,\cdots,n;$$

(2) 函数 $g_i(i=1,\cdots,n)$ 在 $O(\boldsymbol{y}_0,\delta)$ 中可微，且

$$\begin{pmatrix}\dfrac{\partial g_1}{\partial y_1} & \cdots & \dfrac{\partial g_1}{\partial y_n}\\ \vdots & & \vdots\\ \dfrac{\partial g_n}{\partial y_1} & \cdots & \dfrac{\partial g_n}{\partial y_n}\end{pmatrix}=\begin{pmatrix}\dfrac{\partial f_1}{\partial x_1} & \cdots & \dfrac{\partial f_1}{\partial x_n}\\ \vdots & & \vdots\\ \dfrac{\partial f_n}{\partial x_1} & \cdots & \dfrac{\partial f_n}{\partial x_n}\end{pmatrix}^{-1}.$$

为证明这个定理，只要引入函数组

$$F_i(y_1,\cdots,y_n,x_1,\cdots,x_n)=f_i(x_1,\cdots,x_n)-y_i,\quad i=1,\cdots,n,$$

并注意到

$$\begin{pmatrix}\dfrac{\partial F_1}{\partial y_1} & \cdots & \dfrac{\partial F_1}{\partial y_n}\\ \vdots & & \vdots\\ \dfrac{\partial F_n}{\partial y_1} & \cdots & \dfrac{\partial F_n}{\partial y_n}\end{pmatrix}=-\boldsymbol{I},$$

其中 $\boldsymbol{I}$ 是 n 阶单位矩阵．注意到 $\left.\dfrac{D(F_1,\cdots,F_n)}{D(x_1,\cdots,x_n)}\right|_{x_0}=\left.\dfrac{D(f_1,\cdots,f_n)}{D(x_1,\cdots,x_n)}\right|_{x_0}\neq 0$，逐条验证定理 7.4.3 中其他条件并应用该定理的结论即可．细节此处从略．

定理 7.4.4 说明，若 $\boldsymbol{f}=(f_1,f_2,\cdots,f_n)^{\mathrm{T}}$ 是区域 $D\subset\mathbf{R}^n$ 到 $\mathbf{R}^n$ 的映射，且具有连续导数，如果在点 $\boldsymbol{x}_0\in D$ 有 $\det(\boldsymbol{J}_f(\boldsymbol{x}_0))\neq 0$，则在 $\boldsymbol{y}_0=\boldsymbol{f}(\boldsymbol{x}_0)$ 的某个邻域 $O(\boldsymbol{y}_0,\delta)$ 上存在具有连续导数的逆映射 $\boldsymbol{g}=(g_1,g_2,\cdots,g_n)^{\mathrm{T}}\xlongequal{\text{记为}}\boldsymbol{f}^{-1}$，使得

$$\boldsymbol{f}\circ\boldsymbol{f}^{-1}(\boldsymbol{y})=\boldsymbol{y}(\boldsymbol{y}\in O(\boldsymbol{y}_0,\delta)),\quad 且\ \boldsymbol{x}_0=\boldsymbol{f}^{-1}(y_0).$$

注意，在这种条件下，逆映射的存在性只是局部性的，也就是说，只是在 $\boldsymbol{y}_0=\boldsymbol{f}(\boldsymbol{x}_0)$ 的近旁存在着逆映射．实际上，即使在区域 D 上处处成立 $\det(\boldsymbol{J}_f(\boldsymbol{x}))\neq 0$，也不一定存在 $\boldsymbol{f}$ 的定义在整个值域 $R(\boldsymbol{f})$ 上的连续可导逆映射．下面的例子就说明了这一点．

例 7.4.5　平面直角坐标与极坐标之间的关系为

$$\begin{cases}x=r\cos\theta,\\ y=r\sin\theta,\end{cases}$$

其中 $(r,\theta)\in\{(\rho,\varphi)\mid 0<\rho<+\infty,-\infty<\varphi<\infty\}$．这个变换对应于一个可微映射 $\boldsymbol{f}:(r,\theta)^{\mathrm{T}}\mapsto(x,y)^{\mathrm{T}}$，其 Jacobi 行列式为

$$\begin{vmatrix}\dfrac{\partial x}{\partial r} & \dfrac{\partial x}{\partial\theta}\\ \dfrac{\partial y}{\partial r} & \dfrac{\partial y}{\partial\theta}\end{vmatrix}=\begin{vmatrix}\cos\theta & -r\sin\theta\\ \sin\theta & r\cos\theta\end{vmatrix}=r\neq 0,$$

所以在适当范围内，(r,θ) 可确定为 (x,y) 的隐函数，而且

$$\begin{pmatrix} \frac{\partial r}{\partial x} & \frac{\partial r}{\partial y} \\ \frac{\partial \theta}{\partial x} & \frac{\partial \theta}{\partial y} \end{pmatrix} = \begin{pmatrix} \frac{\partial x}{\partial r} & \frac{\partial x}{\partial \theta} \\ \frac{\partial y}{\partial r} & \frac{\partial y}{\partial \theta} \end{pmatrix}^{-1} = \begin{pmatrix} \cos\theta & -r\sin\theta \\ \sin\theta & r\cos\theta \end{pmatrix}^{-1} = \begin{pmatrix} \cos\theta & \sin\theta \\ -\frac{\sin\theta}{r} & \frac{\cos\theta}{r} \end{pmatrix}.$$

注意映射 $\boldsymbol{f}$ 的特性，易知不存在 $\boldsymbol{f}$ 的定义在 $R(\boldsymbol{f})$ 上的整体连续可导逆映射.

空间曲面的切平面（2）

设一个空间曲面由形如

$$F(x,y,z)=0$$

的方程给出，$P_0(x_0,y_0,z_0)$ 为曲面上的一点，且函数 F 的三个一阶偏导数在 P_0 的某邻域中均存在且连续. 若 $F'_z(x_0,y_0,z_0)\neq 0$，则由定理 7.4.2 可知，在 (x_0,y_0) 的某邻域中由此方程确定了一个函数 $z=f(x,y)$，满足 $z_0=f(x_0,y_0)$. 由第二节的结论可知，曲面在 P_0 处的法向量为

$$\begin{aligned}\boldsymbol{n} &= -f'_x(x_0,y_0)\boldsymbol{i}-f'_y(x_0,y_0)\boldsymbol{j}+\boldsymbol{k} \\ &= \left.\frac{F'_x}{F'_z}\right|_{P_0}\boldsymbol{i}+\left.\frac{F'_y}{F'_z}\right|_{P_0}\boldsymbol{j}+\boldsymbol{k}=\left.\frac{1}{F'_z}(F'_x\boldsymbol{i}+F'_y\boldsymbol{j}+F'_z\boldsymbol{k})\right|_{P_0}.\end{aligned}$$

记 $\boldsymbol{N}=(F'_x\boldsymbol{i}+F'_y\boldsymbol{j}+F'_z\boldsymbol{k})\big|_{P_0}$，则 $\boldsymbol{N}$ 也是 $F(x,y,z)=0$ 在 P_0 处的法向量. 对于一般形式的方程

$$F(x,y,z)=0$$

而言，变量 x,y,z 的地位是相同的，因而，只要 F'_x,F'_y,F'_z 之一不为 0，上述 $\boldsymbol{N}$ 便是曲面 $F(x,y,z)=0$ 在点 P_0 处的法向量. 于是，该曲面在 P_0 处的切平面方程为

$$F'_x(x_0,y_0,z_0)(x-x_0)+F'_y(x_0,y_0,z_0)(y-y_0)+F'_z(x_0,y_0,z_0)(z-z_0)=0,$$

法线方程为

$$\frac{x-x_0}{F'_x(x_0,y_0,z_0)}=\frac{y-y_0}{F'_y(x_0,y_0,z_0)}=\frac{z-z_0}{F'_z(x_0,y_0,z_0)}.$$

例 7.4.6　试求椭球面 $\frac{x^2}{a^2}+\frac{y^2}{b^2}+\frac{z^2}{c^2}=1$ 在点 $P\left(\frac{a}{\sqrt{3}},\frac{b}{\sqrt{3}},\frac{c}{\sqrt{3}}\right)$ 处的切平面方程和法线方程.

解　记 $F(x,y,z)=\frac{x^2}{a^2}+\frac{y^2}{b^2}+\frac{z^2}{c^2}-1$，则

$$F'_x(x,y,z)=\frac{2x}{a^2},\quad F'_y(x,y,z)=\frac{2y}{b^2},\quad F'_z(x,y,z)=\frac{2z}{c^2}.$$

椭球面方程即 $F(x,y,z)=0$，因此它在点 P 处的法向量为

$$\left.\left(\frac{2x}{a^2}\boldsymbol{i}+\frac{2y}{b^2}\boldsymbol{j}+\frac{2z}{c^2}\boldsymbol{k}\right)\right|_P=\frac{2}{\sqrt{3}}\left(\frac{\boldsymbol{i}}{a}+\frac{\boldsymbol{j}}{b}+\frac{\boldsymbol{k}}{c}\right).$$

因而椭球面在点 P 处的切平面方程为

$$\frac{1}{a}\left(x-\frac{a}{\sqrt{3}}\right)+\frac{1}{b}\left(y-\frac{b}{\sqrt{3}}\right)+\frac{1}{c}\left(z-\frac{c}{\sqrt{3}}\right)=0,$$

即

$$\frac{x}{a}+\frac{y}{b}+\frac{z}{c}=\sqrt{3}.$$

法线方程为

$$\frac{x-\frac{a}{\sqrt{3}}}{\frac{1}{a}}=\frac{y-\frac{b}{\sqrt{3}}}{\frac{1}{b}}=\frac{z-\frac{c}{\sqrt{3}}}{\frac{1}{c}},$$

即

$$a\left(x-\frac{a}{\sqrt{3}}\right)=b\left(y-\frac{b}{\sqrt{3}}\right)=c\left(z-\frac{c}{\sqrt{3}}\right).$$

再讨论空间曲面由参数方程给出的情况．设曲面的参数方程为

$$\begin{cases}x=x(u,v),\\ y=y(u,v),\\ z=z(u,v).\end{cases}$$

又设 $P_0(x_0,y_0,z_0)$ 是曲面上一点，且在点 P_0 处矩阵 $\begin{pmatrix}x'_u & x'_v\\ y'_u & y'_v\\ z'_u & z'_v\end{pmatrix}$ 满秩（等价地，$\frac{D(x,y)}{D(u,v)}$，$\frac{D(z,x)}{D(u,v)}$，$\frac{D(y,z)}{D(u,v)}$ 至少有一个不等于零），其中

$$x_0=x(u_0,v_0),\quad y_0=y(u_0,v_0),\quad z_0=z(u_0,v_0).$$

不妨设 $\left.\frac{D(x,y)}{D(u,v)}\right|_{(u_0,v_0)}\neq 0$. 在这个条件下，根据定理 7.4.3，由前两个参数方程可以得到 $u=u(x,y)$，$v=v(x,y)$，代入第三个方程得到 $z=z(u(x,y),v(x,y))$．为求出曲面在点 P_0 处的法向量，只需求出 z'_x,z'_y．作计算：

$$\begin{aligned}(z'_x,z'_y)&=(z'_u,z'_v)\begin{pmatrix}u'_x & u'_y\\ v'_x & v'_y\end{pmatrix}=(z'_u,z'_v)\begin{pmatrix}x'_u & x'_v\\ y'_u & y'_v\end{pmatrix}^{-1}\\
&=\frac{1}{\frac{D(x,y)}{D(u,v)}}(z'_u,z'_v)\begin{pmatrix}y'_v & -x'_v\\ -y'_u & x'_u\end{pmatrix}\\
&=\frac{1}{\frac{D(x,y)}{D(u,v)}}(z'_uy'_v-z'_vy'_u,\ -z'_ux'_v+z'_vx'_u)\\
&=\frac{1}{\frac{D(x,y)}{D(u,v)}}\left(-\frac{D(y,z)}{D(u,v)},\ -\frac{D(z,x)}{D(u,v)}\right).\end{aligned}$$

因而，曲面在点 P_0 处的法向量 $-z'_x\boldsymbol{i}-z'_y\boldsymbol{j}+\boldsymbol{k}$ 平行于

$$\boldsymbol{N}=\left.\frac{D(y,z)}{D(u,v)}\right|_{(u_0,v_0)}\boldsymbol{i}+\left.\frac{D(z,x)}{D(u,v)}\right|_{(u_0,v_0)}\boldsymbol{j}+\left.\frac{D(x,y)}{D(u,v)}\right|_{(u_0,v_0)}\boldsymbol{k},$$

从而在点 P_0 处的切平面方程为

$$\left.\frac{D(y,z)}{D(u,v)}\right|_{(u_0,v_0)}(x-x_0)+\left.\frac{D(z,x)}{D(u,v)}\right|_{(u_0,v_0)}(y-y_0)+\left.\frac{D(x,y)}{D(u,v)}\right|_{(u_0,v_0)}(z-z_0)=0,$$

法线方程为

$$\frac{x-x_0}{\left.\frac{D(y,z)}{D(u,v)}\right|_{(u_0,v_0)}}=\frac{y-y_0}{\left.\frac{D(z,x)}{D(u,v)}\right|_{(u_0,v_0)}}=\frac{z-z_0}{\left.\frac{D(x,y)}{D(u,v)}\right|_{(u_0,v_0)}}.$$

由于 x,y,z 地位的对称性，在点 P_0 处 $\frac{D(x,y)}{D(u,v)}\neq 0$ 的条件也可用其他两个 Jacobi 行列式 $\frac{D(z,x)}{D(u,v)},\frac{D(y,z)}{D(u,v)}$ 之一非零替代．因此只要矩阵 $\begin{pmatrix} x'_u & x'_v \\ y'_u & y'_v \\ z'_u & z'_v \end{pmatrix}$ 在点 P_0 满秩，便有以上的切平面方程和法线方程．

我们可以从几何上解释法向量的上述计算公式：固定 $v=v_0$ 时，

$$\begin{cases} x=x(u,v_0), \\ y=y(u,v_0), \\ z=z(u,v_0) \end{cases}$$

表示曲面上过点 P_0 的一条曲线（称之为 u **曲线**），它在点 P_0 的切线方向为 $(x'_u,y'_u,z'_u)\big|_{(u_0,v_0)}$．同样，固定 $u=u_0$ 时，

$$\begin{cases} x=x(u_0,v), \\ y=y(u_0,v), \\ z=z(u_0,v) \end{cases}$$

也表示曲面上过点 P_0 的一条曲线（称之为 v **曲线**），它在点 P_0 的切线方向为 $(x'_v,y'_v,z'_v)\big|_{(u_0,v_0)}$．显然，曲面在点 P_0 的法向量应与这两个切向量垂直，从而可表示为这两个切向量的向量积，这就是法向量的计算公式．

例 7.4.7　试求曲面

$$\begin{cases} x=a\cosh u\cos v, \\ y=b\cosh u\sin v, \\ z=c\sinh u \end{cases}$$

在与 $(u,v)=\left(0,\frac{\pi}{4}\right)$ 相应点处的切平面方程．

解　当 $(u,v)=\left(0,\frac{\pi}{4}\right)$ 时，$x=\frac{a}{\sqrt{2}}$，$y=\frac{b}{\sqrt{2}}$，$z=0$，且

$$x'_u\Big|_{(0,\frac{\pi}{4})}=a\sinh u\cos v\Big|_{(0,\frac{\pi}{4})}=0,\quad x'_v\Big|_{(0,\frac{\pi}{4})}=-a\cosh u\sin v\Big|_{(0,\frac{\pi}{4})}=-\frac{a}{\sqrt{2}},$$

$$y'_u\Big|_{(0,\frac{\pi}{4})}=b\sinh u\sin v\Big|_{(0,\frac{\pi}{4})}=0,\quad y'_v\Big|_{(0,\frac{\pi}{4})}=b\cosh u\cos v\Big|_{(0,\frac{\pi}{4})}=\frac{b}{\sqrt{2}},$$

$$z'_u\Big|_{(0,\frac{\pi}{4})}=c\cosh u\Big|_{(0,\frac{\pi}{4})}=c,\qquad z'_v\Big|_{(0,\frac{\pi}{4})}=0.$$

于是，

$$\left.\frac{D(y,z)}{D(u,v)}\right|_{(0,\frac{\pi}{4})}=-\frac{bc}{\sqrt{2}},\quad \left.\frac{D(z,x)}{D(u,v)}\right|_{(0,\frac{\pi}{4})}=-\frac{ac}{\sqrt{2}},\quad \left.\frac{D(x,y)}{D(u,v)}\right|_{(0,\frac{\pi}{4})}=0.$$

因此，曲面在$\left(\frac{a}{\sqrt{2}},\frac{b}{\sqrt{2}},0\right)$点的切平面方程为

$$-\frac{b}{\sqrt{2}}\left(x-\frac{a}{\sqrt{2}}\right)-\frac{a}{\sqrt{2}}\left(y-\frac{b}{\sqrt{2}}\right)=0,$$

即

$$bx+ay=\sqrt{2}ab.$$

空间曲线的切线（2）

前面已经知道，空间曲线 Γ 可作为 $\mathbf{R}$ 上某区间 I 到 $\mathbf{R}^3$ 的映射，设其表示为

$$\begin{cases}x=x(t),\\ y=y(t), \quad t\in I.\\ z=z(t),\end{cases}$$

如果 Γ 是一条光滑曲线，那么它在 $P_0(x(t_0),y(t_0),z(t_0))$处切线的方程为

$$\frac{x-x(t_0)}{x'(t_0)}=\frac{y-y(t_0)}{y'(t_0)}=\frac{z-z(t_0)}{z'(t_0)}.$$

另一方面，空间曲线还可以表示为两张空间曲面的交线．设曲线 Γ 的方程为

$$\begin{cases}F(x,y,z)=0,\\ G(x,y,z)=0,\end{cases}$$

其中函数 F 和 G 具有连续偏导数．若 $P_0(x_0,y_0,z_0)$是 Γ 上的一点，且

$$\left.\begin{pmatrix}\frac{\partial F}{\partial x} & \frac{\partial F}{\partial y} & \frac{\partial F}{\partial z}\\ \frac{\partial G}{\partial x} & \frac{\partial G}{\partial y} & \frac{\partial G}{\partial z}\end{pmatrix}\right|_{P_0}$$

是满秩的（等价地，$\frac{D(F,G)}{D(y,z)},\frac{D(F,G)}{D(z,x)},\frac{D(F,G)}{D(x,y)}$至少有一个不等于零），下面来求 Γ 在 P_0 处的切线方程．

不失一般性，设在 P_0 处

$$\frac{D(F,G)}{D(y,z)}=\begin{vmatrix}F'_y & F'_z\\ G'_y & G'_z\end{vmatrix}\neq 0.$$

由隐函数组的存在定理，在 x_0 附近唯一确定了函数组

$$y=y(x),\quad z=z(x),$$

满足 $F(x,y(x),z(x))=0,G(x,y(x),z(x))=0$，而且 $y_0=y(x_0),z_0=z(x_0)$．此时

$$\begin{pmatrix}\frac{\mathrm{d}y}{\mathrm{d}x}\\ \frac{\mathrm{d}z}{\mathrm{d}x}\end{pmatrix}=-\begin{pmatrix}F'_y & F'_z\\ G'_y & G'_z\end{pmatrix}^{-1}\begin{pmatrix}F'_x\\ G'_x\end{pmatrix}$$

$$=-\left[\frac{D(F,G)}{D(y,z)}\right]^{-1}\begin{pmatrix}G'_z & -F'_z\\ -G'_y & F'_y\end{pmatrix}\begin{pmatrix}F'_x\\ G'_x\end{pmatrix}$$

$$=\left[\frac{D(F,G)}{D(y,z)}\right]^{-1}\begin{pmatrix}\dfrac{D(F,G)}{D(z,x)}\\ \dfrac{D(F,G)}{D(x,y)}\end{pmatrix}.$$

这样,Γ 在 P_0 处的切向量$(1,y'(x_0),z'(x_0))$平行于向量

$$\left(\left.\frac{D(F,G)}{D(y,z)}\right|_{P_0},\left.\frac{D(F,G)}{D(z,x)}\right|_{P_0},\left.\frac{D(F,G)}{D(x,y)}\right|_{P_0}\right),$$

从而 Γ 在 P_0 处的切线方程为

$$\frac{x-x_0}{\left.\dfrac{D(F,G)}{D(y,z)}\right|_{P_0}}=\frac{y-y_0}{\left.\dfrac{D(F,G)}{D(z,x)}\right|_{P_0}}=\frac{z-z_0}{\left.\dfrac{D(F,G)}{D(x,y)}\right|_{P_0}},$$

法平面方程为

$$\left.\frac{D(F,G)}{D(y,z)}\right|_{P_0}(x-x_0)+\left.\frac{D(F,G)}{D(z,x)}\right|_{P_0}(y-y_0)+\left.\frac{D(F,G)}{D(x,y)}\right|_{P_0}(z-z_0)=0.$$

我们也可以从几何上解释切向量的上述计算公式:曲面 $F(x,y,z)=0$ 在点 P_0 处的法向量为$(F'_x,F'_y,F'_z)|_{P_0}$,曲面 $G(x,y,z)=0$ 在点 P_0 处的法向量为$(G'_x,G'_y,G'_z)|_{P_0}$. 作为这两个曲面交线的 Γ,它在 P_0 处的切向量显然与这两个曲面的法向量垂直,从而可表示为这两个法向量的向量积,这就是切向量的计算公式.

例 7.4.8　求两柱面的交线

$$\begin{cases}x^2+y^2=1,\\ x^2+z^2=1\end{cases}$$

在点 $P_0\left(\frac{1}{\sqrt{2}},\frac{1}{\sqrt{2}},\frac{1}{\sqrt{2}}\right)$ 处的切线方程与法平面方程(图 7.4.2).

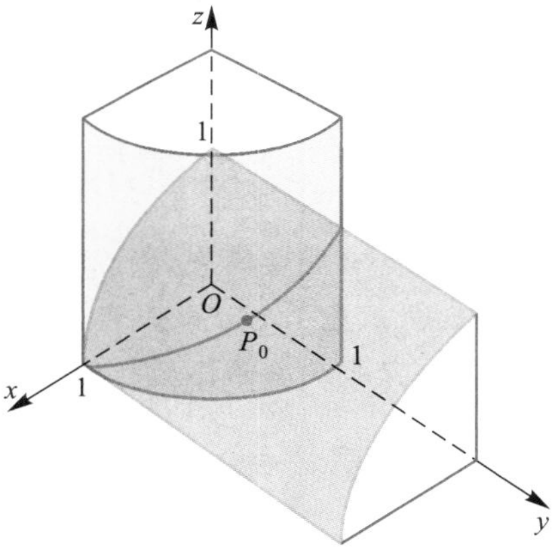

图 7.4.2

解　记 $F(x,y,z)=x^2+y^2-1$, $G(x,y,z)=x^2+z^2-1$,则

$$\frac{D(F,G)}{D(y,z)}=\begin{vmatrix}2y & 0\\ 0 & 2z\end{vmatrix}=4yz.$$

在点 P_0 处这个 Jacobi 行列式非零,因而在点 P_0 近旁由上述两柱面确定了一条光滑的交线:

$$x=x,\quad y=y(x),\quad z=z(x).$$

为求其切向量$(1,y'(x),z'(x))$,分别对两曲面方程两边关于 x 求导,得

$$\begin{cases}2x+2y\cdot y'(x)=0,\\ 2x+2z\cdot z'(x)=0.\end{cases}$$

由此解得 $y'(x)=-\frac{x}{y}$, $z'(x)=-\frac{x}{z}$. 于是,得到 P_0 处的切向量为

$$\left.\left(1,-\frac{x}{y},-\frac{x}{z}\right)\right|_{P_0}=(1,-1,-1).$$

因而在 P_0 处的切线方程为

$$\frac{x-\frac{1}{\sqrt{2}}}{1}=\frac{y-\frac{1}{\sqrt{2}}}{-1}=\frac{z-\frac{1}{\sqrt{2}}}{-1}.$$

进一步,曲线在 P_0 处的法平面方程为

$$x-\frac{1}{\sqrt{2}}-\left(y-\frac{1}{\sqrt{2}}\right)-\left(z-\frac{1}{\sqrt{2}}\right)=0,$$

即

$$x-y-z+\frac{1}{\sqrt{2}}=0.$$

习　题

1. 求下列隐函数的导数 $\frac{\mathrm{d}y}{\mathrm{d}x}$:

(1) $\mathrm{e}^x+\sin(x+y)+xy=0$;

(2) $\mathrm{e}^x\cos y+\mathrm{e}^y\sin x=1$.

2. 求下列隐函数的偏导数 z'_x,z'_y:

(1) $yz^2-xz+xy-4z^3=0$;

(2) $\cos^2x+\cos^2y+\cos^2z=1$;

(3) $x+2y+z-2\sqrt{xyz}=0$;

(4) $\frac{x}{z}=\ln\frac{z}{y}$.

3. 设 F 是三元可微函数,若 $z=z(x,y)$ 是由

$$F(x,x+y,x+y+z)=0$$

所确定的具有连续偏导数的函数,求 z'_x,z'_y.

4. 设 F 是三元可微函数,$x=x(y,z)$,$y=y(x,z)$,$z=z(x,y)$ 都是由 $F(x,y,z)=0$ 所确定的具有连续偏导数的函数,证明:

$$\frac{\partial x}{\partial y}\cdot\frac{\partial y}{\partial z}\cdot\frac{\partial z}{\partial x}=-1.$$

5. 设 $z^3-3xyz=a^3$,求 $\frac{\partial^2 z}{\partial x\partial y}$.

6. 设 $\mathrm{e}^z-xyz=0$,求 $\frac{\partial^2 z}{\partial x^2}$.

7. 试求由下列方程组确定的映射 $\boldsymbol{f}:x\mapsto(y,z)^{\mathrm{T}}$ 的 Jacobi 矩阵:

(1) $\begin{cases}z=x^2+y^2,\\x^2+2y^2+3z^2=20;\end{cases}$

(2) $\begin{cases}x+y+z=0,\\x^2+y^2+z^2=1.\end{cases}$

8. 求由下列方程组确定的映射 $(x,y)^{\mathrm T}\mapsto(u,v)^{\mathrm T}$ 的 Jacobi 矩阵：

(1) $\begin{cases}x=\mathrm e^u+u\sin v,\\ y=\mathrm e^u-u\cos v;\end{cases}$

(2) $\begin{cases}u=f(ux,v+y),\\ v=g(u-x,v^2y),\end{cases}$ 其中 f,g 具有连续偏导数．

9. 设 $y=f(x,t)$，$F(x,y,t)=0$，其中二元函数 f 和三元函数 F 均具有连续偏导数，且 $f'_tF'_y+F'_t\neq0$. 证明

$$\frac{\mathrm dy}{\mathrm dx}=\frac{f'_xF'_t-f'_tF'_x}{f'_tF'_y+F'_t}.$$

10. 求曲面 $\mathrm e^z-z+xy=3$ 在点 $(2,1,0)$ 处的切平面和法线方程．

11. 求椭球面 $x^2+2y^2+z^2=1$ 上平行于平面 $x-y+2z=0$ 的切平面方程．

12. 证明：曲面 $\sqrt{x}+\sqrt{y}+\sqrt{z}=\sqrt{a}\ (a>0)$ 上任何点处的切平面在各坐标轴上的截距之和等于 a.

13. 设 $x=u+v,y=u^2+v^2,z=u^3+v^3$，求 z'_x,z'_y.

14. 已知曲面 $x^2-y^2-3z=0$，求经过点 $A(0,0,-1)$ 且与直线 $\frac{x}{2}=\frac{y}{1}=\frac{z}{2}$ 平行的切平面的方程．

15. 求由参数方程

$$x=u\cos v,\quad y=u\sin v,\quad z=\sqrt{a^2-u^2}$$

给出的曲面在点 $A(x_0,y_0,z_0)$ 处的切平面方程，其中点 A 在曲面上．

16. 试求空间曲线

$$\begin{cases}x^2+y^2+z^2-3x=0,\\ 2x-3y+5z-4=0\end{cases}$$

在点 $(1,1,1)$ 处的切线方程与法平面方程．

17. 设 f 是具有连续编导数的二元函数，证明：曲面 $f\left(\frac{x-a}{z-c},\frac{y-b}{z-c}\right)=0$ 上任一点处的切平面均过一定点．

§ 5　方向导数、梯度

方向导数

多元函数的偏导数反映了函数值沿坐标轴方向的变化率，而许多实际问题中常常还需要掌握函数在某点处沿某一指定方向的变化率．例如，为了预测某地的风向和风力，必须掌握该地气压沿各个方向的变化率．这就引出了方向导数的概念．

定义 7.5.1　设 f 是定义于 $\mathbf{R}^n$ 中某区域 D 上的函数,点 $P_0\in D$ 为一定点,$\boldsymbol{l}$ 为一给定的非零向量,P 为动点,向量 $\overrightarrow{P_0P}$ 与 $\boldsymbol{l}$ 的方向始终一致. 如果极限

$$\lim_{\|\overrightarrow{P_0P}\|\to 0}\frac{f(P)-f(P_0)}{\|\overrightarrow{P_0P}\|}$$

存在,则称此极限值为函数 f 在点 P_0 沿 $\boldsymbol{l}$ 方向的**方向导数**,记作 $\dfrac{\partial f}{\partial \boldsymbol{l}}(P_0)$.

对于可微函数而言,不仅有关于各个自变量的偏导数,而且有沿任何方向的方向导数,这些方向导数还可以用偏导数来表示. 下面我们就来证明这一结论,并导出计算公式.

为了便于刻画方向,先介绍方向余弦的概念. 设 $\boldsymbol{l}$ 是一个 n 维非零向量,$\boldsymbol{l}_0=\dfrac{\boldsymbol{l}}{\|\boldsymbol{l}\|}$,即 $\boldsymbol{l}_0$ 是与 $\boldsymbol{l}$ 同向的单位向量. 取 $0\leqslant\alpha_i\leqslant\pi(i=1,2,\cdots,n)$,使得 $\boldsymbol{l}_0=(\cos\alpha_1,\cos\alpha_2,\cdots,\cos\alpha_n)$. 显然,$\cos^2\alpha_1+\cos^2\alpha_2+\cdots+\cos^2\alpha_n=1$. 称

$$\cos\alpha_1,\cos\alpha_2,\cdots,\cos\alpha_n$$

为向量 $\boldsymbol{l}$ 的**方向余弦**.

例如,对 $\mathbf{R}^3$ 中向量 $\boldsymbol{a}=3\boldsymbol{i}-4\boldsymbol{j}+5\boldsymbol{k}$,有 $\|\boldsymbol{a}\|=\sqrt{3^2+(-4)^2+5^2}=5\sqrt{2}$. 取单位向量

$$\boldsymbol{a}_0=\frac{\boldsymbol{a}}{\|\boldsymbol{a}\|}=\frac{3}{5\sqrt{2}}\boldsymbol{i}-\frac{4}{5\sqrt{2}}\boldsymbol{j}+\frac{1}{\sqrt{2}}\boldsymbol{k},$$

即得 $\boldsymbol{a}$ 的方向余弦为

$$\cos\alpha=\frac{3}{5\sqrt{2}},\quad \cos\beta=-\frac{4}{5\sqrt{2}},\quad \cos\gamma=\frac{1}{\sqrt{2}}.$$

定理 7.5.1　若函数 f 在点 P_0 可微,向量 $\boldsymbol{l}$ 的方向余弦为 $\cos\alpha_1,\cos\alpha_2,\cdots,\cos\alpha_n$,则函数 f 在点 P_0 沿 $\boldsymbol{l}$ 方向的方向导数存在,且

$$\left.\frac{\partial f}{\partial \boldsymbol{l}}\right|_{P_0}=\left.\frac{\partial f}{\partial x_1}\right|_{P_0}\cos\alpha_1+\left.\frac{\partial f}{\partial x_2}\right|_{P_0}\cos\alpha_2+\cdots+\left.\frac{\partial f}{\partial x_n}\right|_{P_0}\cos\alpha_n.$$

证　取向量 $\overrightarrow{P_0P}=(\Delta x_1,\Delta x_2,\cdots,\Delta x_n)$ 与 $\boldsymbol{l}$ 同向. 因为 f 在点 P_0 可微,则

$$f(P)-f(P_0)=\left.\frac{\partial f}{\partial x_1}\right|_{P_0}\Delta x_1+\left.\frac{\partial f}{\partial x_2}\right|_{P_0}\Delta x_2+\cdots+\left.\frac{\partial f}{\partial x_n}\right|_{P_0}\Delta x_n+o(\|\overrightarrow{P_0P}\|).$$

这样

$$\begin{aligned}
&\lim_{\|\overrightarrow{P_0P}\|\to 0}\frac{f(P)-f(P_0)}{\|\overrightarrow{P_0P}\|}\\
=&\lim_{\|\overrightarrow{P_0P}\|\to 0}\left[\left.\frac{\partial f}{\partial x_1}\right|_{P_0}\frac{\Delta x_1}{\|\overrightarrow{P_0P}\|}+\left.\frac{\partial f}{\partial x_2}\right|_{P_0}\frac{\Delta x_2}{\|\overrightarrow{P_0P}\|}+\cdots+\left.\frac{\partial f}{\partial x_n}\right|_{P_0}\frac{\Delta x_n}{\|\overrightarrow{P_0P}\|}+\frac{o(\|\overrightarrow{P_0P}\|)}{\|\overrightarrow{P_0P}\|}\right]\\
=&\lim_{\|\overrightarrow{P_0P}\|\to 0}\left[\left.\frac{\partial f}{\partial x_1}\right|_{P_0}\cos\alpha_1+\left.\frac{\partial f}{\partial x_2}\right|_{P_0}\cos\alpha_2+\cdots+\left.\frac{\partial f}{\partial x_n}\right|_{P_0}\cos\alpha_n+\frac{o(\|\overrightarrow{P_0P}\|)}{\|\overrightarrow{P_0P}\|}\right]\\
=&\left.\frac{\partial f}{\partial x_1}\right|_{P_0}\cos\alpha_1+\left.\frac{\partial f}{\partial x_2}\right|_{P_0}\cos\alpha_2+\cdots+\left.\frac{\partial f}{\partial x_n}\right|_{P_0}\cos\alpha_n.
\end{aligned}$$

因此$\left.\frac{\partial f}{\partial \boldsymbol{l}}\right|_{P_0}$存在，且成立定理中给出的计算公式.

证毕

从这个定理可得到，若函数 f 在点 P_0 可微，向量 $\boldsymbol{l}$ 的方向余弦为 $\cos\alpha_1,\cos\alpha_2,\cdots,\cos\alpha_n$. 当动点从点 P_0 开始沿 $\boldsymbol{l}$ 方向移动一个小距离 Δs 到点 P 时，函数值的变化可如下估计：

$$\begin{aligned}f(P)-f(P_0)=\Delta f\approx \mathrm{d}f&=\left.\frac{\partial f}{\partial x_1}\right|_{P_0}\Delta x_1+\left.\frac{\partial f}{\partial x_2}\right|_{P_0}\Delta x_2+\cdots+\left.\frac{\partial f}{\partial x_n}\right|_{P_0}\Delta x_n\\&=\left(\left.\frac{\partial f}{\partial x_1}\right|_{P_0}\cos\alpha_1+\left.\frac{\partial f}{\partial x_2}\right|_{P_0}\cos\alpha_2+\cdots+\left.\frac{\partial f}{\partial x_n}\right|_{P_0}\cos\alpha_n\right)\sqrt{(\Delta x_1)^2+(\Delta x_2)^2+\cdots+(\Delta x_n)^2}\\&=\left.\frac{\partial f}{\partial \boldsymbol{l}}\right|_{P_0}\cdot\Delta s.\end{aligned}$$

例 7.5.1　设函数 $f(x,y,z)=x^3y^2+z$，向量 $\boldsymbol{l}=-4\boldsymbol{j}+3\boldsymbol{k}$.

(1) 求函数 f 在 $P_0(1,0,1)$ 点沿 $\boldsymbol{l}$ 方向的方向导数；

(2) 求当动点从 P_0 开始沿 $\boldsymbol{l}$ 方向移动 0.1 个单位到点 P 时，估计函数值的变化，并估计此时的函数值.

解　(1) 显然，f 在点 P_0 的三个偏导数为

$$\left.\frac{\partial f}{\partial x}\right|_{(1,0,1)}=3x^2y^2\big|_{(1,0,1)}=0,\quad \left.\frac{\partial f}{\partial y}\right|_{(1,0,1)}=2x^3y\big|_{(1,0,1)}=0,\quad \left.\frac{\partial f}{\partial z}\right|_{(1,0,1)}=1.$$

又向量 $\boldsymbol{l}$ 的三个方向余弦分别为

$$\cos\alpha=0,\quad \cos\beta=-\frac{4}{5},\quad \cos\gamma=\frac{3}{5}.$$

所以 f 在点 P_0 沿 $\boldsymbol{l}$ 方向的方向导数为

$$\left.\frac{\partial f}{\partial \boldsymbol{l}}\right|_{(1,0,1)}=\left.\frac{\partial f}{\partial x}\right|_{(1,0,1)}\cos\alpha+\left.\frac{\partial f}{\partial y}\right|_{(1,0,1)}\cos\beta+\left.\frac{\partial f}{\partial z}\right|_{(1,0,1)}\cos\gamma=\frac{3}{5}.$$

(2) 由(1)的计算知，当动点从 P_0 开始沿 $\boldsymbol{l}$ 方向移动 $\Delta s=0.1$ 单位到点 P 时，函数 f 的值的变化近似为

$$\mathrm{d}f=\left.\frac{\partial f}{\partial \boldsymbol{l}}\right|_{(1,0,1)}\Delta s=\frac{3}{5}\times 0.1=\frac{3}{50}.$$

此时函数 f 的近似值为

$$f(P)\approx f(P_0)+\mathrm{d}f=1+\frac{3}{50}=\frac{53}{50}.$$

下例说明，一个多元函数即使在某一点处连续，可偏导，且沿所有方向的方向导数都存在，也不一定在该点可微. 同时也说明，若一个多元函数在某点处不可微，定理 7.5.1 并不一定成立.

例 7.5.2　设

$$f(x,y)=\begin{cases}\dfrac{2xy^2}{x^2+y^2}, & x^2+y^2\neq 0,\\0, & x^2+y^2=0.\end{cases}$$

由于

$$|f(x,y)|=\left|\frac{2xy}{x^2+y^2}y\right|\leqslant\left|\frac{x^2+y^2}{x^2+y^2}y\right|=|y|,$$

所以 $\lim\limits_{(x,y)\to(0,0)}f(x,y)=0=f(0,0)$，因此 f 在点 $(0,0)$ 连续．

任取方向 $\boldsymbol{l}=\|\boldsymbol{l}\|(\cos\alpha,\ \sin\alpha)$（$\alpha$ 为 $\boldsymbol{l}$ 与 x 轴正向的夹角），则以 $(0,0)$ 为始点，以 $\boldsymbol{l}$ 为方向的射线上的点 P 可表为

$$P=(t\cos\alpha,t\sin\alpha),\quad t>0.$$

于是，f 在点 $(0,0)$ 沿方向 $\boldsymbol{l}$ 的方向导数为

$$\begin{aligned}&\frac{\partial f}{\partial \boldsymbol{l}}(0,0)\\&=\lim_{t\to0+0}\frac{f(t\cos\alpha,t\sin\alpha)-f(0,0)}{t}\\&=\lim_{t\to0+0}\frac{2\cos\alpha\sin^2\alpha}{\cos^2\alpha+\sin^2\alpha}=2\cos\alpha\sin^2\alpha.\end{aligned}$$

这说明 f 在点 $(0,0)$ 沿所有方向的方向导数都存在．易知 $f'_x(0,0)=f'_y(0,0)=0$，因此 f 在点 $(0,0)$ 可偏导．注意，这个函数在点 $(0,0)$ 并不可微．否则的话，由定理 7.5.1，就得到 f 在点 $(0,0)$ 沿各个方向的方向导数皆为零的谬误．这个函数的图像和等位线图如图 7.5.1 和图 7.5.2 所示．

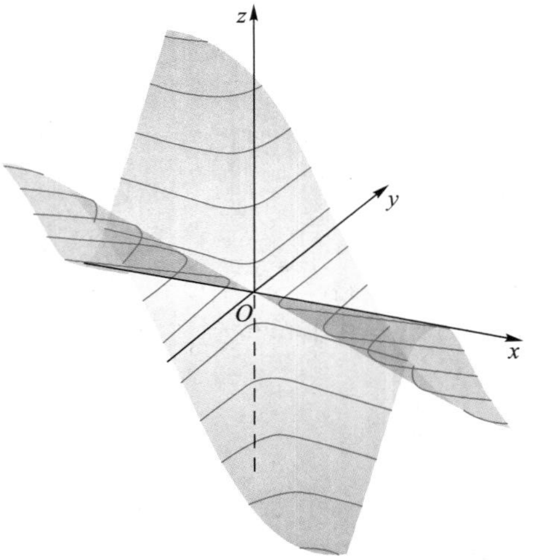

图 7.5.1

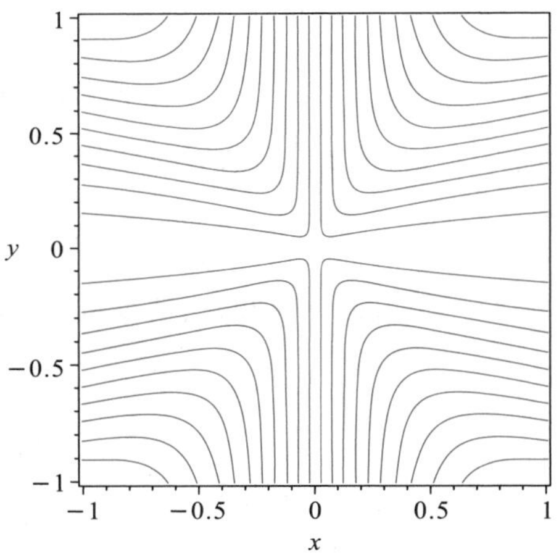

图 7.5.2

数量场的梯度

通常把分布着某种物理量的空间区域称为**场**，它在数学上表现为数量值函数或向量值函数．具体地说就是，如果在一个空间区域内的每一点，都对应着某个量的一个确定的值，则在这个区域里确定了该量的场．如果所对应的量是数量，就称这个场为**数量场**；如果所对应的量是向量，就称这个场为**向量场**．

例如，在一地区的每一个地点(x,y,z)，及每一个时刻t，均有一个确定的温度T，即$T=f(x,y,z,t)$，这就形成了一个温度场；同样的，在空间某点处放置一个点电荷，它就在空间形成一个电位场；在空间某点处放置一个具有质量的物体，它就在空间形成一个引力场．温度场、电位场以及密度场等，都是数量场；而引力场、速度场等都是向量场．如果场中的量不随时间的变化而变化，则称这个场为**稳定场**或**定常场**，否则称为**非定常场**或**时变场**．本书中我们主要考虑稳定场．

下面考虑一般$\mathbf{R}^n$中区域D上的函数或向量值函数，我们也常将其分别称为数量场或向量场．

设函数f定义于$\mathbf{R}^n$中区域D上，或者说f是区域D上的一个数量场．现在要讨论的问题是f在点$P\in D$处沿哪个方向的方向导数取得最大值，即沿哪个方向数量场的变化率最大？

前面已经指出，如果向量$\boldsymbol{l}$的方向余弦为$\cos\alpha_1$，$\cos\alpha_2$，…，$\cos\alpha_n$，若f在点P可微，那么f在点P沿$\boldsymbol{l}$方向的方向导数为

$$\frac{\partial f}{\partial \boldsymbol{l}}=\frac{\partial f}{\partial x_1}\cos\alpha_1+\frac{\partial f}{\partial x_2}\cos\alpha_2+\cdots+\frac{\partial f}{\partial x_n}\cos\alpha_n.$$

记n维向量

$$\boldsymbol{g}=\left(\frac{\partial f}{\partial x_1},\frac{\partial f}{\partial x_2},\cdots,\frac{\partial f}{\partial x_n}\right),$$

又记$\boldsymbol{l}$方向的单位向量为$\boldsymbol{l}_0$，则$\boldsymbol{l}_0=(\cos\alpha_1,\ \cos\alpha_2,\cdots,\ \cos\alpha_n)$，于是

$$\frac{\partial f}{\partial \boldsymbol{l}}=(\boldsymbol{g},\boldsymbol{l}_0),$$

上式右端表示向量$\boldsymbol{g}$与$\boldsymbol{l}_0$的内积．由 Schwarz 不等式得

$$\left|\frac{\partial f}{\partial \boldsymbol{l}}\right|=|(\boldsymbol{g},\boldsymbol{l}_0)|\leqslant\|\boldsymbol{g}\|\,\|\boldsymbol{l}_0\|=\|\boldsymbol{g}\|.$$

另一方面，当且仅当$\boldsymbol{l}$与$\boldsymbol{g}$同向时，有

$$(\boldsymbol{g},\boldsymbol{l}_0)=\|\boldsymbol{g}\|.$$

所以，当且仅当$\boldsymbol{l}$与$\boldsymbol{g}$同向时，$\dfrac{\partial f}{\partial \boldsymbol{l}}$最大，而且

$$\max\frac{\partial f}{\partial \boldsymbol{l}}=\|\boldsymbol{g}\|=\left[\sum_{i=1}^{n}\left(\frac{\partial f}{\partial x_i}\right)^2\right]^{\frac{1}{2}}.$$

这里的n维向量$\boldsymbol{g}$实际上就是下面要讨论的梯度．

定义 7.5.2　设f是$\mathbf{R}^n$中区域D上的数量场，如果f在点$P_0\in D$可偏导，称向量

$$\left.\left(\frac{\partial f}{\partial x_1},\frac{\partial f}{\partial x_2},\cdots,\frac{\partial f}{\partial x_n}\right)\right|_{P_0}$$

为f在点P_0的**梯度**，记作 $\mathbf{grad}\,f(P_0)$．

由前面的讨论可知，如果f在点P_0处可微，$\boldsymbol{l}_0$是与$\boldsymbol{l}$同向的单位向量，则

$$\frac{\partial f}{\partial \boldsymbol{l}}(P_0)=(\mathbf{grad}\,f(P_0),\boldsymbol{l}_0).$$

因此，若$\mathbf{grad}\,f(P_0)\neq\mathbf{0}$，则当$\boldsymbol{l}$与$\mathbf{grad}\,f(P_0)$同向时，$\dfrac{\partial f}{\partial \boldsymbol{l}}$达到最大，即$f$在$P_0$处的方向导数

在其梯度方向上达到最大值，此最大值即梯度的范数 $\|\mathbf{grad}\, f(P_0)\|$. 这就是说，沿梯度方向，函数值增加最快. 同样可知，f 在 P_0 处的方向导数的最小值在梯度的相反方向取得，此最小值即 $-\|\mathbf{grad}\, f(P_0)\|$，从而沿梯度相反方向函数值减少最快.

例 7.5.3　设函数 $f(x,y,z)=x^3y^2+z$. 问该函数在点 $P_0(1,0,1)$ 处沿哪个方向的函数值变化最快？沿这个方向的变化率是多少？

解　在例 7.5.1 中已算得，f 在 P_0 处的三个偏导数为

$$\left.\frac{\partial f}{\partial x}\right|_{(1,0,1)}=3x^2y^2\big|_{(1,0,1)}=0,\quad \left.\frac{\partial f}{\partial y}\right|_{(1,0,1)}=2x^3y\big|_{(1,0,1)}=0,\quad \left.\frac{\partial f}{\partial z}\right|_{(1,0,1)}=1.$$

因此

$$\mathbf{grad}\, f(1,0,1)=(0,0,1).$$

于是在点 P_0，函数 f 沿梯度 $\mathbf{grad} f(1,0,1)=\boldsymbol{k}$ 方向，即 z 轴正向方向时函数值增加最快，沿这个方向的变化率为 $\|\mathbf{grad} f(1,0,1)\|=1$；函数 f 沿梯度的反方向 $-\mathbf{grad} f(1,0,1)=-\boldsymbol{k}$，即 z 轴负向方向时减少最快，沿这个方向的变化率为 $-\|\mathbf{grad} f(1,0,1)\|=-1$.

例 7.5.4　设在空间直角坐标系的原点处有一个点电荷 q，由此产生一个静电场，在点 (x,y,z) 处的电位是

$$V=\frac{q}{4\pi\varepsilon_0 r},$$

其中 $r=\sqrt{x^2+y^2+z^2}$，ε_0 是真空电容率. 这样，V 是 $\mathbf{R}^3\setminus\{(0,0,0)\}$ 上的一个数量场，其梯度为

$$\mathbf{grad}\ V=-\frac{q}{4\pi\varepsilon_0 r^2}\,\frac{x\boldsymbol{i}+y\boldsymbol{j}+z\boldsymbol{k}}{r}=-\frac{q}{4\pi\varepsilon_0 r^3}(x\boldsymbol{i}+y\boldsymbol{j}+z\boldsymbol{k}).$$

由此可见，这个静电场的电场强度 $\boldsymbol{E}=\frac{q}{4\pi\varepsilon_0 r^3}(x\boldsymbol{i}+y\boldsymbol{j}+z\boldsymbol{k})$ 与电位 V 的关系是

$$\boldsymbol{E}=-\mathbf{grad} V.$$

根据梯度的定义，不难验证它具有下列运算性质：设函数 f,g,φ 具有连续偏导数或导数，则

1. $\mathbf{grad}\ c=0$，其中 c 为常数；
2. $\mathbf{grad}(\alpha f+\beta g)=\alpha\ \mathbf{grad}\ f+\beta\ \mathbf{grad}\ g$，其中 α,β 为常数；
3. $\mathbf{grad}(f\cdot g)=f\cdot\mathbf{grad}\ g+g\cdot\mathbf{grad}\ f$；
4. $\mathbf{grad}\left(\dfrac{f}{g}\right)=\dfrac{g\cdot\mathbf{grad}\ f-f\cdot\mathbf{grad}\ g}{g^2}$，其中 $g\neq 0$；
5. $\mathbf{grad}(\varphi\circ f)=(\varphi'\circ f)\ \mathbf{grad}\ f$，其中 φ 是一元函数.

等值面的法向量

这一小段讨论 $\mathbf{R}^3$ 中数量场的等值面上的法向量.

在稳定的温度场中，温度相等的点组成一张曲面，称为等温面. 气压场中，大气压强相同的点组成一张曲面，称为等压面. 一般地，设有 $\mathbf{R}^3$ 中的一个数量场

$$f(x,y,z),\quad (x,y,z)\in D.$$

函数 f 取值相同的点组成的曲面称为**等值面**．等值面的方程为

$$f(x,y,z)=c,$$

其中 c 是某常数．

例如，$f(x,y,z)=\sqrt{x^2+y^2+z^2}$ 的等值面是球面，$g(x,y,z)=z-\frac{x^2}{9}-\frac{y^2}{16}$ 的等值面是椭圆抛物面．

以下我们假设 f 有连续偏导数，且其偏导数不同时为 0.

由上一节关于曲面切平面的讨论可知，在等值面 $f(x,y,z)=c$ 上的点 P_0 处，其中一个法向量为

$$\boldsymbol{n}=\left(\frac{\partial f}{\partial x},\frac{\partial f}{\partial y},\frac{\partial f}{\partial z}\right)\bigg|_{P_0},$$

这个量恰为 $\mathbf{grad}\, f(P_0)$，因此，

$$\frac{\partial f}{\partial \boldsymbol{n}}=\|\mathbf{grad}\, f\|.$$

又记 $\boldsymbol{n}_0=\frac{\boldsymbol{n}}{\|\boldsymbol{n}\|}$，即 $\boldsymbol{n}_0$ 为 $\boldsymbol{n}$ 方向的单位法向量，则有

$$\mathbf{grad}\, f=\frac{\partial f}{\partial \boldsymbol{n}}\boldsymbol{n}_0,$$

这就是说，梯度方向为等值面的一个法线方向，梯度大小即 f 沿等值面的这个法线方向的方向导数．

值得注意的是，因为等值面及其法向量与坐标选择无关，所以梯度与坐标的选取无关．更一般地，$\mathbf{R}^n$ 上数量场的梯度与坐标的选取无关．

势量场

对于给定的空间区域 $D\subset\mathbf{R}^n$ 上的数量场 f，其梯度 $\mathbf{grad}\, f$ 是 D 上的一个向量场，称为**梯度场**．反过来我们有以下概念．

定义 7.5.3　设 $\boldsymbol{V}$ 是区域 D 上的向量场，如果存在 D 上的某数量场 U，使得在 D 上成立

$$\boldsymbol{V}=\mathbf{grad}\, U,$$

则称该向量场 $\boldsymbol{V}$ 为**势量场**，称 U 为 $\boldsymbol{V}$ 的一个**势函数**．

显然，当势函数存在时，它并不是唯一的，但任意两个势函数只相差一个常数．

例 7.5.5　引力场是一个势量场．

设在坐标原点处有质量为 m 的质点，由此产生一个引力场．引力场的方向指向原点，对单位质量质点的引力大小为 $\frac{Gm}{r^2}$，其中 G 为引力常数，$r=\sqrt{x^2+y^2+z^2}$．这样，引力场可以表述为

$$\boldsymbol{F}(x,y,z)=-\frac{Gm}{r^3}(x\boldsymbol{i}+y\boldsymbol{j}+z\boldsymbol{k}).$$

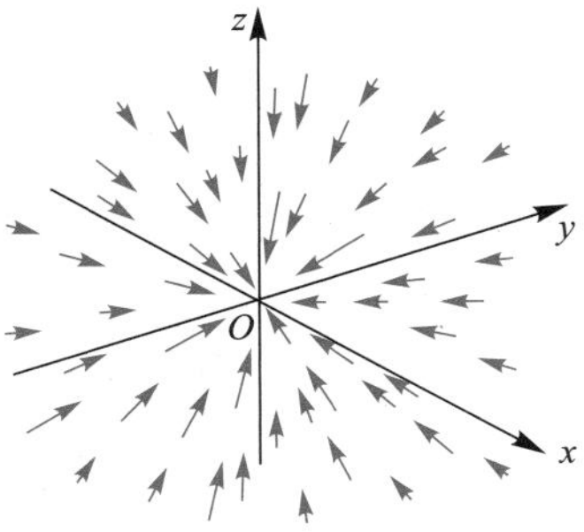

图 7.5.3

容易验证,函数

$$U(x,y,z)=\frac{Gm}{r}$$

是它的一个势函数. 实际上

$$(U'_x,U'_y,U'_z)=\left(-\frac{Gmx}{r^3},-\frac{Gmy}{r^3},-\frac{Gmz}{r^3}\right),$$

因此

$$\boldsymbol{F}=\mathbf{grad}\ U.$$

引力场 $\boldsymbol{F}$ 的示意图见图 7.5.3.

习　题

1. 求函数 $z=x^2+y^2$ 在点(1,2)处沿从点(1,2)到点$(2,2+\sqrt{3})$方向的方向导数.

2. 求函数 $u=xyz$ 在点(5,1,2)处沿从该点到点(9,4,14)方向的方向导数.

3. 求函数 $u=\sum\limits_{i,j=1}^{n}x_ix_j$ 在点$(1,1,\cdots,1)$处沿 $\boldsymbol{l}=-(1,1,\cdots,1)$方向的方向导数.

4. 已知 $u=x^2+y^2+z^2-xy+yz$,点 $P_0=(1,1,1)$,求 u 在点 P_0 处的方向导数$\dfrac{\partial u}{\partial \boldsymbol{l}}$的最大值和最小值,并指出相应的方向 $\boldsymbol{l}$.

5. 设椭球面 $2x^2+3y^2+z^2=6$ 上点 $P(1,1,1)$ 处指向外侧的法向量为 $\boldsymbol{n}$,求函数 $u=\dfrac{\sqrt{6x^2+8y^2}}{z}$在点 P 处沿方向 $\boldsymbol{n}$ 的方向导数.

6. 设 $f(x,y)=\sqrt[3]{xy}$,

(1) 证明:f 在点(0,0)连续,且 $f'_x(0,0)$和 $f'_y(0,0)$都存在;

(2) 说明 f 在点(0,0)沿方向 $\boldsymbol{l}=(a,b)$的方向导数不存在,其中 $a,b\neq0$.

7. 求下列数量场的梯度:

(1) $u=\sqrt{x^2+y^2}$;　(2) $u=\dfrac{xyz}{x+y+z}$;　(3) $u=\sum\limits_{i=1}^{n}x_i$.

8. 设 $u=f(x,y,z)$具有连续的二阶偏导函数,就方向 $\boldsymbol{l}(\cos\alpha,\cos\beta,\cos\gamma)$写出二阶方向导数

$$\frac{\partial^2 u}{\partial \boldsymbol{l}^2}=\frac{\partial}{\partial \boldsymbol{l}}\left(\frac{\partial u}{\partial \boldsymbol{l}}\right).$$

9. 设 $u=f(x,y,z)$具有连续的二阶偏导函数,三个单位向量 $\boldsymbol{l}_1(\cos\alpha_1,\cos\beta_1,\cos\gamma_1)$,$\boldsymbol{l}_2(\cos\alpha_2,\cos\beta_2,\cos\gamma_2)$,$\boldsymbol{l}_3(\cos\alpha_3,\cos\beta_3,\cos\gamma_3)$互相垂直. 证明:

(1) $\left(\dfrac{\partial u}{\partial \boldsymbol{l}_1}\right)^2+\left(\dfrac{\partial u}{\partial \boldsymbol{l}_2}\right)^2+\left(\dfrac{\partial u}{\partial \boldsymbol{l}_3}\right)^2=\left(\dfrac{\partial u}{\partial x}\right)^2+\left(\dfrac{\partial u}{\partial y}\right)^2+\left(\dfrac{\partial u}{\partial z}\right)^2$;

(2) $\dfrac{\partial^2 u}{\partial \boldsymbol{l}_1^2}+\dfrac{\partial^2 u}{\partial \boldsymbol{l}_2^2}+\dfrac{\partial^2 u}{\partial \boldsymbol{l}_3^2}=\dfrac{\partial^2 u}{\partial x^2}+\dfrac{\partial^2 u}{\partial y^2}+\dfrac{\partial^2 u}{\partial z^2}$.

§6　Taylor 公式

如果一元函数f在点x_0附近有$n+1$阶导数,根据 Taylor(泰勒)公式,在该点附近就可以用n次多项式近似替代f,其误差则可由 Lagrange 余项作估计,即

$$f(x)=\sum_{k=0}^{n}\frac{f^{(k)}(x_0)}{k!}(x-x_0)^k+R_n(x),$$

其中$R_n(x)=\dfrac{f^{(n+1)}(x_0+\theta(x-x_0))}{(n+1)!}(x-x_0)^{n+1}(0<\theta<1)$. 在函数估计和近似计算中,这个公式有着广泛的应用.

对于多元的情况,在理论研究或实际计算中,常常也需要用多元多项式来近似表达一个给定的多元函数,并要求估计出误差的大小. 为此,本节就来建立多元函数的 Taylor 公式.

定义 7.6.1　设$D\subset\mathbf{R}^n$是区域. 若连接D中任意两点的线段都完全属于D,即对于任意两点$\boldsymbol{x}_0,\boldsymbol{x}_1\in D$和一切$\lambda\in[0,1]$,恒有

$$\boldsymbol{x}_0+\lambda(\boldsymbol{x}_1-\boldsymbol{x}_0)\in D,$$

则称D为凸区域.

例如$\mathbf{R}^2$上的开圆盘

$$D=\{(x,y)\in\mathbf{R}^2\mid(x-a)^2+(y-b)^2<r^2\}$$

就是凸区域.

为叙述方便,先讨论二元的情况.

二元函数的 Taylor 公式

定理 7.6.1　设$D\subset\mathbf{R}^2$为凸区域,二元函数f在D上具有$n+1$阶连续偏导数,$(x_0,y_0)\in D$为一定点,则当$(x_0+\Delta x,y_0+\Delta y)\in D$时,成立

$$\begin{aligned}f(x_0+\Delta x,y_0+\Delta y)=&f(x_0,y_0)+\left(\Delta x\frac{\partial}{\partial x}+\Delta y\frac{\partial}{\partial y}\right)f(x_0,y_0)+\\&\frac{1}{2!}\left(\Delta x\frac{\partial}{\partial x}+\Delta y\frac{\partial}{\partial y}\right)^2f(x_0,y_0)+\cdots+\frac{1}{n!}\left(\Delta x\frac{\partial}{\partial x}+\Delta y\frac{\partial}{\partial y}\right)^nf(x_0,y_0)+\\&\frac{1}{(n+1)!}\left(\Delta x\frac{\partial}{\partial x}+\Delta y\frac{\partial}{\partial y}\right)^{n+1}f(x_0+\theta\Delta x,y_0+\theta\Delta y),\end{aligned}$$

其中$0<\theta<1$,而

$$\left(\Delta x\frac{\partial}{\partial x}+\Delta y\frac{\partial}{\partial y}\right)^kf(x,y)=\sum_{i=0}^{k}\mathrm{C}_k^i\frac{\partial^kf}{\partial x^{k-i}\partial y^i}(x,y)(\Delta x)^{k-i}(\Delta y)^i,\quad k=1,2,\cdots,n+1.$$

定理 7.6.1 中给出的展开式称为函数f在(x_0,y_0)邻域中的n阶 **Taylor 公式**,展开式中右端最后一项$R_n=\dfrac{1}{(n+1)!}\left(\Delta x\dfrac{\partial}{\partial x}+\Delta y\dfrac{\partial}{\partial y}\right)^{n+1}f(x_0+\theta\Delta x,y_0+\theta\Delta y)$称为 **Lagrange 余项**.

证　考察函数

$$\varphi(t)=f(x_0+t\Delta x,y_0+t\Delta y).$$

易知一元函数 φ 在以 0 为中心且包含 1 的某邻域内有 $n+1$ 阶连续导数．由一元函数的 Taylor 公式可得

$$\varphi(t)=\sum_{k=0}^{n}\frac{1}{k!}\varphi^{(k)}(0)t^k+\frac{1}{(n+1)!}\varphi^{(n+1)}(\theta t)t^{n+1}.$$

特别地，取 $t=1$ 得

$$\varphi(1)=\sum_{k=0}^{n}\frac{1}{k!}\varphi^{(k)}(0)+\frac{1}{(n+1)!}\varphi^{(n+1)}(\theta).$$

显然，$\varphi(0)=f(x_0,y_0)$，$\varphi(1)=f(x_0+\Delta x,y_0+\Delta y)$，且

$$\begin{aligned}\varphi'(t)&=\frac{\partial f}{\partial x}(x_0+t\Delta x,y_0+t\Delta y)\cdot\Delta x+\frac{\partial f}{\partial y}(x_0+t\Delta x,y_0+t\Delta y)\cdot\Delta y\\&=\left(\Delta x\frac{\partial}{\partial x}+\Delta y\frac{\partial}{\partial y}\right)f(x_0+t\Delta x,y_0+t\Delta y).\end{aligned}$$

用数学归纳法不难得到

$$\varphi^{(k)}(t)=\left(\Delta x\frac{\partial}{\partial x}+\Delta y\frac{\partial}{\partial y}\right)^k f(x_0+t\Delta x,y_0+t\Delta y),\quad k=1,2,\cdots,n+1.$$

由此，将 $\varphi(1),\varphi(0),\varphi'(0),\cdots,\varphi^{(n)}(0),\varphi^{(n+1)}(\theta)$ 代入上面关于 $\varphi(1)$ 的表达式，便得定理的结论．

证毕

注　(1) 如果函数 f 在点 (x_0,y_0) 的 δ 邻域中所有的 $n+1$ 阶偏导数都有界，且其绝对值均不超过 M，则 Taylor 公式中的 Lagrange 余项有以下估计：

$$\begin{aligned}|R_n|&\leqslant\frac{M}{(n+1)!}(|\Delta x|+|\Delta y|)^{n+1}\\&\leqslant\frac{M}{(n+1)!}\left[\sqrt{2(|\Delta x|^2+|\Delta y|^2)}\right]^{n+1}=\frac{2^{\frac{n+1}{2}}M}{(n+1)!}[(\Delta x)^2+(\Delta y)^2]^{\frac{n+1}{2}}.\end{aligned}$$

此时，显然又有

$$R_n=o([(\Delta x)^2+(\Delta y)^2]^{\frac{n}{2}}).$$

(2) 由定理 7.6.1 直接得到，若二元函数 f 在凸区域 D 上具有连续偏导数，$(x_0,y_0)\in D$，则对于每个 $(x,y)\in D$ 都成立

$$f(x,y)-f(x_0,y_0)=f'_x(x_0+\theta\Delta x,y_0+\theta\Delta y)\Delta x+f'_y(x_0+\theta\Delta x,y_0+\theta\Delta y)\Delta y,$$

其中 $\Delta x=x-x_0$，$\Delta y=y-y_0$，$0<\theta<1$．这就是二元函数的**中值定理**．

由此容易得到下述推论

向量值函数的中值定理

推论 7.6.1　如果一个二元函数在区域 $D\subset\mathbf{R}^2$ 上的偏导数恒为零，那么它在 D 上必是常值函数．

例 7.6.1　在原点的邻域内，写出

$$f(x,y)=\ln(1+x+y)$$

的 3 阶 Taylor 公式．

解　计算偏导数可得

$$\frac{\partial f}{\partial x}(x,y)=\frac{\partial f}{\partial y}(x,y)=\frac{1}{1+x+y},$$

$$\frac{\partial^2 f(x,y)}{\partial x^i\partial y^{2-i}}=-\frac{1}{(1+x+y)^2},\quad i=0,1,2,$$

$$\frac{\partial^3 f(x,y)}{\partial x^i\partial y^{3-i}}=\frac{2!}{(1+x+y)^3},\quad i=0,1,2,3,$$

$$\frac{\partial^4 f(x,y)}{\partial x^i\partial y^{4-i}}=-\frac{3!}{(1+x+y)^4},\quad i=0,1,2,3,4.$$

所以

$$f(0,0)=0,$$

$$\left(x\frac{\partial}{\partial x}+y\frac{\partial}{\partial y}\right)f(0,0)=x+y,$$

$$\left(x\frac{\partial}{\partial x}+y\frac{\partial}{\partial y}\right)^2 f(0,0)=-(x+y)^2,$$

$$\left(x\frac{\partial}{\partial x}+y\frac{\partial}{\partial y}\right)^3 f(0,0)=2(x+y)^3,$$

综上即得

$$\ln(1+x+y)=x+y-\frac{1}{2}(x+y)^2+\frac{1}{3}(x+y)^3+R_3,$$

其中

$$R_3=\frac{1}{4!}\left(x\frac{\partial}{\partial x}+y\frac{\partial}{\partial y}\right)^4 f(\theta x,\theta y)=-\frac{1}{4}\frac{(x+y)^4}{(1+\theta x+\theta y)^4}\qquad(0<\theta<1).$$

例 7.6.2　求$(1.04)^{2.02}$的近似值.

解　考虑函数$f(x,y)=x^y$在点$(1,2)$的 Taylor 公式. 由于

$$f(1,2)=1,$$

$$f'_x(x,y)=yx^{y-1},\quad f'_x(1,2)=2,$$

$$f'_y(x,y)=x^y\ln x,\quad f'_y(1,2)=0,$$

$$f''_{xx}(x,y)=y(y-1)x^{y-2},\quad f''_{xx}(1,2)=2,$$

$$f''_{yy}(x,y)=x^y(\ln x)^2,\quad f''_{yy}(1,2)=0,$$

$$f''_{xy}(x,y)=x^{y-1}+yx^{y-1}\ln x,\quad f''_{xy}(1,2)=1.$$

应用定理 7.6.1 得到(展开到二阶为止)

$$f(1+\Delta x,2+\Delta y)=(1+\Delta x)^{2+\Delta y}=1+2\Delta x+(\Delta x)^2+\Delta x\Delta y+o((\Delta x)^2+(\Delta y)^2).$$

取$\Delta x=0.04,\Delta y=0.02$,略去高阶无穷小项便得

$$(1.04)^{2.02}\approx 1+2\times 0.04+0.04^2+0.04\times 0.02=1.0824.$$

事实上,$(1.04)^{2.02}=1.082\,448\,755$,因此这里的计算要比例 7.2.7 精确.

例 7.6.3　差分表达式的逼近阶.

在实际计算中为求$u'_x(x,y)$,通常取一个很小的h,然后用中心差商

$$\frac{1}{h}\left[u\left(x+\frac{h}{2},y\right)-u\left(x-\frac{h}{2},y\right)\right]$$

近似替代 $u'_x(x,y)$. 同样处理 $u''_{xx}(x,y)$,即得

$$\begin{aligned}u''_{xx}(x,y)&\approx\frac{1}{h}\left[u'_x\left(x+\frac{h}{2},y\right)-u'_x\left(x-\frac{h}{2},y\right)\right]\\&\approx\frac{1}{h}\left\{\frac{1}{h}[u(x+h,y)-u(x,y)]-\frac{1}{h}[u(x,y)-u(x-h,y)]\right\}\\&=\frac{1}{h^2}[u(x+h,y)-2u(x,y)+u(x-h,y)].\end{aligned}$$

类似地讨论 $u''_{yy}(x,y)$,并记

$$\Delta_h u(x,y)=\frac{1}{h^2}[u(x+h,y)+u(x,y+h)+u(x-h,y)+u(x,y-h)-4u(x,y)],$$

便得到

$$\left(\frac{\partial^2}{\partial x^2}+\frac{\partial^2}{\partial y^2}\right)u(x,y)\approx\Delta_h u(x,y).$$

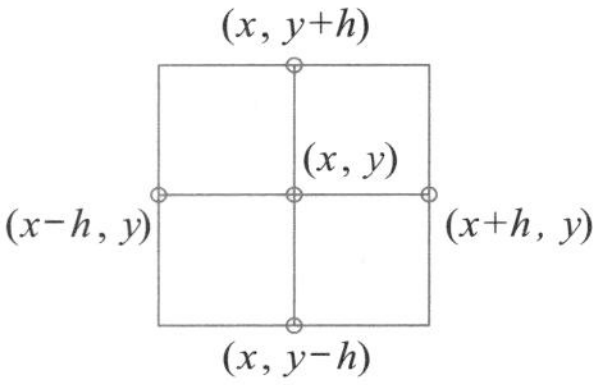

图 7.6.1

这里的 $\Delta_h u(x,y)$ 就是所谓**五点差分格式**,即用 u 在 (x,y) 及其上、下、左、右五个点上的函数值(见图 7.6.1)近似计算 u 在 (x,y) 处的二阶偏导数表达式. 现在,我们用 Taylor 公式估计一下这一近似方式所产生的误差.

假设 u 具有四阶连续偏导数,利用一元函数的四阶 Taylor 公式即得

$$u(x\pm h,y)=u(x,y)\pm hu'_x(x,y)+\frac{h^2}{2}u''_{xx}(x,y)\pm\frac{h^3}{6}u'''_{xxx}(x,y)+\frac{h^4}{24}u^{(4)}_{xxxx}(x,y)+o(h^4).$$

同样可得

$$u(x,y\pm h)=u(x,y)\pm hu'_y(x,y)+\frac{h^2}{2}u''_{yy}(x,y)\pm\frac{h^3}{6}u'''_{yyy}(x,y)+\frac{h^4}{24}u^{(4)}_{yyyy}(x,y)+o(h^4).$$

由此即得

$$\Delta_h u(x,y)-\left(\frac{\partial^2}{\partial x^2}+\frac{\partial^2}{\partial y^2}\right)u(x,y)=\frac{h^2}{12}\left(\frac{\partial^4}{\partial x^4}+\frac{\partial^4}{\partial y^4}\right)u(x,y)+o(h^2).$$

因而可以说,以 $\Delta_h u(x,y)$ 替代 $\left(\frac{\partial^2}{\partial x^2}+\frac{\partial^2}{\partial y^2}\right)u(x,y)$,其逼近程度达到二阶.

n 元函数的 Taylor 公式

和定理 7.6.1 类似地,可以写出 n 元函数的 Taylor 公式.

定理 7.6.2　设 $D\subset\mathbf{R}^n$ 为凸区域,n 元函数 f 在 D 上具有 $m+1$ 阶连续偏导数,点 $(x_1^0,\cdots,x_n^0)\in D$,则当 $(x_1^0+\Delta x_1,\cdots,x_n^0+\Delta x_n)\in D$ 时,成立 m 阶 Taylor 公式

$$f(x_1^0+\Delta x_1,\cdots,x_n^0+\Delta x_n)=\sum_{k=0}^{m}\frac{1}{k!}\left(\sum_{i=1}^{n}\Delta x_i\frac{\partial}{\partial x_i}\right)^k f(x_1^0,\cdots,x_n^0)+R_m,$$

其中 Lagrange 余项

$$R_m=\frac{1}{(m+1)!}\left(\sum_{i=1}^{n}\Delta x_i\frac{\partial}{\partial x_i}\right)^{m+1}f(x_1^0+\theta\Delta x_1,\cdots,x_n^0+\theta\Delta x_n),\quad 0<\theta<1.$$

如果记 $\boldsymbol{x}_0=(x_1^0,\cdots,x_n^0)$，$\Delta\boldsymbol{x}=(\Delta x_1,\cdots,\Delta x_n)$，$\frac{\partial}{\partial x}=\left(\frac{\partial}{\partial x_1},\cdots,\frac{\partial}{\partial x_n}\right)$，上面的公式也可简单地表述为

$$f(\boldsymbol{x}_0+\Delta\boldsymbol{x})=\sum_{k=0}^{m}\frac{1}{k!}\left(\Delta\boldsymbol{x},\frac{\partial}{\partial x}\right)^k f(\boldsymbol{x}_0)+\frac{1}{(m+1)!}\left(\Delta\boldsymbol{x},\frac{\partial}{\partial x}\right)^{m+1}f(\boldsymbol{x}_0+\theta\Delta\boldsymbol{x}).$$

为分析多元函数极值问题的需要，以下再对 $m=1$ 的情况作一点讨论．

如果函数 f 在 $\boldsymbol{x}_0=(x_1^0,\cdots,x_n^0)$ 的某邻域上各个二阶偏导数均连续，则由一阶 Taylor 公式可得，在该邻域上成立

$$f(\boldsymbol{x}_0+\Delta\boldsymbol{x})=f(\boldsymbol{x}_0)+\left(\Delta\boldsymbol{x},\frac{\partial}{\partial x}\right)f(\boldsymbol{x}_0)+R_1,$$

其中 $R_1=\frac{1}{2!}\left(\Delta\boldsymbol{x},\frac{\partial}{\partial x}\right)^2 f(\boldsymbol{x}_0+\theta\Delta\boldsymbol{x})$．把 R_1 用分量形式表示，有

$$\begin{aligned}R_1&=\frac{1}{2!}\sum_{i,j=1}^{n}\frac{\partial^2 f}{\partial x_i\partial x_j}(x_1^0+\theta\Delta x_1,\cdots,x_n^0+\theta\Delta x_n)\Delta x_i\Delta x_j\\&=\frac{1}{2!}\Delta\boldsymbol{x}\boldsymbol{H}\big|_{x_0+\theta\Delta x}(\Delta\boldsymbol{x})^{\mathrm{T}},\end{aligned}$$

而

$$\boldsymbol{H}(\boldsymbol{x})=\begin{pmatrix}f''_{x_1x_1}(\boldsymbol{x}) & f''_{x_1x_2}(\boldsymbol{x}) & \cdots & f''_{x_1x_n}(\boldsymbol{x})\\ f''_{x_2x_1}(\boldsymbol{x}) & f''_{x_2x_2}(\boldsymbol{x}) & \cdots & f''_{x_2x_n}(\boldsymbol{x})\\ \vdots & \vdots & & \vdots\\ f''_{x_nx_1}(\boldsymbol{x}) & f''_{x_nx_2}(\boldsymbol{x}) & \cdots & f''_{x_nx_n}(\boldsymbol{x})\end{pmatrix}$$

是一个 n 阶对称矩阵，称之为函数 f 在点 $\boldsymbol{x}$ 的 **Hesse(黑塞)矩阵**．

习　题

1. 写出下列函数在原点处的 2 阶 Taylor 公式：

(1) $z=e^{-x}\ln(1+y)$；

(2) $u=\ln(1+x+y+z)$.

2. 求函数 $f(x,y)=\sin x\sin y$ 在点 $\left(\frac{\pi}{4},\frac{\pi}{4}\right)$ 处的 2 阶 Taylor 公式．

3. 求函数 $f(x,y)=e^{x+y}$ 在原点处的 n 阶 Taylor 公式．

4. 对函数 $f(x,y)=\sin x\cos y$ 运用一阶 Taylor 公式，证明：存在 $\theta\in(0,1)$，使得

$$\frac{3}{4}=\frac{\pi}{3}\cos\frac{\theta\pi}{3}\cos\frac{\theta\pi}{6}-\frac{\pi}{6}\sin\frac{\theta\pi}{3}\sin\frac{\theta\pi}{6}.$$

5. 证明 $\sin(x+y)=x+y+o(x^2+y^2)\ (\sqrt{x^2+y^2}\to 0)$.

6. 利用 2 阶 Taylor 公式计算 $8.96^{2.03}$ 的近似值．

§7 极　　值

最大值和最小值问题大量地出现于理论研究和实际课题之中，诸如产量最多、用料最省、收益最大、时间最短、效率最高、消耗最低，都会引起人们密切的关注．借助一元函数微分学，可以处理一些影响因素单一的问题．但许多问题往往受到多个因素的制约，所以需要讨论多元函数的最值问题．如同一元函数的情况，寻求最值问题的解应从极值的讨论着手．

多元函数的无条件极值

多元函数的极值刻画了多元函数的一个局部性质．

定义 7.7.1　设 n 元函数 f 定义于开集 $D\subset\mathbf{R}^n$ 上，$\boldsymbol{x}_0\in D$. 如果存在 $\delta>0$，使得

$$f(\boldsymbol{x})\leqslant f(\boldsymbol{x}_0)\quad (f(\boldsymbol{x})\geqslant f(\boldsymbol{x}_0)),\quad \boldsymbol{x}\in O(\boldsymbol{x}_0,\delta),$$

则称 $\boldsymbol{x}_0$ 为 f 的一个**极大值点（极小值点）**，称 $f(\boldsymbol{x}_0)$ 为相应的**极大值（极小值）**．极大值点和极小值点统称为**极值点**，极小值和极大值统称为**极值**．

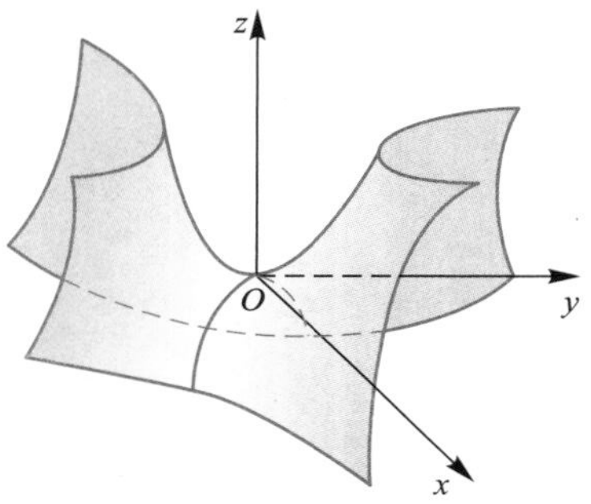

图 7.7.1

例 7.7.1　函数 $z=x^2+2y^2$ 在点 $(0,0)$ 取极小值 0，这是因为该函数的函数值均非负．

例 7.7.2　函数 $z=xy$ 在点 $(0,0)$ 既不取到极大值，也不取到极小值．因为在点 $(0,0)$ 处函数值为 0，而在该点的任一邻域内，总有使函数值为正的点，也有使函数值为负的点（见图 7.7.1）．

Fermat（费马）定理指出，对于一元函数而言，如果 f 在点 x_0 处可导，那么 x_0 是 f 的极值点的必要条件是 $f'(x_0)=0$. 由这个结果可以直接导出多元函数极值点的一个必要条件．

定理 7.7.1（极值点的必要条件）　设 $\boldsymbol{x}_0=(x_1^{(0)},x_2^{(0)},\cdots,x_n^{(0)})$ 是 n 元函数 f 的一个极值点，且 f 在点 $\boldsymbol{x}_0$ 的各个一阶偏导数均存在，则必有

$$f'_{x_i}(\boldsymbol{x}_0)=0,\quad i=1,2,\cdots,n.$$

证　对于每个 $i(i=1,2,\cdots,n)$，固定除 x_i 外的其余 $n-1$ 个量，考察一元函数

$$\varphi_i(x_i)=f(x_1^{(0)},\cdots,x_{i-1}^{(0)},x_i,x_{i+1}^{(0)},\cdots,x_n^{(0)}),$$

则 φ_i 在点 $x_i^{(0)}$ 处可导，且 $x_i^{(0)}$ 是 φ_i 的极值点．由 Fermat 定理，即得 $\varphi_i'(x_i^{(0)})=0$，亦即

$$f'_{x_i}(\boldsymbol{x}_0)=0.$$

证毕

函数 f 的各个一阶偏导数均为 0 的点称为它的**驻点**．定理 7.7.1 就是说，在偏导数存在的前提下，极值点必定是驻点．

注　(1) 驻点未必是极值点，例 7.7.2 中点 $(0,0)$ 是函数 $z=xy$ 的驻点，但它不是该函

数的极值点.

(2) 偏导数不存在的点也可能是极值点. 例如函数 $f(x,y)=|x|$,它的图像是一个柱面(见图 7.7.2). 在 Oxy 平面上整个 y 轴的每一个点 $(0,y)$ 都是 f 的极小值点,但在这些点上 f 关于 x 的偏导数均不存在.

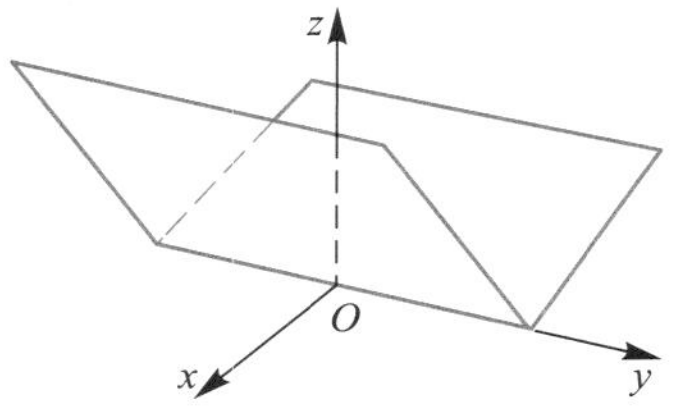

图 7.7.2

如何判别一个驻点是否为极值点? 下面的定理提供了一个充分条件.

定理 7.7.2(极值点的充分条件) 设 n 元函数 f 在 $\boldsymbol{x}_0=(x_1^{(0)},x_2^{(0)},\cdots,x_n^{(0)})$ 的某邻域上具有二阶连续偏导数,且 $\boldsymbol{x}_0$ 是 f 的一个驻点, f 的 Hesse 矩阵为

$$\boldsymbol{H}=\begin{pmatrix} f''_{x_1x_1} & f''_{x_1x_2} & \cdots & f''_{x_1x_n} \\ f''_{x_2x_1} & f''_{x_2x_2} & \cdots & f''_{x_2x_n} \\ \vdots & \vdots & & \vdots \\ f''_{x_nx_1} & f''_{x_nx_2} & \cdots & f''_{x_nx_n} \end{pmatrix}.$$

若 $\det \boldsymbol{H}(\boldsymbol{x}_0)\neq 0$,则

(1) 当 $\boldsymbol{H}(\boldsymbol{x}_0)$ 为正定时, $\boldsymbol{x}_0$ 是 f 的极小值点;

(2) 当 $\boldsymbol{H}(\boldsymbol{x}_0)$ 为负定时, $\boldsymbol{x}_0$ 是 f 的极大值点;

(3) 当 $\boldsymbol{H}(\boldsymbol{x}_0)$ 既非正定也非负定时, $\boldsymbol{x}_0$ 不是 f 的极值点.

证　由于 $\boldsymbol{x}_0$ 是 f 的驻点,所以

$$f'_{x_i}(\boldsymbol{x}_0)=0,\quad i=1,2,\cdots,n.$$

由上一节末给出的 f 在 $\boldsymbol{x}_0$ 处的一阶 Taylor 公式得到

$$f(\boldsymbol{x})-f(\boldsymbol{x}_0)=\frac{1}{2}\Delta\boldsymbol{x}\boldsymbol{H}(\boldsymbol{x}_0+\theta\Delta\boldsymbol{x})(\Delta\boldsymbol{x})^{\mathrm{T}},$$

其中 $\Delta\boldsymbol{x}=\boldsymbol{x}-\boldsymbol{x}_0=(x_1-x_1^{(0)},x_2-x_2^{(0)},\cdots,x_n-x_n^{(0)})$,　$0<\theta<1$.

(1) 根据正定矩阵的特征可知, $\boldsymbol{H}(\boldsymbol{x}_0)$ 正定等价于其各阶顺序主子式均取正值,而 Hesse 矩阵 $\boldsymbol{H}$ 中所有元素 $f''_{x_ix_j}$ 在 $\boldsymbol{x}_0$ 某邻域中连续,从而各阶顺序主子式也在该邻域中连续,因此可取到 $\delta>0$,使得当 $\boldsymbol{x}\in O(\boldsymbol{x}_0,\delta)$ 时, $\boldsymbol{H}(\boldsymbol{x})$ 的各阶顺序主子式均取正值,也就是说,此时 $\boldsymbol{H}(\boldsymbol{x})$ 是正定矩阵. 于是当 $0<\|\Delta\boldsymbol{x}\|<\delta$ 时,

$$\Delta\boldsymbol{x}\boldsymbol{H}(\boldsymbol{x}_0+\theta\Delta\boldsymbol{x})(\Delta\boldsymbol{x})^{\mathrm{T}}>0,$$

所以

$$f(\boldsymbol{x})-f(\boldsymbol{x}_0)>0,$$

即 $\boldsymbol{x}_0$ 是 f 的极小值点.

(2) 当 $\boldsymbol{H}$ 在 $\boldsymbol{x}_0$ 处为负定时, $-\boldsymbol{H}(\boldsymbol{x}_0)$ 是正定的,从而 $\boldsymbol{x}_0$ 是 $-f$ 的极小值点,即是 f 的极大值点.

(3) 由于对称矩阵 $\boldsymbol{H}(\boldsymbol{x}_0)$ 既非正定也非负定,且 $\det(\boldsymbol{H}(\boldsymbol{x}_0))\neq 0$,所以 $\boldsymbol{H}(\boldsymbol{x}_0)$ 必有正的特征值 λ_1 和负的特征值 λ_2. 当我们分别取 $\Delta\boldsymbol{x}_i$ 为 $\boldsymbol{H}(\boldsymbol{x}_0)$ 的对应于特征值 $\lambda_i(i=1,2)$ 的特征向量时,可得

$$\Delta\boldsymbol{x}_i\boldsymbol{H}(\boldsymbol{x}_0)(\Delta\boldsymbol{x}_i)^{\mathrm{T}}=\lambda_i\Delta\boldsymbol{x}_i(\Delta\boldsymbol{x}_i)^{\mathrm{T}},$$

即 $\Delta\boldsymbol{x}_i\boldsymbol{H}(\boldsymbol{x}_0)(\Delta\boldsymbol{x}_i)^{\mathrm{T}}$ 与 λ_i 同号. 再利用 Hesse 矩阵中各元素的连续性可知,当特征向量的

范数 $\|\Delta \boldsymbol{x}_i\|(i=1,2)$ 充分小时，对于 $\boldsymbol{x}_i=\boldsymbol{x}_0+\Delta \boldsymbol{x}_i$，

$$f(\boldsymbol{x}_i)-f(\boldsymbol{x}_0)=\frac{1}{2}\Delta \boldsymbol{x}_i \boldsymbol{H}(\boldsymbol{x}_0+\theta\Delta \boldsymbol{x}_i)(\Delta \boldsymbol{x}_i)^{\mathrm{T}}$$

与 λ_i 同号．注意到 $\lambda_1>0,\lambda_2<0$，这样，在 $\boldsymbol{x}_0$ 的任何邻域内，既能取到 $\boldsymbol{x}_1$，使得 $f(\boldsymbol{x}_1)>f(\boldsymbol{x}_0)$，又能取到 $\boldsymbol{x}_2$，使得 $f(\boldsymbol{x}_2)<f(\boldsymbol{x}_0)$，因此 $\boldsymbol{x}_0$ 不是 f 的极值点．

证毕

注意当 $\det \boldsymbol{H}(\boldsymbol{x}_0)=0$ 时，$\boldsymbol{x}_0$ 可能是 f 的极值点，也可能不是．这从后面的例 7.7.5 和例 7.7.6 可以看出．

由二次型理论中的结论便得到：

推论 7.7.1 设 n 元函数 f 在点 $\boldsymbol{x}_0$ 附近具有二阶连续偏导数，且 $\boldsymbol{x}_0$ 为 f 的驻点，记

$$\boldsymbol{H}_k=\left.\begin{pmatrix} f''_{x_1x_1} & f''_{x_1x_2} & \cdots & f''_{x_1x_k} \\ f''_{x_2x_1} & f''_{x_2x_2} & \cdots & f''_{x_2x_k} \\ \vdots & \vdots & & \vdots \\ f''_{x_kx_1} & f''_{x_kx_2} & \cdots & f''_{x_kx_k} \end{pmatrix}\right|_{\boldsymbol{x}=\boldsymbol{x}_0}, \quad k=1,2,\cdots,n.$$

则

（1）若 $\det \boldsymbol{H}_k>0(k=1,2,\cdots,n)$，则 $\boldsymbol{x}_0$ 为 f 的极小值点；

（2）若 $(-1)^k\det \boldsymbol{H}_k>0(k=1,2,\cdots,n)$，则 $\boldsymbol{x}_0$ 为 f 的极大值点；

（3）若 $\det \boldsymbol{H}_n\neq 0$（即 $\det \boldsymbol{H}(\boldsymbol{x}_0)\neq 0$），且（1）和（2）中的条件均不满足，则 $\boldsymbol{x}_0$ 不是 f 的极值点．

例 7.7.3 求 $u=f(x,y,z)=x^3+y^2+z^2+6xy+2z$ 的极值点．

解 先求出函数 f 的驻点．为此，解方程组

$$\begin{cases} u'_x=3x^2+6y=0, \\ u'_y=2y+6x=0, \\ u'_z=2z+2=0, \end{cases}$$

便得两个驻点 $P(6,-18,-1)$，$Q(0,0,-1)$．函数 f 在点 (x,y,z) 处的 Hesse 矩阵为

$$\boldsymbol{H}(x,y,z)=\begin{pmatrix} 6x & 6 & 0 \\ 6 & 2 & 0 \\ 0 & 0 & 2 \end{pmatrix},$$

于是

$$\boldsymbol{H}(P)=\begin{pmatrix} 36 & 6 & 0 \\ 6 & 2 & 0 \\ 0 & 0 & 2 \end{pmatrix}, \quad \boldsymbol{H}(Q)=\begin{pmatrix} 0 & 6 & 0 \\ 6 & 2 & 0 \\ 0 & 0 & 2 \end{pmatrix}.$$

对于 $\boldsymbol{H}(P)$，因为

$$|36|>0, \quad \begin{vmatrix} 36 & 6 \\ 6 & 2 \end{vmatrix}=36>0, \quad \begin{vmatrix} 36 & 6 & 0 \\ 6 & 2 & 0 \\ 0 & 0 & 2 \end{vmatrix}=72>0.$$

所以由推论 7.7.1 可知，P 是函数 f 的极小值点．

对于 $\boldsymbol{H}(Q)$，因为

$$|0|=0,\quad \begin{vmatrix}0&6\\6&2\end{vmatrix}=-36,\quad \det\boldsymbol{H}(Q)=\begin{vmatrix}0&6&0\\6&2&0\\0&0&2\end{vmatrix}=-72.$$

所以由推论 7.7.1 可知，Q 不是 f 的极值点．

也可以通过直接计算知 $\boldsymbol{H}(Q)$ 的三个特征值为

$$\lambda_1=2,\quad \lambda_2=1+\sqrt{37},\quad \lambda_3=1-\sqrt{37},$$

它们既有正的，也有负的，因此 $\boldsymbol{H}(Q)$ 既非正定矩阵，也非负定矩阵，由定理 7.7.2 知，Q 不是 f 的极值点．

实际应用中经常遇到二元函数的情况，我们把这个特例作为一个推论．

推论 7.7.2　设函数 $z=f(x,y)$ 在点 (x_0,y_0) 的某邻域上具有二阶连续偏导数，(x_0,y_0) 是 f 的一个驻点，记

$$\Delta=f''_{xx}(x_0,y_0)f''_{yy}(x_0,y_0)-[f''_{xy}(x_0,y_0)]^2.$$

则

(1) 当 $\Delta>0$ 时，(x_0,y_0) 是 f 的极值点．且当 $f''_{xx}(x_0,y_0)>0$ 时，(x_0,y_0) 是 f 的极小值点；当 $f''_{xx}(x_0,y_0)<0$ 时，(x_0,y_0) 是 f 的极大值点；

(2) 当 $\Delta<0$ 时，(x_0,y_0) 不是 f 的极值点．

注　当 $\Delta=0$ 时，(x_0,y_0) 可能是 f 的极值点，也可能不是，需另行讨论．

证　(1) 显然 f 在点 (x_0,y_0) 的 Hesse 矩阵的行列式就是 Δ. 当 $\Delta>0$ 且 $f''_{xx}(x_0,y_0)>0$ 时，由推论 7.7.1 中的(1)，便知 (x_0,y_0) 是 f 的极小值点；同样，当 $\Delta>0$ 且 $f''_{xx}(x_0,y_0)<0$ 时，由推论 7.7.1 中的(2)，便知 (x_0,y_0) 是 f 的极大值点．

(2) 当 $\Delta<0$ 时，无论 $f''_{xx}(x_0,y_0)$ 大于 0、小于 0，还是等于 0，f 在 (x_0,y_0) 处的 Hesse 矩阵关于推论 7.7.1 中(1)和(2)的条件均不满足，因此 (x_0,y_0) 不是 f 的极值点．

证毕

例 7.7.4　设 $a\neq0$，求函数 $f(x,y)=xy(a-x-y)$ 的极值．

解　先求出 f 的驻点，即解方程组

$$\begin{cases}f'_x=y(a-x-y)-xy=0,\\ f'_y=x(a-x-y)-xy=0\end{cases}$$

得到四个驻点

$$(0,0),\quad (a,0),\quad (0,a),\quad \left(\frac{a}{3},\frac{a}{3}\right).$$

计算得 $f''_{xx}(x,y)=-2y$，又

$$\begin{aligned}\Delta&=f''_{xx}f''_{yy}-f''^2_{xy}=(-2x)(-2y)-(a-2x-2y)^2\\&=-a^2-4x^2-4y^2+4ax+4ay-4xy.\end{aligned}$$

以驻点代入，得

$$\Delta|_{(0,0)}=\Delta|_{(a,0)}=\Delta|_{(0,a)}=-a^2<0,$$

因而 $(0,0)$，$(a,0)$ 和 $(0,a)$ 均非 f 的极值点．

关于极值点判断的进一步说明

由于

$$\Delta|_{\left(\frac{a}{3},\frac{a}{3}\right)}=\frac{1}{3}a^2>0,$$

且

$$f''_{xx}\left(\frac{a}{3},\frac{a}{3}\right)=-\frac{2}{3}a,$$

因而当 $a>0$ 时，$f\left(\frac{a}{3},\frac{a}{3}\right)=\frac{a^3}{27}$为极大值；当 $a<0$ 时，$f\left(\frac{a}{3},\frac{a}{3}\right)=\frac{a^3}{27}$为极小值．

例 7.7.5　讨论函数$f(x,y)=(x-2)^4+(x-y)^4$ 的极值．

解　解方程组

$$\begin{cases}f'_x(x,y)=4(x-2)^3+4(x-y)^3=0,\\ f'_y(x,y)=-4(x-y)^3=0\end{cases}$$

得驻点(2,2)．在该点处

$$f''_{xx}(2,2)=f''_{yy}(2,2)=f''_{xy}(2,2)=0,$$

所以

$$\Delta=f''_{xx}(2,2)f''_{yy}(2,2)-[f''_{xy}(2,2)]^2=0.$$

这样，不能用推论 7.7.1 或推论 7.7.2 来判定(2,2)是否为极值点．但显然有

$$f(x,y)=(x-2)^4+(x-y)^4\geqslant 0=f(2,2),$$

所以(2,2)是函数 f 的极小值点，$f(2,2)=0$ 为极小值．

例 7.7.6　讨论$f(x,y)=x^2-y^3-2xy^4+y^8$ 的极值．

解　解方程组

$$\begin{cases}f'_x(x,y)=2x-2y^4=0,\\ f'_y(x,y)=-3y^2-8xy^3+8y^7=0\end{cases}$$

得驻点(0,0)．再计算二阶偏导数，

$$f''_{xx}(x,y)=2,\quad f''_{xy}(x,y)=-8y^3,$$

$$f''_{yy}(x,y)=-6y-24xy^2+56y^6.$$

易知在点(0,0)有 $\Delta=0$，这时无法用推论 7.7.1 或推论 7.7.2 判定．

注意到$f(0,0)=0$，以及

$$f(x,y)=(x-y^4)^2-y^3,$$

那么，在曲线 $x=y^4(y>0)$ 上 $f(x,y)<0$（见图 7.7.3）；在曲线 $x=y^4(y<0)$ 上 $f(x,y)>0$，因此(0,0)不是极值点．

该函数的图像见图 7.7.4.

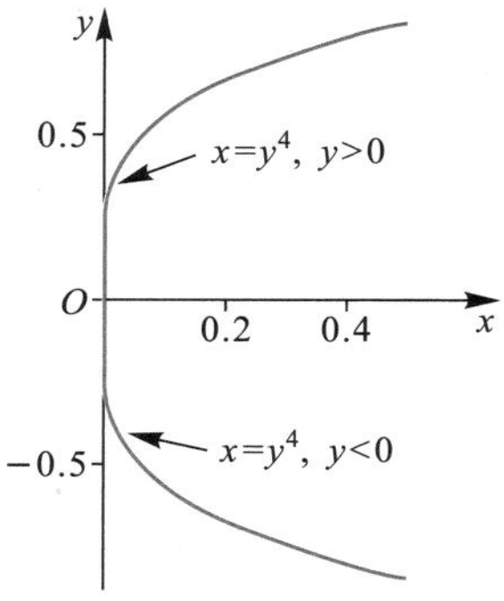

图 7.7.3

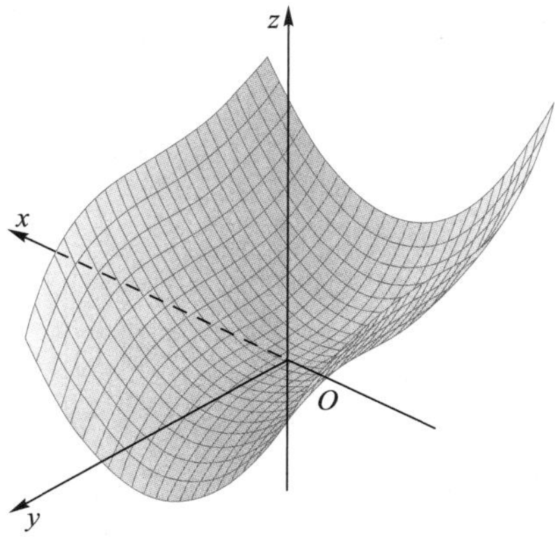

图 7.7.4

函数的最值

函数的最值是指函数在某区域上的最大值或最小值. 如果说函数的极值是一个局部性的概念,那么函数的最值却是一个涉及整体性质的概念.

当我们考虑函数的最值时,应当把区域内部所有极值点上的函数值和在区域边界上的函数值作比较来确定. 在通常遇到的实际问题中,如果所讨论的函数在区域内部偏导数处处存在,而根据问题性质,又能确定其最值一定在区域内部取得,当这个函数只有一个驻点时,可以肯定这个驻点就是函数的最值点.

例 7.7.7 有一块宽 12 cm 的薄金属片,把它的两边折起,做成一个截面为等腰梯形的水槽(图 7.7.5),问怎样折方能使梯形截面的面积最大?

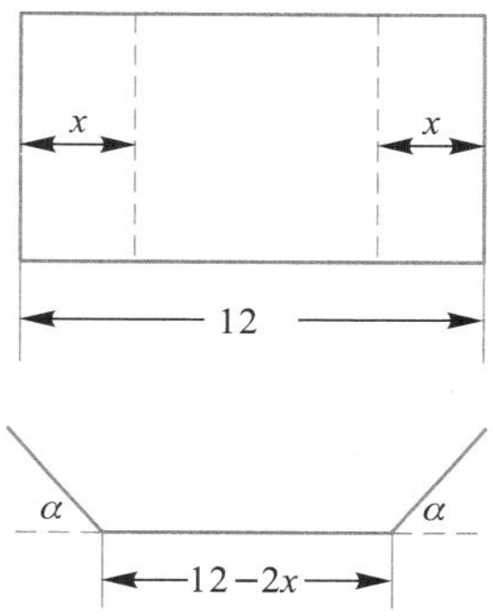

图 7.7.5

解 设截面梯形的腰长为 x,腰与底边夹角为 α,于是截面积 F 为

$$F(x,\alpha)=\frac{1}{2}[(12-2x)+(12-2x+2x\cos\alpha)]x\sin\alpha$$
$$=12x\sin\alpha-2x^2\sin\alpha+x^2\sin\alpha\cos\alpha.$$

根据问题的实际背景

$$D(F)=\{(x,\alpha)\mid 0\leqslant x\leqslant 6,0\leqslant\alpha\leqslant\pi\}.$$

先求 F 在区域 $D(F)$ 内部的驻点. 解方程组

$$\begin{cases}F'_x(x,\alpha)=12\sin\alpha-4x\sin\alpha+2x\sin\alpha\cos\alpha=0,\\ F'_\alpha(x,\alpha)=12x\cos\alpha-2x^2\cos\alpha+x^2(\cos^2\alpha-\sin^2\alpha)=0.\end{cases}$$

当 $x>0,0<\alpha<\pi$ 时,原方程可简化为

$$\begin{cases}6-2x+x\cos\alpha=0,\\ 12\cos\alpha-2x\cos\alpha+x(2\cos^2\alpha-1)=0.\end{cases}$$

由此可得 $\cos\alpha=\frac{1}{2},x=4$,即

$$\alpha=\frac{\pi}{3},\quad x=4.$$

此时

$$F\left(4,\frac{\pi}{3}\right)=12\sqrt{3}\approx 20.8.$$

由于在边界 $x=0,\alpha=0$ 及 $\alpha=\pi$ 上 $F(x,\alpha)$ 均为 0,且 $\max\{F(6,\alpha)\}=\max\{18\sin 2\alpha\}=18$,因此 F 的最值必定在 $D(F)$ 的内部达到,而 $x=4,\alpha=\frac{\pi}{3}$ 是唯一可能达到最值的解,因此这就是所求的最大值点. 于是采用 $x=4$ cm,$\alpha=60^\circ$ 的折法,能使梯形截面的面积最大.

例 7.7.8(最优产出水平) 某企业生产的两种产品的产量分别为 q_1,q_2. 假定 q_1,q_2 互不影响,但生产成本与生产能力却受它们的制约,因此这两种产品的成本 C 和总收益 R 是 q_1,q_2 的函数,记为 $C=C(q_1,q_2)$,$R=R(q_1,q_2)$. 问如何确定每种产品的产量(即生产水平)

才能取得最大利润？

解　企业的利润函数为

$$L(q_1,q_2)=R(q_1,q_2)-C(q_1,q_2).$$

因此问题归结为何时利润函数取最大值．由取极值的必要条件得

$$\begin{cases}\dfrac{\partial L}{\partial q_1}=\dfrac{\partial R}{\partial q_1}-\dfrac{\partial C}{\partial q_1}=0,\\ \dfrac{\partial L}{\partial q_2}=\dfrac{\partial R}{\partial q_2}-\dfrac{\partial C}{\partial q_2}=0,\end{cases}$$

即

$$\frac{\partial R}{\partial q_1}=\frac{\partial C}{\partial q_1},\quad \frac{\partial R}{\partial q_2}=\frac{\partial C}{\partial q_2}.$$

注意$\dfrac{\partial C}{\partial q_1}$,$\dfrac{\partial C}{\partial q_2}$分别是关于 q_1 和 q_2 的边际成本，$\dfrac{\partial R}{\partial q_1}$,$\dfrac{\partial R}{\partial q_2}$分别是关于 q_1 和 q_2 的边际收益．这就是说，取得最大利润的生产水平是生产各个产品的边际成本等于边际收益时的产量．

显然，以上结论也适用于任意有限多个产品的情形．因此，一个企业在制定生产规划时，应该寻求边际成本等于边际收益的生产水平，如果存在一个利润最高的生产水平的话，它就是这些生产水平中的某一个．

最小二乘法

在科学研究与生产实践活动中，经常需要从一组统计数据$(x_i,y_i)(i=1,2,\cdots,n)$中寻求变量 x 与 y 间函数关系的近似表达式，即经验公式．最小二乘法就是建立经验公式的一种常用方法．

先从简单的情况谈起．在平面直角坐标系中，记坐标为(x_i,y_i)的点为 $A_i(i=1,2,\cdots,n)$．假设这些点分布在某条直线附近，我们就认为 x 与 y 之间存在着线性关系

$$y=ax+b.$$

如果所有的 A_i 恰好都在直线 $y=ax+b$ 上，自然令人满意，但这类理想的情况往往并不可能．当 $x=x_i$ 时，经实测获得的数据是 y_i，而直线上相应的纵坐标却是 ax_i+b，两者有误差 $\delta_i=y_i-(ax_i+b)$．显然，合理挑选 a,b 的方法应满足"总体偏差尽量小，最好为最小值"的原则．

显然直接计算诸 δ_i 的和并不能反映总体的偏差，因为它们常常会互相抵消，反映不出总体实际的偏差情况．通常，总体的偏差以诸 δ_i 的平方和作为标准来衡量．在这个标准下，选取 a,b 使总体偏差最小的方法就是**最小二乘法**．

记

$$\Delta(a,b)=\sum_{i=1}^{n}\left[y_i-(ax_i+b)\right]^2.$$

为求使 $\Delta(a,b)$ 最小的 a,b，应用多元函数求极值的方法可知，a,b 应满足方程组

$$\begin{cases}\dfrac{\partial\Delta}{\partial a}=\displaystyle\sum_{i=1}^{n}2(y_i-ax_i-b)(-x_i)=0,\\ \dfrac{\partial\Delta}{\partial b}=\displaystyle\sum_{i=1}^{n}2(y_i-ax_i-b)(-1)=0,\end{cases}$$

即

$$\begin{pmatrix} \sum_{i=1}^{n} x_i^2 & \sum_{i=1}^{n} x_i \\ \sum_{i=1}^{n} x_i & n \end{pmatrix}\begin{pmatrix} a \\ b \end{pmatrix}=\begin{pmatrix} \sum_{i=1}^{n} x_iy_i \\ \sum_{i=1}^{n} y_i \end{pmatrix}.$$

由此解得

$$a=\frac{n\sum_{i=1}^{n} x_iy_i-\sum_{i=1}^{n} x_i\sum_{i=1}^{n} y_i}{n\sum_{i=1}^{n} x_i^2-\left(\sum_{i=1}^{n} x_i\right)^2},\quad b=\frac{\sum_{i=1}^{n} x_i^2\sum_{i=1}^{n} y_i-\sum_{i=1}^{n} x_i\sum_{i=1}^{n} x_iy_i}{n\sum_{i=1}^{n} x_i^2-\left(\sum_{i=1}^{n} x_i\right)^2}.$$

再代入 $y=ax+b$，即得到所求的经验公式 .

例 7.7.9　经实际测定，某种型号空调的制冷功率与噪声有如下关系：

制冷功率/kW	3. 34	3. 4	3. 36	3. 32	3. 34	3. 36	3. 38	3. 4	3. 4	3. 42
噪声/dB	49. 2	50	49. 3	49	49	49. 5	49. 8	49. 9	50. 2	50. 2

当它以 4 kW 功率工作时，噪声能否小于 60 dB?

解　记制冷功率为 x，噪声为 y. 将这些数据画在坐标纸上，发现它们大致呈线性关系（见图 7.7.6），所以有理由猜测，y 是 x 的线性函数，即 $y=ax+b$.

分别以 x_i,y_i 记实测所得的制冷功率与噪声，按前述方法便得方程组

$$\begin{pmatrix} 113.713\,6 & 33.72 \\ 33.72 & 10 \end{pmatrix}\begin{pmatrix} a \\ b \end{pmatrix}=\begin{pmatrix} 1\,672.984 \\ 496.1 \end{pmatrix},$$

由此解得

$$\begin{pmatrix} a \\ b \end{pmatrix}=\begin{pmatrix} 13.81 \\ 3.04 \end{pmatrix}.$$

于是，制冷功率 x 与噪声 y 近似满足

$$y=13.81x+3.04.$$

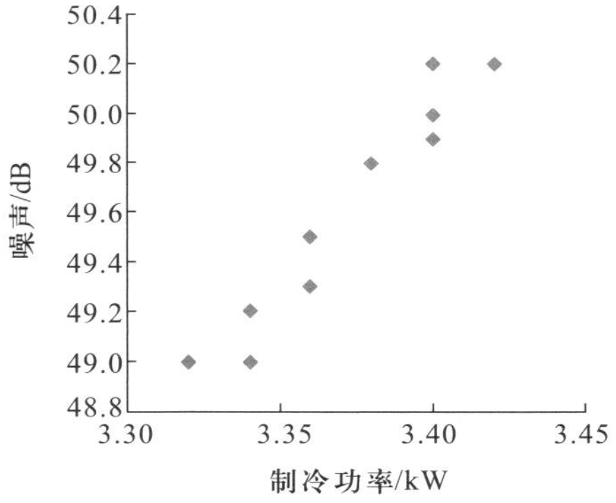

图 7.7.6

下表是计算数据与实际数据的比较：

制冷功率/kW	3. 34	3. 40	3. 36	3. 32	3. 34	3. 36	3. 38	3. 40	3. 40	3. 42
实测噪声/dB	49. 20	50. 00	49. 30	49. 00	49. 00	49. 50	49. 80	49. 90	50. 20	50. 20
计算噪声/dB	49. 17	49. 99	49. 44	48. 89	49. 17	49. 44	49. 72	49. 99	49. 99	50. 27
相对误差/%	0. 07	0. 01	0. 29	0. 23	0. 34	0. 12	0. 17	0. 19	0. 41	0. 14

当制冷功率 $x=4$ kW 时，噪声 y 近似值为 58. 28 dB，根据以上数据的相对误差，有把握不超过 60 dB.

例 7.7.10　通过观察知道，红铃虫的产卵数与温度有关，下面是一组实验观察值：

温度/℃	21	23	25	27	29	32	35
产卵数/个	7	11	21	24	66	105	325

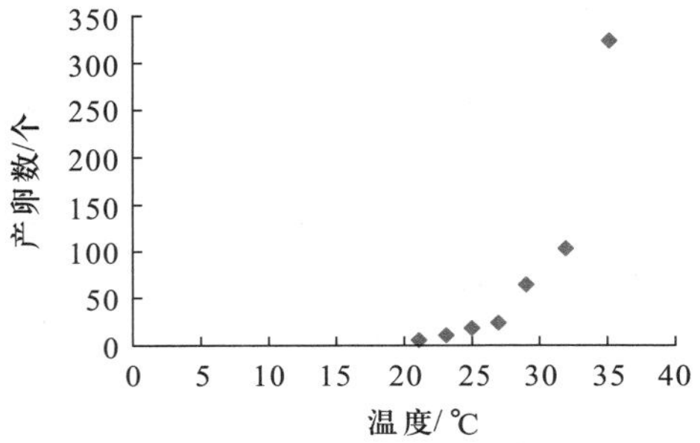

图 7.7.7

试确定产卵数与温度的近似函数关系．

解　记温度为 x，产卵数为 y．将数据画在坐标纸上，看起来两者呈指数关系（见图 7.7.7）．设对应的近似关系是

$$y=\beta e^{ax}=e^{b}\cdot e^{ax},$$

其中 $\beta=e^{b}$．两边取对数，再作代换 $\tilde{y}=\ln y$，便得到 $\tilde{y}=ax+b$.

将观察数据转化为下表：

x	21	23	25	27	29	32	35
$\tilde{y}=\ln y$	1.945 9	2.397 9	3.044 5	3.178 1	4.189 7	4.654 0	5.783 9

应用最小二乘法即得

$$\tilde{y}=0.269\,21x-3.784\,95,$$

转换回去，就得到了红铃虫的产卵数与温度的关系为

$$y=0.022\,71e^{0.269\,21x}.$$

也可以设想，本题的数据分布是双曲线的一部分，这时可设对应的近似关系为

$$\frac{1}{y}=\frac{a}{x}+b,$$

作代换 $\tilde{y}=\frac{1}{y}$，$\tilde{x}=\frac{1}{x}$，同样变成了线性问题

$$\tilde{y}=a\tilde{x}+b,$$

求出 a，b 后，代回上面的式子就可以了．

矛盾方程组的最小二乘解

用最小二乘法寻求经验公式的思路又表现为寻求“矛盾方程组”的解．

我们知道，若线性方程组

$$\boldsymbol{Ax}=\boldsymbol{b}$$

的系数矩阵的秩与其增广矩阵的秩不相等，则方程组无解（这一小节中的向量用列向量表示）．此时，称该方程组为**矛盾方程组**．

从理论上判断，许多实际问题一定是有解的．但由于许多数据是通过测量或统计得到的，因此方程组的系数难免有这样那样的误差；同时，将实际问题归结为数学问题（即**数学建模**）的思想、方法和工具常常会受到种种限制，未必能恰如其分地反映问题固有的内在规律，这些都会造成本来可解的问题变得不可解．然而，实际问题又要求我们必须找到这些问题的解，所以，研究如何处理这一类方程具有非常重要的意义．

既然数据本身就带有误差，也就是说，即使求得了它的精确解，对问题来说，也仅仅是一个近似解而已．那么一个合理的思路是，是否可以就以矛盾方程组为对象，求出它的一个尽可能精确的近似解，作为问题的近似解．

所谓“尽可能精确”是这么定义的：

定义 7.7.2　设 $\boldsymbol{A}\in\mathbf{R}^{m\times n}$，$\boldsymbol{x}\in\mathbf{R}^{n}$，$\boldsymbol{b}\in\mathbf{R}^{m}$．进一步设线性方程组

$$\boldsymbol{A}\boldsymbol{x}=\boldsymbol{b}$$

的系数矩阵是列满秩的，且系数矩阵的秩不等于其增广矩阵的秩．若存在向量 $\tilde{\boldsymbol{x}}\in\mathbf{R}^{n}$，使得

$$\sum_{i=1}^{m}[b_i-(\boldsymbol{A}\tilde{\boldsymbol{x}})_i]^2=\min_{x\in\mathbf{R}^n}\sum_{i=1}^{m}[b_i-(\boldsymbol{A}\boldsymbol{x})_i]^2,$$

则称 $\tilde{\boldsymbol{x}}$ 为这个方程组的**最小二乘解**，这里 $(\boldsymbol{A}\boldsymbol{x})_i$ 表示 $\boldsymbol{A}\boldsymbol{x}$ 的第 i 个分量 $(i=1,2,\cdots,n)$．

当 $\boldsymbol{A}$ 列满秩时，$\boldsymbol{A}^{\mathrm{T}}\boldsymbol{A}$ 是非奇异矩阵．这是因为，如果 $\det(\boldsymbol{A}^{\mathrm{T}}\boldsymbol{A})=0$，则存在 $\boldsymbol{x}\in\mathbf{R}^{n}(\boldsymbol{x}\neq\boldsymbol{0})$，使得 $\boldsymbol{A}^{\mathrm{T}}\boldsymbol{A}\boldsymbol{x}=\boldsymbol{0}$，于是 $\boldsymbol{x}^{\mathrm{T}}\boldsymbol{A}^{\mathrm{T}}\boldsymbol{A}\boldsymbol{x}=0$，进而得 $\boldsymbol{A}\boldsymbol{x}=\boldsymbol{0}$，与 $\boldsymbol{A}$ 列满秩矛盾．因此以 $\boldsymbol{A}^{\mathrm{T}}\boldsymbol{A}$ 为系数矩阵的线性方程组的解存在且唯一．

定理 7.7.3　$\tilde{\boldsymbol{x}}$ 是线性方程组

$$\boldsymbol{A}\boldsymbol{x}=\boldsymbol{b}$$

的最小二乘解的充分必要条件是：$\tilde{\boldsymbol{x}}$ 是线性方程组

$$\boldsymbol{A}^{\mathrm{T}}\boldsymbol{A}\boldsymbol{x}=\boldsymbol{A}^{\mathrm{T}}\boldsymbol{b}$$

的解．

证　根据定义，如果 $\tilde{\boldsymbol{x}}=(x_1,x_2,\cdots,x_n)^{\mathrm{T}}$ 是 $\boldsymbol{A}\boldsymbol{x}=\boldsymbol{b}$ 的最小二乘解，即 $\tilde{\boldsymbol{x}}$ 是 n 元函数

$$f(x_1,x_2,\cdots,x_n)=\sum_{i=1}^{m}\left(b_i-\sum_{j=1}^{n}a_{ij}x_j\right)^2$$

的最小值点．由取极值的必要条件，在点 $\tilde{\boldsymbol{x}}$ 应有 $\dfrac{\partial f}{\partial x_k}=0(k=1,2,\cdots,n)$．而

$$\frac{\partial f}{\partial x_k}(x_1,x_2,\cdots,x_n)=2\sum_{i=1}^{m}\left(b_i-\sum_{j=1}^{n}a_{ij}x_j\right)(-a_{ik}),$$

所以

$$\sum_{i=1}^{m}\sum_{j=1}^{n}a_{ij}a_{ik}x_j=\sum_{i=1}^{m}a_{ik}b_i,\quad k=1,2,\cdots,n,$$

即

$$\boldsymbol{A}^{\mathrm{T}}\boldsymbol{A}\tilde{\boldsymbol{x}}=\boldsymbol{A}^{\mathrm{T}}\boldsymbol{b}.$$

现在只要证明，当 $\boldsymbol{A}^{\mathrm{T}}\boldsymbol{A}\tilde{\boldsymbol{x}}=\boldsymbol{A}^{\mathrm{T}}\boldsymbol{b}$ 时，$\tilde{\boldsymbol{x}}$ 一定是函数 f 的最小值点．因为 $\boldsymbol{A}^{\mathrm{T}}\boldsymbol{A}\tilde{\boldsymbol{x}}=\boldsymbol{A}^{\mathrm{T}}\boldsymbol{b}$ 等价于 $\tilde{\boldsymbol{x}}$ 是 f 的驻点，所以由 Taylor 公式得

$$f(\boldsymbol{x})-f(\tilde{\boldsymbol{x}})=\frac{1}{2}(\boldsymbol{x}-\tilde{\boldsymbol{x}})^{\mathrm{T}}\boldsymbol{H}(\tilde{\boldsymbol{x}}+\theta(\boldsymbol{x}-\tilde{\boldsymbol{x}}))(\boldsymbol{x}-\tilde{\boldsymbol{x}}),$$

其中 $0<\theta<1$．但是，因为 f 是二次多项式，故其 Hesse 矩阵 $\boldsymbol{H}$ 是常值矩阵，由直接计算可知

$$\frac{\partial^2 f}{\partial x_k\partial x_l}(x_1,x_2,\cdots,x_n)=2\sum_{i=1}^{m}a_{ik}a_{il},$$

所以 $\boldsymbol{H}=2\boldsymbol{A}^{\mathrm{T}}\boldsymbol{A}$．于是

$$f(\boldsymbol{x})-f(\tilde{\boldsymbol{x}})=(\boldsymbol{x}-\tilde{\boldsymbol{x}})^{\mathrm{T}}\boldsymbol{A}^{\mathrm{T}}\boldsymbol{A}(\boldsymbol{x}-\tilde{\boldsymbol{x}})=\|\boldsymbol{A}(\boldsymbol{x}-\tilde{\boldsymbol{x}})\|^2.$$

因为 $\boldsymbol{A}$ 是列满秩的，故当 $\boldsymbol{x}\neq\tilde{\boldsymbol{x}}$ 时，$\boldsymbol{A}(\boldsymbol{x}-\tilde{\boldsymbol{x}})\neq 0$．从而

$$f(\boldsymbol{x})-f(\tilde{\boldsymbol{x}})>0,$$

即 $\tilde{\boldsymbol{x}}$ 是函数 f 的最小值点.

证毕

例 7.7.11　有些商品的销售量是有季节性的. 某商店一年中各个月份出售某种型号的单冷空调的数量(单位:台)如下:

月份	1	2	3	4	5	6	7	8	9	10	11	12
销售量	132	199	241	339	323	360	383	375	297	244	178	98

试确定销售量与月份的近似函数关系.

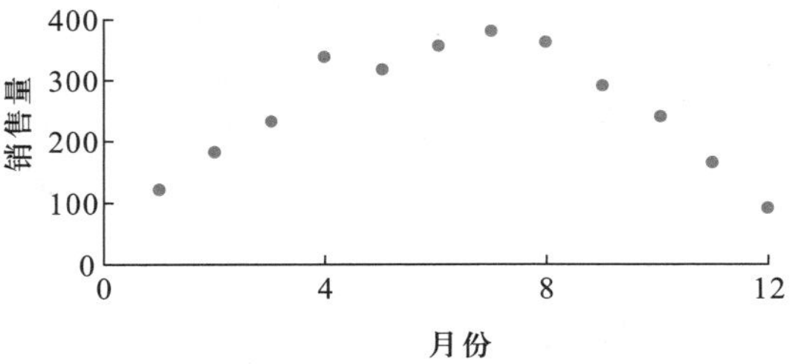

图 7.7.8

解　记月份为 x,销售量为 y. 将这些数据画在坐标纸上,发现它们呈抛物线(见图 7.7.8). 于是设 $y=ax^2+bx+c$.

将表中的数据代入,得线性方程组

$$\begin{pmatrix}1&1&1\\4&2&1\\9&3&1\\\vdots&\vdots&\vdots\\144&12&1\end{pmatrix}\begin{pmatrix}a\\b\\c\end{pmatrix}=\begin{pmatrix}132\\199\\241\\\vdots\\98\end{pmatrix}.$$

这是一个矛盾方程组,为求其最小二乘解,可在两边左乘系数矩阵的转置,得到方程组

$$\begin{pmatrix}60\ 710&6\ 084&650\\6\ 084&650&78\\650&78&12\end{pmatrix}\begin{pmatrix}a\\b\\c\end{pmatrix}=\begin{pmatrix}156\ 430\\20\ 312\\3\ 169\end{pmatrix}.$$

解出 a,b,c 后,就得到近似关系式

$$y=-8.62x^2+111.01x+15.75.$$

条件极值

在上面讨论的极值问题中,多元函数的自变量在其定义区域中各自独立地变化着,因而称为**无条件极值问题**. 然而,有大量的实际问题还往往要在对自变量有一定限制的条件下求某个多元函数的极值.

通常称需要求极值的函数 F 为**目标函数**,称自变量满足的限制条件 $G(x_1,x_2,\cdots,x_n)=0$ 为**约束条件**,称这类问题为**条件极值问题**,并简记为

$$\begin{cases}\min F(x_1,x_2,\cdots,x_n)\quad 或\quad \max F(x_1,x_2,\cdots,x_n),\\G(x_1,x_2,\cdots,x_n)=0.\end{cases}\tag{7.7.1}$$

下面我们先粗略地探讨一下这个条件极值问题的解法. 假设 F 和 G 的各个一阶偏导数均存在且连续,且 $(G'_{x_1},G'_{x_2},\cdots,G'_{x_n})\neq\mathbf{0}$. 如果 $\dfrac{\partial G}{\partial x_n}\neq 0$(其他偏导数不为零的情况类似),根据定理 7.4.2,由 $G(x_1,x_2,\cdots,x_n)=0$ 确定一个函数 $x_n=\varphi(x_1,x_2,\cdots,x_{n-1})$. 这样,原来的条

件极值问题便化为求函数

$$u=F(x_1,x_2,\cdots,x_{n-1},\varphi(x_1,x_2,\cdots,x_{n-1}))$$

的无条件极值问题．利用求偏导数的链式法则和隐函数求导法，可得

$$\frac{\partial u}{\partial x_i}=\frac{\partial F}{\partial x_i}+\frac{\partial F}{\partial x_n}\frac{\partial \varphi}{\partial x_i}=\frac{\partial F}{\partial x_i}-\frac{\partial F}{\partial x_n}\frac{\partial G}{\partial x_i}\bigg/\frac{\partial G}{\partial x_n},\quad i=1,2,\cdots,n-1.$$

如果 $\boldsymbol{x}_0=(x_1^{(0)},x_2^{(0)},\cdots,x_n^{(0)})$ 是一个极值点，则必有 $\left.\frac{\partial u}{\partial x_i}\right|_{\boldsymbol{x}_0}=0\ (i=1,2,\cdots,n-1)$．记 $\lambda=-\left.\frac{\partial F}{\partial x_n}\bigg/\frac{\partial G}{\partial x_n}\right|_{\boldsymbol{x}_0}$，则可知 $(x_1^{(0)},x_2^{(0)},\cdots,x_n^{(0)})$ 必须满足

$$\begin{cases}\dfrac{\partial F}{\partial x_i}+\lambda\dfrac{\partial G}{\partial x_i}=0,\quad i=1,2,\cdots,n,\\ G(x_1,x_2,\cdots,x_n)=0.\end{cases}\tag{7.7.2}$$

据此，我们引入关于条件极值问题(7.7.1)的 **Lagrange 函数**

$$L(x_1,x_2,\cdots,x_n,\lambda)=F(x_1,x_2,\cdots,x_n)+\lambda G(x_1,x_2,\cdots,x_n).\tag{7.7.3}$$

这个函数的极值点必须满足下面的方程组

$$\begin{cases}\dfrac{\partial L}{\partial x_i}=\dfrac{\partial F}{\partial x_i}+\lambda\dfrac{\partial G}{\partial x_i}=0,\quad i=1,2,\cdots,n,\\ \dfrac{\partial L}{\partial \lambda}=G(x_1,x_2,\cdots,x_n)=0,\end{cases}\tag{7.7.4}$$

这正是条件极值问题的极值点 $(x_1^{(0)},x_2^{(0)},\cdots,x_n^{(0)})$ 所满足的条件．

为求解条件极值问题(7.7.1)，作 Lagrange 函数(7.7.3)，并构造方程组(7.7.4)，通过解此方程组，求出 $(x_1^{(0)},x_2^{(0)},\cdots,x_n^{(0)})$ 和 λ，再讨论相应的 $(x_1^{(0)},x_2^{(0)},\cdots,x_n^{(0)})$ 是否确为问题(7.7.1)的解，这个方法称为 **Lagrange 乘数法**，其中数 λ 称为 **Lagrange 乘数**．

例 7.7.12　试在斜边长为 l 的直角三角形中，找一个周长最长的直角三角形．

解　设直角三角形两直角边长分别为 x,y，问题就是求条件极值

$$\begin{cases}\max\{x+y+l\},\\ x^2+y^2-l^2=0\end{cases}$$

的解．作相应的 Lagrange 函数

一个判断条件极值的充分条件

$$L(x,y,\lambda)=x+y+l+\lambda(x^2+y^2-l^2),$$

并构造方程组

$$\begin{cases}L'_x=1+2\lambda x=0,\\ L'_y=1+2\lambda y=0,\\ L'_\lambda=x^2+y^2-l^2=0,\end{cases}$$

由前两式解得 $x=y=-\dfrac{1}{2\lambda}$，代入第三式便得 $\lambda=\pm\dfrac{1}{\sqrt{2}\,l}$．根据问题的要求，$x,y$ 应取正值，故得

$$x=\frac{l}{\sqrt{2}},\quad y=\frac{l}{\sqrt{2}}.$$

显然，这个实际问题的解是存在的，因而所求得的唯一可能的极值点就是它的解．

例 7.7.13 设 $\boldsymbol{A}=(a_{ij})_{n\times n}$ 是实对称矩阵,求二次型

$$f(x_1,x_2,\cdots,x_n)=\sum_{i,j=1}^{n}a_{ij}x_ix_j$$

在约束条件 $\sum_{i=1}^{n}x_i^2=1$ 下的最大值与最小值.

解 作 Lagrange 函数

$$L(x_1,x_2,\cdots,x_n,\lambda)=\sum_{i,j=1}^{n}a_{ij}x_ix_j+\lambda\left(1-\sum_{i=1}^{n}x_i^2\right),$$

并构造方程组

$$\begin{cases}\dfrac{\partial L}{\partial x_1}=2[(a_{11}-\lambda)x_1+a_{12}x_2+\cdots+a_{1n}x_n]=0,\\ \dfrac{\partial L}{\partial x_2}=2[a_{21}x_1+(a_{22}-\lambda)x_2+\cdots+a_{2n}x_n]=0,\\ \cdots\cdots\cdots\cdots\\ \dfrac{\partial L}{\partial x_n}=2[a_{n1}x_1+a_{n2}x_2+\cdots+(a_{nn}-\lambda)x_n]=0,\\ \dfrac{\partial L}{\partial \lambda}=1-\sum_{i=1}^{n}x_i^2=0.\end{cases}$$

由最后一个方程可知诸 $x_1,x_2,\cdots,x_n$ 不全为 0,因而从前面 n 个方程可得

$$\det(\boldsymbol{A}-\lambda\boldsymbol{I})=0,$$

其中 $\boldsymbol{I}$ 是 n 阶单位矩阵. 这就是说,Lagrange 乘数 λ 是矩阵 $\boldsymbol{A}$ 的特征值,而方程组的解 $\boldsymbol{x}=(x_1,x_2,\cdots,x_n)$是 $\boldsymbol{A}$ 对应于特征值 λ 的单位特征向量. 这样

$$f(x_1,x_2,\cdots,x_n)=\boldsymbol{x}\boldsymbol{A}\boldsymbol{x}^{\mathrm{T}}=\boldsymbol{x}\lambda\boldsymbol{x}^{\mathrm{T}}=\lambda\boldsymbol{x}\boldsymbol{x}^{\mathrm{T}}=\lambda.$$

由此可见,原二次型 $f(x_1,x_2,\cdots,x_n)=\sum a_{ij}x_ix_j$ 在约束条件 $\sum x_i^2=1$ 下的最大值即 $\boldsymbol{A}$ 的最大特征值 $\lambda_{\max}$,最小值即 $\boldsymbol{A}$ 的最小特征值 $\lambda_{\min}$.

上述的 Lagrange 乘数法可以推广到多个约束条件的情况. 欲解带有 $m(m<n)$ 个约束条件的极值问题

$$\begin{cases}\min F(x_1,x_2,\cdots,x_n) \quad 或 \quad \max F(x_1,x_2,\cdots,x_n),\\ G_1(x_1,x_2,\cdots,x_n)=0,\\ \cdots\cdots\cdots\cdots\\ G_m(x_1,x_2,\cdots,x_n)=0,\end{cases}$$

可作 Lagrange 函数

$$L(x_1,x_2,\cdots,x_n,\lambda_1,\lambda_2,\cdots,\lambda_m)=F(x_1,x_2,\cdots,x_n)+\sum_{i=1}^{m}\lambda_iG_i(x_1,x_2,\cdots,x_n),$$

并构造共含 $n+m$ 个方程的方程组:

$$\begin{cases}\dfrac{\partial L}{\partial x_j}=\dfrac{\partial F}{\partial x_j}+\sum_{i=1}^{m}\lambda_i\dfrac{\partial G}{\partial x_j}=0, \quad j=1,2,\cdots,n,\\ \dfrac{\partial L}{\partial \lambda_i}=G_i(x_1,x_2,\cdots,x_n)=0, \quad i=1,2,\cdots,m,\end{cases}$$

关于此方程组的解对应的$(x_1,x_2,\cdots,x_n)$,讨论是否确为所求的极值点.

例 7.7.14　求平面 $x+y+z=0$ 与椭球面 $x^2+y^2+4z^2=1$ 相交所得平面上的椭圆的面积(见图 7.7.9).

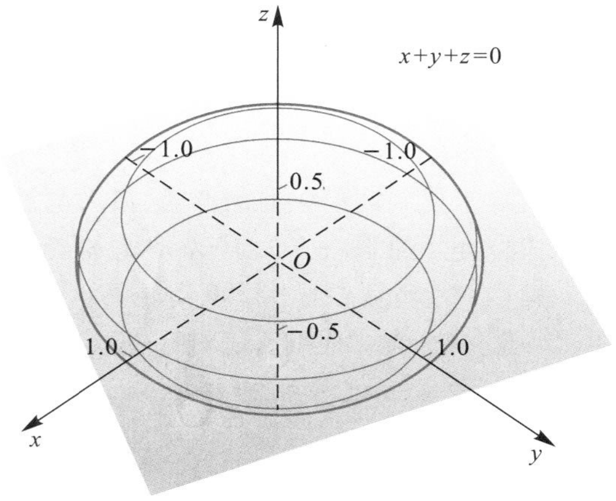

图 7.7.9

解　假设椭圆两个半轴长分别为 a,b,则其面积为 πab,所以只要求得椭圆两个半轴长即可.又因椭球面 $x^2+y^2+4z^2=1$ 以原点中心,平面 $x+y+z=0$ 过原点,所以相交所得的椭圆以原点为中心,该椭圆两半轴的长分别是原点到椭圆周上的点的最大距离与最小距离.这样,求椭圆半轴长的问题就是

$$\begin{cases}\max\{x^2+y^2+z^2\} \text{ 和 } \min\{x^2+y^2+z^2\},\\ x+y+z=0,\\ x^2+y^2+4z^2=1.\end{cases}$$

作 Lagrange 函数

$$L(x,y,z,\lambda,\mu)=x^2+y^2+z^2+\lambda(x+y+z)+\mu(x^2+y^2+4z^2-1),$$

并构造相应的方程组

$$\begin{cases}L'_x=2(1+\mu)x+\lambda=0,\\ L'_y=2(1+\mu)y+\lambda=0,\\ L'_z=2(1+4\mu)z+\lambda=0,\\ L'_\lambda=x+y+z=0,\\ L'_\mu=x^2+y^2+4z^2-1=0.\end{cases}$$

把前三个方程分别乘 x,y,z,然后相加,并利用后两个方程即得

$$x^2+y^2+z^2+\mu=0.$$

因而椭圆长、短半轴的平方即$-\mu$.下面从原方程组求 μ.

将原方程组前两个方程两边分别乘$(1+4\mu)$,第三个方程两边乘 $1+\mu$,然后相加,便得

$$3\lambda(1+3\mu)=0.$$

因此 $\lambda=0$ 或 $1+3\mu=0$.

当 $1+3\mu=0$ 时,$\mu=-\dfrac{1}{3}$;

当 $\lambda=0$ 时,原方程组即

$$\begin{cases}(1+\mu)x=0,\\ (1+\mu)y=0,\\ (1+4\mu)z=0,\\ x+y+z=0,\\ x^2+y^2+4z^2-1=0.\end{cases}$$

如果 $\mu\neq-1$,则由第一、第二和第四个方程得 $x=y=z=0$,但是这一点不在椭圆上,因此必有 $\mu=-1$.

综上可得椭圆长半轴长为 1,短半轴长为$\dfrac{1}{\sqrt{3}}$,从而其面积为$\dfrac{\pi}{\sqrt{3}}$.

从上面的例子可以看到，在实际问题化为条件极值问题后，有时并不需要完全解出相应的方程组就能求出极值，读者可由此体会数学方法的灵活性．

例 7.7.15　某工厂生产甲、乙两种产品，其利润（单位：万元）函数为

$$\pi(x,y)=-x^2-4y^2+2xy+8x+16y-14,$$

其中 x,y 分别为甲、乙两种产品的产量（单位：千只）．如果现有原料 14000 kg（不要求用完），且已知生产两种产品每千只均要消耗原料 1000 kg.

（1）求使利润最大时的产量，最大利润是多少？

（2）如果原料减少为 10600 kg，要使利润最大，产量应作如何调整？

解　由于现有原料 14000 kg 并不要求用完，因此可先解无条件极值问题，如果使利润最大的产量所需原料消耗未超过 14000 kg，则该产量即为所求．若该产量的原料消耗超过 14000 kg，那么通过考察利润函数在正坐标轴上的函数值便可知，应改为解约束条件 $1000(x+y)=14000$ 下的条件极值问题．而（2）的解决方案同（1）类似．

（1）先考虑无条件极值问题．令

$$\begin{cases}\pi'_x(x,y)=-2x+2y+8=0,\\ \pi'_y(x,y)=-8y+2x+16=0,\end{cases}$$

解得 $x=8,y=4$，即 $(8,4)$ 为利润函数 π 的唯一的驻点．这时消耗的原料为

$$(8+4)\times1000=12000<14000,$$

它在原料使用的限额之内．因为

$$\pi''_{xx}(x,y)=-2,\quad \pi''_{xy}(x,y)=2,\quad \pi''_{yy}(x,y)=-8,$$

所以在 $(8,4)$ 点成立

$$\pi''_{xx}(8,4)=-2<0,\quad \Delta=\pi''_{xx}(8,4)\pi''_{yy}(8,4)-[\pi''_{xy}(8,8)]^2=12>0.$$

因而 $(8,4)$ 为利润函数 π 的极大值点．由问题的实际，它也是最大值点．于是，甲乙两种产品各生产 8000 只和 4000 只时利润最大，最大利润为

$$\pi(8,4)=50(\text{万元}).$$

（2）当原料为 10600kg 时，因为使利润最大的产量消耗的原料超过 10600 kg，所以应考虑在约束条件 $1000(x+y)=10600$ 下的条件极值问题．

作 Lagrange 函数

$$L(x,y,\lambda)=-x^2-4y^2+2xy+8x+16y-14+\lambda(x+y-10.6),$$

并构造方程组

$$\begin{cases}L'_x=-2x+2y+8+\lambda=0,\\ L'_y=-8y+2x+16+\lambda=0,\\ L'_\lambda=x+y-10.6=0,\end{cases}$$

解此方程组得 $x=7,y=3.6$. 由问题实际可知必存在最大利润，因此现求得的唯一可能极值点就是最大值点．所以当原料为 10600 kg 时，甲乙两种产品各生产 7000 只和 3600 只时利润最大，最大利润为

$$\pi(7,3.6)=49.16(\text{万元}).$$

习　题

1. 求函数 $f(x,y)=x^4+y^4-4xy+1$ 的极值．

2. 求函数 $f(x,y)=e^{2x}(x+y^2+2y)$ 的极值.

3. 讨论 $f(x,y)=y^2-x^2$ 的极值.

4. 讨论函数 $f(x,y)=(y-x^2)(y-x^4)$ 的极值.

5. 证明函数 $f(x,y)=(1+e^y)\cos x-ye^y$ 有无穷多个极大值点,但无极小值点.

6. 求函数 $f(x,y)=\sin x+\sin y-\sin(x+y)$ 在闭区域

$$D=\{(x,y)\mid x\geqslant 0,y\geqslant 0,x+y\leqslant 2\pi\}$$

上的最大值和最小值.

7. 求 $f(x,y)=(ax^2+by^2)e^{-x^2-y^2}$ 的最大值与最小值($a\neq b$).

8. 证明:当 $\sqrt{x^2+y^2}<1$ 时,成立不等式

$$2|xy|-\frac{x^2y^2}{6}\leqslant 4-4\cos\sqrt{|xy|}\leqslant 2|xy|.$$

9. 某养殖场饲养两种鱼,若甲种鱼放养 x(单位:万尾),乙种鱼放养 y(单位:万尾),收获时两种鱼的收获量分别为 $(3-\alpha x-\beta y)x$ 和 $(4-\beta x-2\alpha y)y$ $(\alpha>\beta>0)$,求使产鱼总量最大的放养数.

10. 求 $f(x,y)=xy(4-x-y)$ 在 $x=1,y=0,x+y=6$ 所围区域上的最大值与最小值.

11. 要做一个体积为 2m^3 的有盖的长方体容器,问当长、宽和高各取怎样的尺寸时,才能使用料最省?

12. 在 Oxy 平面上求一点,使它到 $x=0,y=0$ 及 $x+2y-16=0$ 三直线的距离平方和为最小.

13. 在以 $O(0,0),A(1,0),B(0,1)$ 为顶点的三角形所围成的闭区域上找点,使它到三个顶点的距离的平方和取最大或最小.

14. 已知 n 个点 $P_i(a_i,b_i)$ $(i=1,2,\cdots,n)$,求点 $P(x,y)$,使其到 $P_1,P_2,\cdots,P_n$ 的距离平方和最小.

15. 已知 $u=ax^2+by^2+cz^2$,其中 a,b,c 均为正数,求在约束条件 $x+y+z=1$ 下 u 的最小值.

16. 求原点到曲面 $z^2=xy+x-y+4$ 的最短距离.

17. 抛物面 $z=x^2+y^2$ 被平面 $x+y+z=1$ 截得一个椭圆,求原点到这个椭圆的最长和最短距离.

18. 求旋转抛物面 $z=x^2+y^2$ 与平面 $x+y-z=1$ 之间的最短距离.

19. 求函数 $f(x,y,z)=x^2+2y^2+z^2-2xy-2yz$ 在条件 $x^2+y^2+z^2=4$ 下的最大值和最小值.

20. 在上半椭球体 $\frac{x^2}{a^2}+\frac{y^2}{b^2}+\frac{z^2}{c^2}\leqslant 1$ $(z\geqslant 0)$ 内嵌入一个体积最大的长方体,求其长、宽、高及体积.

21. 求 $z=\frac{1}{2}(x^4+y^4)$ 在条件 $x+y=a$ 下的最小值,其中 $x\geqslant 0,y\geqslant 0,a$ 为常数. 并证明不等式

$$\frac{x^4+y^4}{2}\geqslant\left(\frac{x+y}{2}\right)^4.$$

22. 当 $x>0,y>0,z>0$ 时,求函数

$$f(x,y,z)=\ln x+2\ln y+3\ln z$$

在球面 $x^2+y^2+z^2=6R^2$ 上的最大值. 并由此证明:当 a,b,c 为正实数时,成立不等式

$$ab^2c^3\leqslant 108\left(\frac{a+b+c}{6}\right)^6.$$

23. 某公司通过报纸和电视台两种方式做某种商品的广告，根据统计资料，销售收入 R 与报纸广告费 x_1 和电视台广告费 x_2(单位：万元)之间的关系是

$$R=13+15x_1+33x_2-8x_1x_2-2x_1^2-10x_2^2.$$

试求：(1) 在广告费不受限制情况下的最优广告策略；

(2) 在广告费限制为 2 万元时，其相应的最优广告策略．

24. 某种机器零件的加工需经两道工序，x 表示零件在第一道工序中出现的疵点数(疵点指气泡、砂眼、裂痕等)，y 表示在第二道工序中出现的疵点数．某日测得 8 个零件的 x 与 y 如下：

x	0	1	3	6	8	5	4	2
y	1	2	2	4	4	3	3	2

将这些数据画在坐标纸上，找出它们之间关系的经验公式 $y=ax+b$，并画出拟合曲线．

25. 在研究化学反应速度时，得到实验开始后的时间 t 与反应物的量 m 之间对应的下列数据：

t	3	6	9	12	15	18	21	24
m	57.6	41.5	31.2	22.9	15.4	12.1	8.9	6.4

找出 t 与 m 之间的关系，并画出拟合曲线．

26. 盛钢水的钢包，在使用过程中由于钢水对耐火材料的侵蚀，容积会不断增大．在生产过程中，收集了使用次数 x 与钢包容积增大 y 之间的以下 16 组数据：

x	2	3	4	5	6	7	8	9
y	6.42	8.20	9.58	9.50	9.70	10.00	9.93	9.99
x	10	11	12	13	14	15	16	17
y	10.50	10.59	10.60	10.63	10.60	10.90	10.76	10.80

画出这些数据的散点图，找出 x 与 y 之间的关系，并画出拟合曲线．

§ 8　空间曲线和曲面的几何特征

一元向量值函数的导数

设 $I\subset\mathbf{R}$ 是区间，$\boldsymbol{r}:I\mapsto\mathbf{R}^3$ 是 I 上的(一元)向量值函数，其表示为

$$\boldsymbol{r}(t)=x(t)\boldsymbol{i}+y(t)\boldsymbol{j}+z(t)\boldsymbol{k},\quad t\in I.$$

当 $x(t),y(t),z(t)$ 在 I 上可导时，定义 $\boldsymbol{r}$ 的**导数** $\boldsymbol{r}'$ 为

$$\boldsymbol{r}'(t)=x'(t)\boldsymbol{i}+y'(t)\boldsymbol{j}+z'(t)\boldsymbol{k},\quad t\in I$$

$\left(\text{这与前面关于向量值函数的导数定义相同，也常记为}\dfrac{\mathrm{d}\boldsymbol{r}}{\mathrm{d}t}\right)$. 并且，当 $x(t),y(t),z(t)$ 在 I 上具有二阶导数时，定义 $\boldsymbol{r}$ 的**二阶导数** $\boldsymbol{r}''$ 如下：

$$\boldsymbol{r}''(t)=x''(t)\boldsymbol{i}+y''(t)\boldsymbol{j}+z''(t)\boldsymbol{k},\ t\in I.$$

它也常记为 $\dfrac{\mathrm{d}^2\boldsymbol{r}}{\mathrm{d}t^2}$.

如此可以归纳地定义 $\boldsymbol{r}$ 的更高阶导数.

可以验证，对于可导的一元向量值函数 $\boldsymbol{r}_1,\boldsymbol{r}_2:I\mapsto\mathbf{R}^3$，成立

(1) $(\alpha\boldsymbol{r}_1+\beta\boldsymbol{r}_2)'=\alpha\boldsymbol{r}_1'+\beta\boldsymbol{r}_2'$, α,β 为常数；

(2) $(\boldsymbol{r}_1\cdot\boldsymbol{r}_2)'=\boldsymbol{r}_1'\cdot\boldsymbol{r}_2+\boldsymbol{r}_1\cdot\boldsymbol{r}_2'$；

(3) $(\boldsymbol{r}_1\times\boldsymbol{r}_2)'=\boldsymbol{r}_1'\times\boldsymbol{r}_2+\boldsymbol{r}_1\times\boldsymbol{r}_2'$.

注意，在本章第三节已经给出了复合函数的求导法则，即对于可微的一元向量值函数 $\boldsymbol{r}$ 和一元函数 h，有 $(\boldsymbol{r}\circ h)'=\boldsymbol{r}'h'$.

空间曲线的弧长

在第三章中，已经讨论过平面曲线的弧长. 当光滑曲线 Γ 以参数方程

$$\begin{cases}x=x(t),\\y=y(t),\end{cases}\quad\alpha\leqslant t\leqslant\beta$$

给出时，其弧长微分为

$$\mathrm{d}s=\sqrt{[x'(t)]^2+[y'(t)]^2}\,\mathrm{d}t,$$

因而 Γ 的长度为

$$s=\int_\alpha^\beta\sqrt{[x'(t)]^2+[y'(t)]^2}\,\mathrm{d}t.$$

类似地，设空间光滑曲线 Γ 以参数方程

$$\begin{cases}x=x(t),\\y=y(t),\\z=z(t),\end{cases}\quad\alpha\leqslant t\leqslant\beta,$$

即

$$\boldsymbol{r}(t)=x(t)\boldsymbol{i}+y(t)\boldsymbol{j}+z(t)\boldsymbol{k},\quad\alpha\leqslant t\leqslant\beta$$

给出时，其弧长微分为

$$\mathrm{d}s=\sqrt{[x'(t)]^2+[y'(t)]^2+[z'(t)]^2}\,\mathrm{d}t,$$

从而 Γ 的长度为

$$s=\int_\alpha^\beta\sqrt{[x'(t)]^2+[y'(t)]^2+[z'(t)]^2}\,\mathrm{d}t=\int_\alpha^\beta\|\boldsymbol{r}'(t)\|\,\mathrm{d}t.$$

对于分段光滑曲线，利用弧长的可加性来计算其弧长．

设 $P_0=\boldsymbol{r}(t_0)$ 为光滑曲线 Γ 上的一定点（称之为**基点**），对于 Γ 上的任一点 $P=\boldsymbol{r}(t)$，就可以通过以上公式确定沿曲线 Γ 从 P_0 到 P 的“有向弧长”：

$$s(t)=\int_{t_0}^{t}\|\boldsymbol{r}'(\tau)\|\mathrm{d}\tau .$$

当 $t>t_0$ 时，$s(t)$ 就是沿 Γ 从 P_0 到 P 的弧长；而 $t<t_0$ 时，$s(t)$ 是沿 Γ 从 P_0 到 P 的弧长的负值．显然 s 的每个值确定了 Γ 上一点；反之，Γ 上每一点也确定了 s 的值．因此曲线可以用参数 s 来表示，这种参数称为**弧长参数**（或**自然参数**）．该参数在 t 增加的方向增加，进而曲线的方程可以用 $\boldsymbol{r}=\boldsymbol{r}(s)$ 的形式来表示．

常用“ $\dot{}$ ”表示对弧长参数求导．例如，对于 $\boldsymbol{r}(s)=x(s)\boldsymbol{i}+y(s)\boldsymbol{j}+z(s)\boldsymbol{k}$，$\dot{\boldsymbol{r}}=\dfrac{\mathrm{d}\boldsymbol{r}}{\mathrm{d}s}$，$\ddot{\boldsymbol{r}}=\dfrac{\mathrm{d}^2\boldsymbol{r}}{\mathrm{d}s^2}$，等等．

当曲线 Γ 以弧长参数 s 表示时，即

$$\boldsymbol{r}(s)=x(s)\boldsymbol{i}+y(s)\boldsymbol{j}+z(s)\boldsymbol{k},$$

由于 $s=\int_0^s\|\dot{\boldsymbol{r}}(\tau)\|\mathrm{d}\tau$，因此在曲线 Γ 上总成立

$$\|\dot{\boldsymbol{r}}(s)\|=1.$$

这就是说，$\dot{\boldsymbol{r}}(s)$ 就是曲线沿参数增加方向的单位切向量．

因为 $\dot{\boldsymbol{r}}(s)\cdot\dot{\boldsymbol{r}}(s)=\|\dot{\boldsymbol{r}}(s)\|^2=1$，在等式两边求导，得

$$2\dot{\boldsymbol{r}}(s)\cdot\ddot{\boldsymbol{r}}(s)=0,$$

这说明在 Γ 上 $\dot{\boldsymbol{r}}(s)$ 与 $\ddot{\boldsymbol{r}}(s)$ 正交．

例 7.8.1　已知圆柱螺旋线的方程为

$$\boldsymbol{r}(t)=a\cos t\boldsymbol{i}+a\sin t\boldsymbol{j}+bt\boldsymbol{k},$$

其中 $a,b>0$（图见本书上册图 6.3.9）．

（1）求曲线从点 $\boldsymbol{r}(0)$ 到点 $\boldsymbol{r}(2\pi)$ 一段弧的弧长；

（2）取 $t=0$ 对应的点为基点，用弧长参数表示该螺旋线的方程．

解　因为

$$\boldsymbol{r}'(t)=-a\sin t\boldsymbol{i}+a\cos t\boldsymbol{j}+b\boldsymbol{k},$$

所以曲线从点 $\boldsymbol{r}(0)$ 到点 $\boldsymbol{r}(t)$ 一段弧的弧长为

$$s(t)=\int_0^t\|\boldsymbol{r}'(\tau)\|\mathrm{d}\tau=\int_0^t\sqrt{a^2+b^2}\,\mathrm{d}\tau=\sqrt{a^2+b^2}\,t .$$

（1）曲线从点 $\boldsymbol{r}(0)$ 到点 $\boldsymbol{r}(2\pi)$ 一段弧的弧长为 $s(2\pi)=2\pi\sqrt{a^2+b^2}$．

（2）取 $t=0$ 对应的点为基点，由以上计算知弧长 $s(t)=\sqrt{a^2+b^2}\,t$，因此 $t=\dfrac{s}{\sqrt{a^2+b^2}}$．于是，以弧长参数表示的螺旋线方程为

$$\boldsymbol{r}=\boldsymbol{r}(s)=a\cos\frac{s}{\sqrt{a^2+b^2}}\boldsymbol{i}+a\sin\frac{s}{\sqrt{a^2+b^2}}\boldsymbol{j}+b\frac{s}{\sqrt{a^2+b^2}}\boldsymbol{k}.$$

空间曲线的曲率和挠率

在第三章中，我们已经介绍了平面曲线的曲率的概念，它刻画了曲线的弯曲程度．曲线在某一点的曲率，就是在该点处曲线的切线的转角 φ 关于弧长的变化率的绝对值，即 $\left|\dfrac{\mathrm{d}\varphi}{\mathrm{d}s}\right|$.

我们再用另一种方式来看曲率．

设空间光滑曲线 Γ 以弧长为参数的方程为

$$\boldsymbol{r}(s)=x(s)\boldsymbol{i}+y(s)\boldsymbol{j}+z(s)\boldsymbol{k},$$

其中 $x(s),y(s),z(s)$ 具有连续二阶导数．我们已经知道 $\dot{\boldsymbol{r}}(s)$ 就是曲线的单位切向量，对于点 $\boldsymbol{r}(s)$ 附近的一点 $\boldsymbol{r}(s+\Delta s)$，曲线在这两点切线的夹角 $\Delta\varphi$ 就是 $\dot{\boldsymbol{r}}(s)$ 与 $\dot{\boldsymbol{r}}(s+\Delta s)$ 之间的夹角，由余弦定理，得

$$\begin{aligned}\|\dot{\boldsymbol{r}}(s+\Delta s)-\dot{\boldsymbol{r}}(s)\|^2&=\|\dot{\boldsymbol{r}}(s+\Delta s)\|^2+\|\dot{\boldsymbol{r}}(s)\|^2-2\|\dot{\boldsymbol{r}}(s+\Delta s)\|\|\dot{\boldsymbol{r}}(s)\|\cos\Delta\varphi\\&=2-2\cos\Delta\varphi=4\sin^2\frac{\Delta\varphi}{2}.\end{aligned}$$

因此

$$\|\ddot{\boldsymbol{r}}(s)\|=\lim_{\Delta s\to0}\left\|\frac{\dot{\boldsymbol{r}}(s+\Delta s)-\dot{\boldsymbol{r}}(s)}{\Delta s}\right\|=\lim_{\Delta s\to0}\left|\frac{2\sin\dfrac{\Delta\varphi}{2}}{\Delta\varphi}\right|\left|\frac{\Delta\varphi}{\Delta s}\right|=\lim_{\Delta s\to0}\left|\frac{\Delta\varphi}{\Delta s}\right|=\left|\frac{\mathrm{d}\varphi}{\mathrm{d}s}\right|.$$

这就是说，$\|\ddot{\boldsymbol{r}}(s)\|$ 就是切线的转角 φ 关于弧长的变化率的绝对值．于是，我们引入下面的定义：

定义 7.8.1　设空间光滑曲线 Γ 以弧长为参数的方程为

$$\boldsymbol{r}(s)=x(s)\boldsymbol{i}+y(s)\boldsymbol{j}+z(s)\boldsymbol{k},$$

且 $x(s),y(s),z(s)$ 具有连续二阶导数．称

$$\kappa(s)=\|\ddot{\boldsymbol{r}}(s)\|$$

为曲线 Γ 在点 $P=\boldsymbol{r}(s)$ 处的**曲率**，并称 $\ddot{\boldsymbol{r}}(s)$ 为曲线 Γ 在点 P 的**曲率向量**．当 $\kappa(s)\neq0$ 时，称 $R(s)=\dfrac{1}{\kappa(s)}$ 为曲线 Γ 在点 P 的**曲率半径**．

记 $\boldsymbol{T}(s)=\dot{\boldsymbol{r}}(s)$，我们已经知道，它是曲线 Γ 在点 $P=\boldsymbol{r}(s)$ 的单位切向量．

定义 7.8.2　当在点 $P=\boldsymbol{r}(s)$ 有 $\kappa(s)\neq0$ 时，称 $\boldsymbol{N}(s)=\dfrac{1}{\kappa(s)}\dot{\boldsymbol{T}}(s)$ 为曲线 Γ 在点 P 的**主法向量**；称 $\boldsymbol{B}(s)=\boldsymbol{T}(s)\times\boldsymbol{N}(s)$ 为曲线 Γ 在点 P 的**副法向量**（或**从法向量**）．

注　(1) 容易看出，$\boldsymbol{N}(s)$ 和 $\boldsymbol{B}(s)$ 都是单位向量；

(2) 显然主法向量 $\boldsymbol{N}(s)=\dfrac{1}{\kappa(s)}\ddot{\boldsymbol{r}}(s)$ 与 $\boldsymbol{T}(s)$ 正交，且 $\boldsymbol{B}(s)$ 与 $\boldsymbol{T}(s)$ 及 $\boldsymbol{N}(s)$ 皆正交，因此 $\boldsymbol{T}(s),\boldsymbol{N}(s),\boldsymbol{B}(s)$ 相互正交．按这个顺序和方向构成以点 $\boldsymbol{r}(s)$ 为原点的右手坐标系，称之为曲线 Γ 在点 $\boldsymbol{r}(s)$ 的 **Frenet（弗雷内）标架**．过点 $\boldsymbol{r}(s)$ 以这三个向量为方向的直线分别称为曲线 Γ 在点 $\boldsymbol{r}(s)$ 的**切线**（与以前的定义相同）、**主法线**和**副法线**（见图 7.8.1）. Frenet 标

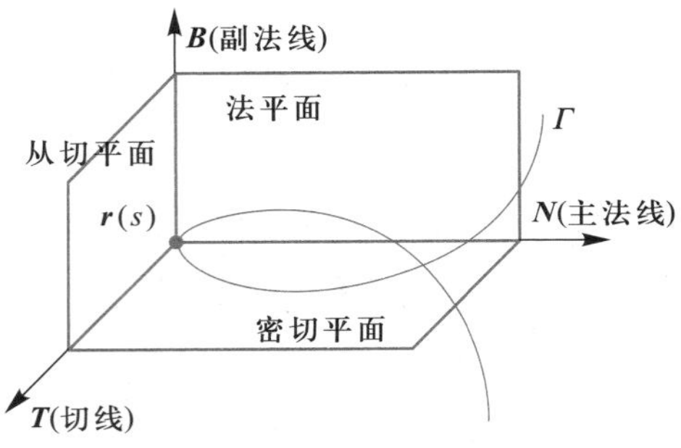

图 7.8.1

架在曲线理论研究中起着重要作用．过曲线 Γ 在点 $\boldsymbol{r}(s)$ 的切线和主法线的平面称为曲线 Γ 在点 $\boldsymbol{r}(s)$ 的**密切平面**；过曲线 Γ 在点 $\boldsymbol{r}(s)$ 的主法线和副法线的平面称为曲线 Γ 在点 $\boldsymbol{r}(s)$ 的**法平面**，它就是过点 $\boldsymbol{r}(s)$ 且与切线垂直的平面；过曲线 Γ 在点 $\boldsymbol{r}(s)$ 的切线和副法线的平面称为曲线 Γ 在点 $\boldsymbol{r}(s)$ 的**从切平面**．

（3）由定义可以看出，主法向量 $\boldsymbol{N}(s)$ 指向 $\boldsymbol{T}(s)$ 转动的方向，直观上说，指向曲线凹的一侧．

由于

$$\dot{\boldsymbol{B}}(s)=\dot{\boldsymbol{T}}(s)\times\boldsymbol{N}(s)+\boldsymbol{T}(s)\times\dot{\boldsymbol{N}}(s),$$

且 $\dot{\boldsymbol{T}}(s)$ 与 $\boldsymbol{N}(s)$ 平行，所以 $\dot{\boldsymbol{T}}(s)\times\boldsymbol{N}(s)=0$，且 $\dot{\boldsymbol{B}}(s)=\boldsymbol{T}(s)\times\dot{\boldsymbol{N}}(s)$，因此 $\dot{\boldsymbol{B}}(s)$ 与 $\boldsymbol{T}(s)$ 正交．因为 $\boldsymbol{B}(s)$ 总是单位向量，易知 $\dot{\boldsymbol{B}}(s)$ 也与 $\boldsymbol{B}(s)$ 正交，所以 $\dot{\boldsymbol{B}}(s)$ 平行于 $\boldsymbol{N}(s)$．因此存在数 $\tau(s)$ 使得 $\dot{\boldsymbol{B}}(s)=-\tau(s)\boldsymbol{N}(s)$，于是

$$\tau(s)=-\dot{\boldsymbol{B}}(s)\cdot\boldsymbol{N}(s).$$

定义 7.8.3　*称 $\tau(s)=-\dot{\boldsymbol{B}}(s)\cdot\boldsymbol{N}(s)$ 为曲线 Γ 在点 $\boldsymbol{r}(s)$ 的***挠率**．

下面我们解释一下挠率的意义．挠率的定义说明，$|\tau(s)|=\|\dot{\boldsymbol{B}}(s)\|$ 就是副法线的转角关于弧长的变化率的绝对值，它反映了曲线相对于弧长扭出密切平面的速度，刻画了曲线相对于密切平面扭转的程度．当 $\tau(s)=\|\dot{\boldsymbol{B}}(s)\|$ 时，曲线上的点由密切平面向副法向量 $\boldsymbol{B}(s)$ 方向扭出；当 $\tau(s)=-\|\dot{\boldsymbol{B}}(s)\|$ 时，曲线上的点由密切平面向副法向量 $\boldsymbol{B}(s)$ 的反方向扭出．

因为 $\dot{\boldsymbol{T}}(s)=\kappa(s)\boldsymbol{N}(s)$，$\dot{\boldsymbol{B}}(s)=-\tau(s)\boldsymbol{N}(s)$，所以

$$\begin{aligned}\dot{\boldsymbol{N}}(s)&=\frac{\mathrm{d}}{\mathrm{d}s}[\boldsymbol{B}(s)\times\boldsymbol{T}(s)]=\dot{\boldsymbol{B}}(s)\times\boldsymbol{T}(s)+\boldsymbol{B}(s)\times\dot{\boldsymbol{T}}(s)\\&=-\tau(s)\boldsymbol{N}(s)\times\boldsymbol{T}(s)+\boldsymbol{B}(s)\times\kappa(s)\boldsymbol{N}(s)=-\kappa(s)\boldsymbol{T}(s)+\tau(s)\boldsymbol{B}(s).\end{aligned}$$

于是便有如下的 **Frenet 公式**

$$\begin{cases}\dot{\boldsymbol{T}}(s)=\kappa(s)\boldsymbol{N}(s),\\\dot{\boldsymbol{N}}(s)=-\kappa(s)\boldsymbol{T}(s)+\tau(s)\boldsymbol{B}(s),\\\dot{\boldsymbol{B}}(s)=-\tau(s)\boldsymbol{N}(s).\end{cases}$$

这就是**曲线论的基本公式**，反映了 Frenet 标架沿曲线的运动规律，在曲线理论中起着举足轻重的作用．

当空间曲线 Γ 的方程为

$$\boldsymbol{r}(t)=x(t)\boldsymbol{i}+y(t)\boldsymbol{j}+z(t)\boldsymbol{k},$$

曲率又如何计算呢（此时 t 不一定是弧长参数）？

因为

$$\frac{\mathrm{d}\boldsymbol{r}}{\mathrm{d}s}=\frac{\mathrm{d}\boldsymbol{r}}{\mathrm{d}t}\frac{\mathrm{d}t}{\mathrm{d}s},\qquad \frac{\mathrm{d}^2\boldsymbol{r}}{\mathrm{d}s^2}=\frac{\mathrm{d}^2\boldsymbol{r}}{\mathrm{d}t^2}\left(\frac{\mathrm{d}t}{\mathrm{d}s}\right)^2+\frac{\mathrm{d}\boldsymbol{r}}{\mathrm{d}t}\frac{\mathrm{d}^2t}{\mathrm{d}s^2},$$

且$\frac{\mathrm{d}\boldsymbol{r}}{\mathrm{d}s}$是与$\frac{\mathrm{d}^2\boldsymbol{r}}{\mathrm{d}s^2}$正交的单位向量，所以

$$\left\|\frac{\mathrm{d}\boldsymbol{r}}{\mathrm{d}s}\right\|=\left\|\frac{\mathrm{d}\boldsymbol{r}}{\mathrm{d}t}\right\|\left|\frac{\mathrm{d}t}{\mathrm{d}s}\right|=1,$$

$$\left\|\frac{\mathrm{d}^2\boldsymbol{r}}{\mathrm{d}s^2}\right\|=\left\|\frac{\mathrm{d}\boldsymbol{r}}{\mathrm{d}s}\times\frac{\mathrm{d}^2\boldsymbol{r}}{\mathrm{d}s^2}\right\|=\left\|\frac{\mathrm{d}\boldsymbol{r}}{\mathrm{d}t}\times\frac{\mathrm{d}^2\boldsymbol{r}}{\mathrm{d}t^2}\right\|\left|\frac{\mathrm{d}t}{\mathrm{d}s}\right|^3.$$

因此在 t 所对应的曲线上的点 $\boldsymbol{r}(t)$ 处，其曲率为

$$\kappa(t)=\frac{\|\boldsymbol{r}'(t)\times\boldsymbol{r}''(t)\|}{\|\boldsymbol{r}'(t)\|^3}.$$

通过计算还可得到（细节略去）：

$$\boldsymbol{T}(t)=\frac{\boldsymbol{r}'(t)}{\|\boldsymbol{r}'(t)\|},\quad \boldsymbol{B}(t)=\frac{\boldsymbol{r}'(t)\times\boldsymbol{r}''(t)}{\|\boldsymbol{r}'(t)\times\boldsymbol{r}''(t)\|},\quad \boldsymbol{N}(t)=\boldsymbol{B}(t)\times\boldsymbol{T}(t),$$

以及挠率的计算公式

$$\tau(t)=\frac{[\boldsymbol{r}'(t)\times\boldsymbol{r}''(t)]\cdot\boldsymbol{r}'''(t)}{\|\boldsymbol{r}'(t)\times\boldsymbol{r}''(t)\|^2}=\frac{(\boldsymbol{r}'(t),\boldsymbol{r}''(t),\boldsymbol{r}'''(t))}{\|\boldsymbol{r}'(t)\times\boldsymbol{r}''(t)\|^2}.$$

注意，当平面曲线的参数方程为 $\boldsymbol{r}(t)=x(t)\boldsymbol{i}+y(t)\boldsymbol{j}$ 时，从以上曲率公式的计算易得

$$\kappa(t)=\frac{|x'(t)y''(t)-x''(t)y'(t)|}{[x'^2(t)+y'^2(t)]^{\frac{3}{2}}}.$$

这与第三章中的曲率计算公式相吻合.

可以证明：(1) 直线的曲率为零；反之，曲率为零的光滑曲线是直线.

(2) 平面曲线的挠率为零；反之，当 $\boldsymbol{r}'(t)\times\boldsymbol{r}''(t)\neq 0$ 时，挠率为零的曲线是平面曲线.

例 7.8.2　已知例 7.8.1 中的圆柱螺旋线

$$\boldsymbol{r}(t)=a\cos t\boldsymbol{i}+a\sin t\boldsymbol{j}+bt\boldsymbol{k},$$

其中 $a,b>0$.

(1) 求该曲线的 Frenet 标架；

(2) 求该曲线的曲率和挠率.

解　因为

$$\boldsymbol{r}'(t)=-a\sin t\boldsymbol{i}+a\cos t\boldsymbol{j}+b\boldsymbol{k},$$
$$\boldsymbol{r}''(t)=-a\cos t\boldsymbol{i}-a\sin t\boldsymbol{j},$$
$$\boldsymbol{r}'''(t)=a\sin t\boldsymbol{i}-a\cos t\boldsymbol{j},$$

所以

$$\boldsymbol{r}'(t)\times\boldsymbol{r}''(t)=\begin{vmatrix}\boldsymbol{i}&\boldsymbol{j}&\boldsymbol{k}\\-a\sin t&a\cos t&b\\-a\cos t&-a\sin t&0\end{vmatrix}=ab\sin t\boldsymbol{i}-ab\cos t\boldsymbol{j}+a^2\boldsymbol{k},$$

$$[\boldsymbol{r}'(t)\times\boldsymbol{r}''(t)]\cdot\boldsymbol{r}'''(t)=a^2b\sin^2t+a^2b\cos^2t=a^2b.$$

(1) 只要求出螺旋线在点 $\boldsymbol{r}(t)$ 的三个向量 $\boldsymbol{T}(t),\boldsymbol{N}(t),\boldsymbol{B}(t)$，便可确定该点的 Frenet 标架. 这三个向量为

$$T(t)=\frac{r'(t)}{\|r'(t)\|}=\frac{1}{\sqrt{a^2+b^2}}(-a\sin t\boldsymbol{i}+a\cos t\boldsymbol{j}+b\boldsymbol{k}),$$

$$B(t)=\frac{r'(t)\times r''(t)}{\|r'(t)\times r''(t)\|}=\frac{1}{\sqrt{a^2+b^2}}(b\sin t\boldsymbol{i}-b\cos t\boldsymbol{j}+a\boldsymbol{k}),$$

$$N(t)=B(t)\times T(t)=-\cos t\boldsymbol{i}-\sin t\boldsymbol{j}.$$

(2) 螺旋线在点 $\boldsymbol{r}(t)$ 的曲率为

$$\kappa(t)=\frac{\|r'(t)\times r''(t)\|}{\|r'(t)\|^3}=\frac{a}{a^2+b^2},$$

挠率为

$$\tau(t)=\frac{[r'(t)\times r''(t)]\cdot r'''(t)}{\|r'(t)\times r''(t)\|^2}=\frac{b}{a^2+b^2}.$$

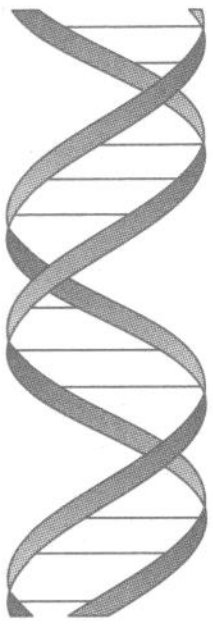

图 7.8.2

这个例子说明了,这种缠绕在圆柱面上的螺旋线的曲率和挠率均为常数．事实上,具有非零常曲率和常挠率的空间曲线就是圆柱螺旋线．体现这一特征的优点有一个很重要的例子:DNA(脱氧核糖核酸)分子的双螺旋结构．DNA 是一种分子,可组成遗传指令,以引导生物发育与生命机能运作．DNA 分子的双螺旋结构就是以两条相互缠绕的圆柱螺旋线为侧边,像扭转的绳梯(见图 7.8.2).这样不仅使 DNA 所占空间比它拆开时要小得多,而且由于螺旋线的曲率和挠率是常量,这种双链结构起到了维持遗传物质的稳定性和复制的准确性的重要作用．甚至在分子被损坏时,将不完善的片断剪去,它还可以正确复原．

曲面的第一基本形式

空间曲面上的点有两个自由度,所以曲面的参数方程中含有两个参数．注意曲面的参数方程并不是唯一的．例如球心在原点,半径为 R 的上半球面的参数方程为

$$\begin{cases}x=R\cos\theta\sin\varphi,\\ y=R\sin\theta\sin\varphi,\quad \theta\in[0,2\pi),\quad \varphi\in\left[0,\dfrac{\pi}{2}\right],\\ z=R\cos\varphi,\end{cases}$$

或

$$z=\sqrt{R^2-x^2-y^2},\qquad x^2+y^2\leqslant R^2.$$

设曲面 Σ 的方程为

$$\begin{cases}x=x(u,v),\\ y=y(u,v),\quad (u,v)\in D,\\ z=z(u,v),\end{cases}$$

即

$$\boldsymbol{r}=\boldsymbol{r}(u,v)=x(u,v)\boldsymbol{i}+y(u,v)\boldsymbol{j}+z(u,v)\boldsymbol{k},\quad (u,v)\in D.$$

以下我们假设曲面 Σ 是**光滑(或正则)**的,即曲面方程中各函数具有连续的偏导数,且 $\boldsymbol{r}'_u\times\boldsymbol{r}'_v\neq 0$. 在本章第三节已经知道,此时曲面 Σ 上的每一点处有确定的法线及切平面．详细地说,在 (u,v) 所对应的曲面上点 $P(x(u,v),y(u,v),z(u,v))$ 处,Σ 的切平面就是由 $\boldsymbol{r}'_u(u,v)$

和 $\boldsymbol{r}_v'(u,v)$ 张成的过点 P 的平面，而

$$\boldsymbol{r}_u'(u,v)\times\boldsymbol{r}_v'(u,v)=\frac{D(y,z)}{D(u,v)}\boldsymbol{i}+\frac{D(z,x)}{D(u,v)}\boldsymbol{j}+\frac{D(x,y)}{D(u,v)}\boldsymbol{k}$$

就是 $\boldsymbol{\Sigma}$ 在点 P 的法向量，且

$$\boldsymbol{n}(u,v)=\frac{\boldsymbol{r}_u'(u,v)\times\boldsymbol{r}_v'(u,v)}{\|\boldsymbol{r}_u'(u,v)\times\boldsymbol{r}_v'(u,v)\|}$$

是单位法向量.

设 Γ 曲面上的一条曲线，其参数方程为

$$\boldsymbol{r}=\boldsymbol{r}(u(t),v(t)),\quad t\in[\alpha,\beta],$$

其中 $u(t),v(t)$ 在区间 $[\alpha,\beta]$ 上具有连续导数. 则 Γ 的弧长微元 $\mathrm{d}s$ 满足

$$\begin{aligned}\mathrm{d}s^2&=\|\mathrm{d}\boldsymbol{r}\|^2=\mathrm{d}\boldsymbol{r}\cdot\mathrm{d}\boldsymbol{r}=(\boldsymbol{r}_u'\mathrm{d}u+\boldsymbol{r}_v'\mathrm{d}v)\cdot(\boldsymbol{r}_u'\mathrm{d}u+\boldsymbol{r}_v'\mathrm{d}v)\\&=(\boldsymbol{r}_u'\cdot\boldsymbol{r}_u')\mathrm{d}u^2+2(\boldsymbol{r}_u'\cdot\boldsymbol{r}_v')\mathrm{d}u\mathrm{d}v+(\boldsymbol{r}_v'\cdot\boldsymbol{r}_v')\mathrm{d}v^2=E\mathrm{d}u^2+2F\mathrm{d}u\mathrm{d}v+G\mathrm{d}v^2,\end{aligned}$$

其中记 $\mathrm{d}u^2=\mathrm{d}u\mathrm{d}u,\mathrm{d}v^2=\mathrm{d}v\mathrm{d}v$，以及

$$E=\boldsymbol{r}_u'\cdot\boldsymbol{r}_u'=x_u'^2+y_u'^2+z_u'^2,$$

$$F=\boldsymbol{r}_u'\cdot\boldsymbol{r}_v'=x_u'x_v'+y_u'y_v'+z_u'z_v',$$

$$G=\boldsymbol{r}_v'\cdot\boldsymbol{r}_v'=x_v'^2+y_v'^2+z_v'^2.$$

因此弧长微分

$$\mathrm{d}s=\left\|\frac{\mathrm{d}\boldsymbol{r}}{\mathrm{d}t}\right\|\mathrm{d}t=\sqrt{E\left(\frac{\mathrm{d}u}{\mathrm{d}t}\right)^2+2F\frac{\mathrm{d}u}{\mathrm{d}t}\frac{\mathrm{d}v}{\mathrm{d}t}+G\left(\frac{\mathrm{d}v}{\mathrm{d}t}\right)^2}\,\mathrm{d}t.$$

所以曲线 Γ 在 $[\alpha,t]$ 对应的一段弧的**弧长**为

$$s=\int_\alpha^t\|\boldsymbol{r}'(t)\|\mathrm{d}t=\int_\alpha^t\sqrt{E\left(\frac{\mathrm{d}u}{\mathrm{d}t}\right)^2+2F\frac{\mathrm{d}u}{\mathrm{d}t}\frac{\mathrm{d}v}{\mathrm{d}t}+G\left(\frac{\mathrm{d}v}{\mathrm{d}t}\right)^2}\,\mathrm{d}t.$$

称 $\mathrm{d}u,\mathrm{d}v$ 的二次型

$$\mathrm{I}=E\mathrm{d}u^2+2F\mathrm{d}u\mathrm{d}v+G\mathrm{d}v^2$$

为曲面 Σ 的**第一基本形式**. 它是曲面的一个基本几何量，刻画了曲面上的度量性质.

例 7.8.3 已知空间中平面上的一点 $P_0(x_0,y_0,z_0)$，以及平面上两个不平行的向量 $\boldsymbol{a}=(a_1,a_2,a_3)$ 和 $\boldsymbol{b}=(b_1,b_2,b_3)$，记 $\overrightarrow{OP_0}$ 为 $\boldsymbol{r}_0$，则该平面的方程可表为

$$\boldsymbol{r}=\boldsymbol{r}_0+u\boldsymbol{a}+v\boldsymbol{b}=[x_0+(a_1u+b_1v)]\boldsymbol{i}+[y_0+(a_2u+b_2v)]\boldsymbol{j}+[z_0+(a_3u+b_3v)]\boldsymbol{k},$$

因此

$$\boldsymbol{r}_u'=a_1\boldsymbol{i}+a_2\boldsymbol{j}+a_3\boldsymbol{k},\quad \boldsymbol{r}_v'=b_1\boldsymbol{i}+b_2\boldsymbol{j}+b_3\boldsymbol{k}.$$

$$E=\boldsymbol{r}_u'\cdot\boldsymbol{r}_u'=\|\boldsymbol{a}\|^2,\quad F=\boldsymbol{r}_u'\cdot\boldsymbol{r}_v'=\boldsymbol{a}\cdot\boldsymbol{b},\quad G=\boldsymbol{r}_v'\cdot\boldsymbol{r}_v'=\|\boldsymbol{b}\|^2.$$

于是该平面的第一基本形式为

$$\mathrm{I}=\|\boldsymbol{a}\|^2\mathrm{d}u^2+2\boldsymbol{a}\cdot\boldsymbol{b}\mathrm{d}u\mathrm{d}v+\|\boldsymbol{b}\|^2\mathrm{d}v^2.$$

若取 $\boldsymbol{a},\boldsymbol{b}$ 为相互垂直的单位向量时，则有

$$\mathrm{I}=\mathrm{d}u^2+\mathrm{d}v^2.$$

例 7.8.4 求球心在原点，半径为 R 的球面

$$\boldsymbol{r}=R\cos\theta\sin\varphi\boldsymbol{i}+R\sin\theta\sin\varphi\boldsymbol{j}+R\cos\varphi\boldsymbol{k}\quad(\varphi\in[0,\pi],\theta\in[0,2\pi])$$

的第一基本形式.

解　因为

$$\boldsymbol{r}'_\varphi=R\cos\theta\cos\varphi\boldsymbol{i}+R\sin\theta\cos\varphi\boldsymbol{j}-R\sin\varphi\boldsymbol{k},$$
$$\boldsymbol{r}'_\theta=-R\sin\theta\sin\varphi\boldsymbol{i}+R\cos\theta\sin\varphi\boldsymbol{j},$$

所以

$$E=\boldsymbol{r}'_\varphi\cdot\boldsymbol{r}'_\varphi=R^2,\quad F=\boldsymbol{r}'_\varphi\cdot\boldsymbol{r}'_\theta=0,\quad G=\boldsymbol{r}'_\theta\cdot\boldsymbol{r}'_\theta=R^2\sin^2\varphi.$$

因此球面的第一基本形式

$$\mathrm{I}=R^2(\mathrm{d}\varphi^2+\sin^2\varphi\mathrm{d}\theta^2).$$

曲面的第二基本形式

下面进一步假设曲面 Σ 的方程 $\boldsymbol{r}=\boldsymbol{r}(u,v)$ 中各分量函数具有连续的二阶偏导数．由法向量 $\boldsymbol{n}$ 的定义知

$$\boldsymbol{r}'_u\cdot\boldsymbol{n}=0,\quad \boldsymbol{r}'_v\cdot\boldsymbol{n}=0.$$

对以上两式求偏导,得

$$\boldsymbol{r}''_{uu}\cdot\boldsymbol{n}+\boldsymbol{r}'_u\cdot\boldsymbol{n}'_u=0,\quad \boldsymbol{r}''_{uv}\cdot\boldsymbol{n}+\boldsymbol{r}'_u\cdot\boldsymbol{n}'_v=0,$$
$$\boldsymbol{r}''_{vu}\cdot\boldsymbol{n}+\boldsymbol{r}'_v\cdot\boldsymbol{n}'_u=0,\quad \boldsymbol{r}''_{vv}\cdot\boldsymbol{n}+\boldsymbol{r}'_v\cdot\boldsymbol{n}'_v=0.$$

记

$$L=\boldsymbol{r}''_{uu}\cdot\boldsymbol{n}=-\boldsymbol{r}'_u\cdot\boldsymbol{n}'_u,$$
$$M=\boldsymbol{r}''_{uv}\cdot\boldsymbol{n}=-\boldsymbol{r}'_u\cdot\boldsymbol{n}'_v=-\boldsymbol{r}'_v\cdot\boldsymbol{n}'_u,$$
$$N=\boldsymbol{r}''_{vv}\cdot\boldsymbol{n}=-\boldsymbol{r}'_v\cdot\boldsymbol{n}'_v.$$

则

$$\begin{aligned}\mathrm{d}\boldsymbol{r}\cdot\mathrm{d}\boldsymbol{n}&=(\boldsymbol{r}'_u\mathrm{d}u+\boldsymbol{r}'_v\mathrm{d}v)\cdot(\boldsymbol{n}'_u\mathrm{d}u+\boldsymbol{n}'_v\mathrm{d}v)\\&=(\boldsymbol{r}'_u\cdot\boldsymbol{n}'_u)\mathrm{d}u^2+(\boldsymbol{r}'_u\cdot\boldsymbol{n}'_v)\mathrm{d}u\mathrm{d}v+(\boldsymbol{r}'_v\cdot\boldsymbol{n}'_u)\mathrm{d}u\mathrm{d}v+(\boldsymbol{r}'_v\cdot\boldsymbol{n}'_v)\mathrm{d}v^2\\&=-(L\mathrm{d}u^2+2M\mathrm{d}u\mathrm{d}v+N\mathrm{d}v^2).\end{aligned}$$

称 $\mathrm{d}u,\mathrm{d}v$ 的二次型

$$\mathrm{II}=L\mathrm{d}u^2+2M\mathrm{d}u\mathrm{d}v+N\mathrm{d}v^2$$

为曲面 Σ 的**第二基本形式**．

我们现在来看第二基本形式的几何意义．由于

$$\begin{aligned}&\boldsymbol{r}(u+\Delta u,v+\Delta v)-\boldsymbol{r}(u,v)\\=&\boldsymbol{r}'_u(u,v)\Delta u+\boldsymbol{r}'_v(u,v)\Delta v+\frac{1}{2}[\boldsymbol{r}''_{uu}(u,v)\Delta u^2+2\boldsymbol{r}''_{uv}(u,v)\Delta u\Delta v+\boldsymbol{r}''_{vv}(u,v)\Delta v^2]+o(\Delta u^2+\Delta v^2),\end{aligned}$$

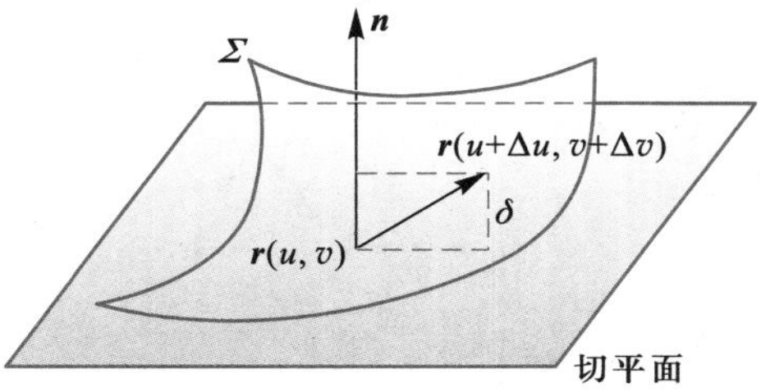

图 7.8.3

因此点 $\boldsymbol{r}(u+\Delta u,v+\Delta v)$ 到曲面在点 $\boldsymbol{r}(u,v)$ 处的切平面的有向距离(见图 7.8.3)

$$\begin{aligned}\delta&=\boldsymbol{n}(u,v)\cdot[\boldsymbol{r}(u+\Delta u,v+\Delta v)-\boldsymbol{r}(u,v)]\\&=\frac{1}{2}[L\Delta u^2+2M\Delta u\Delta v+N\Delta v^2]+o(\Delta u^2+\Delta v^2),\end{aligned}$$

所以第二基本形式就是这个有向距离的极限形式的两倍,从而反映了曲面 Σ 在点 $\boldsymbol{r}(u,v)$ 附近的弯

曲形状.

设 P 为曲面 Σ 上一点.若在点 P 处 $LN-M^2>0$,则称该点为曲面的**椭圆点**;若在点 P 处 $LN-M^2<0$,则称该点为曲面的**双曲点**;若在点 P 处 $LN-M^2=0$,则称该点为曲面的**抛物点**.

若(u,v)所对应的点 $P=\boldsymbol{r}(u,v)$ 是曲面 Σ 的椭圆点,由于此时 $LN-M^2>0$,所以二次型 $L\mathrm{d}u^2+2M\mathrm{d}u\mathrm{d}v+N\mathrm{d}v^2$ 是正定的或负定的,因此从上面的计算可以看出,P 附近的点 $\boldsymbol{r}(u+\Delta u,v+\Delta v)$ 到曲面在点 P 的切平面的有向距离

$$\delta=\boldsymbol{n}(u,v)\cdot[\boldsymbol{r}(u+\Delta u,v+\Delta v)-\boldsymbol{r}(u,v)]$$

总是正的或总是负的,因此在点 P 附近曲面的形状是凸的或凹的(视法向量的选取而定,见图 7.8.4).

若(u,v)所对应的点 $P=\boldsymbol{r}(u,v)$ 是曲面 Σ 的双曲点,由于此时 $LN-M^2<0$,所以二次型 $L\mathrm{d}u^2+2M\mathrm{d}u\mathrm{d}v+N\mathrm{d}v^2$ 既不是正定的,也不是负定的,因此从上面的计算可以看出,P 附近的点 $\boldsymbol{r}(u+\Delta u,v+\Delta v)$ 到曲面在点 P 的切平面的有向距离 δ 既可正也可负,由于其主要部分是 $\dfrac{1}{2}(L\Delta u^2+2M\Delta u\Delta v+N\Delta v^2)$,所以在 P 附近曲面的形状呈马鞍形(见图 7.8.5).

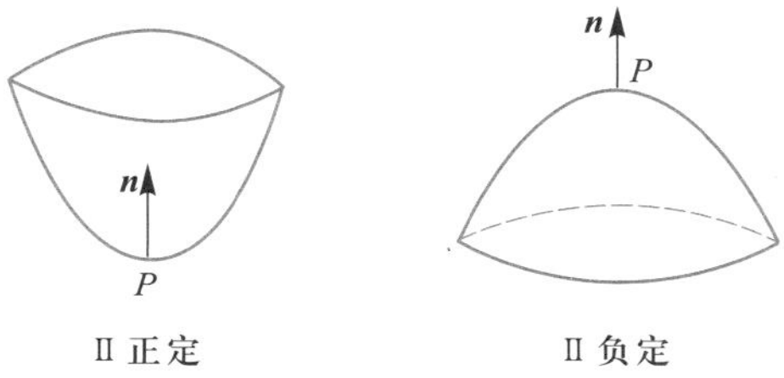

图 7.8.4

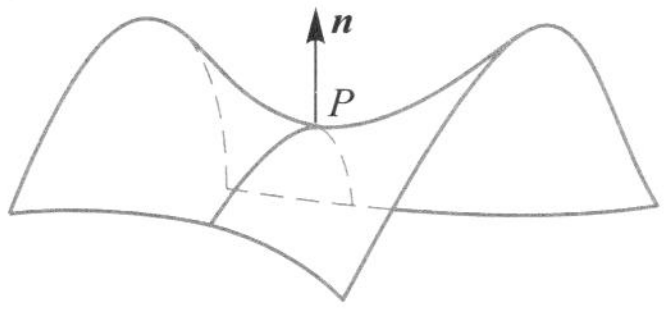

图 7.8.5

对于曲面在抛物点附近的形状也可作相对复杂一些的讨论,此处略去.

显然例 7.8.3 中平面的第二基本形式 Ⅱ $=0$.

例 7.8.5　求例 7.8.4 中球面的第二基本形式.

解　因为

$$\boldsymbol{r}'_\varphi\times\boldsymbol{r}'_\theta=\begin{vmatrix}\boldsymbol{i} & \boldsymbol{j} & \boldsymbol{k}\\ R\cos\theta\cos\varphi & R\sin\theta\cos\varphi & -R\sin\varphi\\ -R\sin\theta\sin\varphi & R\cos\theta\sin\varphi & 0\end{vmatrix}$$
$$=R^2\cos\theta\sin^2\varphi\boldsymbol{i}+R^2\sin\theta\sin^2\varphi\boldsymbol{j}+R^2\sin\varphi\cos\varphi\boldsymbol{k},$$

所以

$$\boldsymbol{n}=\frac{\boldsymbol{r}'_\varphi\times\boldsymbol{r}'_\theta}{\|\boldsymbol{r}'_\varphi\times\boldsymbol{r}'_\theta\|}=\cos\theta\sin\varphi\boldsymbol{i}+\sin\theta\sin\varphi\boldsymbol{j}+\cos\varphi\boldsymbol{k}.$$

又由于

$$\boldsymbol{r}''_{\varphi\varphi}=-R\cos\theta\sin\varphi\boldsymbol{i}-R\sin\theta\sin\varphi\boldsymbol{j}-R\cos\varphi\boldsymbol{k},$$
$$\boldsymbol{r}''_{\varphi\theta}=-R\sin\theta\cos\varphi\boldsymbol{i}+R\cos\theta\cos\varphi\boldsymbol{j},$$
$$\boldsymbol{r}''_{\theta\theta}=-R\cos\theta\sin\varphi\boldsymbol{i}-R\sin\theta\sin\varphi\boldsymbol{j},$$

所以

$$L=\boldsymbol{r}''_{\varphi\varphi}\cdot\boldsymbol{n}=-R,\quad M=\boldsymbol{r}''_{\varphi\theta}\cdot\boldsymbol{n}=0,\quad N=\boldsymbol{r}''_{\theta\theta}\cdot\boldsymbol{n}=-R\sin^2\varphi.$$

于是,球面的第二基本形式

$$\mathrm{II}=-R(\mathrm{d}\varphi^2+\sin^2\varphi\mathrm{d}\theta^2).$$

例 7.8.6　求曲面 $z=\frac{1}{2}(ax^2+by^2)$ 的第一和第二基本形式.

解　曲面方程可表为

$$\boldsymbol{r}=x\boldsymbol{i}+y\boldsymbol{j}+\frac{1}{2}(ax^2+by^2)\boldsymbol{k},$$

因此

$$\boldsymbol{r}'_x=\boldsymbol{i}+ax\boldsymbol{k},\quad \boldsymbol{r}'_y=\boldsymbol{j}+by\boldsymbol{k}.$$

于是

$$E=\boldsymbol{r}'_x\cdot\boldsymbol{r}'_x=1+a^2x^2,\quad F=\boldsymbol{r}'_x\cdot\boldsymbol{r}'_y=abxy,\quad G=\boldsymbol{r}'_y\cdot\boldsymbol{r}'_y=1+b^2y^2.$$

因此曲面的第一基本形式

$$\mathrm{I}=(1+a^2x^2)\mathrm{d}x^2+2abxy\mathrm{d}x\mathrm{d}y+(1+b^2y^2)\mathrm{d}y^2.$$

由于

$$\boldsymbol{r}'_x\times\boldsymbol{r}'_y=\begin{vmatrix}\boldsymbol{i}&\boldsymbol{j}&\boldsymbol{k}\\1&0&ax\\0&1&by\end{vmatrix}=-ax\boldsymbol{i}-by\boldsymbol{j}+\boldsymbol{k},$$

所以

$$\boldsymbol{n}=\frac{\boldsymbol{r}'_x\times\boldsymbol{r}'_y}{\|\boldsymbol{r}'_x\times\boldsymbol{r}'_y\|}=\frac{1}{\sqrt{1+a^2x^2+b^2y^2}}(-ax\boldsymbol{i}-by\boldsymbol{j}+\boldsymbol{k}).$$

而

$$\boldsymbol{r}''_{xx}=a\boldsymbol{k},\quad \boldsymbol{r}''_{xy}=\boldsymbol{0},\quad \boldsymbol{r}''_{yy}=b\boldsymbol{k},$$

所以

$$L=\boldsymbol{r}''_{xx}\cdot\boldsymbol{n}=\frac{a}{\sqrt{1+a^2x^2+b^2y^2}},\quad M=\boldsymbol{r}''_{xy}\cdot\boldsymbol{n}=0,\quad N=\boldsymbol{r}''_{yy}\cdot\boldsymbol{n}=\frac{b}{\sqrt{1+a^2x^2+b^2y^2}}.$$

于是,曲面的第二基本形式

$$\mathrm{II}=\frac{1}{\sqrt{1+a^2x^2+b^2y^2}}(a\mathrm{d}x^2+b\mathrm{d}y^2).$$

曲面的第一基本形式刻画了曲面的度量特征,第二基本形式刻画了曲面的形状.可以证明,曲面的形状可以由第一、二基本形式确定.事实上,借助于这两个基本形式,还可以更深入地探讨曲面的几何性质,但限于本课程的要求,这里只介绍曲面的曲率特征,其他就不进一步展开了.

曲面的法曲率、平均曲率和 Gauss 曲率

设光滑曲面 Σ 的方程为 $\boldsymbol{r}=\boldsymbol{r}(u,v)=x(u,v)\boldsymbol{i}+y(u,v)\boldsymbol{j}+z(u,v)\boldsymbol{k}((u,v)\in D)$,且各分量函数具有连续的二阶偏导数.对于 Σ 上的一点 $P_0=\boldsymbol{r}(u_0,v_0)$,记 Σ 在点 P_0 的切平面为 $T_{P_0}\Sigma$. 已经知道,$T_{P_0}\Sigma$ 可以由过点 P_0 的 u 曲线 $\boldsymbol{r}=\boldsymbol{r}(u,v_0)$ 与 v 曲线 $\boldsymbol{r}=\boldsymbol{r}(u_0,v)$ 分别在点 P_0

的切向量 $\boldsymbol{r}_u'(u_0,v_0)$ 和 $\boldsymbol{r}_v'(u_0,v_0)$ 张成，即 $T_{P_0}\Sigma$ 上的任何向量都可以表示为 $\boldsymbol{r}_u'(u_0,v_0)$ 与 $\boldsymbol{r}_v'(u_0,v_0)$ 的线性组合．

对于 D 中的任意一条过点 (u_0,v_0) 的光滑曲线 $u=u(t),v=v(t)$（t 在某个包含原点的区间变化，且 $u_0=u(0),v_0=v(0)$），将 D 中曲线的方程代入曲面 Σ 的方程，便得 Σ 中过点 P_0 的曲线的方程

$$\boldsymbol{r}(t)=\boldsymbol{r}(u(t),v(t)),$$

它满足 $P_0=\boldsymbol{r}(0)$．显然这条曲线在点 P_0 的切向量为

$$\boldsymbol{r}'(0)=\boldsymbol{r}_u'(u_0,v_0)\left.\frac{\mathrm{d}u}{\mathrm{d}t}\right|_{t=0}+\boldsymbol{r}_v'(u_0,v_0)\left.\frac{\mathrm{d}v}{\mathrm{d}t}\right|_{t=0},$$

因此这个切向量在切平面 $T_{P_0}\Sigma$ 上．这就是说，Σ 中过点 P_0 的曲线在该点的切向量均在 $T_{P_0}\Sigma$ 上，同时这个切向量只与向量 $\left(\left.\frac{\mathrm{d}u}{\mathrm{d}t}\right|_{t=0},\left.\frac{\mathrm{d}v}{\mathrm{d}t}\right|_{t=0}\right)$ 有关，而与曲线 $(u(t),v(t))$ 的选取无关．实际上还可以证明，$T_{P_0}\Sigma$ 就是 Σ 中过点 P_0 的曲线在该点的切向量的全体，因此也将 $T_{P_0}\Sigma$ 中的向量称为 Σ 在点 P_0 的**切向量**．进一步，从以上说明可以看出，对于每对 $(\mathrm{d}u,\mathrm{d}v)$，便可以给出 Σ 在点 P_0 的一个切向量

$$\boldsymbol{r}_u'(u_0,v_0)\mathrm{d}u+\boldsymbol{r}_v'(u_0,v_0)\mathrm{d}v.$$

进一步，对于 Σ 中任意一条过点 P_0，以弧长为参数的曲线 $\boldsymbol{r}(s)=\boldsymbol{r}(u(s),v(s))$（满足 $u_0=u(0),v_0=v(0)$，即 $\boldsymbol{r}(0)=P_0$），它在点 P_0 的切向量为

$$\dot{\boldsymbol{r}}(0)=\boldsymbol{r}_u'(u_0,v_0)\left.\frac{\mathrm{d}u}{\mathrm{d}s}\right|_{s=0}+\boldsymbol{r}_v'(u_0,v_0)\left.\frac{\mathrm{d}v}{\mathrm{d}s}\right|_{s=0},$$

在点 P_0 的曲率向量为

$$\ddot{\boldsymbol{r}}(0)=\left.\left[\boldsymbol{r}_u'\frac{\mathrm{d}^2u}{\mathrm{d}s^2}+\boldsymbol{r}_v'\frac{\mathrm{d}^2v}{\mathrm{d}s^2}+\boldsymbol{r}_{uu}''\left(\frac{\mathrm{d}u}{\mathrm{d}s}\right)^2+2\boldsymbol{r}_{uv}''\frac{\mathrm{d}u}{\mathrm{d}s}\frac{\mathrm{d}v}{\mathrm{d}s}+\boldsymbol{r}_{vv}''\left(\frac{\mathrm{d}v}{\mathrm{d}s}\right)^2\right]\right|_{s=0}.$$

从此式可以看出，曲率向量 $\ddot{\boldsymbol{r}}(0)$ 一般不再是曲面的切向量．记 $\boldsymbol{n}$ 为曲面 Σ 在点 P_0 的单位法向量，则 $\boldsymbol{r}_u'(u_0,v_0)\cdot\boldsymbol{n}=0,\boldsymbol{r}_v'(u_0,v_0)\cdot\boldsymbol{n}=0$. 于是 $\ddot{\boldsymbol{r}}(0)$ 在 $\boldsymbol{n}$ 方向的投影为

$$\begin{aligned}\kappa_n&=\ddot{\boldsymbol{r}}(0)\cdot\boldsymbol{n}\\&=(\boldsymbol{r}_{uu}''\cdot\boldsymbol{n})\left(\frac{\mathrm{d}u}{\mathrm{d}s}\right)^2+2(\boldsymbol{r}_{uv}''\cdot\boldsymbol{n})\frac{\mathrm{d}u}{\mathrm{d}s}\frac{\mathrm{d}v}{\mathrm{d}s}+(r_{vv}''\cdot\boldsymbol{n})\left(\frac{\mathrm{d}v}{\mathrm{d}s}\right)^2\\&=L\left(\frac{\mathrm{d}u}{\mathrm{d}s}\right)^2+2M\frac{\mathrm{d}u}{\mathrm{d}s}\frac{\mathrm{d}v}{\mathrm{d}s}+N\left(\frac{\mathrm{d}v}{\mathrm{d}s}\right)^2.\end{aligned}$$

进一步有

$$\kappa_n=\frac{L\mathrm{d}u^2+2M\mathrm{d}u\mathrm{d}v+N\mathrm{d}v^2}{\mathrm{d}s^2}=\frac{L\mathrm{d}u^2+2M\mathrm{d}u\mathrm{d}v+N\mathrm{d}v^2}{E\mathrm{d}u^2+2F\mathrm{d}u\mathrm{d}v+G\mathrm{d}v^2}.$$

记 $\ddot{\boldsymbol{r}}(0)$ 与 $\boldsymbol{n}$ 的夹角为 θ，则

$$\kappa_n=\ddot{\boldsymbol{r}}(0)\cdot\boldsymbol{n}=\|\ddot{\boldsymbol{r}}(0)\|\cos\theta=\kappa\cos\theta,$$

其中 $\kappa=\|\ddot{\boldsymbol{r}}(0)\|$ 就是曲线 $\boldsymbol{r}(s)$ 在点 P_0 的曲率．从上面 κ_n 的第一个表达式可以看出，它只与曲面 Σ 在点 P_0 的第二基本形式，以及向量 $\left(\left.\frac{\mathrm{d}u}{\mathrm{d}s}\right|_{s=0},\left.\frac{\mathrm{d}v}{\mathrm{d}s}\right|_{s=0}\right)$ $\Bigg($因而切向量 $\boldsymbol{r}'_u(u_0,v_0)\left.\frac{\mathrm{d}u}{\mathrm{d}s}\right|_{s=0}+$

$\boldsymbol{r}'_v(u_0,v_0)\left.\dfrac{\mathrm{d}v}{\mathrm{d}s}\right|_{s=0}\Big)$ 有关，而与曲线 $(u(s),v(s))$ 的选取无关．从 κ_n 的第二个表达式可以看出，它由 $(\mathrm{d}u,\mathrm{d}v)$，即切向量 $\boldsymbol{r}'_u(u_0,v_0)\mathrm{d}u+\boldsymbol{r}'_v(u_0,v_0)\mathrm{d}v$ 的方向确定．称

$$\kappa_n=\frac{\mathrm{II}}{\mathrm{I}}=\frac{L\mathrm{d}u^2+2M\mathrm{d}u\mathrm{d}v+N\mathrm{d}v^2}{E\mathrm{d}u^2+2F\mathrm{d}u\mathrm{d}v+G\mathrm{d}v^2}$$

为曲面 Σ 在点 P_0 沿方向 $(\mathrm{d}u,\mathrm{d}v)$（或 $\boldsymbol{r}'_u(u_0,v_0)\mathrm{d}u+\boldsymbol{r}'_v(u_0,v_0)\mathrm{d}v$）的**法曲率**．

由曲面 Σ 在点 P_0 的法向量 $\boldsymbol{n}$ 和切向量 $\boldsymbol{r}'_u(u_0,v_0)\mathrm{d}u+\boldsymbol{r}'_v(u_0,v_0)\mathrm{d}v$ 确定的过点 P_0 的平面称为 Σ 在点 P_0 的**法截面**，这个法截面与 Σ 的交线称为 Σ 在点 P_0 沿方向 $(\mathrm{d}u,\mathrm{d}v)$（或 $\boldsymbol{r}'_u(u_0,v_0)\mathrm{d}u+\boldsymbol{r}'_v(u_0,v_0)\mathrm{d}v$）的**法截线**．注意这个法截线是平面曲线，且 $\boldsymbol{r}'_u(u_0,v_0)\mathrm{d}u+\boldsymbol{r}'_v(u_0,v_0)\mathrm{d}v$ 就是它在点 P_0 的切向量．

记 Σ 在点 P_0 沿方向 $(\mathrm{d}u,\mathrm{d}v)$ 的法截线为 Γ. 显然 Γ 在点 P_0 的主法向量与 $\boldsymbol{n}$ 平行，因此 Γ 的曲率向量与 $\boldsymbol{n}$ 的夹角为 $\theta=0$ 或 $\theta=\pi$，于是曲面 Σ 在点 P_0 沿方向 $(\mathrm{d}u,\mathrm{d}v)$ 的法曲率 κ_n 与 Γ 在点 P_0 的曲率 κ_0 满足关系

$$\kappa_n=\kappa_0\cos\theta=\pm\kappa_0,$$

即

$$\kappa_n=\begin{cases}\kappa_0, & \text{法截线向 } \boldsymbol{n} \text{ 的正向弯曲},\\ -\kappa_0, & \text{法截线向 } \boldsymbol{n} \text{ 的反向弯曲}.\end{cases}$$

此式也说明，法曲率的符号随法向量的方向选取而变化，且反映了法截线的弯曲方向．

直观地说，曲面沿一个方向的法曲率描述了曲面沿该方向的弯曲程度．

可以证明，对于光滑曲面上的每一点 P_0，总存在两个相互正交的（切向量）方向，使得曲面 Σ 在点 P_0 沿这两个方向分别达到法曲率的最大值和最小值，这两个方向都称为 Σ 在点 P_0 的**主方向**，而沿主方向的法曲率称为**主曲率**．进一步的计算可以证明，主曲率满足关于 κ 的一元二次方程

$$(EG-F^2)\kappa^2-(GL+EN-2FM)\kappa+LN-M^2=0.$$

记 Σ 在点 P_0 的主曲率分别为 κ_1 和 κ_2（注意，这两个主曲率相等时每个方向都是主方向）．称 $H=\dfrac{1}{2}(\kappa_1+\kappa_2)$ 为曲面 Σ 在点 P_0 的**平均曲率**，称 $K=\kappa_1\kappa_2$ 为曲面 Σ 在点 P_0 的 **Gauss 曲率**．显然，曲面 Σ 在点 P_0 的平均曲率和 Gauss 曲率可以由两个基本形式的系数表出，即

$$H=\frac{GL+EN-2FM}{2(EG-F^2)},\quad K=\frac{LN-M^2}{EG-F^2}.$$

此时曲面在点 P_0 的主曲率可表示为

$$\kappa_1=H-\sqrt{H^2-K},\quad \kappa_2=H+\sqrt{H^2-K}.$$

平均曲率和 Gauss 曲率同样也可以反映曲面的几何特征．例如，Gauss 曲率的符号由 $LN-M^2$ 确定，因此由前面的讨论可知，它可以反映曲面在局部的形状．

例 7.8.7　在例 7.8.4 和例 7.8.5 中计算了半径为 R 的球面的第一、二基本形式．因而可知该球面上各点处的法曲率均满足

$$\kappa_n=\frac{\mathrm{II}}{\mathrm{I}}=-\frac{1}{R},$$

这反映了球面沿各个方向弯曲的均匀性．注意此时选取的法向量 $\boldsymbol{n}$ 指向球面的外侧．

例 7.8.8　求曲面 $z=\frac{1}{2}(ax^2+by^2)$ 在点(0,0,0)的法曲率、平均曲率、Gauss 曲率和主曲率.

解　由例 7.8.6 知,曲面 $z=\frac{1}{2}(ax^2+by^2)$ 在点(0,0,0)的第一、二基本形式分别为

$$\mathrm{I}=\mathrm{d}x^2+\mathrm{d}y^2,\quad \mathrm{II}=a\mathrm{d}x^2+b\mathrm{d}y^2.$$

因此所给曲面在点(0,0,0)沿方向(dx,dy)的法曲率为

$$\kappa_n=\frac{\mathrm{II}}{\mathrm{I}}=\frac{a\mathrm{d}x^2+b\mathrm{d}y^2}{\mathrm{d}x^2+\mathrm{d}y^2}.$$

在点(0,0,0),

$$E=1,\quad F=0,\quad G=1,\quad L=a,\quad M=0,\quad N=b,$$

于是,曲面在点(0,0,0)的平均曲率和 Gauss 曲率分别为

$$H=\frac{GL+EN-2FM}{2(EG-F^2)}=\frac{1}{2}(a+b),\quad K=\frac{LN-M^2}{EG-F^2}=ab,$$

在点(0,0,0)的主曲率分别为

$$\kappa_1=a,\quad \kappa_2=b.$$

例 7.8.9　设 $\varphi(u)=\frac{a}{2}(\mathrm{e}^{\frac{u}{a}}+\mathrm{e}^{-\frac{u}{a}})$,求曲面

$$\boldsymbol{r}=\varphi(u)\cos v\boldsymbol{i}+\varphi(u)\sin v\boldsymbol{j}+u\boldsymbol{k},\quad -\infty<u<+\infty,\quad 0\leqslant v<2\pi$$

的 Gauss 曲率和平均曲率.

解　显然

$$\boldsymbol{r}'_u=\varphi'(u)\cos v\boldsymbol{i}+\varphi'(u)\sin v\boldsymbol{j}+\boldsymbol{k},$$
$$\boldsymbol{r}'_v=-\varphi(u)\sin v\boldsymbol{i}+\varphi(u)\cos v\boldsymbol{j},$$
$$\boldsymbol{r}''_{uu}=\varphi''(u)\cos v\boldsymbol{i}+\varphi''(u)\sin v\boldsymbol{j},$$
$$\boldsymbol{r}''_{uv}=-\varphi'(u)\sin v\boldsymbol{i}+\varphi'(u)\cos v\boldsymbol{j},$$
$$\boldsymbol{r}''_{vv}=-\varphi(u)\cos v\boldsymbol{i}-\varphi(u)\sin v\boldsymbol{j}.$$

于是

$$\boldsymbol{n}=\frac{\boldsymbol{r}'_u\times\boldsymbol{r}'_v}{\|\boldsymbol{r}'_u\times\boldsymbol{r}'_v\|}=\frac{1}{\sqrt{1+\varphi'^2(u)}}(-\cos v\boldsymbol{i}-\sin v\boldsymbol{j}+\varphi'(u)\boldsymbol{k}),$$

以及

$$E=\boldsymbol{r}'_u\cdot\boldsymbol{r}'_u=1+\varphi'^2(u),\quad F=\boldsymbol{r}'_u\cdot\boldsymbol{r}'_v=0,\quad G=\boldsymbol{r}'_v\cdot\boldsymbol{r}'_v=\varphi^2(u),$$

$$L=\boldsymbol{r}''_{uu}\cdot\boldsymbol{n}=-\frac{\varphi''(u)}{\sqrt{1+\varphi'^2(u)}},\quad M=\boldsymbol{r}''_{uv}\cdot\boldsymbol{n}=0,\quad N=\boldsymbol{r}''_{vv}\cdot\boldsymbol{n}=\frac{\varphi(u)}{\sqrt{1+\varphi'^2(u)}}.$$

由于

$$\varphi'(u)=\frac{1}{2}(\mathrm{e}^{\frac{u}{a}}-\mathrm{e}^{-\frac{u}{a}}),\quad \varphi''(u)=\frac{1}{2a}(\mathrm{e}^{\frac{u}{a}}+\mathrm{e}^{-\frac{u}{a}}),$$

所以曲面的平均曲率

$$H=\frac{GL+EN-2FM}{2(EG-F^2)}=\frac{1+\varphi'^2(u)-\varphi(u)\varphi''(u)}{2\varphi(u)[1+\varphi'^2(u)]^{\frac{3}{2}}}=0,$$

Gauss 曲率

$$K=\frac{LN-M^2}{EG-F^2}=-\frac{\varphi''(u)}{\varphi(u)[1+\varphi'^2(u)]^2}=-\frac{16}{a^2(e^{\frac{u}{a}}+e^{-\frac{u}{a}})^4}.$$

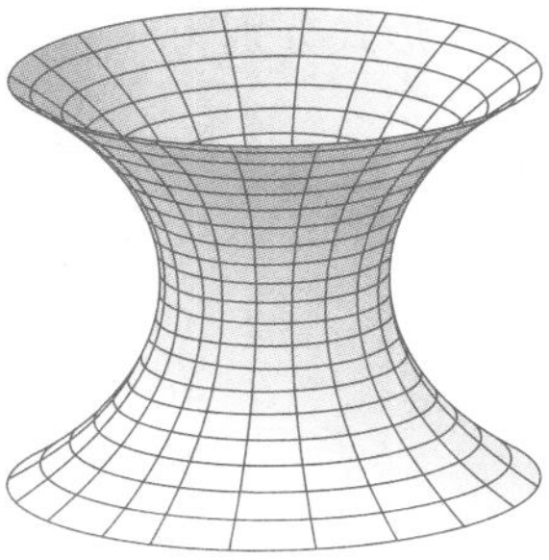

图 7.8.6

实际上,此例中的曲面可看成 Ozx 平面中的悬链线 $x=\frac{a}{2}(e^{\frac{z}{a}}+e^{-\frac{z}{a}})$绕 z 轴旋转一周所成曲面(见图 7.8.6),称之为**悬链面**.

平均曲率 $H\equiv 0$ 的曲面称为**极小曲面**. 例 7.8.9 中的曲面就是极小曲面. 显然,极小曲面上每一点的 Gauss 曲率 $K\leqslant 0$. 极小曲面的实际模型是将铁丝环浸入肥皂溶液再取出时所得的皂膜曲面. 事实上,理论上已经证明,若 Γ 是空间中一条简单的闭曲线,则在以它为边界的曲面中,面积最小者必是极小曲面.

习　题

1. 求下列曲线的弧长:

(1) $x=3t,y=3t^2,z=2t^3$ 自 $O(0,0,0)$ 到 $A(3,3,2)$;

(2) $x=e^t\cos t,y=e^t\sin t,z=e^t,-\ln 4\leqslant t\leqslant 0$.

2. 证明直线 $x=x_0+at,y=y_0+bt,z=z_0+ct$ 的曲率恒为零((x_0,y_0,z_0)为定点,a,b,c 为常数).

3. 求曲线 $x=\cos^3 t,y=\sin^3 t,z=\cos 2t\left(0<t<\frac{\pi}{2}\right)$的曲率和挠率.

4. 求曲线 $x=3t-t^3,y=3t^2,z=3t+t^3$ 的曲率和挠率.

5. 证明曲线 $x=1+3t+2t^2,y=2-2t+5t^2,z=1-t^2$ 是平面曲线.

6. 求曲面 $x=r\cos\theta,y=r\sin\theta,z=b\theta-r\tan\alpha\left(b>0,0<\alpha<\frac{\pi}{2}\right)$的第一和第二基本形式.

7. 已知曲面 Σ 的第一基本形式为 $\mathrm{I}=du^2+\sinh^2 u\,dv^2$,求 Σ 上曲线 $\Gamma: u=t,v=t(0\leqslant t\leqslant 1)$的弧长.

8. 求圆柱面 $x=a\cos\frac{u}{a},y=a\sin\frac{u}{a},z=v(a>0)$的第一、二基本形式以及法曲率.

9. 求曲面 $x=u\cos v,y=u\sin v,z=f(u)(u>0,0\leqslant v<2\pi)$的平均曲率和 Gauss 曲率,其中一元函数 f 具有二阶连续导数.

第八章
多元函数积分学

我们知道，积分可以看作已知某个量的分布密度求其总量的过程．定积分解决了定义于一维区间上的函数的一类和式的极限问题，但对于高维空间中的此类问题，如区域的面积、薄壳或线材的质量，流体的流量等形态各异的对象及求和问题，还需要建立多元函数在高维区域以及各种曲线、曲面上的积分，这就是本章将要讨论的二重积分，三重积分，以及两类曲线积分和曲面积分．我们将引入这些积分的概念，提供有关的计算方法，并介绍它们的一些应用．结合这些积分的物理背景，介绍场论的初步知识，也是本章的一个重要内容．

§ 1　重积分的概念及其性质

重积分概念的背景

和定积分一样，重积分也是一类和式的极限．为了说明对这类极限研究的需要，我们先从几个例子说起．

例 8.1.1　曲顶柱体的体积．

设 D 为一个平面区域，f 是定义于 D 上的一个非负二元连续函数．考察以曲面 $z=f(x,y)$ 为顶，以 Oxy 平面上区域 D 为底，其侧面是以 D 的边界为准线，母线平行于 z 轴的柱面所围成的空间区域，姑且称这个区域为**曲顶柱体**（见图 8.1.1）．下面来求这个曲顶柱体的体积 V.

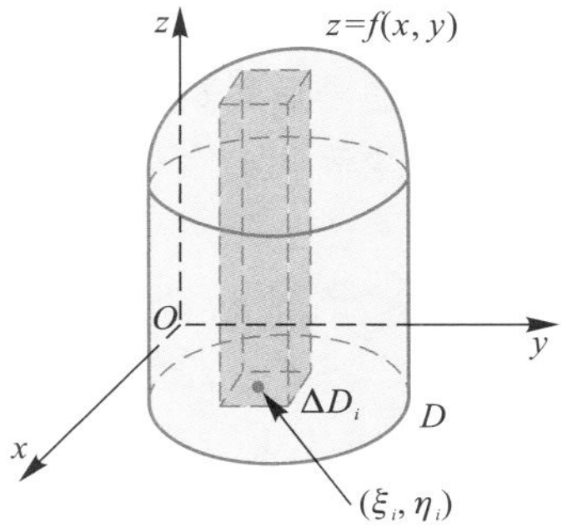

图 8.1.1

如果 f 取常值函数 h，那么 V 就等于区域 D 的面积乘 h. 但是，当 f 为非常值函数，即柱体高度在变化的情况下，事情就不那么简单了．为了解决这个问题，注意到空间区域的体积具有可加性，即整个体积等于分割成若干部分后各部分体积之和．于是，我们把区域 D 分割为 n 个子区域 $\Delta D_1, \Delta D_2, \cdots, \Delta D_n$，并记它们的面积依次为 $\Delta\sigma_1, \Delta\sigma_2, \cdots, \Delta\sigma_n$. 相应地，原来的曲顶柱体也被分割为以这些子区域为底的 n 个小曲顶柱体，记它们的体积依次为 $\Delta V_1, \Delta V_2, \cdots, \Delta V_n$. 任意取 $(\xi_i, \eta_i) \in$

ΔD_i(见图 8.1.1),用以 ΔD_i 为底,$f(\xi_i,\eta_i)$ 为高的平顶柱体的体积近似替代原来的以 ΔD_i 为底的小曲顶柱体的体积,即

$$\Delta V_i \approx f(\xi_i,\eta_i)\Delta\sigma_i.$$

这样,整个曲顶柱体的体积 V 可表示为

$$V=\sum_{i=1}^{n}\Delta V_i \approx \sum_{i=1}^{n} f(\xi_i,\eta_i)\Delta\sigma_i.$$

如果把 ΔD_i 中任意两点间距离的最大值称为 ΔD_i 的直径①,并记作 $d_i(i=1,2,\cdots,n)$,则当 $\lambda=\max\{d_1,d_2,\cdots,d_n\}$ 充分小时,上述近似值将充分地接近于精确值. 因此,可以把当 $\lambda\to 0$ 时上述和式的极限定义为曲顶柱体的体积,即

$$V=\lim_{\lambda\to 0}\sum_{i=1}^{n} f(\xi_i,\eta_i)\Delta\sigma_i.$$

例 8.1.2　非均匀密度的物体的质量.

设某物体占有空间区域 Ω,在点(x,y,z)处的密度为 $\rho(x,y,z)$,这里的 ρ 是 Ω 上的非负连续函数,现要计算该物体的质量 M. 注意到质量的可加性,可以把空间区域 Ω 分割为 n 个子区域 $\Delta\Omega_1,\Delta\Omega_2,\cdots,\Delta\Omega_n$,并记它们的体积依次为 $\Delta\sigma_1,\Delta\sigma_2,\cdots,\Delta\sigma_n$. 如果把 $\Delta\Omega_i$ 中任意两点距离的最大值称为其直径,并记作$d_i(i=1,2,\cdots,n)$,则当 d_i 很小时,$\Delta\Omega_i$ 中各点密度相差不大,于是可近似视为常数. 今以 $\Delta\Omega_i$ 中任意一点(ξ_i,η_i,ζ_i)处的密度作其近似,可知区域 $\Delta\Omega_i$ 中物体的质量

$$\Delta M_i \approx \rho(\xi_i,\eta_i,\zeta_i)\Delta\sigma_i,$$

因此整个物体的质量

$$M=\sum_{i=1}^{n}\Delta M_i \approx \sum_{i=1}^{n}\rho(\xi_i,\eta_i,\zeta_i)\Delta\sigma_i.$$

记 $\lambda=\max\{d_1,d_2,\cdots,d_n\}$,则当 λ 充分小时,上述近似值将充分地接近于精确值. 因此,当 $\lambda\to 0$ 时,上述和式的极限便是整个物体的质量 M,即

$$M=\lim_{\lambda\to 0}\sum_{i=1}^{n}\rho(\xi_i,\eta_i,\zeta_i)\Delta\sigma_i.$$

以上两个问题最后均归结为计算同一类和式的极限,其中一个和式是由二元函数在平面区域 D 上构成,另一个和式是由三元函数在空间区域 Ω 上构成. 它们和一元函数在一维区间上构成的和式极限 $\lim\limits_{\lambda\to 0}\sum\limits_{i=1}^{n} f(\xi_i)\Delta x_i$ 相仿,最终都导致积分的计算.

需要指出的是,这里提到了区域的面积或体积的概念,其定义的细节本书不作进一步的叙述,只在今后讨论重积分的计算中给出一些常见区域的面积或体积的求法. 并且还需指出的是,今后我们在讨论重积分时,所提到的有界区域均是可求面积或体积的.

重积分的概念

定义 8.1.1　设 Ω 是 $\mathbf{R}^2$(或 $\mathbf{R}^3$)中的一个有界闭区域,f 是 Ω 上的一个有界函数,把 Ω

① 可以证明,若 D 是 $\mathbf{R}^n$ 中有界闭区域,则 D 的直径(即 D 中任意两点间距离的最大值)总是存在的.

分割为 n 个内部互不相交的子区域 $\Delta\Omega_i(i=1,2,\cdots,n)$，记 $\Delta\Omega_i$ 的**直径**（即 $\Delta\Omega_i$ 中任意两点距离的最大值）为 d_i，并记其面积（或体积）为 $\Delta\sigma_i$. 任取 $P_i(\xi_i,\eta_i)\in\Delta\Omega_i$（或 $P_i(\xi_i,\eta_i,\zeta_i)\in\Delta\Omega_i$），作和式

$$\sum_{i=1}^{n} f(P_i)\Delta\sigma_i .$$

如果 $\lambda=\max\{d_1,d_2,\cdots,d_n\}\to 0$ 时，上述和式的极限存在，且与区域 Ω 的分割方式和 P_i 的取法无关，则称 f 在 Ω 上 **Riemann 可积**，简称为**可积**. 称上述和式的极限 I 为 f 在 Ω 上的 **Riemann 积分**，简称为**积分**，记作 $\int_\Omega f\mathrm{d}\sigma$，即

$$\int_\Omega f\mathrm{d}\sigma = I = \lim_{\lambda\to 0}\sum_{i=1}^{n} f(P_i)\Delta\sigma_i .$$

在表达式 $\int_\Omega f\mathrm{d}\sigma$ 中，称 Ω 为**积分区域**，f 为**被积函数**.

注　(1) 定义中的极限 $\lim\limits_{\lambda\to 0}\sum\limits_{i=1}^{n} f(P_i)\Delta\sigma_i = I$ 用“$\varepsilon-\delta$ 语言”表述就是：对于任意给定的 $\varepsilon>0$，存在 $\delta>0$，对区域 Ω 的任意分割方式和 P_i 的任意取法，当 $\lambda<\delta$ 时，均有

$$\left|\sum_{i=1}^{n} f(P_i)\Delta\sigma_i - I\right| < \varepsilon .$$

(2) 为明确起见，当 Ω 是一平面区域时，称 I 为 f 在 Ω 上的**二重积分**，称 $\mathrm{d}\sigma$ 为**面积微元**，并记

$$\iint_\Omega f(x,y)\mathrm{d}\sigma = \lim_{\lambda\to 0}\sum_{i=1}^{n} f(\xi_i,\eta_i)\Delta\sigma_i ;$$

当 Ω 是空间区域时，称 I 为 f 在 Ω 上的**三重积分**，称 $\mathrm{d}\sigma$ 为**体积微元**，也常将其记为 $\mathrm{d}V$，并记

$$\iiint_\Omega f(x,y,z)\mathrm{d}\sigma \quad 或 \quad \iiint_\Omega f(x,y,z)\mathrm{d}V = \lim_{\lambda\to 0}\sum_{i=1}^{n} f(\xi_i,\eta_i,\zeta_i)\Delta\sigma_i .$$

在以上两个重积分表达式中，称 x,y,z 为**积分变量**.

这样，在例 8.1.1 中，曲顶柱体的体积为 $V=\iint_D f(x,y)\mathrm{d}\sigma$. 在例 8.1.2 中，物体的质量为 $M=\iiint_\Omega f(x,y,z)\mathrm{d}\sigma$.

(3) 当被积函数取常数 1 时，二重积分的值即积分区域 Ω 的面积 A，即

$$A=\iint_\Omega \mathrm{d}\sigma ;$$

三重积分的值即积分区域的体积 V，即

$$V=\iiint_\Omega \mathrm{d}\sigma .$$

重积分概念的重要性还在于它适用于十分广泛的函数类. 这里我们不加证明地叙述一个关于可积性的充分条件.

定理 8.1.1　如果函数 f 在有界闭区域 Ω 上连续，则 f 在 Ω 上可积.

重积分的性质

有界闭区域 Ω 上的重积分具有与定积分类似的一系列性质，它们常用于积分的运算与估计．

性质 1（线性性） 若 f 和 g 是 Ω 上的可积函数，α 和 β 为常数，则

$$\int_{\Omega}(\alpha f+\beta g)\mathrm{d}\sigma=\alpha\int_{\Omega}f\mathrm{d}\sigma+\beta\int_{\Omega}g\mathrm{d}\sigma .$$

性质 2（可加性） 若 Ω 可分解为内部互不相交的区域 Ω_1 和 Ω_2 的并，f 是 Ω 上的可积函数，则

$$\int_{\Omega}f\mathrm{d}\sigma=\int_{\Omega_1}f\mathrm{d}\sigma+\int_{\Omega_2}f\mathrm{d}\sigma .$$

性质 3（保序性） 若 Ω 上的两可积函数 f,g 满足 $f\leqslant g$，则

$$\int_{\Omega}f\mathrm{d}\sigma\leqslant\int_{\Omega}g\mathrm{d}\sigma .$$

特别地

$$\left|\int_{\Omega}f\mathrm{d}\sigma\right|\leqslant\int_{\Omega}|f|\mathrm{d}\sigma .$$

性质 4 若 f 是 Ω 上的可积函数，常数 M_1 和 M_2 满足：在 Ω 上成立 $M_1\leqslant f\leqslant M_2$，则

$$M_1 m(\Omega)\leqslant\int_{\Omega}f\mathrm{d}\sigma\leqslant M_2 m(\Omega),$$

其中当 Ω 为平面区域时，$m(\Omega)$ 表示 Ω 的面积；当 Ω 为空间区域时，$m(\Omega)$ 表示 Ω 的体积．

性质 5（中值定理） 若 f 是 Ω 上的连续函数，则必存在 $P\in\Omega$，使得

$$\int_{\Omega}f\mathrm{d}\sigma=f(P)m(\Omega),$$

其中 $m(\Omega)$ 的意义同性质 4.

上述结论中，性质 1、2 和 3 的第一个不等式均可由积分定义直接导出；性质 3 中的第二个不等式由

$$-|f|\leqslant f\leqslant|f|,$$

并利用性质 3 的第一个不等式得到；由性质 3 即可导出性质 4；为证明性质 5 只要取 M_1,M_2 分别为有界闭区域 Ω 上连续函数 f 的最小值与最大值，由性质 4 可得

$$M_1\leqslant\frac{1}{m(\Omega)}\int_{\Omega}f\mathrm{d}\sigma\leqslant M_2 .$$

再利用有界闭区域上连续函数的介值定理，便知存在 $P\in\Omega$，使得

$$f(P)=\frac{1}{m(\Omega)}\int_{\Omega}f\mathrm{d}\sigma .$$

习　题

1. 设平面闭区域 $\Omega=\{(x,y)\mid x^2+y^2\leqslant r^2\}$，利用二重积分的几何意义求

$$\iint_{\Omega} \sqrt{r^2 - x^2 - y^2}\, \mathrm{d}\sigma .$$

2. 设平面有界闭区域 Ω_1 和 Ω_2 满足 $\Omega_1 \supset \Omega_2$，$f$ 是 Ω_1 上的非负连续函数．证明

$$\iint_{\Omega_1} f(x,y)\,\mathrm{d}\sigma \geqslant \iint_{\Omega_2} f(x,y)\,\mathrm{d}\sigma .$$

3. 设 Ω 为空间有界闭区域，比较重积分

$$\iiint_{\Omega} \sin^2(x+2y+3z)\,\mathrm{d}\sigma \text{ 和 } \iiint_{\Omega} (x+2y+3z)^2\,\mathrm{d}\sigma$$

的大小．

4. 用重积分的性质，估计下列积分值：

(1) $\displaystyle\iint_{\Omega} \sin(x^2+y^2)\,\mathrm{d}\sigma$，其中 $\Omega = \left\{(x,y)\,\middle|\,\dfrac{\pi}{4} \leqslant x^2+y^2 \leqslant \dfrac{3\pi}{4}\right\}$；

(2) $\displaystyle\iint_{\Omega} \frac{\mathrm{d}x\mathrm{d}y}{\ln(4+x+y)}$，其中 $\Omega = \{(x,y)\mid 0 \leqslant x \leqslant 4, 0 \leqslant y \leqslant 8\}$；

(3) $\displaystyle\iint_{\Omega} \mathrm{e}^{x^2+y^2}\,\mathrm{d}\sigma$，其中 $\Omega = \left\{(x,y)\,\middle|\,x^2+y^2 \leqslant \dfrac{1}{4}\right\}$．

5. 设 f 是三元连续函数，试求极限

$$\lim_{r\to 0} \frac{1}{r^3} \iiint_{\Omega_r} f(x,y,z)\,\mathrm{d}\sigma ,$$

其中 $\Omega_r = \{(x,y,z)\mid (x-a)^2+(y-b)^2+(z-c)^2 \leqslant r^2\}$．

§ 2 二重积分的计算

计算重积分的基本思路是将重积分化为累次积分，通过逐次计算定积分求得重积分的值．本节讨论二重积分的计算，其途径即是化二重积分为二次积分．

直角坐标系下二重积分的计算

在直角坐标系下计算二重积分 $\displaystyle\iint_{\Omega} f(x,y)\,\mathrm{d}\sigma$，其面积微元 $\mathrm{d}\sigma$ 通常记作 $\mathrm{d}x\mathrm{d}y$，它相当于区域 Ω 中小矩形区域微元 $[x,x+\mathrm{d}x]\times[y,y+\mathrm{d}y]$ 的面积．因此常记

$$\iint_{\Omega} f(x,y)\,\mathrm{d}\sigma = \iint_{\Omega} f(x,y)\,\mathrm{d}x\mathrm{d}y .$$

首先，假设区域 Ω 可表示为

$$\Omega = \{(x,y)\mid \varphi_1(x) \leqslant y \leqslant \varphi_2(x), a \leqslant x \leqslant b\}.$$

我们将根据二重积分的几何意义把

$$\iint_{\Omega} f(x,y)\,\mathrm{d}x\mathrm{d}y$$

化为二次积分．为此，暂且假设 $f\geqslant 0$.

由上一节可知，$\iint\limits_{\Omega}f(x,y)\,\mathrm{d}x\mathrm{d}y$ 的值等于以区域 Ω 为底，以曲面 $z=f(x,y)$ 为顶的曲顶柱体的体积 V(见图 8.2.1)，这个体积实际上还可以用一元函数积分学中“已知平行截面面积，求空间区域体积”的方法来求得．为此，我们固定 $x\in[a,b]$，作过点 $(x,0,0)$ 且平行于 Oyz 的平面，它截曲顶柱体得到的截面是该平面上一个以区间 $[\varphi_1(x),\varphi_2(x)]$ 为下底，$z=f(x,y)$ 为曲边的一个曲边梯形，这个截面的面积为

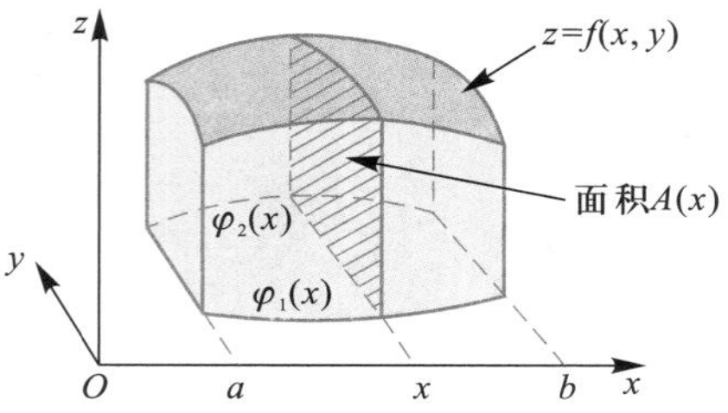

图 8.2.1

$$A(x)=\int_{\varphi_1(x)}^{\varphi_2(x)}f(x,y)\,\mathrm{d}y.$$

利用平行截面面积 $A(x)$ 计算原曲顶柱体体积，即得

$$V=\int_a^b A(x)\,\mathrm{d}x=\int_a^b\left[\int_{\varphi_1(x)}^{\varphi_2(x)}f(x,y)\,\mathrm{d}y\right]\mathrm{d}x.$$

这个体积正是所求的二重积分的值，即

$$\iint\limits_{\Omega}f(x,y)\,\mathrm{d}x\mathrm{d}y=\int_a^b\left[\int_{\varphi_1(x)}^{\varphi_2(x)}f(x,y)\,\mathrm{d}y\right]\mathrm{d}x.$$

上式右端的积分称为**先对 y 后对 x 的二次积分**(或**累次积分**)．即是先固定 x，以 y 为积分变量，在积分区间 $[\varphi_1(x),\varphi_2(x)]$ 上计算 $f(x,y)$ 的定积分，其积分值作为 x 的函数，再对 x 在区间 $[a,b]$ 上计算定积分．这个二次积分通常记作

$$\int_a^b\mathrm{d}x\int_{\varphi_1(x)}^{\varphi_2(x)}f(x,y)\,\mathrm{d}y.$$

以上讨论中假设 $f\geqslant 0$ 只是为了便于作几何解释，实际上对区域 Ω 上任意的可积函数 f，均有

$$\iint\limits_{\Omega}f(x,y)\,\mathrm{d}x\mathrm{d}y=\int_a^b\mathrm{d}x\int_{\varphi_1(x)}^{\varphi_2(x)}f(x,y)\,\mathrm{d}y.$$

同样的，如果区域 Ω 可表示为

$$\Omega=\{(x,y)\mid\psi_1(y)\leqslant x\leqslant\psi_2(y),c\leqslant y\leqslant d\},$$

则 f 在 Ω 上的二重积分可以用先对 x 后对 y 的二次积分作计算，即

$$\iint\limits_{\Omega}f(x,y)\,\mathrm{d}x\mathrm{d}y=\int_c^d\mathrm{d}y\int_{\psi_1(y)}^{\psi_2(y)}f(x,y)\,\mathrm{d}x.$$

根据以上讨论，二重积分的计算可以归结为逐次计算两个一元函数的定积分，因而就计算本身而言，并无新的困难．然而关于区域 Ω 的恰当表示，还须作两点补充说明：

其一，当区域 Ω 不能表示为形如 $\{(x,y)\mid\varphi_1(x)\leqslant y\leqslant\varphi_2(x),a\leqslant x\leqslant b\}$ 或 $\{(x,y)\mid\psi_1(y)\leqslant x\leqslant\psi_2(y),c\leqslant y\leqslant d\}$ 的“标准区域”时，可用平行于坐标轴的线段把 Ω 剖分为几个上述形式的“标准区域”的并，利用积分关于区域的可加性，分别计算出相应的积分再求和即可．

其二，二重积分表示为二次积分往往可取两种顺序，但是，按不同的顺序，计算难易未必一致，有时甚至是无法计算的．为此，需根据具体情况决定应采用的顺序．

在应用文献中，常将二元函数 f 在矩形区域 $[a,b]\times[c,d]$ 上的二重积分 $\iint\limits_{[a,b]\times[c,d]}f(x,y)\,\mathrm{d}x\mathrm{d}y$ 记作 $\int_a^b\int_c^d f(x,y)\,\mathrm{d}x\mathrm{d}y$.

例 8.2.1　设 Ω 是由直线 $y=x$ 和抛物线 $y=x^2$ 所围成的区域(见图 8.2.2),计算积分

$$\iint_{\Omega}(2-x-y)\,dxdy.$$

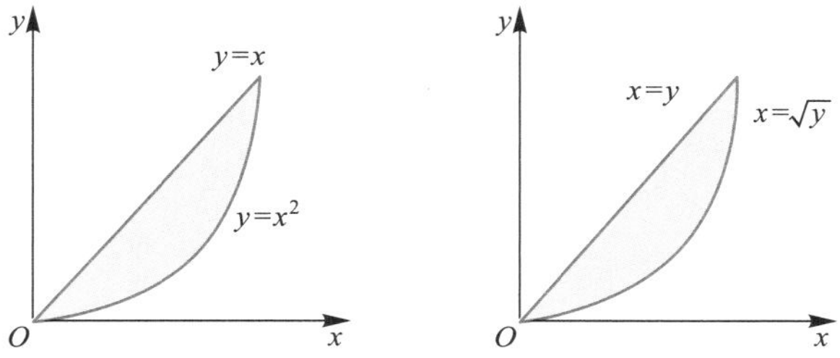

图 8.2.2

解　区域 Ω 可表为

$$\Omega=\{(x,y)\mid x^2\leqslant y\leqslant x,0\leqslant x\leqslant 1\}.$$

把原积分化为先对 y 再对 x 的二次积分,得

$$\iint_{\Omega}(2-x-y)\,dxdy=\int_0^1 dx\int_{x^2}^{x}(2-x-y)\,dy$$

$$=\frac{1}{2}\int_0^1(4x-7x^2+2x^3+x^4)\,dx=\frac{11}{60}.$$

为把原积分化为先对 x 再对 y 的二次积分,可把区域 Ω 表示为

$$\Omega=\{(x,y)\mid y\leqslant x\leqslant\sqrt{y},0\leqslant y\leqslant 1\},$$

这样,

$$\iint_{\Omega}(2-x-y)\,dxdy=\int_0^1 dy\int_y^{\sqrt{y}}(2-x-y)\,dx$$

$$=\int_0^1\left(2\sqrt{y}-\frac{5}{2}y-y^{\frac{3}{2}}+\frac{3}{2}y^2\right)dy=\frac{11}{60}.$$

例 8.2.2　设 Ω 是以(0,0),(0,1),(1,1)为顶点的三角形区域(见图 8.2.3),求

$$\iint_{\Omega}e^{-y^2}\,dxdy.$$

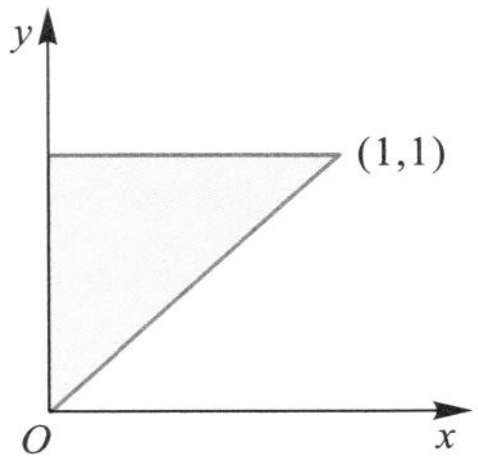

图 8.2.3

解　把原积分化为先对 x 再对 y 的二次积分,则有

$$\iint_{\Omega}e^{-y^2}\,dxdy=\int_0^1 dy\int_0^y e^{-y^2}\,dx=\int_0^1 ye^{-y^2}\,dy=\frac{1}{2}\left(1-\frac{1}{e}\right).$$

注意,如果把原积分化为先对 y 后对 x 的二次积分,则得到

$$\iint_{\Omega}e^{-y^2}\,dxdy=\int_0^1 dx\int_x^1 e^{-y^2}\,dy,$$

那就无法进行计算了.

例 8.2.3　求由马鞍面 $z=xy$ 和平面 $z=x+y,x+y=1,x=0,y=0$ 所围成的空间区域的体积.

解　空间区域如图 8.2.4 所示,由二重积分的几何意义,所求体积为

$$V=\iint_{\Omega}(x+y-xy)\,dxdy,$$

其中 $\Omega=\{(x,y)\mid 0\leqslant y\leqslant 1-x,0\leqslant x\leqslant 1\}$. 所以

$$V=\int_0^1\mathrm{d}x\int_0^{1-x}(x+y-xy)\,\mathrm{d}y$$
$$=\int_0^1\left[x(1-x)+(1-x)\cdot\frac{1}{2}(1-x)^2\right]\mathrm{d}x=\frac{7}{24}.$$

例 8.2.4　求椭圆柱面 $4x^2+y^2=1$ 与平面 $z=1-y$ 及 $z=0$ 所围成的空间区域的体积 V(见图 8.2.5).

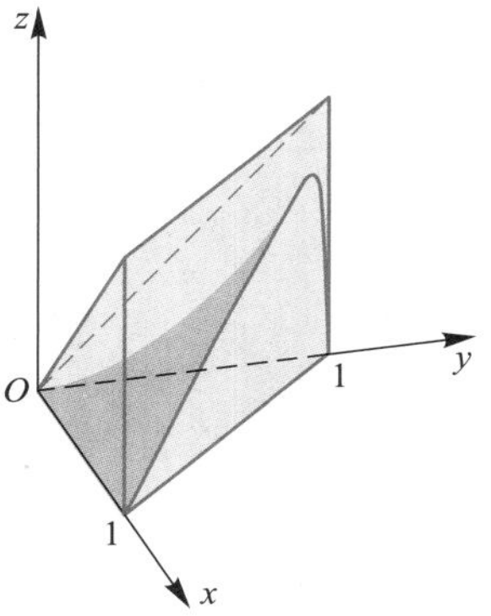

图 8.2.4

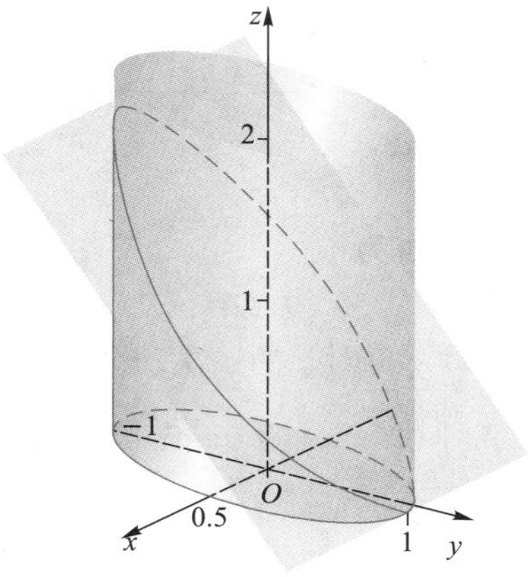

图 8.2.5

利用对称性简化二重积分的计算

解　记 Ω 是 Oxy 平面上椭圆 $4x^2+y^2=1$ 所围成的区域,于是

$$V=\iint_\Omega(1-y)\,\mathrm{d}x\mathrm{d}y.$$

因为 Ω 关于 x 轴对称,所以

$$\iint_\Omega y\,\mathrm{d}x\mathrm{d}y=0.$$

这样, $V=\iint_\Omega\mathrm{d}x\mathrm{d}y$. 上式右端即区域 Ω 的面积,注意到 Ω 的边界是两半轴分别为 $\frac{1}{2}$ 和 1 的椭圆,其面积为 $\pi\cdot\frac{1}{2}\cdot 1=\frac{\pi}{2}$,故

$$V=\frac{\pi}{2}.$$

二重积分的变量代换法

在定积分计算中,换元法是一种常用的手段. 我们熟知定积分的换元公式为

$$\int_a^b f(x)\,\mathrm{d}x=\int_\alpha^\beta f[\varphi(t)]\varphi'(t)\,\mathrm{d}t,$$

其中 $a=\varphi(\alpha),b=\varphi(\beta)$. 通过变换函数 $x=\varphi(t)$,常常可以化被积函数成为易于积分的形式. 二重积分的换元则是从新变量 (u,v) 到原变量 (x,y) 的一个变换映射,相应积分的换元法则为以下定理.

定理 8.2.1　设 f 是 Oxy 平面中有界闭区域 Ω 上的连续函数,变换

$$\varphi:\begin{cases}x=x(u,v),\\y=y(u,v)\end{cases}$$

把 Ouv 平面上的有界闭区域 Ω' 一对一地映射为区域 Ω,而且

(1) $x(u,v)$,$y(u,v)$ 在 Ω' 上具有连续一阶偏导数;

(2) 在 Ω' 上 φ 的 Jacobi 行列式

$$\frac{D(x,y)}{D(u,v)}\neq 0,$$

则有

$$\iint_{\Omega}f(x,y)\,\mathrm{d}x\mathrm{d}y=\iint_{\Omega'}f(x(u,v),y(u,v))\left|\frac{D(x,y)}{D(u,v)}\right|\mathrm{d}u\mathrm{d}v.$$

为节约篇幅,以下只给出证明大意.在 Ouv 平面上用平行于坐标轴的直线网格分割 Ω' 为若干小区域.显然,除包含边界点的小区域外,其余均为小矩形.任取一个这样的小矩形 $\Delta\Omega'$,设其四个顶点分别为 $P_1'(u,v)$,$P_2'(u+\Delta u,v)$,$P_3'(u,v+\Delta v)$,$P_4'(u+\Delta u,v+\Delta v)$(见图 8.2.6).经过映射 φ,它变换为 Oxy 平面区域 Ω 内的一个曲边四边形 $\Delta\Omega$,所对应的四个顶点分别记为 P_1,P_2,P_3,P_4.当 Δu 和 Δv 充分小时,$\Delta\Omega$ 的面积 $\Delta\sigma$ 近似等于以 P_1P_2 和 P_1P_3 为邻边构成的平行四边形的面积,即

$$\Delta\sigma\approx\|\overrightarrow{P_1P_2}\times\overrightarrow{P_1P_3}\|.$$

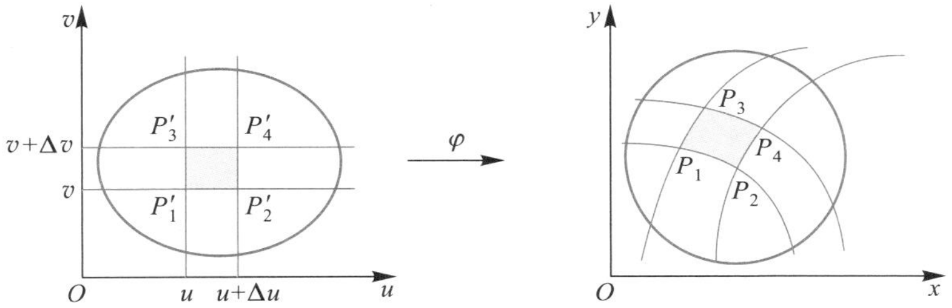

图 8.2.6

由计算可得

$$\begin{aligned}\overrightarrow{P_1P_2}&=[x(u+\Delta u,v)-x(u,v)]\boldsymbol{i}+[y(u+\Delta u,v)-y(u,v)]\boldsymbol{j}\\&\approx\frac{\partial x}{\partial u}(u,v)\Delta u\boldsymbol{i}+\frac{\partial y}{\partial u}(u,v)\Delta u\boldsymbol{j}.\end{aligned}$$

同理可得

$$\overrightarrow{P_1P_3}\approx\frac{\partial x}{\partial v}(u,v)\Delta v\boldsymbol{i}+\frac{\partial y}{\partial v}(u,v)\Delta v\boldsymbol{j}.$$

所以

$$\overrightarrow{P_1P_2}\times\overrightarrow{P_1P_3}\approx\begin{vmatrix}\boldsymbol{i}&\boldsymbol{j}&\boldsymbol{k}\\x_u'\Delta u&y_u'\Delta u&0\\x_v'\Delta v&y_v'\Delta v&0\end{vmatrix}=\frac{D(x,y)}{D(u,v)}\Delta u\Delta v\boldsymbol{k},$$

从而

$$\Delta\sigma \approx \left|\frac{D(x,y)}{D(u,v)}\right|\Delta u\Delta v.$$

因此,二重积分作变量代换后面积微元的关系为

$$\mathrm{d}\sigma = \left|\frac{D(x,y)}{D(u,v)}\right|\mathrm{d}u\mathrm{d}v,$$

从而

$$\iint\limits_{\Omega} f(x,y)\,\mathrm{d}\sigma = \iint\limits_{\Omega'} f(x(u,v),y(u,v))\left|\frac{D(x,y)}{D(u,v)}\right|\mathrm{d}u\mathrm{d}v.$$

例 8.2.5　设 $q>p>0,b>a>0$,求由抛物线 $y^2=px,y^2=qx$ 与双曲线 $xy=a,xy=b$ 所围成的平面区域 Ω 的面积(见图 8.2.7)

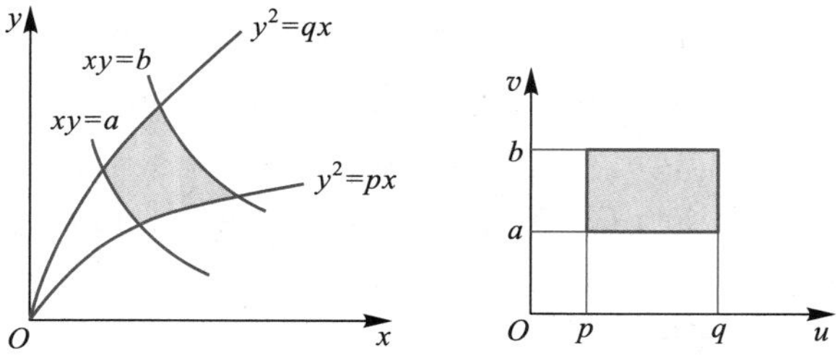

图 8.2.7

解　作变量代换

$$\begin{cases} u=\dfrac{y^2}{x}, \\ v=xy, \end{cases}$$

则 Oxy 平面上区域 Ω 对应于 Ouv 平面上矩形区域

$$\Omega'=\{(u,v)\mid p\leqslant u\leqslant q,a\leqslant v\leqslant b\}.$$

显然上述映射 $(x,y)\mapsto(u,v)$ 是可逆的,且在 Ω 上

$$\frac{D(u,v)}{D(x,y)}=\begin{vmatrix} -\dfrac{y^2}{x^2} & \dfrac{2y}{x} \\ y & x \end{vmatrix}=-\frac{3y^2}{x}\neq 0,$$

其逆映射 $\begin{cases} x=x(u,v), \\ y=y(u,v) \end{cases}$ 的 Jacobi 行列式为

$$\frac{D(x,y)}{D(u,v)}=\left(\frac{D(u,v)}{D(x,y)}\right)^{-1}=-\frac{x}{3y^2}=-\frac{1}{3u}.$$

从而区域 Ω 的面积为

$$A=\iint\limits_{\Omega}\mathrm{d}\sigma=\iint\limits_{\Omega'}\left|\frac{D(x,y)}{D(u,v)}\right|\mathrm{d}u\mathrm{d}v=\iint\limits_{\Omega'}\frac{1}{3u}\mathrm{d}u\mathrm{d}v$$

$$=\int_a^b\mathrm{d}v\int_p^q\frac{\mathrm{d}u}{3u}=\frac{b-a}{3}\ln\frac{q}{p}.$$

例 8.2.6　计算二重积分

$$\iint\limits_{\Omega}\sqrt{x+y}\,(y-2x)^4\mathrm{d}x\mathrm{d}y\ ,$$

其中 Ω 为直线 $y=0,x=0,x+y=1$ 所围区域.

解　作变量代换

$$\begin{cases}u=x+y,\\ v=y-2x,\end{cases}$$

则

$$\begin{cases}x=\dfrac{1}{3}(u-v),\\ y=\dfrac{1}{3}(2u+v).\end{cases}$$

易知 Oxy 平面上区域 Ω 对应于 Ouv 平面上由直线 $v=u,v=-2u,u=1$ 所围成的区域 Ω'(见图 8.2.8),且

$$\frac{D(x,y)}{D(u,v)}=\frac{1}{3}.$$

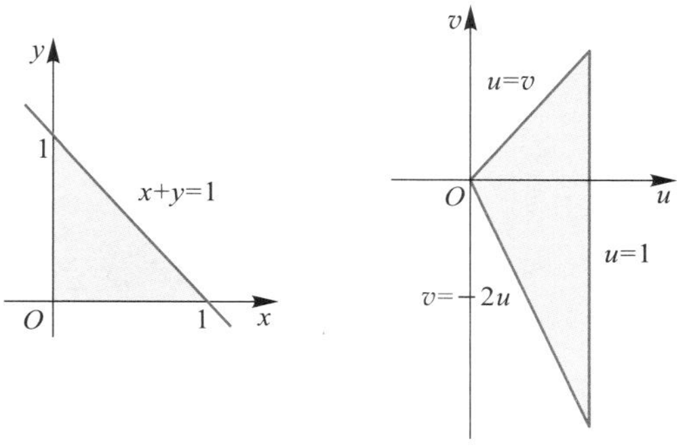

图 8.2.8

因此,

$$\iint\limits_{\Omega}\sqrt{x+y}\,(y-2x)^4\mathrm{d}x\mathrm{d}y=\frac{1}{3}\iint\limits_{\Omega'}\sqrt{u}\,v^4\mathrm{d}u\mathrm{d}v$$

$$=\frac{1}{3}\int_0^1\sqrt{u}\,\mathrm{d}u\int_{-2u}^{u}v^4\mathrm{d}v=\frac{11}{5}\int_0^1u^{\frac{11}{2}}\mathrm{d}u=\frac{22}{65}.$$

极坐标系下二重积分的计算

从直角坐标到极坐标的变量代换是二重积分计算中十分常见的代换. 当区域边界或被积函数用极坐标表示形式简单时,采用极坐标往往能带来很大的便利.

由直角坐标和极坐标的关系

$$\begin{cases}x=r\cos\theta,\\ y=r\sin\theta\end{cases}$$

得

$$\frac{D(x,y)}{D(r,\theta)}=\begin{vmatrix}\cos\theta & -r\sin\theta\\ \sin\theta & r\cos\theta\end{vmatrix}=r.$$

设函数 f 定义于 Oxy 平面上的闭区域 Ω,Ω 是由在极坐标下满足 $r_1(\theta)\leqslant r\leqslant r_2(\theta)\ (\alpha\leqslant\theta\leqslant\beta)$ 的点组成(见图 8.2.9),即

$$\Omega'=\{(r,\theta)\mid r_1(\theta)\leqslant r\leqslant r_2(\theta),\alpha\leqslant\theta\leqslant\beta\},$$

于是

$$\iint\limits_{\Omega}f(x,y)\,\mathrm{d}\sigma=\iint\limits_{\Omega'}f(r\cos\theta,r\sin\theta)\,r\mathrm{d}r\mathrm{d}\theta$$

$$=\int_{\alpha}^{\beta}\mathrm{d}\theta\int_{r_1(\theta)}^{r_2(\theta)}f(r\cos\theta,r\sin\theta)\,r\mathrm{d}r.$$

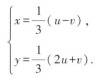

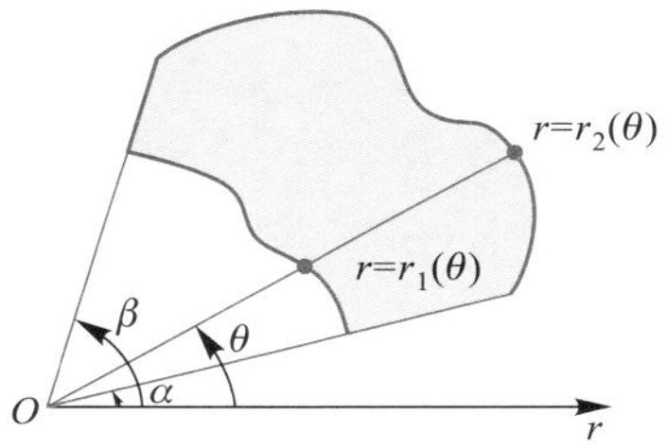

图 8.2.9

例 8.2.7　计算二重积分

$$\iint\limits_{x^2+y^2\leqslant a^2} e^{-(x^2+y^2)}\,dxdy.$$

解　显然,在极坐标下,积分区域可表示为

$$\{(r,\theta)\mid 0\leqslant r\leqslant a, 0\leqslant\theta<2\pi\}.$$

于是,作极坐标代换后即得

$$\iint\limits_{x^2+y^2\leqslant a^2} e^{-(x^2+y^2)}\,dxdy=\int_0^{2\pi}d\theta\int_0^a e^{-r^2}r\,dr$$

$$=-\int_0^{2\pi}\frac{1}{2}e^{-r^2}\Big|_0^a d\theta=\pi(1-e^{-a^2}).$$

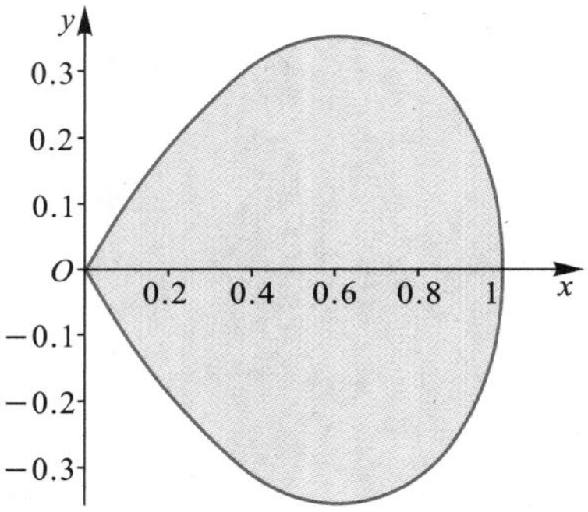

图 8.2.10

例 8.2.8　设 $\Omega=\{(x,y)\mid(x^2+y^2)^2\leqslant x^2-y^2, x\geqslant 0\}$,计算二重积分

$$\iint\limits_{\Omega}\frac{dxdy}{(1+x^2+y^2)^2}.$$

解　用极坐标表示 $x=r\cos\theta, y=r\sin\theta$,代入 $(x^2+y^2)^2\leqslant x^2-y^2$ 即得 $r^2\leqslant\cos 2\theta$(见图 8.2.10). 这样,原积分区域在极坐标下的表示为

$$\left\{(r,\theta)\mid 0\leqslant r\leqslant\sqrt{\cos 2\theta}, -\frac{\pi}{4}\leqslant\theta\leqslant\frac{\pi}{4}\right\}.$$

利用被积函数和积分区域的对称性,即得

$$\iint\limits_{\Omega}\frac{dxdy}{(1+x^2+y^2)^2}=2\int_0^{\frac{\pi}{4}}d\theta\int_0^{\sqrt{\cos 2\theta}}\frac{r\,dr}{(1+r^2)^2}$$

$$=\int_0^{\frac{\pi}{4}}d\theta\int_0^{\cos 2\theta}\frac{dt}{(1+t)^2}$$

$$=\int_0^{\frac{\pi}{4}}\left(1-\frac{1}{1+\cos 2\theta}\right)d\theta=\int_0^{\frac{\pi}{4}}\left(1-\frac{1}{2\cos^2\theta}\right)d\theta$$

$$=\frac{\pi}{4}-\frac{1}{2}.$$

例 8.2.9　求椭球体 $\frac{x^2}{a^2}+\frac{y^2}{b^2}+\frac{z^2}{c^2}\leqslant 1$ 的体积.

解　上半椭球面的方程为

$$z=c\sqrt{1-\frac{x^2}{a^2}-\frac{y^2}{b^2}}.$$

由椭球体关于三个坐标平面的对称性,即得

$$V=8\iint\limits_{\Omega}c\sqrt{1-\frac{x^2}{a^2}-\frac{y^2}{b^2}}\,dxdy,$$

其中 $\Omega=\left\{(x,y)\,\middle|\,\frac{x^2}{a^2}+\frac{y^2}{b^2}\leqslant 1, x\geqslant 0, y\geqslant 0\right\}$.

作广义极坐标变换：

$$\begin{cases}x=ar\cos\theta,\\ y=br\sin\theta.\end{cases}$$

则 Oxy 平面上区域 Ω 在广义极坐标下的表示为

$$\left\{(r,\theta)\,\middle|\,0\leqslant r\leqslant 1,0\leqslant\theta\leqslant\frac{\pi}{2}\right\}.$$

又变换的 Jacobi 行列式为

$$\frac{D(x,y)}{D(r,\theta)}=\begin{vmatrix}a\cos\theta & -ar\sin\theta\\ b\sin\theta & br\cos\theta\end{vmatrix}=abr,$$

于是，经变量代换后可得

$$\begin{aligned}V&=8\int_0^{\frac{\pi}{2}}\mathrm{d}\theta\int_0^1 abcr\sqrt{1-r^2}\,\mathrm{d}r\\&=8\cdot\frac{\pi}{2}\cdot abc\left(-\frac{1}{3}\right)(1-r^2)^{\frac{3}{2}}\Big|_0^1=\frac{4}{3}\pi abc.\end{aligned}$$

*含参变量积分

设 f 是定义在闭矩形 $[a,b]\times[c,d]$ 上的二元连续函数，则

$$I(y)=\int_a^b f(x,y)\,\mathrm{d}x,\quad y\in[c,d]$$

确定了一个关于变量 y 的一元函数．由于式中的 y 可以看成一个参变量，所以也称它为含参变量 y 的积分．

定理 8.2.2（连续性定理）　设二元函数 f 在闭矩形 $[a,b]\times[c,d]$ 上连续，则函数

$$I(y)=\int_a^b f(x,y)\,\mathrm{d}x$$

在 $[c,d]$ 上连续．

由这个结论可知

$$\lim_{y\to y_0}\int_a^b f(x,y)\,\mathrm{d}x=\int_a^b\lim_{y\to y_0}f(x,y)\,\mathrm{d}x,\quad y_0\in[c,d],$$

即极限运算与积分号可以交换．

证　由于函数 f 在闭矩形 $D=[a,b]\times[c,d]$ 上连续，则它在 D 上一致连续．因此，对于任意给定的 $\varepsilon>0$，存在 $\delta>0$，使得对于任意两点 $(x_1,y_1),(x_2,y_2)\in D$，当 $\sqrt{(x_1-x_2)^2+(y_1-y_2)^2}<\delta$ 时，成立

$$|f(x_1,y_1)-f(x_2,y_2)|<\varepsilon.$$

因此，对于每个 $y_0\in[c,d]$，当 $|y-y_0|<\delta$ 时，便成立

$$\begin{aligned}|I(y)-I(y_0)|&=\left|\int_a^b[f(x,y)-f(x,y_0)]\,\mathrm{d}x\right|\\&\leqslant\int_a^b|f(x,y)-f(x,y_0)|\,\mathrm{d}x<(b-a)\varepsilon.\end{aligned}$$

这说明 $I(y)$ 在 y_0 点连续．由 $y_0\in[c,d]$ 的任意性知，$I(y)$ 在 $[c,d]$ 上连续．

证毕

定理 8.2.3(积分次序交换定理)　设二元函数 f 在闭矩形 $[a,b]\times[c,d]$ 上连续,则

$$\int_c^d \mathrm{d}y\int_a^b f(x,y)\,\mathrm{d}x=\int_a^b \mathrm{d}x\int_c^d f(x,y)\,\mathrm{d}y.$$

这是二重积分计算公式的直接推论.

定理 8.2.4(积分号下求导定理)　设二元函数 f 及其偏导数 f'_y 均在闭矩形 $[a,b]\times[c,d]$ 上连续,则函数

$$I(y)=\int_a^b f(x,y)\,\mathrm{d}x$$

在 $[c,d]$ 上可导,且在 $[c,d]$ 上成立

$$\frac{\mathrm{d}I}{\mathrm{d}y}(y)=\int_a^b f'_y(x,y)\,\mathrm{d}x.$$

这个定理的结论也可写为

$$\frac{\mathrm{d}}{\mathrm{d}y}\int_a^b f(x,y)\,\mathrm{d}x=\int_a^b \frac{\partial}{\partial y}f(x,y)\,\mathrm{d}x,$$

即求导运算与积分号可以交换.

证　对任意 $y\in[c,d]$,当 $y+\Delta y\in[c,d]$ 时,利用 Lagrange 中值定理得

$$\frac{I(y+\Delta y)-I(y)}{\Delta y}=\int_a^b\frac{f(x,y+\Delta y)-f(x,y)}{\Delta y}\mathrm{d}x=\int_a^b f'_y(x,y+\theta\Delta y)\,\mathrm{d}x,$$

其中 $0<\theta<1$. 由定理 8.2.2,得

$$\frac{\mathrm{d}I}{\mathrm{d}y}(y)=\lim_{\Delta y\to 0}\frac{I(y+\Delta y)-I(y)}{\Delta y}=\lim_{\Delta y\to 0}\int_a^b f'_y(x,y+\theta\Delta y)\,\mathrm{d}x$$

$$=\int_a^b\lim_{\Delta y\to 0}f'_y(x,y+\theta\Delta y)\,\mathrm{d}x=\int_a^b f'_y(x,y)\,\mathrm{d}x.$$

证毕

推论 8.2.1　设二元函数 f 及其偏导数 f'_y 均在闭矩形 $[a,b]\times[c,d]$ 上连续,又设一元函数 φ,ψ 均在 $[c,d]$ 上可导,且满足 $a\leqslant\varphi(y)\leqslant b, a\leqslant\psi(y)\leqslant b$,则函数

$$F(y)=\int_{\varphi(y)}^{\psi(y)} f(x,y)\,\mathrm{d}x$$

在 $[c,d]$ 上可导,且在 $[c,d]$ 上成立

$$F'(y)=\int_{\varphi(y)}^{\psi(y)} f'_y(x,y)\,\mathrm{d}x+f(\psi(y),y)\psi'(y)-f(\varphi(y),y)\varphi'(y).$$

证　将 F 写成复合函数形式

$$F(y)=\int_u^v f(x,y)\,\mathrm{d}x \xlongequal{\text{记为}} I(y,u,v),\quad u=\varphi(y),\quad v=\psi(y).$$

由定理 8.2.4 知

$$\frac{\partial I}{\partial y}(u,v,y)=\int_u^v f'_y(x,y)\,\mathrm{d}x.$$

由于 f'_y 在 $[a,b]\times[c,d]$ 上连续,易知 $\frac{\partial I}{\partial y}(u,v,y)$ 是连续函数. 由积分上限函数的求导法则得

$$\frac{\partial I}{\partial u}=-f(u,y),\quad \frac{\partial I}{\partial v}=f(v,y),$$

它们也都是连续的．所以函数 $I(y,u,v)$ 可微，于是由复合函数的链式求导法则得

$$\begin{aligned}F'(y)&=\frac{\partial I}{\partial y}+\frac{\partial I}{\partial u}\frac{\mathrm{d}u}{\mathrm{d}y}+\frac{\partial I}{\partial v}\frac{\mathrm{d}v}{\mathrm{d}y}\\&=\int_{\varphi(y)}^{\psi(y)}f'_y(x,y)\mathrm{d}x+f(\psi(y),y)\psi'(y)-f(\varphi(y),y)\varphi'(y).\end{aligned}$$

证毕

例 8.2.10　设

$$F(y)=\int_1^y\frac{\cos(1+xy)}{x}\mathrm{d}x,\quad y>0,$$

求 $F'(y)$.

解　由推论 8.2.1 知

$$\begin{aligned}F'(y)&=\frac{\cos(1+y^2)}{y}-\int_1^y\sin(1+xy)\mathrm{d}x\\&=\frac{\cos(1+y^2)}{y}+\left(\frac{\cos(1+xy)}{x}\right)\bigg|_1^y\\&=\frac{2\cos(1+y^2)}{y}-\frac{\cos(1+y)}{y}.\end{aligned}$$

例 8.2.11　计算 $I=\int_0^1\frac{x^b-x^a}{\ln x}\mathrm{d}x$，其中 $b>a>0$.

解　由于

$$\int_a^b x^y\mathrm{d}y=\frac{x^b-x^a}{\ln x},$$

因此

$$I=\int_0^1\mathrm{d}x\int_a^b x^y\mathrm{d}y.$$

而 $f(x,y)=x^y$ 在闭矩形 $[0,1]\times[a,b]$ 上连续（这里定义 $0^y=0,y\in[a,b]$），所以积分次序可以交换，即

$$I=\int_0^1\mathrm{d}x\int_a^b x^y\mathrm{d}y=\int_a^b\mathrm{d}y\int_0^1 x^y\mathrm{d}x=\int_a^b\frac{1}{1+y}\mathrm{d}y=\ln\frac{1+b}{1+a}.$$

例 8.2.12　设参数 θ 满足 $|\theta|<1$，计算

$$I(\theta)=\int_0^{\pi}\ln(1+\theta\cos x)\mathrm{d}x.$$

解　任取正数 a 满足 $0<a<1$．记 $f(x,\theta)=\ln(1+\theta\cos x)$，易知 $f(x,\theta)$ 与 $f'_\theta(x,\theta)=\frac{\cos x}{1+\theta\cos x}$ 都在闭矩形 $[0,\pi]\times[-a,a]$ 上连续．因此由定理 8.2.4 知，当 $|\theta|\leqslant a$ 时，若 $\theta\neq0$，

$$I'(\theta)=\int_0^{\pi}\frac{\cos x}{1+\theta\cos x}\mathrm{d}x=\frac{1}{\theta}\int_0^{\pi}\left(1-\frac{1}{1+\theta\cos x}\right)\mathrm{d}x=\frac{\pi}{\theta}-\frac{1}{\theta}\int_0^{\pi}\frac{\mathrm{d}x}{1+\theta\cos x}.$$

对于最后一个积分，作万能代换 $t=\tan\frac{x}{2}$，得

$$\int_0^{\pi}\frac{\mathrm{d}x}{1+\theta\cos x}=\int_0^{+\infty}\frac{2\mathrm{d}t}{1+t^2+\theta(1-t^2)}=\frac{2}{1+\theta}\int_0^{+\infty}\frac{\mathrm{d}t}{1+\frac{1-\theta}{1+\theta}t^2}$$

$$=\frac{2}{\sqrt{1-\theta^2}}\left(\arctan\sqrt{\frac{1-\theta}{1+\theta}}t\right)\Bigg|_0^{+\infty}=\frac{\pi}{\sqrt{1-\theta^2}}.$$

于是

$$I'(\theta)=\frac{\pi}{\theta}-\frac{\pi}{\theta\sqrt{1-\theta^2}}.$$

由正数 $a(0<a<1)$ 的任意性，上式当 $0<|\theta|<1$ 时成立，且 $I'(0)=0$. 将此式再对 θ 积分，便得

$$I(\theta)=\pi\ln(1+\sqrt{1-\theta^2})+C.$$

由 $I(\theta)$ 的定义知 $I(0)=0$，代入上式得 $C=-\pi\ln 2$，于是

$$I(\theta)=\pi\ln\frac{1+\sqrt{1-\theta^2}}{2},\quad -1<\theta<1.$$

习　题

1. 计算下列二重积分：

(1) $\iint\limits_{\Omega}xy\mathrm{e}^{xy^2}\mathrm{d}x\mathrm{d}y$，其中 $\Omega=\{(x,y)\mid 0\leqslant x\leqslant 1,0\leqslant y\leqslant 1\}$；

(2) $\iint\limits_{\Omega}\frac{1}{x+y}\mathrm{d}x\mathrm{d}y$，其中 $\Omega=\{(x,y)\mid 0\leqslant x\leqslant 1,1\leqslant x+y\leqslant 2\}$；

(3) $\iint\limits_{\Omega}xy^2\mathrm{d}x\mathrm{d}y$，其中 $\Omega=\{(x,y)\mid 4x\geqslant y^2,x\leqslant 1\}$；

(4) $\iint\limits_{\Omega}(y^2-y)\mathrm{d}x\mathrm{d}y$，其中 Ω 由 $x=y^2$ 与 $x=3-2y^2$ 围成；

(5) $\iint\limits_{\Omega}\cos(x+y)\mathrm{d}x\mathrm{d}y$，其中 $\Omega=\{(x,y)\mid x\geqslant 0,x\leqslant y\leqslant \pi\}$；

(6) $\iint\limits_{\Omega}x\sin(x+y)\mathrm{d}x\mathrm{d}y$，其中 Ω 由直线 $x=\sqrt{\pi}$，抛物线 $y=x^2-x$ 及其在点 $(0,0)$ 的切线围成.

2. 交换下列各二次积分的积分顺序：

(1) $\int_1^2\mathrm{d}x\int_0^{\ln x}f(x,y)\mathrm{d}y$；

(2) $\int_0^1\mathrm{d}y\int_{\sqrt{y}}^{\sqrt{2y}}f(x,y)\mathrm{d}x$；

(3) $\int_0^1\mathrm{d}y\int_{y^2}^{2-y}f(x,y)\mathrm{d}x$；

(4) $\int_0^1\mathrm{d}y\int_0^{y^2}f(x,y)\mathrm{d}x+\int_1^2\mathrm{d}y\int_0^{\sqrt{2-y}}f(x,y)\mathrm{d}x$.

3. 求由旋转抛物面 $z=x^2+y^2$，柱面 $y=x^2$ 及平面 $y=1$ 和 $z=0$ 所围成的空间区域的体积.

4. 作适当的变量代换，求由 $x+y=a,x+y=b,y=2x,y=3x$ 围成的平面区域的面积，其中 $b>a>0$.

5. 计算 $\iint\limits_{\Omega}x^2y^2\mathrm{d}x\mathrm{d}y$，其中 Ω 是由 $xy=2,xy=4,y=x,y=3x$ 在第一象限所围成的区域.

6. 在极坐标系下计算下列二重积分：

(1) $\iint_{\Omega}\sin\sqrt{x^2+y^2}\,\mathrm{d}x\mathrm{d}y$，其中 $\Omega=\{(x,y)\mid\pi^2\leqslant x^2+y^2\leqslant 4\pi^2\}$；

(2) $\iint_{\Omega}(x^2+y^2)\,\mathrm{d}x\mathrm{d}y$，其中 $\Omega=\{(x,y)\mid 2x\leqslant x^2+y^2\leqslant 4x\}$；

(3) $\iint_{\Omega}(x^2+y^2)^{3/2}\,\mathrm{d}x\mathrm{d}y$，其中 $\Omega=\{(x,y)\mid x^2+y^2\leqslant 1,x^2+y^2\leqslant 2x\}$；

(4) $\iint_{\Omega}(x+y)\,\mathrm{d}x\mathrm{d}y$，其中 Ω 是由曲线 $x^2+y^2=x+y$ 所包围的平面区域．

7. 求由平面 $z=x-y,z=0$ 与圆柱面 $x^2+y^2=2x$ 在 $z\geqslant 0$ 中所围成的空间立体的体积．

8. 计算 $\iint_{\Omega}\left(\dfrac{x^2}{a^2}+\dfrac{y^2}{b^2}\right)\mathrm{d}x\mathrm{d}y$，其中 Ω 是由椭圆 $\dfrac{x^2}{a^2}+\dfrac{y^2}{b^2}=1$ 所围的区域．

9. 求由曲线 $\left(\dfrac{x^2}{a^2}+\dfrac{y^2}{b^2}\right)^2=\dfrac{xy}{c^2}(a,b,c>0)$ 在第一象限中所围图形的面积．

10. 选取适当的坐标变换计算下列二重积分：

(1) $\iint_{\Omega}\dfrac{(x+y)^2}{1+(x-y)^2}\mathrm{d}x\mathrm{d}y$，其中闭区域 $\Omega=\{(x,y)\mid |x|+|y|\leqslant 1\}$；

(2) $\iint_{\Omega}\mathrm{e}^{\frac{x-y}{x+y}}\mathrm{d}x\mathrm{d}y$，其中 Ω 是由直线 $x+y=2,x=0$ 及 $y=0$ 所围的闭区域；

(3) $\iint_{\Omega}\dfrac{\sqrt{x^2+y^2}}{\sqrt{4a^2-x^2-y^2}}\mathrm{d}x\mathrm{d}y$，其中 Ω 是由曲线 $y=\sqrt{a^2-x^2}-a(a>0)$ 和直线 $y=-x$ 所围的闭区域．

11. 设一元函数 f 在 $[0,1]$ 上连续，证明

$$\int_0^1\mathrm{d}y\int_y^{\sqrt{y}}\mathrm{e}^y f(x)\,\mathrm{d}x=\int_0^1(\mathrm{e}^x-\mathrm{e}^{x^2})f(x)\,\mathrm{d}x.$$

12. 设一元非负函数 f 在 $[a,b]$ 上连续，证明

$$\iint_{[a,b]\times[a,b]}\left[f(x)+\frac{1}{f(y)}\right]\mathrm{d}x\mathrm{d}y\geqslant 2(b-a)^2.$$

13. 设 $\Omega=[0,1]\times[0,1]$，证明

$$1\leqslant\iint_{\Omega}[\sin(x^2)+\cos(y^2)]\,\mathrm{d}x\mathrm{d}y\leqslant\sqrt{2}.$$

14. 设一元函数 $f(u)$ 在 $[-1,1]$ 上连续，证明

$$\iint_{|x|+|y|\leqslant 1}f(x+y)\,\mathrm{d}x\mathrm{d}y=\int_{-1}^1 f(u)\,\mathrm{d}u.$$

*15. 求下列极限：

(1) $\lim\limits_{\alpha\to 0}\int_0^1 x^2\cos^3\alpha x\,\mathrm{d}x$；　　(2) $\lim\limits_{n\to\infty}\int_0^1\dfrac{\mathrm{d}x}{1+\left(1+\dfrac{x}{n}\right)^n}$．

*16. 求函数 $F(y)=\int_0^y\dfrac{\ln(1+xy)}{x}\mathrm{d}x\,(y>0)$ 的导数．

*17. 利用积分号下求导法计算下列积分：

(1) $\int_0^{\frac{\pi}{2}}\ln(\alpha^2-\sin^2x)\mathrm{d}x(\alpha>1)$；　(2) $\int_0^{\pi}\ln(1-2\alpha\cos x+\alpha^2)\mathrm{d}x(|\alpha|<1)$.

*18. 设函数 $f(u,v)$ 在 $\mathbf{R}^2$ 上具有二阶连续偏导数．证明：函数

$$w(x,y,z)=\int_0^{2\pi}f(x+z\cos\theta,y+z\sin\theta)\mathrm{d}\theta$$

满足偏微分方程

$$z\left(\frac{\partial^2 w}{\partial x^2}+\frac{\partial^2 w}{\partial y^2}-\frac{\partial^2 w}{\partial z^2}\right)=\frac{\partial w}{\partial z}.$$

§ 3　三重积分的计算及应用

直角坐标系下三重积分的计算

在直角坐标系下计算三重积分 $\iiint\limits_{\Omega}f(x,y,z)\mathrm{d}V$，其体积微元 $\mathrm{d}V$ 通常记作 $\mathrm{d}x\mathrm{d}y\mathrm{d}z$，它相当于区域 Ω 中小长方体区域微元 $[x,x+\mathrm{d}x]\times[y,y+\mathrm{d}y]\times[z,z+\mathrm{d}z]$ 的体积．因此常记

$$\iiint\limits_{\Omega}f(x,y,z)\mathrm{d}V=\iiint\limits_{\Omega}f(x,y,z)\mathrm{d}x\mathrm{d}y\mathrm{d}z.$$

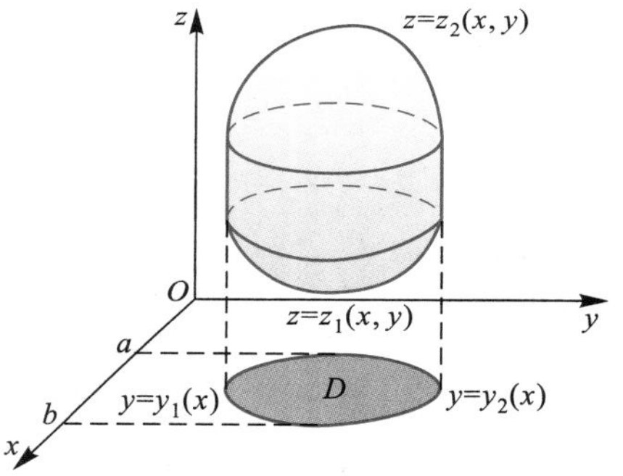

图 8.3.1

若 $\Omega=\{(x,y,z)\mid z_1(x,y)\leqslant z\leqslant z_2(x,y),(x,y)\in D\}$（显然 D 是 Ω 在 Oxy 平面上的投影区域，见图 8.3.1)，则 Ω 的体积为 $\iiint\limits_{\Omega}1\mathrm{d}x\mathrm{d}y\mathrm{d}z$．而由二重积分的几何意义知，$\Omega$ 的体积为 $\iint\limits_{D}[z_2(x,y)-z_1(x,y)]\mathrm{d}x\mathrm{d}y$．于是

$$\iiint\limits_{\Omega}1\mathrm{d}x\mathrm{d}y\mathrm{d}z=\iint\limits_{D}[z_2(x,y)-z_1(x,y)]\mathrm{d}x\mathrm{d}y=\iint\limits_{D}\left(\int_{z_1(x,y)}^{z_2(x,y)}1\mathrm{d}z\right)\mathrm{d}x\mathrm{d}y.$$

事实上，若被积函数 f 是 Ω 上的连续函数，仍有如下的计算公式：

$$\iiint\limits_{\Omega}f(x,y,z)\mathrm{d}x\mathrm{d}y\mathrm{d}z=\iint\limits_{D}\left(\int_{z_1(x,y)}^{z_2(x,y)}f(x,y,z)\mathrm{d}z\right)\mathrm{d}x\mathrm{d}y=\iint\limits_{D}\mathrm{d}x\mathrm{d}y\int_{z_1(x,y)}^{z_2(x,y)}f(x,y,z)\mathrm{d}z,$$

其中最后一式是中间式子的记号．

于是，若积分区域 Ω 可表示为

$$\Omega=\{(x,y,z)\mid z_1(x,y)\leqslant z\leqslant z_2(x,y),y_1(x)\leqslant y\leqslant y_2(x),a\leqslant x\leqslant b\},$$

则 Ω 在 Oxy 平面上的投影区域为 $D=\{(x,y)\mid y_1(x)\leqslant y\leqslant y_2(x),a\leqslant x\leqslant b\}$．因此，在以上三重积分计算公式中将 D 上的二重积分化为二次积分，便可将三重积分化为**三次积分**(或**累次**

积分）：

$$\iiint_{\Omega} f(x,y,z)\,\mathrm{d}x\mathrm{d}y\mathrm{d}z = \int_a^b \mathrm{d}x \int_{y_1(x)}^{y_2(x)} \mathrm{d}y \int_{z_1(x,y)}^{z_2(x,y)} f(x,y,z)\,\mathrm{d}z.$$

即化为先关于 z，再关于 y，最后关于 x 的三次积分．

注意在计算三重积分时，为便于计算，须根据积分区域及被积函数的具体情况，灵活决定关于三个变量的积分顺序，应用以上的公式．

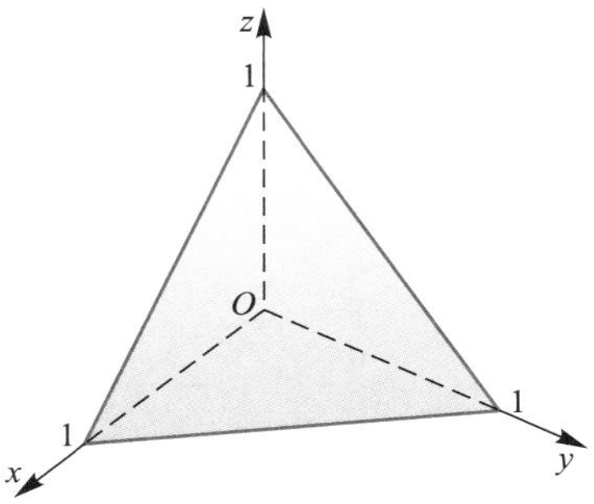

图 8.3.2

例 8.3.1　计算三重积分

$$\iiint_{\Omega} \frac{\mathrm{d}x\mathrm{d}y\mathrm{d}z}{(1+x+y+z)^3},$$

其中 Ω 是由平面 $x+y+z=1, x=0, y=0, z=0$ 围成的区域（见图 8.3.2）．

解　区域 Ω 可表示为

$$\Omega=\{(x,y,z)\,|\,0\leqslant z\leqslant 1-x-y, 0\leqslant y\leqslant 1-x, 0\leqslant x\leqslant 1\}.$$

所以

$$\iiint_{\Omega} \frac{\mathrm{d}x\mathrm{d}y\mathrm{d}z}{(1+x+y+z)^3} = \int_0^1 \mathrm{d}x \int_0^{1-x} \mathrm{d}y \int_0^{1-x-y} \frac{\mathrm{d}z}{(1+x+y+z)^3}$$

$$= \frac{1}{2}\int_0^1 \mathrm{d}x \int_0^{1-x} \left[\frac{1}{(1+x+y)^2} - \frac{1}{4}\right] \mathrm{d}y$$

$$= \frac{1}{2}\int_0^1 \left(\frac{1}{x+1} - \frac{3-x}{4}\right) \mathrm{d}x$$

$$= \frac{1}{2}\ln 2 - \frac{5}{16}.$$

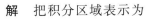

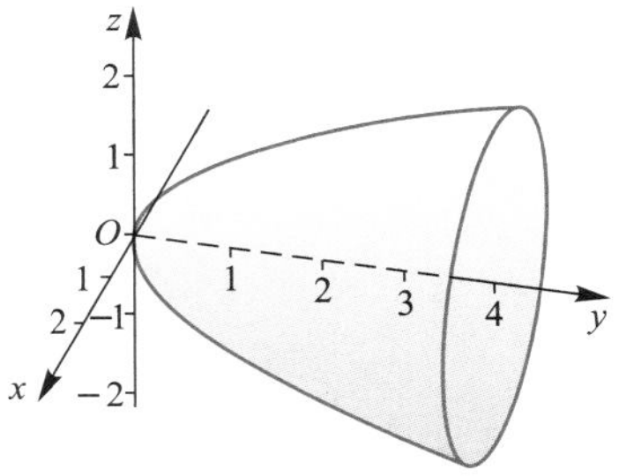

图 8.3.3

例 8.3.2　计算 $\iiint_{\Omega} \sqrt{x^2+z^2}\,\mathrm{d}x\mathrm{d}y\mathrm{d}z$，其中 Ω 是由抛物面 $y=x^2+z^2$ 与平面 $y=4$ 所围成的区域（见图 8.3.3）．

分析　读者不难发现，把这个三重积分化为三次积分时，如果首先关于 z 积分将会带来繁复的运算．注意到被积函数不含有变量 y，积分区域又关于 y 轴对称，故不妨先关于 y 积分．

解　把积分区域表示为

$$\Omega=\{(x,y,z)\,|\,x^2+z^2\leqslant y\leqslant 4, x^2+z^2\leqslant 4\},$$

则可得到

$$\iiint_{\Omega} \sqrt{x^2+z^2}\,\mathrm{d}x\mathrm{d}y\mathrm{d}z = \iint_{x^2+z^2\leqslant 4} \mathrm{d}z\mathrm{d}x \int_{x^2+z^2}^{4} \sqrt{x^2+z^2}\,\mathrm{d}y$$

$$= \iint_{x^2+z^2\leqslant 4} (4-x^2-z^2)\sqrt{x^2+z^2}\,\mathrm{d}z\mathrm{d}x = \int_0^{2\pi} \mathrm{d}\theta \int_0^2 (4-r^2)r\cdot r\mathrm{d}r$$

$$= 2\pi\int_0^2 (4r^2-r^4)\,\mathrm{d}r = \frac{128\pi}{15}.$$

在上述三重积分计算中，我们是把三重积分化为先计算一个定积分，再计算一个二重积分，因为后者通过极坐标代换容易求得．

设有界闭区域 Ω 如前所述．如果对固定的 $x\in[a,b]$，记 Ω_x 为过点 $(x,0,0)$ 且与 Oyz 平面平行的平面截 Ω 所得的平面区域在 Oyz 平面的投影，即在 Oyz 平面上，有

$$\Omega_x=\{(y,z)\mid z_1(x,y)\leqslant z\leqslant z_2(x,y),y_1(x)\leqslant y\leqslant y_2(x)\}.$$

注意到在计算公式

$$\iiint_\Omega f(x,y,z)\mathrm{d}x\mathrm{d}y\mathrm{d}z=\int_a^b\mathrm{d}x\int_{y_1(x)}^{y_2(x)}\mathrm{d}y\int_{z_1(x,y)}^{z_2(x,y)}f(x,y,z)\mathrm{d}z$$

的三次积分中关于变量 z 和 y 的前两次积分即为在区域 Ω_x 上的二重积分，因而又可以把三重积分化为先计算一个二重积分，再计算一个定积分的形式，即

$$\iiint_\Omega f(x,y,z)\mathrm{d}x\mathrm{d}y\mathrm{d}z=\int_a^b\mathrm{d}x\iint_{\Omega_x}f(x,y,z)\mathrm{d}y\mathrm{d}z.$$

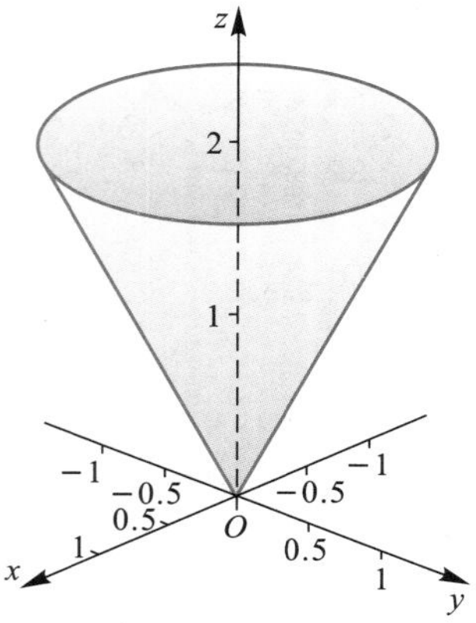

图 8.3.4

例 8.3.3　计算 $I=\iiint_\Omega z^2\mathrm{d}x\mathrm{d}y\mathrm{d}z$，其中 Ω 是由锥面 $z^2=4(x^2+y^2)$ 与平面 $z=2$ 所围的区域（见图 8.3.4）．

解　区域 Ω 可表示为

$$\Omega=\{(x,y,z)\mid 4(x^2+y^2)\leqslant z^2,0\leqslant z\leqslant 2\}.$$

因此

$$\iiint_\Omega z^2\mathrm{d}x\mathrm{d}y\mathrm{d}z=\int_0^2\mathrm{d}z\iint_{\Omega_z}z^2\mathrm{d}x\mathrm{d}y=\int_0^2 z^2\mathrm{d}z\iint_{\Omega_z}\mathrm{d}x\mathrm{d}y,$$

其中 Ω_z 是过点 $(0,0,z)$ 且与 Oxy 平面平行的平面截区域 Ω 所得的平面区域在 Oxy 平面上的投影，即

$$\Omega_z=\{(x,y)\mid 4(x^2+y^2)\leqslant z^2\},$$

其面积为 $\dfrac{\pi z^2}{4}$，故而 $\iint_{\Omega_z}\mathrm{d}x\mathrm{d}y=\dfrac{\pi}{4}z^2$．于是

$$\iiint_\Omega z^2\mathrm{d}x\mathrm{d}y\mathrm{d}z=\int_0^2 z^2\cdot\frac{\pi}{4}z^2\mathrm{d}z=\frac{8\pi}{5}.$$

三重积分的变量代换

三重积分可以与二重积分类似地作变量代换．

定理 8.3.1　设 f 是 $Oxyz$ 空间中有界闭区域 Ω 上的连续函数，变换

$$\varphi:\begin{cases}x=x(u,v,w),\\y=y(u,v,w),\\z=z(u,v,w)\end{cases}$$

把 $Ouvw$ 空间中的有界闭区域 Ω' 一一对应地映射为区域 Ω，而且

（1）$x(u,v,w),y(u,v,w),z(u,v,w)$ 在 Ω' 上具有连续一阶偏导数；

（2）在 Ω' 上 φ 的 Jacobi 行列式

$$\frac{D(x,y,z)}{D(u,v,w)}\neq 0,$$

则有

$$\iiint\limits_{\Omega} f(x,y,z)\,\mathrm{d}x\mathrm{d}y\mathrm{d}z=\iiint\limits_{\Omega'} f(x(u,v,w),y(u,v,w),z(u,v,w))\left|\frac{D(x,y,z)}{D(u,v,w)}\right|\mathrm{d}u\mathrm{d}v\mathrm{d}w.$$

这个定理的证明思路与定理 8.2.1 的证明思路相同,只是过程更为复杂,此处从略.

例 8.3.4　计算三重积分

$$\iiint\limits_{\Omega}(x+y+z)\,\mathrm{d}x\mathrm{d}y\mathrm{d}z,$$

其中 Ω 是由球面 $x^2+y^2+z^2=2x+4y+6z$ 所围成的区域.

解　注意到 $\Omega=\{(x,y,z)\mid(x-1)^2+(y-2)^2+(z-3)^2\leqslant 14\}$,作变换

$$\begin{cases}u=x-1,\\ v=y-2,\\ w=z-3,\end{cases}$$

则 Ω 对应的区域为

$$\Omega'=\{(u,v,w)\mid u^2+v^2+w^2\leqslant 14\},$$

且变换的 Jacobi 行列式 $\dfrac{D(x,y,z)}{D(u,v,w)}=1$. 因此

$$\iiint\limits_{\Omega}(x+y+z)\,\mathrm{d}x\mathrm{d}y\mathrm{d}z=\iiint\limits_{\Omega'}(u+v+w+6)\,\mathrm{d}u\mathrm{d}v\mathrm{d}w$$

$$=6\iiint\limits_{\Omega'}\mathrm{d}u\mathrm{d}v\mathrm{d}w=112\sqrt{14}\,\pi.$$

利用对称性简化三重积分的计算

在上面的计算中,利用积分区域 Ω' 关于各个坐标平面的对称性,可知

$$\iiint\limits_{\Omega'}u\,\mathrm{d}u\mathrm{d}v\mathrm{d}w=\iiint\limits_{\Omega'}v\,\mathrm{d}u\mathrm{d}v\mathrm{d}w=\iiint\limits_{\Omega'}w\,\mathrm{d}u\mathrm{d}v\mathrm{d}w=0,$$

且 $\iiint\limits_{\Omega'}\mathrm{d}u\mathrm{d}v\mathrm{d}w$ 就是半径为 $\sqrt{14}$ 的球的体积.

柱坐标变换和球坐标变换

计算三重积分时,常用到两类重要的变换. 一种是柱坐标变换

$$\begin{cases}x=r\cos\theta,\\ y=r\sin\theta,\\ z=z,\end{cases}$$

它把

$$\{(r,\theta,z)\mid 0\leqslant r<+\infty,0\leqslant\theta<2\pi,-\infty<z<+\infty\}$$

映为整个 $Oxyz$ 空间(见图 8.3.5). 容易算得该变换的 Jacobi 行列式

$$\frac{D(x,y,z)}{D(r,\theta,z)}=r,$$

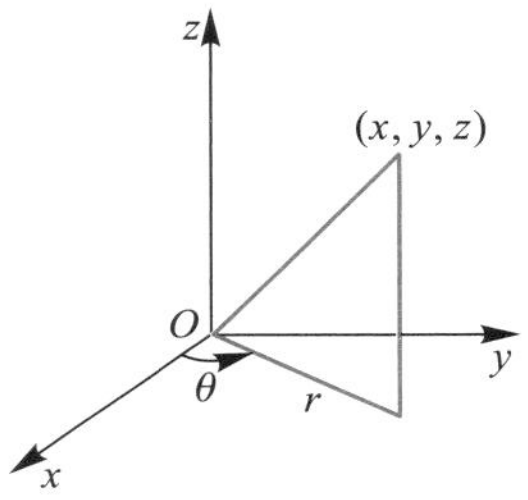

图 8.3.5

即柱坐标下的体积元素

$$dxdydz=rdrd\theta dz.$$

另一种是球坐标变换

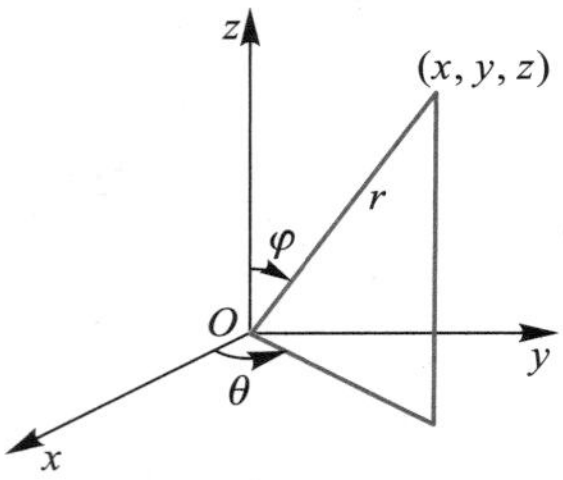

图 8.3.6

$$\begin{cases}x=r\sin\varphi\cos\theta,\\ y=r\sin\varphi\sin\theta,\\ z=r\cos\varphi,\end{cases}$$

它把

$$\{(r,\varphi,\theta)\mid 0\leqslant r<+\infty,0\leqslant\varphi\leqslant\pi,0\leqslant\theta<2\pi\}$$

映为整个 $Oxyz$ 空间(见图 8.3.6). 该变换的 Jacobi 行列式为

$$\frac{D(x,y,z)}{D(r,\varphi,\theta)}=r^2\sin\varphi,$$

即在球坐标下的体积元素

$$dxdydz=r^2\sin\varphi drd\varphi d\theta.$$

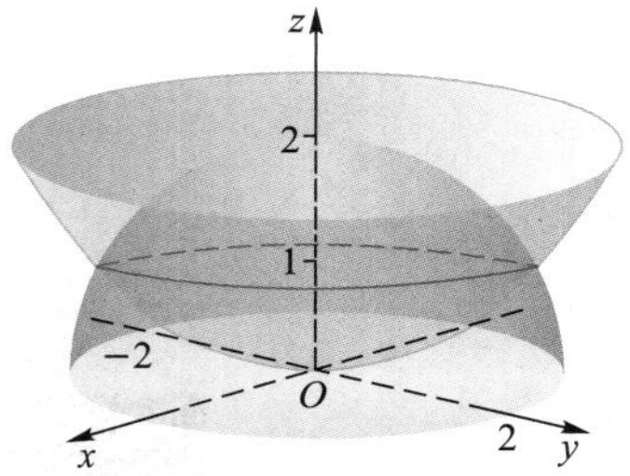

图 8.3.7

例 8.3.5 计算三重积分

$$\iiint\limits_{\Omega}zdxdydz,$$

其中 Ω 是由上半球面 $x^2+y^2+z^2=4(z\geqslant0)$ 和抛物面 $x^2+y^2=3z$ 所围成的区域(见图 8.3.7).

解 球面 $x^2+y^2+z^2=4$ 与抛物面 $x^2+y^2=3z$ 的交线是平面 $z=1$ 上的圆 $x^2+y^2=3$, 所以 Ω 在 Oxy 平面上的投影为 $x^2+y^2\leqslant 3$. 从而

$$\Omega=\left\{(x,y,z)\,\middle|\,\frac{1}{3}(x^2+y^2)\leqslant z\leqslant\sqrt{4-x^2-y^2},x^2+y^2\leqslant3\right\}.$$

取柱面坐标 (r,θ,z), 则 Ω 对应于区域

$$\Omega'=\left\{(r,\theta,z)\,\middle|\,\frac{r^2}{3}\leqslant z\leqslant\sqrt{4-r^2},0\leqslant r\leqslant\sqrt{3},0\leqslant\theta<2\pi\right\},$$

因此

$$\iiint\limits_{\Omega}zdxdydz=\int_0^{2\pi}d\theta\int_0^{\sqrt{3}}dr\int_{\frac{r^2}{3}}^{\sqrt{4-r^2}}zrdz=2\pi\int_0^{\sqrt{3}}r\cdot\frac{1}{2}\left(4-r^2-\frac{r^4}{9}\right)dr=\frac{13}{4}\pi.$$

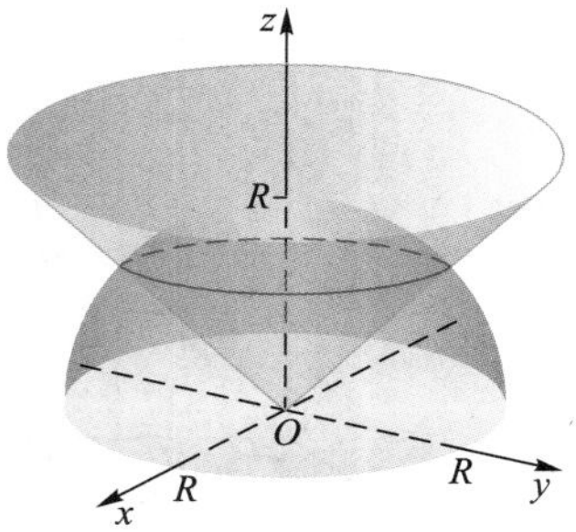

图 8.3.8

例 8.3.6 计算三重积分

$$\iiint\limits_{\Omega}(x^2+y^2+z^2)dxdydz,$$

其中 Ω 是由圆锥面 $x^2+y^2=z^2$ 与上半球面 $x^2+y^2+z^2=R^2(z\geqslant0)$ 所围成的区域(见图 8.3.8).

解 在球坐标下, 圆锥面与球面的方程分别为

$$\varphi=\frac{\pi}{4} \text{ 和 } r=R,$$

于是, Ω 对应于区域

$$\Omega'=\left\{(r,\varphi,\theta)\ \middle|\ 0\leqslant r\leqslant R,0\leqslant\varphi\leqslant\frac{\pi}{4},0\leqslant\theta<2\pi\right\}.$$

由换元公式即得

$$\begin{aligned}\iiint\limits_{\Omega}(x^2+y^2+z^2)\mathrm{d}x\mathrm{d}y\mathrm{d}z&=\int_0^{2\pi}\mathrm{d}\theta\int_0^{\frac{\pi}{4}}\mathrm{d}\varphi\int_0^R r^2\cdot r^2\sin\varphi\mathrm{d}r\\&=\int_0^{2\pi}\mathrm{d}\theta\int_0^{\frac{\pi}{4}}\sin\varphi\mathrm{d}\varphi\int_0^R r^4\mathrm{d}r=\frac{2-\sqrt{2}}{5}\pi R^5.\end{aligned}$$

例 8.3.7　计算三重积分

$$\iiint\limits_{\Omega}\sqrt[3]{\frac{x^2}{a^2}+\frac{y^2}{b^2}+\frac{z^2}{c^2}}\mathrm{d}x\mathrm{d}y\mathrm{d}z,$$

其中区域 $\Omega=\left\{(x,y,z)\ \middle|\ \frac{x^2}{a^2}+\frac{y^2}{b^2}+\frac{z^2}{c^2}\leqslant 1\right\}$.

解　引入广义球坐标

$$\begin{cases}x=ar\sin\varphi\cos\theta,\\y=br\sin\varphi\sin\theta,\\z=cr\cos\varphi.\end{cases}$$

于是,Ω 对应于区域

$$\Omega'=\{(r,\varphi,\theta)\mid 0\leqslant r\leqslant 1,0\leqslant\varphi\leqslant\pi,0\leqslant\theta<2\pi\},$$

这个变换的 Jacobi 行列式为

$$\frac{D(x,y,z)}{D(r,\varphi,\theta)}=abcr^2\sin\varphi.$$

于是

$$\begin{aligned}\iiint\limits_{\Omega}\sqrt[3]{\frac{x^2}{a^2}+\frac{y^2}{b^2}+\frac{z^2}{c^2}}\mathrm{d}x\mathrm{d}y\mathrm{d}z&=\iiint\limits_{\Omega'}r^{\frac{2}{3}}abcr^2\sin\varphi\mathrm{d}r\mathrm{d}\varphi\mathrm{d}\theta\\&=abc\int_0^1 r^{\frac{8}{3}}\mathrm{d}r\int_0^{\pi}\sin\varphi\mathrm{d}\varphi\int_0^{2\pi}\mathrm{d}\theta=\frac{12}{11}\pi abc.\end{aligned}$$

重积分的应用：质心与转动惯量

设在 $Oxyz$ 空间中有 n 个质点,其位于点(x_i,y_i,z_i)处的质点质量为 $m_i(i=1,2,\cdots,n)$.由力学知识可知,该质点系的质心坐标为

$$\bar{x}=\frac{1}{M}\sum_{i=1}^{n}m_ix_i,\quad\bar{y}=\frac{1}{M}\sum_{i=1}^{n}m_iy_i,\quad\bar{z}=\frac{1}{M}\sum_{i=1}^{n}m_iz_i,$$

其中 $M=\sum\limits_{i=1}^{n}m_i$ 为该质点系的总质量. 该质点系关于三条坐标轴的转动惯量分别为

$$I_x=\sum_{i=1}^{n}m_i(y_i^2+z_i^2),\quad I_y=\sum_{i=1}^{n}m_i(x_i^2+z_i^2),\quad I_z=\sum_{i=1}^{n}m_i(x_i^2+y_i^2).$$

现在假设物体占有空间区域 Ω,其在点(x,y,z)处的密度为 $\rho(x,y,z)$. 如果 ρ 是 Ω 上的

连续函数,利用微元法或根据重积分的定义,可以导出该物体的质心坐标为

$$\bar{x}=\frac{1}{M}\iiint_{\Omega}x\rho(x,y,z)\,\mathrm{d}V,\quad \bar{y}=\frac{1}{M}\iiint_{\Omega}y\rho(x,y,z)\,\mathrm{d}V,\quad \bar{z}=\frac{1}{M}\iiint_{\Omega}z\rho(x,y,z)\,\mathrm{d}V,$$

其中 $M=\iiint_{\Omega}\rho(x,y,z)\,\mathrm{d}V$ 为物体的质量. 该物体关于三个坐标轴的转动惯量分别为

$$I_x=\iiint_{\Omega}(y^2+z^2)\rho(x,y,z)\,\mathrm{d}V,$$

$$I_y=\iiint_{\Omega}(x^2+z^2)\rho(x,y,z)\,\mathrm{d}V,$$

$$I_z=\iiint_{\Omega}(x^2+y^2)\rho(x,y,z)\,\mathrm{d}V.$$

类似地,该物体关于原点的转动惯量为

$$I_0=\iiint_{\Omega}(x^2+y^2+z^2)\rho(x,y,z)\,\mathrm{d}V,$$

关于三个坐标平面 Oxy,Oyz 和 Ozx 的转动惯量分别为

$$I_{xy}=\iiint_{\Omega}z^2\rho(x,y,z)\,\mathrm{d}V,$$

$$I_{yz}=\iiint_{\Omega}x^2\rho(x,y,z)\,\mathrm{d}V,$$

$$I_{zx}=\iiint_{\Omega}y^2\rho(x,y,z)\,\mathrm{d}V.$$

例 8.3.8　求均匀半球体

$$\Omega=\{(x,y,z)\mid x^2+y^2+z^2\leqslant R^2,z\geqslant 0\}$$

的质心.

解　设半球体密度为 $\rho(x,y,z)=\rho_0$. 由半球体的对称性,其质心显然位于 z 轴上,即坐标为 $(0,0,\bar{z})$. 利用球面坐标变换,得

$$\begin{aligned}\iiint_{\Omega}z\rho(x,y,z)\,\mathrm{d}V&=\int_0^{2\pi}\mathrm{d}\theta\int_0^{\frac{\pi}{2}}\mathrm{d}\varphi\int_0^{R}\rho_0 r\cos\varphi r^2\sin\varphi\,\mathrm{d}r\\&=\frac{\pi}{4}\rho_0\int_0^{\frac{\pi}{2}}R^4\sin 2\varphi\,\mathrm{d}\varphi=\frac{\pi}{4}R^4\rho_0.\end{aligned}$$

又 $M=\frac{2}{3}\pi R^3\rho_0$,故而

$$\bar{z}=\frac{1}{M}\iiint_{\Omega}z\rho(x,y,z)\,\mathrm{d}V=\frac{3}{8}R.$$

因此质心坐标为 $\left(0,0,\frac{3}{8}R\right)$.

例 8.3.9　设 Ω 为均匀球体 $x^2+y^2+(z-1)^2\leqslant 1$,密度 $\rho(x,y,z)=1$,求 Ω 关于 y 轴的转动惯量.

解　因为 $\rho(x,y,z)=1$,所以转动惯量

$$I_y=\iiint_{\Omega}(x^2+z^2)\,\mathrm{d}V.$$

现在利用球坐标来计算这个积分．把

$$x=r\sin\varphi\cos\theta,\quad y=r\sin\varphi\sin\theta,\quad z=r\cos\varphi$$

代入方程 $x^2+y^2+(z-1)^2=1$，得 $r(r-2\cos\varphi)=0$，所以球面方程为 $r=2\cos\varphi$. 球体 Ω 对应于区域

$$\Omega'=\left\{(r,\theta,\varphi)\,\middle|\,0\leqslant r\leqslant 2\cos\varphi,0\leqslant\theta<2\pi,0\leqslant\varphi\leqslant\frac{\pi}{2}\right\}.$$

于是，将原积分化为球坐标下的累次积分，得 Ω 关于 y 轴的转动惯量

$$\begin{aligned}I_y&=\iiint_{\Omega}(x^2+z^2)\,\mathrm{d}V\\&=\int_0^{\frac{\pi}{2}}\mathrm{d}\varphi\int_0^{2\pi}\mathrm{d}\theta\int_0^{2\cos\varphi}r^2(\sin^2\varphi\cos^2\theta+\cos^2\varphi)r^2\sin\varphi\,\mathrm{d}r\\&=\int_0^{\frac{\pi}{2}}\mathrm{d}\varphi\int_0^{2\pi}\frac{32}{5}\cos^5\varphi(\sin^3\varphi\cos^2\theta+\sin\varphi\cos^2\varphi)\,\mathrm{d}\theta\\&=\frac{32}{5}\int_0^{\frac{\pi}{2}}\cos^5\varphi(\pi\sin^3\varphi+2\pi\sin\varphi\cos^2\varphi)\,\mathrm{d}\varphi\\&=\frac{28}{15}\pi.\end{aligned}$$

重积分的应用：引力

设有一半径为 R 的均匀球体，其密度为常数 ρ. 下面来计算由它产生的引力场，即求出它对位于空间各处的单位质量质点的引力．

首先建立一个坐标系，为简单起见，将原点置于球心．由对称性，只需讨论球体对位于正 z 轴上点 P_0 处的单位质点的引力．设 P_0 的坐标为 $(0,0,a)$，由于球体关于 z 轴对称，且其质量均匀分布，故而球体对 P_0 处的单位质点的引力在 x 轴和 y 轴方向的分量 $F_x=F_y=0$.

为计算引力在 z 轴方向的分量 F_z，用微元法作分析．在球体上的点 $P(x,y,z)$ 处，取一包含点 P 的、体积为 $\mathrm{d}V$ 的空间区域微元，并把它近似视为质量为 $\rho\mathrm{d}V$ 的、处于点 P 处的一个质点，它对于单位质点 P_0 的引力大小为

$$G\frac{\rho\,\mathrm{d}V}{d^2},$$

其中 G 为引力常数，$d=\|\overrightarrow{P_0P}\|=\sqrt{x^2+y^2+(z-a)^2}$，且这个引力的方向与 $\overrightarrow{P_0P}$ 一致．所以，这个引力在 z 轴方向的分量为

$$\mathrm{d}F_z=G\frac{\rho\,\mathrm{d}V}{d^2}\cdot\frac{z-a}{d}=G\rho\frac{z-a}{d^3}\mathrm{d}V.$$

于是由微元法可得

$$F_z=\iiint_{\Omega}G\rho\frac{z-a}{d^3}\mathrm{d}V.$$

下面用柱坐标变换来计算这个积分：

$$\begin{aligned}
F_z &= G\rho\iiint_{\Omega}\frac{z-a}{[x^2+y^2+(z-a)^2]^{3/2}}\mathrm{d}V\\
&= G\rho\int_{-R}^{R}\mathrm{d}z\iint_{x^2+y^2\leqslant R^2-z^2}\frac{z-a}{[x^2+y^2+(z-a)^2]^{3/2}}\mathrm{d}x\mathrm{d}y\\
&= G\rho\int_{-R}^{R}(z-a)\mathrm{d}z\int_0^{2\pi}\mathrm{d}\theta\int_0^{\sqrt{R^2-z^2}}\frac{r\mathrm{d}r}{[r^2+(z-a)^2]^{3/2}}\\
&= 2\pi G\rho\int_{-R}^{R}(z-a)\left(-\frac{1}{\sqrt{r^2+(z-a)^2}}\right)\Bigg|_{r=0}^{\sqrt{R^2-z^2}}\mathrm{d}z\\
&= 2\pi G\rho\int_{-R}^{R}(z-a)\left(\frac{1}{|z-a|}-\frac{1}{\sqrt{R^2+a^2-2az}}\right)\mathrm{d}z\\
&= 2\pi G\rho\left[\int_{-R}^{R}\operatorname{sgn}(z-a)\mathrm{d}z-\int_{-R}^{R}\frac{z-a}{\sqrt{R^2+a^2-2az}}\mathrm{d}z\right].
\end{aligned}$$

直接计算，得

$$\int_{-R}^{R}\operatorname{sgn}(z-a)\mathrm{d}z=\begin{cases}-2R, & a\geqslant R,\\ -2a, & a<R,\end{cases}$$

且利用分部积分法，可得

$$\begin{aligned}
\int_{-R}^{R}\frac{z-a}{\sqrt{R^2+a^2-2az}}\mathrm{d}z &= -\frac{1}{a}\int_{-R}^{R}(z-a)\mathrm{d}\sqrt{R^2+a^2-2az}\\
&= \begin{cases}\dfrac{2R^3}{3a^2}-2R, & a\geqslant R,\\ -\dfrac{4a}{3}, & a<R.\end{cases}
\end{aligned}$$

综上即得

$$F_z=\begin{cases}-\dfrac{4G\rho\pi R^3}{3a^2}, & a\geqslant R,\\ -\dfrac{4G\rho\pi}{3}a, & a<R.\end{cases}$$

这个结果的物理意义是：

（1）当 $a\geqslant R$，即质点在球体外或球面上时，球体对质点的引力等效于将整个球体的质量 $\dfrac{4\pi R^3}{3}\rho$ 集中于球心时，球心对该质点的引力．在天体力学中考虑星际引力时，可将星球的质量视为集中于球心正是这个道理．

（2）当 $a<R$，即质点位于球体内部时，球体对质点的引力等效于一个球心与原球相同，半径为 a，密度不变的球体对该质点的引力，也即等效于将一个半径为 a 的球体的质量 $\dfrac{4\pi a^3}{3}\rho$ 集中在球心时，球心对该质点的引力．

习　题

1. 计算下列三重积分：

(1) $\iiint\limits_{\Omega} xy^2z^3\mathrm{d}x\mathrm{d}y\mathrm{d}z$，其中 Ω 是曲面 $z=xy$ 和平面 $y=x, x=1, z=0$ 所围成的区域；

(2) $\iiint\limits_{\Omega} xz\mathrm{d}x\mathrm{d}y\mathrm{d}z$，其中 Ω 是由平面 $z=0, x=y, y=z$ 以及抛物柱面 $y=x^2$ 所围成的闭区域；

(3) $\iiint\limits_{\Omega} x\sin(y+z)\mathrm{d}x\mathrm{d}y\mathrm{d}z$，其中 $\Omega=\left\{(x,y,z)\left|0\leqslant x\leqslant\sqrt{y}, 0\leqslant z\leqslant\frac{\pi}{2}-y\right.\right\}$；

(4) $\iiint\limits_{\Omega} \frac{xyz}{1+x^2+y^2+z^2}\mathrm{d}x\mathrm{d}y\mathrm{d}z$，其中 $\Omega=\{(x,y,z)\mid x\geqslant 0, z\geqslant 0, x^2+y^2+z^2\leqslant 1\}$.

2. 解下列三重积分问题：

(1) 求 $\iiint\limits_{\Omega}\sin z\mathrm{d}x\mathrm{d}y\mathrm{d}z$，其中 Ω 由锥面 $z=\sqrt{x^2+y^2}$ 和平面 $z=\pi$ 围成；

(2) 设 Ω 由单叶双曲面 $x^2+y^2-z^2=R^2$ 和平面 $z=0, z=H$ 围成，求 Ω 的体积；

(3) 求均匀的立体 $\Omega=\left\{(x,y,z)\left|\frac{x^2}{a^2}+\frac{y^2}{b^2}\leqslant z\leqslant 1\right.\right\}$ 的质心坐标.

3. 用柱面坐标计算下列三重积分：

(1) $\iiint\limits_{\Omega}\sqrt{x^2+y^2}\mathrm{d}x\mathrm{d}y\mathrm{d}z$，其中 $\Omega=\{(x,y,z)\mid 0\leqslant z\leqslant 9-x^2-y^2\}$；

(2) $\iiint\limits_{\Omega} y\mathrm{d}x\mathrm{d}y\mathrm{d}z$，其中 $\Omega=\{(x,y,z)\mid 1\leqslant x^2+y^2\leqslant 4, 0\leqslant z\leqslant x+2\}$；

(3) $\iiint\limits_{\Omega} x^2\mathrm{d}x\mathrm{d}y\mathrm{d}z$，其中 $\Omega=\{(x,y,z)\mid x^2+y^2\leqslant 1, 0\leqslant z\leqslant 2\sqrt{x^2+y^2}\}$.

4. 用球坐标计算下列三重积分：

(1) $\iiint\limits_{\Omega} x\mathrm{e}^{(x^2+y^2+z^2)^2}\mathrm{d}x\mathrm{d}y\mathrm{d}z$，其中 Ω 是第一卦限中球面 $x^2+y^2+z^2=1$ 与 $x^2+y^2+z^2=4$ 之间的部分；

(2) $\iiint\limits_{\Omega}\frac{z\ln(1+x^2+y^2+z^2)}{1+x^2+y^2+z^2}\mathrm{d}x\mathrm{d}y\mathrm{d}z$，其中 $\Omega=\{(x,y,z)\mid 0\leqslant z\leqslant\sqrt{1-x^2-y^2}\}$；

(3) $\iiint\limits_{\Omega}(x+y)\mathrm{d}x\mathrm{d}y\mathrm{d}z$，其中 $\Omega=\{(x,y,z)\mid 1\leqslant z\leqslant 1+\sqrt{1-x^2-y^2}\}$；

(4) $\iiint\limits_{\Omega}\sqrt{x^2+y^2+z^2}\mathrm{d}x\mathrm{d}y\mathrm{d}z$，其中 $\Omega=\{(x,y,z)\mid x^2+y^2+z^2\leqslant z\}$.

5. 计算下列三重积分：

(1) $\iiint\limits_{\Omega} z\mathrm{e}^{(x+y)^2}\mathrm{d}x\mathrm{d}y\mathrm{d}z$，其中 $\Omega=\{(x,y,z)\mid 1\leqslant x+y\leqslant 2, x\geqslant 0, y\geqslant 0, 0\leqslant z\leqslant 3\}$；

(2) $\iiint\limits_{\Omega}\sqrt{1-\frac{x^2}{a^2}-\frac{y^2}{b^2}-\frac{z^2}{c^2}}\mathrm{d}x\mathrm{d}y\mathrm{d}z$，其中 $\Omega=\left\{(x,y,z)\left|\frac{x^2}{a^2}+\frac{y^2}{b^2}+\frac{z^2}{c^2}\leqslant 1\right.\right\}$.

6. 求半径为 a 的半球体的质心，已知该球体上任何一点的密度与它到底面的距离成正比.

7. 设一物体占有空间区域 $\Omega=\{(x,y,z)\mid x^2+y^2\leqslant R^2,|z|\leqslant H\}$，其密度为常值，已知它关于 x 轴及 z 轴的转动惯量相等，试证明：$H:R=\sqrt{3}/2$.

8. 一个质量为 M 的匀质圆锥体由锥面 $z=2\sqrt{x^2+y^2}$ 和平面 $z=2$ 围成，试求：

(1) 质心坐标；

(2) 关于中心轴的转动惯量；

(3) 关于底直径的转动惯量；

(4) 对坐标原点处质量为 m 的质点的引力.

§ 4　反常重积分

重积分的概念可以进一步拓展到某些定义于无界区域上的函数或无界函数上去，这就是反常重积分．为叙述方便，本节的介绍重点将以反常二重积分为主．读者不难将相关的概念、性质和计算方法引申到反常三重积分的情况．

无界区域上的反常重积分

设 Ω 为平面 $\mathbf{R}^2$ 上的无界区域，它的边界是由有限条光滑曲线组成的．在本节中除非特别声明，总是假设所取的割线 Γ 是一条分段光滑的曲线，它将 Ω 割出一个有界子区域，记为 Ω_Γ（见图 8.4.1），并记 $d(\Gamma)=\min\{\|OP\|\mid P\in\Gamma\}$ 为 Γ 到原点的距离．除非特别声明，本小节总假定 f 是定义在 Ω 上的函数，且在每个 Ω_Γ 上都可积．

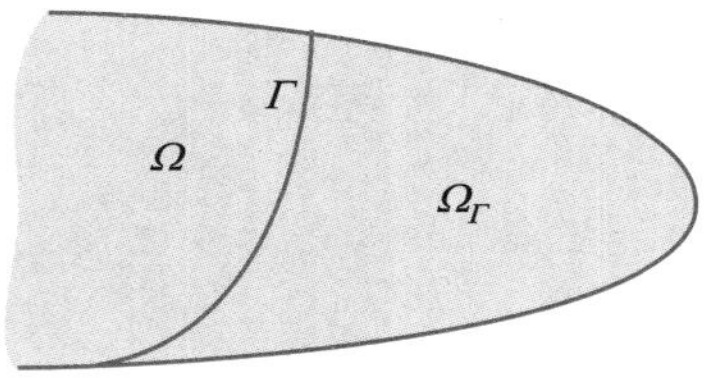

图 8.4.1

定义 8.4.1　若对于任何一条分段光滑的割线 Γ，当 $d(\Gamma)$ 趋于正无穷大（即 Ω_Γ 趋于 Ω）时，$\iint\limits_{\Omega_\Gamma} f\mathrm{d}\sigma$ 的极限存在，且极限值与 Γ 的取法无关，则称函数 f 在 Ω 上**可积**，并记

$$\iint\limits_{\Omega} f\mathrm{d}\sigma=\lim_{d(\Gamma)\to+\infty}\iint\limits_{\Omega_\Gamma} f\mathrm{d}\sigma,$$

它称为函数 f 在 Ω 上的**反常二重积分**，此时也称反常二重积分 $\iint\limits_{\Omega} f\mathrm{d}\sigma$ **收敛**．如果上式右端的极限不存在，则称反常二重积分 $\iint\limits_{\Omega} f\mathrm{d}\sigma$ **发散**．

在直角坐标系下，$\iint\limits_{\Omega} f\mathrm{d}\sigma$ 也记作 $\iint\limits_{\Omega} f(x,y)\mathrm{d}x\mathrm{d}y$．在应用文献中，常将二元函数 f 在无界区域 $\{(x,y)\mid-\infty<x\leqslant a,-\infty<y\leqslant b\}$ 上的反常二重积分 $\iint\limits_{(-\infty,a]\times(-\infty,b]} f(x,y)\mathrm{d}x\mathrm{d}y$ 记作 $\int_{-\infty}^{a}\int_{-\infty}^{b} f(x,y)\mathrm{d}x\mathrm{d}y$；将在 $\mathbf{R}^2$ 上的反常二重积分 $\iint\limits_{\mathbf{R}^2} f(x,y)\mathrm{d}x\mathrm{d}y$ 记作 $\int_{-\infty}^{+\infty}\int_{-\infty}^{+\infty} f(x,y)\mathrm{d}x\mathrm{d}y$，等等．

为了容易入手，我们先考虑非负函数的情况．

引理 8.4.1　设 f 为无界区域 Ω 上的非负二元函数．如果 $\{\Gamma_n\}$ 是一列分段光滑曲线，它们割出的 Ω 的有界子区域 $\{\Omega_n\}$ 满足

$$\Omega_1 \subset \Omega_2 \subset \cdots \subset \Omega_n \subset \cdots, \text{及} \lim_{n\to\infty} \mathrm{d}(\Gamma_n) = +\infty .$$

则反常积分 $\iint\limits_{\Omega} f\mathrm{d}\sigma$ 在 Ω 上收敛的充分必要条件是数列 $\left\{\iint\limits_{\Omega_n} f\mathrm{d}\sigma\right\}$ 收敛，且在收敛时成立

$$\iint\limits_{\Omega} f\mathrm{d}\sigma = \lim_{n\to\infty}\iint\limits_{\Omega_n} f\mathrm{d}\sigma .$$

证　由定义，必要性是显然的，下面证明充分性．

如果 $\left\{\iint\limits_{\Omega_n} f\mathrm{d}\sigma\right\}$ 收敛，记 $\lim\limits_{n\to\infty}\iint\limits_{\Omega_n} f\mathrm{d}\sigma = I$．我们现在证明

$$\lim_{d(\Gamma)\to+\infty}\iint\limits_{\Omega_\Gamma} f\mathrm{d}\sigma = I .$$

对于曲线 Γ，记 $\rho(\Gamma) = \max\{\|OP\| \mid P\in\Gamma\}$．由假设 $\lim\limits_{n\to\infty} d(\Gamma_n) = +\infty$ 得知，当 n 充分大时，总成立 $d(\Gamma_n) > \rho(\Gamma)$，因此由 f 的非负性和数列 $\left\{\iint\limits_{\Omega_n} f\mathrm{d}\sigma\right\}$ 的单调增加性得

$$\iint\limits_{\Omega_\Gamma} f\mathrm{d}\sigma \leqslant \iint\limits_{\Omega_n} f\mathrm{d}\sigma \leqslant I .$$

另一方面，由数列 $\left\{\iint\limits_{\Omega_n} f\mathrm{d}\sigma\right\}$ 收敛于 I 得到，对于任意给定的 $\varepsilon>0$，存在正整数 N，使得

$$\iint\limits_{\Omega_N} f\mathrm{d}\sigma > I - \varepsilon .$$

因此当 $d(\Gamma) > \rho(\Gamma_N)$ 时，便有

$$I \geqslant \iint\limits_{\Omega_\Gamma} f\mathrm{d}\sigma \geqslant \iint\limits_{\Omega_N} f\mathrm{d}\sigma > I - \varepsilon .$$

这就是说

$$\lim_{d(\Gamma)\to+\infty}\iint\limits_{\Omega_\Gamma} f\mathrm{d}\sigma = I .$$

证毕

反常二重积分有一个重要特点：可积与绝对可积的概念是等价的．这就是

定理 8.4.1　设 Ω 为 $\mathbf{R}^2$ 上具有分段光滑边界的无界区域，则二元函数 f 在 Ω 上可积的充分必要条件是函数 $|f|$ 在 Ω 上可积．

例 8.4.1　设 $\Omega = \{(x,y) \mid a^2 \leqslant x^2+y^2 < +\infty\}\ (a>0)$，$r = \sqrt{x^2+y^2}$，

$$f(x,y) = \frac{1}{r^p}$$

为定义在 Ω 上的函数．证明反常积分 $\iint\limits_{\Omega} f(x,y)\,\mathrm{d}x\mathrm{d}y$ 当 $p>2$ 时收敛，当 $p\leqslant 2$ 时发散．

证　取 $\Gamma_\rho = \{(x,y) \mid x^2+y^2 = \rho^2\}\ (\rho>a)$，它割出 Ω 的有界部分为

$$\Omega_\rho = \{(x,y) \mid a^2 \leqslant x^2+y^2 \leqslant \rho^2\}.$$

利用极坐标变换得

$$\iint\limits_{\Omega_\rho} f(x,y)\,dx\,dy=\int_0^{2\pi}d\theta\int_a^\rho r^{1-p}dr=2\pi\int_a^\rho r^{1-p}dr.$$

当 ρ 趋于正无穷大时,最后一个积分当 $p>2$ 时收敛,当 $p\leqslant 2$ 时发散. 故由 ρ 的任意性,从引理 8.4.1 便得知所需的结论.

证毕

从以上推导可以看出,当 Ω 为扇形区域

$$\{(r,\theta)\mid a\leqslant r<+\infty,\alpha\leqslant\theta\leqslant\beta\}$$

时($a>0,0\leqslant\alpha<\beta\leqslant 2\pi$),上述结论也成立.

读者不难参照一元函数的情况导出如下的比较判别法.

定理 8.4.2(比较判别法)　设 Ω 为 $\mathbf{R}^2$ 上具有分段光滑边界的无界区域,函数 f 和 g 在 Ω 上满足 $0\leqslant f\leqslant g$. 那么

(1) 当 $\iint\limits_{\Omega} g\,d\sigma$ 收敛时,$\iint\limits_{\Omega} f\,d\sigma$ 也收敛;

(2) 当 $\iint\limits_{\Omega} f\,d\sigma$ 发散时,$\iint\limits_{\Omega} g\,d\sigma$ 也发散.

证明从略.

结合例 8.4.1、定理 8.4.1 和定理 8.4.2 立即得到

推论 8.4.1(Cauchy 判别法)　设 $0\leqslant\alpha<\beta\leqslant 2\pi,a>0$. 记 Ω 为用极坐标表示的区域

$$\Omega=\{(r,\theta)\mid a\leqslant r<+\infty,\alpha\leqslant\theta\leqslant\beta\},$$

其中 $r=\sqrt{x^2+y^2}$,且 f 为定义在 Ω 上的连续函数.

(1) 如果存在正常数 M,使得在 Ω 上成立 $|f(x,y)|\leqslant\dfrac{M}{r^p}$,则当 $p>2$ 时,$\iint\limits_{\Omega} f(x,y)\,dx\,dy$ 收敛;

(2) 如果存在正常数 m,使得在 Ω 上成立 $|f(x,y)|\geqslant\dfrac{m}{r^p}$,则当 $p\leqslant 2$ 时,$\iint\limits_{\Omega} f(x,y)\,dx\,dy$ 发散.

至于反常二重积分的计算,我们同样可以采用化为二次积分和变量代换的方法.

如果一个反常二重积分化为二次积分后,其二次积分是收敛与绝对收敛的,就可以利用二次积分计算反常二重积分,这就是下面的定理:

定理 8.4.3　设二元函数 f 在 $\Omega=[a,+\infty)\times[b,+\infty)$ 上连续,且二次积分 $\int_a^{+\infty}dx\int_b^{+\infty}f(x,y)\,dy$ 和 $\int_a^{+\infty}dx\int_b^{+\infty}|f(x,y)|\,dy$ 都存在,则 f 在 Ω 上可积,而且

$$\iint\limits_{[a,+\infty)\times[b,+\infty)} f(x,y)\,dx\,dy=\int_a^{+\infty}dx\int_b^{+\infty}f(x,y)\,dy.$$

关于反常二重积分的变量代换,我们有与通常二重积分同样的公式,详细地说就是

定理 8.4.4　设 Ω 是 Oxy 平面中具有分段光滑边界的无界区域,f 是 Ω 上的连续函数. 映射

$$\varphi:\begin{cases}x=x(u,v),\\ y=y(u,v)\end{cases}$$

将 Ouv 平面的区域 Ω' 一一对应地映射为 Ω. 若该映射具有连续导数,且 Jacobi 行列式 $\dfrac{D(x,y)}{D(u,v)}$ 在 Ω' 上不等于零,则有变量代换公式

$$\iint_{\Omega} f(x,y)\,\mathrm{d}x\mathrm{d}y=\iint_{\Omega'} f(x(u,v),y(u,v))\left|\frac{D(x,y)}{D(u,v)}\right|\mathrm{d}u\mathrm{d}v,$$

且其中等式某一边的积分收敛可以推出另一个积分收敛.

例 8.4.2　计算 $\displaystyle\iint_{0\leqslant x\leqslant y}\mathrm{e}^{-(x+y)}\,\mathrm{d}x\mathrm{d}y$.

解　由于积分区域可表示为(见图 8.4.2)

$$\{(x,y)\mid x\leqslant y,0\leqslant x<+\infty\},$$

用化为二次积分方法计算,有

$$\iint_{0\leqslant x\leqslant y}\mathrm{e}^{-(x+y)}\,\mathrm{d}x\mathrm{d}y=\int_0^{+\infty}\mathrm{d}x\int_x^{+\infty}\mathrm{e}^{-(x+y)}\,\mathrm{d}y=-\int_0^{+\infty}\mathrm{e}^{-x}\left[\mathrm{e}^{-y}\right]\Big|_x^{+\infty}\mathrm{d}x$$

$$=\int_0^{+\infty}\mathrm{e}^{-2x}\,\mathrm{d}x=\frac{1}{2}.$$

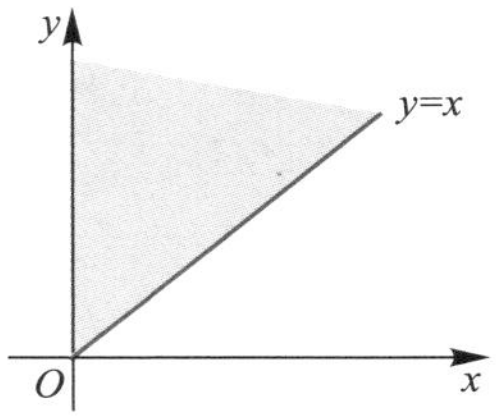

图 8.4.2

例 8.4.3　计算 $\displaystyle\iint_{\mathbf{R}^2}\mathrm{e}^{-(x^2+y^2)}\,\mathrm{d}x\mathrm{d}y$,并由此求出 $\displaystyle\int_0^{+\infty}\mathrm{e}^{-x^2}\,\mathrm{d}x$.

解　利用极坐标变换 $x=r\cos\theta,y=r\sin\theta$,$\mathbf{R}^2$ 就对应于区域

$$\Omega=\{(r,\theta)\mid 0\leqslant r<+\infty,0\leqslant\theta<2\pi\}.$$

因此利用变量代换公式得

$$\iint_{\mathbf{R}^2}\mathrm{e}^{-(x^2+y^2)}\,\mathrm{d}x\mathrm{d}y=\iint_{\Omega}\mathrm{e}^{-r^2}r\,\mathrm{d}r\mathrm{d}\theta=\int_0^{2\pi}\mathrm{d}\theta\int_0^{+\infty}r\mathrm{e}^{-r^2}\,\mathrm{d}r=2\pi\int_0^{+\infty}r\mathrm{e}^{-r^2}\,\mathrm{d}r=\pi.$$

又由于 $\mathbf{R}^2=(-\infty,+\infty)\times(-\infty,+\infty)$,所以利用化为二次积分的方法得

$$\pi=\iint_{\mathbf{R}^2}\mathrm{e}^{-(x^2+y^2)}\,\mathrm{d}x\mathrm{d}y=\int_{-\infty}^{+\infty}\mathrm{d}x\int_{-\infty}^{+\infty}\mathrm{e}^{-(x^2+y^2)}\,\mathrm{d}y$$

$$=\int_{-\infty}^{+\infty}\mathrm{e}^{-x^2}\,\mathrm{d}x\int_{-\infty}^{+\infty}\mathrm{e}^{-y^2}\,\mathrm{d}y=\left(\int_{-\infty}^{+\infty}\mathrm{e}^{-x^2}\,\mathrm{d}x\right)^2.$$

因此

$$\int_{-\infty}^{+\infty}\mathrm{e}^{-x^2}\,\mathrm{d}x=\sqrt{\pi}.$$

所以

$$\int_0^{+\infty}\mathrm{e}^{-x^2}\,\mathrm{d}x=\frac{\sqrt{\pi}}{2}.$$

最后一个积分叫 **Poisson(泊松)积分**,在概率统计等领域中有着重要应用.

无界函数的反常重积分

设 Ω 为 $\mathbf{R}^2$ 上的有界闭区域,点 $P_0\in\Omega$ 且为内点,二元函数 f 在 $\Omega\setminus\{P_0\}$ 上有定义,但在

点 P_0 的任何去心邻域内无界．这时 P_0 称为 f 的**奇点**．

设 γ 为 Ω 中内部含有 P_0 的分段光滑闭曲线，记 D 为它所包围的区域，$\rho(\gamma)=\max\{\|P_0P\| \mid P\in\gamma\}$，并设二重积分

$$\iint_{\Omega\setminus D} f\mathrm{d}\sigma$$

总是存在．

定义 8.4.2　若 $\rho(\gamma)$ 趋于零时，$\iint\limits_{\Omega\setminus D} f\mathrm{d}\sigma$ 的极限存在，且极限值与 γ 的取法无关，则称无界函数 f 在 Ω 上**可积**，并记

$$\iint_{\Omega} f\mathrm{d}\sigma=\lim_{\rho(\gamma)\to 0}\iint_{\Omega\setminus D} f\mathrm{d}\sigma,$$

它称为 f 在 Ω 上的**反常二重积分**．这时也称反常二重积分 $\iint\limits_{\Omega} f\mathrm{d}\sigma$ **收敛**．如果上式右端的极限不存在，则称反常二重积分 $\iint\limits_{\Omega} f\mathrm{d}\sigma$ **发散**．

在直角坐标系下，此类反常二重积分 $\iint\limits_{\Omega} f\mathrm{d}\sigma$ 也记作 $\iint\limits_{\Omega} f(x,y)\,\mathrm{d}x\mathrm{d}y$．

如果函数 f 在区域 Ω 上有**奇线** Γ_0，即 f 在 $\Omega\setminus\Gamma_0$ 上有定义，但在曲线 Γ_0 的邻近无界．同定义 8.4.2 类似，可以定义 f 在 Ω 上的反常二重积分，其细节留给读者自行考虑．

例 8.4.4　设 $\Omega=\{(x,y)\mid x^2+y^2\leqslant a^2\}\ (a>0)$，$r=\sqrt{x^2+y^2}$，

$$f(x,y)=\frac{1}{r^p}\quad(r\neq 0)$$

为定义在 $\Omega\setminus\{(0,0)\}$ 上的函数，其中 $p>0$. 证明 $\iint\limits_{\Omega} f(x,y)\,\mathrm{d}x\mathrm{d}y$ 当 $p<2$ 时收敛；当 $p\geqslant 2$ 时发散．

证　取 $\gamma_\rho=\{(x,y)\mid x^2+y^2=\rho^2\}\ (0<\rho<a)$，它所围的区域为

$$\Omega_\rho=\{(x,y)\mid x^2+y^2\leqslant\rho^2\}.$$

因此利用极坐标变换得

$$\iint_{\Omega\setminus\Omega_\rho} f(x,y)\,\mathrm{d}x\mathrm{d}y=\int_0^{2\pi}\mathrm{d}\theta\int_\rho^a r^{1-p}\mathrm{d}r=2\pi\int_\rho^a r^{1-p}\mathrm{d}r.$$

当 ρ 趋于零时，最后一个积分当 $p<2$ 时收敛，当 $p\geqslant 2$ 时发散．故由 ρ 的任意性及 f 的非负性，即得所需的结论．

证毕

注意在此例中，若 $p\leqslant 0$，则 $\iint\limits_{\Omega} f(x,y)\,\mathrm{d}x\mathrm{d}y$ 为常义的二重积分．

同无界区域的情形一样，比较判别法和 Cauchy 判别法也对无界函数的反常积分成立；此时可积与绝对可积的概念也是等价的；也可以用化为二次积分和变量代换的方法来计算这种二重积分．

例 8.4.5　计算 $\iint\limits_{\Omega}\dfrac{xy}{(x^2+y^2)^{3/2}}\mathrm{d}x\mathrm{d}y$，其中 $\Omega=\{(x,y)\mid 0\leqslant x\leqslant 1, 0\leqslant y\leqslant 1\}$.

解　利用化为二次积分的方法得

$$\iint_{\Omega}\frac{xy}{(x^2+y^2)^{3/2}}\mathrm{d}x\mathrm{d}y=\int_0^1\mathrm{d}x\int_0^1\frac{xy}{(x^2+y^2)^{3/2}}\mathrm{d}y$$

$$=\int_0^1\left(1-\frac{x}{\sqrt{1+x^2}}\right)\mathrm{d}x=2-\sqrt{2}.$$

例 8.4.6　计算 $\displaystyle\iint_{\Omega}\frac{\mathrm{d}x\mathrm{d}y}{\sqrt{x^2+y^2}}$，其中 $\Omega=\{(x,y)\mid x^2+y^2\leqslant x\}$（见图 8.4.3）.

解　利用极坐标变换，Ω 对应于 $\Omega'=\left\{(r,\theta)\mid 0\leqslant r\leqslant\cos\theta,-\dfrac{\pi}{2}\leqslant\theta\leqslant\dfrac{\pi}{2}\right\}$，因此

$$\iint_{\Omega}\frac{\mathrm{d}x\mathrm{d}y}{\sqrt{x^2+y^2}}=\iint_{\Omega'}\mathrm{d}r\mathrm{d}\theta$$

$$=\int_{-\frac{\pi}{2}}^{\frac{\pi}{2}}\mathrm{d}\theta\int_0^{\cos\theta}\mathrm{d}r=\int_{-\frac{\pi}{2}}^{\frac{\pi}{2}}\cos\theta\mathrm{d}\theta=2.$$

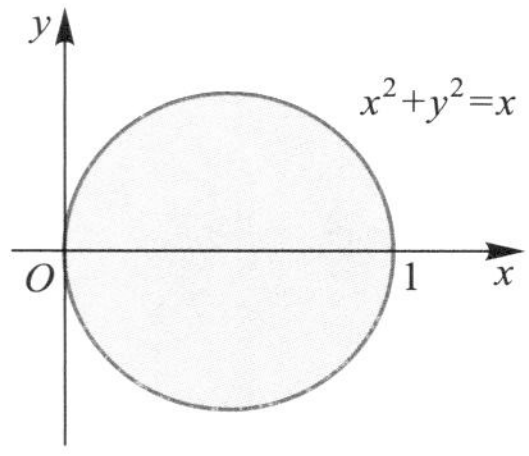

图 8.4.3

注意这里的反常积分通过变量代换变成了常义的积分.

无界区域上的反常积分和无界函数的反常积分的概念以及相应结论都可以对 $\mathbf{R}^3$ 中的区域和函数适用，这里不再详述.

例 8.4.7　计算 $\displaystyle\iiint_{\Omega}\frac{\mathrm{d}x\mathrm{d}y\mathrm{d}z}{\sqrt{1-x^2-y^2-z^2}}$，其中 $\Omega=\{(x,y,z)\mid x^2+y^2+z^2\leqslant 1\}$.

解　利用球面坐标变换 $x=r\sin\varphi\cos\theta,y=r\sin\varphi\sin\theta,z=r\cos\varphi$，这时 Ω 对应于 $\Omega'=\{(r,\varphi,\theta)\mid 0\leqslant r\leqslant 1,0\leqslant\varphi\leqslant\pi,0\leqslant\theta<2\pi\}$，因此

$$\iiint_{\Omega}\frac{\mathrm{d}x\mathrm{d}y\mathrm{d}z}{\sqrt{1-x^2-y^2-z^2}}=\iiint_{\Omega'}\frac{r^2\sin\varphi}{\sqrt{1-r^2}}\mathrm{d}r\mathrm{d}\varphi\mathrm{d}\theta$$

$$=\int_0^{2\pi}\mathrm{d}\theta\int_0^{\pi}\sin\varphi\mathrm{d}\varphi\int_0^1\frac{r^2}{\sqrt{1-r^2}}\mathrm{d}r=\pi^2.$$

注意，这个被积函数的**奇面**是积分区域的边界.

习　　题

1. 讨论下列反常重积分的敛散性：

(1) $\displaystyle\iint_{x^2+y^2\leqslant 1}\frac{\mathrm{d}x\mathrm{d}y}{(1-x^2-y^2)^p}$；

(2) $\displaystyle\iiint_{x^2+y^2+z^2\leqslant 1}\frac{\mathrm{d}x\mathrm{d}y\mathrm{d}z}{(x^2+y^2+z^2)^p}$.

2. 计算下列反常重积分：

(1) $\displaystyle\iint_{\Omega}\frac{\mathrm{d}x\mathrm{d}y}{x^py^q}$，其中 $\Omega=\{(x,y)\mid xy\geqslant 1,x\geqslant 1\}$，且 $p>q>1$；

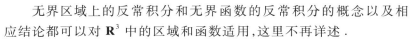

(2) $\displaystyle\iint_{\frac{x^2}{a^2}+\frac{y^2}{b^2}\geqslant 1}\mathrm{e}^{-\left(\frac{x^2}{a^2}+\frac{y^2}{b^2}\right)}\mathrm{d}x\mathrm{d}y$；

(3) $\iiint\limits_{\mathbf{R}^3} \mathrm{e}^{-(x^2+y^2+z^2)}\mathrm{d}x\mathrm{d}y\mathrm{d}z$.

3. 判别反常重积分

$$I=\iint\limits_{\mathbf{R}^2}\frac{\mathrm{d}x\mathrm{d}y}{(1+x^2)(1+y^2)}$$

是否收敛？如果收敛，求其值.

4. 设一元函数 f 在 $[0,a]$ 上连续，证明

$$\iint\limits_{0\leqslant y\leqslant x\leqslant a}\frac{f(y)}{\sqrt{(a-x)(x-y)}}\mathrm{d}x\mathrm{d}y=\pi\int_0^a f(x)\mathrm{d}x.$$

§ 5　两类曲线积分

定积分、二重积分和三重积分的积分域分别是数轴上的区间、平面区域和三维空间的区域. 下面要讨论的曲线积分和曲面积分，顾名思义，是定义于一段曲线或一片曲面上的函数的积分. 它们和定积分、重积分的概念一样，都产生于解决实际问题的需要. 例如，为了计算一段线材或一片薄壳的质量，人们引入了一类曲线积分和曲面积分；为了计算外力在质点位移过程中所做的功和流场中流体流经某曲面的流量，又需要建立另一类曲线积分和曲面积分. 以下我们将逐一介绍这些积分概念.

第一类曲线积分的概念及性质

我们已经知道，若空间光滑曲线 L 的参数方程为

$$\begin{cases}x=x(t),\\ y=y(t), \quad \alpha\leqslant t\leqslant\beta,\\ z=z(t),\end{cases}$$

则其弧长微分为

$$\mathrm{d}s=\sqrt{[x'(t)]^2+[y'(t)]^2+[z'(t)]^2}\,\mathrm{d}t,$$

从而 L 的长度为

$$s=\int_\alpha^\beta\sqrt{[x'(t)]^2+[y'(t)]^2+[z'(t)]^2}\,\mathrm{d}t.$$

本节我们总假设所提及的曲线是指可求长的曲线段，在此基础上来介绍第一类曲线积分和第二类曲线积分.

设有一曲线段 L，其上分布着质量，密度函数为 $\rho(x,y,z)$. 为求 L 的质量，我们先粗略地运用微元法作一个大致的分析：曲线段 L 上长度微元就是曲线的弧长微分 $\mathrm{d}s$，相应的质量微元便是 $\mathrm{d}m=\rho(x,y,z)\mathrm{d}s$，其总和（即积分）就是整段曲线 L 的质量，即

$$m=\int_L\mathrm{d}m=\int_L\rho(x,y,z)\mathrm{d}s.$$

当然，这里的积分 $\int_L \mathrm{d}m$，$\int_L \rho(x,y,z)\mathrm{d}s$ 尚属形式记号，它们需要以 Riemann 和取极限的方式予以确切定义．

定义 8.5.1　设 L 是 $\mathbf{R}^3$ 中的一条光滑曲线，其两个端点为 A 和 B，f 是定义在 L 上的有界函数．在 L 上依次插入一组点 $P_0=A,P_1,P_2,\cdots,P_n=B$，将 L 分成 n 个小弧段 $P_0P_1,P_1P_2,\cdots,P_{n-1}P_n$（见图 8.5.1），其长度依次为 $\Delta s_1,\Delta s_2,\cdots,\Delta s_n$，在每个小弧段 $P_{i-1}P_i$ 上任意取点 $(\xi_i,\eta_i,\zeta_i)(i=1,2,\cdots,n)$，作和式

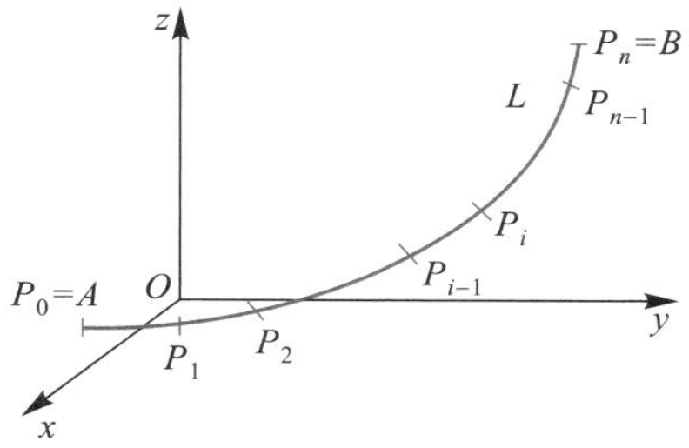

图 8.5.1

$$\sum_{i=1}^{n} f(\xi_i,\eta_i,\zeta_i)\Delta s_i.$$

如果当各小弧段长度的最大值 $\lambda\to 0$ 时，这个和式的极限存在，且极限值与 L 的分法及 (ξ_i,η_i,ζ_i) 的取法无关，则称此极限值为函数 f 在曲线 L 上的**第一类曲线积分**，记作 $\int_L f\mathrm{d}s$ 或 $\int_L f(x,y,z)\mathrm{d}s$，即

$$\int_L f\mathrm{d}s=\lim_{\lambda\to 0}\sum_{i=1}^{n} f(\xi_i,\eta_i,\zeta_i)\Delta s_i .$$

考察以上定义，自然会产生一个问题，上述和式的极限，即第一类曲线积分，是否存在？这里，我们不加证明地给出一个充分条件：如果 f 是光滑曲线 L 上的连续函数，则 f 在 L 上的第一类曲线积分必定存在．对于分段光滑曲线上的第一类曲线积分，视为在各个光滑曲线上的第一类曲线积分之和．

第一类曲线积分具有与定积分、重积分类似的一些性质，列举如下：

性质 1（线性性）　设 f,g 是分段光滑曲线 L 上的连续函数，α,β 是两个常数，则

$$\int_L(\alpha f+\beta g)\mathrm{d}s=\alpha\int_L f\mathrm{d}s+\beta\int_L g\mathrm{d}s .$$

性质 2（可加性）　设曲线 L 由两段光滑曲线 L_1 和 L_2 组成，f 是 L 上的连续函数，则

$$\int_L f\mathrm{d}s=\int_{L_1} f\mathrm{d}s+\int_{L_2} f\mathrm{d}s .$$

在积分运算中将经常使用这些性质．

第一类曲线积分的计算

定理 8.5.1　设连续函数 f 定义于光滑曲线 L 上，L 的参数方程为

$$\begin{cases} x=x(t), \\ y=y(t), \quad \alpha\leqslant t\leqslant\beta, \\ z=z(t), \end{cases}$$

则

$$\int_L f(x,y,z)\mathrm{d}s=\int_\alpha^\beta f(x(t),y(t),z(t))\sqrt{[x'(t)]^2+[y'(t)]^2+[z'(t)]^2}\,\mathrm{d}t .$$

证　作$[\alpha,\beta]$的分划$\alpha=t_0<t_1<\cdots<t_n=\beta$. 记坐标为$(x(t_i),y(t_i),z(t_i))$的点为$P_i$. 于是,$P_0,P_1,\cdots,P_n$把$L$分割为$n$个小弧段. 记$P_{i-1}P_i$的弧长为$\Delta s_i$,则由弧长公式和积分学中值定理,可得

$$\begin{aligned}\Delta s_i&=\int_{t_{i-1}}^{t_i}\sqrt{[x'(t)]^2+[y'(t)]^2+[z'(t)]^2}\,\mathrm{d}t\\&=\sqrt{[x'(\tau_i)]^2+[y'(\tau_i)]^2+[z'(\tau_i)]^2}\,(t_i-t_{i-1}),\end{aligned}$$

其中$\tau_i\in[t_{i-1},t_i]$. 记$\Delta t_i=t_i-t_{i-1}$,$(\xi_i,\eta_i,\zeta_i)=(x(\tau_i),y(\tau_i),z(\tau_i))$,则

$$\begin{aligned}&\sum_{i=1}^{n}f(\xi_i,\eta_i,\zeta_i)\Delta s_i\\&=\sum_{i=1}^{n}f(x(\tau_i),y(\tau_i),z(\tau_i))\sqrt{[x'(\tau_i)]^2+[y'(\tau_i)]^2+[z'(\tau_i)]^2}\,\Delta t_i.\end{aligned}$$

记λ为各小弧段长度的最大值,当分割越来越细,即$\lambda\to 0$时,由于f在L上连续,上述和式的极限存在. 于是

$$\begin{aligned}&\int_L f(x,y,z)\,\mathrm{d}s=\lim_{\lambda\to 0}\sum_{i=1}^{n}f(\xi_i,\eta_i,\zeta_i)\Delta s_i\\&=\lim_{\lambda\to 0}\sum_{i=1}^{n}f(x(\tau_i),y(\tau_i),z(\tau_i))\cdot\sqrt{[x'(\tau_i)]^2+[y'(\tau_i)]^2+[z'(\tau_i)]^2}\,\Delta t_i\\&=\int_\alpha^\beta f(x(t),y(t),z(t))\sqrt{[x'(t)]^2+[y'(t)]^2+[z'(t)]^2}\,\mathrm{d}t.\end{aligned}$$

证毕

作为以上定理的推论得,若平面上光滑曲线L的方程为

$$\begin{cases}x=x(t),\\y=y(t),\end{cases}\quad\alpha\leqslant t\leqslant\beta,$$

则对于L上的连续函数f,成立

$$\int_L f(x,y)\,\mathrm{d}s=\int_\alpha^\beta f(x(t),y(t))\sqrt{[x'(t)]^2+[y'(t)]^2}\,\mathrm{d}t.$$

特别地,如果光滑曲线L的方程为

$$y=y(x),\quad a\leqslant x\leqslant b,$$

则

$$\int_L f(x,y)\,\mathrm{d}s=\int_a^b f(x,y(x))\sqrt{1+[y'(x)]^2}\,\mathrm{d}x.$$

例 8.5.1　计算$I=\int_L \mathrm{e}^{\sqrt{x^2+y^2}}\mathrm{d}s$,其中$L$是由圆周$x^2+y^2=a^2$,直线$y=x$及$x$轴在第一象限所围图形的边界(见图 8.5.2).

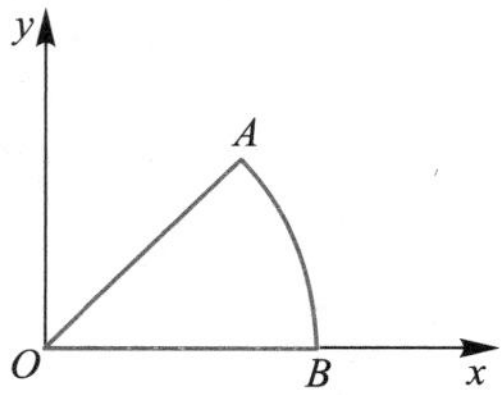

图 8.5.2

解　由积分的可加性,得

$$I=\int_{\overline{OA}}\mathrm{e}^{\sqrt{x^2+y^2}}\mathrm{d}s+\int_{\overset{\frown}{AB}}\mathrm{e}^{\sqrt{x^2+y^2}}\mathrm{d}s+\int_{\overline{OB}}\mathrm{e}^{\sqrt{x^2+y^2}}\mathrm{d}s.$$

线段$\overline{OA}$的方程为

$$y=x,\quad 0\leqslant x\leqslant\frac{a}{\sqrt{2}},$$

所以

$$\int_{\overline{OA}} e^{\sqrt{x^2+y^2}}\mathrm{d}s=\int_0^{\frac{a}{\sqrt{2}}} e^{\sqrt{2}x}\sqrt{1+1}\,\mathrm{d}x=e^a-1.$$

圆弧 $\widehat{AB}$ 的参数方程为

$$\begin{cases}x=a\cos\theta,\\ y=a\sin\theta,\end{cases}\quad 0\leqslant\theta\leqslant\frac{\pi}{4},$$

所以

$$\int_{\widehat{AB}} e^{\sqrt{x^2+y^2}}\mathrm{d}s=\int_0^{\frac{\pi}{4}} e^a\sqrt{a^2\sin^2\theta+a^2\cos^2\theta}\,\mathrm{d}\theta=\frac{\pi}{4}ae^a.$$

线段 $\overline{OB}$ 的方程为

$$y=0,\quad 0\leqslant x\leqslant a,$$

所以

$$\int_{\overline{OB}} e^{\sqrt{x^2+y^2}}\mathrm{d}s=\int_0^a e^x\,\mathrm{d}x=e^a-1.$$

综上即得

$$I=2(e^a-1)+\frac{\pi}{4}ae^a.$$

例 8.5.2　计算曲线积分 $\int_L(x^2+y^2+z^2)\,\mathrm{d}s$，其中 L 为螺旋线 $x=a\cos t, y=a\sin t, z=bt$ 相应于参数 t 从 0 到 2π 的一段弧．

解　由定理 8.5.1 得

$$\begin{aligned}&\int_L(x^2+y^2+z^2)\,\mathrm{d}s\\&=\int_0^{2\pi}(a^2\cos^2t+a^2\sin^2t+b^2t^2)\sqrt{(-a\sin t)^2+(a\cos t)^2+b^2}\,\mathrm{d}t\\&=\int_0^{2\pi}(a^2+b^2t^2)\sqrt{a^2+b^2}\,\mathrm{d}t=2\pi\sqrt{a^2+b^2}\left(a^2+\frac{4}{3}\pi^2b^2\right).\end{aligned}$$

例 8.5.3　一金属线形如圆心在原点，半径为 R 的上半圆周 L，它的线密度 $\rho(x,y)=x^2+y$，求其质心坐标 $(\bar{x},\bar{y})$．

解　金属线 L 的质心坐标为

$$\bar{x}=\frac{1}{M}\int_L x\rho(x,y)\,\mathrm{d}s,\quad \bar{y}=\frac{1}{M}\int_L y\rho(x,y)\,\mathrm{d}s,$$

其中 M 为金属线的质量，且 $M=\int_L\rho(x,y)\,\mathrm{d}s$．

由线密度及半圆周 L 关于 y 轴的对称性，可得

$$\bar{x}=0.$$

因为 L 的参数方程为

$$x=R\cos\theta,\quad y=R\sin\theta,\quad 0\leqslant\theta\leqslant\pi,$$

所以

$$M=\int_L\rho(x,y)\,\mathrm{d}s=\int_0^{\pi}(R^2\cos^2\theta+R\sin\theta)R\mathrm{d}\theta=\frac{R^2}{2}(\pi R+4).$$

因为

$$\int_L y\rho(x,y)\,\mathrm{d}s=\int_L y(x^2+y)\,\mathrm{d}s$$

$$=\int_0^{\pi}(R\cos^2\theta\sin\theta+\sin^2\theta)R^3\mathrm{d}\theta=\frac{R^3}{6}(3\pi+4R).$$

所以

$$\bar{y}=\frac{1}{M}\int_L\rho(x,y)\,\mathrm{d}s=\frac{R(3\pi+4R)}{3(\pi R+4)}.$$

第二类曲线积分的概念及性质

所谓**有向曲线**,是指通常的曲线且在其上规定了点的前进方向,这时我们称该曲线有了**定向**. 显然,第一类曲线积分与曲线如何定向无关,它是数量值函数在无向曲线上的积分. 第二类曲线积分则是向量值函数沿有向曲线的积分,它依赖于曲线的定向.

设有一空间电场,在 (x,y,z) 处单位点电荷所受的电场力为 $\boldsymbol{F}(x,y,z)$,它形成了一个向量场. 今有一单位点电荷,沿有向曲线 L 从其始点 A 移动到终点 B,为求出电场力 $\boldsymbol{F}$ 对点电荷所做的功,我们仍尝试采用微元法. 将有向曲线 L 的方程用 $\boldsymbol{r}=\boldsymbol{r}(x,y,z)$ 表示,于是位移微分为 $\mathrm{d}\boldsymbol{r}$,其方向为与曲线 L 取向一致的切向,长度为弧长微分 $\mathrm{d}s$. 相应地,力场 $\boldsymbol{F}$ 所做的功的微元为

$$\mathrm{d}W=\boldsymbol{F}\cdot\mathrm{d}\boldsymbol{r},$$

其总和即点电荷沿曲线 L 从 A 位移至 B 时所做的功

$$W=\int_L\boldsymbol{F}\cdot\mathrm{d}\boldsymbol{r}.$$

当然,这一形式的积分还需精确地予以定义.

定义 8.5.2　设 L 是 $\mathbf{R}^3$ 中的一条有向光滑曲线,其始点为 A,终点为 B,$\boldsymbol{F}=P\boldsymbol{i}+Q\boldsymbol{j}+R\boldsymbol{k}$ 是定义在 L 上的向量值函数. 在 L 上自 A 至 B 依次插入一组点 $P_0=A,P_1,P_2,\cdots,P_n=B$,将 L 分成 n 个小弧段 $P_0P_1,P_1P_2,\cdots,P_{n-1}P_n$,并记 $\Delta\boldsymbol{r}_i=\overrightarrow{P_{i-1}P_i}(i=1,2,\cdots,n)$. 在每个小弧段 $P_{i-1}P_i$ 上任取一点 (ξ_i,η_i,ζ_i),作和式

$$\sum_{i=1}^{n}\boldsymbol{F}(\xi_i,\eta_i,\zeta_i)\cdot\Delta\boldsymbol{r}_i,$$

如果当各小弧段长度的最大值 $\lambda\to0$ 时,上述和式的极限存在,且极限值与 L 的分法及 $(\xi_i,$

η_i,ζ_i)的取法无关,则称此极限值为向量值函数 $\boldsymbol{F}$ 沿有向曲线 L 的**第二类曲线积分**,记作 $\int_L \boldsymbol{F}\cdot \mathrm{d}\boldsymbol{r}$,即

$$\int_L \boldsymbol{F}\cdot \mathrm{d}\boldsymbol{r}=\lim_{\lambda\to 0}\sum_{i=1}^{n}\boldsymbol{F}(\xi_i,\eta_i,\zeta_i)\cdot\Delta\boldsymbol{r}_i .$$

若将有向曲线 L 上的点表示为 $\boldsymbol{r}=x\boldsymbol{i}+y\boldsymbol{j}+z\boldsymbol{k}$,则向量值函数 $\boldsymbol{F}$ 可写为 $\boldsymbol{F}(x,y,z)=P(x,y,z)\boldsymbol{i}+Q(x,y,z)\boldsymbol{j}+R(x,y,z)\boldsymbol{k}$,因此第二类曲线积分还有如下表示

$$\int_L \boldsymbol{F}\cdot \mathrm{d}\boldsymbol{r}=\int_L P(x,y,z)\,\mathrm{d}x+Q(x,y,z)\,\mathrm{d}y+R(x,y,z)\,\mathrm{d}z .$$

对于分段光滑曲线上的第二类曲线积分,视为各与之同向的光滑曲线上的第二类曲线积分之和.在讨论第二类曲线积分时,如果积分路径 L 是一条封闭曲线,L 上的曲线积分又常记作

$$\oint_L \boldsymbol{F}\cdot \mathrm{d}\boldsymbol{r}\quad 或\quad \oint_L P\mathrm{d}x+Q\mathrm{d}y+R\mathrm{d}z .$$

关于上述和式的极限,即第二类曲线积分的存在性,我们也不加证明地指出:如果 $\boldsymbol{F}$ 是光滑有向曲线 L 上的连续向量值函数,则 $\int_L \boldsymbol{F}\cdot \mathrm{d}\boldsymbol{r}$ 存在.

第二类曲线积分具有如下的性质:

性质 1(线性性)　设 $\boldsymbol{F}$ 和 $\boldsymbol{G}$ 都是分段光滑有向曲线 L 上的连续向量值函数,α,β 是两个常数,则

$$\int_L (\alpha\boldsymbol{F}+\beta\boldsymbol{G})\cdot \mathrm{d}\boldsymbol{r}=\alpha\int_L \boldsymbol{F}\cdot \mathrm{d}\boldsymbol{r}+\beta\int_L \boldsymbol{G}\cdot \mathrm{d}\boldsymbol{r} .$$

性质 2(可加性)　设有向曲线 L 由两段有向光滑曲线 L_1 和 L_2 组成,且 L_1 和 L_2 的定向与 L 一致.若 $\boldsymbol{F}$ 是 L 上的连续向量值函数,则

$$\int_L \boldsymbol{F}\cdot \mathrm{d}\boldsymbol{r}=\int_{L_1} \boldsymbol{F}\cdot \mathrm{d}\boldsymbol{r}+\int_{L_2} \boldsymbol{F}\cdot \mathrm{d}\boldsymbol{r} .$$

性质 3(有向性)　设 L 是有向分段光滑曲线,L^- 是与 L 反向的有向曲线.若 $\boldsymbol{F}$ 是 L 上的连续向量值函数,则

$$\int_L \boldsymbol{F}\cdot \mathrm{d}\boldsymbol{r}=-\int_{L^-} \boldsymbol{F}\cdot \mathrm{d}\boldsymbol{r} .$$

第二类曲线积分的计算

计算第二类曲线积分的基本方法是利用 $\boldsymbol{F}$ 和 $\boldsymbol{r}$ 的分量函数,把 $\int_L \boldsymbol{F}\cdot \mathrm{d}\boldsymbol{r}$ 化为数值函数的定积分.

设光滑有向曲线 L 的方程为

$$\boldsymbol{r}=\boldsymbol{r}(t)=x(t)\boldsymbol{i}+y(t)\boldsymbol{j}+z(t)\boldsymbol{k},\quad t:a\to b,$$

其中“$t:a\to b$”表示当参数 t 自 a 单调地变动到 b 时,$\boldsymbol{r}(t)$ 自 L 的始点移动至终点.若向量值

函数 $\boldsymbol{F}(x,y,z)=P(x,y,z)\boldsymbol{i}+Q(x,y,z)\boldsymbol{j}+R(x,y,z)\boldsymbol{k}$ 在 L 上连续，那么

$$\int_L \boldsymbol{F}\cdot \mathrm{d}\boldsymbol{r}=\int_a^b \boldsymbol{F}(\boldsymbol{r}(t))\cdot\boldsymbol{r}'(t)\,\mathrm{d}t$$

$$=\int_a^b [P(x(t),y(t),z(t))x'(t)+Q(x(t),y(t),z(t))y'(t)+R(x(t),y(t),z(t))z'(t)]\,\mathrm{d}t,$$

即

$$\int_L P(x,y,z)\,\mathrm{d}x+Q(x,y,z)\,\mathrm{d}y+R(x,y,z)\,\mathrm{d}z$$

$$=\int_a^b [P(x(t),y(t),z(t))x'(t)+Q(x(t),y(t),z(t))y'(t)+R(x(t),y(t),z(t))z'(t)]\,\mathrm{d}t.$$

这个公式的证明此处从略.

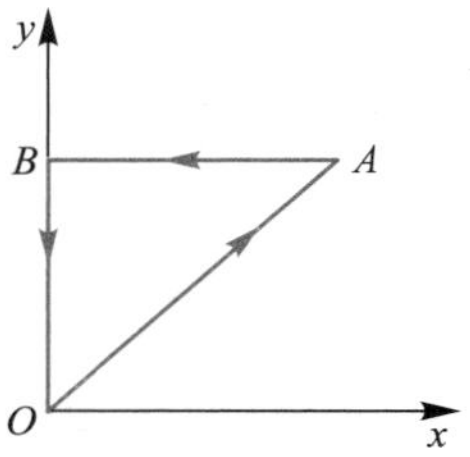

图 8.5.3

例 8.5.4　计算第二类曲线积分

$$\oint_L 2xy\,\mathrm{d}x-x^2\,\mathrm{d}y,$$

其中 L 是以 $O(0,0)$，$A(1,1)$ 和 $B(0,1)$ 为顶点的三角形边界，其方向为逆时针（见图 8.5.3）.

解　按规定，L 取逆时针方向，利用路径可加性得

$$\oint_L 2xy\,\mathrm{d}x-x^2\,\mathrm{d}y=\left(\int_{\overline{OA}}+\int_{\overline{AB}}+\int_{\overline{BO}}\right)2xy\,\mathrm{d}x-x^2\,\mathrm{d}y.$$

有向线段 $\overline{OA}$ 的方程为 $y=x$，$x:0\to 1$，因此

$$\int_{\overline{OA}} 2xy\,\mathrm{d}x-x^2\,\mathrm{d}y=\int_0^1(2x^2-x^2)\,\mathrm{d}x=\int_0^1 x^2\,\mathrm{d}x=\frac{1}{3}.$$

有向线段 $\overline{AB}$ 的方程为 $y=1$，$x:1\to 0$，因此

$$\int_{\overline{AB}} 2xy\,\mathrm{d}x-x^2\,\mathrm{d}y=\int_1^0 2x\,\mathrm{d}x=-1.$$

有向线段 $\overline{BO}$ 的方程为 $x=0$，$y:1\to 0$，因此

$$\int_{\overline{BO}} 2xy\,\mathrm{d}x-x^2\,\mathrm{d}y=\int_1^0 0\,\mathrm{d}y=0.$$

于是

$$\oint_L 2xy\,\mathrm{d}x-x^2\,\mathrm{d}y=\frac{1}{3}-1+0=-\frac{2}{3}.$$

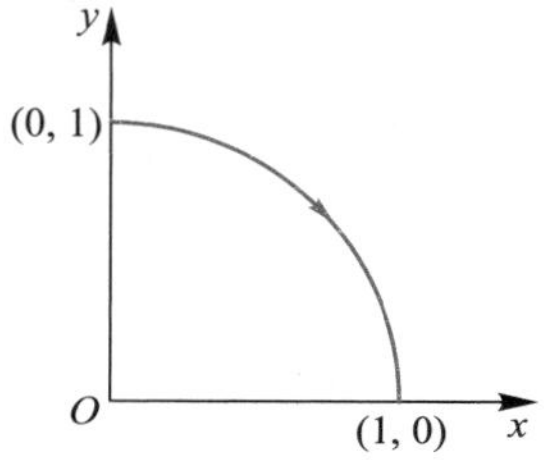

图 8.5.4

例 8.5.5　设质点在力场 $\boldsymbol{F}=-x^2\boldsymbol{i}+xy\boldsymbol{j}$ 中沿单位圆周在第一象限的部分从点(0,1)移动到点(1,0)（见图 8.5.4），求力 $\boldsymbol{F}$ 所做的功.

解　力 $\boldsymbol{F}$ 所做的功为

$$W=\int_L \boldsymbol{F}\cdot\mathrm{d}\boldsymbol{r},$$

其中有向曲线 L 为单位圆周在第一象限中从点(0,1)到点(1,0)的

一段,它可表示为

$$r(t)=\cos t\boldsymbol{i}+\sin t\boldsymbol{j},\quad t:\frac{\pi}{2}\to 0.$$

这样,

$$W=\int_{\frac{\pi}{2}}^{0}(-\cos^2 t\boldsymbol{i}+\cos t\sin t\boldsymbol{j})\cdot(-\sin t\boldsymbol{i}+\cos t\boldsymbol{j})\,\mathrm{d}t$$

$$=\int_{\frac{\pi}{2}}^{0}2\sin t\cos^2 t\,\mathrm{d}t=-\frac{2}{3}\cos^3 t\Big|_{\frac{\pi}{2}}^{0}=-\frac{2}{3}.$$

例 8.5.6 计算第二类曲线积分

$$\int_L (x^2-yz)\,\mathrm{d}x+(y^2-xz)\,\mathrm{d}y+(z^2-xy)\,\mathrm{d}z,$$

其中曲线 L 是螺旋线 $x=a\cos\theta, y=a\sin\theta, z=\frac{h}{2\pi}\theta(0\leqslant\theta\leqslant 2\pi)$ 上自点 $A(a,0,0)$ 到点 $B(a,0,h)$ 的一段弧(见图 8.5.5).

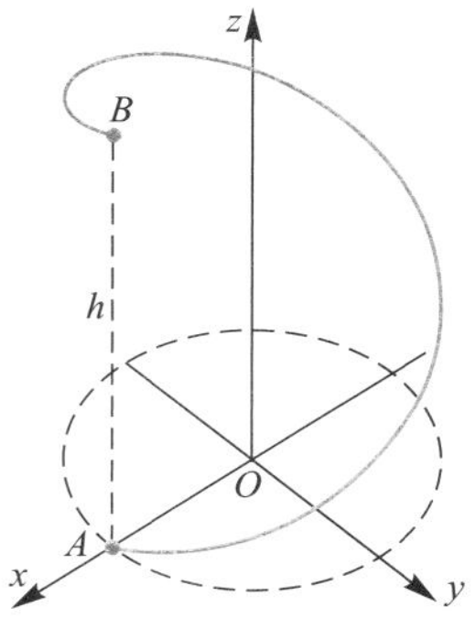

图 8.5.5

解 利用曲线积分的计算公式得

$$\int_L (x^2-yz)\,\mathrm{d}x+(y^2-xz)\,\mathrm{d}y+(z^2-xy)\,\mathrm{d}z$$

$$=\int_0^{2\pi}\left[\left(a^2\cos^2\theta-a\sin\theta\frac{h}{2\pi}\theta\right)(-a\sin\theta)+\left(a^2\sin^2\theta-a\cos\theta\frac{h}{2\pi}\theta\right)a\cos\theta+\left(\frac{h^2}{4\pi^2}\theta^2-a^2\sin\theta\cos\theta\right)\frac{h}{2\pi}\right]\mathrm{d}\theta$$

$$=\frac{h^3}{3}.$$

两类曲线积分的关系

虽然第二类曲线积分 $\int_L \boldsymbol{F}\cdot\mathrm{d}\boldsymbol{r}$ 中的积分路径 L,函数 $\boldsymbol{F}$ 及微分 $\mathrm{d}\boldsymbol{r}$ 均是有向的,但我们还是能够把它改写为第一类曲线积分的形式. 为此,以弧长为参数写出 L 的参数方程:

$$\boldsymbol{r}(s)=x(s)\boldsymbol{i}+y(s)\boldsymbol{j}+z(s)\boldsymbol{k},$$

其中 s 为自 L 的始点到 $\boldsymbol{r}(s)$ 所对应的点的曲线段的弧长. 记 L 在 $(x(s),y(s),z(s))$ 处沿参数 s 增加方向的单位切向量为

$$\boldsymbol{\tau}=(\cos(\boldsymbol{\tau},x),\cos(\boldsymbol{\tau},y),\cos(\boldsymbol{\tau},z)).$$

注意到 $\|\boldsymbol{r}'(s)\|=1$,则 $\mathrm{d}\boldsymbol{r}=\boldsymbol{r}'(s)\mathrm{d}s=\boldsymbol{\tau}\mathrm{d}s$. 于是,向量值函数 $\boldsymbol{F}=P\boldsymbol{i}+Q\boldsymbol{j}+R\boldsymbol{k}$ 沿有向曲线 L 的积分

$$\int_L P\,\mathrm{d}x+Q\,\mathrm{d}y+R\,\mathrm{d}z=\int_L \boldsymbol{F}\cdot\mathrm{d}\boldsymbol{r}=\int_L \boldsymbol{F}\cdot\boldsymbol{\tau}\,\mathrm{d}s$$

$$=\int_L [P(x,y,z)\cos(\boldsymbol{\tau},x)+Q(x,y,z)\cos(\boldsymbol{\tau},y)+R(x,y,z)\cos(\boldsymbol{\tau},z)]\,\mathrm{d}s.$$

这样，就把第二类曲线积分化成了第一类曲线积分.

习 题

1. 计算下列第一类曲线积分：

(1) $\int_L (x^2+y^2)^n \mathrm{d}s$，其中 L 是圆心在原点，半径为 R 的圆周；

(2) $\int_L |y|\mathrm{d}s$，其中 L 是右半圆周 $x=a\cos t, y=a\sin t\left(-\dfrac{\pi}{2}\leqslant t\leqslant \dfrac{\pi}{2}\right)$；

(3) $\int_L \sqrt{x^2+y^2}\,\mathrm{d}s$，其中 L 是圆周 $x^2+y^2=ax\ (a>0)$；

(4) $\int_L (x^{4/3}+y^{4/3})\mathrm{d}s$，其中 L 为星形线 $x=a\cos^3 t, y=a\sin^3 t\left(0\leqslant t\leqslant\dfrac{\pi}{2}\right)$；

(5) $\int_L xyz\mathrm{d}s$，其中曲线 L 的参数方程为 $x=t, y=\dfrac{2\sqrt{2}}{3}t^{\frac{3}{2}}, z=\dfrac{1}{2}t^2(0\leqslant t\leqslant 1)$；

(6) $\int_L x\sqrt{x^2-y^2}\,\mathrm{d}s$，其中 L 是双纽线的右半支：$r^2=a^2\cos 2\theta\left(-\dfrac{\pi}{4}\leqslant\theta\leqslant\dfrac{\pi}{4}\right)$.

2. 曲线 $y=\ln x$ 的线密度 $\rho(x,y)=x^2$，试求曲线在 $x=\sqrt{3}$ 到 $x=\sqrt{15}$ 之间的质量.

3. 求密度为常值的摆线 $x=a(t-\sin t), y=a(1-\cos t)(0\leqslant t\leqslant\pi)$ 的质心.

4. 计算下列第二类曲线积分：

(1) $\int_L y^2\mathrm{d}x+x^2\mathrm{d}y$，其中 L 是上半椭圆 $\dfrac{x^2}{a^2}+\dfrac{y^2}{b^2}=1(y\geqslant 0)$，方向从 $(a,0)$ 到 $(-a,0)$；

(2) $\int_L (x-y)^2\mathrm{d}x+2xy\mathrm{d}y$，其中 L 为曲线 $y=x^5$，方向从 $(0,0)$ 到 $(1,1)$；

(3) $\int_L (y^2-z^2)\mathrm{d}x+2yz\mathrm{d}y-x^2\mathrm{d}z$，其中 L 为 $x=t, y=t^2, z=t^3, t:0\to 1$；

(4) $\oint_L \dfrac{(x+y)\mathrm{d}x-(x-y)\mathrm{d}y}{x^2+y^2}$，其中 L 为圆周 $x^2+y^2=a^2$，方向为逆时针方向；

(5) $\int_L x^2\mathrm{d}x+z\mathrm{d}y-y\mathrm{d}z$，其中 L 为 $x=k\theta, y=a\cos\theta, z=a\sin\theta, \theta:0\to\pi$；

(6) $\oint_L \mathrm{d}x-\mathrm{d}y+y\mathrm{d}z$，其中 L 为取逆时针方向的闭折线 $ABCA$，这里的 A,B,C 依次为点 $(1,0,0),(0,1,0),(0,0,1)$.

5. 一质点受弹力的影响，该力的方向指向坐标原点，力的大小和质点与原点的距离成正比. 若此质点的运动依逆时针方向描绘出椭圆 $\dfrac{x^2}{a^2}+\dfrac{y^2}{b^2}=1$ 在第一象限的部分，试求弹力所做的功.

6. 有一力场，其力的大小与力的作用点到 Oxy 平面的距离成反比，方向指向原点，试计算当质点沿直线 $x=at, y=bt, z=ct(c\neq 0)$ 从点 (a,b,c) 移动至点 $(2a,2b,2c)$ 时，该力场所做的功.

7. 设 L 为曲线 $x=t, y=t^2, z=t^3$ 上相应于 $t:0\to 1$ 的曲线弧，试把第二类曲线积分 $\int_L P\mathrm{d}x+Q\mathrm{d}y+R\mathrm{d}z$ 化为第一类曲线积分.

§ 6　第一类曲面积分

第一类曲面积分解决的典型问题是计算薄壳体的质量．设有一片曲面 Σ,其上分布的质量密度为 $\rho(x,y,z)$,用微元法作分析时,可以设想先取曲面的面积为 $\mathrm{d}S$ 的曲面微元,再利用密度函数得到这个曲面微元的质量 $\mathrm{d}m=\rho\mathrm{d}S$,其总和就是该片曲面的质量：

$$M=\iint_{\Sigma}\mathrm{d}m=\iint_{\Sigma}\rho(x,y,z)\mathrm{d}S.$$

这里的面积微元 $\mathrm{d}S$ 和积分“$\iint_{\Sigma}$”的数学含义正是下面要作讨论的．

曲面的面积

设曲面 Σ 的参数方程为

$$\begin{cases}x=x(u,v),\\ y=y(u,v), \quad (u,v)\in D,\\ z=z(u,v),\end{cases}$$

即

$$\boldsymbol{r}=\boldsymbol{r}(u,v)=x(u,v)\boldsymbol{i}+y(u,v)\boldsymbol{j}+z(u,v)\boldsymbol{k},\quad (u,v)\in D.$$

以下我们假设曲面 Σ 是光滑的,即曲面方程中各函数具有连续的偏导数,且处处有 $\boldsymbol{r}_u'\times\boldsymbol{r}_v'\neq\boldsymbol{0}$ (等价地就是 $\operatorname{rank}\begin{pmatrix}x_u' & x_v'\\ y_u' & y_v'\\ z_u' & z_v'\end{pmatrix}=2$)．进一步,假设映射 $\boldsymbol{r}$ 是一一对应的．

为了作出适当的曲线网分割 Σ,以便用小曲面片面积之和计算 Σ 的面积,可以先在 Ouv 平面上用与坐标轴平行的直线网分割区域 D(见图 8.6.1),所得的小区域中除包含边界点的外都是小矩形．区域 D 的直线网对应于曲面 Σ 上的曲线网．分割 Σ 所得的小区域中除包含边界点的外都是小的“曲边四边形”．

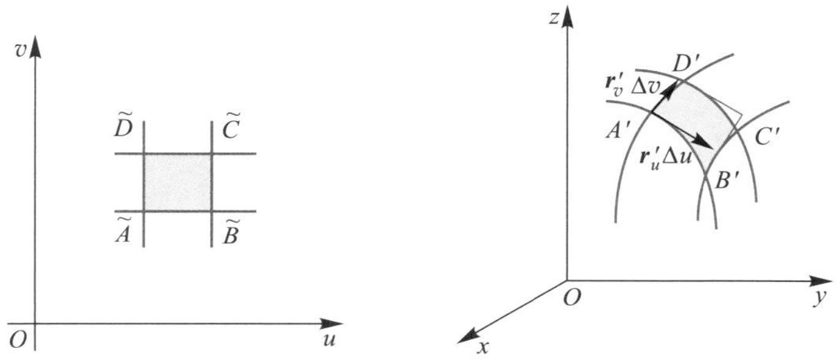

图 8.6.1

任取 D 内的一个小矩形，设其顶点为 $\tilde{A}(u,v)$，$\tilde{B}(u+\Delta u,v)$，$\tilde{C}(u+\Delta u,v+\Delta v)$，$\tilde{D}(u,v+\Delta v)$，记 A'，B'，C'，D'为它们在曲面 Σ 上依次对应的点，则这个小矩形对应于 Σ 上的一个曲边四边形 $A'B'C'D'$，其面积为 ΔS.

我们已经知道，曲面 Σ 在点 A'附近可以用它在点 A'处的切平面来近似．因为

$$\overrightarrow{A'B'}=\boldsymbol{r}(u+\Delta u,v)-\boldsymbol{r}(u,v)\approx\boldsymbol{r}_u'(u,v)\Delta u,$$

$$\overrightarrow{A'D'}=\boldsymbol{r}(u,v+\Delta v)-\boldsymbol{r}(u,v)\approx\boldsymbol{r}_v'(u,v)\Delta v,$$

所以，可以用点 A'处切平面上的以 $\boldsymbol{r}_u'(u,v)\Delta u$ 和 $\boldsymbol{r}_v'(u,v)\Delta v$ 为邻边的小平行四边形面积来近似 ΔS，即

$$\Delta S\approx\|\boldsymbol{r}_u'\times\boldsymbol{r}_v'\|\Delta u\Delta v,$$

由此即得曲面的**面积微元**（或**面积微分**）

$$\mathrm{d}S=\|\boldsymbol{r}_u'\times\boldsymbol{r}_v'\|\mathrm{d}u\mathrm{d}v.$$

从而 Σ 的**面积**为

$$S=\iint_D\|\boldsymbol{r}'_u\times\boldsymbol{r}'_v\|\mathrm{d}u\mathrm{d}v.$$

因为 $\boldsymbol{r}_u'=x_u'\boldsymbol{i}+y_u'\boldsymbol{j}+z_u'\boldsymbol{k}$，$\boldsymbol{r}_v'=x_v'\boldsymbol{i}+y_v'\boldsymbol{j}+z_v'\boldsymbol{k}$，所以

$$\|\boldsymbol{r}_u'\times\boldsymbol{r}_v'\|^2=\left[\frac{D(y,z)}{D(u,v)}\right]^2+\left[\frac{D(z,x)}{D(u,v)}\right]^2+\left[\frac{D(x,y)}{D(u,v)}\right]^2=EG-F^2,$$

其中

$$E=\boldsymbol{r}_u'\cdot\boldsymbol{r}_u'=x_u'^2+y_u'^2+z_u'^2,$$

$$G=\boldsymbol{r}_v'\cdot\boldsymbol{r}_v'=x_v'^2+y_v'^2+z_v'^2,$$

$$F=\boldsymbol{r}_u'\cdot\boldsymbol{r}_v'=x_u'x_v'+y_u'y_v'+z_u'z_v'.$$

所以

$$S=\iint_D\sqrt{EG-F^2}\,\mathrm{d}u\mathrm{d}v.$$

注 这样定义的曲面面积是与曲面参数的选取无关的，因此是合理的．事实上，若

$$\begin{cases}u=u(s,t),\\ v=v(s,t),\end{cases}\quad(s,t)\in D'$$

是 D'到 D 的一一对应的连续可微映射，且满足$\dfrac{D(u,v)}{D(s,t)}\neq0$，则 $\boldsymbol{r}=\boldsymbol{r}(u(s,t),v(s,t))((s,t)\in D')$也是曲面 Σ 的参数方程．此时

$$\boldsymbol{r}_s'=\boldsymbol{r}_u'\frac{\partial u}{\partial s}+\boldsymbol{r}_v'\frac{\partial v}{\partial s},\quad\boldsymbol{r}_t'=\boldsymbol{r}_u'\frac{\partial u}{\partial t}+\boldsymbol{r}_v'\frac{\partial v}{\partial t},$$

因此

$$\begin{aligned}\boldsymbol{r}_s'\times\boldsymbol{r}_t'&=\left(\boldsymbol{r}_u'\frac{\partial u}{\partial s}+\boldsymbol{r}_v'\frac{\partial v}{\partial s}\right)\times\left(\boldsymbol{r}_u'\frac{\partial u}{\partial t}+\boldsymbol{r}_v'\frac{\partial v}{\partial t}\right)\\&=\left(\frac{\partial u}{\partial s}\frac{\partial v}{\partial t}-\frac{\partial v}{\partial s}\frac{\partial u}{\partial t}\right)\boldsymbol{r}_u'\times\boldsymbol{r}_v'=\frac{D(u,v)}{D(s,t)}\boldsymbol{r}_u'\times\boldsymbol{r}_v',\end{aligned}$$

从而

$$\| \boldsymbol{r}_s' \times \boldsymbol{r}_t' \| = \| \boldsymbol{r}_u' \times \boldsymbol{r}_v' \| \left| \frac{D(u,v)}{D(s,t)} \right|.$$

于是,由二重积分的变量代换公式知

$$\iint\limits_{D'} \| \boldsymbol{r}_s' \times \boldsymbol{r}_t' \| \mathrm{d}s\mathrm{d}t = \iint\limits_{D'} \| \boldsymbol{r}_u' \times \boldsymbol{r}_v' \| \left| \frac{D(u,v)}{D(s,t)} \right| \mathrm{d}s\mathrm{d}t = \iint\limits_{D} \| \boldsymbol{r}_u' \times \boldsymbol{r}_v' \| \mathrm{d}u\mathrm{d}v.$$

这说明曲面面积的定义与参数选择无关.

若曲面方程为

$$z = f(x,y), \quad (x,y) \in D,$$

它也可视为特殊的参数方程,即以 x,y 为参数:

$$\begin{cases} x = x, \\ y = y, \\ z = f(x,y), \end{cases} \quad (x,y) \in D.$$

此时显然有 $\boldsymbol{r}_x' = \boldsymbol{i} + f_x' \boldsymbol{k}, \boldsymbol{r}_y' = \boldsymbol{j} + f_y' \boldsymbol{k}$,从而

$$\boldsymbol{r}_x' \times \boldsymbol{r}_y' = \begin{vmatrix} \boldsymbol{i} & \boldsymbol{j} & \boldsymbol{k} \\ 1 & 0 & f_x' \\ 0 & 1 & f_y' \end{vmatrix} = -f_x' \boldsymbol{i} - f_y' \boldsymbol{j} + \boldsymbol{k},$$

由此即得

$$\| \boldsymbol{r}_x' \times \boldsymbol{r}_y' \|^2 = 1 + f_x'^2 + f_y'^2.$$

Schwarz 的例子

于是

$$S = \iint\limits_{D} \sqrt{1 + f_x'^2 + f_y'^2} \, \mathrm{d}x\mathrm{d}y.$$

例 8.6.1　求半径为 R 的球面面积.

解法一　球面的参数方程为

$$\begin{cases} x = R\sin\varphi\cos\theta, \\ y = R\sin\varphi\sin\theta, \\ z = R\cos\varphi, \end{cases}$$

参数 (φ,θ) 的变化区域 $D = \{(\varphi,\theta) \mid 0 \leqslant \varphi \leqslant \pi, 0 \leqslant \theta < 2\pi\}$.

由于

$$\begin{aligned} \boldsymbol{r}_\varphi' \times \boldsymbol{r}_\theta' &= \begin{vmatrix} \boldsymbol{i} & \boldsymbol{j} & \boldsymbol{k} \\ R\cos\varphi\cos\theta & R\cos\varphi\sin\theta & -R\sin\varphi \\ -R\sin\varphi\sin\theta & R\sin\varphi\cos\theta & 0 \end{vmatrix} \\ &= R^2\sin^2\varphi\cos\theta\boldsymbol{i} + R^2\sin^2\varphi\sin\theta\boldsymbol{j} + R^2\sin\varphi\cos\varphi\boldsymbol{k}, \end{aligned}$$

所以

$$\| \boldsymbol{r}_\varphi' \times \boldsymbol{r}_\theta' \| = R^2 \sin\varphi.$$

从而

$$\begin{aligned} S &= \iint\limits_{D} R^2\sin\varphi\mathrm{d}\varphi\mathrm{d}\theta = R^2\int_0^{2\pi}\mathrm{d}\theta\int_0^{\pi}\sin\varphi\mathrm{d}\varphi \\ &= -2\pi R^2\cos\varphi\Big|_0^{\pi} = 4\pi R^2. \end{aligned}$$

解法二　上半球面的方程为

$$z=\sqrt{R^2-x^2-y^2},$$

求导可得

$$z'_x=\frac{-x}{\sqrt{R^2-x^2-y^2}},\quad z'_y=\frac{-y}{\sqrt{R^2-x^2-y^2}}.$$

球面的面积是上半球面面积的 2 倍．记 $D=\{(x,y)\mid x^2+y^2\leqslant R^2\}$，则球面的面积为

$$\begin{aligned}S&=2\iint_D\sqrt{1+z_x'^2+z_y'^2}\mathrm{d}x\mathrm{d}y=2\iint_D\frac{R}{\sqrt{R^2-x^2-y^2}}\mathrm{d}x\mathrm{d}y\\&=2\int_0^{2\pi}\mathrm{d}\theta\int_0^R\frac{R}{\sqrt{R^2-r^2}}r\mathrm{d}r=-4\pi R\sqrt{R^2-r^2}\Big|_0^R=4\pi R^2.\end{aligned}$$

第一类曲面积分的概念

我们以下总假设所提及的曲面是可求面积的．

定义 8.6.1　设 Σ 是 $\mathbf{R}^3$ 中的一张光滑曲面，f 是定义在 Σ 上的有界函数．将 Σ 任意地分割成 n 个小曲面 $\Delta\Sigma_1,\Delta\Sigma_2,\cdots,\Delta\Sigma_n$，记 $\Delta\Sigma_i$ 的面积为 $\Delta S_i(i=1,2,\cdots,n)$．在每个小曲面 $\Delta\Sigma_i$ 上任取一点 (ξ_i,η_i,ζ_i)，作和式

$$\sum_{i=1}^{n}f(\xi_i,\eta_i,\zeta_i)\Delta S_i.$$

记 λ 为诸 $\Delta\Sigma_i$ 的直径的最大值．如果当 $\lambda\to0$ 时，上述和式的极限存在，且极限值与 Σ 的分法及 (ξ_i,η_i,ζ_i) 的取法无关，则称此极限值为 f 在 Σ 上的**第一类曲面积分**，记作 $\iint\limits_{\Sigma}f\mathrm{d}S$ 或 $\iint\limits_{\Sigma}f(x,y,z)\mathrm{d}S$，即

$$\iint_{\Sigma}f\mathrm{d}S=\lim_{\lambda\to0}\sum_{i=1}^{n}f(\xi_i,\eta_i,\zeta_i)\Delta S_i.$$

这里要指出，当 f 是光滑曲面 Σ 上的连续函数时，它在 Σ 上的第一类曲面积分总是存在的．对于分片光滑曲面上的第一类曲面积分，视为各个光滑曲面上的第一类曲面积分之和．

第一类曲面积分具有下列常用的性质：

性质 1（线性性）　设函数 f,g 在分片光滑曲面 Σ 上连续，α,β 为常数，则

$$\iint_{\Sigma}(\alpha f+\beta g)\mathrm{d}S=\alpha\iint_{\Sigma}f\mathrm{d}S+\beta\iint_{\Sigma}g\mathrm{d}S.$$

性质 2（可加性）　设曲面 Σ 被分割为光滑曲面 Σ_1 与 Σ_2 的并，且函数 f 在曲面 Σ 上连续，则

$$\iint_{\Sigma}f\mathrm{d}S=\iint_{\Sigma_1}f\mathrm{d}S+\iint_{\Sigma_2}f\mathrm{d}S.$$

第一类曲面积分的计算

第一类曲面积分可以化为二重积分来计算．设光滑曲面 Σ 的方程为

$$\boldsymbol{r}=x(u,v)\boldsymbol{i}+y(u,v)\boldsymbol{j}+z(u,v)\boldsymbol{k},\quad (u,v)\in D.$$

又设函数 f 在曲面 Σ 上连续．前面已经指出，Σ 的面积微元

$$\mathrm{d}S=\sqrt{EG-F^2}\,\mathrm{d}u\mathrm{d}v,$$

其中 $E=x_u'^2+y_u'^2+z_u'^2$，$G=x_v'^2+y_v'^2+z_v'^2$，$F=x_u'x_v'+y_u'y_v'+z_u'z_v'$．由第一类曲面积分的定义可以导出，

$$\iint_{\Sigma}f(x,y,z)\,\mathrm{d}S=\iint_{D}f(x(u,v),y(u,v),z(u,v))\sqrt{EG-F^2}\,\mathrm{d}u\mathrm{d}v,$$

即三元函数 f 在空间曲面 Σ 上的第一类曲面积分可以化为二元函数 $f(x(u,v),y(u,v),z(u,v))\sqrt{EG-F^2}$ 在平面区域 D 上的二重积分．

当光滑曲面 Σ 的方程为

$$z=z(x,y),\quad (x,y)\in D$$

时，曲面的面积微元为

$$\mathrm{d}S=\sqrt{1+z_x'^2+z_y'^2}\,\mathrm{d}x\mathrm{d}y.$$

此时，又得到

$$\iint_{\Sigma}f(x,y,z)\,\mathrm{d}S=\iint_{D}f(x,y,z(x,y))\sqrt{1+z_x'^2+z_y'^2}\,\mathrm{d}x\mathrm{d}y.$$

例 8.6.2　计算第一类曲面积分 $\iint\limits_{\Sigma}\sin\dfrac{z}{2}\mathrm{d}S$，其中 Σ 是一片螺旋面（见图 8.6.2）：

$$\begin{cases}x=u\cos v,\\ y=u\sin v,\quad 0\leqslant u\leqslant a,0\leqslant v\leqslant 2\pi.\\ z=v,\end{cases}$$

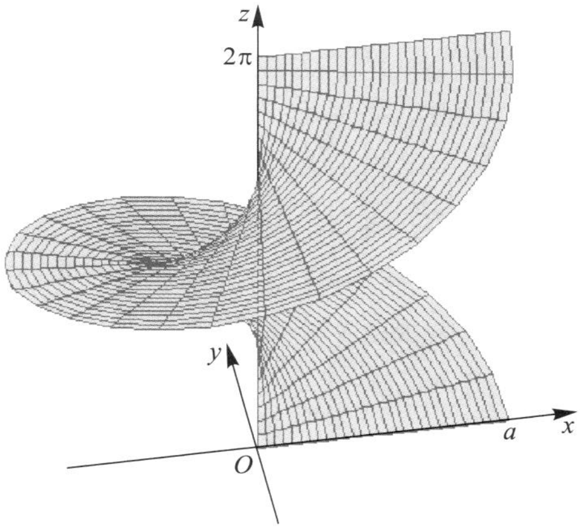

图 8.6.2

解　由计算

$$E=x_u'^2+y_u'^2+z_u'^2=\cos^2v+\sin^2v=1,$$

$$G=x_v'^2+y_v'^2+z_v'^2=u^2\sin^2v+u^2\cos^2v+1=1+u^2,$$

$$F=x_u'x_v'+y_u'y_v'+z_u'z_v'=-u\sin v\cos v+u\sin v\cos v=0.$$

所以 $\sqrt{EG-F^2}=\sqrt{1+u^2}$．这样

$$\iint_{\Sigma}\sin\frac{z}{2}\mathrm{d}S=\iint_{[0,a]\times[0,2\pi]}\sin\frac{v}{2}\cdot\sqrt{1+u^2}\,\mathrm{d}u\mathrm{d}v$$

$$=\int_0^{2\pi}\sin\frac{v}{2}\mathrm{d}v\int_0^a\sqrt{1+u^2}\,\mathrm{d}u=2a\sqrt{1+a^2}+2\ln(a+\sqrt{1+a^2}).$$

例 8.6.3　设半径为 R 的上半球面上各点的密度与该点到 z 轴的距离成正比，比例系数为 k，试求半球面的质量 M.

解　由假设，$\rho(x,y,z)=k\sqrt{x^2+y^2}$（$k$ 为正常数）．又上半球面的方程为

$$z=\sqrt{R^2-x^2-y^2},$$

所以，$\mathrm{d}S=\sqrt{1+z_x'^2+z_y'^2}\,\mathrm{d}x\mathrm{d}y=\dfrac{R}{\sqrt{R^2-x^2-y^2}}\mathrm{d}x\mathrm{d}y$．这样

$$M=\iint_{\Sigma}\rho(x,y,z)\,\mathrm{d}S=\iint_{x^2+y^2\leqslant R^2}k\sqrt{x^2+y^2}\cdot\frac{R\mathrm{d}x\mathrm{d}y}{\sqrt{R^2-x^2-y^2}}$$

$$=kR\int_0^{2\pi}\mathrm{d}\theta\int_0^R\frac{r}{\sqrt{R^2-r^2}}r\mathrm{d}r=2\pi kR\int_0^R\frac{r^2}{\sqrt{R^2-r^2}}\mathrm{d}r$$

$$=2\pi kR\int_0^{\frac{\pi}{2}}\frac{R^2\sin^2t}{R\cos t}R\cos t\mathrm{d}t=\frac{k}{2}\pi^2R^3.$$

例 8.6.4　设圆锥面 $z^2=x^2+y^2$ 上分布的质量是均匀的且其面密度 $\rho=1$，它被平面 $z=a$ 和 $z=b(0<a<b)$ 所截部分为 Σ（见图 8.6.3），求 Σ 对位于原点处具有质量 $m=1$ 的质点的引力．

解　设 Σ 对质点的引力 $\boldsymbol{F}=(F_x,F_y,F_z)$．由对称性，引力在 x 轴和 y 轴方向的分量为 $F_x=F_y=0$．

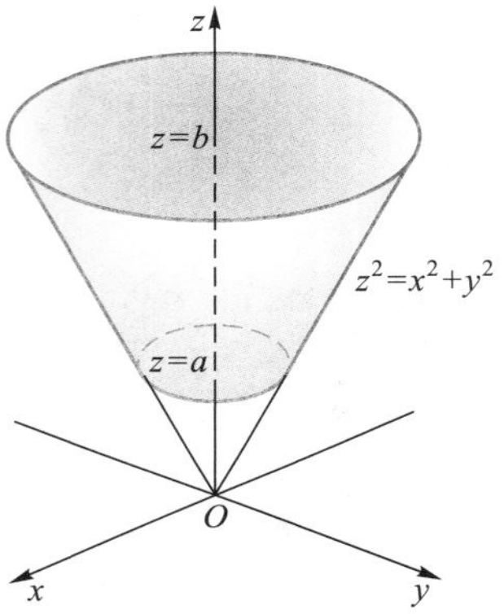

图 8.6.3

对曲面上的点 $P(x,y,z)$，取一包含它的曲面微元 $\mathrm{d}\Sigma$，其面积为 $\mathrm{d}S$．由于 $\rho=1$，$\mathrm{d}\Sigma$ 对原点处质点的引力在 z 轴方向的分量为

$$\mathrm{d}F_z=G\frac{\mathrm{d}S}{x^2+y^2+z^2}\cos\varphi,$$

其中 G 为引力常数，φ 为 OP 与 z 轴的夹角．因为圆锥面方程为 $z=\sqrt{x^2+y^2}$，故 $\varphi=\frac{\pi}{4}$．这样，

$$F_z=\iint_{\Sigma}\mathrm{d}F_z=\iint_{\Sigma}G\cdot\frac{1}{\sqrt{2}}\frac{\mathrm{d}S}{x^2+y^2+z^2}.$$

由计算

$$\mathrm{d}S=\sqrt{1+z_x'^2+z_y'^2}\,\mathrm{d}x\mathrm{d}y=\sqrt{2}\,\mathrm{d}x\mathrm{d}y,$$

而 Σ 在 Oxy 平面上的投影为 $D=\{(x,y)\mid a^2\leqslant x^2+y^2\leqslant b^2\}$，所以

$$F_z=\frac{G}{\sqrt{2}}\iint_D\frac{\sqrt{2}\,\mathrm{d}x\mathrm{d}y}{x^2+y^2+(x^2+y^2)}=G\int_0^{2\pi}\mathrm{d}\theta\int_a^b\frac{r\mathrm{d}r}{2r^2}=G\pi\ln\frac{b}{a}.$$

习　题

1. 求下列曲面的面积：

(1) $z=axy$ 包含在圆柱面 $x^2+y^2=a^2(a>0)$ 内的部分；

(2) 抛物面 $x^2+y^2=2az$ 包含在柱面 $(x^2+y^2)^2=2a^2xy(a>0)$ 内的部分；

(3) 环面 $x=(b+a\cos\varphi)\cos\theta,y=(b+a\cos\varphi)\sin\theta,z=a\sin\varphi(0\leqslant\varphi\leqslant2\pi,0\leqslant\theta\leqslant2\pi)$，其中 $0<a<b$.

2. 计算下列第一类曲面积分：

(1) $\iint_{\Sigma}\frac{1}{z}\mathrm{d}S$，其中 Σ 是球面 $x^2+y^2+z^2=R^2$ 被平面 $z=h(0<h<R)$ 截出的顶部；

(2) $\iint_{\Sigma}(x+y+z)\mathrm{d}S$，其中 Σ 是左半球面 $x^2+y^2+z^2=R^2,y\leqslant0$；

(3) $\iint\limits_{\Sigma}(x^2+y^2)\mathrm{d}S$，其中 Σ 是区域 $\{(x,y,z)\mid\sqrt{x^2+y^2}\leqslant z\leqslant 1\}$ 的边界；

(4) $\iint\limits_{\Sigma}(xy+yz+zx)\mathrm{d}S$，其中 Σ 为锥面 $z=\sqrt{x^2+y^2}$ 被柱面 $x^2+y^2=2ax(a>0)$ 所截出的部分；

(5) $\iint\limits_{\Sigma}\dfrac{1}{x^2+y^2+z^2}\mathrm{d}S$，其中 Σ 是圆柱面 $x^2+y^2=a^2$ 介于平面 $z=0$ 与 $z=H$ 间的部分；

(6) $\iint\limits_{\Sigma}x\mathrm{d}S$，其中 Σ 是螺旋面 $x=u\cos v,y=u\sin v,z=av$ 在 $D_{uv}=\{(u,v)\mid 0\leqslant u\leqslant r,0\leqslant v\leqslant 2\pi\}$ 的部分.

3. 求抛物面壳 $z=\dfrac{1}{2}(x^2+y^2)$ 在 $z\in[0,1]$ 部分的质量，已知其面密度 $\rho(x,y,z)=z$.

4. 求质量均匀分布的上半球壳 $x^2+y^2+z^2=a^2,z\geqslant 0$ 的质心坐标.

5. 计算 $\oiint\limits_{\Sigma}z\mathrm{d}S$，其中 Σ 是由圆柱面 $x^2+y^2=1$，平面 $z=0$ 和 $z=x+1$ 所围成区域的边界曲面.

§ 7 第二类曲面积分

曲面的侧与有向曲面

第二类曲面积分源于计算流场中通过某曲面的流量等实际问题. 设在空间区域 Ω 中有一个稳定的不可压缩流体（即其流速与密度均与时间无关）的流速场，Σ 是 Ω 中的一个曲面. 现在要计算单位时间内流体从曲面 Σ 的一侧流向另一侧的流量. 显然，所求的流量不仅与曲面形状有关，而且与曲面上各点处法向量的指向有关.

人们正是通过曲面的法向来区分曲面两侧的. 设 Σ 是一个光滑曲面，在 Σ 上任取一点 P，可以在曲面上点 P 处作出两个方向相反的单位法向量 $\boldsymbol{n}$ 和 $-\boldsymbol{n}$. 任意选定一个方向，设为 $\boldsymbol{n}$，并令 P 在曲面上连续移动，于是，相应的单位法向量也随之连续变化. 如果当点在 Σ 上沿任一路径连续变动，而且不越过 Σ 的边界，最后回到原来的位置时，相应的法向量重合于原来取定的向量 $\boldsymbol{n}$，则称 Σ 为**双侧曲面**.

根据双侧曲面的定义，在曲面上某一点处指定了一个单位法向量后，由点的连续移动可以得到其他所有点处的单位法向量，从而由法向量的方向选定了曲面的一侧. 例如选定球面的外侧，意味着球面上各点处的法向量均朝外，选定球面的内侧，意味着球面上各点处的法向量均指向球心.

选定了侧的曲面，即选定了法向量指向的曲面，称为**有向曲面**或**定向曲面**.

并非所有的曲面都是双侧曲面. 例如，把长方形 $ABCD$ 先扭转一次再首尾相粘，即 AB

边与 DC 边相粘，但将 A 与 C 相粘，B 与 D 相粘，就做成了所谓的 **Möbius（默比乌斯）带**（见图 8.7.1）. 如果从某一点开始，用刷子在 Möbius 带上连续地涂色（即指定法向量），最后就会涂满整条带子，但回到起始点时，涂的是反面（即法向量与已选择的反向）. 这样的曲面叫做**单侧曲面**.

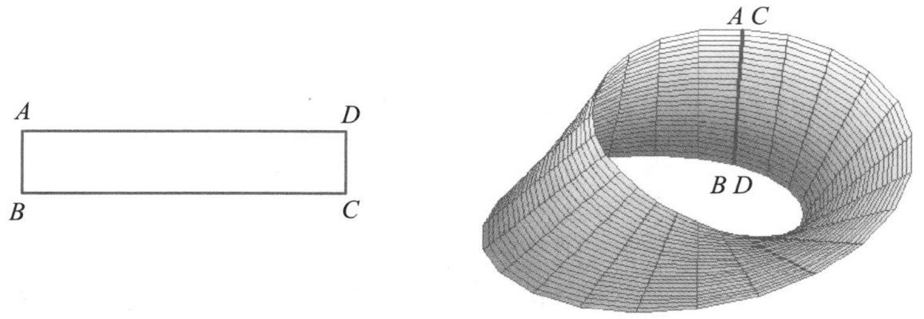

图 8.7.1

本书中我们讨论第二类曲面积分时，只考虑双侧曲面.

记双侧曲面上某点处法向量 $\boldsymbol{n}$ 的方向余弦为

$$\cos(\boldsymbol{n},x),\quad \cos(\boldsymbol{n},y),\quad \cos(\boldsymbol{n},z),$$

选定 $\boldsymbol{n}$ 的指向，相当于选定了方向余弦的符号. 为叙述方便，对如图 8.7.2 安置的坐标系，曲面的定侧与方向余弦的符号通常取如下的对应关系：

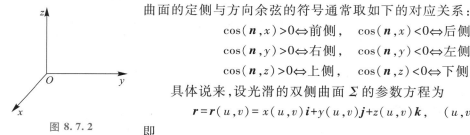

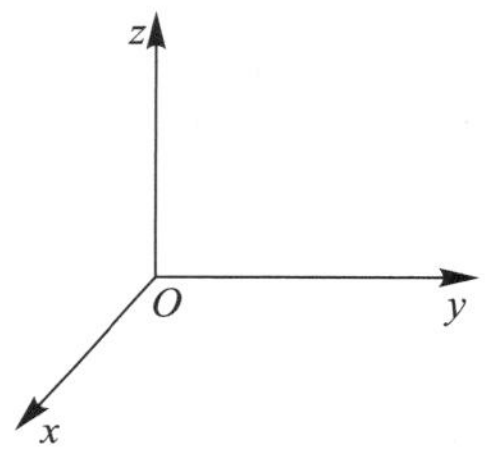

图 8.7.2

$$\cos(\boldsymbol{n},x)>0\Leftrightarrow \text{前侧},\quad \cos(\boldsymbol{n},x)<0\Leftrightarrow \text{后侧},$$
$$\cos(\boldsymbol{n},y)>0\Leftrightarrow \text{右侧},\quad \cos(\boldsymbol{n},y)<0\Leftrightarrow \text{左侧},$$
$$\cos(\boldsymbol{n},z)>0\Leftrightarrow \text{上侧},\quad \cos(\boldsymbol{n},z)<0\Leftrightarrow \text{下侧}.$$

具体说来，设光滑的双侧曲面 Σ 的参数方程为

$$\boldsymbol{r}=\boldsymbol{r}(u,v)=x(u,v)\boldsymbol{i}+y(u,v)\boldsymbol{j}+z(u,v)\boldsymbol{k},\quad (u,v)\in D,$$

即

$$\begin{cases}x=x(u,v),\\ y=y(u,v), & (u,v)\in D,\\ z=z(u,v),\end{cases}$$

且 $\boldsymbol{r}'_u\times\boldsymbol{r}'_v\neq\boldsymbol{0}$. 前面已经指出，曲面 Σ 的法向量可以表示为

$$\pm\boldsymbol{r}'_u\times\boldsymbol{r}'_v=\pm\left(\frac{D(y,z)}{D(u,v)},\frac{D(z,x)}{D(u,v)},\frac{D(x,y)}{D(u,v)}\right),$$

于是，单位法向量

$$\begin{aligned}\boldsymbol{n}&=(\cos(\boldsymbol{n},x),\cos(\boldsymbol{n},y),\cos(\boldsymbol{n},z))\\&=\pm\frac{1}{\sqrt{EG-F^2}}\left(\frac{D(y,z)}{D(u,v)},\frac{D(z,x)}{D(u,v)},\frac{D(x,y)}{D(u,v)}\right),\end{aligned}$$

其中 E,F,G 的意义同上一节. 可见选定法向量的指向，相当于选定上式中根号前的符号.

当曲面方程为

$$z=z(x,y),\quad (x,y)\in D$$

时，单位法向量为

$$\boldsymbol{n}=\frac{1}{\pm\sqrt{1+z_x'^2+z_y'^2}}(-z_x',-z_y',1).$$

同样的，$\boldsymbol{n}$ 的指向也取决于根号前的符号．例如，如果在根号前取正号，则 $\cos(\boldsymbol{n},z)>0$，即法向量与 z 轴的夹角成锐角，意味着取定了曲面的上侧；相反，取负号则意味着取曲面的下侧．

第二类曲面积分的概念及性质

第二类曲面积分是有向曲面上的积分，这就是说，曲面法向量的方向余弦的符号是随曲面的侧而确定的．与上节一样，我们总假设下面所提及的曲面是可求面积的．

回到流量计算的问题．设有一个稳定的不可压缩流体的流速场

$$\boldsymbol{v}=\boldsymbol{v}(x,y,z),\quad (x,y,z)\in\Omega,$$

Σ 是 Ω 中的有向曲面，记 Σ 上选定的单位法向量为 $\boldsymbol{n}$.

对于 Σ 上的曲面微元，用 $\mathrm{d}S$ 表示曲面微元的面积．于是，单位时间内通过该曲面微元的流量微元 $\mathrm{d}\Phi$ 是流速在曲面法向的投影与曲面微元的面积之积，即 $\mathrm{d}\Phi=\boldsymbol{v}\cdot\boldsymbol{n}\mathrm{d}S$（就是图 8.7.3 中底面积为 $\mathrm{d}S$，斜高为 $\|\boldsymbol{v}\|$ 的斜柱体体积，画出的是 $\boldsymbol{v}$ 与 $\boldsymbol{n}$ 的夹角为锐角情形．在钝角情形该式也成立，$\mathrm{d}\Phi$ 为负值表示流体流向 $-\boldsymbol{n}$ 一侧）．记 $\mathrm{d}\boldsymbol{S}=\boldsymbol{n}\mathrm{d}S$，则

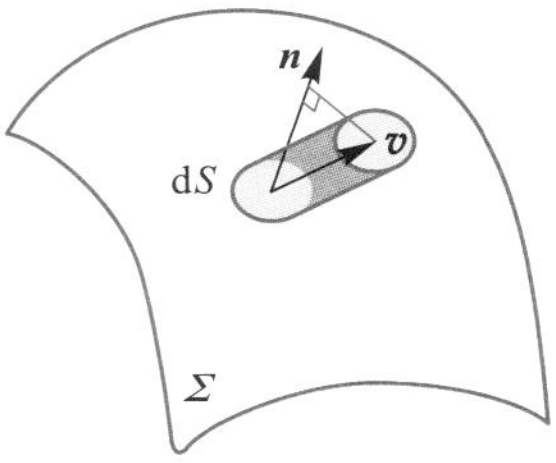

图 8.7.3

$$\mathrm{d}\Phi=\boldsymbol{v}\cdot\mathrm{d}\boldsymbol{S},$$

其总和就是单位时间内通过 Σ 的指定侧的总流量，即

$$\Phi=\iint_{\Sigma}\mathrm{d}\Phi=\iint_{\Sigma}\boldsymbol{v}\cdot\mathrm{d}\boldsymbol{S}.$$

这种形式的向量值函数在有向曲面上的积分，就是如下定义的第二类曲面积分．

定义 8.7.1　设 Σ 是 $\mathbf{R}^3$ 中的一张有向光滑曲面，$\boldsymbol{F}=P\boldsymbol{i}+Q\boldsymbol{j}+R\boldsymbol{k}$ 是定义在 Σ 上的向量值函数．将 Σ 任意地分割成 n 个与之同侧的小有向曲面 $\Delta\Sigma_1,\Delta\Sigma_2,\cdots,\Delta\Sigma_n$，记 $\Delta\Sigma_i$ 的面积为 $\Delta S_i(i=1,2,\cdots,n)$．在每个 $\Delta\Sigma_i$ 上任取一点 (ξ_i,η_i,ζ_i)，记 $\boldsymbol{n}_i$ 为 Σ 在该点处的单位法向量，并记有向面积 $\Delta\boldsymbol{S}_i=\boldsymbol{n}_i\Delta S_i(i=1,2,\cdots,n)$，作和式

$$\sum_{i=1}^{n}\boldsymbol{F}(\xi_i,\eta_i,\zeta_i)\cdot\Delta\boldsymbol{S}_i.$$

记 λ 为诸 $\Delta\Sigma_i$ 的直径的最大值，如果当 $\lambda\to0$ 时，上述和式的极限存在，且极限值与 Σ 的分法及 (ξ_i,η_i,ζ_i) 的取法无关，则称此极限值为 $\boldsymbol{F}$ 在有向曲面 Σ 上的**第二类曲面积分**，记作 $\iint_{\Sigma}\boldsymbol{F}\cdot\mathrm{d}\boldsymbol{S}$，即

$$\iint_{\Sigma}\boldsymbol{F}\cdot\mathrm{d}\boldsymbol{S}=\lim_{\lambda\to0}\sum_{i=1}^{n}\boldsymbol{F}(\xi_i,\eta_i,\zeta_i)\cdot\Delta\boldsymbol{S}_i.$$

对于分片光滑有向曲面上的第二类曲面积分，视为各个与之同侧的光滑曲面上的第二类曲面积分之和．

在讨论第二类曲面积分时，如果 Σ 为封闭曲面时，Σ 上的积分又记作

$$\oiint_{\Sigma}\boldsymbol{F}\cdot\mathrm{d}\boldsymbol{S}.$$

设 $\boldsymbol{F}$ 是空间区域 Ω 上的向量场，Σ 是 Ω 中的有向曲面，称 $\Phi=\iint\limits_{\Sigma}\boldsymbol{F}\cdot \mathrm{d}\boldsymbol{S}$ 为 $\boldsymbol{F}$ 通过 Σ 的指定侧的**通量**.

由定义易见

$$\begin{aligned}\iint\limits_{\Sigma}\boldsymbol{F}\cdot \mathrm{d}\boldsymbol{S}&=\lim_{\lambda\to 0}\sum_{i=1}^{n}\boldsymbol{F}(\xi_i,\eta_i,\zeta_i)\cdot \Delta\boldsymbol{S}_i\\&=\lim_{\lambda\to 0}\sum_{i=1}^{n}\boldsymbol{F}(\xi_i,\eta_i,\zeta_i)\cdot \boldsymbol{n}_i\Delta S_i=\iint\limits_{\Sigma}\boldsymbol{F}\cdot \boldsymbol{n}\mathrm{d}S.\end{aligned}$$

这就是说，向量值函数 $\boldsymbol{F}$ 在有向曲面 Σ 上的第二类曲面积分等于数值函数 $\boldsymbol{F}\cdot\boldsymbol{n}$ 在(无向)曲面 Σ 上的第一类曲面积分.

将 $\boldsymbol{F}$ 具体写为 $\boldsymbol{F}(x,y,z)=P(x,y,z)\boldsymbol{i}+Q(x,y,z)\boldsymbol{j}+R(x,y,z)\boldsymbol{k}$，并记 $\boldsymbol{n}$ 的方向余弦为 $\cos(\boldsymbol{n},x),\cos(\boldsymbol{n},y),\cos(\boldsymbol{n},z)$，此时便有

$$\begin{aligned}\iint\limits_{\Sigma}\boldsymbol{F}\cdot \mathrm{d}\boldsymbol{S}=\iint\limits_{\Sigma}[&P(x,y,z)\cos(\boldsymbol{n},x)+Q(x,y,z)\cos(\boldsymbol{n},y)+\\&R(x,y,z)\cos(\boldsymbol{n},z)]\mathrm{d}S.\end{aligned}$$

记

$$\mathrm{d}y\wedge\mathrm{d}z=\cos(\boldsymbol{n},x)\mathrm{d}S,$$
$$\mathrm{d}z\wedge\mathrm{d}x=\cos(\boldsymbol{n},y)\mathrm{d}S,$$
$$\mathrm{d}x\wedge\mathrm{d}y=\cos(\boldsymbol{n},z)\mathrm{d}S,$$

分别称为**有向面积微元** $\mathrm{d}\boldsymbol{S}$(即 $\boldsymbol{n}\mathrm{d}S$)在 Oyz, Ozx 和 Oxy 平面上的**投影**，并依次简记为 $\mathrm{d}y\mathrm{d}z$, $\mathrm{d}z\mathrm{d}x$, $\mathrm{d}x\mathrm{d}y$. 这样，上面的第二类曲面积分又可表示为

$$\iint\limits_{\Sigma}\boldsymbol{F}\cdot \mathrm{d}\boldsymbol{S}=\iint\limits_{\Sigma}P(x,y,z)\mathrm{d}y\mathrm{d}z+Q(x,y,z)\mathrm{d}z\mathrm{d}x+R(x,y,z)\mathrm{d}x\mathrm{d}y.$$

如果 $\boldsymbol{F}$ 在光滑的有向曲面 Σ 上连续，那么 $\boldsymbol{F}$ 在 Σ 上的第二类曲面积分总是存在的.

第二类曲面积分具有下列常用的性质：

性质 1(线性性) 设向量值函数 $\boldsymbol{F},\boldsymbol{G}$ 在有向分片光滑曲面 Σ 上连续，α,β 为常数，则

$$\iint\limits_{\Sigma}(\alpha\boldsymbol{F}+\beta\boldsymbol{G})\cdot \mathrm{d}\boldsymbol{S}=\alpha\iint\limits_{\Sigma}\boldsymbol{F}\cdot \mathrm{d}\boldsymbol{S}+\beta\iint\limits_{\Sigma}\boldsymbol{G}\cdot \mathrm{d}\boldsymbol{S}.$$

性质 2(可加性) 设有向曲面 Σ 分割为光滑曲面 Σ_1 与 Σ_2 的并，且 Σ_1 与 Σ_2 的定向与 Σ 一致. 若向量值函数 $\boldsymbol{F}$ 在 Σ 上连续，则

$$\iint\limits_{\Sigma}\boldsymbol{F}\cdot \mathrm{d}\boldsymbol{S}=\iint\limits_{\Sigma_1}\boldsymbol{F}\cdot \mathrm{d}\boldsymbol{S}+\iint\limits_{\Sigma_2}\boldsymbol{F}\cdot \mathrm{d}\boldsymbol{S}.$$

性质 3(有向性) 设 Σ^+,Σ^- 是由同一曲面 Σ 取相反方向法向量所得的两有向曲面. 若向量值函数 $\boldsymbol{F}$ 在 Σ 上连续，则

$$\iint\limits_{\Sigma^-}\boldsymbol{F}\cdot \mathrm{d}\boldsymbol{S}=-\iint\limits_{\Sigma^+}\boldsymbol{F}\cdot \mathrm{d}\boldsymbol{S}.$$

第二类曲面积分的计算

下面分别就曲面方程取参数方程形式或直角坐标形式介绍第二类曲面积分的计算方法.

先设光滑曲面 Σ 以参数方程 $\boldsymbol{r}=x(u,v)\boldsymbol{i}+y(u,v)\boldsymbol{j}+z(u,v)\boldsymbol{k}\ ((u,v)\in D)$ 的形式给出．前面已经得到有向曲面 Σ 的单位法向量为

$$\boldsymbol{n}=\pm\frac{\boldsymbol{r}_u'\times\boldsymbol{r}_v'}{\|\boldsymbol{r}_u'\times\boldsymbol{r}_v'\|},$$

其中±号取决于曲面的定向，而 $\mathrm{d}S=\|\boldsymbol{r}_u'\times\boldsymbol{r}_v'\|\mathrm{d}u\mathrm{d}v$. 所以

$$\begin{aligned}\iint_\Sigma \boldsymbol{F}\cdot\mathrm{d}\boldsymbol{S}&=\iint_\Sigma \boldsymbol{F}\cdot\boldsymbol{n}\mathrm{d}S\\&=\pm\iint_D \boldsymbol{F}\cdot\frac{\boldsymbol{r}_u'\times\boldsymbol{r}_v'}{\|\boldsymbol{r}_u'\times\boldsymbol{r}_v'\|}\|\boldsymbol{r}_u'\times\boldsymbol{r}_v'\|\mathrm{d}u\mathrm{d}v=\pm\iint_D \boldsymbol{F}\cdot(\boldsymbol{r}_u'\times\boldsymbol{r}_v')\mathrm{d}u\mathrm{d}v.\end{aligned}$$

设 $\boldsymbol{F}(x,y,z)=P(x,y,z)\boldsymbol{i}+Q(x,y,z)\boldsymbol{j}+R(x,y,z)\boldsymbol{k}$ 在 Σ 上连续，又记 $\boldsymbol{r}_u'\times\boldsymbol{r}_v'=A\boldsymbol{i}+B\boldsymbol{j}+C\boldsymbol{k}$，其中 $A=\dfrac{D(y,z)}{D(u,v)},B=\dfrac{D(z,x)}{D(u,v)},C=\dfrac{D(x,y)}{D(u,v)}$. 则有

$$\iint_\Sigma \boldsymbol{F}\cdot\mathrm{d}\boldsymbol{S}=\pm\iint_D(PA+QB+RC)\mathrm{d}u\mathrm{d}v.$$

这样，第二类曲面积分的计算便化为关于 u,v 的二重积分的计算．

实际上，上面的式子包含了下面三个关系式：

$$\iint_\Sigma P(x,y,z)\mathrm{d}y\mathrm{d}z=\pm\iint_D P(x(u,v),y(u,v),z(u,v))\frac{D(y,z)}{D(u,v)}\mathrm{d}u\mathrm{d}v,$$

$$\iint_\Sigma Q(x,y,z)\mathrm{d}z\mathrm{d}x=\pm\iint_D Q(x(u,v),y(u,v),z(u,v))\frac{D(z,x)}{D(u,v)}\mathrm{d}u\mathrm{d}v,$$

$$\iint_\Sigma R(x,y,z)\mathrm{d}x\mathrm{d}y=\pm\iint_D R(x(u,v),y(u,v),z(u,v))\frac{D(x,y)}{D(u,v)}\mathrm{d}u\mathrm{d}v.$$

注意，这三个关系式中“±”号的选取应是一致的．

当曲面方程为 $z=z(x,y)\ ((x,y)\in D)$ 时，视 x,y 为参数，即

$$\boldsymbol{r}=x\boldsymbol{i}+y\boldsymbol{j}+z(x,y)\boldsymbol{k}.$$

于是，$A=-z_x',B=-z_y',C=1$，从而由上面的讨论得到

$$\begin{aligned}\iint_\Sigma \boldsymbol{F}\cdot\mathrm{d}\boldsymbol{S}&=\iint_\Sigma P(x,y,z)\mathrm{d}y\mathrm{d}z+Q(x,y,z)\mathrm{d}z\mathrm{d}x+R(x,y,z)\mathrm{d}x\mathrm{d}y\\&=\pm\iint_D[-z_x'P(x,y,z(x,y))-z_y'Q(x,y,z(x,y))+R(x,y,z(x,y))]\mathrm{d}x\mathrm{d}y,\end{aligned}$$

其中，当 Σ 选定上侧时，取“+”号；当 Σ 选定下侧时，取“-”号．实际上，上面的式子包含了下面三个关系式：

$$\iint_\Sigma P(x,y,z)\mathrm{d}y\mathrm{d}z=\mp\iint_D P(x,y,z(x,y))z_x'\mathrm{d}x\mathrm{d}y,$$

$$\iint_\Sigma Q(x,y,z)\mathrm{d}z\mathrm{d}x=\mp\iint_D Q(x,y,z(x,y))z_y'\mathrm{d}x\mathrm{d}y,$$

$$\iint_\Sigma R(x,y,z)\mathrm{d}x\mathrm{d}y=\pm\iint_D R(x,y,z(x,y))\mathrm{d}x\mathrm{d}y.$$

其中，三个二重积分前的符号按(-,-,+)和(+,+,-)作匹配．例如，当 Σ 选定上侧时，取(-,

$-,+)$；当 Σ 选定下侧时，取 $(+,+,-)$.

注意，在以上三个关系式中，等式左边第二类曲面积分中的 $\mathrm{d}y\mathrm{d}z,\mathrm{d}z\mathrm{d}x,\mathrm{d}x\mathrm{d}y$ 是有向曲面的有向面积微元在坐标平面上的投影，即 $\mathrm{d}y\wedge\mathrm{d}z,\mathrm{d}z\wedge\mathrm{d}x,\mathrm{d}x\wedge\mathrm{d}y$，它们可能为正，也可能为负；而右端的 $\mathrm{d}x\mathrm{d}y$ 则是 Oxy 平面上的通常面积微元，恒取正值.

例 8.7.1 计算第二类曲面积分

$$\iint_{\Sigma}(x+y)\mathrm{d}z\mathrm{d}x,$$

其中 Σ 是抛物面片 $y=2x^2+z^2(z^2+x^2\leqslant 1)$ 的左侧（见图 8.7.4）.

解 这片抛物面在 Ozx 平面上的投影为 $x^2+z^2\leqslant 1$，相应于抛物面左侧，从而

$$\begin{aligned}\iint_{\Sigma}(x+y)\mathrm{d}z\mathrm{d}x&=-\iint_{x^2+z^2\leqslant 1}(x+2x^2+z^2)\mathrm{d}z\mathrm{d}x\\&=-\int_0^{2\pi}\mathrm{d}\theta\int_0^1(r\sin\theta+2r^2\sin^2\theta+r^2\cos^2\theta)r\mathrm{d}r\\&=-\frac{3}{4}\pi.\end{aligned}$$

例 8.7.2 已知流速场

$$\boldsymbol{v}(x,y,z)=(x+1)\boldsymbol{i}+y\boldsymbol{j}+\boldsymbol{k},$$

封闭曲面 Σ 为以原点和 $A(1,0,0),B(0,1,0),C(0,0,1)$ 为顶点的四面体 $OABC$ 的表面（见图 8.7.5），试求流体由曲面 Σ 的内部流向其外部的流量.

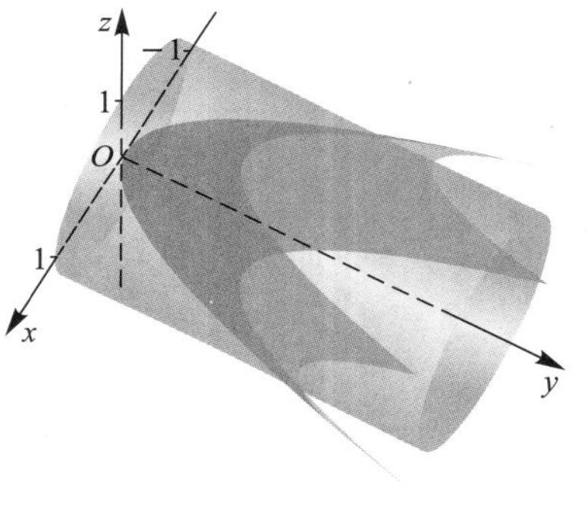

图 8.7.4

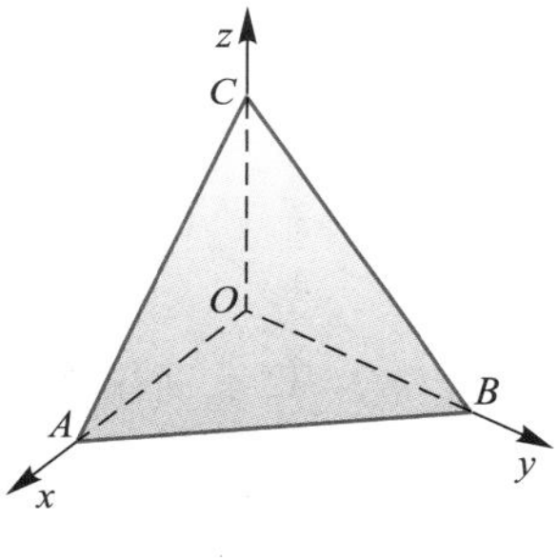

图 8.7.5

解 取 Σ 的法向对应于其外侧. 封闭曲面 Σ 由四个平面三角形 ABC,OBA,OCB,OAC 组成，取它们的定向与 Σ 的外侧相一致. 利用有向曲面积分的可加性，得到从内部流向其外部的流量

$$\begin{aligned}\Phi&=\oiint_{\Sigma}\boldsymbol{v}\cdot\mathrm{d}\boldsymbol{S}=\iint_{\Sigma}(x+1)\mathrm{d}y\mathrm{d}z+y\mathrm{d}z\mathrm{d}x+\mathrm{d}x\mathrm{d}y\\&=\left(\iint_{ABC}+\iint_{OBA}+\iint_{OCB}+\iint_{OAC}\right)(x+1)\mathrm{d}y\mathrm{d}z+y\mathrm{d}z\mathrm{d}x+\mathrm{d}x\mathrm{d}y.\end{aligned}$$

记三角形 OAB,OAC,OBC 对应的平面区域分别为 D_{xy},D_{zx},D_{yz}. 下面逐个计算上式右端的积分.

平面片 ABC 的方程为 $x+y+z=1$，其法向为 $(-z_x',-z_y',1)=(1,1,1)$. 因此

$$\iint_{ABC}(x+1)\mathrm{d}y\mathrm{d}z+y\mathrm{d}z\mathrm{d}x+\mathrm{d}x\mathrm{d}y=\iint_{D_{xy}}[(x+1)(-z_x')+y(-z_y')+1]\mathrm{d}x\mathrm{d}y$$

$$=\iint_{D_{xy}}(x+y+2)\mathrm{d}x\mathrm{d}y=\int_0^1\mathrm{d}x\int_0^{1-x}(x+y+2)\mathrm{d}y=\frac{4}{3};$$

平面片 OBA 的方程为 $z=0$,其法向与 z 轴正向相反,故而

$$\iint_{OBA}(x+1)\mathrm{d}y\mathrm{d}z+y\mathrm{d}z\mathrm{d}x+\mathrm{d}x\mathrm{d}y=\iint_{OBA}\mathrm{d}x\mathrm{d}y=-\iint_{D_{xy}}\mathrm{d}x\mathrm{d}y=-\frac{1}{2};$$

平面片 OCB 的方程为 $x=0$,其法向与 x 轴正向相反,故而

$$\iint_{OCB}(x+1)\mathrm{d}y\mathrm{d}z+y\mathrm{d}z\mathrm{d}x+\mathrm{d}x\mathrm{d}y=\iint_{OCB}\mathrm{d}y\mathrm{d}z=-\iint_{D_{yz}}\mathrm{d}y\mathrm{d}z=-\frac{1}{2};$$

平面片 OAC 的方程为 $y=0$,其法向与 y 轴正向相反,因而

$$\iint_{OAC}(x+1)\mathrm{d}y\mathrm{d}z+y\mathrm{d}z\mathrm{d}x+\mathrm{d}x\mathrm{d}y=0.$$

求和即得总流量

$$\Phi=\oiint_{\Sigma}(x+1)\mathrm{d}y\mathrm{d}z+y\mathrm{d}z\mathrm{d}x+\mathrm{d}x\mathrm{d}y=\frac{1}{3}.$$

例 8.7.3　计算第二类曲面积分

$$\iint_{\Sigma}(y-z)\mathrm{d}y\mathrm{d}z+(z-x)\mathrm{d}z\mathrm{d}x+(x-y)\mathrm{d}x\mathrm{d}y,$$

其中 Σ 是圆锥体 $x^2+y^2\leqslant z^2(0\leqslant z\leqslant h)$ 表面的外侧(见图 8.7.6).

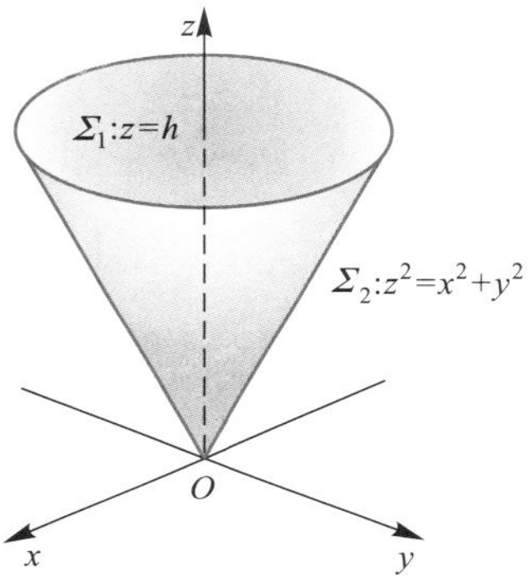

图 8.7.6

解法一　分别用 Σ_1,Σ_2 表示圆锥的底面和侧面,定向与 Σ 相同. 则

$$\iint_{\Sigma_1}(y-z)\mathrm{d}y\mathrm{d}z+(z-x)\mathrm{d}z\mathrm{d}x+(x-y)\mathrm{d}x\mathrm{d}y=\iint_{x^2+y^2\leqslant h^2}(x-y)\mathrm{d}x\mathrm{d}y=0.$$

因为 Σ_2 的方程为 $z^2=x^2+y^2$,定向为下侧. 对此曲面,有

$$z_x'=\frac{x}{z},\quad z_y'=\frac{y}{z},$$

于是

$$\iint_{\Sigma_2}(y-z)\mathrm{d}y\mathrm{d}z+(z-x)\mathrm{d}z\mathrm{d}x+(x-y)\mathrm{d}x\mathrm{d}y$$

$$=-\iint_{x^2+y^2\leqslant h^2}\left[(y-z)\left(-\frac{x}{z}\right)+(z-x)\left(-\frac{y}{z}\right)+(x-y)\right]\mathrm{d}x\mathrm{d}y$$

$$=-2\iint_{x^2+y^2\leqslant h^2}(x-y)\mathrm{d}x\mathrm{d}y=0.$$

综上可得

$$\iint_{\Sigma}(y-z)\mathrm{d}y\mathrm{d}z+(z-x)\mathrm{d}z\mathrm{d}x+(x-y)\mathrm{d}x\mathrm{d}y$$

$$=\left(\iint_{\Sigma_1}+\iint_{\Sigma_2}\right)(y-z)\mathrm{d}y\mathrm{d}z+(z-x)\mathrm{d}z\mathrm{d}x+(x-y)\mathrm{d}x\mathrm{d}y=0.$$

解法二　记 Σ 在 Oyz,Ozx,Oxy 三个坐标平面的投影区域分别为 D_{yz},D_{zx},D_{xy}，则

$$\iint_{\Sigma}(y-z)\mathrm{d}y\mathrm{d}z=\iint_{\Sigma\cap(x\geqslant 0)}(y-z)\mathrm{d}y\mathrm{d}z+\iint_{\Sigma\cap(x<0)}(y-z)\mathrm{d}y\mathrm{d}z$$

$$=\iint_{D_{yz}}(y-z)\mathrm{d}y\mathrm{d}z-\iint_{D_{yz}}(y-z)\mathrm{d}y\mathrm{d}z=0.$$

同理可得

$$\iint_{\Sigma}(z-x)\mathrm{d}z\mathrm{d}x=\iint_{D_{zx}}(z-x)\mathrm{d}z\mathrm{d}x-\iint_{D_{zx}}(z-x)\mathrm{d}z\mathrm{d}x=0.$$

又由于

$$\iint_{\Sigma}(x-y)\mathrm{d}x\mathrm{d}y=\iint_{\Sigma_1}(x-y)\mathrm{d}x\mathrm{d}y+\iint_{\Sigma_2}(x-y)\mathrm{d}x\mathrm{d}y$$

$$=\iint_{D_{xy}}(x-y)\mathrm{d}x\mathrm{d}y-\iint_{D_{xy}}(x-y)\mathrm{d}x\mathrm{d}y=0.$$

其中 Σ_1,Σ_2 同解法一，因此

$$\iint_{\Sigma}(y-z)\mathrm{d}y\mathrm{d}z+(z-x)\mathrm{d}z\mathrm{d}x+(x-y)\mathrm{d}x\mathrm{d}y=0.$$

例 8.7.4　计算第二类曲面积分

$$\oiint_{\Sigma}x^2\mathrm{d}y\mathrm{d}z+y^2\mathrm{d}z\mathrm{d}x+z^2\mathrm{d}x\mathrm{d}y,$$

其中 Σ 是球面 $(x-a)^2+(y-b)^2+(z-c)^2=R^2$ 的外侧．

解　球面 Σ 的参数方程为

$$\begin{cases}x=a+R\sin\varphi\cos\theta,\\ y=b+R\sin\varphi\sin\theta,\\ z=c+R\cos\varphi,\end{cases}\quad 0\leqslant\varphi\leqslant\pi,0\leqslant\theta<2\pi.$$

由计算得

$$\frac{D(y,z)}{D(\varphi,\theta)}=R^2\sin^2\varphi\cos\theta,\quad \frac{D(z,x)}{D(\varphi,\theta)}=R^2\sin^2\varphi\sin\theta,\quad \frac{D(x,y)}{D(\varphi,\theta)}=R^2\sin\varphi\cos\varphi.$$

球面 Σ 的法向与其外侧相对应，因此

$$\cos(\boldsymbol{n},z)\geqslant 0,\quad 0\leqslant\varphi\leqslant\frac{\pi}{2};$$

$$\cos(\boldsymbol{n},z)\leqslant 0,\quad \frac{\pi}{2}\leqslant\varphi\leqslant\pi.$$

可见 $\cos(\boldsymbol{n},z)$ 与 $\dfrac{D(x,y)}{D(\varphi,\theta)}$ 的符号一致．因此，将第二类曲面积分转化为二重积分时，重积分前应取“+”号．记

$$D=\{(\varphi,\theta)\mid 0\leqslant\varphi\leqslant\pi,0\leqslant\theta<2\pi\},$$

便得到

$$\oiint_{\Sigma}x^2\mathrm{d}y\mathrm{d}z+y^2\mathrm{d}z\mathrm{d}x+z^2\mathrm{d}x\mathrm{d}y$$

$$=\iint_D[(a+R\sin\varphi\cos\theta)^2R^2\sin^2\varphi\cos\theta+(b+R\sin\varphi\sin\theta)^2R^2\sin^2\varphi\sin\theta+$$
$$(c+R\cos\varphi)^2R^2\sin\varphi\cos\varphi]\mathrm{d}\varphi\mathrm{d}\theta$$
$$=R^2\int_0^{2\pi}\mathrm{d}\theta\int_0^{\pi}[(a^2+2aR\sin\varphi\cos\theta+R^2\sin^2\varphi\cos^2\theta)\sin^2\varphi\cos\theta+$$
$$(b^2+2bR\sin\varphi\sin\theta+R^2\sin^2\varphi\sin^2\theta)\sin^2\varphi\sin\theta+$$
$$(c^2+2cR\cos\varphi+R^2\cos^2\varphi)\sin\varphi\cos\varphi]\mathrm{d}\varphi$$
$$=\frac{8}{3}(a+b+c)\pi R^3.$$

习　题

1. 把第二类曲面积分

$$\iint_\Sigma P(x,y,z)\mathrm{d}y\mathrm{d}z+Q(x,y,z)\mathrm{d}z\mathrm{d}x+R(x,y,z)\mathrm{d}x\mathrm{d}y$$

化为第一类曲面积分，其中

(1) Σ 是平面 $3x+2y+2\sqrt{3}z=6$ 在第一卦限部分的上侧；

(2) Σ 是抛物面 $z=8-x^2-y^2$ 在 Oxy 平面上方部分的上侧．

2. 计算下列第二类曲面积分：

(1) $\iint_\Sigma x\mathrm{d}y\mathrm{d}z+y\mathrm{d}z\mathrm{d}x+z\mathrm{d}x\mathrm{d}y$，其中 Σ 是由平面 $x=0,y=0,z=0,x=1,y=1,z=1$ 所围立方体表面的外侧；

(2) $\iint_\Sigma x^2\mathrm{d}y\mathrm{d}z+y^2\mathrm{d}z\mathrm{d}x+z^2\mathrm{d}x\mathrm{d}y$，其中 Σ 是柱面 $x^2+y^2=1$ 被平面 $z=0$ 及 $z=3$ 所截部分的外侧；

(3) $\iint_\Sigma \dfrac{\mathrm{e}^z\mathrm{d}x\mathrm{d}y}{\sqrt{x^2+y^2}}$，其中 Σ 是锥面 $z=\sqrt{x^2+y^2}$ 及平面 $z=1,z=2$ 所围立体表面的外侧；

(4) $\iint_\Sigma yz\mathrm{d}z\mathrm{d}x$，其中 Σ 是上半椭球面 $\dfrac{x^2}{a^2}+\dfrac{y^2}{b^2}+\dfrac{z^2}{c^2}=1(z\geqslant 0)$ 的上侧．

3. 已知向量场 $\boldsymbol{F}$ 和有向曲面 Σ，求下列曲面积分 $\iint_\Sigma \boldsymbol{F}\cdot\mathrm{d}\boldsymbol{S}$：

(1) $\boldsymbol{F}=\mathrm{e}^y\boldsymbol{i}+y\mathrm{e}^x\boldsymbol{j}+x^2y\boldsymbol{k}$，其中 Σ 是抛物面 $z=x^2+y^2,0\leqslant x\leqslant 1,0\leqslant y\leqslant 1$ 的上侧；

(2) $\boldsymbol{F}=-y\boldsymbol{i}-x\boldsymbol{j}+3z\boldsymbol{k}$，其中 Σ 是半球面 $z=\sqrt{16-x^2-y^2}$ 的上侧；

(3) $\boldsymbol{F}=y^2z\boldsymbol{i}+z^2x\boldsymbol{j}+x^2y\boldsymbol{k}$，其中 Σ 是由 $z=x^2+y^2,x^2+y^2=1,x=0,y=0,z=0$ 在第一卦限中所围立体表面的外侧；

(4) $\boldsymbol{F}=y\boldsymbol{i}+x\boldsymbol{j}+z^2\boldsymbol{k}$，其中 Σ 是螺旋面 $x=u\cos v,y=u\sin v,z=v(0\leqslant u\leqslant 1,0\leqslant v\leqslant\pi)$ 的上侧．

4. 求流速场 $\boldsymbol{v}=xy\boldsymbol{i}+yz\boldsymbol{j}+zx\boldsymbol{k}$ 由内而外穿过单位球面在第一卦限部分的流量．

5. 求向量场 $\boldsymbol{F}=x\boldsymbol{i}+y\boldsymbol{j}+z\boldsymbol{k}$ 由里向外穿过锥体 $\sqrt{x^2+y^2}\leqslant z\leqslant h$ 表面的通量($h>0$ 为常数)．

§ 8　Green 公式和 Stokes 公式

Green 公式、Stokes 公式和 Gauss 公式都反映了某“区域”上的积分与其边界上的积分之间的关系．无论是结论的形式，抑或推导的过程，它们与 Newton-Leibniz（牛顿-莱布尼茨）公式是一脉相承的，而且最终可以表示成统一的形式；同时，它们也和 Newton-Leibniz 公式一样，在各类理论或实际问题中有着广泛的应用．本节先介绍联系平面闭曲线上第二类曲线积分与该曲线所围区域上的二重积分的 Green 公式．在此基础上，介绍更一般的联系有向闭曲线上的第二类曲线积分和以其为边界的有向曲面上第二类曲面积分的 Stokes 公式．读者将在下一节看到这两个公式的应用．

Green 公式

一条平面上由方程 $\boldsymbol{r}=\boldsymbol{r}(t)\,(t\in[\alpha,\beta])$ 表示的曲线称为**简单闭曲线**，如果 $\boldsymbol{r}(\alpha)=\boldsymbol{r}(\beta)$，但 $\boldsymbol{r}(t_1)\neq\boldsymbol{r}(t_2)\,(t_1\neq t_2,\alpha<t_1<\beta,\alpha\leqslant t_2\leqslant\beta)$，即简单闭曲线是除首尾两点重合外不再自交的闭曲线．

Jordan（若尔当）证明了如下著名结论：若 L 是 $\mathbf{R}^2$ 中的简单闭曲线，则 $\mathbf{R}^2\backslash L$ 由两个不相交的开区域组成，一个是有界区域，另一个是无界区域．

下面介绍单连通区域的概念．设 D 为一平面区域．如果 D 中的任何一条简单闭曲线的内部都包含于 D 中，则称 D 为**单连通区域**；否则，称为**复连通区域**．通俗地说，单连通区域就是不含有“洞”的区域，而复连通区域中含有“洞”．例如，单位圆盘 $\{(x,y)\mid x^2+y^2<1\}$ 是单连通的，而圆环 $\{(x,y)\mid 1<x^2+y^2<2\}$ 是复连通的．上半平面 $\{(x,y)\mid y>0\}$ 是单连通的，而区域 $\{(x,y)\mid y>0,x^2+(y-2)^2>1\}$ 是复连通的．

对于平面区域 D，其边界 ∂D 的**正向**规定如下：当观察者沿 ∂D 的这个方向行进时，区域 D 在他近旁的部分总是处于他的左侧．例如，对于单位圆盘 $D=\{(x,y)\mid x^2+y^2\leqslant 1\}$，$\partial D=\{(x,y)\mid x^2+y^2=1\}$ 的正向是逆时针方向．而对于圆环 $D=\{(x,y)\mid 1\leqslant x^2+y^2\leqslant 2\}$，$\partial D$ 的一部分 $\{(x,y)\mid x^2+y^2=2\}$ 的正向是逆时针方向；另一部分 $\{(x,y)\mid x^2+y^2=1\}$ 的正向则是顺时针方向．

定理 8.8.1（Green 公式）　设平面有界闭区域 D 的边界为分段光滑的闭曲线，二元函数 P,Q 在 D 上具有连续一阶偏导数，则有

$$\oint_{\partial D} P\mathrm{d}x+Q\mathrm{d}y=\iint_{D}\left(\frac{\partial Q}{\partial x}-\frac{\partial P}{\partial y}\right)\mathrm{d}x\mathrm{d}y,$$

其中 ∂D 取正向．

证　先讨论单连通区域的情况．如果区域 D 同时可以表示为以下两种形式：

$$\begin{aligned}D&=\{(x,y)\mid y_1(x)\leqslant y\leqslant y_2(x),a\leqslant x\leqslant b\}\\&=\{(x,y)\mid x_1(y)\leqslant x\leqslant x_2(y),c\leqslant y\leqslant d\},\end{aligned}$$

则称这类区域为“标准区域”（见图 8.8.1）．

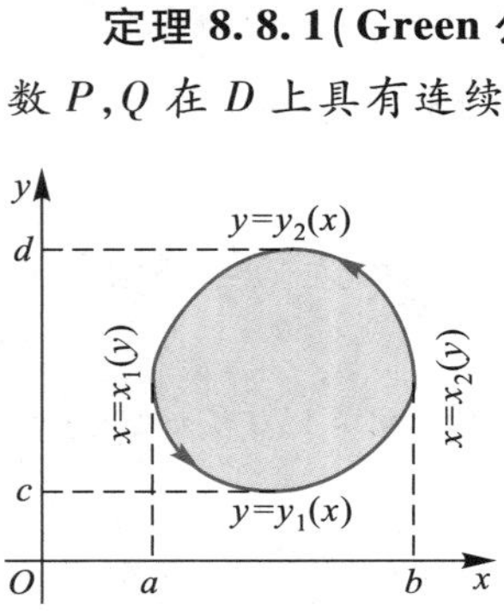

图 8.8.1

此时,由计算可得

$$\iint\limits_D \frac{\partial P}{\partial y}\mathrm{d}x\mathrm{d}y = \int_a^b \mathrm{d}x\int_{y_1(x)}^{y_2(x)} \frac{\partial P}{\partial y}\mathrm{d}y$$

$$= \int_a^b [P(x,y_2(x)) - P(x,y_1(x))]\mathrm{d}x$$

$$= -\int_a^b P(x,y_1(x))\mathrm{d}x - \int_b^a P(x,y_2(x))\mathrm{d}x$$

$$= -\oint_{\partial D} P(x,y)\mathrm{d}x.$$

同理可得

$$\iint\limits_D \frac{\partial Q}{\partial x}\mathrm{d}x\mathrm{d}y = \int_c^d \mathrm{d}y\int_{x_1(y)}^{x_2(y)} \frac{\partial Q}{\partial x}\mathrm{d}x$$

$$= \int_c^d [Q(x_2(y),y) - Q(x_1(y),y)]\mathrm{d}y$$

$$= \int_c^d Q(x_2(y),y)\mathrm{d}y + \int_d^c Q(x_1(y),y)\mathrm{d}y = \oint_{\partial D} Q(x,y)\mathrm{d}y.$$

两式合并就得到所要求的结果.

一般地,可以把由分段光滑曲线围成的单连通区域分割为有限个“标准区域”的并.例如,图 8.8.2 所示的区域可由光滑曲线 AB 将 D 分割成“标准区域”D_1 与 D_2 的并.由对“标准区域”证得的 Green 公式得到

$$\iint\limits_{D_1}\left(\frac{\partial Q}{\partial x} - \frac{\partial P}{\partial y}\right)\mathrm{d}x\mathrm{d}y = \oint_{\partial D_1} P\mathrm{d}x + Q\mathrm{d}y,$$

$$\iint\limits_{D_2}\left(\frac{\partial Q}{\partial x} - \frac{\partial P}{\partial y}\right)\mathrm{d}x\mathrm{d}y = \oint_{\partial D_2} P\mathrm{d}x + Q\mathrm{d}y.$$

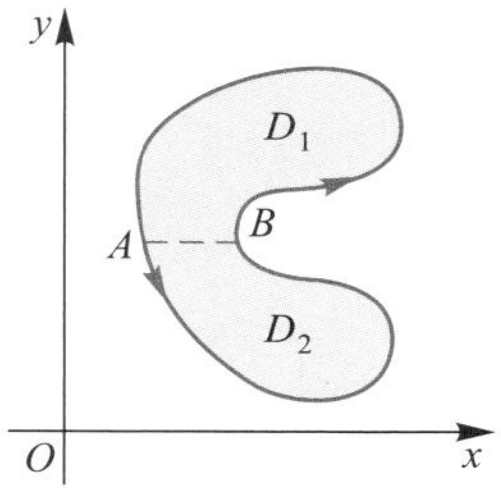

图 8.8.2

注意 D_1 与 D_2 的公共边界 AB 的方向:作为 ∂D_1 的一部分是从 A 到 B,作为 ∂D_2 的一部分是从 B 到 A,两个方向恰好相反,因而在 AB 部分的两个曲线积分互为相反数.将上面两式的两端分别相加,便得

$$\iint\limits_{D}\left(\frac{\partial Q}{\partial x} - \frac{\partial P}{\partial y}\right)\mathrm{d}x\mathrm{d}y = \oint_{\partial D} P\mathrm{d}x + Q\mathrm{d}y.$$

当 D 需分为更多个“标准区域”的情况可以类似证得,不再赘述.

再设 D 是有有限个洞的复连通区域,例如,图 8.8.3 所示的区域.以光滑曲线联结其外边界 L 上的点 M 和内边界 l 上的点 N,它把 D 割成一个单连通区域.沿其边界的正向作积分,利用单连通区域的 Green 公式

$$\iint\limits_{D}\left(\frac{\partial Q}{\partial x} - \frac{\partial P}{\partial y}\right)\mathrm{d}x\mathrm{d}y = \left(\int_L + \int_{MN} + \int_l + \int_{NM}\right) P\mathrm{d}x + Q\mathrm{d}y$$

$$= \left(\int_L + \int_l\right) P\mathrm{d}x + Q\mathrm{d}y = \oint_{\partial D} P\mathrm{d}x + Q\mathrm{d}y.$$

当 D 中有更多个“洞”的情况也可类似证得,不再赘述.

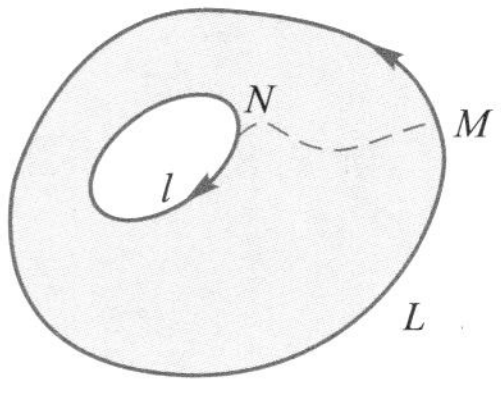

图 8.8.3

证毕

Green 公式的一个直接应用，是可以由它导出用曲线积分计算平面区域面积的关系式．

推论 8.8.1　设 D 为一有界平面区域，其边界为分段光滑的闭曲线，则 D 的面积为

$$A=\oint_{\partial D}x\mathrm{d}y=-\oint_{\partial D}y\mathrm{d}x=\frac{1}{2}\oint_{\partial D}x\mathrm{d}y-y\mathrm{d}x,$$

其中 ∂D 取正向．

例 8.8.1　计算椭圆 $\dfrac{x^2}{a^2}+\dfrac{y^2}{b^2}=1(a>0,b>0)$ 所围区域的面积．

解　椭圆 $L:\dfrac{x^2}{a^2}+\dfrac{y^2}{b^2}=1$ 的参数方程为

$$\begin{cases}x=a\cos\theta,\\ y=b\sin\theta,\end{cases}\quad 0\leqslant\theta<2\pi,$$

设其定向取逆时针方向．于是，

$$\begin{aligned}A&=\frac{1}{2}\int_L x\mathrm{d}y-y\mathrm{d}x=\frac{1}{2}\int_0^{2\pi}(ab\cos^2\theta+ab\sin^2\theta)\mathrm{d}\theta\\&=\frac{ab}{2}\int_0^{2\pi}\mathrm{d}\theta=\pi ab.\end{aligned}$$

例 8.8.2　计算曲线积分

$$\oint_L(4y-\sqrt{x^3+x+1})\mathrm{d}x+(8x-\mathrm{e}^{\cos y})\mathrm{d}y,$$

其中 L 是圆周 $x^2+y^2=4$，定向取逆时针方向．

解　由 Green 公式

$$\begin{aligned}&\oint_L(4y-\sqrt{x^3+x+1})\mathrm{d}x+(8x-\mathrm{e}^{\cos y})\mathrm{d}y\\&=\iint_{x^2+y^2\leqslant 4}\left[\frac{\partial(8x-\mathrm{e}^{\cos y})}{\partial x}-\frac{\partial(4y-\sqrt{x^3+x+1})}{\partial y}\right]\mathrm{d}x\mathrm{d}y\\&=\iint_{x^2+y^2\leqslant 4}(8-4)\mathrm{d}x\mathrm{d}y=16\pi.\end{aligned}$$

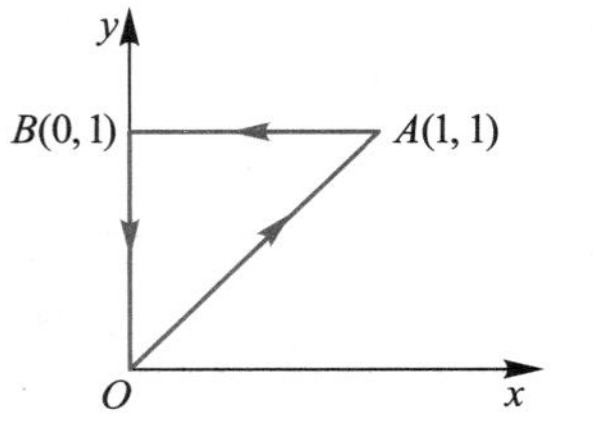

图 8.8.4

例 8.8.3　计算 $\iint_D\mathrm{e}^{-y^2}\mathrm{d}x\mathrm{d}y$，其中 D 是以 $O(0,0)$，$A(1,1)$，$B(0,1)$ 为顶点的三角形区域（见图 8.8.4）．

解　取 ∂D 的定向为逆时针方向，则由 Green 公式得

$$\begin{aligned}\iint_D\mathrm{e}^{-y^2}\mathrm{d}x\mathrm{d}y&=\int_{\partial D}x\mathrm{e}^{-y^2}\mathrm{d}y=\int_{OA}x\mathrm{e}^{-y^2}\mathrm{d}y\\&=\int_0^1x\mathrm{e}^{-x^2}\mathrm{d}x=\frac{1}{2}\left(1-\frac{1}{\mathrm{e}}\right).\end{aligned}$$

例 8.8.4　计算第二类曲线积分

$$\int_L(\mathrm{e}^x\sin y-my)\mathrm{d}x+(\mathrm{e}^x\cos y-m)\mathrm{d}y,$$

其中 L 为圆 $(x-a)^2+y^2=a^2(a>0)$ 的上半圆周部分，方向为从点 $A(2a,0)$ 到原点 $O(0,0)$（见

图 8.8.5).

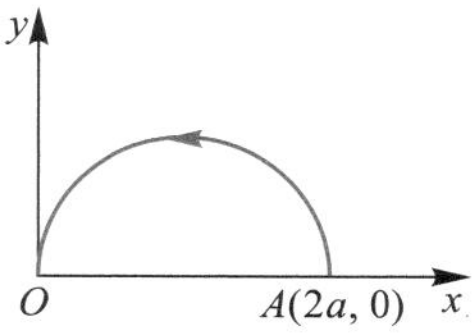

图 8.8.5

解　为了使用 Green 公式以简化运算,作自 O 至 A 的有向线段 $\overline{OA}$,把 L 与 $\overline{OA}$ 合并就得一条定向为逆时针方向的有向闭曲线,记其所围区域为 D. 利用 Green 公式可得

$$\left(\int_L+\int_{\overline{OA}}\right)(\mathrm{e}^x\sin y-my)\,\mathrm{d}x+(\mathrm{e}^x\cos y-m)\,\mathrm{d}y$$

$$=\iint_D\left[\frac{\partial}{\partial x}(\mathrm{e}^x\cos y-m)-\frac{\partial}{\partial y}(\mathrm{e}^x\sin y-my)\right]\mathrm{d}x\mathrm{d}y$$

$$=m\iint_D\mathrm{d}x\mathrm{d}y=\frac{m\pi a^2}{2}.$$

再计算沿 $\overline{OA}$ 的曲线积分,因为 $\overline{OA}$ 的方程为 $y=0,x:0\to2a$,所以

$$\int_{\overline{OA}}(\mathrm{e}^x\sin y-my)\,\mathrm{d}x+(\mathrm{e}^x\cos y-m)\,\mathrm{d}y=\int_0^{2a}0\mathrm{d}x+0=0.$$

代入前面的式子即得

$$\int_L(\mathrm{e}^x\sin y-my)\,\mathrm{d}x+(\mathrm{e}^x\cos y-m)\,\mathrm{d}y=\frac{m\pi a^2}{2}.$$

例 8.8.5　计算曲线积分 $I=\oint_L\frac{x\mathrm{d}y-y\mathrm{d}x}{x^2+y^2}$,其中 L 为一条分段光滑,且不经过原点的简单闭曲线,方向为逆时针.

解　记 $P=\frac{-y}{x^2+y^2},Q=\frac{x}{x^2+y^2}$. 当 $x^2+y^2\neq0$ 时,P,Q 及其一阶偏导数均连续,且

$$\frac{\partial Q}{\partial x}=\frac{y^2-x^2}{(x^2+y^2)^2}=\frac{\partial P}{\partial y}.$$

当 L 所围的区域 D 不包含原点时,由 Green 公式知,$I=0$.

当 L 所围的区域 D 包含原点时,取适当小的 $r>0$,使圆周 $l:x^2+y^2=r^2$ 位于 D 内,以逆时针方向作为 l 的正向. 于是,由 L 和 l 所围的复连通区域 D_1 不包含原点. D_1 的正向边界是有向闭曲线 $L\cup l^-$,其中 l^- 与 l 方向相反. 由 Green 公式,

$$\left(\int_L+\int_{l^-}\right)\frac{x\mathrm{d}y-y\mathrm{d}x}{x^2+y^2}=0,$$

即

$$\oint_L\frac{x\mathrm{d}y-y\mathrm{d}x}{x^2+y^2}=-\oint_{l^-}\frac{x\mathrm{d}y-y\mathrm{d}x}{x^2+y^2}=\oint_l\frac{x\mathrm{d}y-y\mathrm{d}x}{x^2+y^2}.$$

因为 l 的参数方程为 $x=r\cos t,y=r\sin t\,(t:0\to2\pi)$,所以

$$\oint_L\frac{x\mathrm{d}y-y\mathrm{d}x}{x^2+y^2}=\oint_l\frac{x\mathrm{d}y-y\mathrm{d}x}{x^2+y^2}$$

$$=\int_0^{2\pi}\frac{r\cos t\cdot r\cos t-r\sin t(-r\sin t)}{r^2\cos^2t+r^2\sin^2t}\mathrm{d}t$$

$$=\int_0^{2\pi}\mathrm{d}t=2\pi.$$

在这个例子中利用 Green 公式来改变积分路径的方法，在下一节还将加以讨论．

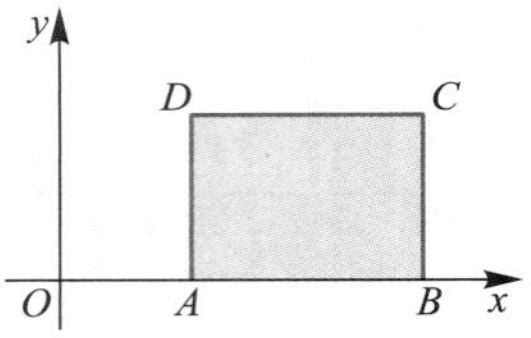

图 8.8.6

Green 公式可以看作 Newton-Leibniz 公式在二维空间的推广．为说明这一点，设 f 在 $[a,b]$ 上具有连续导函数，$\Omega=[a,b]\times[0,1]$（其图形的四个顶点依次记为 A,B,C,D，见图 8.8.6）．利用 Green 公式可得

$$\iint_{\Omega} f'(x)\,\mathrm{d}x\mathrm{d}y=\int_{\partial\Omega} f(x)\,\mathrm{d}y,$$

由此即得

$$\begin{aligned}\int_a^b f'(x)\,\mathrm{d}x&=\int_0^1\mathrm{d}y\int_a^b f'(x)\,\mathrm{d}x\\&=\iint_{\Omega} f'(x)\,\mathrm{d}x\mathrm{d}y=\left(\int_{\overline{AB}}+\int_{\overline{BC}}+\int_{\overline{CD}}+\int_{\overline{DA}}\right)f(x)\,\mathrm{d}y\\&=\left(\int_{\overline{BC}}+\int_{\overline{DA}}\right)f(x)\,\mathrm{d}y=\int_0^1 f(b)\,\mathrm{d}y+\int_1^0 f(a)\,\mathrm{d}y=f(b)-f(a).\end{aligned}$$

这就是 Newton-Leibniz 公式．

Stokes 公式

在 Green 公式基础上建立起来的 Stokes 公式，揭示了第二类曲面积分与以该曲面边界曲线为路径的第二类曲线积分之间的内在关系，可视作 Green 公式的一个自然推广．

设 Σ 是具有分段光滑边界的光滑的有向曲面，今按右手规则确定 Σ 的边界 $\partial\Sigma$ 的定向：即右手的四指按 $\partial\Sigma$ 的定向弯曲时，拇指指向 Σ 的法向．称 $\partial\Sigma$ 的这个定向为 Σ 的**诱导定向**．

定理 8.8.2（Stokes 公式）　设 Σ 为光滑的有向曲面，其边界 $\partial\Sigma$ 为分段光滑的闭曲线．如果三元函数 P,Q,R 在 Σ 及其边界上具有连续一阶偏导数，则

$$\begin{aligned}&\int_{\partial\Sigma}P\mathrm{d}x+Q\mathrm{d}y+R\mathrm{d}z\\&=\iint_{\Sigma}\left(\frac{\partial R}{\partial y}-\frac{\partial Q}{\partial z}\right)\mathrm{d}y\mathrm{d}z+\left(\frac{\partial P}{\partial z}-\frac{\partial R}{\partial x}\right)\mathrm{d}z\mathrm{d}x+\left(\frac{\partial Q}{\partial x}-\frac{\partial P}{\partial y}\right)\mathrm{d}x\mathrm{d}y\\&=\iint_{\Sigma}\left[\left(\frac{\partial R}{\partial y}-\frac{\partial Q}{\partial z}\right)\cos(\boldsymbol{n},x)+\left(\frac{\partial P}{\partial z}-\frac{\partial R}{\partial x}\right)\cos(\boldsymbol{n},y)+\left(\frac{\partial Q}{\partial x}-\frac{\partial P}{\partial y}\right)\cos(\boldsymbol{n},z)\right]\mathrm{d}S,\end{aligned}$$

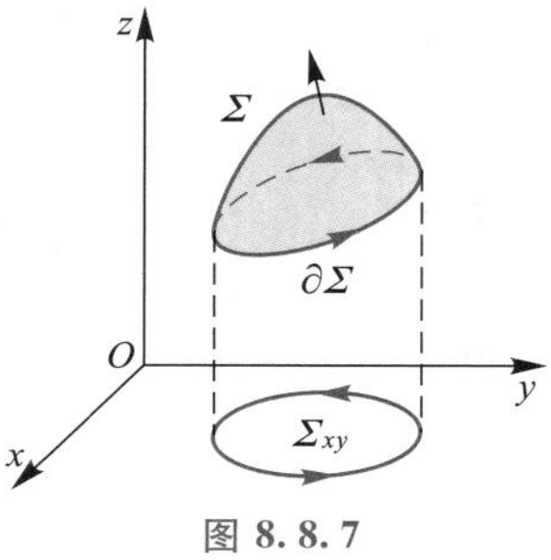

图 8.8.7

其中 $\partial\Sigma$ 按诱导定向．

证　为避免复杂的论述，只讨论曲面 Σ 可以同时作如下三种描述的情况，即

$$\begin{aligned}\Sigma&=\{(x,y,z)\mid z=z(x,y),(x,y)\in\Sigma_{xy}\}\\&=\{(x,y,z)\mid y=y(z,x),(z,x)\in\Sigma_{zx}\}\\&=\{(x,y,z)\mid x=x(y,z),(y,z)\in\Sigma_{yz}\}.\end{aligned}$$

不失一般性，设 Σ 的定向取作上侧（见图 8.8.7）．先把空间

$\mathbf{R}^3$ 中沿 $\partial\Sigma$ 的第二类曲线积分 $\int_{\partial\Sigma} P(x,y,z)\,\mathrm{d}x$ 化为平面上沿 $\partial\Sigma_{xy}$ 的第二类曲线积分，再应用 Green 公式化为二重积分得

$$\begin{aligned}\int_{\partial\Sigma} P(x,y,z)\,\mathrm{d}x &= \int_{\partial\Sigma_{xy}} P(x,y,z(x,y))\,\mathrm{d}x \\ &= -\iint_{\Sigma_{xy}} [P'_y(x,y,z(x,y)) + P'_z(x,y,z(x,y))z'_y(x,y)]\,\mathrm{d}x\mathrm{d}y.\end{aligned}$$

注意到 Σ 上侧的法向量 $\boldsymbol{n}$ 的方向余弦为

$$\cos(\boldsymbol{n},x)=\frac{-z'_x}{\sqrt{1+z_x'^2+z_y'^2}},\quad \cos(\boldsymbol{n},y)=\frac{-z'_y}{\sqrt{1+z_x'^2+z_y'^2}},\quad \cos(\boldsymbol{n},z)=\frac{1}{\sqrt{1+z_x'^2+z_y'^2}},$$

从而有向面积微元之间满足关系

$$-z'_y\,\mathrm{d}x\mathrm{d}y=-z'_y\cos(\boldsymbol{n},z)\,\mathrm{d}S=\cos(\boldsymbol{n},y)\,\mathrm{d}S=\mathrm{d}z\mathrm{d}x.$$

再把前面得到的二重积分转化为第二类曲面积分，则有

$$\iint_{\Sigma_{xy}} P'_y(x,y,z(x,y))\,\mathrm{d}x\mathrm{d}y = \iint_{\Sigma} P'_y(x,y,z)\,\mathrm{d}x\mathrm{d}y,$$

$$\iint_{\Sigma_{xy}} P'_z(x,y,z(x,y))z'_y(x,y)\,\mathrm{d}x\mathrm{d}y = \iint_{\Sigma} P'_z(x,y,z)z'_y(x,y)\,\mathrm{d}x\mathrm{d}y = -\iint_{\Sigma} P'_z(x,y,z)\,\mathrm{d}z\mathrm{d}x.$$

因此，

$$\int_{\partial\Sigma} P(x,y,z)\,\mathrm{d}x = \iint_{\Sigma} P'_z(x,y,z)\,\mathrm{d}z\mathrm{d}x - P'_y(x,y,z)\,\mathrm{d}x\mathrm{d}y.$$

同理可证

$$\int_{\partial\Sigma} Q(x,y,z)\,\mathrm{d}y = \iint_{\Sigma} Q'_x(x,y,z)\,\mathrm{d}x\mathrm{d}y - Q'_z(x,y,z)\,\mathrm{d}y\mathrm{d}z.$$

$$\int_{\partial\Sigma} R(x,y,z)\,\mathrm{d}z = \iint_{\Sigma} R'_y(x,y,z)\,\mathrm{d}y\mathrm{d}z - R'_x(x,y,z)\,\mathrm{d}z\mathrm{d}x.$$

三式相加，即得 Stokes 公式.

证毕

注　对 Σ 是 Oxy 平面上区域的特殊情况，Stokes 公式就是 Green 公式.

为便于记忆，定理中 Stokes 公式用第二类曲面积分和第一类曲面积分描述的两种形式又可分别表示为

$$\oint_{\partial\Sigma} P\,\mathrm{d}x + Q\,\mathrm{d}y + R\,\mathrm{d}z = \iint_{\Sigma} \begin{vmatrix} \mathrm{d}y\mathrm{d}z & \mathrm{d}z\mathrm{d}x & \mathrm{d}x\mathrm{d}y \\ \dfrac{\partial}{\partial x} & \dfrac{\partial}{\partial y} & \dfrac{\partial}{\partial z} \\ P & Q & R \end{vmatrix}$$

$$= \iint_{\Sigma} \begin{vmatrix} \cos(\boldsymbol{n},x) & \cos(\boldsymbol{n},y) & \cos(\boldsymbol{n},z) \\ \dfrac{\partial}{\partial x} & \dfrac{\partial}{\partial y} & \dfrac{\partial}{\partial z} \\ P & Q & R \end{vmatrix} \mathrm{d}S.$$

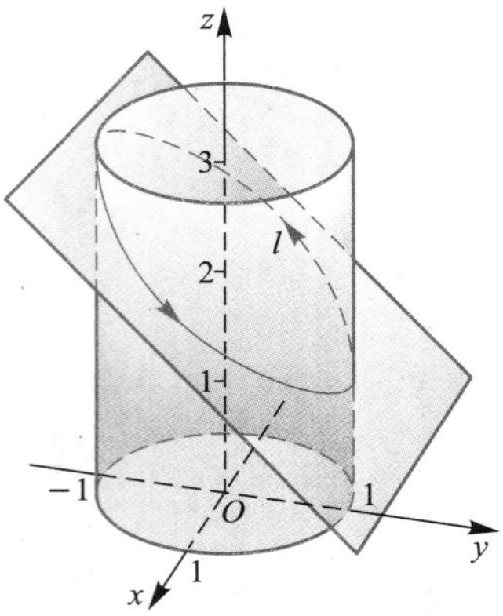

图 8.8.8

上述积分号后两个行列式均应按第一行展开，并把$\frac{\partial}{\partial x}$与 Q 的"乘积"理解为$\frac{\partial Q}{\partial x}$等．

例 8.8.6　计算第二类曲线积分

$$\oint_L 3z\mathrm{d}x + 5x\mathrm{d}y - 2y\mathrm{d}z,$$

其中 L 是平面 $y+z=2$ 和圆柱面 $x^2+y^2=1$ 的交线，顶视为逆时针走向（见图 8.8.8）．

解法一　取 Σ 为平面 $y+z=2$ 被圆柱面 $x^2+y^2=1$ 截得的椭圆盘，定向为上侧．由 Stokes 公式得

$$\oint_L 3z\mathrm{d}x + 5x\mathrm{d}y - 2y\mathrm{d}z = \iint_\Sigma \begin{vmatrix} \mathrm{d}y\mathrm{d}z & \mathrm{d}z\mathrm{d}x & \mathrm{d}x\mathrm{d}y \\ \frac{\partial}{\partial x} & \frac{\partial}{\partial y} & \frac{\partial}{\partial z} \\ 3z & 5x & -2y \end{vmatrix}$$

$$= \iint_\Sigma \left[\frac{\partial(-2y)}{\partial y} - \frac{\partial(5x)}{\partial z}\right]\mathrm{d}y\mathrm{d}z + \left[\frac{\partial(3z)}{\partial z} - \frac{\partial(-2y)}{\partial x}\right]\mathrm{d}z\mathrm{d}x + \left[\frac{\partial(5x)}{\partial x} - \frac{\partial(3z)}{\partial y}\right]\mathrm{d}x\mathrm{d}y$$

$$= \iint_\Sigma (-2)\mathrm{d}y\mathrm{d}z + 3\mathrm{d}z\mathrm{d}x + 5\mathrm{d}x\mathrm{d}y.$$

由于 Σ 的方程为 $z=2-y$，定向为上侧，此时 $z_x'=0, z_y'=-1$，从而

$$\iint_\Sigma (-2)\mathrm{d}y\mathrm{d}z + 3\mathrm{d}z\mathrm{d}x + 5\mathrm{d}x\mathrm{d}y$$

$$= \iint_{x^2+y^2\leqslant 1} [(-2)\times 0 + 3\times 1 + 5]\mathrm{d}x\mathrm{d}y$$

$$= 8\iint_{x^2+y^2\leqslant 1} \mathrm{d}x\mathrm{d}y = 8\pi.$$

于是

$$\oint_L 3z\mathrm{d}x + 5x\mathrm{d}y - 2y\mathrm{d}z = 8\pi.$$

解法二　取 Σ 为平面 $y+z=2$ 被圆柱面 $x^2+y^2=1$ 截得的椭圆盘，按上侧取单位法向量

$$\boldsymbol{n} = \frac{1}{\sqrt{2}}(\boldsymbol{j}+\boldsymbol{k}).$$

Σ 的边界，即 L，是一个椭圆，其长轴在平面 $x=0$ 上，位于长轴的两个顶点分别为 $(0,1,1)$ 和 $(0,-1,3)$．因而长半轴为$\sqrt{2}$，又易知其短半轴为 1，故而这个椭圆的面积为$\sqrt{2}\pi$.

由 Stokes 公式

$$\oint_L 3z\mathrm{d}x + 5x\mathrm{d}y - 2y\mathrm{d}z$$

$$= \iint_\Sigma \begin{vmatrix} \cos(\boldsymbol{n},x) & \cos(\boldsymbol{n},y) & \cos(\boldsymbol{n},z) \\ \dfrac{\partial}{\partial x} & \dfrac{\partial}{\partial y} & \dfrac{\partial}{\partial z} \\ 3z & 5x & -2y \end{vmatrix} \mathrm{d}S$$

$$= \iint_\Sigma \left\{ \left[\frac{\partial(-2y)}{\partial y} - \frac{\partial(5x)}{\partial z} \right] \cdot 0 + \left[\frac{\partial(3z)}{\partial z} - \frac{\partial(-2y)}{\partial x} \right] \frac{1}{\sqrt{2}} + \right.$$

$$\left. \left[\frac{\partial(5x)}{\partial x} - \frac{\partial(3z)}{\partial y} \right] \frac{1}{\sqrt{2}} \right\} \mathrm{d}S$$

$$= \iint_\Sigma \frac{3+5}{\sqrt{2}} \mathrm{d}S = 4\sqrt{2} \iint_\Sigma \mathrm{d}S = 4\sqrt{2} \cdot \sqrt{2}\pi = 8\pi .$$

例 8.8.7　计算第二类曲线积分

$$\int_L (y^2 - z^2)\mathrm{d}x + (z^2 - x^2)\mathrm{d}y + (x^2 - y^2)\mathrm{d}z ,$$

其中 L 为平面 $x+y+z=1$ 被三个坐标平面所截的三角形 Σ 的边界,顶视为逆时针走向(见图 8.8.9).

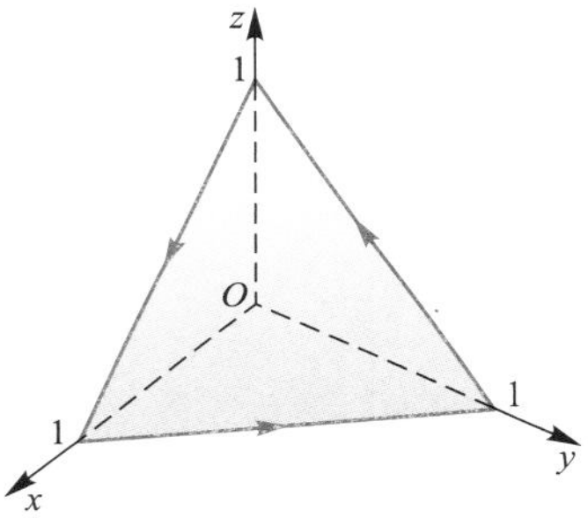

图 8.8.9

解　Σ 位于平面 $x+y+z=1$ 上,取其定向为上侧,则其法向量的三个方向余弦均为$\dfrac{1}{\sqrt{3}}$,又易知 Σ 的面积为$\dfrac{\sqrt{3}}{2}$.

由 Stokes 公式可得

$$\int_L (y^2 - z^2)\mathrm{d}x + (z^2 - x^2)\mathrm{d}y + (x^2 - y^2)\mathrm{d}z$$

$$= \iint_\Sigma \begin{vmatrix} \cos(\boldsymbol{n},x) & \cos(\boldsymbol{n},y) & \cos(\boldsymbol{n},z) \\ \dfrac{\partial}{\partial x} & \dfrac{\partial}{\partial y} & \dfrac{\partial}{\partial z} \\ y^2 - z^2 & z^2 - x^2 & x^2 - y^2 \end{vmatrix} \mathrm{d}S$$

$$= -2\iint_\Sigma [(y+z)\cos(\boldsymbol{n},x) + (x+z)\cos(\boldsymbol{n},y) + (x+y)\cos(\boldsymbol{n},z)]\mathrm{d}S$$

$$= -\frac{4}{\sqrt{3}} \iint_\Sigma (x+y+z)\mathrm{d}S = -\frac{4}{\sqrt{3}} \iint_\Sigma \mathrm{d}S = -\frac{4}{\sqrt{3}} \cdot \frac{\sqrt{3}}{2} = -2 .$$

例 8.8.8　计算第二类曲线积分

$$\int_L (x^2 - yz)\mathrm{d}x + (y^2 - xz)\mathrm{d}y + (z^2 - xy)\mathrm{d}z ,$$

其中曲线 L 是螺旋线 $x=a\cos\theta, y=a\sin\theta, z=\dfrac{h}{2\pi}\theta(0\leqslant\theta\leqslant 2\pi)$ 上自点 $A(a,0,0)$ 到点 $B(a,0,h)$ 的一段弧(见图 8.5.4).

解　在例 8.5.6 中我们已经计算过这个曲线积分,这里采用另一种方法.

有向曲线 L 和有向直线 $\overline{BA}$ 构成一个分段光滑的闭曲线,记以这条闭曲线为边界、任意选取的一个光滑闭曲面为 Σ,并取 Σ 的定向符合右手定则 . 于是

$$\left(\int_L + \int_{\overline{BA}}\right)(x^2 - yz)\mathrm{d}x + (y^2 - xz)\mathrm{d}y + (z^2 - xy)\mathrm{d}z$$

$$= \iint_\Sigma \left[\frac{\partial(z^2 - xy)}{\partial y} - \frac{\partial(y^2 - zx)}{\partial z}\right]\mathrm{d}y\mathrm{d}z + \left[\frac{\partial(x^2 - yz)}{\partial z} - \frac{\partial(z^2 - xy)}{\partial x}\right]\mathrm{d}z\mathrm{d}x +$$

$$\left[\frac{\partial(y^2 - zx)}{\partial x} - \frac{\partial(x^2 - yz)}{\partial y}\right]\mathrm{d}x\mathrm{d}y$$

$$= \iint_\Sigma 0 \cdot \mathrm{d}y\mathrm{d}z + 0 \cdot \mathrm{d}z\mathrm{d}x + 0 \cdot \mathrm{d}x\mathrm{d}y = 0 .$$

这样,便有

$$\int_L (x^2 - yz)\mathrm{d}x + (y^2 - xz)\mathrm{d}y + (z^2 - xy)\mathrm{d}z$$

$$= \int_{\overline{AB}} (x^2 - yz)\mathrm{d}x + (y^2 - xz)\mathrm{d}y + (z^2 - xy)\mathrm{d}z$$

$$= \int_0^h (z^2 - a \cdot 0)\mathrm{d}z = \frac{h^3}{3} .$$

习　题

1. 利用 Green 公式计算下列第二类曲线积分:

(1) $\oint_L (x^2y - 2y)\mathrm{d}x + \left(\frac{x^3}{3} - x\right)\mathrm{d}y$,其中 L 是由直线 $y=x,y=2x$ 和 $x=1$ 构成的三角形的周边,取逆时针方向;

(2) $\oint_L (x + y)\mathrm{d}x + (x - y)\mathrm{d}y$,其中 L 是由方程 $|x|+|y|=1$ 确定的闭曲线,取逆时针方向;

(3) $\oint_L (-y^2 + \mathrm{e}^{\mathrm{e}^x})\mathrm{d}x + \arctan y\mathrm{d}y$,其中 L 是由两条抛物线 $y=x^2$ 和 $x=y^2$ 所围区域的边界,取逆时针方向;

(4) $\oint_L \mathrm{e}^x[(1-\cos y)\mathrm{d}x-(y-\sin y)\mathrm{d}y]$,其中 L 是区域 $D=\{(x,y)\mid 0\leqslant y\leqslant \sin x,0\leqslant x\leqslant \pi\}$ 的边界,取逆时针方向 .

2. 利用第二类曲线积分计算下列图形的面积:

(1) 由抛物线 $(x+y)^2=ax$ 和 x 轴围成的平面图形;

(2) 由旋轮线段 $\begin{cases} x=a(t-\sin t), \\ y=a(1-\cos t) \end{cases}$ $(0\leqslant t\leqslant 2\pi)$ 与 x 轴围成的平面图形;

(3) 曲线 $\begin{cases} x=\frac{1}{2}\sin 2t, \\ y=\sin t \end{cases}$ $(0\leqslant t\leqslant \pi)$ 围成的平面图形 .

3. 利用 Green 公式计算下列第二类曲线积分：

(1) $\int_L (x^2-y)\mathrm{d}x-(x+\sin^2 y)\mathrm{d}y$，其中 L 是圆周 $y=\sqrt{2x-x^2}$ 上由 $(0,0)$ 到 $(1,1)$ 的一段弧；

(2) $\int_L (x^2 y-3x\mathrm{e}^x)\mathrm{d}x+\left(\frac{1}{3}x^3-y\sin y\right)\mathrm{d}y$，其中 L 是沿摆线 $x=t-\sin t, y=1-\cos t$ 从点 $O(0,0)$ 到点 $A(\pi,2)$ 的一段弧．

4. 利用 Stokes 公式计算下列第二类曲线积分：

(1) $\oint_L y\mathrm{d}x+z\mathrm{d}y+x\mathrm{d}z$，其中 L 是圆周 $\begin{cases}x^2+y^2+z^2=a^2,\\ x+y+z=0,\end{cases}$ 顶视为逆时针走向；

(2) $\oint_L (y^2+z^2)\mathrm{d}x+(z^2+x^2)\mathrm{d}y+(x^2+y^2)\mathrm{d}z$，其中 L 是上半球面 $z=\sqrt{R^2-x^2-y^2}$ 与圆柱面 $x^2+y^2=2rx(R>2r>0)$ 的交线，顶视为逆时针走向；

(3) $\oint_L (y-z)\mathrm{d}x+(z-x)\mathrm{d}y+(x-y)\mathrm{d}z$，其中 L 为椭圆 $\begin{cases}x^2+y^2=a^2,\\ bx+az=ab\end{cases}$ $(a>0,b>0)$，从 x 轴正向看去，取逆时针走向；

(4) $\oint_L (y^2-z^2)\mathrm{d}x+(z^2-x^2)\mathrm{d}y+(x^2-y^2)\mathrm{d}z$，其中 L 是用平面 $x+y+z=\frac{3}{2}$ 截立方体 $\{(x,y,z)\mid 0\leqslant x\leqslant 1,0\leqslant y\leqslant 1,0\leqslant z\leqslant 1\}$ 的表面所得的截线，顶视为逆时针走向．

5. 设 f 是 $[0,1]$ 上的连续正值一元函数．平面区域 $D=\{(x,y)\mid 0\leqslant x\leqslant 1,0\leqslant y\leqslant 1\}$，$C$ 为 D 的正向边界．证明

$$\oint_C xf(y)\mathrm{d}y-\frac{y}{f(x)}\mathrm{d}x\geqslant 2.$$

6. 设 D 为两条直线 $y=x, y=4x$ 和两条双曲线 $xy=1, xy=4$ 在第一象限所围成的区域，∂D 取为正向．又设 $F(u)$ 是具有连续导数的一元函数，记 $f(u)=F'(u)$，证明

$$\int_{\partial D}\frac{F(xy)}{y}\mathrm{d}y=\ln 2\int_1^4 f(u)\mathrm{d}u.$$

§ 9　旋度和无旋场

环量和旋度

在实际应用中，水流或气流的旋转趋势是一个需要研究的问题．若 $\boldsymbol{v}$ 是某流体的流速场，L 是场中一条有向闭曲线，对于 L 上与其同向且弧长为 $\mathrm{d}s$ 的曲线微元，记 $\boldsymbol{\tau}$ 为其单位切向量，则 $\boldsymbol{v}\cdot\boldsymbol{\tau}\mathrm{d}s=\boldsymbol{v}\cdot\mathrm{d}\boldsymbol{r}$ 就是单位时间内流体沿曲线微元方向的流量，因此曲线积分 $\oint_L \boldsymbol{v}\cdot\mathrm{d}\boldsymbol{r}$

就是流体沿 L 的环流量．显然它在一定程度上刻画了流体旋转的快慢，因此人们引入了向量场的环量的概念．

定义 8.9.1　设 $\boldsymbol{F}$ 是一个向量场，$\boldsymbol{F}$ 沿场中有向闭曲线 L 的第二类曲线积分

$$\Gamma=\oint_L \boldsymbol{F}\cdot \mathrm{d}\boldsymbol{r}$$

称为向量场 $\boldsymbol{F}$ 沿 L 的**环量**．

若向量场

$$\boldsymbol{F}(x,y,z)=P(x,y,z)\boldsymbol{i}+Q(x,y,z)\boldsymbol{j}+R(x,y,z)\boldsymbol{k},$$

又记有向曲线 L 的单位切向量为 $\boldsymbol{\tau}$，弧长微分为 $\mathrm{d}s$，则如上定义的环量可表为

$$\begin{aligned}\Gamma&=\oint_L \boldsymbol{F}\cdot\boldsymbol{\tau}\mathrm{d}s\\&=\oint_L[P\cos(\boldsymbol{\tau},x)+Q\cos(\boldsymbol{\tau},y)+R\cos(\boldsymbol{\tau},z)]\mathrm{d}s\\&=\oint_L P\mathrm{d}x+Q\mathrm{d}y+R\mathrm{d}z.\end{aligned}$$

如果 L 是某个光滑曲面 Σ 的边界，那么由 Stokes 公式可得

$$\Gamma=\iint_\Sigma\left(\frac{\partial R}{\partial y}-\frac{\partial Q}{\partial z}\right)\mathrm{d}y\mathrm{d}z+\left(\frac{\partial P}{\partial z}-\frac{\partial R}{\partial x}\right)\mathrm{d}z\mathrm{d}x+\left(\frac{\partial Q}{\partial x}-\frac{\partial P}{\partial y}\right)\mathrm{d}x\mathrm{d}y,$$

这里曲面 Σ 的法向与 L 的正向按右手定则相对应．上式右端是一个向量值函数的第二类曲面积分，这个向量值函数就是下面要定义的 $\boldsymbol{F}$ 的旋度．

定义 8.9.2　设 $\boldsymbol{F}=P(x,y,z)\boldsymbol{i}+Q(x,y,z)\boldsymbol{j}+R(x,y,z)\boldsymbol{k}$ 是一个向量场，其中 P,Q,R 具有一阶连续偏导数．M 是场中的点，称向量

$$\left(\frac{\partial R}{\partial y}(M)-\frac{\partial Q}{\partial z}(M)\right)\boldsymbol{i}+\left(\frac{\partial P}{\partial z}(M)-\frac{\partial R}{\partial x}(M)\right)\boldsymbol{j}+\left(\frac{\partial Q}{\partial x}(M)-\frac{\partial P}{\partial y}(M)\right)\boldsymbol{k}$$

为向量场 $\boldsymbol{F}$ 在 M 点的**旋度**，记作 $\mathbf{rot}\,\boldsymbol{F}(M)$ 或 $\mathbf{rot}\,\boldsymbol{F}\big|_M$．

由向量场 $\boldsymbol{F}$ 确定的向量场 $\mathbf{rot}\,\boldsymbol{F}=\left(\frac{\partial R}{\partial y}-\frac{\partial Q}{\partial z}\right)\boldsymbol{i}+\left(\frac{\partial P}{\partial z}-\frac{\partial R}{\partial x}\right)\boldsymbol{j}+\left(\frac{\partial Q}{\partial x}-\frac{\partial P}{\partial y}\right)\boldsymbol{k}$ 称为 $\boldsymbol{F}$ 的**旋度场**．

沿用前面的约定，有

$$\mathbf{rot}\,\boldsymbol{F}=\begin{vmatrix}\boldsymbol{i}&\boldsymbol{j}&\boldsymbol{k}\\\dfrac{\partial}{\partial x}&\dfrac{\partial}{\partial y}&\dfrac{\partial}{\partial z}\\P&Q&R\end{vmatrix}.$$

利用旋度的记号，可以把 Stokes 公式表述为

$$\oint_{\partial\Sigma}\boldsymbol{F}\cdot\mathrm{d}\boldsymbol{r}=\iint_\Sigma \mathbf{rot}\,\boldsymbol{F}\cdot\boldsymbol{n}\mathrm{d}S=\iint_\Sigma \mathbf{rot}\,\boldsymbol{F}\cdot\mathrm{d}\boldsymbol{S}.$$

这个关系式表明，向量场 $\boldsymbol{F}$ 沿着有向闭曲线 L 的环量，等于向量场的旋度 $\mathbf{rot}\,\boldsymbol{F}$ 通过该曲线所张的曲面 Σ 的通量．

对于水中的一小叶片，我们知道，当其平放于漩涡中心时旋转速度较快，而倾斜放置时旋转速度将会减缓．这说明在研究流体的旋转趋势时，需要考虑沿哪个方向作旋转，即考虑

其旋转轴的方向．这一点可借助下面的环量面密度的概念加以说明．

在向量场中点 M 处任意取定一个单位方向 $\boldsymbol{n}$，作一含点 M 的小平面片 Σ，使它在 M 处的法向量为 $\boldsymbol{n}$，按右手定则取定 $\partial\Sigma$ 的方向．记 Σ 的面积为 $m(\Sigma)$．向量场 $\boldsymbol{F}$ 沿 $\partial\Sigma$ 的环量按 $m(\Sigma)$ 平均的极限，即

$$\lim_{\Sigma\to M}\frac{\displaystyle\int_{\partial\Sigma}\boldsymbol{F}\cdot\mathrm{d}\boldsymbol{r}}{m(\Sigma)},$$

称为向量场 $\boldsymbol{F}$ 在点 M 处沿方向 $\boldsymbol{n}$ 的**环量面密度**，这里"$\Sigma\to M$"对应于平面片 Σ 收缩到点 M 的变化过程．显然，环量面密度是环量关于面积的变化率，反映了环量的强弱，因而也反映了流体旋转的快慢．

进一步，由 Stokes 公式并利用积分中值定理可得

$$\frac{1}{m(\Sigma)}\int_{\partial\Sigma}\boldsymbol{F}\cdot\mathrm{d}\boldsymbol{r}=\frac{1}{m(\Sigma)}\iint_{\Sigma}\mathbf{rot}\,\boldsymbol{F}\cdot\boldsymbol{n}\mathrm{d}S=\mathbf{rot}\,\boldsymbol{F}(M^*)\cdot\boldsymbol{n},$$

其中 $M^*\in\Sigma$．当 Σ 向 M 点收缩时，有 $M^*\to M$，因此

$$\lim_{\Sigma\to M}\frac{1}{m(\Sigma)}\int_{\partial\Sigma}\boldsymbol{F}\cdot\mathrm{d}\boldsymbol{r}=\lim_{\Sigma\to M}\mathbf{rot}\,\boldsymbol{F}(M^*)\cdot\boldsymbol{n}=\mathbf{rot}\,\boldsymbol{F}(M)\cdot\boldsymbol{n}.$$

由此可见，环量的面密度与所沿方向 $\boldsymbol{n}$ 有关，即与旋转轴的方向有关．$\boldsymbol{F}$ 在点 M 处沿旋度方向环量的面密度最大，且其最大值为 $\|\mathbf{rot}\,\boldsymbol{F}(M)\|$．换句话说，向量 $\boldsymbol{F}$ 在某点处的旋度 $\mathbf{rot}\,\boldsymbol{F}$，其模为该点处环量面密度的最大值，其方向是使环量面密度取最大值的方向．从以上的讨论可以看出，旋度与坐标系的选取无关．

下面我们以刚体旋转为例说明旋度的力学背景．

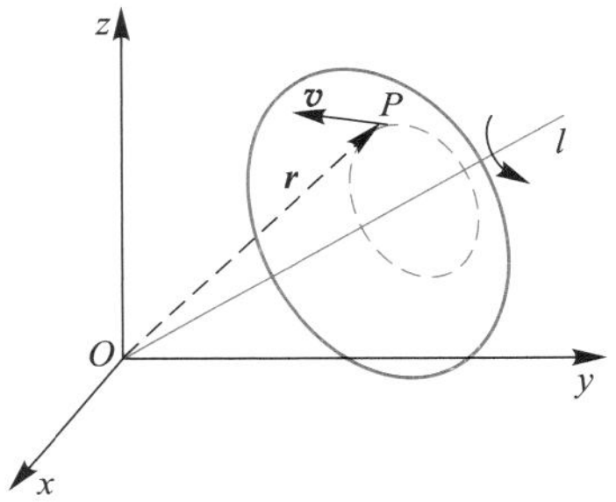

图 8.9.1

例 8.9.1　设一刚体绕过原点的轴 l 旋转（见图 8.9.1），角速度为 $\boldsymbol{\omega}=(\omega_x,\omega_y,\omega_z)$．这样，刚体上点 P 处的线速度为

$$\boldsymbol{v}=\boldsymbol{\omega}\times\overrightarrow{OP}=\boldsymbol{\omega}\times\boldsymbol{r},$$

其中 $\boldsymbol{r}=x\boldsymbol{i}+y\boldsymbol{j}+z\boldsymbol{k}$．于是

$$\boldsymbol{v}=\boldsymbol{\omega}\times\boldsymbol{r}=\begin{vmatrix}\boldsymbol{i}&\boldsymbol{j}&\boldsymbol{k}\\\omega_x&\omega_y&\omega_z\\x&y&z\end{vmatrix}=(\omega_y z-\omega_z y)\boldsymbol{i}+(\omega_z x-\omega_x z)\boldsymbol{j}+(\omega_x y-\omega_y x)\boldsymbol{k}.$$

由此可得，刚体旋转时的线速度场在点 P 处的旋度为

$$\mathbf{rot}\,\boldsymbol{v}=\begin{vmatrix}\boldsymbol{i}&\boldsymbol{j}&\boldsymbol{k}\\\dfrac{\partial}{\partial x}&\dfrac{\partial}{\partial y}&\dfrac{\partial}{\partial z}\\\omega_y z-\omega_z y&\omega_z x-\omega_x z&\omega_x y-\omega_y x\end{vmatrix}$$

$$=2(\omega_x\boldsymbol{i}+\omega_y\boldsymbol{j}+\omega_z\boldsymbol{k})=2\boldsymbol{\omega}.$$

这就是说，在刚体旋转的线速度场中，任何点 P 处的旋度恰好等于刚体旋转的角速度的两倍，因而线速度场的旋度完全描述了刚体旋转的情况．

关于旋度，满足如下的运算规则：

1. 设 $\boldsymbol{F}$ 和 $\boldsymbol{G}$ 是连续可微(即导数连续)的向量值函数,α,β 是常数,则

$$\mathbf{rot}(\alpha\boldsymbol{F}+\beta\boldsymbol{G})=\alpha\mathbf{rot}\ \boldsymbol{F}+\beta\mathbf{rot}\ \boldsymbol{G}.$$

2. 对于连续可微的向量值函数 $\boldsymbol{F}$ 和数值函数 φ,有

$$\mathbf{rot}(\varphi\boldsymbol{F})=\varphi\mathbf{rot}\ \boldsymbol{F}+\mathbf{grad}\ \varphi\times\boldsymbol{F}.$$

读者可自行验证这些性质.

无旋场、保守场和势量场

先考察一个简单的例子.

例 8.9.2 在位于原点处的点电荷 q 所形成的电场中,求电场强度 $\boldsymbol{E}$ 的旋度.

解 因为 $\boldsymbol{E}=\dfrac{q\boldsymbol{r}}{4\pi\varepsilon_0 r^3}$,其中 $\boldsymbol{r}=x\boldsymbol{i}+y\boldsymbol{j}+z\boldsymbol{k}$,$r=\sqrt{x^2+y^2+z^2}$,$\varepsilon_0$ 为真空电容率,即

$$\boldsymbol{E}=E_x\boldsymbol{i}+E_y\boldsymbol{j}+E_z\boldsymbol{k}=\frac{q}{4\pi\varepsilon_0}\left(\frac{x}{r^3}\boldsymbol{i}+\frac{y}{r^3}\boldsymbol{j}+\frac{z}{r^3}\boldsymbol{k}\right).$$

所以

$$\frac{\partial E_y}{\partial x}-\frac{\partial E_x}{\partial y}=\frac{q}{4\pi\varepsilon_0}\left(\frac{-3y}{r^4}\ \frac{x}{r}-\frac{-3x}{r^4}\cdot\frac{y}{r}\right)=0.$$

同理可得

$$\frac{\partial E_x}{\partial z}-\frac{\partial E_z}{\partial x}=0,\quad \frac{\partial E_z}{\partial y}-\frac{\partial E_y}{\partial z}=0.$$

因此

$$\mathbf{rot}\ \boldsymbol{E}=\mathbf{0}.$$

这就是说,点电荷的电场强度形成一个旋度为 $\mathbf{0}$ 的向量场.

一般地,称旋度为 $\mathbf{0}$ 的向量场为**无旋场**. 无旋场具有一些重要的性质. 首先,我们在例 7.5.4 中知道点电荷的电场强度可以表示为电位梯度的负向量,因此,它是一个势量场. 实际上对下面将要介绍的一维单连通区域而言,无旋场与势量场本质上是一致的.

其次,对于无旋场,由 Stokes 公式可知,沿任何闭曲线的环量等于 0,它又相当于向量场的第二类曲线积分只与路径的端点有关,而与路径的几何形状无关(简称**与路径无关**). 一般地,称积分与路径无关的向量场为**保守场**. 下面还将证明,对一维单连通区域而言,无旋场与保守场本质上也是一致的.

这里需要介绍一下空间区域单连通的概念. 设 Ω 为一空间区域,如果 Ω 中任意一条闭曲线都可以不触及边界 $\partial\Omega$ 连续地收缩到一点,即 Ω 内存在一个以该闭曲线为边界的曲面,则称 Ω 为**一维单连通区域**,否则称之为**一维复连通区域**. 例如,球的内部或两个同心球之间的区域是一维单连通的,环面所围的区域是一维复连通区域(见图 8.9.2).

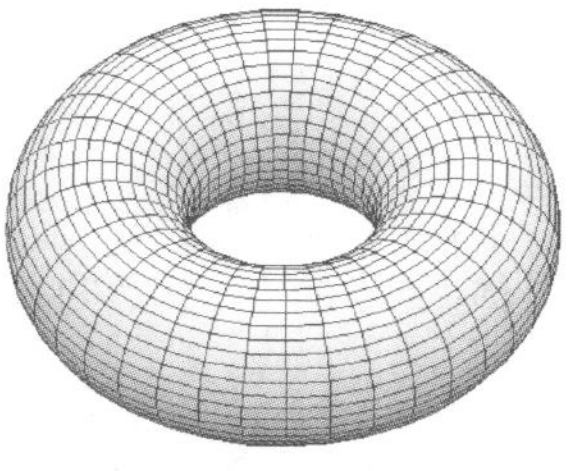

图 8.9.2

定理 8.9.1 *设 Ω 是 $\mathbf{R}^3$ 中的一维单连通区域,*

$$\boldsymbol{F}=P(x,y,z)\boldsymbol{i}+Q(x,y,z)\boldsymbol{j}+R(x,y,z)\boldsymbol{k}$$

是 Ω 上的一个向量场,其中 P,Q,R 具有连续一阶偏导数,则以下三个命题等价:

(1) 对 Ω 上的任意两点 A,B,第二类曲线积分

$$\int_{AB}\boldsymbol{F}\cdot \mathrm{d}\boldsymbol{r}$$

只与起点 A 和终点 B 有关,而与联结 A,B 的分段光滑曲线无关,即 $\boldsymbol{F}$ 是一个保守场;

(2) 在 Ω 上存在势函数 U,使得

$$\mathbf{grad}\ U=\boldsymbol{F},$$

即 $\boldsymbol{F}$ 是一个势量场;

(3) 在 Ω 上成立

$$\mathbf{rot}\ \boldsymbol{F}=\mathbf{0},$$

即 $\boldsymbol{F}$ 是一个无旋场.

证　(1)⇒(2) 固定起点 $A(x_0,y_0,z_0)\in\Omega$. 如下作 Ω 上的函数 U:对于 $B(x,y,z)\in\Omega$,利用积分与路径无关性,任取从 A 到 B 的分段光滑曲线 AB,则

$$U(x,y,z)=\int_{AB}P(\xi,\eta,\zeta)\,\mathrm{d}\xi+Q(\xi,\eta,\zeta)\,\mathrm{d}\eta+R(\xi,\eta,\zeta)\,\mathrm{d}\zeta.$$

以下来验证 U 是 $\boldsymbol{F}$ 的势函数,即证明 $\dfrac{\partial U}{\partial x}=P,\dfrac{\partial U}{\partial y}=Q,\dfrac{\partial U}{\partial z}=R$.

为计算 $\dfrac{\partial U}{\partial x}$,取从点 B 到 $B_1(x+\Delta x,y,z)$ 的路径 $\overline{BB_1}$ 为联结这两点的直线段. 于是

$$\begin{aligned}\frac{\partial U}{\partial x}(x,y,z)&=\lim_{\Delta x\to 0}\frac{1}{\Delta x}[U(x+\Delta x,y,z)-U(x,y,z)]\\&=\lim_{\Delta x\to 0}\frac{1}{\Delta x}\left[\left(\int_{AB_1}-\int_{AB}\right)P\mathrm{d}\xi+Q\mathrm{d}\eta+R\mathrm{d}\zeta\right]\\&=\lim_{\Delta x\to 0}\frac{1}{\Delta x}\int_{\overline{BB_1}}P\mathrm{d}\xi+Q\mathrm{d}\eta+R\mathrm{d}\zeta\\&=\lim_{\Delta x\to 0}\frac{1}{\Delta x}\int_x^{x+\Delta x}P(\xi,y,z)\,\mathrm{d}\xi\\&=\lim_{\Delta x\to 0}P(x+\theta\Delta x,y,z)=P(x,y,z),\end{aligned}$$

其中 $0<\theta<1$,且在 $\overline{BB_1}$ 上的积分中有 $\mathrm{d}\eta=\mathrm{d}\zeta=0$.

同理可得 $\dfrac{\partial U}{\partial y}=Q,\dfrac{\partial U}{\partial z}=R$.

(2)⇒(3)　由 $P=\dfrac{\partial U}{\partial x},Q=\dfrac{\partial U}{\partial y},R=\dfrac{\partial U}{\partial z}$,且 P,Q,R 的偏导数连续,利用混合偏导数连续时与求导次序无关的 Schwarz 定理可得

$$\frac{\partial Q}{\partial x}=\frac{\partial^2 U}{\partial x\partial y}=\frac{\partial^2 U}{\partial y\partial x}=\frac{\partial P}{\partial y},$$

$$\frac{\partial R}{\partial y}=\frac{\partial^2 U}{\partial y\partial z}=\frac{\partial^2 U}{\partial z\partial y}=\frac{\partial Q}{\partial z},$$

$$\frac{\partial P}{\partial z}=\frac{\partial^2 U}{\partial z\partial x}=\frac{\partial^2 U}{\partial x\partial z}=\frac{\partial R}{\partial x}.$$

因此，**rot** $\boldsymbol{F}=\boldsymbol{0}$.

(3)⇒(1) 对于 Ω 中任何两点 A 和 B，任意作两条联结 A 与 B 的分段光滑曲线 ACB 和 ADB，这样，$ACBDA$ 成为一条封闭曲线 l（见图 8.9.3）. 再利用区域的一维单连通性，任取一张以 l 为边界的光滑曲面片 Σ，应用 Stokes 公式可得

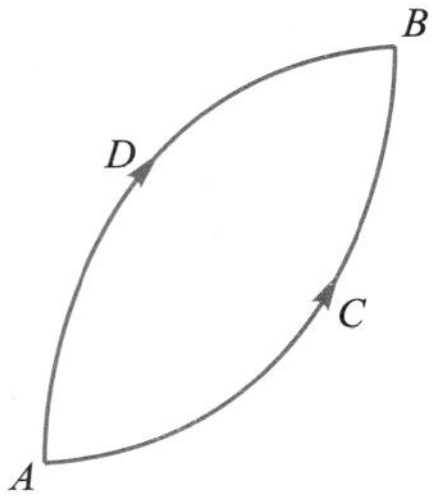

图 8.9.3

$$\int_{ACB}\boldsymbol{F}\cdot\mathrm{d}\boldsymbol{r}-\int_{ADB}\boldsymbol{F}\cdot\mathrm{d}\boldsymbol{r}=\int_{l}\boldsymbol{F}\cdot\mathrm{d}\boldsymbol{r}=\iint_{\Sigma}\mathbf{rot}\,\boldsymbol{F}\cdot\boldsymbol{n}\mathrm{d}S=0,$$

因此

$$\int_{ACB}\boldsymbol{F}\cdot\mathrm{d}\boldsymbol{r}=\int_{ADB}\boldsymbol{F}\cdot\mathrm{d}\boldsymbol{r}.$$

这就表明上述第二类曲线积分只取决于起点 A 与终点 B 而与路径无关.

证毕

在保守场中积分与路径无关，因而常用 $\int_A^B\boldsymbol{F}\cdot\mathrm{d}\boldsymbol{r}$ 表示第二类曲线积分 $\int_{AB}\boldsymbol{F}\cdot\mathrm{d}\boldsymbol{r}$，其中 AB 是自 A 到 B 的任意一条光滑曲线.

在上一节的例 8.8.8 中，记

$$\boldsymbol{F}=(x^2-yz)\boldsymbol{i}+(y^2-xz)\boldsymbol{j}+(z^2-xy)\boldsymbol{k},$$

则它是一个无旋场，从而积分与路径无关. 于是，沿有向曲线 C 的积分即沿有向线段 AB 的积分. 上一节的解题过程和这个分析思路实际上是一致的.

对于平面向量场的情况，上述定理的形式如下：

定理 8.9.2　设 Ω 是平面单连通区域，且

$$\boldsymbol{F}=P(x,y)\boldsymbol{i}+Q(x,y)\boldsymbol{j}$$

是 Ω 上的一个向量场，其中 P,Q 具有连续一阶偏导数. 则以下三个命题等价：

(1) 对 Ω 内任意两点 A,B，第二类（平面）曲线积分

$$\int_{AB}\boldsymbol{F}\cdot\mathrm{d}\boldsymbol{r}=\int_{AB}P\mathrm{d}x+Q\mathrm{d}y$$

仅与起点 A 和终点 B 有关，而与联结 A,B 的分段光滑曲线无关；

(2) 在 Ω 内存在势函数 U，使得

$$\mathbf{grad}\,U=\boldsymbol{F};$$

(3) 在 Ω 内成立 $\dfrac{\partial Q}{\partial x}=\dfrac{\partial P}{\partial y}$.

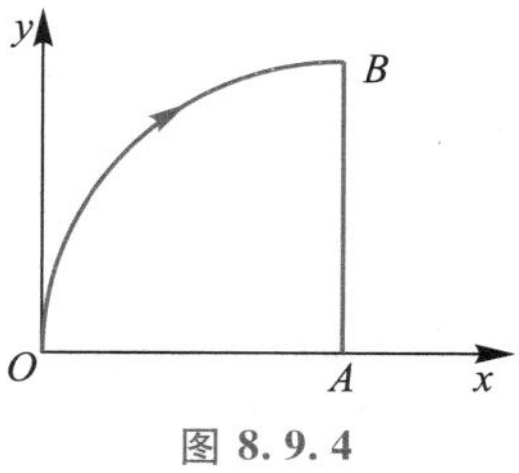

图 8.9.4

例 8.9.3　计算 $\int_C(\mathrm{e}^y+\sin x)\mathrm{d}x+(x\mathrm{e}^y-\cos y)\mathrm{d}y$，其中 C 是沿圆弧 $(x-\pi)^2+y^2=\pi^2$ 由原点 $O(0,0)$ 到点 $B(\pi,\pi)$ 的曲线段（见图 8.9.4）.

解　因为

$$\frac{\partial(x\mathrm{e}^y-\cos y)}{\partial x}=\mathrm{e}^y=\frac{\partial(\mathrm{e}^y+\sin x)}{\partial y},$$

所以本例的曲线积分与路径无关. 于是，我们可以沿折线路径 $\overline{OA}$ 和 $\overline{AB}$ 计算该积分.

$$\int_C (e^y + \sin x)dx + (xe^y - \cos y)dy$$

$$= \left(\int_{\overline{OA}} + \int_{\overline{AB}}\right)(e^y + \sin x)dx + (xe^y - \cos y)dy$$

$$= \int_0^{\pi}(1 + \sin x)dx + 0 + 0 + \int_0^{\pi}(\pi e^y - \cos y)dy$$

$$= (x - \cos x)\Big|_0^{\pi} + (\pi e^y - \sin y)\Big|_0^{\pi} = 2 + \pi e^{\pi}.$$

注意在定理 8.9.2 中关于 Ω 是平面单连通区域的要求是必要的．例如，对于 $\mathbf{R}^2\setminus\{(0,0)\}$ 上的向量场(其示意图见图 8.9.5)

$$\boldsymbol{F} = \frac{-y}{x^2+y^2}\boldsymbol{i} + \frac{x}{x^2+y^2}\boldsymbol{j},$$

在 $\mathbf{R}^2\setminus\{(0,0)\}$ 上总成立，

$$\frac{\partial}{\partial x}\left(\frac{x}{x^2+y^2}\right) = \frac{\partial}{\partial y}\left(\frac{-y}{x^2+y^2}\right).$$

但由例 8.8.5 知，沿任何围绕原点的光滑简单闭曲线有

$$\oint_L \boldsymbol{F}\cdot d\boldsymbol{r} = \oint_L \frac{xdy - ydx}{x^2 + y^2} = 2\pi,$$

其中 L 取逆时针方向，因此曲线积分 $\int_{AB} \boldsymbol{F}\cdot d\boldsymbol{r}$ 与路径有关．

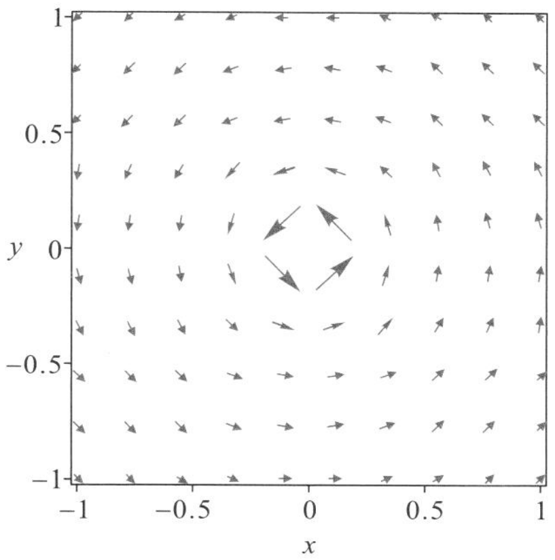

图 8.9.5

原函数

实际上在定理 8.9.1 的证明过程中，在一维单连通区域上还给出了求势量场 $\boldsymbol{F}=P\boldsymbol{i}+Q\boldsymbol{j}+R\boldsymbol{k}$ 的势函数的方法：函数

$$U(x,y,z) = \int_{(x_0,y_0,z_0)}^{(x,y,z)} Pdx + Qdy + Rdz$$

满足

$$\mathbf{grad}\ U = P\boldsymbol{i}+Q\boldsymbol{j}+R\boldsymbol{k},$$

这里的积分表示沿任意一条从 (x_0,y_0,z_0) 到 (x,y,z) 的分段光滑曲线的第二类曲线积分．

一般地，如果 $dU=Pdx+Qdy+Rdz$，即 $Pdx+Qdy+Rdz$ 是函数 U 的全微分，则称 U 是 $Pdx+Qdy+Rdz$ 的**原函数**．

显然，U 是向量值函数 $P\boldsymbol{i}+Q\boldsymbol{j}+R\boldsymbol{k}$ 的势函数等价于 U 是微分形式 $Pdx+Qdy+Rdz$ 的原函数．

例 8.9.4　验证 $(x^2+2xy-y^2)dx+(x^2-2xy-y^2)dy$ 是某个函数的全微分，并求出一个这样的函数．

解　记 $P(x,y)=x^2+2xy-y^2$，$Q(x,y)=x^2-2xy-y^2$．于是

$$\frac{\partial Q}{\partial x}(x,y) = 2x-2y = \frac{\partial P}{\partial y}(x,y),$$

所以 $(x^2+2xy-y^2)\mathrm{d}x+(x^2-2xy-y^2)\mathrm{d}y$ 是某个函数的全微分.

取积分路径如图 8.9.6,便得到它的一个原函数为

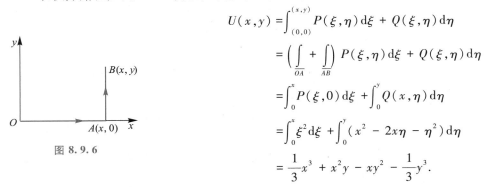

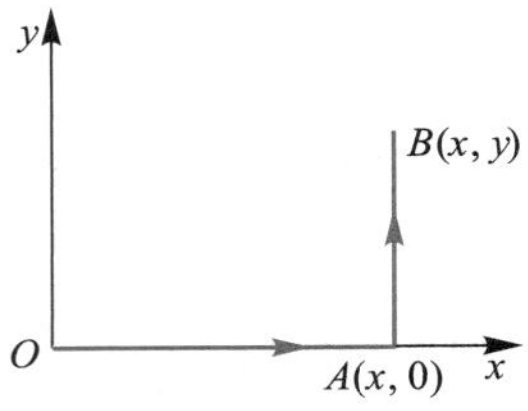

图 8.9.6

$$
\begin{aligned}
U(x,y) &= \int_{(0,0)}^{(x,y)} P(\xi,\eta)\mathrm{d}\xi + Q(\xi,\eta)\mathrm{d}\eta \\
&= \left(\int_{\overline{OA}} + \int_{\overline{AB}}\right) P(\xi,\eta)\mathrm{d}\xi + Q(\xi,\eta)\mathrm{d}\eta \\
&= \int_0^x P(\xi,0)\mathrm{d}\xi + \int_0^y Q(x,\eta)\mathrm{d}\eta \\
&= \int_0^x \xi^2\mathrm{d}\xi + \int_0^y (x^2 - 2x\eta - \eta^2)\mathrm{d}\eta \\
&= \frac{1}{3}x^3 + x^2y - xy^2 - \frac{1}{3}y^3.
\end{aligned}
$$

在保守场中,我们可以利用原函数来计算第二类曲线积分,其依据是类似于 Newton-Leibniz 公式的以下定理.

定理 8.9.3　*若在空间区域 Ω 内,函数 U 是微分形式 $P\mathrm{d}x+Q\mathrm{d}y+R\mathrm{d}z$ 的一个原函数,其中 P,Q,R 在 Ω 上连续. 则对 Ω 内任意两点 A,B,有*

$$
\int_A^B P\mathrm{d}x + Q\mathrm{d}y + R\mathrm{d}z = U(B) - U(A).
$$

证　取一光滑的有向曲线 l 联结 A,B,设其参数方程为

$$
\begin{cases} x=x(t), \\ y=y(t), \quad t:\alpha\to\beta, \\ z=z(t), \end{cases}
$$

A 和 B 的坐标分别为 $(x(\alpha),y(\alpha),z(\alpha))$ 和 $(x(\beta),y(\beta),z(\beta))$. 因为 U 是 $P\mathrm{d}x+Q\mathrm{d}y+R\mathrm{d}z$ 的一个原函数,则 $\frac{\partial U}{\partial x}=P,\frac{\partial U}{\partial y}=Q,\frac{\partial U}{\partial z}=R$. 利用 Newton-Leibniz 公式可得

$$
\begin{aligned}
&\int_A^B P\mathrm{d}x + Q\mathrm{d}y + R\mathrm{d}z \\
&= \int_\alpha^\beta [P(x(t),y(t),z(t))x'(t) + Q(x(t),y(t),z(t))y'(t) + \\
&\quad R(x(t),y(t),z(t))z'(t)]\mathrm{d}t \\
&= \int_\alpha^\beta \mathrm{d}U(x(t),y(t),z(t)) = U(x(t),y(t),z(t))\Big|_\alpha^\beta \\
&= U(B) - U(A).
\end{aligned}
$$

证毕

在一维单连通区域中,当我们试图利用原函数来计算第二类曲线积分时,首先应对给定的向量场

$$
\boldsymbol{F}=P\boldsymbol{i}+Q\boldsymbol{j}+R\boldsymbol{k},
$$

按照无旋场的条件

$$
\frac{\partial Q}{\partial x}=\frac{\partial P}{\partial y}, \quad \frac{\partial R}{\partial y}=\frac{\partial Q}{\partial z}, \quad \frac{\partial P}{\partial z}=\frac{\partial R}{\partial x},
$$

验证其是否为保守场,然后通过沿特殊路径的积分或凑微分等方法求出相应的微分形式

$P\mathrm{d}x+Q\mathrm{d}y+R\mathrm{d}z$ 的原函数，最后利用定理求出曲线积分 $\int_{AB}\boldsymbol{F}\cdot\mathrm{d}\boldsymbol{r}$.

例 8.9.5　位于原点、质量为 m 的质点产生的引力场为

$$\boldsymbol{F}=-\frac{Gm}{r^3}(x\boldsymbol{i}+y\boldsymbol{j}+z\boldsymbol{k}),$$

其中 $r=\sqrt{x^2+y^2+z^2}$，G 为引力常数．计算质量 m 为 1 的质点自点 $A(x_1,y_1,z_1)$ 位移到点 $B(x_2,y_2,z_2)$ 时引力所做的功．

解　记 $P=-Gm\dfrac{x}{r^3}$，$Q=-Gm\dfrac{y}{r^3}$，$R=-Gm\dfrac{z}{r^3}$，则有

$$\frac{\partial Q}{\partial x}=3Gm\frac{xy}{r^5}=\frac{\partial P}{\partial y},$$

$$\frac{\partial R}{\partial y}=3Gm\frac{yz}{r^5}=\frac{\partial Q}{\partial z},$$

$$\frac{\partial P}{\partial z}=3Gm\frac{zx}{r^5}=\frac{\partial R}{\partial x}.$$

可见 $\boldsymbol{F}$ 是一个无旋场，即 $\mathbf{rot}\,\boldsymbol{F}=\mathbf{0}$，从而存在 $\boldsymbol{F}$ 的势函数，因此也存在微分形式 $P\mathrm{d}x+Q\mathrm{d}y+R\mathrm{d}z$ 的原函数．为求出原函数，将这个微分形式表示为

$$\begin{aligned}P\mathrm{d}x+Q\mathrm{d}y+R\mathrm{d}z&=-\frac{Gm}{r^3}(x\mathrm{d}x+y\mathrm{d}y+z\mathrm{d}z)\\&=-\frac{Gm}{r^3}\mathrm{d}\left(\frac{x^2+y^2+z^2}{2}\right)=-\frac{Gm}{r^2}\mathrm{d}r=\mathrm{d}\left(\frac{Gm}{r}\right).\end{aligned}$$

于是，得到一个原函数

$$U(x,y,z)=\frac{Gm}{\sqrt{x^2+y^2+z^2}}.$$

显然，$\boldsymbol{F}(x,y,z)$ 就是对位于 (x,y,z) 点的质点的引力．因此，当质量 m 为 1 的质点自 A 位移到 B 时，引力所做的功为

$$\begin{aligned}\int_{AB}\boldsymbol{F}\cdot\mathrm{d}\boldsymbol{r}&=\int_A^B P\mathrm{d}x+Q\mathrm{d}y+R\mathrm{d}z\\&=U(B)-U(A)=Gm\left(\frac{1}{\sqrt{x_2^2+y_2^2+z_2^2}}-\frac{1}{\sqrt{x_1^2+y_1^2+z_1^2}}\right).\end{aligned}$$

上式表明，万有引力所做的功只取决于质点的起始和终止位置，而与经过的路径无关．

习　题

1. 求下列向量场的旋度：

(1) $\boldsymbol{F}=(3x^2z+2y)\boldsymbol{i}+(y^2-3xz)\boldsymbol{j}+3xyz\boldsymbol{k}$；

(2) $\boldsymbol{F}=y^2z\boldsymbol{i}+z^2x\boldsymbol{j}+x^2y\boldsymbol{k}$；

(3) $\boldsymbol{F}=P(x)\boldsymbol{i}+Q(y)\boldsymbol{j}+R(z)\boldsymbol{k}$，其中 P,Q,R 具有连续导数．

2. 求向量场 $\boldsymbol{F}=(x-z)\boldsymbol{i}+(x^3+yz)\boldsymbol{j}+3xy^2\boldsymbol{k}$ 沿圆周 $L:\begin{cases}z=2-\sqrt{x^2+y^2},\\z=0\end{cases}$ 的环流量，顶视 L 为

逆时针走向.

3. 利用 Stokes 公式把 $\iint\limits_{\Sigma}\mathbf{rot}\,\boldsymbol{F}\cdot \mathrm{d}\boldsymbol{S}$ 化为曲线积分,并计算积分值:

(1) $\boldsymbol{F}=xyz\boldsymbol{i}+x\boldsymbol{j}+\mathrm{e}^{xy}\cos z\boldsymbol{k}$,$\Sigma$ 是半球面 $x^2+y^2+z^2=1(z\geqslant 0)$ 的上侧;

(2) $\boldsymbol{F}=yz\boldsymbol{i}+xz\boldsymbol{j}+xy\boldsymbol{k}$,$\Sigma$ 是 $x^2+y^2+z^2=4$ 包含于柱面 $x^2+y^2=1$ 内部且 $z>0$ 的部分,取上侧.

4. 证明下列向量场为势量场,并求其势函数:

(1) $\boldsymbol{F}=y\cos(xy)\boldsymbol{i}+x\cos(xy)\boldsymbol{j}+\sin z\boldsymbol{k}$;

(2) $\boldsymbol{F}=(2x\cos y-y^2\sin x)\boldsymbol{i}+(2y\cos x-x^2\sin y)\boldsymbol{j}$.

5. 验证下列微分形式均是全微分,并求其一个原函数:

(1) $2xy\mathrm{d}x+x^2\mathrm{d}y$;

(2) $(3x^2y+8xy^2)\mathrm{d}x+(x^3+8x^2y+12y\mathrm{e}^y)\mathrm{d}y$.

6. 验证下列各积分均与路径无关,并计算积分值:

(1) $\displaystyle\int_{(1,1,1)}^{(2,3,4)} x^3\mathrm{d}x+y^3\mathrm{d}y+z^3\mathrm{d}z$;

(2) $\displaystyle\int_{(0,0,0)}^{(2,2,2)} yz(2x+y+z)\mathrm{d}x+zx(x+2y+z)\mathrm{d}y+xy(x+y+2z)\mathrm{d}z$;

(3) $\displaystyle\int_{(0,0,0)}^{\left(3,2,\frac{\pi}{3}\right)} (y+\sin z)\mathrm{d}x+x\mathrm{d}y+x\cos z\mathrm{d}z$.

§ 10　Gauss 公式和散度

本节将介绍揭示封闭曲面上的曲面积分与该曲面所围区域上的三重积分之间内在联系的 Gauss 公式,并介绍与之有关的向量场的又一重要度量——散度.

流场的流出量

读者已经知道,Stokes 公式是 Green 公式的自然推广. 下面,我们再从另一个角度来讨论一下 Green 公式.

如果说 Green 公式在二维空间中所刻画的数学关系在一维空间的表现是 Newton-Leibniz 公式,那么,这个关系在三维空间的反映便是 Gauss 公式.

为了说明这一点,我们再从物理原型分析一下 Green 公式,以便把这个关系拓广到三维空间.

设在平面上有一个流体的速度场

$$\boldsymbol{v}(x,y)=P(x,y)\boldsymbol{i}+Q(x,y)\boldsymbol{j},$$

在此流速场中任取一个边界为光滑闭曲线的区域 Ω,考察流体在单位时间内通过 $\partial\Omega$ 的流出量 Φ.

记$\partial\Omega$的弧长微元为 ds,那么流体通过$\partial\Omega$的流出量的微元为

$$\mathrm{d}\Phi=\boldsymbol{v}\cdot\boldsymbol{n}\mathrm{d}s,$$

其中 $\boldsymbol{n}$ 为$\partial\Omega$的外法向单位向量．因此,总流出量为

$$\Phi=\oint_{\partial\Omega}\boldsymbol{v}\cdot\boldsymbol{n}\mathrm{d}s=\oint_{\partial\Omega}[P\cos(\boldsymbol{n},x)+Q\cos(\boldsymbol{n},y)]\mathrm{d}s.$$

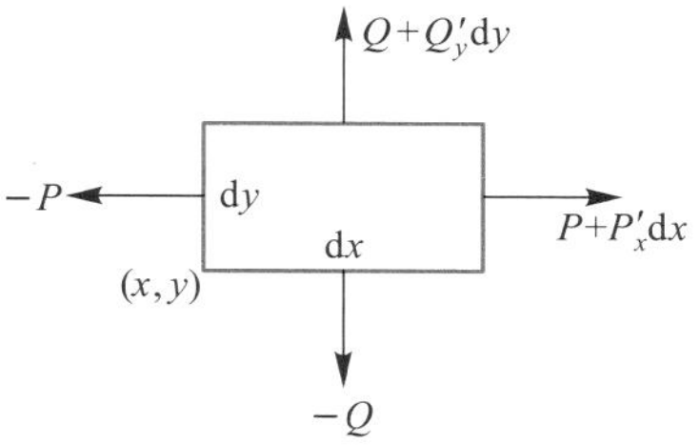

图 8.10.1

还可以用另一种方式导出 Φ:在 Ω 中取一个以(x,y),$(x+\mathrm{d}x,y)$,$(x+\mathrm{d}x,y+\mathrm{d}y)$,$(x,y+\mathrm{d}y)$为顶点的小矩形 $\Delta\Omega$(见图 8.10.1)．显然,流体在 $\Delta\Omega$ 左边的流出量近似为$-P(x,y)\mathrm{d}y$,在 $\Delta\Omega$ 右边的流出量近似为

$$P(x+\mathrm{d}x,y)\mathrm{d}y\approx\left[P(x,y)+\frac{\partial P}{\partial x}\mathrm{d}x\right]\mathrm{d}y.$$

同理,在底边的流出量近似为$-Q(x,y)\mathrm{d}x$. 在顶边的流出量近似为 $Q(x,y+\mathrm{d}y)\mathrm{d}x\approx\left[Q(x,y)+\frac{\partial Q}{\partial y}\mathrm{d}y\right]\mathrm{d}x$. 这些流出量的代数和

$$\Delta\Phi\approx\left(\frac{\partial P}{\partial x}+\frac{\partial Q}{\partial y}\right)\mathrm{d}x\mathrm{d}y.$$

由此推得在区域微元 $\mathrm{d}\Omega=\mathrm{d}x\mathrm{d}y$ 上的流出量微元为

$$\mathrm{d}\Phi=\left(\frac{\partial P}{\partial x}+\frac{\partial Q}{\partial y}\right)\mathrm{d}x\mathrm{d}y,$$

其总和即是整个区域 Ω 上流体的流出量

$$\Phi=\iint_{\Omega}\left(\frac{\partial P}{\partial x}+\frac{\partial Q}{\partial y}\right)\mathrm{d}x\mathrm{d}y.$$

根据以上两种方式考察的结果,便得到

$$\oint_{\partial\Omega}[P\cos(\boldsymbol{n},x)+Q\cos(\boldsymbol{n},y)]\mathrm{d}s=\iint_{\Omega}\left(\frac{\partial P}{\partial x}+\frac{\partial Q}{\partial y}\right)\mathrm{d}x\mathrm{d}y,$$

这就是 Green 公式又一重要形式．事实上,把左侧的曲线积分化为第二类曲线积分,便可以得到这个公式:如果 $\boldsymbol{\tau}$ 为与曲线$\partial\Omega$的正向一致的单位切向量,则 $\boldsymbol{\tau}$ 可由 $\boldsymbol{n}$ 按逆时针方向旋转$\frac{\pi}{2}$得到,于是

$$\boldsymbol{i}(\cos(\boldsymbol{n},x)+\boldsymbol{i}\cos(\boldsymbol{n},y))=\cos(\boldsymbol{\tau},x)+\boldsymbol{i}\cos(\boldsymbol{\tau},y),$$

即

$$\cos(\boldsymbol{\tau},x)=-\cos(\boldsymbol{n},y),\quad\cos(\boldsymbol{\tau},y)=\cos(\boldsymbol{n},x).$$

因此,$\cos(\boldsymbol{n},x)\mathrm{d}s=\mathrm{d}y$,$\cos(\boldsymbol{n},y)\mathrm{d}s=-\mathrm{d}x$. 从而左侧的积分即为 $\oint_{\partial\Omega}P\mathrm{d}y-Q\mathrm{d}x$.

在三维空间讨论类似的物理原型,其结果将引出 Gauss 公式．设有一个空间流速场

$$\boldsymbol{v}(x,y,z)=P(x,y,z)\boldsymbol{i}+Q(x,y,z)\boldsymbol{j}+R(x,y,z)\boldsymbol{k}.$$

任取边界为光滑闭曲面的一个空间区域 Ω,现在来计算流体在单位时间内通过封闭曲面的流出量 Φ.

一种计算方式是考察闭曲面$\partial\Omega$,记曲面的面积微元为 dS,外法向单位向量为 $\boldsymbol{n}$,于是通过曲面$\partial\Omega$的流出量微元为

$$\mathrm{d}\boldsymbol{\Phi}=\boldsymbol{v}\cdot\boldsymbol{n}\mathrm{d}S,$$

从而总的流出量即

$$\begin{aligned}\boldsymbol{\Phi}&=\iint_{\partial\Omega}\boldsymbol{v}\cdot\boldsymbol{n}\mathrm{d}S\\&=\iint_{\partial\Omega}[P(x,y,z)\cos(\boldsymbol{n},x)+Q(x,y,z)\cos(\boldsymbol{n},y)+R(x,y,z)\cos(\boldsymbol{n},z)]\mathrm{d}S.\end{aligned}$$

另一种方式是讨论流体在 Ω 内部的流动．为此，在 Ω 内任取一个以 (x,y,z) 和 $(x+\mathrm{d}x,y+\mathrm{d}y,z+\mathrm{d}z)$ 为两个对顶点的侧面平行于坐标平面的小长方体 $\Delta\Omega$（见图 8.10.2）．类似于平面情况的讨论可知流体在 $\Delta\Omega$ 后侧面流出量的近似值为 $-P(x,y,z)\mathrm{d}y\mathrm{d}z$，前侧面流出量近似为 $\left[P(x,y,z)+\frac{\partial P}{\partial x}\mathrm{d}x\right]\mathrm{d}y\mathrm{d}z$，两者代数和近似等于 $\frac{\partial P}{\partial x}\mathrm{d}x\mathrm{d}y\mathrm{d}z$．同理可知，流体在左、右两侧面流出量代数和近似等于 $\frac{\partial Q}{\partial y}\mathrm{d}x\mathrm{d}y\mathrm{d}z$；在上、下两侧面流出量代数和近似等于 $\frac{\partial R}{\partial z}\mathrm{d}x\mathrm{d}y\mathrm{d}z$．由此推知，在区域微元 $\mathrm{d}\Omega=\mathrm{d}x\mathrm{d}y\mathrm{d}z$ 上流出量微元为

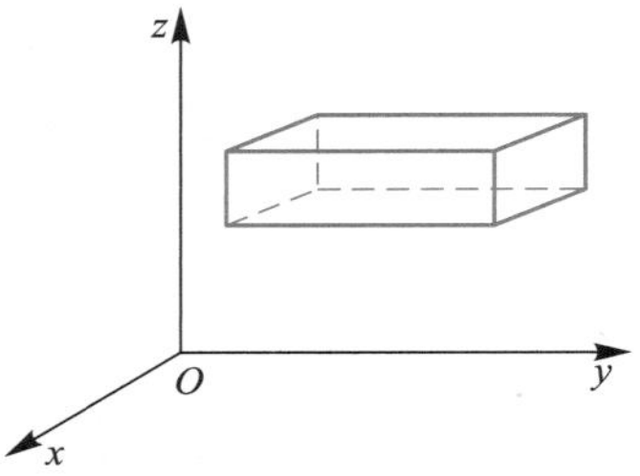

图 8.10.2

$$\mathrm{d}\boldsymbol{\Phi}=\left(\frac{\partial P}{\partial x}+\frac{\partial Q}{\partial y}+\frac{\partial R}{\partial z}\right)\mathrm{d}x\mathrm{d}y\mathrm{d}z,$$

其总和，即整个空间区域 Ω 上的流出量为

$$\boldsymbol{\Phi}=\iiint_{\Omega}\left(\frac{\partial P}{\partial x}+\frac{\partial Q}{\partial y}+\frac{\partial R}{\partial z}\right)\mathrm{d}x\mathrm{d}y\mathrm{d}z.$$

由以上两种方式考察的结果便得到

$$\iint_{\partial\Omega}[P\cos(\boldsymbol{n},x)+Q\cos(\boldsymbol{n},y)+R\cos(\boldsymbol{n},z)]\mathrm{d}S=\iiint_{\Omega}\left(\frac{\partial P}{\partial x}+\frac{\partial Q}{\partial y}+\frac{\partial R}{\partial z}\right)\mathrm{d}x\mathrm{d}y\mathrm{d}z.$$

这个关系式正是下面将要建立的 Gauss 公式，它也是 Green 公式在三维空间上的一种推广．

Gauss 公式

定理 8.10.1（Gauss 公式）　设空间有界闭区域 Ω 的边界为分片光滑闭曲面，函数 P,Q,R 在 Ω 上具有连续一阶偏导数，则

$$\begin{aligned}\iint_{\partial\Omega}P\mathrm{d}y\mathrm{d}z+Q\mathrm{d}z\mathrm{d}x+R\mathrm{d}x\mathrm{d}y&=\iint_{\partial\Omega}[P\cos(\boldsymbol{n},x)+Q\cos(\boldsymbol{n},y)+R\cos(\boldsymbol{n},z)]\mathrm{d}S\\&=\iiint_{\Omega}\left(\frac{\partial P}{\partial x}+\frac{\partial Q}{\partial y}+\frac{\partial R}{\partial z}\right)\mathrm{d}x\mathrm{d}y\mathrm{d}z,\end{aligned}$$

其中 $\partial\Omega$ 按外法向定侧．

证　首先，设 Ω 可同时表为以下三种形式：

$$\begin{aligned}\Omega&=\{(x,y,z)\mid z_1(x,y)\leqslant z\leqslant z_2(x,y),(x,y)\in\Omega_{xy}\}\\&=\{(x,y,z)\mid y_1(z,x)\leqslant y\leqslant y_2(z,x),(z,x)\in\Omega_{zx}\}\\&=\{(x,y,z)\mid x_1(y,z)\leqslant x\leqslant x_2(y,z),(y,z)\in\Omega_{yz}\},\end{aligned}$$

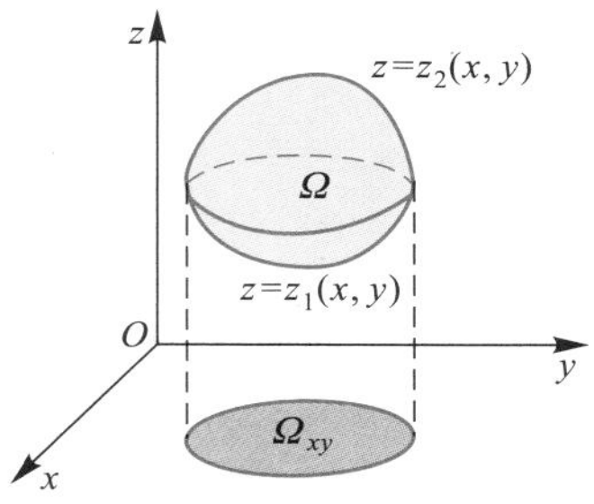

图 8.10.3

其中 $\Omega_{xy},\Omega_{zx},\Omega_{yz}$ 分别为 Ω 在 Oxy,Ozx,Oyz 平面上的投影(见图 8.10.3),称这样的区域为“标准区域”. 于是

$$\begin{aligned}\iiint\limits_{\Omega}\frac{\partial R}{\partial z}\mathrm{d}x\mathrm{d}y\mathrm{d}z&=\iint\limits_{\Omega_{xy}}\mathrm{d}x\mathrm{d}y\int_{z_1(x,y)}^{z_2(x,y)}\frac{\partial R}{\partial z}\mathrm{d}z\\&=\iint\limits_{\Omega_{xy}}[R(x,y,z_2(x,y))-R(x,y,z_1(x,y))]\mathrm{d}x\mathrm{d}y\\&=\iint\limits_{\partial\Omega}R(x,y,z)\mathrm{d}x\mathrm{d}y.\end{aligned}$$

上面的推导是先把三重积分化为累次积分,再利用 Newton-Leibniz 公式得到二重积分,最后再化作第二类曲面积分.

同理可得

$$\iiint\limits_{\Omega}\frac{\partial Q}{\partial y}\mathrm{d}x\mathrm{d}y\mathrm{d}z=\iint\limits_{\partial\Omega}Q(x,y,z)\mathrm{d}z\mathrm{d}x,$$

$$\iiint\limits_{\Omega}\frac{\partial P}{\partial x}\mathrm{d}x\mathrm{d}y\mathrm{d}z=\iint\limits_{\partial\Omega}P(x,y,z)\mathrm{d}y\mathrm{d}z.$$

把所得的三式相加,即得

$$\iint\limits_{\partial\Omega}P\mathrm{d}y\mathrm{d}z+Q\mathrm{d}z\mathrm{d}x+R\mathrm{d}x\mathrm{d}y=\iiint\limits_{\Omega}\left(\frac{\partial P}{\partial x}+\frac{\partial Q}{\partial y}+\frac{\partial R}{\partial z}\right)\mathrm{d}x\mathrm{d}y\mathrm{d}z.$$

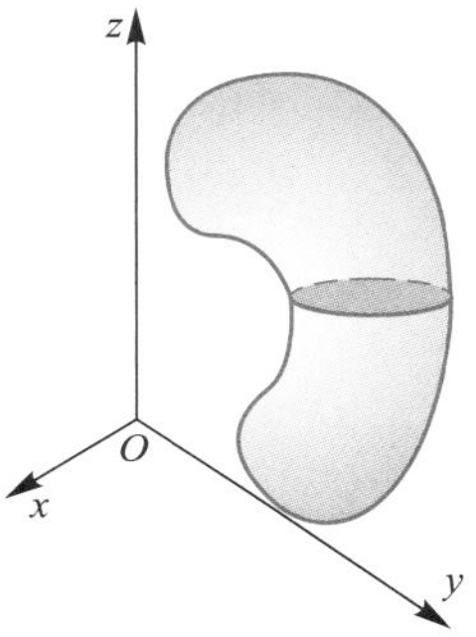

图 8.10.4

一般情况下,可添加辅助曲面将 Ω 分割成若干个标准区域的并(见图 8.10.4),对每个标准区域应用 Gauss 公式再行相加. 注意到辅助曲面同为两个标准区域的边界时,两个标准区域在此曲面上的外法向恰好相反,因而在该辅助曲面上的两个曲面积分互为相反数,相加时彼此抵消,最后留下的仍是沿 $\partial\Omega$ 的曲面积分,从而 Gauss 公式在这类情况下依然成立.

证毕

Gauss 公式的一个直接应用就是可以用曲面积分来计算空间区域的体积.

推论 8.10.1 设 Ω 为一有界空间区域,其边界为分片光滑闭曲面,则

$$\begin{aligned}V&=\iiint\limits_{\Omega}\mathrm{d}x\mathrm{d}y\mathrm{d}z=\iint\limits_{\partial\Omega}x\mathrm{d}y\mathrm{d}z=\iint\limits_{\partial\Omega}y\mathrm{d}z\mathrm{d}x=\iint\limits_{\partial\Omega}z\mathrm{d}x\mathrm{d}y\\&=\frac{1}{3}\iint\limits_{\partial\Omega}x\mathrm{d}y\mathrm{d}z+y\mathrm{d}z\mathrm{d}x+z\mathrm{d}x\mathrm{d}y,\end{aligned}$$

其中 $\partial\Omega$ 按外法向定侧.

例 8.10.1 计算椭球面 $\Sigma:\frac{x^2}{a^2}+\frac{y^2}{b^2}+\frac{z^2}{c^2}=1$ 所围区域的体积.

解 Σ 的参数方程为

$$\begin{cases}x=a\sin\varphi\cos\theta,\\y=b\sin\varphi\sin\theta,\quad 0\leqslant\theta<2\pi,0\leqslant\varphi\leqslant\pi.\\z=c\cos\varphi,\end{cases}$$

由计算,$\frac{D(x,y)}{D(\varphi,\theta)}=ab\sin\varphi\cos\varphi$,因此,

$$V=\iint_{\Sigma} z\mathrm{d}x\mathrm{d}y=\iint_{\substack{0\leqslant\theta\leqslant 2\pi\\0\leqslant\varphi\leqslant\pi}} c\cos\varphi\frac{D(x,y)}{D(\varphi,\theta)}\mathrm{d}\varphi\mathrm{d}\theta$$

$$=abc\int_0^{2\pi}\mathrm{d}\theta\int_0^{\pi}\sin\varphi\cos^2\varphi\mathrm{d}\varphi=\frac{4}{3}\pi abc.$$

例 8.10.2　计算第二类曲面积分

$$\iint_{\Sigma} z^2x\mathrm{d}y\mathrm{d}z+x^2y\mathrm{d}z\mathrm{d}x+y^2z\mathrm{d}x\mathrm{d}y,$$

其中 Σ 为柱体 $\Omega=\{(x,y,z)\mid x^2+y^2\leqslant 4,0\leqslant z\leqslant 3\}$ 的外侧.

解　利用 Gauss 公式把这个曲面积分化为三重积分,再进行柱坐标变换得

$$\iint_{\Sigma} z^2x\mathrm{d}y\mathrm{d}z+x^2y\mathrm{d}z\mathrm{d}x+y^2z\mathrm{d}x\mathrm{d}y$$

$$=\iiint_{\Omega}\left[\frac{\partial(z^2x)}{\partial x}+\frac{\partial(x^2y)}{\partial y}+\frac{\partial(y^2z)}{\partial z}\right]\mathrm{d}x\mathrm{d}y\mathrm{d}z$$

$$=\iiint_{\Omega}(x^2+y^2+z^2)\mathrm{d}x\mathrm{d}y\mathrm{d}z$$

$$=\int_0^3\mathrm{d}z\int_0^{2\pi}\mathrm{d}\theta\int_0^2(r^2+z^2)r\mathrm{d}r$$

$$=3\int_0^{2\pi}\mathrm{d}\theta\int_0^2 r^3\mathrm{d}r+9\cdot 4\pi=60\pi.$$

例 8.10.3　设某种流体的速度为

$$\boldsymbol{v}=(-3y^2-2z)\boldsymbol{i}+(2z-3x^2)\boldsymbol{j}+3(x^2+y^2)\boldsymbol{k},$$

求单位时间内流体自下而上通过上半单位球面 Σ 的流量.

解　在 Oxy 平面上取单位圆盘

$$\Sigma_1: x^2+y^2\leqslant 1,\quad z=0,$$

则 $\Sigma\cup\Sigma_1$ 是一个封闭曲面,所围区域 Ω 即上半单位球体. 将 Σ 和 Σ_1 均关于 Ω 的外法向 $\boldsymbol{n}$ 定侧. 由 Gauss 公式可得

$$\iint_{\Sigma\cup\Sigma_1}\boldsymbol{v}\cdot\boldsymbol{n}\mathrm{d}S=\iiint_{\Omega}\left[\frac{\partial(-3y^2-2z)}{\partial x}+\frac{\partial(2z-3x^2)}{\partial y}+\frac{\partial(3x^2+3y^2)}{\partial z}\right]\mathrm{d}x\mathrm{d}y\mathrm{d}z$$

$$=\iiint_{\Omega}0\mathrm{d}x\mathrm{d}y\mathrm{d}z=0.$$

这样,就有

$$\left(\iint_{\Sigma}+\iint_{\Sigma_1}\right)\boldsymbol{v}\cdot\boldsymbol{n}\mathrm{d}S=0.$$

注意到在 Σ_1 上 $\boldsymbol{n}=-\boldsymbol{k}$,因此

$$\iint_{\Sigma}\boldsymbol{v}\cdot\boldsymbol{n}\mathrm{d}S=-\iint_{\Sigma_1}\boldsymbol{v}\cdot\boldsymbol{n}\mathrm{d}S=\iint_{\Sigma_1}\boldsymbol{v}\cdot\boldsymbol{k}\mathrm{d}S=3\iint_{x^2+y^2\leqslant 1}(x^2+y^2)\mathrm{d}x\mathrm{d}y$$

$$=3\int_0^{2\pi}\mathrm{d}\theta\int_0^1 r^3\mathrm{d}r=\frac{3}{2}\pi,$$

即单位时间内流体自下而上通过上半单位球面 Σ 的流量为$\frac{3}{2}\pi$.

散度

在介绍第二类曲面积分时曾经提到,对于向量场

$$\boldsymbol{F}=P(x,y,z)\boldsymbol{i}+Q(x,y,z)\boldsymbol{j}+R(x,y,z)\boldsymbol{k},$$

曲面积分

$$\iint_{\Sigma}\boldsymbol{F}\cdot\boldsymbol{n}\mathrm{d}S=\iint_{\Sigma}P\mathrm{d}y\mathrm{d}z+Q\mathrm{d}z\mathrm{d}x+R\mathrm{d}x\mathrm{d}y$$

为向量场 $\boldsymbol{F}$ 通过有向曲面 Σ 指定侧的通量,其中 $\boldsymbol{n}$ 是 Σ 在指定侧的单位法向量.

设封闭曲面 Σ 以外法向为定向,考察流体的流速场 $\boldsymbol{v}$ 关于 Σ 的曲面积分 $\Phi=\iint_{\Sigma}\boldsymbol{v}\cdot\boldsymbol{n}\mathrm{d}S$,它便是单位时间流出曲面 Σ 的流量. 显然,当 $\Phi>0$ 时,流出曲面的流量为正,因而 Σ 所围区域内应有流体之源泉(**源**);当 $\Phi<0$ 时,流出曲面的流量为负,即流入曲面 Σ 内的流量为正,因而 Σ 所围的区域内有排泄流体之漏孔(**汇**). 对于一般的向量场,同样可以根据其穿过封闭有向曲面的通量的符号,确定该封闭曲面内有源或汇. 为了进一步了解场的源或汇的分布及强弱,下面引入向量场的散度的概念.

定义 8.10.1　设有向量场

$$\boldsymbol{F}=P(x,y,z)\boldsymbol{i}+Q(x,y,z)\boldsymbol{j}+R(x,y,z)\boldsymbol{k},$$

其中 P,Q,R 具有连续一阶偏导数. M 是场中的点,称

$$\frac{\partial P}{\partial x}(M)+\frac{\partial Q}{\partial y}(M)+\frac{\partial R}{\partial z}(M)$$

为向量场 $\boldsymbol{F}$ 在 M 点的**散度**,记作 $\operatorname{div}\boldsymbol{F}(M)$ 或 $\operatorname{div}\boldsymbol{F}\big|_{M}$.

由向量场 $\boldsymbol{F}$ 确定的数量场 $\operatorname{div}\boldsymbol{F}=\frac{\partial P}{\partial x}+\frac{\partial Q}{\partial y}+\frac{\partial R}{\partial z}$ 称为 $\boldsymbol{F}$ 的**散度场**.

散度满足以下的运算规则:

1. 设 $\boldsymbol{F}$ 和 $\boldsymbol{G}$ 是连续可微的向量值函数,α,β 是常数,则

$$\operatorname{div}(\alpha\boldsymbol{F}+\beta\boldsymbol{G})=\alpha\operatorname{div}\boldsymbol{F}+\beta\operatorname{div}\boldsymbol{G}.$$

2. 对于连续可微的向量值函数 $\boldsymbol{F}$ 和数值函数 φ,有

$$\operatorname{div}(\varphi\boldsymbol{F})=\varphi\operatorname{div}\boldsymbol{F}+\mathbf{grad}\,\varphi\cdot\boldsymbol{F}.$$

读者可根据定义直接验证这两条性质.

利用散度记号,可以将 Gauss 公式表为

$$\iiint_{\Omega}\operatorname{div}\boldsymbol{F}\mathrm{d}V=\iint_{\Sigma}\boldsymbol{F}\cdot\boldsymbol{n}\mathrm{d}S=\iint_{\Sigma}\boldsymbol{F}\cdot\mathrm{d}\boldsymbol{S},$$

其中 Ω 是以 $\boldsymbol{n}$ 为外法向的曲面 Σ 所围的区域,$\mathrm{d}V$ 为其体积微元.

反过来,利用 Gauss 公式可以对散度概念作进一步的讨论. 设有定义于空间区域 Ω 上的向量场 $\boldsymbol{F}$. 任取一点 $M\in\Omega$,作一个包围 M 的光滑曲面 σ,记 σ 所围的空间区域 $\Delta\Omega$ 的体积为 $m(\Delta\Omega)$,则有

$$\iiint\limits_{\Delta\Omega} \operatorname{div} \boldsymbol{F} \mathrm{d}V = \iint\limits_{\sigma} \boldsymbol{F} \cdot \boldsymbol{n} \mathrm{d}S .$$

由三重积分的中值定理可得

$$\operatorname{div} \boldsymbol{F}(M^*) m(\Delta\Omega) = \iint\limits_{\sigma} \boldsymbol{F} \cdot \boldsymbol{n} \mathrm{d}S ,$$

其中 $M^* \in \Delta\Omega$. 当 $\Delta\Omega$ 向 M 点收缩(记作 $\Delta\Omega \to M$)时,有 $M^* \to M$,因此

$$\operatorname{div} \boldsymbol{F}(M) = \lim_{\Delta\Omega \to M} \frac{1}{m(\Delta\Omega)} \iint\limits_{\sigma} \boldsymbol{F} \cdot \boldsymbol{n} \mathrm{d}S .$$

上式说明,虽然散度的定义表面上依赖于坐标系的选择,但实际上,由于通量和体积均与坐标系无关,故散度也与坐标系的选取无关.

回到关于流速场的讨论. 取 $\boldsymbol{F} = \boldsymbol{v}$,上式说明在某点处,若 $\operatorname{div} \boldsymbol{v}$ 为正,则该点便是流体的流出的源;若 $\operatorname{div} \boldsymbol{v}$ 为负,则该点便是流体流入的汇;进一步,上式也说明了散度是流量关于体积的变化率,因而它不但反映了流体内部源或汇的分布,而且反映了它们的强弱.

定义 8.10.2 *若向量场 $\boldsymbol{F}$ 在任何一点的散度 $\operatorname{div} \boldsymbol{F} = 0$,则称 $\boldsymbol{F}$ 为***无源场**.

设 $\boldsymbol{F}$ 为无源场,由 Gauss 公式,对场中任何一个光滑的封闭曲面 Σ 成立

$$\iint\limits_{\Sigma} \boldsymbol{F} \cdot \boldsymbol{n} \mathrm{d}S = 0 ,$$

即穿过 Σ 的通量为 0.

例 8.10.4 设 $\boldsymbol{F} = P(x,y,z)\boldsymbol{i} + Q(x,y,z)\boldsymbol{j} + R(x,y,z)\boldsymbol{k}$,其中 P,Q,R 具有二阶连续偏导数,证明其旋度场为一个无源场.

证 直接计算,得

$$\begin{aligned}\operatorname{div}(\mathbf{rot}\, \boldsymbol{F}) &= \frac{\partial}{\partial x}\left(\frac{\partial R}{\partial y} - \frac{\partial Q}{\partial z}\right) + \frac{\partial}{\partial y}\left(\frac{\partial P}{\partial z} - \frac{\partial R}{\partial x}\right) + \frac{\partial}{\partial z}\left(\frac{\partial Q}{\partial x} - \frac{\partial P}{\partial y}\right) \\ &= \left(\frac{\partial^2 R}{\partial x \partial y} - \frac{\partial^2 R}{\partial y \partial x}\right) + \left(\frac{\partial^2 Q}{\partial z \partial x} - \frac{\partial^2 Q}{\partial x \partial z}\right) + \left(\frac{\partial^2 P}{\partial y \partial z} - \frac{\partial^2 P}{\partial z \partial y}\right) = 0.\end{aligned}$$

证毕

事实上,任何一个无源场均为某一向量场的旋度场(见习题 3).

例 8.10.5 设在原点处有一个点电荷 q,它所产生的静电场的电场强度为

$$\boldsymbol{E} = \frac{q}{4\pi\varepsilon_0 r^3}(x\boldsymbol{i} + y\boldsymbol{j} + z\boldsymbol{k}),$$

其中 $r = \sqrt{x^2+y^2+z^2} \neq 0$, ε_0 为真空电容率,试求

(1) 散度 $\operatorname{div} \boldsymbol{E}$;

(2) 通过以原点为中心并指向外侧的球面 Σ 的电场强度通量;

(3) 通过包围原点并指向外侧的任何光滑封闭曲面 Σ 的电场强度通量.

解 (1) 由定义

$$\begin{aligned}\operatorname{div} \boldsymbol{E} &= \frac{\partial}{\partial x}\left(\frac{q}{4\pi\varepsilon_0 r^3}x\right) + \frac{\partial}{\partial y}\left(\frac{q}{4\pi\varepsilon_0 r^3}y\right) + \frac{\partial}{\partial z}\left(\frac{q}{4\pi\varepsilon_0 r^3}z\right) \\ &= \frac{1}{4\pi\varepsilon_0}\left[\frac{3q}{r^3} + \left(\frac{-3q}{r^4}\right) \cdot \frac{x^2+y^2+z^2}{r}\right] = 0.\end{aligned}$$

（2）设球面 Σ 半径为 R，则在球面上每一点 (x,y,z) 处，其外法向量 $\boldsymbol{n}=\frac{1}{R}(x\boldsymbol{i}+y\boldsymbol{j}+z\boldsymbol{k})$，从而电场强度通量

$$\iint_{\Sigma}\boldsymbol{E}\cdot\boldsymbol{n}\mathrm{d}S=\iint_{\Sigma}\frac{q}{4\pi\varepsilon_0R^3}(x\boldsymbol{i}+y\boldsymbol{j}+z\boldsymbol{k})\cdot\frac{1}{R}(x\boldsymbol{i}+y\boldsymbol{j}+z\boldsymbol{k})\mathrm{d}S$$

$$=\iint_{\Sigma}\frac{q}{4\pi\varepsilon_0R^2}\mathrm{d}S=\frac{q}{4\pi\varepsilon_0R^2}\cdot4\pi R^2=\frac{q}{\varepsilon_0}.$$

（3）作一个以原点为中心且完全包含于 Σ 内的球面 Σ_1，记介于 Σ 和 Σ_1 间的区域为 Ω，令 Σ_1 的法向指向原点，即关于 Ω 指向外侧（见图 8.10.5）. 由 Gauss 公式和（1）的结果，得

$$\iint_{\Sigma\cup\Sigma_1}\boldsymbol{E}\cdot\boldsymbol{n}\mathrm{d}S=\iint_{\partial\Omega}\boldsymbol{E}\cdot\boldsymbol{n}\mathrm{d}S=\iiint_{\Omega}\mathrm{div}\boldsymbol{E}\mathrm{d}x\mathrm{d}y\mathrm{d}z=0,$$

其中 $\boldsymbol{n}$ 是 $\partial\Omega$ 的指向外侧的单位法向量. 因此

$$\iint_{\Sigma}\boldsymbol{E}\cdot\boldsymbol{n}\mathrm{d}S=-\iint_{\Sigma_1}\boldsymbol{E}\cdot\boldsymbol{n}\mathrm{d}S.$$

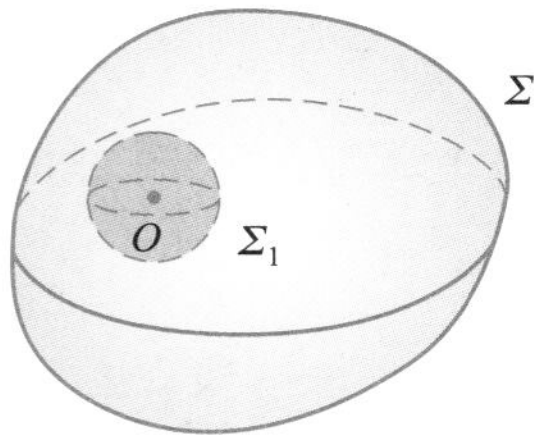

图 8.10.5

注意，在 Σ_1 上 $-\boldsymbol{n}$ 指向 Σ_1 的外侧，利用（2）的结果，得到

$$\iint_{\Sigma}\boldsymbol{E}\cdot\boldsymbol{n}\mathrm{d}S=\iint_{\Sigma_1}\boldsymbol{E}\cdot(-\boldsymbol{n})\mathrm{d}S=\frac{q}{\varepsilon_0}.$$

上式说明，电场强度穿出任一封闭曲面的通量等于其内部的电荷量除以 ε_0，这就是电磁学中的 Gauss 定律.

Hamilton 算符和 Laplace 算符

前面已经介绍过数量场的梯度以及向量场的散度和旋度. 场论中这三个基本概念都可以用 **Hamilton（哈密顿）算符** ∇（读作"Nabla"）的形式作用来描述. 这里的算符 ∇ 表示

$$\nabla=\boldsymbol{i}\frac{\partial}{\partial x}+\boldsymbol{j}\frac{\partial}{\partial y}+\boldsymbol{k}\frac{\partial}{\partial z}.$$

设数值函数 $f(x,y,z)$ 和向量值函数 $\boldsymbol{F}(x,y,z)=P(x,y,z)\boldsymbol{i}+Q(x,y,z)\boldsymbol{j}+R(x,y,z)\boldsymbol{k}$ 连续可微. 数量场 f 的梯度 $\mathbf{grad}\,f$ 可以表示为

$$\nabla f=\left(\boldsymbol{i}\frac{\partial}{\partial x}+\boldsymbol{j}\frac{\partial}{\partial y}+\boldsymbol{k}\frac{\partial}{\partial z}\right)f=\frac{\partial f}{\partial x}\boldsymbol{i}+\frac{\partial f}{\partial y}\boldsymbol{j}+\frac{\partial f}{\partial z}\boldsymbol{k};$$

向量场 $\boldsymbol{F}$ 的散度 $\mathrm{div}\,\boldsymbol{F}$ 可以表示为

$$\nabla\cdot\boldsymbol{F}=\left(\boldsymbol{i}\frac{\partial}{\partial x}+\boldsymbol{j}\frac{\partial}{\partial y}+\boldsymbol{k}\frac{\partial}{\partial z}\right)\cdot(P\boldsymbol{i}+Q\boldsymbol{j}+R\boldsymbol{k})=\frac{\partial P}{\partial x}+\frac{\partial Q}{\partial y}+\frac{\partial R}{\partial z};$$

向量场 $\boldsymbol{F}$ 的旋度 $\mathbf{rot}\,\boldsymbol{F}$ 可以表示为

$$\nabla\times\boldsymbol{F}=\left(\boldsymbol{i}\frac{\partial}{\partial x}+\boldsymbol{j}\frac{\partial}{\partial y}+\boldsymbol{k}\frac{\partial}{\partial z}\right)\times(P\boldsymbol{i}+Q\boldsymbol{j}+R\boldsymbol{k})$$

$$=\left(\frac{\partial R}{\partial y}-\frac{\partial Q}{\partial z}\right)\boldsymbol{i}+\left(\frac{\partial P}{\partial z}-\frac{\partial R}{\partial x}\right)\boldsymbol{j}+\left(\frac{\partial Q}{\partial x}-\frac{\partial P}{\partial y}\right)\boldsymbol{k}.$$

由此，从定理 8.9.3 知，若函数 U 在空间区域 Ω 上具有连续偏导数，则对于 Ω 内任意两

点 A,B,有

$$\int_A^B \nabla U\cdot \mathrm{d}\boldsymbol{r}=U(B)-U(A).$$

并且,Gauss 公式可以表示为

$$\iint_{\partial\Omega}\boldsymbol{F}\cdot\boldsymbol{n}\mathrm{d}S=\iiint_{\Omega}\nabla\cdot\boldsymbol{F}\mathrm{d}V;$$

Stokes 公式可以表示为

$$\int_{\partial\Sigma}\boldsymbol{F}\cdot\mathrm{d}\boldsymbol{r}=\iint_{\Sigma}(\nabla\times\boldsymbol{F})\cdot\boldsymbol{n}\mathrm{d}S.$$

利用 Hamilton 算符还可以引入重要的 **Laplace(拉普拉斯)算符** Δ:

$$\Delta=\nabla\cdot\nabla=\frac{\partial^2}{\partial x^2}+\frac{\partial^2}{\partial y^2}+\frac{\partial^2}{\partial z^2}.$$

这个算符作用于二阶连续可微函数 f 后得

$$\Delta f=\nabla\cdot\nabla f=\mathrm{div}(\mathbf{grad}\,f)=\frac{\partial^2 f}{\partial x^2}+\frac{\partial^2 f}{\partial y^2}+\frac{\partial^2 f}{\partial z^2}.$$

满足 **Laplace 方程** $\Delta f=0$ 的二阶连续可微函数称为**调和函数**. 例如 $f(x,y,z)=\dfrac{1}{\sqrt{x^2+y^2+z^2}}$ 就是 $\mathbf{R}^3\setminus\{(0,0,0)\}$ 上的调和函数.

下面,我们利用算符 ∇ 和 Δ 来推导在数学物理问题中十分有用的一个恒等式以及它的一个应用.

例 8.10.6　设空间有界闭区域 Ω 的边界 $\partial\Omega$ 为分片光滑曲面,f 和 g 是 Ω 上二阶连续可微函数,$\boldsymbol{n}$ 为 $\partial\Omega$ 的单位外法向量,证明:

$$\iiint_{\Omega}(f\Delta g-g\Delta f)\mathrm{d}V=\iint_{\partial\Omega}\left(f\frac{\partial g}{\partial\boldsymbol{n}}-g\frac{\partial f}{\partial\boldsymbol{n}}\right)\mathrm{d}S.$$

注　这个积分关系式称为 **Green 恒等式**.

证　由 Gauss 公式可知

$$\iiint_{\Omega}\nabla\cdot(g\nabla f)\mathrm{d}V=\iint_{\partial\Omega}(g\nabla f)\cdot\boldsymbol{n}\mathrm{d}S,$$

又由直接计算可得

$$\nabla\cdot(g\nabla f)=\nabla g\cdot\nabla f+g\Delta f,$$

$$\nabla f\cdot\boldsymbol{n}=\frac{\partial f}{\partial\boldsymbol{n}}.$$

代入前面的积分关系式便得

$$\iiint_{\Omega}(\nabla g\cdot\nabla f+g\Delta f)\mathrm{d}V=\iint_{\partial\Omega}g\frac{\partial f}{\partial\boldsymbol{n}}\mathrm{d}S.$$

同理可得

$$\iiint_{\Omega}(\nabla f\cdot\nabla g+f\Delta g)\mathrm{d}V=\iint_{\partial\Omega}f\frac{\partial g}{\partial\boldsymbol{n}}\mathrm{d}S.$$

以上两式相减,即得 Green 恒等式.

证毕

下面的例子给出了 Green 恒等式的一个应用.

例 8.10.7　设空间有界闭区域 Ω 的边界 $\partial\Omega$ 为分片光滑曲面，u 是 Ω 上的三元调和函数，则 u 有以下表示

$$u(x,y,z)=\frac{1}{4\pi}\iint\limits_{\partial\Omega}\left(u\frac{\cos(\boldsymbol{r},\boldsymbol{n})}{r^2}+\frac{1}{r}\frac{\partial u}{\partial\boldsymbol{n}}\right)\mathrm{d}S,\quad (x,y,z)\in\mathring{\Omega},$$

其中 $\boldsymbol{n}$ 为 $\partial\Omega$ 的单位外法向量，$\boldsymbol{r}$ 为起点为 (x,y,z)，终点为 $\partial\Omega$ 上动点 (ξ,η,ζ) 之向量，r 为 $\boldsymbol{r}$ 的模，即 $r=\sqrt{(\xi-x)^2+(\eta-y)^2+(\zeta-z)^2}$，$(\boldsymbol{r},\boldsymbol{n})$ 为 $\boldsymbol{r}$ 与 $\boldsymbol{n}$ 的夹角.

解　易验证关于变量 (ξ,η,ζ) 的函数 $\frac{1}{r}((\xi,\eta,\zeta)\in\mathbf{R}^3\setminus\{(x,y,z)\})$，满足 $\Delta\left(\frac{1}{r}\right)=0$，且在 $\partial\Omega$ 上成立

$$\begin{aligned}\frac{\cos(\boldsymbol{r},\boldsymbol{n})}{r^2}&=\frac{1}{r^2}\frac{(\xi-x)}{r}\cos(\boldsymbol{n},\xi)+\frac{1}{r^2}\frac{(\eta-y)}{r}\cos(\boldsymbol{n},\eta)+\frac{1}{r^2}\frac{(\zeta-z)}{r}\cos(\boldsymbol{n},\zeta)\\&=-\frac{\partial}{\partial\boldsymbol{n}}\left(\frac{1}{r}\right),\end{aligned}$$

作 $\mathring{\Omega}$ 中以点 (x,y,z) 为中心、ε 为半径的小球 B_ε，其边界定向取为外侧. 则由上例知在 $\Omega\setminus B_\varepsilon$ 上成立

$$\iint\limits_{\partial(\Omega\setminus B_\varepsilon)}\left(u\frac{\partial}{\partial\boldsymbol{n}}\left(\frac{1}{r}\right)-\frac{1}{r}\frac{\partial u}{\partial\boldsymbol{n}}\right)\mathrm{d}S=\iiint\limits_{\Omega\setminus B_\varepsilon}\left(u\Delta\left(\frac{1}{r}\right)-\frac{1}{r}\Delta u\right)\mathrm{d}V=0.$$

于是

$$\begin{aligned}\iint\limits_{\partial\Omega}\left(u\frac{\partial}{\partial\boldsymbol{n}}\left(\frac{1}{r}\right)-\frac{1}{r}\frac{\partial u}{\partial\boldsymbol{n}}\right)\mathrm{d}S&=\iint\limits_{\partial B_\varepsilon}\left(u\frac{\partial}{\partial\boldsymbol{n}}\left(\frac{1}{r}\right)-\frac{1}{r}\frac{\partial u}{\partial\boldsymbol{n}}\right)\mathrm{d}S\\&=\iint\limits_{\partial B_\varepsilon}\left(-\frac{1}{r^2}u-\frac{1}{r}\frac{\partial u}{\partial\boldsymbol{n}}\right)\mathrm{d}S=-\frac{1}{\varepsilon^2}\iint\limits_{\partial B_\varepsilon}u\mathrm{d}S-\frac{1}{\varepsilon}\iint\limits_{\partial B_\varepsilon}\frac{\partial u}{\partial\boldsymbol{n}}\mathrm{d}S\\&=-\frac{1}{\varepsilon^2}\iint\limits_{\partial B_\varepsilon}u\mathrm{d}S-\frac{1}{\varepsilon}\iiint\limits_{B_\varepsilon}\Delta u\mathrm{d}V=-\frac{1}{\varepsilon^2}\iint\limits_{\partial B_\varepsilon}u\mathrm{d}S.\end{aligned}$$

利用积分中值定理可得 $\lim\limits_{\varepsilon\to0}\frac{1}{\varepsilon^2}\iint\limits_{\partial B_\varepsilon}u\mathrm{d}S=4\pi u(x,y,z)$. 于是在上式中令 $\varepsilon\to0$ 便有

$$u(x,y,z)=-\frac{1}{4\pi}\iint\limits_{\partial\Omega}\left(u\frac{\partial}{\partial\boldsymbol{n}}\left(\frac{1}{r}\right)-\frac{1}{r}\frac{\partial u}{\partial\boldsymbol{n}}\right)\mathrm{d}S=\frac{1}{4\pi}\iint\limits_{\partial\Omega}\left(u\frac{\cos(\boldsymbol{r},\boldsymbol{n})}{r^2}+\frac{1}{r}\frac{\partial u}{\partial\boldsymbol{n}}\right)\mathrm{d}S.$$

证毕

注　对于球 $\Omega=\{(x,y,z)\mid(x-x_0)^2+(y-y_0)^2+(z-z_0)^2\leqslant R^2\}$，从这个例子可以得到如下的**平均值公式**：若 u 是 Ω 上的三元调和函数，则

$$u(x_0,y_0,z_0)=\frac{1}{4\pi R^2}\iint\limits_{\partial\Omega}u(x,y,z)\mathrm{d}S.$$

事实上，此时在 $\partial\Omega$ 上成立 $\cos(\boldsymbol{r},\boldsymbol{n})=1$，$r=R$，且由 u 的调和性质并利用 Gauss 公式可知 $\iint\limits_{\partial\Omega}\frac{\partial u}{\partial\boldsymbol{n}}\mathrm{d}S=0$.

利用平均值公式，进一步可以证明(细节参见二维码资源)：

定理 8.10.2
的证明

定理 8.10.2(调和函数极值原理)　设 u 在空间有界闭区域 Ω 上连续,且在 Ω 内是调和函数. 若 u 不是常数函数,则 u 的最大值和最小值只能在 Ω 的边界 $\partial\Omega$ 上取到.

这个定理在研究 Laplace 方程和 Poisson 方程的适定性问题中有着重要应用.

习　题

1. 利用 Gauss 公式计算下列曲面积分:

(1) $\iint\limits_{\Sigma} x^3\mathrm{d}y\mathrm{d}z + y^3\mathrm{d}z\mathrm{d}x + z^3\mathrm{d}x\mathrm{d}y$,其中 Σ 是球面 $x^2+y^2+z^2=4$ 的外侧;

(2) $\iint\limits_{\Sigma}(x-y)\mathrm{d}x\mathrm{d}y + x(y-z)\mathrm{d}y\mathrm{d}z$,其中 Σ 为柱面 $x^2+y^2=1$ 及 $z=0,z=1$ 所围立体表面,定向取外侧;

(3) $\iint\limits_{\Sigma} a^2b^2z^2x\mathrm{d}y\mathrm{d}z + b^2c^2x^2y\mathrm{d}z\mathrm{d}x + c^2a^2y^2z\mathrm{d}x\mathrm{d}y$,其中 Σ 是上半椭球面 $\dfrac{x^2}{a^2}+\dfrac{y^2}{b^2}+\dfrac{z^2}{c^2}=1(z\geqslant 0)$,定向取下侧;

(4) $\iint\limits_{\Sigma} x^3\mathrm{d}y\mathrm{d}z + 2xz^2\mathrm{d}z\mathrm{d}x + 3y^2z\mathrm{d}x\mathrm{d}y$,其中 Σ 是由抛物面 $z=4-x^2-y^2$ 和 Oxy 坐标面所围立体表面的内侧;

(5) $\iint\limits_{\Sigma}(x^3+y\sin z)\mathrm{d}y\mathrm{d}z + (y^3+z\sin x)\mathrm{d}z\mathrm{d}x + 3z\mathrm{d}x\mathrm{d}y$,其中 Σ 是由两个半球面 $z=\sqrt{4-x^2-y^2}$,$z=\sqrt{1-x^2-y^2}$ 和平面 $z=0$ 所围立体表面的外侧;

(6) $\iint\limits_{\Sigma} 4xz\mathrm{d}y\mathrm{d}z - 2yz\mathrm{d}z\mathrm{d}x + (1-z^2)\mathrm{d}x\mathrm{d}y$,其中 Σ 是曲线 $z=\mathrm{e}^y(0\leqslant y\leqslant a)$ 绕 z 轴旋转一周所成的旋转曲面的下侧.

2. 求 $\operatorname{div}\boldsymbol{F}$ 在指定点的值:

(1) $\boldsymbol{F}=x^2\boldsymbol{i}+y^2\boldsymbol{j}+z^2\boldsymbol{k}$,在点 $P(-1,1,2)$;

(2) $\boldsymbol{F}=xyz(x\boldsymbol{i}+y\boldsymbol{j}+z\boldsymbol{k})$,在点 $P(1,3,2)$.

3. 设 $\boldsymbol{F}=P(x,y,z)\boldsymbol{i}+Q(x,y,z)\boldsymbol{j}+R(x,y,z)\boldsymbol{k}$ 是无源场,

$$X(x,y,z)=\int_{z_0}^{z}Q(x,y,\xi)\mathrm{d}\xi-\int_{y_0}^{y}R(x,\eta,z_0)\mathrm{d}\eta,$$

$$Y(x,y,z)=-\int_{z_0}^{z}P(x,y,\xi)\mathrm{d}\xi,$$

$$\boldsymbol{G}(x,y,z)=X(x,y,z)\boldsymbol{i}+Y(x,y,z)\boldsymbol{j}.$$

证明:$\mathbf{rot}\ \boldsymbol{G}=\boldsymbol{F}$.

4. 求向量场 $\boldsymbol{F}=(x-y+z)\boldsymbol{i}+(y-z+x)\boldsymbol{j}+(z-x+y)\boldsymbol{k}$ 由内向外穿过椭球面 $\dfrac{x^2}{a^2}+\dfrac{y^2}{b^2}+\dfrac{z^2}{c^2}=1$ 的通量.

5. 设函数 $P(x,y,z)$,$Q(x,y,z)$ 和 $R(x,y,z)$ 在 $\mathbf{R}^3$ 上具有连续偏导数. 且对于任意封闭的光滑曲面 Σ,成立

$$\iint\limits_{\Sigma} P\mathrm{d}y\mathrm{d}z + Q\mathrm{d}z\mathrm{d}x + R\mathrm{d}x\mathrm{d}y = 0 .$$

证明:在 $\mathbf{R}^3$ 上成立$\dfrac{\partial P}{\partial x}+\dfrac{\partial Q}{\partial y}+\dfrac{\partial R}{\partial z}\equiv 0$.

6. 设 $\boldsymbol{r}=x\boldsymbol{i}+y\boldsymbol{j}+z\boldsymbol{k}$,$r=\sqrt{x^2+y^2+z^2}$,求一元函数 f,使得 $\operatorname{div}[f(r)\boldsymbol{r}]=0$.

7. 设 $\boldsymbol{r}=x\boldsymbol{i}+y\boldsymbol{j}+z\boldsymbol{k}$,$\boldsymbol{a}$ 为常向量. 验证:

(1) $\nabla\cdot(\boldsymbol{a}\times\boldsymbol{r})=0$;

(2) $\nabla\times(\boldsymbol{a}\times\boldsymbol{r})=2\boldsymbol{a}$;

(3) $\nabla\cdot((\boldsymbol{r}\cdot\boldsymbol{r})\boldsymbol{a})=2\boldsymbol{r}\cdot\boldsymbol{a}$.

8. 验证:$\nabla\cdot(g\,\nabla f)=\nabla g\cdot\nabla f+g\Delta f$,其中 g 和 f 分别具有一阶和二阶连续偏导数.

第九章
级　　数

直观地说，无穷级数就是无穷个数相加的表达式．在微积分发展的早期，许多结果是利用无穷级数的形式运算得到的，虽然当时并不清楚级数和的确切含义．无穷级数的研究随着微积分的发展而深入，人们发现，如果函数可以表示成幂级数，那么对函数性质的研究以及微积分运算和函数值的估计便容易进行，所以将初等函数展开成幂级数，并在解析运算中代表函数成为当时微积分的有力工具．而一些重要的发散级数的发现，使数学家们注意到必须给出关于级数收敛性的判别准则．随着级数在数学、力学和天文学的有效应用，使人们越来越认识到它的价值，并逐渐明确了它收敛的确切含义，形成了级数理论．现在，无穷级数已成为研究函数表示、性质和近似计算的重要工具，是微积分理论中不可或缺的一个部分．

本章首先介绍级数的概念和性质．在此基础上，讨论一些级数收敛性的判别方法．进一步，介绍幂级数的概念与性质，以及函数如何展开为幂级数等问题．然后介绍将函数展开为 Fourier（傅里叶）级数的方法．最后介绍函数序列与函数项级数的一致收敛性质．

§1　数项级数

级数的概念

设 $x_1, x_2, \cdots, x_n, \cdots$ 是一数列，称用加号将这列数按顺序连接起来的表达式

$$x_1+x_2+\cdots+x_n+\cdots$$

为**无穷级数**（简称**级数**），记为 $\sum_{n=1}^{\infty} x_n$，其中 x_n 称为级数的**通项**或**一般项**．

显然，我们无法直接对无穷多个实数逐一进行加法运算，所以必须对上述级数的和给出合理的定义．

先考察**几何级数**（即**等比级数**）

$$\sum_{n=1}^{\infty} q^{n-1} = 1 + q + q^2 + \cdots + q^{n-1} + \cdots .$$

由于数列 $1,q,q^2,\cdots,q^{n-1},\cdots$ 的前 n 项和为 $S_n=1+q+q^2+\cdots+q^{n-1}=\dfrac{1-q^n}{1-q}(q\neq 1)$，因此

当 $|q|<1$ 时，$\lim\limits_{n\to\infty}S_n=\dfrac{1}{1-q}$；

当 $|q|>1$ 时，$\lim\limits_{n\to\infty}S_n=\infty$；

当 $q=1$ 时，由于 $S_n=n$，因此 $\lim\limits_{n\to\infty}S_n=+\infty$；

当 $q=-1$ 时，由于 $S_n=\begin{cases}0, & n \text{ 为偶数},\\ 1, & n \text{ 为奇数},\end{cases}$ 因此数列 $\{S_n\}$ 的极限不存在．

如此看来，如果将几何级数这个无穷项的"和"看成前 n 项和 S_n 的极限，它的存在与否是与我们的常识与观念相吻合的．

基于这种思想，对级数 $\sum\limits_{n=1}^{\infty}x_n$ 作它的**部分和**（即前 n 项和）：

$$S_n=x_1+x_2+\cdots+x_n=\sum_{k=1}^{n}x_k,\quad n=1,2,\cdots,$$

称数列 $\{S_n\}$ 为级数 $\sum\limits_{n=1}^{\infty}x_n$ 的**部分和数列**，并引入下面的定义．

定义 9.1.1　如果级数 $\sum\limits_{n=1}^{\infty}x_n$ 的部分和数列 $\{S_n\}$ 收敛于有限数 S，则称级数 $\sum\limits_{n=1}^{\infty}x_n$ 收敛，其和为 S，记作

$$\sum_{n=1}^{\infty}x_n=S.$$

如果部分和数列 $\{S_n\}$ 发散，则称级数 $\sum\limits_{n=1}^{\infty}x_n$ 发散．

由定义，级数的收敛与部分和数列的收敛是一回事．注意，当级数 $\sum\limits_{n=1}^{\infty}x_n$ 发散时，它没有和．

从前面的讨论知，几何级数当 $|q|<1$ 时收敛，且和为 $\dfrac{1}{1-q}$；当 $|q|\geqslant 1$ 时发散．

当级数 $\sum\limits_{n=1}^{\infty}x_n$ 收敛时，称

$$r_n=S-S_n=\sum_{k=n+1}^{\infty}x_k$$

为级数 $\sum\limits_{n=1}^{\infty}x_n$ 的余项．显然 $\lim\limits_{n\to\infty}r_n=0$. 于是，当 n 适当大时，S_n 可以看成 S 的近似值，其产生的误差就是 $|r_n|$.

例 9.1.1　判别级数

$$\sum_{n=1}^{\infty}\frac{1}{(2n-1)(2n+1)}$$

的收敛性．

解　由于此级数的通项

$$x_n=\frac{1}{(2n-1)(2n+1)}=\frac{1}{2}\left(\frac{1}{2n-1}-\frac{1}{2n+1}\right),$$

所以它的前 n 项和

$$\begin{aligned}S_n&=\sum_{k=1}^{n}\frac{1}{(2k-1)(2k+1)}\\&=\frac{1}{2}\left[\left(1-\frac{1}{3}\right)+\left(\frac{1}{3}-\frac{1}{5}\right)+\cdots+\left(\frac{1}{2n-1}-\frac{1}{2n+1}\right)\right]\\&=\frac{1}{2}\left(1-\frac{1}{2n+1}\right),\end{aligned}$$

因此 $\lim\limits_{n\to\infty}S_n=\frac{1}{2}$. 这说明级数 $\sum\limits_{n=1}^{\infty}\frac{1}{(2n-1)(2n+1)}$ 收敛,且和为 $\frac{1}{2}$.

例 9.1.2　求级数 $\sum\limits_{n=1}^{\infty}nb^n$ 的和($|b|<1$).

解　因为

$$\begin{aligned}(1-b)S_n&=(1-b)(b+2b^2+\cdots+nb^n)\\&=(b+2b^2+\cdots+nb^n)-(b^2+2b^3+\cdots+nb^{n+1})\\&=b+b^2+b^3+\cdots+b^n-nb^{n+1}=b\,\frac{1-b^n}{1-b}-nb^{n+1},\end{aligned}$$

所以

$$S_n=\frac{1}{1-b}\left(b\,\frac{1-b^n}{1-b}-nb^{n+1}\right).$$

由于 $|b|<1$,所以 $\lim\limits_{n\to\infty}S_n=\frac{b}{(1-b)^2}$. 这说明级数 $\sum\limits_{n=1}^{\infty}nb^n$ 收敛,且

$$\sum_{n=1}^{\infty}nb^n=\frac{b}{(1-b)^2}.$$

Koch 雪花

例 9.1.3　讨论级数 $\sum\limits_{n=1}^{\infty}\ln\left(1+\frac{1}{n}\right)$ 的收敛性.

解　由于

$$S_n=\sum_{k=1}^{n}\ln\left(1+\frac{1}{k}\right)=\sum_{k=1}^{n}[\ln(k+1)-\ln k]=\ln(1+n),$$

而 $\lim\limits_{n\to\infty}S_n=+\infty$,因此级数 $\sum\limits_{n=1}^{\infty}\ln\left(1+\frac{1}{n}\right)$ 发散.

例 9.1.4　古希腊的 Zeno(芝诺)提出了一个悖论:跑得最快的人永远追不上跑得最慢的乌龟. 这个悖论的现代表述形式就是,一只乌龟在 Achilles(希腊神话中的英雄)前面 S_1 m 处向前爬行,Achilles 在后面追赶,当 Achilles 用 t_1 s 时间跑完 S_1 m 时,乌龟已向前爬了 S_2 m;当 Achilles 再用 t_2 s 时间跑完 S_2 m 时,乌龟又向前爬了 S_3 m……这样的过程可以一直继续下去,Achilles 永远也追不上乌龟.

显然,这一结论是荒谬的. 没有人会怀疑,Achilles 必将在某段时间 T 内,跑了 S m 后就会追上乌龟. 现在我们来解决这个问题.

设乌龟的速度 v_1 m/s 与 Achilles 的速度 v_2 m/s 之比为 $q=\frac{v_1}{v_2}$，当然 $0<q<1$．Achilles 在乌龟后面 S_1 m 处开始追赶乌龟．当 Achilles 跑完 S_1 m 时，乌龟已向前爬了 $S_2=qS_1$ m，当 Achilles 继续跑完 S_2 m 时，乌龟又向前爬了 $S_3=q^2S_1$ m……当 Achilles 继续跑完 S_n m 时，乌龟又向前爬了 $S_{n+1}=q^nS_1$ m……虽然 Achilles 要追赶上乌龟，必须跑完上述无限段路程 S_1，S_2，…，S_n，…，但由于

$$S_1+S_2+\cdots+S_n+\cdots=S_1(1+q+q^2+\cdots+q^{n-1}+\cdots)=\frac{S_1}{1-q},$$

这无限段路程的和是有限的，因此当 Achilles 跑完路程 $S=\frac{S_1}{1-q}$ m（即经过了时间 $T=\frac{S_1}{(1-q)v_2}$ s），他已经追上了乌龟．

Zeno 悖论是设想在一段路程上标出了无限个位置，便认为 Achilles 不能在有限时间内经过这无限个位置，忽视了这段路程具有有限性，这就是错误所在．

级数的基本性质

很自然地要问，有限个数相加时的一些运算法则，如加法交换律、加法结合律对于无限个数相加是否继续有效？我们现在开始讨论这个问题．

定理 9.1.1（级数收敛的必要条件）　若级数 $\sum\limits_{n=1}^{\infty}x_n$ 收敛，则

$$\lim_{n\to\infty}x_n=0.$$

证　设 $\sum\limits_{n=1}^{\infty}x_n=S$，则有

$$\lim_{n\to\infty}x_n=\lim_{n\to\infty}(S_n-S_{n-1})=\lim_{n\to\infty}S_n-\lim_{n\to\infty}S_{n-1}=S-S=0.$$

证毕

这个条件可以用来判断某些级数的发散性．例如，$\sum\limits_{n=1}^{\infty}(-1)^{n-1}$ 的一般项为 1 或 −1，所以必定发散；当 $|q|\geqslant 1$ 时 $\{q^n\}$ 不是无穷小量，此时级数 $\sum\limits_{n=1}^{\infty}q^n$ 也发散．

要注意的是，定理 9.1.1 只是级数收敛的必要条件，而不是充分条件．例如**调和级数** $\sum\limits_{n=1}^{\infty}\frac{1}{n}$ 的通项 $x_n=\frac{1}{n}$ 趋于 0，而我们在本书上册第一章已经知道它的部分和数列 $\{S_n\}$ $\left(S_n=1+\frac{1}{2}+\cdots+\frac{1}{n},n=1,2,\cdots\right)$ 发散，因此调和级数发散．

将极限的线性性质用于部分和序列，便可得到下述定理．

定理 9.1.2（线性性）　设级数 $\sum\limits_{n=1}^{\infty}a_n$ 和 $\sum\limits_{n=1}^{\infty}b_n$ 收敛，α,β 是常数，则级数 $\sum\limits_{n=1}^{\infty}(\alpha a_n+\beta b_n)$ 也收敛，且

$$\sum_{n=1}^{\infty}(\alpha a_n+\beta b_n)=\alpha\sum_{n=1}^{\infty}a_n+\beta\sum_{n=1}^{\infty}b_n.$$

定理 9.1.2 说明对收敛级数可以进行逐项相加和逐项数乘运算．

例 9.1.5　求级数 $\sum\limits_{n=1}^{\infty}\frac{3^n+4}{9^n}$ 的和．

解　因为几何级数 $\sum\limits_{n=1}^{\infty}\left(\frac{1}{3}\right)^n$ 与 $\sum\limits_{n=1}^{\infty}\left(\frac{1}{9}\right)^n$ 都收敛，所以有

$$\sum_{n=1}^{\infty}\frac{3^n+4}{9^n}=\sum_{n=1}^{\infty}\frac{3^n}{9^n}+\sum_{n=1}^{\infty}4\left(\frac{1}{9}\right)^n=\sum_{n=1}^{\infty}\left(\frac{1}{3}\right)^n+4\sum_{n=1}^{\infty}\left(\frac{1}{9}\right)^n$$

$$=\frac{1}{3}\frac{1}{1-\frac{1}{3}}+\frac{4}{9}\cdot\frac{1}{1-\frac{1}{9}}=1.$$

定理 9.1.3　*在级数中去掉有限项、加上有限项或改变有限项的值，都不会改变级数的收敛性或发散性．*

证明请读者自行完成．

定理 9.1.4　*设级数 $\sum\limits_{n=1}^{\infty}x_n$ 收敛，则在它的求和表达式中任意添加括号后所得的级数仍然收敛，且其和不变．*

证　设 $\sum\limits_{n=1}^{\infty}x_n$ 添加括号后表示为

$$(x_1+x_2+\cdots+x_{n_1})+(x_{n_1+1}+x_{n_1+2}+\cdots+x_{n_2})+\cdots+(x_{n_{k-1}+1}+x_{n_{k-1}+2}+\cdots+x_{n_k})+\cdots.$$

令

$$y_1=x_1+x_2+\cdots+x_{n_1},$$

$$y_2=x_{n_1+1}+x_{n_1+2}+\cdots+x_{n_2},$$

$$\cdots\cdots\cdots\cdots$$

$$y_k=x_{n_{k-1}+1}+x_{n_{k-1}+2}+\cdots+x_{n_k},$$

$$\cdots\cdots\cdots\cdots$$

则 $\sum\limits_{n=1}^{\infty}x_n$ 按上面方式添加括号后所成的级数为 $\sum\limits_{n=1}^{\infty}y_n$．令 $\sum\limits_{n=1}^{\infty}x_n$ 的部分和数列为 $\{S_n\}$，$\sum\limits_{n=1}^{\infty}y_n$ 的部分和数列为 $\{T_n\}$，则

$$T_1=S_{n_1},\quad T_2=S_{n_2},\quad \cdots,\quad T_k=S_{n_k},\quad \cdots.$$

显然，当 $\{S_n\}$ 收敛时，有

$$\lim_{k\to\infty}T_k=\lim_{n_k\to\infty}S_{n_k}=\lim_{n\to\infty}S_n.$$

这说明 $\sum\limits_{n=1}^{\infty}y_n$ 的部分和数列的极限存在，且 $\sum\limits_{n=1}^{\infty}y_n=\sum\limits_{n=1}^{\infty}x_n$．

证毕

上述结论可以理解为，*收敛的级数满足加法结合律*．注意，收敛级数去括号后所成级数不一定收敛．例如级数

$$(1-1)+(1-1)+\cdots+(1-1)+\cdots$$

收敛于 0，但我们已经知道，此级数去括号后所成级数

$$\sum_{n=1}^{\infty}(-1)^{n-1}=1-1+1-1+\cdots$$

却是发散的．

级数的 Cauchy 收敛准则

数列的 Cauchy 收敛原理是对收敛性最本质的刻画，将其用于级数的部分和数列的情形，便有

定理 9.1.5（级数的 Cauchy 收敛准则） 级数 $\sum_{n=1}^{\infty} x_n$ 收敛的充分必要条件是对于任意给定的 $\varepsilon>0$，存在正整数 N，使得对一切 $n>m>N$，成立

$$|x_{m+1}+x_{m+2}+\cdots+x_n|=\left|\sum_{k=m+1}^{n} x_k\right|<\varepsilon.$$

结论也可以叙述为：对于任意给定的 $\varepsilon>0$，存在正整数 N，使得对一切 $n>N$ 与一切正整数 p 成立

$$|x_{n+1}+x_{n+2}+\cdots+x_{n+p}|=\left|\sum_{k=1}^{p} x_{n+k}\right|<\varepsilon.$$

利用三角不等式得

$$|x_{m+1}+x_{m+2}+\cdots+x_n|\leqslant|x_{m+1}|+|x_{m+2}|+\cdots+|x_n|,$$

因此很容易从 Cauchy 收敛准则知道：

推论 9.1.1 对一个数项级数 $\sum_{n=1}^{\infty} x_n$ 逐项取绝对值后得到新级数 $\sum_{n=1}^{\infty}|x_n|$，则当 $\sum_{n=1}^{\infty}|x_n|$ 收敛时，$\sum_{n=1}^{\infty} x_n$ 也收敛．

注意，这个结论的逆命题不成立，即不能由 $\sum_{n=1}^{\infty} x_n$ 收敛断言 $\sum_{n=1}^{\infty}|x_n|$ 也收敛．例如，在本书上册第一章中，我们已经证明了级数 $\sum_{n=1}^{\infty}\frac{(-1)^{n+1}}{n}$ 的部分和数列 $\left\{1-\frac{1}{2}+\frac{1}{3}-\cdots+(-1)^{n+1}\frac{1}{n}\right\}$ 收敛，因此 $\sum_{n=1}^{\infty}\frac{(-1)^{n+1}}{n}$ 收敛．但它的每项取绝对值后，形成的级数 $\sum_{n=1}^{\infty}\frac{1}{n}$ 却是发散的．

定义 9.1.2 如果级数 $\sum_{n=1}^{\infty}|x_n|$ 收敛，则称 $\sum_{n=1}^{\infty} x_n$ 为**绝对收敛**级数．如果级数 $\sum_{n=1}^{\infty} x_n$ 收敛而级数 $\sum_{n=1}^{\infty}|x_n|$ 发散，则称 $\sum_{n=1}^{\infty} x_n$ 为**条件收敛**级数．

上面所说的 $\sum_{n=1}^{\infty}\frac{(-1)^{n+1}}{n}$ 就是一个条件收敛级数．

正项级数的比较判别法

由于只要能判断出 $\sum_{n=1}^{\infty}|x_n|$ 收敛便可得出 $\sum_{n=1}^{\infty} x_n$ 收敛，而级数 $\sum_{n=1}^{\infty}|x_n|$ 的每一项都是非

负的．同时，实际问题中有大量的级数，它们的通项都是非负的．所以很自然地先研究这种级数的敛散性．

定义 9.1.3　如果级数 $\sum_{n=1}^{\infty} x_n$ 的各项都是非负实数，即

$$x_n \geqslant 0, \quad n=1,2,\cdots,$$

则称此级数为**正项级数**．

显然，正项级数 $\sum_{n=1}^{\infty} x_n$ 的部分和数列 $\{S_n\}$ 是单调增加的，即

$$S_n = \sum_{k=1}^{n} x_k \leqslant \sum_{k=1}^{n+1} x_k = S_{n+1}, \quad n=1,2,\cdots,$$

根据单调数列的性质，立刻可以得到

定理 9.1.6　正项级数收敛的充分必要条件是它的部分和数列有上界．

若正项级数的部分和数列无上界，则其必发散到 $+\infty$．

例 9.1.6　设 $p>0$，讨论级数 ***p*** **级数**

$$\sum_{n=1}^{\infty} \frac{1}{n^p} = 1+\frac{1}{2^p}+\frac{1}{3^p}+\cdots+\frac{1}{n^p}+\cdots$$

的敛散性．

解　当 $0<p\leqslant 1$ 时，由于 $\frac{1}{n^p} \geqslant \frac{1}{n}$，所以

$$S_n \geqslant 1+\frac{1}{2}+\cdots+\frac{1}{n},$$

而数列 $\left\{1+\frac{1}{2}+\cdots+\frac{1}{n}\right\}$ 无上界，所以当 $0<p\leqslant 1$ 时，级数 $\sum_{n=1}^{\infty} \frac{1}{n^p}$ 发散．

当 $p>1$ 时，对于每个自然数 n，设 $2^k \leqslant n < 2^{k+1}$．那么

$$\begin{aligned}
S_n &= 1+\frac{1}{2^p}+\frac{1}{3^p}+\cdots+\frac{1}{n^p} \\
&= 1+\left(\frac{1}{2^p}+\frac{1}{3^p}\right)+\left(\frac{1}{4^p}+\frac{1}{5^p}+\frac{1}{6^p}+\frac{1}{7^p}\right)+\cdots+ \\
&\quad \left(\frac{1}{(2^{k-1})^p}+\frac{1}{(2^{k-1}+1)^p}+\cdots+\frac{1}{(2^k-1)^p}\right)+\left(\frac{1}{(2^k)^p}+\frac{1}{(2^k+1)^p}+\cdots+\frac{1}{n^p}\right) \\
&\leqslant 1+\frac{2}{2^p}+\frac{4}{4^p}+\cdots+\frac{2^{k-1}}{(2^{k-1})^p}+\frac{2^k}{(2^k)^p} \\
&= 1+\frac{1}{2^{p-1}}+\left(\frac{1}{2^{p-1}}\right)^2+\cdots+\left(\frac{1}{2^{p-1}}\right)^{k-1}+\left(\frac{1}{2^{p-1}}\right)^k \\
&= \frac{1-\left(\frac{1}{2^{p-1}}\right)^{k+1}}{1-\frac{1}{2^{p-1}}} < \frac{1}{1-\frac{1}{2^{p-1}}}.
\end{aligned}$$

这说明 $\{S_n\}$ 有上界．因此当 $p>1$ 时，级数 $\sum_{n=1}^{\infty} \frac{1}{n^p}$ 收敛．

判断一个正项级数是否收敛,最常用的方法是用一个已知收敛或发散的级数与之进行比较.

定理 9.1.7(比较判别法)　设 $\sum_{n=1}^{\infty} x_n$ 和 $\sum_{n=1}^{\infty} y_n$ 是正项级数. 若存在常数 $A>0$,使得

$$x_n \leqslant A y_n, \quad n=1,2,\cdots,$$

则

(1) 当 $\sum_{n=1}^{\infty} y_n$ 收敛时, $\sum_{n=1}^{\infty} x_n$ 也收敛;

(2) 当 $\sum_{n=1}^{\infty} x_n$ 发散时, $\sum_{n=1}^{\infty} y_n$ 也发散.

证　设级数 $\sum_{n=1}^{\infty} x_n$ 的部分和数列为 $\{S_n\}$,级数 $\sum_{n=1}^{\infty} y_n$ 的部分和数列为 $\{T_n\}$. 那么显然有

$$S_n \leqslant A T_n, \quad n=1,2,\cdots.$$

于是当 $\{T_n\}$ 有上界时, $\{S_n\}$ 也有上界;而当 $\{S_n\}$ 无上界时, $\{T_n\}$ 必定无上界. 因而从定理 9.1.6 便可得出结论.

证毕

注　由于改变级数的有限项的数值,并不会改变它的收敛性或发散性(虽然在收敛的情况下级数的和可能发生改变),所以比较判别法的条件可放宽为:"存在正整数 N 与常数 $A>0$,使得 $x_n \leqslant A y_n$ 对一切 $n>N$ 成立".

推论 9.1.2　设 $\sum_{n=1}^{\infty} x_n$ 和 $\sum_{n=1}^{\infty} y_n$ 是正项级数. 若存在正整数 N,使得对一切 $n>N$ 成立

$$\frac{x_{n+1}}{x_n} \leqslant \frac{y_{n+1}}{y_n},$$

则

(1) 当 $\sum_{n=1}^{\infty} y_n$ 收敛时, $\sum_{n=1}^{\infty} x_n$ 也收敛;

(2) 当 $\sum_{n=1}^{\infty} x_n$ 发散时, $\sum_{n=1}^{\infty} y_n$ 也发散.

这个推论的条件中蕴含着 $x_n>0, y_n>0\,(n>N)$,其证明请读者自行完成.

例 9.1.7　判断正项级数 $\sum_{n=2}^{\infty} \frac{1}{(\ln n)^{\ln n}}$ 的收敛性.

解　由于当 $n>\mathrm{e}^{10}$ 时,成立

$$\frac{1}{(\ln n)^{\ln n}} = \frac{1}{n^{\ln \ln n}} < \frac{1}{n^2},$$

而级数 $\sum_{n=2}^{\infty} \frac{1}{n^2}$ 收敛,由比较判别法可知 $\sum_{n=2}^{\infty} \frac{1}{(\ln n)^{\ln n}}$ 收敛.

例 9.1.8　判断正项级数 $\sum_{n=2}^{\infty} \frac{1}{\ln^2 n}$ 的收敛性.

解　由于当 $x \geqslant 3$ 时成立不等式 $x \geqslant \ln^2 x$,因此当 $n \geqslant 3$ 时,有

$$\frac{1}{\ln^2 n}>\frac{1}{n},$$

由于级数 $\sum\limits_{n=2}^{\infty}\frac{1}{n}$ 发散，由比较判别法可知 $\sum\limits_{n=2}^{\infty}\frac{1}{\ln^2 n}$ 发散.

比较判别法的极限形式在使用上更为方便.

定理 9.1.7′(比较判别法的极限形式)　设 $\sum\limits_{n=1}^{\infty}x_n$ 和 $\sum\limits_{n=1}^{\infty}y_n$ 是正项级数. 若

$$\lim_{n\to\infty}\frac{x_n}{y_n}=l,$$

则

(1) 当 $0<l<+\infty$ 时，$\sum\limits_{n=1}^{\infty}x_n$ 与 $\sum\limits_{n=1}^{\infty}y_n$ 同时收敛或同时发散；

(2) 当 $l=0$ 时，若 $\sum\limits_{n=1}^{\infty}y_n$ 收敛，则 $\sum\limits_{n=1}^{\infty}x_n$ 收敛；若 $\sum\limits_{n=1}^{\infty}x_n$ 发散，则 $\sum\limits_{n=1}^{\infty}y_n$ 发散；

(3) 当 $l=+\infty$ 时，若 $\sum\limits_{n=1}^{\infty}x_n$ 收敛，则 $\sum\limits_{n=1}^{\infty}y_n$ 收敛；若 $\sum\limits_{n=1}^{\infty}y_n$ 发散，则 $\sum\limits_{n=1}^{\infty}x_n$ 发散.

证　只证明(1)，其他类似.

因为 $\lim\limits_{n\to\infty}\frac{x_n}{y_n}=l$，由极限的定义，取 $\varepsilon=\frac{l}{2}$，则存在正整数 N，使得当 $n>N$ 时，成立

$$\left|\frac{x_n}{y_n}-l\right|<\varepsilon,$$

关于比较判别法的一个注记

即

$$\frac{l}{2}y_n<x_n<\frac{3l}{2}y_n,$$

由比较判别法，即得所需结论.

证毕

例 9.1.9　判断正项级数 $\sum\limits_{n=1}^{\infty}\frac{n^2+5}{n^3+2n^2+6n+1}$ 的收敛性.

解　由于

$$\lim_{n\to\infty}\frac{\dfrac{n^2+5}{n^3+2n^2+6n+1}}{\dfrac{1}{n}}=1,$$

且级数 $\sum\limits_{n=1}^{\infty}\frac{1}{n}$ 发散，所以 $\sum\limits_{n=1}^{\infty}\frac{n^2+5}{n^3+2n^2+6n+1}$ 发散.

例 9.1.10　判断下列正项级数的收敛性：

(1) $\sum\limits_{n=2}^{\infty}\sin\frac{\pi}{n}$；　　(2) $\sum\limits_{n=1}^{\infty}\left(\frac{1}{n}-\ln\left(1+\frac{1}{n}\right)\right)$.

解　(1) 由于 $\lim\limits_{x\to 0}\frac{\sin x}{x}=1$，所以

$$\lim_{n\to\infty}\frac{\sin\frac{\pi}{n}}{\frac{1}{n}}=\pi.$$

由于级数 $\sum_{n=2}^{\infty}\frac{1}{n}$ 发散，所以 $\sum_{n=2}^{\infty}\sin\frac{\pi}{n}$ 发散．

（2） 由 Taylor 公式得 $\ln(1+x)=x-\frac{1}{2}x^2+o(x^2)$，所以

$$\frac{1}{n}-\ln\left(1+\frac{1}{n}\right)=\frac{1}{n}-\left[\frac{1}{n}-\frac{1}{2}\left(\frac{1}{n}\right)^2+o\left(\frac{1}{n^2}\right)\right]=\frac{1}{2n^2}+o\left(\frac{1}{n^2}\right).$$

因此

$$\lim_{n\to\infty}\frac{\frac{1}{n}-\ln\left(1+\frac{1}{n}\right)}{\frac{1}{n^2}}=\frac{1}{2}.$$

由于级数 $\sum_{n=1}^{\infty}\frac{1}{n^2}$ 收敛，所以 $\sum_{n=1}^{\infty}\left(\frac{1}{n}-\ln\left(1+\frac{1}{n}\right)\right)$ 收敛．

正项级数的 Cauchy 判别法与 d′Alembert 判别法

在使用比较判别法时，先要对级数的通项有一个大致估计，进而找一个敛散性已知的合适级数与之比较．但就大多数情况而言，这两个步骤都相当困难．理想的判别方法应着眼于对级数自身的分析．基于这一思路，产生了如下两个判别法．

定理 9.1.8（Cauchy 判别法） 设 $\sum_{n=1}^{\infty}x_n$ 是正项级数．若

$$\lim_{n\to\infty}\sqrt[n]{x_n}=r,$$

则

（1） 当 $r<1$ 时，级数 $\sum_{n=1}^{\infty}x_n$ 收敛；

（2） 当 $r>1$ 时，级数 $\sum_{n=1}^{\infty}x_n$ 发散．

证 当 $r<1$ 时，取 q 满足 $r<q<1$，则由 $\lim_{n\to\infty}\sqrt[n]{x_n}=r$ 可知，存在正整数 N，使得当 $n>N$ 时，成立

$$\sqrt[n]{x_n}<q,$$

于是

$$x_n<q^n.$$

因为 $0<q<1$，所以 $\sum_{n=1}^{\infty}q^n$ 收敛，由比较判别法可知 $\sum_{n=1}^{\infty}x_n$ 收敛．

当 $r>1$ 时，由 $\lim_{n\to\infty}\sqrt[n]{x_n}=r$ 可知，存在正整数 N，使得当 $n>N$ 时，$x_n>1$，故级数 $\sum_{n=1}^{\infty}x_n$ 的一般

项不趋于零,从而 $\sum\limits_{n=1}^{\infty} x_n$ 发散.

证毕

注意,当 $r=1$ 时,Cauchy 判别法失效,即级数可能收敛,也可能发散. 这一点通过考察级数 $\sum\limits_{n=1}^{\infty}\frac{1}{n^2}$ 和 $\sum\limits_{n=1}^{\infty}\frac{1}{n}$ 就可以知道.

例 9.1.11　判断正项级数 $\sum\limits_{n=1}^{\infty}(n+1)^3\left(\frac{5}{n}\right)^n$ 的收敛性.

解　令 $x_n=(n+1)^3\left(\frac{5}{n}\right)^n$,则

$$\lim_{n\to\infty}\sqrt[n]{x_n}=\lim_{n\to\infty}\sqrt[n]{(n+1)^3\left(\frac{5}{n}\right)^n}=\lim_{n\to\infty}\frac{5}{n}\sqrt[n]{(n+1)^3}=0<1,$$

由 Cauchy 判别法,级数 $\sum\limits_{n=1}^{\infty}(n+1)^3\left(\frac{5}{n}\right)^n$ 收敛.

例 9.1.12　讨论正项级数 $\sum\limits_{n=1}^{\infty}\frac{x^n}{1+x^{2n}}\ (x>0)$ 的收敛性.

解　由于

$$\max\{1,x^2\}\leqslant\sqrt[n]{1+x^{2n}}\leqslant\max\{1,x^2\}\sqrt[n]{2},$$

注意到 $\lim\limits_{n\to\infty}\sqrt[n]{2}=1$,利用极限的夹逼性可得 $\lim\limits_{n\to\infty}\sqrt[n]{1+x^{2n}}=\max\{1,x^2\}$. 因此

$$\lim_{n\to\infty}\sqrt[n]{\frac{x^n}{1+x^{2n}}}=\frac{x}{\max\{1,x^2\}}<1\quad(x\neq 1).$$

因此当 $x\neq 1$ 时级数收敛;当 $x=1$ 时级数的通项为 $\frac{1}{2}$,级数显然发散.

定理 9.1.9(d'Alembert 判别法)　设 $\sum\limits_{n=1}^{\infty}x_n$ 是正项级数,且 $x_n\neq 0(n=1,2,\cdots)$. 若

$$\lim_{n\to\infty}\frac{x_{n+1}}{x_n}=r,$$

则

(1) 当 $r<1$ 时,级数 $\sum\limits_{n=1}^{\infty}x_n$ 收敛;

(2) 当 $r>1$ 时,级数 $\sum\limits_{n=1}^{\infty}x_n$ 发散.

证　(1) 当 $r<1$ 时,取正数 q 使得 $r<q<1$. 由于 $\lim\limits_{n\to\infty}\frac{x_{n+1}}{x_n}=r$,那么存在正整数 N,使得当 $n>N$ 时,

$$\frac{x_{n+1}}{x_n}<q.$$

由于改变级数的有限项并不影响其敛散性,不妨设上述不等式对一切正整数 n 成立,于是

$$x_{n+1}<qx_n<q^2x_{n-1}<\cdots<q^nx_1.$$

因为 $\sum_{n=1}^{\infty} q^n$ 收敛，由比较判别法便知 $\sum_{n=1}^{\infty} x_n$ 收敛．

(2)的证明留给读者．

证毕

注意，当 $r=1$ 时，d'Alembert 判别法失效，即级数可能收敛，也可能发散．这一点仍可通过考察级数 $\sum_{n=1}^{\infty}\frac{1}{n^2}$ 和 $\sum_{n=1}^{\infty}\frac{1}{n}$ 来验证．

Raabe 判别法

例 9.1.13　判断正项级数 $\sum_{n=1}^{\infty} na^n\ (a>0)$ 的收敛性．

解　令 $x_n=na^n$，则

$$\lim_{n\to\infty}\frac{x_{n+1}}{x_n}=\lim_{n\to\infty}\frac{(n+1)a^{n+1}}{na^n}=\lim_{n\to\infty}a\frac{n+1}{n}=a,$$

由 d'Alembert 判别法可知，当 $a<1$ 时，级数 $\sum_{n=1}^{\infty} na^n$ 收敛；当 $a>1$ 时，级数发散．当 $a=1$ 时，不能用 d'Alembert 判别法来判断，但这时级数的通项趋于 $+\infty$，所以级数也发散．

例 9.1.14　判断正项级数 $\sum_{n=1}^{\infty}\frac{n^n}{2^n\cdot n!}$ 的收敛性．

解　令 $x_n=\frac{n^n}{2^n\cdot n!}$，则

$$\lim_{n\to\infty}\frac{x_{n+1}}{x_n}=\lim_{n\to\infty}\frac{(n+1)^{n+1}}{2^{n+1}\cdot(n+1)!}\cdot\frac{2^n\cdot n!}{n^n}=\lim_{n\to\infty}\frac{1}{2}\left(1+\frac{1}{n}\right)^n=\frac{\mathrm{e}}{2}>1.$$

由 d'Alembert 判别法可知，级数 $\sum_{n=1}^{\infty}\frac{n^n}{2^n\cdot n!}$ 发散．

正项级数的积分判别法

定理 9.1.10（Cauchy 积分判别法）　若函数 f 在 $[1,+\infty)$ 上非负、连续，且单调减少，则正项级数 $\sum_{n=1}^{\infty}f(n)$ 与反常积分 $\int_1^{+\infty}f(x)\mathrm{d}x$ 同时收敛或同时发散．

证　设正项级数 $\sum_{n=1}^{\infty}f(n)$ 的部分和为 S_n，即

$$S_n=f(1)+f(2)+\cdots+f(n).$$

由于函数 f 在 $[1,+\infty)$ 上非负、连续，且单调减少，则有

$$0\leqslant f(n)\leqslant\int_{n-1}^{n}f(x)\mathrm{d}x\leqslant f(n-1),\quad n=2,3,\cdots.$$

因此

$$\begin{aligned}\int_1^{n+1}f(x)\mathrm{d}x&=\int_1^2 f(x)\mathrm{d}x+\cdots+\int_n^{n+1}f(x)\mathrm{d}x\leqslant S_n\\&\leqslant f(1)+\int_1^2 f(x)\mathrm{d}x+\cdots+\int_{n-1}^{n}f(x)\mathrm{d}x\end{aligned}$$

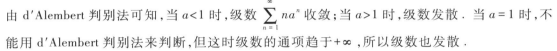

$$=f(1)+\int_1^n f(x)\,\mathrm{d}x.$$

当 $\int_1^{+\infty} f(x)\,\mathrm{d}x$ 收敛时，从上式便得 $S_n \leqslant f(1)+\int_1^{+\infty} f(x)\,\mathrm{d}x$，这说明数列$\{S_n\}$有上界，即正项级数 $\sum_{n=1}^{\infty} f(n)$ 收敛；当 $\int_1^{+\infty} f(x)\,\mathrm{d}x$ 发散时，由于 f 在$[1,+\infty)$上非负，数列 $\left\{\int_1^{n+1} f(x)\,\mathrm{d}x\right\}$ 无上界（请读者想想为什么），所以从上式知数列$\{S_n\}$也无上界，因此 $\sum_{n=1}^{\infty} f(n)$ 发散.

证毕

取 $f(x)=\frac{1}{x^p}$，利用积分判别法可以很容易得到：p 级数 $\sum_{n=1}^{\infty}\frac{1}{n^p}$ 当 $p>1$ 时收敛，当 $p\leqslant 1$ 时发散.

例 9.1.15　证明：正项级数 $\sum_{n=2}^{\infty}\frac{1}{n\ln^q n}$ 当 $q>1$ 时收敛，当 $q\leqslant 1$ 时发散.

证　取 $f(x)=\frac{1}{x\ln^q x}$，则函数 f 在$[2,+\infty)$上单调减少，且 $f(x)>0$. 显然

$$\sum_{n=2}^{\infty} f(n)=\sum_{n=2}^{\infty}\frac{1}{n\ln^q n}.$$

由于

$$\int_2^A f(x)\,\mathrm{d}x=\begin{cases}\dfrac{1}{1-q}\ln^{1-q}A-\dfrac{1}{1-q}\ln^{1-q}2, & q\neq 1,\\ \ln\ln A-\ln\ln 2, & q=1,\end{cases}$$

所以，反常积分 $\int_2^{+\infty} f(x)\,\mathrm{d}x$ 当 $q>1$ 时收敛，当 $q\leqslant 1$ 时发散. 从而级数 $\sum_{n=2}^{\infty}\frac{1}{n\ln^q n}$ 当 $q>1$ 时收敛，当 $q\leqslant 1$ 时发散.

证毕

任意项级数

由于改变级数的有限个项的数值，并不改变级数的收敛性或发散性，因此，如果一个级数只有有限个负项或有限个正项，都可以使用正项级数的各种判别法来判断其敛散性. 如果一个级数既有无限个正项，又有无限个负项，那么正项级数的各种判别法不再适用. 为此，我们还得转向讨论任意项级数，也就是对通项不作正负限制的级数.

我们现在先考虑一类特殊的任意项级数，它的通项正负相间，即形式为 $\sum_{n=1}^{\infty}(-1)^{n+1}u_n$ 或 $\sum_{n=1}^{\infty}(-1)^n u_n$ $(u_n>0)$的级数，它们称为**交错级数**. 由于后一类级数每项乘-1便成为前一类级数，且不改变其敛散性，因此我们只需考虑前一类级数.

定义 9.1.4　若交错级数 $\sum_{n=1}^{\infty}(-1)^{n+1}u_n$ 满足$\{u_n\}$单调减少且收敛于 0，则称这样的交

错级数为 **Leibniz 级数**.

定理 9.1.11(Leibniz 判别法)　Leibniz 级数必定收敛,且成立

$$0 \leqslant \sum_{n=1}^{\infty}(-1)^{n+1}u_n \leqslant u_1.$$

证　设级数 $\sum_{n=1}^{\infty}(-1)^{n+1}u_n$ 的部分和数列为 $\{S_n\}$. 注意到数列 $\{u_n\}$ 是单调减少的,从而

$$S_{2(n+1)} = S_{2n}+(u_{2n+1}-u_{2n+2}) \geqslant S_{2n},$$

这说明数列 $\{S_{2n}\}$ 是单调增加的. 由于

$$S_{2n}=u_1-(u_2-u_3)-\cdots-(u_{2n-2}-u_{2n-1})-u_{2n} \leqslant u_1,$$

因此数列 $\{S_{2n}\}$ 还有上界,从而它收敛. 设 $\lim\limits_{n\to\infty}S_{2n}=S$,则显然成立 $S\leqslant u_1$.

由于 $\lim\limits_{n\to\infty}u_n=0$,所以

$$\lim_{n\to\infty}S_{2n+1}=\lim_{n\to\infty}(S_{2n}+u_{2n+1})=S,$$

因此 $\lim\limits_{n\to\infty}S_n=S$,这说明 $\sum_{n=1}^{\infty}(-1)^{n+1}u_n$ 收敛,且和为 S.

证毕

注　由以上定理的证明方法立即知道,对于 Leibniz 级数的余项 $r_n=\sum_{k=n+1}^{\infty}(-1)^{k+1}u_k$ 有如下估计

$$|r_n| \leqslant u_{n+1}.$$

它在近似计算中有着重要应用.

例 9.1.16　讨论级数 $\sum_{n=1}^{\infty}\dfrac{(-1)^{n-1}}{n^p}\ (p>0)$ 的收敛性.

解　此级数是交错级数. 由于数列 $\left\{\dfrac{1}{n^p}\right\}$ 单调减少趋于零,所以 $\sum_{n=1}^{\infty}\dfrac{(-1)^{n-1}}{n^p}$ 是 Leibniz 级数,因此收敛.

例 9.1.17　证明级数 $\sum_{n=1}^{\infty}\sin(\sqrt{n^2+1}\,\pi)$ 收敛.

证　由于

$$\sin(\sqrt{n^2+1}\,\pi)=(-1)^n\sin(\sqrt{n^2+1}-n)\pi=(-1)^n\sin\frac{\pi}{\sqrt{n^2+1}+n},$$

所以级数 $\sum_{n=1}^{\infty}\sin(\sqrt{n^2+1}\,\pi)$ 为交错级数. 显然 $\left\{\sin\dfrac{\pi}{\sqrt{n^2+1}+n}\right\}$ 是单调减少数列,且

$$\lim_{n\to\infty}\sin\frac{\pi}{\sqrt{n^2+1}+n}=0,$$

所以 $\sum_{n=1}^{\infty}\sin(\sqrt{n^2+1}\,\pi)$ 是 Leibniz 级数,因此它收敛.

例 9.1.18　讨论级数 $\sum_{n=1}^{\infty}\dfrac{(-1)^{n-1}}{\ln(\mathrm{e}^n+\mathrm{e}^{-n})}$ 的收敛性. 若它收敛,说明是绝对收敛还是条件收敛.

解　显然 $\sum\limits_{n=1}^{\infty}\dfrac{(-1)^{n-1}}{\ln(e^n+e^{-n})}$ 是交错级数．考虑函数 $f(x)=\ln(e^x+e^{-x})$．因为

$$f'(x)=\frac{e^x-e^{-x}}{e^x+e^{-x}}>0,\quad x\in(0,+\infty),$$

且 $f(0)=\ln 2$，所以函数 f 在 $(0,+\infty)$ 上单调增加，且大于零．因此函数 $\dfrac{1}{f}$ 在 $(0,+\infty)$ 上单调减少，于是数列 $\left\{\dfrac{1}{\ln(e^n+e^{-n})}\right\}$ 也单调减少．

显然 $\lim\limits_{n\to\infty}\dfrac{1}{\ln(e^n+e^{-n})}=0$，由 Leibniz 判别法知，级数 $\sum\limits_{n=1}^{\infty}\dfrac{(-1)^{n-1}}{\ln(e^n+e^{-n})}$ 收敛．

因为

$$\ln(e^n+e^{-n})=\ln[e^n(1+e^{-2n})]=n+\ln(1+e^{-2n})<n+1,\quad n=1,2,\cdots,$$

所以

$$\left|\frac{(-1)^{n-1}}{\ln(e^n+e^{-n})}\right|>\frac{1}{n+1},\quad n=1,2,\cdots.$$

因为级数 $\sum\limits_{n=1}^{\infty}\dfrac{1}{n+1}$ 发散，所以 $\sum\limits_{n=1}^{\infty}\left|\dfrac{(-1)^{n-1}}{\ln(e^n+e^{-n})}\right|$ 发散．因此级数 $\sum\limits_{n=1}^{\infty}\dfrac{(-1)^{n-1}}{\ln(e^n+e^{-n})}$ 条件收敛．

关于任意项级数，可以利用关于正项级数的 Cauchy 判别法和 d'Alembert 判别法确定其绝对收敛性或发散性，这就是下面的定理：

定理 9.1.12　*若级数* $\sum\limits_{n=1}^{\infty}x_n$ *满足*

$$\lim_{n\to\infty}\left|\frac{x_{n+1}}{x_n}\right|=l,\quad \text{或}\quad \lim_{n\to\infty}\sqrt[n]{|x_n|}=l,$$

则

(1) 当 $l<1$ *时，级数* $\sum\limits_{n=1}^{\infty}x_n$ *绝对收敛；*

(2) 当 $l>1$ *时，级数* $\sum\limits_{n=1}^{\infty}x_n$ *发散．*

证　(1) 当 $l<1$ 时，由正项级数的 Cauchy 判别法或 d'Alembert 判别法可知 $\sum\limits_{n=1}^{\infty}|x_n|$ 收敛，因此 $\sum\limits_{n=1}^{\infty}x_n$ 绝对收敛．

(2) 当 $l>1$ 时，由 Cauchy 判别法和 d'Alembert 判别法的证明可知，此时级数 $\sum\limits_{n=1}^{\infty}x_n$ 的一般项不趋于零，因此 $\sum\limits_{n=1}^{\infty}x_n$ 发散．

证毕

注意，当 $l=1$ 时，级数可能收敛，也可能发散．

例 9.1.19　判别级数 $\sum_{n=1}^{\infty}\left[\frac{x(x+n)}{n}\right]^{n}$ 的敛散性,其中 x 为实数.

Abel 判别法和 Dirichlet 判别法

解　记 $x_n=\left[\frac{x(x+n)}{n}\right]^{n}$. 因为

$$\lim_{n\to\infty}\sqrt[n]{|x_n|}=\lim_{n\to\infty}\left|\frac{x(x+n)}{n}\right|=|x|,$$

所以,当 $|x|<1$ 时,级数 $\sum_{n=1}^{\infty}\left[\frac{x(x+n)}{n}\right]^{n}$ 绝对收敛;当 $|x|>1$ 时,级数 $\sum_{n=1}^{\infty}\left[\frac{x(x+n)}{n}\right]^{n}$ 发散.

当 $x=1$ 时,原级数为 $\sum_{n=1}^{\infty}\left(1+\frac{1}{n}\right)^{n}$,其一般项的极限 $\lim_{n\to\infty}\left(1+\frac{1}{n}\right)^{n}=\mathrm{e}\neq 0$,所以它发散.

当 $x=-1$ 时,原级数为 $\sum_{n=1}^{\infty}(-1)^{n}\left(1-\frac{1}{n}\right)^{n}$,其一般项的绝对值的极限 $\lim_{n\to\infty}\left(1-\frac{1}{n}\right)^{n}=\frac{1}{\mathrm{e}}$,因此该级数的一般项不趋于 0,所以它发散.

* 更序级数

将收敛级数区分为绝对收敛和条件收敛的主要意义并不仅在于其收敛性,它们之间存在着许多本质差别,下面对此作进一步探讨.

本章一开始曾提出无限个实数的求和是否成立加法交换律和加法结合律的问题. 已经证明,结合律对收敛的级数是成立的.

那么,交换律对收敛的级数是否也成立呢? 也就是说,将一个收敛级数 $\sum_{n=1}^{\infty}x_n$ 的项任意重新排列,得到的新级数 $\sum_{n=1}^{\infty}x_n'$(称之为 $\sum_{n=1}^{\infty}x_n$ 的**更序级数**或**重排**)是否仍然收敛? 如果收敛的话,其和是否保持不变,即是否有 $\sum_{n=1}^{\infty}x_n'=\sum_{n=1}^{\infty}x_n$? 一般来说不然.

例 9.1.20　考虑 Leibniz 级数

$$\sum_{n=1}^{\infty}\frac{(-1)^{n+1}}{n}.$$

这是一个条件收敛级数,设它的和为 A,易知 $A\neq 0$(在下一节会知道 $A=\ln 2$).

现按下述规律构造 $\sum_{n=1}^{\infty}\frac{(-1)^{n+1}}{n}$ 的更序级数 $\sum_{n=1}^{\infty}x_n'$:顺次地在每一个正项后面接两个负项,即

$$\sum_{n=1}^{\infty}x_n'=1-\frac{1}{2}-\frac{1}{4}+\frac{1}{3}-\frac{1}{6}-\frac{1}{8}+\cdots+\frac{1}{2k-1}-\frac{1}{4k-2}-\frac{1}{4k}+\cdots.$$

设 $\sum_{n=1}^{\infty}\frac{(-1)^{n+1}}{n}$ 的部分和为 S_n, $\sum_{n=1}^{\infty}x_n'$ 的部分和为 S_n',则

$$S_{3n}'=\sum_{k=1}^{n}\left(\frac{1}{2k-1}-\frac{1}{4k-2}-\frac{1}{4k}\right)=\sum_{k=1}^{n}\left(\frac{1}{4k-2}-\frac{1}{4k}\right)=\frac{1}{2}\sum_{k=1}^{n}\left(\frac{1}{2k-1}-\frac{1}{2k}\right)=\frac{1}{2}S_{2n},$$

于是

$$\lim_{n \to \infty} S'_{3n} = \frac{1}{2} \lim_{n \to \infty} S_{2n} = \frac{A}{2}.$$

由于 $S'_{3n-1} = S'_{3n} + \frac{1}{4n}$，$S'_{3n+1} = S'_{3n} + \frac{1}{2n+1}$，所以 $\lim_{n \to \infty} S'_n = \frac{A}{2}$，即

$$\sum_{n=1}^{\infty} x'_n = \frac{A}{2} = \frac{1}{2} \sum_{n=1}^{\infty} \frac{(-1)^{n+1}}{n}.$$

这说明，尽管 $\sum_{n=1}^{\infty} \frac{(-1)^{n+1}}{n}$ 收敛，但交换律对它不成立.

这个例子告诉我们，要使一个数项级数成立加法交换律，仅有收敛性是不够的. 下面的结论告诉我们，能否满足加法交换律，是绝对收敛级数与条件收敛级数的一个本质区别.

定理 9.1.13　若级数 $\sum_{n=1}^{\infty} x_n$ 绝对收敛，则它的更序级数 $\sum_{n=1}^{\infty} x'_n$ 也绝对收敛，且和不变，即

$$\sum_{n=1}^{\infty} x'_n = \sum_{n=1}^{\infty} x_n.$$

定理 9.1.14（Riemann）　设级数 $\sum_{n=1}^{\infty} x_n$ 条件收敛，则对于任意给定的 $a(-\infty \leqslant a \leqslant +\infty)$，必定存在 $\sum_{n=1}^{\infty} x_n$ 的更序级数 $\sum_{n=1}^{\infty} x'_n$，满足 $\sum_{n=1}^{\infty} x'_n = a$.

这两个定理的证明不再详细探讨，此处略去.

级数的乘法

有限和式 $\sum_{k=1}^{n} a_k$ 和 $\sum_{k=1}^{m} b_k$ 的乘积是所有诸如 $a_i b_j (i=1,2,\cdots,n; j=1,2,\cdots,m)$ 项的和，显然，其最终结果与它们相加的次序与方式无关. 类似地，对于两个收敛的级数 $\sum_{n=1}^{\infty} a_n$ 与 $\sum_{n=1}^{\infty} b_n$，自然地可以想象将所有诸如 $a_i b_j (i=1,2,\cdots; j=1,2,\cdots)$ 的项连加起来组成级数，然后将这个级数定义为 $\sum_{n=1}^{\infty} a_n$ 与 $\sum_{n=1}^{\infty} b_n$ 的乘积.

由于级数运算一般不满足交换律和结合律，这就有一个排列的次序与方式的问题. 尽管排列的次序与方式多种多样，但常用的是下面的两种方式.

（1）对角线排列

$$
\begin{array}{cccc}
a_1 b_1 & a_1 b_2 & a_1 b_3 & a_1 b_4 & \cdots \\
a_2 b_1 & a_2 b_2 & a_2 b_3 & a_2 b_4 & \cdots \\
a_3 b_1 & a_3 b_2 & a_3 b_3 & a_3 b_4 & \cdots \\
a_4 b_1 & a_4 b_2 & a_4 b_3 & a_4 b_4 & \cdots \\
\cdots & \cdots & \cdots & \cdots & \cdots
\end{array}
$$

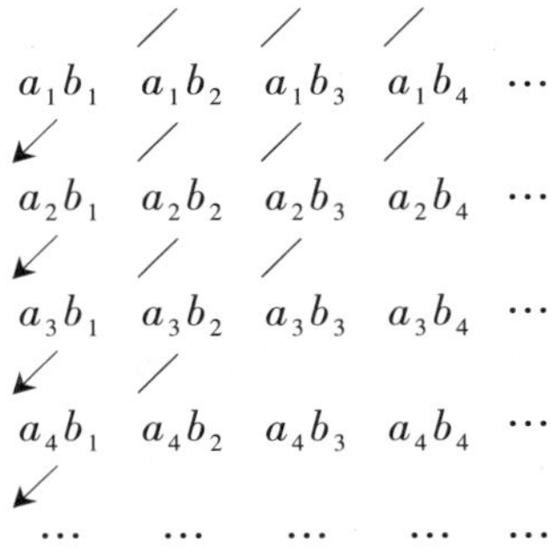

就是取

$$c_1=a_1b_1,\quad c_2=a_1b_2+a_2b_1,\quad \cdots,$$
$$c_n=\sum_{i+j=n+1}a_ib_j=a_1b_n+a_2b_{n-1}+\cdots+a_nb_1,\quad \cdots,$$

而得到级数

$$\sum_{n=1}^{\infty}c_n=\sum_{n=1}^{\infty}(a_1b_n+a_2b_{n-1}+\cdots+a_nb_1),$$

它称为级数 $\sum\limits_{n=1}^{\infty}a_n$ 与 $\sum\limits_{n=1}^{\infty}b_n$ 的 **Cauchy 乘积**.

（2）正方形排列

$$\begin{array}{cccccc}
 & | & | & | & | & \\
\leftarrow & a_1b_1 & a_1b_2 & a_1b_3 & a_1b_4 & \cdots \\
 & & | & | & | & \\
\leftarrow & a_2b_1 & —a_2b_2 & a_2b_3 & a_2b_4 & \cdots \\
 & & & | & | & \\
\leftarrow & a_3b_1 & —a_3b_2 & —a_3b_3 & a_3b_4 & \cdots \\
 & & & & | & \\
\leftarrow & a_4b_1 & —a_4b_2 & —a_4b_3 & —a_4b_4 & \cdots \\
 & \cdots & \cdots & \cdots & \cdots & \cdots
\end{array}$$

就是取

$$d_1=a_1b_1,\quad d_2=a_1b_2+a_2b_2+a_2b_1,\quad \cdots,$$
$$d_n=a_1b_n+a_2b_n+\cdots+a_nb_n+a_nb_{n-1}+\cdots+a_nb_1,\quad \cdots,$$

而得到级数 $\sum\limits_{n=1}^{\infty}d_n$，它称为级数 $\sum\limits_{n=1}^{\infty}a_n$ 与 $\sum\limits_{n=1}^{\infty}b_n$ 按**正方形次序的乘积**.

显然 $\sum\limits_{i=1}^{n}d_i=\left(\sum\limits_{i=1}^{n}a_i\right)\left(\sum\limits_{i=1}^{n}b_i\right)\ (n=1,2,\cdots)$，因此若 $\sum\limits_{n=1}^{\infty}a_n$ 和 $\sum\limits_{n=1}^{\infty}b_n$ 均收敛，则

$$\sum_{n=1}^{\infty}d_n=\left(\sum_{n=1}^{\infty}a_n\right)\left(\sum_{n=1}^{\infty}b_n\right).$$

一个自然的问题是，对于 $a_ib_j(i=1,2,\cdots;j=1,2,\cdots)$ 的不同排列次序相加而成的“乘积”级数的收敛性如何？在收敛时如上式的等式是否成立？一般来说，仅仅 $\sum\limits_{n=1}^{\infty}a_n$ 和 $\sum\limits_{n=1}^{\infty}b_n$ 收敛是不能保证它们都是收敛的．例如，级数 $\sum\limits_{n=1}^{\infty}\dfrac{(-1)^{n+1}}{\sqrt{n}}$ 是收敛的，但它与自身的 Cauchy 乘积却是发散的（请有兴趣的读者自行证明）．但如果 $\sum\limits_{n=1}^{\infty}a_n$ 和 $\sum\limits_{n=1}^{\infty}b_n$ 都绝对收敛，就能保证这些不同排列次序相加而成的“乘积”级数总是收敛的，并且和也相同，即如上式的等式成立．这就是下面的定理．

定理 9.1.15（Cauchy） 如果级数 $\sum\limits_{n=1}^{\infty}a_n$ 与 $\sum\limits_{n=1}^{\infty}b_n$ 绝对收敛，则将 $a_ib_j(i=1,2,\cdots;j=1,2,\cdots)$ 按任意次序相加而成的级数也绝对收敛，且其和等于 $\left(\sum\limits_{n=1}^{\infty}a_n\right)\left(\sum\limits_{n=1}^{\infty}b_n\right)$.

例 9.1.21 利用定理 9.1.12 可知,对一切 $x\in\mathbf{R}$,级数

$$f(x)=\sum_{n=0}^{\infty}\frac{x^n}{n!}$$

是绝对收敛的. 现考虑两个绝对收敛级数 $\sum\limits_{n=0}^{\infty}\frac{x^n}{n!}$ 与 $\sum\limits_{n=0}^{\infty}\frac{y^n}{n!}$ 的 Cauchy 乘积. 由定理 9.1.15 得

$$\left(\sum_{n=0}^{\infty}\frac{x^n}{n!}\right)\left(\sum_{n=0}^{\infty}\frac{y^n}{n!}\right)=\sum_{n=0}^{\infty}\sum_{k=0}^{n}\frac{x^k y^{n-k}}{k!\,(n-k)!}$$

$$=\sum_{n=0}^{\infty}\sum_{k=0}^{n}\frac{\mathrm{C}_n^k x^k y^{n-k}}{n!}=\sum_{n=0}^{\infty}\frac{(x+y)^n}{n!}.$$

这也就是成立

$$f(x+y)=f(x)\cdot f(y).$$

事实上,以后我们将知道 $f(x)=\mathrm{e}^x$,因而上式就是熟知的指数函数的加法定理.

习 题

1. 讨论下列级数的敛散性. 若收敛,试求出级数之和:

(1) $\sum\limits_{n=1}^{\infty}(\sqrt{n+1}-\sqrt{n})$;　　(2) $\sum\limits_{n=1}^{\infty}\left[\frac{(-1)^n}{2^{n+1}}+\frac{3}{n(n+1)}\right]$;

(3) $\sum\limits_{n=1}^{\infty}\frac{2n-1}{3^n}$;　　(4) $\sum\limits_{n=1}^{\infty}(\sqrt{n+2}-2\sqrt{n+1}+\sqrt{n})$;

(5) $\sum\limits_{n=1}^{\infty}\frac{1}{(5n-4)(5n+1)}$;　　(6) $\sum\limits_{n=1}^{\infty}\frac{2n}{3n+1}$;

(7) $\sum\limits_{n=1}^{\infty}\frac{1}{n(n+1)(n+2)}$;　　(8) $\sum\limits_{n=1}^{\infty}\arctan\frac{1}{2n^2}$.

2. 设抛物线 $l_n: y=nx^2+\frac{1}{n}$ 和 $l_n': y=(n+1)x^2+\frac{1}{n+1}$ 的交点的横坐标的绝对值为 $a_n(n=1,2,\cdots)$.

(1) 求抛物线 l_n 与 l_n' 所围成的平面图形的面积 S_n;

(2) 求级数 $\sum\limits_{n=1}^{\infty}\frac{S_n}{a_n}$ 的和.

3. 利用 Cauchy 收敛准则证明:

(1) $\sum\limits_{n=1}^{\infty}\frac{\sin na}{2^n}$ 收敛,其中 a 是常数;

(2) $1+\frac{1}{2}-\frac{1}{3}+\frac{1}{4}+\frac{1}{5}-\frac{1}{6}+\frac{1}{7}+\frac{1}{8}-\frac{1}{9}+\cdots$ 发散.

4. 讨论下列正项级数的敛散性:

(1) $\sum\limits_{n=1}^{\infty}\frac{1}{n!}$;　　(2) $\sum\limits_{n=1}^{\infty}\frac{1}{n\cdot\sqrt[n]{n}}$;

(3) $\sum_{n=1}^{\infty}\left(1-\cos\frac{\pi}{n}\right)$;　　(4) $\sum_{n=2}^{\infty}\frac{\ln n}{n^2}$;

(5) $\sum_{n=1}^{\infty}\frac{4n}{n^4+1}$;　　(6) $\sum_{n=1}^{\infty}\frac{1}{\ln^n(n+2)}$;

(7) $\sum_{n=1}^{\infty}\frac{[2+(-1)^n]^n}{2^{2n+1}}$;　　(8) $\sum_{n=1}^{\infty}\left(\frac{n}{3n+1}\right)^n$;

(9) $\sum_{n=1}^{\infty}\frac{n^2}{5^n}\cos^2\frac{n\pi}{3}$;　　(10) $\sum_{n=1}^{\infty}n\tan\frac{\pi}{2^{n+1}}$;

(11) $\sum_{n=1}^{\infty}n^3\mathrm{e}^{-2n}$;　　(12) $\sum_{n=2}^{\infty}(\sqrt[n]{n}-1)$;

(13) $\sum_{n=1}^{\infty}(\sqrt{n^2+1}-\sqrt{n^2-1})$;　　(14) $\sum_{n=1}^{\infty}(2n-\sqrt{n^2+1}-\sqrt{n^2-1})$;

(15) $\sum_{n=2}^{\infty}\ln\frac{n^2+1}{n^2-1}$;　　(16) $\sum_{n=1}^{\infty}\left(\mathrm{e}^{\frac{1}{n^2}}-\cos\frac{\pi}{n}\right)$;

(17) $\sum_{n=2}^{\infty}\frac{1}{n\cdot\ln n\cdot\ln\ln n}$;　　(18) $\sum_{n=2}^{\infty}\frac{1}{n\cdot(\ln n)^{1+p}\cdot\ln\ln n}(p>0)$.

5. 利用级数收敛的必要条件,证明:

(1) $\lim_{n\to\infty}\frac{n^n}{(n!)^2}=0$;　　(2) $\lim_{n\to\infty}\frac{(2n)!}{a^{n!}}=0(a>1)$.

6. 讨论下列级数的敛散性:

(1) $\sum_{n=1}^{\infty}\int_0^{\frac{1}{n}}\sqrt{\frac{x}{1-x}}\mathrm{d}x$;　　(2) $\sum_{n=1}^{\infty}\left[\int_0^n\sqrt[4]{1+x^4}\mathrm{d}x\right]^{-1}$;

(3) $\sum_{n=1}^{\infty}\int_{n\pi}^{2n\pi}\frac{\sin^2x}{x^2}\mathrm{d}x$.

7. 设正项级数 $\sum_{n=1}^{\infty}x_n$ 收敛,则 $\sum_{n=1}^{\infty}x_n^2$ 也收敛;反之如何?

8. 设正项级数 $\sum_{n=1}^{\infty}x_n$ 收敛. 证明当 $p>\frac{1}{2}$时, $\sum_{n=1}^{\infty}\frac{\sqrt{x_n}}{n^p}$ 也收敛;又问当 $0<p\leqslant\frac{1}{2}$时,结论是否仍然成立?

9. 设 $x_n>0$,且$\frac{x_{n+1}}{x_n}>1-\frac{1}{n}(n=1,2,\cdots)$,证明级数 $\sum_{n=1}^{\infty}x_n$ 发散.

10. 讨论下列级数的敛散性(在收敛时进一步讨论条件收敛与绝对收敛性):

(1) $\sum_{n=1}^{\infty}(-1)^{n+1}\sin\frac{x}{n}$;　　(2) $\sum_{n=1}^{\infty}(-1)^{n+1}\frac{2^n\sin^{2n}x}{n}$;

(3) $\sum_{n=1}^{\infty}(-1)^{n-1}\frac{n}{3^{n-1}}$;　　(4) $1-\frac{1}{2!}+\frac{1}{3}-\frac{1}{4!}+\frac{1}{5}+\cdots$;

(5) $\sum_{n=1}^{\infty}\frac{(-1)^{n+1}}{n+x}(x>0)$;　　(6) $\sum_{n=1}^{\infty}\frac{1}{\sqrt{n}}\cos\frac{n\pi}{3}$;

(7) $\sum_{n=1}^{\infty}(-1)^{n+1}\frac{2^{n^2}}{n!}$；　(8) $\sum_{n=2}^{\infty}(-1)^n\frac{\ln^2 n}{n}$；

(9) $\sum_{n=1}^{\infty}\frac{\sin n+(-1)^n n}{n^2}$；　(10) $\sum_{n=1}^{\infty}\left(\frac{na}{n+1}\right)^n$；

(11) $\sum_{n=1}^{\infty}(-1)^{n+1}\frac{n}{3^n}x^n$；　(12) $\sum_{n=2}^{\infty}\frac{x^n}{n^p\ln^q n}(p,q>0)$.

11. 设 $x_n>0$，且 $\lim\limits_{n\to\infty}x_n=0$，问交错级数 $\sum_{n=1}^{\infty}(-1)^{n+1}x_n$ 是否收敛？

12. 若级数 $\sum_{n=1}^{\infty}x_n$ 收敛，且 $\lim\limits_{n\to\infty}\frac{x_n}{y_n}=1$，问级数 $\sum_{n=1}^{\infty}y_n$ 是否收敛？

13. 已知正项数列 $\{a_n\}$ 单调减少，问级数 $\sum_{n=1}^{\infty}\left(\frac{a_n}{1+a_n}\right)^n$ 是否收敛？

14. 设 $f(x)$ 在 $[-1,1]$ 上具有二阶连续导数，且

$$\lim_{x\to 0}\frac{f(x)}{x}=0.$$

证明 $\sum_{n=1}^{\infty}f\left(\frac{1}{n}\right)$ 绝对收敛.

15. 设 $a_n=\int_0^{\frac{\pi}{4}}\tan^n x\mathrm{d}x$，$n=1,2,\cdots$.

(1) 求 $\sum_{n=1}^{\infty}\frac{a_n+a_{n+2}}{n}$ 的和；

(2) 设 $\lambda>0$，证明 $\sum_{n=1}^{\infty}\frac{a_n}{n^\lambda}$ 收敛.

16. 利用级数的 Cauchy 乘积证明 $\sum_{n=0}^{\infty}\frac{1}{n!}\cdot\sum_{n=0}^{\infty}\frac{(-1)^n}{n!}=1$.

§ 2　幂　级　数

函数项级数

现在将级数的概念推广到通项为函数的情况. 设 $u_n(n=1,2,\cdots)$ 是一列定义在数集 I 上的函数(常称之为 I 上的**函数序列**，记为 $\{u_n\}$；为叙述方便，本章中也常记作 $\{u_n(x)\}$)，称用加号按顺序将这列函数连接起来的表达式

$$u_1+u_2+\cdots+u_n+\cdots$$

为**函数项级数**，记为 $\sum_{n=1}^{\infty}u_n$. 本章中也常记作 $\sum_{n=1}^{\infty}u_n(x)$.

函数项级数的收敛性可以借助数项级数得到.

定义 9.2.1　若对于固定的 $x_0 \in I$,数项级数 $\sum_{n=1}^{\infty} u_n(x_0)$ 收敛,则称函数项级数 $\sum_{n=1}^{\infty} u_n(x)$ 在点 x_0 收敛,或称 x_0 是 $\sum_{n=1}^{\infty} u_n(x)$ 的**收敛点**. 这些收敛点全体所构成的集合称为 $\sum_{n=1}^{\infty} u_n(x)$ 的**收敛域**.

记函数项级数 $\sum_{n=1}^{\infty} u_n(x)$ 的收敛域为 D,则对于 D 中的每个 x,都对应了一个收敛的数项级数的和 $S(x)=\sum_{n=1}^{\infty} u_n(x)$,这样就定义了一个 D 上的函数

$$S(x)=\sum_{n=1}^{\infty} u_n(x), \quad x \in D,$$

称之为函数项级数 $\sum_{n=1}^{\infty} u_n(x)$ 的**和函数**.

和函数也可以如下得到:作 $\sum_{n=1}^{\infty} u_n(x)$ 的**部分和函数**

$$S_n(x)=\sum_{k=1}^{n} u_k(x) \quad (x \in I), \quad n=1,2,\cdots.$$

显然,使 $\{S_n(x)\}$ 收敛的 x 全体正是收敛域 D,且成立

$$S(x)=\lim_{n\to\infty} S_n(x)=\lim_{n\to\infty} \sum_{k=1}^{n} u_k(x), \quad x \in D.$$

若函数序列 $\{S_n(x)\}$ 在区间 I 上满足

$$\lim_{n\to\infty} S_n(x)=S(x),$$

则称 $S(x)(x \in I)$ 为 $\{S_n(x)\}$ 在 I 上的**极限函数**.

与数项级数一样,在收敛域 D 上定义

$$r_n(x)=S(x)-S_n(x)=\sum_{k=n+1}^{\infty} u_k(x),$$

称之为函数项级数 $\sum_{n=1}^{\infty} u_n(x)$ 的**余项**.

例 9.2.1　$e^{-nx}(n=1,2,\cdots)$是一列定义于$(-\infty,+\infty)$上的函数. 显然对于每个固定的 $x \in(-\infty,+\infty)$, $\sum_{n=1}^{\infty} e^{-nx}$ 是等比级数. 这个函数项级数的收敛域为$(0,+\infty)$,和函数为 $S(x)=\dfrac{1}{e^x-1}$.

这个例子也说明了函数项级数的收敛域并不一定是原来函数序列的公共定义域.

幂级数

以下形式的函数项级数

$$\sum_{n=0}^{\infty} a_n(x-x_0)^n=a_0+a_1(x-x_0)+a_2(x-x_0)^2+\cdots+a_n(x-x_0)^n+\cdots$$

称为**幂级数**，其中 $a_n(n=0,1,2,\cdots)$ 为常数，称为该**幂级数的系数**．

为了方便我们常取 $x_0=0$，也就是讨论

$$\sum_{n=0}^{\infty} a_n x^n = a_0 + a_1 x + a_2 x^2 + \cdots + a_n x^n + \cdots,$$

因为只要做一个平移 $x=t-x_0$，所得的结论便可平行地推广到 $x_0\neq 0$ 的情况．

例如，$\sum\limits_{n=0}^{\infty} x^n$，$\sum\limits_{n=1}^{\infty} \dfrac{x^n}{n}$ 和 $\sum\limits_{n=0}^{\infty} (n+1)(x-1)^n$ 都是幂级数．

下面我们将讨论两个方面的问题：第一，对给定的幂级数，它何时是收敛的？具有什么性质？并尝试求出一些幂级数的和函数；第二，对给定的函数，是否可以将它表示为幂级数？如何求初等函数的幂级数展开式？

幂级数的收敛半径

一个自然的问题是，幂级数的收敛域是什么样的？下面的定理说明了它的收敛域是一个区间．

定理 9.2.1（Abel（阿贝尔）定理）　*如果幂级数 $\sum\limits_{n=0}^{\infty} a_n x^n$ 在 $x_0(x_0\neq 0)$ 点收敛，那么对于一切满足 $|x|<|x_0|$ 的 x，它绝对收敛；如果幂级数 $\sum\limits_{n=0}^{\infty} a_n x^n$ 在 x_0 点发散，那么对于一切满足 $|x|>|x_0|$ 的 x，它也发散．*

证　设 $x_0(x_0\neq 0)$ 是幂级数 $\sum\limits_{n=0}^{\infty} a_n x^n$ 的收敛点．根据级数收敛的必要条件，$\lim\limits_{n\to\infty} a_n x_0^n=0$，于是存在正数 M，使得

$$|a_n x_0^n| \leqslant M,\quad n=0,1,2,\cdots.$$

因此，对于满足 $|x|<|x_0|$ 的 x 有

$$|a_n x^n| = \left|a_n x_0^n \cdot \frac{x^n}{x_0^n}\right| \leqslant M\left|\frac{x}{x_0}\right|^n.$$

由于级数 $\sum\limits_{n=0}^{\infty} M\left|\dfrac{x}{x_0}\right|^n$ 收敛，因而 $\sum\limits_{n=0}^{\infty} |a_n x^n|$ 也收敛，即级数 $\sum\limits_{n=0}^{\infty} a_n x^n$ 绝对收敛．

若幂级数 $\sum\limits_{n=0}^{\infty} a_n x^n$ 在 x_0 点发散，那么对于满足 $|x|>|x_0|$ 的 x，它也发散．否则的话，由刚才的证明知道，幂级数在 x 处收敛，就决定了它在 x_0 处收敛，这与假设矛盾．

证毕

这个定理说明，一定存在一个 $R(0\leqslant R\leqslant +\infty)$，使得幂级数 $\sum\limits_{n=0}^{\infty} a_n x^n$ 的收敛域就是从 $-R$ 到 R 的整个区间（R 为正实数时可能包含端点也可能不包含端点；$R=0$ 时就是一点 $x=0$），并且在区间内部，它绝对收敛．这个区间也称为该幂级数的**收敛区间**，而 R 称为幂级数 $\sum\limits_{n=0}^{\infty} a_n x^n$ 的**收敛半径**．

若$\lim\limits_{n\to\infty}\sqrt[n]{|a_n|}=A$,则

$$\lim_{n\to\infty}\sqrt[n]{|a_nx^n|}=\lim_{n\to\infty}\sqrt[n]{|a_n|}\cdot|x|=A|x|.$$

根据定理 9.1.12,当此极限小于 1 时,$\sum\limits_{n=0}^{\infty}a_nx^n$ 绝对收敛;当此极限大于 1 时,$\sum\limits_{n=0}^{\infty}a_nx^n$ 发散.因此显然有

$$R=\begin{cases}+\infty, & A=0,\\ \dfrac{1}{A}, & A\in(0,+\infty),\\ 0, & A=+\infty.\end{cases}$$

这就证明了:

定理 9.2.2(Cauchy-Hadamard(柯西-阿达马)定理)　若幂级数 $\sum\limits_{n=0}^{\infty}a_nx^n$ 的系数满足

$$\lim_{n\to\infty}\sqrt[n]{|a_n|}=A,$$

且 R 同上定义,那么级数 $\sum\limits_{n=0}^{\infty}a_nx^n$ 当 $|x|<R$ 时绝对收敛,当 $|x|>R$ 时发散.此时 R 为幂级数 $\sum\limits_{n=0}^{\infty}a_nx^n$ 的收敛半径.

当 $R=+\infty$ 时,幂级数对一切实数 x 都是绝对收敛的;当 $R=0$ 时,幂级数仅当 $x=0$ 时收敛.当 $0<R<+\infty$ 时,幂级数在 $(-R,R)$ 上绝对收敛,注意在区间的端点 $x=\pm R$ 处,幂级数收敛与否必须另行判断.

由定理 9.1.12 可知,如果 $\lim\limits_{n\to\infty}\left|\dfrac{a_{n+1}}{a_n}\right|=A$,则同样也可如上确定幂级数 $\sum\limits_{n=0}^{\infty}a_nx^n$ 的收敛半径 R. 事实上可以证明,这时成立 $\lim\limits_{n\to\infty}\sqrt[n]{|a_n|}=\lim\limits_{n\to\infty}\left|\dfrac{a_{n+1}}{a_n}\right|=A$.

例 9.2.2　易计算

$\sum\limits_{n=1}^{\infty}x^n$ 的收敛半径是 1,收敛域为 $(-1,1)$;

$\sum\limits_{n=1}^{\infty}\dfrac{x^n}{n}$ 的收敛半径是 1,收敛域为 $[-1,1)$;

$\sum\limits_{n=1}^{\infty}\dfrac{x^n}{n^2}$ 的收敛半径是 1,收敛域为 $[-1,1]$;

$\sum\limits_{n=1}^{\infty}\dfrac{x^n}{n!}$ 的收敛半径是 $+\infty$,收敛域为 $R=(-\infty,+\infty)$;

$\sum\limits_{n=1}^{\infty}(n!)x^n$ 的收敛半径是 0,收敛域为单点集 $\{0\}$.

例 9.2.3　求幂级数 $\sum\limits_{n=0}^{\infty}\dfrac{n^n}{n!}x^n$ 的收敛半径.

解　记 $a_n=\dfrac{n^n}{n!}$,则

$$\lim_{n\to\infty}\left|\frac{a_{n+1}}{a_n}\right|=\lim_{n\to\infty}\frac{\dfrac{(n+1)^{n+1}}{(n+1)!}}{\dfrac{n^n}{n!}}=\lim_{n\to\infty}\left(1+\frac{1}{n}\right)^n=\mathrm{e},$$

所以收敛半径 $R=\frac{1}{\mathrm{e}}$.

例 9.2.4　求幂级数 $\sum_{n=1}^{\infty}\frac{n}{(-3)^n+2^n}x^{2n-1}$ 的收敛半径 .

解　这是缺项幂级数,$x^{2n}(n=1,2,\cdots)$项的系数为 0,不能直接用上面的公式来计算收敛半径,而采用如下的计算方法 . 因为

$$\lim_{n\to\infty}\sqrt[n]{\left|\frac{n}{(-3)^n+2^n}x^{2n-1}\right|}=\lim_{n\to\infty}\frac{\sqrt[n]{n}}{3[1+(-2/3)^n]^{\frac{1}{n}}}|x|^{2-\frac{1}{n}}=\frac{1}{3}|x|^2,$$

所以,当$\frac{1}{3}|x|^2<1$,即$|x|<\sqrt{3}$时, $\sum_{n=1}^{\infty}\frac{n}{(-3)^n+2^n}x^{2n-1}$ 收敛;而当$\frac{1}{3}|x|^2>1$,即$|x|>\sqrt{3}$时, $\sum_{n=1}^{\infty}\frac{n}{(-3)^n+2^n}x^{2n-1}$ 发散 . 因此由收敛半径的定义,收敛半径$R=\sqrt{3}$.

例 9.2.5　求幂级数 $\sum_{n=1}^{\infty}\frac{(\sqrt{2}+1)^n}{n}\left(x-\frac{1}{2}\right)^n$ 的收敛域 .

解　令 $t=x-\frac{1}{2}$,那么上述级数变为

$$\sum_{n=1}^{\infty}\frac{(\sqrt{2}+1)^n}{n}t^n.$$

因为

$$\lim_{n\to\infty}\sqrt[n]{\frac{(\sqrt{2}+1)^n}{n}}=\sqrt{2}+1,$$

所以收敛半径为 $R=\sqrt{2}-1$. 当 $t=\sqrt{2}-1$ 时,级数 $\sum_{n=1}^{\infty}\frac{(\sqrt{2}+1)^n}{n}t^n$ 为 $\sum_{n=1}^{\infty}\frac{1}{n}$,它是发散的 . 当 $t=-(\sqrt{2}-1)$时,级数 $\sum_{n=1}^{\infty}\frac{(\sqrt{2}+1)^n}{n}t^n$ 为 $\sum_{n=1}^{\infty}\frac{(-1)^n}{n}$,它是收敛的 . 因此 $\sum_{n=1}^{\infty}\frac{(\sqrt{2}+1)^n}{n}t^n$ 的收敛域为 $[1-\sqrt{2},\sqrt{2}-1)$. 从而幂级数 $\sum_{n=1}^{\infty}\frac{(\sqrt{2}+1)^n}{n}\left(x-\frac{1}{2}\right)^n$ 的收敛域是 $\left[\frac{3}{2}-\sqrt{2},\sqrt{2}-\frac{1}{2}\right)$.

幂级数的性质

设幂级数 $\sum_{n=0}^{\infty}a_nx^n$ 的收敛半径为 R, $\sum_{n=0}^{\infty}b_nx^n$ 的收敛半径为 R',且 $R,R'>0$. 那么 $\sum_{n=0}^{\infty}a_nx^n$

和 $\sum_{n=0}^{\infty} b_n x^n$ 都在 $|x|<\min\{R,R'\}$ 上绝对收敛，因此在 $|x|<\min\{R,R'\}$ 上成立

$$\sum_{n=0}^{\infty} a_n x^n \pm \sum_{n=0}^{\infty} b_n x^n = \sum_{n=0}^{\infty} (a_n \pm b_n) x^n,$$

以及

$$\sum_{n=0}^{\infty} a_n x^n \cdot \sum_{n=0}^{\infty} b_n x^n = \sum_{n=0}^{\infty} \left(\sum_{k=0}^{n} a_k b_{n-k} \right) x^n,$$

上式右边就是这两个级数的 Cauchy 乘积．

现在介绍幂级数 $\sum_{n=0}^{\infty} a_n x^n$ 的和函数的连续性、可微性和可积性．我们先叙述结论，并给出一些应用这些性质的例子，而其证明将在第 4 节给出．

定理 9.2.3（和函数的连续性）　设 $\sum_{n=0}^{\infty} a_n x^n$ 的收敛半径为 $R(R>0)$，则其和函数在 $(-R,R)$ 连续，即对于每个 $x_0 \in (-R,R)$，有

$$\lim_{x\to x_0} \sum_{n=0}^{\infty} a_n x^n = \sum_{n=0}^{\infty} a_n x_0^n.$$

若它在 $x=R(x=-R)$ 点收敛，则和函数在 $x=R(x=-R)$ 点左（右）连续，即

$$\lim_{x\to R-0} \sum_{n=0}^{\infty} a_n x^n = \sum_{n=0}^{\infty} a_n R^n \quad \left(\lim_{x\to -R+0} \sum_{n=0}^{\infty} a_n x^n = \sum_{n=0}^{\infty} a_n (-R)^n \right).$$

以上两式意味着求极限运算可以与无限求和运算交换次序．

定理 9.2.4（逐项可积性）　设 $\sum_{n=0}^{\infty} a_n x^n$ 的收敛半径为 $R(R>0)$，则它在 $(-R,R)$ 上可以逐项积分，即对于任意 $x\in(-R,R)$ 成立

$$\int_0^x \sum_{n=0}^{\infty} a_n t^n \mathrm{d}t = \sum_{n=0}^{\infty} \int_0^x a_n t^n \mathrm{d}t = \sum_{n=0}^{\infty} \frac{a_n}{n+1} x^{n+1}.$$

上式意味着积分运算可以与无限求和运算交换次序．

定理 9.2.5（逐项可导性）　设 $\sum_{n=0}^{\infty} a_n x^n$ 的收敛半径为 $R(R>0)$，则它在 $(-R,R)$ 上可以逐项求导，即在 $(-R,R)$ 上成立

$$\frac{\mathrm{d}}{\mathrm{d}x} \sum_{n=0}^{\infty} a_n x^n = \sum_{n=0}^{\infty} \frac{\mathrm{d}}{\mathrm{d}x} a_n x^n = \sum_{n=1}^{\infty} n a_n x^{n-1}.$$

上式意味着求导运算可以与无限求和运算交换次序．

定理 9.2.6　设幂级数 $\sum_{n=0}^{\infty} a_n x^n$ 的收敛半径为 R，则 $\sum_{n=0}^{\infty} \frac{a_n}{n+1} x^{n+1}$ 和 $\sum_{n=1}^{\infty} n a_n x^{n-1}$ 的收敛半径也为 R.

这就是说，对幂级数逐项积分或逐项求导后所得的幂级数与原幂级数有相同的收敛半径．

虽然逐项积分后所得幂级数 $\sum_{n=0}^{\infty} \frac{a_n}{n+1} x^{n+1}$ 和逐项求导后所得幂级数 $\sum_{n=1}^{\infty} n a_n x^{n-1}$ 与原幂

级数 $\sum_{n=0}^{\infty} a_n x^n$ 的收敛半径相同,但收敛域却可能扩大或缩小.

例 9.2.6 求幂级数 $\sum_{n=1}^{\infty} \frac{(-1)^{n-1}}{n} x^n$ 的和函数.

解 易知 $\sum_{n=1}^{\infty} (-1)^{n-1} x^{n-1}$ 的收敛半径为 1,且

$$\sum_{n=1}^{\infty} (-1)^{n-1} x^{n-1} = \frac{1}{1+x}, \quad x \in (-1,1).$$

因此对任意 $x \in (-1,1)$,应用逐项积分定理得

$$\sum_{n=1}^{\infty} \int_0^x (-1)^{n-1} t^{n-1} \mathrm{d}t = \int_0^x \frac{1}{1+t} \mathrm{d}t,$$

即

$$\sum_{n=1}^{\infty} \frac{(-1)^{n-1}}{n} x^n = \ln(1+x), \quad x \in (-1,1).$$

由于 $\sum_{n=1}^{\infty} \frac{(-1)^{n-1}}{n} x^n$ 在 $x=1$ 点收敛,由定理 9.2.3 就得到一个常用结果

$$\sum_{n=1}^{\infty} \frac{(-1)^{n-1}}{n} = \lim_{x \to 1-0} \sum_{n=1}^{\infty} \frac{(-1)^{n-1}}{n} x^n = \lim_{x \to 1-0} \ln(1+x) = \ln 2.$$

因此

$$\sum_{n=1}^{\infty} \frac{(-1)^{n-1}}{n} x^n = \ln(1+x), \quad x \in (-1,1].$$

在此例中,显然 $\sum_{n=1}^{\infty} (-1)^{n-1} x^{n-1}$ 的收敛域是 $(-1,1)$,但 $\sum_{n=1}^{\infty} \frac{(-1)^{n-1}}{n} x^n$ 的收敛域是 $(-1,1]$.

例 9.2.7 将 $\arctan x$ 表示为 x 的幂级数.

解 由于

$$\frac{1}{1+x} = \sum_{n=1}^{\infty} (-1)^{n-1} x^{n-1}, \quad x \in (-1,1),$$

所以用 x^2 代替 x,可得

$$\frac{1}{1+x^2} = \sum_{n=1}^{\infty} (-1)^{n-1} x^{2n-2}, \quad x \in (-1,1),$$

两边积分,并利用逐项积分定理,得到

$$\arctan x = \sum_{n=1}^{\infty} \frac{(-1)^{n-1}}{2n-1} x^{2n-1} = x - \frac{1}{3}x^3 + \frac{1}{5}x^5 - \cdots, \quad x \in (-1,1).$$

显然 $\sum_{n=1}^{\infty} \frac{(-1)^{n-1}}{2n-1} x^{2n-1}$ 在 $x = \pm 1$ 点收敛,由幂级数和函数的连续性可得

$$\arctan x = \sum_{n=1}^{\infty} \frac{(-1)^{n-1}}{2n-1} x^{2n-1} = x - \frac{1}{3}x^3 + \frac{1}{5}x^5 - \cdots, \quad x \in [-1,1].$$

特别地令 $x=1$,有

$$\frac{\pi}{4}=1-\frac{1}{3}+\frac{1}{5}-\cdots+\frac{(-1)^{n-1}}{2n-1}+\cdots.$$

例 9.2.8　证明:对一切 $x\in(-1,1)$,成立

$$\sum_{n=1}^{\infty} nx^n=\frac{x}{(1-x)^2}.$$

证　我们已经知道幂级数 $\sum\limits_{n=0}^{\infty} x^n$ 的收敛半径为 1,且在$(-1,1)$上成立

$$\sum_{n=0}^{\infty} x^n=\frac{1}{1-x}.$$

对此式两边求导,并利用逐项求导定理即得

$$\sum_{n=1}^{\infty} nx^{n-1}=\frac{1}{(1-x)^2},\quad x\in(-1,1).$$

两边同时乘以 x,便得到

$$\sum_{n=1}^{\infty} nx^n=\frac{x}{(1-x)^2},\quad x\in(-1,1).$$

证毕

作为这个结果的应用,我们来求级数 $\sum\limits_{n=1}^{\infty}\dfrac{2n+1}{3^n}$ 的和.

在上例中令 $x=\dfrac{1}{3}$,则有

$$\sum_{n=1}^{\infty} n\left(\frac{1}{3}\right)^n=\frac{3}{4},$$

而 $\sum\limits_{n=1}^{\infty}\left(\dfrac{1}{3}\right)^n=\dfrac{1}{2}$,所以

$$\sum_{n=1}^{\infty}\frac{2n+1}{3^n}=2\sum_{n=1}^{\infty} n\left(\frac{1}{3}\right)^n+\sum_{n=1}^{\infty}\left(\frac{1}{3}\right)^n=2.$$

例 9.2.9　求幂级数 $\sum\limits_{n=1}^{\infty}\dfrac{x^n}{n(n+1)}$ 的和函数.

解　由于

$$\lim_{n\to\infty}\frac{\dfrac{1}{(n+1)(n+2)}}{\dfrac{1}{n(n+1)}}=1,$$

所以幂级数 $\sum\limits_{n=1}^{\infty}\dfrac{x^n}{n(n+1)}$ 的收敛半径 $R=1$. 令

$$S(x)=\sum_{n=1}^{\infty}\frac{x^n}{n(n+1)},\quad x\in(-1,1).$$

应用幂级数的逐项可导性,可得

$$[xS(x)]'=\sum_{n=1}^{\infty}\left(\frac{x^{n+1}}{n(n+1)}\right)'=\sum_{n=1}^{\infty}\frac{x^n}{n},$$

$$[xS(x)]''=\sum_{n=1}^{\infty}x^{n-1}=\frac{1}{1-x},\quad x\in(-1,1).$$

对上一等式两边从 0 到 x 积分，注意到 $[xS(x)]'|_{x=0}=0$，便得

$$[xS(x)]'=\int_0^x\frac{1}{1-x}\mathrm{d}x=-\ln(1-x).$$

再积分一次，注意到 $xS(x)|_{x=0}=0$，便得

$$xS(x)=-\int_0^x\ln(1-x)\mathrm{d}x=(1-x)\ln(1-x)+x.$$

于是有

$$\sum_{n=1}^{\infty}\frac{x^n}{n(n+1)}=S(x)=\begin{cases}\dfrac{(1-x)\ln(1-x)}{x}+1, & x\in(-1,1),x\neq0,\\ 0, & x=0.\end{cases}$$

显然，当 $x=\pm1$ 时上式左边的级数收敛，于是

$$\sum_{n=1}^{\infty}\frac{x^n}{n(n+1)}=\begin{cases}\dfrac{(1-x)\ln(1-x)}{x}+1, & x\in[-1,1),x\neq0,\\ 0, & x=0,\\ 1, & x=1.\end{cases}$$

函数的 Taylor 级数

幂级数有着良好的性质，因此如果一个函数在某一区间上能够表示成一个幂级数，将给理论研究和实际应用带来极大方便．下面我们就来讨论函数可以表示成幂级数的条件，以及如何将函数表示成幂级数．

由 Taylor 公式，若函数 f 在 x_0 的某个邻域上具有 $n+1$ 阶导数，那么在该邻域上成立

$$f(x)=f(x_0)+f'(x_0)(x-x_0)+\frac{f''(x_0)}{2!}(x-x_0)^2+\cdots+\frac{f^{(n)}(x_0)}{n!}(x-x_0)^n+r_n(x),$$

其中 $r_n(x)=\dfrac{f^{(n+1)}(x_0+\theta(x-x_0))}{(n+1)!}(x-x_0)^{n+1}(0<\theta<1)$ 为 Lagrange 余项．因此可以用多项式

$$f(x_0)+f'(x_0)(x-x_0)+\frac{f''(x_0)}{2!}(x-x_0)^2+\cdots+\frac{f^{(n)}(x_0)}{n!}(x-x_0)^n$$

来近似 $f(x)$．人们自然会猜想，增加这种多项式的次数，就可能会增加近似的精确度，因此可用以这种多项式为部分和函数的幂级数来表示函数．基于这种思想，若函数 f 在 x_0 的某个邻域 $O(x_0,r)$ 上任意阶可导，构造幂级数

$$\sum_{n=0}^{\infty}\frac{f^{(n)}(x_0)}{n!}(x-x_0)^n,$$

这一幂级数称为 f 在 x_0 点的 **Taylor 级数**，记为

$$f(x)\sim\sum_{n=0}^{\infty}\frac{f^{(n)}(x_0)}{n!}(x-x_0)^n.$$

而称

$$a_k = \frac{f^{(k)}(x_0)}{k!} \quad (k=0,1,2,\cdots)$$

为 f 在 x_0 点的 **Taylor 系数**．特别地，当 $x_0=0$ 时，常称

$$\sum_{n=0}^{\infty} \frac{f^{(n)}(0)}{n!} x^n$$

为 f 的 **Maclaurin（麦克劳林）级数**．

自然要考虑的问题是，若函数 f 在 x_0 的某个邻域 $O(x_0,r)$ 上可表示成幂级数

$$f(x) = \sum_{n=0}^{\infty} a_n (x-x_0)^n, \quad x \in O(x_0,r),$$

该幂级数是否就是 f 在 x_0 点 Taylor 级数？答案是肯定的．根据幂级数的逐项可导性，f 必定在 $O(x_0,r)$ 上任意阶可导，且对一切 $k \in \mathbf{N}^+$，成立

$$f^{(k)}(x) = \sum_{n=k}^{\infty} n(n-1)\cdots(n-k+1) a_n (x-x_0)^{n-k}.$$

令 $x=x_0$ 便得

$$a_k = \frac{f^{(k)}(x_0)}{k!}, \quad k=0,1,2,\cdots.$$

因此，如果一个函数可以表示成幂级数，那么该幂级数就是它的 Taylor 级数，或者说，幂级数就是其和函数的 Taylor 级数．

另一个必须面对的问题是，若函数 f 在 x_0 的某个邻域 $O(x_0,r)$ 上任意阶可导，是否成立 $f(x) = \sum_{n=0}^{\infty} \frac{f^{(n)}(x_0)}{n!}(x-x_0)^n$？答案却是否定的，即，一个任意阶可导函数的 Taylor 级数并非一定能收敛于该函数本身．

例 9.2.10　设

$$f(x) = \begin{cases} e^{-\frac{1}{x^2}}, & x \neq 0, \\ 0, & x=0. \end{cases}$$

记 $P_n(u)$ 是关于 u 的 n 次多项式．容易得到，对于 $k \in \mathbf{N}^+$，当 $x \neq 0$ 时有

$$f^{(k)}(x) = P_{3k}\left(\frac{1}{x}\right) e^{-\frac{1}{x^2}}.$$

由定义直接计算得 $f'(0)=0$. 又作归纳假设 $f^{(k-1)}(0)=0$，则

$$f^{(k)}(0) = \lim_{x \to 0} \frac{f^{(k-1)}(x) - f^{(k-1)}(0)}{x-0} = \lim_{x \to 0} P_{3k-2}\left(\frac{1}{x}\right) e^{-\frac{1}{x^2}} = 0.$$

因此 f 在 $x=0$ 点的 Taylor 级数为

$$0+0x+\frac{0}{2!}x^2+\frac{0}{3!}x^3+\cdots+\frac{0}{n!}x^n+\cdots,$$

它在 $(-\infty,+\infty)$ 上收敛于和函数 $S(x)=0$. 显然，当 $x \neq 0$ 时，$S(x) \neq f(x)$（函数 f 的图像见图 9.2.1）.

于是，还需寻求等式 $f(x) = \sum_{n=0}^{\infty} \frac{f^{(n)}(x_0)}{n!}(x-x_0)^n$ 的成立条件．这还是要借助 Taylor 公

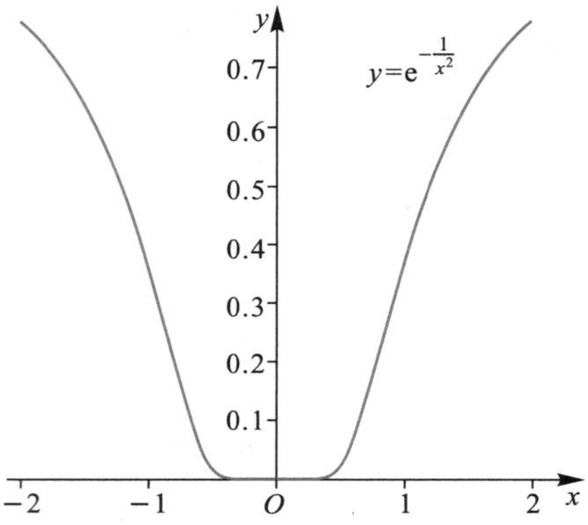

图 9.2.1

式来讨论．设 f 在 $O(x_0,r)$ 上有任意阶导数，则对于每个正整数 n 成立

$$f(x)=\sum_{k=0}^{n}\frac{f^{(k)}(x_0)}{k!}(x-x_0)^k+r_n(x),$$

其中 $r_n(x)$ 是 n 阶 Taylor 公式的余项，于是可以断言：

定理 9.2.7　设 f 在 $O(x_0,r)$ 上有任意阶导数，则在 $O(x_0,r)$ 上，等式

$$f(x)=\sum_{n=0}^{\infty}\frac{f^{(n)}(x_0)}{n!}(x-x_0)^n$$

成立的充分必要条件是在 $O(x_0,r)$ 上成立

$$\lim_{n\to\infty}r_n(x)=0.$$

这时，我们称在 $O(x_0,r)$ 上 f **可以展开成幂级数**（或 **Taylor 级数**），或者称 $\sum\limits_{n=0}^{\infty}\frac{f^{(n)}(x_0)}{n!}\cdot(x-x_0)^n$ 是 f 在 $O(x_0,r)$ 上的**幂级数展开**（或 **Taylor 展开**）．

初等函数的 Taylor 展开

我们先导出基本初等函数的幂级数展开式，然后介绍将一般初等函数展开成幂级数的一些方法．

（1）$f(x)=\mathrm{e}^x=\sum\limits_{n=0}^{\infty}\frac{x^n}{n!}=1+x+\frac{x^2}{2!}+\frac{x^3}{3!}+\cdots+\frac{x^n}{n!}+\cdots,\quad x\in(-\infty,+\infty).$

证　函数 e^x 在 $x=0$ 点的 Taylor 公式为

$$\mathrm{e}^x=1+x+\frac{x^2}{2!}+\frac{x^3}{3!}+\cdots+\frac{x^n}{n!}+r_n(x),\quad x\in(-\infty,+\infty),$$

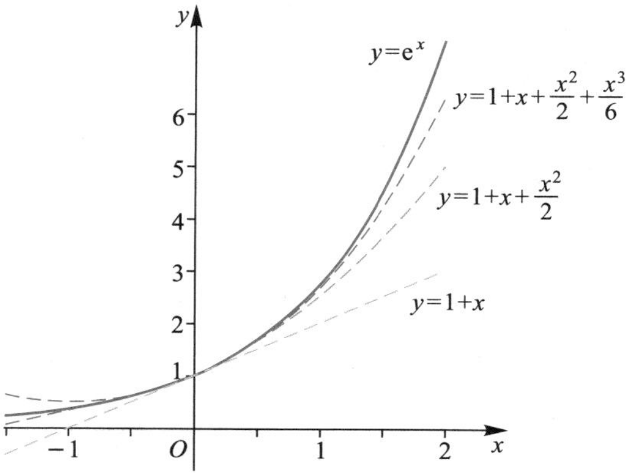

图 9.2.2

其中 Lagrange 余项 $r_n(x)$ 为

$$r_n(x)=\frac{f^{(n+1)}(\theta x)}{(n+1)!}x^{n+1}=\frac{\mathrm{e}^{\theta x}}{(n+1)!}x^{n+1},\quad 0<\theta<1.$$

由于对一切 $x\in(-\infty,+\infty)$ 成立

$$|r_n(x)|\leqslant\frac{\mathrm{e}^{|x|}}{(n+1)!}|x|^{n+1}\to 0\quad(n\to\infty),$$

所以关于 e^x 的 Taylor 展开式成立．

证毕

图 9.2.2 显示了 Taylor 级数的部分和函数的逼近情况．

（2）$f(x)=\sin x=\sum\limits_{n=0}^{\infty}\frac{(-1)^n}{(2n+1)!}x^{2n+1}$

$$=x-\frac{x^3}{3!}+\frac{x^5}{5!}-\cdots+(-1)^n\frac{x^{2n+1}}{(2n+1)!}+\cdots,\quad x\in(-\infty,+\infty).$$

证　$\sin x$ 在 $x=0$ 点的 Taylor 公式为

$$\sin x=x-\frac{x^3}{3!}+\frac{x^5}{5!}-\cdots+(-1)^n\frac{x^{2n+1}}{(2n+1)!}+r_{2n+2}(x),\quad x\in(-\infty,+\infty),$$

其中 Lagrange 余项

$$r_{2n+2}(x)=\frac{f^{(2n+3)}(\theta x)}{(2n+3)!}x^{2n+3}$$

$$=\frac{x^{2n+3}}{(2n+3)!}\sin\left(\theta x+\frac{2n+3}{2}\pi\right),\quad 0<\theta<1.$$

由于对一切 $x\in(-\infty,+\infty)$ 成立

$$|r_{2n+2}(x)|\leqslant\frac{|x|^{2n+3}}{(2n+3)!}\to 0\quad(n\to\infty),$$

所以关于 $\sin x$ 的 Taylor 展开式成立.

证毕

图 9.2.3 显示了 Taylor 级数的部分和函数的逼近情况.

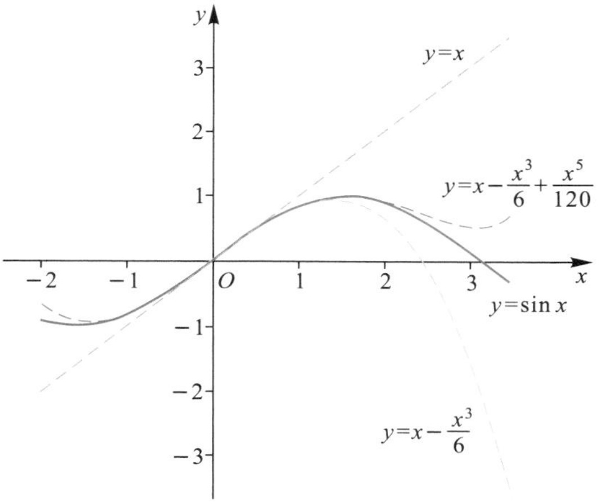

图 9.2.3

(3) $\cos x=\sum\limits_{n=0}^{\infty}\frac{(-1)^n}{(2n)!}x^{2n}$

$$=1-\frac{x^2}{2!}+\frac{x^4}{4!}-\cdots+(-1)^n\frac{x^{2n}}{(2n)!}+\cdots,\quad x\in(-\infty,+\infty).$$

这可由对 $\sin x$ 的 Taylor 展开式逐项求导得到.

(4) $\arctan x=\sum\limits_{n=1}^{\infty}\frac{(-1)^{n-1}}{2n-1}x^{2n-1}$

$$=x-\frac{x^3}{3}+\frac{x^5}{5}-\cdots+(-1)^{n-1}\frac{x^{2n-1}}{2n-1}+\cdots,\quad x\in[-1,1].$$

这是例 9.2.7 的结论.

(5) $\ln(1+x)=\sum\limits_{n=1}^{\infty}\frac{(-1)^{n+1}}{n}x^n$

$$=x-\frac{x^2}{2}+\frac{x^3}{3}-\frac{x^4}{4}+\cdots+(-1)^{n+1}\frac{x^n}{n}+\cdots,\quad x\in(-1,1].$$

这是例 9.2.6 的结论.

(6) $f(x)=(1+x)^{\alpha}$, $\alpha\neq 0$ 是任意实数.

当 α 是正整数 m 时. 函数 f 的 Taylor 展开就是二项式展开, 即

$$f(x)=(1+x)^m=1+mx+\frac{m(m-1)}{2}x^2+\cdots+mx^{m-1}+x^m.$$

当 α 不是正整数时, 由于 $f(x)=(1+x)^{\alpha}$ 的各阶导数为

$$f^{(k)}(x)=\alpha(\alpha-1)\cdots(\alpha-k+1)(1+x)^{\alpha-k},\quad k=1,2,\cdots,$$

利用记号

$$\binom{\alpha}{n}=\frac{\alpha(\alpha-1)\cdots(\alpha-n+1)}{n!}\quad(n=1,2,\cdots)\quad 和\quad \binom{\alpha}{0}=1,$$

可将 $(1+x)^{\alpha}$ 的 Taylor 级数记为 $\sum\limits_{n=0}^{\infty}\binom{\alpha}{n}x^n$.

下面来讨论这个 Taylor 级数是否收敛于$(1+x)^{\alpha}$.

由

$$\lim_{n\to\infty}\left|\binom{\alpha}{n+1}\bigg/\binom{\alpha}{n}\right|=\lim_{n\to\infty}\left|\frac{\alpha-n}{n+1}\right|=1,$$

可知f在$x=0$点的 Taylor 级数的收敛半径为$R=1$.

现在设$F(x)=\sum_{n=0}^{\infty}\binom{\alpha}{n}x^{n}$, $x\in(-1,1)$. 则

$$\begin{aligned}(1+x)F'(x)&=(1+x)\sum_{n=1}^{\infty}\binom{\alpha}{n}nx^{n-1}\\&=\alpha+\sum_{n=2}^{\infty}\binom{\alpha}{n}nx^{n-1}+\sum_{n=1}^{\infty}\binom{\alpha}{n}nx^{n}\\&=\alpha+\sum_{n=1}^{\infty}\binom{\alpha}{n+1}(n+1)x^{n}+\sum_{n=1}^{\infty}\binom{\alpha}{n}nx^{n}\\&=\alpha\sum_{n=0}^{\infty}\binom{\alpha}{n}x^{n}=\alpha F(x),\end{aligned}$$

因此

$$\frac{F'(x)}{F(x)}=\frac{\alpha}{1+x}.$$

两边取积分

$$\int\frac{F'(x)}{F(x)}\mathrm{d}x=\int\frac{\alpha}{1+x}\mathrm{d}x$$

得

$$\ln F(x)=\alpha\ln(1+x)+C\quad(C\text{ 为常数}).$$

由于$F(0)=1$,因此$C=0$,于是$F(x)=(1+x)^{\alpha}$,即

$$F(x)=\sum_{n=0}^{\infty}\binom{\alpha}{n}x^{n}=(1+x)^{\alpha},\quad x\in(-1,1).$$

通过考察$f(x)=(1+x)^{\alpha}$的 Taylor 展开在区间端点的收敛情况,可归纳为

$$(1+x)^{\alpha}=\sum_{n=0}^{\infty}\binom{\alpha}{n}x^{n},\quad\begin{cases}x\in(-1,1), & \alpha\leqslant-1,\\x\in(-1,1], & -1<\alpha<0,\\x\in[-1,1], & \alpha>0.\end{cases}$$

此结论的证明从略. 注意,当α是正整数时,上式在$(-\infty,+\infty)$上成立.

(7) $\arcsin x=x+\sum_{n=1}^{\infty}\frac{(2n-1)!!}{(2n)!!}\frac{x^{2n+1}}{2n+1}$, $x\in[-1,1]$.

证　由(6)可知当$x\in(-1,1)$时,

$$\begin{aligned}\frac{1}{\sqrt{1-x^{2}}}&=(1-x^{2})^{-\frac{1}{2}}=\sum_{n=0}^{\infty}\binom{-\frac{1}{2}}{n}(-x^{2})^{n}\\&=1+\frac{1}{2}x^{2}+\frac{3}{8}x^{4}+\cdots+\frac{(2n-1)!!}{(2n)!!}x^{2n}+\cdots.\end{aligned}$$

对等式两边从 0 到 x 积分,注意幂级数的逐项可积性与 $\int_0^x \frac{dt}{\sqrt{1-t^2}}=\arcsin x$,即得当 $x\in(-1,1)$时,

$$\arcsin x=x+\sum_{n=1}^{\infty}\frac{(2n-1)!!}{(2n)!!}\frac{x^{2n+1}}{2n+1}.$$

事实上,上式对于每个 $x\in[-1,1]$都成立. 而关于这个幂级数在区间端点 $x=\pm1$ 处收敛性的讨论,此处略去.

证毕

例 9.2.11　求幂级数 $\sum_{n=1}^{\infty}\frac{n}{2^n(n-1)!}x^n$ 的和函数,并求 $\sum_{n=1}^{\infty}\frac{n}{(n-1)!}$ 的和.

解　考虑

$$S(x)=\sum_{n=1}^{\infty}\frac{n}{(n-1)!}x^{n-1},$$

容易知道这个幂级数的收敛域为$(-\infty,+\infty)$. 在上式两边取积分,并利用逐项积分定理,便得到

$$\begin{aligned}\int_0^x S(t)\,dt&=\sum_{n=1}^{\infty}\frac{1}{(n-1)!}x^n=\sum_{n=0}^{\infty}\frac{1}{n!}x^{n+1}\\&=x\sum_{n=0}^{\infty}\frac{1}{n!}x^n=xe^x,\quad x\in(-\infty,+\infty),\end{aligned}$$

这里利用了 $\sum_{n=0}^{\infty}\frac{1}{n!}x^n=e^x$. 再对上式两边求导得

$$S(x)=e^x(1+x),\quad x\in(-\infty,+\infty).$$

所以

$$\begin{aligned}\sum_{n=1}^{\infty}\frac{n}{2^n(n-1)!}x^n&=\frac{x}{2}\sum_{n=1}^{\infty}\frac{n}{(n-1)!}\left(\frac{x}{2}\right)^{n-1}=\frac{x}{2}S\left(\frac{x}{2}\right)\\&=\frac{x}{2}\left(1+\frac{x}{2}\right)e^{\frac{x}{2}},\quad x\in(-\infty,+\infty).\end{aligned}$$

在上式中令 $x=2$ 便得

$$\sum_{n=1}^{\infty}\frac{n}{(n-1)!}=2e.$$

下面介绍幂级数展开的其他方法.

例 9.2.12　求 $f(x)=\frac{1}{x^2}$在 $x=3$ 点的幂级数展开.

解　应用幂级数展开式$\frac{1}{1+x}=\sum_{n=0}^{\infty}(-1)^n x^n$ 得,当$|x-3|<3$ 时,成立

$$\frac{1}{x}=\frac{1}{3+(x-3)}=\frac{1}{3}\cdot\frac{1}{1+\frac{x-3}{3}}=\sum_{n=0}^{\infty}(-1)^n\frac{(x-3)^n}{3^{n+1}},$$

应用幂级数的逐项可导性质,对等式两边求导,得

$$-\frac{1}{x^2}=\sum_{n=1}^{\infty}(-1)^n n\frac{(x-3)^{n-1}}{3^{n+1}}.$$

于是

$$\frac{1}{x^2}=\sum_{n=0}^{\infty}(-1)^n(n+1)\frac{(x-3)^n}{3^{n+2}},\quad x\in(0,6).$$

例 9.2.13　将 $f(x)=\dfrac{1}{3+5x-2x^2}$ 展开成 Maclaurin 级数 .

解　应用幂级数展开式 $\dfrac{1}{1-x}=\sum\limits_{n=0}^{\infty}x^n$ 得

$$f(x)=\frac{1}{3+5x-2x^2}=\frac{1}{(3-x)(1+2x)}=\frac{1}{7}\left(\frac{1}{3-x}+\frac{2}{1+2x}\right)$$

$$=\frac{1}{7}\left(\frac{1}{3}\cdot\frac{1}{1-\frac{x}{3}}+2\cdot\frac{1}{1+2x}\right)=\frac{1}{7}\left[\frac{1}{3}\sum_{n=0}^{\infty}\left(\frac{x}{3}\right)^n+2\sum_{n=0}^{\infty}(-2x)^n\right]$$

$$=\frac{1}{7}\sum_{n=0}^{\infty}\left[\frac{1}{3^{n+1}}-(-2)^{n+1}\right]x^n.$$

由于 $\dfrac{1}{3-x}$ 的幂级数展开的收敛范围是 $(-3,3)$，$\dfrac{2}{1+2x}$ 的幂级数展开的收敛范围是 $\left(-\dfrac{1}{2},\dfrac{1}{2}\right)$，因此 f 的幂级数展开在 $\left(-\dfrac{1}{2},\dfrac{1}{2}\right)$ 成立 .

例 9.2.14　求 $\tan x$ 在 $x=0$ 点的幂级数展开(到 x^5).

解　由于 $\tan x$ 是奇函数，令

$$\tan x=\frac{\sin x}{\cos x}=c_1x+c_3x^3+c_5x^5+\cdots,$$

于是利用 $\sin x$ 和 $\cos x$ 关于 x 的幂级数展开式得到

$$(c_1x+c_3x^3+c_5x^5+\cdots)\left(1-\frac{x^2}{2!}+\frac{x^4}{4!}-\cdots\right)=x-\frac{x^3}{3!}+\frac{x^5}{5!}-\cdots.$$

再利用级数的 Cauchy 乘积公式得到，

$$c_1x+\left(-\frac{1}{2!}c_1+c_3\right)x^3+\left(\frac{c_1}{4!}-\frac{1}{2!}c_3+c_5\right)x^5+\cdots=x-\frac{x^3}{3!}+\frac{x^5}{5!}-\cdots,$$

比较上式两端 x 的同次幂的系数，便得

$$c_1=1,\quad c_3=\frac{1}{3},\quad c_5=\frac{2}{15}.$$

因此

$$\tan x=x+\frac{1}{3}x^3+\frac{2}{15}x^5+\cdots.$$

用上述方法作 Taylor 展开无法得到其幂级数的收敛范围，只能知道在 $x=0$ 的小邻域中，幂级数展开是成立的 .

最后举例说明幂级数在近似计算中的应用 .

例 9.2.15　计算 $I=\int_0^1 e^{-x^2}dx$，要求精确到 0.000 1.

解　e^{-x^2} 的原函数不能用初等函数表示，因而不能用 Newton-Leibniz 公式来计算．但是利用函数的幂级数展开可以计算它的近似值，并精确到任意事先要求的程度．

函数 e^{-x^2} 的幂级数展开为

$$e^{-x^2}=1-x^2+\frac{x^4}{2!}-\frac{x^6}{3!}+\frac{x^8}{4!}-\cdots,\quad x\in(-\infty,+\infty),$$

从 0 到 1 逐项积分，得

$$\begin{aligned}I&=\int_0^1 e^{-x^2}dx\\&=1-\frac{1}{3}+\frac{1}{10}-\frac{1}{42}+\frac{1}{216}-\frac{1}{1\ 320}+\frac{1}{9\ 360}-\frac{1}{75\ 600}+\cdots.\end{aligned}$$

这是一个 Leibniz 级数，我们已经知道，在用前 k 项的和作为其近似值时，其误差不超过被舍去部分的第 1 项的绝对值．由于$\frac{1}{75\ 600}<1.5\times10^{-5}$，因此前面 7 项之和具有四位有效数字．于是

$$I=\int_0^1 e^{-x^2}dx\approx1-\frac{1}{3}+\frac{1}{10}-\frac{1}{42}+\frac{1}{216}-\frac{1}{1\ 320}+\frac{1}{9\ 360}\approx0.746\ 8.$$

例 9.2.16　计算 ln 2，要求精确到 0.000 1.

解　我们已经知道，

$$\ln 2=1-\frac{1}{2}+\frac{1}{3}-\frac{1}{4}+\cdots+(-1)^{n+1}\frac{1}{n}+\cdots,$$

这是一个 Leibniz 级数，理论上可以用前一例的方法作近似计算，但这个级数的收敛速度太慢，若要达到所要求精度，计算量比较大．所以必须用收敛速度快的级数来代替它．

由于

$$\ln(1+x)=x-\frac{x^2}{2}+\frac{x^3}{3}-\frac{x^4}{4}+\frac{x^5}{5}-\cdots,\quad x\in(-1,1]$$

及

$$\ln(1-x)=-x-\frac{x^2}{2}-\frac{x^3}{3}-\frac{x^4}{4}-\frac{x^5}{5}-\cdots,\quad x\in[-1,1),$$

两式相减便得

$$\ln\frac{1+x}{1-x}=2\left(x+\frac{x^3}{3}+\frac{x^5}{5}+\frac{x^7}{7}+\frac{x^9}{9}+\cdots\right),\quad x\in(-1,1).$$

将 $x=\frac{1}{3}$代入上式便得

$$\ln 2=2\left(\frac{1}{3}+\frac{1}{3}\cdot\frac{1}{3^3}+\frac{1}{5}\cdot\frac{1}{3^5}+\frac{1}{7}\cdot\frac{1}{3^7}+\frac{1}{9}\cdot\frac{1}{3^9}+\cdots\right).$$

如果取前 4 项的和作为 ln 2 的近似值，则误差

$$|r_4|=2\left(\frac{1}{9}\cdot\frac{1}{3^9}+\frac{1}{11}\cdot\frac{1}{3^{11}}+\frac{1}{13}\cdot\frac{1}{3^{13}}+\cdots\right)<\frac{2}{3^{11}}\left[1+\frac{1}{9}+\left(\frac{1}{9}\right)^2+\cdots\right]=\frac{1}{4\cdot3^9}<1.5\times10^{-5}.$$

因此前面 4 项之和具有四位有效数字．所以

$$\ln 2\approx 2\left(\frac{1}{3}+\frac{1}{3}\cdot\frac{1}{3^3}+\frac{1}{5}\cdot\frac{1}{3^5}+\frac{1}{7}\cdot\frac{1}{3^7}\right)\approx 0.693\ 1.$$

习　题

1. 求下列函数项级数的收敛域：

(1) $\sum\limits_{n=1}^{\infty}\frac{1}{(1-x)^n}$；　(2) $\sum\limits_{n=1}^{\infty}2^{nx}$；

(3) $\sum\limits_{n=0}^{\infty}\frac{(-1)^n}{(n!)^2}\left(\frac{x}{2}\right)^{2n}$.

2. 求下列幂级数的收敛半径与收敛域：

(1) $\sum\limits_{n=1}^{\infty}\frac{(x-5)^n}{\sqrt{n}}$；　(2) $\sum\limits_{n=1}^{\infty}\frac{3^n}{n!}\left(\frac{x-1}{2}\right)^n$；

(3) $\sum\limits_{n=1}^{\infty}\frac{3^n+(-2)^n}{n}x^n$；　(4) $\sum\limits_{n=1}^{\infty}(-1)^n\frac{\ln(n+1)}{n+1}(x+1)^n$；

(5) $\sum\limits_{n=1}^{\infty}\left(1+\frac{1}{n}\right)^{-n^2}x^n$；　(6) $\sum\limits_{n=1}^{\infty}(-1)^n\frac{x^{2n}}{n\cdot 2^n}$；

(7) $\sum\limits_{n=1}^{\infty}\left(1+\frac{1}{2}+\cdots+\frac{1}{n}\right)(x-1)^n$；　(8) $\sum\limits_{n=1}^{\infty}\frac{n!}{n^n}x^n$；

(9) $\sum\limits_{n=1}^{\infty}\left(\frac{a^n}{n}+\frac{b^n}{n^2}\right)x^n(a>b>0)$；　(10) $\sum\limits_{n=1}^{\infty}\frac{x^n}{a^n+b^n}(a>b>0)$.

3. 求下列幂级数的和函数，并指出它们的定义域：

(1) $\sum\limits_{n=0}^{\infty}\frac{x^{2n}}{2n+1}$；　(2) $\sum\limits_{n=2}^{\infty}(n-1)x^n$；

(3) $\sum\limits_{n=0}^{\infty}(2^{n+1}-1)x^n$；　(4) $\sum\limits_{n=1}^{\infty}(-1)^{n-1}n^2x^n$；

(5) $\sum\limits_{n=1}^{\infty}n(n+1)x^n$；　(6) $\sum\limits_{n=2}^{\infty}(-1)^n\frac{1}{n(n-1)}x^n$；

(7) $\sum\limits_{n=1}^{\infty}\frac{n}{n+1}x^n$；　(8) $\sum\limits_{n=1}^{\infty}\frac{2n-1}{2^n}x^{2n-2}$；

(9) $\sum\limits_{n=1}^{\infty}\frac{1}{n\cdot 2^n}x^{n-1}$；　(10) $\sum\limits_{n=0}^{\infty}\frac{2n+1}{n!}x^{2n}$.

4. 应用幂级数性质求下列级数的和：

(1) $\sum\limits_{n=0}^{\infty}\frac{(n+1)^2}{2^n}$；　(2) $\sum\limits_{n=0}^{\infty}(-1)^n\frac{1}{3^n(2n+1)}$；

(3) $\sum\limits_{n=1}^{\infty}\frac{1}{n\cdot 2^n}$；　(4) $\sum\limits_{n=1}^{\infty}\frac{(-1)^{n+1}}{3n-1}$；

(5) $\sum\limits_{n=1}^{\infty}\frac{n(n+2)}{4^{n+1}}$；　(6) $\sum\limits_{n=2}^{\infty}\frac{1}{(n^2-1)2^n}$；

(7) $\sum\limits_{n=0}^{\infty}\frac{2n+1}{n!}$；　(8) $\sum\limits_{n=0}^{\infty}\frac{2^n}{(n+1)!}$.

5. 求下列函数在指定点的 Taylor 展开，并确定它们的收敛范围：

(1) x^3+4x^2+5，　$x_0=1$；　　(2) $\dfrac{x}{2-x-x^2}$，　$x_0=0$；

(3) $(1+x)\ln(1+x)$，　$x_0=0$；　　(4) $\ln x$，　$x_0=4$；

(5) e^{2x-x^2}，　$x_0=1$；　　(6) $\dfrac{1}{x^2+3x+2}$，　$x_0=-4$；

(7) $\sin x$，　$x_0=\dfrac{\pi}{6}$；　　(8) $x\arctan x-\ln\sqrt{1+x^2}$，　$x_0=0$；

(9) $\displaystyle\int_0^x \frac{\sin t}{t}dt$，　$x_0=0$；　　(10) $\dfrac{x}{\sqrt{1-x^4}}$，　$x_0=0$.

6. 证明 $y=\displaystyle\sum_{n=0}^{\infty}\frac{x^{2n}}{(2n)!}$ 满足方程 $y'+y=e^x$.

7. 利用函数的幂级数展开，计算下列积分，要求精确到 0.001：

(1) $\displaystyle\int_0^{0.5}\frac{1}{1+x^4}dx$；　　(2) $\displaystyle\int_0^1\frac{\sin x}{x}dx$；

(3) $\displaystyle\int_0^1\cos x^2dx$.

8. 将 $f(x)=\dfrac{e^x}{1-x}$ 展开成 x 的幂级数，并求 $f'''(0)$.

9. 将函数 $\ln(x+\sqrt{1+x^2})$ 在 $(-1,1)$ 上展开成 Maclaurin 级数 .

10. 求幂级数 $\displaystyle\sum_{n=0}^{\infty}\frac{(n+1)^2}{n!}x^n$ 的和函数，并求级数 $\displaystyle\sum_{n=0}^{\infty}\frac{(n+1)^2}{2^n n!}$ 的和 .

11. 求幂级数 $\displaystyle\sum_{n=1}^{\infty}n2^{\frac{n}{2}}x^{3n-1}$ 的和函数 .

12. 求级数 $\displaystyle\sum_{n=1}^{\infty}\frac{n}{(n+1)!}$ 的和 .

13. 设 $I_n=\displaystyle\int_0^{\frac{\pi}{4}}\sin^n x\cos x\,dx\ (n=1,2,\cdots)$，求 $\displaystyle\sum_{n=1}^{\infty}I_n$.

14. 设

$$u(x)=\sum_{n=0}^{\infty}\frac{x^{3n}}{(3n)!},\quad v(x)=\sum_{n=0}^{\infty}\frac{x^{3n+1}}{(3n+1)!},\quad w(x)=\sum_{n=0}^{\infty}\frac{x^{3n+2}}{(3n+2)!},$$

证明在 $(-\infty,+\infty)$ 上成立

$$u^3+v^3+w^3-3uvw=1.$$

§ 3　Fourier 级数

在数学发展的历史上，为了理论研究和实际应用的需要，数学家一直在寻找用简单函数近似代替复杂函数的各种途径 . 最简单的函数无非两类：幂函数和三角函数 . 微积分问世

之后，英国数学家 Taylor 在 17 世纪初首先找到了用幂函数的（无限）线性组合表示一般函数 f 的方法，即把它展开成幂级数．经过理论上的完善之后，它很快成为微分学乃至整个函数理论中的重要工具．

但在实际问题中，通常使用 Taylor 级数的部分和，即 n 次 Taylor 多项式

$$f(x_0)+f'(x_0)(x-x_0)+\frac{f''(x_0)}{2!}(x-x_0)^2+\cdots+\frac{f^{(n)}(x_0)}{n!}(x-x_0)^n$$

来近似 $f(x)$．一方面，它要求函数 f 具有 $n+1$ 阶可导性质，对许多实际问题来说，这个条件过于苛刻；另一方面，Taylor 多项式仅在 x_0 附近与 f 吻合得较为理想，也就是说，它只有局部近似性质．

18 世纪中叶，法国数学家和工程师 Fourier 在研究热传导问题时，找到了用三角函数的（无限）线性组合形式来表示有限区间上一般函数 f 的方法，即把 f 展开成所谓的 Fourier 级数．

与 Taylor 展开相比，Fourier 展开对于函数 f 的要求宽容得多，适应性更广，并且它的部分和在整体区间上都与 f 吻合得较为理想．因此，Fourier 级数很快成为理论研究和工程计算中的有力工具，并且在声学、光学、热力学、电学、通信等领域的研究和应用中起着重要的作用．

周期为 2π 的函数的 Fourier 展开

以下总设函数 f 在 $[-\pi,\pi]$ 上有定义，Riemann 可积，并已按它在 $[-\pi,\pi)$ 上的值周期延拓到 $(-\infty,+\infty)$．换句话说，f 是定义在整个实数范围的以 2π 为周期的周期函数（但在实际计算时，对 f 的延拓可以仅仅是观念上的）．

Fourier 展开的基础是三角函数的正交性．在第五章已经证明，函数族

$$1,\sin x,\cos x,\sin 2x,\cos 2x,\cdots,\sin nx,\cos nx,\cdots$$

按内积 $(f,g)=\int_{-\pi}^{\pi}f(x)g(x)\,\mathrm{d}x$ 是一个**正交函数列**，即满足

$$\int_{-\pi}^{\pi}\cos mx\cos nx\,\mathrm{d}x=\int_{-\pi}^{\pi}\sin mx\sin nx\,\mathrm{d}x=\pi\cdot\delta_{m,n},\quad m,n=1,2,\cdots,$$

$$\int_{-\pi}^{\pi}\cos mx\cdot\sin nx\,\mathrm{d}x=0,\quad m=0,1,2,\cdots;\quad n=1,2,\cdots,$$

$$\int_{-\pi}^{\pi}1\cdot\cos mx\,\mathrm{d}x=2\pi\cdot\delta_{m,0},\quad m=0,1,2,\cdots.$$

形如

$$\frac{a_0}{2}+\sum_{n=1}^{\infty}(a_n\cos nx+b_n\sin nx)$$

的函数项级数称为**三角级数**，其中 $a_0,a_n,b_n(n=1,2,\cdots)$ 为常数．

现假定函数 f 可以表示成三角级数，即

$$f(x)=\frac{a_0}{2}+\sum_{n=1}^{\infty}(a_n\cos nx+b_n\sin nx).$$

将上式两边同乘 $\cos mx(m=0,1,2,\cdots)$ 后，在 $[-\pi,\pi]$ 上取积分（假定可以逐项积分），便得

$$\int_{-\pi}^{\pi}f(x)\cos mx\,\mathrm{d}x=\int_{-\pi}^{\pi}\left[\frac{a_0}{2}+\sum_{n=1}^{\infty}(a_n\cos nx+b_n\sin nx)\right]\cdot\cos mx\,\mathrm{d}x$$

$$=\frac{a_0}{2}\int_{-\pi}^{\pi}\cos mx\mathrm{d}x+\sum_{n=1}^{\infty}a_n\int_{-\pi}^{\pi}\cos nx\cos mx\mathrm{d}x+\sum_{n=1}^{\infty}b_n\int_{-\pi}^{\pi}\sin nx\cos mx\mathrm{d}x$$

$$=a_0\pi\delta_{m,0}+\sum_{n=1}^{\infty}a_n\pi\delta_{m,n}=a_m\pi,$$

所以(将下标 m 改写为 n)

$$a_n=\frac{1}{\pi}\int_{-\pi}^{\pi}f(x)\cos nx\mathrm{d}x,\quad n=0,1,2,\cdots.$$

同理可得

$$b_n=\frac{1}{\pi}\int_{-\pi}^{\pi}f(x)\sin nx\mathrm{d}x,\quad n=1,2,\cdots.$$

这称为 **Euler-Fourier(欧拉-傅里叶)公式**,而 a_n 和 b_n 称为 f 的 **Fourier 系数**. 由这些 a_n 和 b_n 确定的三角级数

$$\frac{a_0}{2}+\sum_{n=1}^{\infty}(a_n\cos nx+b_n\sin nx)$$

称为 f 的 **Fourier 级数**.

于是,我们可以形式地将函数 f 展开为

$$f(x)\sim\frac{a_0}{2}+\sum_{n=1}^{\infty}(a_n\cos nx+b_n\sin nx).$$

同前面一样,将函数 f 的 **Fourier 级数的部分和**记为

$$S_n(x)=\frac{a_0}{2}+\sum_{k=1}^{n}(a_k\cos kx+b_k\sin kx).$$

要特别指出的是,目前在 f 和它的 Fourier 级数之间不能用等号而只能用"~",因为我们不知道右端的三角级数是否收敛;即使收敛,也不知道它能否收敛到 $f(x)$ 本身(参见下面的有些例子). 这个问题我们将在后面讨论.

例 9.3.1　求函数 $f(x)=\begin{cases}1, & x\in[-\pi,0),\\ 0, & x\in[0,\pi)\end{cases}$ 的 Fourier 级数.

解　先计算函数 f 的 Fourier 系数.

$$a_0=\frac{1}{\pi}\int_{-\pi}^{\pi}f(x)\mathrm{d}x=1,$$

且对 $n=1,2,\cdots$,有

$$a_n=\frac{1}{\pi}\int_{-\pi}^{\pi}f(x)\cos nx\mathrm{d}x=\frac{1}{\pi}\int_{-\pi}^{0}\cos nx\mathrm{d}x=\frac{1}{n\pi}\sin nx\bigg|_{-\pi}^{0}=0,$$

$$b_n=\frac{1}{\pi}\int_{-\pi}^{\pi}f(x)\sin nx\mathrm{d}x=\frac{1}{\pi}\int_{-\pi}^{0}\sin nx\mathrm{d}x=-\frac{1}{n\pi}\cos nx\bigg|_{-\pi}^{0}=\frac{(-1)^n-1}{n\pi}.$$

于是得到函数 f 的 Fourier 级数,即

$$f(x)\sim\frac{1}{2}+\frac{1}{\pi}\sum_{n=1}^{\infty}\frac{(-1)^n-1}{n}\sin nx$$

$$=\frac{1}{2}-\frac{2}{\pi}\left(\sin x+\frac{\sin 3x}{3}+\frac{\sin 5x}{5}+\cdots+\frac{\sin(2k+1)x}{2k+1}+\cdots\right).$$

函数 f 的图形在电工学中称为方波（见图 9.3.1(a)），上式表明它可以由一系列正弦波叠加得到．但显然，当 $x=0$ 和 $\pm\pi$ 时，右端级数的和为 $\dfrac{1}{2}$，不等于 $f(x)$．

图 9.3.1(b)给出了在 $[-\pi,\pi)$ 上，f 的 Fourier 级数的部分和函数 S_m 的逼近情况．

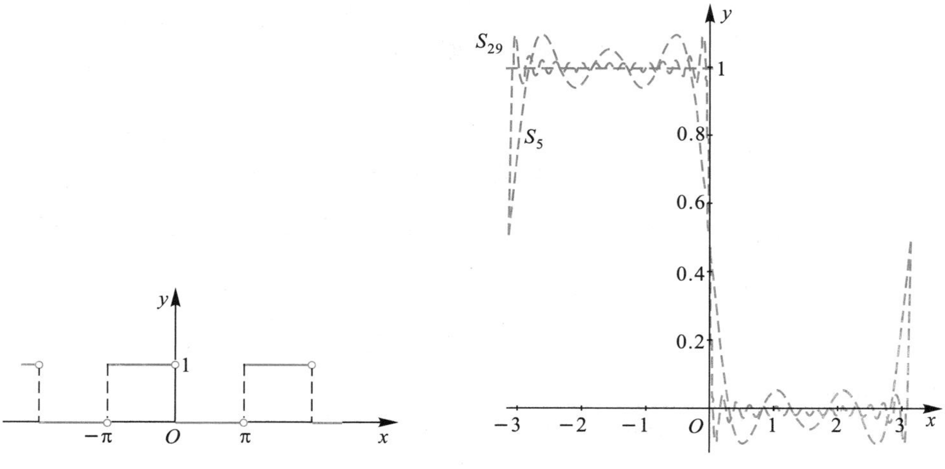

(a)　　(b)

图 9.3.1

正弦级数和余弦级数

由定积分的性质，若 f 是奇函数，则显然有 $a_n=0(n=0,1,2,\cdots)$，而

$$b_n=\frac{2}{\pi}\int_0^{\pi} f(x)\sin nx\mathrm{d}x,\quad n=1,2,\cdots.$$

这时，相应的 Fourier 级数为

$$f(x)\sim\sum_{n=1}^{\infty} b_n\sin nx.$$

形式为 $\sum\limits_{n=1}^{\infty} b_n\sin nx$ 的三角级数称为**正弦级数**．

如在例 9.3.1 中，令 $g(x)=f(x)-\dfrac{1}{2}\left(\text{即 } f \text{ 的图形往下移动}\dfrac{1}{2}\right)$，则 g 是奇函数，从上面的结果看到，它的 Fourier 级数确为正弦级数．

同样，若 f 是偶函数，则有 $b_n=0(n=1,2,\cdots)$，且

$$a_n=\frac{2}{\pi}\int_0^{\pi} f(x)\cos nx\mathrm{d}x,\quad n=0,1,2,\cdots,$$

相应的 Fourier 级数为

$$f(x)\sim\frac{a_0}{2}+\sum_{n=1}^{\infty} a_n\cos nx.$$

形式为$\dfrac{a_0}{2}+\sum\limits_{n=1}^{\infty}a_n\cos nx$的三角级数称为**余弦级数**.

反过来,在实际问题中也经常需要将一个函数展开成正弦级数或余弦级数.

例 9.3.2　分别求$f(x)=x(x\in[0,\pi])$的余弦级数和正弦级数.

解　先考虑余弦级数的情况.从理论上来说,这时应先对函数f进行偶延拓

$$\tilde{f}(x)=\begin{cases}x, & x\in[0,\pi),\\ -x, & x\in[-\pi,0),\end{cases}$$

但这一步同样只需在观念上进行,因为只要按偶函数的情况算 Fourier 系数,所得的自然就是偶延拓后的函数$\tilde{f}(x)$的 Fourier 级数.而在$[0,\pi]$上$\tilde{f}(x)=f(x)$,这样便得$f(x)$的余弦级数.经计算得

$$a_0=\frac{2}{\pi}\int_0^{\pi}x\mathrm{d}x=\frac{x^2}{\pi}\bigg|_0^{\pi}=\pi,$$

而对$n=1,2,\cdots$,有

$$\begin{aligned}a_n&=\frac{2}{\pi}\int_0^{\pi}x\cos nx\mathrm{d}x=\frac{2}{\pi}\left(\frac{x\sin nx}{n}\bigg|_0^{\pi}-\frac{1}{n}\int_0^{\pi}\sin nx\mathrm{d}x\right)\\&=\frac{2}{\pi}\left(\frac{\cos nx}{n^2}\bigg|_0^{\pi}\right)=2\cdot\frac{(-1)^n-1}{n^2\pi}=\begin{cases}0, & n=2k,\\ -\dfrac{4}{n^2\pi}, & n=2k+1.\end{cases}\end{aligned}$$

于是得到f的余弦级数

$$\begin{aligned}f(x)&\sim\frac{\pi}{2}+\frac{2}{\pi}\sum_{n=1}^{\infty}\frac{(-1)^n-1}{n^2}\cos nx\\&=\frac{\pi}{2}-\frac{4}{\pi}\left(\cos x+\frac{\cos 3x}{3^2}+\frac{\cos 5x}{5^2}+\cdots+\frac{\cos(2k+1)x}{(2k+1)^2}+\cdots\right).\end{aligned}$$

函数f的延拓的几何意义是由一系列的正弦波叠加出来的锯齿波(见图 9.3.2(a)),从图 9.3.2(b)看出,其逼近情况相当好.

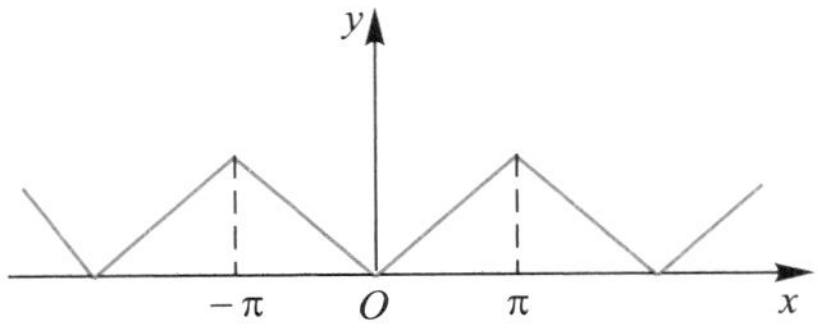

(a)

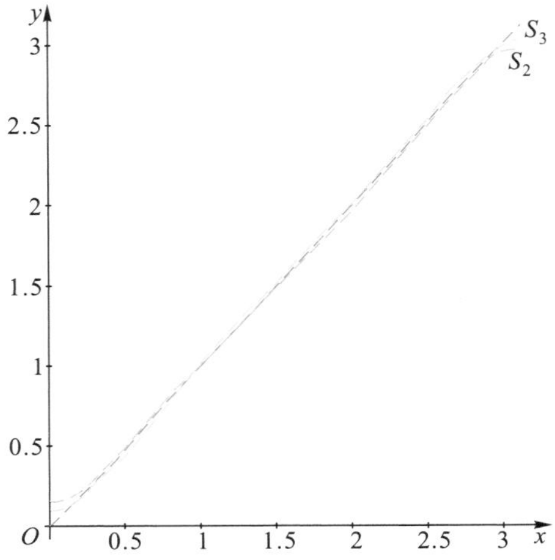

(b)

图 9.3.2

再看正弦级数的情况．

对 $n=1,2,\cdots$，有

$$b_n=\frac{2}{\pi}\int_0^{\pi}x\sin nx\mathrm{d}x=\frac{2}{\pi}\left(-\frac{x\cos nx}{n}\bigg|_0^{\pi}+\frac{1}{n}\int_0^{\pi}\cos nx\mathrm{d}x\right)=\frac{2\cdot(-1)^{n+1}}{n},$$

于是得到 f 的正弦级数

$$\begin{aligned}f(x)&\sim 2\sum_{n=1}^{\infty}\frac{(-1)^{n+1}}{n}\sin nx\\&=2\left[\sin x-\frac{\sin 2x}{2}+\frac{\sin 3x}{3}-\cdots+\frac{(-1)^{n+1}\sin nx}{n}+\cdots\right].\end{aligned}$$

函数 f 的延拓的几何意义是由一系列的正弦波叠加出来的三角波（见图 9.3.3(a)），其逼近情况见图 9.3.3(b)．与例 9.3.1 类似，它在 $x=\pm\pi$ 时的值是 0，与 $f(x)$ 不相等．

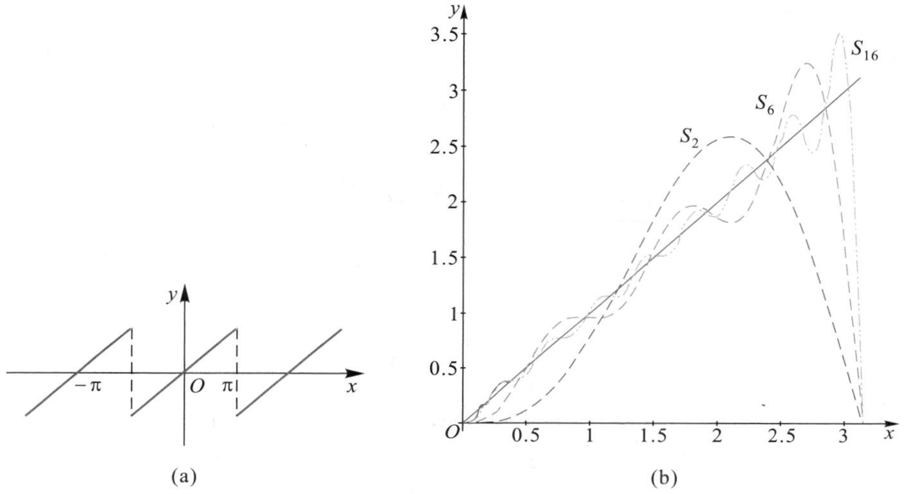

图 9.3.3

注意，这两种级数的表达形式虽然大相径庭，但在下一段就会知道，若限制在 $[0,\pi)$ 上，它们表示的却是同一个函数．

任意周期的函数的 Fourier 展开

如果函数 f 的周期为 $2T$，在 $[-T,T]$ 上 Riemann 可积．作变换 $x=\frac{T}{\pi}t$，则

$$\varphi(t)=f\left(\frac{T}{\pi}t\right)=f(x)$$

是定义在 $(-\infty,+\infty)$ 上的周期为 2π 的函数．利用前面的结果，有

$$\varphi(t)\sim\frac{a_0}{2}+\sum_{n=1}^{\infty}(a_n\cos nt+b_n\sin nt).$$

还原变量，便得

$$f(x)\sim\frac{a_0}{2}+\sum_{n=1}^{\infty}\left(a_n\cos\frac{n\pi}{T}x+b_n\sin\frac{n\pi}{T}x\right).$$

相应的 Fourier 系数为

$$a_n=\frac{1}{\pi}\int_{-\pi}^{\pi}\varphi(t)\cos nt\mathrm{d}t=\frac{1}{T}\int_{-T}^{T}f(x)\cos\frac{n\pi}{T}x\mathrm{d}x,\quad n=0,1,2,\cdots,$$

$$b_n=\frac{1}{\pi}\int_{-\pi}^{\pi}\varphi(t)\sin nt\mathrm{d}t=\frac{1}{T}\int_{-T}^{T}f(x)\sin\frac{n\pi}{T}x\mathrm{d}x,\quad n=1,2,\cdots.$$

例 9.3.3　将函数 $f(x)=\begin{cases}0, & x\in[-1,0),\\ x^2, & x\in[0,1)\end{cases}$ 展开为 Fourier 级数．

解　在上面的公式中令 $T=1$，计算函数 f 的 Fourier 系数，得

$$a_0=\frac{1}{T}\int_{-T}^{T}f(x)\mathrm{d}x=\int_0^1 x^2\mathrm{d}x=\frac{1}{3}.$$

对于 $n=1,2,\cdots$，利用分部积分法，得

$$a_n=\frac{1}{T}\int_{-T}^{T}f(x)\cos\frac{n\pi}{T}x\mathrm{d}x=\int_0^1 x^2\cos n\pi x\mathrm{d}x=\frac{2\cdot(-1)^n}{n^2\pi^2},$$

$$b_n=\frac{1}{T}\int_{-T}^{T}f(x)\sin\frac{n\pi}{T}x\mathrm{d}x=\int_0^1 x^2\sin n\pi x\mathrm{d}x=\frac{(-1)^{n+1}}{n\pi}+\frac{2\cdot[(-1)^n-1]}{n^3\pi^3}.$$

于是得到 f 的 Fourier 级数，即

$$f(x)\sim\frac{1}{6}+\frac{2}{\pi^2}\sum_{n=1}^{\infty}\frac{(-1)^n}{n^2}\cos n\pi x+\frac{1}{\pi}\sum_{n=1}^{\infty}\left[\frac{(-1)^{n+1}}{n}+2\frac{(-1)^n-1}{n^3\pi^2}\right]\sin n\pi x.$$

图 9.3.4 显示了函数 f 的图形及由一系列正弦波叠加的近似情况．

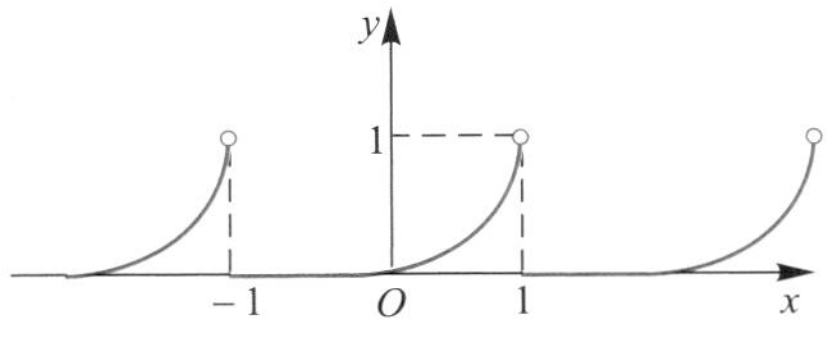

(a)

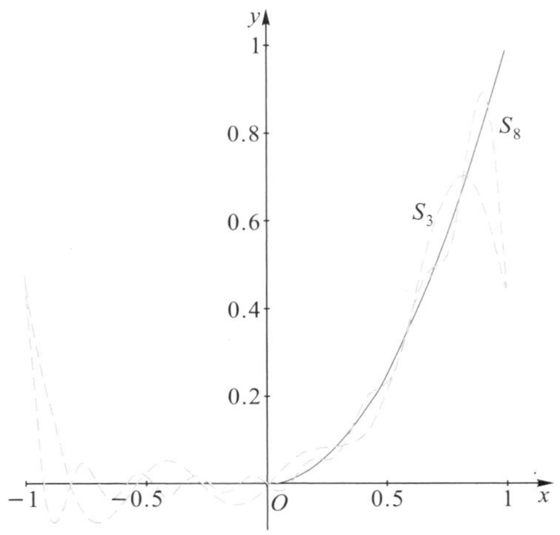

(b)

图 9.3.4

Fourier 级数的收敛性

与 Taylor 级数相比，Fourier 级数尽管有对函数 f 的要求较弱，以及它的部分和函数在整

个区间与 f 逼近得较好等优点．但在收敛性问题上，Taylor 级数比较简单，只要讨论余项的收敛情况，并确定收敛半径便可，而 Fourier 级数却要复杂得多．

仔细观察上一节中的几幅图像后可能会产生直觉：对于一般的函数 f，除了个别点之外（看来是不连续点），当 $n\to\infty$ 时，它的 Fourier 级数的部分和

$$S_n(x)=\frac{a_0}{2}+\sum_{k=1}^{n}(a_k\cos kx+b_k\sin kx)$$

大概应该收敛于 $f(x)$；而在跳跃间断点处，Fourier 级数似乎收敛于 f 在该点左右极限的中点．为了判断 Fourier 级数的收敛性，我们先引入分段单调和分段可导的概念．

定义 9.3.1　设函数 f 在 $[a,b]$ 上有定义．如果在 $[a,b]$ 上存在有限个点

$$a=x_1<x_2<\cdots<x_N=b,$$

使得 f 在每个区间 (x_i,x_{i+1}) $(i=1,2,\cdots,N-1)$ 上是单调函数，则称 f 在 $[a,b]$ 上**分段单调**．

定义 9.3.2　设函数 f 在 $[a,b]$ 上除有限个点

$$a=x_1<x_2<\cdots<x_N=b$$

外均可导，而在 $x_i(i=1,2,\cdots,N)$ 处 f 的左右极限 $f(x_i-0)$ 和 $f(x_i+0)$ 都存在（若 $i=1$ 只要求右极限存在，若 $i=N$ 只要求左极限存在），并且极限

$$\lim_{h\to0-0}\frac{f(x_i+h)-f(x_i-0)}{h}$$

和

$$\lim_{h\to0+0}\frac{f(x_i+h)-f(x_i+0)}{h}$$

均存在（若 $i=1$ 只要求上述第二个极限存在，若 $i=N$ 只要求第一个极限存在），则称 f 在 $[a,b]$ 上**分段可导**．

对于 Fourier 级数的收敛性有如下的定理：

定理 9.3.1　设 f 是以 $2T$ 为周期的函数，且满足下列两个条件之一：

（1）（**Dirichlet（狄利克雷）**）　在 $[-T,T]$ 上分段单调且有界；

（2）（**Lipschitz（利普希茨）**）　在 $[-T,T]$ 上分段可导．

则 f 的 Fourier 级数在每一点均收敛，且在 x 点处收敛于

$$\frac{f(x-0)+f(x+0)}{2}.$$

因此，当 x 是 f 的连续点时，它收敛于 $f(x)$.

定理的严格证明已经超出了本课程的要求，在此从略．

定理 9.3.1 告诉我们，若收敛条件满足，则 f 的 Fourier 级数在连续点收敛于函数值本身，而在第一类不连续点收敛于它左右极限的算术平均值，与我们的观察相同．

所以，对连续函数 f，应将 f 与它的（收敛的）Fourier 级数间的"～"改为"＝"．如例 9.3.2 中 f 的余弦级数可直接写成

$$\frac{\pi}{2}-\frac{4}{\pi}\left(\cos x+\frac{\cos 3x}{3^2}+\frac{\cos 5x}{5^2}+\cdots+\frac{\cos(2k+1)x}{(2k+1)^2}+\cdots\right)=x,\quad x\in[0,\pi].$$

若函数 f 有跳跃间断点或可去间断点，那么展成 Fourier 级数后，要对这些点予以特别说明，画图时也要将它们的函数值标为其左右极限的算术平均值．

如例 9.3.1,应该写成

$$f(x) \sim \frac{1}{2}-\frac{2}{\pi}\left(\sin x+\frac{\sin 3x}{3}+\cdots+\frac{\sin(2k+1)x}{2k+1}+\cdots\right)$$

$$=\begin{cases}1, & x\in(-\pi,0),\\ \frac{1}{2}, & x=0,\pm\pi,\\ 0, & x\in(0,\pi).\end{cases}$$

这个 Fourier 级数的和函数图像见图 9.3.5. 因为函数 f 在 $x=\frac{\pi}{2}$点连续,因此有

$$\frac{1}{2}-\frac{2}{\pi}\left(\sin x+\frac{\sin 3x}{3}+\frac{\sin 5x}{5}+\cdots+\frac{\sin(2k+1)x}{2k+1}+\cdots\right)\bigg|_{x=\frac{\pi}{2}}=f\left(\frac{\pi}{2}\right)=0,$$

整理后便有熟知的

$$\frac{\pi}{4}=1-\frac{1}{3}+\frac{1}{5}+\cdots+(-1)^k\frac{1}{2k+1}+\cdots.$$

例 9.3.2 中 f 的正弦级数应该写成

$$f(x)\sim 2\left[\sin x-\frac{\sin 2x}{2}+\cdots+(-1)^{n+1}\frac{\sin nx}{n}+\cdots\right]$$

$$=\begin{cases}x, & x\in(-\pi,\pi),\\ 0, & x=\pm\pi.\end{cases}$$

这个 Fourier 级数的和函数图像见图 9.3.6. 它在$[0,\pi)$上与余弦级数表示的是同一个函数,这正是前面指出的结果.

例 9.3.3 的式子也应相仿地写成

$$f(x)\sim\frac{1}{6}+\frac{2}{\pi^2}\sum_{n=1}^{\infty}\frac{(-1)^n}{n^2}\cos n\pi x+\frac{1}{\pi}\sum_{n=1}^{\infty}\left[\frac{(-1)^{n+1}}{n}+2\frac{(-1)^n-1}{n^3\pi^2}\right]\sin n\pi x$$

$$=\begin{cases}0, & x\in(-1,0],\\ \frac{1}{2}, & x=\pm1,\\ x^2, & x\in(0,1).\end{cases}$$

这个 Fourier 级数的和函数图像见图 9.3.7. 在证实了该 Fourier 级数收敛的前提下,可以导出一个非常重要的结果.

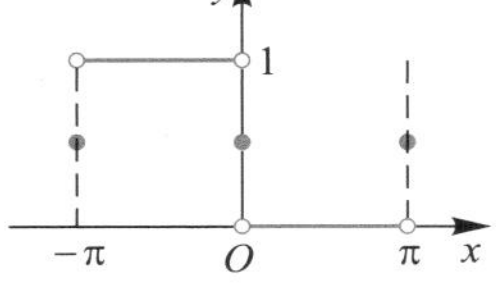

图 9.3.5

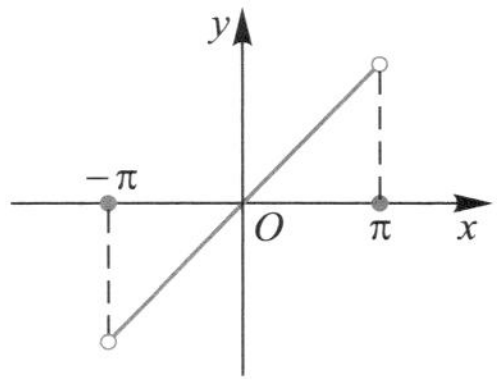

图 9.3.6

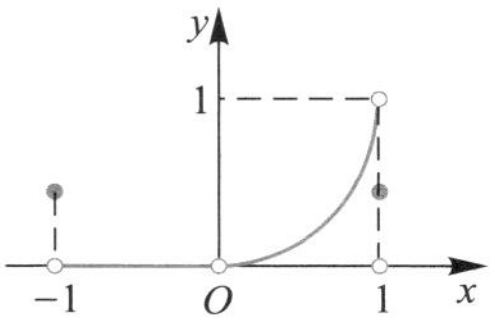

图 9.3.7

注意 $x=1$ 是 f 的不连续点,其 Fourier 级数应收敛于$\frac{f(1+0)+f(1-0)}{2}=\frac{1}{2}$. 因此

$$\frac{1}{6}+\frac{2}{\pi^2}\sum_{n=1}^{\infty}\frac{(-1)^n}{n^2}\cos n\pi=\frac{1}{2}.$$

注意到 $\cos n\pi=(-1)^n$，稍加整理后便可得到

$$\sum_{n=1}^{\infty}\frac{1}{n^2}=1+\frac{1}{2^2}+\frac{1}{3^2}+\frac{1}{4^2}+\cdots=\frac{\pi^2}{6}.$$

进一步还可以导出一系列类似级数的值．由于 $x=0$ 是 f 的连续点，因此

$$\frac{1}{6}+\frac{2}{\pi^2}\sum_{n=1}^{\infty}\frac{(-1)^n}{n^2}=f(0)=0,$$

Fourier 级数的复数形式

即

$$\sum_{n=1}^{\infty}\frac{(-1)^{n-1}}{n^2}=1-\frac{1}{2^2}+\frac{1}{3^2}-\frac{1}{4^2}+\cdots=\frac{\pi^2}{12}.$$

结合 $\sum_{n=1}^{\infty}\frac{1}{n^2}=\frac{\pi^2}{6}$ 便得

$$\sum_{n=1}^{\infty}\frac{1}{(2n-1)^2}=1+\frac{1}{3^2}+\frac{1}{5^2}+\frac{1}{7^2}+\cdots=\frac{\pi^2}{8}.$$

这些等式可以用来进行某些特殊的计算，如历史上曾有人用这些等式计算过 π 的近似值．而对某些原函数并非初等函数的积分，如计算 $\int_0^1\frac{\ln(1-x)}{x}\mathrm{d}x$，将被积函数 Taylor 展开得

$$\frac{\ln(1-x)}{x}=-\sum_{n=1}^{\infty}\frac{x^{n-1}}{n},\quad x\in(-1,1),$$

逐项积分得

$$\int_0^x\frac{\ln(1-t)}{t}\mathrm{d}t=-\int_0^x\left(\sum_{n=1}^{\infty}\frac{t^{n-1}}{n}\right)\mathrm{d}t=-\sum_{n=1}^{\infty}\frac{x^n}{n^2},\quad x\in(-1,1).$$

因此

$$\int_0^1\frac{\ln(1-x)}{x}\mathrm{d}x=\lim_{x\to1-0}\int_0^x\frac{\ln(1-t)}{t}\mathrm{d}t=-\lim_{x\to1-0}\sum_{n=1}^{\infty}\frac{x^n}{n^2}=-\sum_{n=1}^{\infty}\frac{1}{n^2}=-\frac{\pi^2}{6}.$$

最佳平方逼近

设函数 f 在 $[-\pi,\pi]$ 上 Riemann 可积，T 为 n **阶三角多项式**

$$U_n(x)=\frac{A_0}{2}+\sum_{k=1}^{n}(A_k\cos kx+B_k\sin kx)$$

全体，其中 $A_0,A_k,B_k(k=1,2,\cdots,n)$ 为常数．考虑 U_n 与 f 的平均平方误差

$$\delta_n^2=\frac{1}{\pi}\int_{-\pi}^{\pi}[f(x)-U_n(x)]^2\mathrm{d}x,$$

称 T 中使 δ_n^2 取得最小值的元素为 f 在 T 中的**最佳平方逼近元素**．

记 $a_0,a_n,b_n(n=1,2,\cdots)$ 为函数 f 的 Fourier 系数．

定理 9.3.2（Fourier 级数的平方逼近性质）　设函数 f 在 $[-\pi,\pi]$ 上 Riemann 可积，则 f

在 T 中的最佳平方逼近元素恰为 f 的 Fourier 级数的部分和

$$S_n(x)=\frac{a_0}{2}+\sum_{k=1}^{n}(a_k\cos kx+b_k\sin kx),$$

且

$$\min_{U_n\in T}\delta_n^2=\frac{1}{\pi}\int_{-\pi}^{\pi}[f(x)-S_n(x)]^2\mathrm{d}x=\frac{1}{\pi}\int_{-\pi}^{\pi}f^2(x)\mathrm{d}x-\left[\frac{a_0^2}{2}+\sum_{k=1}^{n}(a_k^2+b_k^2)\right].$$

证　设 $U_n(x)=\dfrac{A_0}{2}+\sum\limits_{k=1}^{n}(A_k\cos kx+B_k\sin kx)\in T$，由于

$$\begin{aligned}[f(x)-U_n(x)]^2&=f^2(x)-2f(x)\left[\frac{A_0}{2}+\sum_{k=1}^{n}(A_k\cos kx+B_k\sin kx)\right]+\\&\quad\left[\frac{A_0}{2}+\sum_{k=1}^{n}(A_k\cos kx+B_k\sin kx)\right]^2\\&=f^2(x)-A_0f(x)-2f(x)\sum_{k=1}^{n}(A_k\cos kx+B_k\sin kx)+\frac{A_0^2}{4}+\\&\quad\sum_{k=1}^{n}(A_k^2\cos^2kx+B_k^2\sin^2kx)+u_n(x),\end{aligned}$$

其中

$$\begin{aligned}u_n(x)&=A_0\sum_{k=1}^{n}(A_k\cos kx+B_k\sin kx)+2\sum_{j,k=1}^{n}(A_j\cos jx\cdot B_k\sin kx)+\\&\quad 2\sum_{\substack{j,k=1\\ j\neq k}}^{n}(A_jA_k\cos jx\cdot\cos kx+B_jB_k\sin jx\cdot\sin kx).\end{aligned}$$

由本节开始时提到的三角函数族的正交性，以及 f 的 Fourier 系数的定义得

$$\begin{aligned}\delta_n^2&=\frac{1}{\pi}\int_{-\pi}^{\pi}[f(x)-U_n(x)]^2\mathrm{d}x\\&=\frac{1}{\pi}\int_{-\pi}^{\pi}f^2(x)\mathrm{d}x-a_0A_0-2\sum_{k=1}^{n}(a_kA_k+b_kB_k)+\frac{A_0^2}{2}+\sum_{k=1}^{n}(A_k^2+B_k^2)\\&=\frac{1}{\pi}\int_{-\pi}^{\pi}f^2(x)\mathrm{d}x+\frac{(A_0-a_0)^2}{2}+\\&\quad\sum_{k=1}^{n}[(A_k-a_k)^2+(B_k-b_k)^2]-\left[\frac{a_0^2}{2}+\sum_{k=1}^{n}(a_k^2+b_k^2)\right].\end{aligned}$$

因此当 $A_0=a_0,A_k=a_k,B_k=b_k(k=1,2,\cdots,n)$ 时，δ_n^2 取最小值，且最小值为

$$\frac{1}{\pi}\int_{-\pi}^{\pi}f^2(x)\mathrm{d}x-\left[\frac{a_0^2}{2}+\sum_{k=1}^{n}(a_k^2+b_k^2)\right].$$

证毕

从定理 9.3.2 立即得到

推论 9.3.1（Bessel（贝塞尔）不等式）　设函数 f 在 $[-\pi,\pi]$ 上 Riemann 可积，则 f 的 Fourier 系数满足不等式

$$\frac{a_0^2}{2}+\sum_{n=1}^{\infty}(a_n^2+b_n^2)\leqslant\frac{1}{\pi}\int_{-\pi}^{\pi}f^2(x)\mathrm{d}x.$$

这表明 Fourier 系数的平方之和构成了一个收敛的级数．

推论 9.3.2　设函数 f 在 $[-\pi,\pi]$ 上 Riemann 可积，则 f 的 Fourier 系数满足

$$\lim_{n\to\infty} a_n=0,\quad \lim_{n\to\infty} b_n=0.$$

进一步的研究表明（证明从略），虽然并不一定成立 $\lim\limits_{n\to\infty} S_n(x)=f(x)$，但总成立 $\lim\limits_{n\to\infty}\left[\dfrac{1}{\pi}\displaystyle\int_{-\pi}^{\pi}[f(x)-S_n(x)]^2\mathrm{d}x\right]^{\frac{1}{2}}=0$，即在“平方平均”意义下 S_n 收敛于 f. 这是由于下面的结论：

定理 9.3.3　设函数 f 在 $[-\pi,\pi]$ 上 Riemann 可积，则

$$\lim_{n\to\infty}\int_{-\pi}^{\pi}[f(x)-S_n(x)]^2\mathrm{d}x=0,$$

其中函数 S_n 的定义同定理 9.3.2.

结合这个定理和定理 9.3.2 便可以看出，上面的 Bessel 不等式实际上是一个等式，称为 Parseval（帕塞瓦尔）等式（又称为**能量恒等式**），它在理论和实际问题中都具有重要作用．我们将之叙述如下：

定理 9.3.4（Parseval 等式）　设函数 f 在 $[-\pi,\pi]$ 上 Riemann 可积，则成立等式

$$\frac{a_0^2}{2}+\sum_{n=1}^{\infty}(a_n^2+b_n^2)=\frac{1}{\pi}\int_{-\pi}^{\pi}f^2(x)\mathrm{d}x.$$

例 9.3.4　设 $0<\varphi<\pi$，求函数 $f(x)=\begin{cases}1, & |x|\leqslant\varphi,\\ 0, & \varphi<|x|\leqslant\pi\end{cases}$ 的 Fourier 级数，并求级数 $\displaystyle\sum_{n=1}^{\infty}\frac{\sin 2n\varphi}{n}$ 及 $\displaystyle\sum_{n=1}^{\infty}\frac{\sin^2 n\varphi}{n^2}$ 的和．

解　显然 f 为偶函数，因此 $b_n=0(n=1,2,\cdots)$．按定义计算得，

$$a_0=\frac{2}{\pi}\int_0^{\pi}f(x)\mathrm{d}x=\frac{2}{\pi}\int_0^{\varphi}1\mathrm{d}x=\frac{2}{\pi}\varphi,$$

且对 $n=1,2,\cdots$，有

$$a_n=\frac{2}{\pi}\int_0^{\pi}f(x)\cos nx\mathrm{d}x=\frac{2}{\pi}\int_0^{\varphi}\cos nx\mathrm{d}x=\frac{2}{n\pi}\sin n\varphi.$$

所以 f 的 Fourier 级数为

$$f(x)\sim\frac{\varphi}{\pi}+\frac{2}{\pi}\sum_{n=1}^{\infty}\frac{\sin n\varphi}{n}\cos nx.$$

由定理 9.3.1 知，在 $x=\varphi$ 处有

$$\frac{\varphi}{\pi}+\frac{2}{\pi}\sum_{n=1}^{\infty}\frac{\sin n\varphi}{n}\cos n\varphi=\frac{f(\varphi+0)+f(\varphi-0)}{2}=\frac{1}{2},$$

整理便得

$$\sum_{n=1}^{\infty}\frac{\sin 2n\varphi}{n}=\frac{\pi}{2}-\varphi.$$

因为

$$\frac{1}{\pi}\int_{-\pi}^{\pi}f^2(x)\mathrm{d}x=\frac{2}{\pi}\int_0^{\varphi}1\mathrm{d}x=\frac{2}{\pi}\varphi,$$

等周问题

所以由 Parseval 等式得

$$\frac{1}{2}\left(\frac{2}{\pi}\varphi\right)^2+\sum_{n=1}^{\infty}\left(\frac{2\sin n\varphi}{n\pi}\right)^2=\frac{2}{\pi}\varphi.$$

整理便得

$$\sum_{n=1}^{\infty}\frac{\sin^2 n\varphi}{n^2}=\frac{1}{2}\varphi(\pi-\varphi).$$

注意，并不是每个收敛的三角级数都是某个 Riemann 可积函数的 Fourier 级数．例如，三角级数 $\sum\limits_{n=1}^{\infty}\dfrac{\sin nx}{\sqrt{n}}$，它是点点收敛的(这可由 Dirichlet 判别法得知)，但由于它的系数的平方和 $\sum\limits_{n=1}^{\infty}\dfrac{1}{n}$ 发散，它不可能是某个在 $[-\pi,\pi]$ 上 Riemann 可积函数的 Fourier 级数．

习　题

1. 设 f 是以 2π 为周期的函数，在 $[-\pi,\pi)$ 上的表达式如下，将 f 展开成 Fourier 级数：

(1) $f(x)=3x^2+1$；　　(2) $f(x)=2\sin\dfrac{x}{3}$；

(3) $f(x)=\begin{cases}ax, & x\in[-\pi,0),\\ bx, & x\in[0,\pi);\end{cases}$　　(4) $f(x)=|\cos x|$.

2. 将下列函数展开成正弦级数：

(1) $f(x)=\begin{cases}1, & 0\leqslant x\leqslant h,\\ 0, & h<x\leqslant\pi;\end{cases}$　　(2) $f(x)=\dfrac{\pi-x}{2},\quad x\in[0,\pi]$；

(3) $f(x)=\begin{cases}\pi-2x, & x\in\left[0,\dfrac{\pi}{2}\right),\\ 0, & x\in\left[\dfrac{\pi}{2},\pi\right];\end{cases}$　　(4) $f(x)=\cos\dfrac{x}{2},\quad x\in[0,\pi]$.

3. 将下列函数展开成余弦级数：

(1) $f(x)=x+1,\quad x\in[0,\pi]$；　　(2) $f(x)=x(\pi-x),\quad x\in[0,\pi]$；

(3) $f(x)=\begin{cases}\cos x, & x\in\left[0,\dfrac{\pi}{2}\right],\\ 0, & x\in\left(\dfrac{\pi}{2},\pi\right];\end{cases}$　　(4) $f(x)=\mathrm{e}^x,\quad x\in[0,\pi]$.

4. 将下列函数在指定区间展开成 Fourier 级数：

(1) $f(x)=x^2, x\in[0,2\pi]$；　　(2) $f(x)=\begin{cases}2x+1, & x\in[-3,0),\\ 1, & x\in[0,3);\end{cases}$

(3) $f(x)=\begin{cases}C, & x\in[-T,0),\\ 0, & x\in[0,T)\end{cases}$ (C 是常数)；

(4) $f(x)=\begin{cases}\mathrm{e}^{3x}, & x\in[-1,0),\\ 0, & x\in[0,1);\end{cases}$　　(5) $f(x)=10-x,\quad x\in(5,15)$.

5. 某可控硅控制电路中的负载电流为

$$I(t)=\begin{cases}0, & 0\leqslant t<T_0,\\ 5\sin \omega t, & T_0\leqslant t<T,\end{cases}$$

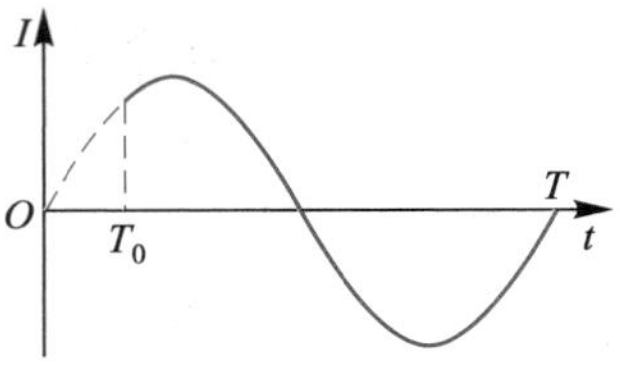

图 9.3.8

其中 ω 为圆频率,周期 $T=\dfrac{2\pi}{\omega}$. 现设初始导通时间 $T_0=\dfrac{T}{8}$(见图 9.3.8),求 $I(t)$ 在 $[0,T]$ 上的 Fourier 级数.

6. 将 $f(x)=\begin{cases}0, & -\pi\leqslant x\leqslant 0,\\ \sin x, & 0<x\leqslant \pi\end{cases}$ 展开为 Fourier 级数,并求级数 $\sum\limits_{n=1}^{\infty}\dfrac{1}{1-4n^2}$ 的和.

7. 将 $f(x)=x-1(0\leqslant x\leqslant 2)$ 展开成周期为 4 的余弦级数.

8. 将 $f(x)=\dfrac{7\pi}{8}-\dfrac{x}{2}(\pi\leqslant x<2\pi)$ 展开成周期为 2π 的正弦级数,并求和函数在 $x=10\pi$ 及 $x=\dfrac{21}{2}\pi$ 处的值.

9. 设函数 f 以 2π 为周期,且在 $[-\pi,\pi]$ 上连续,证明:

(1) 若在 $[-\pi,\pi]$ 上成立 $f(x)=f(x+\pi)$,则 $a_{2n-1}=b_{2n-1}=0$;

(2) 若在 $[-\pi,\pi]$ 上成立 $f(x)=-f(x+\pi)$,则 $a_{2n}=b_{2n}=0$.

10. 设函数 f 在 $[-\pi,\pi]$ 上的 Fourier 系数为 a_n 和 b_n,求下列函数的 Fourier 系数 $\tilde{a}_n$ 和 $\tilde{b}_n$:

(1) $g(x)=f(-x)$;　　(2) $h(x)=f(x+C)$(C 是常数);

(3) $F(x)=\dfrac{1}{\pi}\displaystyle\int_{-\pi}^{\pi}f(t)f(x-t)\,\mathrm{d}t$(假定积分顺序可以交换).

11. 利用例 9.3.1 的结果和 Parseval 等式,重新证明等式

$$\sum_{n=1}^{\infty}\frac{1}{(2n-1)^2}=\frac{\pi^2}{8}.$$

12. 利用例 9.3.2 的结果和 Parseval 等式,求

$$\sum_{n=1}^{\infty}\frac{1}{(2n-1)^4}.$$

* § 4　函数项级数的一致收敛性

函数序列的一致收敛性

我们已经知道,若 $u_n(x)$ $(n=1,2,\cdots)$ 是一列定义在区间 I 上的函数,函数项级数 $\sum\limits_{n=1}^{\infty}u_n(x)$ 在点 $x_0\in I$ 收敛是指数项级数 $\sum\limits_{n=1}^{\infty}u_n(x_0)$ 收敛,这些收敛点全体所构成的集合 D

称为 $\sum_{n=1}^{\infty} u_n(x)$ 的收敛域,这样就可以定义这个函数项级数的和函数

$$S(x)=\sum_{n=1}^{\infty} u_n(x), \quad x \in D,$$

并且对 $\sum_{n=1}^{\infty} u_n(x)$ 的部分和函数序列 $S_n(x)=\sum_{k=1}^{n} u_k(x)\ (n=1,2,\cdots)$,成立

$$S(x)=\lim_{n\to\infty} S_n(x)=\lim_{n\to\infty}\sum_{k=1}^{n} u_k(x), \quad x \in D.$$

在理论研究和实际应用中经常会遇到这样的问题:设$[a,b]\subset D$,

(1) 如果函数 $u_n(x)(n=1,2,\cdots)$ 都在 $[a,b]$ 上连续,是否函数项级数的和函数 $S(x)=\sum_{n=1}^{\infty} u_n(x)$ 也在$[a,b]$上连续?

(2) 如果函数 $u_n(x)(n=1,2,\cdots)$都在$[a,b]$上连续,是否成立

$$\int_a^b \sum_{n=1}^{\infty} u_n(x)\mathrm{d}x=\sum_{n=1}^{\infty}\int_a^b u_n(x)\mathrm{d}x?$$

即积分运算与无限求和运算是否可以交换次序?

(3) 如果函数 $u_n(x)(n=1,2,\cdots)$都在$[a,b]$上可导,是否成立

$$\frac{\mathrm{d}}{\mathrm{d}x}\sum_{n=1}^{\infty} u_n(x)=\sum_{n=1}^{\infty}\frac{\mathrm{d}}{\mathrm{d}x}u_n(x), \quad x\in[a,b]?$$

即求导运算与无限求和运算是否可以交换次序?

利用部分和函数的记号,我们可以将上述三个问题等价地如下表述:

(1)′ 如果函数 $S_n(x)(n=1,2,\cdots)$都在$[a,b]$上连续,是否极限函数 $S(x)=\lim_{n\to\infty}S_n(x)$ 也在$[a,b]$上连续?

(2)′ 如果函数 $S_n(x)(n=1,2,\cdots)$都在$[a,b]$上连续,是否成立

$$\int_a^b \lim_{n\to\infty}S_n(x)\mathrm{d}x=\lim_{n\to\infty}\int_a^b S_n(x)\mathrm{d}x?$$

即积分运算与极限运算是否可以交换次序?

(3)′ 如果函数 $S_n(x)(n=1,2,\cdots)$都在$[a,b]$上可导,是否成立

$$\frac{\mathrm{d}}{\mathrm{d}x}\lim_{n\to\infty}S_n(x)=\lim_{n\to\infty}\frac{\mathrm{d}}{\mathrm{d}x}S_n(x), \quad x\in[a,b]?$$

即求导运算与极限运算是否可以交换次序?

下面的三个例子说明,上面的三个问题都不一定有肯定的答案.

例 9.4.1 设 $S_n(x)=x^n(n=1,2,\cdots)$,则每个函数 $S_n(x)$都在区间$[0,1]$上连续,且极限函数为

$$S(x)=\lim_{n\to\infty}S_n(x)=\begin{cases}0, & 0\leqslant x<1,\\ 1, & x=1.\end{cases}$$

它在 $x=1$ 点并不连续,因此也不可导.

例 9.4.2 设 $S_n(x)=2nx(1-x^2)^n(n=1,2,\cdots)$,则每个函数 $S_n(x)$都在区间$[0,1]$上连续,且极限函数为

$$S(x)=\lim_{n\to\infty}S_n(x)=0, \quad x\in[0,1].$$

此时

$$\int_0^1 S_n(x)\,\mathrm{d}x=\int_0^1 2nx(1-x^2)^n\,\mathrm{d}x=\frac{n}{n+1},$$

于是

$$\lim_{n\to\infty}\int_0^1 S_n(x)\,\mathrm{d}x=1\neq 0=\int_0^1 S(x)\,\mathrm{d}x.$$

例 9.4.3　设 $S_n(x)=\dfrac{\sin nx}{n}(n=1,2,\cdots)$，则每个函数 $S_n(x)$ 都在区间 $[-\pi,\pi]$ 上可导，且极限函数为

$$S(x)=\lim_{n\to\infty}S_n(x)=0,\quad x\in[-\pi,\pi],$$

因此 $S'(x)=0(x\in[-\pi,\pi])$.

此时

$$S_n'(x)=\cos nx,\quad x\in[-\pi,\pi],$$

显然

$$\lim_{n\to\infty}S_n'(0)=1\neq 0=S'(0),$$

因此

$$\lim_{n\to\infty}S_n'(x)=S'(x),\quad x\in[-\pi,\pi]$$

并不成立．

这些例子说明，为了解决前面提到的问题，需要引进要求更高的收敛概念．

定义 9.4.1　设 $S_n(x)(n=1,2,\cdots)$ 是一列定义在区间 I 上的函数，$S(x)$ 也是定义在区间 I 上的函数．若对于任意给定的 $\varepsilon>0$，存在正整数 N，使得当 $n>N$ 时，对一切 $x\in I$ 成立

$$|S_n(x)-S(x)|<\varepsilon,$$

则称函数序列 $\{S_n(x)\}$ 在 I 上**一致收敛**于 $S(x)$.

显然，若函数序列 $\{S_n(x)\}$ 在 I 上一致收敛于 $S(x)$，则 $S(x)$ 就是 $\{S_n(x)\}$ 在 I 上的极限函数．

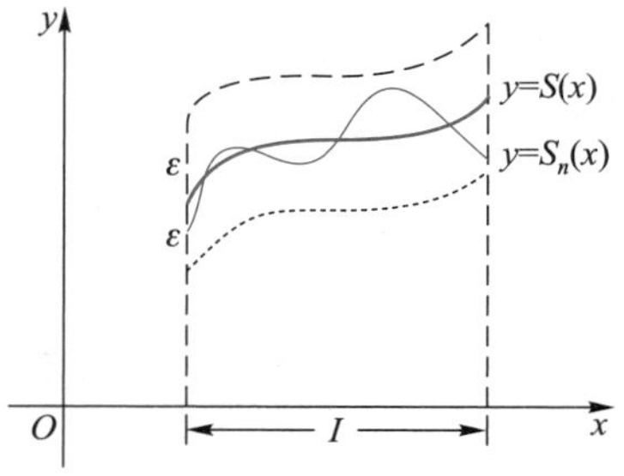

图 9.4.1

图 9.4.1 给出了一致收敛性的几何描述：对于任意给定的 $\varepsilon>0$，存在正整数 N，当 $n>N$ 时，曲线 $y=S_n(x)(x\in I)$ 会落在带状区域

$$\{(x,y)\mid S(x)-\varepsilon<y<S(x)+\varepsilon,x\in I\}$$

之中．

判定函数序列是否一致收敛，有如下的充分必要条件．

定理 9.4.1　设函数序列 $\{S_n(x)\}$ 在区间 I 上的极限函数为 $S(x)$，定义

$$d(S_n,S)=\sup_{x\in I}|S_n(x)-S(x)|,$$

则 $\{S_n(x)\}$ 在 I 上**一致收敛**于 $S(x)$ 的充分必要条件为

$$\lim_{n\to\infty}d(S_n,S)=0.$$

证　必要性：设函数序列 $\{S_n(x)\}$ 在 I 上一致收敛于 $S(x)$，则对于任意给定的 $\varepsilon>0$，存在正整数 N，使得当 $n>N$ 时，对一切 $x\in I$ 成立

$$|S_n(x)-S(x)|<\frac{\varepsilon}{2},$$

于是当 $n>N$ 时，

$$d(S_n,S)=\sup_{x\in I}|S_n(x)-S(x)|\leqslant\frac{\varepsilon}{2}<\varepsilon,$$

由极限的定义，可知

$$\lim_{n\to\infty}d(S_n,S)=0.$$

充分性：若 $\lim\limits_{n\to\infty}d(S_n,S)=0$，则对于任意给定的 $\varepsilon>0$，存在正整数 N，使得当 $n>N$ 时成立

$$d(S_n,S)<\varepsilon,$$

因此对一切 $x\in I$ 成立

$$|S_n(x)-S(x)|\leqslant d(S_n,S)<\varepsilon,$$

由定义，可知 $\{S_n(x)\}$ 在 I 上一致收敛于 $S(x)$.

证毕

对于例 9.4.1 中 $[0,1]$ 上的函数序列 $S_n(x)=x^n(n=1,2,\cdots)$，有

$$S_n(x)-S(x)=\begin{cases}x^n, & 0\leqslant x<1,\\ 0, & x=1.\end{cases}$$

显然 $d(S_n,S)=1$，$\lim\limits_{n\to\infty}d(S_n,S)=1$，因此 $\{S_n(x)\}$ 在 $[0,1]$ 上不一致收敛.

例 9.4.4　设 $(-\infty,+\infty)$ 上的函数 $S_n(x)=\dfrac{x}{1+n^2x^2}(n=1,2,\cdots)$，显然 $\{S_n(x)\}$ 在 $(-\infty,+\infty)$ 上的极限函数为 $S(x)=0$.

由于

$$|S_n(x)-S(x)|=\frac{|x|}{1+n^2x^2}\leqslant\frac{1}{2n},$$

等号成立当且仅当 $x=\pm\dfrac{1}{n}$，因此 $d(S_n,S)=\dfrac{1}{2n}$，$\lim\limits_{n\to\infty}d(S_n,S)=0$，所以 $\{S_n(x)\}$ 在 $(-\infty,+\infty)$ 上一致收敛于 $S(x)=0$.

例 9.4.5　设 $(0,1)$ 上的函数 $S_n(x)=\dfrac{nx}{1+n^2x^2}(n=1,2,\cdots)$，显然 $\{S_n(x)\}$ 在 $(0,1)$ 上的极限函数为 $S(x)=0$.

由于

$$d(S_n,S)\geqslant\left|S_n\left(\frac{1}{n}\right)-S\left(\frac{1}{n}\right)\right|=\frac{1}{2},$$

因此 $d(S_n,S)$ 不趋于 0，所以 $\{S_n(x)\}$ 在 $(0,1)$ 上不一致收敛.

定理 9.4.2（函数序列一致收敛的 Cauchy 收敛准则）　设 $\{S_n(x)\}$ 是区间 I 上的函数序列，则 $\{S_n(x)\}$ 在 I 上一致收敛的充分必要条件是：对于任意给定的 $\varepsilon>0$，存在正整数 N，使得当 $m,n>N$ 时，对一切 $x\in I$ 都成立

$$|S_m(x)-S_n(x)|<\varepsilon.$$

证　必要性：若$\{S_n(x)\}$在区间 I 上一致收敛于 $S(x)$，由定义，对于任意给定的 $\varepsilon>0$，存在正整数 N，使得当 $m,n>N$ 时，对一切 $x\in I$ 成立

$$|S_m(x)-S(x)|<\frac{\varepsilon}{2},\quad |S_n(x)-S(x)|<\frac{\varepsilon}{2},$$

于是成立

$$|S_m(x)-S_n(x)|\leqslant|S_m(x)-S(x)|+|S_n(x)-S(x)|<\varepsilon.$$

充分性：若对于任意给定的 $\varepsilon>0$，存在正整数 N，使得当 $m,n>N$ 时，对一切 $x\in I$ 成立

$$|S_m(x)-S_n(x)|<\varepsilon,$$

则由数列的 Cauchy 收敛准则，可知$\{S_n(x)\}$关于区间 I 上每点 x 都收敛，记其极限为 $S(x)$，即 $S(x)=\lim\limits_{n\to\infty}S_n(x)\ (x\in I)$．则在上式中令 $m\to\infty$ 便得

$$|S_n(x)-S(x)|\leqslant\varepsilon,$$

这对一切 $x\in I$ 成立，因此由定义，可知$\{S_n(x)\}$在 I 上一致收敛于 $S(x)$．

证毕

一致收敛的函数序列具有如下很好的性质．

定理 9.4.3　设函数序列$\{S_n(x)\}$的每一项 $S_n(x)$ 均在$[a,b]$上连续，且$\{S_n(x)\}$在$[a,b]$上一致收敛于函数 $S(x)$，则 $S(x)$ 也在$[a,b]$上连续．

证　只要证明函数 $S(x)$ 在$[a,b]$上任意一点 x_0 处连续即可．由于$\{S_n(x)\}$在$[a,b]$上一致收敛于 $S(x)$，所以对于任意给定的 $\varepsilon>0$，存在正整数 N，对一切 $x\in[a,b]$成立

$$|S_N(x)-S(x)|<\frac{\varepsilon}{3}.$$

由于 $S_N(x)$ 在 x_0 点连续，所以存在 $\delta>0$，使得当 $|x-x_0|<\delta$ 且 $x\in[a,b]$时，成立

$$|S_N(x)-S_N(x_0)|<\frac{\varepsilon}{3}.$$

因此当 $|x-x_0|<\delta$ 且 $x\in[a,b]$时，成立

$$|S(x)-S(x_0)|\leqslant|S(x)-S_N(x)|+|S_N(x)-S_N(x_0)|+|S_N(x_0)-S(x_0)|<\varepsilon.$$

这说明函数 $S(x)$ 在 x_0 连续．

证毕

在定理 9.4.3 条件下，我们事实上证明了 $\lim\limits_{x\to x_0}S(x)=S(x_0)$，即

$$\lim_{x\to x_0}\lim_{n\to\infty}S_n(x)=\lim_{n\to\infty}\lim_{x\to x_0}S_n(x),$$

这说明两个极限运算可以交换次序．

定理 9.4.4　设函数序列$\{S_n(x)\}$的每一项 $S_n(x)$ 均在$[a,b]$上连续，且$\{S_n(x)\}$在$[a,b]$上一致收敛于函数 $S(x)$，则 $S(x)$ 在$[a,b]$上可积，且

$$\lim_{n\to\infty}\int_a^b S_n(x)\,\mathrm{d}x=\int_a^b S(x)\,\mathrm{d}x.$$

证　由定理 9.4.3 可知，函数 $S(x)$ 在$[a,b]$上连续，因而在$[a,b]$上可积．由于$\{S_n(x)\}$在$[a,b]$上一致收敛于 $S(x)$，所以对于任意给定的 $\varepsilon>0$，存在正整数 N，使得当 $n>N$ 时，对一切 $x\in[a,b]$成立

$$|S_n(x)-S(x)|<\varepsilon,$$

因此当 $n>N$ 时成立

$$\left|\int_a^b S_n(x)\,\mathrm{d}x-\int_a^b S(x)\,\mathrm{d}x\right|\leqslant\int_a^b |S_n(x)-S(x)|\,\mathrm{d}x<\int_a^b \varepsilon\,\mathrm{d}x=\varepsilon(b-a).$$

由极限的定义,可知

$$\lim_{n\to\infty}\int_a^b S_n(x)\,\mathrm{d}x=\int_a^b S(x)\,\mathrm{d}x.$$

证毕

在定理 9.4.4 的条件下,我们事实上证明了

$$\int_a^b \lim_{n\to\infty}S_n(x)\,\mathrm{d}x=\lim_{n\to\infty}\int_a^b S_n(x)\,\mathrm{d}x,$$

这说明积分运算可以与极限运算交换次序.

定理 9.4.5　设函数序列 $\{S_n(x)\}$ 满足

(1) 每一项 $S_n(x)$ 均在 $[a,b]$ 上具有连续导数;

(2) $\{S_n(x)\}$ 在 $[a,b]$ 上有极限函数 $S(x)$;

(3) 导函数序列 $\{S_n'(x)\}$ 在 $[a,b]$ 上一致收敛于函数 $\sigma(x)$,

则极限函数 $S(x)$ 在 $[a,b]$ 上可导,且成立

$$S'(x)=\sigma(x),\quad x\in[a,b].$$

证　由定理 9.4.3 可知,函数 $\sigma(x)$ 在 $[a,b]$ 上连续. 又由定理 9.4.4 可知

$$\int_a^x \sigma(t)\,\mathrm{d}t=\lim_{n\to\infty}\int_a^x S_n'(t)\,\mathrm{d}t=\lim_{n\to\infty}[S_n(x)-S_n(a)]=S(x)-S(a).$$

由于上式左端在 $[a,b]$ 上可导,所以 $S(x)$ 在 $[a,b]$ 上也可导,且成立

$$S'(x)=\sigma(x),\quad x\in[a,b].$$

证毕

在定理 9.4.4 的条件下,我们事实上证明了

$$\frac{\mathrm{d}}{\mathrm{d}x}\lim_{n\to\infty}S_n(x)=\lim_{n\to\infty}\frac{\mathrm{d}}{\mathrm{d}x}S_n(x),\quad x\in[a,b].$$

这说明求导运算可以与极限运算交换次序.

函数项级数的一致收敛性

定义 9.4.2　设 $u_n(x)\ (n=1,2,\cdots)$ 是一列定义在区间 I 上的函数,记函数项级数 $\sum\limits_{n=1}^{\infty}u_n(x)$ 的部分和函数为 $S_n(x)=\sum\limits_{k=1}^{n}u_k(x)\ (n=1,2,\cdots)$. 若函数序列 $\{S_n(x)\}$ 在 I 上一致收敛于函数 $S(x)$,则称 $\sum\limits_{n=1}^{\infty}u_n(x)$ 在 I 上**一致收敛**于和函数 $S(x)$.

从此定义和定理 9.4.2 立即得到:

定理 9.4.6(函数项级数一致收敛的 Cauchy 收敛准则)　定义在区间 I 上的函数项级数 $\sum\limits_{n=1}^{\infty}u_n(x)$ 在 I 上一致收敛的充分必要条件是:对于任意给定的 $\varepsilon>0$,存在正整数 N,使得当 $n>N$ 时,对一切 $x\in I$ 及任意正整数 p,都成立

$$|u_{n+1}(x)+u_{n+2}(x)+\cdots+u_{n+p}(x)|<\varepsilon.$$

推论 9.4.1　若函数项级数 $\sum_{n=1}^{\infty}u_n(x)$ 在区间 I 上一致收敛，则函数序列 $\{u_n(x)\}$ 在 I 上一致收敛于 $u(x)=0$.

定理 9.4.7(Weierstrass(魏尔斯特拉斯)判别法)　设 $\sum_{n=1}^{\infty}a_n$ 是收敛的正项级数. 若定义在区间 I 上的函数项级数 $\sum_{n=1}^{\infty}u_n(x)$ 满足：对一切 $x\in I$ 成立

$$|u_n(x)|\leqslant a_n,\quad n=1,2,\cdots,$$

则 $\sum_{n=1}^{\infty}u_n(x)$ 在 I 上一致收敛.

证　因为 $\sum_{n=1}^{\infty}a_n$ 是收敛的正项级数，所以由数项级数的 Cauchy 收敛准则知，对于任意给定的 $\varepsilon>0$，存在正整数 N，使得当 $n>N$ 时，对任意正整数 p，成立

$$a_{n+1}+a_{n+2}+\cdots+a_{n+p}<\varepsilon.$$

因此由假设知，对一切 $x\in I$ 及任意正整数 p，成立

$$|u_{n+1}(x)+u_{n+2}(x)+\cdots+u_{n+p}(x)|\leqslant a_{n+1}+a_{n+2}+\cdots+a_{n+p}<\varepsilon,$$

于是由定理 9.4.6 知，$\sum_{n=1}^{\infty}u_n(x)$ 在 I 上一致收敛.

证毕

例 9.4.6　设 $\alpha>1$，证明函数项级数 $\sum_{n=1}^{\infty}\dfrac{\sin nx}{n^{\alpha}}$ 在 $(-\infty,+\infty)$ 上一致收敛.

证　因为

$$\left|\frac{\sin nx}{n^{\alpha}}\right|\leqslant\frac{1}{n^{\alpha}},\quad x\in(-\infty,+\infty),$$

且当 $\alpha>1$ 时正项级数 $\sum_{n=1}^{\infty}\dfrac{1}{n^{\alpha}}$ 收敛，因而由 Weierstrass 判别法，可知 $\sum_{n=1}^{\infty}\dfrac{\sin nx}{n^{\alpha}}$ 在 $(-\infty,+\infty)$ 上一致收敛.

证毕

根据函数项级数的一致收敛性的定义，从定理 9.4.3、定理 9.4.4 和定理 9.4.5 立即得到

定理 9.4.8(和函数的连续性)　设每个函数 $u_n(x)(n=1,2,\cdots)$ 都在 $[a,b]$ 上连续，且 $\sum_{n=1}^{\infty}u_n(x)$ 在 $[a,b]$ 上一致收敛于和函数 $S(x)$，则 $S(x)$ 也在 $[a,b]$ 上连续，即对任意 $x_0\in[a,b]$，成立

$$\lim_{x\to x_0}\sum_{n=1}^{\infty}u_n(x)=\sum_{n=1}^{\infty}\lim_{x\to x_0}u_n(x),$$

定理 9.4.9(逐项积分定理)　设每个函数 $u_n(x)(n=1,2,\cdots)$ 都在 $[a,b]$ 上连续，且 $\sum_{n=1}^{\infty}u_n(x)$ 在 $[a,b]$ 上一致收敛于和函数 $S(x)$，则 $S(x)$ 在 $[a,b]$ 上可积，且

$$\int_a^b S(x)\,\mathrm{d}x = \int_a^b \sum_{n=1}^{\infty} u_n(x)\,\mathrm{d}x = \sum_{n=1}^{\infty} \int_a^b u_n(x)\,\mathrm{d}x.$$

定理 9.4.10(逐项求导定理)　设函数项级数 $\sum_{n=1}^{\infty} u_n(x)$ 满足

(1) 每个函数 $u_n(x)(n=1,2,\cdots)$ 都在 $[a,b]$ 上有连续导数;

(2) $\sum_{n=1}^{\infty} u_n(x)$ 在 $[a,b]$ 上有和函数 $S(x)$;

(3) $\sum_{n=1}^{\infty} u_n'(x)$ 在 $[a,b]$ 上一致收敛于函数 $\sigma(x)$,

则和函数 $S(x)=\sum_{n=1}^{\infty} u_n(x)$ 在 $[a,b]$ 上可导,且在 $[a,b]$ 上成立

$$\frac{\mathrm{d}}{\mathrm{d}x}\sum_{n=1}^{\infty} u_n(x) = \sigma(x) = \sum_{n=1}^{\infty} \frac{\mathrm{d}}{\mathrm{d}x} u_n(x).$$

例 9.4.7　证明函数 $S(x)=\sum_{n=1}^{\infty}\frac{\sin nx}{n^3+1}$ 在 $(-\infty,+\infty)$ 上连续,且有连续的导函数.

证　对于任意闭区间 $[a,b]\subset(-\infty,+\infty)$,因为

$$\left|\frac{\sin nx}{n^3+1}\right| \leqslant \frac{1}{n^3+1},\quad x\in(-\infty,+\infty),$$

而正项级数 $\sum_{n=1}^{\infty}\frac{1}{n^3+1}$ 收敛,由 Weierstrass 判别法可知,$\sum_{n=1}^{\infty}\frac{\sin nx}{n^3+1}$ 在 $[a,b]$ 上一致收敛. 又因为每个 $\frac{\sin nx}{n^3+1}$ 都在 $[a,b]$ 上连续 $(n=1,2,\cdots)$,所以由定理 9.4.8 知,函数 $S(x)=\sum_{n=1}^{\infty}\frac{\sin nx}{n^3+1}$ 在 $[a,b]$ 上连续. 由 $[a,b]\subset(-\infty,+\infty)$ 的任意性,可知和函数 $S(x)$ 在 $(-\infty,+\infty)$ 上连续.

由 Weierstrass 判别法,易知函数项级数

$$\sum_{n=1}^{\infty}\left(\frac{\sin nx}{n^3+1}\right)' = \sum_{n=1}^{\infty}\frac{n\cos nx}{n^3+1}$$

在 $[a,b]$ 上一致收敛,且同以上讨论可知 $\sum_{n=0}^{\infty}\frac{n\cos nx}{n^3+1}$ 在 $[a,b]$ 上连续. 又由定理 9.4.10 可知,在 $[a,b]$ 上成立

$$S'(x)=\sum_{n=1}^{\infty}\left(\frac{\sin nx}{n^3+1}\right)' = \sum_{n=1}^{\infty}\frac{n\cos nx}{n^3+1},$$

于是导函数 $S'(x)$ 在 $[a,b]$ 上连续. 由 $[a,b]\subset(-\infty,+\infty)$ 的任意性,可知 $S'(x)$ 在 $(-\infty,+\infty)$ 上连续.

例 9.4.8(处处不可导的连续函数)　设

$$\varphi(x)=|x|,\quad -1\leqslant x\leqslant 1,$$

并将函数 $\varphi(x)$ 延拓为 $(-\infty,+\infty)$ 上以 2 为周期的函数,即满足 $\varphi(x+2)=\varphi(x)$. 显然 $\varphi(x)$ 在 $(-\infty,+\infty)$ 上连续,$|\varphi(x)|\leqslant 1$,且满足

$$|\varphi(s)-\varphi(t)| \leqslant |s-t|,\quad s,t\in(-\infty,+\infty).$$

定义函数

$$f(x)=\sum_{n=0}^{\infty}\left(\frac{3}{4}\right)^{n}\varphi(4^{n}x).$$

因为

$$\left|\left(\frac{3}{4}\right)^{n}\varphi(4^{n}x)\right|\leqslant\left(\frac{3}{4}\right)^{n},\quad x\in(-\infty,+\infty),$$

则由上例的讨论方法可知,函数 f 在 $(-\infty,+\infty)$ 上连续.

现证明对于 $(-\infty,+\infty)$ 上任意一点 x,函数 f 在 x 点不可导.令

$$\delta_m=\pm\frac{1}{2}4^{-m},\quad m=1,2,\cdots,$$

这里的符号如此选取,使得在 $4^m x$ 和 $4^m(x+\delta_m)$ 之间没有整数.因为 $4^m|\delta_m|=\frac{1}{2}$,这是可以做到的.记

$$\alpha_n=\frac{\varphi(4^n(x+\delta_m))-\varphi(4^n x)}{\delta_m},$$

则当 $n>m$ 时,由于 $4^n\delta_m$ 是 2 的整数倍,因此 $\alpha_n=0$. 当 $0\leqslant n\leqslant m$ 时,由于成立 $|\varphi(s)-\varphi(t)|\leqslant|s-t|$,所以成立 $|\alpha_n|\leqslant 4^n$. 注意到 $4^m x$ 和 $4^m(x+\delta_m)$ 之间没有整数,所以有 $|\alpha_m|=4^m$.于是

$$\begin{aligned}\left|\frac{f(x+\delta_m)-f(x)}{\delta_m}\right|&=\left|\sum_{n=0}^{\infty}\left(\frac{3}{4}\right)^{n}\frac{\varphi(4^n(x+\delta_m))-\varphi(4^n x)}{\delta_m}\right|\\&=\left|\sum_{n=0}^{\infty}\left(\frac{3}{4}\right)^{n}\alpha_n\right|=\left|\sum_{n=0}^{m}\left(\frac{3}{4}\right)^{n}\alpha_n\right|\geqslant\left(\frac{3}{4}\right)^{m}|\alpha_m|-\sum_{n=0}^{m-1}\left(\frac{3}{4}\right)^{n}|\alpha_n|\\&\geqslant 3^m-\sum_{n=0}^{m-1}3^n=\frac{1}{2}(3^m+1).\end{aligned}$$

由于当 $m\to\infty$ 时,$\delta_m\to 0$,上式就说明了 f 在 x 点不可导.

幂级数性质的证明

引理 9.4.1　设幂级数 $\sum\limits_{n=0}^{\infty}a_n x^n$ 的收敛半径为 $R(R>0)$,则对于任意满足 $b<R$ 的正数 b,$\sum\limits_{n=0}^{\infty}a_n x^n$ 在 $[-b,b]$ 上一致收敛.

证　因为 b 满足 $0<b<R$,所以 $\sum\limits_{n=0}^{\infty}a_n b^n$ 绝对收敛.而对于 $x\in[-b,b]$,有

$$|a_n x^n|\leqslant|a_n b^n|,\quad n=0,1,2,\cdots,$$

因此由 Weierstrass 判别法可知,$\sum\limits_{n=0}^{\infty}a_n x^n$ 在 $[-b,b]$ 上一致收敛.

证毕

定理 9.2.3 的证明　记 $S(x)=\sum\limits_{n=0}^{\infty}a_n x^n$,$S_n(x)=\sum\limits_{k=0}^{n}a_k x^k$.

先证明和函数 $S(x)$ 在 $(-R,R)$ 上连续，这只要证明对于每个 $x_0\in(-R,R)$，$S(x)$ 在 x_0 点连续即可．

取正数 b 满足 $|x_0|<b<R$，由引理 9.4.1 知，$\sum\limits_{n=0}^{\infty}a_nx^n$ 在 $[-b,b]$ 上一致收敛，又因为 $a_nx^n(n=0,1,2,\cdots)$ 在 $[-b,b]$ 上连续，由定理 9.4.8 可知，函数 $S(x)$ 在 $[-b,b]$ 上连续，特别地，$S(x)$ 在 x_0 点连续．

若 $\sum\limits_{n=0}^{\infty}a_nx^n$ 在 $x=R$ 点收敛$(R>0)$，即 $\sum\limits_{n=0}^{\infty}a_nR^n$ 收敛．记 $S_{-1}(R)=0$，则

$$S_n(x)=\sum_{k=0}^{n}[S_k(R)-S_{k-1}(R)]\left(\frac{x}{R}\right)^k=\left(1-\frac{x}{R}\right)\sum_{k=0}^{n-1}S_k(R)\left(\frac{x}{R}\right)^k+S_n(R)\left(\frac{x}{R}\right)^n.$$

当 $0<x<R$ 时，令 $n\to\infty$ 便得

$$S(x)=\left(1-\frac{x}{R}\right)\sum_{k=0}^{\infty}S_k(R)\left(\frac{x}{R}\right)^k.$$

由于当 $0<x<R$ 时有

$$\left(1-\frac{x}{R}\right)\sum_{k=0}^{\infty}\left(\frac{x}{R}\right)^k=1,$$

所以

$$S(x)-S(R)=\left(1-\frac{x}{R}\right)\sum_{k=0}^{\infty}[S_k(R)-S(R)]\left(\frac{x}{R}\right)^k.$$

由假设知数列 $\{S_n(R)\}$ 收敛于 $S(R)$，所以对于任意给定的 $\varepsilon>0$，存在正整数 N，使得 $n>N$ 时，成立 $|S_n(R)-S(R)|<\frac{\varepsilon}{2}$. 于是

$$\begin{aligned}|S(x)-S(R)|&=\left|\left(1-\frac{x}{R}\right)\sum_{k=0}^{N}[S_k(R)-S(R)]\left(\frac{x}{R}\right)^k+\left(1-\frac{x}{R}\right)\sum_{k=N+1}^{\infty}[S_k(R)-S(R)]\left(\frac{x}{R}\right)^k\right|\\&\leqslant\left|\left(1-\frac{x}{R}\right)\sum_{k=0}^{N}[S_k(R)-S(R)]\left(\frac{x}{R}\right)^k\right|+\left|\left(1-\frac{x}{R}\right)\sum_{k=N+1}^{\infty}[S_k(R)-S(R)]\left(\frac{x}{R}\right)^k\right|\\&\leqslant\left|\left(1-\frac{x}{R}\right)\sum_{k=0}^{N}[S_k(R)-S(R)]\left(\frac{x}{R}\right)^k\right|+\left|\frac{\varepsilon}{2}\left(1-\frac{x}{R}\right)\sum_{k=N+1}^{\infty}\left(\frac{x}{R}\right)^k\right|\\&\leqslant\left|\left(1-\frac{x}{R}\right)\sum_{k=0}^{N}[S_k(R)-S(R)]\left(\frac{x}{R}\right)^k\right|+\frac{\varepsilon}{2}.\end{aligned}$$

显然 $\lim\limits_{x\to R-0}\left(1-\frac{x}{R}\right)\sum\limits_{k=0}^{N}[S_k(R)-S(R)]\left(\frac{x}{R}\right)^k=0$，因此存在 $\delta>0$，使得当 $R-\delta<x<R$ 时，成立

$$\left|\left(1-\frac{x}{R}\right)\sum_{k=0}^{N}[S_k(R)-S(x)]\left(\frac{x}{R}\right)^k\right|<\frac{\varepsilon}{2},$$

因而此时成立

$$|S(x)-S(R)|<\varepsilon.$$

由极限的定义，可知 $\lim\limits_{x\to R-0}S(x)=S(R)$. 这就证明了和函数 $S(x)$ 在 $x=R$ 点左连续．

若 $\sum\limits_{n=0}^{\infty}a_nx^n$ 在 $x=-R$ 点收敛$(R>0)$，即 $\sum\limits_{n=0}^{\infty}a_n(-R)^n=\sum\limits_{n=0}^{\infty}a_n(-1)^nR^n$ 收敛．因此幂级数

$\sum_{n=0}^{\infty} a_n(-1)^n x^n$ 在 $x=R$ 点收敛,利用前面证明的结论知 $\sum_{n=0}^{\infty} a_n(-1)^n x^n$ 在 $x=R$ 点左连续,即

$$\lim_{t\to R-0}\sum_{n=0}^{\infty} a_n(-1)^n t^n=\sum_{n=0}^{\infty} a_n(-1)^n R^n,$$

因此

$$\lim_{x\to -R+0}\sum_{n=0}^{\infty} a_n x^n \xlongequal{x=-t} \lim_{t\to R-0}\sum_{n=0}^{\infty} a_n(-1)^n t^n=\sum_{n=0}^{\infty} a_n(-1)^n R^n=\sum_{n=0}^{\infty} a_n(-R)^n.$$

这说明和函数 $S(x)$ 在 $x=-R$ 点右连续.

证毕

定理 9.2.4 的证明　对于固定的 $x\in(-R,R)$,取正数 b 满足 $|x|<b<R$. 由引理 9.4.1 知,$\sum_{n=0}^{\infty} a_n x^n$ 在$[-b,b]$上一致收敛,因此由定理 9.4.9 得到

$$\int_0^x\sum_{n=0}^{\infty} a_n t^n \mathrm{d}t=\sum_{n=0}^{\infty}\int_0^x a_n t^n \mathrm{d}t=\sum_{n=0}^{\infty}\frac{a_n}{n+1}x^{n+1}.$$

证毕

定理 9.2.5 的证明　记 $\tilde{S}(x)=\sum_{n=1}^{\infty} n a_n x^{n-1}$, $S(x)=\sum_{n=0}^{\infty} a_n x^n$. 定理的结论就是在$(-R,R)$上成立 $S'(x)=\tilde{S}(x)$.

先证明幂级数 $\sum_{n=1}^{\infty} n a_n x^{n-1}$ 的收敛半径不小于 R. 取 b 为满足 $b<R$ 的任意正数,那么 $\sum_{n=0}^{\infty} a_n b^n$ 收敛,因此 $\lim\limits_{n\to\infty} a_n b^n=0$. 于是存在正数 M,使得

$$|a_n b^n|\leqslant M,\quad n=0,1,2,\cdots.$$

这样,对于每个满足 $|x|<b$ 的 x 有

$$|n a_n x^{n-1}|\leqslant\frac{M}{b}n\left|\frac{x}{b}\right|^{n-1},\quad n=1,2,\cdots.$$

对于每个 $|x|<b$,由于级数 $\sum_{n=1}^{\infty}\frac{M}{b}n\left|\frac{x}{b}\right|^{n-1}$ 收敛(参见例 9.1.13),所以 $\sum_{n=1}^{\infty} n a_n x^{n-1}$ 也绝对收敛. 由 b 的任意性,可知 $\sum_{n=1}^{\infty} n a_n x^{n-1}$ 对于每个 $x\in(-R,R)$ 都绝对收敛. 这说明了幂级数 $\sum_{n=1}^{\infty} n a_n x^{n-1}$ 的收敛半径不小于 $\sum_{n=0}^{\infty} a_n x^n$ 的收敛半径.

对于任意 $x\in(-R,R)$,取正数 h 满足 $|x|<h<R$. 由引理 9.4.1 知,$\sum_{n=1}^{\infty} n a_n x^{n-1}$ 在$[-h,h]$上一致收敛,因此由定理 9.4.10,$\sum_{n=0}^{\infty} a_n x^n$ 在$[-h,h]$上可以逐项求导,因此在 x 点处有

$$\frac{\mathrm{d}}{\mathrm{d}x}\sum_{n=0}^{\infty} a_n x^n=\sum_{n=0}^{\infty}\frac{\mathrm{d}}{\mathrm{d}x}(a_n x^n)=\sum_{n=1}^{\infty} n a_n x^{n-1}.$$

证毕

定理 9.2.6 的证明　设 $\sum_{n=0}^{\infty}\frac{a_n}{n+1}x^{n+1}$ 的收敛半径为 R_1，定理 9.2.4 蕴含了 $R_1 \geqslant R$，但 $\sum_{n=0}^{\infty}a_nx^n$ 是 $\sum_{n=0}^{\infty}\frac{a_n}{n+1}x^{n+1}$ 逐项求导所得的幂级数，定理 9.2.5 蕴含了 $R \geqslant R_1$. 因此 $R_1=R$. 定理的另一部分的证明类似，此处略去．

证毕

习　题

1. 讨论下列函数序列 $\{S_n(x)\}$ 在指定区间上的一致收敛性：

(1) $S_n(x)=\sin\frac{x}{n}$，在 (a) $(0,\pi)$，(b) $(0,+\infty)$；

(2) $S_n(x)=\frac{x^n}{1+x^n}$，在 (a) $(0,1)$，(b) $(1,+\infty)$；

(3) $S_n(x)=nx(1-x)^n$，在 $(0,1)$；

(4) $S_n(x)=\frac{nx}{1+n^2x^2}$，在 $(1,+\infty)$.

2. 设 $S_n(x)=n(x^n-x^{2n})\ (n=1,2,\cdots)$.

(1) 说明函数序列 $\{S_n(x)\}$ 在 $[0,1]$ 上收敛但不一致收敛；

(2) 说明 $\lim\limits_{n\to\infty}\int_0^1 S_n(x)\,\mathrm{d}x \neq \int_0^1 \lim\limits_{n\to\infty}S_n(x)\,\mathrm{d}x$.

3. 设 $S_n(x)=\frac{x}{1+n^2x^2}\ (n=1,2,\cdots)$，则 $\{S_n(x)\}$ 在 $(-\infty,+\infty)$ 上收敛于函数 $S(x)=0$.

(1) 说明 $\left\{\frac{\mathrm{d}S_n(x)}{\mathrm{d}x}\right\}$ 在 $(-\infty,+\infty)$ 上不一致收敛；

(2) 说明 $\lim\limits_{n\to\infty}\frac{\mathrm{d}}{\mathrm{d}x}S_n(x)=\frac{\mathrm{d}}{\mathrm{d}x}\lim\limits_{n\to\infty}S_n(x)$ 并不对一切 $x\in(-\infty,+\infty)$ 成立．

4. 证明函数项级数 $\sum_{n=1}^{\infty}n\left(x+\frac{1}{n}\right)^n$ 在 $(-1,1)$ 上不一致收敛．

5. 设 $\alpha>1$，证明函数项级数 $\sum_{n=1}^{\infty}x^{\alpha}\mathrm{e}^{-nx}$ 在 $[0,+\infty)$ 上一致收敛．

6. 已知 $(-\infty,+\infty)$ 上的函数项级数 $S(x)=\sum_{n=1}^{\infty}\arctan\frac{x}{n^2}$，证明：在 $(-\infty,+\infty)$ 上成立

$$S'(x)=\sum_{n=1}^{\infty}\frac{\mathrm{d}}{\mathrm{d}x}\left(\arctan\frac{x}{n^2}\right).$$

7. 设函数 $u_n(x)$ 在区间 $[a,b]$ 上连续 $(n=1,2,\cdots)$，$u_0(x)=0$. 定义

$$d(u_{n-1},u_n)=\max_{x\in[a,b]}|u_n(x)-u_{n-1}(x)|,\quad n=1,2,\cdots.$$

证明：若存在常数 $\lambda\ (0<\lambda<1)$，使得

$$d(u_{n+1},u_n)\leqslant \lambda d(u_{n-1},u_n),\quad n=1,2,\cdots,$$

则函数序列 $\{u_n(x)\}$ 在 $[a,b]$ 上一致收敛．

§5　Fourier 变换初步

Fourier 变换和 Fourier 逆变换

本章第 3 节关于 Fourier 级数的论述都是对周期函数而言的,那么对于不具备周期性的函数,又该如何处理呢?

设函数 f 在 $(-\infty,+\infty)$ 上绝对可积(除非特别说明,本节我们总作如此假定). 现在把 f 看成周期函数的极限情况,按以下思路作处理:

(1) 先取 f 在 $[-T,T]$ 上的部分(即把它视为仅定义在 $[-T,T]$ 上的函数),以 $2T$ 为长度,将它周期延拓到整个实轴;

(2) 对得到的周期函数 f_T 作 Fourier 展开;

(3) 令 T 趋于无穷大,导出 f 的新表示.

下面就来展开具体过程. 将 Euler 公式

$$\cos\theta=\frac{1}{2}(e^{i\theta}+e^{-i\theta}),\quad \sin\theta=\frac{1}{2i}(e^{i\theta}-e^{-i\theta})$$

代入周期为 $2T$ 的函数 f_T 的 Fourier 级数,记 $\omega_n=\dfrac{n\pi}{T}$,得到

$$\begin{aligned}f_T(x)&\sim\frac{a_0}{2}+\sum_{n=1}^{\infty}(a_n\cos\omega_nx+b_n\sin\omega_nx)\\&=\frac{a_0}{2}+\sum_{n=1}^{\infty}\left(\frac{a_n-ib_n}{2}e^{i\omega_nx}+\frac{a_n+ib_n}{2}e^{-i\omega_nx}\right).\end{aligned}$$

记

$$c_n=a_n-ib_n=\frac{1}{T}\int_{-T}^{T}f_T(t)e^{-i\omega_nt}dt=\bar{c}_{-n}\quad(n=0,1,2,\cdots),$$

则得到

$$f_T(x)\sim\frac{c_0}{2}+\frac{1}{2}\sum_{n=1}^{+\infty}(c_ne^{i\omega_nx}+c_{-n}e^{-i\omega_nx})=\frac{1}{2}\sum_{n=-\infty}^{+\infty}c_ne^{i\omega_nx},$$

这称为 **Fourier 级数的复数形式**. 将 c_n 的表达式代入,即有

$$f_T(x)\sim\frac{1}{2T}\sum_{n=-\infty}^{+\infty}\left[\int_{-T}^{T}f_T(t)e^{-i\omega_nt}dt\right]e^{i\omega_nx}.$$

记 $\Delta\omega=\omega_n-\omega_{n-1}=\dfrac{\pi}{T}$,于是当 $T\to+\infty$ 时 $\Delta\omega\to0$,因此

$$f(x)=\lim_{T\to+\infty}f_T(x)\sim\lim_{\Delta\omega\to0}\frac{1}{2\pi}\sum_{n=-\infty}^{+\infty}\left[\int_{-T}^{T}f_T(t)e^{-i\omega_nt}dt\right]e^{i\omega_nx}\Delta\omega.$$

我们暂且将上面右面的式子看成函数 $\varphi_T(\omega)=\dfrac{1}{2\pi}\displaystyle\int_{-T}^{T}f_T(t)e^{-i\omega t}dte^{i\omega x}$ 在 $(-\infty,+\infty)$ 上的"积

分”(注意这并非真正的 Riemann 和),于是在形式上有

$$f(x) \sim \frac{1}{2\pi}\int_{-\infty}^{+\infty}\left[\int_{-\infty}^{+\infty} f(t)\mathrm{e}^{-\mathrm{i}\omega t}\mathrm{d}t\right]\mathrm{e}^{\mathrm{i}\omega x}\mathrm{d}\omega.$$

方括号中的函数

$$\hat{f}(\omega)=\int_{-\infty}^{+\infty} f(x)\mathrm{e}^{-\mathrm{i}\omega x}\mathrm{d}x \quad (\omega\in(-\infty,+\infty))$$

称为 f 的 **Fourier 变换**或**像函数**,记为 $F[f]$,即

$$F[f](\omega)=\hat{f}(\omega)=\int_{-\infty}^{+\infty} f(x)\mathrm{e}^{-\mathrm{i}\omega x}\mathrm{d}x.$$

而称函数

$$\frac{1}{2\pi}\int_{-\infty}^{+\infty}\hat{f}(\omega)\mathrm{e}^{\mathrm{i}\omega x}\mathrm{d}\omega \quad (x\in(-\infty,+\infty))$$

为 $\hat{f}$ 的 **Fourier 逆变换**或**像原函数**,记为 $F^{-1}[\hat{f}]$,即

$$F^{-1}[\hat{f}](x)=\frac{1}{2\pi}\int_{-\infty}^{+\infty}\hat{f}(\omega)\mathrm{e}^{\mathrm{i}\omega x}\mathrm{d}\omega.$$

注意,这里假设了该函数的存在性.

称函数

$$\frac{1}{2\pi}\int_{-\infty}^{+\infty}\left[\int_{-\infty}^{+\infty} f(t)\mathrm{e}^{-\mathrm{i}\omega t}\mathrm{d}t\right]\mathrm{e}^{\mathrm{i}\omega x}\mathrm{d}\omega \overset{\text{记为}}{=} \frac{1}{2\pi}\int_{-\infty}^{+\infty}\mathrm{d}\omega\int_{-\infty}^{+\infty} f(t)\mathrm{e}^{\mathrm{i}\omega(x-t)}\mathrm{d}t$$

为 f 的 **Fourier 积分**. 容易想到,在一定条件下,它应与 $f(x)$ 相等,但研究这些条件已超出本课程的要求,我们不加证明地给出以下充分条件.

定理 9.5.1 设函数 f 在 $(-\infty,+\infty)$ 上绝对可积,且分段可导,则 f 的 Fourier 积分满足:对于任意 $x\in(-\infty,+\infty)$,成立

$$\frac{1}{2\pi}\int_{-\infty}^{+\infty}\mathrm{d}\omega\int_{-\infty}^{+\infty} f(t)\mathrm{e}^{\mathrm{i}\omega(x-t)}\mathrm{d}t=\frac{f(x+0)+f(x-0)}{2}.$$

注意,若 x 是 f 的连续点,定理已蕴含了 $\frac{1}{2\pi}\int_{-\infty}^{+\infty}\mathrm{d}\omega\int_{-\infty}^{+\infty} f(t)\mathrm{e}^{\mathrm{i}\omega(x-t)}\mathrm{d}t=f(x)$. 请读者将此定理的条件和结论与关于 Fourier 级数的相应定理比较一下.

例 9.5.1 求孤立矩形波

$$f(x)=\begin{cases} h, & |x|\leqslant\delta,\\ 0, & |x|>\delta \end{cases}$$

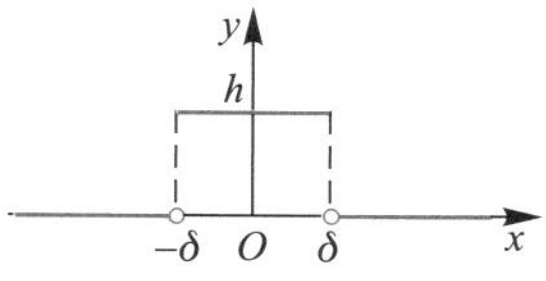

图 9.5.1

(图 9.5.1)的 Fourier 变换 $\hat{f}(\omega)$ 和 $\hat{f}(\omega)$ 的 Fourier 逆变换.

解 当 $\omega\neq 0$ 时,

$$\begin{aligned}\hat{f}(\omega)&=\int_{-\infty}^{+\infty} f(x)\mathrm{e}^{-\mathrm{i}\omega x}\mathrm{d}x\\ &=h\int_{-\delta}^{\delta}\mathrm{e}^{-\mathrm{i}\omega x}\mathrm{d}x=h\frac{\mathrm{e}^{-\mathrm{i}\omega x}}{-\mathrm{i}\omega}\bigg|_{-\delta}^{\delta}=\frac{2h}{\omega}\sin(\omega\delta).\end{aligned}$$

而当 $\omega=0$ 时,$\hat{f}(0)=\int_{-\infty}^{+\infty} f(x)\mathrm{d}x=2h\delta(=\lim\limits_{\omega\to 0}\hat{f}(\omega))$.

利用 $\int_0^{+\infty}\frac{\sin ax}{x}dx=\operatorname{sgn}(a)\frac{\pi}{2}$（证明从略），可以求得它的 Fourier 逆变换为

$$F^{-1}[\hat{f}](x)=\frac{1}{2\pi}\int_{-\infty}^{+\infty}\hat{f}(\omega)e^{i\omega x}d\omega=\frac{h}{\pi}\int_{-\infty}^{+\infty}\frac{\sin(\omega\delta)}{\omega}e^{i\omega x}d\omega$$

$$=\frac{2h}{\pi}\int_0^{+\infty}\frac{\sin(\omega\delta)}{\omega}\cos(\omega x)d\omega=\begin{cases}h, & |x|<\delta,\\ \frac{h}{2}, & x=\pm\delta,\\ 0 & |x|>\delta.\end{cases}$$

Fourier 变换的性质

Fourier 变换和 Fourier 逆变换的下列性质对于理论分析和实际计算都很重要．

性质 1(线性性质)　若 f,g 的 Fourier 变换存在，c_1,c_2 是常数，则

$$F[c_1f+c_2g]=c_1F[f]+c_2F[g];$$

若 $\hat{f},\hat{g}$ 的 Fourier 逆变换存在，则

$$F^{-1}[c_1\hat{f}+c_2\hat{g}]=c_1F^{-1}[\hat{f}]+c_2F^{-1}[\hat{g}].$$

证明请读者自行完成．

性质 2(位移性质)　设函数 f 的 Fourier 变换存在，则

$$F[f(x+x_0)](\omega)=F[f](\omega)e^{i\omega x_0};$$

若 $\hat{f}$ 的 Fourier 逆变换存在，则

$$F^{-1}[\hat{f}(\omega+\omega_0)](x)=F^{-1}[\hat{f}](x)e^{-i\omega_0 x}.$$

注　以上两式常简记为

$$F[f(x+x_0)]=F[f]e^{i\omega x_0},$$

$$F^{-1}[\hat{f}(\omega+\omega_0)]=F^{-1}[\hat{f}]e^{-i\omega_0 x}.$$

今后类似的情况也用此种记号，而不再一一明确指出变换的函数取值．

证　利用换元积分法得

$$F[f(x+x_0)](\omega)=\int_{-\infty}^{+\infty}f(x+x_0)e^{-i\omega x}dx=\int_{-\infty}^{+\infty}f(u)e^{-i\omega(u-x_0)}du$$

$$=e^{i\omega x_0}\int_{-\infty}^{+\infty}f(u)e^{-i\omega u}du=e^{i\omega x_0}F[f](\omega).$$

另一部分的证明留给读者自行完成．

证毕

注　还可以证明，若函数 f 的 Fourier 变换存在，a,ω_0 为实常数，则

$$F[f(ax)](\omega)=\frac{1}{|a|}F[f]\left(\frac{\omega}{a}\right);$$

$$F[f(x)e^{i\omega_0 x}](\omega)=F[f](\omega-\omega_0).$$

例 9.5.2　已知 $F[e^{-\alpha x^2}]=\sqrt{\frac{\pi}{\alpha}}e^{-\frac{\omega^2}{4\alpha}}$（$\alpha>0$，证明从略），求 $F[e^{-\alpha(x-x_0)^2}]$ 和 $F[e^{-\alpha x^2}\sin\beta x]$.

解　由性质 2 得

$$F[e^{-\alpha(x-x_0)^2}]=\sqrt{\frac{\pi}{\alpha}}e^{-\frac{\omega^2}{4\alpha}}e^{-i\omega x_0}=\sqrt{\frac{\pi}{\alpha}}e^{-ix_0\omega-\frac{\omega^2}{4\alpha}}.$$

因为 $\sin\beta x=\frac{1}{2i}(e^{i\beta x}-e^{-i\beta x})$，所以由性质 1 和性质 2 后面的注得

$$\begin{aligned}F[e^{-\alpha x^2}\sin\beta x]&=F\left[\frac{1}{2i}e^{-\alpha x^2}(e^{i\beta x}-e^{-i\beta x})\right]\\&=\frac{1}{2i}\{F[e^{-\alpha x^2}e^{i\beta x}]-F[e^{-\alpha x^2}e^{-i\beta x}]\}=\frac{1}{2i}\sqrt{\frac{\pi}{\alpha}}\left[e^{-\frac{(\omega-\beta)^2}{4\alpha}}-e^{-\frac{(\omega+\beta)^2}{4\alpha}}\right].\end{aligned}$$

性质 3（微分性质）　（1）设函数 f 在 $(-\infty,+\infty)$ 上具有连续导数，且绝对可积．若 $\lim\limits_{x\to\infty}f(x)=0$，则有

$$F[f']=i\omega\cdot F[f].$$

（2）若函数 $f(x)$ 和 $xf(x)$ 在 $(-\infty,+\infty)$ 上绝对可积，则

$$F[-ix\cdot f]=(F[f])'.$$

证　（1）由分部积分公式，得

$$\begin{aligned}F[f'](\omega)&=\int_{-\infty}^{+\infty}f'(x)e^{-i\omega x}dx=f(x)e^{-i\omega x}\Big|_{-\infty}^{+\infty}+i\omega\int_{-\infty}^{+\infty}f(x)e^{-i\omega x}dx\\&=i\omega\cdot F[f](\omega).\end{aligned}$$

（2）这是因为

$$\begin{aligned}F[-ix\cdot f](\omega)&=\int_{-\infty}^{+\infty}[-ixf(x)]e^{-i\omega x}dx\\&=\int_{-\infty}^{+\infty}\frac{d}{d\omega}[f(x)e^{-i\omega x}]dx=\frac{d}{d\omega}\int_{-\infty}^{+\infty}f(x)e^{-i\omega x}dx\\&=\frac{d}{d\omega}[F(f)](\omega).\end{aligned}$$

注意，这里的求导运算与积分运算交换了次序，其理由需要更深入的数学知识，我们不作进一步展开．

证毕

性质 4（积分性质）　设函数 f 和 $\int_{-\infty}^{x}f(t)dt$ 在 $(-\infty,+\infty)$ 上绝对可积，则

$$F\left[\int_{-\infty}^{x}f(t)dt\right]=\frac{1}{i\omega}F[f].$$

证　因为

$$\frac{d}{dx}\int_{-\infty}^{x}f(t)dt=f(x),$$

且由 $\int_{-\infty}^{x}f(t)dt$ 及 $f(x)$ 的绝对可积性，易知 $\lim\limits_{x\to\infty}\int_{-\infty}^{x}f(t)dt=0$，所以由微分性质得

$$F[f](\omega)=F\left[\frac{d}{dx}\int_{-\infty}^{x}f(t)dt\right](\omega)=i\omega F\left[\int_{-\infty}^{x}f(t)dt\right](\omega),$$

即

$$F\left[\int_{-\infty}^{x} f(t)\,\mathrm{d}t\right](\omega)=\frac{1}{\mathrm{i}\omega}F[f](\omega).$$

证毕

现在引入函数的卷积概念．

定义 9.5.1　设函数 f 和 g 在 $(-\infty,+\infty)$ 上有定义，且积分 $\int_{-\infty}^{+\infty} f(t)g(x-t)\,\mathrm{d}t$ 对于每个 $x\in(-\infty,+\infty)$ 均存在，定义函数 $f*g$ 为

$$f*g(x)=\int_{-\infty}^{+\infty} f(t)g(x-t)\,\mathrm{d}t,\quad x\in(-\infty,+\infty),$$

且称 $f*g$ 为 f 和 g 的**卷积**．

容易证明，卷积满足交换律、结合律和分配律，即对于函数 f,g 和 h，若下面涉及的卷积有定义，则有

(1) $f*g=g*f$;

(2) $(f*g)*h=f*(g*h)$;

(3) $f*(g+h)=f*g+f*h$.

例 9.5.3　设 $f(x)=\begin{cases}1, & x\geqslant 0,\\ 0, & x<0,\end{cases}$ $g(x)=\begin{cases}\mathrm{e}^{-x}, & x\geqslant 0,\\ 0, & x<0,\end{cases}$ 求 $f*g$.

解　易知

$$f(t)g(x-t)=\begin{cases}\mathrm{e}^{-(x-t)}, & 0\leqslant t\leqslant x,\\ 0, & \text{其他},\end{cases}$$

因此，当 $x<0$ 时

$$f*g(x)=\int_{-\infty}^{+\infty} f(t)g(x-t)\,\mathrm{d}t=0;$$

当 $x\geqslant 0$ 时

$$f*g(x)=\int_{-\infty}^{+\infty} f(t)g(x-t)\,\mathrm{d}t=\int_{0}^{x}\mathrm{e}^{-(x-t)}\,\mathrm{d}t=\mathrm{e}^{-x}\int_{0}^{x}\mathrm{e}^{t}\,\mathrm{d}t=1-\mathrm{e}^{-x}.$$

于是

$$f*g(x)=\begin{cases}1-\mathrm{e}^{-x}, & x\geqslant 0,\\ 0, & x<0.\end{cases}$$

定理 9.5.2（卷积的 Fourier 变换）　设函数 f 和 g 在 $(-\infty,+\infty)$ 上绝对可积，则有

$$F[f*g]=F[f]\cdot F[g].$$

证

$$\begin{aligned}F[f*g](\omega)&=\int_{-\infty}^{+\infty}\left(\int_{-\infty}^{+\infty} f(t)g(x-t)\,\mathrm{d}t\right)\mathrm{e}^{-\mathrm{i}\omega x}\,\mathrm{d}x\\&=\int_{-\infty}^{+\infty} f(t)\mathrm{e}^{-\mathrm{i}\omega t}\left(\int_{-\infty}^{+\infty} g(x-t)\mathrm{e}^{-\mathrm{i}\omega(x-t)}\,\mathrm{d}x\right)\mathrm{d}t\\&=\int_{-\infty}^{+\infty} f(t)\mathrm{e}^{-\mathrm{i}\omega t}\,\mathrm{d}t\int_{-\infty}^{+\infty} g(u)\mathrm{e}^{-\mathrm{i}\omega u}\,\mathrm{d}u\\&=(F[f]\cdot F[g])(\omega).\end{aligned}$$

证毕

在上述证明中，我们实际上应用了更广泛的积分理论中关于交换积分次序的结论．运

用这个积分理论,还可以导出如下的结果.

定理 9.5.3(Parseval 等式)　设函数 f 在 $(-\infty,+\infty)$ 上绝对可积,且 $\int_{-\infty}^{+\infty}[f(x)]^2\mathrm{d}x$ 收敛.记 f 的 Fourier 变换为 $\hat{f}$,则

$$\int_{-\infty}^{+\infty}[f(x)]^2\mathrm{d}x=\frac{1}{2\pi}\int_{-\infty}^{+\infty}|\hat{f}(\omega)|^2\mathrm{d}\omega.$$

这个等式也称为**能量恒等式**.

今后学习更深入的理论和实际应用(如微分方程、控制理论、计算方法、无线电技术、信号和图像处理等)时会知道,以上的性质和定理非常重要.下面举两个简单例子(为简明起见,此处略去有关条件的验证).

例 9.5.4　设函数 f 具有连续导数,且绝对可积,解微分方程

$$u''(x)-a^2u(x)+2af(x)=0\quad(x\in(-\infty,+\infty),a>0\text{ 为常数}).$$

解　由 Fourier 变换的微分性质得

$$F[u'']=\mathrm{i}\omega F[u']=-\omega^2F[u],$$

对方程两边作 Fourier 变换,整理后即有

$$F[u]=\frac{2a}{a^2+\omega^2}F[f].$$

利用 $F[\mathrm{e}^{-a|x|}]=\dfrac{2a}{a^2+\omega^2}$($a>0$,留作习题)和定理 9.5.2 的结论,得

$$u(x)=F^{-1}\left[\frac{2a}{a^2+\omega^2}\cdot F[f]\right]=F^{-1}[F[\mathrm{e}^{-a|x|}]\cdot F[f]]$$

$$=f*\mathrm{e}^{-a|x|}=\int_{-\infty}^{+\infty}f(t)\mathrm{e}^{-a|x-t|}\mathrm{d}t.$$

例 9.5.5　解热传导方程的 Cauchy 问题

$$\begin{cases}u'_t-a^2u''_{xx}=0, & t>0,\\ u(x,0)=f(x).\end{cases}$$

解　设 $\hat{u}(\omega,t)=F[u(x,t)]$,$\hat{f}(\omega)=F[f(x)]$分别是 u,f 关于变量 x 的 Fourier 变换.由 Fourier 变换的微分性质得

$$F[u''_{xx}](\omega,t)=\mathrm{i}\omega F[u'_x](\omega,t)=-\omega^2F[u](\omega,t)=-\omega^2\hat{u}(\omega,t),$$

且

$$F[u'_t](\omega)=\int_{-\infty}^{+\infty}u'_t(x,t)\mathrm{e}^{-\mathrm{i}\omega x}\mathrm{d}x=\frac{\partial}{\partial t}\int_{-\infty}^{+\infty}u(x,t)\mathrm{e}^{-\mathrm{i}\omega x}\mathrm{d}x=\hat{u}'_t(\omega,t).$$

于是,对$\begin{cases}u'_t-a^2u''_{xx}=0,\\ u(x,0)=f(x)\end{cases}$的各式分别作 Fourier 变换得

$$\begin{cases}\hat{u}'_t+a^2\omega^2\hat{u}=0, & t>0,\\ \hat{u}(\omega,0)=\hat{f}(\omega).\end{cases}$$

这是一阶线性常微分方程的定解问题,解之得(解法见下一章)

$$\hat{u}(\omega,t)=\hat{f}(\omega)\mathrm{e}^{-a^2\omega^2t}.$$

利用 $F[\mathrm{e}^{-\alpha x^2}]=\sqrt{\dfrac{\pi}{\alpha}}\mathrm{e}^{-\frac{\omega^2}{4\alpha}}(\alpha>0)$ 可得

$$F^{-1}[\mathrm{e}^{-a^2\omega^2 t}]=\frac{1}{2a\sqrt{\pi t}}\mathrm{e}^{-\frac{x^2}{4a^2t}}.$$

于是，所考虑问题的解为

$$u(x,t)=F^{-1}[\hat{u}(\omega,t)]=F^{-1}[\hat{f}(\omega)\mathrm{e}^{-a^2\omega^2 t}]$$
$$=f*\frac{1}{2a\sqrt{\pi t}}\mathrm{e}^{-\frac{x^2}{4a^2t}}=\frac{1}{2a\sqrt{\pi t}}\int_{-\infty}^{+\infty}f(s)\mathrm{e}^{-\frac{(x-s)^2}{4a^2t}}\mathrm{d}s.$$

习　题

1. 求下列定义在 $(-\infty,+\infty)$ 上的函数的 Fourier 变换：

(1) $f(x)=\mathrm{e}^{-a|x|}\quad(a>0)$；

(2) $f(x)=\begin{cases}\mathrm{e}^{-2x}, & x\geqslant 0,\\ 0, & x<0;\end{cases}$

(3) $f(x)=\mathrm{e}^{-|x|}\cos x$.

2. 设 f 是 $(-\infty,+\infty)$ 上绝对可积的可导函数.

(1) 证明 f 是偶函数时的 Fourier 积分

$$f(x)=\frac{2}{\pi}\int_0^{+\infty}\left[\int_0^{+\infty}f(t)\cos\omega t\mathrm{d}t\right]\cos\omega x\mathrm{d}\omega;$$

(2) 证明 f 是奇函数时的 Fourier 积分

$$f(x)=\frac{2}{\pi}\int_0^{+\infty}\left[\int_0^{+\infty}f(t)\sin\omega t\mathrm{d}t\right]\sin\omega x\mathrm{d}\omega.$$

3. 利用定理 9.5.1 和例 9.5.1 关于 $\hat{f}(\omega)$ 的计算结果证明：

$$\int_0^{+\infty}\frac{\sin ax}{x}\mathrm{d}x=\operatorname{sgn}(a)\frac{\pi}{2}.$$

4. 利用习题 1(1) 和 2(1) 的结论证明：

(1) $\displaystyle\int_0^{+\infty}\frac{\cos\omega x}{\alpha^2+\omega^2}\mathrm{d}\omega=\frac{\pi}{2\alpha}\mathrm{e}^{-\alpha|x|}$；

(2) 设 φ 是 $[0,+\infty)$ 上绝对可积的可导函数，且

$$\int_0^{+\infty}\varphi(y)\cos(xy)\mathrm{d}y=\frac{1}{1+x^2}\quad(x\geqslant 0),$$

求 $\varphi(x)$.

5. 对函数

$$f(x)=\begin{cases}1, & |x|\leqslant 1,\\ 0, & |x|>1\end{cases}$$

应用 Parseval 等式，求 $\displaystyle\int_0^{+\infty}\frac{\sin^2 x}{x^2}\mathrm{d}x$.

6. 利用 Fourier 变换解 Airy（艾里）方程 $u''(x)-xu(x)=0$.

第四篇　常微分方程

300 多年前，在 Newton 和 Leibniz 奠定微积分学基础的同时，也已提出了微分方程的概念．微分运算和积分运算的互逆性，本质上就是解决了微分方程 $y'=f(x)$ 的求解问题．事实上，微分方程的思想在此前解决一些具体的物理问题时就已经产生，Newton，Leibniz 以及稍后的荷兰数学家 Huygens（惠更斯），瑞士数学家 Bernoulli（伯努利）兄弟在微积分的基础上找到了一些一阶微分方程的求解方法．在人们寻求方程通解的同时，常微分方程也在数学、物理学、力学和天文学方面得到了成功的应用．从 17 世纪末开始，三体问题、摆的运动、弦的振动以及弹性理论等问题的数学描述引出了一系列的二阶微分方程．Bernoulli，瑞士数学家 Euler，意大利数学家 Riccati（里卡蒂）和英国数学家 Taylor 都在这一方向上做出了卓有成效的研究．随着科学和工程技术的发展，人们发现大量的实际问题或事物的发展过程，都可以用微分方程来描述和解决．但是，人们也同时发现并非对每个微分方程都能求出用初等函数及其积分表示的显式或隐式的解．于是，自 19 世纪初，从法国数学家 Cauchy 的工作开始，数学家们纷纷致力于研究微分方程定解问题中解的存在性、唯一性、解对参数的连续依赖性和可微性等基本问题，以及直接根据微分方程的结构来研究解的属性或方程所确定的曲线分布的定性理论．

许多实际问题，常常会归结为含有未知函数的导数的微分方程问题，这就更促使常微分方程理论迅速发展成一个重要的数学分支．现在，常微分方程理论已成为数学、物理学、天文学、化学、生物学、经济学、管理学、信息科学和工程技术等领域的基本工具．

本篇将介绍常微分方程理论中的一些最基本问题、解决方法和若干应用．它们将为读者提供一条解决实际问题的重要渠道．

第十章 常微分方程

常微分方程理论是伴随着微积分的发展而深入,并逐渐成长的一个富有应用性的数学分支．所谓常微分方程,就是含有未知一元函数的导数或微分的方程．由于在用数学工具和方法探索事物的发展或变化规律时,需要建立数学模型,而有关连续量的变化规律又常常需要用含有导数的方程来描述,并且这些方程满足一定条件的解,也在数学层面上刻画了某些特定规律．因此,微分方程是运用数学理论,特别是微积分去解决实际问题的一个重要工具．此外,在数学学科内部,常微分方程理论和方法也是经常用到的工具,它的发展也推动了其他数学分支的发展．因此,常微分方程的理论研究至今仍具活力．

本章首先介绍一阶和二阶常微分方程解的存在性定理、常见解法和解的结构,重点在线性方程,之后介绍一些可降阶的方程的解法,同时还介绍这几类方程的应用以及数学建模的思想．最后介绍常微分方程的幂级数解法和常微分方程组．

§1　常微分方程的概念

为了对本章讨论的对象有一个初步印象,我们从两个具体问题讲起．

先看一个物理学中的例子．

例 10.1.1　一个质量为 m 的自由落体(即不考虑空气的阻力),沿铅垂线下落,那么物体下落的位移 s 是时间的函数．若取铅垂向下的方向为 s 的正向,那么由 Newton 第二定律得

$$m\frac{\mathrm{d}^2s}{\mathrm{d}t^2}=mg,$$

即

$$\frac{\mathrm{d}^2s}{\mathrm{d}t^2}=g,$$

其中 g 是重力加速度．这是一个既含未知函数,又含该未知函数的导数的方程．

对上式关于 t 积分得

$$\frac{\mathrm{d}s}{\mathrm{d}t}=gt+C_1,$$

再积分一次便得 s 所满足的方程

$$s=\frac{1}{2}gt^2+C_1t+C_2,$$

其中 C_1,C_2 是任意常数.

含有未知函数的导数或微分的方程称为**微分方程**. 如果微分方程中的未知函数只是一个自变量的函数,就称该方程为**常微分方程**,否则称为**偏微分方程**. 例如,方程 $\frac{\mathrm{d}^2y}{\mathrm{d}t^2}+\sin t\frac{\mathrm{d}y}{\mathrm{d}t}+ty^2=\cos t$ 和 $\frac{\mathrm{d}^2y}{\mathrm{d}x^2}+x^5\left(\frac{\mathrm{d}y}{\mathrm{d}x}\right)^3+xy^4=\mathrm{e}^x$ 都是常微分方程;而 $\frac{\partial^2z}{\partial x^2}+\frac{\partial^2z}{\partial y^2}=\mathrm{e}^{x+y}$ 是偏微分方程.

本章只考虑常微分方程. 一个常微分方程中所出现的未知函数的导数的最高阶数称为该方程的**阶**. 例如,$\frac{\mathrm{d}^2y}{\mathrm{d}x^2}+x^5\left(\frac{\mathrm{d}y}{\mathrm{d}x}\right)^3+xy^4=\mathrm{e}^x$ 就是一个二阶常微分方程. 本章及后面各章中为对自变量的明确起见,常将函数记号连同自变量记号一同写出来表示函数,例如函数 f 表示为 $f(x)$,等等.

再看一个几何学的例子.

例 10.1.2　已知曲线 $y=f(x)$ 上任意一点 $(x,f(x))$ 处的切线斜率都等于 x^2,并且经过点 $(3,2)$,求该曲线的方程.

解　由题意,有

$$\begin{cases}y'=x^2,\\y(3)=2.\end{cases}$$

对 $y'=x^2$ 关于 x 积分得

$$y=\int x^2\mathrm{d}x=\frac{x^3}{3}+C,$$

其中 C 是任意常数,这表示了 Oxy 平面上的一族曲线. 将 $x=3,y=2$ 代入上式,便得所求的曲线方程

$$y=\frac{x^3}{3}-7.$$

在理论研究和实际应用中,往往只关心微分方程满足某一个或一组特定条件的解,这类问题称为**定解问题**. 例如,在上例中加上了方程的解需满足"$y(3)=2$"这个条件,便是一个定解问题.

n 阶常微分方程的一般形式为

$$F(x,y,y',\cdots,y^{(n)})=0.$$

如果一个函数 $y=\varphi(x)$ 在区间 (a,b) 上 n 阶可导,且满足

$$F(x,\varphi(x),\varphi'(x),\cdots,\varphi^{(n)}(x))=0,$$

则称 $y=\varphi(x)$ 是该方程在区间 (a,b) 上的**解**. 它在 Oxy 平面上表示一条曲线,因此微分方程的解也称为**积分曲线**. 例如,在例 10.1.2 中,每条曲线 $y=\frac{x^3}{3}+C\ (C\in(-\infty,+\infty))$ 都是微分方程 $y'=x^2$ 的积分曲线. 若对上面的 n 阶微分方程的解还要求满足**初值条件**

$$y(x_0)=y_0,\quad y'(x_0)=y_0^{(1)},\quad \cdots,\quad y^{(n-1)}(x_0)=y_0^{(n-1)},$$

其中 $x_0\in(a,b),y_0,y_0^{(1)},\cdots,y_0^{(n-1)}$ 为常数,则称这类定解问题为**初值问题**.

如果一个常微分方程的解中含有相互独立的任意常数(即它们不能合并而使任意常数的个数减少),且任意常数的个数与该方程的阶数相同,这样的解就称为该方程的**通解**.与之相对立的,如果一个微分方程的解不包含任意常数,这样的解称为**特解**.例如,在例10.1.1中 $s=\frac{1}{2}gt^2+C_1t+C_2$ 就是方程 $\frac{d^2s}{dt^2}=g$ 的通解,而 $s=\frac{1}{2}gt^2$ 是该方程的一个满足初值条件 $s(0)=0,s'(0)=0$ 的特解.再例如,在例10.1.2中,$y=\frac{x^3}{3}+C$ 就是方程 $y'=x^2$ 的通解,而 $y=\frac{x^3}{3}-7$ 是该方程的一个满足初值条件 $y(3)=2$ 的特解.

形如

$$y^{(n)}+a_1(x)y^{(n-1)}+\cdots+a_{n-1}(x)y'+a_n(x)y=f(x)$$

的方程称为**(n 阶)线性常微分方程**,其中 $a_1(x),\cdots,a_{n-1}(x),a_n(x),f(x)$ 为已知函数.当 $f(x)\equiv 0$ 时,称该方程为**(n 阶)齐次线性微分方程**,否则称为**非齐次线性微分方程**.例如

$$\frac{d^3y}{dx^3}+6\sin x\frac{d^2y}{dx^2}+xy=0$$

是一个三阶齐次线性微分方程;而

$$y^2\frac{d^2y}{dx^2}+x\left(\frac{dy}{dx}\right)^2+y^5=0$$

就不是线性微分方程.

一个常微分方程是否有解?定解问题是否有唯一的解?若有解,又如何求出解?这就是我们后面要讨论的问题.

习　题

1. 指出下列函数(或隐函数)是否为所给微分方程的解:

(1) $xy'=2y$,　$y=5x$;

(2) $y''+4y=0$,　$y=6\sin 2x-2\cos 2x$;

(3) $y''-2y'+y=0$,　$y=3xe^x+x$;

(4) $(2xy^2-y)dx+(y^2+x+y)dy=0$,　$x^2+y-\frac{x}{y}+\ln y=0$.

2. 验证下列函数是所给微分方程的特解:

(1) $\begin{cases}y'-2xy=x,\\ y(0)=1,\end{cases}$　$y=\frac{3}{2}e^{x^2}-\frac{1}{2}$;

(2) $\begin{cases}y''-3y'+2y=5,\\ y\big|_{x=0}=1,y'\big|_{x=0}=2,\end{cases}$　$y=-5e^x+\frac{7}{2}e^{2x}+\frac{5}{2}$.

§ 2　一阶常微分方程

导数已解出的一阶常微分方程可以表示为如下的一般形式

$$\frac{\mathrm{d}y}{\mathrm{d}x}=f(x,y),$$

对于这类方程的定解问题,有以下的一种解的存在与唯一性定理.

定理 10.2.1(解的存在与唯一性定理) 对于定解问题$\begin{cases}\dfrac{\mathrm{d}y}{\mathrm{d}x}=f(x,y),\\ y(x_0)=y_0,\end{cases}$如果 $f(x,y)$ 和 $\dfrac{\partial f}{\partial y}(x,y)$ 在矩形区域 $\{(x,y)\mid |x-x_0|<a,|y-y_0|<b\}$ 上连续,那么存在一个正数 $h(0<h\leqslant a)$,使得这个定解问题在 $O(x_0,h)$ 上有唯一的解 $y=\varphi(x)$,即在 $O(x_0,h)$ 上成立

$$\varphi'(x)=f(x,\varphi(x))$$

及

$$\varphi(x_0)=y_0.$$

定理 10.2.1 的证明

这个定理的证明超出本课程的要求,此处从略,感兴趣的读者可参见二维码资源中的证明过程.

注意,这个定理中函数 f 的连续性保证了解的存在性,而 $\dfrac{\partial f}{\partial y}$ 的连续性保证了解的唯一性. 例如,定解问题

$$\begin{cases}\dfrac{\mathrm{d}y}{\mathrm{d}x}=y^{\frac{2}{3}},\\ y(0)=0\end{cases}$$

有两个解 $y=0$ 和 $y=\dfrac{x^3}{27}$. 这时 $f(x,y)=y^{\frac{2}{3}}$ 连续,但关于 y 的偏导数 $\dfrac{\partial f}{\partial y}$ 在 $(0,0)$ 点不连续.

再者,在这个定理中,只说明了在局部的解的存在性和唯一性,而且也没有说明解的表达式如何. 事实上,并不是每个一阶微分方程的解都可以用初等函数及它们的有限次积分来表达(这种方法称为初等积分法). 例如,Liouville(刘维尔)在 1841 年就证明了微分方程 $\dfrac{\mathrm{d}y}{\mathrm{d}x}=x^2+y^2$ 不能用初等积分法来求解,虽然它看起来形式很简单. 因此,下面对一些常见类型的方程的解法进行介绍.

变量可分离方程

若一阶微分方程 $\dfrac{\mathrm{d}y}{\mathrm{d}x}=f(x,y)$ 中的 $f(x,y)$ 可以分解成 x 的函数 $g(x)$ 与 y 的函数 $h(y)$ 的乘积,即

$$\frac{\mathrm{d}y}{\mathrm{d}x}=g(x)\cdot h(y)$$

则称其为**变量可分离方程**.

若 $g(x)$ 与 $h(y)$ 连续,把上面的变量可分离方程改写成

$$\frac{\mathrm{d}y}{h(y)}=g(x)\mathrm{d}x,$$

对上式两边取不定积分,得

$$\int\frac{\mathrm{d}y}{h(y)}=\int g(x)\mathrm{d}x,$$

若 $G(x)$ 是 $g(x)$ 的一个原函数,$H(y)$ 是 $\frac{1}{h(y)}$ 的一个原函数,便得到方程的通解

$$H(y)=G(x)+C,$$

这里 C 是任意常数①. 这种形式的解也称为**隐式解**.

若 y_0 是方程 $h(y)=0$ 的根,则函数 $y=y_0$ 也是方程 $\frac{\mathrm{d}y}{\mathrm{d}x}=g(x)\cdot h(y)$ 的解,而且这个解并不一定包含在通解的表达式中.

例 10.2.1 求解微分方程

$$\left(\frac{\mathrm{d}y}{\mathrm{d}x}\right)^2+y^2=1.$$

解 将此方程化为变量可分离方程

$$\frac{\mathrm{d}y}{\mathrm{d}x}=\pm\sqrt{1-y^2},$$

即

$$\frac{\mathrm{d}y}{\sqrt{1-y^2}}=\pm\mathrm{d}x.$$

两边积分得

$$\arcsin y=\pm x+C,$$

即

$$y=\sin(x+C).$$

上式就是方程的通解. 注意 $y=1$ 和 $y=-1$ 也是方程的两个解,但它们并不在通解之中.

例 10.2.2 解定解问题

$$\begin{cases}\sin x\dfrac{\mathrm{d}y}{\mathrm{d}x}=y\ln y,\\ y\left(\dfrac{\pi}{2}\right)=\mathrm{e}.\end{cases}$$

解 将所给微分方程化为

$$\frac{\mathrm{d}y}{y\ln y}=\frac{\mathrm{d}x}{\sin x},$$

两边积分得

$$\ln\ln y=\ln(\csc x-\cot x)+\ln C.$$

即

$$\ln y=C(\csc x-\cot x).$$

① 今后我们总用 C 表示任意常数. 虽然它在同一问题中每次出现时不一定相同,也不再特别说明.

由 $y\left(\dfrac{\pi}{2}\right)=\mathrm{e}$ 得 $C=1$. 因此定解问题的解为

$$y=\mathrm{e}^{\csc x-\cot x}.$$

例 10.2.3　设函数 f 在 $(0,+\infty)$ 上可导,且满足

$$\int_1^x f(t)\,\mathrm{d}t=(x^3+x^2)f(x)-2,$$

求 $f(x)$.

解　显然 $f(1)=1$. 对 $\int_1^x f(t)\,\mathrm{d}t=(x^3+x^2)f(x)-2$ 两边求导得

$$f(x)=(x^3+x^2)f'(x)+(3x^2+2x)f(x),$$

因此函数 f 满足方程

$$(x^3+x^2)y'=[1-(3x^2+2x)]y.$$

对方程分离变量得

$$\frac{\mathrm{d}y}{y}=\left(\frac{1}{x^3+x^2}-\frac{3x^2+2x}{x^3+x^2}\right)\mathrm{d}x,$$

两边积分得

$$\begin{aligned}\ln y&=\int\left(\frac{1}{x^3+x^2}-\frac{3x^2+2x}{x^3+x^2}\right)\mathrm{d}x\\&=\int\frac{1}{x^3+x^2}\mathrm{d}x-\int\frac{3x^2+2x}{x^3+x^2}\mathrm{d}x=\int\left(\frac{1}{1+x}-\frac{1}{x}+\frac{1}{x^2}\right)\mathrm{d}x-\int\frac{3x^2+2x}{x^3+x^2}\mathrm{d}x\\&=\ln(1+x)-\ln x-\frac{1}{x}-\ln(x^3+x^2)+\ln C.\end{aligned}$$

所以

$$y=C\frac{1}{x^3}\mathrm{e}^{-\frac{1}{x}}.$$

因此 f 就具有上述形式. 又由 $f(1)=1$ 得 $C=\mathrm{e}$,所以

$$f(x)=\frac{1}{x^3}\mathrm{e}^{1-\frac{1}{x}},\quad x\in(0,+\infty).$$

例 10.2.4(跟踪问题一)　设 A 在初始时刻从坐标原点沿 y 轴正向前进,与此同时 B 于 $(a,0)$ 处始终保持距离 a 对 A 进行跟踪(B 的前进方向始终对着 A 当时所在的位置),求 B 的运动轨迹.

解　设 B 的运动轨迹为 $y=y(x)$. 利用跟踪的要求和导数的几何意义(见图 10.2.1),容易得到数学模型

$$\begin{cases}y'=-\dfrac{\sqrt{a^2-x^2}}{x},\\ y(a)=0.\end{cases}$$

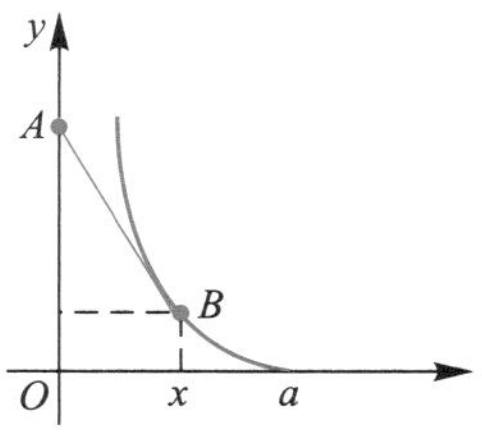

图 10.2.1

两边取定积分

$$\int_0^y \mathrm{d}y=-\int_a^x\frac{\sqrt{a^2-x^2}}{x}\mathrm{d}x,$$

即得 B 的运动轨迹方程为

$$y=a\ln\frac{a+\sqrt{a^2-x^2}}{x}-\sqrt{a^2-x^2}.$$

上述积分曲线可以看成一个重物 B 被某人 A 用一根长度为 a 的绳子拖着走时留下的轨迹，所以该曲线又被称为**曳线**.

齐次方程

若对于任何 $\tau\neq 0$，成立

$$f(\tau x,\tau y)=f(x,y),$$

则称函数 $f(x,y)$ 为**（0 次）齐次函数**，相应的微分方程

$$\frac{\mathrm{d}y}{\mathrm{d}x}=f(x,y)$$

称为**齐次方程**.

作变换 $u=\frac{y}{x}$，即 $y=ux$，代入方程得

$$\frac{\mathrm{d}(ux)}{\mathrm{d}x}=u+x\frac{\mathrm{d}u}{\mathrm{d}x}=f(x,ux)=f(1,u),$$

化简后就是变量可分离方程

$$x\frac{\mathrm{d}u}{\mathrm{d}x}=f(1,u)-u.$$

解出方程后，用 $u=\frac{y}{x}$ 代入便得到方程的通解.

例 10.2.5 求方程

$$(xy-y^2)\mathrm{d}x-(x^2-2xy)\mathrm{d}y=0$$

的通解.

解 将方程写成

$$\frac{\mathrm{d}y}{\mathrm{d}x}=\frac{xy-y^2}{x^2-2xy},$$

容易判断，这是一个齐次方程. 作变换 $y=ux$，得到

$$x\frac{\mathrm{d}u}{\mathrm{d}x}=\frac{u-u^2}{1-2u}-u=\frac{u^2}{1-2u},$$

于是

$$\frac{1-2u}{u^2}\mathrm{d}u=\frac{1}{x}\mathrm{d}x.$$

两端积分得

$$-\frac{1}{u}-2\ln u=\ln x+C.$$

用 $u=\frac{y}{x}$ 代入，便得到方程的通解

$$\frac{x}{y}+2\ln y-\ln x+C=0.$$

例 10.2.6 解定解问题

$$\begin{cases}\dfrac{dy}{dx}=\dfrac{y}{x}+2\tan\dfrac{y}{x},\\ y\big|_{x=1}=\dfrac{\pi}{6}.\end{cases}$$

解 作变换 $y=ux$,得到

$$u+x\frac{du}{dx}=u+2\tan u.$$

于是,化简并分离变量得

$$\cot u du=\frac{2}{x}dx,$$

两端积分得

$$\ln\sin u=2\ln x+\ln C,$$

即 $\sin u=Cx^2$. 用 $u=\dfrac{y}{x}$代入,便得到方程的通解

$$\sin\frac{y}{x}=Cx^2.$$

由初值条件$y\big|_{x=1}=\dfrac{\pi}{6}$得 $C=\dfrac{1}{2}$. 因此定解问题的解为

$$\sin\frac{y}{x}=\frac{1}{2}x^2.$$

现在考虑形如

$$\frac{dy}{dx}=\frac{a_1x+b_1y+c_1}{a_2x+b_2y+c_2}$$

的方程.

显然,当 $c_1=c_2=0$ 时,这是齐次方程.

当 c_1,c_2 不全为零时,若行列式$\begin{vmatrix}a_1 & b_1\\ a_2 & b_2\end{vmatrix}\neq 0$,作变换

$$\begin{cases}x=\tilde{x}-\xi,\\ y=\tilde{y}-\eta,\end{cases}$$

将原方程变为

$$\frac{d\tilde{y}}{d\tilde{x}}=\frac{a_1\tilde{x}+b_1\tilde{y}-(a_1\xi+b_1\eta-c_1)}{a_2\tilde{x}+b_2\tilde{y}-(a_2\xi+b_2\eta-c_2)},$$

取 ξ,η 为如下线性方程组的解

$$\begin{cases}a_1\xi+b_1\eta=c_1,\\ a_2\xi+b_2\eta=c_2,\end{cases}$$

便得到关于 $\tilde{x},\tilde{y}$ 的齐次方程

$$\frac{\mathrm{d}\tilde{y}}{\mathrm{d}\tilde{x}}=\frac{a_1\tilde{x}+b_1\tilde{y}}{a_2\tilde{x}+b_2\tilde{y}}.$$

若行列式 $\begin{vmatrix} a_1 & b_1 \\ a_2 & b_2 \end{vmatrix}=0$,则两行对应成比例．若 b_1,b_2 全为零,那么原方程为

$$\frac{\mathrm{d}y}{\mathrm{d}x}=\frac{a_1x+c_1}{a_2x+c_2},$$

它是可解的．若 b_1,b_2 不全为零,不妨设 $b_1\neq 0$. 设 λ 是使得 $(a_2,b_2)=\lambda(a_1,b_1)$ 的常数．令 $u=a_1x+b_1y$,则原方程化为

$$\frac{\mathrm{d}u}{\mathrm{d}x}=a_1+b_1\frac{\mathrm{d}y}{\mathrm{d}x}=a_1+b_1\frac{a_1x+b_1y+c_1}{a_2x+b_2y+c_2}=a_1+b_1\frac{u+c_1}{\lambda u+c_2},$$

这是变量可分离方程．

综上所述,形式为

$$\frac{\mathrm{d}y}{\mathrm{d}x}=\frac{a_1x+b_1y+c_1}{a_2x+b_2y+c_2}$$

的微分方程总是可解的．并且这种方法可以推广到如下方程的情况:

$$\frac{\mathrm{d}y}{\mathrm{d}x}=f\left(\frac{a_1x+b_1y+c_1}{a_2x+b_2y+c_2}\right).$$

例 10.2.7　求方程

$$(2x-5y+3)\mathrm{d}x-(2x+4y-6)\mathrm{d}y=0$$

的通解．

解　由于行列式

$$\begin{vmatrix} a_1 & b_1 \\ a_2 & b_2 \end{vmatrix}=\begin{vmatrix} 2 & -5 \\ 2 & 4 \end{vmatrix}\neq 0,$$

由线性方程组

$$\begin{cases} 2\xi-5\eta=3, \\ 2\xi+4\eta=-6 \end{cases}$$

解出 $\xi=\eta=-1$. 作变换

$$\begin{cases} x=\tilde{x}-\xi=\tilde{x}+1, \\ y=\tilde{y}-\eta=\tilde{y}+1, \end{cases}$$

从而得到齐次方程

$$\frac{\mathrm{d}\tilde{y}}{\mathrm{d}\tilde{x}}=\frac{2\tilde{x}-5\tilde{y}}{2\tilde{x}+4\tilde{y}}.$$

令 $\tilde{y}=u\tilde{x}$,得到

$$u+\tilde{x}\frac{\mathrm{d}u}{\mathrm{d}\tilde{x}}=\frac{2-5u}{2+4u},$$

整理后得

$$\int\left[\frac{4}{1-4u}-\frac{2}{u+2}\right]\mathrm{d}u=\int\frac{3\mathrm{d}\tilde{x}}{\tilde{x}},$$

从此解得

$$(1-4u)(u+2)^2\tilde{x}^3=C.$$

还原变量,便得原方程的通解

$$(x-4y+3)(y+2x-3)^2=C.$$

全微分方程

若存在函数 $u(x,y)$ 使得

$$\mathrm{d}u(x,y)=f(x,y)\mathrm{d}x+g(x,y)\mathrm{d}y,$$

则称方程

$$f(x,y)\mathrm{d}x+g(x,y)\mathrm{d}y=0$$

为**全微分方程**. 显然,它的通解可以表示为

$$u(x,y)=C.$$

我们已经知道,在平面单连通区域上 $f(x,y)\mathrm{d}x+g(x,y)\mathrm{d}y$ 是某个函数的全微分的充分必要条件是

$$\frac{\partial f(x,y)}{\partial y}=\frac{\partial g(x,y)}{\partial x}.$$

因此,这也是判断方程 $f(x,y)\mathrm{d}x+g(x,y)\mathrm{d}y=0$ 是否为全微分方程的充分必要条件. 在全微分方程的情形下,取 (x_0,y_0) 是所考虑单连通区域内的任一定点,则可以通过曲线积分

$$u(x,y)=\int_{(x_0,y_0)}^{(x,y)}f(x,y)\mathrm{d}x+g(x,y)\mathrm{d}y$$

计算出 $u(x,y)$,其中积分路径可取所考虑区域中从点 (x_0,y_0) 到点 (x,y) 的任一条分段光滑曲线.

例 10.2.8　求微分方程

$$(\mathrm{e}^x\sin y-mx)y'=\mathrm{e}^x\cos y+my$$

的通解(m 是常数).

解法一　将原方程改写为

$$(\mathrm{e}^x\cos y+my)\mathrm{d}x+(-\mathrm{e}^x\sin y+mx)\mathrm{d}y=0.$$

记 $f(x,y)=\mathrm{e}^x\cos y+my$, $g(x,y)=-\mathrm{e}^x\sin y+mx$. 由

$$\frac{\partial f(x,y)}{\partial y}=-\mathrm{e}^x\sin y+m=\frac{\partial g(x,y)}{\partial x}$$

便知这个方程是全微分方程. 取 (x_0,y_0) 为 $(0,0)$,积分路径为折线 $(0,0)\to(0,y)\to(x,y)$,则

$$u(x,y)=\int_0^x(\mathrm{e}^x\cos y+my)\mathrm{d}x+\int_0^y(-\sin y)\mathrm{d}y=\mathrm{e}^x\cos y+mxy-1,$$

所以它的通解为

$$\mathrm{e}^x\cos y+mxy=C.$$

解法二　直接用不定积分的方法．对于解法一中的全微分方程，其解 $u(x,y)$ 必满足

$$\frac{\partial u}{\partial x}=f(x,y)=\mathrm{e}^x\cos y+my,$$

对此式关于 x 取积分得

$$u(x,y)=\mathrm{e}^x\cos y+mxy+\varphi(y).$$

而 $u(x,y)$ 还满足 $\frac{\partial u}{\partial y}=g(x,y)$，即

$$-\mathrm{e}^x\sin y+mx+\varphi'(y)=-\mathrm{e}^x\sin y+mx.$$

由此便得

$$\varphi'(y)=0.$$

因此 $\varphi(y)=C$，于是 $u(x,y)=\mathrm{e}^x\cos y+mxy+C$. 所以原方程的通解为

$$\mathrm{e}^x\cos y+mxy=C.$$

若条件

$$\frac{\partial f(x,y)}{\partial y}=\frac{\partial g(x,y)}{\partial x}$$

不满足，则方程

$$f(x,y)\,\mathrm{d}x+g(x,y)\,\mathrm{d}y=0$$

不是全微分方程．但是，如果此时能够找到一个函数 $\mu(x,y)$，使得

$$\mu(x,y)f(x,y)\,\mathrm{d}x+\mu(x,y)g(x,y)\,\mathrm{d}y=0$$

是全微分方程，那么，还是可以按上述方法求出通解 $u(x,y)=C$. 而且，这个解也是原方程的通解．

这里的 $\mu(x,y)$ 称为**积分因子**．显然函数 $\mu(x,y)$ 为积分因子的充分必要条件是 $\frac{\partial(\mu f)}{\partial y}=\frac{\partial(\mu g)}{\partial x}$，即函数 $\mu(x,y)$ 需满足

$$f\frac{\partial\mu}{\partial y}-\frac{\partial\mu}{\partial x}g=\left(\frac{\partial g}{\partial x}-\frac{\partial f}{\partial y}\right)\mu.$$

一般说来，求积分因子并不是很容易的事，但对于一些简单的情况，可以通过观察凑出积分因子．

例 10.2.9　求方程

$$y\mathrm{d}x-x\mathrm{d}y+y^2x\mathrm{d}x=0$$

的通解．

解　容易验证，这不是全微分方程．但观察其前两项后，可以发现，只要乘上因子 $\frac{1}{y^2}$，它就是一个全微分

$$\frac{y\mathrm{d}x-x\mathrm{d}y}{y^2}=\mathrm{d}\left(\frac{x}{y}\right).$$

因此，取积分因子为 $\frac{1}{y^2}$，将原方程改写为

$$\frac{y\mathrm{d}x-x\mathrm{d}y}{y^2}+x\mathrm{d}x=0,$$

这就是

$$\mathrm{d}\left(\frac{x}{y}\right)+\mathrm{d}\left(\frac{x^2}{2}\right)=0.$$

因此原方程的通解为

$$\frac{x}{y}+\frac{x^2}{2}=C.$$

例 10.2.10　求方程

$$(2x\sqrt{x^2+y^2}+x)\mathrm{d}x+(\sqrt{x^2+y^2}+y)\mathrm{d}y=0$$

的通解．

解　容易验证，这不是全微分方程．将方程改写为

$$x\mathrm{d}x+y\mathrm{d}y+\sqrt{x^2+y^2}(2x\mathrm{d}x+\mathrm{d}y)=0,$$

再乘上积分因子$\dfrac{1}{\sqrt{x^2+y^2}}$后，方程变为

$$\frac{x\mathrm{d}x+y\mathrm{d}y}{\sqrt{x^2+y^2}}+2x\mathrm{d}x+\mathrm{d}y=0,$$

即

$$\mathrm{d}(\sqrt{x^2+y^2})+\mathrm{d}(x^2+y)=\mathrm{d}\left[\sqrt{x^2+y^2}+(x^2+y)\right]=0.$$

因此原方程的通解为

$$\sqrt{x^2+y^2}+x^2+y=C.$$

从以上两个例子可以看出，我们利用了一些已知的二元函数的全微分来观察出积分因子．下面列出一些常用的二元函数的全微分，以备查阅：

$$\mathrm{d}(xy)=y\mathrm{d}x+x\mathrm{d}y;$$

$$\mathrm{d}\left(\frac{x}{y}\right)=\frac{y\mathrm{d}x-x\mathrm{d}y}{y^2};$$

$$\mathrm{d}(\sqrt{x^2+y^2})=\frac{x\mathrm{d}x+y\mathrm{d}y}{\sqrt{x^2+y^2}};$$

$$\mathrm{d}(\ln(x^2+y^2))=2\cdot\frac{x\mathrm{d}x+y\mathrm{d}y}{x^2+y^2};$$

$$\mathrm{d}\left(\arctan\frac{x}{y}\right)=\frac{y\mathrm{d}x-x\mathrm{d}y}{x^2+y^2}.$$

线性微分方程

$y=f(x,y')$ 型方程的解法

一阶线性常微分方程的一般形式为

$$\frac{\mathrm{d}y}{\mathrm{d}x}+f(x)y=g(x).$$

利用分离变量法，易知齐次线性微分方程

$$\frac{dy}{dx}+f(x)y=0$$

的通解为

$$y = Ce^{-\int f(x)dx}\text{①}.$$

为了找出非齐次线性微分方程的一个特解，我们利用**常数变易法**（实际上就是待定系数法，只是待定的“系数”是函数）．令 $C=u(x)$，将

$$y = u(x)e^{-\int f(x)dx}$$

代入方程 $\frac{dy}{dx}+f(x)y=g(x)$，则有

$$\left[u'(x)e^{-\int f(x)dx} - u(x)f(x)e^{-\int f(x)dx}\right] + u(x)f(x)e^{-\int f(x)dx} = g(x),$$

即

$$u'(x) = g(x)e^{\int f(x)dx}.$$

由此可得

$$u(x) = \int g(x)e^{\int f(x)dx}dx + C.$$

于是，非齐次线性微分方程的通解为

$$y = \left(\int g(x)e^{\int f(x)dx}dx + C\right)e^{-\int f(x)dx}.$$

显然，齐次线性微分方程的解的线性组合仍是该方程的解．而且上式说明了，非齐次线性微分方程的通解等于该方程的一个特解加上相应的齐次线性微分方程的通解，这与线性代数方程组的结论类似．

例 10.2.11　解定解问题

$$\begin{cases} x\frac{dy}{dx}+y-e^x=0, \\ y\big|_{x=1}=e. \end{cases}$$

解　将方程化为

$$\frac{dy}{dx}+\frac{1}{x}y=\frac{e^x}{x}.$$

此方程的通解为

$$y = e^{-\int\frac{1}{x}dx}\left[C + \int\frac{e^x}{x}e^{\int\frac{1}{x}dx}dx\right] = \frac{1}{x}[C + e^x].$$

由初值条件 $y\big|_{x=1}=e$ 得 $C=0$．于是，定解问题的解为 $y=\frac{e^x}{x}$.

例 10.2.12　求微分方程

① 以后如果不作特别说明，在微分方程的通解中出现的不定积分表达式，如 $\int f(x)dx$，均表示 $f(x)$ 的某个确定的原函数．

$$\frac{dy}{dx}=\frac{y}{x+y^3}$$

的通解.

解　此方程不是线性微分方程,但将方程变形为

$$\frac{dx}{dy}=\frac{x+y^3}{y},$$

即

$$\frac{dx}{dy}-\frac{1}{y}x=y^2.$$

它是一个关于未知函数 x 的线性微分方程. 于是可得通解

$$x=e^{\int\frac{dy}{y}}\left[C+\int y^2e^{-\int\frac{dy}{y}}dy\right]=Cy+\frac{1}{2}y^3.$$

注意 $y=0$ 是方程的一个特解.

例 10.2.13　求微分方程

$$\frac{dy}{dx}=2x-e^yx^3$$

的通解.

解　把方程改写为

$$e^{-y}\frac{dy}{dx}-2xe^{-y}=-x^3,$$

作变换 $z=e^{-y}$,则原方程化为

$$\frac{dz}{dx}+2xz=x^3.$$

这是一个关于未知函数 z 的线性微分方程. 其通解为

$$z=e^{-2\int xdx}\left[C+\int x^3e^{2\int xdx}dx\right]=\frac{1}{2}(x^2-1)+Ce^{-x^2}.$$

将 $z=e^{-y}$ 代入,便得原方程的通解

$$y=-\ln\left[\frac{1}{2}(x^2-1)+Ce^{-x^2}\right].$$

例 10.2.14　设物质 A 经化学反应后,全部生成另一种物质 B. 设原有 A 物质 10 kg,一小时后生成 B 物质 3 kg. 求

(1) 3 小时后,多少 A 物质已起化学反应?

(2) 多少时间后,A 物质已有 75% 起反应?

解　这是化学反应问题,它应遵循质量作用定律:化学反应速度与参与反应的物质的有效质量或浓度成正比.

设 $x(t)$(单位:kg)为 t(单位:h)时刻已生成的 B 物质的质量,那么 $10-x(t)$ 就是 t 时刻 A 物质参与反应的有效质量. 由上述定律及所给条件得

$$\begin{cases}\dfrac{dx}{dt}=k(10-x),\\ x(0)=0,x(1)=3.\end{cases}$$

解上述线性微分方程得

$$x=10-Ce^{-kt}.$$

由 $x(0)=0,x(1)=3$ 解得 $C=10,k=-\ln\dfrac{7}{10}$. 于是

$$x=10\left[1-\left(\frac{7}{10}\right)^t\right].$$

(1) 3 小时后,A 物质起反应的量是

$$x(3)=10\left[1-\left(\frac{7}{10}\right)^3\right]\approx 6.57(\mathrm{kg}).$$

(2) 若已有 75% 的 A 物质起反应,因此生成了 $10\times75\%=7.5$ kg 的 B 物质,于是由

$$10\left[1-\left(\frac{7}{10}\right)^t\right]=7.5$$

解得 $t\approx 3.887(\mathrm{h})$.

Bernoulli 方程

形如

$$\frac{dy}{dx}+f(x)y=g(x)y^n,$$

的方程称为 **Bernoulli 方程**. 当 $n=0$ 和 1 时,它就是线性微分方程.

当 $n\neq 0$ 和 1 时,方程两端除以 y^n,便得到

$$\frac{1}{y^n}\frac{dy}{dx}+f(x)\frac{1}{y^{n-1}}=g(x).$$

作变换 $u=\dfrac{1}{y^{n-1}}$,则 $du=(1-n)\dfrac{1}{y^n}dy$,于是方程变为

$$\frac{du}{dx}+(1-n)f(x)u=(1-n)g(x).$$

这是关于未知函数 u 的线性微分方程. 按前面的方法解出 u 后,再用 $u=\dfrac{1}{y^{n-1}}$代入,就得到了原方程的通解.

注意,当 $n>0$ 时,$y=0$ 是方程的解.

例 10.2.15　求方程

$$\frac{dy}{dx}-y=xy^5$$

的通解.

解　方程两端除以 y^5,便得到

$$\frac{1}{y^5}\frac{dy}{dx}-\frac{1}{y^4}=x.$$

作变换 $u=\dfrac{1}{y^4}$,方程变为

$$\frac{\mathrm{d}u}{\mathrm{d}x}+4u=-4x,$$

解之得 $u=C\mathrm{e}^{-4x}-x+\frac{1}{4}$. 还原回原变量,得原方程的通解为

$$\frac{1}{y^4}=C\mathrm{e}^{-4x}-x+\frac{1}{4}.$$

例 10.2.16　解定解问题

$$\begin{cases}x\ln x\sin y\dfrac{\mathrm{d}y}{\mathrm{d}x}+\cos y(1-x\cos y)=0,\\ y(1)=0.\end{cases}$$

解　把方程写为

$$-x\ln x\frac{\mathrm{d}\cos y}{\mathrm{d}x}+\cos y=x\cos^2 y.$$

作变换 $z=\cos y$,那么原方程化为

$$\frac{\mathrm{d}z}{\mathrm{d}x}-\frac{1}{x\ln x}z=-\frac{1}{\ln x}z^2,$$

这是 Bernoulli 方程. 再令 $u=z^{-1}$ 将此方程化为

$$\frac{\mathrm{d}u}{\mathrm{d}x}+\frac{1}{x\ln x}u=\frac{1}{\ln x}.$$

解此方程得

$$u=\frac{1}{\ln x}(C+x),$$

还原回原变量便得

$$(x+C)\cos y=\ln x.$$

由于 $y(1)=0$,所以 $C=-1$,因此定解问题的解为

$$(x-1)\cos y=\ln x.$$

前面已经提到,微分方程$\frac{\mathrm{d}y}{\mathrm{d}x}=x^2+y^2$ 不能用初等积分法来求解. 但从解的存在与唯一性定理知,初值问题

$$\begin{cases}\dfrac{\mathrm{d}y}{\mathrm{d}x}=x^2+y^2,\\ y(0)=0\end{cases}$$

有唯一解 $y=y(x)$. 现在来考察这个解的性质.

首先,由于 $y'=x^2+y^2\geqslant 0$,所以函数 $y(x)$ 单调增加. 又由于 $y(0)=0$,所以当 $x>0$ 时成立 $y(x)>0$;当 $x<0$ 时成立 $y(x)<0$.

再者,由于 $y''=2x+2yy'=2x+2y(y^2+x^2)$,所以当 $x>0$ 时有 $y''(x)>0$,此时曲线 $y=y(x)$ 下凸;当 $x<0$ 时有 $y''(x)<0$,此时曲线 $y=y(x)$ 上凸. 从而$(0,0)$是曲线 $y=y(x)$的唯一拐点.

进一步还可以证明(证明略去),这个解在$(-\alpha,\alpha)$上存在,其中 α 是$\left[\frac{\sqrt{2\pi}}{2},\sqrt{2\pi}\right]$中的

某一值．

虽然我们并没有具体求出这个问题的解，但还是可以从方程本身基本知道这个定解问题的解的性质，甚至可以大致画出它的图像．

由于许多微分方程无法用初等积分法求解，因此将研究重点从求解微分方程（组）转移到从方程（组）的结构本身去研究解的性质，或者研究它们的解所确定的曲线的分布情况，这为微分方程理论研究带来了巨大活力，也提供了广阔的应用前景．这些问题的研究形成了在微分方程理论中占重要地位的定性理论，成为现代常微分方程研究的主流．有兴趣深入学习的读者可以查阅这方面的书籍．

数学建模

随着科学技术的发展和进步，数学这一重要基础学科在自然科学、社会科学和工程技术领域中的应用越来越广泛，数学与电子计算机技术相结合，已成为一种重要的、可以实现的技术．数学的理论与工具，在解决自然科学、工程技术乃至社会科学等各个领域的实际问题中发挥着越来越明显、甚至是举足轻重的作用．

现实世界中的问题，常常并不是以一个现成的数学问题形式出现的．要用数学技术去解决实际问题，首先必须将所考虑的现实问题通过“去芜存菁，去伪存真”的深入分析和研究，利用数学的抽象、方法与工具将其归结为一个相应的数学问题，这个过程称为**数学建模**，所得到的数学问题称为**数学模型**．

数学建模可以使用多种数学方法，对同一问题可以建立不同形式的数学模型，而微积分便是建立模型的一个重要的工具．

先来看一个很简单、但在历史上非常著名的例子．

例 10.2.17　（1）**Malthus（马尔萨斯）人口模型**　设 $p(t)$ 是某地区的人口数量关于时间的函数，那么该地区在单位时间中的人口增长数，即人口增长率，应该是人口数量函数的导数 $p'(t)$，而 $\frac{p'(t)}{p}$ 称为人口的相对增长率．

显然，某一时刻的人口数量越多，在单位时间中的人口增长数也就越多．通过对当时的资料分析，Malthus 认为人口增长率与人口数量成正比，即人口的相对增长率为常数．设比例系数为 λ（λ 可以由已有的资料定出），他在 1798 年提出了历史上第一个人口模型

$$\begin{cases} p'(t)=\lambda p(t), \\ p(t_0)=p_0. \end{cases}$$

解这个问题如下：方程 $p'(t)=\lambda p(t)$ 即 $\frac{\mathrm{d}p}{p}=\lambda\,\mathrm{d}t$，两边积分得

$$\ln p=\lambda t+C,$$

也就是

$$p=C\mathrm{e}^{\lambda t}.$$

令 $t=t_0$ 并利用初值条件 $p(t_0)=p_0$，可得出 $C=p_0\mathrm{e}^{-\lambda t_0}$，最终得到人口数量函数

$$p(t)=p_0\mathrm{e}^{\lambda(t-t_0)}.$$

即人口数量呈指数级增长.

下面来看一组数据,验证这个模型正确与否. 根据美国人口普查办公室的数据,1980—1999 年世界人口数量如下表(本例的数据引自 Finney, Weir, Giordano. Thomas' calculus. 10th Edition. Beijing: Higher Education Press, 2004.):

年	人口 p/百万	年	人口 p/百万
1980	4 454	1990	5 277
1981	4 530	1991	5 359
1982	4 610	1992	5 442
1983	4 690	1993	5 523
1984	4 770	1994	5 603
1985	4 851	1995	5 682
1986	4 933	1996	5 761
1987	5 018	1997	5 840
1988	5 105	1998	5 919
1989	5 190	1999	5 996

取 $t_0=0$ 表示 1980 年, $t=1$ 表示 1981 年, $t=2$ 表示 1982 年,等等,此时 $p_0=4\ 454$. 人口的相对增长率 $\lambda=\dfrac{\mathrm{d}p}{p}$可由$\dfrac{\Delta p}{p}$来估计,计算得下表:

年	人口 p/百万	$\Delta p/p$	Malthus 模型/百万
1980	4 454		4 454
1981	4 530	$76/4\ 454\approx 0.017\ 1$	4 530.365
1982	4 610	$80/4\ 530\approx 0.017\ 7$	4 608.040
1983	4 690	$80/4\ 610\approx 0.017\ 4$	4 687.046
1984	4 770	$80/4\ 690\approx 0.017\ 1$	4 767.407
1985	4 851	$81/4\ 770\approx 0.017\ 0$	4 849.146
1986	4 933	$82/4\ 851\approx 0.016\ 9$	4 932.286
1987	5 018	$85/4\ 933\approx 0.017\ 2$	5 016.852
1988	5 105	$87/5\ 018\approx 0.017\ 3$	5 102.867
1989	5 190	$85/5\ 105\approx 0.016\ 7$	5 190.357

在 Malthus 模型中,假设 λ 为常数,由上表可取 $\lambda=0.017$. 此时 Malthus 人口模型为

$$p=4\ 454\mathrm{e}^{0.017t}.$$

上表的最后一列也列出了这个模型的人口预测数据,可见这个模型在短期内还是比较准确的. 但该模型对于 1999 年的预测值为 61.521 56 亿,与 1999 年的实际数据 59.96 亿就相差较大.

实际上,Malthus 人口模型的解为

$$p=p_0\mathrm{e}^{\lambda(t-t_0)},$$

当 $t\to+\infty$ 时,会有 $p(t)\to+\infty$. 这显然是荒谬的,因为人口的数量增加到一定程度后,自然资源和环境条件就会对人口的继续增长起限制作用,并且限制的力度随人口的增加而越来越强,人口增长将放缓,因此人口的相对增长率并不是常数(读者不妨计算一下 1990—1999 年的$\dfrac{\Delta p}{p}$). 在任何一个给定的环境和资源条件下,人口的增长不可能是无限的,它必定有一个上界 $p_{\max}$(**饱和值**).

(2) **logistic(逻辑斯谛)人口模型**　荷兰生物数学家 Verhulst(韦吕勒)认为,人口的增长速率应随着 $p(t)$ 接近 $p_{\max}$ 而越来越小,他提出了一个修正的人口模型

$$\begin{cases}p'(t)=\lambda\left[1-\dfrac{p(t)}{p_{\max}}\right]p(t),\\ p(t_0)=p_0.\end{cases}$$

实际上,这是假设增长率$\dfrac{\mathrm{d}p}{\mathrm{d}t}$与 p 和 $p_{\max}-p$ 均成正比.

将方程 $p'(t)=\lambda\left[1-\dfrac{p(t)}{p_{\max}}\right]p(t)$ 中含有 p 的项全部集中到左边,两边在$[t_0,t]$上积分,即

$$\int_{p_0}^{p}\frac{\mathrm{d}p}{p_{\max}\cdot p-p^2}=\frac{\lambda}{p_{\max}}\int_{t_0}^{t}\mathrm{d}t,$$

由此解出

$$p=\frac{p_{\max}}{1+\left(\dfrac{p_{\max}}{p_0}-1\right)\mathrm{e}^{-\lambda(t-t_0)}}.$$

显然,当 $t\to+\infty$ 时有 $p(t)\to p_{\max}$.

这个模型中的常数 λ 和饱和值 $p_{\max}$ 同样也可根据实际数据来确定或估计,一些生态学家利用这个模型预测过人口或生物种群的数量,其结果是令人满意的.

形如

$$\frac{\mathrm{d}y}{\mathrm{d}x}=r(M-y)y$$

的方程称为 **logistic 方程**(r,M 为正常数),其解为

$$y=\frac{M}{1+C\mathrm{e}^{-rMx}}\quad(C\text{ 是任意常数}).$$

当 $C>0$ 时,这个函数的图形见图 10.2.2,称之为 **logistic 曲线**. logistic 模型在物理学、生物学、医学、环境科学、经济学以及社会学等领域有着重要的应用.

例 10.2.18　已知 P_0 为海平面处的气压,求大气压强随高度的变化规律.

解　取坐标原点在海平面上,h 轴铅直向上(见图 10.2.3). 我们知道,在一点处的大气压强就是该点处的水平单位面积上空的空气柱的重量. 因此大气压强 P 是海平面之上高度 h 的函数,即 $P=P(h)$.

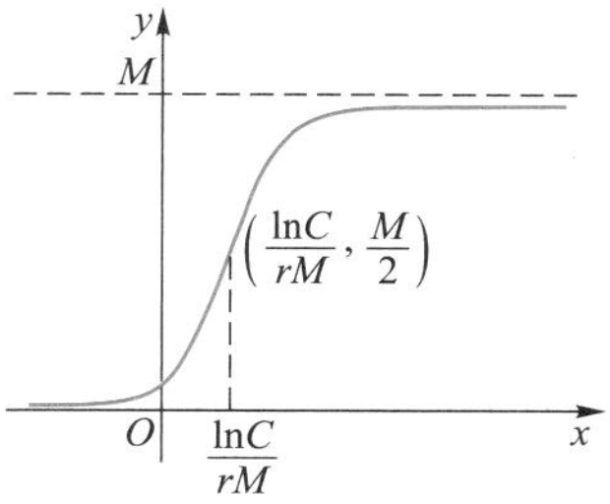

图 10.2.2

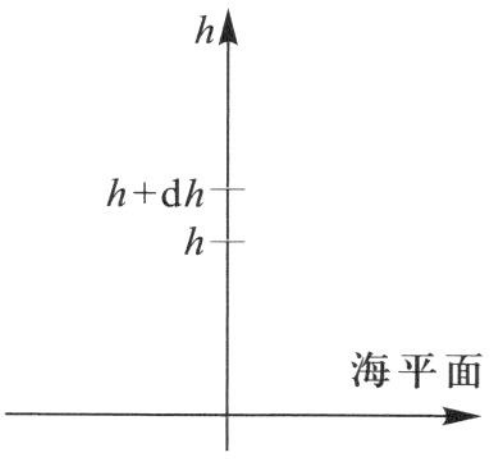

图 10.2.3

在高度 h 处取高度微元 $\mathrm{d}h$，则高度 $h+\mathrm{d}h$ 与 h 之间的压强之差 $\mathrm{d}P$ 应等于以单位面积为底，高为 $\mathrm{d}h$ 的立体中的空气质量．设 $\rho=\rho(h)$ 为高度 h 处的空气密度，则当 $\mathrm{d}h$ 很小时，ρ 可看作相对不变的，因此

$$\mathrm{d}P=-\rho g\mathrm{d}h,$$

等式中的负号是由于随高度升高而压强减小．

由气体状态方程可知

$$\rho=\frac{\mu P}{RT},$$

其中 R 是气体常数，μ 是气体的分子量，T 是绝对温度．因此

$$\mathrm{d}P=-\frac{\mu gP}{RT}\mathrm{d}h.$$

这就是压强 $P=P(h)$ 应满足的微分方程．

我们用分离变量法解此方程．将方程化为 $\frac{\mathrm{d}P}{P}=-\frac{\mu g}{RT}\mathrm{d}h$，再取积分得

$$\ln P=-\frac{\mu g}{RT}h+C,$$

因此

$$P=C\mathrm{e}^{-\frac{\mu g}{RT}h},\quad C\text{ 是任意常数}．$$

注意到在海平面处的气压为 P_0，即 $P(0)=P_0$，所以 $C=P_0$．于是便得大气压强随高度的变化规律为

$$P=P_0\mathrm{e}^{-\frac{\mu g}{RT}h}.$$

例 10.2.19　某条曲线满足如下光学性质：在曲线外存在一点 O，从 O 点置一个点光源，光线经曲线反射后成为一束平行光射出，求曲线方程．

解　显然，这条曲线一定是轴对称的，且 O 点在对称轴上．现以对称轴为 x 轴，O 点为原点建立直角坐标系（见图 10.2.4．由于对称性，只画出了一半）．

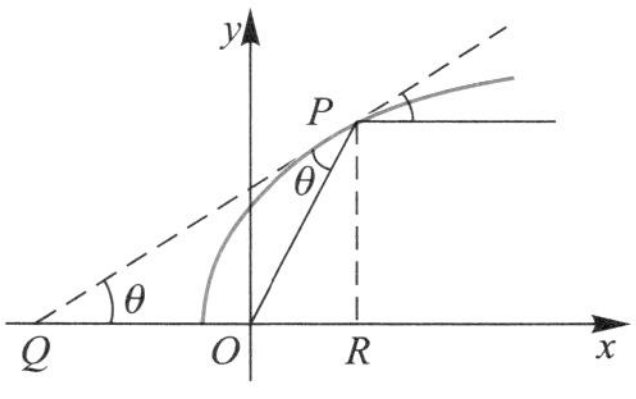

图 10.2.4

因 O 点射出的光线经曲线上点 $P(x,y)$ 反射后与 x 轴平行，过 P 作曲线的切线交 x 轴于 Q，则 $\triangle OPQ$ 是等腰三角形，于是

$$OP=OQ=QR-OR,$$

这里 R 是 P 向 x 轴所引垂线的垂足．由于

$$OP=\sqrt{x^2+y^2},\quad QR=\frac{y}{\tan\theta}=\frac{y}{y'},\quad OR=x,$$

即得到齐次方程

$$\frac{dx}{dy}=\frac{\sqrt{x^2+y^2}+x}{y}.$$

作变换 $x=uy$,整理后方程变为

$$\frac{du}{\sqrt{1+u^2}}=\frac{dy}{y},$$

将积分常数记为$-\ln p$,解得

$$\ln(u+\sqrt{1+u^2})=\ln y-\ln p,$$

即,$\sqrt{1+u^2}=\frac{y}{p}-u$. 两边平方,并注意到 $x=uy$,便得到曲线方程

$$x=\frac{1}{2p}y^2-\frac{p}{2}.$$

这是焦点在原点的抛物线方程．因此,满足上述光学性质的曲线必是抛物线．以上述任何一条抛物线为母线,绕 x 轴旋转一周而得的旋转抛物面就能把平行于 x 轴的光线全部反射到焦点上．由于光路可逆,放在焦点处的点光源发出的光,经旋转抛物面反射后,成为一束平行于对称轴的光线射出．

例 10.2.20(RL 电路)　求由电阻 R,电感 L 和电源 $E=U\sin\omega t$ 组成的 RL 串联电路(见图 10.2.5)的电流变化规律 $I(t)$(R,L 和 U 都是常数),已知 $t=0$ 时的电流为 I_0.

解　由 Kirchhoff(基尔霍夫)定律知

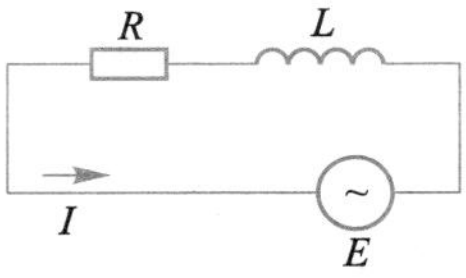

图 10.2.5

$$E=RI(t)+L\frac{dI(t)}{dt},$$

于是得到线性微分方程

$$\begin{cases}\frac{dI}{dt}+\frac{R}{L}I=\frac{U}{L}\sin\omega t,\\ I(0)=I_0.\end{cases}$$

齐次线性方程$\frac{dI}{dt}+\frac{R}{L}I=0$ 的通解为 $Ce^{-\frac{R}{L}t}$. 而非齐次线性方程的特解可取为

$$\left(\int\frac{U}{L}\sin\omega t e^{\frac{R}{L}t}dt\right)e^{-\frac{R}{L}t}=U\frac{R\sin\omega t-\omega L\cos\omega t}{L^2\omega^2+R^2},$$

于是非齐次线性方程的通解为

$$I(t)=Ce^{-\frac{R}{L}t}+U\frac{R\sin\omega t-\omega L\cos\omega t}{L^2\omega^2+R^2}.$$

令 $I(0)=I_0$,得到 $C=I_0+\frac{\omega LU}{L^2\omega^2+R^2}$,因此

$$I(t)=\left(I_0+\frac{\omega LU}{L^2\omega^2+R^2}\right)e^{-\frac{R}{L}t}+U\frac{R\sin\omega t-\omega L\cos\omega t}{L^2\omega^2+R^2}$$

$$=\left(I_0+\frac{\omega LU}{L^2\omega^2+R^2}\right)e^{-\frac{R}{L}t}+\frac{U}{\sqrt{L^2\omega^2+R^2}}\sin(\omega t-\varphi),$$

其中 $\tan\varphi=\frac{\omega L}{R}$. 上式说明,$I(t)$是两项的叠加,一项当 t 增大时逐渐衰减并趋于零(称为暂态电流),另一项是正弦函数(称为稳态电流),它的周期与$E=U\sin\omega t$ 的周期相同.

一阶微分方程的数值解法

我们已经知道,定解问题

$$\begin{cases}\frac{dy}{dx}=f(x,y),\\ y(x_0)=y_0,\end{cases}$$

当$f(x,y)$和$\frac{\partial f}{\partial y}(x,y)$在矩形区域$\{(x,y)\mid|x-x_0|<a,|y-y_0|<b\}$上连续时,有唯一的局部解,而且这种解不一定能用初等函数及它们的有限次积分来表达,因此人们希望找到方程的近似解.一个简单且直观的方法就是 **Euler 法**,它是一种数值方法.

设 $y=y(x)$是定解问题的解,其表示的曲线也称为**解曲线**.注意方程 $y'=f(x,y)$有一个显著特点:解曲线在(x,y)点处切线的斜率就是$f(x,y)$,因此 $y=y(x)$在 x_0 点的线性化为

$$L(x)=y(x_0)+y'(x_0)(x-x_0)=y_0+f(x_0,y_0)(x-x_0),$$

它在局部可以近似 $y(x)$,即可以用切线段近似解曲线段.Euler 法的原理就是将一串这样的切线段拼接起来得到一个在较大区间上的折线,作为方程解曲线的逼近曲线,而表示这条折线的函数,就是定解问题的**近似解**.其方法如下:

首先适当取定一个较小的 Δx,称为**步长**.由于点(x_0,y_0)在解曲线上,则在 $x_1=x_0+\Delta x$ 处,

$$y_1=y_0+f(x_0,y_0)\Delta x$$

就是精确解 $y(x)$在 x_1 点的值 $y(x_1)$的近似.连接点(x_0,y_0)与(x_1,y_1)的线段就是解曲线在$[x_0,x_1]$上的近似(见图 10.2.6).

再对于点 $x_2=x_1+\Delta x$,利用点(x_1,y_1)及解曲线 $y=y(x)$在该点的斜率$f(x_1,y_1)$,运用线性化的思想取

$$y_2=y_1+f(x_1,y_1)\Delta x,$$

它可作为精确解在x_2 点的值 $y(x_2)$的近似.连接点(x_1,y_1)与(x_2,y_2)的线段就是解曲线在$[x_1,x_2]$上的近似.

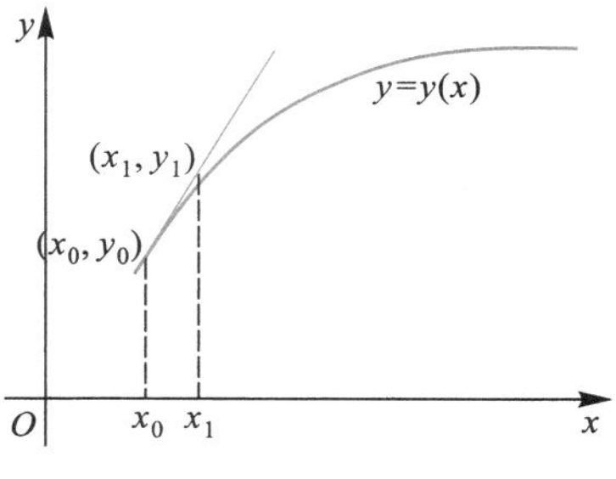

图 10.2.6

如此下去,对于点 $x_k=x_{k-1}+\Delta x$,用

$$y_k=y_{k-1}+f(x_{k-1},y_{k-1})\Delta x\quad(k=1,2,\cdots,n)$$

作为精确解在 x_k 点的值 $y(x_k)$的近似,且连接(x_{k-1},y_{k-1})与(x_k,y_k)的线段就是解曲线在$[x_{k-1},x_k]$上的近似.注意,n 要根据具体情况来选取,且要保证$[x_0,x_n]$在方程有解的区间内.从(x_0,y_0)到(x_n,y_n)之间的线段组成的折线(称为 **Euler 折线**)就是精确解曲线 $y=y(x)$在$[x_0,x_n]$上的近似(见图 10.2.7).此时近似解的表达式为

$$\Phi(x)=y_{k-1}+f(x_{k-1},y_{k-1})(x-x_{k-1}),\quad x\in[x_{k-1},x_k]\quad (k=1,2,\cdots,n).$$

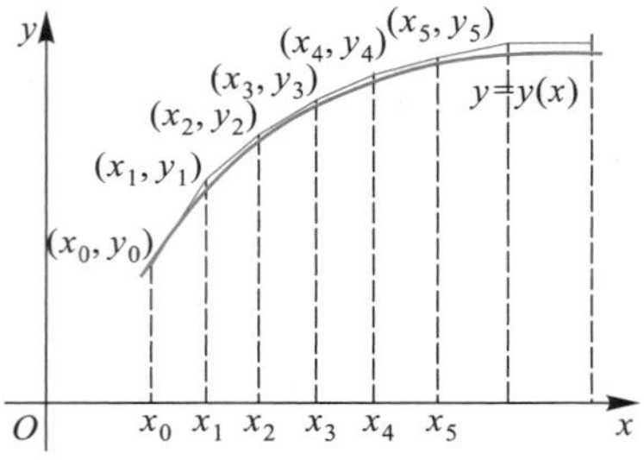

图 10.2.7

常将这些 $x_k,y_k(k=1,2,\cdots,n)$ 列成一个表来表示近似解，如例 10.2.21.

一般地，步长 Δx 越小，近似的精确程度越高，但在同一长度的区间上求近似解，会增加计算量，而且会带来更多的截断误差的累积．因此要根据具体情况选择步长．

例 10.2.21 用 Euler 法求定解问题

$$\begin{cases}y'=1+y^2,\\ y(0)=0\end{cases}$$

在[0,1]上的近似解．取步长为 0.1，精确到 4 位小数．

解 取 $x_0=0,y_0=0$，此时 $f(x,y)=1+y^2,\Delta x=0.1$. 利用公式

$$y_k=y_{k-1}+f(x_{k-1},y_{k-1})\Delta x\quad (k=1,2,\cdots,n)$$

可得近似解如下表：

k	x	y(Euler 法)	y(精确解)	误差
0	0	0	0	0
1	0.1	0.1	0.100 3	0.000 3
2	0.2	0.201	0.202 7	0.001 7
3	0.3	0.305 0	0.309 3	0.004 3
4	0.4	0.414 3	0.422 8	0.008 5
5	0.5	0.531 5	0.546 3	0.014 8
6	0.6	0.659 7	0.684 1	0.024 4
7	0.7	0.803 2	0.842 3	0.039 1
8	0.8	0.967 7	1.029 6	0.061 9
9	0.9	1.161 3	1.260 2	0.098 9
10	1.0	1.396 2	1.557 4	0.161 2

事实上，定解问题的精确解为 $y=\tan x$，上表右面两列列出了精确解在各 x 点的值以及近似解的误差．

当求解区间不长，而且对解的精度要求不高时，常可采用简便的 Euler 法求出近似解．至于更加深入且更有效的数值解法，有兴趣的读者可查阅有关书籍．

习 题

1. 曲线 $y=f(x)$ 经过点$(e,-1)$，且在任一点处的切线斜率为该点横坐标的倒数，求该曲线的方程．

2. 已知曲线 $y=f(x)$ 上任意一点$(x,f(x))$处的切线斜率都比该点横坐标的立方根少 1.

(1) 求出该曲线方程的所有可能的形式，并在直角坐标系中画出示意图．

(2) 若已知该曲线经过(1,1)点，求该曲线的方程．

3. 求下列微分方程的通解：

(1) $x\frac{dy}{dx}=y\ln^2 y$;　　(2) $(y+1)^2\frac{dy}{dx}+x^3=0$;

(3) $\frac{dy}{dx}=x\frac{dy}{dx}+a\left(y^2+\frac{dy}{dx}\right)$;　　(4) $\sin x\cos y dx+\sin y\cos x dy=0$;

(5) $\sec^2 x\tan y dx+\sec^2 y\tan x dy=0$;　　(6) $\frac{dy}{dx}=2^{x+y}$;

(7) $\frac{dy}{dx}=\sqrt{\frac{1-y^2}{1-x^2}}$;　　(8) $(e^{x+y}-e^x)dx+(e^{x+y}+e^y)dy=0$;

(9) $\cos y dx+(1+e^{-x})\sin y dy=0$.

4. 求下列微分方程的特解：

(1) $\frac{dy}{dx}=e^{2x+y}$,　$y(0)=0$;　　(2) $x dy+2y dx=0$,　$y(1)=1$;

(3) $\cos y dx+(1+e^{-x})\sin y dy=0$,　$y(0)=\frac{\pi}{4}$;

(4) $\sin x\cos y dx+\sin y\cos x dy=0$,　$y(0)=\frac{\pi}{4}$.

5. 镭的衰变速度与它的现存量成正比，设 t_0 时有镭 Q_0 g，经 1600 年它的量减少了一半，求镭的衰变规律.

6. 将 A 物质转化为 B 物质的化学反应速度与 B 物质的浓度成反比，设反应开始时有 B 物质 20%，半小时后有 B 物质 25%，求 B 物质的浓度的变化规律.

7. 核反应堆中，t 时刻中子的增加速度与当时的数量 $N(t)$ 成正比. 设 $N(0)=N_0$，证明

$$\left[\frac{N(t_2)}{N_0}\right]^{t_1}=\left[\frac{N(t_1)}{N_0}\right]^{t_2}.$$

8. 一个 1 000 m^3 的大厅中的空气内含有 $a\%$ 的废气，现以 1 m^3/min 注入新鲜空气，混合后的空气又以同样的速率排出，求 t 时刻空气内含有的废气浓度，并求使废气浓度减少一半所需的时间.

9. 设 $[t,t+dt]$ 中的人口增长量与 $p_{max}-p(t)$ 成正比，试导出相应的人口模型，画出人口变化情况的草图，并与 Malthus 和 Verhulst 人口模型加以比较.

10. 半径为 1 m，高为 2 m 的直立的圆柱形容器中充满水，拔去底部的一个半径为 1 cm 的塞子后水开始流出，试导出水面高度 h 随时间变化的规律，并求水完全流空所需的时间（已知水面比出水口高 h 时，出水速度 $v=\sqrt{2gh}$）.

11. 求下列齐次方程的通解：

(1) $x\frac{dy}{dx}=y-\sqrt{x^2+y^2}$;　　(2) $(x^2+y^2)dx+(xy-2x^2)dy=0$;

(3) $(x^3+y^3)dx-2xy^2 dy=0$;　　(4) $x\frac{dy}{dx}=y\ln\frac{y}{x}$;

(5) $\frac{dy}{dx}=\frac{y^2+x\sqrt{x^2+y^2}}{xy}$.

12. 求下列齐次方程的特解：

（1）$\frac{dy}{dx}=\frac{x}{y}+\frac{y}{x}$，　$y(1)=2$；

（2）$(x^2+2xy-y^2)dx+(y^2+2xy-x^2)dy=0$，　$y(1)=1$；

（3）$(x^2+y^2)dx+(xy-2x^2)dy=0$，　$y(1)=0$.

13. 将下列方程化为齐次方程后求出通解：

（1）$(x+2y+1)dx+(2x-y-3)dy=0$；

（2）$(3x-2y+1)dx+(x-4y-3)dy=0$；

（3）$(2x+2y+1)dx+(x+y-1)dy=0$.

14. 上凸曲线 $y=f(x)$ 经过点 $(0,0)$ 和 $(1,1)$，且对于曲线上任一点 $P(x,y)\ (0<x<1)$，曲线上连接 $(0,0)$ 和 P 点的弧与连接 $(0,0)$ 和 P 点的线段所围面积为 x^2，求该曲线的方程．

15. 判断下列方程是否是全微分方程，若是全微分方程则求出其通解：

（1）$(5x^4+3xy^2-y^3)dx+(3x^2y-3xy^2+y^2)dy=0$；

（2）$(4x^2+2xy+y^2)dx+(x+y)^2dy=0$；

（3）$e^y dx+(xe^y-2y)dy=0$；

（4）$(x\cos y+\cos x)\frac{dy}{dx}+(\sin y-y\sin x)=0$；

（5）$(3x^2+6xy^2)dx+(6x^2y+4y^2)dy=0$；

（6）$y(x-2y)dx-x^2dy=0$.

16. 用观察法找出下列方程的积分因子，再求出通解：

（1）$ydx-xdy=0$；

（2）$y^2(x-3y)dx+(1-3xy^2)dy=0$；

（3）$xdx+ydy=(x^2+y^2)dx$；

（4）$(x-y^2)dx+2xydy=0$；

（5）$(2y-3x^2y)dx-xdy=0$；

（6）$y(1+xy)dx+x(1-xy)dy=0$.

17. 求下列线性微分方程或可化为线性微分方程的方程的通解：

（1）$\frac{dy}{dx}+4y=-4x$；

（2）$x\frac{dy}{dx}+2y=x^2-3x+2$；

（3）$\frac{dy}{dx}+y\tan x=\cos x$；

（4）$\frac{dy}{dx}+y=e^{-2x}$；

（5）$\frac{dy}{dx}+2xy=2x$；

（6）$(x-2)\frac{dy}{dx}+y=2(x-2)^2$；

（7）$(y^2-6x)\frac{dy}{dx}+2y=0$；

（8）$y\ln y dx+(x-\ln y)dy=0$；

（9）$(x+1)\frac{dy}{dx}+1=e^{-y}\sin x$.

18. 求下列线性微分方程的特解：

（1）$\frac{dy}{dx}-y\tan x=\sec x$，　$y(0)=0$；

（2）$\frac{dy}{dx}+\frac{y}{x}=\frac{\sin x}{x}$，　$y(\pi)=1$；

（3）$\frac{dy}{dx}+y\cot x=5e^{\cos x}$，　$y\left(\frac{\pi}{2}\right)=-4$；

（4）$\frac{dy}{dx}+\frac{2-3x^2}{x^3}y=1$，　$y(1)=0$.

19. 求微分方程 $(1+x^2)\sin(2y)\frac{dy}{dx}+x\cos^2 y+2x\sqrt{1+x^2}=0$ 的通解．

20. 曲线 $y=f(x)$ 过原点，且在任一点处的切线斜率为 $2x+y$，求该曲线的方程．

21. 曲线积分 $\int_L yf(x)\mathrm{d}x+[2xf(x)-x^2]\mathrm{d}y$ 在右半平面与路径无关，$f(x)$ 在 $[0,+\infty)$ 上具有连续导数，且 $f(1)=1$，求 $f(x)$ 的方程．

22. 设函数 $f(t)$ 在 $[0,+\infty)$ 上具有连续导数，且满足

$$f(t)=\mathrm{e}^{4\pi t^2}+\iint\limits_{x^2+y^2\leqslant 4t^2} f\left(\frac{1}{2}\sqrt{x^2+y^2}\right)\mathrm{d}x\mathrm{d}y,$$

求 $f(t)$．

23. 求下列 Bernoulli 方程的通解：

(1) $\dfrac{\mathrm{d}y}{\mathrm{d}x}-\dfrac{2y}{x}=y^2$；　　(2) $\dfrac{\mathrm{d}y}{\mathrm{d}x}-3xy=xy^2$；

(3) $\dfrac{\mathrm{d}y}{\mathrm{d}x}+y=y^3(\cos x-\sin x)$；　　(4) $3\dfrac{\mathrm{d}y}{\mathrm{d}x}+y=(1-2x)y^4$；

(5) $\dfrac{\mathrm{d}y}{\mathrm{d}x}+\dfrac{y}{x}=y^2\ln x$；　　(6) $[y+xy^3(1+\ln x)]\mathrm{d}x-x\mathrm{d}y=0$.

24. 求微分方程 $y'\cos y-\cos x\sin^2 y=\sin y$ 的通解．

25. 设函数 $y=y(x)$ 是微分方程 $\dfrac{\mathrm{d}y}{\mathrm{d}x}+ay=b\mathrm{e}^{-cx}\ (a>0,c>0)$ 的解，证明

$$\lim_{x\to+\infty}y(x)=0.$$

26. 设函数 f 在 $[1,+\infty)$ 上具有连续导数．若曲线 $y=f(x)$，直线 $x=1$，$x=t\ (t>1)$ 与 x 轴围成的平面图形绕 x 轴旋转一周所成的旋转体的体积为

$$V=\frac{\pi}{3}[t^2f(t)-f(1)],$$

试求函数 f 满足的微分方程，并求该方程的满足条件 $y\big|_{x=2}=\dfrac{2}{9}$ 的解．

27. 求定解问题 $\begin{cases}y'=\sqrt{x+y},\\ y(0.5)=1\end{cases}$ 在 $[0.5,1]$ 上的近似解．取步长 0.1，精确到 3 位小数．

§ 3　二阶线性微分方程

二阶线性微分方程

二阶线性微分方程的一般形式为

$$\frac{\mathrm{d}^2y}{\mathrm{d}x^2}+p(x)\frac{\mathrm{d}y}{\mathrm{d}x}+q(x)y=f(x).\tag{10.3.1}$$

当 $f(x)\equiv 0$ 时为齐次线性方程，即

$$\frac{d^2y}{dx^2}+p(x)\frac{dy}{dx}+q(x)y=0. \tag{10.3.2}$$

当 $p(x)$, $q(x)$ 都等于常数时,称上述方程为**常系数线性微分方程**,否则称其为**变系数线性微分方程**.

与一阶微分方程一样,二阶微分方程也是通过分析和归纳实际问题中的数量变化规律而抽象出来的. 先看一个例子.

例 10.3.1 空降兵从飞机上跳伞,降落伞所受到的空气阻力与下降速度成正比,设比例系数为 k(对每一个固定的降落伞,k 为常数),我们来考虑降落伞的运动规律.

以跳伞处为原点,铅直向下建立 x 坐标轴(见图 10.3.1). 设降落伞的运动规律为 $x(t)$,则它的速度为$\frac{dx}{dt}$. 降落伞受的力 F 为重力与空气阻力的合力,由于空气阻力与速度成正比,比例系数为 k,则由 Newton 第二运动定律 $F=ma$,得

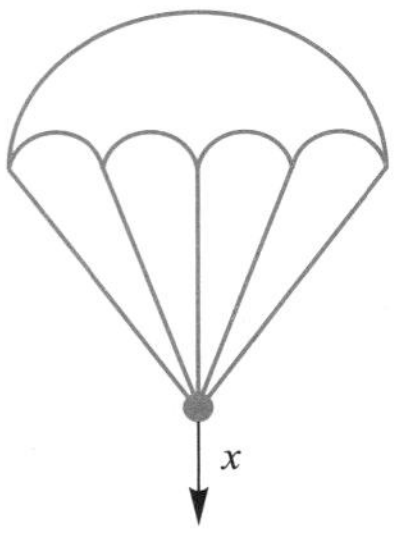

图 10.3.1

$$mg-k\frac{dx}{dt}=m\frac{d^2x}{dt^2}.$$

由于 $t=0$ 时位移和速度均为 0,即知 $x(t)$ 满足

$$\begin{cases}\dfrac{d^2x}{dt^2}+\dfrac{k}{m}\dfrac{dx}{dt}=g,\\ x(0)=0,\quad x'(0)=0.\end{cases}$$

这个方程含有初值条件,对这类定解问题有下面解的存在与唯一性定理:

定理 10.3.1(解的存在与唯一性定理) 设 $p(x)$, $q(x)$ 和 $f(x)$ 在区间 (a,b) 上连续,$x_0\in(a,b)$. 那么对于任意常数 y_0, y_0',定解问题

$$\begin{cases}\dfrac{d^2y}{dx^2}+p(x)\dfrac{dy}{dx}+q(x)y=f(x),\\ y(x_0)=y_0,\quad y'(x_0)=y_0'\end{cases} \tag{10.3.3}$$

在 (a,b) 上的解存在,而且解是唯一的.

这个定理的证明超出本课程的要求,此处从略.

线性微分方程的解的结构

以下我们总假定 $p(x)$, $q(x)$ 和 $f(x)$ 在区间 (a,b) 上连续. 先考虑齐次线性方程的情况.

定理 10.3.2(齐次线性微分方程解的线性性质) 若 $y_1(x)$ 和 $y_2(x)$ 是齐次线性微分方程(10.3.2)的解,则它们的任意线性组合 $\alpha y_1(x)+\beta y_2(x)$($\alpha$, β 为常数)也是该方程的解.

证 这是因为

$$\frac{d^2}{dx^2}[\alpha y_1(x)+\beta y_2(x)]+p(x)\frac{d}{dx}[\alpha y_1(x)+\beta y_2(x)]+q(x)[\alpha y_1(x)+\beta y_2(x)]$$

$$=\alpha\left[\frac{d^2y_1}{dx^2}+p(x)\frac{dy_1}{dx}+q(x)y_1\right]+\beta\left[\frac{d^2y_2}{dx^2}+p(x)\frac{dy_2}{dx}+q(x)y_2\right]=0.$$

证毕

设 $y_1(x), y_2(x)$ 为两个可微函数，称

$$W(x)=\begin{vmatrix} y_1(x) & y_2(x) \\ y_1'(x) & y_2'(x) \end{vmatrix}=y_1(x)y_2'(x)-y_2(x)y_1'(x)$$

为它们的 Wronsky（朗斯基）行列式.

定理 10.3.3（Liouville 公式） 设 $y_1(x), y_2(x)$ 为齐次线性微分方程（10.3.2）在 (a,b) 上的两个解，则它们的 Wronsky 行列式可表示为

$$W(x)=W(x_0)\mathrm{e}^{-\int_{x_0}^{x}p(t)\mathrm{d}t}, \quad x\in(a,b),$$

其中 x_0 为 (a,b) 中一定点.

证 由于

$$\begin{aligned}\frac{\mathrm{d}W}{\mathrm{d}x}(x)&=\frac{\mathrm{d}}{\mathrm{d}x}[y_1(x)y_2'(x)-y_2(x)y_1'(x)]=y_1(x)y_2''(x)-y_2(x)y_1''(x)\\&=y_1(x)[-p(x)y_2'(x)-q(x)y_2(x)]-y_2(x)[-p(x)y_1'(x)-q(x)y_1(x)]\\&=p(x)[-y_1(x)y_2'(x)+y_2(x)y_1'(x)]=-p(x)W(x).\end{aligned}$$

由此得到

$$W(x)=W(x_0)\mathrm{e}^{-\int_{x_0}^{x}p(t)\mathrm{d}t}.$$

证毕

推论 10.3.1 设 $y_1(x), y_2(x)$ 为齐次线性微分方程（10.3.2）在 (a,b) 上的两个解，则它们的 Wronsky 行列式在 (a,b) 上或者恒等于零，或者恒不等于零.

现在将线性关系推广到函数（它实际上就是一个区间上的函数全体构成的线性空间中的线性关系）.

定义 10.3.1 设 $y_1(x), y_2(x), \cdots, y_m(x)$ 是 m 个区间 I 上的函数. 若存在一组不全为零的常数 $\lambda_1, \lambda_2, \cdots, \lambda_m$，使得

$$\sum_{k=1}^{m}\lambda_k y_k(x)=0, \quad x\in I,$$

则称这 m 个函数 $y_1(x), y_2(x), \cdots, y_m(x)$ 在 I 上**线性相关**，否则称这 m 个函数在 I 上**线性无关**.

显然，若 $y_1(x), y_2(x)$ 为区间 I 上的两个可微函数，只要在 I 上成立

$$\frac{y_1(x)}{y_2(x)}\neq \text{常数},$$

则 $y_1(x), y_2(x)$ 在 I 上就是线性无关的. 因此容易知道，在 $(-\infty,+\infty)$ 上，当 $\alpha\neq\beta$ 时，$\mathrm{e}^{\alpha x}$ 与 $\mathrm{e}^{\beta x}$ 一定线性无关；当 $m\neq n$ 时，$x^m\mathrm{e}^{\alpha x}$ 与 $x^n\mathrm{e}^{\alpha x}$ 一定线性无关；$\cos mx$ 与 $\cos nx$ 一定线性无关.

由于

$$\left(\frac{y_1(x)}{y_2(x)}\right)'=-\frac{y_1(x)y_2'(x)-y_2(x)y_1'(x)}{[y_2(x)]^2}=-\frac{W(x)}{[y_2(x)]^2},$$

结合推论 10.3.1 便知，$y_1(x), y_2(x)$ 为齐次线性微分方程（10.3.2）在 (a,b) 上的两个线性无关的解的充分必要条件是它们的 Wronsky 行列式在 (a,b) 上不等于零. 因此，如果齐次线性微分方程（10.3.2）的两个解 $y_1(x)$ 和 $y_2(x)$ 的 Wronsky 行列式在 (a,b) 上某一点不等于零，

那么它们在(a,b)上线性无关．

定理 10.3.4　(1) 齐次线性微分方程(10.3.2)在(a,b)上必有两个线性无关的解；

(2) 若$y_1(x)$，$y_2(x)$是齐次线性微分方程(10.3.2)在(a,b)上的两个线性无关的解，则

$$y=C_1y_1(x)+C_2y_2(x)$$

表示了该方程的全部解，这里C_1，C_2是任意常数①．

证　(1) 取x_0为(a,b)中一定点，由定理 10.3.1 知，定解问题

$$\begin{cases}\dfrac{d^2y}{dx^2}+p(x)\dfrac{dy}{dx}+q(x)y=0,\\ y(x_0)=1,y'(x_0)=0\end{cases}\quad \text{和}\quad \begin{cases}\dfrac{d^2y}{dx^2}+p(x)\dfrac{dy}{dx}+q(x)y=0,\\ y(x_0)=0,y'(x_0)=1\end{cases}$$

在(a,b)上分别有解$\tilde{y}_1(x)$，$\tilde{y}_2(x)$．由于$\tilde{y}_1(x)$，$\tilde{y}_2(x)$的 Wronsky 行列式$W(x)$在x_0处的值

$$W(x_0)=\begin{vmatrix}\tilde{y}_1(x_0) & \tilde{y}_2(x_0)\\ \tilde{y}_1'(x_0) & \tilde{y}_2'(x_0)\end{vmatrix}=\begin{vmatrix}1 & 0\\ 0 & 1\end{vmatrix}=1\neq 0,$$

所以$\tilde{y}_1(x)$和$\tilde{y}_2(x)$在(a,b)上线性无关．从而方程(10.3.2)在(a,b)上有两个线性无关的解．

(2) 设$\tilde{y}(x)$为方程(10.3.2)在(a,b)上的任意一个解，取定$x_0\in(a,b)$．由于$y_1(x)$，$y_2(x)$线性无关，故它们的 Wronsky 行列式不等于零，于是线性方程组

$$\begin{pmatrix}y_1(x_0) & y_2(x_0)\\ y_1'(x_0) & y_2'(x_0)\end{pmatrix}\begin{pmatrix}C_1\\ C_2\end{pmatrix}=\begin{pmatrix}\tilde{y}(x_0)\\ \tilde{y}'(x_0)\end{pmatrix}$$

有唯一解$(\tilde{C}_1,\tilde{C}_2)$．显然

$$y^*(x)=\tilde{C}_1y_1(x)+\tilde{C}_2y_2(x)$$

是方程(10.3.2)在(a,b)上的解，且满足$y^*(x_0)=\tilde{y}(x_0)$，$y^{*\prime}(x_0)=\tilde{y}'(x_0)$．由解的唯一性知$y^*=\tilde{y}$．这说明$y=C_1y_1(x)+C_2y_2(x)$表示了全部解．

证毕

由此可知，在定理的条件下，$y=C_1y_1(x)+C_2y_2(x)$是齐次线性方程(10.3.2)的通解．

例如，$y=\sin x$ 和 $y=\cos x$ 都是方程$\dfrac{d^2y}{dx^2}+y=0$解，它们显然是线性无关的，因此$y=C_1\sin x+C_2\cos x$就是方程$\dfrac{d^2y}{dx^2}+y=0$的通解．

读者容易证明：非齐次线性微分方程

$$\frac{d^2y}{dx^2}+p(x)\frac{dy}{dx}+q(x)y=f(x)$$

的任意两个解之差，必是其相应的齐次线性微分方程的解．由此即可得到：

定理 10.3.5　非齐次线性微分方程的通解等于该方程的一个特解加上相应的齐次线性微分方程的通解．

---

① 以下用C_1，C_2等表示任意常数，尽管在同一问题中，它们每次出现时并不一定相同．

例如，由于 $C_1\sin x+C_2\cos x$ 是齐次线性微分方程 $\frac{d^2y}{dx^2}+y=0$ 的通解，且容易验证，$y=x^3-6x$ 是非齐次线性微分方程 $\frac{d^2y}{dx^2}+y=x^3$ 的一个特解，因此

$$y=C_1\sin x+C_2\cos x+x^3-6x$$

是它的通解．

定理 10.3.6（解的叠加原理）　若 $y_1(x)$，$y_2(x)$ 分别是线性微分方程

$$\frac{d^2y}{dx^2}+p(x)\frac{dy}{dx}+q(x)y=f_1(x)$$

和

$$\frac{d^2y}{dx^2}+p(x)\frac{dy}{dx}+q(x)y=f_2(x)$$

的解，则 $y_1(x)+y_2(x)$ 是线性微分方程

$$\frac{d^2y}{dx^2}+p(x)\frac{dy}{dx}+q(x)y=f_1(x)+f_2(x)$$

的解．

注　以上结论对于任何 n 阶线性常微分方程都成立，这将在本章第 6 节中予以说明．

二阶常系数齐次线性微分方程

先来考虑二阶常系数齐次线性微分方程

$$\frac{d^2y}{dx^2}+p\frac{dy}{dx}+qy=0 \tag{10.3.4}$$

的通解．

由于指数函数求导后不改变其函数类型，因此有理由猜测方程有形为 $y=e^{\lambda x}$ 的解．将其代入方程，得到

$$(\lambda^2+p\lambda+q)e^{\lambda x}=0,$$

因此

$$\lambda^2+p\lambda+q=0.$$

这个二次代数方程称为线性微分方程 $\frac{d^2y}{dx^2}+p\frac{dy}{dx}+qy=0$ 的**特征方程**．

(1)　若特征方程 $\lambda^2+p\lambda+q=0$ 有 2 个不同的实根 λ_1 和 λ_2，则方程(10.3.4)的通解就是

$$y=C_1e^{\lambda_1 x}+C_2e^{\lambda_2 x}.$$

(2)　若特征方程 $\lambda^2+p\lambda+q=0$ 有 2 个相同的实根（重根）λ_1，这时 $\lambda_1=-\frac{p}{2}$，且 $e^{\lambda_1 x}$ 是方程(10.3.4)的一个解．为了求方程的通解，我们用常数变易法．将 $y=u(x)e^{\lambda_1 x}$ 代入微分方程，注意到 $e^{\lambda_1 x}$ 是方程(10.3.4)的解，就有

$$\begin{aligned}0&=u''(x)e^{\lambda_1 x}+2\lambda_1 u'(x)e^{\lambda_1 x}+\lambda_1^2 u(x)e^{\lambda_1 x}+p[u'(x)e^{\lambda_1 x}+\lambda_1 u(x)e^{\lambda_1 x}]+qu(x)e^{\lambda_1 x}\\&=u''(x)e^{\lambda_1 x}+(2\lambda_1+p)u'(x)e^{\lambda_1 x}+[\lambda_1^2 u(x)e^{\lambda_1 x}+\lambda_1 pu(x)e^{\lambda_1 x}+qu(x)e^{\lambda_1 x}]\\&=u''(x)e^{\lambda_1 x},\end{aligned}$$

因此

$$u''(x)=0,$$

所以 $u(x)=C_1+C_2x$. 于是微分方程(10.3.4)的通解就是

$$y=(C_1+C_2x)e^{\lambda_1 x}.$$

易见,上述通解即 $e^{\lambda_1 x}$ 与 $xe^{\lambda_1 x}$ 的线性组合全体,而这两个函数恰为方程(10.3.4)的两个线性无关的解.

(3) 若特征方程 $\lambda^2+p\lambda+q=0$ 有一对共轭复根 $a\pm bi$,则方程(10.3.4)的通解形式上当然可以表达为

$$y=C_1e^{(a+bi)x}+C_2e^{(a-bi)x},$$

但这样将涉及复运算.

由解的线性性质和 Euler 公式,知

$$\frac{1}{2}[e^{(a+bi)x}+e^{(a-bi)x}]=\frac{1}{2}[e^{ax}(\cos bx+i\sin bx)+e^{ax}(\cos bx-i\sin bx)]=e^{ax}\cos bx$$

和

$$\frac{1}{2i}[e^{(a+bi)x}-e^{(a-bi)x}]=\frac{1}{2i}[e^{ax}(\cos bx+i\sin bx)-e^{ax}(\cos bx-i\sin bx)]=e^{ax}\sin bx$$

也是方程(10.3.4)的解,且它们线性无关,所以微分方程(10.3.4)的通解为

$$y=e^{ax}(C_1\cos bx+C_2\sin bx).$$

例 10.3.2 求下列微分方程的通解:

(1) $\dfrac{d^2y}{dx^2}-3\dfrac{dy}{dx}+2y=0$;　　　(2) $\dfrac{d^2y}{dx^2}-2\dfrac{dy}{dx}+4y=0$.

解 (1) 因为方程

$$\frac{d^2y}{dx^2}-3\frac{dy}{dx}+2y=0$$

的特征方程 $\lambda^2-3\lambda+2=0$ 有 2 个不同的实根 2 和 1,所以该方程的通解是

$$y=C_1e^{2x}+C_2e^{x}.$$

(2) 因为方程

$$\frac{d^2y}{dx^2}-2\frac{dy}{dx}+4y=0$$

的特征方程 $\lambda^2-2\lambda+4=0$ 有共轭复根 $1\pm\sqrt{3}i$,所以该方程的通解是

$$y=e^{x}(C_1\cos\sqrt{3}x+C_2\sin\sqrt{3}x).$$

例 10.3.3 求解下列定解问题:

(1) $\begin{cases}\dfrac{d^2y}{dx^2}+6\dfrac{dy}{dx}+9y=0,\\ y(0)=1,\quad y'(0)=1;\end{cases}$

（2）$\begin{cases}\dfrac{d^2y}{dx^2}+py=0,\\ y(0)=0,\quad y(l)=0\end{cases}$　（$l>0$，p 为常数）.

解　（1）因为方程

$$\frac{d^2y}{dx^2}+6\frac{dy}{dx}+9y=0$$

的特征方程 $\lambda^2+6\lambda+9=0$ 有二重根 -3，所以该方程的通解是

$$y=(C_1+C_2x)e^{-3x}.$$

将 $y(0)=1$，$y'(0)=1$ 代入上式，得到 $C_1=1$，$C_2=4$. 因此定解问题的解是

$$y=(1+4x)e^{-3x}.$$

（2）方程 $\dfrac{d^2y}{dx^2}+py=0$ 的特征方程为 $\lambda^2+p=0$.

（i）当 $p<0$ 时，易知方程的解为

$$y=C_1e^{\sqrt{-p}x}+C_2e^{-\sqrt{-p}x}.$$

将 $y(0)=0$，$y(l)=0$ 代入上式得

$$\begin{cases}C_1+C_2=0,\\ C_1e^{l\sqrt{-p}}+C_2e^{-l\sqrt{-p}}=0.\end{cases}$$

因此 $C_1=C_2=0$. 于是定解问题只有零解 $y=0$.

（ii）当 $p=0$ 时，易知方程的解为 $y=C_1+C_2x$. 由 $y(0)=0$，$y(l)=0$ 同样可得 $C_1=C_2=0$，于是定解问题只有零解 $y=0$.

（iii）当 $p>0$ 时，易知方程的解为

$$y=C_1\cos\sqrt{p}\,x+C_2\sin\sqrt{p}\,x.$$

将 $y(0)=0$，$y(l)=0$ 代入上式得

$$\begin{cases}C_1=0,\\ C_1\cos l\sqrt{p}+C_2\sin l\sqrt{p}=0.\end{cases}$$

因此，当 $p=\left(\dfrac{k\pi}{l}\right)^2$（$k=1,2,\cdots$）时，$C_1=0$，$C_2$ 可为任意常数；当 $p\neq\left(\dfrac{k\pi}{l}\right)^2$（$k=1,2,\cdots$）时，$C_1=C_2=0$.

于是，当 $p=\left(\dfrac{k\pi}{l}\right)^2$（$k=1,2,\cdots$）时，定解问题的解为

$$y=C\sin\frac{k\pi}{l}x,\quad C\text{ 为任意常数；}$$

当 $p>0$ 且 $p\neq\left(\dfrac{k\pi}{l}\right)^2$（$k=1,2,\cdots$）时，定解问题只有零解 $y=0$.

一般地，n 阶常系数齐次线性微分方程的形式为

$$\frac{d^ny}{dx^n}+p_1\frac{d^{n-1}y}{dx^{n-1}}+\cdots+p_{n-1}\frac{dy}{dx}+p_ny=0,\tag{10.3.5}$$

其中 $p_1,p_2,\cdots,p_n$ 为常数．这个方程的**特征方程**为

$$\lambda^n+p_1\lambda^{n-1}+\cdots+p_{n-1}\lambda+p_n=0,$$

它在复数范围内恰有 n 个根(重根计重数). 对于它的根 λ,同样地有:

(1) 若 λ 是实的单重根,则 $e^{\lambda x}$ 是微分方程的解;

(2) 若 λ 是实的 k 重根,则 $e^{\lambda x},xe^{\lambda x},x^2e^{\lambda x},\cdots,x^{k-1}e^{\lambda x}$ 是微分方程的 k 个线性无关的解;

(3) 若 $\lambda\pm\mu i$ 是单重共轭复根,则 $e^{\lambda x}\cos\mu x$ 和 $e^{\lambda x}\sin\mu x$ 是微分方程的解;

(4) 若 $\lambda\pm\mu i$ 是 k 重共轭复根,则 $e^{\lambda x}\cos\mu x, e^{\lambda x}\sin\mu x, xe^{\lambda x}\cos\mu x, xe^{\lambda x}\sin\mu x,\cdots, x^{k-1}e^{\lambda x}\cos\mu x, x^{k-1}e^{\lambda x}\sin\mu x$ 是微分方程的 $2k$ 个线性无关的解.

这样,恰好可以找到 n 个线性无关的解 $y_1(x),y_2(x),\cdots,y_n(x)$,于是微分方程(10.3.5)的通解可以表示为

$$y=C_1y_1(x)+C_2y_2(x)+\cdots+C_ny_n(x),$$

其中 $C_1,C_2,\cdots,C_n$ 为任意常数.

二阶变系数齐次线性微分方程的一种解法

例 10.3.4　求方程

$$\frac{d^4y}{dx^4}-3\frac{d^3y}{dx^3}+2\frac{d^2y}{dx^2}=0$$

的通解.

解　因为方程

$$\frac{d^4y}{dx^4}-3\frac{d^3y}{dx^3}+2\frac{d^2y}{dx^2}=0$$

的特征方程 $\lambda^2(\lambda^2-3\lambda+2)=0$ 有 2 个不同的单重实根 2 和 1 和 1 个二重根 0,所以微分方程的通解是

$$y=C_1e^{2x}+C_2e^x+C_3+C_4x.$$

二阶常系数非齐次线性微分方程

对于二阶常系数非齐次线性微分方程

$$\frac{d^2y}{dx^2}+p\frac{dy}{dx}+qy=f(x), \tag{10.3.6}$$

当 $f(x)$ 是多项式、指数函数、正弦及余弦函数或它们的乘积时,由于这些类函数求导数后不改变函数的形式,因此,可以设方程的解是同类函数,利用待定系数法求出其特解 y^*.

例如,当 $f(x)=U_n(x)e^{\lambda^* x}$($U_n(x)$ 是 n 次多项式)时. 设 $y^*=V(x)e^{\lambda^* x}$,其中 $V(x)$ 是多项式. 这时

$$y^{*\prime}=[\lambda^* V(x)+V'(x)]e^{\lambda^* x},$$

$$y^{*\prime\prime}=[\lambda^{*2}V(x)+2\lambda^* V'(x)+V''(x)]e^{\lambda^* x}.$$

代入方程化简后得

$$V''(x)+(2\lambda^*+p)V'(x)+(\lambda^{*2}+p\lambda^*+q)V(x)=U_n(x). \tag{10.3.7}$$

(1) 当 λ^* 不是特征方程 $\lambda^2+p\lambda+q=0$ 的根时,$\lambda^{*2}+p\lambda^*+q\neq0$. 要使(10.3.7)成为恒等式,$V(x)$ 必须是 n 次多项式 $V_n(x)=a_0x^n+a_1x^{n-1}+\cdots+a_{n-1}x+a_n$. 通过比较(10.3.7)两端的 x 同次幂的系数,就得到以 $a_0,a_1,\cdots,a_{n-1},a_n$ 作为未知量的 $n+1$ 个方程联立的线性方程组,可

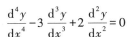

以证明这个线性方程组一定有解，这样就能确定 $a_0,a_1,\cdots,a_{n-1},a_n$，进而得出微分方程(10.3.6)的特解．

(2) 当 λ^* 是特征方程 $\lambda^2+p\lambda+q=0$ 的单根时，$\lambda^{*2}+p\lambda^*+q=0$，但 $2\lambda^*+p\neq 0$．要使(10.3.7)成为恒等式，$V'(x)$ 必须是 n 次多项式，为此可取 $V(x)=xV_n(x)=x(a_0x^n+a_1x^{n-1}+\cdots+a_{n-1}x+a_n)$，比较(10.3.7)两端的 x 同次幂的系数，就能确定 $a_0,a_1,\cdots,a_n$，得出微分方程(10.3.6)的特解．

(3) 当 λ^* 是特征方程 $\lambda^2+p\lambda+q=0$ 的二重根时，$\lambda^{*2}+p\lambda^*+q=0$，且 $2\lambda^*+p=0$．要使(10.3.7)成为恒等式，$V''(x)$ 必须是 n 次多项式，为此可取 $V(x)=x^2V_n(x)=x^2(a_0x^n+a_1x^{n-1}+\cdots+a_{n-1}x+a_n)$，用比较系数法确定 $a_0,a_1,\cdots,a_n$，就得出微分方程(10.3.6)的特解．事实上，此时通过对方程 $V''(x)=U_n(x)$ 两次积分便可得到 $n+2$ 次多项式 $V(x)=\int\left(\int U_n(x)\,\mathrm{d}x\right)\mathrm{d}x$.

综上所述：在常系数非齐次线性方程(10.3.6)中，设 $f(x)=U_n(x)\mathrm{e}^{\lambda^* x}$，其中 $U_n(x)$ 是 n 次多项式．若 λ^* 是其特征方程

$$\lambda^2+p\lambda+q=0$$

的 m 重根（$m=0,1,2$；0 重根指不是方程的根），则微分方程(10.3.6)有待定形式为

$$y^*=x^mV_n(x)\mathrm{e}^{\lambda^* x}$$

的特解，其中 $V_n(x)$ 也是 n 次多项式．

例 10.3.5　求微分方程

$$\frac{\mathrm{d}^2y}{\mathrm{d}x^2}-2\frac{\mathrm{d}y}{\mathrm{d}x}-3y=2x^2+1$$

的通解．

解　其相应的齐次线性微分方程的特征方程为 $\lambda^2-2\lambda-3=0$，通解为

$$y=C_1\mathrm{e}^{3x}+C_2\mathrm{e}^{-x}.$$

由于右端函数是 $p_2(x)\mathrm{e}^{0x}$，而 0 不是特征方程的根，即 $m=0$．因此可以设其特解是二次多项式

$$y^*=a_2x^2+a_1x+a_0.$$

代入方程整理后，有

$$2a_2-2(2a_2x+a_1)-3(a_2x^2+a_1x+a_0)=2x^2+1,$$

比较系数，有

$$a_2=-\frac{2}{3},\quad a_1=\frac{8}{9},\quad a_0=-\frac{37}{27}.$$

因此原方程的通解为

$$y=C_1\mathrm{e}^{3x}+C_2\mathrm{e}^{-x}-\frac{1}{27}(18x^2-24x+37).$$

例 10.3.6　求微分方程

$$\frac{\mathrm{d}^2y}{\mathrm{d}x^2}+5\frac{\mathrm{d}y}{\mathrm{d}x}-6y=x\mathrm{e}^x$$

的通解．

解　其相应的齐次线性微分方程的特征方程为 $\lambda^2+5\lambda-6=0$,通解为

$$y=C_1\mathrm{e}^x+C_2\mathrm{e}^{-6x}.$$

由于右端函数是 $p_1(x)\mathrm{e}^x$,而 1 是特征方程的单根,即 $m=1$. 因此可以设其特解为

$$y^*=(a_1x+a_0)x\mathrm{e}^x.$$

代入方程整理后,有

$$14a_1x+2a_1+7a_0=x,$$

比较系数,有

$$a_1=\frac{1}{14},\quad a_0=-\frac{1}{49}.$$

于是得到原方程的通解为

$$y=C_1\mathrm{e}^x+C_2\mathrm{e}^{-6x}+\left(\frac{1}{14}x-\frac{1}{49}\right)x\mathrm{e}^x.$$

例 10.3.7　设函数 f 在 $(0,+\infty)$ 上具有二阶连续导数,且对于半空间 $\{(x,y,z)\in\mathbf{R}^3\mid x>0\}$ 内任意定向封闭光滑曲面 Σ,均有

$$\oiint_\Sigma[f'(x)-2f(x)]\mathrm{d}y\mathrm{d}z-3f(x)y\mathrm{d}z\mathrm{d}x+4[\sin(y^2)-\mathrm{e}^xz]\mathrm{d}x\mathrm{d}y=0.$$

若 $\lim\limits_{x\to0+0}f(x)=0$, $\lim\limits_{x\to0+0}f'(x)=0$,试确定函数 f.

解　由 Gauss 公式得,对于半空间 $\{(x,y,z)\in\mathbf{R}^3\mid x>0\}$ 内一切光滑封闭曲面 Σ 所围的区域 Ω 成立

$$\begin{aligned}0&=\oiint_\Sigma[f'(x)-2f(x)]\mathrm{d}y\mathrm{d}z-3f(x)y\mathrm{d}z\mathrm{d}x+4[\sin(y^2)-\mathrm{e}^xz]\mathrm{d}x\mathrm{d}y\\&=\pm\iiint_\Omega[f''(x)-2f'(x)-3f(x)-4\mathrm{e}^x]\mathrm{d}x\mathrm{d}y\mathrm{d}z,\end{aligned}$$

所以

$$f''(x)-2f'(x)-3f(x)-4\mathrm{e}^x=0.$$

即 f 满足方程 $y''-2y'-3y=4\mathrm{e}^x$,相应的齐次线性微分方程 $y''-2y'-3y=0$ 的通解为

$$y=C_1\mathrm{e}^{3x}+C_2\mathrm{e}^{-x}.$$

令方程 $y''-2y'-3y=4\mathrm{e}^x$ 的特解为 $k\mathrm{e}^x$,代入得到 $k=-1$. 于是,该方程的通解为

$$y=C_1\mathrm{e}^{3x}+C_2\mathrm{e}^{-x}-\mathrm{e}^x.$$

因此 f 就具有上述形式. 又由 $\lim\limits_{x\to0+0}f(x)=0$, $\lim\limits_{x\to0+0}f'(x)=0$ 得 $C_1=\frac{1}{2}$, $C_2=\frac{1}{2}$. 所以

$$f(x)=\frac{1}{2}(\mathrm{e}^{3x}+\mathrm{e}^{-x})-\mathrm{e}^x,\quad x\in(0,+\infty).$$

若方程(10.3.6)中的 $f(x)$ 还带有正弦或余弦函数,用同样的思想可以得到:

在常系数非齐次线性微分方程(10.3.6)中,如果 $f(x)=U_n(x)\mathrm{e}^{ax}\cos bx$ 或 $U_n(x)\mathrm{e}^{ax}\sin bx(b\neq0)$,其中 $U_n(x)$ 是 n 次多项式,则微分方程(10.3.6)有待定形式为

$$y^*=x^m\mathrm{e}^{ax}[V_n(x)\cos bx+\tilde{V}_n(x)\sin bx]$$

的特解,这里 $V_n(x)$ 和 $\tilde{V}_n(x)$ 也是 n 次多项式,而 m 根据 $a+b\mathrm{i}$(或 $a-b\mathrm{i}$)不是其特征方程 λ^2+

$p\lambda+q=0$ 的根或是特征方程单根依次取为 0 或 1.

注　用待定系数法求这种方程的特解时，所得到的 $V_n(x)$ 或 $\tilde{V}_n(x)$ 可能只是不超过 n 次的多项式，这从下例就可以看出.

例 10.3.8　求微分方程

$$\frac{\mathrm{d}^2y}{\mathrm{d}x^2}+y=x\sin 3x+2\cos x$$

的通解.

解　其相应的齐次线性微分方程的特征方程为 $\lambda^2+1=0$，通解为

$$y=C_1\cos x+C_2\sin x.$$

对于微分方程

$$\frac{\mathrm{d}^2y}{\mathrm{d}x^2}+y=x\sin 3x,$$

由于右端函数是 $p_1(x)\mathrm{e}^{0x}\sin 3x$，而 $3\mathrm{i}$ 不是特征方程的根，即 $m=0$. 因此可以设其特解是

$$y_1^*=(a_1x+a_0)\sin 3x+(b_1x+b_0)\cos 3x.$$

代入方程整理后，有

$$-[8(a_1x+a_0)+6b_1]\sin 3x+[6a_1-8(b_1x+b_0)]\cos 3x=x\sin 3x,$$

比较系数，有

$$a_1=-\frac{1}{8},\quad a_0=0,\quad b_1=0,\quad b_0=-\frac{3}{32}.$$

因此

$$y_1^*=-\frac{1}{8}x\sin 3x-\frac{3}{32}\cos 3x.$$

对于微分方程

$$\frac{\mathrm{d}^2y}{\mathrm{d}x^2}+y=2\cos x,$$

由于右端函数是 $p_0(x)\mathrm{e}^{0x}\cos x$，而 i 是特征方程的单根，即 $m=1$. 因此可以设其特解是

$$y_2^*=x(a_1\sin x+b_1\cos x).$$

代入方程整理后，有

$$2a_1\cos x-2b_1\sin x=2\cos x,$$

比较系数，有

$$a_1=1,\quad b_1=0.$$

因此

$$y_2^*=x\sin x.$$

由解的叠加原理，原方程的通解为

$$y=C_1\cos x+C_2\sin x-\frac{1}{8}x\sin 3x-\frac{3}{32}\cos 3x+x\sin x.$$

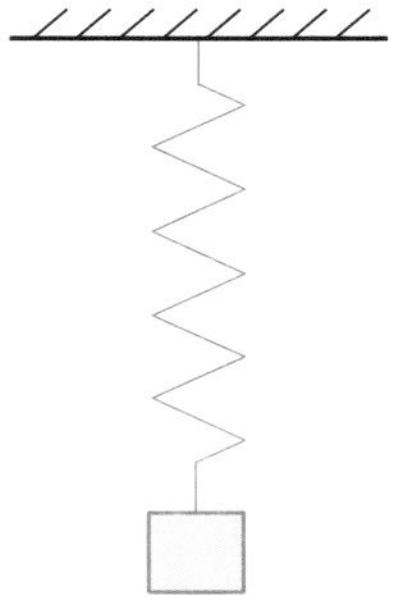
图 10.3.2

例 10.3.9　一根弹簧，其顶端固定，底端挂有一质量为 M 的重物（见图 10.3.2）. 当物体处于静止状态时，物体所受的重力和弹力大小相等且

方向相反,这个位置称为**平衡位置**. 我们取平衡位置为坐标原点 O,取 u 轴铅直向下. 记在未挂重物时弹簧的底部位置为 $-u_0$. 如果给该重物一个铅直干扰力,使重物离开平衡位置,并在平衡位置附近作上下振动. 这时重物的位置 u 就是一个时间的函数 $u=u(t)$. 重物在运动中所受的力 f 是以下几个力的叠加(设 M 比较大,就可以不必考虑弹簧自身的质量):

(1) 重力,$f_1=Mg$;

(2) 弹力,由 Hooke(胡克)定律,它为

$$f_2=-k(u+u_0);$$

其中 k 为弹簧的弹性系数.

(3) 阻力,我们假设它很小,可以忽略不计,即我们考虑的振动是无阻尼振动;

(4) 干扰力,设它为

$$f_3=H\sin\beta t\quad(H>0,\beta>0).$$

注意在平衡位置有 $Mg=ku_0$.

由 Newton 第二定律 $f=Ma=M\dfrac{\mathrm{d}^2u}{\mathrm{d}t^2}$,得出

$$M\frac{\mathrm{d}^2u}{\mathrm{d}t^2}=f_1+f_2+f_3=-ku+H\sin\beta t,$$

即

$$\frac{\mathrm{d}^2u}{\mathrm{d}t^2}+\omega_0^2u=h\sin\beta t,$$

这里 $\omega_0=\sqrt{\dfrac{k}{M}},h=\dfrac{H}{M}$.

我们现在解这个微分方程. 先看齐次线性微分方程

$$\frac{\mathrm{d}^2u}{\mathrm{d}t^2}+\omega_0^2u=0,$$

其特征方程为 $\lambda^2+\omega_0^2=0$,通解为

$$u=C_1\cos\omega_0t+C_2\sin\omega_0t=A\sin(\omega_0t+\varphi),$$

其中 $A=\sqrt{C_1^2+C_2^2},\tan\varphi=\dfrac{C_1}{C_2}$. 这时 u 反映的振动实际上是无干扰力、无阻力的振动,称为**简谐振动**. 这个振动的振幅为 A,周期为 $\dfrac{2\pi}{\omega_0}$(见图 10.3.3).

再看非齐次线性微分方程 $\dfrac{\mathrm{d}^2u}{\mathrm{d}t^2}+\omega_0^2u=h\sin\beta t$.

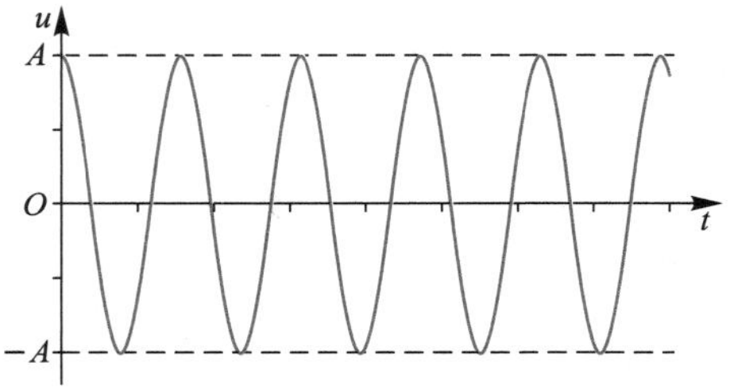

图 10.3.3

(1) 当 $\beta\neq\omega_0$ 时,$\pm\beta\mathrm{i}$ 不是特征方程的根,可设方程的特解为

$$u^*=a\cos\beta t+b\sin\beta t.$$

代入方程可解得 $a=0,b=\dfrac{h}{\omega_0^2-\beta^2}$. 因此

$$u^*=\frac{h}{\omega_0^2-\beta^2}\sin\beta t.$$

于是非齐次线性方程的通解为

$$u=A\sin(\omega_0 t+\varphi)+\frac{h}{\omega_0^2-\beta^2}\sin\beta t.$$

上式说明了,重物的运动是两个简谐振动的叠加．右边第二项所表示的振动叫作**强迫振动**,它是干扰力引起的．注意当 β 与 ω_0 相差很小时,它的振幅会很大．

（2）当 $\beta=\omega_0$ 时,$\pm\beta\mathrm{i}=\pm\omega_0\mathrm{i}$ 是特征方程的根,可设方程的特解为

$$u^*=t(a\cos\omega_0 t+b\sin\omega_0 t).$$

代入方程可解得 $a=-\dfrac{h}{2\omega_0}$,$b=0$. 因此

$$u^*=-\frac{h}{2\omega_0}t\cos\omega_0 t.$$

于是非齐次线性方程的通解为

$$u=A\sin(\omega_0 t+\varphi)-\frac{h}{2\omega_0}t\cos\omega_0 t.$$

上式右边第二项说明了,强迫振动的振幅 $\dfrac{h}{2\omega_0}t$ 随时间的增大而无限增大(见图 10.3.4),这常常会将振动系统毁坏．这种现象就是所谓的共振现象．

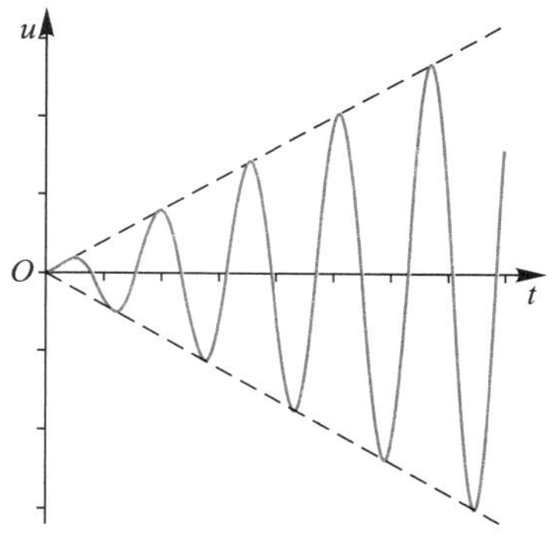

图 10.3.4

用常数变易法解二阶非齐次线性微分方程

在前面讨论二阶非齐次常系数线性微分方程时,我们用待定系数法对非齐次项 f 的一些特殊形式给出了方程的解法．但当 f 不属于这些类型时,又将如何解方程呢？下面我们介绍一种求解的方法,它对于非常系数方程的情形也适用．

对于二阶非齐次线性微分方程

$$\frac{\mathrm{d}^2y}{\mathrm{d}x^2}+p(x)\frac{\mathrm{d}y}{\mathrm{d}x}+q(x)y=f(x),$$

若已经知道其相应的齐次微分方程 $\dfrac{\mathrm{d}^2y}{\mathrm{d}x^2}+p(x)\dfrac{\mathrm{d}y}{\mathrm{d}x}+q(x)y=0$ 的两个线性无关解 $y_1(x)$ 和 $y_2(x)$,则该方程的通解为

$$y=C_1y_1(x)+C_2y_2(x).$$

为求非齐次线性微分方程的解,采用常数变易法．设其解为如下形式：

$$y=C_1(x)y_1(x)+C_2(x)y_2(x),$$

其中 $C_1(x)$,$C_2(x)$ 是待定函数．则

$$y'=C_1'(x)y_1(x)+C_1(x)y_1'(x)+C_2'(x)y_2(x)+C_2(x)y_2'(x).$$

为了避免在 y'' 的表达式中出现 $C_1(x)$,$C_2(x)$ 的二阶导数,我们首先令

$$C_1'(x)y_1(x)+C_2'(x)y_2(x)=0.$$

此时便有

$$y'=C_1(x)y_1'(x)+C_2(x)y_2'(x),$$

$$y''=C_1'(x)y_1'(x)+C_1(x)y_1''(x)+C_2'(x)y_2'(x)+C_2(x)y_2''(x).$$

将以上两式代入所考虑的非齐次方程,化简后便得

$$C_1'(x)y_1'(x)+C_2'(x)y_2'(x)=f(x).$$

这样一来,通过解线性方程组

$$\begin{cases}C_1'(x)y_1(x)+C_2'(x)y_2(x)=0,\\ C_1'(x)y_1'(x)+C_2'(x)y_2'(x)=f(x)\end{cases}$$

可以得到(注意该线性方程组的系数行列式就是 $y_1(x)$,$y_2(x)$ 的 Wronsky 行列式 $W(x)$,而由 $y_1(x)$ 与 $y_2(x)$ 的线性无关性知 $W(x)\neq 0$)

$$C_1'(x)=-\frac{y_2(x)f(x)}{W(x)},\quad C_2'(x)=\frac{y_1(x)f(x)}{W(x)}.$$

再积分便可求得

$$C_1(x)=-\int\frac{y_2(x)f(x)}{W(x)}\mathrm{d}x+C_1,\quad C_2(x)=\int\frac{y_1(x)f(x)}{W(x)}\mathrm{d}x+C_2,$$

其中 C_1,C_2 为任意常数．于是,

$$y=C_1(x)y_1(x)+C_2(x)y_2(x)$$

便是非齐次微分方程$\dfrac{\mathrm{d}^2y}{\mathrm{d}x^2}+p(x)\dfrac{\mathrm{d}y}{\mathrm{d}x}+q(x)y=f(x)$的通解．

例 10.3.10　求微分方程 $y''+4y=2\tan x$ 的通解．

解　易知 $\sin 2x$ 和 $\cos 2x$ 为齐次方程 $y''+4y=0$ 的两个线性无关的解．设方程 $y''+4y=2\tan x$ 的解为

$$y=C_1(x)\sin 2x+C_2(x)\cos 2x,$$

由线性方程组

$$\begin{cases}C_1'(x)\sin 2x+C_2'(x)\cos 2x=0,\\ 2C_1'(x)\cos 2x-2C_2'(x)\sin 2x=2\tan x\end{cases}$$

解得

$$C_1'(x)=\tan x\cos 2x,\quad C_2'(x)=-\tan x\sin 2x.$$

积分得

$$C_1(x)=\ln\cos x-\frac{1}{2}\cos 2x+C_1,\quad C_2(x)=\frac{1}{2}\sin 2x-x+C_2.$$

因此方程 $y''+4y=2\tan x$ 的通解为

$$\begin{aligned}y&=\left(\ln\cos x-\frac{1}{2}\cos 2x+C_1\right)\sin 2x+\left(\frac{1}{2}\sin 2x-x+C_2\right)\cos 2x\\&=\sin 2x\ln\cos x-x\cos 2x+C_1\sin 2x+C_2\cos 2x.\end{aligned}$$

Euler 方程

形如

$$x^2\frac{\mathrm{d}^2y}{\mathrm{d}x^2}+px\frac{\mathrm{d}y}{\mathrm{d}x}+qy=f(x)$$

的微分方程称为二阶 **Euler 方程**，其中 p,q 为常数．

作变量代换 $x=\mathrm{e}^t$ 即 $t=\ln x$，则有

$$\frac{\mathrm{d}y}{\mathrm{d}x}=\frac{\mathrm{d}y}{\mathrm{d}t}\frac{\mathrm{d}t}{\mathrm{d}x}=\frac{1}{x}\frac{\mathrm{d}y}{\mathrm{d}t},$$

$$\frac{\mathrm{d}^2y}{\mathrm{d}x^2}=\frac{\mathrm{d}}{\mathrm{d}x}\left(\frac{1}{x}\frac{\mathrm{d}y}{\mathrm{d}t}\right)=\frac{1}{x^2}\left(\frac{\mathrm{d}^2y}{\mathrm{d}t^2}-\frac{\mathrm{d}y}{\mathrm{d}t}\right).$$

代入方程得

$$\frac{\mathrm{d}^2y}{\mathrm{d}t^2}+(p-1)\frac{\mathrm{d}y}{\mathrm{d}t}+qy=f(\mathrm{e}^t),$$

原方程便化为一个以 t 为自变量的常系数线性微分方程．

例 10.3.11　求 Euler 方程

$$x^2\frac{\mathrm{d}^2y}{\mathrm{d}x^2}-2y=x$$

的通解．

解　令 $x=\mathrm{e}^t$ 即 $t=\ln x$，则原方程变为

$$\frac{\mathrm{d}^2y}{\mathrm{d}t^2}-\frac{\mathrm{d}y}{\mathrm{d}t}-2y=\mathrm{e}^t.$$

其齐次线性微分方程的通解为

$$y=C_1\mathrm{e}^{2t}+C_2\mathrm{e}^{-t}.$$

令非齐次线性微分方程的特解为 $k\mathrm{e}^t$，代入方程，得到 $k=-\frac{1}{2}$. 于是方程 $\frac{\mathrm{d}^2y}{\mathrm{d}t^2}-\frac{\mathrm{d}y}{\mathrm{d}t}-2y=\mathrm{e}^t$ 的通解为

$$y=C_1\mathrm{e}^{2t}+C_2\mathrm{e}^{-t}-\frac{1}{2}\mathrm{e}^t.$$

还原变量，便得原 Euler 方程的通解

$$y=C_1x^2+C_2\frac{1}{x}-\frac{x}{2}.$$

一般地，作变量代换 $x=\mathrm{e}^t$ 即 $t=\ln x$，可以将形如

$$x^n\frac{\mathrm{d}^ny}{\mathrm{d}x^n}+p_1x^{n-1}\frac{\mathrm{d}^{n-1}y}{\mathrm{d}x^{n-1}}+\cdots+p_{n-1}x\frac{\mathrm{d}y}{\mathrm{d}x}+p_ny=f(x)$$

的 n **阶 Euler 方程**变为以 t 为自变量的常系数线性微分方程，其中 $p_1,p_2,\cdots,p_n$ 为常数．

在上一章已经指出，Fourier 级数在工程技术中有着重要应用．我们最后用一个解决具体问题的例子来说明这一点．在弦振动情形，两端固定的弦的振动 $u=u(x,t)$（它表示坐标为 x 的点在时刻 t 离开平衡位置的位移），可归结为满足下面的偏微分方程的定解问题

$$\begin{cases}u''_{tt}-a^2u''_{xx}=0, & 0<x<l,\quad t>0,\\ u(0,t)=0, & u(l,t)=0,\\ u(x,0)=\varphi(x), & u'_t(x,0)=\psi(x).\end{cases}$$

现在我们来解这个问题．

首先设方程 $u''_{tt}-a^2u''_{xx}=0$ 有形如

$$u(x,t)=X(x)T(t)$$

的解,代入该方程得

$$X(x)T''(t)=a^2X''(x)T(t),$$

于是

$$\frac{T''(t)}{a^2T(t)}=\frac{X''(x)}{X(x)}.$$

显然这个比值既与 x 无关,又与 t 无关,因此是常数,记为 $-\lambda$,于是有

$$X''(x)+\lambda X(x)=0,$$

$$T''(t)+a^2\lambda T(t)=0.$$

由定解问题的初值条件 $u(0,t)=0,u(l,t)=0$ 得

$$X(0)T(t)=X(l)T(t)=0,$$

因此,若要求出定解问题的非零解,必须有 $X(x),T(t)$ 不恒等于零,且 $X(0)=X(l)=0$.

由例 10.3.3 可知,定解问题

$$\begin{cases}X''(x)+\lambda X(x)=0,\\X(0)=X(l)=0\end{cases}$$

当 $\lambda=\left(\frac{n\pi}{l}\right)^2(n=1,2,\cdots)$ 时,有非零解

$$X(x)=C_n\sin\frac{n\pi}{l}x,$$

其中 C_n 为任意常数.

显然,当 $\lambda=\left(\frac{n\pi}{l}\right)^2(n=1,2,\cdots)$ 时,方程 $T''(t)+a^2\lambda T(t)=0$ 有解

$$T(t)=a_n\cos\frac{na\pi}{l}t+b_n\sin\frac{na\pi}{l}t,$$

其中 a_n,b_n 为任意常数.

于是方程 $u''_{tt}-a^2u''_{xx}=0$ 有如下形式的特解

$$u_n(x,t)=\left(A_n\cos\frac{na\pi}{l}t+B_n\sin\frac{na\pi}{l}t\right)\sin\frac{n\pi}{l}x,\quad n=1,2,\cdots,$$

其中 $A_n=C_na_n,B_n=C_nb_n$ 为任意常数.

一般来说,这些解并不一定还满足初值条件 $u(x,0)=\varphi(x),u'_t(x,0)=\psi(x)$. 但由方程的线性性质,可将这些解叠加得到方程 $u''_{tt}-a^2u''_{xx}=0$ 的如下形式解

$$u(x,t)=\sum_{n=1}^{\infty}u_n(x,t)=\sum_{n=1}^{\infty}\left(A_n\cos\frac{na\pi}{l}t+B_n\sin\frac{na\pi}{l}t\right)\sin\frac{n\pi}{l}x,$$

并通过适当选择 A_n,B_n 来达到初值条件的要求.

此时,初值条件便是

$$u(x,0)=\sum_{n=1}^{\infty}A_n\sin\frac{n\pi}{l}x=\varphi(x),$$

$$u'_t(x,0)=\sum_{n=1}^{\infty}B_n\frac{na\pi}{l}\sin\frac{n\pi}{l}x=\psi(x),$$

于是，A_n 和 $B_n \dfrac{na\pi}{l}$ 分别是 $\varphi(x)$，$\psi(x)$ 在 $[0,l]$ 上的正弦展开的 Fourier 系数，即

$$A_n=\frac{2}{l}\int_0^l \varphi(x)\sin\frac{n\pi}{l}x\mathrm{d}x,\quad B_n=\frac{2}{na\pi}\int_0^l \psi(x)\sin\frac{n\pi}{l}x\mathrm{d}x.$$

可以证明（细节从略），如果 $\varphi(x)$ 具有连续三阶导数，$\psi(x)$ 具有连续二阶导数，且满足

$$\varphi(0)=\varphi(l)=0,\quad \varphi''(0)=\varphi''(l)=0,\quad \psi(0)=\psi(l)=0,$$

则如上得到的形式解便是所给定解问题的解．

习　题

1. 求下列常系数齐次线性微分方程的通解：

(1) $\dfrac{\mathrm{d}^2y}{\mathrm{d}x^2}+5\dfrac{\mathrm{d}y}{\mathrm{d}x}+6y=0$；

(2) $\dfrac{\mathrm{d}^2y}{\mathrm{d}x^2}-9y=0$；

(3) $\dfrac{\mathrm{d}^2y}{\mathrm{d}x^2}+4y=0$；

(4) $4\dfrac{\mathrm{d}^2y}{\mathrm{d}x^2}-20\dfrac{\mathrm{d}y}{\mathrm{d}x}+25y=0$；

(5) $\dfrac{\mathrm{d}^2y}{\mathrm{d}x^2}-6\dfrac{\mathrm{d}y}{\mathrm{d}x}+9y=0$；

(6) $\dfrac{\mathrm{d}^2y}{\mathrm{d}x^2}+4\dfrac{\mathrm{d}y}{\mathrm{d}x}=0$；

(7) $\dfrac{\mathrm{d}^3y}{\mathrm{d}x^3}-5\dfrac{\mathrm{d}^2y}{\mathrm{d}x^2}+6\dfrac{\mathrm{d}y}{\mathrm{d}x}=0$；

(8) $\dfrac{\mathrm{d}^4y}{\mathrm{d}x^4}-ay=0\,(a>0)$；

(9) $\dfrac{\mathrm{d}^4y}{\mathrm{d}x^4}+2\dfrac{\mathrm{d}^2y}{\mathrm{d}x^2}+y=0$；

(10) $\dfrac{\mathrm{d}^4y}{\mathrm{d}x^4}-2\dfrac{\mathrm{d}^3y}{\mathrm{d}x^3}+\dfrac{\mathrm{d}^2y}{\mathrm{d}x^2}=0$.

2. 求下列常系数齐次线性微分方程的特解：

(1) $\dfrac{\mathrm{d}^2y}{\mathrm{d}x^2}+4y=0,\quad y(0)=0,\quad y'(0)=1$；

(2) $\dfrac{\mathrm{d}^2y}{\mathrm{d}x^2}-9y=0,\quad y(0)=2,\quad y'(0)=1$；

(3) $\dfrac{\mathrm{d}^2y}{\mathrm{d}x^2}+\dfrac{\mathrm{d}y}{\mathrm{d}x}+y=0,\quad y(0)=-1,\quad y'(0)=0$；

(4) $\dfrac{\mathrm{d}^2y}{\mathrm{d}x^2}-4\dfrac{\mathrm{d}y}{\mathrm{d}x}+4y=0,\quad y(0)=2,\quad y'(0)=0$；

(5) $\dfrac{\mathrm{d}^2y}{\mathrm{d}x^2}+5\dfrac{\mathrm{d}y}{\mathrm{d}x}-6y=0,\quad y(0)=5,\quad y'(0)=-1$；

(6) $\dfrac{\mathrm{d}^3y}{\mathrm{d}x^3}-5\dfrac{\mathrm{d}^2y}{\mathrm{d}x^2}+6\dfrac{\mathrm{d}y}{\mathrm{d}x}=0,\quad y(0)=0,\quad y'(0)=1,\quad y''(0)=2.$

3. 已知齐次线性微分方程 $x^2\dfrac{\mathrm{d}^2y}{\mathrm{d}x^2}-2x\dfrac{\mathrm{d}y}{\mathrm{d}x}+2y=0$ 的一个解是 $y=x$，求非齐次线性微分方程

$$x^2\frac{\mathrm{d}^2y}{\mathrm{d}x^2}-2x\frac{\mathrm{d}y}{\mathrm{d}x}+2y=2x^3$$

的通解．

4. 已知 $y=\mathrm{e}^x$ 是齐次线性微分方程 $(2x-1)\frac{\mathrm{d}^2y}{\mathrm{d}x^2}-(2x+1)\frac{\mathrm{d}y}{\mathrm{d}x}+2y=0$ 的一个解，求它的通解．

5. 求下列常系数非齐次线性微分方程的通解：

（1）$\frac{\mathrm{d}^3y}{\mathrm{d}x^3}-5\frac{\mathrm{d}^2y}{\mathrm{d}x^2}+6\frac{\mathrm{d}y}{\mathrm{d}x}=x^3-2x+1$；　（2）$\frac{\mathrm{d}^2y}{\mathrm{d}x^2}-3\frac{\mathrm{d}y}{\mathrm{d}x}=x$；

（3）$\frac{\mathrm{d}^2y}{\mathrm{d}x^2}-9y=\mathrm{e}^{3x}(x^2+1)$；　（4）$\frac{\mathrm{d}^2y}{\mathrm{d}x^2}+4y=x\cos 2x$；

（5）$\frac{\mathrm{d}^2y}{\mathrm{d}x^2}-6\frac{\mathrm{d}y}{\mathrm{d}x}+9y=x\mathrm{e}^x\sin x$；　（6）$\frac{\mathrm{d}^2y}{\mathrm{d}x^2}-4\frac{\mathrm{d}y}{\mathrm{d}x}-5y=x\sin x$；

（7）$\frac{\mathrm{d}^2y}{\mathrm{d}x^2}+5\frac{\mathrm{d}y}{\mathrm{d}x}+6y=(x^2-2)\cos x$；　（8）$\frac{\mathrm{d}^2y}{\mathrm{d}x^2}+y=\cos 2x+\mathrm{e}^x$；

（9）$\frac{\mathrm{d}^2y}{\mathrm{d}x^2}-y=x^2\sin x\cos x$；　（10）$4\frac{\mathrm{d}^2y}{\mathrm{d}x^2}-20\frac{\mathrm{d}y}{\mathrm{d}x}+25y=\sin^2x$.

6. 求下列二阶常系数非齐次线性微分方程的特解：

（1）$\frac{\mathrm{d}^2y}{\mathrm{d}x^2}-3\frac{\mathrm{d}y}{\mathrm{d}x}=x^2$，　$y(0)=0$，　$y'(0)=1$；

（2）$\frac{\mathrm{d}^2y}{\mathrm{d}x^2}-9y=\mathrm{e}^{3x}(x^2+1)$，　$y(0)=-1$，　$y'(0)=0$；

（3）$\frac{\mathrm{d}^2y}{\mathrm{d}x^2}+\frac{\mathrm{d}y}{\mathrm{d}x}+y=x\sin x$，　$y(0)=2$，　$y'(0)=1$；

（4）$\frac{\mathrm{d}^2y}{\mathrm{d}x^2}-6\frac{\mathrm{d}y}{\mathrm{d}x}+9y=x\mathrm{e}^x\sin x$，　$y(0)=2$，　$y'(0)=0$；

（5）$\frac{\mathrm{d}^2y}{\mathrm{d}x^2}+\frac{\mathrm{d}y}{\mathrm{d}x}+y=\cos^2x$，　$y(0)=2$，　$y'(0)=1$.

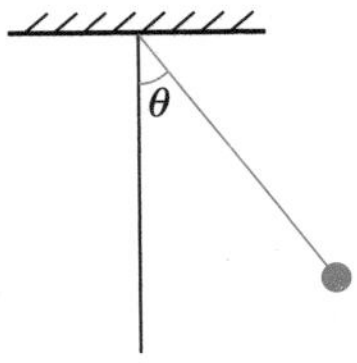

图 10.3.5

7. 如图 10.3.5 所示．一质量为 m 的球，用长为 l 的细线挂在 O 点，在地球引力下作往复摆动．若不计线的质量，而且 θ 比较小，以至于可假设 $\sin\theta\approx\theta$，求此摆球的运动方程．

8. 当 λ 为何值时，定解问题

$$\begin{cases}y''+\lambda y=0,\\ y(0)=0,y'(\pi)=0\end{cases}$$

有非零解，并解此定解问题．

9. 设 $f(x)$ 是连续函数，且满足

$$f(x)=\mathrm{e}^x+\int_0^x(x-t)f(t)\,\mathrm{d}t,$$

求 $f(x)$.

10. 设 $f(x)$ 在 $(-\infty,+\infty)$ 上具有连续的二阶导数，且 $f(0)=0$，$f'(0)=1$. 试确定 $f(x)$，使得在 $\mathbf{R}^2$ 上成立

$$\mathrm{d}u(x,y)=y[f''(x)+3x]\,\mathrm{d}x+[2f'(x)+f(x)]\,\mathrm{d}y,$$

并求 $u(x,y)$.

11. 设有方程 $\varphi(x)y''+y'-2y=\mathrm{e}^x$，其中

$$\varphi(x)=\begin{cases}0, & x<0,\\ 1, & x>0.\end{cases}$$

求在 $(-\infty,+\infty)$ 上的连续函数 $y=y(x)$，使之在 $(-\infty,0)$ 和 $(0,+\infty)$ 上都满足上述方程，且满足条件 $y(1)=-\dfrac{2}{3}\mathrm{e}$，$y(-1)=-\dfrac{1}{\mathrm{e}}$.

12. 用常数变易法解下列微分方程：

(1) $y''-2y'+y=\dfrac{\mathrm{e}^x}{x}$；　　(2) $y''+y=\csc x$；　　(3) $y''+y=\sec x$.

13. 设 $f(x)$ 是连续函数，$\lambda>0$. 证明定解问题

$$\begin{cases}y''+\lambda^2 y=f(x),\\ y(0)=0, \quad y'(0)=0\end{cases}$$

的解为 $y(x)=\dfrac{1}{\lambda}\displaystyle\int_0^x f(t)\sin\lambda(x-t)\,\mathrm{d}t$.

14. 求下列 Euler 方程的通解：

(1) $x^2\dfrac{\mathrm{d}^2y}{\mathrm{d}x^2}-x\dfrac{\mathrm{d}y}{\mathrm{d}x}+2y=0$；　　(2) $x^3\dfrac{\mathrm{d}^3y}{\mathrm{d}x^3}-x^2\dfrac{\mathrm{d}^2y}{\mathrm{d}x^2}+2x\dfrac{\mathrm{d}y}{\mathrm{d}x}-2y=0$；

(3) $\dfrac{\mathrm{d}^2y}{\mathrm{d}x^2}+\dfrac{2}{x}\dfrac{\mathrm{d}y}{\mathrm{d}x}-\dfrac{n(n+1)}{x^2}y=0$；　　(4) $(1+x)^2\dfrac{\mathrm{d}^2y}{\mathrm{d}x^2}+(1+x)\dfrac{\mathrm{d}y}{\mathrm{d}x}+y=0$；

(5) $x^3\dfrac{\mathrm{d}^3y}{\mathrm{d}x^3}+2x\dfrac{\mathrm{d}y}{\mathrm{d}x}-2y=x^2\ln x+3x$；　　(6) $x^2\dfrac{\mathrm{d}^2y}{\mathrm{d}x^2}-2x\dfrac{\mathrm{d}y}{\mathrm{d}x}+2y=\ln^2x-2\ln x$.

§ 4　可降阶的高阶微分方程

二阶以上的微分方程称为**高阶微分方程**. 一般说来，要确定 n 阶微分方程的一个特解需要有 n 个初值条件，这就是 n 阶微分方程初值问题.

一般的 n 阶微分方程的求解极为困难，但一般来说，阶数低的方程较阶数高的方程容易求解，所以一种常用的方法是用适当的变换将高阶方程化为低阶方程，如果该低阶方程是可以求解的，进而再得到原高阶方程的解. 这里仅列举几种特殊的降阶求解的方法.

方程形式为 $F(x,y^{(n)})=0$

这类方程中仅显含 x 和 y 的一种导数 $y^{(n)}$.

(1) 若可以从 $F(x,y^{(n)})=0$ 中解出 $y^{(n)}=f(x)$，那么将 $y^{(n)}$ 写成 $(y^{(n-1)})'$，便有

$$y^{(n-1)}=\int y^{(n)}\mathrm{d}x=\int f(x)\mathrm{d}x=\varphi(x)+C_1,$$

将以上过程重复 n 次，就得到了带有 n 个任意常数的通解．

例 10.4.1　求微分方程

$$x^2y'''+1=x^2\sin x$$

的通解．

解　原方程即为

$$y'''=-\frac{1}{x^2}+\sin x,$$

因此

$$y''=\int\left(-\frac{1}{x^2}+\sin x\right)\mathrm{d}x=\frac{1}{x}-\cos x+C_1,$$

$$y'=\int\left(\frac{1}{x}-\cos x+C_1\right)\mathrm{d}x=\ln x-\sin x+C_1x+C_2,$$

于是方程的通解为

$$y=\int(\ln x-\sin x+C_1x+C_2)\,\mathrm{d}x=x\ln x-x+\cos x+\frac{1}{2}C_1x^2+C_2x+C_3,$$

即

$$y=x\ln x+\cos x+C_1x^2+C_2x+C_3.$$

例 10.4.2　已知一个质点的加速度的变化率与时间成反比，求质点的运动规律．

解　设质点的运动规律为 $s=s(t)$，由题意，$s(t)$ 满足方程

$$\frac{\mathrm{d}^3s}{\mathrm{d}t^3}=\frac{k}{t},$$

这里 k 是比例系数．对上式两边积分，得

$$\frac{\mathrm{d}^2s}{\mathrm{d}t^2}=k\int\frac{\mathrm{d}t}{t}=k\ln t+C_1,$$

两边再积分，得

$$\frac{\mathrm{d}s}{\mathrm{d}t}=\int(k\ln t+C_1)\,\mathrm{d}t=k(t\ln t-t)+C_1t+C_2=kt\ln t+C_1t+C_2,$$

最后再两边积分一次，得到质点的运动规律为

$$s(t)=\int(kt\ln t+C_1t+C_2)\,\mathrm{d}t=\frac{k}{2}t^2\ln t+C_1t^2+C_2t+C_3.$$

（2）若不便从 $F(x,y^{(n)})=0$ 中解 $y^{(n)}$，有时可将该方程表为参数形式

$$\begin{cases}x=\varphi(t),\\ y^{(n)}=\psi(t),\end{cases}$$

它满足

$$F(\varphi(t),\psi(t))\equiv 0.$$

这时便有

$$y^{(n-1)}=\int y^{(n)}\,\mathrm{d}x=\int\psi(t)\varphi'(t)\,\mathrm{d}t=\psi_1(t)+C_1,$$

继续这样的过程，就得到通解的参数表示

$$\begin{cases} x=\varphi(t), \\ y=\psi_n(t,C_1,C_2,\cdots,C_n). \end{cases}$$

例 10.4.3　求微分方程

$$e^{y''}+y''=x$$

的通解.

解　令 $y''=t$,则 $x=e^t+t$,所以

$$y'=\int y''dx=\int t(e^t+1)dt=(t-1)e^t+\frac{1}{2}t^2+C_1,$$

$$\begin{aligned} y&=\int y'dx=\int\left[(t-1)e^t+\frac{1}{2}t^2+C_1\right](e^t+1)dt \\ &=\left(\frac{t}{2}-\frac{3}{4}\right)e^{2t}+\left(\frac{t^2}{2}-1+C_1\right)e^t+\frac{t^3}{6}+C_1t+C_2. \end{aligned}$$

因此方程的通解为

$$\begin{cases} x=e^t+t, \\ y=\left(\frac{t}{2}-\frac{3}{4}\right)e^{2t}+\left(\frac{t^2}{2}-1+C_1\right)e^t+\frac{t^3}{6}+C_1t+C_2. \end{cases}$$

这种方法还可以灵活运用到其他类型的方程中去.

例 10.4.4　求微分方程

$$Ry''=(1+y'^2)^{\frac{3}{2}}$$

的通解(R 为常数).

解　令 $y'=t$,因此

$$\frac{dt}{dx}=y''=\frac{1}{R}(1+t^2)^{\frac{3}{2}},$$

从而

$$\frac{Rdt}{(1+t^2)^{\frac{3}{2}}}=dx.$$

积分得

$$x=\frac{Rt}{\sqrt{1+t^2}}+C_1.$$

因此

$$y=\int y'dx=\int\frac{Rt}{(1+t^2)^{\frac{3}{2}}}dt=-\frac{R}{\sqrt{1+t^2}}+C_2.$$

于是方程的通解为

$$\begin{cases} x=\frac{Rt}{\sqrt{1+t^2}}+C_1, \\ y=-\frac{R}{\sqrt{1+t^2}}+C_2. \end{cases}$$

消去参数 t 就是

$$(x-C_1)^2+(y-C_2)^2=R^2.$$

我们已经知道,平面中圆弧的曲率为常数;上例又说明,曲率为常数的平面曲线 $y=y(x)$ 为圆弧．事实上有结论:平面上曲线为圆弧的充分必要条件为其曲率是常数．

方程形式为 $F(x,y^{(k)},y^{(k+1)},\cdots,y^{(n)})=0$

这类方程中不显含未知函数 y,但显含 y 的导数．

令 $y^{(k)}=p$,则

$$y^{(k+1)}=(y^{(k)})'=p',\quad \cdots,\quad y^{(n)}=p^{(n-k)},$$

于是原方程化成了 $n-k$ 阶方程

$$F(x,p,p',\cdots,p^{(n-k)})=0.$$

如果上述方程的通解为

$$p=\varphi(x,C_1,C_2,\cdots,C_{n-k}),$$

那么对 $y^{(k)}=p=\varphi(x,C_1,C_2,\cdots,C_{n-k})$ 积分 k 次就得到原方程的通解．

例 10.4.5　求微分方程

$$\left(\frac{d^3y}{dx^3}\right)^2+\left(\frac{d^2y}{dx^2}\right)^2=1$$

的通解．

解　令 $y''=p$,则方程化为

$$\left(\frac{dp}{dx}\right)^2+p^2=1.$$

由例 10.2.1 知,该方程的通解为

$$p=\sin(x+C_1).$$

因此

$$\frac{d^2y}{dx^2}=p=\sin(x+C_1).$$

对上式积分两次便得原方程的通解

$$y=-\sin(x+C_1)+C_2x+C_3.$$

例 10.4.6　求微分方程

$$xy''=y'\ln\frac{y'}{x}$$

的通解．

解　令 $y'=p$,将方程化为

$$p'=\frac{p}{x}\ln\frac{p}{x}.$$

再令 $u=\dfrac{p}{x}$,代入方程得

$$x\frac{du}{dx}+u=u\ln u,$$

即

$$\frac{\mathrm{d}u}{u\ln u-u}=\frac{\mathrm{d}x}{x}.$$

对上式取积分得

$$\ln(\ln u-1)=\ln x+\ln C_1,$$

即 $\ln u-1=C_1x$，所以 $u=\mathrm{e}^{C_1x+1}$. 于是

$$y'=p=ux=x\mathrm{e}^{C_1x+1}.$$

再积分一次便得原方程的通解

$$y=\frac{1}{C_1}x\mathrm{e}^{C_1x+1}-\frac{1}{C_1^2}\mathrm{e}^{C_1x+1}+C_2.$$

注意，$y=\frac{1}{2}\mathrm{e}x^2+C$ 也是方程的解，但它不在通解之中.

例 10.4.7 在例 10.3.1 中，得到降落伞的运动规律 $x(t)$ 满足的方程为

$$\begin{cases}\dfrac{\mathrm{d}^2x}{\mathrm{d}t^2}+\dfrac{k}{m}\dfrac{\mathrm{d}x}{\mathrm{d}t}=g,\\ x(0)=0,\quad x'(0)=0.\end{cases}$$

这是一个线性方程，现在我们改用另一种方法求它的解.

解 令 $\frac{\mathrm{d}x}{\mathrm{d}t}=v$，则 $v(t)$ 是降落伞的运动速度，且满足一阶线性方程定解问题

$$\begin{cases}\dfrac{\mathrm{d}v}{\mathrm{d}t}+\dfrac{k}{m}v=g,\\ v(0)=0,\end{cases}$$

其中微分方程的通解是

$$v(t)=C_1\mathrm{e}^{-\frac{k}{m}t}+\frac{mg}{k},$$

将 $v(0)=0$ 代入上式，得降落伞的速度为

$$v(t)=\frac{mg}{k}\left(1-\mathrm{e}^{-\frac{k}{m}t}\right).$$

这说明降落伞的下降速度在开始时增大较快，但逐渐趋于常数 $\frac{mg}{k}$.

再解定解问题

$$\begin{cases}\dfrac{\mathrm{d}x}{\mathrm{d}t}=\dfrac{mg}{k}\left(1-\mathrm{e}^{-\frac{k}{m}t}\right),\\ x(0)=0.\end{cases}$$

其中微分方程的通解是

$$x(t)=\frac{mg}{k}\left(t+\frac{m}{k}\mathrm{e}^{-\frac{k}{m}t}\right)+C_2.$$

将 $x(0)=0$ 代入上式，得到 $C_2=-\frac{m^2g}{k^2}$. 于是降落伞的运动规律为

$$x(t)=\frac{mg}{k}\left[t+\frac{m}{k}\left(\mathrm{e}^{-\frac{k}{m}t}-1\right)\right].$$

例 10.4.8(跟踪问题二)　设位于坐标原点的甲舰向位于点 $A(1,0)$ 处的乙舰发射制导导弹(见图 10.4.1),弹头始终对准乙舰. 如果乙舰的航向平行于 y 轴,航速为 v_0,导弹速度为 $5v_0$,求导弹运行轨迹的方程,并求乙舰被导弹击中点的位置坐标.

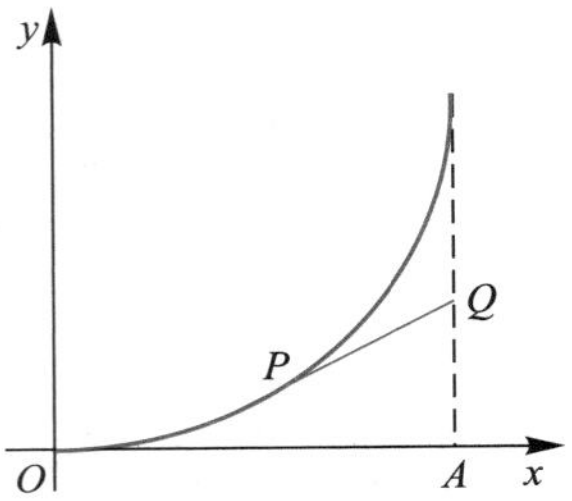

图 10.4.1

解　取导弹发射时刻为 0,且设导弹轨迹的曲线为 $y=y(x)$. 在时刻 t,设导弹位于 $P(x,y)$,此时乙舰位于 $Q(1,v_0t)$. 由于导弹始终对准乙舰,所以

$$y'=\frac{v_0t-y}{1-x}.$$

又按题意,弧 OP 的长度为线段 AQ 的 5 倍,即

$$\int_0^x\sqrt{1+y'^2}\,\mathrm{d}x=5v_0t.$$

代入前面的关系式,即得

$$(1-x)y'+y=\frac{1}{5}\int_0^x\sqrt{1+y'^2}\,\mathrm{d}x.$$

将上式两端对 x 求导,并整理得

$$(1-x)y''=\frac{1}{5}\sqrt{1+y'^2}.$$

这是不显含 y 的二阶微分方程,所求轨迹还应满足初值条件

$$y(0)=0,\quad y'(0)=0.$$

令 $y'=p$,则该方程转化为

$$(1-x)p'=\frac{1}{5}\sqrt{1+p^2},$$

即

$$\frac{\mathrm{d}p}{\sqrt{1+p^2}}=\frac{\mathrm{d}x}{5(1-x)}.$$

利用 $p(0)=0$,在上式两端积分得

$$\int_0^p\frac{\mathrm{d}p}{\sqrt{1+p^2}}=\int_0^x\frac{\mathrm{d}x}{5(1-x)},$$

即

$$\ln(p+\sqrt{1+p^2})=-\frac{1}{5}\ln(1-x),$$

亦即

$$\sqrt{1+y'^2}+y'=(1-x)^{-\frac{1}{5}}.$$

由此又可得

$$\sqrt{1+y'^2}-y'=(1-x)^{\frac{1}{5}}.$$

两式相减,可得

$$y'=\frac{1}{2}\left[(1-x)^{-\frac{1}{5}}-(1-x)^{\frac{1}{5}}\right],$$

再根据 $y(0)=0$ 得

$$y=\int_0^x \frac{1}{2}\left[(1-x)^{-\frac{1}{5}}-(1-x)^{\frac{1}{5}}\right]\mathrm{d}x,$$

即

$$y=-\frac{5}{8}(1-x)^{\frac{4}{5}}+\frac{5}{12}(1-x)^{\frac{6}{5}}+\frac{5}{24}.$$

这就是导弹运行轨迹的方程．

当 $x=1$ 时，$y=\frac{5}{24}$，所以导弹击中乙舰的位置坐标为$\left(1,\frac{5}{24}\right)$．

方程形式为 $F(y,y',y'',\cdots,y^{(n)})=0$

这类方程中不显含自变量 x.

仍令 $y'=p$，我们设法将其化为 p 与 y 的关系．利用复合函数求导公式，有

$$y''=\frac{\mathrm{d}p}{\mathrm{d}x}=\frac{\mathrm{d}p}{\mathrm{d}y}\frac{\mathrm{d}y}{\mathrm{d}x}=p\frac{\mathrm{d}p}{\mathrm{d}y},$$

$$y'''=\frac{\mathrm{d}}{\mathrm{d}x}\left(\frac{\mathrm{d}^2y}{\mathrm{d}x^2}\right)=\frac{\mathrm{d}}{\mathrm{d}x}\left(p\frac{\mathrm{d}p}{\mathrm{d}y}\right)=\frac{\mathrm{d}}{\mathrm{d}y}\left(p\frac{\mathrm{d}p}{\mathrm{d}y}\right)\cdot\frac{\mathrm{d}y}{\mathrm{d}x}=p^2\frac{\mathrm{d}^2p}{\mathrm{d}y^2}+p\left(\frac{\mathrm{d}p}{\mathrm{d}y}\right)^2.$$

用归纳法可以证明 $y^{(n)}=h(p,p',\cdots,p^{(n-1)})$．于是，原方程就可化成形式为以 y 为自变量的 $n-1$ 阶方程

$$\tilde{F}(y,p,p',\cdots,p^{(n-1)})=0.$$

若该方程的通解为 $p=\varphi(y,C_1,C_2,\cdots,C_{n-1})$，将方程$\frac{\mathrm{d}y}{\mathrm{d}x}=p=\varphi(y,C_1,C_2,\cdots,C_{n-1})$分离变量再积分，便得原方程的通解

$$\int\frac{\mathrm{d}y}{\varphi(y,C_1,C_2,\cdots,C_{n-1})}=x+C_n.$$

例 10.4.9　解微分方程 $y\frac{\mathrm{d}^2y}{\mathrm{d}x^2}-\left(\frac{\mathrm{d}y}{\mathrm{d}x}\right)^2+\frac{\mathrm{d}y}{\mathrm{d}x}=0$.

解　方程中不显含 x. 令$\frac{\mathrm{d}y}{\mathrm{d}x}=p$，则$\frac{\mathrm{d}^2y}{\mathrm{d}x^2}=p\frac{\mathrm{d}p}{\mathrm{d}y}$. 代入原方程，有

$$yp\frac{\mathrm{d}p}{\mathrm{d}y}-p^2+p=p\left(y\frac{\mathrm{d}p}{\mathrm{d}y}-p+1\right)=0.$$

因此，

（1）$p=0$，即$\frac{\mathrm{d}y}{\mathrm{d}x}=0$. 这时可得原方程的一种解

$$y=C.$$

（2）$y\frac{\mathrm{d}p}{\mathrm{d}y}-p+1=0$. 将此方程写为

$$\frac{\mathrm{d}p}{p-1}=\frac{\mathrm{d}y}{y},$$

积分得

$$p-1=C_1y.$$

即

$$\frac{dy}{dx}=C_1y+1.$$

解此方程得原方程通解

$$y=C_2e^{C_1x}-\frac{1}{C_1}.$$

注意，$p=1$ 也是方程 $y\frac{dp}{dy}-p+1=0$ 的解，因而原方程还有解

$$y=x+C.$$

例 10.4.10　解微分方程 $y\frac{d^2y}{dx^2}=1$.

解　令$\frac{dy}{dx}=p$，则$\frac{d^2y}{dx^2}=p\frac{dp}{dy}$，代入方程得

$$yp\frac{dp}{dy}=1.$$

这是变量可分离的方程，其解为

$$y=C_1e^{\frac{1}{2}p^2}.$$

注意到$\frac{d^2y}{dx^2}=\frac{dp}{dx}$，将上式代入原方程 $y\frac{d^2y}{dx^2}=1$ 得

$$C_1e^{\frac{1}{2}p^2}\frac{dp}{dx}=1,$$

解之得

$$x=C_1\int e^{\frac{1}{2}p^2}dp+C_2.$$

因此原方程的参数形式的通解为

$$\begin{cases}x=C_1\int e^{\frac{1}{2}p^2}dp+C_2,\\ y=C_1e^{\frac{1}{2}p^2}.\end{cases}$$

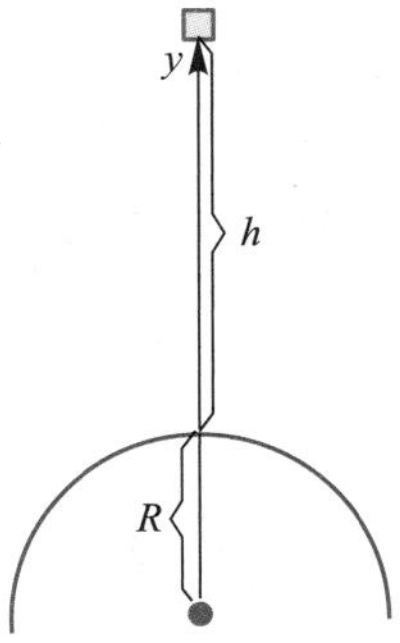

图 10.4.2

例 10.4.11　一离地面高度为 h 的静止物体，受地球引力的作用落向地面，求该物体落地时的速度和所需的时间(空气阻力忽略不计).

解　记地球半径为 R，以地心为原点，垂直向上建立 y 坐标轴(见图 10.4.2). 设地球和物体的质量分别是 M 和 m，物体与地心的距离是 y. 由 Newton 万有引力定律，物体所受的力

$$F(y)=-\frac{GMm}{y^2}.$$

由于物体在地面上受的万有引力即为重力，因此

$$F(R)=-\frac{GMm}{R^2}=-mg,$$

由 Newton 第二运动定律 $F=ma$,代入整理后将得到

$$\begin{cases}\dfrac{d^2y}{dt^2}=-\dfrac{R^2g}{y^2},\\ y(0)=R+h, \quad y'(0)=0.\end{cases}$$

这是一个不显含自变量 t 的方程.

记速度$\frac{dy}{dt}=v$,将$\frac{d^2y}{dt^2}=v\frac{dv}{dy}$代入原方程并分离变量,有

$$vdv=-\frac{R^2g}{y^2}dy.$$

两边积分,得到

$$v^2=2\frac{R^2g}{y}+C.$$

令 $t=0$,得到

$$v^2(0)=2\frac{R^2g}{y(0)}+C=2\frac{R^2g}{R+h}+C=0,$$

所以 $C=-\frac{2R^2g}{R+h}$,及

$$v=-R\sqrt{2g\left(\frac{1}{y}-\frac{1}{R+h}\right)},$$

取负号表示速度的方向与 y 的正向相反.取 $y=R$,即得物体落地的速度为

$$v=-\sqrt{\frac{2Rh}{R+h}g}.$$

再解方程

$$\frac{dy}{dt}=-R\sqrt{2g\left(\frac{1}{y}-\frac{1}{R+h}\right)}.$$

利用分离变量法,可得

$$t=-\frac{1}{R}\sqrt{\frac{R+h}{2g}}\int\sqrt{\frac{y}{R+h-y}}dy,$$

作变量代换 $y=(R+h)\cos^2u$,便得到

$$t=\frac{1}{R}\sqrt{\frac{R+h}{2g}}\left[(R+h)\arccos\sqrt{\frac{y}{R+h}}+\sqrt{(R+h)y-y^2}\right]+C.$$

由初值条件 $y(0)=R+h$ 推出 $C=0$,即

$$t=\frac{1}{R}\sqrt{\frac{R+h}{2g}}\left[(R+h)\arccos\sqrt{\frac{y}{R+h}}+\sqrt{(R+h)y-y^2}\right].$$

令 $y=R$,得到物体落地的时间为

$$t=\frac{1}{R}\sqrt{\frac{R+h}{2g}}\left[(R+h)\arccos\sqrt{\frac{R}{R+h}}+\sqrt{Rh}\right].$$

习　题

1. 求下列微分方程的通解：

(1) $\frac{d^2y}{dx^2}=\ln x-\cos^2x$；　　(2) $\frac{d^3y}{dx^3}-xe^x=0$；

(3) $x\frac{d^2y}{dx^2}+\frac{dy}{dx}=0$；　　(4) $y\frac{d^2y}{dx^2}=\left(\frac{dy}{dx}\right)^2-1$；

(5) $\frac{d^2y}{dx^2}=\frac{1}{\sqrt{y}}$；　　(6) $\frac{d^2y}{dx^2}=\left(\frac{dy}{dx}\right)^3+\frac{dy}{dx}$；

(7) $(y'')^4+5y''=x$；　　(8) $xy'''+y''=x^2$；

(9) $y'''=2(y''-1)\cot x$；　　(10) $xyy''+x(y')^2-yy'=0$；

(11) $yy''-(y')^2=y^2\ln y$；　　(12) $y'''+4y''=0$；

(13) $y^{(4)}-y'''-2y''=x^2$.

2. 求下列微分方程的特解：

(1) $\frac{d^2y}{dx^2}-xe^x=0$，　$y(0)=y'(0)=0$；　　(2) $\frac{d^3y}{dx^3}-xe^x=0$，　$y(1)=y'(1)=y''(1)=0$；

(3) $\frac{d^2y}{dx^2}=\left(\frac{dy}{dx}\right)^2$，　$y(0)=0$，　$y'(0)=-1$；　　(4) $\frac{d^2y}{dx^2}=3\sqrt{y}$，　$y(0)=1$，　$y'(0)=2$；

(5) $\frac{d^2y}{dx^2}+\left(\frac{dy}{dx}\right)^2=1$，　$y(0)=y'(0)=0$；　　(6) $y^3\frac{d^2y}{dx^2}+1=0$，　$y(1)=1$，　$y'(1)=0$.

3. 设一质量为 m 的物体，在空气中由静止开始下落，如果空气阻力与物体下落速度 v 的平方成正比，试求物体下落的距离 s 与时间 t 的函数关系．

4. 求 $y^2y''+1=0$ 的积分曲线方程，使得该积分曲线通过点$\left(0,\frac{1}{2}\right)$，且在该点处的切线斜率为 2.

5. 设函数 $y(x)(x\geqslant0)$ 二阶可导，且 $y'(x)>0,y(0)=1$. 过曲线 $y=y(x)$ 上任一点 $P(x,y)$ 作该曲线的切线及 x 轴的垂线．将上述两直线与 x 轴所围成的三角形的面积记为 S_1，区间$[0,x]$上以 $y=y(x)$ 为曲边的曲边梯形面积记为 S_2，并设 $2S_1-S_2$ 恒为 1，求曲线 $y=y(x)$ 的方程．

§ 5　微分方程的幂级数解法

在常微分方程发展的早期，人们就发现许多微分方程不能用初等积分法求解，即无法把解表示为初等函数及初等函数的有限次积分．因而需要寻找其他的有效解法，幂级数解法就是常用的一种．所谓幂级数解法，就是把方程的解形式地表示为系数待定的幂级数，代入方程后逐个确定它的系数，从而得到方程的解．

本节主要通过二阶线性微分方程对这种方法予以介绍．

定义 10.5.1 若二阶齐次线性微分方程

$$\frac{d^2y}{dx^2}+p(x)\frac{dy}{dx}+q(x)y=0 \tag{10.5.1}$$

的系数 $p(x)$ 和 $q(x)$ 在点 x_0 的某个邻域内可以展开为 $x-x_0$ 的幂级数，则称 x_0 是此方程的**常点**；若 $p(x)$ 和 $q(x)$ 中至少有一个在点 x_0 的任何邻域内不可以展开为 $x-x_0$ 的幂级数，则称 x_0 是此方程的**奇点**.

在常点附近有下面的存在性定理.

定理 10.5.1 对于二阶齐次线性微分方程(10.5.1)，若 $p(x)$ 和 $q(x)$ 在 $O(x_0,R)$ 上可以展开为 $x-x_0$ 的幂级数，则对于任意常数 y_0,y_0'，方程(10.5.1)在 $O(x_0,R)$ 上有唯一的解 $y=y(x)$ 满足

$$y(x_0)=y_0,\quad y'(x_0)=y_0',$$

且 $y(x)$ 在 $O(x_0,R)$ 上可以展开为 $x-x_0$ 的幂级数.

这样的解也常称为**幂级数解**. 从这个定理立即得到

推论 10.5.1 在定理 10.5.1 的假设下，在 $O(x_0,R)$ 上一定存在方程(10.5.1)的两个线性无关的幂级数解.

下面通过例题来说明幂级数解法.

例 10.5.1 求解定解问题

$$\begin{cases}\dfrac{d^2y}{dx^2}+y=0,\\ y(0)=0,\quad y'(0)=1.\end{cases}$$

解 由于 $p(x)=0,q(x)=1$ 在 $(-\infty,+\infty)$ 上都可以展开成 x 的幂级数，设方程 $\dfrac{d^2y}{dx^2}+y=0$ 的解为

$$y=\sum_{n=0}^{\infty}c_nx^n.$$

于是

$$\frac{dy}{dx}=\sum_{n=1}^{\infty}nc_nx^{n-1},\quad \frac{d^2y}{dx^2}=\sum_{n=2}^{\infty}n(n-1)c_nx^{n-2}.$$

代入方程得到

$$\begin{aligned}\frac{d^2y}{dx^2}+y&=\sum_{n=2}^{\infty}n(n-1)c_nx^{n-2}+\sum_{n=0}^{\infty}c_nx^n\\&=\sum_{n=0}^{\infty}[(n+2)(n+1)c_{n+2}+c_n]x^n=0.\end{aligned}$$

因此

$$(n+2)(n+1)c_{n+2}+c_n=0,\quad n=0,1,2,\cdots,$$

即

$$c_{n+2}=-\frac{1}{(n+2)(n+1)}c_n,\quad n=0,1,2,\cdots.$$

于是

$$c_{2n}=(-1)^n\frac{1}{(2n)!}c_0,\quad c_{2n+1}=(-1)^n\frac{1}{(2n+1)!}c_1,\quad n=1,2,\cdots.$$

由 $y(0)=0$,得 $c_0=0$,由 $y'(0)=1$,得 $c_1=1$. 于是

$$c_{2n}=0,\quad n=0,1,2,\cdots,$$

$$c_{2n+1}=(-1)^n\frac{1}{(2n+1)!},\quad n=0,1,2,\cdots.$$

因此定解问题的解为

$$y(x)=\sum_{n=0}^{\infty}(-1)^n\frac{1}{(2n+1)!}x^{2n+1}=\sin x.$$

读者可以用第三节关于常系数二阶线性方程的解法得出同样的结论.

例 10.5.2 求 l 阶 **Legendre(勒让德)**方程

$$(1-x^2)y''-2xy'+l(l+1)y=0$$

的解,其中 l 是非负整数.

解 由于 $p(x)=\frac{-2x}{1-x^2}$,$q(x)=\frac{l(l+1)}{1-x^2}$ 在 $|x|<1$ 上都可以展开成 x 的幂级数,因此 $x=0$ 是常点,可设方程的解为

$$y=\sum_{n=0}^{\infty}c_nx^n.$$

代入原方程得

$$(1-x^2)\sum_{n=2}^{\infty}n(n-1)c_nx^{n-2}-2x\sum_{n=1}^{\infty}nc_nx^{n-1}+l(l+1)\sum_{n=0}^{\infty}c_nx^n=0,$$

整理得

$$\sum_{n=0}^{\infty}\{(n+2)(n+1)c_{n+2}-[n(n+1)-l(l+1)]c_n\}x^n=0.$$

于是

$$(n+2)(n+1)c_{n+2}-[n(n+1)-l(l+1)]c_n=0,\quad n=0,1,2,\cdots,$$

即

$$c_{n+2}=\frac{(n-l)(n+l+1)}{(n+2)(n+1)}c_n,\quad n=0,1,2,\cdots.$$

按这个递推公式,在取定 c_0,c_1 后,逐项得到

$$c_2=-\frac{l(l+1)}{2!}c_0,\quad c_3=\frac{(1-l)(l+2)}{3!}c_1,$$

$$c_4=\frac{(2-l)(l+3)}{4\cdot 3}c_2=\frac{(2-l)(-l)(l+1)(l+3)}{4!}c_0,$$

$$c_5=\frac{(3-l)(l+4)}{5\cdot 4}c_3=\frac{(3-l)(1-l)(l+2)(l+4)}{5!}c_1,$$

$$\cdots$$

$$c_{2n}=\frac{(2n-2-l)(2n-4-l)\cdots(2-l)(-l)(l+1)\cdots(l+2n-1)}{(2n)!}c_0,$$

$$c_{2n+1}=\frac{(2n-1-l)(2n-3-l)\cdots(1-l)(l+2)\cdots(l+2n)}{(2n+1)!}c_1.$$

取 $c_0=1,c_1=0$ 便得解

$$y_1(x)=\sum_{n=0}^{\infty}\frac{(2n-2-l)(2n-4-l)\cdots(2-l)(-l)(l+1)\cdots(l+2n-1)}{(2n)!}x^{2n}.$$

取 $c_0=0,c_1=1$ 便得解

$$y_2(x)=\sum_{n=0}^{\infty}\frac{(2n-1-l)(2n-3-l)\cdots(1-l)(l+2)\cdots(l+2n)}{(2n+1)!}x^{2n+1}.$$

易知上面的两个幂级数在 $|x|<1$ 上收敛,因此 $y_1(x),y_2(x)$ 是方程的解,且它们的 Wronsky 行列式 $W(x)$ 满足

$$W(0)=\begin{vmatrix} y_1(0) & y_2(0) \\ y_1'(0) & y_2'(0)\end{vmatrix}=\begin{vmatrix} 1 & 0 \\ 0 & 1\end{vmatrix}=1,$$

因而,$y_1(x)$ 与 $y_2(x)$ 是线性无关的,于是 l 阶 Legendre 方程的通解为

$$y(x)=C_1y_1(x)+C_2y_2(x),$$

其中 C_1,C_2 是任意常数.

从 $y_1(x)$ 与 $y_2(x)$ 的表达式可以看出,若 l 是一个偶数,则 $y_1(x)$ 是一个 l 次多项式;若 l 是奇数,则 $y_2(x)$ 为 l 次多项式. 因此,只要 l 是正整数,则 l 阶 Legendre 方程总有一个 l 次多项式解 $P_l(x)$. 如果适当地选取 c_0 或 c_1 使得 $P_l(1)=1$,得到的多项式称为 **l 阶 Legendre 多项式**. 例如,

$$P_0(x)=1,$$
$$P_1(x)=x,$$
$$P_2(x)=\frac{3}{2}x^2-\frac{1}{2},$$
$$P_3(x)=\frac{5}{2}x^3-\frac{3}{2}x,$$
$$P_4(x)=\frac{35}{8}x^4-\frac{30}{8}x^2+\frac{3}{8},$$
$$P_5(x)=\frac{63}{8}x^5-\frac{70}{8}x^3+\frac{15}{8}x.$$

可以证明,n 次 Legendre 多项式可表示为

$$P_n(x)=\frac{1}{2^n n!}\frac{\mathrm{d}^n}{\mathrm{d}x^n}(x^2-1)^n,$$

它称为 **Rodrigues(罗德里格斯)公式**. 进一步,还有

$$\int_{-1}^{1}P_m(x)P_n(x)\,\mathrm{d}x=\begin{cases}0, & m\neq n,\\ \dfrac{2}{2n+1}, & m=n,\end{cases}$$

即 $\{P_n(x)\}_{n=0}^{\infty}$ 是 $[-1,1]$ 上的正交函数列.

定理 10.5.2　设 $f(x)$ 在 $[-1,1]$ 上满足 Dirichlet 条件,即它在 $[-1,1]$ 上只有有限个第一类间断点,且只有有限个极值点. 记

$$c_n=\frac{2n+1}{2}\int_{-1}^{1}f(x)P_n(x)\,\mathrm{d}x,\quad n=0,1,2,\cdots,$$

则在 $f(x)$ 的连续点,有

$$f(x)=\sum_{n=0}^{\infty}c_nP_n(x),$$

而在 $f(x)$ 间断点,右边的级数收敛于 $\dfrac{f(x-0)+f(x+0)}{2}$.

$\sum\limits_{n=0}^{\infty}c_nP_n(x)$ 也称为 **Fourier-Legendre 级数**. 这个定理的证明此处从略.

关于奇点问题比较复杂,我们仅讨论一种简单的奇点情况.

定义 10.5.2 如果 x_0 是方程(10.5.1)的奇点,但 $(x-x_0)p(x)$ 和 $(x-x_0)^2q(x)$ 在点 x_0 的某个邻域上却可以展开为 $x-x_0$ 的幂级数,则称 x_0 是方程(10.5.1)的**正则奇点**.

可以证明,在正则奇点 x_0 的某个邻域上(但可能要去掉 x_0 点),方程(10.5.1)至少有一个形式为

$$y(x)=(x-x_0)^r\sum_{n=0}^{\infty}c_n(x-x_0)^n$$

的解,其中 $r,c_n(n=0,1,2,\cdots)$ 均为常数.

例 10.5.3 设 $m\geqslant 0$,求解 m 阶 **Bessel 方程**

$$x^2\frac{\mathrm{d}^2y}{\mathrm{d}x^2}+x\frac{\mathrm{d}y}{\mathrm{d}x}+(x^2-m^2)y=0.$$

解 由于 $p(x)=\dfrac{1}{x},q(x)=\dfrac{x^2-m^2}{x^2}$,因此 $x=0$ 是奇点. 但 $xp(x)=1,x^2q(x)=x^2-m^2$ 在 $x=0$ 的邻域 $(-\infty,+\infty)$ 上都可以展开为 x 的幂级数,因此可设解为如下形式

$$y(x)=x^r\sum_{n=0}^{\infty}c_nx^n.$$

将其代入 Bessel 方程,消掉 x^r 后得到

$$(r^2-m^2)c_0+[(r+1)^2-m^2]c_1x+\sum_{n=2}^{\infty}\{[(r+n)^2-m^2]c_n+c_{n-2}\}x^n=0.$$

于是

$$(r^2-m^2)c_0=0,$$
$$[(r+1)^2-m^2]c_1=0,$$
$$[(r+n)^2-m^2]c_n+c_{n-2}=0,\ n=2,3,\cdots.$$

取 $c_0\neq 0$ 时,就有 $r^2-m^2=0$,因此 $r=m$ 或 $r=-m$.

(1) 取 $r=m$. 这时

$$c_1=0,\quad c_2=-\frac{c_0}{(m+2)^2-m^2}=-\frac{c_0}{2^2(m+1)},\quad c_3=0,$$

$$c_{2n}=-\frac{c_{2n-2}}{2^2n(m+n)}=\cdots=\frac{(-1)^nc_0}{2^{2n}n!\ (m+1)(m+2)\cdots(m+n)},\qquad n=1,2,\cdots,$$

$$c_{2n+1}=0,\quad n=1,2,\cdots.$$

于是得到方程的在 $(-\infty,+\infty)$ 上的一个解(请读者自行验证)

$$y(x)=\sum_{n=0}^{\infty}\frac{(-1)^nc_0}{2^{2n}n!\ (m+1)(m+2)\cdots(m+n)}x^{m+2n}.$$

通常取 $c_0=\dfrac{1}{\Gamma(1+m)2^m}$，此解就可以表为

$$y(x)=\sum_{n=0}^{\infty}\frac{(-1)^n}{n!\ \Gamma(m+n+1)}\left(\frac{x}{2}\right)^{m+2n},$$

它称为**第一类 m 阶 Bessel 函数**，记作 $J_m(x)$，即

$$J_m(x)=\sum_{n=0}^{\infty}\frac{(-1)^n}{n!\ \Gamma(m+n+1)}\left(\frac{x}{2}\right)^{m+2n}.$$

（2）若取 $r=-m$，用同样方法可得到方程的一个解 $J_{-m}(x)$.

可以证明，当 m 不是正整数或零时，$J_m(x)$ 与 $J_{-m}(x)$ 线性无关．但当 m 为正整数或零时，$J_{-m}(x)=(-1)^m J_m(x)$，这时需另寻方法找出与 $J_m(x)$ 线性无关的解．可以证明，它是存在的．例如，令 $y=u(x)J_m(x)$，代入 Bessel 方程并化简得，

$$xJ_m(x)\frac{\mathrm{d}^2u}{\mathrm{d}x^2}+[2xJ'_m(x)+J_m(x)]\frac{\mathrm{d}u}{\mathrm{d}x}=0,$$

因此可得到

$$\frac{\mathrm{d}u}{\mathrm{d}x}=\frac{C_1}{xJ_m^2(x)}.$$

于是

$$u=C_1\int\frac{1}{xJ_m^2(x)}\mathrm{d}x+C_2.$$

显然 $J_m(x)\displaystyle\int\frac{1}{xJ_m^2(x)}\mathrm{d}x$ 与 $J_m(x)$ 线性无关，于是 Bessel 方程的通解为

$$y=\left(C_1\int\frac{1}{xJ_m^2(x)}\mathrm{d}x+C_2\right)J_m(x).$$

当然，在应用中还会给出与 $J_m(x)$ 线性无关的解的另一种形式，称为**第二类 m 阶 Bessel 函数或 Neumann（诺伊曼）函数**．关于 Bessel 函数的正交性以及函数关于这种正交系的展开，也有比较完善的结果，其细节请查阅有关书籍．

习　　题

1. 应用幂级数解法求解下列微分方程：

（1）$x\dfrac{\mathrm{d}y}{\mathrm{d}x}=3y+3$；

（2）$(x-3)\dfrac{\mathrm{d}y}{\mathrm{d}x}-xy=0$；

（3）$x\dfrac{\mathrm{d}^2y}{\mathrm{d}x^2}-(x+m)\dfrac{\mathrm{d}y}{\mathrm{d}x}+my=0$，$m$ 为正整数．

2. 用幂级数解法求解下列定解问题：

（1）$\begin{cases}\dfrac{\mathrm{d}y}{\mathrm{d}x}=\mathrm{e}^{-x^2},\\ y(0)=1;\end{cases}$

（2）$\begin{cases}x\dfrac{\mathrm{d}^2y}{\mathrm{d}x^2}-x\dfrac{\mathrm{d}y}{\mathrm{d}x}+y=0,\\ y(0)=0,y'(0)=1.\end{cases}$

§ 6　一阶线性微分方程组

解的存在与唯一性

一阶线性微分方程组的一般形式为

$$\begin{cases}\dfrac{\mathrm{d}y_1}{\mathrm{d}x}=a_{11}(x)y_1+a_{12}(x)y_2+\cdots+a_{1n}(x)y_n+f_1(x),\\ \dfrac{\mathrm{d}y_2}{\mathrm{d}x}=a_{21}(x)y_1+a_{22}(x)y_2+\cdots+a_{2n}(x)y_n+f_2(x),\\ \cdots\cdots\cdots\cdots\\ \dfrac{\mathrm{d}y_n}{\mathrm{d}x}=a_{n1}(x)y_1+a_{n2}(x)y_2+\cdots+a_{nn}(x)y_n+f_n(x),\end{cases}\tag{10.6.1}$$

这里 $a_{ij}(x)(i=1,2,\cdots,n,j=1,2,\cdots,n)$，$f_i(x)(i=1,2,\cdots,n)$ 为区间 I 上的已知函数．当 $f_i(x)\equiv 0(x\in I,i=1,2,\cdots,n)$ 时称该方程组为**齐次线性微分方程组**，否则称为**非齐次线性微分方程组**．

若记

$$\boldsymbol{y}=\begin{pmatrix}y_1\\ y_2\\ \vdots\\ y_n\end{pmatrix},\quad \boldsymbol{A}(x)=\begin{pmatrix}a_{11}(x) & a_{12}(x) & \cdots & a_{1n}(x)\\ a_{21}(x) & a_{22}(x) & \cdots & a_{2n}(x)\\ \vdots & \vdots & & \vdots\\ a_{n1}(x) & a_{n2}(x) & \cdots & a_{nn}(x)\end{pmatrix},\quad \boldsymbol{f}(x)=\begin{pmatrix}f_1(x)\\ f_2(x)\\ \vdots\\ f_n(x)\end{pmatrix},$$

则以上线性微分方程组可以写成矩阵-向量形式，即

$$\frac{\mathrm{d}\boldsymbol{y}}{\mathrm{d}x}=\boldsymbol{A}(x)\boldsymbol{y}+\boldsymbol{f}(x),\tag{10.6.2}$$

其相应的齐次线性微分方程组为

$$\frac{\mathrm{d}\boldsymbol{y}}{\mathrm{d}x}=\boldsymbol{A}(x)\boldsymbol{y},\tag{10.6.3}$$

若 n 维向量值函数 $\boldsymbol{y}(x)=(y_1(x),y_2(x),\cdots,y_n(x))^{\mathrm{T}}$ 在区间 I 上满足（10.6.2)，则称它为方程组(10.6.2)在区间 I 上的**解**．这时也称 $y_1(x),y_2(x),\cdots,y_n(x)$ 为方程组(10.6.1)在区间 I 上的解．若上述某个方程组的解中含有 n 个相互独立的任意常数，则称这个解为该方程组的**通解**．

关于微分方程组(10.6.1)的解的存在性，有以下的结论：

定理 10.6.1(解的存在与唯一性定理)　设 $a_{ij}(x)(i=1,2,\cdots,n;j=1,2,\cdots,n)$，$f_i(x)(i=1,2,\cdots,n)$ 均在区间 (a,b) 上连续，$x_0\in(a,b)$．那么对于任意 n 维常向量 $\boldsymbol{y}_0$，微分方程组(10.6.2) 在 (a,b) 上存在解 $\boldsymbol{y}(x)=(y_1(x),y_2(x),\cdots,y_n(x))^{\mathrm{T}}$，满足 $\boldsymbol{y}(x_0)=\boldsymbol{y}_0$，而且

这个解是唯一的．

这个定理的证明超出本课程的要求，此处从略．

以下总假设 $a_{ij}(x)(i=1,2,\cdots,n;j=1,2,\cdots,n)$，$f_i(x)(i=1,2,\cdots,n)$ 均在区间 (a,b) 上连续．

显然，n 维向量值函数 $\boldsymbol{y}=(0,0,\cdots,0)^{\mathrm{T}}(x\in(a,b))$ 是方程组(10.6.3)在区间 (a,b) 上的解，因此我们有

推论 10.6.1　设 $\boldsymbol{y}(x)=(y_1(x),y_2(x),\cdots,y_n(x))^{\mathrm{T}}$ 为齐次线性微分方程组(10.6.3)的解，$x_0\in(a,b)$．若 $\boldsymbol{y}(x_0)=\boldsymbol{0}$，那么在 (a,b) 上成立 $\boldsymbol{y}(x)\equiv\boldsymbol{0}(x\in(a,b))$．

对于 n 阶线性常微分方程

$$\frac{\mathrm{d}^n y}{\mathrm{d}x^n}+a_1(x)\frac{\mathrm{d}^{n-1}y}{\mathrm{d}x^{n-1}}+\cdots+a_{n-1}(x)\frac{\mathrm{d}y}{\mathrm{d}x}+a_n(x)y=f(x),\tag{10.6.4}$$

作变换

$$y_1=y,\quad y_2=\frac{\mathrm{d}y}{\mathrm{d}x},\quad \cdots,\quad y_n=\frac{\mathrm{d}^{n-1}y}{\mathrm{d}x^{n-1}},$$

则可以将 n 阶线性常微分方程化为等价的一阶线性微分方程组

$$\begin{cases}\dfrac{\mathrm{d}y_1}{\mathrm{d}x}=y_2,\\ \dfrac{\mathrm{d}y_2}{\mathrm{d}x}=y_3,\\ \cdots\cdots\cdots\cdots\\ \dfrac{\mathrm{d}y_n}{\mathrm{d}x}=-a_1(x)y_n-\cdots-a_{n-1}(x)y_2-a_n(x)y_1+f(x),\end{cases}$$

因此我们有：

推论 10.6.2　设函数 $a_i(x)(i=1,2,\cdots,n)$，$f(x)$ 均在区间 (a,b) 上连续，$x_0\in(a,b)$．那么对于任意 n 个常数 $y_0,y_0^{(1)},\cdots,y_0^{(n-1)}$，$n$ 阶线性常微分方程(10.6.4)在 (a,b) 上存在解 $y(x)$，满足

$$y(x_0)=y_0,\quad y'(x_0)=y_0^{(1)},\quad \cdots,\quad y^{(n-1)}(x_0)=y_0^{(n-1)},$$

而且这个解是唯一的．

一阶线性微分方程组的解的结构

先考虑齐次线性微分方程组的情况．

定理 10.6.2（齐次线性方程组解的线性性质）　若 $\boldsymbol{y}_1(x)$ 和 $\boldsymbol{y}_2(x)$ 是齐次线性微分方程组(10.6.3)的解，则它们的任意线性组合 $\alpha\boldsymbol{y}_1(x)+\beta\boldsymbol{y}_2(x)$（$\alpha,\beta$ 为常数）也是该方程组的解．

这个定理的证明比较容易，请读者自行完成．

定义 10.6.1　设 $\boldsymbol{y}_1(x),\boldsymbol{y}_2(x),\cdots,\boldsymbol{y}_m(x)$ 是 m 个 (a,b) 上的 n 维向量值函数，若存在一组不全为零的常数 $\lambda_1,\lambda_2,\cdots,\lambda_m$，使得

$$\sum_{k=1}^{m}\lambda_k\boldsymbol{y}_k(x)=\boldsymbol{0},\quad x\in(a,b),$$

则称这 m 个向量值函数 $\boldsymbol{y}_1(x),\boldsymbol{y}_2(x),\cdots,\boldsymbol{y}_m(x)$ 在 (a,b) 上**线性相关**，否则称这 m 个向量值函数在 (a,b) 上**线性无关**.

下面的定理说明，对于齐次线性微分方程组(10.6.3) 在 (a,b) 上的一组解，它们的线性相关性与它们在 (a,b) 内任意一点处的值组成的常向量组的线性相关性是一致的.

定理 10.6.3 设 $\boldsymbol{y}_1(x),\boldsymbol{y}_2(x),\cdots,\boldsymbol{y}_m(x)$ 是齐次线性微分方程组(10.6.3)的解，$x_0\in(a,b)$. 则 $\boldsymbol{y}_1(x),\boldsymbol{y}_2(x),\cdots,\boldsymbol{y}_m(x)$ 在 (a,b) 上线性相关的充分必要条件是 n 维向量 $\boldsymbol{y}_1(x_0),\boldsymbol{y}_2(x_0),\cdots,\boldsymbol{y}_m(x_0)$ 线性相关.

证 必要性是显然的，现证充分性. 若 n 维向量 $\boldsymbol{y}_1(x_0),\boldsymbol{y}_2(x_0),\cdots,\boldsymbol{y}_m(x_0)$ 线性相关，即存在一组不全为 0 的常数 $\lambda_1,\lambda_2,\cdots,\lambda_m$，使得 $\sum\limits_{k=1}^{m}\lambda_k\boldsymbol{y}_k(x_0)=\mathbf{0}$. 由定理 10.6.2 可知，$\sum\limits_{k=1}^{m}\lambda_k\boldsymbol{y}_k(x)$ 也是方程组(10.6.3)的解，又由于它在 x_0 点的值是零向量，由推论 10.6.1，在 (a,b) 上成立 $\sum\limits_{k=1}^{m}\lambda_k\boldsymbol{y}_k(x)\equiv\mathbf{0}$，即 $\boldsymbol{y}_1(x),\boldsymbol{y}_2(x),\cdots,\boldsymbol{y}_m(x)$ 在 (a,b) 上线性相关.

证毕

推论 10.6.3 齐次线性微分方程组(10.6.3) 在 (a,b) 上有 n 个线性无关的解.

证 任取 n 个线性无关的 n 维向量 $\boldsymbol{\xi}_1,\boldsymbol{\xi}_2,\cdots,\boldsymbol{\xi}_n$，以及定点 $x_0\in(a,b)$. 由定理 10.6.1，存在方程组(10.6.3)的解 $\boldsymbol{y}_j(x)$，满足 $\boldsymbol{y}_j(x_0)=\boldsymbol{\xi}_j(j=1,2,\cdots,n)$. 由定理 10.6.3 知，$\boldsymbol{y}_1(x),\boldsymbol{y}_2(x),\cdots,\boldsymbol{y}_n(x)$ 在 (a,b) 上线性无关.

证毕

结合这个推论和定理 10.6.2 可知：齐次线性微分方程组(10.6.3)的解的全体构成一个 n 维线性空间.

定理 10.6.4 若 $\boldsymbol{y}_1(x),\boldsymbol{y}_2(x),\cdots,\boldsymbol{y}_n(x)$ 是齐次线性微分方程组(10.6.3)在 (a,b) 上的 n 个线性无关的解，则

$$\boldsymbol{y}=C_1\boldsymbol{y}_1(x)+C_2\boldsymbol{y}_2(x)+\cdots+C_n\boldsymbol{y}_n(x)$$

表示了该方程组的全部解，这里 $C_1,C_2,\cdots,C_n$ 是任意常数.

证 设 $\tilde{\boldsymbol{y}}(x)$ 为方程组(10.6.3)在 (a,b) 上的任意一个解. 取定点 $x_0\in(a,b)$. 因为 $\boldsymbol{y}_1(x),\boldsymbol{y}_2(x),\cdots,\boldsymbol{y}_n(x)$ 是方程组(10.6.3)在 (a,b) 上线性无关的解，由定理 10.6.3 知，n 维向量 $\boldsymbol{y}_1(x_0),\boldsymbol{y}_2(x_0),\cdots,\boldsymbol{y}_n(x_0)$ 也线性无关，因此线性方程组

$$C_1\boldsymbol{y}_1(x_0)+C_2\boldsymbol{y}_2(x_0)+\cdots+C_n\boldsymbol{y}_n(x_0)=\tilde{\boldsymbol{y}}(x_0)$$

有解 $C_1,C_2,\cdots,C_n$. 作

$$\boldsymbol{y}(x)=C_1\boldsymbol{y}_1(x)+C_2\boldsymbol{y}_2(x)+\cdots+C_n\boldsymbol{y}_n(x),$$

则由定理 10.6.2 知，$\boldsymbol{y}(x)$ 是方程组(10.6.3)在 (a,b) 上的解，且满足 $\boldsymbol{y}(x_0)=\tilde{\boldsymbol{y}}(x_0)$. 于是由定理 10.6.1 可知，在 (a,b) 上成立

$$\tilde{\boldsymbol{y}}(x)=\boldsymbol{y}(x)=C_1\boldsymbol{y}_1(x)+C_2\boldsymbol{y}_2(x)+\cdots+C_n\boldsymbol{y}_n(x).$$

证毕

注 显然，$\boldsymbol{y}=C_1\boldsymbol{y}_1(x)+C_2\boldsymbol{y}_2(x)+\cdots+C_n\boldsymbol{y}_n(x)$（$C_1,C_2,\cdots,C_n$ 是任意常数）也是方程组(10.6.3)的**通解**.

齐次线性微分方程组(10.6.3)的任意 n 个线性无关的解称为它的一个**基本解组**；以这

n 个解为列向量构成的矩阵称为该方程组的**基本解矩阵**.

设

$$\boldsymbol{y}_j(x)=(y_{1j}(x),y_{2j}(x),\cdots,y_{nj}(x))^{\mathrm{T}}\quad(j=1,2,\cdots,n)$$

是 n 个(a,b)上的 n 维向量值函数,称

$$W(x)=\begin{vmatrix} y_{11}(x) & y_{12}(x) & \cdots & y_{1n}(x)\\ y_{21}(x) & y_{22}(x) & \cdots & y_{2n}(x)\\ \vdots & \vdots & & \vdots\\ y_{n1}(x) & y_{n2}(x) & \cdots & y_{nn}(x)\end{vmatrix},\quad x\in(a,b)$$

为它们的 **Wronsky 行列式**.

我们不加证明地指出:

定理 10.6.5(Liouville 公式)　若$\boldsymbol{y}_1(x),\boldsymbol{y}_2(x),\cdots,\boldsymbol{y}_n(x)$是齐次线性微分方程组(10.6.3)在$(a,b)$上的 n 个解,则它们的 Wronsky 行列式可表示为

$$W(x)=W(x_0)\mathrm{e}^{\int_{x_0}^{x}\mathrm{tr}\boldsymbol{A}(t)\mathrm{d}t},\quad x\in(a,b),$$

其中 x_0 为(a,b)中一定点,$\mathrm{tr}\boldsymbol{A}(x)=a_{11}(x)+a_{22}(x)+\cdots+a_{nn}(x)$为 $\boldsymbol{A}(x)$的迹.

因此,若$\boldsymbol{y}_1(x),\boldsymbol{y}_2(x),\cdots,\boldsymbol{y}_n(x)$是齐次线性微分方程组(10.6.3)在$(a,b)$上的 n 个解,则它们的 Wronsky 行列式在(a,b)上或者恒等于零,或者恒不等于零.

推论 10.6.4　齐次线性微分方程组(10.6.3)在(a,b)上的 n 个解$\boldsymbol{y}_1(x),\boldsymbol{y}_2(x),\cdots,\boldsymbol{y}_n(x)$线性无关的充分必要条件是它们的 Wronsky 行列式在(a,b)上恒不等于零.

综合上面的讨论便可知道,若齐次线性微分方程组(10.6.3)在(a,b)上的 n 个解$\boldsymbol{y}_1(x),\boldsymbol{y}_2(x),\cdots,\boldsymbol{y}_n(x)$的 Wronsky 行列式在$(a,b)$中某点不等于零,则它们线性无关. 若它们的 Wronsky 行列式在(a,b)中某点等于零,则它们线性相关.

再考虑非齐次线性微分方程组的情况.

若已知非齐次线性微分方程组(10.6.2)在(a,b)上的一个解$\boldsymbol{y}^*(x)$(常称之为**特解**),显然方程组(10.6.2)在(a,b)上的任何一个解 $\boldsymbol{y}(x)$与$\boldsymbol{y}^*(x)$之差,必是方程组(10.6.3)的解,因此

$$\boldsymbol{y}(x)=\boldsymbol{y}^*(x)+C_1\boldsymbol{y}_1(x)+C_2\boldsymbol{y}_2(x)+\cdots+C_n\boldsymbol{y}_n(x),$$

其中$\boldsymbol{y}_1(x),\boldsymbol{y}_2(x),\cdots,\boldsymbol{y}_n(x)$是方程组(10.6.3)在$(a,b)$上的 n 个线性无关的解,$C_1,C_2,\cdots,C_n$ 是常数. 于是,方程组(10.6.2)的全部解必具有以上形式. 当 $C_1,C_2,\cdots,C_n$ 为任意常数时,它也是方程组(10.6.2)的**通解**. 这就是说,非齐次线性微分方程组的通解等于该方程组的一个特解加上相应的齐次线性微分方程组的通解.

定理 10.6.6　设$\boldsymbol{y}_j(x)=(y_{1j}(x),y_{2j}(x),\cdots,y_{nj}(x))^{\mathrm{T}}(j=1,2,\cdots,n)$是齐次线性微分方程组(10.6.3)在$(a,b)$上的一个基本解组,

$$\boldsymbol{\Phi}(x)=\begin{pmatrix} y_{11}(x) & y_{12}(x) & \cdots & y_{1n}(x)\\ y_{21}(x) & y_{22}(x) & \cdots & y_{2n}(x)\\ \vdots & \vdots & & \vdots\\ y_{n1}(x) & y_{n2}(x) & \cdots & y_{nn}(x)\end{pmatrix}$$

为基本解矩阵,则非齐次线性微分方程组(10.6.2)的全部解均可表示为

$$y=\Phi(x)\left(C+\int_{x_0}^{x}\Phi^{-1}(t)f(t)\,dt\right),\quad x\in(a,b),$$

其中 $C=(C_1,C_2,\cdots,C_n)^{T}$ 为任意 n 维常向量，$x_0\in(a,b)$ 为任一定点．

注　对于$[c,d]$上的连续向量值函数 $g=(g_1,g_2,\cdots,g_n)^{T}$，定义

$$\int_c^d g\,dx=\left(\int_c^d g_1\,dx,\int_c^d g_2\,dx,\cdots,\int_c^d g_n\,dx\right)^{T}.$$

证　设方程组(10.6.2)的解为 $y=\Phi(x)C(x)$，其中 $C(x)$ 为待定 n 维向量值函数，则 $y'=\Phi'(x)C(x)+\Phi(x)C'(x)$，这里

$$\Phi'(x)=\begin{pmatrix} y'_{11}(x) & y'_{12}(x) & \cdots & y'_{1n}(x)\\ y'_{21}(x) & y'_{22}(x) & \cdots & y'_{2n}(x)\\ \vdots & \vdots & & \vdots\\ y'_{n1}(x) & y'_{n2}(x) & \cdots & y'_{nn}(x)\end{pmatrix}.$$

$C'(x)$同样定义．代入方程组(10.6.2)得

$$\Phi'(x)C(x)+\Phi(x)C'(x)=A(x)\Phi(x)C(x)+f(x).$$

因为 $\Phi(x)$ 为方程组(10.6.3)的基本解矩阵，所以 $\Phi'(x)=A(x)\Phi(x)$，因此上式可化简为

$$C'(x)=\Phi^{-1}(x)f(x).$$

对上式取积分得

$$C(x)=C(x_0)+\int_{x_0}^{x}\Phi^{-1}(t)f(t)\,dt.$$

注意到 $C(x_0)$ 可取为任意 n 维常向量，取 $C(x_0)=\mathbf{0}$，便得方程组(10.6.2)的一个特解 $y=\Phi(x)\int_{x_0}^{x}\Phi^{-1}(t)f(t)\,dt$．因此

$$y=\Phi(x)\left(C+\int_{x_0}^{x}\Phi^{-1}(t)f(t)\,dt\right)$$

表示了线性微分方程组(10.6.2)的全部解，其中 $C=(C_1,C_2,\cdots,C_n)^{T}$ 为任意 n 维常向量．

证毕

例 10.6.1　已知方程组

$$\frac{dy}{dx}=Ay+f(x),$$

其中 $A=\begin{pmatrix}2&1\\0&2\end{pmatrix}$，$f(x)=\begin{pmatrix}\sin x\\ \cos x\end{pmatrix}$．

(1) 验证 $y_1(x)=\begin{pmatrix}e^{2x}\\0\end{pmatrix}$，$y_2(x)=\begin{pmatrix}xe^{2x}\\e^{2x}\end{pmatrix}$ 是齐次方程组$\frac{dy}{dx}=Ay$ 的基本解组；

(2) 求方程组$\frac{dy}{dx}=Ay+f(x)$满足 $y(0)=\begin{pmatrix}1\\-1\end{pmatrix}$ 的解．

解　(1) 因为

$$\frac{dy_1(x)}{dx}=\begin{pmatrix}2e^{2x}\\0\end{pmatrix}=\begin{pmatrix}2&1\\0&2\end{pmatrix}\begin{pmatrix}e^{2x}\\0\end{pmatrix}=Ay_1(x),$$

$$\frac{dy_2(x)}{dx}=\begin{pmatrix}e^{2x}+2xe^{2x}\\2e^{2x}\end{pmatrix}=\begin{pmatrix}2&1\\0&2\end{pmatrix}\begin{pmatrix}xe^{2x}\\e^{2x}\end{pmatrix}=Ay_2(x),$$

所以 $\boldsymbol{y}_1(x),\boldsymbol{y}_2(x)$ 是齐次方程组 $\frac{\mathrm{d}\boldsymbol{y}}{\mathrm{d}x}=\boldsymbol{A}\boldsymbol{y}$ 的解．又因为它们的 Wronsky 行列式

$$W(x)=\begin{vmatrix} \mathrm{e}^{2x} & x\mathrm{e}^{2x} \\ 0 & \mathrm{e}^{2x} \end{vmatrix}=\mathrm{e}^{4x}\neq 0,$$

所以 $\boldsymbol{y}_1(x),\boldsymbol{y}_2(x)$ 线性无关,因此它们是齐次方程组 $\frac{\mathrm{d}\boldsymbol{y}}{\mathrm{d}x}=\boldsymbol{A}\boldsymbol{y}$ 的基本解组．

（2）取基本解矩阵 $\boldsymbol{\Phi}(x)=\begin{pmatrix} \mathrm{e}^{2x} & x\mathrm{e}^{2x} \\ 0 & \mathrm{e}^{2x} \end{pmatrix}$,则 $\boldsymbol{\Phi}^{-1}(x)=\begin{pmatrix} \mathrm{e}^{-2x} & -x\mathrm{e}^{-2x} \\ 0 & \mathrm{e}^{-2x} \end{pmatrix}$．由定理 10.6.6 知,方程组 $\frac{\mathrm{d}\boldsymbol{y}}{\mathrm{d}x}=\boldsymbol{A}\boldsymbol{y}+\boldsymbol{f}(x)$ 的解为 $\boldsymbol{y}=\boldsymbol{\Phi}(x)\left(\boldsymbol{C}+\int_0^x\boldsymbol{\Phi}^{-1}(t)\boldsymbol{f}(t)\,\mathrm{d}t\right)$．由 $\boldsymbol{y}(0)=\begin{pmatrix} 1 \\ -1 \end{pmatrix}$ 得

$$\boldsymbol{C}=\boldsymbol{\Phi}^{-1}(0)\begin{pmatrix} 1 \\ -1 \end{pmatrix}=\begin{pmatrix} 1 & 0 \\ 0 & 1 \end{pmatrix}\begin{pmatrix} 1 \\ -1 \end{pmatrix}=\begin{pmatrix} 1 \\ -1 \end{pmatrix}.$$

因此所求的解为

$$\begin{aligned}\boldsymbol{y}(x)&=\begin{pmatrix} \mathrm{e}^{2x} & x\mathrm{e}^{2x} \\ 0 & \mathrm{e}^{2x} \end{pmatrix}\left[\begin{pmatrix} 1 \\ -1 \end{pmatrix}+\int_0^x\begin{pmatrix} \mathrm{e}^{-2t} & -t\mathrm{e}^{-2t} \\ 0 & \mathrm{e}^{-2t} \end{pmatrix}\begin{pmatrix} \sin t \\ \cos t \end{pmatrix}\mathrm{d}t\right]\\
&=\begin{pmatrix} \mathrm{e}^{2x} & x\mathrm{e}^{2x} \\ 0 & \mathrm{e}^{2x} \end{pmatrix}\left[\begin{pmatrix} 1 \\ -1 \end{pmatrix}+\int_0^x\begin{pmatrix} \mathrm{e}^{-2t}(\sin t-t\cos t) \\ \mathrm{e}^{-2t}\cos t \end{pmatrix}\mathrm{d}t\right]\\
&=\begin{pmatrix} \frac{1}{25}(-15x+27)\mathrm{e}^{2x}-\frac{2}{25}\cos x-\frac{14}{25}\sin x \\ -\frac{3}{5}\mathrm{e}^{2x}-\frac{2}{5}\cos x+\frac{1}{5}\sin x \end{pmatrix}.\end{aligned}$$

常系数一阶线性微分方程组的一些解法

若 n 阶矩阵 $\boldsymbol{A}$ 的元素 $a_{ij}(i=1,2,\cdots,n;j=1,2,\cdots,n)$ 皆为常数,则如下形式的一阶线性微分方程组

$$\frac{\mathrm{d}\boldsymbol{y}}{\mathrm{d}x}=\boldsymbol{A}\boldsymbol{y}+\boldsymbol{f}(x),$$

称为**常系数一阶线性微分方程组**．

求解常系数线性微分方程的最初等方法就是消元法,与解代数线性方程的思想类似．我们以下例来说明这个方法．

例 10.6.2　求齐次线性微分方程组

$$\begin{cases} \frac{\mathrm{d}y_1}{\mathrm{d}x}=2y_1+y_2, \\ \frac{\mathrm{d}y_2}{\mathrm{d}x}=5y_1-2y_2 \end{cases}$$

满足 $y_1(0)=1,y_2(0)=-2$ 的解．

解　从方程组的第一个式子得

$$y_2=\frac{\mathrm{d}y_1}{\mathrm{d}x}-2y_1,$$

代入方程组的第二个式子就是

$$\frac{\mathrm{d}}{\mathrm{d}x}\left(\frac{\mathrm{d}y_1}{\mathrm{d}x}-2y_1\right)=5y_1-2\left(\frac{\mathrm{d}y_1}{\mathrm{d}x}-2y_1\right),$$

整理后便得到一个常系数的二阶线性微分方程

$$\frac{\mathrm{d}^2y_1}{\mathrm{d}x^2}-9y_1=0.$$

其通解为

$$y_1=C_1\mathrm{e}^{3x}+C_2\mathrm{e}^{-3x},$$

且

$$y_2=\frac{\mathrm{d}y_1}{\mathrm{d}x}-2y_1=C_1\mathrm{e}^{3x}-5C_2\mathrm{e}^{-3x}.$$

由 $y_1(0)=1,y_2(0)=-2$,所以

$$\begin{cases}C_1+C_2=1,\\C_1-5C_2=-2,\end{cases}$$

解此方程组得到 $C_1=\frac{1}{2},C_2=\frac{1}{2}$,于是所求问题的解为

$$\begin{cases}y_1=\frac{1}{2}(\mathrm{e}^{3x}+\mathrm{e}^{-3x}),\\y_2=\frac{1}{2}(\mathrm{e}^{3x}-5\mathrm{e}^{-3x}).\end{cases}$$

消元法的进一步深化是引进求导算子 $D=\frac{\mathrm{d}}{\mathrm{d}x}$,则对于可微函数 y,$Dy=\frac{\mathrm{d}y}{\mathrm{d}x}$. 规定 $D^2=\frac{\mathrm{d}^2}{\mathrm{d}x^2}$, $D^3=\frac{\mathrm{d}^3}{\mathrm{d}x^3}$,等等,并规定它们可以进行如 x 的非负整数次幂一样的数乘、加法与乘法运算. 这样,方程

$$y^{(n)}+a_1y^{(n-1)}+\cdots+a_{n-1}y'+a_ny=f(x).$$

便可表为

$$(D^n+a_1D^{n-1}+\cdots+a_{n-1}D+a_n)y=f(x).$$

我们以下例来说明利用算子解线性微分方程组的方法.

例 10.6.3　求非齐次线性微分方程组

$$\begin{cases}\frac{\mathrm{d}y_1}{\mathrm{d}x}+2\frac{\mathrm{d}y_2}{\mathrm{d}x}=-y_2,\\3\frac{\mathrm{d}y_1}{\mathrm{d}x}+4\frac{\mathrm{d}y_2}{\mathrm{d}x}=x-2y_1-3y_2\end{cases}$$

的通解.

解　用算子表示,以上方程组为

$$\begin{cases} Dy_1+(2D+1)y_2=0, \\ (3D+2)y_1+(4D+3)y_2=x. \end{cases}$$

方程组的第一式乘 $4D+3$ 减去第二式乘 $2D+1$ 并化简得

$$(2D^2+4D+2)y_1=x+2,$$

即

$$2\frac{\mathrm{d}^2y_1}{\mathrm{d}x^2}+4\frac{\mathrm{d}y_1}{\mathrm{d}x}+2y_1=x+2.$$

这是二阶常系数线性微分方程,其通解为

$$y_1=(C_1+C_2x)\mathrm{e}^{-x}+\frac{1}{2}x.$$

将算子方程组的第二式减去第一式的两倍得

$$y_2=x-(D+2)y_1=-\frac{1}{2}-(C_1+C_2+C_2x)\mathrm{e}^{-x}.$$

于是方程组的通解为

$$\begin{cases} y_1=\dfrac{1}{2}x+(C_1+C_2x)\mathrm{e}^{-x}, \\ y_2=-\dfrac{1}{2}-(C_1+C_2+C_2x)\mathrm{e}^{-x}. \end{cases}$$

利用算子的方法的优点是在解算子方程组时,可以运用代数方法. 消元法虽然对未知函数较少的微分方程组比较适用,但当未知函数多于三个时,常常会产生困难,因此还需另寻他法. 解微分方程组的方法有很多,如矩阵法、待定系数法、常数变易法、算子法、积分变换法,等等. 下面仅介绍用矩阵法求解的方法.

先考虑常系数齐次线性微分方程组

$$\frac{\mathrm{d}\boldsymbol{y}}{\mathrm{d}x}=\boldsymbol{A}\boldsymbol{y}.$$

设其有形如 $\boldsymbol{y}=\boldsymbol{h}\mathrm{e}^{\lambda x}$ 的非零解,这里 λ 为待定常数,$\boldsymbol{h}$ 为待定常向量. 将其代入方程组得 $\lambda\boldsymbol{h}\mathrm{e}^{\lambda x}=\boldsymbol{A}\boldsymbol{h}\mathrm{e}^{\lambda x}$,因此

$$\boldsymbol{A}\boldsymbol{h}=\lambda\boldsymbol{h}.$$

这就是形如 $\boldsymbol{y}=\boldsymbol{h}\mathrm{e}^{\lambda x}$ 的解所需满足的条件,它等价于 λ 是 $\boldsymbol{A}$ 的特征值,$\boldsymbol{h}$ 为 $\boldsymbol{A}$ 的对应于 λ 的特征向量.

因此,若矩阵 $\boldsymbol{A}$ 有 n 个线性无关的特征向量 $\boldsymbol{h}_1,\boldsymbol{h}_2,\cdots,\boldsymbol{h}_n$,它们对应的特征值依次为 $\lambda_1,\lambda_2,\cdots,\lambda_n$,则 $\boldsymbol{h}_1\mathrm{e}^{\lambda_1x},\boldsymbol{h}_2\mathrm{e}^{\lambda_2x},\cdots,\boldsymbol{h}_n\mathrm{e}^{\lambda_nx}$(易知它们线性无关)就是齐次线性微分方程组 $\dfrac{\mathrm{d}\boldsymbol{y}}{\mathrm{d}x}=\boldsymbol{A}\boldsymbol{y}$ 的一个基本解组.

例 10.6.4　求齐次线性微分方程组

$$\begin{cases} \dfrac{\mathrm{d}y_1}{\mathrm{d}x}=3y_1+2y_2+4y_3, \\ \dfrac{\mathrm{d}y_2}{\mathrm{d}x}=y_1+2y_2+y_3, \\ \dfrac{\mathrm{d}y_3}{\mathrm{d}x}=-y_1-y_2-2y_3 \end{cases}$$

的通解．

解　记

$$A=\begin{pmatrix}3&2&4\\1&2&1\\-1&-1&-2\end{pmatrix},\quad y=\begin{pmatrix}y_1\\y_2\\y_3\end{pmatrix}.$$

则原方程组可表为$\dfrac{\mathrm{d}y}{\mathrm{d}x}=Ay$. 由例 5.3.1 的结果知 A 有三个不同特征值为 $\lambda_1=1,\lambda_2=-1,\lambda_3=3$,其对应的特征向量可取为 $h_1=(-1,1,0)^{\mathrm{T}},h_2=(-1,0,1)^{\mathrm{T}},h_3=(-3,-2,1)^{\mathrm{T}}$(由定理 5.3.4,它们线性无关). 因此所求方程组的通解为

$$\begin{pmatrix}y_1\\y_2\\y_3\end{pmatrix}=C_1h_1\mathrm{e}^{x}+C_2h_2\mathrm{e}^{-x}+C_3h_3\mathrm{e}^{3x}$$

$$=C_1\begin{pmatrix}-1\\1\\0\end{pmatrix}\mathrm{e}^{x}+C_2\begin{pmatrix}-1\\0\\1\end{pmatrix}\mathrm{e}^{-x}+C_3\begin{pmatrix}-3\\-2\\1\end{pmatrix}\mathrm{e}^{3x}=\begin{pmatrix}-C_1\mathrm{e}^{x}-C_2\mathrm{e}^{-x}-3C_3\mathrm{e}^{3x}\\C_1\mathrm{e}^{x}-2C_3\mathrm{e}^{3x}\\C_2\mathrm{e}^{-x}+C_3\mathrm{e}^{3x}\end{pmatrix}.$$

例 10.6.5　求齐次线性微分方程组

$$\begin{cases}\dfrac{\mathrm{d}y_1}{\mathrm{d}x}=3y_1+5y_2,\\\dfrac{\mathrm{d}y_2}{\mathrm{d}x}=-5y_1+3y_2\end{cases}$$

的通解．

解　记

$$A=\begin{pmatrix}3&5\\-5&3\end{pmatrix},\quad y=\begin{pmatrix}y_1\\y_2\end{pmatrix},$$

则原方程组可表为$\dfrac{\mathrm{d}y}{\mathrm{d}x}=Ay$. 易知 A 有特征值为 $\lambda_1=3+5\mathrm{i},\lambda_2=3-5\mathrm{i}$,其对应的特征向量可取为$h_1=(1,\mathrm{i})^{\mathrm{T}},h_2=(1,-\mathrm{i})^{\mathrm{T}}$.

因此方程组$\dfrac{\mathrm{d}y}{\mathrm{d}x}=Ay$ 有两个线性无关的解

$$h_1\mathrm{e}^{\lambda_1x}=\begin{pmatrix}1\\\mathrm{i}\end{pmatrix}\mathrm{e}^{(3+5\mathrm{i})x}=\begin{pmatrix}\cos 5x\\-\sin 5x\end{pmatrix}\mathrm{e}^{3x}+\mathrm{i}\begin{pmatrix}\sin 5x\\\cos 5x\end{pmatrix}\mathrm{e}^{3x},$$

$$h_2\mathrm{e}^{\lambda_2x}=\begin{pmatrix}1\\-\mathrm{i}\end{pmatrix}\mathrm{e}^{(3-5\mathrm{i})x}=\begin{pmatrix}\cos 5x\\-\sin 5x\end{pmatrix}\mathrm{e}^{3x}-\mathrm{i}\begin{pmatrix}\sin 5x\\\cos 5x\end{pmatrix}\mathrm{e}^{3x}.$$

显然它们的线性组合

$$\frac{1}{2}(h_1\mathrm{e}^{\lambda_1x}+h_2\mathrm{e}^{\lambda_2x})=\begin{pmatrix}\cos 5x\\-\sin 5x\end{pmatrix}\mathrm{e}^{3x}\quad 和\quad \frac{1}{2\mathrm{i}}(h_1\mathrm{e}^{\lambda_1x}-h_2\mathrm{e}^{\lambda_2x})=\begin{pmatrix}\sin 5x\\\cos 5x\end{pmatrix}\mathrm{e}^{3x}$$

是方程组的两个实的线性无关解．于是所求方程组的通解为

$$\begin{pmatrix} y_1 \\ y_2 \end{pmatrix} = C_1\begin{pmatrix} \sin 5x \\ \cos 5x \end{pmatrix}\mathrm{e}^{3x} + C_2\begin{pmatrix} \cos 5x \\ -\sin 5x \end{pmatrix}\mathrm{e}^{3x} = \mathrm{e}^{3x}\begin{pmatrix} C_1\sin 5x + C_2\cos 5x \\ C_1\cos 5x - C_2\sin 5x \end{pmatrix}.$$

再考虑非齐次线性微分方程组

$$\frac{\mathrm{d}\boldsymbol{y}}{\mathrm{d}x} = \boldsymbol{A}\boldsymbol{y} + \boldsymbol{f}(x).$$

由第五章结论，如果矩阵 $\boldsymbol{A}$ 是可对角化的，则存在 $\boldsymbol{A}$ 的 n 个线性无关的特征向量 $\boldsymbol{h}_1, \boldsymbol{h}_2, \cdots, \boldsymbol{h}_n$（记 $\lambda_1, \lambda_2, \cdots, \lambda_n$ 为相应的特征值）组成的可逆矩阵

$$\boldsymbol{T} = (\boldsymbol{h}_1, \boldsymbol{h}_2, \cdots, \boldsymbol{h}_n),$$

使得

$$\boldsymbol{T}^{-1}\boldsymbol{A}\boldsymbol{T} = \begin{pmatrix} \lambda_1 & & & \\ & \lambda_2 & & \\ & & \ddots & \\ & & & \lambda_n \end{pmatrix} = \boldsymbol{\Lambda}.$$

在 $\frac{\mathrm{d}\boldsymbol{y}}{\mathrm{d}x} = \boldsymbol{A}\boldsymbol{y} + \boldsymbol{f}(x)$ 两端左乘 $\boldsymbol{T}^{-1}$，并记 $\boldsymbol{T}^{-1}\boldsymbol{y} = \boldsymbol{z}$，$\boldsymbol{T}^{-1}\boldsymbol{f}(x) = \boldsymbol{g}(x)$，便得到

$$\frac{\mathrm{d}\boldsymbol{z}}{\mathrm{d}x} = \frac{\mathrm{d}(\boldsymbol{T}^{-1}\boldsymbol{y})}{\mathrm{d}x} = (\boldsymbol{T}^{-1}\boldsymbol{A}\boldsymbol{T})(\boldsymbol{T}^{-1}\boldsymbol{y}) + \boldsymbol{T}^{-1}\boldsymbol{f}(x) = \boldsymbol{\Lambda}\boldsymbol{z} + \boldsymbol{g}(x).$$

也就是说，$\boldsymbol{z}$ 满足线性微分方程组（记 $\boldsymbol{g}(x) = (g_1(x), g_2(x), \cdots, g_n(x))^{\mathrm{T}}$）

$$\begin{cases} \dfrac{\mathrm{d}z_1}{\mathrm{d}x} = \lambda_1 z_1 & & & + g_1(x), \\ \dfrac{\mathrm{d}z_2}{\mathrm{d}x} = & \lambda_2 z_2 & & + g_2(x), \\ \cdots\cdots\cdots\cdots & & & \\ \dfrac{\mathrm{d}z_n}{\mathrm{d}x} = & & & \lambda_n z_n + g_n(x). \end{cases}$$

由于一阶线性微分方程

$$\frac{\mathrm{d}z_i}{\mathrm{d}x} = \lambda_i z_i + g_i(x)$$

的通解为 $z_i = \mathrm{e}^{\lambda_i x}\left(C_i + \int g_i(x)\mathrm{e}^{-\lambda_i x}\mathrm{d}x\right)\ (i = 1, 2, \cdots, n)$，则

$$\boldsymbol{y} = \boldsymbol{T}\boldsymbol{z} = \boldsymbol{T}\begin{pmatrix} \mathrm{e}^{\lambda_1 x}\left(C_1 + \int g_1(x)\mathrm{e}^{-\lambda_1 x}\mathrm{d}x\right) \\ \mathrm{e}^{\lambda_2 x}\left(C_2 + \int g_2(x)\mathrm{e}^{-\lambda_2 x}\mathrm{d}x\right) \\ \vdots \\ \mathrm{e}^{\lambda_n x}\left(C_n + \int g_n(x)\mathrm{e}^{-\lambda_n x}\mathrm{d}x\right) \end{pmatrix}$$

就是原方程组的通解．

例 10.6.6　求非齐次线性微分方程组

$$\begin{cases}\dfrac{dy_1}{dx}=3y_1+2y_2+4y_3-2x,\\ \dfrac{dy_2}{dx}=y_1+2y_2+y_3-2x,\\ \dfrac{dy_3}{dx}=-y_1-y_2-2y_3+4x\end{cases}$$

的通解.

解　记

$$\boldsymbol{y}=\begin{pmatrix}y_1\\ y_2\\ y_3\end{pmatrix},\quad \boldsymbol{A}=\begin{pmatrix}3&2&4\\ 1&2&1\\ -1&-1&-2\end{pmatrix},\quad \boldsymbol{f}(x)=\begin{pmatrix}-2x\\ -2x\\ 4x\end{pmatrix},$$

则原方程组可表为$\dfrac{d\boldsymbol{y}}{dx}=\boldsymbol{A}\boldsymbol{y}+\boldsymbol{f}(x)$. 由例 10.6.4 的结果,取

$$\boldsymbol{T}=\begin{pmatrix}-1&-1&-3\\ 1&0&-2\\ 0&1&1\end{pmatrix},$$

则

$$\boldsymbol{T}^{-1}=-\frac{1}{4}\begin{pmatrix}2&-2&2\\ -1&-1&-5\\ 1&1&1\end{pmatrix},\quad \boldsymbol{T}^{-1}\boldsymbol{f}(x)=\begin{pmatrix}-2x\\ 4x\\ 0\end{pmatrix},\quad \boldsymbol{T}^{-1}\boldsymbol{A}\boldsymbol{T}=\begin{pmatrix}1&0&0\\ 0&-1&0\\ 0&0&3\end{pmatrix}.$$

记$\boldsymbol{T}^{-1}\boldsymbol{y}=\boldsymbol{z}$,便得到

$$\frac{d\boldsymbol{z}}{dx}=\begin{pmatrix}1&0&0\\ 0&-1&0\\ 0&0&3\end{pmatrix}\boldsymbol{z}+\begin{pmatrix}-2x\\ 4x\\ 0\end{pmatrix},$$

即

$$\begin{cases}\dfrac{dz_1}{dx}=z_1-2x,\\ \dfrac{dz_2}{dx}=-z_2+4x,\\ \dfrac{dz_3}{dx}=3z_3.\end{cases}$$

解此方程组得

$$\boldsymbol{z}=\begin{pmatrix}2(x+1)+C_1e^{x}\\ 4(x-1)+C_2e^{-x}\\ C_3e^{3x}\end{pmatrix}.$$

因此原方程组的通解为

$$\boldsymbol{y}=\boldsymbol{T}\boldsymbol{z}=\begin{pmatrix}-1&-1&-3\\1&0&-2\\0&1&1\end{pmatrix}\begin{pmatrix}2(x+1)+C_1\mathrm{e}^{x}\\4(x-1)+C_2\mathrm{e}^{-x}\\C_3\mathrm{e}^{3x}\end{pmatrix}=\begin{pmatrix}-6x+2-C_1\mathrm{e}^{x}-C_2\mathrm{e}^{-x}-3C_3\mathrm{e}^{3x}\\2x+2+C_1\mathrm{e}^{x}-2C_3\mathrm{e}^{3x}\\4x-4+C_2\mathrm{e}^{-x}+C_3\mathrm{e}^{3x}\end{pmatrix}.$$

如果矩阵 $\boldsymbol{A}$ 不是可对角化的，那么可以先求出它的 Jordan 标准形，再作类似处理，下面我们仅以例子来说明解法．

例 10.6.7　求线性微分方程组

$$\begin{cases}\dfrac{\mathrm{d}y_1}{\mathrm{d}x}=2y_1-y_2+y_3,\\[2mm]\dfrac{\mathrm{d}y_2}{\mathrm{d}x}=3y_2-y_3,\\[2mm]\dfrac{\mathrm{d}y_3}{\mathrm{d}x}=2y_1+y_2+3y_3\end{cases}$$

的通解．

解　令

$$\boldsymbol{y}=\begin{pmatrix}y_1\\y_2\\y_3\end{pmatrix},\quad \boldsymbol{A}=\begin{pmatrix}2&-1&1\\0&3&-1\\2&1&3\end{pmatrix},\quad \boldsymbol{T}=\begin{pmatrix}-1&-1&-1\\1&1&2\\-1&1&1\end{pmatrix},$$

由例 5.3.8 的结果知

$$\boldsymbol{T}^{-1}\boldsymbol{A}\boldsymbol{T}=\begin{pmatrix}4&0&0\\0&2&1\\0&0&2\end{pmatrix},$$

记 $\boldsymbol{T}^{-1}\boldsymbol{y}=\boldsymbol{z}$，便得到

$$\frac{\mathrm{d}\boldsymbol{z}}{\mathrm{d}x}=\begin{pmatrix}4&0&0\\0&2&1\\0&0&2\end{pmatrix}\boldsymbol{z}.$$

易知 $z_1=C_1\mathrm{e}^{4x}$，$z_3=C_3\mathrm{e}^{2x}$，而 z_2 满足方程

$$\frac{\mathrm{d}z_2}{\mathrm{d}x}=2z_2+z_3=2z_2+C_3\mathrm{e}^{2x},$$

解得

$$z_2=C_2\mathrm{e}^{2x}+C_3x\mathrm{e}^{2x},$$

于是

$$\boldsymbol{z}=\begin{pmatrix}C_1\mathrm{e}^{4x}\\(C_2+C_3x)\mathrm{e}^{2x}\\C_3\mathrm{e}^{2x}\end{pmatrix}.$$

所以

$$\boldsymbol{y}=\boldsymbol{T}\boldsymbol{z}=\begin{pmatrix}-1&-1&-1\\1&1&2\\-1&1&1\end{pmatrix}\begin{pmatrix}C_1\mathrm{e}^{4x}\\(C_2+C_3x)\mathrm{e}^{2x}\\C_3\mathrm{e}^{2x}\end{pmatrix}=\begin{pmatrix}-C_1\mathrm{e}^{4x}-[C_2+C_3(1+x)]\mathrm{e}^{2x}\\C_1\mathrm{e}^{4x}+[C_2+C_3(2+x)]\mathrm{e}^{2x}\\-C_1\mathrm{e}^{4x}+[C_2+C_3(1+x)]\mathrm{e}^{2x}\end{pmatrix}.$$

习　题

1. 求下列齐次线性方程组的通解：

(1) $\begin{cases}\dfrac{\mathrm{d}y_1}{\mathrm{d}x}=-5y_1-y_2,\\[2mm]\dfrac{\mathrm{d}y_2}{\mathrm{d}x}=2y_1-3y_2;\end{cases}$　　(2) $\begin{cases}\dfrac{\mathrm{d}y_1}{\mathrm{d}x}=-5y_1-y_2,\\[2mm]\dfrac{\mathrm{d}y_2}{\mathrm{d}x}=-3y_1+y_2;\end{cases}$

(3) $\begin{cases}\dfrac{\mathrm{d}y_1}{\mathrm{d}x}=2y_1+4y_2,\\[2mm]\dfrac{\mathrm{d}y_2}{\mathrm{d}x}=-y_1+2y_2;\end{cases}$　　(4) $\begin{cases}\dfrac{\mathrm{d}y_1}{\mathrm{d}x}=2y_1+y_2+2y_3,\\[2mm]\dfrac{\mathrm{d}y_2}{\mathrm{d}x}=-y_1-2y_3,\\[2mm]\dfrac{\mathrm{d}y_3}{\mathrm{d}x}=y_3;\end{cases}$

(5) $\begin{cases}\dfrac{\mathrm{d}y_1}{\mathrm{d}x}=-y_1+y_2+y_3,\\[2mm]\dfrac{\mathrm{d}y_2}{\mathrm{d}x}=y_1-y_2+y_3,\\[2mm]\dfrac{\mathrm{d}y_3}{\mathrm{d}x}=y_1+y_2-y_3.\end{cases}$

2. 求下列非齐次线性方程组的通解：

(1) $\begin{cases}\dfrac{\mathrm{d}y_1}{\mathrm{d}x}=-5y_1-y_2+\mathrm{e}^x,\\[2mm]\dfrac{\mathrm{d}y_2}{\mathrm{d}x}=y_1-3y_2+\mathrm{e}^{2x};\end{cases}$　　(2) $\begin{cases}\dfrac{\mathrm{d}y_1}{\mathrm{d}x}=y_2,\\[2mm]\dfrac{\mathrm{d}y_2}{\mathrm{d}x}=y_1+\mathrm{e}^x+\mathrm{e}^{-x};\end{cases}$

(3) $\begin{cases}\dfrac{\mathrm{d}y_1}{\mathrm{d}x}=-5y_1-y_2+7\mathrm{e}^x-27,\\[2mm]\dfrac{\mathrm{d}y_2}{\mathrm{d}x}=2y_1-3y_2-\mathrm{e}^x+12;\end{cases}$　　(4) $\begin{cases}\dfrac{\mathrm{d}y_1}{\mathrm{d}x}+y_1+y_2=x^2,\\[2mm]\dfrac{\mathrm{d}y_2}{\mathrm{d}x}+y_2+y_3=2x,\\[2mm]\dfrac{\mathrm{d}y_3}{\mathrm{d}x}+y_3=x.\end{cases}$

(5) $\begin{cases}\dfrac{\mathrm{d}y_1}{\mathrm{d}x}+\dfrac{\mathrm{d}y_2}{\mathrm{d}x}=-y_1+y_2+3,\\[2mm]\dfrac{\mathrm{d}y_1}{\mathrm{d}x}-\dfrac{\mathrm{d}y_2}{\mathrm{d}x}=y_1+y_2-3;\end{cases}$　　(6) $\begin{cases}\dfrac{\mathrm{d}y_1}{\mathrm{d}x}+2\dfrac{\mathrm{d}y_2}{\mathrm{d}x}-3y_1+4y_2=2\sin x,\\[2mm]2\dfrac{\mathrm{d}y_1}{\mathrm{d}x}+\dfrac{\mathrm{d}y_2}{\mathrm{d}x}+2y_1-y_2=\cos x.\end{cases}$

3. 求线性微分方程组

$$\begin{cases} 2\dfrac{\mathrm{d}y_1}{\mathrm{d}x}+\dfrac{\mathrm{d}y_2}{\mathrm{d}x}=4y_1+y_2+\mathrm{e}^x, \\ \dfrac{\mathrm{d}y_1}{\mathrm{d}x}=-3y_1-y_2 \end{cases}$$

满足初值条件$y_1\big|_{x=0}=\dfrac{3}{2}, y_2\big|_{x=0}=0$ 的特解．

4. 求线性微分方程组

$$\begin{cases} \dfrac{\mathrm{d}y_1}{\mathrm{d}x}-\dfrac{\mathrm{d}y_2}{\mathrm{d}x}+2y_1=10\cos x, \\ \dfrac{\mathrm{d}y_1}{\mathrm{d}x}+\dfrac{\mathrm{d}y_2}{\mathrm{d}x}+2y_2=4\mathrm{e}^{-2x} \end{cases}$$

满足初值条件$y_1\big|_{x=0}=2, y_2\big|_{x=0}=0$ 的特解．

5. 利用 Euler 方程的求解法求下列方程组的通解：

（1）$\begin{cases} x\dfrac{\mathrm{d}y_1}{\mathrm{d}x}=y_1+3y_2, \\ x\dfrac{\mathrm{d}y_2}{\mathrm{d}x}=y_1-y_2; \end{cases}$

（2）$\begin{cases} x\dfrac{\mathrm{d}y_1}{\mathrm{d}x}+6y_1-y_2-3y_3=0, \\ x\dfrac{\mathrm{d}y_2}{\mathrm{d}x}+23y_1-6y_2-9y_3=0, \\ x\dfrac{\mathrm{d}y_3}{\mathrm{d}x}+y_1+y_2-2y_3=0. \end{cases}$

第五篇　概率论与数理统计

在客观世界中，事物的发生、存在和发展所产生的现象大体上分为两种类型，一类是在确定的前提下，我们可以断定现象的结果；或者已知某种现象过去的状态，可以断定它的发展过程．另一类现象则不然，即使在相同的条件下，某种现象产生的结果却不同；或者已知某种现象过去的状态，但它将来的状态却无法确定．这类现象的特点是具有不确定性或偶然性，称之为随机现象．

无论是宏观世界还是微观世界，随机现象大量存在．人们通过对随机现象的长期观察，发现偶然性只是反映在现象的表面层次上，许多随机现象的大量重复，仍然有着规律性，称之为统计规律．正是这种规律性使利用数学工具定量地研究随机现象成为可能．

概率论与数理统计的一些简单思想和方法，早期主要用于博弈和人口统计等．随着人类社会实践的深入，常常需要了解各种随机现象中隐含的客观规律，并用数学方法研究各种结果出现的可能性大小，从而产生了概率论．概率论是从数量层面研究随机现象及其规律性的理论．从 17 世纪下半叶至 19 世纪，经过欧洲数学家们的开创性工作，概率论得到了长足的发展，并在 20 世纪上半叶建立了严格的逻辑基础，逐步发展成为一门严谨的学科．数理统计是伴随着概率论的发展而发展起来的，它是研究如何收集、整理和分析受随机因素影响的数据，并对所考虑的问题作出推断或预测的理论．数理统计的理论研究与现实问题密切相关，它逐步成熟于 20 世纪上半叶，并在第二次世界大战后得到了迅猛发展．概率论以及其他数学理论的发展、生产实践的需要、计算机的发明与广泛使用，都对数理统计的发展成熟起着推动作用．

概率论与数理统计都是研究和揭示随机现象的统计规律性，并对随机事件发生的可能性进行推断的数学分支，它们为实际应用提供了理论基础、指导思想和处理方法．现在，概率与统计的方法日益渗透到各个领域，并广泛应用于自然科学、社会科学、人文科学、工业、农业、军事、医学、金融与保险、气象等领域．通过对已获得的信息进行加工整理，应用概率统计方法，可以帮助人们预测现象的未来可能发展，并正确地作出选择．

第十一章
概　率　论

概率是随机事件发生的可能性，而随机事件常常与数值之间存在着某种客观联系，因此引入了随机变量，它使利用微积分等数学工具研究随机现象的统计规律成为可能，是概率论中的一个基本工具．由于随机现象可以用随机变量的概率分布来全面描述，随机变量所呈现的性质与分布特征，反映了随机现象的统计规律，所以对随机变量的研究是概率论中的一个主要问题．本章将首先介绍随机事件概率的概念、性质与一些计算方法．在此基础上，介绍随机变量及其概率分布，随机变量的数字特征以及在实际应用中常见的一些概率分布．最后介绍在大数次重复试验中所呈现的规律——大数定律以及中心极限定理．

§1　概　　率

随机事件

在自然界和人类社会中发生的现象丰富多彩，多种多样．但它们大体上分为两种类型．一类是在确定的前提下，我们可以断定某些现象的结果，或者已知某种现象过去的状态，可以断定它的发展过程．例如，太阳每天从东方升起，从西方落下；已知一个矩形的边长，我们就能计算它的面积；在标准大气压下，水在 100℃ 时会沸腾，等等．我们称这种现象为**确定性现象**．另一类现象则不然，有着本质差别．例如，向上抛一枚均匀的硬币，在抛掷它之前，我们无法断定它落地时是正面朝上还是反面朝上；即使已知两支足球队之间过去的比赛成绩，也无法断定它们之间今后的比赛结果；即使我们已经有了过去股票市场的各种信息，但仍无法准确断定今后各阶段各种股票的涨跌，等等．为了研究这类现象，我们就要对其进行观测，观测的过程称为**试验**．第二类现象都有一个共同的特点，就是在基本条件不变的情况下，每次观测或试验的结果却并不确定，这类现象称为**随机现象**．如果我们再进一步考察向上抛掷硬币这个试验就会发现，它可以重复进行，并且在大量重复之后，落地时正面朝上的次数大约占总抛掷次数的一半，有着某种规律性，这种规律称为**统计规律**，正是这种规律性使我们利用数学工具定量地研究随机现象成为可能．

如果一个试验满足下述条件：

(1) 在相同的条件下试验可以重复进行；

（2）试验的所有结果是明确可以知道的，并且不止一个；

（3）在每次试验之前不能确定试验后出现哪一个结果，

那么就称这样的试验为**随机试验**，简称为**试验**．

随机试验的每一个可能结果称为**基本事件**．因为随机试验的结果是明确的．所以所有基本事件也是明确的，它们的全体称为**样本空间**，通常用 Ω 表示．此时基本事件就是 Ω 的元素，也称为**样本点**．

例 11.1.1　将一枚硬币抛掷两次，观察正面 H 与反面 T 出现的情况，可能的结果为：两次正面都出现（HH），第一次正面出现而第二次反面出现（HT），第一次反面出现而第二次正面出现（TH），两次反面都出现（TT），即 $\Omega=\{HH,HT,TH,TT\}$．

例 11.1.2　某人购买某种奖券，每次购买一张，如果没有中奖则再继续购买一张，直到中奖为止．记 ω_n 为"第 n 次中奖"（$n=1,2,3,\cdots$），则它们表示了所有可能结果，于是样本空间 $\Omega=\{\omega_1,\omega_2,\cdots,\omega_n,\cdots\}$．

例 11.1.3　从日光灯生产线上随机地取一支成品测试它的寿命 t（单位：h），虽然测试结果无法预言，但它必然在区间 $[0,+\infty)$ 之中，即样本空间 $\Omega=\{t\mid t\geqslant 0\}$．

由上面的例子可以看到，样本空间中所含的样本点可以是有限个，也可以是无限个；可能是可数的，也可能是不可数的．基本事件在随机试验中总是一个一个地发生．在实际情况中，我们常常关心的是带有某些特征的基本事件是否发生．例如，在例 11.1.3 中，如果规定"日光灯寿命大于或等于 10 000 h"为合格品，我们关心的常常是日光灯是否合格，即样本点是否落在 Ω 的子集 $A=\{t\mid t\geqslant 10\ 000\}$ 中．我们将样本空间的子集称为**随机事件**，简称**事件**（下面会指出，可以根据试验的目的，将事件的范围适当缩小）．事件通常用大写英文字母 A,B,C 等表示（可以带下标，如 A_1,A_2 等）．例如，在例 11.1.3 中 $A=\{t\mid t\geqslant 10\ 000\}$ 就是事件；在例 11.1.1 中 $A=\{HH,HT,TH\}$ 是事件，它代表在两次抛掷中"至少出现一次正面"，$B=\{HT,TH\}$ 也是事件，它代表两次抛掷中"只出现一次正面"．

设 A 是一个事件，如果在试验中出现的样本点 $\omega\in A$，就称事件 A **发生**；否则就称事件 A **不发生**．例如，在例 11.1.3 中，如果测试出一个日光灯的寿命为 10 110 h，则事件 $A=\{t\mid t\geqslant 10\ 000\}$ 发生，即该日光灯为合格品．如果测试出一个日光灯的寿命为 8 560 h，则事件 A 不发生，即该日光灯为不合格品．

因为样本空间 Ω 是其本身的一个子集，它也是一个事件．而每次试验中必然出现 Ω 中某个样本点，因此 Ω 是必然要发生的事件，称之为**必然事件**．同样的，不包含任何样本点的空集 $\varnothing$ 也是一个事件，这个事件在每次试验中都不会发生，称之为**不可能事件**．

事件之间的关系与运算

由于事件是样本空间的一个子集，因此事件之间的关系和运算可以用集合的运算来进行．但由于事件之间的关系与运算需要一套特别的语言来描述，我们需要将集合论中的符号翻译成概率论中的语言．

首先我们注意对应关系：事件 A 发生 $\Leftrightarrow$ 试验的结果（即某个基本事件）$\omega\in A$．从这个关系出发，就可以进一步讨论事件间的关系与运算．

在以下叙述中的事件，总认为是同一给定样本空间 Ω 中的事件．

（1）若事件 A 的发生必然导致事件 B 的发生，即属于 A 的样本点也都属于 B，则称事件 B **包含**事件 A，记为 $A\subset B$ 或 $B\supset A$.

显然，$\varnothing\subset A\subset\Omega$.

（2）若 $A\subset B$ 与 $B\subset A$ 同时成立，则称事件 A 与事件 B **相等**，记为 $A=B$. 此时 A 和 B 包含相同的样本点.

（3）若 A 与 B 是两个事件，则“事件 A 和事件 B 中至少有一个发生”也是一个事件，称之为事件 A 与事件 B 的**并事件**，记为 $A\cup B$.

若 $A_1,A_2,\cdots,A_n$ 是 n 个事件，那么“$A_1,A_2,\cdots,A_n$ 中至少有一个发生”也是一个事件，称之为 $A_1,A_2,\cdots,A_n$ 的并事件，记为 $A_1\cup A_2\cup\cdots\cup A_n$，或 $\bigcup\limits_{i=1}^{n}A_i$. 类似地，可定义可列个①事件 $A_1,A_2,\cdots,A_n,\cdots$的并事件，记为 $\bigcup\limits_{i=1}^{\infty}A_i$，它表示“$A_1,A_2,\cdots,A_n,\cdots$中至少有一个发生”.

（4）若 A 与 B 是两个事件，则“事件 A 与事件 B 同时发生”也是一个事件，称之为事件 A 与事件 B 的**交事件**或**积事件**，记为 $A\cap B$，或 AB. 类似地，可定义有限个或可列个事件的交事件或积事件，它表示这些事件同时发生.

（5）如果 A 与 B 是两个事件，满足 $A\cap B=\varnothing$，即 A 与 B 不能同时发生，则称事件 A 与事件 B 是**互斥事件**，或称它们是**互不相容事件**.

若 $A_1,A_2,\cdots,A_n$ 是两两互不相容事件，则它们的并事件常记为 $A_1+A_2+\cdots+A_n$ 或 $\sum\limits_{i=1}^{n}A_i$，并称之为它们的**和事件**. 对于可列个两两互不相容事件，也有类似的记号和概念.

（6）若 A 与 B 是两个事件，则“A 发生但 B 不发生”也是一个事件，称之为事件 A 与事件 B 之**差事件**，记为 $A-B$.

（7）若 A 是一个事件，则 $\Omega-A$ 也是一个事件，记为 $\overline{A}$. 显然 $A\cup\overline{A}=\Omega$，且$A\cap\overline{A}=\varnothing$，即事件 A 与事件 $\overline{A}$ 必然有一个发生，但又不可能同时发生. 称事件 $\overline{A}$ 是 A 的**对立事件**或**逆事件**，也称 A 与 $\overline{A}$ 是**互逆事件**.

注意，互不相容的事件不一定是互逆的事件.

从上面的定义可以看出，事件的运算实际上就是集合论中的运算. 因此，集合论中的运算规则仍适用于事件的运算，事件的运算依然具有以下规律：设 A,B,C 为事件，则成立

（1）交换律：$A\cup B=B\cup A,\quad A\cap B=B\cap A$；

（2）结合律：$A\cup(B\cup C)=(A\cup B)\cup C$，

$A\cap(B\cap C)=(A\cap B)\cap C$；

（3）分配律：$A\cap(B\cup C)=(A\cap B)\cup(A\cap C)$，

$A\cup(B\cap C)=(A\cup B)\cap(A\cup C)$；

（4）De Morgan（德摩根）律：$\overline{A\cup B}=\overline{A}\cap\overline{B},\quad \overline{A\cap B}=\overline{A}\cup\overline{B}$.

注　对于任意有限个，甚至可列个事件，De Morgan 律也成立.

例 11.1.4　某人向一个目标连续射击四次，事件 A_i 表示“第 i 次击中目标”（$i=1,2,3,$

① 本书中的可列集是指其全体元素可以排成一列的无限集，其全部元素的“个数”称为可列个.

4). 试用 A_i 表示下列事件:(1)四次射击至少有一次击中目标;(2)四次射击均未击中目标;(3)四次射击至少有一次未击中目标;(4)四次射击只有一次未击中目标;(5)四次射击至多有一次未击中目标;

解 (1) $A_1+A_2+A_3+A_4$;

(2) $\overline{A}_1\overline{A}_2\overline{A}_3\overline{A}_4$;

(3) $\overline{A_1A_2A_3A_4}$ 或 $\overline{A}_1+\overline{A}_2+\overline{A}_3+\overline{A}_4$;

(4) $\overline{A}_1A_2A_3A_4+A_1\overline{A}_2A_3A_4+A_1A_2\overline{A}_3A_4+A_1A_2A_3\overline{A}_4$;

(5) $A_1A_2A_3A_4+\overline{A}_1A_2A_3A_4+A_1\overline{A}_2A_3A_4+A_1A_2\overline{A}_3A_4+A_1A_2A_3\overline{A}_4$.

概率的概念

研究随机现象不仅要知道哪些事件要出现,而且要知道每个事件出现的可能性的大小,这是最重要且有应用价值的. 我们把一个事件 A 发生的可能性的大小这个数量指标称为事件 A 的**概率**,记为 $P(A)$. 那么如何确定这种可能性呢? 为此我们先引入频率的概念.

定义 11.1.1 设在相同的条件下,对一个试验重复进行了 n 次,若在这 n 次试验中事件 A 发生的次数为 m,那么称 m 为事件 A 在这 n 次试验中发生的**频数**,称$\frac{m}{n}$为事件 A 在这 n 次试验中发生的**频率**,记为 $f_n(A)$,即

$$f_n(A)=\frac{m}{n}.$$

那么频率与概率又有什么关系呢? 我们以前面提到的抛掷硬币的试验为例来说明. 我们知道,硬币落地时,只会出现两种情况:正面朝上与反面朝上. 显然抛掷一两次并不能发现正、反面朝上的规律,但经过大量的试验,规律性就体现出来了. 历史上有人曾经做过这种试验,试验结果如下表

试验者	试验次数	正面朝上次数	频率
De Morgan	2 048	1 061	0.518 1
Buffon(蒲丰)	4 040	2 048	0.506 9
Pearson(皮尔逊)	12 000	6 019	0.501 6
Pearson	24 000	12 012	0.500 5
Feller(费勒)	10 000	4 979	0.497 9
Romanovskiĭ(罗曼诺夫斯基)	80 640	39 699	0.492 3

从上表可以看出,当试验次数相当大时,正面朝上的频率稳定地在 0.5 附近摆动,它反映了一种规律. 事实上,当重复试验次数增大时,一个事件发生的频率大小能体现事件发生的可能性的大小. 频率大则事件发生的可能性大,频率小则事件发生的可能性小. 频率具有一定的波动性,但也具有稳定性. 当试验的次数充分大时,它总会在某一确定的常数附近摆动,并随试验次数增大逐渐稳定于这个常数. 该常数体现了事件发生的可能性,就是事件的**概率**. 这也是**概率的统计定义**.

频率稳定性不断地为人类的实践活动所证实，它体现了隐藏在随机现象中的规律性．随机事件的概率是客观存在的，就像一棵大树有高度、一片稻田有面积一样．而频率就是概率的一种“测量”，就像我们可以用仪器测量大树的高度一样．

古典概率

我们已经介绍了概率的统计定义，但在实际中如此确定一个事件的概率是非常困难的，甚至是不可能的，因此必须找出一些简便易行的方法．为此我们先考虑一种最简单的数学模型．

对于掷骰子观察点数这样一个试验，我们知道可能出现的点数是 1,2,3,4,5,6，将它们看成基本事件，那么样本空间 $\Omega=\{1,2,3,4,5,6\}$．从常识知道，每个点出现的可能性是相同的，由于这些点出现的总可能性为 1，所以每个点出现的可能性应为 $\frac{1}{6}$．“出现奇数点（即 1,3,5 点）”这个事件的可能性就应该是 $\frac{1}{2}$．

一般地，若一个随机试验的样本空间 Ω 由有限个样本点（即基本事件）$\omega_1,\omega_2,\cdots,\omega_n$ 构成，且每个基本事件发生的可能性是相同的，即 $P(\omega_1)=P(\omega_2)=\cdots=P(\omega_n)$，则称这种随机试验的数学模型为**古典概型**．

定义 11.1.2　设在古典概型中，样本空间 $\Omega=\{\omega_1,\omega_2,\cdots,\omega_n\}$．若事件 $A=\{\omega_{k_1},\omega_{k_2},\cdots,\omega_{k_m}\}$，其中 $k_1,k_2,\cdots,k_m$ 是 $1,2,\cdots,n$ 中的 m 个不同的数，则定义事件 A 的**概率**

$$P(A)=\frac{m}{n}.$$

用这样方式定义的概率称为**古典概率**，它只适用于古典概型．

例 11.1.5（抽球问题）　一个袋中有 10 个球，质地大小均相同，其中 6 个是白球，4 个是黑球．从中任意取 3 个球，求取得的是 2 个白球 1 个黑球的概率．

解　从口袋中 10 个球中取 3 个，共有 C_{10}^3 中取法，即样本空间所包含的样本点总数为 C_{10}^3．记 A 为“取得 2 个白球 1 个黑球”这一事件，满足条件的取法共有 $C_6^2\cdot C_4^1$ 种．于是所求事件 A 的概率为

$$P(A)=\frac{C_6^2\cdot C_4^1}{C_{10}^3}=\frac{1}{2}.$$

一般地，若一个袋中有质地大小相同的 $m+n$ 个球，其中 m 个是白球，n 个是黑球，那么从中任取 $a+b$ 个球，取出的球中恰好有 a 个白球 b 个黑球这个事件 A 的概率为（$a\leqslant m,b\leqslant n$）

$$P(A)=\frac{C_m^aC_n^b}{C_{m+n}^{a+b}}.$$

例 11.1.6　将 A,C,I,I,S,S,S,T,T,T 这 10 个字母分别写在 10 张卡片上，然后将这 10 张卡片随意排成一列，求恰好排成英文单词 STATISTICS 的概率．

解　将 10 张卡片随意排列共有 10！种排法，即样本空间所包含的样本点总数为 10！．记 A 为“排成英文单词 STATISTICS”这一事件．在排列成英文单词 STATISTICS 时，2 张写有字母 I 的卡片可以任意交换位置形成 2！种排法，3 张写有字母 S 的卡片可以任意交换位置

形成3！种排法，3张写有字母T的卡片可以任意交换位置形成3！种排法，因此满足条件的排法共有2！·3！·3！种．于是所求事件的概率为

$$P(A)=\frac{2!\cdot 3!\cdot 3!}{10!}=\frac{1}{50\ 400}.$$

例 11.1.7（分房问题）　将 n 个人随机地分配到 N 个房间中去（$N\geqslant n$），求每个房间中至多有一个人的概率．

解　每个人都可以分配在 N 个房间中的任何一间，因此每人都有 N 种分配可能，因而总分配方法共有 N^n 种，即样本空间所包含的样本点总数为 N^n. 记 A 为"每个房间中至多有一个人"这个事件，满足这个条件的分配方法只有 $N(N-1)\cdots(N-(n-1))$ 种．于是所求事件的概率为

$$P(A)=\frac{N(N-1)\cdots(N-n+1)}{N^n}.$$

例 11.1.8（抽签问题）　一个箱子中放有 m 个中奖签和 n 个非中奖签．现从中随机地抽签，每次抽取后不放回，求第 k 次抽出的签是中奖签的概率（$1\leqslant k\leqslant m+n$）.

解　设想把取出的签依次放在排列成一直线的 $m+n$ 个位置上，每个签只能占一个位置，那么 m 个中奖签放在这 $m+n$ 个位置中的方法有 C_{m+n}^m 种，即样本空间所包含的样本点总数为 C_{m+n}^m. 记 A 为"第 k 次取出的签是中奖签"这一事件，这意味着第 k 个位置是中奖签，而剩下的 $m-1$ 个中奖签和 n 个非中奖签可以随意地放在其他 $m+n-1$ 个位置上，因此放置方法总数为 C_{m+n-1}^{m-1}. 于是

$$P(A)=\frac{\mathrm{C}_{m+n-1}^{m-1}}{\mathrm{C}_{m+n}^m}=\frac{m}{m+n}.$$

这个例子说明，在抽签时，每个人的中奖概率是相同的，与抽签顺序无关．

几何概率

设想在一次救援中，飞机向一片面积为 S 的田野上随机地空投物资．如果假定物资不会掉落在这片田野之外，且物资等可能地掉落在田野中的每一点上，那么常识上认为，这些物资落在这片田野中任何一片面积为 S_0 的区域上的可能性为 S_0/S.

我们把上面的例子抽象一下．设 Ω 是一个面积为 S 的平面区域，我们向 Ω 上等可能地投点，且不会投出 Ω 之外．所谓"等可能"的含义是指：设 A 为 Ω 中面积为 S_A 的区域，则点落在 A 上的概率与 S_A 成正比，且与 A 的位置无关．若将"点落在 A 上"这个事件仍记为 A，则定义事件 A 的**概率**为

$$P(A)=\frac{S_A}{S}.$$

以上只说明了平面上区域的情况．类似地，如果向一个有限区间上等可能投点时，以上定义中的面积应换为区间的长度；如果向空间中一个具有体积的区域上等可能投点时，以上定义中的面积应换为区域的体积．如此定义的概率通常称为**几何概率**．

例 11.1.9　某公共汽车站每隔 10 min 有一辆公共汽车到达．一位乘客到达该车站的时间是随意的，问他等候时间不超过 2 min 的概率是多少？

解　设乘客到达车站时的前一辆汽车到达时间为 0 min,那么下一辆汽车到达的时间为 10 min,因此样本空间 $\Omega=[0,10]$(其长度为 10). 相应地,乘客等候时间不超过 2 min,就要求他必须在 8 至 10 min 之间到达车站,因此这个事件可表示成 $A=[8,10]$(其长度为 2),于是所求事件的概率为

$$P(A)=\frac{2}{10}=\frac{1}{5}.$$

例 11.1.10　两人商定于上午 7 点至 8 点在校门口见面,约定先到者最多等候 15 min. 假定两人到校门的时间相互独立,而且在 7 至 8 点之间是等可能的,求两人能见面的概率.

解　以 x,y 分别表示从 7 点起两人到达校门口的时间(单位:min),则由假设,(x,y) 在

$$\Omega=\{(x,y)\mid 0\leqslant x\leqslant 60,0\leqslant y\leqslant 60\}$$

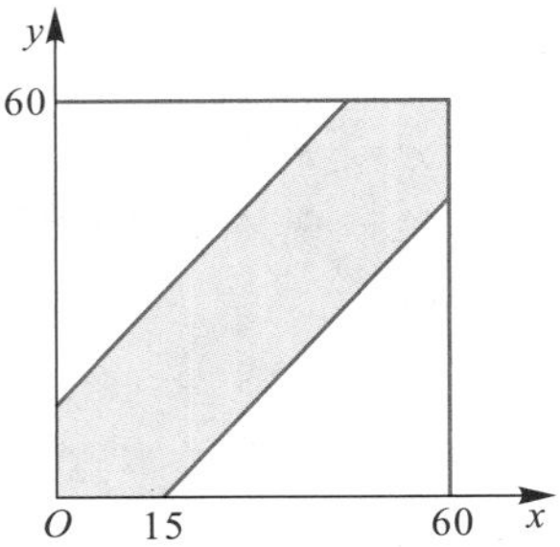

图 11.1.1

中等可能取值. Ω 中的点 (x,y) 构成了边长为 60 的正方形(见图 11.1.1). 而由约定先到者最多等候 15 min,因此两个人能见面的充分必要条件是

$$|x-y|\leqslant 15,\quad 且 (x,y)\in\Omega.$$

满足这个条件的点 (x,y) 的全体是图中的阴影部分. 因此,若记 A 为事件“两人能见面”,则它的概率为

$$P(A)=\frac{60^2-45^2}{60^2}=0.437\ 5.$$

概率的公理化定义与概率的性质

我们已经把样本空间的子集看成事件,但如果样本空间很大,其子集是相当多的,考虑每个事件的概率会很麻烦,难以把握其规律性,甚至不可能. 实际上在应用中,对于具体问题,只要考虑样本空间中的一些关键子集就可以解决问题. 例如在例 11.1.3 中,如果规定“日光灯寿命大于或等于 10 000 h”为合格品,看日光灯合格与否,只要看样本点是落在 Ω 的子集 $A=\{t\mid t\geqslant 10\ 000\}$ 中还是 $\overline{A}$ 中. 而考虑一批日光灯的合格率与不合格率,只要考虑这两个事件的概率即可. 因此,为减少复杂性,根据试验的目的,适当控制事件的范围很有必要. 当然,在考虑问题时,如果 A,B 是两个事件,很自然也要把 $\overline{A},\overline{B},A\cup B,A\cap B$ 和 $A-B$ 等也考虑进去,视为事件,这有着实际意义. 出于以上考虑,我们引入下面的概念.

定义 11.1.3　设 $\mathscr{F}$ 为样本空间 Ω 的某些子集组成的集合. 如果 $\mathscr{F}$ 满足

(1) $\Omega\in\mathscr{F}$;

(2) 若 $A\in\mathscr{F}$,则 $\overline{A}\in\mathscr{F}$;

(3) 若 $A_k\in\mathscr{F}(k=1,2,\cdots)$,则 $\bigcup\limits_{k=1}^{\infty}A_k\in\mathscr{F}$,

则称 $\mathscr{F}$ 为**事件域**(或 **σ 域**),称 $\mathscr{F}$ 中的元素为**事件**.

例如,设 Ω 为样本空间,则 $\{\varnothing,\Omega\}$ 就是一个事件域,它是最小的事件域;若 $A\subset\Omega$,则 $\{\varnothing,A,\overline{A},\Omega\}$ 也是事件域;若 $\mathscr{F}$ 是 Ω 的子集的全体,则 $\mathscr{F}$ 也是一个事件域,它是最大的事件域.

可以证明：设 Ω 为样本空间，$\mathscr{F}$ 是一个事件域，则

（1） 若 $A,B\in\mathscr{F}$，则 $A\cup B\in\mathscr{F}, A\cap B\in\mathscr{F}, A-B\in\mathscr{F}$；

（2） 若 $A_k\in\mathscr{F}(k=1,2,\cdots)$，则 $\bigcap\limits_{k=1}^{\infty}A_k\in\mathscr{F}$.

这些结论留给读者自行验证．

我们再考虑事件的概率问题．古典概率和几何概率的定义都是建立在等可能性基础上的，因而适用范围十分有限．从统计观点确定概率，需要大量重复试验，这往往难以实现；况且"当试验次数充分大"，到底需要大到什么程度？"频率的稳定性"如何理解？这都没有确切说明．因此仍需要对概率进行普适性的严格定义．

从前面关于古典概率和几何概率的定义可以看出，概率实际上是定义在样本空间的子集（事件）上的函数，并且满足

（1） 对 Ω 的任一事件 A，成立 $P(A)\geqslant 0$；

（2） $P(\Omega)=1$；

（3） 若 $A_1,A_2,\cdots,A_n$ 是任何一组两两互不相容的事件，则

$$P\left(\bigcup_{i=1}^{n}A_i\right)=\sum_{i=1}^{n}P(A_i).$$

频率是概率的"测量"，可以验证它依然满足上述三条性质．因为概率通过频率稳定性与随机试验相联系，因此我们自然想到一般随机事件的概率应该有与频率类似的性质．

另外，对于几何概率，从面积的性质可以看出，可列个互不相容事件之和的概率等于它们的概率之和，即可列可加性．而在一般场合，常常需要处理可列个事件，因此要求概率满足这个性质是完全必要的．在上述考虑的基础上，*Колмогоров*（柯尔莫哥洛夫）于 1933 年提出了概率论的公理化结构，给出了概率的严格定义．

定义 11.1.4　设 Ω 为样本空间，$\mathscr{F}$ 是一个事件域．如果有某一规则 P，使得对于 $\mathscr{F}$ 中的每个事件 A，对应了唯一的实数，记为 $P(A)$，且 P 满足下述三条公理：

（1） **非负性**：对于 $\mathscr{F}$ 中的每个事件 A，成立 $P(A)\geqslant 0$；

（2） **规范性**：$P(\Omega)=1$；

（3） **可列可加性**：若 $A_1,A_2,\cdots$ 是一列两两互不相容的事件，即对于任意正整数 i,j 且 $i\neq j$，成立 $A_i\cap A_j=\varnothing$，则

$$P\left(\sum_{i=1}^{\infty}A_i\right)=\sum_{i=1}^{\infty}P(A_i),$$

则称 P 为定义在 $\mathscr{F}$ 上的**概率**，称 $P(A)$ 为**事件 A 发生的概率**，称三元素 $(\Omega,\mathscr{F},P)$ 为**概率空间**．

概率的公理化定义刻画了概率的本质，概率就是事件域上满足以上三条公理的"函数"．综合前面的讨论我们知道，要建立一个随机试验的数学模型，首先要确定样本空间 Ω，然后确定事件域 $\mathscr{F}$ 和事件域上的概率 P，并将它们一同考虑形成概率空间 $(\Omega,\mathscr{F},P)$，进而发挥实际作用．

今后我们考虑一个问题时，总是认为在某个确定概率空间上来考虑，而并不将概率空间形式明确写出．另外，在本书中除非特别说明，所有提到的事件都认为是有概率的．

从上述概率的基本公理可以立即推出，概率具有以下性质：

性质 1　不可能事件发生的概率为 0，即 $P(\varnothing)=0$.

证　令 $A_i=\varnothing(i=1,2,\cdots)$，则 $\bigcup\limits_{i=1}^{\infty}A_i=\varnothing$，且 $A_i\cap A_j=\varnothing(i\neq j)$，因此由概率的可列可加性得，

$$P(\varnothing)=P\left(\bigcup_{i=1}^{\infty}A_i\right)=\sum_{i=1}^{\infty}P(A_i)=\sum_{i=1}^{\infty}P(\varnothing).$$

由于 $P(\varnothing)\geqslant 0$，由上式便推出 $P(\varnothing)=0$.

证毕

性质 2　设 $A_1,A_2,\cdots,A_n$ 是一组两两互不相容事件，则成立

$$P(A_1+A_2+\cdots+A_n)=P(A_1)+P(A_2)+\cdots+P(A_n).$$

这个公式也称为概率的**加法定理**或**有限可加性**.

证　令 $A_i=\varnothing(i=n+1,n+2,\cdots)$，则由假设知 $A_i\cap A_j=\varnothing(i\neq j)$，且 $\sum\limits_{i=1}^{\infty}A_i=\sum\limits_{i=1}^{n}A_i$．于是，由概率的可列可加性以及性质 1 得

$$P\left(\sum_{i=1}^{n}A_i\right)=P\left(\sum_{i=1}^{\infty}A_i\right)=\sum_{i=1}^{\infty}P(A_i)=\sum_{i=1}^{n}P(A_i)+\sum_{i=n+1}^{\infty}P(\varnothing)=\sum_{i=1}^{n}P(A_i).$$

证毕

性质 3　对任意事件 A，成立 $P(\overline{A})=1-P(A)$.

证　因为 A 与 $\overline{A}$ 为互不相容事件，且 $A+\overline{A}=\Omega$. 由性质 2 及公理(2)得

$$1=P(\Omega)=P(A+\overline{A})=P(A)+P(\overline{A}).$$

于是

$$P(\overline{A})=1-P(A).$$

证毕

性质 4　设事件 A 和 B 满足 $A\subset B$，则成立

$$P(B-A)=P(B)-P(A),\quad 且\ P(A)\leqslant P(B).$$

证　由于 $A\subset B$，则 $B=A+(B-A)$. 因为 $A(B-A)=\varnothing$，由性质 2 得

$$P(B)=P(A)+P(B-A),\quad 即,\quad P(B-A)=P(B)-P(A).$$

又因为 $P(B-A)\geqslant 0$，所以 $P(A)\leqslant P(B)$.

证毕

性质 5　设 A 和 B 为任意两个事件，则成立

$$P(A\cup B)=P(A)+P(B)-P(AB).$$

证　显然 $A\cup B=A+(B-BA)$，且 $A(B-AB)=\varnothing$，由性质 2 得

$$P(A\cup B)=P(A)+P(B-AB).$$

又由于 $AB\subset B$，由性质 4 得 $P(B-BA)=P(B)-P(AB)$，代入上式便得结论.

证毕

显然，由此性质可得

$$P(A\cup B)\leqslant P(A)+P(B).$$

一般地，可以证明：对于任意 n 个事件 $A_1,A_2,\cdots,A_n$ 成立

$$P\left(\bigcup_{i=1}^{n}A_i\right)=\sum_{i=1}^{n}P(A_i)-\sum_{1\leqslant i<j\leqslant n}P(A_iA_j)+\sum_{1\leqslant i<j<k\leqslant n}P(A_iA_jA_k)-\cdots+(-1)^{n-1}P(A_1A_2\cdots A_n),$$

以及

$$P\left(\bigcup_{i=1}^{n}A_i\right)\leqslant\sum_{i=1}^{n}P(A_i).$$

最后一个不等式称为概率的**次可加性**.

性质 6 设 $A_1,A_2,\cdots,A_n,\cdots$ 是可列个事件.

(1) 若 $A_1\supset A_2\supset\cdots\supset A_n\supset\cdots$,记 $\lim\limits_{n\to\infty}A_n=\bigcap\limits_{k=1}^{\infty}A_n$,则

$$\lim_{n\to\infty}P(A_n)=P(\lim_{n\to\infty}A_n);$$

(2) 若 $A_1\subset A_2\subset\cdots\subset A_n\subset\cdots$,记 $\lim\limits_{n\to\infty}A_n=\bigcup\limits_{n=1}^{\infty}A_n$,则

$$\lim_{n\to\infty}P(A_n)=P(\lim_{n\to\infty}A_n).$$

这个性质称为概率的**连续性**,其证明略去.

性质 7 设 $A_1,A_2,\cdots,A_n,\cdots$ 是可列个事件,则

$$P\left(\bigcup_{i=1}^{\infty}A_i\right)\leqslant\sum_{i=1}^{\infty}P(A_i).$$

这个性质称为概率的**次可列可加性**,它可以结合概率的次可加性与性质 6 得到.

例 11.1.11 已知一箱产品有 100 件,其中 97 件正品,3 件次品,从中任取 3 件,求这 3 件产品中有次品的概率.

解 记 A 为事件"任取的 3 件产品中有次品",其逆事件 $\overline{A}$ 为"任取的 3 件产品全是正品",由于

$$P(\overline{A})=\frac{\mathrm{C}_{97}^3}{\mathrm{C}_{100}^3}=\frac{7\ 372}{8\ 085},$$

于是所求事件的概率为

$$P(A)=1-P(\overline{A})=\frac{713}{8\ 085}.$$

例 11.1.12 根据长期的统计,在 5 月份甲地区有雨的概率为 20%,乙地区有雨的概率为 18%,两地同时有雨的概率为 16%. 求(1)在 5 月份两地区至少有一地区有雨的概率;(2)在 5 月份甲地区有雨而乙地区无雨的概率.

解 记事件 A 为"5 月份甲地区有雨",事件 B 为"5 月份乙地区有雨". 则"5 月份两地区至少有一地区有雨"的事件为 $A\cup B$,"在 5 月份甲地区有雨而乙地区无雨"的事件为 $A-B$. 由已知条件知

$$P(A)=0.2,\quad P(B)=0.18,\quad P(AB)=0.16.$$

(1) 在 5 月份两地区至少有一地区有雨的概率为

$$P(A\cup B)=P(A)+P(B)-P(AB)=0.2+0.18-0.16=0.22.$$

(2) 在 5 月份甲地区有雨而乙地区无雨的概率为

$$P(A-B)=P(A-AB)=P(A)-P(AB)=0.2-0.16=0.04.$$

例 11.1.13（匹配问题）　某人一次写了 n 封信，并分别在 n 个信封上写下这 n 封信寄往的地址．如果他任意将这 n 封信纸装入写好地址的 n 个信封，问至少有一封信和信封是匹配的概率是多少？

解　令 A_i 为事件"第 i 封信恰好装进第 i 个信封"$(i=1,2,\cdots,n)$．则"至少有一封信和信封是匹配的"的事件 $A=\bigcup_{i=1}^{n}A_i$．

n 封信纸装入写好地址的 n 个信封，有 $n!$ 种装法，而第 i 封信与其信封匹配时有 $(n-1)!$ 种装法 $(i=1,2,\cdots,n)$，因此

$$P(A_i)=\frac{(n-1)!}{n!}=\frac{1}{n},\quad \sum_{i=1}^{n}P(A_i)=1.$$

同理

$$P(A_iA_j)=\frac{1}{n(n-1)}(i\neq j),\quad \sum_{1\leqslant i<j\leqslant n}P(A_iA_j)=\mathrm{C}_n^2\frac{1}{n(n-1)}=\frac{1}{2!}.$$

一般地，有

$$P(A_{i_1}A_{i_2}\cdots A_{i_k})=\frac{1}{n(n-1)\cdots(n-k+1)},$$

且

$$\sum_{1\leqslant i_1<i_2<\cdots<i_k\leqslant n}P(A_{i_1}A_{i_2}\cdots A_{i_k})=\mathrm{C}_n^k\frac{1}{n(n-1)\cdots(n-k+1)}=\frac{1}{k!},\quad k=1,2,\cdots,n.$$

于是，至少有一封信和信封是匹配的概率为

$$\begin{aligned}P(A)&=P\left(\bigcup_{i=1}^{n}A_i\right)\\&=\sum_{i=1}^{n}P(A_i)-\sum_{1\leqslant i<j\leqslant n}P(A_iA_j)+\sum_{1\leqslant i<j<k\leqslant n}P(A_iA_jA_k)-\cdots+\\&\quad(-1)^{n-1}P(A_1A_2\cdots A_n)\\&=1-\frac{1}{2!}+\frac{1}{3!}-\cdots+(-1)^{n-1}\frac{1}{n!}.\end{aligned}$$

由 $\mathrm{e}^x=\sum_{n=0}^{\infty}\frac{x^n}{n!}$ 可知，当 n 充分大时成立 $P(A)\approx 1-\frac{1}{\mathrm{e}}$．这说明，当 n 比较大时，$P(A)$ 几乎与 n 无关．

习　题

1. 随机从节能灯生产线生产的成品中取 4 个节能灯，若用 A_i 表示"第 i 个节能灯是合格品"$(i=1,2,3,4)$，在这 4 个节能灯中，试用 A_i 表示下列事件：

(1) 没有一个次品；　　(2) 最多有 3 个次品；

(3) 只有 2 个次品；　　(4) 至少有 1 个次品；

(5) 全部是次品；　　(6) 恰有一个次品．

2. 如果事件 A 和 B 同时出现的概率 $P(AB)=0$，则下列结论成立的是：

(1) A 与 B 互逆；　　(2) AB 为不可能事件；

(3) $P(A)=0$ 或 $P(B)=0$;　　　(4) AB 未必是不可能事件．

3. 现有 10 把钥匙,其中有 3 把能打开房门,7 把不能打开房门．从中任取 2 把,求能打开房门的概率．

4. 两封信随机地投入到标号为Ⅰ,Ⅱ,Ⅲ,Ⅳ的 4 个邮筒里．求前两个邮筒内没有信的概率以及第一个邮筒内只有一封信的概率．

5. 考虑一元二次方程 $x^2+mx+n=0$,其中 m,n 分别是将一枚骰子连续投掷两次先后出现的点数,求该方程有实根的概率．

6. 将 C,C,E,E,I,N,S 这 7 个字母随机地排成一行,求恰好排成英文单词 SCIENCE 的概率．

7. 设有 N 件产品,其中包含 M 件次品．现从中任取 $n(n\leqslant N)$ 件,求其中恰有 k 件次品的概率($k\leqslant\min\{M,n\}$).

8. 已知一箱产品有 50 件,其中 45 件正品,5 件次品．从中任取 5 件,求这 5 件产品中有 3 件正品,2 件次品的概率．

9. 设 100 件产品中有 5 件次品,现从中随意地抽取 10 件,求这 10 件中恰有 3 件次品的概率．

10. 一班上有 40 个同学,每个人的生日在一年 365 天中的哪一天是等可能的．试求该班中至少有两位同学的生日在同一天的概率．

11. 从 0,1,2,…,9 十个数字中任取 3 个组成三位数．问这个三位数是偶数的概率．

12. 设一个口袋里有 10 个硬币,其中伍分的有 2 个,贰分的有 3 个,壹分的有 5 个,若从中任取 5 个硬币,求其总值大于 1 角的概率．

13. 一口袋中装有编号为 $1,2,\cdots,n$ 的 n 个球,从中有放回地任取 m 次,求取出的 m 个球的最大号码为 $k(k\leqslant n)$ 的概率．

14. 在单位圆 O 的一直径 MN 上随机地取一点 Q,试求过 Q 点且与 MN 垂直的弦的长度超过 1 的概率．

15. 把长度为 a 的铁丝任意折成三段,求它们可以构成一个三角形的概率．

16. 从 $(0,1)$ 中随机地取两个数,求下列事件的概率:

(1) 两数之和小于 $\frac{6}{5}$;　　(2) 两数之积小于 $\frac{1}{4}$;　　(3) 同时满足前两个条件．

17. 两艘轮船都要停靠同一码头,它们可能在一昼夜的任意时间到达．设两船停靠泊位的时间分别为 1 h 和 2 h,求有一艘船要停靠泊位时,须等待空出码头的概率．

18. (**Buffon 投针问题**)平面上画有等距离 a 的平行线,向此平面随机地投掷一根长为 $l(l<a)$ 的针,试求针与平行线相交的概率．

19. 已知 $P(B)=0.3$,$P(A\cup B)=0.6$,求 $P(A\overline{B})$.

20. 设事件 A,B 发生的概率分别为 $P(A)=\frac{1}{2}$ 和 $P(B)=\frac{1}{4}$,且 $P(AB)=\frac{1}{10}$. 求 $P(\overline{A}B)$ 和 $P(\overline{AB})$.

21. 已知一箱子里有 80 个球,其中 75 个白球,5 个红球．从中任取 5 球,求这 5 球中有红球的概率．

22. 设 A,B 是任意两个事件,证明

$$P(AB)-P(A)P(B)\leqslant\frac{1}{4}.$$

23. 已知对于事件 A,B,C 成立 $P(A)=P(B)=P(C)=\frac{1}{4}$,$P(AB)=P(BC)=0$,$P(AC)=\frac{1}{8}$,求事件 A,B,C 至少有一个发生的概率.

§ 2　条件概率与事件的独立性

条件概率

常识告诉我们,许多现象发生的可能性往往受其他因素的影响.虽然在上一节中我们定义了概率,但并没有考虑试验中其他因素的影响.因此我们考察一个试验,还需要考虑当一个事件 A 发生时,另一个事件 B 发生的可能性,即此时事件 B 发生的概率,我们将它记为 $P(B|A)$.由于附加了事件 A 发生的条件,它常常与不附加条件的概率 $P(B)$ 不同.相应地,常称 $P(B)$ 为**无条件概率**.我们来看看下面的例子.

例 11.2.1　某厂有两个分厂.经抽查,一分厂生产的 500 个产品中有 495 个合格品,5 个次品,且在合格品中有 480 个优质品;二分厂生产的 500 个产品中有 490 个合格品,10 个次品,且在合格品中有 485 个优质品.

在抽查的全部产品中,设 A 表示事件"产品是合格品",B 表示事件"产品是优质品",那么全部产品的优质品率为

$$P(B)=\frac{965}{1\ 000}=\frac{193}{200}.$$

而全部合格产品的优质品率为

$$P(B|A)=\frac{965}{985}=\frac{193}{197}.$$

这两个数据是不同的,因为后者附加了产品是合格品这个条件.

注意在这个例子中,$P(AB)=P(B)=\frac{965}{1\ 000}$,$P(A)=\frac{985}{1\ 000}$,因此成立

$$P(B|A)=\frac{P(AB)}{P(A)}.$$

对于古典概型而言,上式总是成立.事实上,假定某试验的结果全体共有 n 种可能,其中事件 A 发生的试验结果有 m 种,导致事件 B 发生的试验结果有 k 种.若事件 AB 发生的试验结果有 r 种($r\leqslant\min\{m,k\}$),则 $P(B|A)=r/m$,且

$$P(B|A)=\frac{r}{m}=\frac{r/n}{m/n}=\frac{P(AB)}{P(A)}.$$

在这个关系式的背景下，我们引入如下的定义：

定义 11.2.1　设 A 和 B 是两个事件，且 $P(A)>0$，称

$$P(B|A)=\frac{P(AB)}{P(A)}$$

为在 A 发生的条件下事件 B 发生的**条件概率**．

可以证明，条件概率具有以下概率的三个基本性质：

(1) **非负性**：对任一事件 B，成立 $P(B|A)\geqslant 0$；

(2) **规范性**：$P(\Omega|A)=1$；

(3) **可列可加性**：若 $A_1,A_2,\cdots$ 是一组两两互不相容的事件，即 $A_i\cap A_j=\varnothing(i\neq j)$，则

$$P\left(\bigcup_{i=1}^{\infty}A_i\,\middle|\,A\right)=\sum_{i=1}^{\infty}P(A_i|A).$$

因此，在上一节证明的关于概率的性质对于条件概率依然适用．但要注意，这些性质是对于同一条件下的条件概率才成立的．

从上述定义中的关系式可以直接得到下面的乘法公式：

定理 11.2.1（乘法公式）　设 A 和 B 是两个事件，且 $P(A)>0$，则

$$P(AB)=P(A)P(B|A).$$

从乘法公式得到，对于三个事件 A，B 和 C，当 $P(AB)>0$ 时成立

$$P(ABC)=P(AB)P(C|AB)=P(A)P(B|A)P(C|AB).$$

一般地，用数学归纳法可以证明：对于 $n(n\geqslant 2)$ 个事件 $A_1,A_2,\cdots,A_n$，当 $P(A_1A_2\cdots A_{n-1})>0$ 时成立

$$P(A_1A_2\cdots A_n)=P(A_1)P(A_2|A_1)\cdots P(A_n|A_1A_2\cdots A_{n-1}).$$

例 11.2.2　已知一电子元件的使用寿命超过 1 000 h 的概率是 0.8，超过 1 200 h 的概率是 0.5．问该电子元件在使用 1 000 h 后，将在 200 h 内损坏的概率．

解　用 A 表示事件"电子元件的使用寿命超过 1 000 h"，B 表示事件"电子元件的使用寿命超过 1 200 h"．由已知 $P(A)=0.8$，$P(B)=0.5$．显然 $B\subset A$，所以

$$P(AB)=P(B)=0.5.$$

则电子元件在使用 1 000 h 后，仍能再使用 200 h 以上的概率为

$$P(B|A)=\frac{P(AB)}{P(A)}=\frac{0.5}{0.8}=\frac{5}{8}.$$

于是，该电子元件在使用 1 000 h 后，将在 200 h 内损坏的概率为

$$P(\overline{B}|A)=1-P(B|A)=1-\frac{5}{8}=\frac{3}{8}.$$

例 11.2.3　一个箱子中有 20 个白球，10 个黑球．从该箱子中每次抽取 1 球，抽取后不放回．

(1) 连续抽取两次，求第一次抽到白球、第二次抽到黑球的概率；

(2) 连续抽取三次，求三次都抽到白球的概率．

解　用 A_1,A_2,A_3 分别表示第一、二、三次抽到白球的事件．

(1) 连续抽取两次，第一次抽到白球、第二次抽到黑球的事件为 $A_1\overline{A}_2$．

显然 $P(A_1)=\frac{20}{30}$. 因为抽取后不放回,所以 $P(\overline{A}_2|A_1)=\frac{10}{29}$. 于是

$$P(A_1\overline{A}_2)=P(A_1)P(\overline{A}_2|A_1)=\frac{20}{30}\cdot\frac{10}{29}=\frac{20}{87}.$$

(2) 连续抽取三次,三次都抽到白球的事件为 $A_1A_2A_3$.

显然 $P(A_1)=\frac{20}{30}$,$P(A_2|A_1)=\frac{19}{29}$,$P(A_3|A_1A_2)=\frac{18}{28}$,所以

$$P(A_1A_2A_3)=P(A_1)P(A_2|A_1)P(A_3|A_1A_2)=\frac{20}{30}\cdot\frac{19}{29}\cdot\frac{18}{28}=\frac{57}{203}.$$

全概率公式和 Bayes 公式

在计算一个比较复杂的事件发生的概率时,常常将其分解成一些简单事件的组合,再利用加法定理和乘法公式来进行计算．例如,在例 11.2.1 中,产品的优质品率可以如下计算:若在全部抽查产品中,用 C 表示事件“产品由一分厂生产”,用 D 表示事件“产品由二分厂生产”,则

$$P(C)=P(D)=\frac{1}{2},\quad P(B|C)=\frac{480}{500},\quad P(B|D)=\frac{485}{500},$$

因此

$$\begin{aligned}P(B)&=P(B(C+D))=P(BC+BD)=P(BC)+P(BD)\\&=P(C)P(B|C)+P(D)P(B|D)=\frac{1}{2}\cdot\frac{480}{500}+\frac{1}{2}\cdot\frac{485}{500}=\frac{193}{200}.\end{aligned}$$

这种方法具有普遍性,以下面的定理来概括．

定理 11.2.2(全概率公式)　设事件 $A_1,A_2,\cdots,A_n$ 两两互不相容,且 $P(A_i)>0$ $(i=1,2,\cdots,n)$. 若事件 $B\subset\bigcup_{i=1}^{n}A_i$,则成立

$$P(B)=\sum_{i=1}^{n}P(A_i)P(B|A_i).$$

证　因为 $B\subset\bigcup_{i=1}^{n}A_i$,所以

$$B=B\bigcup_{i=1}^{n}A_i=\bigcup_{i=1}^{n}BA_i.$$

显然 $BA_1,BA_2,\cdots,BA_n$ 也是两两互不相容的,利用概率的加法定理和乘法公式便知

$$P(B)=P\left(\bigcup_{i=1}^{n}BA_i\right)=\sum_{i=1}^{n}P(BA_i)=\sum_{i=1}^{n}P(A_i)P(B|A_i).$$

证毕

注意,当 $\bigcup_{i=1}^{n}A_i=\Omega$ 时,对于任意事件 B,定理 11.2.2 依然成立．

例 11.2.4　对一种小麦种子做发芽试验,将其分别播种到面积为 500 m^2,300 m^2,200 m^2 的三片土地上．经调查,该种小麦种子在这三片土地上的发芽率分别为 94%,90%,

95%,求全部小麦种子的发芽率.

解　记三片土地种植该种小麦的事件分别为 A,B,C,小麦种子发芽的事件为 H,则已知条件便为

$$P(A)=0.5,\quad P(B)=0.3,\quad P(C)=0.2,$$
$$P(H\mid A)=0.94,\quad P(H\mid B)=0.9,\quad P(H\mid C)=0.95.$$

因此由全概率公式,全部小麦种子的发芽率为

$$\begin{aligned}P(H)&=P(A)P(H\mid A)+P(B)P(H\mid B)+P(C)P(H\mid C)\\&=0.5\times0.94+0.3\times0.9+0.2\times0.95=0.93.\end{aligned}$$

例 11.2.5　两个箱子装有相同型号的零件.第一箱装有 50 只,其中一等品 10 只;第二箱装有 30 只,其中一等品 18 只.从两个箱子中任取一箱,然后从该箱中连续抽取两只零件,抽取后不放回.

(1) 求第一次抽到的零件是一等品的概率;

(2) 已知第一次抽到的零件是一等品,求第二次也抽到一等品的概率.

解　设 A_1,A_2 分别表示抽到第一、二个箱子的事件.B_1,B_2 分别表示第一、二次抽到一等品的事件.显然 $A_1\cup A_2=\Omega$,且 $A_1A_2=\varnothing$,因为两个箱子是任取的,所以 $P(A_1)=P(A_2)=\dfrac{1}{2}$.

(1) 由假设易计算

$$P(B_1\mid A_1)=\frac{10}{50},\quad P(B_1\mid A_2)=\frac{18}{30}.$$

所以由全概率公式得,第一次抽到的零件是一等品的概率为

$$P(B_1)=P(A_1)P(B_1\mid A_1)+P(A_2)P(B_1\mid A_2)=\frac{1}{2}\cdot\frac{10}{50}+\frac{1}{2}\cdot\frac{18}{30}=\frac{2}{5}.$$

(2) 易算得

$$P(B_1B_2\mid A_1)=\frac{\mathrm{C}_{10}^2}{\mathrm{C}_{50}^2}=\frac{9}{245},\quad P(B_1B_2\mid A_2)=\frac{\mathrm{C}_{18}^2}{\mathrm{C}_{30}^2}=\frac{51}{145}.$$

由全概率公式得

$$\begin{aligned}P(B_1B_2)&=P(A_1)P(B_1B_2\mid A_1)+P(A_2)P(B_1B_2\mid A_2)\\&=\frac{1}{2}\cdot\frac{9}{245}+\frac{1}{2}\cdot\frac{51}{145}=\frac{276}{1\,421}.\end{aligned}$$

所以,在已知第一次抽到的零件是一等品时,第二次也抽到一等品的概率为

$$P(B_2\mid B_1)=\frac{P(B_1B_2)}{P(B_1)}=\frac{276/1\,421}{2/5}=\frac{690}{1\,421}.$$

利用全概率公式,我们可以建立以下极为有用的公式:

定理 11.2.3(Bayes(贝叶斯)公式)　设事件 $A_1,A_2,\cdots,A_n$ 两两互不相容,且 $P(A_i)>0\ (i=1,2,\cdots,n)$.若事件 $B\subset\bigcup\limits_{i=1}^{n}A_i$,且 $P(B)>0$,则成立

$$P(A_i\mid B)=\frac{P(A_i)P(B\mid A_i)}{\sum\limits_{j=1}^{n}P(A_j)P(B\mid A_j)},\quad i=1,2,\cdots,n.$$

证 由概率的乘法公式得

$$P(A_iB)=P(A_i)P(B\mid A_i),\quad i=1,2,\cdots,n,$$

所以,利用全概率公式得

$$P(A_i\mid B)=\frac{P(A_iB)}{P(B)}=\frac{P(A_i)P(B\mid A_i)}{\sum\limits_{j=1}^{n}P(A_j)P(B\mid A_j)},\quad i=1,2,\cdots,n.$$

证毕

注意,当 $\bigcup\limits_{i=1}^{n}A_i=\Omega$ 时,对于任意事件 $B(P(B)>0)$,定理 11.2.3 依然成立.

在应用这个公式时,事件 $A_1,A_2,\cdots,A_n$ 是导致某试验结果 B 发生的各种"原因",$P(A_i)$ $(i=1,2,\cdots,n)$ 是试验前便已知的,通常称它们为**先验概率**.同样,$P(B\mid A_i)$ $(i=1,2,\cdots,n)$ 也是已知的,它们都是过去已有经验与观察的反映.相应地,称 $P(A_i\mid B)$ 为**后验概率** $(i=1,2,\cdots,n)$,它反映了试验以后,产生事件 B 的各种"原因" A_i 可能性的大小.Bayes 公式就是从先验概率来推算后验概率的一种方法,常用于对已发生的情况找"原因"的问题.

例 11.2.6 血液试验(ELISA,酶连接免疫吸附测定)是现今检验艾滋病(AIDS,获得性免疫缺损综合征)病毒的一种流行方法.假设 ELISA 能正确识别艾滋病患者中的 95% 带有艾滋病病毒,同时它也将非艾滋病患者中的 1% 识别为带有艾滋病病毒.若经过普查,大约 10 000 人中有一人带有艾滋病病毒,那么当某人做了 ELISA 而且结果是阳性的,他真正患艾滋病的可能性是多少?

解 设 A 表示事件"受检者被判断患有艾滋病",B 表示事件"受检者确实患有艾滋病",则问题是计算概率 $P(B\mid A)$.

由已知 $P(B)=0.000\,1$,$P(A\mid B)=0.95$,$P(A\mid\overline{B})=0.01$.显然 $B+\overline{B}=\Omega$,因此由 Bayes 公式得

$$\begin{aligned}P(B\mid A)&=\frac{P(B)P(A\mid B)}{P(B)P(A\mid B)+P(\overline{B})P(A\mid\overline{B})}\\&=\frac{0.000\,1\times0.95}{0.000\,1\times0.95+0.999\,9\times0.01}\approx0.009\,4.\end{aligned}$$

由此可知,虽然当已知一个人患有或未患有艾滋病时,ELISA 的准确率比较高(分别为 95% 和 99%).但对未知情况的人来说,从 ELISA 检验结果出发,来判断其是否患有艾滋病,准确性还是比较低的.产生这种现象的原因是因为艾滋病患者的比例 $P(B)$ 很小,从而在以上算式中造成 $P(\overline{B})P(A\mid\overline{B})$ 相对较大,进而导致 $P(B\mid A)$ 很小.那么人们不禁要问,这个结果是不是说明 ELISA 无效了?完全不是.事实上,通常医生总是对患者进行一些观察和诊断之后,当他怀疑患者患有艾滋病时,才建议进行 ELISA,这时 $P(B)$ 就会大大增加.比方说,如果 $P(B)=0.5$,那么用上述方法可以得到 $P(B\mid A)\approx0.989\,6$,准确性就大大增加了.这也说明,对于一些疑难病症,医生为什么要用各种方法进行检查以提高确诊率.

例 11.2.7 甲、乙两生产线制造大量的同一种零件.根据统计,甲生产线制造出的零件的废品率为 1%,乙生产线制造出的零件的废品率为 2%.现有该种零件,估计这一批零件是乙生产线制造的可能性比它们是甲生产线制造的可能性大一倍,现从该批零件中任意取出

一件检查,确认是废品．试由此检查结果计算这批零件为甲生产线制造的概率．

解　记"零件是甲生产线制造"的事件为 A,"零件是乙生产线制造"的事件为 B,并记"零件为废品"的事件为 C. 由已知条件,$P(B)=2P(A)$,$P(C|A)=0.01$,$P(C|B)=0.02$. 于是由 Bayes 公式,这批零件为甲生产线制造的概率为

$$P(A|C)=\frac{P(A)P(C|A)}{P(A)P(C|A)+P(B)P(C|B)}$$
$$=\frac{0.01\times P(A)}{0.01\times P(A)+0.02\times 2P(A)}=0.2.$$

事件的独立性

我们已经知道,在一个事件 A 发生后,另一个事件 B 发生的概率常常受到影响,即 $P(B|A)$ 并不一定还会等于 $P(B)$. 但如果事件 B 发生的概率并不受事件 A 发生与否的影响,即 $P(B|A)=P(B)$,那么由乘法公式得

$$P(AB)=P(A)P(B|A)=P(A)P(B).$$

这启示我们引入如下事件之间的相互独立性概念．

定义 11.2.2　*若事件 A 和 B 满足*

$$P(AB)=P(A)P(B),$$

则称事件 A 与 B **相互独立**．

注意从上式易推出,当 $P(A)>0$,$P(B|A)=P(B)$;当 $P(B)>0$ 时,$P(A|B)=P(A)$. 由以上定义还可知,必然事件 Ω 及不可能事件都与任何事件相互独立．

定理 11.2.4　*若事件 A 与 B 相互独立,则 A 与 $\overline{B}$,$\overline{A}$ 与 B,$\overline{A}$ 与 $\overline{B}$ 也相互独立．*

证　我们只证 A 与 $\overline{B}$ 相互独立,其余留给读者完成．

因为 A 与 B 相互独立,所以 $P(AB)=P(A)P(B)$. 于是

$$P(A\overline{B})=P(A-AB)=P(A)-P(AB)$$
$$=P(A)-P(A)P(B)=P(A)[1-P(B)]=P(A)P(\overline{B}).$$

因此 A 与 $\overline{B}$ 相互独立．

证毕

事件之间的相互独立性概念可以推广到有限多个事件的情况．

定义 11.2.3　*设 $A_1,A_2,\cdots,A_n$ 是 n 个事件．若它们满足*

$$P(A_{i_1}A_{i_2}\cdots A_{i_k})=P(A_{i_1})P(A_{i_2})\cdots P(A_{i_k}),\quad 1<k\leqslant n,1\leqslant i_1<i_2<\cdots<i_k\leqslant n,$$

则称事件 $A_1,A_2,\cdots,A_n$ **相互独立**．

这个定义中的等式总共有 2^n-n-1 个,它蕴含了 $A_1,A_2,\cdots,A_n$ 中任意 k 个事件($2\leqslant k\leqslant n$)相互独立．

定理 11.2.4 的结论还可以推广到有限多个相互独立事件的情形．

在实际应用中,事件的独立性往往是通过实际情况来确定的,并且根据独立性可以使问题考虑和概率计算都得到简化．

例 11.2.8　三台计算机独立地用不同程序去破译同一密码．根据以往经验,它们能独

自破译密码的概率分别为 0.2,0.4,0.5.

（1）问三台计算机都能破译这个密码的概率是多少？

（2）问这个密码能被破译的概率是多少？

解　用 A,B,C 分别表示三台计算机能破译密码的事件，由假设它们相互独立，且 $P(A)=0.2,P(B)=0.4,P(C)=0.5$.

（1）显然，三台计算机都能破译密码的事件是 ABC. 由于 A,B,C 相互独立，所以三台计算机都能破译密码的概率为

$$P(ABC)=P(A)P(B)P(C)=0.2\times0.4\times0.5=0.04.$$

（2）因为三台计算机中有一个破译了密码，该密码就破解，所以能破译此密码的事件就是 $A\cup B\cup C$.

解法一　由已知，事件 A,B,C 相互独立，于是密码被破解的概率为

$$\begin{aligned}P(A\cup B\cup C)&=P(A)+P(B)+P(C)-P(AB)-P(AC)-P(BC)+P(ABC)\\&=P(A)+P(B)+P(C)-P(A)P(B)-P(A)P(C)-P(B)P(C)+\\&\quad P(A)P(B)P(C)\\&=0.2+0.4+0.5-0.2\times0.4-0.2\times0.5-0.4\times0.5+0.2\times0.4\times0.5\\&=0.76.\end{aligned}$$

解法二　由 De Morgan 律知，$\overline{A\cup B\cup C}=\overline{A}\,\overline{B}\,\overline{C}$. 由于 A,B,C 相互独立，所以 $\overline{A},\overline{B},\overline{C}$ 也相互独立，因此

$$\begin{aligned}P(A\cup B\cup C)&=1-P(\overline{A\cup B\cup C})=1-P(\overline{A}\,\overline{B}\,\overline{C})\\&=1-P(\overline{A})P(\overline{B})P(\overline{C})\\&=1-(1-0.2)\times(1-0.4)\times(1-0.5)=0.76.\end{aligned}$$

显然，对于多个相互独立的事件来说，利用上例(2)中解法二的方法来计算它们的并事件的概率比较简单.

例 11.2.9　经调查，某地区每个人的血清中含有肝炎病毒的概率为 0.4%. 现将该地区相互并无关系的 20 人的血清混合进行检验，求检测出肝炎病毒的概率.

解　设 A_i 为事件“第 i 个人的血清中含有肝炎病毒”. 由假设 $P(A_i)=0.004\,(i=1,2,\cdots,20)$，且 $A_1,A_2,\cdots,A_{20}$ 相互独立. 由于只要一个人的血清中含有肝炎病毒，混合血清中就含有肝炎病毒，所以问题就是求 $C=A_1\cup A_2\cup\cdots\cup A_{20}$ 的概率. 因为

$$P(C)=P(A_1\cup A_2\cup\cdots\cup A_{20})=1-P(\overline{A_1\cup A_2\cup\cdots\cup A_{20}}),$$

且 $\overline{A_1\cup A_2\cup\cdots\cup A_{20}}=\overline{A}_1\overline{A}_2\cdots\overline{A}_{20}$，所以

$$P(C)=1-P(\overline{A}_1\overline{A}_2\cdots\overline{A}_{20}).$$

因为 $A_1,A_2,\cdots,A_{20}$ 相互独立，所以 $\overline{A}_1,\overline{A}_2,\cdots,\overline{A}_{20}$ 也相互独立，故而

$$P(\overline{A}_1\overline{A}_2\cdots\overline{A}_{20})=P(\overline{A}_1)P(\overline{A}_2)\cdots P(\overline{A}_{20}).$$

于是

$$\begin{aligned}P(C)&=1-P(\overline{A}_1\overline{A}_2\cdots\overline{A}_{20})=1-P(\overline{A}_1)P(\overline{A}_2)\cdots P(\overline{A}_{20})\\&=1-[1-P(A_1)][1-P(A_2)]\cdots[1-P(A_{20})]\\&=1-(1-0.004)^{20}\approx0.077.\end{aligned}$$

从这个例子看出，虽然每个人的血清含有肝炎病毒的概率较小，但 20 人的混合血清含有肝炎病毒的概率却大了起来．事实上，从上面的计算过程可以看出，人数越多，其混合血清含有肝炎病毒的概率就越大，并且随着人数增多而逐渐接近于 1. 这说明，虽然小概率事件 A 在一次试验中不太可能发生，但把这个试验不断地重复下去，且每次试验不受前后试验的影响，则 A 迟早会发生．这称为**小概率原则**，在理论与实际中有着重要应用．

例 11.2.10　一个元件或系统能够正常工作的概率，称为**可靠性**．现有两个系统都由 $2n$ 个可靠性为 r 的元件构成，分别如图 11.2.1 和图 11.2.2 所示（图 11.2.2 中每条串联线路中的元件均为 n 个）．若各元件的工作是相互独立的，试分别确定这两个系统的可靠性．

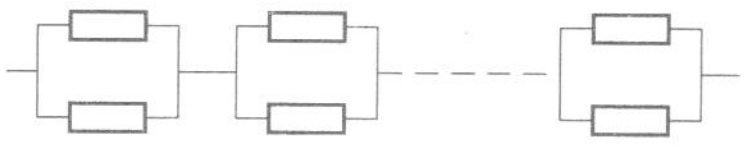

图 11.2.1

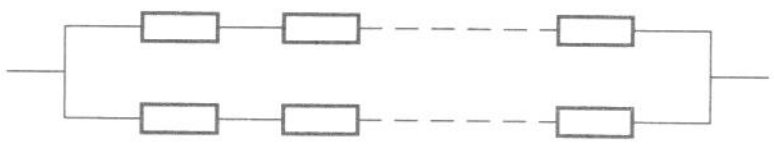

图 11.2.2

解　(1) 对于图 11.2.1 所示的系统．每个并联元件组当且仅当两个元件都失灵时才失灵，因此每个并联元件组失灵的概率为 $(1-r)^2$. 所以每个并联元件组的可靠性为

$$1-(1-r)^2=r(2-r).$$

而这些并联元件组串联时，当且仅当各个单元都有效时整个系统才有效．因此整个系统的可靠性为

$$R_n=(r(2-r))^n=r^n(2-r)^n.$$

(2) 对于图 11.2.2 所示的系统．每条通路由 n 个元件串联而成，因此每条通路正常工作的概率为 r^n，失灵的概率便为 $1-r^n$. 因为整个系统是由这样两条线路并联而成，所以整个系统失灵的概率为 $(1-r^n)^2$，从而可靠性为

$$\tilde{R}_n=1-(1-r^n)^2=r^n(2-r^n).$$

易证明当 $n\geqslant 2$ 时成立 $(2-r)^n>2-r^n$，因此 $R_n>\tilde{R}_n$. 这说明，虽然两个系统均由 $2n$ 个元件构成，但图 11.2.1 所示的系统构成方式的可靠性大．

Bernoulli 概型

生活中我们常遇到这样的情况，一个试验可以重复进行，且每次试验中各结果发生的可能性并不受其他各次试验的影响，我们称可以这样重复进行的试验为**重复独立试验**．重复掷骰子的试验就是这样的试验．若一个试验只有两个可能结果：A 和 $\overline{A}$，且 $P(A)=p$. 重复独立地把这个试验做 n 次，产生一个新试验，称这个新试验为 **n 重 Bernoulli 试验**，简称为 **Bernoulli 试验**或 **Bernoulli 概型**．例如，每个顾客到一家商店去只有两种结果：购物或不购物．如果每个顾客购物的概率均为 p，并且相互之间并不受影响，那么观察 n 个顾客的购物情况就构成了一个 n 重 Bernoulli 试验．

在 n 重 Bernoulli 试验中，记 $p=P(A)$. 用事件 B_k 表示“事件 A 恰好出现 k 次”$(k=0,1,2,\cdots,n)$，并记 $P(B_k)$ 为 $P_n(k)$. 当 B_k 发生时，事件 A 发生 k 次，而 $\overline{A}$ 发生 $n-k$ 次 $(P(\overline{A})=1-p)$，此时的概率为

$$\underbrace{p\cdots p}_{k个}\underbrace{(1-p)\cdots(1-p)}_{n-k个}=p^k(1-p)^{n-k}.$$

由于发生这类结果的方式有 C_n^k 种，且这些事件是两两互不相容的，于是

$$P_n(k)=P(B_k)=C_n^k p^k(1-p)^{n-k}=C_n^k p^k q^{n-k},\quad k=0,1,2,\cdots,n,$$

其中 $q=1-p$.

例 11.2.11　已知某工厂生产的一大批产品的次品率为 0.01，现从中连续抽取 5 个产品进行检查，问恰好抽到 2 个次品的概率.

解　由于产品的量比较大，我们可以将抽取方式看成有放回抽取. 这样如果将每次抽取看成一次试验的话，5 次抽取可以看成一个 5 重 Bernoulli 试验. 由已知，每次抽取次品的概率为 $p=0.01$，于是 5 次抽取恰好抽到 2 个次品的概率为

$$P_5(2)=C_5^2(0.01)^2(1-0.01)^3\approx 0.000\ 97.$$

例 11.2.12　已知某种药物对流感治疗的有效率是 0.6，问该药物在 10 个流感患者中，有 8 人以上治疗有效的概率是多少？

解　因为对一个人的治疗只有"有效"（记为 A）与"无效"两种结果，因此对 10 个人的治疗可以看作是 10 重 Bernoulli 试验. 此时 $p=P(A)=0.6, q=1-p=0.4$. 用 A_i 表示事件"治疗仅对 i 个患者治疗有效"$(i=1,2,\cdots,10)$，B 表示事件"药物对 10 个流感患者中，有 8 人以上治疗有效"，则 $B=A_8+A_9+A_{10}$. 由于

$$P(A_8)=P_{10}(8)=C_{10}^8(0.6)^8(0.4)^2=0.120\ 9,$$

$$P(A_9)=P_{10}(9)=C_{10}^9(0.6)^9(0.4)^1=0.040\ 3,$$

$$P(A_{10})=P_{10}(10)=C_{10}^{10}(0.6)^{10}(0.4)^0=0.006\ 0.$$

于是所求的概率为

$$P(B)=P(A_8)+P(A_9)+P(A_{10})=0.167\ 2.$$

习　题

1. 一袋中有 10 个白球，5 个黑球，连续取 3 个球，取后不放回. 如果已知前两个是白球，问第三个是黑球的概率是多少？

2. 某厂的三个车间都生产同一型号产品，且三个车间生产的产品分别占产品总数的 $\frac{1}{2},\frac{3}{10},\frac{1}{5}$. 若各车间生产的产品的合格率分别是 98%，97%，96%，求全部产品的合格率.

3. 设 100 件零件中，次品率为 10%，先后从中各任取 1 个，第一次取出的零件不放回，求第二次取得正品的概率.

4. 假定某工厂甲、乙、丙三个生产线都生产同一种电器，产量依次占全厂的 45%，35%，20%. 如果各生产线的次品率依次为 1%，1.2%，0.9%，现在从待出厂产品中检查出 1 个次品，试计算它是由甲生产线生产的概率.

5. 设有 10 箱同样规格的产品，其中 5 箱是甲厂的产品，次品率是 $\frac{1}{10}$；3 箱是乙厂的产品，次品率是 $\frac{1}{15}$；2 箱是丙厂的产品，次品率是 $\frac{1}{20}$. 今在这 10 箱产品中任选 1 箱，再从中任取 1 件产品，问它是次品的概率是多少？又若已知取得的一件产品是次品，它是甲厂的产品的

概率是多少？

6. 有 2 个口袋．甲袋中装有 2 个白球，1 个黑球；乙袋中装有 1 个白球，2 个黑球．由甲袋任取 1 个球放入乙袋，再从乙袋中任取 1 个球，求取到白球的概率．

7. 设 12 个乒乓球中有 9 个是新的，3 个是旧的．第一次比赛取出了 3 个，用完后放回，第二次比赛又取出 3 个球，求第二次比赛取出的 3 个球中有 2 个是新球的概率．

8. 设每次射击命中率为 0.2，问至少需进行多少次独立的射击，才能使至少击中一次的概率不小于 0.9.

9. 设一系统由元件 A 和两个并联的元件 B 和 C 串联而成，它们的工作是相互独立的．若元件 A,B,C 损坏的概率分别是 0.3，0.2，0.25，求系统工作正常以及发生故障的概率．

10. 某装置由 A,B 两个部件串联而成．两个部件中任何一个失灵，该装置就失灵，且两个部件失灵与否是相互独立的．若使用 10 000 h 后，部件 A 失灵的概率是 0.01，部件 B 失灵的概率是 0.09. 求这个设备使用 10 000 h 后不失灵的概率．

11. 某种牌号的电子元件使用到 1 000 h 的概率为 0.9，使用到 1 500 h 的概率为 0.3. 今有该种牌号的一个电子元件已使用了 1 000 h，问该电子元件能用到 1 500 h 的概率是多少？

12. 甲、乙两人独立地对同一目标进行射击．若他们的命中率分别是 0.8 和 0.85. 当目标被击中时，求它是甲击中的概率．

13. 设三次独立试验中，事件 A 出现的概率相等．若已知 A 至少出现一次的概率为 $\frac{19}{27}$，求事件 A 在一次试验中出现的概率．

14. 如图 11.2.3 所示，开关电路中开关 a，b，c，d 开或关的概率都是 0.5，且各开关是否关闭相互独立．求灯亮的概率以及若已见灯亮，开关 a 与 b 同时关闭的概率．

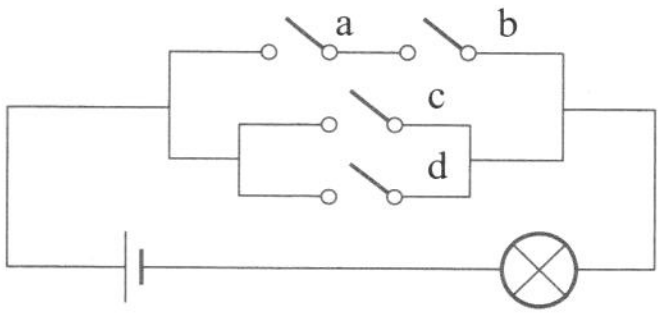

图 11.2.3

15. 若选择题有 m 种答案，考生可能知道答案，也可能瞎猜．设考生知道正确答案的概率是 p，瞎猜的概率是 $1-p$，考生瞎猜猜对的概率为 $\frac{1}{m}$. 如果已知考生答对了，问他确实知道正确答案的概率是多少？

16. 电灯泡使用寿命在 1 000 h 以上的概率为 0.8，求 5 个灯泡在使用 1 000 h 后，最多只有一个坏了的概率．

17. 某场比赛进行五局，并以五战三胜决定胜负．若已知甲方在每一局中的胜率为 0.6，问甲方在比赛中获胜的概率是多少？若采用三局两胜制，或九局五胜制，问甲方在比赛中获胜的概率是多少？问你从此计算中会得出什么结论？

18. 某机构有一个 9 人组成的顾问小组，每个顾问贡献正确意见的概率是 0.7. 现该机构对某事可行与否个别征求各位顾问意见，并按多数人意见做出决策，求做出正确决策的概率．

19. 某种玻璃杯成箱出售，每箱 20 只，假设各箱含 0，1，2 只残次品的概率分别为 0.8，0.1，0.1. 一顾客欲购一箱玻璃杯．他在购买时任取一箱，从中任意地察看 4 只，若无残次品就买下，否则退回．试求：

（1）顾客买下该箱玻璃杯的概率；

（2）在顾客买下的该箱玻璃杯中，确实没有残次品的概率．

20. 在 n 双不同的鞋中任取 $2r$ 只（$4\leqslant 2r\leqslant n$）．求：

（1）其中没有成双的概率；

（2）恰好有 2 双的概率；

（3）有 r 双的概率．

§ 3　一维随机变量

随机变量的概念

我们已经研究了许多随机试验的例子．细心的读者可能已经发现，随机试验的结果往往与数值发生自然的联系．例如掷骰子，其结果是 1，2，3，4，5，6 点；抽样检查产品，其次品数是非负整数；测试显像管的寿命，其结果是非负实数，等等．还有许多试验虽然从表面上看并不与数值发生“自然”联系，但我们可以人为地将试验结果与数值建立一个对应关系．例如抛掷硬币，其结果是正面向上或反面向上．如果我们约定以“1”表示正面向上，以“0”表示反面向上，就可以将试验结果用数字 1 和 0 表示．同样的，我们也可以用 1 和 0 分别表示电子元件的接通和断开等．

我们仍以某厂生产的显像管的寿命来进一步考察这种联系．这时显像管全体为样本空间 Ω. 从中任取一台显像管 ω 测试，就得到其寿命（单位：h），我们用 $\xi(\omega)$ 表示．这样 ξ 就是定义在 Ω 上的“函数”．事实上，测试显像管的寿命，往往是看它们是否合格，进而得到显像管的总体合格率．若规定显像管的寿命不低于 100 000 h 的为合格品，那么我们通常会考虑全体满足 $\xi(\omega)\geqslant 100\ 000$ 的显像管所占的比例，即合格率，即事件 $\{\omega\,|\,\xi(\omega)\geqslant 100\ 000\}$ 发生的概率．相应地，事件 $\{\omega\,|\,\xi(\omega)<100\ 000\}$ 的概率，就是不合格率．这就是说，在研究随机试验时，我们不但要考虑样本空间 Ω 与实数空间的对应关系 ξ，还要研究样本空间子集 $\{\omega\in\Omega\,|\,\xi(\omega)\leqslant x\}$，$\{\omega\in\Omega\,|\,\xi(\omega)<x\}$，$\{\omega\in\Omega\,|\,\xi(\omega)>x\}$（$x$ 是实数）等的概率（今后我们简记 $\{\omega\in\Omega\,|\,\xi(\omega)\leqslant x\}$ 为 $\{\xi\leqslant x\}$，其概率记为 $P(\xi\leqslant x)$，简记 $\{\omega\in\Omega\,|\,\xi(\omega)>x\}$ 为 $\{\xi>x\}$，其概率记为 $P(\xi>x)$，简记 $\{\omega\in\Omega\,|\,\xi(\omega)=x\}$ 为 $\{\xi=x\}$，其概率记为 $P(\xi=x)$，等等）．为此，我们引入下面的概念．

定义 11.3.1　给定一个随机试验，其概率空间为 $(\Omega,\mathscr{F},P)$．如果对于样本空间 Ω 中的每个样本点 ω，存在唯一确定的实数 $\xi(\omega)$ 与之对应，且对于每个实数 x，有 $\{\xi\leqslant x\}\in\mathscr{F}$，即 $\{\xi\leqslant x\}$ 是事件且有确定的概率，则称这个对应关系 ξ 为 $(\Omega,\mathscr{F},P)$ 上的**随机变量**．

通常用希腊字母 ξ,ζ,η 等，或英文大写字母 X,Y,Z 等来表示随机变量．

随机变量是样本空间上的一种“函数”，随试验的结果而取值，它的引入是概率论发展史上的一个重大突破，使人们能够利用微积分以及更深刻的数学工具来研究随机现象，从而以更有效的方式揭示其统计规律性．

从随机变量的定义可以看出，随机变量总是联系着一个概率空间 $(\Omega,\mathscr{F},P)$．为书写简单起见,今后不再每次都写出$(\Omega,\mathscr{F},P)$,只简单说明为Ω上的随机变量或随机变量,其意义可以从考虑的问题中辨认.

定义 11.3.2　设ξ为样本空间Ω上的随机变量,如下定义的函数F:

$$F(x)=P(\xi\leqslant x),\quad -\infty<x<+\infty,$$

称为ξ的**分布函数**.

可以证明,分布函数F满足下列性质:

(1) $0\leqslant F(x)\leqslant 1,-\infty<x<+\infty$;

(2) 当$x_1\leqslant x_2$时,成立$F(x_1)\leqslant F(x_2)$,即F是一个单调增加的函数;

(3) $\lim\limits_{x\to-\infty}F(x)=0,\lim\limits_{x\to+\infty}F(x)=1$;

(4) $F(x_0+0)=F(x_0)$,即F是右连续的函数;

(5) $P(\xi=x_0)=F(x_0)-F(x_0-0)$.

例 11.3.1　已知一批产品的合格率为p,从中抽取一个进行检验.若用ξ表示抽取产品是合格品的数目,则ξ是一个随机变量,它只取 0,1 两个值.$\{\xi=1\}$就是事件"产品是合格品",$\{\xi=0\}$就是事件"产品是不合格品".这时分布函数

$$F(x)=P(\xi\leqslant x)=\begin{cases}0, & x<0,\\ 1-p, & 0\leqslant x<1,\\ 1, & x\geqslant 1.\end{cases}$$

其图形如图 11.3.1 所示.

随机变量的取值形式是多种多样的,它的取值有时候是有限个,有时候是可列个,有时还可以取到某一有限或无限区间内的一切值,等等.在本书中,我们只研究两种随机变量:离散型与连续型随机变量.

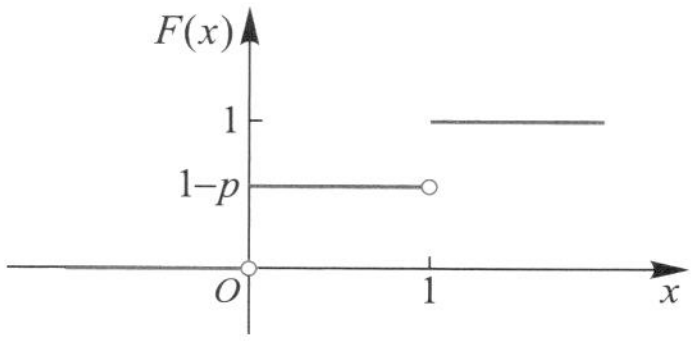

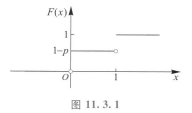

图 11.3.1

离散型随机变量

定义 11.3.3　设ξ为样本空间Ω上的随机变量.若ξ只取有限个值或可列个值,则称ξ为**离散型随机变量**.

对于离散型随机变量,我们只要列出其可能的取值$x_k(k=1,2,\cdots)$,并且列出其取相应值的概率

$$p_k=P(\xi=x_k),\quad k=1,2,\cdots,$$

那么这个随机变量的特性就确定下来了.我们称它为随机变量ξ的**分布律**或**(概率)分布**,它显示了ξ取值的统计规律,也称这一类型的概率分布为**离散型分布**.ξ的分布也常以如下的列表形式给出,称之为**概率分布表**.

ξ	x_1	x_2	$\cdots$	x_k	$\cdots$
P	p_1	p_2	$\cdots$	p_k	$\cdots$

注意,由概率的定义,ξ的分布必须满足下列条件:

(1) $p_k\geqslant 0,k=1,2,\cdots$;

（2）$\sum_{k} p_k = 1$.

离散型随机变量 ξ 的分布律与它的分布函数 F 是相互确定的．事实上，我们有

$$F(x) = P(\xi \leqslant x) = \sum_{x_k \leqslant x} P(\xi = x_k) = \sum_{x_k \leqslant x} p_k,$$

以及

$$p_k = P(\xi = x_k) = F(x_k) - F(x_k - 0).$$

这也说明了，离散型随机变量 ξ 的分布函数图形是阶梯形曲线，它只在满足 $p_k = P(\xi = x_k) > 0$ 的点 x_k 有跳跃，其跃度为 p_k．而在其他点，ξ 的分布函数是连续的．

下面我们介绍几种常见的离散型分布．

（一）0-1 分布

如果离散型随机变量 ξ 只取两个值 0 和 1，则称 ξ 服从 **0-1 分布**．若 ξ 取值 1 的概率为 p，则它取值 0 的概率为 $q = 1-p$，从而 0-1 分布的概率分布为

$$P(\xi = k) = p^k q^{1-k}, \quad k = 0, 1.$$

这时也称 ξ 服从参数为 p 的 0-1 分布．例 11.3.1 就是 0-1 分布的一个例子．

（二）几何分布

如果离散型随机变量 ξ 只取值 $1, 2, \cdots$，且分布为

$$P(\xi = k) = pq^{k-1}, \quad k = 1, 2, \cdots,$$

则称 ξ 服从参数为 p 的**几何分布**，这里 $0<p<1$，$q = 1-p$.

易知，$\sum_{k=1}^{\infty} pq^{k-1} = p \sum_{k=1}^{\infty} q^{k-1} = p \cdot \dfrac{1}{1-q} = 1$.

例 11.3.2　某人购买一种彩票，中奖率为 $p(0<p<1)$．若他每次购买一张，如果未中奖则下次再继续购买一张，直至中奖．求他购买彩票次数 ξ 的分布．

解　该人中奖的概率为 p，则未中奖的概率为 $q = 1-p$.

显然彩票次数 ξ 可以取 $1, 2, \cdots$，且

"$\xi = 1$"意味着第一次中奖，其概率为 $P(\xi = 1) = p$；

"$\xi = 2$"意味着第一次未中奖，第二次中奖，其概率为 $P(\xi = 2) = p(1-p)$；

"$\xi = 3$"意味着前两次未中奖，第三次中奖，其概率为 $P(\xi = 3) = p(1-p)^2$

……

"$\xi = k$"意味着前 $k-1$ 次未中奖，第 k 次中奖，其概率为 $P(\xi = k) = p(1-p)^{k-1}$

……

因此 ξ 的分布为

$$P(\xi = k) = p(1-p)^{k-1}, \quad k = 1, 2, \cdots,$$

即它服从参数为 p 的几何分布．

（三）二项分布

如果离散型随机变量 ξ 只取值 $0, 1, \cdots, n$，且分布为

$$P(\xi = k) = \mathrm{C}_n^k p^k q^{n-k}, \quad k = 0, 1, \cdots, n,$$

则称 ξ 服从参数为 n, p 的**二项分布**，记为 $\xi \sim B(n, p)$，这里 $0<p<1$，$q = 1-p$.

由二项式定理知，$\sum_{k=0}^{n} \mathrm{C}_n^k p^k q^{n-k} = 1$．记

$$b(k;n,p)=C_n^k p^k q^{n-k},$$

则由 $C_n^k=C_n^{n-k}$ 可知，

$$b(k;n,p)=b(n-k;n,1-p),\quad k=0,1,\cdots,n.$$

当 $n=1$ 时，二项分布就是 0-1 分布．

由上一节的知识我们知道，如果在一次试验中事件 A 发生的概率为 p，那么把这个试验独立地重复 n 次所得的 n 重 Bernoulli 试验中，事件 A 发生的次数 ξ 就服从二项分布．

例 11.3.3　从积累的数据统计知，某自动生产线生产的产品的不合格率为 0.02．从生产线上随意抽取 30 件产品（视为有放回抽取），若用 ξ 表示其中的不合格产品数，求

（1）不合格产品不少于两件的概率；

（2）在已发现一件不合格品的情况下，不合格产品不少于两件的概率．

解　由于 ξ 是 30 件产品中的不合格产品数，所以 $\xi\sim B(30,0.02)$．易计算

$$P(\xi=0)=C_{30}^0(0.02)^0(0.98)^{30}\approx 0.545\ 48,$$

$$P(\xi=1)=C_{30}^1(0.02)^1(0.98)^{29}\approx 0.333\ 97.$$

（1）不合格产品不少于两件的概率为

$$P(\xi\geqslant 2)=1-P(\xi=0)-P(\xi=1)=0.120\ 55.$$

（2）因为 $P(\xi\geqslant 1)=1-P(\xi=0)=0.454\ 52$，所以，在已发现一件不合格品的情况下，不合格产品不少于两件的概率为

$$P(\xi\geqslant 2\,|\,\xi\geqslant 1)=\frac{P(\{\xi\geqslant 2\}\cap\{\xi\geqslant 1\})}{P(\xi\geqslant 1)}=\frac{P(\xi\geqslant 2)}{P(\xi\geqslant 1)}=\frac{0.120\ 55}{0.454\ 52}\approx 0.265\ 22.$$

（四）Poisson 分布

如果离散型随机变量 ξ 只取值 $0,1,2,\cdots$，且分布为

$$p(k;\lambda)=P(\xi=k)=\frac{\lambda^k}{k!}e^{-\lambda},\quad k=0,1,2,\cdots,$$

则称 ξ 服从参数为 λ 的 **Poisson 分布**，记为 $\xi\sim P(\lambda)$，这里 $\lambda>0$.

易知

$$\sum_{k=0}^{\infty}p(k;\lambda)=\sum_{k=0}^{\infty}\frac{\lambda^k}{k!}e^{-\lambda}=e^{-\lambda}\sum_{k=0}^{\infty}\frac{\lambda^k}{k!}=e^{-\lambda}e^{\lambda}=1.$$

定理 11.3.1（Poisson 定理）　设 $0<p_n<1\ (n=1,2,\cdots)$，且 $\lim\limits_{n\to\infty}np_n=\lambda$，则对于每个非负整数 k，成立

$$\lim_{n\to\infty}b(k;n,p_n)=\lim_{n\to\infty}C_n^k p_n^k(1-p_n)^{n-k}=\frac{\lambda^k}{k!}e^{-\lambda}.$$

证　记 $\lambda_n=np_n$，则由假设 $\lim\limits_{n\to\infty}\lambda_n=\lambda$．由于

$$b(k;n,p_n)=C_n^k\left(\frac{\lambda_n}{n}\right)^k\left(1-\frac{\lambda_n}{n}\right)^{n-k}=\frac{n(n-1)\cdots(n-k+1)}{k!}\left(\frac{\lambda_n}{n}\right)^k\left(1-\frac{\lambda_n}{n}\right)^{n-k}$$

$$=\frac{\lambda_n^k}{k!}\left(1-\frac{1}{n}\right)\left(1-\frac{2}{n}\right)\cdots\left(1-\frac{k-1}{n}\right)\left(1-\frac{\lambda_n}{n}\right)^{n-k},$$

且显然有

$$\lim_{n\to\infty}\left(1-\frac{1}{n}\right)\left(1-\frac{2}{n}\right)\cdots\left(1-\frac{k-1}{n}\right)=1,\quad \lim_{n\to\infty}\lambda_n^k=\lambda^k,\quad \lim_{n\to\infty}\left(1-\frac{\lambda_n}{n}\right)^{n-k}=e^{-\lambda},$$

所以

$$\lim_{n\to\infty} b(k;n,p_n)=\frac{\lambda^k}{k!}e^{-\lambda}.$$

证毕

这个定理说明,当 n 足够大,且 p 较小时(一般要求 $0<p\leqslant 0.1, n\geqslant 10$),可以用 Poisson 分布近似代替二项分布,即

$$b(k;n,p)\approx\frac{\lambda^k}{k!}e^{-\lambda},\quad k=0,1,2,\cdots,$$

其中 $\lambda=np$. 对于 Poisson 分布的计算,有专用的 Poisson 分布表可查.

有许多社会现象和自然现象都服从 Poisson 分布. 例如,在某段时间内商店里的顾客数,电话交换台上接到的呼唤次数,一批布匹上的疵点数,容器里的细菌数等. λ 就是随机变量取值的平均数. 这是因为(以容器里的细菌数 ξ 为例),若将容器细分成 n 小块,则在每一小块中有细菌的概率 p_n 很小,且 $np_n\to\lambda$. 由于各小块有无细菌的情况是相互独立的,这就构成了一个 Bernoulli 试验,细菌数 ξ 就是这个 n 重 Bernoulli 试验中有细菌的次数. 由 Poisson 定理知,当 n 充分大时,$P(\xi=k)=b(k;n,p_n)\approx\frac{\lambda^k}{k!}e^{-\lambda}$. 于是,无限细分之后,随机变量 ξ 就逐渐演变为服从参数为 λ 的 Poisson 分布.

例 11.3.4 设某数字传输系统借助于光缆以每秒 512×10^5 个 0 或 1 的速度传输信息. 由于各种干扰,在传输过程中会出现将 0 误为 1 或将 1 误为 0 的情况,这两种情况称为"误码". 设出现误码的概率为 10^{-8},求在 5 s 内出现一个误码的概率.

解 将传输一个字节看作是一次试验,那么试验结果只会出现误码与非误码两种情况,误码率为 $p=10^{-8}$. 则 5 s 的传输可以看成一个 $n=512\times10^5\times5$ 的 Bernoulli 试验,其中 $p=10^{-8}$. 令 ξ 表示 5 s 内出现的误码数,则出现一个误码的概率为

$$\begin{aligned}p(\xi=1)&=b(1;512\times10^5\times5,10^{-8})\\&=C^1_{512\times10^5\times5}\times10^{-8}\times(1-10^{-8})^{512\times10^5\times5-1}\approx0.197\,900\,133.\end{aligned}$$

若用 Poisson 分布来近似计算,此时 $\lambda=np=512\times10^5\times5\times10^{-8}=2.56$,则所求概率为

$$P(\xi=1)\approx P(1;2.56)=\frac{2.56^1\times e^{-2.56}}{1!}\approx0.197\,900\,136.$$

由此可见,用 Poisson 分布近似计算二项分布,精确度是比较高的.

例 11.3.5 设 90 台相同设备的工作是相互独立的,每台发生故障的概率均为 0.01. 现配备 3 名维修工人独自进行维护,每台设备的故障可由一个维修工人处理.

(1) 当 3 名维修工人每人分别负责固定的 30 台设备时,求这 90 台设备中有设备发生故障但得不到及时处理的概率;

(2) 当 3 名维修工人共同维护这 90 台设备时,求这些设备中有设备发生故障但得不到及时处理的概率.

解 (1) 以 $A_i(i=1,2,3)$ 表示事件"第 i 个维修工人负责的 30 台设备中有设备发生故障但得不到及时处理",则整个 90 台设备中有设备发生故障但得不到及时处理的事件就是 $A_1\cup A_2\cup A_3$. 又以 $\xi_i(i=1,2,3)$ 表示第 i 个维修工人负责的 30 台设备中发生故障的数目,则显然 $\xi_i\sim B(30,0.01)$. 因此利用 Poisson 分布近似得(此时参数 $\lambda=30\times0.01=0.3$)

$$P(A_i)=P(\xi\geqslant 2)=1-P(\xi<2)=1-P(\xi=0)-P(\xi=1)$$
$$=1-b(0;30,0.01)-b(1;30,0.01)\approx 1-p(0;0.3)-p(1;0.3)$$
$$=1-e^{-0.3}-0.3e^{-0.3}\approx 0.0369.$$

由已知，事件 A_1,A_2,A_3 相互独立，因此所求概率为

$$P(A_1\cup A_2\cup A_3)=1-P(\overline{A_1\cup A_2\cup A_3})=1-P(\overline{A}_1\overline{A}_2\overline{A}_3)$$
$$=1-P(\overline{A}_1)P(\overline{A}_2)P(\overline{A}_3)=1-(0.9631)^3\approx 0.1067.$$

（2）以 η 表示 90 台设备中发生故障的数目，则 $\eta\sim B(90,0.01)$．因此利用 Poisson 分布近似得（此时参数 $\lambda=90\times 0.01=0.9$），90 台中有设备发生故障但得不到及时处理的概率为

$$P(\eta\geqslant 4)=1-P(\eta<4)=1-P(\eta=0)-P(\eta=1)-P(\eta=2)-P(\eta=3)$$
$$=1-b(0;90,0.01)-b(1;90,0.01)-b(2;90,0.01)-b(3;90,0.01)$$
$$\approx 1-p(0;0.9)-p(1;0.9)-p(2;0.9)-p(3;0.9)$$
$$=1-e^{-0.9}-0.9e^{-0.9}-\frac{(0.9)^2}{2!}e^{-0.9}-\frac{(0.9)^3}{3!}e^{-0.9}\approx 0.0135.$$

这说明第二种维护方案使设备发生故障但得不到及时处理的概率小．因此，科学地利用概率分析，选择适当的分配方案，将会更有效地利用人力和物力资源．

例 11.3.6　已知一日之内进入某商店的顾客数服从参数为 λ 的 Poisson 分布，而每个顾客实际购物的概率为 p，求一日之内实际购物的顾客数目 ξ 的分布．

解　设 η 为一日之内进入某商店的顾客数，由假设 η 服从参数为 λ 的 Poisson 分布，即

$$P(\eta=n)=\frac{\lambda^n}{n!}e^{-\lambda},\quad n=0,1,2,\cdots.$$

而在有 n 个顾客进入商店的条件下，实际购物顾客数 ξ 就服从参数为 n,p 二项分布，即

$$P(\xi=k\mid\eta=n)=C_n^k p^k(1-p)^{n-k},\quad k=0,1,\cdots,n.$$

因此，由全概率公式知，对于 $k=0,1,2,\cdots$，有

$$P(\xi=k)=\sum_{n=0}^{\infty}P(\xi=k\mid\eta=n)P(\eta=n)=\sum_{n=k}^{\infty}P(\xi=k\mid\eta=n)P(\eta=n)$$
$$=\sum_{n=k}^{\infty}C_n^k p^k(1-p)^{n-k}\cdot\frac{\lambda^n}{n!}e^{-\lambda}=\frac{(\lambda p)^k}{k!}e^{-\lambda}\sum_{n=k}^{\infty}\frac{\lambda^{n-k}}{(n-k)!}(1-p)^{n-k}$$
$$=\frac{(\lambda p)^k}{k!}e^{-\lambda}e^{\lambda(1-p)}=\frac{(\lambda p)^k}{k!}e^{-\lambda p}.$$

所以，一日之内的实际购物的顾客数目 ξ 服从参数为 λp 的 Poisson 分布．

连续型随机变量

非离散型的随机变量的形式较为复杂，我们只介绍一种常见的类型，先看下面的例子．

例 11.3.7　等可能地向区间 $[a,b]$ 上投点（"等可能"的含义是指：所投的点落在 $[a,b]$ 中任意区间的概率与该区间的长度成正比，而与该区间的具体位置无关），且假定点不会落在 $[a,b]$ 之外．若 ξ 表示落点的坐标，求 ξ 的分布函数．

解　由等可能性,对于$[a,b]$中任意区间$[c,d]$成立

$$P(c\leqslant\xi\leqslant d)=k(d-c),$$

其中k是比例常数.因为所投的点必定落在$[a,b]$中,所以$\{a\leqslant\xi\leqslant b\}$是必然事件,因此

$$1=P(a\leqslant\xi\leqslant b)=k(b-a).$$

所以$k=\dfrac{1}{b-a}$.从而

$$P(c\leqslant\xi\leqslant d)=\frac{d-c}{b-a}.$$

于是:(1) 当$x<a$时,显然$P(\xi\leqslant x)=P(\varnothing)=0$;

(2) 当$a\leqslant x<b$时,$P(\xi\leqslant x)=P(a\leqslant\xi\leqslant x)=\dfrac{x-a}{b-a}$;

(3) 当$x\geqslant b$时,$P(\xi\leqslant x)=P(a\leqslant\xi\leqslant b)=1$.

因此,随机变量ξ的分布函数是

$$F(x)=P(\xi\leqslant x)=\begin{cases}0, & x<a,\\ \dfrac{x-a}{b-a}, & a\leqslant x<b,\\ 1, & x\geqslant b.\end{cases}$$

直观上看,此例中的比例系数$k=1/(b-a)$刻画了点落在$[a,b]$中任意子区间的密集程度.若定义

$$\varphi(x)=\begin{cases}\dfrac{1}{b-a}, & a\leqslant x\leqslant b,\\ 0, & \text{其他},\end{cases}$$

则易验证

$$F(x)=\int_{-\infty}^{x}\varphi(t)\,\mathrm{d}t,\quad -\infty<x<+\infty,$$

即ξ的分布函数可以表示为一个非负函数的积分.我们以此为背景引入下面的概念.

定义 11.3.4　设ξ为样本空间Ω上的随机变量,若它的分布函数可以表示为

$$F(x)=\int_{-\infty}^{x}\varphi(t)\,\mathrm{d}t,$$

其中$\varphi(x)$是在$(-\infty,+\infty)$上可积的非负函数,则称ξ为Ω上的**连续型随机变量**,称$\varphi(x)$为随机变量ξ的**概率分布密度**或**概率密度函数**,简称**概率密度**.也称这种类型的概率分布为**连续型分布**.

显然概率密度$\varphi(x)$必须满足下列条件:

(1) $\varphi(x)\geqslant 0$;

(2) $\displaystyle\int_{-\infty}^{+\infty}\varphi(x)\,\mathrm{d}x=1$.

若连续型随机变量ξ的概率密度为$\varphi(x)$,常简记为$\xi\sim\varphi(x)$.此时有

$$P(a<\xi\leqslant b)=F(b)-F(a)=\int_{a}^{b}\varphi(x)\,\mathrm{d}x.$$

显然,在概率密度函数$\varphi(x)$的连续点处成立

$$F'(x)=\varphi(x).$$

等价地,就是

$$\lim_{\Delta x\to 0}\frac{P(x<\xi\leqslant x+\Delta x)}{\Delta x}=\varphi(x).$$

这表明,$\varphi(x)$不是 ξ 取值 x 的概率,而是概率分布在 x 点的密集程度,即 ξ 取值的"密度". 因此,如果在某个范围内 $\varphi(x)$ 较大,则 ξ 在这个范围内取值的概率就比较大;反之亦然. 这就是 $\varphi(x)$称为概率密度的主要原因.

注意,连续型随机变量取任何一个固定值的概率为零. 这是因为对于连续型随机变量 ξ,其分布函数是连续的,因此 $P(\xi=x)=F(x)-F(x-0)=0$.

从几何上看,ξ 取值于区间$[a,b]$上的概率等于 x 轴之上,曲线 $y=\varphi(x)$之下,且介于 $x=a$ 与 $x=b$ 之间的平面图形的面积. 而其分布函数在 x 处的值 $F(x)$就是区间$(-\infty,x)$之上,曲线 $y=\varphi(x)$之下的平面图形的面积(见图 11.3.2).

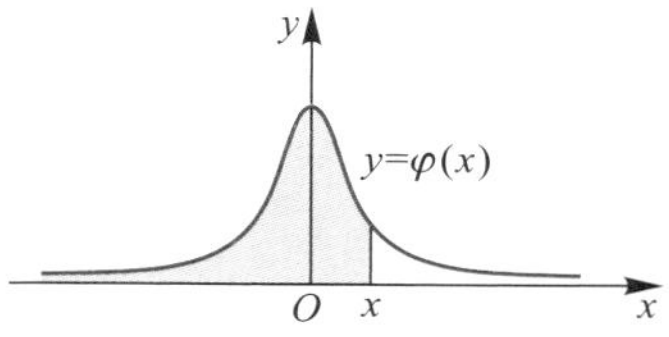

图 11.3.2

例 11.3.8　设连续型随机变量 ξ 的分布函数为

$$F(x)=\begin{cases}0, & x<0,\\ A\sin\dfrac{\pi}{2}x, & 0\leqslant x<1,\\ 1, & x\geqslant 1.\end{cases}$$

(1)求系数 A;(2)计算概率 $P(0.5<\xi<1)$;(3)求 ξ 的概率密度 $\varphi(x)$.

解　(1) 因为 ξ 为连续型随机变量,因此其分布函数 $F(x)$ 连续. 所以 $\lim\limits_{x\to 1-0}F(x)=F(1)$,即

$$A=\lim_{x\to 1-0}A\sin\frac{\pi}{2}x=1.$$

(2) 因为 ξ 为连续型随机变量,且 $A=1$. 因此

$$P(0.5<\xi<1)=P(0.5<\xi\leqslant 1)=F(1)-F(0.5)=1-\sin\frac{\pi}{4}=1-\frac{\sqrt{2}}{2}.$$

(3) 利用求导方法知,ξ 的概率密度为

$$\varphi(x)=\begin{cases}\dfrac{\pi}{2}\cos\dfrac{\pi}{2}x, & 0\leqslant x\leqslant 1,\\ 0, & 其他.\end{cases}$$

下面我们介绍几种常见的连续型分布.

(一) 均匀分布

设 ξ 为连续型随机变量,若它的概率密度为

$$\varphi(x)=\begin{cases}\dfrac{1}{b-a}, & a\leqslant x\leqslant b,\\ 0, & 其他,\end{cases}$$

则称 ξ 服从$[a,b]$上的**均匀分布**,记为 $\xi\sim U[a,b]$.

例 11.3.7 就是$[a,b]$上均匀分布的例子.

易知,若 $\xi\sim U[a,b]$,则其分布函数为

$$F(x)=P(\xi\leqslant x)=\begin{cases}0, & x<a,\\ \dfrac{x-a}{b-a}, & a\leqslant x<b,\\ 1, & x\geqslant b.\end{cases}$$

由于对于$[a,b]$中的任意闭区间$[c,d]$，有

$$P(c\leqslant\xi\leqslant d)=P(c<\xi\leqslant d)=\int_c^d\varphi(x)\mathrm{d}x=\int_c^d\frac{1}{b-a}\mathrm{d}x=\frac{1}{b-a}(d-c),$$

所以ξ取值于$[a,b]$中任意闭区间的概率与该区间的长度成正比，而与该区间的具体位置无关．结合例11.3.7的结论便知道，这就是$[a,b]$上均匀分布的关键特征．形象地说就是，ξ在$[a,b]$上的取值是等可能的．

例11.3.9　在数值计算中，经常认为由四舍五入引起的误差服从均匀分布．现对某一精密器件测量3次，且对测量值的小数点后第3位做四舍五入处理，求3次测量中有2次误差在0.001与0.003之间的概率．

解　设ξ为测量误差，则ξ服从均匀分布．由于对测量值的小数点后第3位做四舍五入处理，所以$\xi\sim U[-0.005,0.005]$．此时ξ的概率密度为

$$\varphi(x)=\begin{cases}100, & -0.005\leqslant x\leqslant 0.005,\\ 0, & \text{其他}.\end{cases}$$

所以，在一次测量中误差在0.001与0.003之间的概率为

$$\begin{aligned}P(0.001\leqslant\xi\leqslant 0.003)&=P(0.001<\xi\leqslant 0.003)\\&=\int_{0.001}^{0.003}\varphi(x)\mathrm{d}x=\int_{0.001}^{0.003}100\mathrm{d}x=0.2.\end{aligned}$$

用η表示三次测量中误差ξ在0.001与0.003之间的次数，则$\eta\sim B(3,0.2)$，因此3次测量中有2次误差在0.001与0.003之间的概率为

$$P(\eta=2)=\mathrm{C}_3^2(0.2)^2\times 0.8=0.096.$$

（二）指数分布

设ξ为连续型随机变量，若它的概率密度为

$$\varphi(x)=\begin{cases}\lambda\mathrm{e}^{-\lambda x}, & x\geqslant 0,\\ 0, & x<0,\end{cases}$$

其中常数$\lambda>0$，则称ξ服从参数为λ的**指数分布**，记为$\xi\sim E(\lambda)$．

易知，若$\xi\sim E(\lambda)$，则其分布函数为

$$F(x)=\int_{-\infty}^x\varphi(t)\mathrm{d}t=\begin{cases}1-\mathrm{e}^{-\lambda x}, & x\geqslant 0,\\ 0, & x<0.\end{cases}$$

指数分布在排队论和可靠性理论中有着重要的应用，它常常用来作各种“寿命”分布的近似．例如，电子元件的寿命、微生物的寿命、随机服务系统中的服务时间，等等．

例11.3.10　设某种日光灯管的使用寿命ξ（单位：h）服从参数为$\dfrac{1}{2\ 000}$的指数分布．

（1）任取一根灯管，求其能使用1 000 h以上的概率；

（2）任取一根使用了1 000 h的灯管，求其能再使用1 000 h以上的概率．

解　由已知，日光灯管的使用寿命ξ的概率密度为

$$\varphi(x)=\begin{cases}\frac{1}{2\ 000}e^{-\frac{x}{2\ 000}}, & x\geqslant 0,\\ 0, & x<0.\end{cases}$$

（1）任取一根灯管,它能使用 1 000 h 以上的概率为

$$P(\xi>1\ 000)=1-P(\xi\leqslant 1\ 000)=1-\int_{-\infty}^{1\ 000}\varphi(x)\mathrm{d}x$$

$$=1-\int_{0}^{1\ 000}\frac{1}{2\ 000}e^{-\frac{x}{2\ 000}}\mathrm{d}x=1-(1-e^{-\frac{1}{2}})=\frac{1}{\sqrt{e}}.$$

（2）任取一根使用了 1 000 h 的灯管,它能再使用 1 000 h 以上的概率为

$$P(\xi>2\ 000\mid\xi>1\ 000)=\frac{P(\{\xi>2\ 000\}\cap\{\xi>1\ 000\})}{P(\xi>1\ 000)}=\frac{P(\xi>2\ 000)}{P(\xi>1\ 000)}$$

$$=\frac{1-\int_{0}^{2\ 000}\frac{1}{2\ 000}e^{-\frac{x}{2\ 000}}\mathrm{d}x}{1-\int_{0}^{1\ 000}\frac{1}{2\ 000}e^{-\frac{x}{2\ 000}}\mathrm{d}x}=\frac{e^{-1}}{e^{-\frac{1}{2}}}=\frac{1}{\sqrt{e}}.$$

从本例可以看出,一根灯管使用 1 000 h 以上的概率,与使用了 1 000 h 的灯管,再使用 1 000 h 以上的概率相同．事实上容易证明,指数分布满足以下的“无记忆”性质:对于任意给定的正数 s,t,成立

$$P(\xi>s+t\mid\xi>s)=P(\xi>t).$$

以消耗性元件为例,上式表明:一元件已工作 s h 后,还能继续工作 t h 以上的概率与已工作的时间 s 无关,所以有时又称指数分布是“永远年轻”的分布．但这并不符合生活实际,因为消耗性元件并不具有无记忆性．但指数分布形式简单,便于应用．实际应用表明,在许多场合,用指数分布来近似寿命的分布,仍是比较有效的．

（三）正态分布

设 ξ 为连续型随机变量,若它的概率密度为

$$\varphi(x)=\frac{1}{\sqrt{2\pi}\sigma}e^{-\frac{(x-\mu)^2}{2\sigma^2}},\quad -\infty<x<+\infty,$$

其中 σ 和 μ 为常数,且 $\sigma>0$,则称 ξ 服从参数为 μ,σ^2 的**正态分布**(或 **Gauss 分布**),记为 $\xi\sim N(\mu,\sigma^2)$．服从正态分布的随机变量称为**正态变量**．

显然 $\varphi(x)>0$,且利用 $\int_{-\infty}^{+\infty}e^{-x^2}\mathrm{d}x=\sqrt{\pi}$ 可以得到 $\int_{-\infty}^{+\infty}\varphi(x)\mathrm{d}x=1$.

记正态分布的分布函数为 $\Phi(x)$,即

$$\Phi(x)=\frac{1}{\sqrt{2\pi}\sigma}\int_{-\infty}^{x}e^{-\frac{(t-\mu)^2}{2\sigma^2}}\mathrm{d}t.$$

正态分布是概率论与数理统计中最重要的一个分布之一．可以证明,如果随机变量 ξ 受到诸多因素的影响,而这些因素是相互独立的,且每一个影响因素对随机变量的取值都不起决定的作用,那么 ξ 就服从正态分布．许多实际问题中的随机变量,如测量误差、人的身高和智商、自动机床生产的产品尺寸、材料的断裂强度等,都被认为近似地服从正态分布．

参数 $\sigma=1,\mu=0$ 时的正态分布称为**标准正态分布**，记为 $N(0,1)$．随机变量 ξ 服从标准正态分布也常记为 $\xi\sim N(0,1)$，其概率密度常记为 $\varphi_0(x)$，分布函数常记为 $\Phi_0(x)$，即

$$\varphi_0(x)=\frac{1}{\sqrt{2\pi}}\mathrm{e}^{-\frac{x^2}{2}},\quad -\infty<x<+\infty,$$

$$\Phi_0(x)=\int_{-\infty}^{x}\varphi_0(t)\,\mathrm{d}t=\frac{1}{\sqrt{2\pi}}\int_{-\infty}^{x}\mathrm{e}^{-\frac{t^2}{2}}\mathrm{d}t.$$

在一元微分学中我们已经知道，函数 $\varphi_0(x)$ 有如下性质：

1. $\varphi_0(x)$ 的图像以 y 轴为对称轴，即 $\varphi_0(x)$ 是偶函数；
2. $\varphi_0(x)$ 是任意阶可导函数；
3. $\varphi_0(x)$ 在点 $x=0$ 取得最大值 $\varphi_0(0)=\dfrac{1}{\sqrt{2\pi}}$；
4. 在曲线 $y=\varphi_0(x)$ 上，$x=1$ 和 $x=-1$ 所对应的两个点是曲线的拐点；
5. 曲线 $y=\varphi_0(x)$ 有水平渐近线 $y=0$.

$\mu=0$ 时，函数 $\varphi(x)$ 的图形见图 11.3.3，其中实线的曲线是 $\varphi_0(x)$ 的图形．一般地，当 μ 固定时，σ 的值越小，$\varphi(x)$ 的图形就越尖，越窄；σ 的值越大，$\varphi(x)$ 的图形就越扁，越宽．

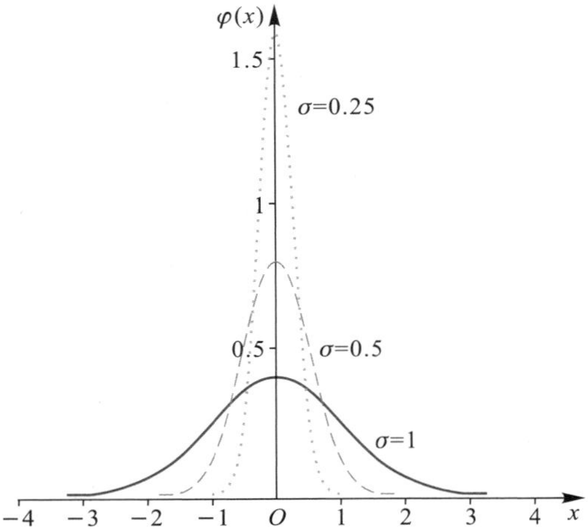

图 11.3.3

对于标准正态分布 $N(0,1)$，人们已编制了其概率密度 $\varphi_0(x)$ 和分布函数 $\Phi_0(x)$ 的数值表（见附表 2），以便于查表运算．在附表中仅列出了 $x\geqslant 0$ 时的函数 $\Phi_0(x)$ 的值，对于 $x<0$ 时的数值，可用如下的方法计算：

设 $x<0$，由于 $\varphi_0(x)$ 是偶函数，则

$$\begin{aligned}\Phi_0(-x)&=\int_{-\infty}^{-x}\varphi_0(t)\,\mathrm{d}t=\int_{x}^{+\infty}\varphi_0(t)\,\mathrm{d}t\\&=\int_{-\infty}^{+\infty}\varphi_0(t)\,\mathrm{d}t-\int_{-\infty}^{x}\varphi_0(t)\,\mathrm{d}t\\&=1-\Phi_0(x).\end{aligned}$$

即当 $x<0$ 时，成立

$$\Phi_0(x)=1-\Phi_0(-x).$$

利用上式还可得到，当 $x>0$ 时成立

$$P(|\xi|\leqslant x)=2\Phi_0(x)-1.$$

例 11.3.11　设随机变量 $\xi\sim N(0,1)$，求下列概率：

$P(\xi<1.96)$，　$P(\xi\leqslant -1.96)$，　$P(|\xi|\leqslant 1.96)$，　$P(\xi\leqslant 5)$，　$P(-1<\xi\leqslant 1.5)$.

解　查附表 2 便得

$$P(\xi<1.96)=P(\xi\leqslant 1.96)=\Phi_0(1.96)=0.975,$$

$$P(\xi\leqslant -1.96)=\Phi_0(-1.96)=1-\Phi_0(1.96)=1-0.975=0.025,$$

$$P(|\xi|\leqslant 1.96)=2\Phi_0(1.96)-1=2\times 0.975-1=0.95,$$

$$P(\xi\leqslant 5)=\Phi_0(5)\approx 1,$$

$$P(-1<\xi\leqslant 1.5)=\Phi_0(1.5)-\Phi_0(-1)$$
$$=\Phi_0(1.5)-(1-\Phi_0(1))=\Phi_0(1.5)+\Phi_0(1)-1$$
$$=0.9332+0.8413-1=0.7745.$$

对于一般的正态变量 $\xi\sim N(\mu,\sigma^2)$，也可以作适当的变换，利用标准正态分布数值表来计算．实际上，利用变量代换 $y=\dfrac{t-\mu}{\sigma}$ 得

$$\Phi(x)=P(\xi\leqslant x)=\int_{-\infty}^{x}\varphi(t)\,\mathrm{d}t=\frac{1}{\sqrt{2\pi}\sigma}\int_{-\infty}^{x}\mathrm{e}^{-\frac{(t-\mu)^2}{2\sigma^2}}\mathrm{d}t$$
$$=\frac{1}{\sqrt{2\pi}}\int_{-\infty}^{\frac{x-\mu}{\sigma}}\mathrm{e}^{-\frac{y^2}{2}}\mathrm{d}y=\Phi_0\left(\frac{x-\mu}{\sigma}\right).$$

因此对于任意实数 $a,b(a<b)$ 成立

$$P(a<\xi\leqslant b)=\Phi_0\left(\frac{b-\mu}{\sigma}\right)-\Phi_0\left(\frac{a-\mu}{\sigma}\right).$$

这个公式通常称为**正态概率计算公式**．

若 $\xi\sim N(\mu,\sigma^2)$，易算得

$$P(|\xi-\mu|<\sigma)=0.6826,$$
$$P(|\xi-\mu|<2\sigma)=0.9546,$$
$$P(|\xi-\mu|<3\sigma)=0.9974.$$

这说明 ξ 在 $(\mu-3\sigma,\mu+3\sigma)$ 中取值的概率为 0.997 4. 因此在应用中，通常认为 ξ 的取值在区间 $(\mu-3\sigma,\mu+3\sigma)$ 内．这种近似估计被称为正态分布的“**3σ 原则**”．这个原则在工业生产等领域常被运用．

例 11.3.12 已知随机变量 $\xi\sim N(10,2^2)$.

(1) 求 $P(10<\xi<13)$，$P(\xi>13)$ 和 $P(|\xi-10|<2)$；

(2) 若 $P(|\xi-10|<c)=0.95$，$P(\xi<d)=0.0668$，求 c 和 d.

解 (1) 由于 $\xi\sim N(10,2^2)$，所以

$$P(10<\xi<13)=\Phi_0\left(\frac{13-10}{2}\right)-\Phi_0\left(\frac{10-10}{2}\right)$$
$$=\Phi_0(1.5)-\Phi_0(0)=0.9332-0.5=0.4332.$$

$$P(\xi>13)=1-P(\xi\leqslant 13)=1-\Phi_0\left(\frac{13-10}{2}\right)$$
$$=1-\Phi_0(1.5)=1-0.9332=0.0668.$$

$$P(|\xi-10|<2)=P(8<\xi<12)=\Phi(12)-\Phi(8)$$
$$=\Phi_0\left(\frac{12-10}{2}\right)-\Phi_0\left(\frac{8-10}{2}\right)=\Phi_0(1)-\Phi_0(-1)$$
$$=2\Phi_0(1)-1=2\times 0.8413-1=0.6826.$$

(2) 由于

$$0.95=P(|\xi-10|<c)=2\Phi_0\left(\frac{c}{2}\right)-1,$$

因此 $\Phi_0\left(\frac{c}{2}\right)=0.975$，查附表 2 得 $\frac{c}{2}=1.96$，因此 $c=3.92$.

由于

$$0.0668=P(\xi<d)=\Phi_0\left(\frac{d-10}{2}\right),$$

所以

$$\Phi_0\left(\frac{10-d}{2}\right)=1-\Phi_0\left(\frac{d-10}{2}\right)=1-0.0668=0.9332.$$

查附表 2 得 $\frac{10-d}{2}=1.5$，因此 $d=7$.

例 11.3.13　设随机变量 ξ 服从正态分布 $N(\mu,\sigma^2)$，且二次方程 $x^2+4x+\xi=0$ 无实根的概率为 0.5，求 μ.

解　记 A 为事件"二次方程 $x^2+4x+\xi=0$ 无实根"，则

$$A=\{16-4\xi<0\}=\{\xi>4\}.$$

由假设

$$0.5=P(A)=P(\xi>4)=1-P(\xi\leqslant 4)=1-\Phi_0\left(\frac{4-\mu}{\sigma}\right),$$

所以 $\Phi_0\left(\frac{4-\mu}{\sigma}\right)=0.5$. 由此得出 $\frac{4-\mu}{\sigma}=0$，于是 $\mu=4$.

例 11.3.14　由历史记录知，某地区年总降雨量 ξ（单位：mm）服从正态分布 $N(600,150^2)$. 求该地区

（1）明年降雨量在 400 mm 与 700 mm 之间的概率；

（2）明年降雨量至少为 300 mm 的概率；

（3）明年降雨量少于何值的概率为 0.1.

解　（1）因为 $\xi\sim N(600,150^2)$，所以明年降雨量在 400 mm 与 700 mm 之间的概率为

$$\begin{aligned}P(400\leqslant\xi\leqslant 700)&=\Phi_0\left(\frac{700-600}{150}\right)-\Phi_0\left(\frac{400-600}{150}\right)\\&=\Phi_0(0.67)-\Phi_0(-1.33)=\Phi_0(0.67)+\Phi_0(1.33)-1\\&=0.656812.\end{aligned}$$

（2）明年降雨量至少为 300 mm 的概率为

$$\begin{aligned}P(\xi\geqslant 300)&=1-P(\xi<300)\\&=1-\Phi_0\left(\frac{300-600}{150}\right)=1-\Phi_0(-2)\\&=\Phi_0(2)=0.97725.\end{aligned}$$

（3）若明年降雨量少于 a（单位：mm）的概率为 0.1，即 $0.1=P(\xi<a)$. 因此 $\Phi_0\left(\frac{a-600}{150}\right)=0.1$，于是

$$\Phi_0\left(\frac{600-a}{150}\right)=1-\Phi_0\left(\frac{a-600}{150}\right)=0.9.$$

查表知$\frac{600-a}{150}\approx 1.28$,于是 $a\approx 408$ mm,即明年降雨量少于 408 mm 的概率为 0.1.

(四) 对数正态分布

设 ξ 为连续型随机变量,若它的概率密度为

$$\varphi(x)=\begin{cases}\frac{1}{\sqrt{2\pi}\sigma x}e^{-\frac{(\ln x-\mu)^2}{2\sigma^2}}, & x>0,\\ 0, & x\leqslant 0,\end{cases}$$

其中 σ 和 μ 为常数,且 $\sigma>0$,则称 ξ 服从参数为 μ,σ^2 的**对数正态分布**,记为 $\xi\sim LN(\mu,\sigma^2)$.

许多实际问题中的随机变量,如绝缘材料的寿命、设备故障的维修时间、血液中一些元素的含量、人的收缩压与舒张压等,都被认为服从对数正态分布.

例 11.3.15　已知随机变量 $\xi\sim LN(5,0.12^2)$,求 $P(\xi<188.7)$.

解　由于 $\xi\sim LN(5,0.12^2)$,所以

$$P(\xi\leqslant 188.7)=\frac{1}{0.12\sqrt{2\pi}}\int_0^{188.7}\frac{1}{x}e^{-\frac{(\ln x-5)^2}{2\times 0.12^2}}dx.$$

作变换 $y=\ln x$ 得,

$$\begin{aligned}P(\xi\leqslant 188.7)&=\frac{1}{0.12\sqrt{2\pi}}\int_{-\infty}^{\ln 188.7}e^{-\frac{(y-5)^2}{2\times 0.12^2}}dy\\&=\Phi_0\left(\frac{\ln 188.7-5}{0.12}\right)\approx\Phi_0(2)=0.97725.\end{aligned}$$

(五) Γ 分布

设 ξ 为连续型随机变量,若它的概率密度为

$$\varphi(x)=\begin{cases}\frac{\lambda^{\alpha}}{\Gamma(\alpha)}x^{\alpha-1}e^{-\lambda x}, & x>0,\\ 0, & x\leqslant 0,\end{cases}$$

其中常数 $\alpha>0,\lambda>0$,则称 ξ 服从参数为 α,λ 的 Γ 分布,记为 $\xi\sim\Gamma(\alpha,\lambda)$.

显然,当 $\alpha=1$ 时,Γ 分布就是指数分布.Γ 分布在概率统计、随机过程的理论研究与实际应用中都起着重要作用.

习　题

1. 一只袋子里有 10 个球,其中 5 个白球,5 个黑球.从中任取 4 球,记取得的白球数为 ξ,试写出 ξ 的概率分布.

2. 一批产品包括 10 件正品,3 件次品,有放回地抽取,每次一件,直到取得正品为止.假定每件产品被取到的机会相同,求抽取次数 ξ 的概率函数.

3. 设离散型随机变量 ξ 以正的概率只取 1,2,3. 又设 $P(\xi=1)=0.4,P(\xi=3)=0.5$.

(1) 计算 $P(\xi=2)$;

(2) 求 ξ 的分布和分布函数.

4. 已知随机变量 ξ 只能取 $-1,0,1,2$ 四个值,相应概率依次为$\frac{1}{2c},\frac{3}{4c},\frac{5}{8c},\frac{7}{16c}$,确定常数 c

并计算 $P(\xi<1|\xi\neq 0)$.

5. 已知连续型随机变量 ξ 具有概率密度

$$\varphi(x)=\begin{cases}kx+1, & 0\leqslant x\leqslant 2,\\ 0, & \text{其他}.\end{cases}$$

求系数 k 及分布函数 $F(x)$，并计算 $P(1.5<\xi<2.5)$.

6. 设随机变量 ξ 的密度函数为

$$\varphi(x)=\begin{cases}\dfrac{A}{2\pi}\sqrt{4-x^2}, & x\in[-2,2],\\ 0, & x\notin[-2,2].\end{cases}$$

(1) 求系数 A 的值；

(2) 求 ξ 的分布函数 $F(x)$，并作出 $F(x)$ 的图形.

7. 从学校到市中心广场共有六个十字路口，假定在各个十字路口遇到红灯的事件是相互独立的，且概率都是 0.4. 以 ξ 表示遇到的红灯数，求随机变量 ξ 的分布. 若以 η 表示汽车行驶过程中在第一次停止前所经过的路口数，求 η 的分布.

8. 设随机变量 $\xi\sim B(2,p)$，$\eta\sim B(3,p)$. 若 $P(\xi\geqslant 1)=\dfrac{5}{9}$，求 $P(\eta\geqslant 1)$.

9. 设某商品的月销售量服从参数为 7 的 Poisson 分布. 问在月初商店要进货多少此商品，才能保证当月不脱销的概率为 0.999.

10. 设随机变量 $\xi\sim U[2,5]$. 现对 ξ 进行 4 次独立观测，求至少有两次观测值大于 3 的概率.

11. 某装置内有三只独立工作的同型号电子元件，其寿命(单位:h)都服从指数分布，其密度函数为

$$f(x)=\begin{cases}\dfrac{1}{3\ 000}\mathrm{e}^{-\frac{1}{3\ 000}x}, & x\geqslant 0,\\ 0, & x<0.\end{cases}$$

试求在该装置使用的最初 2 000 h 内，至少有一只电子元件损坏的概率.

12. 某乘客在某公交车站候车的时间 ξ(单位:min)服从指数分布，其概率密度为

$$\varphi_\xi(x)=\begin{cases}\dfrac{1}{5}\mathrm{e}^{-\frac{x}{5}}, & x\geqslant 0,\\ 0, & x<0.\end{cases}$$

而且他在等候公交车时，若等车时间超过 10 min，就乘出租车离开. 若该乘客一个星期要乘车 5 次，若以 η 表示一周内他乘出租车的次数，写出 η 的分布律.

13. 设随机变量 ξ 服从 $N(0,1)$. 求 $P(\xi<2.5)$，$P(\xi\geqslant -1)$ 及 $P(-1.5\leqslant\xi\leqslant 1)$.

14. 设随机变量 ξ 服从 $N(-1,16)$. 求 $P(\xi>-1.5)$，$P(\xi\leqslant 8)$ 及 $P(|\xi|\leqslant 4)$.

15. 设随机变量 ξ 服从 $N(0,1)$，求 a 的值，分别使

(1) $P(\xi<a)=0.975$;

(2) $P(\xi>-a)=0.975$;

(3) $P(|\xi|\leqslant a)=0.975$.

16. 某批产品的长度(单位:cm)服从正态分布 $N(50,0.25^2)$.

（1）求产品长度在 49.5 cm 和 50.5 cm 之间的概率；

（2）求产品长度小于 49.2 cm 的概率．

17. 某地抽样调查结果表明，考生的外语成绩（百分制）近似服从正态分布，且平均成绩为 72 分，96 分以上的占考生总数的 2.3%．试求考生的外语成绩在 60 分至 84 分之间的概率．

18. 某厂生产的电子元件的寿命（单位：h）服从正态分布 $N(1\,600,\sigma^2)$．如果要求该厂生产的电子元件的寿命在 1 200 h 以上的概率不小于 0.96，求 σ 的值．

19. 设随机变量 $\xi \sim N(2,\sigma^2)$，且 $P(2<\xi<4)=0.3$，求 $P(\xi<0)$．

20. 某市每天耗电量不超过 10^6 kW·h，该市每天的耗电率 ξ（每天耗电量/10^6 kW·h）的密度函数是

$$\varphi(x)=\begin{cases}12x(1-x)^2, & x\in(0,1],\\ 0, & x\notin(0,1].\end{cases}$$

如果该市发电厂每天供电量为 8×10^5 kW·h，则任一天供电量不够需要的概率是多少？

21. 设某地在任何长为 t（单位：周）的时间内发生地震的次数 $n(t)$ 服从参数为 λt 的 Poisson 分布．

（1）若 T 表示直到下一次地震发生所需的时间（单位：周），求 T 的概率分布；

（2）求相邻三周内至少发生 3 次地震的概率；

（3）在连续 8 周无地震的情况下，再接下去的 8 周仍无地震的概率．

22. 有一个均匀陀螺，在其圆周的半圈上都标明刻度 1，另外半圈上均匀地刻上区间[0，1]上的诸数字．旋转这陀螺，求停下时其圆周上触及桌面上的点的刻度 ξ 的分布函数．

§ 4　二维随机变量

二维随机变量

一维随机变量本质上是用一个参数来刻画与描述试验结果的．但自然界、工程技术领域与现实生活中，许多随机现象的试验结果往往需要由两个或多个参数来描述．例如，为了研究某地区儿童身体的发育状况，就要掌握每个儿童的身高、体重、胸围等数据，这些都是随机变量．由于对人的发育的影响是综合性的，仅研究单个随机变量的规律是远远不够的，还要研究它们之间的联系、影响和作用，这就需要把这些随机变量看作一个整体变量，进而考察它的统计规律．为此，我们先引入二维随机变量的概念．

定义 11.4.1　设 ξ,η 为样本空间 Ω 上的随机变量，由它们构成的随机变量对 (ξ,η) 称为样本空间 Ω 上的**二维随机变量**或**二维随机向量**．

一般来说，二维随机变量 (ξ,η) 的统计规律不仅与 ξ,η 各自的规律有关，而且还常常与它们之间的相互关系有关，因此就要将 (ξ,η) 作为一个整体来研究．为此我们引入联合分布函数．

设(ξ,η)为样本空间Ω上的二维随机变量,记事件$\{\xi\leqslant x\}\cap\{\eta\leqslant y\}$为$\{\xi\leqslant x,\eta\leqslant y\}$,其概率记为$P(\xi\leqslant x,\eta\leqslant y)$,等等.

定义 11.4.2　设(ξ,η)为样本空间Ω上的二维随机变量.如下定义的二元函数

$$F(x,y)=P(\xi\leqslant x,\eta\leqslant y),\quad -\infty<x,y<+\infty,$$

称为(ξ,η)的**联合分布函数**,简称为**联合分布**或**分布函数**.

可以证明,二维随机变量(ξ,η)的联合分布函数F具有下列性质:

(1) $0\leqslant F(x,y)\leqslant 1,\quad -\infty<x,y<+\infty$;

(2) $F(x,y)$对每一个变量都是单调增加函数;

(3) $F(x,y)$对每一个变量都是右连续的,即

$$\lim_{\Delta x\to 0+0}F(x+\Delta x,y)=F(x,y),\quad \lim_{\Delta y\to 0+0}F(x,y+\Delta y)=F(x,y);$$

(4) 对任意x,y都有$F(-\infty,y)=0,F(x,-\infty)=0,F(+\infty,+\infty)=1$,其中$F(-\infty,y)=\lim\limits_{x\to-\infty}F(x,y)$,后两个的定义类似;

(5) 对任意$x_1<x_2,y_1<y_2$,成立

$$P(x_1<\xi\leqslant x_2,y_1<\eta\leqslant y_2)=F(x_2,y_2)-F(x_1,y_2)-F(x_2,y_1)+F(x_1,y_1),$$

设$\xi_1,\xi_2,\cdots,\xi_n$为样本空间Ω上的随机变量,类似地可定义n维随机变量$(\xi_1,\xi_2,\cdots,\xi_n)$及其分布函数

$$F(x_1,x_2,\cdots x_n)=P(\xi_1\leqslant x_1,\xi_2\leqslant x_2,\cdots,\xi_n\leqslant x_n),$$

并且它也满足与二维随机变量的分布函数类似的性质.

二维离散型随机变量

对于二维随机变量,本书中只介绍两种简单类型:离散型与连续型.

定义 11.4.3　若二维随机变量(ξ,η)的所有可能取的二维向量值是有限个或可列个,则称(ξ,η)为**(二维)离散型随机变量**.

如果二维离散型随机变量(ξ,η)中的ξ取值为$x_1,x_2,\cdots$;η取值为$y_1,y_2,\cdots$. 记

$$p_{ij}=P(\xi=x_i,\eta=y_j),\quad i,j=1,2,\cdots,$$

它称为(ξ,η)的**联合分布律**.

显然,联合分布律必须满足以下条件:

(1) $0\leqslant p_{ij}\leqslant 1,i,j=1,2,\cdots$;

(2) $\sum\limits_{i\geqslant 1}\sum\limits_{j\geqslant 1}p_{ij}=1.$

由于(ξ,η)中的ξ也是随机变量,它也应该有其分布规律,事实上它的分布律为

$$P(\xi=x_i)=\sum_{j\geqslant 1}P(\xi=x_i,\eta=y_j)=\sum_{j\geqslant 1}p_{ij}\xlongequal{\text{记为}}p_i(\xi),\quad i=1,2,\cdots,$$

称之为二维离散型随机变量(ξ,η)关于ξ的**边缘分布律**或**边缘(概率)分布**.

同理,η也是随机变量,它的分布律为

$$P(\eta=y_j)=\sum_{i\geqslant 1}P(\xi=x_i,\eta=y_j)=\sum_{i\geqslant 1}p_{ij}\xlongequal{\text{记为}}p_j(\eta),\quad j=1,2,\cdots,$$

称之为二维离散型随机变量(ξ,η)关于η的边缘分布律或边缘(概率)分布.

常将二维离散型随机变量(ξ,η)的联合分布律和边缘分布用如下表格形式给出，称之为(ξ,η)的**联合概率分布表**.

ξ	η					$p_i(\xi)$
	y_1	y_2	$\cdots$	y_j	$\cdots$	
x_1	p_{11}	p_{12}	$\cdots$	p_{1j}	$\cdots$	$p_1(\xi)$
x_2	p_{21}	p_{22}	$\cdots$	p_{2j}	$\cdots$	$p_2(\xi)$
$\vdots$	$\vdots$	$\vdots$		$\vdots$		$\vdots$
x_i	p_{i1}	p_{i2}	$\cdots$	p_{ij}	$\cdots$	$p_i(\xi)$
$\vdots$	$\vdots$	$\vdots$		$\vdots$		$\vdots$
$p_j(\eta)$	$p_1(\eta)$	$p_2(\eta)$	$\cdots$	$p_j(\eta)$	$\cdots$	

在这个表格中，中间部分是(ξ,η)的联合分布律，而右面和下面两个边缘分别是ξ和η的边缘分布律，而每个$p_i(\xi)$($p_j(\eta)$)是表中第i行（第j列）的概率之和.

例 11.4.1　已知一袋中有 8 个球，其中 5 个白球，3 个黑球．现连续抽球 2 次．令ξ为第一次抽出的白球的数目，η为第二次抽出的白球的数目．在下列抽球方式下，求(ξ,η)的联合分布和边缘分布：

(1) 有放回抽取；(2) 无放回抽取.

解　显然随机变量ξ,η的可能取值均为 0,1.

(1) 在有放回抽取情形，第二次的抽取情况不受第一次抽取结果的影响，因此

$$P(\xi=0,\eta=0)=P(\xi=0)P(\eta=0)=\frac{3}{8}\times\frac{3}{8}=\frac{9}{64},$$

$$P(\xi=0,\eta=1)=P(\xi=0)P(\eta=1)=\frac{3}{8}\times\frac{5}{8}=\frac{15}{64},$$

$$P(\xi=1,\eta=0)=P(\xi=1)P(\eta=0)=\frac{5}{8}\times\frac{3}{8}=\frac{15}{64},$$

$$P(\xi=1,\eta=1)=P(\xi=1)P(\eta=1)=\frac{5}{8}\times\frac{5}{8}=\frac{25}{64}.$$

于是，(ξ,η)的联合分布及两个边缘分布如下表：

ξ	η		$p_i(\xi)$
	0	1	
0	$\frac{9}{64}$	$\frac{15}{64}$	$\frac{3}{8}$
1	$\frac{15}{64}$	$\frac{25}{64}$	$\frac{5}{8}$
$p_j(\eta)$	$\frac{3}{8}$	$\frac{5}{8}$	

(2) 在无放回抽取情形，第二次的抽取情况会受第一次抽取结果的影响，此时

$$P(\xi=0,\eta=0)=P(\xi=0)P(\eta=0\mid\xi=0)=\frac{3}{8}\times\frac{2}{7}=\frac{3}{28},$$

$$P(\xi=0,\eta=1)=P(\xi=0)P(\eta=1\mid\xi=0)=\frac{3}{8}\times\frac{5}{7}=\frac{15}{56},$$

$$P(\xi=1,\eta=0)=P(\xi=1)P(\eta=0\mid\xi=1)=\frac{5}{8}\times\frac{3}{7}=\frac{15}{56},$$

$$P(\xi=1,\eta=1)=P(\xi=1)P(\eta=1\mid\xi=1)=\frac{5}{8}\times\frac{4}{7}=\frac{5}{14}.$$

于是，(ξ,η)的联合分布及两个边缘分布如下表：

ξ	η		$p_i(\xi)$
	0	1	
0	$\frac{3}{28}$	$\frac{15}{56}$	$\frac{3}{8}$
1	$\frac{15}{56}$	$\frac{5}{14}$	$\frac{5}{8}$
$p_j(\eta)$	$\frac{3}{8}$	$\frac{5}{8}$	

在这个例子中，尽管两种抽取方式所得到的(ξ,η)关于ξ,η的边缘分布是相同的，但(ξ,η)的联合分布却不同．这说明，研究二维随机变量，只单纯研究各个分量是远远不够的，必须把它们作为一个整体来考察，才能全面了解二维随机变量的性质．

二维连续型随机变量

定义 11.4.4　如果二维随机变量(ξ,η)的联合分布函数$F(x,y)$可以表示为

$$F(x,y)=\int_{-\infty}^{x}\int_{-\infty}^{y}\varphi(t,s)\mathrm{d}t\mathrm{d}s\ ,\quad (x,y)\in\mathbf{R}^2,$$

其中$\varphi(x,y)$是在$\mathbf{R}^2$上可积的二元非负函数，则称(ξ,η)为**（二维）连续型随机变量**，称$F(x,y)$为(ξ,η)的**联合分布函数**，称$\varphi(x,y)$为(ξ,η)的**联合概率密度函数**，简称为**联合概率密度**．

显然，联合概率密度$\varphi(x,y)$必须满足下列条件：

（1）$\varphi(x,y)\geqslant 0,\quad -\infty<x,y<+\infty$；

（2）$\int_{-\infty}^{+\infty}\int_{-\infty}^{+\infty}\varphi(x,y)\mathrm{d}x\mathrm{d}y=1.$

可以证明，二维连续型随机变量(ξ,η)具有以下性质：

（1）联合分布函数$F(x,y)$是二元连续函数，且在联合概率密度$\varphi(x,y)$的连续点(x,y)处成立$\frac{\partial^2 F}{\partial x\partial y}(x,y)=\varphi(x,y)$；

（2）对于Oxy平面中每个面积为零的点集L，$P((\xi,\eta)\in L)=0$；

（3）设 D 是 Oxy 平面上的一个区域，则

$$P((\xi,\eta)\in D)=\iint\limits_D \varphi(x,y)\mathrm{d}x\mathrm{d}y.$$

特别地，有

$$P(a<\xi\leqslant b,c<\eta\leqslant d)=\int_a^b\int_c^d \varphi(x,y)\mathrm{d}x\mathrm{d}y.$$

显然，二维连续型随机变量(ξ,η)中的 ξ,η 也是随机变量，它们的分布函数分别为

$$F_\xi(x)=P(\xi\leqslant x)=P(\xi\leqslant x,\eta<+\infty)=\int_{-\infty}^{x}\int_{-\infty}^{+\infty}\varphi(s,t)\mathrm{d}t\mathrm{d}s$$

$$=\int_{-\infty}^{x}\left(\int_{-\infty}^{+\infty}\varphi(s,t)\mathrm{d}t\right)\mathrm{d}s=\int_{-\infty}^{x}\varphi_\xi(s)\mathrm{d}s,$$

$$F_\eta(y)=P(\eta\leqslant y)=P(\xi<+\infty,\eta\leqslant y)=\int_{-\infty}^{y}\int_{-\infty}^{+\infty}\varphi(s,t)\mathrm{d}s\mathrm{d}t$$

$$=\int_{-\infty}^{y}\left(\int_{-\infty}^{+\infty}\varphi(s,t)\mathrm{d}s\right)\mathrm{d}t=\int_{-\infty}^{y}\varphi_\eta(t)\mathrm{d}t,$$

其中函数

$$\varphi_\xi(x)=\int_{-\infty}^{+\infty}\varphi(x,y)\mathrm{d}y,\quad -\infty<x<+\infty,$$

$$\varphi_\eta(y)=\int_{-\infty}^{+\infty}\varphi(x,y)\mathrm{d}x,\quad -\infty<y<+\infty,$$

它们分别称为(ξ,η)关于 ξ,η 的**边缘概率密度函数**，简称为**边缘概率密度**．

下面介绍两种常用的二维连续型随机变量．

定义 11.4.5　设 D 为 Oxy 平面上的区域．若二维连续型随机变量(ξ,η)的概率密度为

$$\varphi(x,y)=\begin{cases}\dfrac{1}{D\text{ 的面积}}, & (x,y)\in D,\\ 0, & \text{其他},\end{cases}$$

则称(ξ,η)服从 D 上的**(二维连续型)均匀分布**．

例 11.4.2　设 D 是由直线 $y=x$ 和抛物线 $y=\dfrac{1}{2}x^2$ 所围成的区域(见图 11.4.1(a))，二维连续型随机变量(ξ,η)服从 D 上的均匀分布．试求关于 t 的一元二次方程 $t^2+2\xi t+\eta=0$ 有实根的概率．

解　因为 D 的面积为

$$S=\iint\limits_D \mathrm{d}x\mathrm{d}y=\int_0^2\mathrm{d}x\int_{\frac{x^2}{2}}^{x}\mathrm{d}y=\frac{2}{3},$$

因此(ξ,η)的概率密度为

$$\varphi(x,y)=\begin{cases}\dfrac{3}{2}, & (x,y)\in D,\\ 0, & \text{其他}.\end{cases}$$

因为方程 $t^2+2\xi t+\eta=0$ 有实根等价于 $\xi^2-\eta\geqslant 0$，即

$$(\xi,\eta)\in\{(x,y)\mid x^2-y\geqslant 0\},$$

于是所求概率为(见图 11.4.1(b))

$$P(\xi^2-\eta\geqslant 0)=\iint\limits_{x^2-y\geqslant 0}\varphi(x,y)\,dxdy=\int_0^1 dx\int_{\frac{x^2}{2}}^{x^2}\frac{3}{2}dy+\int_1^2 dx\int_{\frac{x^2}{2}}^{x}\frac{3}{2}dy=\frac{3}{4}.$$

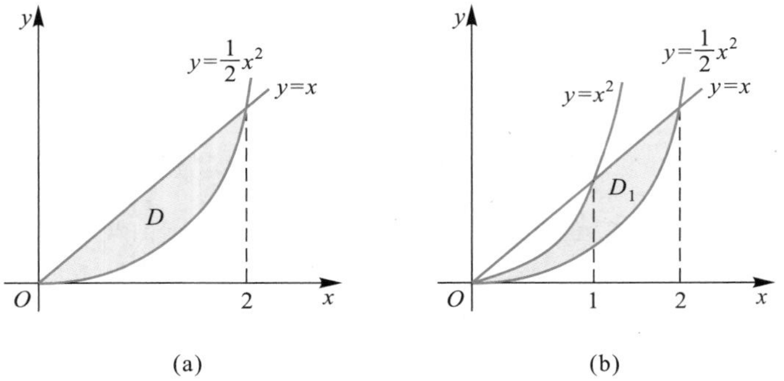

图 11.4.1

例 11.4.3　设区域 $D=\left\{(x,y)\mid 0<x<2,0<y<\frac{x}{2}\right\}$（见图 11.4.2），二维连续型随机变量 (ξ,η) 的联合概率密度为

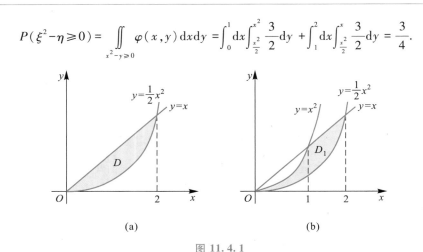

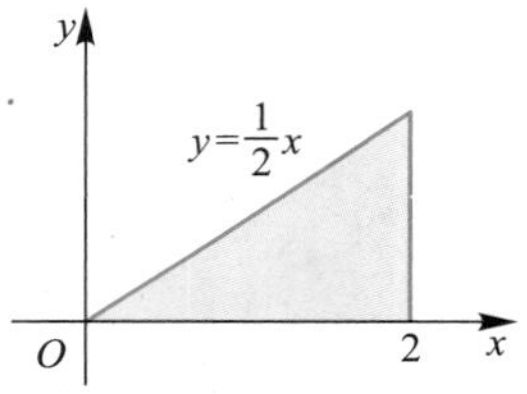

图 11.4.2

$$\varphi(x,y)=\begin{cases}2xy, & (x,y)\in D,\\0, & \text{其他}.\end{cases}$$

分别求随机变量 (ξ,η) 关于 ξ,η 的边缘概率密度．

解　由于当 $x\leqslant 0$ 或 $x\geqslant 2$ 时，$\varphi(x,y)=0$，因此

$$\varphi_\xi(x)=\int_{-\infty}^{+\infty}\varphi(x,y)\,dy=0.$$

当 $0<x<2$ 时，

$$\varphi_\xi(x)=\int_{-\infty}^{+\infty}\varphi(x,y)\,dy=\int_0^{x/2}2xy\,dy=\frac{x^3}{4},$$

因此，关于 ξ 的边缘概率密度为

$$\varphi_\xi(x)=\begin{cases}\dfrac{x^3}{4}, & 0<x<2,\\0, & \text{其他}.\end{cases}$$

同理，当 $y\leqslant 0$ 或 $y\geqslant 1$ 时，$\varphi_\eta(y)=0$，而当 $0<y<1$ 时，

$$\varphi_\eta(y)=\int_{-\infty}^{+\infty}\varphi(x,y)\,dx=\int_{2y}^{2}2xy\,dx=4y(1-y^2),$$

因此，关于 η 的边缘概率密度为

$$\varphi_\eta(y)=\begin{cases}4y(1-y^2), & 0<y<1,\\0, & \text{其他}.\end{cases}$$

定义 11.4.6　若二维连续型随机变量 (ξ,η) 的联合概率密度为

$$\varphi(x,y)=\frac{1}{2\pi\sigma_1\sigma_2\sqrt{1-\rho^2}}e^{-\frac{1}{2(1-\rho^2)}\left(\frac{(x-\mu_1)^2}{\sigma_1^2}-2\rho\frac{(x-\mu_1)(y-\mu_2)}{\sigma_1\sigma_2}+\frac{(y-\mu_2)^2}{\sigma_2^2}\right)},$$

其中 $\mu_1,\mu_2,\sigma_1,\sigma_2,\rho$ 为常数，且满足 $\sigma_1>0,\sigma_2>0,|\rho|<1$，则称 (ξ,η) 服从参数为 $\mu_1,\mu_2,\sigma_1,$

σ_2,ρ 的**二维正态分布**,记为$(\xi,\eta)\sim N(\mu_1,\mu_2,\sigma_1^2,\sigma_2^2,\rho)$.

二维正态分布的概率密度函数的图像见图 11.4.3,其中心点在(μ_1,μ_2),等高线是椭圆.

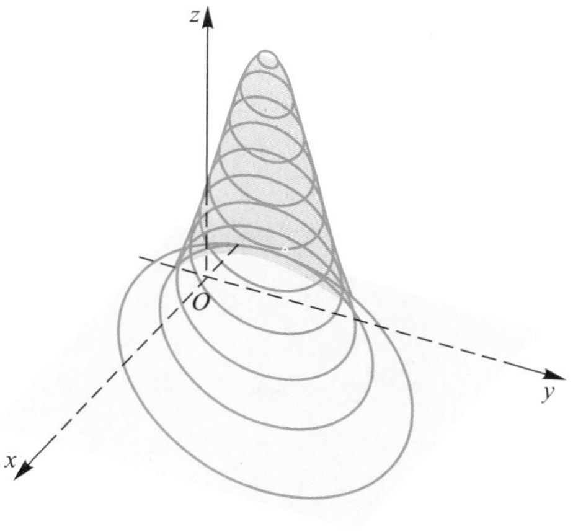

图 11.4.3

例 11.4.4　设二维连续型随机变量$(\xi,\eta)\sim N(\mu_1,\mu_2,\sigma_1^2,\sigma_2^2,\rho)$,求$(\xi,\eta)$关于$\xi$的边缘概率密度.

解　由定义及 $\int_{-\infty}^{+\infty}e^{-x^2}dx=\sqrt{\pi}$ 得

$$\varphi_\xi(x)=\int_{-\infty}^{+\infty}\varphi(x,y)dy$$

$$=\int_{-\infty}^{+\infty}\frac{1}{2\pi\sigma_1\sigma_2\sqrt{1-\rho^2}}e^{\frac{-1}{2(1-\rho^2)}\left[\left(\frac{x-\mu_1}{\sigma_1}\right)^2-2\rho\frac{(x-\mu_1)(y-\mu_2)}{\sigma_1\sigma_2}+\left(\frac{y-\mu_2}{\sigma_2}\right)^2\right]}dy$$

$$=\frac{1}{2\pi\sigma_1\sqrt{1-\rho^2}}\int_{-\infty}^{+\infty}e^{\frac{-1}{2(1-\rho^2)}\left[\left(\frac{x-\mu_1}{\sigma_1}\right)^2-2\rho\frac{x-\mu_1}{\sigma_1}t+t^2\right]}dt\quad\left(\text{作变换 }t=\frac{y-\mu_2}{\sigma_2}\right)$$

$$=\frac{1}{2\pi\sigma_1\sqrt{1-\rho^2}}\int_{-\infty}^{+\infty}e^{\frac{-1}{2(1-\rho^2)}\left[\left(\frac{x-\mu_1}{\sigma_1}\right)^2-\rho^2\left(\frac{x-\mu_1}{\sigma_1}\right)^2+\rho^2\left(\frac{x-\mu_1}{\sigma_1}\right)^2-2\rho\frac{x-\mu_1}{\sigma_1}t+t^2\right]}dt$$

$$=\frac{1}{\sqrt{2\pi}\sigma_1}e^{-\frac{(x-\mu_1)^2}{2\sigma_1^2}}\int_{-\infty}^{+\infty}\frac{1}{\sqrt{2\pi}\sqrt{1-\rho^2}}e^{\frac{-1}{2(1-\rho^2)}\left(t-\rho\frac{x-\mu_1}{\sigma_1}\right)^2}dt$$

$$=\frac{1}{\sqrt{2\pi}\sigma_1}e^{-\frac{(x-\mu_1)^2}{2\sigma_1^2}}\int_{-\infty}^{+\infty}\frac{1}{\sqrt{2\pi}}e^{-\frac{s^2}{2}}ds\quad\left(\text{作变换 }s=\frac{1}{\sqrt{1-\rho^2}}\left(t-\rho\frac{x-\mu_1}{\sigma_1}\right)\right)$$

$$=\frac{1}{\sqrt{2\pi}\sigma_1}e^{-\frac{(x-\mu_1)^2}{2\sigma_1^2}}.$$

此例指出,若$(\xi,\eta)\sim N(\mu_1,\mu_2,\sigma_1^2,\sigma_2^2,\rho)$,则$\xi\sim N(\mu_1,\sigma_1^2)$.同理可知,$\eta\sim$

$N(\mu_2,\sigma_2^2)$. 这说明:二维正态分布的边缘分布是(一维)正态分布,边缘分布的表示形式与参数 ρ 无关. 注意,有例子说明,即使一个二维连续型随机变量的两个边缘分布都是一维正态分布,它也不一定是二维正态分布.

随机变量的相互独立性

我们知道二维随机向量(ξ,η)的统计规律不仅与 ξ,η 各自的规律有关,而且还常常与它们之间的相互关系有关. 若这两个随机变量的取值规律并不相互影响,我们就认为它们是独立的. 由于随机变量的取值的概率分布规律可以用分布函数来刻画,我们引入下面的概念.

定义 11.4.7　设(ξ,η)是二维随机变量,如果其联合分布函数 $F(x,y)$ 满足

$$F(x,y)=F_\xi(x)\cdot F_\eta(y),\quad (x,y)\in\mathbf{R}^2,$$

其中 $F_\xi(x)$ 和 $F_\eta(y)$ 分别为(ξ,η)关于 ξ,η 的边缘分布函数,则称随机变量 ξ 与 η **相互独立**.

由分布函数的定义,上式就是

$$P(\xi\leqslant x,\eta\leqslant y)=P(\xi\leqslant x)\cdot P(\eta\leqslant y),$$

因此 ξ 与 η 相互独立等价于:对于任意实数 x,y,事件$\{\xi\leqslant x\}$与$\{\eta\leqslant y\}$相互独立.

关于两个随机变量的相互独立性,有以下的判断方法:

定理 11.4.1　(1) 若(ξ,η)是二维离散型随机变量,其联合分布律为 $p_{ij}=P(\xi=x_i,\eta=y_j)(i\geqslant 1,j\geqslant 1)$,则 ξ 与 η 相互独立的充分必要条件是:对于所有 i,j 成立

$$p_{ij}=p_i(\xi)\cdot p_j(\eta);$$

(2) 若(ξ,η)是二维连续型随机变量,则 ξ 与 η 相互独立的充分必要条件是:

$$\varphi_\xi(x)\cdot\varphi_\eta(y)\text{ 为}(\xi,\eta)\text{的联合概率密度},$$

其中 $\varphi_\xi(x)$ 和 $\varphi_\eta(y)$ 分别为(ξ,η)关于 ξ 和 η 的边缘分布密度.

这个定理的证明从略.

注意在定理的(2)中,若 $\varphi(x,y)$ 为(ξ,η)联合概率密度,记

$$E=\{(x,y)\mid\varphi\text{ 在}(x,y)\text{点连续},\varphi_\xi\text{ 在 }x\text{ 点连续},\varphi_\eta\text{ 在 }y\text{ 点连续}\},$$

易证明,当 ξ 与 η 相互独立时,在点集 E 上必成立

$$\varphi(x,y)=\varphi_\xi(x)\cdot\varphi_\eta(y).$$

因此若在点集 E 上存在点使上式不成立,则 ξ 与 η 不相互独立. 进一步,当$\varphi(x,y)$,$\varphi_\xi(x)$ 和 $\varphi_\eta(y)$ 均为处处连续的函数时,ξ 与 η 相互独立的充分必要条件是 $\varphi(x,y)=\varphi_\xi(x)\cdot\varphi_\eta(y)$.

设二维连续型随机变量$(\xi,\eta)\sim N(\mu_1,\mu_2,\sigma_1^2,\sigma_2^2,\rho)$,则从例 11.4.4 可知,$\xi\sim N(\mu_1,\sigma_1^2)$,$\eta\sim N(\mu_2,\sigma_2^2)$. 因此由分布函数的表达式可以看出,当 $\rho=0$ 时,成立 $\varphi(x,y)=\varphi_\xi(x)\cdot\varphi_\eta(y)$,即 ξ 与 η 相互独立. 反之,若 ξ 与 η 相互独立,由于 $\varphi(x,y)$,$\varphi_\xi(x)$ 和 $\varphi_\eta(y)$ 均为处处连续的函数,所以 $\varphi(x,y)=\varphi_\xi(x)\cdot\varphi_\eta(y)$,即

$$\frac{1}{2\pi\sigma_1\sigma_2\sqrt{1-\rho^2}}\mathrm{e}^{-\frac{1}{2(1-\rho^2)}\left(\frac{(x-\mu_1)^2}{\sigma_1^2}-2\rho\frac{(x-\mu_1)(y-\mu_2)}{\sigma_1\sigma_2}+\frac{(y-\mu_2)^2}{\sigma_2^2}\right)}=\frac{1}{\sqrt{2\pi}\,\sigma_1}\mathrm{e}^{-\frac{(x-\mu_1)^2}{2\sigma_1^2}}\cdot\frac{1}{\sqrt{2\pi}\,\sigma_2}\mathrm{e}^{-\frac{(y-\mu_2)^2}{2\sigma_2^2}}.$$

令 $x=\mu_1$,$y=\mu_2$ 便得

$$\frac{1}{2\pi\sigma_1\sigma_2\sqrt{1-\rho^2}}=\frac{1}{\sqrt{2\pi}\sigma_1}\cdot\frac{1}{\sqrt{2\pi}\sigma_2}.$$

因此 $\rho=0$. 因此我们得到

定理 11.4.2　设二维连续型随机变量 $(\xi,\eta)\sim N(\mu_1,\mu_2,\sigma_1^2,\sigma_2^2,\rho)$，则 ξ 与 η 相互独立的充分必要条件是 $\rho=0$.

例 11.4.5　设二维连续型随机变量 (ξ,η) 的联合概率密度为

$$\varphi(x,y)=\begin{cases}\dfrac{1}{2}\sin(x+y), & 0<x<\dfrac{\pi}{2},0<y<\dfrac{\pi}{2},\\ 0, & \text{其他}.\end{cases}$$

(1) 分别求关于 ξ 和 η 的边缘概率密度；

(2) 判断 ξ 和 η 是否独立；

(3) 求 ξ 和 η 中至少有一个大于 $\dfrac{\pi}{4}$ 的概率.

解　(1) 显然当 $x\leqslant 0$ 或 $x\geqslant\dfrac{\pi}{2}$ 时，$\varphi_\xi(x)=0$. 当 $0<x<\dfrac{\pi}{2}$ 时

$$\varphi_\xi(x)=\int_{-\infty}^{+\infty}\varphi(x,y)\,\mathrm{d}y=\frac{1}{2}\int_0^{\frac{\pi}{2}}\sin(x+y)\,\mathrm{d}y$$
$$=\frac{1}{2}\left[-\cos\left(x+\frac{\pi}{2}\right)+\cos x\right]=\frac{1}{2}(\sin x+\cos x).$$

因此

$$\varphi_\xi(x)=\begin{cases}\dfrac{1}{2}(\sin x+\cos x), & 0<x<\dfrac{\pi}{2},\\ 0, & \text{其他}.\end{cases}$$

同理

$$\varphi_\eta(y)=\int_{-\infty}^{+\infty}\varphi(x,y)\,\mathrm{d}x=\begin{cases}\dfrac{1}{2}(\sin y+\cos y), & 0<y<\dfrac{\pi}{2},\\ 0, & \text{其他}.\end{cases}$$

(2) 显然在 $\left\{(x,y)\,\middle|\,0<x<\dfrac{\pi}{2},0<y<\dfrac{\pi}{2}\right\}$ 上并不全部成立 $\varphi(x,y)=\varphi_\xi(x)\cdot\varphi_\eta(y)$，例如，$\varphi\left(\dfrac{\pi}{6},\dfrac{\pi}{6}\right)\neq\varphi_\xi\left(\dfrac{\pi}{6}\right)\cdot\varphi_\eta\left(\dfrac{\pi}{6}\right)$，因此 ξ 与 η 不相互独立.

(3) 随机变量 ξ 和 η 中至少有一个大于 $\dfrac{\pi}{4}$ 的概率为

$$P\left(\left\{\xi>\frac{\pi}{4}\right\}\cup\left\{\eta>\frac{\pi}{4}\right\}\right)=1-P\left(\xi\leqslant\frac{\pi}{4},\eta\leqslant\frac{\pi}{4}\right)$$
$$=1-\iint\limits_{\substack{x\leqslant\pi/4\\ y\leqslant\pi/4}}\varphi(x,y)\,\mathrm{d}x\mathrm{d}y$$
$$=1-\frac{1}{2}\int_0^{\frac{\pi}{4}}\int_0^{\frac{\pi}{4}}\sin(x+y)\,\mathrm{d}x\mathrm{d}y=\frac{3-\sqrt{2}}{2}.$$

设$(\xi_1,\xi_2,\cdots,\xi_n)$为样本空间$\Omega$上的$n$维随机变量，与二维随机变量类似，我们可定义其分别关于$\xi_1,\xi_2,\cdots,\xi_n$的边缘分布函数，进而可类似地定义n个随机变量$\xi_1,\xi_2,\cdots,\xi_n$的相互独立性，而且也有类似定理 11.4.1 的结论．

随机变量函数的分布

在许多实际问题中，常常需要计算随机变量的函数的分布．例如，计算一块矩形土地的面积，我们需要测量其长ξ与宽η，然后再计算其面积$\xi\eta$. 又如在统计物理中，已知分子运动速度ξ，要求算出其动能$\frac{1}{2}m\xi^2$. 这两个例子中，ξ,η都是随机变量，而要计算的是它们的函数．我们首先讨论单个随机变量的情况．

定义 11.4.8 设ξ是样本空间Ω上的随机变量，$f(x)$是定义在ξ的一切可能取值集合上的函数．如果对于随机变量ξ的每一个可能值x，另一个随机变量η相应取值$y=f(x)$与之对应，则称随机变量η为**随机变量ξ的函数**，记为$\eta=f(\xi)$.

事实上可以证明，若$f(x)$是分段连续或分段单调函数，则$\eta=f(\xi)$（这里η按函数关系f随ξ取值而取值）便是随机变量，因而η是ξ的具有如上表达式的函数．

下面我们将举例说明如何利用随机变量ξ的分布来计算其函数$\eta=f(\xi)$的分布．

例 11.4.6 设离散型随机变量ξ的分布为

ξ	$-\pi$	$-\frac{\pi}{2}$	0	$\frac{\pi}{2}$	π
P	0.2	0.1	0.3	0.3	0.1

求$\eta=\xi+\pi$和$\zeta=\sin\xi$的分布律．

解 显然$\eta=\xi+\pi$的所有可能取值为$0,\frac{\pi}{2},\pi,\frac{3\pi}{2},2\pi$. 因为$\eta=0$当且仅当$\xi=-\pi$，所以

$$P(\eta=0)=P(\xi=-\pi)=0.2.$$

同理

$$P\left(\eta=\frac{\pi}{2}\right)=P\left(\xi=-\frac{\pi}{2}\right)=0.1,\quad P(\eta=\pi)=P(\xi=0)=0.3,$$

$$P\left(\eta=\frac{3\pi}{2}\right)=P\left(\xi=\frac{\pi}{2}\right)=0.3,\quad P(\eta=2\pi)=P(\xi=\pi)=0.1.$$

因此$\eta=\xi+\pi$的分布律为

η	0	$\frac{\pi}{2}$	π	$\frac{3\pi}{2}$	2π
P	0.2	0.1	0.3	0.3	0.1

显然$\zeta=\sin\xi$的所有可能取值为$-1,0,1$. 因为

$$P(\zeta=-1)=P\left(\xi=-\frac{\pi}{2}\right)=0.1,\quad P(\zeta=1)=P\left(\xi=\frac{\pi}{2}\right)=0.3,$$

$$P(\zeta=0)=P(\xi=-\pi)+P(\xi=0)+P(\xi=\pi)=0.6,$$

所以 $\zeta=\sin\xi$ 的分布律为

ζ	-1	0	1
P	0.1	0.6	0.3

例 11.4.7　设连续型随机变量 ξ 的概率密度为 $\varphi_\xi(x)$，求随机变量 $\eta=a\xi+b$（a,b 为常数，且 $a\neq0$）的概率密度 $\varphi_\eta(y)$.

解　由分布函数的定义，当 $a>0$ 时，因为

$$F_\eta(x)=P(\eta\leqslant x)=P(a\xi+b\leqslant x)=P\left(\xi\leqslant\frac{x-b}{a}\right)=F_\xi\left(\frac{x-b}{a}\right),$$

因此利用求导法得 $\varphi_\eta(x)=\dfrac{1}{a}\varphi_\xi\left(\dfrac{x-b}{a}\right)$.

当 $a<0$ 时，由于

$$F_\eta(x)=P(\eta\leqslant x)=P(a\xi+b\leqslant x)=P\left(\xi\geqslant\frac{x-b}{a}\right)$$

$$=1-P\left(\xi<\frac{x-b}{a}\right)=1-F_\xi\left(\frac{x-b}{a}\right),$$

因此 $\varphi_\eta(x)=-\dfrac{1}{a}\varphi_\xi\left(\dfrac{x-b}{a}\right)$.

合并以上两式得，$\eta=a\xi+b\,(a\neq0)$ 的概率密度为

$$\varphi_\eta(x)=\frac{1}{|a|}\varphi_\xi\left(\frac{x-b}{a}\right).$$

从例 11.4.7 立即得到：

定理 11.4.3　设随机变量 ξ 服从正态分布 $N(\mu,\sigma^2)$，则 $\eta=a\xi+b$ 服从正态分布 $N(a\mu+b,a^2\sigma^2)$. 特别地，$\eta=\dfrac{\xi-\mu}{\sigma}$ 服从标准正态分布 $N(0,1)$.

证　因为随机变量 ξ 的概率密度为

$$\varphi_\xi(x)=\frac{1}{\sqrt{2\pi}\,\sigma}\mathrm{e}^{-\frac{(x-\mu)^2}{2\sigma^2}},$$

利用例 11.4.7 的结论便得，$\eta=a\xi+b$ 的概率密度为

$$\varphi_\eta(x)=\frac{1}{|a|}\varphi_\xi\left(\frac{x-b}{a}\right)=\frac{1}{\sqrt{2\pi}\,|a|\sigma}\mathrm{e}^{-\frac{\left(\frac{x-b}{a}-\mu\right)^2}{2\sigma^2}}=\frac{1}{\sqrt{2\pi}\,|a|\sigma}\mathrm{e}^{-\frac{(x-a\mu-b)^2}{2a^2\sigma^2}},$$

即 $\eta\sim N(a\mu+b,a^2\sigma^2)$.

证毕

例 11.4.8　设 ξ 是连续型随机变量，其分布函数为 $F_\xi(x)$，概率密度为 $\varphi_\xi(x)$. 求随机变量 $\eta=\xi^2$ 的分布函数 $F_\eta(y)$ 和概率密度 $\varphi_\eta(y)$.

解　显然当 $y\leqslant0$ 时，$F_\eta(y)=P(\xi^2\leqslant0)=0$，所以 $\varphi_\eta(y)=0$.

当 $y>0$ 时，由于

$$F_\eta(y)=P(\xi^2\leqslant y)=P(-\sqrt{y}\leqslant\xi\leqslant\sqrt{y})=F_\xi(\sqrt{y})-F_\xi(-\sqrt{y}),$$

利用求导法便得 $\varphi_\eta(y)=\dfrac{\varphi_\xi(\sqrt{y})+\varphi_\xi(-\sqrt{y})}{2\sqrt{y}}$.

于是,$\eta=\xi^2$ 的概率密度为

$$\varphi_\eta(y)=\begin{cases}\dfrac{\varphi_\xi(\sqrt{y})+\varphi_\xi(-\sqrt{y})}{2\sqrt{y}}, & y>0,\\ 0, & y\leqslant 0.\end{cases}$$

例如,如随机变量 ξ 服从区间 $[0,a]$ 上的均匀分布,则它的概率密度为

$$\varphi(x)=\begin{cases}\dfrac{1}{a}, & 0\leqslant x\leqslant a,\\ 0, & \text{其他}.\end{cases}$$

因此随机变量 $\eta=\xi^2$ 的概率密度为

$$\varphi_\eta(y)=\begin{cases}\dfrac{1}{2a\sqrt{y}}, & 0<y<a^2,\\ 0, & \text{其他}.\end{cases}$$

二维随机变量的函数定义与一维情形的类似,但其分布更为复杂. 我们下面介绍一些例子.

例 11.4.9　设二维离散型随机变量 (ξ,η) 的联合分布律如下表,求 $\zeta=\xi+\eta$ 的分布律.

ξ	η		
	0	1	2
0	$\frac{1}{5}$	$\frac{1}{10}$	$\frac{1}{15}$
1	$\frac{1}{10}$	0	$\frac{1}{5}$
2	$\frac{1}{15}$	$\frac{1}{5}$	$\frac{1}{15}$

解　显然 $\zeta=\xi+\eta$ 只可能取 0,1,2,3,4 五个值. 由上表得

$$P(\xi+\eta=0)=P(\xi=0,\eta=0)=\frac{1}{5},$$

$$P(\xi+\eta=1)=P(\xi=0,\eta=1)+P(\xi=1,\eta=0)=\frac{1}{10}+\frac{1}{10}=\frac{1}{5},$$

$$P(\xi+\eta=2)=P(\xi=0,\eta=2)+P(\xi=1,\eta=1)+P(\xi=2,\eta=0)=\frac{1}{15}+0+\frac{1}{15}=\frac{2}{15},$$

$$P(\xi+\eta=3)=P(\xi=1,\eta=2)+P(\xi=2,\eta=1)=\frac{1}{5}+\frac{1}{5}=\frac{2}{5},$$

$$P(\xi+\eta=4)=P(\xi=2,\eta=2)=\frac{1}{15}.$$

于是,$\zeta=\xi+\eta$ 的分布律为

ζ	0	1	2	3	4
P	$\frac{1}{5}$	$\frac{1}{5}$	$\frac{2}{15}$	$\frac{2}{5}$	$\frac{1}{15}$

例 11.4.10　设二维连续型随机变量(ξ,η)的联合概率密度为$\varphi(x,y)$，求随机变量$\zeta=\xi+\eta$的概率密度.

解　由定义，随机变量$\zeta=\xi+\eta$的分布是

$$\begin{aligned}F_\zeta(z)&=P(\zeta\leqslant z)=P(\xi+\eta\leqslant z)\\&=\iint\limits_{x+y\leqslant z}\varphi(x,y)\,\mathrm{d}x\mathrm{d}y=\int_{-\infty}^{+\infty}\left(\int_{-\infty}^{z-x}\varphi(x,y)\,\mathrm{d}y\right)\mathrm{d}x.\end{aligned}$$

对括号内的积分作代换$y=u-x$，得到

$$F_\zeta(z)=\int_{-\infty}^{+\infty}\left(\int_{-\infty}^{z}\varphi(x,u-x)\,\mathrm{d}u\right)\mathrm{d}x=\int_{-\infty}^{z}\left(\int_{-\infty}^{+\infty}\varphi(x,u-x)\,\mathrm{d}x\right)\mathrm{d}u.$$

因此ζ是连续型随机变量，且它的概率密度为

$$\varphi_\zeta(z)=\int_{-\infty}^{+\infty}\varphi(x,z-x)\,\mathrm{d}x.$$

同理也可得到

$$\varphi_\zeta(z)=\int_{-\infty}^{+\infty}\varphi(z-y,y)\,\mathrm{d}y.$$

若ξ和η是相互独立的，其密度函数分别为$\varphi_\xi(x)$，$\varphi_\eta(y)$，则

$$\varphi_\zeta(z)=\int_{-\infty}^{+\infty}\varphi(x,z-x)\,\mathrm{d}x=\int_{-\infty}^{+\infty}\varphi_\xi(x)\varphi_\eta(z-x)\,\mathrm{d}x,$$

或

$$\varphi_\zeta(z)=\int_{-\infty}^{+\infty}\varphi_\xi(z-y)\varphi_\eta(y)\,\mathrm{d}y.$$

例 11.4.11　设ξ和η是相互独立的随机变量，且它们都服从标准正态分布$N(0,1)$，求$\zeta=\xi+\eta$的概率密度函数$\varphi_\zeta(z)$.

解　由于ξ和η是相互独立的随机变量，以及

$$\varphi_\xi(x)=\frac{1}{\sqrt{2\pi}}\mathrm{e}^{-\frac{x^2}{2}}\quad(-\infty<x<+\infty),\quad \varphi_\eta(y)=\frac{1}{\sqrt{2\pi}}\mathrm{e}^{-\frac{y^2}{2}}\quad(-\infty<y<+\infty),$$

利用例 11.4.10 的结论得

$$\begin{aligned}\varphi_\zeta(z)&=\int_{-\infty}^{+\infty}\varphi_\xi(x)\varphi_\eta(z-x)\,\mathrm{d}y=\frac{1}{2\pi}\int_{-\infty}^{+\infty}\mathrm{e}^{-\frac{x^2}{2}}\mathrm{e}^{-\frac{(z-x)^2}{2}}\mathrm{d}x\\&=\frac{1}{2\pi}\mathrm{e}^{-\frac{z^2}{4}}\int_{-\infty}^{+\infty}\mathrm{e}^{-\left(x-\frac{z}{2}\right)^2}\mathrm{d}x.\end{aligned}$$

令$t=x-\dfrac{z}{2}$得到

$$\varphi_\zeta(z)=\frac{1}{2\pi}\mathrm{e}^{-\frac{z^2}{4}}\int_{-\infty}^{+\infty}\mathrm{e}^{-t^2}\mathrm{d}t=\frac{1}{2\sqrt{\pi}}\mathrm{e}^{-\frac{z^2}{4}}.$$

因此$\zeta=\xi+\eta$服从正态分布$N(0,2)$.

一般地，若ξ和η是相互独立的随机变量，且$\xi\sim N(\mu_1,\sigma_1^2)$，$\eta\sim N(\mu_2,\sigma_2^2)$，则$\zeta=\xi+\eta\sim$

$N(\mu_1+\mu_2,\sigma_1^2+\sigma_2^2)$. 这称为**正态分布的可加性**. 利用数学归纳法,可以将此结论推广到有限个相互独立,且均服从正态分布的随机变量的线性组合的情况. 这就是如下定理.

定理 11.4.4　设随机变量 $\xi_1,\xi_2,\cdots,\xi_n$ 相互独立,且 $\xi_i\sim N(\mu_i,\sigma_i^2)(i=1,2,\cdots,n)$,则 $\eta=\sum\limits_{i=1}^{n}a_i\xi_i(a_1,a_2,\cdots,a_n$ 为不全为零的常数)服从正态分布 $N\left(\sum\limits_{i=1}^{n}a_i\mu_i,\sum\limits_{i=1}^{n}a_i^2\sigma_i^2\right)$.

例 11.4.12　随机变量 ξ 和 η 相互独立,且 $\xi\sim N(0,1),\eta\sim N(1,1)$. 求 $P(\xi+\eta\leqslant 1)$ 和 $P(\xi-\eta\leqslant 1)$.

解　因为 ξ 和 η 相互独立,且均服从正态分布,由定理 11.4.4 知

$$\xi+\eta\sim N(1,2),\quad \xi-\eta\sim N(-1,2).$$

因此

$$P(\xi+\eta\leqslant 1)=\Phi_0\left(\frac{1-1}{\sqrt{2}}\right)=\Phi_0(0)=0.5,$$

$$P(\xi-\eta\leqslant 1)=\Phi_0\left(\frac{1-(-1)}{\sqrt{2}}\right)=\Phi_0(\sqrt{2})\approx 0.921.$$

例 11.4.13　设 ξ 和 η 是两个相互独立的连续型随机变量,其分布函数分别为 $F_\xi(x)$ 和 $F_\eta(y)$,求随机变量 $\mu=\max\{\xi,\eta\}$ 和 $v=\min\{\xi,\eta\}$ 的分布函数.

解　先求 $\mu=\max\{\xi,\eta\}$ 的分布函数 $F_\mu(z)$. 显然

$$F_\mu(z)=P(\mu\leqslant z)=P(\max\{\xi,\eta\}\leqslant z)=P(\xi\leqslant z,\eta\leqslant z).$$

由于 ξ 与 η 相互独立,所以

$$P(\xi\leqslant z,\eta\leqslant z)=P(\xi\leqslant z)P(\eta\leqslant z)=F_\xi(z)F_\eta(z).$$

于是

$$F_\mu(z)=F_\xi(z)F_\eta(z).$$

再求 $v=\min\{\xi,\eta\}$ 的分布函数 $F_v(z)$. 显然

$$F_v(z)=P(v\leqslant z)=P(\min\{\xi,\eta\}\leqslant z)=1-P(\min\{\xi,\eta\}>z)=1-P(\xi>z,\eta>z).$$

由于 ξ 与 η 相互独立,所以

$$\begin{aligned}P(\xi>z,\eta>z)&=P(\xi>z)P(\eta>z)\\&=[1-P(\xi\leqslant z)][1-P(\eta\leqslant z)]=[1-F_\xi(z)][1-F_\eta(z)].\end{aligned}$$

于是

$$F_v(z)=1-[1-F_\xi(z)][1-F_\eta(z)].$$

例 11.4.14　设 ξ 和 η 是两个相互独立的随机变量,且它们都服从参数为 λ 的指数分布,求随机变量 $\mu=\max\{\xi,\eta\}$ 和 $v=\min\{\xi,\eta\}$ 的概率密度.

解　因为 ξ 和 η 都服从参数为 λ 的指数分布,所以它们的分布函数都是

$$F(x)=\begin{cases}1-\mathrm{e}^{-\lambda x}, & x\geqslant 0,\\ 0, & x<0.\end{cases}$$

因为 ξ 与 η 相互独立,利用例 11.4.13 的结论得 $\mu=\max\{\xi,\eta\}$ 的分布函数为

$$F_\mu(z)=F_\xi(z)F_\eta(z)=\begin{cases}(1-\mathrm{e}^{-\lambda z})^2, & z\geqslant 0,\\ 0, & z<0,\end{cases}$$

于是它的概率密度为

$$\varphi_\mu(z)=\begin{cases}2\lambda e^{-\lambda z}(1-e^{-\lambda z}), & z\geqslant 0,\\0, & z<0.\end{cases}$$

同理，$v=\min\{\xi,\eta\}$ 的分布函数为

$$F_v(z)=1-[1-F_\xi(z)][1-F_\eta(z)]=\begin{cases}1-e^{-2\lambda z}, & z\geqslant 0,\\0, & z<0,\end{cases}$$

二维连续型随机变量的变换的分布

于是它的概率密度为

$$\varphi_v(z)=\begin{cases}2\lambda e^{-2\lambda z}, & z\geqslant 0,\\0, & z<0.\end{cases}$$

关于随机变量的函数的相互独立性，我们不加证明地介绍如下结论：

定理 11.4.5　设随机变量 $\xi_1,\xi_2,\cdots,\xi_n$ 相互独立，则

（1）$f_1(\xi_1),f_2(\xi_2),\cdots,f_n(\xi_n)$ 也相互独立，其中 $f_1,f_2,\cdots,f_n$ 为一元连续函数；

（2）$g(\xi_1,\cdots,\xi_k)$ 与 $h(\xi_{k+1},\cdots,\xi_n)$ 也相互独立，其中 g,h 分别为 $k,n-k$ 元连续函数．

例如，若随机变量 $\xi_1,\xi_2,\xi_3,\xi_4,\xi_5$ 相互独立，则 $\xi_1+\xi_2+\xi_3$ 与 $\xi_4^2+\xi_5^2$ 相互独立，$\xi_2\sin\xi_1$ 与 $\xi_3+\xi_4\xi_5$ 也相互独立．

习　题

1. 两封信随机地往编号为Ⅰ，Ⅱ，Ⅲ，Ⅳ的 4 个邮筒内投．用 ξ_i 表示第 i 个邮筒内信的数目（$i=1,2$）．写出 (ξ_1,ξ_2) 的联合分布律及 (ξ_1,ξ_2) 关于 ξ_1 的边缘分布律．

2. 设随机变量 ξ 与 η 相互独立，且 (ξ,η) 有如下联合分布律：

ξ	η		
	y_1	y_2	y_3
x_1	a	$\frac{1}{8}$	c
x_2	$\frac{1}{8}$	b	$\frac{1}{4}$

求 a,b,c 的值．

3. 设 ξ 与 η 相互独立，其概率分布分别如下表所示：

ξ	-2	-1	0	$\frac{1}{2}$
P	$\frac{1}{4}$	$\frac{1}{3}$	$\frac{1}{12}$	$\frac{1}{3}$

η	$-\frac{1}{2}$	1	3
P	$\frac{1}{2}$	$\frac{1}{4}$	$\frac{1}{4}$

（1）求 (ξ,η) 的联合分布；

（2）计算 $P(\xi+\eta=1)$，$P(\xi+\eta\neq 0)$．

4. 设二维连续型随机变量 (ξ,η) 的联合分布函数为

$$F(x,y)=A\left(B+\arctan\frac{x}{2}\right)\left(C+\arctan\frac{y}{3}\right).$$

（1）求系数 A,B,C；

（2）求(ξ,η)的联合概率密度函数；

（3）分别求关于ξ,η的边缘分布函数和边缘概率密度；

（4）问随机变量ξ与η是否相互独立？

5. 设随机变量ξ和η都服从$[0,1]$上的均匀分布，且ξ与η相互独立．试求$\xi^2+\eta^2\leqslant 1$的概率．

6. 设二维随机变量(ξ,η)服从单位圆$D=\{(x,y)\mid x^2+y^2\leqslant 1\}$上的均匀分布．

（1）求关于ξ,η的边缘概率密度；

（2）问随机变量ξ与η是否相互独立？

7. 设二维连续型随机变量(ξ,η)的概率密度为

$$\varphi(x,y)=\begin{cases}c(1-y), & 0\leqslant x\leqslant y\leqslant 1,\\ 0, & \text{其他},\end{cases}$$

求c的值，并计算$P(\eta>2\xi)$.

8. 设二维连续型随机变量(ξ,η)的概率密度为

$$\varphi(x,y)=\begin{cases}x^2+\dfrac{xy}{3}, & 0\leqslant x\leqslant 1,0\leqslant y\leqslant 2,\\ 0, & \text{其他},\end{cases}$$

求$P(\xi+\eta\geqslant 1)$.

9. 一个电子仪器由两个部件构成，以ξ和η分别表示两个部件的寿命（单位：10^3 h）．已知ξ和η的联合分布函数为

$$F(x,y)=\begin{cases}1-\mathrm{e}^{-0.5x}-\mathrm{e}^{-0.5y}+\mathrm{e}^{-0.5(x+y)}, & x\geqslant 0,y\geqslant 0,\\ 0, & \text{其他},\end{cases}$$

（1）问ξ与η是否相互独立？

（2）求两个部件的寿命都超过 100 h 的概率．

10. 设钻头的寿命（即钻头直到磨损报废为止所钻透的地层厚度，单位：m）服从参数为0.001的指数分布．现要打一口深度为 2 000 m 的井，求

（1）只需用一根钻头的概率；

（2）恰好用两根钻头的概率．

11. 设随机变量ξ的分布律为

ξ	1	2	…	n	…
P	$\dfrac{1}{2}$	$\dfrac{1}{2^2}$	…	$\dfrac{1}{2^n}$	…

求随机变量$\eta=\sin\dfrac{\pi}{2}\xi$的分布律．

12. 设随机变量$\xi\sim N(0,1)$，$\eta=\mathrm{e}^{\xi}$，求η的概率密度．

13. 分子运动速度的绝对值ξ是服从**Maxwell（麦克斯韦）分布**的随机变量，其概率密度为

$$\varphi(x)=\begin{cases}\dfrac{4x^2}{\alpha^3\sqrt{\pi}}\mathrm{e}^{-\frac{x^2}{\alpha^2}}, & x>0,\\ 0, & x\leqslant 0,\end{cases}$$

其中 $\alpha>0$. 求分子动能 $\eta=\frac{1}{2}m\xi^2$ 的概率密度,其中 m 是分子的质量.

14. 设随机变量 ξ 的概率密度为

$$\varphi(x)=\begin{cases}\dfrac{2}{\pi(1+x^2)}, & x>0,\\ 0, & x\leqslant 0,\end{cases}$$

求随机变量 $\eta=\ln\xi$ 的概率密度.

15. 设随机变量 ξ 的概率密度为

$$\varphi(x)=\begin{cases}2x^3\mathrm{e}^{-x^2}, & x>0,\\ 0, & x\leqslant 0,\end{cases}$$

求随机变量 $\eta=\xi^2$ 的概率密度.

16. 设随机变量 ξ 服从标准正态分布 $N(0,1)$,求 $\eta=|\xi|$ 的概率密度.

17. 设随机变量 $\xi\sim LN(\mu,\sigma^2)$,证明 $\eta=\ln\xi\sim N(\mu,\sigma^2)$.

18. 已知二维随机变量 (ξ,η) 的联合分布律

ξ	η		
	0	1	2
0	0.1	0.15	0.15
1	0.25	0.2	0
2	0.15	0	0

(1) 求 (ξ,η) 关于 ξ 的边缘分布;

(2) 求 $\xi+\eta$ 的分布律;

(3) 问随机变量 ξ 与 η 是否相互独立?

19. (**二项分布的可加性**)设随机变量 $\xi\sim B(n_1,p)$,$\eta\sim B(n_2,p)$,且 ξ 与 η 相互独立,证明:$\xi+\eta\sim B(n_1+n_2,p)$.

20. (**Poisson 分布的可加性**)若随机变量 $\xi\sim P(\lambda_1)$,$\eta\sim P(\lambda_2)$,且 ξ 与 η 相互独立,证明:$\xi+\eta\sim P(\lambda_1+\lambda_2)$.

21. 设随机变量 ξ 与 η 相互独立,且都服从正态分布 $N(0,\sigma^2)$,求随机变量 $\zeta=\sqrt{\xi^2+\eta^2}$ 的分布函数和概率密度.

22. 在线段 $[0,a]$ $(a>0)$ 上随机地投掷两点,试求这两点之间的距离的分布函数.

23. 设二维连续型随机变量 (ξ,η) 有联合概率密度 $\varphi(x,y)=\frac{1}{2\pi}\mathrm{e}^{-\frac{1}{2}(x^2+y^2)}$,$\zeta=\xi^2+\eta^2$,求 ζ 的概率密度.

24. 设二维连续型随机变量 (ξ,η) 的联合概率密度为

$$\varphi(x,y)=\begin{cases}x\mathrm{e}^{-y}, & 0<x\leqslant y,\\ 0, & \text{其他},\end{cases}$$

求 $\mu=\max\{\xi,\eta\}$ 的概率密度.

25. 设某种型号的电子元件的寿命(单位:h)服从正态分布 $N(160,20^2)$. 随机地选取 4 只该种电子元件,求其中没有一只寿命小于 180 h 的概率.

26. (**Γ 分布的可加性**)若随机变量 $\xi\sim\Gamma(\alpha_1,\lambda)$,$\eta\sim\Gamma(\alpha_2,\lambda)$,且 ξ 与 η 相互独立,证明:$\xi+\eta\sim\Gamma(\alpha_1+\alpha_2,\lambda)$.

§ 5　随机变量的数字特征

随机变量的分布函数全面地反映了随机变量的统计规律,利用分布函数可以很方便地计算各种事件的概率. 但在实际应用中,要全面了解随机变量的分布并不容易,甚至是不可能的. 不过在具体工作时,常常并不需要全面了解随机变量的变化情况,只需知道一些能反映随机变量特征的指标就能解决问题. 例如,测量一个零件的长度时,我们关心的仅仅是测量的平均值及测量的精度(即离散程度). 因此我们需要引入一些能反映随机变量的平均值(即数学期望)以及随机变量与其平均值的偏差程度的量(即方差)等. 它们不但容易估计,而且为随机变量的取值提供了综合性的指标,从而是随机变量的重要统计特征.

数学期望

我们先看一个例子. 检验员每天从生产线取出 n 件产品进行检验. 记 ξ 为每天检验出的次品数. 若检验员检查了 N 天,记这 N 天出现 $0,1,\cdots,n$ 件次品的天数分别为 $x_0,x_1,\cdots,x_n$,则 $x_0+x_1+\cdots+x_n=N$,且 N 天出现的总次品数为

$$0\cdot x_0+1\cdot x_1+\cdots+n\cdot x_n=\sum_{k=0}^{n}kx_k.$$

因此 N 天中平均每天出现的次品数为

$$\frac{\sum\limits_{k=0}^{n}kx_k}{N}=\sum_{k=0}^{n}k\cdot\frac{x_k}{N}.$$

注意$\dfrac{x_k}{N}$就是 N 天中每天出现 k 件次品的频率,即$\{\xi=k\}$的频率. 若记 p_k 为每天出现 k 件次品的概率,即 $P(\xi=k)$,则由概率的统计意义,当 N 充分大时,$\dfrac{x_k}{N}$会在 p_k 附近摆动($k=0,1,\cdots,n$),所以 $\sum\limits_{k=0}^{n}k\cdot\dfrac{x_k}{N}$ 就会在 $\sum\limits_{k=0}^{n}k\cdot p_k$ 附近摆动. 因此从统计意义上可以认为,$\sum\limits_{k=0}^{n}k\cdot p_k$ 就是平均每天出现的次品数.

以此为背景,我们引入下面的定义.

定义 11.5.1　设离散型随机变量 ξ 的可能取值为 $x_1,x_2,\cdots,x_n,\cdots$,且 ξ 取相应值的概率依次为 $p_1,p_2,\cdots,p_n,\cdots$. 若级数 $\sum\limits_{i=1}^{\infty}x_ip_i$ 绝对收敛,则称该级数的和为随机变量 ξ 的**数学期**

望，简称**期望**，记为 $E\xi$ 或 $E(\xi)$，即

$$E\xi=\sum_{i=1}^{\infty}x_ip_i.$$

此时也称 ξ 的数学期望存在．若级数 $\sum\limits_{i=1}^{\infty}|x_i|p_i$ 发散，则称 ξ 的数学期望不存在．

由数学期望的定义知，数学期望实质上是以概率为权的加权平均值，因此也常称为**均值**．我们在定义中需要级数绝对收敛，是因为数学期望应该与随机变量取值的人为排序无关．只有当级数是绝对收敛时，才能保证收敛级数的和与求和次序无关．

对于连续型随机变量 ξ，也应有数学期望的概念．如何得到呢？先做一个近似分析．设随机变量 ξ 的概率密度为 $\varphi(x)$（假设 $\varphi(x)$ 连续），在实轴上插入分点

$$x_0<x_1<\cdots<x_n,$$

则 ξ 落在 $[x_i,x_{i+1}]$ 中的概率为（记 $\Delta x_i=x_{i+1}-x_i$）

$$P(\xi\in[x_i,x_{i+1}])=\int_{x_i}^{x_{i+1}}\varphi(x)\,\mathrm{d}x\approx\varphi(x_i)\Delta x_i,\quad i=0,1,\cdots,n-1.$$

这时，如下分布的离散型随机变量 $\tilde{\xi}$ 就可以看作 ξ 的一种近似

$\tilde{\xi}$	x_0	x_1	$\cdots$	x_n
P	$\varphi(x_0)\Delta x_0$	$\varphi(x_1)\Delta x_1$	$\cdots$	$\varphi(x_n)\Delta x_n$

其数学期望为

$$E\tilde{\xi}=\sum_{i=0}^{n}x_i\varphi(x_i)\Delta x_i,$$

它近似地可看作 ξ 的平均值．可以想象，当分点在实轴上越来越密时，上述和式就会以 $\int_{-\infty}^{+\infty}x\varphi(x)\,\mathrm{d}x$ 为极限．由此为背景，我们给出下面的定义．

定义 11.5.2　设 ξ 是连续型随机变量，其概率密度为 $\varphi(x)$．若 $\int_{-\infty}^{+\infty}|x|\varphi(x)\,\mathrm{d}x$ 收敛，则称 $\int_{-\infty}^{+\infty}x\varphi(x)\,\mathrm{d}x$ 的值为随机变量 ξ 的**数学期望**，简称**期望**，记为 $E\xi$ 或 $E(\xi)$，即

$$E\xi=\int_{-\infty}^{+\infty}x\varphi(x)\,\mathrm{d}x.$$

此时也称 ξ 的数学期望存在．若 $\int_{-\infty}^{+\infty}|x|\varphi(x)\,\mathrm{d}x$ 发散，则称 ξ 的数学期望不存在．

例 11.5.1　已知一箱中有产品 100 个，其中 10 个次品，90 个正品．从中任取 5 个，求这 5 个产品中次品数的期望值．

解　设 ξ 为任意取出 5 个产品中的次品数，则 ξ 可取值 0,1,2,3,4,5. 且易计算 ξ 的分布为

ξ	0	1	2	3	4	5
P	$\dfrac{C_{90}^5}{C_{100}^5}$	$\dfrac{C_{10}^1C_{90}^4}{C_{100}^5}$	$\dfrac{C_{10}^2C_{90}^3}{C_{100}^5}$	$\dfrac{C_{10}^3C_{90}^2}{C_{100}^5}$	$\dfrac{C_{10}^4C_{90}^1}{C_{100}^5}$	$\dfrac{C_{10}^5}{C_{100}^5}$

因此

$$E\xi=\sum_{k=0}^{5}kP(\xi=k)=\frac{\sum_{k=0}^{5}kC_{90}^{5-k}C_{10}^{k}}{C_{100}^{5}}=0.5.$$

例 11.5.2　已知连续型随机变量 ξ 的概率密度为如下形式：

$$\varphi(x)=\begin{cases}ax^{k}, & 0<x<1,\\ 0, & \text{其他},\end{cases}$$

其中 $k>0,a>0$. 又已知 $E\xi=0.75$，求 k 和 a 的值 .

解　由概率密度的性质得

$$1=\int_{-\infty}^{+\infty}\varphi(x)\mathrm{d}x=\int_{0}^{1}ax^{k}\mathrm{d}x=\frac{a}{k+1},$$

所以 $a=k+1$. 又由已知

$$0.75=E\xi=\int_{-\infty}^{+\infty}x\varphi(x)\mathrm{d}x=\int_{0}^{1}ax^{k+1}\mathrm{d}x=\frac{a}{k+2},$$

所以又成立 $a=0.75(k+2)$. 解方程组

$$\begin{cases}k+1=a,\\ 0.75(k+2)=a,\end{cases}$$

得 $k=2,a=3$.

注意，一些随机变量的数学期望并不存在 . 例如，服从 **Cauchy 分布**的连续型随机变量 ξ，即其概率密度为

$$\varphi(x)=\frac{1}{\pi(1+x^{2})},\quad -\infty<x<+\infty,$$

则易知 ξ 的数学期望不存在 .

可以证明随机变量的数学期望有如下性质（假设以下涉及的数学期望均存在）：

（1）若 c 是常数，则 $Ec=c$.

（2）若 ξ 是随机变量，k 是常数，则 $E(k\xi)=kE\xi$.

（3）若 ξ,η 为两个随机变量，则 $E(\xi+\eta)=E\xi+E\eta$.

因此，用归纳法可以得出，若 $\xi_1,\xi_2,\cdots,\xi_n$ 为随机变量，则

$$E\left(\sum_{i=1}^{n}\xi_i\right)=\sum_{i=1}^{n}E\xi_i.$$

（4）若 ξ,η 为两个随机变量，满足 $\xi\leqslant\eta$（即对于每个 $x\in\Omega$，成立 $\xi(x)\leqslant\eta(x)$），则

$$E\xi\leqslant E\eta.$$

特别地

$$|E\xi|\leqslant E|\xi|.$$

（5）若随机变量 ξ 和 η 相互独立，则 $E(\xi\eta)=E\xi\cdot E\eta$.

因此，若 n 个随机变量 $\xi_1,\xi_2,\cdots,\xi_n$ 相互独立，则

$$E\left(\prod_{i=1}^{n}\xi_i\right)=\prod_{i=1}^{n}E\xi_i.$$

例 11.5.3　假设机场送客班车每次开出时有 20 名乘客，沿途有 10 个下客站 . 若到站

时无乘客下车,则班车不停．假设每位乘客在各车站下车的机会是等可能的,且是否下车互不影响,求班车每班次停车的平均数．

解　用 ξ 表示班车的停车数．记

$$\xi_i=\begin{cases}1, & \text{在第 } i \text{ 个车站有乘客下车},\\ 0, & \text{在第 } i \text{ 个车站无乘客下车},\end{cases}\quad i=1,2,\cdots,10,$$

则 $\xi=\xi_1+\xi_2+\cdots+\xi_{10}$. 由于每位乘客在各车站下车的机会是等可能的,所以每个乘客在每站下车的概率为 0.1,不下车的概率为 0.9. 而乘客是否下车是相互独立的,20 位乘客在第 i 站都不下车的概率就是 0.9^{20},即 $P(\xi_i=0)=0.9^{20}$,所以$P(\xi_i=1)=1-0.9^{20}$. 因此

$$E(\xi_i)=0\times 0.9^{20}+1\times(1-0.9^{20})=1-0.9^{20},\quad i=1,2,\cdots,10.$$

于是每班次停车的平均数,即 ξ 的数学期望为

$$E(\xi)=E(\xi_1+\xi_2+\cdots+\xi_{10})=E(\xi_1)+E(\xi_2)+\cdots+E(\xi_{10})=10\times(1-0.9^{20})\approx 8.78.$$

随机变量的函数的数学期望

对于一维随机变量的函数的数学期望,有以下的计算方法:

定理 11.5.1　设 ξ 是随机变量, f 是一元连续函数或单调函数．

(1) 若 ξ 是离散型随机变量,其概率分布为 $P(\xi=x_i)=p_i\ (i=1,2,\cdots)$,则当 $\sum\limits_{i=1}^{\infty}|f(x_i)|p_i$ 收敛时,随机变量 $\eta=f(\xi)$ 的数学期望存在,且

$$E\eta=Ef(\xi)=\sum_{i=1}^{\infty}f(x_i)p_i;$$

(2) 若 ξ 是连续型随机变量,其概率密度为 $\varphi(x)$,则当 $\int_{-\infty}^{+\infty}|f(x)|\varphi(x)\,\mathrm{d}x$ 收敛时,随机变量 $\eta=f(\xi)$ 的数学期望存在,且

$$E\eta=Ef(\xi)=\int_{-\infty}^{+\infty}f(x)\varphi(x)\,\mathrm{d}x.$$

此定理的证明从略．

例 11.5.4　设随机变量 ξ 服从参数为 0.5 的 Poisson 分布,求 $\eta=\dfrac{1}{1+\xi}$的数学期望 $E\eta$.

解　因为 ξ 服从参数为 0.5 的 Poisson 分布,所以

$$P(\xi=k)=\frac{(0.5)^k}{k!}\mathrm{e}^{-0.5},\quad k=0,1,2,\cdots.$$

由定理 11.5.1 得

$$\begin{aligned}E\eta&=E\left(\frac{1}{1+\xi}\right)=\sum_{k=0}^{\infty}\frac{1}{1+k}\cdot\frac{(0.5)^k}{k!}\mathrm{e}^{-0.5}=\frac{1}{0.5}\mathrm{e}^{-0.5}\sum_{k=0}^{\infty}\frac{(0.5)^{k+1}}{(k+1)!}\\&=\frac{1}{0.5}\mathrm{e}^{-0.5}\left(\sum_{n=0}^{\infty}\frac{(0.5)^n}{n!}-1\right)=\frac{2}{\sqrt{\mathrm{e}}}(\mathrm{e}^{0.5}-1)=2\left(1-\frac{1}{\sqrt{\mathrm{e}}}\right).\end{aligned}$$

例 11.5.5　某公司经销一种季节性商品．根据以往积累的经验,该商品的市场需求量 ξ 服从[3 000,5 000]上的均匀分布．若适时销售一件该商品,则公司可获利 150 元,而季后积压则每件商品亏损 50 元．问该公司在季初应组织多少件这种商品,才能使平均收益

最大？

解　设该公司在季初组织的该商品量为 k，则显然应有 $3\ 000\leqslant k\leqslant 5\ 000$. 显然，公司收益 L 是需求量 ξ 的函数，且由已知条件这个函数关系为

$$L=L(\xi)=\begin{cases}150k, & \xi\geqslant k,\\ 150\xi-50(k-\xi), & \xi<k\end{cases}=\begin{cases}150k, & \xi\geqslant k,\\ 200\xi-50k, & \xi<k.\end{cases}$$

由于 ξ 服从 $[3\ 000,5\ 000]$ 上的均匀分布，所以 ξ 的概率密度为

$$\varphi(x)=\begin{cases}\dfrac{1}{2\ 000}, & 3\ 000\leqslant x\leqslant 5\ 000,\\ 0, & 其他.\end{cases}$$

于是，该公司的平均收益为

$$\begin{aligned}E(L(\xi))&=\int_{-\infty}^{+\infty}L(x)\varphi(x)\,\mathrm{d}x=\frac{1}{2\ 000}\int_{3\ 000}^{5\ 000}L(x)\,\mathrm{d}x\\&=\frac{1}{2\ 000}\int_{3\ 000}^{k}(200x-50k)\,\mathrm{d}x+\frac{1}{2\ 000}\int_{k}^{5\ 000}150k\,\mathrm{d}x\\&=-\frac{1}{20}(k^2-9\ 000k+9\ 000\ 000).\end{aligned}$$

这说明 $E(L(\xi))$ 是 k 的二次函数，易知当 $k=4\ 500$ 时 $E(L(\xi))$ 取最大值，即该公司的平均收益最大.

方差和标准差

在实际问题中，仅凭随机变量的数学期望（或平均值）常常并不能完全解决问题，还要考察随机变量的取值与其数学期望之间的离散程度．例如，考察两个射击运动员的水平，自然会看他们的平均成绩，平均成绩好的，当然水平高些. 但如果两个运动员的平均成绩相差无几，就要进一步看他们成绩的稳定性，即各次射击成绩与平均成绩的离散程度，离散程度越小，成绩越稳定．抽象地说就是，对于一个随机变量 ξ，我们不但要考察其数学期望 $E\xi$，还要考察 $\xi-E\xi$. 我们称 $\xi-E\xi$ 为随机变量 ξ 的**离差**．显然，离差的数学期望为 0，即 $E(\xi-E\xi)=0$. 因此，考虑离差的数学期望不能解决任何问题．我们自然会想到，这是由于 $\xi-E\xi$ 的符号变化造成的．为了消除符号变化的影响，若使用 $E|\xi-E\xi|$，却带来不便于计算的困难，因此在实际应用中常使用的是 $E(\xi-E\xi)^2$，它易计算、实用且有效．

定义 11.5.3　设 ξ 是随机变量，若 $E(\xi-E\xi)^2$ 存在，则称它为 ξ 的**方差**，记为 $D\xi$ 或 $D(\xi)$. 即

$$D\xi=E(\xi-E\xi)^2.$$

显然 $D\xi\geqslant 0$. 由定理 11.5.1 可知，关于方差有以下的计算公式：

（1）若 ξ 是离散型随机变量，其分布律为 $P(\xi=x_i)=p_i(i=1,2,\cdots)$，则

$$D\xi=\sum_{i=1}^{\infty}(x_i-E\xi)^2p_i.$$

（2）若 ξ 是连续型随机变量，其概率密度为 $\varphi(x)$，则

$$D\xi=\int_{-\infty}^{+\infty}(x-E\xi)^2\varphi(x)\,\mathrm{d}x.$$

注意,在实际应用中,$D\xi$ 与随机变量 ξ 的量纲并不一致,为了保持量纲的一致性,常考虑 $D\xi$ 的算术平方根,它称为 ξ 的**均方差**或**标准差**,记为 σ_ξ 或 σ,即

$$\sigma_\xi=\sqrt{D\xi}.$$

均方差的量纲与随机变量 ξ 的量纲是一致的.

可以证明随机变量的方差有如下性质(假设以下涉及的方差均存在):

(1) 若 c 是常数,则 $D(c)=0$. 反之,若随机变量 ξ 满足 $D\xi=0$,则 $P(\xi=E\xi)=1$.

(2) 若 ξ 是随机变量,k 是常数,则 $D(k\xi)=k^2D(\xi)$.

(3) 若 ξ 是随机变量,c 是常数,则 $D(\xi+c)=D(\xi)$.

(4) 若 ξ 和 η 为相互独立的随机变量,则 $D(\xi+\eta)=D\xi+D\eta$.

因此,用归纳法可以得出,若随机变量 $\xi_1,\xi_2,\cdots,\xi_n$ 相互独立,则

$$D\left(\sum_{i=1}^{n}\xi_i\right)=\sum_{i=1}^{n}D\xi_i.$$

注意,当 ξ 和 η 为相互独立的随机变量时,它们的差的方差为

$$D(\xi-\eta)=D[\xi+(-1)\eta]=D\xi+D[(-1)\eta]=D\xi+(-1)^2D\eta=D\xi+D\eta.$$

在实际计算方差时,常常用到公式

$$D\xi=E(\xi^2)-(E\xi)^2.$$

事实上,

$$\begin{aligned}D\xi&=E(\xi-E\xi)^2=E(\xi^2-2\xi E\xi+(E\xi)^2)\\&=E(\xi^2)-2E\xi\cdot E\xi+(E\xi)^2=E(\xi^2)-(E\xi)^2.\end{aligned}$$

例 11.5.6 设随机变量 ξ 服从参数为 1 的指数分布,随机变量

$$\eta=\begin{cases}-1, & \xi<1,\\0, & \xi=1,\\1, & \xi>1,\end{cases}$$

求 $E\eta$ 和 $D\eta$.

解 因为 ξ 服从参数为 1 的指数分布,则 ξ 的概率密度为

$$\varphi(x)=\begin{cases}\mathrm{e}^{-x}, & x\geqslant 0,\\0, & x<0.\end{cases}$$

所以

$$P(\eta=-1)=P(\xi<1)=\int_0^1\mathrm{e}^{-x}\mathrm{d}x=1-\mathrm{e}^{-1},$$

$$P(\eta=0)=P(\xi=1)=0,$$

$$P(\eta=1)=P(\xi>1)=1-P(\xi\leqslant 1)=1-(1-\mathrm{e}^{-1})=\mathrm{e}^{-1}.$$

于是

$$E\eta=(-1)\times P(\eta=-1)+0\times P(\eta=0)+1\times P(\eta=1)=2\mathrm{e}^{-1}-1.$$

又因为

$$E(\eta^2)=(-1)^2\times P(\eta=-1)+0^2\times P(\eta=0)+1^2\times P(\eta=1)=1,$$

所以

$$D\eta=E(\eta^2)-(E\eta)^2=1-(2\mathrm{e}^{-1}-1)^2=4(\mathrm{e}^{-1}-\mathrm{e}^{-2}).$$

例 11.5.7　设随机变量 ξ 服从 $\left[-\frac{1}{2},\frac{1}{2}\right]$ 上的均匀分布,函数

$$f(x)=\begin{cases}\ln x, & x>0,\\ 0, & x\leqslant 0.\end{cases}$$

求 $\eta=f(\xi)$ 的数学期望与方差.

解　由于 ξ 服从 $\left[-\frac{1}{2},\frac{1}{2}\right]$ 上的均匀分布,所以其概率密度为

$$\varphi(x)=\begin{cases}1, & -\frac{1}{2}\leqslant x\leqslant\frac{1}{2},\\ 0, & \text{其他}.\end{cases}$$

因此

$$\begin{aligned}E\eta &= E[f(\xi)]=\int_{-\infty}^{+\infty}f(x)\varphi(x)\mathrm{d}x\\ &=\int_0^{\frac{1}{2}}\ln x\mathrm{d}x=(x\ln x)\Big|_0^{\frac{1}{2}}-\int_0^{\frac{1}{2}}1\mathrm{d}x=-\frac{1}{2}(1+\ln 2),\end{aligned}$$

以及

$$\begin{aligned}E(\eta^2) &= E[f^2(\xi)]=\int_{-\infty}^{+\infty}f^2(x)\varphi(x)\mathrm{d}x\\ &=\int_0^{\frac{1}{2}}(\ln x)^2\mathrm{d}x=[x(\ln x)^2]\Big|_0^{\frac{1}{2}}-2\int_0^{\frac{1}{2}}\ln x\mathrm{d}x\\ &=\frac{1}{2}(\ln 2)^2+\ln 2+1.\end{aligned}$$

因此

$$D\eta=E(\eta^2)-(E\eta)^2=\frac{1}{4}(\ln 2)^2+\frac{1}{2}\ln 2+\frac{3}{4}.$$

几种常见分布的数学期望和方差

(一) 0-1 分布

设随机变量 ξ 服从 0-1 分布,且概率函数为

$$P(\xi=k)=p^k(1-p)^{1-k},\quad k=0,1.$$

由定义

$$E\xi=0\times(1-p)+1\times p=p.$$

由定理 11.5.1 知

$$E(\xi^2)=0^2\times(1-p)+1^2\times p=p,$$

于是

$$D\xi=E(\xi^2)-(E\xi)^2=p-p^2=p(1-p).$$

这说明,若随机变量 ξ 服从参数为 p 的 0-1 分布,则 $E\xi=p$,$D\xi=p(1-p)$.

（二）二项分布

设随机变量 ξ 服从参数为 n,p 的二项分布，即 $\xi\sim B(n,p)$.

负二项分布

首先说明，服从二项分布的随机变量 ξ 可以看作是 n 个相互独立的 0-1 分布的随机变量的和．事实上，设在某个试验中事件 A 发生或不发生，且 A 发生的概率为 p，将这个试验独立地重复 n 次，构成一个 n 重 Bernoulli 试验．随机变量 ξ 就可以看作这个 n 重 Bernoulli 试验中事件 A 出现的次数，因此它服从二项分布 $B(n,p)$．设随机变量 $\xi_i(i=1,2,\cdots,n)$ 为

$$\xi_i=\begin{cases}1, & \text{第 } i \text{ 次试验 } A \text{ 发生},\\ 0, & \text{第 } i \text{ 次试验 } A \text{ 不发生},\end{cases}$$

则 ξ_i 服从参数为 p 的 0-1 分布，且 $\xi_1,\xi_2,\cdots,\xi_n$ 相互独立．因此 $\xi=\sum\limits_{i=1}^{n}\xi_i$，即 ξ 是 n 个相互独立的 0-1 分布的随机变量的和．于是

$$E\xi=E\sum_{i=1}^{n}\xi_i=\sum_{i=1}^{n}E\xi_i=\sum_{i=1}^{n}p=np.$$

由于 $\xi_i(i=1,2,\cdots,n)$ 相互独立，所以

$$D\xi=D\sum_{i=1}^{n}\xi_i=\sum_{i=1}^{n}D\xi_i=\sum_{i=1}^{n}p(1-p)=np(1-p).$$

这说明，若随机变量 $\xi\sim B(n,p)$，则 $E\xi=np,D\xi=np(1-p)$.

（三）Poisson 分布

设随机变量 ξ 服从参数为 λ 的 Poisson 分布，即 $\xi\sim P(\lambda)$，则 ξ 的概率分布是

$$P(\xi=k)=\frac{\lambda^k}{k!}\mathrm{e}^{-\lambda},\quad k=0,1,2,\cdots.$$

由定义得

$$E\xi=\sum_{k=0}^{\infty}k\frac{\lambda^k}{k!}\mathrm{e}^{-\lambda}=\lambda\mathrm{e}^{-\lambda}\sum_{k=1}^{\infty}\frac{\lambda^{k-1}}{(k-1)!}=\lambda\mathrm{e}^{-\lambda}\sum_{n=0}^{\infty}\frac{\lambda^n}{n!}=\lambda\mathrm{e}^{-\lambda}\mathrm{e}^{\lambda}=\lambda.$$

由定理 11.5.1 得

$$\begin{aligned}E(\xi^2)&=\sum_{k=0}^{\infty}k^2\frac{\lambda^k}{k!}\mathrm{e}^{-\lambda}=\sum_{k=2}^{\infty}(k-1)k\frac{\lambda^k}{k!}\mathrm{e}^{-\lambda}+\sum_{k=1}^{\infty}k\frac{\lambda^k}{k!}\mathrm{e}^{-\lambda}\\&=\lambda^2\mathrm{e}^{-\lambda}\sum_{k=2}^{\infty}\frac{\lambda^{k-2}}{(k-2)!}+\lambda=\lambda^2+\lambda,\end{aligned}$$

因此

$$D\xi=E(\xi^2)-(E\xi)^2=\lambda^2+\lambda-\lambda^2=\lambda.$$

这说明，若随机变量 $\xi\sim P(\lambda)$，则 $E\xi=\lambda,D\xi=\lambda$.

（四）均匀分布

设随机变量 ξ 服从区间 $[a,b]$ 上的均匀分布，即 $\xi\sim U[a,b]$，则 ξ 的概率密度为

$$\varphi(x)=\begin{cases}\dfrac{1}{b-a}, & a\leqslant x\leqslant b,\\ 0, & \text{其他}.\end{cases}$$

由定义

$$E\xi=\int_{-\infty}^{+\infty}x\varphi(x)\,\mathrm{d}x=\int_a^b x\frac{1}{b-a}\mathrm{d}x=\frac{a+b}{2}.$$

因为

$$E(\xi^2)=\int_{-\infty}^{+\infty}x^2\varphi(x)\,\mathrm{d}x=\int_a^b x^2\frac{1}{b-a}\mathrm{d}x=\frac{a^2+ab+b^2}{3},$$

所以

$$D\xi=E(\xi^2)-(E\xi)^2=\frac{a^2+ab+b^2}{3}-\left(\frac{a+b}{2}\right)^2=\frac{(b-a)^2}{12}.$$

这说明，若随机变量 $\xi\sim U[a,b]$，则 $E\xi=\frac{a+b}{2}$，$D\xi=\frac{(b-a)^2}{12}$.

（五）指数分布

设随机变量 ξ 服从参数为 λ 的指数分布，即 $\xi\sim E(\lambda)$，则 ξ 的概率密度为

$$\varphi(x)=\begin{cases}\lambda\mathrm{e}^{-\lambda x}, & x\geqslant 0,\\ 0, & x<0.\end{cases}$$

由定义

$$E\xi=\int_{-\infty}^{+\infty}x\varphi(x)\,\mathrm{d}x=\int_0^{+\infty}\lambda x\mathrm{e}^{-\lambda x}\mathrm{d}x=-x\mathrm{e}^{-\lambda x}\Big|_0^{+\infty}+\int_0^{+\infty}\mathrm{e}^{-\lambda x}\mathrm{d}x=\frac{1}{\lambda}.$$

因为

$$\begin{aligned}E(\xi^2)&=\int_{-\infty}^{+\infty}x^2\varphi(x)\,\mathrm{d}x=\int_0^{+\infty}\lambda x^2\mathrm{e}^{-\lambda x}\mathrm{d}x\\&=-x^2\mathrm{e}^{-\lambda x}\Big|_0^{+\infty}+2\int_0^{+\infty}x\mathrm{e}^{-\lambda x}\mathrm{d}x=2\int_0^{+\infty}x\mathrm{e}^{-\lambda x}\mathrm{d}x=\frac{2}{\lambda^2},\end{aligned}$$

所以

$$D\xi=E(\xi^2)-(E\xi)^2=\frac{2}{\lambda^2}-\left(\frac{1}{\lambda}\right)^2=\frac{1}{\lambda^2}.$$

这说明，若随机变量 $\xi\sim E(\lambda)$，则 $E\xi=\frac{1}{\lambda}$，$D\xi=\frac{1}{\lambda^2}$.

（六）正态分布

设随机变量 ξ 服从参数为 μ,σ^2 的正态分布，即 $\xi\sim N(\mu,\sigma^2)$，则 ξ 的概率密度为

$$\varphi(x)=\frac{1}{\sqrt{2\pi}\sigma}\mathrm{e}^{-\frac{(x-\mu)^2}{2\sigma^2}}.$$

由定义得

$$\begin{aligned}E\xi&=\int_{-\infty}^{+\infty}\frac{x}{\sqrt{2\pi}\sigma}\mathrm{e}^{-\frac{(x-\mu)^2}{2\sigma^2}}\mathrm{d}x\quad\left(\text{令 } t=\frac{x-\mu}{\sigma}\right)\\&=\int_{-\infty}^{+\infty}\frac{\sigma t+\mu}{\sqrt{2\pi}}\mathrm{e}^{-\frac{t^2}{2}}\mathrm{d}t\\&=\sigma\int_{-\infty}^{+\infty}\frac{t}{\sqrt{2\pi}}\mathrm{e}^{-\frac{t^2}{2}}\mathrm{d}t+\mu\int_{-\infty}^{+\infty}\frac{1}{\sqrt{2\pi}}\mathrm{e}^{-\frac{t^2}{2}}\mathrm{d}t\end{aligned}$$

$$=\mu\int_{-\infty}^{+\infty}\frac{1}{\sqrt{2\pi}}e^{-\frac{t^2}{2}}dt=\mu,$$

以及

$$D\xi=E(\xi-E\xi)^2=\frac{1}{\sqrt{2\pi}\sigma}\int_{-\infty}^{+\infty}(x-\mu)^2e^{-\frac{(x-\mu)^2}{2\sigma^2}}dx$$

$$=\frac{-\sigma^2}{\sqrt{2\pi}\sigma}\int_{-\infty}^{+\infty}(x-\mu)de^{-\frac{(x-\mu)^2}{2\sigma^2}}$$

$$=\frac{-\sigma^2}{\sqrt{2\pi}\sigma}(x-\mu)e^{-\frac{(x-\mu)^2}{2\sigma^2}}\Bigg|_{-\infty}^{+\infty}+\frac{\sigma^2}{\sqrt{2\pi}\sigma}\int_{-\infty}^{+\infty}e^{-\frac{(x-\mu)^2}{2\sigma^2}}dx$$

$$=0+\sigma^2=\sigma^2.$$

这说明,若随机变量 $\xi\sim N(\mu,\sigma^2)$,则 $E\xi=\mu,D\xi=\sigma^2$.

例 11.5.8 设随机变量 ξ 和 η 相互独立,且都服从正态分布 $N\left(0,\frac{1}{2}\right)$,求随机变量 $|\xi-\eta|$ 的数学期望和方差.

解 由已知

$$E\xi=E\eta=0,\quad D\xi=D\eta=\frac{1}{2}.$$

令 $\zeta=\xi-\eta$,则由 ξ,η 的相互独立性知,

$$E\zeta=E(\xi-\eta)=E\xi-E\eta=0,\quad D\zeta=D(\xi-\eta)=D\xi+D\eta=1.$$

由定理 11.4.4 知,ζ 服从正态分布 $N(0,1)$.

因此

$$E|\xi-\eta|=E|\zeta|=\int_{-\infty}^{+\infty}|x|\frac{1}{\sqrt{2\pi}}e^{-\frac{x^2}{2}}dx$$

$$=\frac{2}{\sqrt{2\pi}}\int_0^{+\infty}xe^{-\frac{x^2}{2}}dx=\frac{2}{\sqrt{2\pi}}\int_0^{+\infty}e^{-\frac{x^2}{2}}d\left(\frac{x^2}{2}\right)=\sqrt{\frac{2}{\pi}}.$$

因为

$$E(|\xi-\eta|^2)=E(\zeta^2)=D\zeta+(E\zeta)^2=1,$$

所以

$$D|\xi-\eta|=E(|\xi-\eta|^2)-(E|\xi-\eta|)^2=1-\frac{2}{\pi}.$$

(七) Γ 分布

设随机变量 ξ 服从参数为 α,λ 的 Γ 分布,即 $\xi\sim\Gamma(\alpha,\lambda)$,则它的概率密度为

$$\varphi(x)=\begin{cases}\dfrac{\lambda^\alpha}{\Gamma(\alpha)}x^{\alpha-1}e^{-\lambda x}, & x>0,\\ 0, & x\leqslant 0,\end{cases}$$

于是作变换 $\lambda x=t$,并由 Γ 函数的定义及性质得

$$E\xi=\int_{-\infty}^{+\infty}x\varphi(x)\mathrm{d}x=\frac{\lambda^{\alpha}}{\Gamma(\alpha)}\int_{0}^{+\infty}x^{\alpha}\mathrm{e}^{-\lambda x}\mathrm{d}x$$

$$=\frac{1}{\lambda\Gamma(\alpha)}\int_{0}^{+\infty}t^{\alpha}\mathrm{e}^{-t}\mathrm{d}t=\frac{\Gamma(\alpha+1)}{\lambda\Gamma(\alpha)}=\frac{\alpha}{\lambda}.$$

又因为

$$E(\xi^2)=\int_{-\infty}^{+\infty}x^2\varphi(x)\mathrm{d}x=\frac{\lambda^{\alpha}}{\Gamma(\alpha)}\int_{0}^{+\infty}x^{\alpha+1}\mathrm{e}^{-\lambda x}\mathrm{d}x=\frac{\Gamma(\alpha+2)}{\lambda^2\Gamma(\alpha)}=\frac{\alpha(\alpha+1)}{\lambda^2},$$

所以

$$D\xi=E(\xi^2)-(E\xi)^2=\frac{\alpha(\alpha+1)}{\lambda^2}-\left(\frac{\alpha}{\lambda}\right)^2=\frac{\alpha}{\lambda^2}.$$

这说明，若随机变量 $\xi\sim\Gamma(\alpha,\lambda)$，则 $E\xi=\frac{\alpha}{\lambda}$，$D\xi=\frac{\alpha}{\lambda^2}$.

协方差与相关系数

在引入这些数字特征之前，我们先介绍关于二维随机变量的函数的数学期望的计算方法.

定理 11.5.2　设 (ξ,η) 是二维随机变量，f 是二元连续函数.

(1) 若 (ξ,η) 是离散型随机变量，其分布为 $P(\xi=x_i,\eta=y_j)=p_{ij}(i,j=1,2,\cdots)$，则当 $\sum\limits_{i,j=1}^{\infty}|f(x_i,y_j)|p_{ij}$ 收敛时，随机变量 $\zeta=f(\xi,\eta)$ 的数学期望存在，且

$$E\zeta=Ef(\xi,\eta)=\sum_{i,j=1}^{\infty}f(x_i,y_j)p_{ij};$$

(2) 若 (ξ,η) 是连续型随机变量，其联合概率密度为 $\varphi(x,y)$，则当 $\int_{-\infty}^{+\infty}\int_{-\infty}^{+\infty}|f(x,y)|\varphi(x,y)\mathrm{d}x\mathrm{d}y$ 收敛时，随机变量 $\zeta=f(\xi,\eta)$ 的数学期望存在，且

$$E\zeta=Ef(\xi,\eta)=\int_{-\infty}^{+\infty}\int_{-\infty}^{+\infty}f(x,y)\varphi(x,y)\mathrm{d}x\mathrm{d}y.$$

此定理的证明从略.

例 11.5.9　设 $D=\left\{(x,y)\,\middle|\,0<x<2,0<y<\frac{x}{2}\right\}$，二元连续型随机变量 (ξ,η) 的联合概率密度为

$$\varphi(x,y)=\begin{cases}2xy, & (x,y)\in D,\\ 0, & \text{其他}.\end{cases}$$

求 $E(\xi\eta)$.

解　由定理 11.5.2 得

$$E(\xi\eta)=\int_{-\infty}^{+\infty}\int_{-\infty}^{+\infty}xy\varphi(x,y)\mathrm{d}x\mathrm{d}y=\iint\limits_{D}xy\varphi(x,y)\mathrm{d}x\mathrm{d}y$$

$$=\iint\limits_{D}2x^2y^2\mathrm{d}x\mathrm{d}y=\int_{0}^{2}\mathrm{d}x\int_{0}^{\frac{x}{2}}2x^2y^2\mathrm{d}y=\frac{8}{9}.$$

例 11.5.10　在长度为 a 的线段上任取两点 P 和 Q. 求线段 PQ 的长度的数学期望.

解　设点 P 和 Q 的坐标分别为 ξ 和 η，则 ξ 和 η 都服从 $[0,a]$ 上的均匀分布. 由 P,Q 两点的任意性可知 ξ 与 η 相互独立，因而二维随机变量 (ξ,η) 的联合概率密度函数为

$$\varphi(x,y)=\begin{cases}\dfrac{1}{a^2}, & 0\leqslant x\leqslant a,0\leqslant y\leqslant a,\\ 0, & \text{其他}.\end{cases}$$

于是，线段 PQ 的长度 $|\xi-\eta|$ 的数学期望为

$$\begin{aligned}E(|\xi-\eta|)&=\int_{-\infty}^{+\infty}\int_{-\infty}^{+\infty}|x-y|\varphi(x,y)\mathrm{d}x\mathrm{d}y\\&=\int_0^a\int_0^a|x-y|\frac{1}{a^2}\mathrm{d}x\mathrm{d}y=\frac{1}{a^2}\int_0^a\left[\int_0^a|x-y|\mathrm{d}y\right]\mathrm{d}x\\&=\frac{1}{a^2}\int_0^a\left[\int_0^x(x-y)\mathrm{d}y+\int_x^a(y-x)\mathrm{d}y\right]\mathrm{d}x\\&=\frac{1}{a^2}\int_0^a\left(x^2-ax+\frac{a^2}{2}\right)\mathrm{d}x=\frac{a}{3}.\end{aligned}$$

对于二维随机变量 (ξ,η) 来说，数学期望 $E\xi,E\eta$ 分别只反映了 ξ 和 η 各自的平均值，方差 $D\xi,D\eta$ 分别只反映了 ξ 和 η 各自与平均值的偏差程度. 它们并没有对 ξ 与 η 之间的相互关系提供任何信息. 因此，人们希望有一个数字特征能在一定程度上反映这种信息. 我们知道，若 ξ 与 η 相互独立，则必有 $E(\xi-E\xi)(\eta-E\eta)=0$，因此当 $E(\xi-E\xi)(\eta-E\eta)\neq0$ 时，ξ 与 η 必不相互独立，即有一定程度的联系. 这使我们引入下面的概念.

定义 11.5.4　设 (ξ,η) 为二维随机变量. 若 $(\xi-E\xi)(\eta-E\eta)$ 的数学期望存在，则称 $E(\xi-E\xi)(\eta-E\eta)$ 为 ξ 与 η 的**协方差**，记作 $\mathrm{Cov}(\xi,\eta)$，即

$$\mathrm{Cov}(\xi,\eta)=E(\xi-E\xi)(\eta-E\eta).$$

此时也称 ξ 与 η 的协方差存在.

若 $D\xi>0,D\eta>0$，且 $\mathrm{Cov}(\xi,\eta)$ 存在，则称 $\dfrac{\mathrm{Cov}(\xi,\eta)}{\sqrt{D\xi}\sqrt{D\eta}}$ 为 ξ 与 η 的**相关系数**，记为 $\rho(\xi,\eta)$ 或 $\rho_{\xi\eta}$，即

$$\rho(\xi,\eta)=\frac{\mathrm{Cov}(\xi,\eta)}{\sqrt{D\xi}\sqrt{D\eta}}=\frac{E(\xi-E\xi)(\eta-E\eta)}{\sqrt{D\xi}\sqrt{D\eta}}.$$

从协方差定义可以直接证明，协方差具有下列性质（假设以下涉及的协方差等均存在）：

(1) $\mathrm{Cov}(\xi,\xi)=D\xi$.

(2) $\mathrm{Cov}(\xi,\eta)=\mathrm{Cov}(\eta,\xi)$.

(3) 若 c 为常数，则 $\mathrm{Cov}(\xi,c)=0$.

(4) 若 a,b 为常数，则 $\mathrm{Cov}(a\xi,b\eta)=ab\mathrm{Cov}(\xi,\eta)$.

(5) $\mathrm{Cov}(\xi_1+\xi_2,\eta)=\mathrm{Cov}(\xi_1,\eta)+\mathrm{Cov}(\xi_2,\eta)$.

(6) $\mathrm{Cov}(\xi,\eta)=E(\xi\eta)-E\xi\cdot E\eta$.

例如，性质(6)的证明如下：

$$\begin{aligned}\mathrm{Cov}(\xi,\eta)&=E(\xi-E\xi)(\eta-E\eta)\\&=E[\xi\eta-\xi E\eta-\eta E\xi+(E\xi)\cdot(E\eta)]\\&=E(\xi\eta)-(E\xi)\cdot(E\eta)-(E\xi)\cdot(E\eta)+(E\xi)\cdot(E\eta)\\&=E(\xi\eta)-E\xi\cdot E\eta.\end{aligned}$$

还可以证明,相关系数具有下列性质:

(1) $\rho(\xi,\eta)=\rho(\eta,\xi)$.

(2) $|\rho(\xi,\eta)|\leqslant 1$,且$|\rho(\xi,\eta)|=1$的充分必要条件是存在常数$a\neq 0$与常数$b$,使得$P(\eta=a\xi+b)=1$.

(3) 若ξ与η相互独立,则$\rho(\xi,\eta)=0$.

相关系数是反映两个随机变量线性相关程度的一个数字特征. 由相关系数的性质(2)知道,若$|\rho(\xi,\eta)|=1$,则ξ与η之间以概率1成立线性关系. 进一步的研究指出,ξ与η的线性关系随着$|\rho(\xi,\eta)|$的减小而减弱. 当$\rho(\xi,\eta)=0$时,称ξ与η**不相关**,也就是ξ与η不线性相关. 前面已经说明,若ξ与η相互独立,则它们不相关. 注意,不相关性一般并不能推出相互独立性(见下面的例 11.5.11).

例 11.5.11　已知二维离散型随机变量(ξ,η)的联合概率分布如下表所示,计算ξ与η的相关系数ρ,并判断ξ与η是否相互独立?

ξ	η		
	-1	0	1
-1	$\frac{1}{8}$	$\frac{1}{8}$	$\frac{1}{8}$
0	$\frac{1}{8}$	0	$\frac{1}{8}$
1	$\frac{1}{8}$	$\frac{1}{8}$	$\frac{1}{8}$

解　易计算关于ξ,η的边缘分布都是

ξ(或 η)	-1	0	1
P	$\frac{3}{8}$	$\frac{1}{4}$	$\frac{3}{8}$

因此

$$E\xi=(-1)\times\frac{3}{8}+0\times\frac{1}{4}+1\times\frac{3}{8}=0,$$

$$E\xi^2=(-1)^2\times\frac{3}{8}+0^2\times\frac{1}{4}+1^2\times\frac{3}{8}=\frac{3}{4},$$

$$D\xi=E\xi^2-(E\xi)^2=\frac{3}{4}-0^2=\frac{3}{4}.$$

同理$E\eta=0,E\eta^2=\frac{3}{4},D\eta=\frac{3}{4}$.

由于

$$E(\xi\eta)=(-1)\times(-1)\times\frac{1}{8}+(-1)\times0\times\frac{1}{8}+(-1)\times1\times\frac{1}{8}+0\times(-1)\times\frac{1}{8}+$$

$$0\times0\times0+0\times1\times\frac{1}{8}+1\times(-1)\times\frac{1}{8}+1\times0\times\frac{1}{8}+1\times1\times\frac{1}{8}=0,$$

所以

$$\mathrm{Cov}(\xi,\eta)=E(\xi\eta)-E\xi\cdot E\eta=0.$$

于是

$$\rho=\frac{\mathrm{Cov}(\xi,\eta)}{\sqrt{D\xi}\sqrt{D\eta}}=0.$$

这说明 ξ 与 η 不相关.

因为 $P(\xi=0)=\frac{1}{4}$,$P(\eta=0)=\frac{1}{4}$,所以

$$P(\xi=0,\eta=0)=0\neq P(\xi=0)\cdot P(\eta=0)=\frac{1}{16}.$$

这说明 ξ 与 η 不相互独立.

对于二维正态分布,独立性与不相关性却是等价的. 事实上,若随机变量 $(\xi,\eta)\sim N(\mu_1,\mu_2,\sigma_1^2,\sigma_2^2,\rho)$,则其联合概率密度为

$$\varphi(x,y)=\frac{1}{2\pi\sigma_1\sigma_2\sqrt{1-\rho^2}}\mathrm{e}^{-\frac{1}{2(1-\rho^2)}\left[\frac{(x-\mu_1)^2}{\sigma_1^2}-2\rho\frac{(x-\mu_1)(y-\mu_2)}{\sigma_1\sigma_2}+\frac{(y-\mu_2)^2}{\sigma_2^2}\right]}.$$

我们已经知道 $\xi\sim N(\mu_1,\sigma_1^2)$,$\eta\sim N(\mu_2,\sigma_2^2)$,因此 $D\xi=\sigma_1^2$,$D\eta=\sigma_2^2$.

又因为

$$\mathrm{Cov}(\xi,\eta)=E(\xi-E\xi)(\eta-E\eta)=\int_{-\infty}^{+\infty}\int_{-\infty}^{+\infty}(x-\mu_1)(y-\mu_2)\varphi(x,y)\mathrm{d}x\mathrm{d}y$$

$$=\int_{-\infty}^{+\infty}\int_{-\infty}^{+\infty}\frac{(x-\mu_1)(y-\mu_2)}{2\pi\sigma_1\sigma_2\sqrt{1-\rho^2}}\mathrm{e}^{-\frac{1}{2(1-\rho^2)}\left[\frac{(x-\mu_1)^2}{\sigma_1^2}-2\rho\frac{(x-\mu_1)(y-\mu_2)}{\sigma_1\sigma_2}+\frac{(y-\mu_2)^2}{\sigma_2^2}\right]}\mathrm{d}x\mathrm{d}y.$$

作变换 $s=\frac{x-\mu_1}{\sigma_1}$,$t=\frac{y-\mu_2}{\sigma_2}$得

$$\mathrm{Cov}(\xi,\eta)=\frac{\sigma_1\sigma_2}{2\pi\sqrt{1-\rho^2}}\int_{-\infty}^{+\infty}\int_{-\infty}^{+\infty}st\cdot\mathrm{e}^{-\frac{s^2-2\rho st+t^2}{2(1-\rho^2)}}\mathrm{d}s\mathrm{d}t$$

$$=\frac{\sigma_1\sigma_2}{\sqrt{2\pi}}\int_{-\infty}^{+\infty}s\mathrm{e}^{-\frac{s^2}{2}}\left[\int_{-\infty}^{+\infty}\frac{t}{\sqrt{2\pi}\sqrt{1-\rho^2}}\mathrm{e}^{-\frac{(t-\rho s)^2}{2(1-\rho^2)}}\mathrm{d}t\right]\mathrm{d}s$$

$$=\frac{\sigma_1\sigma_2}{\sqrt{2\pi}}\int_{-\infty}^{+\infty}\rho s^2\mathrm{e}^{-\frac{s^2}{2}}\mathrm{d}s=\rho\sigma_1\sigma_2.$$

于是

$$\rho(\xi,\eta)=\frac{\mathrm{Cov}(\xi,\eta)}{\sqrt{D\xi}\sqrt{D\eta}}=\rho.$$

这说明,若二维连续型随机变量$(\xi,\eta)\sim N(\mu_1,\mu_2,\sigma_1^2,\sigma_2^2,\rho)$,则$\xi$与$\eta$的相关系数为$\rho$.因此

$$\xi\text{ 与 }\eta\text{ 不相关}\Leftrightarrow\rho(\xi,\eta)=0\Leftrightarrow\rho=0\Leftrightarrow\xi\text{ 与 }\eta\text{ 相互独立}.$$

这就证明了:

定理 11.5.3 若(ξ,η)服从二维正态分布,则ξ与η不相关等价于ξ与η相互独立.

例 11.5.12 设$D=\left\{(x,y)\,\middle|\,0<x<2,0<y<\frac{x}{2}\right\}$,二元连续型随机变量$(\xi,\eta)$的联合概率密度为

$$\varphi(x,y)=\begin{cases}2xy, & (x,y)\in D,\\ 0, & \text{其他}.\end{cases}$$

求$E(\xi-2\eta)$,$\mathrm{Cov}(\xi,\eta)$和$\rho(\xi,\eta)$.

解 在例 11.4.3 中已算得(ξ,η)关于ξ的边缘概率密度为

$$\varphi_\xi(x)=\begin{cases}\dfrac{x^3}{4}, & 0<x<2,\\ 0, & \text{其他}.\end{cases}$$

关于η的边缘概率密度为

$$\varphi_\eta(y)=\begin{cases}4y(1-y^2), & 0<y<1,\\ 0, & \text{其他}.\end{cases}$$

则

$$E\xi=\int_{-\infty}^{+\infty}x\varphi_\xi(x)\,\mathrm{d}x=\int_0^2\frac{x^4}{4}\mathrm{d}x=\frac{8}{5},$$

$$E\eta=\int_{-\infty}^{+\infty}y\varphi_\eta(y)\,\mathrm{d}y=\int_0^1 4y^2(1-y^2)\,\mathrm{d}y=\frac{8}{15}.$$

所以

$$E(\xi-2\eta)=E\xi-2E\eta=\frac{8}{5}-2\times\frac{8}{15}=\frac{8}{15}.$$

又由例 11.5.9 知$E(\xi\eta)=\dfrac{8}{9}$,所以

$$\mathrm{Cov}(\xi,\eta)=E(\xi\eta)-E\xi\cdot E\eta=\frac{8}{9}-\frac{8}{5}\times\frac{8}{15}=\frac{8}{225}.$$

由于

$$E\xi^2=\int_{-\infty}^{+\infty}x^2\varphi_\xi(x)\,\mathrm{d}x=\int_0^2\frac{x^5}{4}\mathrm{d}x=\frac{8}{3},$$

$$E\eta^2=\int_{-\infty}^{+\infty}y^2\varphi_\eta(y)\,\mathrm{d}y=\int_0^1 4y^3(1-y^2)\,\mathrm{d}y=\frac{1}{3},$$

所以

$$D\xi=E\xi^2-(E\xi)^2=\frac{8}{3}-\left(\frac{8}{5}\right)^2=\frac{8}{75},$$

$$D\eta=E\eta^2-(E\eta)^2=\frac{1}{3}-\left(\frac{8}{15}\right)^2=\frac{11}{225}.$$

因此

$$\rho(\xi,\eta)=\frac{\operatorname{Cov}(\xi,\eta)}{\sqrt{D\xi}\sqrt{D\eta}}=\frac{8/225}{\sqrt{8/75}\sqrt{11/225}}\approx 0.492.$$

设 $\zeta=(\xi,\eta)$ 为二维随机变量，如果 $E\xi$ 和 $E\eta$ 都存在，则称二维向量 $(E\xi,E\eta)$ 为 ζ 的数学期望，记为

$$E\zeta=(E\xi,E\eta).$$

称二阶矩阵

$$\begin{pmatrix}\operatorname{Cov}(\xi,\xi) & \operatorname{Cov}(\xi,\eta)\\ \operatorname{Cov}(\eta,\xi) & \operatorname{Cov}(\eta,\eta)\end{pmatrix},\quad \text{即}\quad \begin{pmatrix}D\xi & \operatorname{Cov}(\xi,\eta)\\ \operatorname{Cov}(\eta,\xi) & D\eta\end{pmatrix}$$

为二维随机变量 $\zeta=(\xi,\eta)$ 的**协方差矩阵**．可以证明，协方差矩阵是一个半正定矩阵．

分位数与中位数

随机变量的分位数和中位数是应用中常使用的概念．由于它们常在连续型随机变量的场合使用，故而我们仅对连续型随机变量给出其定义．

定义 11.5.5　设连续型随机变量 ξ 的分布函数为 $F(x)$，概率密度为 $\varphi(x)$，$0<\alpha<1$. 称满足

$$F(x_\alpha)=P(\xi\leqslant x_\alpha)=\alpha$$

的 x_α 为 ξ 的**下侧 α 分位数**．称满足

$$1-F(x'_\alpha)=P(\xi\geqslant x'_\alpha)=\alpha$$

的 x'_α 为 ξ 的**上侧 α 分位数**．称满足

$$F(x_{0.5})=P(\xi\leqslant x_{0.5})=0.5$$

的 $x_{0.5}$ 为 ξ 的**中位数**．

显然，中位数就是下侧 0.5 分位数．下侧 α 分位数与上侧 α 分位数均把概率密度曲线之下，x 轴之上的图形分为两块，如图 11.5.1 所示，其阴影部分的面积为 α.

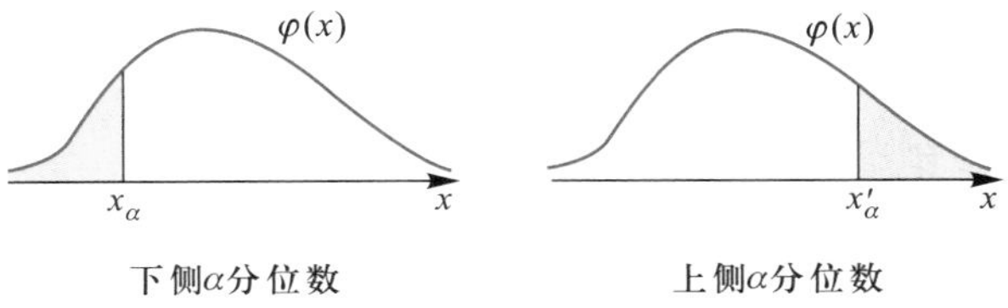

图 11.5.1

例 11.5.13　设随机变量 ξ 服从参数 λ 的指数分布，$0<\alpha<1$，求 ξ 的上侧 α 分位数．

解　由上侧分位数的定义得

$$\alpha=P(\xi\geqslant x'_\alpha)=\int_{x'_\alpha}^{+\infty}\lambda e^{-\lambda x}dx=e^{-\lambda x'_\alpha}.$$

于是 ξ 的上侧 α 分位数

$$x'_\alpha=-\frac{\ln\alpha}{\lambda}.$$

若随机变量 ξ 服从标准正态分布 $N(0,1)$，则常记其上侧 α 分位数为 u_α.

习　题

1. 两种种子各播种 100 hm^2，调查其收获量，如下表（每组产量不包括上限）：

每公顷产量/kg	4 350~4 650	4 650~4 950	4 950~5 250	5 250~5 550	总计
种子甲播种公顷数	12	38	40	10	100
种子乙播种公顷数	23	24	30	23	100

试以**组中值**（即下限与上限的平均值）为代表，分别求出它们产量的平均值.

2. 设随机变量 ξ 具有分布

$$P(\xi=k)=\frac{1}{2^k},\quad k=1,2,\cdots,$$

求 ξ 的数学期望 $E\xi$ 和方差 $D\xi$.

3. 设连续型随机变量 ξ 的概率密度是

$$\varphi(x)=\begin{cases}ax^2+bx+c, & 0<x<1,\\ 0, & \text{其他}.\end{cases}$$

若已知 $E\xi=0.5$，$D\xi=0.15$，求系数 a,b,c.

4. 设随机变量 ξ 具有下列概率密度，求 ξ 的数学期望 $E\xi$ 和方差 $D\xi$.

（1）$\varphi(x)=\dfrac{1}{2}\mathrm{e}^{-|x|}$，$-\infty<x<+\infty$；

（2）$\varphi(x)=\begin{cases}\dfrac{3}{11}(4x-x^2), & 1<x<2,\\ 0, & \text{其他};\end{cases}$

（3）$\varphi(x)=\begin{cases}\dfrac{2}{\pi}\cos^2 x, & |x|\leqslant\dfrac{\pi}{2},\\ 0, & |x|>\dfrac{\pi}{2}.\end{cases}$

5. 设随机变量 ξ 的分布函数为

$$F(x)=\begin{cases}0, & x<0,\\ \sin x, & 0\leqslant x\leqslant\dfrac{\pi}{2},\\ 1, & x>\dfrac{\pi}{2}.\end{cases}$$

求 ξ 的数学期望 $E\xi$ 和方差 $D\xi$.

6. 设 ξ 为一元随机变量，且方差存在．证明：对任意常数 c，成立 $D\xi\leqslant E(\xi-c)^2$，且等号成立的充分必要条件为 $c=E\xi$.

7. 设随机变量 ξ 和 η 相互独立，证明 $D(\xi\eta)\geqslant D\xi\cdot D\eta$.

8. 设地铁运行的间隔是 2 min．一旅客在任意时刻进入地铁站台，求其候车时间的数学期望和方差．

9. 一批零件有 9 个正品，3 个废品，从中任意取一个，若取出废品则不再放回，求在取得正品之前已取出废品数的数学期望和方差．

10. 一工厂生产的某种设备的寿命 ξ（单位：年）服从参数为 $\lambda=\dfrac{1}{4}$ 的指数分布，且工厂规定，出售的该种设备若在一年之内损坏可予以调换．若工厂售出一台设备盈利 100 元，调换一台设备需花费 300 元，试求该工厂出售一台设备所得净盈利的数学期望．

11. 游客乘电梯从底层到电视塔顶层观光，电梯于每个整点的第 5 min，25 min 和 55 min 从底层起行．假设一游客在早晨 8 点的第 ξ min 到达底层候梯处，且 ξ 服从 $[0,60]$ 上的均匀分布，求该游客等候时间的数学期望．

12. 某商店准备进货某种商品．已知该商品的需求量 ξ（单位：件）服从 $[2\,000,4\,000]$ 上的均匀分布．经调查，每出售一件商品获利 3 元，如果销售不出去，每件需付保管费 1 元．问该商店需进多少这种商品，才能使商店的期望收益最大？

13. 设随机变量 ξ 的概率密度函数为

$$\varphi(x)=\begin{cases}\dfrac{2}{\pi}\cos^2 x, & |x|\leqslant\dfrac{\pi}{2},\\[2mm] 0, & |x|>\dfrac{\pi}{2},\end{cases}$$

求 $E(\sin\xi)$ 和 $D(\sin\xi)$．

14. 设 ξ 和 η 是两个相互独立且服从同一分布的随机变量，它们的分布律都是 $P(\xi=i)$ 或 $P(\eta=i)=\dfrac{1}{3}(i=1,2,3)$．设 $\zeta=\min\{\xi,\eta\}$，求 ζ 的分布律和数学期望 $E\zeta$．

15. 设二维随机变量 (ξ,η) 的联合概率密度为

$$\varphi(x,y)=\begin{cases}c(1-y), & 0\leqslant x\leqslant y\leqslant 1,\\ 0, & 其他．\end{cases}$$

求（1） 系数 c；

（2） 概率 $P(\xi+\eta\leqslant 1)$；

（3） 随机变量 $Z=2\xi+1$ 的数学期望 EZ 和方差 DZ．

16. 设二维随机变量 (ξ,η) 的联合概率分布表如下：

ξ	η		
	0	$\dfrac{1}{3}$	1
-1	0	$\dfrac{1}{12}$	$\dfrac{1}{3}$
0	$\dfrac{1}{6}$	0	0
2	$\dfrac{5}{12}$	0	0

求 $\xi-\eta$ 的数学期望 $E(\xi-\eta)$ 和方差 $D(\xi-\eta)$．

17. 设随机变量 ξ 和 η 相互独立，且都服从标准正态分布 $N(0,1)$．证明：

$$E(\max\{\xi,\eta\})=\frac{1}{\sqrt{\pi}}.$$

18. 设 ξ 是一维连续型随机变量，$\eta=e^{\lambda\xi}(\lambda>0)$．证明：若 $E\eta$ 存在，则对于任意实数 a 都成立

$$P(\xi\geqslant a)\leqslant e^{-\lambda a}\cdot Ee^{\lambda\xi}.$$

19. n 把钥匙中只有一把能打开房门．现随机地逐把试用这 n 把钥匙开门，求首次打开房门的试用次数 ξ 的数学期望和方差．分别考虑以下两种情况：

(1) 无放回试用；　　(2) 有放回试用．

20. 设二维随机向量 (ξ,η) 的联合概率密度为

$$\varphi(x,y)=\begin{cases}12y^2, & 0\leqslant y\leqslant x\leqslant 1,\\ 0, & \text{其他}.\end{cases}$$

求 $E\xi,E\eta,E(\xi\eta)$ 和 $E(\xi^2+\eta^2)$．

21. 设随机变量 ξ 和 η 服从圆域 $D=\{(x,y)\mid x^2+y^2\leqslant R^2\}$ 上的均匀分布．

(1) 求 ξ 与 η 的相关系数 $\rho(\xi,\eta)$；

(2) 问 ξ 与 η 是否相互独立？

22. 设随机变量 $\xi\sim N(0,1)$．求随机变量 $\eta=\xi^n$（n 为正整数）与 ξ 的协方差 $\mathrm{Cov}(\xi,\eta)$ 和相关系数 $\rho(\xi,\eta)$．

23. 设二维随机向量 (ξ,η) 的联合概率密度为

$$\varphi(x,y)=\begin{cases}\dfrac{1}{8}(x+y), & 0\leqslant x\leqslant 2,0\leqslant y\leqslant 2,\\ 0, & \text{其他}.\end{cases}$$

试求(1) 数学期望 $E\xi$ 和 $E\eta$；

(2) 方差 $D\xi$ 和 $D\eta$；

(3) ξ 与 η 的协方差 $\mathrm{Cov}(\xi,\eta)$ 和相关系数 $\rho(\xi,\eta)$．

24. 已知随机变量 $\xi_i\sim N(0,1)\ (i=1,2,3)$，且 ξ_1,ξ_2,ξ_3 相互独立．设 $\bar{\xi}=\dfrac{1}{3}\sum\limits_{i=1}^{3}\xi_i,\eta=\sum\limits_{i=1}^{3}(\xi_i-\bar{\xi})^2$，求 $E\bar{\xi},\mathrm{Cov}(\bar{\xi},\xi_1),E\eta$ 和 $\mathrm{Cov}(\bar{\xi},\eta)$．

25. 设 A 和 B 是两个具有正概率的随机事件，随机变量 $\xi=\begin{cases}1, & A\text{ 发生},\\ 0, & A\text{ 不发生},\end{cases}$ $\eta=\begin{cases}1, & B\text{ 发生},\\ 0, & B\text{ 不发生}.\end{cases}$ 证明：ξ 与 η 相互独立等价于 ξ 与 η 不相关．

26. 已知随机变量 $\xi\sim N(1,3^2),\eta\sim N(0,4^2)$，且 ξ 与 η 的相关系数 $\rho(\xi,\eta)=-\dfrac{1}{2}$．设 $\zeta=\dfrac{1}{3}\xi+\dfrac{1}{2}\eta$，求

(1) ζ 的数学期望 $E\zeta$ 和方差 $D\zeta$；

(2) 求 ξ 与 ζ 的相关系数 $\rho(\xi,\zeta)$；

(3) 问 ξ 与 ζ 是否相互独立？

27. 证明：若 $\xi\geqslant 0$ 且 $E\xi=0$，则 $P(\xi=0)=1$.

28. 设 ξ 和 η 是两个随机变量，且 $E(\xi^2)$ 和 $E(\eta^2)$ 均存在，证明

$$|E(\xi\eta)|^2\leqslant E(\xi^2)E(\eta^2),$$

且等式成立的充分必要条件是存在常数 k，使得 $P(\eta=k\xi)=1$.

29. 利用上题结论证明：随机变量 ξ 与 η 的相关系数 $\rho(\xi,\eta)$ 满足 $|\rho(\xi,\eta)|\leqslant 1$，且 $|\rho(\xi,\eta)|=1$ 的充分必要条件是存在常数 $a\neq 0$ 与常数 b，使得 $P(\eta=a\xi+b)=1$.

§6　大数定律和中心极限定理

我们已经知道在重复独立试验中，一个事件 A 发生的频率具有稳定性，即当试验次数增大时，A 发生的频率总会在某一确定的数值（即事件 A 的概率）附近摆动，有着统计规律性．在实际应用中，同样也常常用到统计规律性．例如，在精密测量时，常常用多次测量值的平均值来近似被测量物的真值，就是利用了平均值的稳定性这一统计规律．大数定律就是以严格的数学形式阐述这些规律，指出在一定条件下，在大数次试验中的随机现象或事件会呈现出某种统计规律性，它们是概率论与数理统计的重要理论基础．

我们再来看一看频率稳定性的含义．设在某个试验中，事件 A 发生的概率为 p，独立地重复这个试验 n 次，记 A 发生的次数为 $\mu_n(A)$，则 $\dfrac{\mu_n(A)}{n}$ 就是 A 发生的频率．"当试验次数增大时，A 发生的频率总会在 A 发生的概率附近摆动"是否可理解为数列极限 $\lim\limits_{n\to\infty}\dfrac{\mu_n(A)}{n}=p$ 呢？不是的．因为事件的频率是随试验结果的改变而改变的，甚至会发生频率等于 1 或 0 的极端情形．因此不论 n 多么大，$\left|\dfrac{\mu_n(A)}{n}-p\right|$ 也可能不是很小．但经验告诉我们，随着 n 的增大，事件 $\left\{\left|\dfrac{\mu_n(A)}{n}-p\right|\geqslant\varepsilon\right\}(\varepsilon>0)$ 的概率越来越接近于 0，即事件 $\left\{\left|\dfrac{\mu_n(A)}{n}-p\right|<\varepsilon\right\}$ 的概率越来越接近于 1，这就是频率稳定性的含义．以此为背景我们引入如下定义：

定义 11.6.1　设 $\{\xi_n\}$（即 $\xi_1,\xi_2,\cdots,\xi_n,\cdots$）为随机变量序列．若对于任意给定的正数 ε，成立

$$\lim_{n\to\infty}P(|\xi_n|<\varepsilon)=1,$$

则称随机变量序列 $\{\xi_n\}$ **依概率收敛**于 0，记为 $\xi_n\xrightarrow{P}0$.

设 ξ 是随机变量，若 $\xi_n-\xi\xrightarrow{P}0$，则称 $\{\xi_n\}$ 依概率收敛于 ξ，记为 $\xi_n\xrightarrow{P}\xi$.

我们不予证明地指出，依概率收敛性具有以下性质：

定理 11.6.1　设 $\xi_n\xrightarrow{P}A$，$\eta_n\xrightarrow{P}B$，且二元函数 g 在点 (A,B) 处连续，则

$$g(\xi_n,\eta_n)\xrightarrow{P}g(A,B).$$

例 11.6.1　设 $\{\xi_n\}$ 是相互独立的随机变量序列（即序列中任意有限个随机变量都是相互独立的），且每个 $\xi_n(n=1,2,\cdots)$ 均服从 $[0,a]$ 上的均匀分布．证明

$$\eta_n=\max\{\xi_1,\xi_2,\cdots,\xi_n\}\xrightarrow{P}a.$$

证　由于 $\xi_1,\xi_2,\cdots,\xi_n$ 均服从$[0,a]$上的均匀分布,所以 $0\leqslant\eta_n\leqslant a$. 因此对于任意给定的 $\varepsilon>0$,有 $P(\eta_n\geqslant a+\varepsilon)=0$,且由于 $\xi_1,\xi_2,\cdots,\xi_n$ 相互独立,则

$$\begin{aligned}P(|\eta_n-a|<\varepsilon)&=1-P(|\eta_n-a|\geqslant\varepsilon)\\&=1-P(\eta_n\geqslant a+\varepsilon)-P(\eta_n\leqslant a-\varepsilon)\\&=1-P(\eta_n\leqslant a-\varepsilon)\\&=1-P(\xi_1\leqslant a-\varepsilon,\xi_2\leqslant a-\varepsilon,\cdots,\xi_n\leqslant a-\varepsilon)\\&=1-P(\xi_1\leqslant a-\varepsilon)P(\xi_2\leqslant a-\varepsilon)\cdots P(\xi_n\leqslant a-\varepsilon)\\&=1-\left(\int_0^{a-\varepsilon}\frac{1}{a}\mathrm{d}x\right)^n=1-\left(\frac{a-\varepsilon}{a}\right)^n.\end{aligned}$$

因此

$$\lim_{n\to\infty}P(|\eta_n-a|<\varepsilon)=\lim_{n\to\infty}\left[1-\left(\frac{a-\varepsilon}{a}\right)^n\right]=1.$$

这说明 $\eta_n\xrightarrow{P}a$.

Чебышёв 不等式

在介绍大数定律之前,我们先证明一个重要的不等式.

定理 11.6.2(Чебышёв(切比雪夫)不等式)　*若随机变量 ξ 具有数学期望 $E\xi$ 和方差 $D\xi$,则对于任意给定的正数 ε,成立*

$$P(|\xi-E\xi|\geqslant\varepsilon)\leqslant\frac{D\xi}{\varepsilon^2}$$

和

$$P(|\xi-E\xi|<\varepsilon)\geqslant1-\frac{D\xi}{\varepsilon^2}.$$

证　我们仅对离散型随机变量进行证明. 设 ξ 是一个离散型随机变量,其分布律为 $P(\xi=x_k)=p_k(k=1,2,\cdots)$. 则

$$\begin{aligned}P(|\xi-E\xi|\geqslant\varepsilon)&=\sum_{|x_k-E\xi|\geqslant\varepsilon}P(\xi=x_k)=\sum_{|x_k-E\xi|\geqslant\varepsilon}p_k\\&\leqslant\sum_{|x_k-E\xi|\geqslant\varepsilon}\frac{(x_k-E\xi)^2}{\varepsilon^2}p_k\leqslant\sum_{k\geqslant1}\frac{(x_k-E\xi)^2}{\varepsilon^2}p_k\\&=\frac{1}{\varepsilon^2}\sum_{k\geqslant1}(x_k-E\xi)^2p_k=\frac{1}{\varepsilon^2}D\xi,\end{aligned}$$

且

$$P(|\xi-E\xi|<\varepsilon)=1-P(|\xi-E\xi|\geqslant\varepsilon)\geqslant1-\frac{D\xi}{\varepsilon^2}.$$

证毕

例 11.6.2　假定每个孕妇生男孩和女孩的概率是相同的,试估计 200 个新生儿中,男孩

多于 80 个且少于 120 个的概率．

解 设 ξ 为 200 个新生儿中男孩的数目，那么它服从参数为 $n=200, p=0.5$ 的二项分布 $B(200,0.5)$．由于

$$E\xi=np=200\times0.5=100,\quad D\xi=npq=200\times0.5\times0.5=50,$$

所以由 Чебышёв 不等式得

$$P(80<\xi<120)=P(|\xi-100|<20)\geqslant1-\frac{50}{20^2}=0.875.$$

Чебышёв 不等式成立的条件只要求随机变量的数学期望和方差存在这种比较宽泛的条件，因此适用面广．但由于它没有全面地利用到随机变量的特征，如分布函数、概率密度等，所以它给出的估计往往比较粗糙．例如，在例 11.6.2 中，实际上有 $P(80<\xi<120)\approx0.995$．Чебышёв 不等式给出的估计尽管在实际应用中常常不尽如人意，但它在理论研究中却发挥了重要作用，这在下面的讨论中便可以看出．这里先举一个例子：证明方差的性质(1)．这只要证明：若随机变量 ξ 满足 $D\xi=0$，则 $P(\xi=E\xi)=1$．事实上，由概率的次可列可加性及 Чебышёв 不等式，有

$$0\leqslant P(|\xi-E\xi|>0)=P\left(\bigcup_{i=1}^{\infty}|\xi-E\xi|\geqslant\frac{1}{n}\right)$$
$$\leqslant\sum_{i=1}^{\infty}P\left(|\xi-E\xi|\geqslant\frac{1}{n}\right)\leqslant\sum_{i=1}^{\infty}\frac{D\xi}{\left(\frac{1}{n}\right)^2}=0,$$

即 $P(|\xi-E\xi|>0)=0$，于是 $P(\xi=E\xi)=1$．

大数定律

大数定律是指在重复试验下随机现象所呈现的客观规律．本书中我们只介绍一些最基本的，却又应用广泛的结论．

定理 11.6.3 (Чебышёв 大数定律) 设 $\xi_1,\xi_2,\cdots,\xi_n,\cdots$ 是相互独立的随机变量序列，相应的数学期望依次为 $E\xi_1,E\xi_2,\cdots,E\xi_n,\cdots$，方差依次为 $D\xi_1,D\xi_2,\cdots,D\xi_n,\cdots$．若 $D\xi_n<L(n=1,2,\cdots)$，这里 L 是与 n 无关的常数，则对于任意给定的 $\varepsilon>0$，成立

$$\lim_{n\to\infty}P\left(\left|\frac{1}{n}\sum_{i=1}^{n}\xi_i-\frac{1}{n}\sum_{i=1}^{n}E\xi_i\right|<\varepsilon\right)=1.$$

证 因为 $\xi_1,\xi_2,\cdots,\xi_n$ 相互独立，所以

$$D\left(\frac{1}{n}\sum_{i=1}^{n}\xi_i\right)=\frac{1}{n^2}\sum_{i=1}^{n}D\xi_i\leqslant\frac{1}{n^2}nL=\frac{L}{n}.$$

注意到 $E\left(\sum_{i=1}^{n}\xi_i\right)=\frac{1}{n}\sum_{i=1}^{n}E\xi_i$，从而由 Чебышёв 不等式得，对于任意给定的 $\varepsilon>0$，成立

$$1\geqslant P\left(\left|\frac{1}{n}\sum_{i=1}^{n}\xi_i-\frac{1}{n}\sum_{i=1}^{n}E\xi_i\right|<\varepsilon\right)\geqslant1-\frac{D\left(\frac{1}{n}\sum_{i=1}^{n}\xi_i\right)}{\varepsilon^2}\geqslant1-\frac{L}{n\varepsilon^2}.$$

令 $n\to\infty$ 便由极限的夹逼性得

$$\lim_{n\to\infty} P\left(\left|\frac{1}{n}\sum_{i=1}^{n}\xi_i - \frac{1}{n}\sum_{i=1}^{n}E\xi_i\right| < \varepsilon\right) = 1.$$

证毕

从这个定理立即得到

推论 11.6.1 设 $\{\xi_n\}$ 是相互独立、具有相同分布的随机变量序列，且 $E\xi_n=\mu, D\xi_n=\sigma^2(n=1,2,\cdots)$，则对于任意给定的 $\varepsilon>0$，成立

$$\lim_{n\to\infty} P\left(\left|\frac{1}{n}\sum_{i=1}^{n}\xi_i - \mu\right| < \varepsilon\right) = 1.$$

这个结论表明，当 n 充分大时，n 个相互独立且同分布的随机变量 $\xi_1,\xi_2,\cdots,\xi_n$ 的平均值 $\eta=\frac{1}{n}\sum_{i=1}^{n}\xi_i$ 的离散程度是很小的，比较密集地聚集在 $E\eta=\mu$ 附近．事实上，η 的方差为

$$D\eta = D\left(\frac{1}{n}\sum_{i=1}^{n}\xi_i\right) = \frac{1}{n^2}D\left(\sum_{i=1}^{n}\xi_i\right) = \frac{1}{n^2}\sum_{i=1}^{n}D\xi_i = \frac{\sigma^2}{n},$$

因此当 n 充分大时，η 的方差很小，即 η 与 μ 之间的离散程度很小．

可以证明，在推论 11.6.1 中去掉方差存在这个条件，结论依然成立．这就是下面的定理（证明从略）．

定理 11.6.4（Хинчин（辛钦）大数定律） 设 $\{\xi_n\}$ 是相互独立、具有相同分布的随机变量序列，且 $E\xi_n=\mu(n=1,2,\cdots)$，则对于任意给定的 $\varepsilon>0$，成立

$$\lim_{n\to\infty} P\left(\left|\frac{1}{n}\sum_{i=1}^{n}\xi_i - \mu\right| < \varepsilon\right) = 1.$$

由于 $\eta=\frac{1}{n}\sum_{i=1}^{n}\xi_i$ 可以看作为某个随机变量 ξ 在 n 次重复试验中 n 个观测值的平均值，则 Хинчин 大数定律说明，（算术）平均值 η 依概率收敛于 ξ 的数学期望 μ，这就是平均值的稳定性的确切数学解释．它揭示了当试验次数很大时，观测值的平均值会“靠近”期望值这一客观规律．因此在实际测量时，常用多次重复的测量值的平均值作为被测量值的近似值．

从 Чебышёв 大数定律还可以推出如下著名结果：

定理 11.6.5（Bernoulli 大数定律） 设 ξ 为 n 重 Bernoulli 试验中事件 A 发生的次数，则当 n 无限增大时，事件 A 发生的频率 $\frac{\xi}{n}$ 依概率收敛于 A 发生的概率 $p=P(A)$，即对于任意给定的 $\varepsilon>0$，成立

$$\lim_{n\to\infty} P\left(\left|\frac{\xi}{n}-p\right|<\varepsilon\right) = 1.$$

证 设 ξ_i 为 n 重 Bernoulli 试验中，第 i 次试验中事件 A 发生的次数 $(i=1,2,\cdots,n)$，即

$$\xi_i=\begin{cases}1, & \text{第 } i \text{ 次试验 } A \text{ 发生},\\ 0, & \text{第 } i \text{ 次试验 } A \text{ 不发生}.\end{cases}$$

则 $P(\xi_i=1)=p, P(\xi_i=0)=1-p$，因此 $E\xi_i=p, D\xi_i=p(1-p)$．

显然 $\xi=\sum_{i=1}^{n}\xi_i$．由于 $\xi_1,\xi_2,\cdots,\xi_n$ 相互独立，则由推论 11.6.1 得

$$\lim_{n\to\infty} P\left(\left|\frac{\xi}{n}-p\right|<\varepsilon\right) = \lim_{n\to\infty} P\left(\left|\frac{1}{n}\sum_{i=1}^{n}\xi_i - p\right| < \varepsilon\right) = 1.$$

证毕

在实际观察中，人们已经发现了频率“靠近”概率这个客观现象．Bernoulli 大数定律说明了，在试验条件不变的情况下，当试验次数无限增大时，事件 A 发生的频率依概率收敛于 A 发生的概率．这就是事件发生的频率在其概率附近摆动这一频率稳定性的确切数学解释，说明这是一个客观规律．

Bernoulli 大数定律有着重要应用，它说明了当事件 A 发生的概率很小时，一般 A 发生的频率也很小，即 A 很少发生．例如，若 $P(A)=0.000\,1$，由于频率接近于概率，则可认为在 10 000 次试验中 A 只发生一次．因此在实际应用中，常常忽略那些概率很小的事件发生的可能性，这被称为**小概率事件的实际不可能原理**(简称**小概率原理**)．注意在实际应用中，事件的“小概率”小到什么程度才能认为可以忽略，是要视具体问题的要求和性质而定的，不能一概而论．

中心极限定理

读者可能发现，现实生活中许多随机变量都近似服从正态分布，这是为什么呢？中心极限定理给出了解释．它说明，如果一个随机变量受许多相互独立的随机因素的影响，而其中每一个因素的影响都较小，不起决定作用，那么所有因素的叠加形成的这个整体随机变量就近似服从正态分布．例如，对零件测量的误差、整个城市的耗电量、人的身高或智商等，都受大量的独立随机因素的综合影响，因而近似服从正态分布．这正是正态分布在概率统计中占有特别重要地位的一个基本原因．下面仅介绍关于独立同分布的中心极限定理．

定理 11.6.6(中心极限定理)　设 $\{\xi_n\}$ 是相互独立的、服从同分布的随机变量序列，且数学期望 $E\xi_n=\mu$，方差 $D\xi_n=\sigma^2>0(n=1,2,\cdots)$，则

$$\lim_{n\to\infty}P\left(\frac{1}{\sqrt{n}\,\sigma}\sum_{i=1}^{n}(\xi_i-\mu)\leqslant x\right)=\Phi_0(x)=\frac{1}{\sqrt{2\pi}}\int_{-\infty}^{x}\mathrm{e}^{-\frac{t^2}{2}}\mathrm{d}t.$$

这个定理也称为 Lindeberg—Lévy(林德伯格—莱维)中心极限定理．由这个定理可知：当 n 充分大时，$\dfrac{1}{\sqrt{n}\,\sigma}\sum\limits_{i=1}^{n}(\xi_i-\mu)$ 近似服从标准正态分布 $N(0,1)$，于是，$\sum\limits_{i=1}^{n}\xi_i$ 近似服从正态分布 $N(n\mu,n\sigma^2)$．这说明，任意 n 个相互独立，同分布，且具有相同数学期望和方差的随机变量之和，当 n 充分大时，一定近似服从正态分布．

例 11.6.3　在某两地之间要建一条公路，因此要测量它们之间的距离，但由于测量工具的限制，需分成 240 段独立进行测量．假设每段测量的误差(单位：cm)服从均匀分布 $U[-0.5,0.5]$，求总测量误差的绝对值大于 10 cm 的概率．

解　设第 i 段的测量误差为 $\xi_i(i=1,2,\cdots,240)$，总误差为 ξ，所以 $\xi=\sum\limits_{i=1}^{240}\xi_i$．因为 $\xi_i\sim U[-0.5,0.5]$，所以

$$E\xi_i=0,\quad D\xi_i=\frac{1}{12},\quad i=1,2,\cdots,240.$$

由定理 11.6.6 知，$\dfrac{1}{\sqrt{240}\sqrt{1/12}}\sum\limits_{i=1}^{240}\xi_i$ 近似服从标准正态分布，因此

$$P(|\xi|>10)=P\left(\left|\sum_{i=1}^{240}\xi_i\right|>10\right)=P\left(\left|\frac{1}{\sqrt{240}\sqrt{1/12}}\sum_{i=1}^{240}\xi_i\right|>\frac{10}{\sqrt{240}\sqrt{1/12}}\right)$$

$$=P\left(\left|\frac{1}{\sqrt{240}\sqrt{1/12}}\sum_{i=1}^{240}\xi_i\right|>2.24\right)$$

$$=1-P\left(\left|\frac{1}{\sqrt{240}\sqrt{1/12}}\sum_{i=1}^{240}\xi_i\right|\leqslant 2.24\right)$$

$$\approx 1-[2\Phi_0(2.24)-1]=2[1-\Phi_0(2.24)]=0.025.$$

例 11.6.4　某生产线生产的产品成箱包装,每箱的质量(单位:kg)是随机的．假设每箱平均质量为 50 kg,标准差为 5 kg. 若用最大载重为 5 t 的汽车承运,试问每辆车最多可以装多少箱,才能保证不超载的概率大于 0.977?

解　设 ξ_i 为装运的第 i 箱质量,n 为所求箱数,则承运的总质量 $\xi=\sum\limits_{i=1}^{n}\xi_i$. 由已知条件

$$E\xi_i=50,\quad \sqrt{D\xi_i}=5,\quad i=1,2,\cdots,n.$$

问题是要找出 n,使得

$$P(\xi\leqslant 5\ 000)>0.977.$$

由定理 11.6.6 知,$\dfrac{1}{5\sqrt{n}}\left(\sum\limits_{i=1}^{n}\xi_i-50n\right)$ 近似服从标准正态分布．所以

$$P(\xi\leqslant 5\ 000)=P\left(\frac{\xi-50n}{5\sqrt{n}}\leqslant\frac{5\ 000-50n}{5\sqrt{n}}\right)\approx\Phi_0\left(\frac{5\ 000-50n}{5\sqrt{n}}\right).$$

由 $\Phi_0\left(\dfrac{5\ 000-50n}{5\sqrt{n}}\right)>0.977$ 查附表 2 得$\dfrac{5\ 000-50n}{5\sqrt{n}}>2$,于是 $n<98.02$.

因此,最多可以装 98 箱才能保证不超载的概率大于 0.977.

从中心极限定理可以推出如下的近似计算公式:

推论 11.6.2(Laplace 积分极限定理)　设随机变量 ξ 服从二项分布 $B(n,p)$,$a,b(a<b)$ 为常数,则当 n 充分大时,成立

$$P(a<\xi\leqslant b)\approx\Phi_0\left(\frac{b-np}{\sqrt{npq}}\right)-\Phi_0\left(\frac{a-np}{\sqrt{npq}}\right),$$

其中 $q=1-p$.

证　考虑 n 重 Bernoulli 试验,记 p 为事件 A 在每次试验中出现的概率．设 ξ 为 Bernoulli 试验中事件 A 发生的次数,ξ_i 为第 i 次试验中事件 A 发生的次数($i=1,2,\cdots,n$),即

$$\xi_i=\begin{cases}1, & \text{第 } i \text{ 次试验 } A \text{ 发生},\\ 0, & \text{第 } i \text{ 次试验 } A \text{ 不发生}.\end{cases}$$

则 $\xi=\sum\limits_{i=1}^{n}\xi_i$,且 ξ 服从二项分布 $B(n,p)$. 由于 $\xi_1,\xi_2,\cdots,\xi_n$ 相互独立,且 $E\xi_i=p,D\xi_i=pq(i=1,2,\cdots,n)$,由中心极限定理得

$$\lim_{n\to\infty}P\left(\frac{1}{\sqrt{npq}}\sum_{i=1}^{n}(\xi_i-p)<x\right)=\Phi_0(x)=\frac{1}{\sqrt{2\pi}}\int_{-\infty}^{x}\mathrm{e}^{-\frac{t^2}{2}}\mathrm{d}t.$$

即 $\dfrac{\sum\limits_{i=1}^{n}\xi_i - np}{\sqrt{npq}}$ 近似地服从标准正态分布．因此

$$P(a<\xi\leqslant b)=P\left(a<\sum_{i=1}^{n}\xi_i\leqslant b\right)$$

$$=P\left(\frac{a-np}{\sqrt{npq}}<\frac{\sum\limits_{i=1}^{n}\xi_i-np}{\sqrt{npq}}\leqslant\frac{b-np}{\sqrt{npq}}\right)$$

$$\approx\Phi_0\left(\frac{b-np}{\sqrt{npq}}\right)-\Phi_0\left(\frac{a-np}{\sqrt{npq}}\right).$$

证毕

推论 11.6.2 说明，二项分布以正态分布为极限．显然当 $a=-\infty$ 时，推论 11.6.2 的结论依然成立，即

$$P(\xi\leqslant b)\approx\Phi_0\left(\frac{b-np}{\sqrt{npq}}\right).$$

进一步还可得到下述推论．

推论 11.6.3（Laplace 局部极限定理）　设随机变量 ξ 服从二项分布 $B(n,p)$，则当 n 充分大时，成立

$$P(\xi=k)=p_k\approx\frac{1}{\sqrt{2\pi npq}}\mathrm{e}^{-\frac{(k-np)^2}{2npq}}=\frac{1}{\sqrt{npq}}\varphi_0\left(\frac{k-np}{\sqrt{npq}}\right),$$

其中 $q=1-p$.

我们对这个推论的证明做一个近似说明．仍采用推论 11.6.2 的证明中的记号与结论．

我们已经证明 $\dfrac{\sum\limits_{i=1}^{n}\xi_i - np}{\sqrt{npq}}$ 近似地服从标准正态分布，于是对 $\xi=\sum\limits_{i=1}^{n}\xi_i$ 成立

$$P(\xi=k)=P\left(k-0.5<\sum_{i=1}^{n}\xi_i\leqslant k+0.5\right)$$

$$\approx\Phi_0\left(\frac{k+0.5-np}{\sqrt{npq}}\right)-\Phi_0\left(\frac{k-0.5-np}{\sqrt{npq}}\right)$$

$$=\int_{\frac{k-np-0.5}{\sqrt{npq}}}^{\frac{k-np+0.5}{\sqrt{npq}}}\frac{1}{\sqrt{2\pi}}\mathrm{e}^{-\frac{x^2}{2}}\mathrm{d}x$$

$$\approx\frac{1}{\sqrt{2\pi}}\mathrm{e}^{-\frac{1}{2}\left(\frac{k-np}{\sqrt{npq}}\right)^2}\frac{1}{\sqrt{npq}}=\frac{1}{\sqrt{npq}}\varphi_0\left(\frac{k-np}{\sqrt{npq}}\right).$$

这两个推论说明，可以利用正态分布近似二项分布．我们已经知道，还可以用 Poisson 分布近似二项分布．但用正态分布近似二项分布只需 n 适当大这一条件（一般要求 $n\geqslant50$，有时也可放宽到 $n\geqslant30$），并不像用 Poisson 分布近似二项分布时，需要 n 适当大，p 适当小两个条件（一般要求 $p\leqslant0.1$，$n\geqslant10$）．然而进一步的研究表明，一般来说，当 p 接近于 0 或 1

时，用正态分布近似二项分布不如用 Poisson 分布近似精确．

注意二项分布是离散分布，而正态分布是连续分布，在用正态分布近似二项分布时，可如下做些修正来提高精度：对于服从二项分布的随机变量 ξ，若 $a,b(a<b)$ 为非负整数，则利用 $P(a\leqslant\xi\leqslant b)=P(a-0.5<\xi<b+0.5)$，再对右边的式子利用正态分布近似，从而得到 $P(a\leqslant\xi\leqslant b)$ 的较精确值．

例 11.6.5　某个单位设置一台电话总机，共有 300 个电话分机．在一小时内每个分机有 1% 的概率使用外线通话．假定每个分机使用外线通话与否是相互独立的，求一小时内有 4 个分机使用外线通话的概率．

解　记 300 个分机中使用外线通话的分机数目为 ξ，则它服从二项分布 $B(n,p)$，其中 $n=300,p=0.01$．此时 $q=1-p=0.99$．

（1）用二项分布公式计算：

$$P(\xi=4)=C_{300}^{4}(0.01)^{4}(0.99)^{300-4}\approx 0.168\ 877.$$

（2）用 Poisson 分布近似计算：此时 $\lambda=np=3$，因此（可查附表 1）

$$P(\xi=4)\approx\frac{3^4}{4!}\mathrm{e}^{-3}\approx 0.168\ 031.$$

（3）用正态分布近似计算：此时 $np=3,\sqrt{npq}\approx 1.723\ 368\ 8$，由 Laplace 局部极限定理得

$$P(\xi=4)\approx\frac{1}{\sqrt{npq}}\varphi_0\left(\frac{4-np}{\sqrt{npq}}\right)=\frac{1}{1.723\ 368\ 8}\varphi_0(0.58)\approx 0.195\ 663.$$

从这些计算可以看出，此时用 Poisson 分布近似比较精确．

例 11.6.6　从一大批发芽率为 0.9 的种子中随意抽取 1 000 粒，试估计这 1 000 粒种子发芽率不低于 0.88 的概率．

解　设 1 000 粒种子中发芽的种子数目为 ξ，则 ξ 服从二项分布 $B(n,p)$，其中 $n=1\ 000$，$p=0.9$．因此 $np=900,\sqrt{npq}\approx 9.486\ 8$．由 Laplace 积分极限定理得

$$\begin{aligned}P\left(\frac{\xi}{1\ 000}\geqslant 0.88\right)&=P(\xi\geqslant 880)=1-P(\xi<880)\\&\approx 1-\Phi_0\left(\frac{880-900}{9.486\ 8}\right)\approx 1-\Phi_0(-2.11)\\&=\Phi_0(2.11)=0.982\ 57.\end{aligned}$$

例 11.6.7　某工厂有 200 台同型号机器，各台机器工作与否是相互独立的．若每台机器开机的概率为 0.6，工作时需要 3 kW 电力，问至少需要向该厂供应多少电力，才能以 99.9% 的概率保证该工厂不会因电力不足而影响生产？

解　设 200 台机器中的开机数为 ξ，则 $\xi\sim B(n,p)$，其中 $n=200,p=0.6$．因此 $np=120$，$\sqrt{npq}\approx 6.928$．

先求 200 台机器中的开机数最大为多少时，达到至少 99.9% 的饱和率，即确定 k 的值，使得

$$P(\xi\leqslant k)\geqslant 0.999.$$

由 Laplace 积分极限定理得

$$P(\xi\leqslant k)\approx\Phi_0\left(\frac{k-np}{\sqrt{npq}}\right)=\Phi_0\left(\frac{k-120}{6.928}\right),$$

因此，由 $\Phi_0\left(\frac{k-120}{6.928}\right) \geqslant 0.999$ 查附表 2 得

$$\frac{k-120}{6.928} \geqslant 3.1,$$

从而得 $k \geqslant 141.4768$.

因此至少供应 $142 \times 3 = 426$ kW 的电力，才能以 99.9% 的概率保证该工厂不会因电力不足而影响生产.

习　题

1. 已知一批产品的废品率为 0.03，用 Чебышёв 不等式估计 1 000 个这种产品中废品多于 20 个且少于 40 个的概率.

2. 用 Чебышёв 不等式确定：当掷一个均匀硬币时，需掷多少次，才能保证使得"正面"出现的频率在 0.4 至 0.6 的概率不小于 0.9.

3. 设 ξ 为随机变量，且 $E|\xi|^r$ 存在（$r>0$ 为正整数）. 证明：对任意给定的 $\varepsilon>0$，成立 $P(|\xi| \geqslant \varepsilon) \leqslant \frac{E|\xi|^r}{\varepsilon^r}$.

4. 设一袋袋装食品的净重是随机变量，其数学期望为 100 g，标准差为 10 g. 若一盒内装有 200 袋袋装食品，求一盒的净重大于 20.5 kg 的概率.

5. 设有 30 个电子器件，它们的使用寿命（单位：h）$T_1, T_2, \cdots, T_{30}$ 均服从参数为 $\lambda=0.1$ 的指数分布，其使用情况是第一个损坏第二个立即使用，第二个损坏第三个立即使用，等等. 令 T 为 30 个器件使用的总计时间，求 T 超过 350 h 的概率.

6. 某市煤气公司和保险公司推出事故意外保险，投保人一年的保险费为 5 元. 如果在一年内投保人遭遇意外事故，公司赔费 30 000 元. 已知在一年内该市发生事故的概率是 0.000 1，如果该市有 1 000 000 户投保，求

（1）保险公司亏本的概率；

（2）求保险公司年利润不少于 2 700 000 元的概率.

7. 一个复杂的系统由 100 个互相独立起作用的部件所组成. 在运行时每一个部件损坏的概率为 0.1，为了使整个系统起作用，至少需要 90 个部件工作. 求整个系统能工作的概率.

8. 某车间有 400 台同类型的机器，每台的电功率为 Q W. 设每台机器开动时间为总工作时间的 $\frac{3}{4}$，且各台机器的开与停是相互独立的. 为了保证以 0.99 的概率有足够的电力使机器正常工作，问对该车间至少要供应多少电力？

9. 某商店负责供应某地区 1 000 人商品，某种商品在一段时间内每人需用一件的概率为 0.6，假定在这一段时间各人购买与否彼此无关，问商店应预备多少件这种商品，才能以 99.7% 的概率保证不会脱销（假定该商品在某一段时间内每人最多可以买一件）.

10. 某厂生产的螺丝钉的不合格品率为 0.01. 问一盒中至少应装多少螺丝钉才能保证其中含有 100 个合格品的概率不小于 0.95？

11. 某电视机厂每月生产电视 10 000 台，但其显像管生产车间的产品正品率仅为 0.8.

为了以 0.997 的概率保证出厂的电视机都能装上正品显像管，该车间每月应该生产多少只显像管？

12. 某个单位设置一台电话总机，共有 200 个电话分机．每个分机有 5 % 的时间要使用外线通话．假定每个分机是否使用外线通话是相互独立的，问总机至少要安装多少外线才能以 90 %的概率保证每个分机要使用外线时可以打通？

13. 已知每颗炮弹命中飞机的概率为 0.01，利用 Laplace 局部极限定理求 500 发炮弹命中 5 发的概率．

14. 设随机变量 ξ 的方差存在．证明 $D\xi=0$ 的充分必要条件是 $P(\xi=a)=1$（a 是某个常数）．

15. 假设 $\xi_1,\xi_2,\cdots,\xi_n$ 相互独立且同分布，且 $E(\xi_i^k)=\alpha_k(i=1,2,\cdots,n;k=1,2,3,4)$．证明当 n 充分大时，随机变量 $\eta_n=\dfrac{1}{n}\sum_{i=1}^{n}\xi_i^2$ 近似服从正态分布，并指出其分布中的参数．

第十二章 数理统计

数理统计和概率论都是研究随机现象统计规律的理论，它们之间有着密切的联系，但也有本质差别．在概率论中，随机现象的统计规律性是通过随机变量的概率分布来描述的，其出发点是已知或者假设已知某个随机变量的概率分布，进而可以研究该随机变量的各种性质，如随机事件的概率，随机变量的数字特征等．但实际情况却有很大差异．在实际问题中，往往并不知道随机变量服从何种概率分布，即使能够根据某些事实推断出随机变量服从的概率分布类型，也常常不清楚其分布函数中的某些参数．因此，需要确定这些重要的特征，才能对问题进行行之有效的研究，这就是数理统计理论所要解决的首要问题．数理统计的基本思想是从研究对象全体中抽取一部分进行观测或试验以取得信息，对这些信息进行数学处理后，再对整体作出推断．由于研究的现象是随机的，根据有限个观测和试验对整体作出的推断并不可能完全准确，或多或少存在着不确定性．因此还需知道这些不确定性的概率，才能确定推断的优劣．数理统计的一个基本问题就是通过对整体观测的有限数据，对整体进行推断，而且推断必须伴随一定的概率以表明推断的可靠程度．这种伴随有一定概率的推断称为**统计推断**．

本章首先介绍数理统计中的一些基本概念和工具，然后介绍两类基本的统计推断方法：参数估计和假设检验，最后介绍对变量间的相关关系进行统计推断方法中的线性回归分析方法．

§1 样本与抽样分布

总体与样本

我们先看一个简单例子．

例 12.1.1 显像管的寿命不低于 100 000 h 的为合格品，否则为不合格品．因此某厂生产的一批显像管中，每只显像管以寿命来判断只有两种可能：合格或不合格．这个随机试验可以用 0-1 分布来描述：

X	0	1
P	$1-p$	p

这里“$X=0$”表示不合格，“$X=1$”表示合格，p 为合格率．但一批显像管的合格率 p 常常是未知的，即分布的参数是未知的．因此一个重要的问题是如何求出或近似地求出 p 的值．由于检测是破坏性的，对所有产品逐个检验是不现实的．这就很自然地需要从产品中抽取一部分进行检测，再以检测到的数据为基础，通过科学有效的评估方法推断出整体的合格率．如何从部分的观测，推断总体的统计特征，就是数理统计理论的基本任务．

在数理统计理论中，把所研究的对象的全体称为**总体**，而把总体中的每个元素称为**个体**．例如，在例 12.1.1 中，生产的全部显像管就是总体，每只显像管就是个体．如果一个总体包含有限个个体，则称之为**有限总体**，如果一个总体包含无限个个体，则称之为**无限总体**．

虽然对于每个个体来说，它有很多方面的特性，但在实际问题中，人们常常只关心个体的某个或某几个数量指标以及这些指标在总体中的概率分布情况．例如，在例 12.1.1 中，我们关心的是显像管的寿命（它决定了显像管合格与否），从而可以知道总体显像管的合格率．显然，显像管的寿命是一个随机变量，这样我们就把总体与一个随机变量联系起来．这就是说，对总体的研究实际上就是对某一随机变量的概率分布的研究．由于人们主要研究的是总体的某个或某些数量特征，所以可以把总体看作所研究对象的若干个数量特征的全体，直接用一个（一维或多维）随机变量 X 来代表．这样一来，总体就被看成是一个具有确定分布的随机变量．本章只研究一个数量特征的情况，此时 X 是一维随机变量．

从总体 X 中随机抽检（或观测）有限个个体的试验，称为**随机抽样**，简称**抽样**．从总体中抽出若干个个体组成的集合，称为**样本**，样本中所含个体的个数称为**样本容量**．抽样通常有两种方法：一种是不重复抽样，即抽取一个观测后不放回去，再抽取第二个，如此连续抽取 n 个，构成一个容量为 n 的样本；另一种是重复抽样，即每次抽取一个进行观测后再放回去，搅匀后再抽取第二个，如此连续抽取 n 个，构成一个容量为 n 的样本．如果是无限总体，则不重复抽样和重复抽样没有什么区别，若是有限总体则两者有一定区别．当总体所含个体的个数很多且抽出的部分相对较少时，不重复抽样常可看成重复抽样．重复抽样称为**简单随机抽样**．本章只讨论简单随机抽样．

从总体 X 中随机地抽取 n 个个体进行试验，逐个观测它们的某个数量指标，以 $X_1, X_2, \cdots, X_n$ 依次表示这个试验的结果．显然 $X_1, X_2, \cdots, X_n$ 随着抽取的 n 个个体的不同而变化，具有随机性，它们都是随机变量．通常，将抽样 $X_1, X_2, \cdots, X_n$ 所得到的具体观测数据依次记为 $x_1, x_2, \cdots, x_n$. 而且，把 $X_1, X_2, \cdots, X_n$ 看成一个 n 维随机变量 $(X_1, X_2, \cdots, X_n)$，并将其某次抽样的具体观测值记为 $(x_1, x_2, \cdots, x_n)$，称之为**样本观测值**（或**样本值**）．在简单随机抽样时，随机变量 $(X_1, X_2, \cdots, X_n)$ 应该满足下述两个条件：(1) $X_1, X_2, \cdots, X_n$ 相互独立；(2) $X_1, X_2, \cdots, X_n$ 都与总体 X 具有相同的分布．满足这两个条件的随机变量 $(X_1, X_2, \cdots, X_n)$ 称为取自总体 X 的**简单随机样本**，也简称为**样本**．

直方图

一般来说，通过试验得到的样本观测值并无明显的规律，需要对它们进行统计分析．而经过分析处理的数据，又常借助于表格或图形来展现其规律性，频率直方图就是一种有效的方法，现介绍如下：

设 $X_1, X_2, \cdots, X_n$ 是取自总体 X 的一个样本，$x_1, x_2, \cdots, x_n$ 是其观测值．首先，适当选取

实数 a,b，使得

$$a \leqslant x_i \leqslant b,\quad i=1,2,\cdots,n.$$

其次，对区间 $[a,b]$ 插入如下分点将其等分为 m 个小区间：

$$a=c_0<c_1<\cdots<c_{m-1}<c_m=b,$$

其中 $c_j=a+\dfrac{j}{m}(b-a)\,(j=0,1,2,\cdots,m)$．称每个小区间的长度 $\dfrac{b-a}{m}$ 为**组距**．注意，m 的选取应与样本容量相适应，能体现样本分布的特点，并冲淡样本的随机波动．

然后，统计落于区间 $(c_{j-1},c_j]$ 中的样本观测值的个数，并记之为 $v_j\,(j=1,2,\cdots,m)$，称之为**频数**．注意 $j=1$ 时常统计落入 $[c_0,c_1]$ 中的观测值个数．

最后，(1) 在 Oxy 平面上以 x 轴上的区间 $(c_{j-1},c_j]$ 为底边，以 v_j 为高画出一个小长方形 $(j=1,2,\cdots,m)$．这些小长方形合成的图形称为**频数直方图**．

(2) 在 Oxy 平面上以 x 轴上的区间 $(c_{j-1},c_j]$ 为底边，以频率 $\dfrac{v_j}{n}$ 与组距的倒数 $\dfrac{m}{b-a}$ 的乘积为高画出一个小长方形 $(j=1,2,\cdots,m)$．这些小长方形合成的图形称为**频率直方图**．

由大数定理知道，当样本容量 n 较大时，频率接近于概率．因此，对于连续型总体 X 来说，每个小区间上的小长方形的面积近似于以该小区间为底，以 X 的概率密度曲线为曲边的小曲边梯形的面积．因而，频率直方图的顶部的台阶型曲线近似于 X 的概率密度曲线，这对判别总体的概率分布提供了有效的线索．

例如，对某个总体 X 的容量为 120 的样本，测得观测值如下表：

130	102	112	132	125	118	146	101	112	118	138	132
128	105	112	110	140	132	165	124	118	124	121	129
117	137	131	135	140	132	168	124	142	120	126	104
108	99	151	117	138	131	127	122	120	126	129	110
108	100	112	118	138	132	144	124	121	127	129	114
133	125	154	106	147	118	115	136	130	129	115	114
133	125	119	106	103	110	116	137	130	122	108	115
126	115	122	119	125	122	120	126	128	122	121	115
158	129	170	128	136	157	149	128	134	148	136	158
153	150	163	141	110	111	96	142	109	142	110	152

从上表可看出最小观测值和最大观测值分别为 96 和 170．将区间 $[96,170]$ 分为 15 个等长度的区间，每个区间长度(即组距)为 5．再算出数据落在各个小区间的频数，所得结果如下表：

分组区间	频数	分组区间	频数	分组区间	频数
96~100	3	121~125	16	146~150	5
101~105	5	126~130	18	151~155	4
106~110	11	131~135	11	156~160	3
111~115	12	136~140	10	161~165	2
116~120	13	141~145	5	166~170	2

按这个表以各个频数为高，可作出频数直方图(见图 12.1.1).

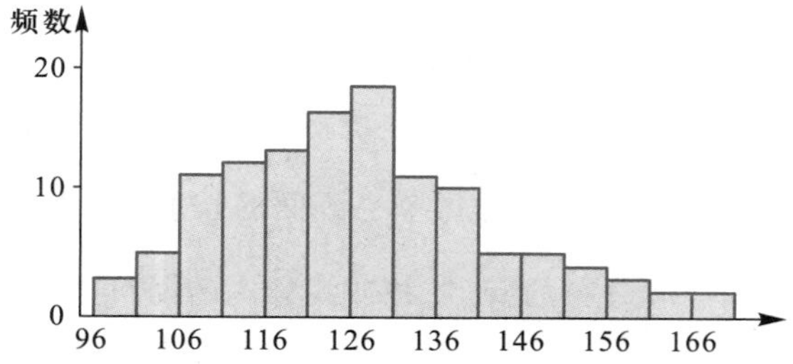

图 12.1.1

若以各个频数除以样本容量 120，再乘组距的倒数$\frac{1}{5}$为高，则可以作出频率直方图(见图 12.1.2). 它的形状与图 12.1.1 相似，只是纵轴的刻度选择不同.

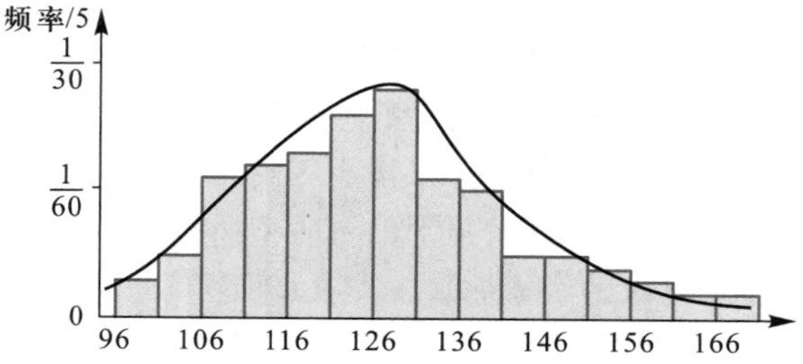

图 12.1.2

统计量

抽取样本只是进行统计推断的第一步，样本反映的信息也常常是原始的、粗糙的，并不能直接用于解决问题，还需要对其进行数学加工和处理，提取出真正有益的信息. 因此需要构造合适的样本函数来进行研究和推断，为此我们引入下面的概念.

定义 12.1.1　设$(X_1,X_2,\cdots,X_n)$是取自总体 X 的样本，g 是 n 元连续函数. 若 g 不包含任何未知参数，则称 $g(X_1,X_2,\cdots,X_n)$为**统计量**；若$(x_1,x_2,\cdots,x_n)$是样本观测值，则称 $g(x_1,x_2,\cdots,x_n)$是统计量 $g(X_1,X_2,\cdots,X_n)$的**观测值**.

例如，若$(X_1,X_2,\cdots,X_n)$是取自总体 X 的样本，$(x_1,x_2,\cdots,x_n)$是样本观测值，则函数 $\overline{X}=\frac{1}{n}\sum_{i=1}^{n}X_i$ 就是统计量，$\bar{x}=\frac{1}{n}\sum_{i=1}^{n}x_i$ 就是该统计量的观测值；函数 $S^2=\frac{1}{n-1}\sum_{i=1}^{n}(X_i-\overline{X})^2$ 也是统计量，$s^2=\frac{1}{n-1}\sum_{i=1}^{n}(x_i-\bar{x})^2$ 就是该统计量的观测值. 但函数 $T=\frac{1}{\sigma}\sum_{i=1}^{n}(X_i-\mu)^2$ 当参数 μ,σ 至少有一个未知时就不是统计量，它包含了未知参数. 注意，由于统计量是随机变量$(X_1,X_2,\cdots,X_n)$的函数，因而统计量也是随机变量.

下面介绍一些常用统计量. 设$(X_1,X_2,\cdots,X_n)$是取自总体 X 的样本. 称统计量

$$\overline{X}=\frac{1}{n}\sum_{i=1}^{n}X_i$$

为**样本均值**(或**样本平均值**). 称统计量

$$S^2=\frac{1}{n-1}\sum_{i=1}^{n}(X_i-\overline{X})^2=\frac{1}{n-1}\left(\sum_{i=1}^{n}X_i^2-n\overline{X}^2\right)$$

为**样本方差**;样本方差的算术平方根 S,即

$$S=\sqrt{\frac{1}{n-1}\sum_{i=1}^{n}(X_i-\overline{X})^2}$$

称为**样本均方差**(或**样本标准差**).

设$(X_1,X_2,\cdots,X_n)$是取自总体 X 的样本,k 是正整数. 称统计量

$$A_k=\frac{1}{n}\sum_{i=1}^{n}X_i^k$$

为**样本 k 阶(原点)矩**;称统计量

$$M_k=\frac{1}{n}\sum_{i=1}^{n}(X_i-\overline{X})^k$$

为**样本 k 阶中心矩**.

定义 12.1.2　设$(X_1,X_2,\cdots,X_n)$是取自总体 X 的样本. 定义 $X_{(k)}(k=1,2,\cdots,n)$为这样的统计量,它对于任意一组样本观测值$(x_1,x_2,\cdots,x_n)$,当我们将其各分量的值从小到大排成 $x_{(1)}\leqslant x_{(2)}\leqslant\cdots\leqslant x_{(n)}$ 时,$X_{(k)}$总取第 k 个值 $x_{(k)}$. 称 $X_{(k)}$为样本$(X_1,X_2,\cdots,X_n)$的**第 k 位顺序统计量**. 特别地,称

$$X_{(1)}=\min\{X_1,X_2,\cdots,X_n\}$$

为**最小顺序统计量**;称

$$X_{(n)}=\max\{X_1,X_2,\cdots,X_n\}$$

为**最大顺序统计量**.

例 12.1.2　设总体 X 服从区间$[0,\theta]$上的均匀分布,$(X_1,X_2,\cdots,X_n)$是取自总体 X 的样本. 求样本的最大顺序统计量 $X_{(n)}=\max\{X_1,X_2,\cdots,X_n\}$的概率密度.

解　总体 X 的概率密度为

$$\varphi_X(x)=\begin{cases}\dfrac{1}{\theta}, & 0\leqslant x\leqslant\theta,\\ 0, & 其他,\end{cases}$$

分布函数为

$$F_X(x)=\begin{cases}0, & x<0,\\ \dfrac{x}{\theta}, & 0\leqslant x\leqslant\theta,\\ 1, & x>\theta.\end{cases}$$

由于 $X_1,X_2,\cdots,X_n$ 相互独立且均与总体 X 具有相同的分布,所以 $X_{(n)}$的分布函数为

$$\begin{aligned}F_{X_{(n)}}(x)&=P(\max\{X_1,X_2,\cdots,X_n\}\leqslant x)\\&=P(X_1\leqslant x,X_2\leqslant x,\cdots,X_n\leqslant x)\\&=P(X_1\leqslant x)P(X_2\leqslant x)\cdots P(X_n\leqslant x)\\&=\prod_{i=1}^{n}F_{X_i}(x)=[F_X(x)]^n.\end{aligned}$$

因此

$$F_{X_{(n)}}(x)=\begin{cases}0, & x<0,\\ \dfrac{x^n}{\theta^n}, & 0\leqslant x\leqslant\theta,\\ 1, & x>\theta.\end{cases}$$

利用求导法，便得 $X_{(n)}$ 的概率密度

$$\varphi_{X_{(n)}}(x)=\begin{cases}\dfrac{nx^{n-1}}{\theta^n}, & 0\leqslant x\leqslant\theta,\\ 0, & \text{其他}.\end{cases}$$

可以证明，若总体 X 的概率密度为 $\varphi_X(x)$，分布函数为 $F_X(x)$，$(X_1,X_2,\cdots,X_n)$ 是取自总体的样本，则第 k 位顺序统计量 $X_{(k)}$ 的概率密度为

$$\varphi_{X_{(k)}}(x)=\frac{n!}{(k-1)!\ (n-k)!}[F_X(x)]^{k-1}[1-F_X(x)]^{n-k}\varphi_X(x).$$

三个重要分布

下面介绍三个常用的分布：χ^2 分布，t 分布和 F 分布，它们在数理统计理论中有着重要的应用.

（一）χ^2 分布

定义 12.1.3　设随机变量 $X_1,X_2,\cdots,X_n$ 相互独立，且都服从标准正态分布 $N(0,1)$，则称随机变量

$$\chi^2=X_1^2+X_2^2+\cdots+X_n^2$$

服从自由度为 n 的 **χ^2 分布**，记为 $\chi^2\sim\chi^2(n)$.

可以证明，$\chi^2(n)$ 分布的概率密度函数为

$$\varphi_{\chi^2}(x)=\begin{cases}\dfrac{1}{2^{\frac{n}{2}}\Gamma\left(\dfrac{n}{2}\right)}x^{\frac{n}{2}-1}\mathrm{e}^{-\frac{x}{2}}, & x>0,\\ 0, & x\leqslant 0.\end{cases}$$

图 12.1.3 给出 $n=4,6,10$ 时，$\chi^2(n)$ 分布的概率密度函数的图像.

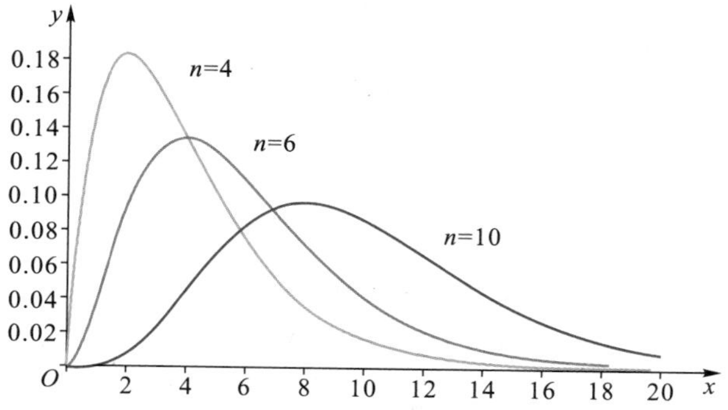

图 12.1.3

$\chi^2(n)$分布的数学期望与方差分别为

$$E(\chi^2)=n,\quad D(\chi^2)=2n$$

(证明留作习题).下面的定理说明χ^2分布具有可加性,其证明从略.

定理 12.1.1 设 X 与 Y 是相互独立的随机变量,且 $X\sim\chi^2(n_1)$,$Y\sim\chi^2(n_2)$,则随机变量 $Z=X+Y\sim\chi^2(n_1+n_2)$.

设随机变量$\chi^2\sim\chi^2(n)$,$0<\alpha<1$.χ^2的上侧 α 分位数记为$\chi^2_\alpha(n)$,即$\chi^2_\alpha(n)$满足

$$P(\chi^2\geqslant\chi^2_\alpha(n))=\alpha.$$

本书的附表 3 给出了$\chi^2(n)$分布的上侧分位数表,以供查用.

例 12.1.3 设随机变量 $X_1,X_2,\cdots,X_n$ 相互独立,且 $X_i\sim N(\mu_i,\sigma_i^2)(i=1,2,\cdots,n)$,求 $\sum\limits_{i=1}^{n}\left(\dfrac{X_i-\mu_i}{\sigma}\right)^2$ 的分布.

解 记 $Y_i=\dfrac{X_i-\mu_i}{\sigma_i}$,则由假设知 $Y_i\sim N(0,1)(i=1,2,\cdots,n)$.因为 $X_1,X_2,\cdots,X_n$ 相互独立,所以 $Y_1,Y_2,\cdots,Y_n$ 相互独立,因此由χ^2分布的定义,

$$\sum_{i=1}^{n}\left(\frac{X_i-\mu_i}{\sigma}\right)^2=\sum_{i=1}^{n}Y_i^2$$

服从自由度为 n 的χ^2分布,即 $\sum\limits_{i=1}^{n}\left(\dfrac{X_i-\mu_i}{\sigma}\right)^2\sim\chi^2(n)$.

(二) t分布

定义 12.1.4 设随机变量 X,Y 相互独立,且 $X\sim N(0,1)$,$Y\sim\chi^2(n)$,则称随机变量

$$T=\frac{X}{\sqrt{Y/n}}$$

服从自由度为 n 的 ***t* 分布**,记为 $T\sim t(n)$.

可以证明,$t(n)$分布的概率密度函数为

$$\varphi_t(x)=\frac{\Gamma\left(\frac{n+1}{2}\right)}{\sqrt{n\pi}\,\Gamma\left(\frac{n}{2}\right)}\left(1+\frac{x^2}{n}\right)^{-\frac{n+1}{2}},\quad -\infty<x<+\infty.$$

由于 $\varphi_t(x)$是偶函数,t 分布的概率密度函数图像关于 y 轴是对称的.图 12.1.4 给出了 $t(n)$分布的概率密度函数的图像,其中最上方的曲线是标准正态分布 $N(0,1)$的概率密度函数的图像.还可以证明

$$\lim_{n\to\infty}\varphi_t(x)=\frac{1}{\sqrt{2\pi}}e^{-\frac{x^2}{2}},\quad -\infty<x<+\infty.$$

因此当 n 充分大时,$t(n)$分布可近似看成标准正态分布.实际上当 $n>30$ 时,两者的区别便很小了.但当 n 较小时,两者还是有明显区别的.特别是 $t(n)$分布的尾部比标准正态分布的尾部有着更大的概率,即若 $T\sim t(n)$,$X\sim N(0,1)$,则

$$P(|T|\geqslant t_0)>P(|X|\geqslant t_0),\quad t_0>0.$$

这个性质在小样本统计推断中有着重要应用.

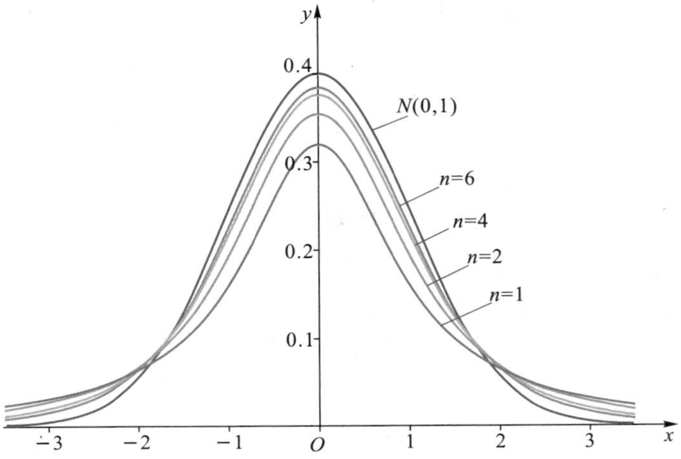

图 12.1.4

自由度 $n=1$ 的 $t(1)$ 分布就是 Cauchy 分布，它的数学期望不存在；当自由度 $n>1$ 时，$t(n)$ 分布的数学期望 $E(t)=0$；当自由度 $n>2$ 时，$t(n)$ 分布的方差存在，且 $D(t)=\dfrac{n}{n-2}$（证明略去）.

设随机变量 $t\sim t(n)$，$0<\alpha<1$. t 的上侧 α 分位数记为 $t_\alpha(n)$，即 $t_\alpha(n)$ 满足

$$P(t\geqslant t_\alpha(n))=\alpha.$$

本书的附表 4 给出了 $t(n)$ 分布的上侧分位数表，以供查用．由上侧分位数的定义，成立关系式

$$t_{1-\alpha}(n)=-t_\alpha(n).$$

事实上，若 $t\sim t(n)$，由于 t 分布的概率密度是偶函数，利用对称性便有

$$\begin{aligned}P(t\geqslant -t_\alpha(n))&=1-P(t\leqslant -t_\alpha(n))\\&=1-P(t\geqslant t_\alpha(n))=1-\alpha.\end{aligned}$$

例 12.1.4　设随机变量 X 与 Y 相互独立，且 $X\sim N(5,15)$，$Y\sim\chi^2(5)$，求概率 $P(X\geqslant 3.5\sqrt{Y}+5)$.

解　因为 $X\sim N(5,15)$，所以 $\dfrac{X-5}{\sqrt{15}}\sim N(0,1)$. 因为 X 与 Y 相互独立，所以 $\dfrac{X-5}{\sqrt{15}}$ 与 Y 相互独立．由 t 分布的定义知，

$$T=\frac{(X-5)/\sqrt{15}}{\sqrt{Y/5}}\sim t(5).$$

因此

$$\begin{aligned}P(X\geqslant 3.5\sqrt{Y}+5)&=P\left(\frac{(X-5)/\sqrt{15}}{\sqrt{Y/5}}\geqslant\frac{3.5/\sqrt{15}}{\sqrt{1/5}}\right)\\&=P(T\geqslant 2.02)\approx 0.05.\end{aligned}$$

其中计算的最后一步是利用了附表 4.

（三）F 分布

定义 12.1.5　设随机变量 X,Y 相互独立，且 $X\sim\chi^2(n_1)$，$Y\sim\chi^2(n_2)$，则称随机变量

$$F=\frac{X/n_1}{Y/n_2}$$

服从第一自由度为 n_1,第二自由度为 n_2 的 F **分布**,记为 $F\sim F(n_1,n_2)$.

由定义立即得到:若随机变量 F 服从 $F(n_1,n_2)$ 分布,则随机变量$\frac{1}{F}$服从 $F(n_2,n_1)$分布.

可以证明,第一自由度为 n_1,第二自由度为 n_2 的 F 分布的概率密度函数为

$$\varphi_F(x)=\begin{cases}\dfrac{\Gamma\left(\dfrac{n_1+n_2}{2}\right)}{\Gamma\left(\dfrac{n_1}{2}\right)\Gamma\left(\dfrac{n_2}{2}\right)}n_1^{\frac{n_1}{2}}n_2^{\frac{n_2}{2}}\dfrac{x^{\frac{n_1}{2}-1}}{(n_1x+n_2)^{\frac{n_1+n_2}{2}}}, & x>0,\\ 0, & x\leqslant 0.\end{cases}$$

图 12.1.5 给出了 $F(n_1,n_2)$分布的概率密度函数的图像.

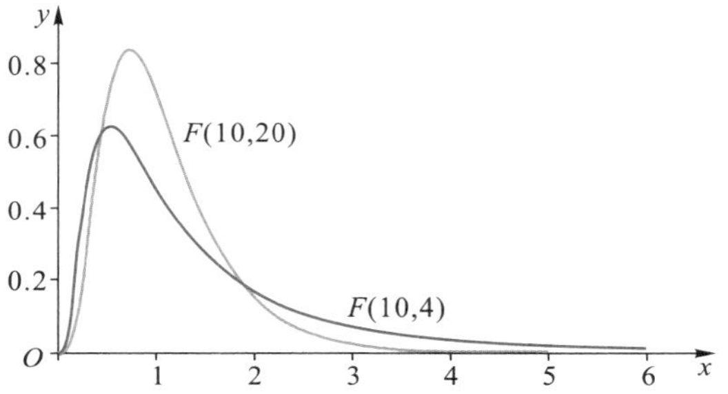

图 12.1.5

$F(n_1,n_2)$分布的数学期望与方差分别为(证明略去)

$$E(F)=\frac{n_2}{n_2-2}\quad(n_2>2),\qquad D(F)=\frac{2n_2^2(n_1+n_2-2)}{n_1(n_2-2)^2(n_2-4)}\quad(n_2>4).$$

设随机变量 $F\sim F(n_1,n_2)$,$0<\alpha<1$. F 的上侧 α 分位数记为 $F_\alpha(n_1,n_2)$,即 $F_\alpha(n_1,n_2)$满足

$$P(F\geqslant F_\alpha(n_1,n_2))=\alpha.$$

$F_\alpha(n_1,n_2)$值可以在本书的附表 5 查到. 由上侧分位数的定义,成立关系式

$$F_\alpha(n_1,n_2)=\frac{1}{F_{1-\alpha}(n_2,n_1)}.$$

事实上,若 $F\sim F(n_1,n_2)$,则

$$P\left(F\geqslant\frac{1}{F_{1-\alpha}(n_2,n_1)}\right)=P\left(\frac{1}{F}\leqslant F_{1-\alpha}(n_2,n_1)\right)$$

$$=1-P\left(\frac{1}{F}\geqslant F_{1-\alpha}(n_2,n_1)\right)=1-(1-\alpha)=\alpha.$$

抽样分布

统计量的分布称为**抽样分布**. 在用统计量来推断总体的性质时,常常必须知道统计量

的分布．虽然从理论上来说，总体的分布已知时，统计量的分布是可以求出的，但实际操作起来难度很大．然而当总体服从正态分布时，其统计量的分布还是比较容易计算．下面介绍总体服从正态分布时，一些统计量的分布．

定理 12.1.2(样本均值的分布)　设$(X_1,X_2,\cdots,X_n)$是取自正态总体$N(\mu,\sigma^2)$的样本，则样本均值$\overline{X}\sim N\left(\mu,\dfrac{\sigma^2}{n}\right)$．

证　记总体为X，则$X\sim N(\mu,\sigma^2)$．因为$X_1,X_2,\cdots,X_n$相互独立，且均服从正态分布，由定理 11.4.4，$\overline{X}=\dfrac{1}{n}\sum\limits_{i=1}^{n}X_i$服从正态分布．

由于$E(X_i)=E(X)$，$D(X_i)=D(X)$ $(i=1,2,\cdots,n)$，且$X_1,X_2,\cdots,X_n$相互独立，所以

$$E(\overline{X})=E\left(\frac{1}{n}\sum_{i=1}^{n}X_i\right)=\frac{1}{n}\sum_{i=1}^{n}E(X_i)=\frac{1}{n}\sum_{i=1}^{n}E(X)=E(X)=\mu,$$

$$D(\overline{X})=D\left(\frac{1}{n}\sum_{i=1}^{n}X_i\right)=\frac{1}{n^2}\sum_{i=1}^{n}D(X_i)=\frac{1}{n^2}\sum_{i=1}^{n}D(X)=\frac{D(X)}{n}=\frac{\sigma^2}{n},$$

因此样本均值$\overline{X}\sim N\left(\mu,\dfrac{\sigma^2}{n}\right)$．

证毕

推论 12.1.1　设$(X_1,X_2,\cdots,X_n)$是取自正态总体$N(\mu,\sigma^2)$的样本，则$\dfrac{\overline{X}-\mu}{\sigma/\sqrt{n}}\sim N(0,1)$．

定理 12.1.3(样本方差的分布)　设$(X_1,X_2,\cdots,X_n)$是取自正态总体$N(\mu,\sigma^2)$的样本，则

(1) 样本方差S^2与样本均值$\overline{X}$相互独立；

(2) $\dfrac{n-1}{\sigma^2}S^2\sim\chi^2(n-1)$．

此定理的证明从略．

定理 12.1.4　设$(X_1,X_2,\cdots,X_n)$是取自正态总体$N(\mu,\sigma^2)$的样本，样本方差为S^2，样本均值为$\overline{X}$，则

$$\frac{\overline{X}-\mu}{S/\sqrt{n}}\sim t(n-1).$$

证　由推论 12.1.1 知，$\dfrac{\overline{X}-\mu}{\sigma/\sqrt{n}}\sim N(0,1)$．由定理 12.1.3 知，$\dfrac{n-1}{\sigma^2}S^2\sim\chi^2(n-1)$，且样本方差$S^2$与样本均值$\overline{X}$相互独立．因此随机变量$\dfrac{\overline{X}-\mu}{\sigma/\sqrt{n}}$与$\dfrac{n-1}{\sigma^2}S^2$亦相互独立．根据$t$分布的定义，

$$\frac{\dfrac{\overline{X}-\mu}{\sigma/\sqrt{n}}}{\sqrt{\dfrac{(n-1)S^2/\sigma^2}{n-1}}}=\frac{\overline{X}-\mu}{S/\sqrt{n}}$$

服从 $t(n-1)$ 分布．

证毕

定理 12.1.5　设 $(X_1,X_2,\cdots,X_{n_1})$ 是取自正态总体 $X\sim N(\mu_1,\sigma^2)$ 的样本，$(Y_1,Y_2,\cdots,Y_{n_2})$ 是取自正态总体 $Y\sim N(\mu_2,\sigma^2)$ 的样本，且总体 X 与 Y 相互独立，则

$$\frac{\overline{X}-\overline{Y}-(\mu_1-\mu_2)}{S_W\sqrt{\frac{1}{n_1}+\frac{1}{n_2}}}\sim t(n_1+n_2-2),$$

其中 $S_W=\sqrt{\frac{(n_1-1)S_X^2+(n_2-1)S_Y^2}{n_1+n_2-2}}$，$\overline{X},\overline{Y}$ 分别表示两个样本各自的样本均值，S_X^2,S_Y^2 分别表示两个样本各自的样本方差．

证　由定理 12.1.2 知，$\overline{X}\sim N\left(\mu_1,\frac{\sigma^2}{n_1}\right)$，$\overline{Y}\sim N\left(\mu_2,\frac{\sigma^2}{n_2}\right)$．由于 $\overline{X}$ 与 $\overline{Y}$ 相互独立，所以 $\overline{X}-\overline{Y}\sim N\left(\mu_1-\mu_2,\left(\frac{1}{n_1}+\frac{1}{n_2}\right)\sigma^2\right)$．因此

$$\frac{\overline{X}-\overline{Y}-(\mu_1-\mu_2)}{\sigma\sqrt{\frac{1}{n_1}+\frac{1}{n_2}}}\sim N(0,1).$$

又由定理 12.1.3 知，$\frac{(n_1-1)S_X^2}{\sigma^2}\sim\chi^2(n_1-1)$，$\frac{(n_2-1)S_Y^2}{\sigma^2}\sim\chi^2(n_2-1)$，且两者是相互独立的．因此由定理 12.1.1 知

$$\frac{(n_1-1)S_X^2+(n_2-1)S_Y^2}{\sigma^2}\sim\chi^2(n_1+n_2-2).$$

于是，根据 t 分布的定义，

$$\frac{\dfrac{\overline{X}-\overline{Y}-(\mu_1-\mu_2)}{\sigma\sqrt{1/n_1+1/n_2}}}{\sqrt{\dfrac{[(n_1-1)S_X^2+(n_2-1)S_Y^2]/\sigma^2}{n_1+n_2-2}}}=\frac{\overline{X}-\overline{Y}-(\mu_1-\mu_2)}{S_W\sqrt{\frac{1}{n_1}+\frac{1}{n_2}}}$$

服从 $t(n_1+n_2-2)$ 分布．

证毕

定理 12.1.6　设 $(X_1,X_2,\cdots,X_{n_1})$ 是取自正态总体 $X\sim N(\mu_1,\sigma_1^2)$ 的样本，$(Y_1,Y_2,\cdots,Y_{n_2})$ 是取自正态总体 $Y\sim N(\mu_2,\sigma_2^2)$ 的样本，且总体 X 与 Y 相互独立，则

$$\frac{S_X^2/\sigma_1^2}{S_Y^2/\sigma_2^2}\sim F(n_1-1,n_2-1),$$

其中 S_X^2,S_Y^2 分别表示两个样本各自的样本方差．

证　由定理 12.1.3 知，$\frac{(n_1-1)S_X^2}{\sigma_1^2}\sim\chi^2(n_1-1)$，$\frac{(n_2-1)S_Y^2}{\sigma_2^2}\sim\chi^2(n_2-1)$，且两者相互独立．

根据 F 分布的定义,

$$\frac{\frac{(n_1-1)S_X^2}{\sigma_1^2}\Big/(n_1-1)}{\frac{(n_2-1)S_Y^2}{\sigma_2^2}\Big/(n_2-1)}=\frac{S_X^2/\sigma_1^2}{S_Y^2/\sigma_2^2}$$

服从 $F(n_1-1,n_2-1)$ 分布.

证毕

习　题

1. 设总体 X 服从参数为 λ 的 Poisson 分布,$(X_1,X_2,\cdots,X_n)$ 为取自总体的样本,$\overline{X}$ 是样本均值,求 $E(\overline{X})$ 和 $D(\overline{X})$.

2. 设 $(X_1,X_2,\cdots,X_n)$ 是取自总体 X 的一个样本,$\overline{X}_n$ 是样本均值,

$$S_n^2=\frac{1}{n-1}\sum_{k=1}^{n}(X_k-\overline{X}_n)^2,\quad \tilde{S}_n^2=\frac{1}{n}\sum_{k=1}^{n}(X_k-\overline{X}_n)^2.$$

现又获得一个观测值 X_{n+1},证明:

(1) $\overline{X}_{n+1}=\overline{X}_n+\frac{1}{n+1}(X_{n+1}-\overline{X}_n)$;

(2) $S_{n+1}^2=\frac{n-1}{n}S_n^2+\frac{1}{n+1}(X_{n+1}-\overline{X}_n)^2,\quad \tilde{S}_{n+1}^2=\frac{n}{n+1}\left[\tilde{S}_n^2+\frac{1}{n+1}(X_{n+1}-\overline{X}_n)^2\right]$.

3. 设总体 X 服从指数分布,其概率密度函数为

$$\varphi(x)=\begin{cases}\lambda e^{-\lambda x}, & x\geqslant 0,\\ 0, & x<0,\end{cases}$$

其中 $\lambda>0$. 证明样本均值 $\overline{X}$ 的概率密度函数为

$$\varphi_{\overline{X}}(x)=\begin{cases}\frac{\lambda^n n^n}{(n-1)!}x^{n-1}e^{-\lambda n x}, & x\geqslant 0,\\ 0, & x<0.\end{cases}$$

4. 证明:若随机变量 $X\sim\chi^2(n)$,则 $E(X)=n,D(X)=2n$.

5. 设总体 $X\sim N(0,1)$,$(X_1,X_2,\cdots,X_6)$ 为取自总体的样本. 若

$$Y=(X_1+X_2+X_3)^2+(X_4+X_5+X_6)^2,$$

试确定常数 C,使得 CY 服从 χ^2 分布.

6. 设总体 X 服从正态分布 $N(80,400)$,从总体中抽出一个容量为 100 的样本,问样本均值与总体均值之差的绝对值大于 3 的概率是多少?

7. 已知随机变量 $X\sim t(n)$,证明 $X^2\sim F(1,n)$.

8. 设总体 X 与 Y 相互独立,且均服从 $N(0,3^2)$,$(X_1,X_2,\cdots,X_9)$ 和 $(Y_1,Y_2,\cdots,Y_9)$ 是分别取自 X 和 Y 的样本,试确定统计量 $\frac{X_1+X_2+\cdots+X_9}{\sqrt{Y_1^2+Y_2^2+\cdots+Y_9^2}}$ 的分布.

9. 设总体 X 服从正态分布 $N(0,2^2)$,$(X_1,X_2,\cdots,X_{15})$ 是取自总体的样本,试确定统计量

$Y=\dfrac{X_1^2+X_2^2+\cdots+X_{10}^2}{2(X_{11}^2+X_{12}^2+\cdots+X_{15}^2)}$的分布．

10. 设$(X_1,X_2,\cdots,X_n)$是取自正态总体$N(\mu,\sigma^2)$的样本，$\overline{X}_n$是它的样本均值，$S_n^2=\dfrac{1}{n}\sum\limits_{i=1}^{n}(X_i-\overline{X}_n)^2$．又设$X_{n+1}$服从$N(\mu,\sigma^2)$分布，且与$X_1,X_2,\cdots,X_n$相互独立，试求统计量

$$T=\frac{X_{n+1}-\overline{X}_n}{S_n}\sqrt{\frac{n-1}{n+1}}$$

的概率分布．

11. 设总体$X\sim N(12,2^2)$，$(X_1,X_2,\cdots,X_5)$是取自总体的样本．求

(1) $P(S^2<9.49)$，其中S^2是样本方差；

(2) $P(\min\limits_{1\leqslant i\leqslant 5}\{X_i\}\leqslant 10)$和$P(\max\limits_{1\leqslant i\leqslant 5}\{X_i\}>15)$．

§ 2　参数估计

数理统计理论中的一个重要问题就是，当总体所服从的分布类型可以确定时，根据样本所提供的信息，对总体分布中所含的未知参数进行统计推断，以估计参数或参数的真值所在的范围．例如，某种电子元件的寿命可以看成服从指数分布$E(\lambda)$，但其参数λ却常常是未知的，这就需要对它进行估计．这类问题称为**参数估计**问题．本节介绍参数估计中的两种方法：点估计和区间估计．

点估计

设总体X的分布函数$F(x;\theta)$的形式已知，而参数$\theta\in\Theta$(它可以是一个参数也可以是几个参数组成的向量)未知，这里Θ是θ的可能变化范围．设$(X_1,X_2,\cdots,X_n)$是来自总体X的样本，$(x_1,x_2,\cdots,x_n)$是样本观测值，点估计就是要选取一个样本的统计量$\hat{\theta}=\hat{\theta}(X_1,X_2,\cdots,X_n)$来估计$\theta$，以数值$\hat{\theta}=\hat{\theta}(x_1,x_2,\cdots,x_n)$来估计$\theta$的真值．称$\hat{\theta}=\hat{\theta}(X_1,X_2,\cdots,X_n)$为$\theta$的**估计量**，且称$\hat{\theta}(x_1,x_2,\cdots,x_n)$为$\theta$的**估计值**．由于估计值是一个数，对应于数轴上一个点，因而这种方法称为**点估计**．在没有必要强调是估计量或估计值时，常常把二者都称为**估计**，同记为$\hat{\theta}$．下面先介绍寻求估计量的两种常用方法：**矩估计法**和**最大似然估计法**．

矩估计法

定义 12.2.1　设X为随机变量，k为正整数，称$E(X^k)$为X的k**阶(原点)矩**，称$E((X-EX)^k)$为X的k**阶中心矩**．

设$(X_1,X_2,\cdots,X_n)$是来自总体X的样本，由 Хинчин 大数定律知，当$E(X^k)$存在时，

$$\lim_{n\to\infty} P\left(\left| \frac{1}{n}\sum_{i=1}^{n} X_i^k - E(X^k) \right| < \varepsilon \right) = 1,$$

即样本 k 阶矩依概率收敛于总体 k 阶矩．因此只要样本的容量充分大，样本原点矩 $\frac{1}{n}\sum_{i=1}^{n} X_i^k$ 在总体矩 $E(X^k)$ 附近的可能性就很大．由于许多分布中所含的参数都是矩的函数，自然会想到用样本矩代替相应的总体矩，以样本矩的函数代替相应的总体矩的同样函数，进而得到总体分布中未知参数的估计．这就是矩估计法的基本思想，其具体方法如下：

假定总体 X 分布函数含有 k 个未知参数 $\theta_1,\theta_2,\cdots,\theta_k$，那么它的前 k 阶矩 $E(X)$，$E(X^2)$，$\cdots$，$E(X^k)$（或中心矩）一般都是这 k 个参数的函数，记为

$$E(X^i) = g_i(\theta_1,\theta_2,\cdots,\theta_k),\quad i=1,2,\cdots,k.$$

假如能从这 k 个方程中解出

$$\theta_i = h_i(E(X),E(X^2),\cdots,E(X^k)),\quad i=1,2,\cdots,k,$$

那么在上式中用样本矩 $A_j = \frac{1}{n}\sum_{i=1}^{n} X_i^j$ 代替相应的总体矩 $E(X^j)$ $(j=1,2,\cdots,k)$，便得到各个未知参数的**矩估计量**

$$\hat{\theta}_i = h_i(A_1,A_2,\cdots,A_k),\quad i=1,2,\cdots,k.$$

例 12.2.1　设总体 X 服从 $[0,\theta]$ 上的均匀分布，其中 $\theta>0$ 是未知参数．设 $(X_1,X_2,\cdots,X_n)$ 是取自总体的样本，求 θ 的矩估计量．

解　因为总体 X 服从 $[0,\theta]$ 上的均匀分布，所以它的概率密度为

$$\varphi(x;\theta) = \begin{cases} \dfrac{1}{\theta}, & 0\leqslant x\leqslant \theta, \\ 0, & \text{其他}, \end{cases}$$

所以总体的一阶矩

$$E(X) = \int_0^{\theta} x\,\frac{1}{\theta}\mathrm{d}x = \frac{\theta}{2}.$$

令

$$A_1 = E(X) = \frac{\theta}{2},$$

便得到 θ 的矩估计量是

$$\hat{\theta} = 2A_1 = 2\overline{X}.$$

例 12.2.2　设某水厂生产的自来水中，每升水所含的大肠杆菌个数服从参数为 λ 的 Poisson 分布，其中 $\lambda>0$ 未知．现随机地取水 50 次，每次取一升，化验后得到的大肠杆菌数如下表，试估计每升自来水中平均含大肠杆菌的个数．

每升水所含大肠杆菌个数	0	1	2	3	4
出现的次数	15	24	8	2	1

解　每升水所含的大肠杆菌个数 X 服从参数为 λ 的 Poisson 分布，我们先对随机取出的样本 $(X_1,X_2,\cdots,X_n)$ 求 λ 的矩估计量．

因为 $E(X)=\lambda$. 令 $A_1=E(X)=\lambda$，便得到 λ 的矩估计量是

$$\hat{\lambda}=A_1=\overline{X}.$$

再根据所给出的样本观测值，得到 λ 的矩估计值为

$$\hat{\lambda}=\overline{x}=\frac{1}{50}(0\times15+1\times24+2\times8+3\times2+4\times1)=1.$$

即每升自来水中平均含一个大肠杆菌.

注　由于 $D(X)=\lambda$，且

$$\lambda=D(X)=E(X^2)-[E(X)]^2,$$

令 $A_1=E(X)$，$A_2=E(X^2)$，便得 λ 的另一矩估计量

$$\hat{\lambda}=A_2-A_1^2=\frac{1}{n}\sum_{i=1}^{n}X_i^2-\overline{X}^2=\frac{1}{n}\sum_{i=1}^{n}(X_i-\overline{X})^2.$$

例 12.2.3　设总体 X 的概率密度为

$$\varphi(x;\mu,\theta)=\begin{cases}\dfrac{1}{\theta}\mathrm{e}^{-\frac{x-\mu}{\theta}}, & x\geqslant\mu,\\ 0, & \text{其他},\end{cases}$$

其中 $\mu,\theta(\theta>0)$ 是未知参数，$(X_1,X_2,\cdots,X_n)$ 是取自总体的样本. 求 μ,θ 的矩估计量.

解　总体的一阶矩和二阶矩分别是

$$E(X)=\int_{\mu}^{+\infty}x\frac{1}{\theta}\mathrm{e}^{-\frac{x-\mu}{\theta}}\mathrm{d}x=\mu+\theta,$$

$$E(X^2)=\int_{\mu}^{+\infty}x^2\frac{1}{\theta}\mathrm{e}^{-\frac{x-\mu}{\theta}}\mathrm{d}x=\mu^2+2\theta(\mu+\theta).$$

令 $A_1=E(X)$，$A_2=E(X^2)$，便得

$$\begin{cases}A_1=\mu+\theta,\\ A_2=\mu^2+2\theta(\mu+\theta),\end{cases}$$

解此方程组便得 μ,θ 的矩估计量

$$\hat{\theta}=\sqrt{A_2-A_1^2}=\sqrt{\frac{1}{n}\sum_{i=1}^{n}(X_i-\overline{X})^2},$$

$$\hat{\mu}=\overline{X}-\hat{\theta}=\overline{X}-\sqrt{\frac{1}{n}\sum_{i=1}^{n}(X_i-\overline{X})^2}.$$

矩估计法的优点是计算比较简便，操作性强，并且不需要对总体的分布附加太多的条件，只要知道未知参数与总体各阶矩的关系就能使用. 当样本容量较大时，矩估计值接近被估计的参数真值的可能性较大，因此在工程技术领域广泛使用. 但它也有一定的局限性. 例如，有时可以对一个未知参数得出多于一个的矩估计量，如例 12.2.2 所示. 至于在实际应用中如何选取，如果没有其他要求，取简单的估计量即可.

最大似然估计法

若导致某事件 A 发生的因素有若干个，那么当事件 A 发生时，我们会很自然地想到，导

致 A 发生可能性最大的因素应该就是原因，这就是最大似然估计法的基本思想．最大似然估计法就是要选取这样的 $\hat{\theta}$ 作为参数 θ 的估计，使得当 $\hat{\theta}$ 替代 θ 时，观测结果出现的可能性最大．

设总体 X 的分布函数为 $F(x;\theta)(\theta\in\Theta)$，其中 θ 为未知参数（它可以是一个参数也可以是几个参数组成的向量），$(X_1,X_2,\cdots,X_n)$ 为取自总体的样本，$(x_1,x_2,\cdots,x_n)$ 是样本观测值．如下定义**似然函数** $L=L(x_1,x_2,\cdots,x_n;\theta)$：

（1）若 X 为离散型随机变量，概率函数为 $p(x;\theta)=P(X=x)$（x 取 X 的可能取值），则

$$L=L(x_1,x_2,\cdots,x_n;\theta)=\prod_{i=1}^{n}p(x_i;\theta)\ ;$$

（2）若 X 为连续型随机变量，概率密度为 $\varphi(x;\theta)$，则

$$L=L(x_1,x_2,\cdots,x_n;\theta)=\prod_{i=1}^{n}\varphi(x_i;\theta)\ .$$

我们进一步以总体 X 为离散型随机变量为例，说明最大似然估计法的思想．此时似然函数

$$\begin{aligned}L&=L(x_1,x_2,\cdots,x_n;\theta)=\prod_{i=1}^{n}p(x_i;\theta)\\&=P(X_1=x_1)P(X_2=x_2)\cdots P(X_n=x_n)\\&=P(X_1=x_1,X_2=x_2,\cdots,X_n=x_n),\end{aligned}$$

它就是样本 $(X_1,X_2,\cdots,X_n)$ 取值 $(x_1,x_2,\cdots,x_n)$ 的概率．由本段开始时提到的思想，当试验结果 $(x_1,x_2,\cdots,x_n)$ 出现时，导致该结果出现概率的最大者，即 L 达到最大值时的 θ，就应该是最可能的原因，也就是说，此时的 θ 应该最可能是真值．由此我们引入下面的定义：

定义 12.2.2　*设 $L=L(x_1,x_2,\cdots,x_n;\theta)$ 是似然函数．若存在 $\hat{\theta}=\hat{\theta}(x_1,x_2,\cdots,x_n)$，使得*

$$L(x_1,x_2,\cdots,x_n;\hat{\theta})=\max_{\theta\in\Theta}L(x_1,x_2,\cdots,x_n;\theta),$$

*则称 $\hat{\theta}(x_1,x_2,\cdots,x_n)$ 为未知参数 θ 的***最大似然估计值***，称 $\hat{\theta}(X_1,X_2,\cdots,X_n)$ 为 θ 的***最大似然估计量***．*

当样本观测值 $(x_1,x_2,\cdots,x_n)$ 固定时，似然函数 L 是参数 θ 的函数，最大似然估计法就是，取使似然函数 L 达到最大值的 $\hat{\theta}(x_1,x_2,\cdots,x_n)$ 作为参数 θ 的估计值，以 $\hat{\theta}(X_1,X_2,\cdots,X_n)$ 作为参数 θ 的估计量．

在求似然函数的最大值点时，常采用微分学中求最大值点的方法．由于 $\ln L$ 是 L 的严格单调函数，所以 $\ln L$ 和 L 在同一点达到最大值．因此只需求 $\ln L$ 的最大值点就可以了，这常常可以使计算简化．注意，似然函数的最大值是否能达到，极值是否为最值，以及似然函数是否可导或可偏导等问题，常常要具体问题具体分析，灵活处理．

例 12.2.4　设总体 X 服从参数为 λ 的 Poisson 分布，$\lambda>0$ 为未知参数．设 $(X_1,X_2,\cdots,X_n)$ 是取自总体的样本，$(x_1,x_2,\cdots,x_n)$ 是样本观测值，试用最大似然估计法求 λ 的最大似然估计值和最大似然估计量．

解　总体 X 的概率函数为

$$p(x;\lambda)=P(X=x)=\frac{\lambda^x}{x!}\mathrm{e}^{-\lambda},\quad x=0,1,2,\cdots.$$

因此似然函数为

$$L=L(x_1,x_2,\cdots,x_n;\lambda)=\prod_{i=1}^{n}p(x_i;\lambda)=\prod_{i=1}^{n}\frac{\lambda^{x_i}}{x_i!}\mathrm{e}^{-\lambda}=\frac{1}{\prod\limits_{i=1}^{n}x_i!}\lambda^{\sum\limits_{i=1}^{n}x_i}\mathrm{e}^{-n\lambda}.$$

取自然对数得

$$\ln L=\left(\sum_{i=1}^{n}x_i\right)\ln\lambda-n\lambda-\sum_{i=1}^{n}\ln x_i!.$$

令

$$\frac{\partial\ln L}{\partial\lambda}=\frac{1}{\lambda}\sum_{i=1}^{n}x_i-n=0,$$

便得 λ 的最大似然估计值

$$\hat{\lambda}=\frac{1}{n}\sum_{i=1}^{n}x_i=\bar{x}.$$

因此 λ 的最大似然估计量为

$$\hat{\lambda}=\overline{X}.$$

例 12.2.5　设总体 X 服从正态分布 $N(\mu,\sigma^2)$，其中参数 μ,σ^2 未知．设 $(X_1,X_2,\cdots,X_n)$ 是取自总体的样本，$(x_1,x_2,\cdots,x_n)$ 是样本观测值，试用最大似然估计法求 μ 和 σ^2 的最大似然估计值．

解　因为总体 X 的概率密度为

$$\varphi(x;\mu,\sigma^2)=\frac{1}{\sqrt{2\pi}\sigma}\mathrm{e}^{-\frac{(x-\mu)^2}{2\sigma^2}},\quad -\infty<x<+\infty,$$

所以似然函数为

$$L=L(x_1,x_2,\cdots,x_n;\mu,\sigma^2)=\prod_{i=1}^{n}\left(\frac{1}{\sqrt{2\pi}\sigma}\right)\mathrm{e}^{-\frac{(x_i-\mu)^2}{2\sigma^2}}=\left(\frac{1}{\sqrt{2\pi}\sigma}\right)^n\mathrm{e}^{-\frac{1}{2\sigma^2}\sum\limits_{i=1}^{n}(x_i-\mu)^2}.$$

取自然对数得

$$\ln L=-\frac{n}{2}\ln(2\pi\sigma^2)-\frac{1}{2\sigma^2}\sum_{i=1}^{n}(x_i-\mu)^2.$$

令

$$\begin{cases}\dfrac{\partial\ln L}{\partial\mu}=\dfrac{1}{\sigma^2}\sum\limits_{i=1}^{n}(x_i-\mu)=0,\\[2ex]\dfrac{\partial\ln L}{\partial\sigma^2}=-\dfrac{n}{2\sigma^2}+\dfrac{1}{2\sigma^4}\sum\limits_{i=1}^{n}(x_i-\mu)^2=0,\end{cases}$$

解此方程组便得 μ,σ^2 的最大似然估计值分别为

$$\hat{\mu}=\frac{1}{n}\sum_{i=1}^{n}x_i=\bar{x},\quad \hat{\sigma}^2=\frac{1}{n}\sum_{i=1}^{n}(x_i-\bar{x})^2.$$

例 12.2.6　设总体 X 服从 $[0,\theta]$ 上的均匀分布，$\theta>0$ 为未知参数．设 $(X_1,X_2,\cdots,X_n)$ 是取自总体的样本，$(x_1,x_2,\cdots,x_n)$ 是样本观测值，试用最大似然估计法求 θ 的最大似然估计量．

解　因为总体 X 的概率密度为

$$\varphi(x;\theta)=\begin{cases}\dfrac{1}{\theta}, & 0\leqslant x\leqslant\theta,\\ 0, & \text{其他},\end{cases}$$

所以似然函数为

$$L=L(x_1,x_2,\cdots,x_n;\theta)=\prod_{i=1}^{n}\varphi(x_i;\theta)=\begin{cases}\dfrac{1}{\theta^n}, & 0\leqslant x_1,x_2,\cdots,x_n\leqslant\theta,\\ 0, & \text{其他}.\end{cases}$$

显然 $L\geqslant 0$. 当 $x_1,x_2,\cdots,x_n$ 给定时，θ 必须不小于所有 $x_1,x_2,\cdots,x_n$，才能使 L 大于零．也就是说，当 θ 不小于最大顺序统计量的观测值 $x_{(n)}$ 时，才能使 L 大于零．由于此时 θ^{-n} 是 θ 的单调减少函数，所以当 $\theta=x_{(n)}$ 时，L 最大．因此最大似然估计值为 $\hat{\theta}=x_{(n)}$，最大似然估计量为

$$\hat{\theta}=X_{(n)}=\max\{X_1,X_2,\cdots,X_n\}.$$

估计量优劣的评判标准

前面我们已经看到，对总体分布中的参数，可以有不同的估计方法．而不同的估计方法所得到的估计量可能不同．因此在众多的估计中，我们自然希望挑选出“最优”的估计，这就产生了评判估计量优劣标准的问题．

（一）无偏性

设统计量 $\hat{\theta}=\hat{\theta}(X_1,X_2,\cdots,X_n)$ 为未知参数 θ 的一个估计，那么 $\hat{\theta}-\theta$ 反映了估计的误差．虽然我们希望这个误差越小越好，但由于 $\hat{\theta}$ 是一个随机变量，其取值会随样本的观测值的不同而变化，要求 $\hat{\theta}-\theta=0$ 并没有实际意义．因此，只能在统计意义下要求 $\hat{\theta}$ 的平均值与 θ 越接近越好，最好能满足 $E(\hat{\theta})=\theta$.

定义 12.2.3　设 $\hat{\theta}=\hat{\theta}(X_1,X_2,\cdots,X_n)$ 是未知参数 $\theta(\theta\in\Theta)$ 的估计量，若

$$E(\hat{\theta})=\theta,\quad \theta\in\Theta,$$

则称 $\hat{\theta}$ 是 θ 的**无偏估计量**．若

$$\lim_{n\to\infty}E(\hat{\theta})=\theta,\quad \theta\in\Theta,$$

则称 $\hat{\theta}$ 是 θ 的**渐近无偏估计量**．

若 $(X_1,X_2,\cdots,X_n)$ 是取自总体 X 的一个样本，由于 $E\left(\dfrac{1}{n}\sum\limits_{i=1}^{n}X_i^k\right)=E(X^k)$，所以样本矩是总体矩的无偏估计量．

例 12.2.7　设总体 X 的数学期望为 μ，方差为 σ^2，$(X_1,X_2,\cdots,X_n)$ 是取自总体的一个样本．证明样本方差 $S^2=\dfrac{1}{n-1}\sum\limits_{i=1}^{n}(X_i-\overline{X})^2$ 是总体方差 σ^2 的无偏估计量．

证　因为 $E(X_i)=E(X)=\mu$，$D(X_i)=D(X)=\sigma^2(i=1,2,\cdots,n)$，且

$$E(\overline{X}) = E\left(\frac{1}{n}\sum_{i=1}^{n} X_i\right) = \frac{1}{n}\sum_{i=1}^{n} E(X_i) = \mu ,$$

$$D(\overline{X}) = D\left(\frac{1}{n}\sum_{i=1}^{n} X_i\right) = \frac{1}{n^2}\sum_{i=1}^{n} D(X_i) = \frac{1}{n}\sigma^2.$$

于是利用 $D(X)=E(X^2)-[E(X)]^2$，便得

$$E(S^2) = \frac{1}{n-1}E\sum_{i=1}^{n}(X_i-\overline{X})^2 = \frac{1}{n-1}\left(\sum_{i=1}^{n}E(X_i^2) - nE(\overline{X}^2)\right)$$

$$=\frac{1}{n-1}\left[n(\sigma^2+\mu^2)-n\left(\frac{\sigma^2}{n}+\mu^2\right)\right]=\sigma^2.$$

即 S^2 是总体方差 σ^2 的无偏估计量．

证毕

例 12.2.8　设总体 X 服从 $[0,\theta]$ 上的均匀分布，其中 $\theta>0$ 是未知参数．设 $(X_1,X_2,\cdots,X_n)$ 是取自总体的一个样本．证明：(1) θ 的矩估计量 $\theta_1=2\overline{X}$ 是 θ 的无偏估计量；(2) θ 的最大似然估计量 $\theta_2=X_{(n)}$ 是 θ 的渐近无偏估计量．

证　(1) 因为总体 X 服从 $[0,\theta]$ 上的均匀分布，所以 $E(X)=\dfrac{\theta}{2}$（见例 12.2.1）．因此

$$E(\theta_1)=E(2\overline{X})=2E(\overline{X})=2E(X)=2\times\frac{\theta}{2}=\theta.$$

即 $\theta_1=2\overline{X}$ 是 θ 的无偏估计量．

(2) 由例 12.1.2 知，$\theta_2=X_{(n)}$ 的概率密度为

$$\varphi_{X_{(n)}}(x)=\begin{cases}\dfrac{nx^{n-1}}{\theta^n}, & 0\leqslant x\leqslant\theta,\\ 0, & \text{其他}.\end{cases}$$

所以

$$E(\theta_2)=E(X_{(n)})=\int_0^{\theta}x\cdot\frac{nx^{n-1}}{\theta^n}\mathrm{d}x=\frac{n}{n+1}\theta,$$

因此

$$\lim_{n\to\infty}E(\hat{\theta}_2)=\lim_{n\to\infty}\frac{n}{n+1}\theta=\theta.$$

即 $\theta_2=X_{(n)}$ 是 θ 的渐近无偏估计量．

证毕

注　在上例中，虽然 $\theta_2=X_{(n)}$ 不是 θ 的无偏估计量，但 $\theta_3=\dfrac{n+1}{n}\theta_2=\dfrac{n+1}{n}X_{(n)}$ 就是 θ 的无偏估计量．

（二）有效性

读者可能已经发现，同一个未知参数可以有多个无偏估计量．例如，对于取自总体的样本 $(X_1,X_2,\cdots,X_n)$，统计量 $\tilde{X}=\sum_{i=1}^{n}\alpha_iX_i$（$\alpha_1,\alpha_2,\cdots,\alpha_n$ 为常数，且 $\sum_{i=1}^{n}\alpha_i=1$）都是总体期望值

μ 的无偏估计量．对于未知参数 θ 的无偏估计量 $\hat{\theta}=\hat{\theta}(X_1,X_2,\cdots,X_n)$，$E(\hat{\theta})=\theta$ 只是反映了 $\hat{\theta}$ 在真值 θ 附近波动，我们当然还希望这种波动的幅度越小越好，也就是 $\hat{\theta}$ 的方差越小越好，这就是有效性的概念．

定义 12.2.4　设 $\hat{\theta}=\hat{\theta}(X_1,X_2,\cdots,X_n)$ 和 $\hat{\theta}'=\hat{\theta}'(X_1,X_2,\cdots,X_n)$ 都是未知参数 θ 的无偏估计量．若

$$D(\hat{\theta})<D(\hat{\theta}'),$$

则称 $\hat{\theta}$ **比** $\hat{\theta}'$**有效**．

例 12.2.9　说明，作为总体期望值 μ 的无偏估计量，$\overline{X}=\dfrac{1}{n}\sum\limits_{i=1}^{n}X_i$ 在所有形如 $\tilde{X}=\sum\limits_{i=1}^{n}\alpha_iX_i\left(\alpha_1,\alpha_2,\cdots,\alpha_n\text{ 为常数，且 }\sum\limits_{i=1}^{n}\alpha_i=1\right)$ 中最有效．

解　记总体期望值为 μ，方差为 σ^2．因为

$$E(\tilde{X})=\sum_{i=1}^{n}\alpha_iE(X_i)=\left(\sum_{i=1}^{n}\alpha_i\right)\mu=\mu,\quad \text{特别地 } E(\overline{X})=\mu,$$

因此 $\tilde{X}$ 和 $\overline{X}$ 都是无偏估计．且

$$D(\tilde{X})=\sum_{i=1}^{n}\alpha_i^2D(X_i)=\left(\sum_{i=1}^{n}\alpha_i^2\right)\sigma^2,\quad \text{特别地 } D(\overline{X})=\frac{\sigma^2}{n}.$$

利用 Cauchy-Schwarz 不等式得到

$$1=\left(\sum_{i=1}^{n}\alpha_i\right)^2\leqslant\left(\sum_{i=1}^{n}\alpha_i^2\right)\left(\sum_{i=1}^{n}1^2\right)=n\sum_{i=1}^{n}\alpha_i^2,$$

所以 $\sum\limits_{i=1}^{n}\alpha_i^2\geqslant\dfrac{1}{n}$．因此

$$D(\tilde{X})=\left(\sum_{i=1}^{n}\alpha_i^2\right)\sigma^2\geqslant\frac{\sigma^2}{n}=D(\overline{X}).$$

这说明 $\overline{X}=\dfrac{1}{n}\sum\limits_{i=1}^{n}X_i$ 在形式为 $\tilde{X}=\sum\limits_{i=1}^{n}\alpha_iX_i\left(\sum\limits_{i=1}^{n}\alpha_i=1\right)$ 的无偏估计量中最有效．

例 12.2.10　设总体 X 服从 $[0,\theta]$ 上的均匀分布，其中 $\theta>0$ 是未知参数．设 $(X_1,X_2,\cdots,X_n)$ 是取自总体的一个样本 $(n>1)$．已经知道 $\theta_1=2\overline{X}$ 和 $\theta_3=\dfrac{n+1}{n}X_{(n)}$ 都是 θ 的无偏估计量，试比较它们哪个更有效．

有效估计量

解　因为 $D(X)=\dfrac{1}{12}\theta^2$，所以

$$D(\theta_1)=D(2\overline{X})=4D(\overline{X})=\frac{4}{n}D(X)=\frac{1}{3n}\theta^2.$$

由于

$$E(X_{(n)}^2)=\int_0^{\theta}x^2\,\frac{nx^{n-1}}{\theta^n}\mathrm{d}x=\frac{n}{n+2}\theta^2,$$

所以

$$D(\theta_3)=D\left(\frac{n+1}{n}X_{(n)}\right)=\left(\frac{n+1}{n}\right)^2 D(X_{(n)})$$
$$=\left(\frac{n+1}{n}\right)^2\{E(X_{(n)}^2)-[E(X_{(n)})]^2\}$$
$$=\left(\frac{n+1}{n}\right)^2\left[\frac{n}{n+2}\theta^2-\left(\frac{n}{n+1}\theta\right)^2\right]=\frac{1}{n(n+2)}\theta^2,$$

这里 $E(X_{(n)})=\frac{n}{n+1}\theta$ 是利用了例 12.2.8 的结果．因此，当 $n>1$ 时，$\theta_3=\frac{n+1}{n}X_{(n)}$ 比 $\theta_1=2\overline{X}$ 有效．

（三）一致性

在选取估计量 $\hat{\theta}$ 时，我们当然希望样本容量 n 越大，它接近 θ 的真值的可能性越大，因为它反映总体的信息越多．进一步，希望当 n 趋于无穷大时，估计量 $\hat{\theta}$ 在参数真值 θ 附近的概率趋于 1，这就是一致性的概念．

定义 12.2.5　设 $\hat{\theta}=\hat{\theta}(X_1,X_2,\cdots,X_n)$ 是未知参数 θ 的估计量．若对于任意给定的 $\varepsilon>0$，成立

$$\lim_{n\to\infty}P(|\hat{\theta}-\theta|<\varepsilon)=1,$$

则称 $\hat{\theta}$ 为参数 θ 的**一致估计量**．

由 Хинчин 大数定律立即得知，样本 k 阶矩 $A_k=\frac{1}{n}\sum_{i=1}^{n}X_i^k$ 是总体 k 阶矩 $E(X^k)$ 的一致估计量．特别地，$\overline{X}=\frac{1}{n}\sum_{i=1}^{n}X_i$ 是总体期望 $E(X)$ 的一致估计量．

下面给出一个无偏估计量是一致估计量的充分条件．

定理 12.2.1　设 $\hat{\theta}=\hat{\theta}(X_1,X_2,\cdots,X_n)$ 是未知参数 θ 的无偏估计量．若 $\lim\limits_{n\to\infty}D(\hat{\theta})=0$，则 $\hat{\theta}$ 是 θ 的一致估计量．

证　因为 $\hat{\theta}=\hat{\theta}(X_1,X_2,\cdots,X_n)$ 是 θ 的无偏估计量，所以 $E(\hat{\theta})=\theta$.

由 Чебышёв 不等式得，对于任意给定的 $\varepsilon>0$ 成立

$$1\geqslant P(|\hat{\theta}-\theta|<\varepsilon)=P(|\hat{\theta}-E(\hat{\theta})|<\varepsilon)\geqslant 1-\frac{D(\hat{\theta})}{\varepsilon^2},$$

因为 $\lim\limits_{n\to\infty}D(\hat{\theta})=0$，由极限的夹逼性便得 $\lim\limits_{n\to\infty}P(|\hat{\theta}-\theta|<\varepsilon)=1$，因此 $\hat{\theta}$ 是 θ 的一致估计量．

证毕

例 12.2.11　在例 12.2.10 中，因为

$$\lim_{n\to\infty}D(\theta_1)=\lim_{n\to\infty}\frac{1}{3n}\theta^2=0,$$
$$\lim_{n\to\infty}D(\theta_3)=\lim_{n\to\infty}\frac{1}{n(n+2)}\theta^2=0,$$

所以 $\theta_1=2\overline{X}$ 和 $\theta_3=\frac{n+1}{n}X_{(n)}$ 都是 θ 的一致估计量.

由于 $\theta_3=\frac{n+1}{n}X_{(n)}$ 是 θ 的一致估计量,即 $\theta_3 \xrightarrow{P} \theta$,由定理 11.6.1 得

$$X_{(n)}=\frac{n}{n+1}\theta_3 \xrightarrow{P} \theta,$$

因此 $X_{(n)}$ 也是 θ 的一致估计量.

区间估计

用点估计得到的估计值,即使是无偏的有效估计量,由于样本的随机性,从样本得到的估计值,不可能一定是被估计参数的真值. 而且,由于被估计的参数本身是未知的,因此更无法确定估计值与真值的误差. 这就是说,点估计并不能确定估计值与真值之间误差的范围. 因此如何确定一个可能包含真值的范围,即区间,以及这种区间以多大的概率包含真值,就是区间估计要解决的问题. 为此,先引入如下的定义:

定义 12.2.6 设 θ 为总体分布中的未知参数,$(X_1,X_2,\cdots,X_n)$ 是取自总体的一个样本,$\alpha(0<\alpha<1)$ 是给定的数. 若两个统计量 $\hat{\theta}_1=\hat{\theta}_1(X_1,X_2,\cdots,X_n)$ 和 $\hat{\theta}_2=\hat{\theta}_2(X_1,X_2,\cdots,X_n)$ 满足

$$P(\hat{\theta}_1<\theta<\hat{\theta}_2)=1-\alpha,$$

则称区间 $(\hat{\theta}_1,\hat{\theta}_2)$ 是 θ 的置信度为 $1-\alpha$ 的**置信区间**,并分别称 $\hat{\theta}_1$、$\hat{\theta}_2$ 为**置信区间的下、上限**,称 $1-\alpha$ 为**置信度**(或**置信系数**,**置信水平**).

对于样本 $(X_1,X_2,\cdots,X_n)$ 的每个观测值 $(x_1,x_2,\cdots,x_n)$,就产生了一个区间 $(\hat{\theta}_1(x_1,x_2,\cdots,x_n),\hat{\theta}_2(x_1,x_2,\cdots,x_n))$,也称为**置信区间**. $P(\hat{\theta}_1<\theta<\hat{\theta}_2)=1-\alpha$ 说明的是置信区间盖住 θ 真值的可能性,即在样本观测值所确定的置信区间 $(\hat{\theta}_1,\hat{\theta}_2)$ 中,包含 θ 真值的占 $100(1-\alpha)\%$. 虽然 $(\hat{\theta}_1,\hat{\theta}_2)$ 可能并不包含 θ 的真值,但这样的可能性只占 $100\alpha\%$. 如果选取 α 适当小(要根据具体情况而定),就可以以较大的概率确定区间 $(\hat{\theta}_1,\hat{\theta}_2)$ 盖住 θ 的真值. 因此 α 表示错误判断情形出现的概率,也称为**显著性水平**或**误判风险**.

至于统计量 $\hat{\theta}_1=\hat{\theta}_1(X_1,X_2,\cdots,X_n)$ 和 $\hat{\theta}_2=\hat{\theta}_2(X_1,X_2,\cdots,X_n)$ 如何选取,我们下面主要对正态总体的情形予以介绍,这是实际应用中常用的方法.

(一) 单个正态总体的均值和方差的置信区间

设总体 X 服从正态分布 $N(\mu,\sigma^2)$,$(X_1,X_2,\cdots,X_n)$ 是取自总体的样本,$\overline{X}$ 和 S^2 分别表示样本均值和样本方差.

1. μ 的区间估计

(1) σ^2 已知时,μ 的区间估计

由推论 12.1.1 知

$$U=\frac{\overline{X}-\mu}{\sigma/\sqrt{n}}\sim N(0,1).$$

因此对于给定的 α，查附表 2 可以确定正态分布的上侧分位数 $u_{\frac{\alpha}{2}}$，使得

$$P(U \geqslant u_{\frac{\alpha}{2}})=\frac{\alpha}{2}.$$

于是

$$P(-u_{\frac{\alpha}{2}}<U<u_{\frac{\alpha}{2}})=1-\alpha,$$

即

$$P\left(-u_{\frac{\alpha}{2}}<\frac{\overline{X}-\mu}{\sigma/\sqrt{n}}<u_{\frac{\alpha}{2}}\right)=1-\alpha,$$

等价地就是

$$P\left(\overline{X}-\frac{\sigma}{\sqrt{n}}u_{\frac{\alpha}{2}}<\mu<\overline{X}+\frac{\sigma}{\sqrt{n}}u_{\frac{\alpha}{2}}\right)=1-\alpha.$$

因此，μ 的置信度为 $1-\alpha$ 的置信区间是

$$\left(\overline{X}-\frac{\sigma}{\sqrt{n}}u_{\frac{\alpha}{2}},\ \overline{X}+\frac{\sigma}{\sqrt{n}}u_{\frac{\alpha}{2}}\right). \tag{12.2.1}$$

（2）σ^2 未知时，μ 的区间估计

由于 σ^2 未知，不能用（1）的方法来计算 μ 的置信区间．但由定理 12.1.4 知，

$$T=\frac{\overline{X}-\mu}{S/\sqrt{n}}\sim t(n-1).$$

当 α 给定时，可以查附表 4 得到 t 分布的上侧分位数 $t_{\frac{\alpha}{2}}(n-1)$，使得

$$P(T\geqslant t_{\frac{\alpha}{2}}(n-1))=\frac{\alpha}{2},$$

因此

$$P(-t_{\frac{\alpha}{2}}(n-1)<T<t_{\frac{\alpha}{2}}(n-1))=1-\alpha,$$

即

$$P\left(-t_{\frac{\alpha}{2}}(n-1)<\frac{\overline{X}-\mu}{S/\sqrt{n}}<t_{\frac{\alpha}{2}}(n-1)\right)=1-\alpha,$$

等价地就是

$$P\left(\overline{X}-\frac{S}{\sqrt{n}}t_{\frac{\alpha}{2}}(n-1)<\mu<\overline{X}+\frac{S}{\sqrt{n}}t_{\frac{\alpha}{2}}(n-1)\right)=1-\alpha.$$

因此，μ 的置信度为 $1-\alpha$ 的置信区间是

$$\left(\overline{X}-\frac{S}{\sqrt{n}}t_{\frac{\alpha}{2}}(n-1),\ \overline{X}+\frac{S}{\sqrt{n}}t_{\frac{\alpha}{2}}(n-1)\right). \tag{12.2.2}$$

例 12.2.12　某车间生产的滚珠直径服从正态分布 $N(\mu,\sigma^2)$．从某天的产品里随机抽取 5 个，测得直径（单位：mm）如下：

14.6　　15.1　　14.9　　15.2　　15.1

分别就下列两种情况求 μ 的置信度为 0.95 的置信区间：

(1) 已知方差 $\sigma^2=0.05$;

(2) σ^2 未知.

解 (1) 因为 $\alpha=0.05,n=5,\sigma=\sqrt{0.05}$. 查附表 2 得 $u_{\frac{\alpha}{2}}=u_{0.025}=1.96$.

由样本观测值计算得

$$\bar{x}=14.98,$$

$$\bar{x}+\frac{\sigma}{\sqrt{n}}u_{\frac{\alpha}{2}}=14.98+\frac{\sqrt{0.05}}{\sqrt{5}}\cdot 1.96=15.176,$$

$$\bar{x}-\frac{\sigma}{\sqrt{n}}u_{\frac{\alpha}{2}}=14.98-\frac{\sqrt{0.05}}{\sqrt{5}}\cdot 1.96=14.784.$$

因此由(12.2.1)式得,μ 的置信度为 0.95 的置信区间是(14.784,15.176).

(2) 因为 $\alpha=0.05,n=5$. 查附表 4 得 $t_{\frac{\alpha}{2}}(4)=t_{0.025}=2.776$.

由样本观测值计算得

$$\bar{x}=14.98.$$

$$\begin{aligned}s&=\left(\frac{1}{4}[(14.6-14.98)^2+(15.1-14.98)^2+(14.9-14.98)^2+\right.\\&\left.(15.2-14.98)^2+(15.1-14.98)^2]\right)^{\frac{1}{2}}\\&\approx 0.24,\end{aligned}$$

$$\bar{x}+\frac{s}{\sqrt{n}}t_{\frac{\alpha}{2}}(n-1)=14.98+\frac{0.24}{\sqrt{5}}\cdot 2.776\approx 15.28,$$

$$\bar{x}-\frac{s}{\sqrt{n}}t_{\frac{\alpha}{2}}(n-1)=14.98-\frac{0.24}{\sqrt{5}}\cdot 2.776\approx 14.68.$$

因此由(12.2.2)式得,μ 的置信度为 0.95 的置信区间是(14.68,15.28).

2. σ^2 的区间估计

(1) μ 已知时,σ^2 的区间估计

因为当总体 $X\sim N(\mu,\sigma^2)$ 时成立 $X_i\sim N(\mu,\sigma^2)$,所以$\frac{X_i-\mu}{\sigma}\sim N(0,1)\ (i=1,2,\cdots,n)$. 因此,由 $X_1,X_2\cdots,X_n$ 的相互独立性及χ^2 分布的定义知

$$\chi^2=\frac{1}{\sigma^2}\sum_{i=1}^{n}(X_i-\mu)^2\sim\chi^2(n).$$

查附表 3 可得χ^2 分布的上侧分位数$\chi^2_{1-\frac{\alpha}{2}}(n)$和$\chi^2_{\frac{\alpha}{2}}(n)$,使得

$$P(\chi^2_{1-\frac{\alpha}{2}}(n)<\chi^2<\chi^2_{\frac{\alpha}{2}}(n))=1-\alpha,$$

即

$$P\left(\chi^2_{1-\frac{\alpha}{2}}(n)<\frac{1}{\sigma^2}\sum_{i=1}^{n}(X_i-\mu)^2<\chi^2_{\frac{\alpha}{2}}(n)\right)=1-\alpha,$$

其等价形式为

$$P\left(\frac{\sum_{i=1}^{n}(X_i-\mu)^2}{\chi^2_{\frac{\alpha}{2}}(n)}<\sigma^2<\frac{\sum_{i=1}^{n}(X_i-\mu)^2}{\chi^2_{1-\frac{\alpha}{2}}(n)}\right)=1-\alpha.$$

因此,σ^2 的置信度为 $1-\alpha$ 的置信区间是

$$\left(\frac{\sum_{i=1}^{n}(X_i-\mu)^2}{\chi^2_{\frac{\alpha}{2}}(n)},\frac{\sum_{i=1}^{n}(X_i-\mu)^2}{\chi^2_{1-\frac{\alpha}{2}}(n)}\right).\tag{12.2.3}$$

(2) μ 未知时,σ^2 的区间估计

因为总体 $X\sim N(\mu,\sigma^2)$,由定理 12.1.3 知,

$$\chi^2=\frac{n-1}{\sigma^2}S^2\sim\chi^2(n-1).$$

查附表 3 可得χ^2 分布的上侧分位数$\chi^2_{1-\frac{\alpha}{2}}(n-1)$和$\chi^2_{\frac{\alpha}{2}}(n-1)$,使得

$$P(\chi^2_{1-\frac{\alpha}{2}}(n-1)<\chi^2<\chi^2_{\frac{\alpha}{2}}(n-1))=1-\alpha,$$

其等价形式为

$$P\left(\frac{(n-1)S^2}{\chi^2_{\frac{\alpha}{2}}(n-1)}<\sigma^2<\frac{(n-1)S^2}{\chi^2_{1-\frac{\alpha}{2}}(n-1)}\right)=1-\alpha.$$

因此,σ^2 的置信度为 $1-\alpha$ 的置信区间是

$$\left(\frac{(n-1)S^2}{\chi^2_{\frac{\alpha}{2}}(n-1)},\frac{(n-1)S^2}{\chi^2_{1-\frac{\alpha}{2}}(n-1)}\right).\tag{12.2.4}$$

例 12.2.13　某种岩石密度的测量误差服从正态分布 $N(\mu,\sigma^2)$,随机抽测 12 个样品得样本方差为 $s^2=0.04$,求 σ^2 的置信度为 0.9 的置信区间.

解　这是均值 μ 未知时,求方差 σ^2 的置信区间问题.

已知 $\alpha=0.1,n=12,s^2=0.04$. 查附表 3 得

$$\chi^2_{\frac{\alpha}{2}}(n-1)=\chi^2_{0.05}(11)=19.675,\quad \chi^2_{1-\frac{\alpha}{2}}(n-1)=\chi^2_{0.95}(11)=4.575.$$

因为

$$\frac{(n-1)s^2}{\chi^2_{\frac{\alpha}{2}}(n-1)}=\frac{11\times0.04}{19.675}\approx0.02,\quad \frac{(n-1)s^2}{\chi^2_{1-\frac{\alpha}{2}}(n-1)}=\frac{11\times0.04}{4.575}\approx0.096,$$

所以由(12.2.4)式得,σ^2 的置信度为 0.9 的置信区间是(0.02,0.096).

(二) 两个正态总体的均值差和方差比的置信区间

设总体 X,Y 分别服从正态分布 $N(\mu_1,\sigma_1^2)$ 和 $N(\mu_2,\sigma_2^2)$,且 X 与 Y 相互独立.$(X_1,X_2,\cdots,X_{n_1})$为取自总体 X 的样本,$\overline{X}$ 和 S_X^2 分别是其样本均值和样本方差;$(Y_1,Y_2,\cdots,Y_{n_2})$为取自总体 Y 的样本,$\overline{Y}$ 和 S_Y^2 分别是其样本均值和样本方差.

在两个正态总体的情形,常常考虑总体均值差 $\mu_1-\mu_2$ 和方差比$\dfrac{\sigma_1^2}{\sigma_2^2}$,因为它们可以反映两个正态总体之间的异同.

1. $\mu_1-\mu_2$ 的区间估计

（1）当 σ_1^2,σ_2^2 已知时，$\mu_1-\mu_2$ 的置信区间

由定理 12.1.2 知，$\overline{X}\sim N\left(\mu_1,\dfrac{\sigma_1^2}{n_1}\right)$，$\overline{Y}\sim N\left(\mu_2,\dfrac{\sigma_2^2}{n_2}\right)$. 由于 $\overline{X}$ 与 $\overline{Y}$ 相互独立，所以 $\overline{X}-\overline{Y}\sim N\left(\mu_1-\mu_2,\dfrac{\sigma_1^2}{n_1}+\dfrac{\sigma_2^2}{n_2}\right)$. 因此

$$U=\frac{\overline{X}-\overline{Y}-(\mu_1-\mu_2)}{\sqrt{\dfrac{\sigma_1^2}{n_1}+\dfrac{\sigma_2^2}{n_2}}}\sim N(0,1).$$

查附表 2 可以确定正态分布的上侧分位数 $u_{\frac{\alpha}{2}}$ 使得 $P(U\geqslant u_{\frac{\alpha}{2}})=\dfrac{\alpha}{2}$，因此

$$P(-u_{\frac{\alpha}{2}}<U<u_{\frac{\alpha}{2}})=1-\alpha,$$

即

$$P\left(-u_{\frac{\alpha}{2}}<\frac{\overline{X}-\overline{Y}-(\mu_1-\mu_2)}{\sqrt{\dfrac{\sigma_1^2}{n_1}+\dfrac{\sigma_2^2}{n_2}}}<u_{\frac{\alpha}{2}}\right)=1-\alpha.$$

因此易得 $\mu_1-\mu_2$ 的置信度为 $1-\alpha$ 的置信区间是

$$\left(\overline{X}-\overline{Y}-u_{\frac{\alpha}{2}}\sqrt{\frac{\sigma_1^2}{n_1}+\frac{\sigma_2^2}{n_2}},\ \overline{X}-\overline{Y}+u_{\frac{\alpha}{2}}\sqrt{\frac{\sigma_1^2}{n_1}+\frac{\sigma_2^2}{n_2}}\right).\tag{12.2.5}$$

（2）若 σ_1^2,σ_2^2 未知，我们只考虑 $\sigma_1^2=\sigma_2^2=\sigma^2$ 时的情况，其他情况也有估计方法，在此不一一讨论.

当 $\sigma_1^2=\sigma_2^2=\sigma^2$ 时，由定理 12.1.5 知，

$$T=\frac{(\overline{X}-\overline{Y})-(\mu_1-\mu_2)}{S_W\sqrt{\dfrac{1}{n_1}+\dfrac{1}{n_2}}}\sim t(n_1+n_2-2),$$

其中 $S_W=\sqrt{\dfrac{(n_1-1)S_X^2+(n_2-1)S_Y^2}{n_1+n_2-2}}$. 查附表 4 可得 t 分布的上侧分位数 $t_{\frac{\alpha}{2}}(n_1+n_2-2)$，使得 $P(T\geqslant t_{\frac{\alpha}{2}}(n_1+n_2-2))=\dfrac{\alpha}{2}$，因此

$$P\left(-t_{\frac{\alpha}{2}}(n_1+n_2-2)<\frac{\overline{X}-\overline{Y}-(\mu_1-\mu_2)}{S_W\sqrt{\dfrac{1}{n_1}+\dfrac{1}{n_2}}}<t_{\frac{\alpha}{2}}(n_1+n_2-2)\right)=1-\alpha.$$

因此易得 $\mu_1-\mu_2$ 的置信度为 $1-\alpha$ 的置信区间是

$$\left(\overline{X}-\overline{Y}-t_{\frac{\alpha}{2}}(n_1+n_2-2)S_W\sqrt{\frac{1}{n_1}+\frac{1}{n_2}},\ \overline{X}-\overline{Y}+t_{\frac{\alpha}{2}}(n_1+n_2-2)S_W\sqrt{\frac{1}{n_1}+\frac{1}{n_2}}\right).\tag{12.2.6}$$

例 12.2.14 假定甲、乙两厂生产的节能灯管的寿命（单位：h）分别服从正态分布

$N(\mu_1,\sigma^2)$和$N(\mu_2,\sigma^2)$，现随机地从甲、乙两厂生产的节能灯管中分别抽取 8 支和 9 支检测灯管寿命，测得的样本均值分别为$\overline{x}=1\ 180$，$\overline{y}=1\ 220$，样本标准差分别为$s_X=120$，$s_Y=100$，求$\mu_1-\mu_2$的置信度为 0.95 的置信区间．

解　这是两正态总体方差相等，但均未知时，$\mu_1-\mu_2$的置信区间问题．

由已知$\alpha=0.05$，$n_1=8$，$n_2=9$. 查附表 4 得

$$t_{\frac{\alpha}{2}}(n_1+n_2-2)=t_{0.025}(15)=2.13.$$

因为$\overline{x}=1\ 180$，$\overline{y}=1\ 220$，$s_X=120$，$s_Y=100$，所以

$$s_W=\sqrt{\frac{(n_1-1)s_X^2+(n_2-1)s_Y^2}{n_1+n_2-2}}=109.79,$$

$$\overline{x}-\overline{y}+t_{\frac{\alpha}{2}}(n_1+n_2-2)s_W\sqrt{\frac{1}{n_1}+\frac{1}{n_2}}=73.65,$$

$$\overline{x}-\overline{y}-t_{\frac{\alpha}{2}}(n_1+n_2-2)s_W\sqrt{\frac{1}{n_1}+\frac{1}{n_2}}=-153.65.$$

所以由(12.2.6)式得，$\mu_1-\mu_2$的置信度为 0.95 的置信区间是$(-153.65,73.65)$.

2. $\dfrac{\sigma_1^2}{\sigma_2^2}$的区间估计

我们只考虑μ_1，μ_2未知的情形．由定理 12.1.6 知，统计量

$$F=\frac{S_X^2/\sigma_1^2}{S_Y^2/\sigma_2^2}\sim F(n_1-1,n_2-1).$$

查附表 5 可得 F 分布的上侧分位数$F_{\frac{\alpha}{2}}(n_1-1,n_2-1)$及$F_{1-\frac{\alpha}{2}}(n_1-1,n_2-1)$，使得

$$P\left(F_{1-\frac{\alpha}{2}}(n_1-1,n_2-1)<\frac{S_X^2/\sigma_1^2}{S_Y^2/\sigma_2^2}<F_{\frac{\alpha}{2}}(n_1-1,n_2-1)\right)=1-\alpha.$$

因此易得$\dfrac{\sigma_1^2}{\sigma_2^2}$的置信度为$1-\alpha$的置信区间是

$$\left(\frac{S_X^2}{S_Y^2}\cdot\frac{1}{F_{\frac{\alpha}{2}}(n_1-1,n_2-1)},\frac{S_X^2}{S_Y^2}\cdot\frac{1}{F_{1-\frac{\alpha}{2}}(n_1-1,n_2-1)}\right).\tag{12.2.7}$$

例 12.2.15　两条生产线都各自独立地生产袋装食品，每袋袋装食品的质量(单位：g)分别记为 X 和 Y，由以往的资料知$X\sim N(\mu_1,\sigma_1^2)$，$Y\sim N(\mu_2,\sigma_2^2)$. 若从这两个生产线上分别抽出容量为 25 和 16 的样本，测得其样本标准差分别为$s_X=\sqrt{4.5}$，$s_Y=\sqrt{3.4}$，求$\dfrac{\sigma_1^2}{\sigma_2^2}$的置信度为 0.95 的置信区间．

解　这是均值未知时，求$\dfrac{\sigma_1^2}{\sigma_2^2}$的区间估计问题．由已知$\alpha=0.05$，$n_1=25$，$n_2=16$. 查附表 5 可得

$$F_{\frac{\alpha}{2}}(n_1-1,n_2-1)=F_{0.025}(24,15)=2.70,$$

$$F_{1-\frac{\alpha}{2}}(n_1-1,n_2-1)=F_{0.975}(24,15)=\frac{1}{F_{0.025}(15,24)}=\frac{1}{2.44}.$$

由于

$$\frac{s_X^2}{s_Y^2}\frac{1}{F_{\frac{\alpha}{2}}(n_1-1,n_2-1)}=\frac{4.5}{3.4}\cdot\frac{1}{2.70}\approx 0.49,$$

$$\frac{s_X^2}{s_Y^2}\frac{1}{F_{1-\frac{\alpha}{2}}(n_1-1,n_2-1)}=\frac{4.5}{3.4}\cdot 2.44\approx 3.23.$$

所以由(12.2.7)式得，$\frac{\sigma_1^2}{\sigma_2^2}$的置信度为 0.95 的置信区间是(0.49,3.23).

（三）大样本情形的正态近似

上面讨论的区间估计都是假定总体服从 X 正态分布 $N(\mu,\sigma^2)$，而不介意样本容量的大小，原因在于可以知道$\frac{\overline{X}-\mu}{\sigma/\sqrt{n}}$，$\frac{n-1}{\sigma^2}S^2$ 等的确切分布．如果总体的分布不是正态分布，甚至不知道其分布类型，找到类似统计量的分布是很困难的，这时便要退而求其次，借助于 $n\to\infty$ 时的极限分布，这就需要相当大的样本容量（此情形称为**大样本**），下面举例来说明．

设$(X_1,X_2\cdots,X_n)$是取自总体 X 的样本，$\overline{X}$ 为样本均值．由中心极限定理知，如果 X 具有数学期望 μ 及非零方差 σ^2，则$\frac{\overline{X}-\mu}{\sigma/\sqrt{n}}$的极限分布为 $N(0,1)$，因此当样本容量 n 足够大时，$U=\frac{\overline{X}-\mu}{\sigma/\sqrt{n}}$近似服从标准正态分布．

(1) 当 σ^2 已知时，μ 的区间估计

对于给定的 α，查附表 2 确定正态分布的上侧分位数 $u_{\frac{\alpha}{2}}$，进而利用导出(12.2.1)式的方法，近似得到 μ 的置信度为 $1-\alpha$ 的置信区间是

$$\left(\overline{X}-\frac{\sigma}{\sqrt{n}}u_{\frac{\alpha}{2}},\ \overline{X}+\frac{\sigma}{\sqrt{n}}u_{\frac{\alpha}{2}}\right).$$

这种方法一般要求 $n>30$.

(2) 当 σ^2 未知时，μ 的区间估计

与 σ^2 已知时的方法类似，只是用样本方差 S^2 代替 σ^2，这样便近似得到 μ 的置信度为 $1-\alpha$ 的置信区间是（理论细节略去）

$$\left(\overline{X}-\frac{S}{\sqrt{n}}u_{\frac{\alpha}{2}},\ \overline{X}+\frac{S}{\sqrt{n}}u_{\frac{\alpha}{2}}\right).$$

这种方法一般要求 $n>100$.

若已知总体 X 服从的分布，如二项分布 $B(n,p)$ 或 Poisson 分布 $P(\lambda)$ 等，也可以利用这种方法近似得到其中参数的区间估计的更具体表达式，这里不再详述．

例 12.2.16 从一块小麦田中随机抽取 400 株，测得它们的平均株高 $\bar{x}=95\text{cm}$，样本标准差 $s=10\text{cm}$. 试估计小麦平均高度的置信度为 0.95 的置信区间．

解 此时总体的分布未知，总体方差也未知，但样本容量 $n=400$ 比较大，因此可用正态分布近似估计．因为 $\alpha=0.05$，查附表 2 得 $u_{\frac{\alpha}{2}}=u_{0.025}=1.96$. 由所给数据 $\bar{x}=95$，$s=10$ 得

$$\bar{x}-\frac{s}{\sqrt{n}}u_{\frac{\alpha}{2}}=95-\frac{10}{\sqrt{400}}\cdot 1.96=94.02,$$

$$\bar{x}+\frac{s}{\sqrt{n}}u_{\frac{\alpha}{2}}=95+\frac{10}{\sqrt{400}}\cdot 1.96=95.98.$$

于是小麦平均高度 μ 的置信度为 0.95 的置信区间近似为(94.02,95.98).

习　题

1. 设总体 X 的均值是 μ,方差是 σ^2,但均为未知. 设 $(X_1,X_2,\cdots,X_n)$ 是来自总体 X 的样本,试求 μ 和 σ^2 的矩估计量.

2. 设总体 X 的概率密度为

$$\varphi(x;\alpha)=\begin{cases}\dfrac{2}{\alpha^2}(\alpha-x), & 0<x<\alpha,\\ 0, & \text{其他}.\end{cases}$$

求未知参数 $\alpha(\alpha>0)$ 的矩估计量.

3. 设总体 X 服从均匀分布,其概率密度为

$$\varphi(x;\theta_1,\theta_2)=\begin{cases}\dfrac{1}{\theta_2}, & x\in[\theta_1,\theta_1+\theta_2],\\ 0, & \text{其他},\end{cases}$$

其中 θ_1,θ_2 为未知参数,若 $(X_1,X_2,\cdots,X_n)$ 是来自总体 X 的样本,求 θ_1,θ_2 的矩估计量.

4. 设总体 X 服从几何分布:$P(\xi=k)=p(1-p)^{k-1}(k=1,2,\cdots)$. 若 $(X_1,X_2,\cdots,X_n)$ 是来自总体 X 的样本,求未知参数 $p(0<p<1)$ 的矩估计量和最大似然估计量.

5. 设总体 X 概率密度为

$$\varphi(x;\alpha)=\begin{cases}(\alpha+1)x^{\alpha}, & 0<x<1,\\ 0, & \text{其他},\end{cases}$$

其中 $\alpha>-1$ 是未知参数. 若 $(X_1,X_2,\cdots,X_n)$ 是取自总体 X 的样本,求 α 的矩估计量和最大似然估计量. 现有总体的观测值:

0.4　0.6　0.5　0.7　0.8　0.8　0.9　0.9

那么 α 的矩估计值和最大似然估计值分别是多少?

6. 设总体 X 的概率密度为

$$\varphi(x;\sigma)=\frac{1}{2\sigma}e^{-\frac{|x|}{\sigma}},$$

其中 $\sigma>0$ 是未知参数. 若 $(X_1,X_2,\cdots,X_n)$ 是取自总体 X 的样本,求 σ 的矩估计量和最大似然估计量.

7. 设总体 X 具有概率密度

$$\varphi(x;\theta)=\begin{cases}\dfrac{x}{\theta^2}e^{-\frac{x^2}{\theta^2}}, & x>0,\\ 0, & x\leqslant 0,\end{cases}$$

其中 $\theta>0$ 是未知参数,从总体中抽得样本 $(X_1,X_2,\cdots,X_n)$,求 θ 的最大似然估计量.

8. 设离散型总体 X 的分布律为

$$P(X=1)=\theta^2,\quad P(X=2)=2\theta(1-\theta),\quad P(X=3)=(1-\theta)^2,$$

其中 $\theta(0<\theta<1)$ 是未知参数．现有样本观测值 $x_1=1,x_2=2,x_3=1$，求 θ 的最大似然估计值．

9. 为了估计鱼塘里有多少条鱼，特从塘中捞出 1 000 条鱼，标上记号后又放回湖中，然后再捞出 150 条鱼，发现其中有 10 条鱼带有已标的记号．问在湖中有多少条鱼，才能使 150 条鱼中出现 10 条带有记号的鱼的概率为最大？

10. 设总体 X 服从正态分布 $N(\mu,\sigma^2)$，(X_1,X_2,X_3) 是来自 X 的样本．问下列估计量

$$\hat{\mu}_1=\frac{1}{5}X_1+\frac{3}{10}X_2+\frac{1}{2}X_3,$$

$$\hat{\mu}_2=\frac{1}{3}X_1+\frac{1}{4}X_2+\frac{5}{12}X_3,$$

$$\hat{\mu}_3=\frac{1}{3}X_1+\frac{1}{6}X_2+\frac{1}{2}X_3$$

中，哪一个是最有效的无偏估计？

11. 设总体 X 服从正态分布 $N(\mu,\sigma^2)$，$(X_1,X_2,\cdots,X_n)$ 是取自总体的一个样本．若 $\hat{\sigma}^2=k\sum\limits_{i=1}^{n-1}(X_{i+1}-X_i)^2$ 为 σ^2 的无偏估计量，求 k 的值．

12. 设总体 X 服从 $[\theta,\theta+1]$ 上的均匀分布，其中 $\theta>0$ 是未知参数．设 $(X_1,X_2,\cdots,X_n)$ 是取自总体的一个样本．

(1) 证明：估计量 $\theta_1=\overline{X}-\dfrac{1}{2}$ 和 $\theta_2=X_{(n)}-\dfrac{n}{n+1}$ 都是 θ 的无偏估计量；

(2) 试比较 θ_1 和 θ_2 哪个更有效．

13. 要检查某产品的包装质量，随机从大量产品中抽取 12 包，称得质量（单位：kg）分别为：

1.01	1.03	1.04	1.05	1.02	0.97
0.98	1.01	1.00	0.99	0.98	1.03

假设每包的质量服从正态分布，试由此数据求该产品平均质量的置信度为 0.95 的置信区间．

14. 假设随机变量 X 服从正态分布 $N(\mu,2.8^2)$．现有 X 的观测值 $x_1,x_2,\cdots,x_{10}$，且 $\overline{x}=\dfrac{1}{10}\sum\limits_{i=1}^{10}x_i=1\ 500.$

(1) 求 μ 的置信度是 0.95 的置信区间；

(2) 要想使置信度为 0.95 的置信区间的长度小于 1，观测值个数 n 最少应取多少？

15. 已知某种清漆的干燥时间服从正态分布 $N(\mu,0.6^2)$，今对一批产品进行 9 次测试，得干燥时间（单位：h）如下：

6.0	5.7	5.8	6.5	6.5	6.3	5.6	6.1	5.5

求期望 μ 的置信度为 0.95 的置信区间．

16. 电动机由于连续工作过长而会烧坏．今随机在一批同型号电动机中选取 9 台，并测试它们在烧坏前的连续工作时间（单位：h），得数据如下：

301　315　310　285　294　305　286　294　304

假设该种型号的电动机烧坏前的工作时间 $X\sim N(\mu,\sigma^2)$，试对期望 μ 和方差 σ^2 做置信度为 0.95 的区间估计．

17. 随机地从甲批导线中抽取 4 根，从乙批导线中抽取 5 根，测得电阻（单位：Ω）如下：

甲批导线	0.143	0.141	0.142	0.137	
乙批导线	0.140	0.142	0.136	0.138	0.140

设甲、乙两批导线的电阻分别服从正态分布 $N(\mu_1,\sigma^2)$ 和 $N(\mu_2,\sigma^2)$，求 $\mu_1-\mu_2$ 的置信度为 0.95 的置信区间．

18. 有两种型号的电子元件，测得其寿命（单位：h）为：

型号 A	307	355	324	384	434	362	274		
型号 B	290	330	430	330	387	376	485	318	386

如果两个样本分别来自正态总体 $N(\mu_A,\sigma_A^2)$ 和 $N(\mu_B,\sigma_B^2)$．

（1）当 $\sigma_A^2=\sigma_B^2$ 时，求 $\mu_A-\mu_B$ 的置信度为 0.90 的置信区间；

（2）求方差比 $\dfrac{\sigma_A^2}{\sigma_B^2}$ 的置信度为 0.95 的置信区间．

§ 3　假设检验

假设检验的基本概念

在参数估计问题中，总是对未知总体作出一些假定，例如，假定总体服从正态分布，假定总体的某个参数已知，等等．在数理统计中，把任何一个关于总体分布的假设称为**统计假设**，简称**假设**．对于作出的假设，常需要通过抽样来检验．如何根据抽样得到的信息来检验抽样前所作出的假设正确与否，这一过程称为**假设检验**．假设检验有参数检验和非参数检验两类问题．下面通过例子来看假设检验问题的一些基本概念和思想．

例 12.3.1　一条糖果包装生产线包装的袋装奶糖，规定每袋质量为 500 g，每天定时检查．某天抽取 10 袋样品，测得其质量（单位：g）如下：

495　505　503　498　512　502　510　506　492　497

若包装的质量服从正态分布 $N(\mu,\sigma^2)$，问这条这条生产线的工作是否正常？

由于样本的随机性，在这个例子中，我们不能简单地因为样本均值 $\bar{x}=502$ 大于 500，就认为生产不正常．我们要知道的是整个生产线上袋装奶糖质量的平均值是否为 500，这就需要用数学方法进行更深层次的检验．为此首先要提出假设，进而检验假设是否正确．称作为检验对象的假设为**原假设**（或**零假设**、**待检假设**），用 H_0 表示．因此，本例中的原假设可取

为 $H_0:\mu=500$. 我们的目的就是检验假设 H_0 是否为真.

在假设检验中,也常提出两个或更多的统计假设,而假设检验的目的是判断多个假设中哪一个是正确的. 与原假设 H_0 对立的假设 H_1 称为**对立假设**或**备择假设**. 例如,例 12.3.1 中原假设 $H_0:\mu=500$ 的对立假设就是 $H_1:\mu\neq 500$.

在假设检验问题中,断言"H_0 成立",称为**接受** H_0,否则就称为**拒绝** H_0. 对于一个假设检验问题,通常是对原假设 H_0 给出一个检验法则,并确定一个样本空间 Ω 中的子集 W,使得当样本观测值落入 W 时,就拒绝假设 H_0,否则就接受假设 H_0. 分别称 W 与 $\overline{W}=\Omega-W$ 为原假设 H_0 的拒绝域和接受域. 假设检验问题实际上就是如何确定拒绝域.

由于假设检验是由样本的信息来推断总体的性质,是一种由部分来推断全体的方法,因此假设检验不可能绝对正确,通常会犯下面两类错误.

第一类错误　原假设 H_0 是符合实际情况的,但检验结果却将它否定了,即犯了拒绝真实假设的错误. 这类错误称为**弃真错误**.

第二类错误　原假设 H_0 不符合实际情况,但检验结果却将它肯定了,即犯了接受不实假设的错误. 这类错误称为**取伪错误**.

人们自然希望犯这两类错误的概率都越小越好,但事实上却办不到. 若犯第一类错误的概率记为 α,犯第二类错误的概率记为 β. 已有研究表明,当样本容量固定时,减小 α 则 β 会增大,反之亦然. 要使它们都同时很小,是不可能的. 必须增大样本容量,才有可能使两者同时减小. 但样本容量的增加意味着工作量的增大,甚至对于破坏性检验是不现实的. 基于这种情况,Neyman(奈曼)和 Pearson 提出了一个原则:在控制犯第一类错误的概率 α 的前提下,使犯第二类错误的概率 β 尽量小. 这是因为提出原假设 H_0 时,常常是经过调查或慎重考虑的,一般情况下不应轻易拒绝. 在这种原则下,在确定拒绝域时,可以只考虑原假设,而不必考虑对立假设. 这种假设检验问题称为**显著性检验**问题,也是本章中主要考虑的问题. 犯第一类错误的概率 α 称为**显著性水平**或**检验水平**.

假设检验的主要思想是:首先确定一个显著性水平 α. 在假定原假设 H_0 成立的条件下,确定概率不超过 α 的拒绝域,然后考察样本观测值是否落入拒绝域. 因为 α 通常取得较小,若样本观测值落在拒绝域中,说明一个小概率的事件在一次试验中发生了. 而小概率原理说明,概率很小的事件在一次试验中几乎是不可能发生的. 既然出现了一个违背小概率原理的不合理现象,就可以认为事先的假设 H_0 不正确,从而拒绝原假设 H_0. 否则就不能拒绝,从而接受原假设 H_0.

对总体分布中的未知参数提出假设,再根据样本进行检验,这类问题称为**参数假设检验问题**. 一般地,对于一个未知参数 θ 考虑假设检验时,常采用以下三种类型的假设:

(1) $H_0:\theta=\theta_0$, $H_1:\theta\neq\theta_0$;

(2) $H_0:\theta=\theta_0$, $H_1:\theta>\theta_0$(或 $H_0:\theta\leqslant\theta_0$, $H_1:\theta>\theta_0$);

(3) $H_0:\theta=\theta_0$, $H_1:\theta<\theta_0$(或 $H_0:\theta\geqslant\theta_0$, $H_1:\theta<\theta_0$),

其中 θ_0 是一个已知值. 通常称对(1)的假设检验为**双边检验**;称对(2)的假设检验为**右边检验**;称对(3)的假设检验为**左边检验**. 右边检验和左边检验统称为**单边检验**.

单个正态总体均值与方差的假设检验

设总体 $X\sim N(\mu,\sigma^2)$,$(X_1,X_2,\cdots,X_n)$ 是取自总体的样本,$(x_1,x_2,\cdots,x_n)$ 是样本观测值,

$$\overline{X}=\frac{1}{n}\sum_{i=1}^{n}X_i,\quad S^2=\frac{1}{n-1}\sum_{i=1}^{n}(X_i-\overline{X})^2$$

分别是样本均值和样本方差，

$$\overline{x}=\frac{1}{n}\sum_{i=1}^{n}x_i,\quad s^2=\frac{1}{n-1}\sum_{i=1}^{n}(x_i-\overline{x})^2$$

分别是样本均值和样本方差的观测值．取显著性水平为 α.

（一）关于期望 μ 的假设检验

1．方差 σ^2 已知时，μ 的假设检验

先考虑双边检验．即要检验

$$H_0:\mu=\mu_0,\quad H_1:\mu\neq\mu_0.$$

若 H_0 为真时，由推论 12.1.1 知，统计量

$$U=\frac{\overline{X}-\mu}{\sigma/\sqrt{n}}\sim N(0,1).$$

根据给定的显著性水平 α，查表确定上侧分位数 $u_{\frac{\alpha}{2}}$，使得 $P(U\geqslant u_{\frac{\alpha}{2}})=\frac{\alpha}{2}$，从而

$$P(|U|\geqslant u_{\frac{\alpha}{2}})=\alpha.$$

当 $H_0:\mu=\mu_0$ 为真时，$\overline{x}-\mu_0$ 应落在 0 附近，等价地，$|U|$的观测值$|u|$应在 0 附近取值．因此取拒绝域为

$$\{(x_1,x_2,\cdots,x_n)\mid |u|\geqslant u_{\frac{\alpha}{2}}\},$$

其中 $u=\dfrac{\overline{x}-\mu_0}{\sigma/\sqrt{n}}$.

若观测值 $|u|>u_{\frac{\alpha}{2}}$，则拒绝 H_0；若 $|u|<u_{\frac{\alpha}{2}}$，则不能拒绝 H_0，一般情况下就接受 H_0. 注意，若 $|u|=u_{\frac{\alpha}{2}}$ 或 $|u|$ 与 $u_{\frac{\alpha}{2}}$ 很接近，为了慎重，一般先不下结论，而要再进行一次抽样检验．

再考虑右边检验．即要检验

$$H_0:\mu=\mu_0,\quad H_1:\mu>\mu_0(\text{或 } H_0:\mu\leqslant\mu_0,\quad H_1:\mu>\mu_0).$$

对于假设 $H_0:\mu=\mu_0, H_1:\mu>\mu_0$，若 H_0 为真时，选统计量

$$U=\frac{\overline{X}-\mu_0}{\sigma/\sqrt{n}}\sim N(0,1),$$

根据给定的显著性水平 α，查表确定上侧分位数 u_α，使得 $P(U\geqslant u_\alpha)=\alpha$.

若 H_0 为真时，$\overline{x}-\mu_0$ 应在 0 附近取值；而当 H_1 为真时，$\overline{x}$ 应该比 μ_0 要大．因此取拒绝域为

$$\{(x_1,x_2,\cdots,x_n)\mid u\geqslant u_\alpha\},$$

其中 $u=\dfrac{\overline{x}-\mu_0}{\sigma/\sqrt{n}}$.

对于假设 $H_0:\mu\leqslant\mu_0,\quad H_1:\mu>\mu_0$，若 H_0 为真，则

$$U=\frac{\overline{X}-\mu_0}{\sigma/\sqrt{n}}\leqslant\tilde{U}=\frac{\overline{X}-\mu}{\sigma/\sqrt{n}}\sim N(0,1).$$

注意此时 U 不一定服从标准正态分布．查表确定上侧分位数 u_α，使得 $P(\tilde{U}\geqslant u_\alpha)=\alpha$．因为

$$P(U\geqslant u_\alpha)\leqslant P(\tilde{U}\geqslant u_\alpha)=\alpha,$$

所以仍可取拒绝域为

$$\{(x_1,x_2,\cdots,x_n)\mid u\geqslant u_\alpha\},$$

其中 $u=\dfrac{\bar{x}-\mu_0}{\sigma/\sqrt{n}}$.

用同样方法(今后对此类单边检验确定拒绝域的方法不再一一说明)，左边检验

$$H_0:\mu=\mu_0,\quad H_1:\mu<\mu_0(\text{或 }H_0:\mu\geqslant\mu_0,\quad H_1:\mu<\mu_0)$$

的拒绝域为 $\{(x_1,x_2,\cdots,x_n)\mid u\leqslant -u_\alpha\}$.

这种方法称为 ***u* 检验法**．

例 12.3.2　已知某炼铁厂的铁水含碳量服从正态分布 $N(4.55,0.108^2)$．现在测定了 9 炉铁水的含碳量如下：

4.563　4.414　4.535　4.566　4.557　4.408　4.423　4.532　4.461

如果估计方差没有变化，取 $\alpha=0.05$，可否认为现在生产的铁水平均含碳量仍为 4.55?

解　这是正态总体的方差已知时，对均值的假设检验问题．为此建立假设

$$H_0:\mu=4.55,\quad H_1:\mu\neq 4.55.$$

由于 $\mu_0=4.55,\sigma=0.108,n=9$．根据已知值计算得

$$\bar{x}\approx 4.495,$$

$$u=\frac{\bar{x}-\mu_0}{\sigma/\sqrt{n}}=\frac{4.495-4.55}{0.108/\sqrt{9}}\approx -1.53.$$

对给定的显著性水平 $\alpha=0.05$，查表得 $u_{\frac{\alpha}{2}}=u_{0.025}=1.96$．由于

$$|u|=1.53<u_{\frac{\alpha}{2}}=1.96,$$

因此接受原假设 H_0，即可以认为现在生产的铁水的平均含碳量仍为 4.55.

2．方差 σ^2 未知，μ 的假设检验

仍先考虑双边检验 $H_0:\mu=\mu_0,\quad H_1:\mu\neq\mu_0$.

此时因前面使用的 U 中包含了未知参数 σ^2，它不再是统计量．因此可以想到以样本方差 S^2 代替 σ^2．若 H_0 为真时，统计量

$$T=\frac{\bar{X}-\mu_0}{S/\sqrt{n}}\sim t(n-1).$$

当检验的显著性水平 α 给定时，查表确定上侧分位数 $t_{\frac{\alpha}{2}}(n-1)$，使得 $P(T\geqslant t_{\frac{\alpha}{2}}(n-1))=\dfrac{\alpha}{2}$，从而

$$P(|T|\geqslant t_{\frac{\alpha}{2}}(n-1))=\alpha.$$

因此取拒绝域为

$$\{(x_1,x_2,\cdots,x_n)\mid |t|\geqslant t_{\frac{\alpha}{2}}(n-1)\},$$

其中 $t=\dfrac{\overline{x}-\mu_0}{s/\sqrt{n}}$.

类似地得到，右边检验 $H_0:\mu=\mu_0, H_1:\mu>\mu_0$（或 $H_0:\mu\leqslant\mu_0,\quad H_1:\mu>\mu_0$）的拒绝域为

$$\{(x_1,x_2,\cdots,x_n)\mid t\geqslant t_\alpha(n-1)\};$$

左边检验 $H_0:\mu=\mu_0,\quad H_1:\mu<\mu_0$（或 $H_0:\mu\geqslant\mu_0,\quad H_1:\mu<\mu_0$）的拒绝域为

$$\{(x_1,x_2,\cdots,x_n)\mid t\leqslant -t_\alpha(n-1)\}.$$

这种检验方法也称为 ***t* 检验法**.

例 12.3.3　在显著性水平 $\alpha=0.1$ 下，问例 12.3.1 中的生产线的工作是否正常？

解　这是正态总体的方差未知时，对均值的假设检验问题．为此建立假设

$$H_0:\mu=500,\quad H_1:\mu\neq 500.$$

由于 $\mu_0=500,\alpha=0.1,n=10$ 查表得 $t_{\frac{\alpha}{2}}(n-1)=t_{0.05}(9)=1.833$. 由计算得样本均值与样本标准差的观测值分别为

$$\overline{x}=502,\quad s\approx 6.5.$$

因此

$$t=\frac{\overline{x}-\mu_0}{s/\sqrt{n}}=\frac{502-500}{6.5/\sqrt{9}}\approx 0.923.$$

由于 $|t|=0.923<t_{0.05}(9)=1.833$，因此接受原假设 H_0，即认为这条生产线的工作正常．

（二）关于方差 σ^2 的假设检验

我们只介绍 μ,σ^2 均未知的情况．

先考虑双边检验 $H_0:\sigma^2=\sigma_0^2,\quad H_1:\sigma^2\neq\sigma_0^2$.

若 H_0 为真时，由定理 12.1.3 知，统计量 $\chi^2=\dfrac{(n-1)S^2}{\sigma_0^2}\sim\chi^2(n-1)$．当检验的显著性水平 α 给定时，查表确定上侧分位数 $\chi^2_{1-\frac{\alpha}{2}}(n-1)$ 和 $\chi^2_{\frac{\alpha}{2}}(n-1)$，使得

$$P\left(\frac{(n-1)S^2}{\sigma_0^2}\leqslant\chi^2_{1-\frac{\alpha}{2}}(n-1)\right)=\frac{\alpha}{2},\quad P\left(\frac{(n-1)S^2}{\sigma_0^2}\geqslant\chi^2_{\frac{\alpha}{2}}(n-1)\right)=\frac{\alpha}{2}.$$

于是可取拒绝域为

$$\{(x_1,x_2,\cdots,x_n)\mid\chi^2\leqslant\chi^2_{1-\frac{\alpha}{2}}(n-1)\}\cup\{(x_1,x_2,\cdots,x_n)\mid\chi^2\geqslant\chi^2_{\frac{\alpha}{2}}(n-1)\},$$

其中 $\chi^2=\dfrac{(n-1)s^2}{\sigma_0^2}$.

类似地，右边检验 $H_0:\sigma^2=\sigma_0^2,\quad H_1:\sigma^2>\sigma_0^2$（或 $H_0:\sigma^2\leqslant\sigma_0^2,\quad H_1:\sigma^2>\sigma_0^2$）的拒绝域为 $\{(x_1,x_2,\cdots,x_n)\mid\chi^2\geqslant\chi^2_\alpha(n-1)\}$；左边检验 $H_0:\sigma^2=\sigma_0^2,\quad H_1:\sigma^2<\sigma_0^2$（或 $H_0:\sigma^2\geqslant\sigma_0^2,\quad H_1:\sigma^2<\sigma_0^2$）的拒绝域为 $\{(x_1,x_2,\cdots,x_n)\mid\chi^2\leqslant\chi^2_{1-\alpha}(n-1)\}$.

这种检验方法也称为 **χ^2 检验法**.

例 12.3.4　某厂生产的一种导线的电阻（单位：Ω）服从正态分布，质量要求其标准差不得超过 0.005 Ω. 现从新生产的一批导线中抽取了 10 根测其电阻，得样本的标准差 $s=0.007$ Ω，问在显著性水平 $\alpha=0.05$ 下，能否认为这批导线电阻的标准差显著地偏大？

解　此问题是要求检验总体方差是否符合 $\sigma^2\leqslant 0.005^2$. 为此建立假设

$$H_0:\sigma^2\leqslant 0.005^2,\quad H_1:\sigma^2>0.005^2.$$

因为 $\sigma_0=0.005, n=10, s=0.007$. 根据已知值,计算得

$$\chi^2=\frac{(n-1)s^2}{\sigma_0^2}=\frac{(10-1)\cdot 0.007^2}{0.005^2}=17.64.$$

对给定的显著性水平 $\alpha=0.05$,查表得 $\chi_\alpha^2(n-1)=\chi_{0.05}^2(9)=16.919$. 因为

$$\chi^2=17.64>\chi_{0.05}^2(9)=16.919,$$

因此拒绝假设 H_0,即认为这批导线电阻的标准差显著地偏大.

两个正态总体的均值差与方差比的假设检验

在实际应用中,常需要对两个总体的某些参数进行比较,考察它们的异同. 下面在假定两个总体均服从正态分布的前提下,考虑假设检验问题.

设总体 X,Y 分别服从正态分布 $N(\mu_1,\sigma_1^2)$ 和 $N(\mu_2,\sigma_2^2)$,且 X 与 Y 相互独立. $(X_1, X_2,\cdots,X_{n_1})$ 是取自总体 X 的样本,$(x_1,x_2,\cdots,x_{n_1})$ 是样本观测值. $\overline{X}$ 和 S_X^2 分别是样本均值和样本方差,$\overline{x}$ 和 s_X^2 分别是样本均值和样本方差的观测值;$(Y_1,Y_2,\cdots,Y_{n_2})$ 是取自总体 Y 的样本,$(y_1,y_2,\cdots,y_{n_2})$ 是样本观测值. $\overline{Y}$ 和 S_Y^2 分别是样本均值和样本方差,$\overline{y}$ 和 s_Y^2 分别是样本均值和样本方差的观测值.

(一) 关于 $\mu_1-\mu_2$ 的假设检验

1. σ_1^2 和 σ_2^2 已知时,$\mu_1-\mu_2$ 的假设检验

考虑双边检验

$$H_0:\mu_1-\mu_2=0,\quad H_1:\mu_1-\mu_2\neq 0.$$

若假设 H_0 为真,则我们已经知道,统计量

$$U=\frac{\overline{X}-\overline{Y}-(\mu_1-\mu_2)}{\sqrt{\dfrac{\sigma_1^2}{n_1}+\dfrac{\sigma_2^2}{n_2}}}=\frac{\overline{X}-\overline{Y}}{\sqrt{\dfrac{\sigma_1^2}{n_1}+\dfrac{\sigma_2^2}{n_2}}}\sim N(0,1).$$

根据给定的显著性水平 α,查表确定上侧分位数 $u_{\frac{\alpha}{2}}$,使得 $P(U\geqslant u_{\frac{\alpha}{2}})=\dfrac{\alpha}{2}$,从而

$$P(|U|\geqslant u_{\frac{\alpha}{2}})=\alpha.$$

当 $H_0:\mu_1-\mu_2=0$ 为真时,$\overline{x}-\overline{y}$ 应落在 0 附近,等价地,$|U|$的观测值$|u|$应在 0 附近取值. 因此取拒绝域为

$$\{|u|\geqslant u_{\frac{\alpha}{2}}\},$$

其中 $u=\dfrac{\overline{x}-\overline{y}}{\sqrt{\dfrac{\sigma_1^2}{n_1}+\dfrac{\sigma_2^2}{n_2}}}$.

2. σ_1^2 和 σ_2^2 未知,但 $\sigma_1^2=\sigma_2^2$ 时,$\mu_1-\mu_2$ 的假设检验

若假设 H_0 为真,则我们已经知道,统计量

$$T=\frac{\overline{X}-\overline{Y}-(\mu_1-\mu_2)}{S_W\sqrt{\frac{1}{n_1}+\frac{1}{n_2}}}=\frac{\overline{X}-\overline{Y}}{S_W\sqrt{\frac{1}{n_1}+\frac{1}{n_2}}}\sim t(n_1+n_2-2),$$

其中 $S_W=\sqrt{\frac{(n_1-1)S_X^2+(n_2-1)S_Y^2}{n_1+n_2-2}}$. 根据给定的显著性水平 α,查表确定上侧分位数 $t_{\frac{\alpha}{2}}(n_1+n_2-2)$,使得

$$P(T\geqslant t_{\frac{\alpha}{2}}(n_1+n_2-2))=\frac{\alpha}{2},$$

因此

$$P(|T|\geqslant t_{\frac{\alpha}{2}}(n_1+n_2-2))=\alpha.$$

由此便得拒绝域为

$$\{|t|\geqslant t_{\frac{\alpha}{2}}(n_1+n_2-2)\},$$

其中 $t=\frac{\bar{x}-\bar{y}}{s_W\sqrt{\frac{1}{n_1}+\frac{1}{n_2}}}$,而 $s_W=\sqrt{\frac{(n_1-1)s_X^2+(n_2-1)s_Y^2}{n_1+n_2-2}}$.

（二）关于$\frac{\sigma_1^2}{\sigma_2^2}$的假设检验

我们只介绍 μ,σ^2 均未知的情况．考虑双边检验

$$H_0:\sigma_1^2=\sigma_2^2,\quad H_1:\sigma_1^2\neq\sigma_2^2.$$

若假设 H_0 为真,则我们已经知道,统计量

$$F=\frac{S_X^2}{S_Y^2}\frac{\sigma_2^2}{\sigma_1^2}=\frac{S_X^2}{S_Y^2}\sim F(n_1-1,n_2-1).$$

根据给定的显著性水平 α,查表确定上侧分位数 $F_{\frac{\alpha}{2}}(n_1-1,n_2-1)$ 及 $F_{1-\frac{\alpha}{2}}(n_1-1,n_2-1)$,使得

$$P(F\leqslant F_{1-\frac{\alpha}{2}}(n_1-1,n_2-1))=P(F\geqslant F_{\frac{\alpha}{2}}(n_1-1,n_2-1))=\frac{\alpha}{2}.$$

因此拒绝域为

$$\{f\leqslant F_{1-\frac{\alpha}{2}}(n_1-1,n_2-1)\}\cup\{f\geqslant F_{\frac{\alpha}{2}}(n_1-1,n_2-1)\},$$

其中 $f=\frac{s_X^2}{s_Y^2}$.

这种检验方法也称为 **F 检验法**．

以上各种情形都可类似地考虑单边检验问题,其相应结论可查阅有关书籍．

例 12.3.5　设学生的身高服从正态分布．现对甲、乙两地区的小学生身高进行抽样调查,得到下面的数据(单位:cm):

甲地区	140	138	143	142	144	137	141
乙地区	135	140	142	136	138	140	

问两地区小学生的平均身高有无明显差异？取 $\alpha=0.1$.

解　设甲地区小学生的身高 X 服从 $N(\mu_1,\sigma_1^2)$，乙地区小学生的身高 Y 服从 $N(\mu_2,\sigma_2^2)$. 现在 σ_1^2 与 σ_2^2 均未知.

先检验假设

$$H_0:\sigma_1^2=\sigma_2^2,\quad H_1:\sigma_1^2\neq\sigma_2^2.$$

由于 $n_1=7,n_2=6$，根据已知数据计算得

$$\bar{x}=140.7,\quad \bar{y}=138.5,$$

$$s_X^2=6.57,\quad s_Y^2=7.1.$$

对于 $\alpha=0.1$，查表得

$$F_{\frac{\alpha}{2}}(n_1-1,n_2-1)=F_{0.05}(6,5)=4.950,$$

$$F_{1-\frac{\alpha}{2}}(n_1-1,n_2-1)=F_{0.95}(6,5)=\frac{1}{F_{0.05}(5,6)}=\frac{1}{4.387}\approx 0.2279.$$

因为 $f=\dfrac{s_X^2}{s_Y^2}=\dfrac{6.57}{7.10}=0.925$，所以

$$F_{0.95}(6,5)<f<F_{0.05}(6,5),$$

这说明 $F=\dfrac{S_X^2}{S_Y^2}$ 的观测值在拒绝域之外，因此接受假设 H_0，即认为 $\sigma_1^2=\sigma_2^2$.

在认为 $\sigma_1^2=\sigma_2^2$ 的前提下，再检验假设 $\tilde{H}_0:\mu_1=\mu_2,\tilde{H}_1:\mu_1\neq\mu_2$.

对于 $\alpha=0.1$，查表得 $t_{\frac{\alpha}{2}}(n_1+n_2-2)=t_{0.05}(11)=1.796$. 根据已知数据计算得

$$s_W=\sqrt{\frac{(n_1-1)s_X^2+(n_2-1)s_Y^2}{n_1+n_2-2}}=\sqrt{\frac{6\times 6.57+5\times 7.1}{7+6-2}}\approx 2.61,$$

$$t=\frac{\bar{x}-\bar{y}}{s_W\sqrt{\dfrac{1}{n_1}+\dfrac{1}{n_2}}}=\frac{140.7-138.5}{2.61\times\sqrt{\dfrac{1}{7}+\dfrac{1}{6}}}\approx 1.52.$$

因为

$$|t|<t_{0.05}(11),$$

因此接受假设 $\tilde{H}_0$，认为两地区小学生的平均身高无明显差异.

非正态总体的均值的假设检验

若总体是非正态总体，甚至分布未知，在大样本情形仍可以用 u 检验法来进行均值的检验. 设 $(X_1,X_2,\cdots,X_n)$ 是取自总体 X 的样本，$(x_1,x_2,\cdots,x_n)$ 是样本观测值. $\bar{X}$ 和 S^2 分别是样本均值和样本方差，$\bar{x}$ 和 s^2 分别是样本均值和样本方差的观测值. 如果 X 具有数学期望 μ 及非零方差 σ^2，由中心极限定理知，$\dfrac{\bar{X}-\mu}{\sigma/\sqrt{n}}$ 的极限分布为 $N(0,1)$，因此当样本容量 n 足够大

时，$\dfrac{\overline{X}-\mu}{\sigma/\sqrt{n}}$近似服从标准正态分布．下面介绍关于总体均值的大样本的假设检验．

首先建立检验 $H_0:\mu=\mu_0, H_1:\mu\neq\mu_0$.

1. σ^2 已知时，μ 的假设检验

若 H_0 为真时，当样本容量 n 足够大时统计量

$$U=\frac{\overline{X}-\mu}{\sigma/\sqrt{n}}$$

近似服从标准正态分布．因此当 n 足够大时（一般要求 $n>30$），对于给定的显著性水平 α，利用 u 检验法，取拒绝域为 $\{|u|\geqslant u_{\frac{\alpha}{2}}\}$，其中 $u=\dfrac{\overline{x}-\mu_0}{\sigma/\sqrt{n}}$. 若观测值 $|u|>u_{\frac{\alpha}{2}}$，则拒绝 H_0；若 $|u|<u_{\frac{\alpha}{2}}$，则不能拒绝 H_0，一般情况下就接受 H_0.

2. σ^2 未知时，μ 的假设检验

与 σ^2 已知时的方法类似，只是用样本方差 S^2 代替 σ^2，用统计量 $U=\dfrac{\overline{X}-\mu}{S/\sqrt{n}}$代替$\dfrac{\overline{X}-\mu}{\sigma/\sqrt{n}}$，当 n 足够大时（一般要求 $n>100$），对于给定的显著性水平 α，取拒绝域为 $\{|u|\geqslant u_{\frac{\alpha}{2}}\}$，其中 $u=\dfrac{\overline{x}-\mu_0}{s/\sqrt{n}}$（理论细节略去）．若观测值 $|u|>u_{\frac{\alpha}{2}}$，则拒绝 H_0；若 $|u|<u_{\frac{\alpha}{2}}$，则不能拒绝 H_0.

若已知总体 X 服从的分布，如二项分布 $B(n,p)$ 或 Poisson 分布 $P(\lambda)$ 等，也可以利用这种方法近似得到拒绝域的更具体表达式，具体方法见下例．

注意，这类大样本的假设检验是近似的，也就是说，检验的实际显著性水平与原先设定的显著性水平可能有差距，虽然 n 很大时，这种差距一般会变小，但并不能确定其精确的大小及发生的概率，在区间估计中也有类似的问题．因此，大样本方法是一种“不得已而为之”的方法．如果有基于精确分布的方法，应该优先采用．

例 12.3.6　已知某种石材放出的射线数服从 Poisson 分布．用仪器测定该石材的放射性，在 300 min 内记数为 159. 规定建筑用石材的放射性不得超过 0.4/min，取 $\alpha=0.05$，问该种石材是否合格？

解　设石材放出的射线数为 X，则由已知得 $X\sim P(\lambda)$.

先考虑拒绝域，建立假设 $H_0:\lambda\leqslant\lambda_0, H_1:\lambda>\lambda_0$. 由于 $E(X)=\lambda, D(X)=\lambda$，由中心极限定理知，$\dfrac{\sqrt{n}(\overline{X}-\lambda)}{\sqrt{\lambda}}$近似服从标准正态分布．当 n 足够大时，对于给定的显著性水平 α，取标准正态分布上侧分位数 u_α，满足 $P\{U\geqslant u_\alpha\}=\alpha$.

若假设成立，由于$\dfrac{a-\lambda}{\sqrt{\lambda}}$是单调减少函数（$a>0$ 为常数），所以

$$\alpha\approx P\left(\frac{\sqrt{n}(\overline{X}-\lambda)}{\sqrt{\lambda}}\geqslant u_\alpha\right)\geqslant P\left(\frac{\sqrt{n}(\overline{X}-\lambda_0)}{\sqrt{\lambda_0}}\geqslant u_\alpha\right),$$

因此拒绝域可取为$\{u\geqslant u_\alpha\}$，其中$u=\dfrac{\sqrt{n}(\bar{x}-\lambda_0)}{\sqrt{\lambda_0}}$.

在本题中，$\lambda_0=0.4$，$\bar{x}=\dfrac{159}{300}=0.53$，$n=300$，$\alpha=0.05$. 查表得$u_\alpha=1.65$，所以

$$u=\frac{\sqrt{n}(\bar{x}-\lambda_0)}{\sqrt{\lambda_0}}=\frac{\sqrt{300}(0.53-0.4)}{\sqrt{0.4}}\approx 3.56>u_\alpha.$$

于是可以认为该种石材不合格.

总体分布的假设检验

在前面讨论的参数估计和假设检验问题中总是假定了总体服从确定类型的分布. 但在实际问题中，常常并不能事先知道总体的分布类型，这就需要通过观察、分析和研究对总体的分布类型进行假定，并根据样本进行检验，这类问题称为**非参数假设检验问题**. 下面介绍一种对总体的分布类型进行假设检验的方法：**χ^2 拟合检验法**，也称 **Pearson 拟合检验法**.

设总体X的分布函数$F(x)$未知，$(x_1,x_2,\cdots,x_n)$是样本观测值. 现在需要在显著性水平α下，检验假设

$$H_0:F(x)\equiv F_0(x),$$

其中$F_0(x)$是某个分布函数(可以带未知参数).

注　在总体是离散的情形，由于总体的分布函数与总体的分布律相互确定，我们也常将原假设表示为分布律的形式.

首先讨论$F_0(x)$不含未知参数的情况.

将$(-\infty,+\infty)$分成k个区间，$(-\infty,t_1]$，$(t_1,t_2]$，$\cdots$，$(t_{k-2},t_{k-1}]$，$(t_{k-1},+\infty)$(k视具体情况而定)，以$A_i(i=1,2,\cdots,k)$依次表示上述各个区间，以n_i表示样本观测值$x_1,x_2,\cdots,x_n$落在A_i内的个数，因此$x_1,x_2,\cdots,x_n$落在A_i内的频率为$\dfrac{n_i}{n}(i=1,2,\cdots,k)$.

若H_0为真时，记

$$p_1=F_0(t_1),\quad p_i=F_0(t_i)-F_0(t_{i-1})(i=2,\cdots,k-1),\quad p_k=1-F_0(t_{k-1}).$$

它们依次就是总体X落入区间$A_i(i=1,2,\cdots,k)$内的概率. 由大数定律知，如果样本容量较大，则$\left|\dfrac{n_i}{n}-p_i\right|$应该比较小. 因此构造检验统计量

$$\chi^2=\sum_{i=1}^{k}\frac{n}{p_i}\left(\frac{n_i}{n}-p_i\right)^2=\sum_{i=1}^{k}\frac{(n_i-np_i)^2}{np_i}.$$

显然当H_0为真时，χ^2的观测值也不应很大.

可以证明：当n足够大时(一般要求$n\geqslant 50$，最好100以上)，若假设H_0为真，则上述统计量χ^2近似地服从$\chi^2(k-1)$分布. 因此，对于给定的显著性水平α，查表确定上侧分位数$\chi^2_\alpha(k-1)$，使得$P(\chi^2\geqslant\chi^2_\alpha(k-1))=\alpha$，则可以确定拒绝域为

$$\{\chi^2\geqslant\chi^2_\alpha(k-1)\},$$

其中$\chi^2=\sum_{i=1}^{k}\frac{(n_i-np_i)^2}{np_i}$.

由样本观测值计算χ^2的值,将它与χ_α^2比较. 当$\chi^2\geqslant\chi_\alpha^2$时拒绝假设$H_0$,否则接受$H_0$.

再讨论$F_0(x)$含未知参数的情况,即$F_0(x)=F_0(x;\theta_1,\cdots,\theta_r)$,其中$\theta_1,\cdots,\theta_r$为未知参数. 这种情况的检验方法与不含未知参数时类似.

若H_0为真,将未知数$\theta_1,\cdots,\theta_r$用其最大似然估计值$\hat{\theta}_1,\cdots,\hat{\theta}_r$代替. 并设

$$\hat{p}_1=F_0(t_1;\hat{\theta}_1,\cdots,\hat{\theta}_r),$$

$$\hat{p}_i=F_0(t_i;\hat{\theta}_1,\cdots,\hat{\theta}_r)-F_0(t_{i-1};\hat{\theta}_1,\cdots,\hat{\theta}_r)\quad(i=2,\cdots,k-1),$$

$$\hat{p}_k=1-F_0(t_{k-1};\hat{\theta}_1,\cdots,\hat{\theta}_r).$$

构造统计量

$$\chi^2=\sum_{i=1}^{k}\frac{n}{\hat{p}_i}\left(\frac{n_i}{n}-\hat{p}_i\right)^2=\sum_{i=1}^{k}\frac{(n_i-n\hat{p}_i)^2}{n\hat{p}_i}.$$

可以证明:当n足够大时,若假设H_0为真,则上述统计量χ^2近似地服从$\chi^2(k-r-1)$分布. 从而确定拒绝域为

$$\{\chi^2\geqslant\chi_\alpha^2(k-r-1)\},$$

其中$\chi^2=\sum_{i=1}^{k}\frac{(n_i-n\hat{p}_i)^2}{n\hat{p}_i}$.

例 12.3.7 为确定印刷错误的分布规律,一研究人员检查了一本书的100页,记录了各页中的印刷错误个数,其频数分布如下:

错误个数	0	1	2	3	4	5	≥6
频数	35	39	18	4	3	1	0

问在显著性水平$\alpha=0.05$下,能否认为一页中的印刷错误个数服从 Poisson 分布?

解 设一页的印刷错误的个数为X. 本题的问题为:是否成立$X\sim P(\lambda)$(λ是未知参数),因此建立假设

$$H_0:P(X=k)=\frac{\lambda^k}{k!}\mathrm{e}^{-\lambda},\quad k=0,1,2,\cdots.$$

由例 12.2.4 知,λ的最大似然估计值为$\hat{\lambda}=\bar{x}=1$. 根据频数的分布,将$(-\infty,+\infty)$分成4个区间:$(-\infty,0]$,$(0,1]$,$(1,2]$,$(2,+\infty)$. 若H_0为真,用$\hat{\lambda}=1$代替未知参数λ,计算参数为1的 Poisson 分布取值在这4个区间上的概率为

$$\hat{p}_1=P(X\leqslant0)=P(X=0)=\mathrm{e}^{-1}=0.367\ 9,$$

$$\hat{p}_2=P(0<X\leqslant1)=P(X=1)=\mathrm{e}^{-1}=0.367\ 9,$$

$$\hat{p}_3=P(1<X\leqslant2)=P(X=2)=\frac{1}{2}\mathrm{e}^{-1}=0.183\ 9,$$

$$\hat{p}_4=P(X>2)=0.080\ 3.$$

在这4个区间中,各页中的印刷错误的频数分布如下:

错误个数	$(-\infty,0]$	$(0,1]$	$(1,2]$	$(2,+\infty)$
频数	35	39	18	8

现在 $n=100,k=4,r=1$,由已知值计算得

$$\chi^2=\sum_{i=1}^{4}\frac{(n_i-n\hat{p}_i)^2}{n\hat{p}_i}=0.2281.$$

对于 $\alpha=0.05$,查表得 $\chi^2_{0.05}(k-r-1)=\chi^2_{0.05}(2)=5.991$. 因为

$$\chi^2=0.2281<\chi^2_{0.05}(2)=5.991.$$

所以样本观测值没有落在拒绝域内,因此接受原假设,即认为一页中的印刷错误个数服从 Poisson 分布．

例 12.3.8　从一批棉纱中抽取 300 条进行拉力检验,用 X 表示拉力(单位:10 N). 将观测值分成 13 组,且记 n_i 为第 i 组中的观测值的个数($i=1,2,\cdots,13$),其数据如下表:

i	x_i	n_i	i	x_i	n_i
1	0.5~0.64	1	8	1.48~1.62	53
2	0.64~0.78	2	9	1.62~1.76	25
3	0.78~0.92	9	10	1.76~1.90	19
4	0.92~1.06	25	11	1.90~2.04	16
5	1.06~1.20	37	12	2.04~2.18	3
6	1.20~1.34	53	13	2.18~2.38	1
7	1.34~1.48	56			

其中 x_i 不取所在区间下限．问在显著性水平 $\alpha=0.01$ 下,能否认为 X 服从正态分布?

解　本题要求检验 X 是否服从正态分布．待验假设为

$$H_0:X\text{ 服从正态分布 }N(\mu,\sigma^2).$$

由于上表中各区间相当狭窄,我们可以认为落在各区间的 x_i 均为组中值,于是从上表得到:

i	x_i	n_i	i	x_i	n_i
1	0.57	1	8	1.55	53
2	0.71	2	9	1.69	25
3	0.85	9	10	1.83	19
4	0.99	25	11	1.97	16
5	1.13	37	12	2.11	3
6	1.27	53	13	2.28	1
7	1.41	56			

由于 μ 和 σ^2 均未知,待验分布含有 $r=2$ 个未知参数,以其最大似然估计值 $\bar{x}$ 和 $\frac{1}{n}\sum_{i=1}^{n}(x_i-\bar{x})^2$ 分别替代这两个参数．由上表计算得 $\bar{x}=1.41$, $\frac{1}{n}\sum_{i=1}^{n}(x_i-\bar{x})^2=0.26^2$.

由于第 1、2 组数据较少，将它们合并为一组．同理也将第 12、13 组合并为一组（此时 $n_1=3, n_{11}=4, n_i$ 为原 $n_{i+1}(i=2,3,\cdots,10)$）．我们将 $(-\infty,+\infty)$ 分为 11 个区间 $(-\infty,0.78]$，$(0.78,0.92]$，$(0.92,1.06]$，$(1.06,1.20]$，$(1.20,1.34]$，$(1.34,1.48]$，$(1.48,1.62]$，$(1.62,1.76]$，$(1.76,1.90]$，$(1.90,2.04]$，$(2.04,+\infty)$．此时 $k=11, n=300$．再计算 $p_i(i=1,2,\cdots,11)$．若 H_0 为真，用 $\hat{\mu}=\bar{x}=1.41$，$\hat{\sigma}^2=\dfrac{1}{n}\sum\limits_{i=1}^{n}(x_i-\bar{x})^2=0.26^2$ 分别代替未知参数 μ，σ^2，然后计算正态分布 $N(1.41,0.26^2)$ 的概率得

$$F(t_1)=\Phi_0\left(\frac{0.78-1.41}{0.26}\right)=\Phi_0(-2.42)=0.008,$$

$$F(t_2)=\Phi_0\left(\frac{0.92-1.41}{0.26}\right)=\Phi_0(-1.88)=0.030,$$

同理，

$$F(t_3)=0.089,\quad F(t_4)=0.209,\quad F(t_5)=0.394,\quad F(t_6)=0.606,$$
$$F(t_7)=0.791,\quad F(t_8)=0.911,\quad F(t_9)=0.970,\quad F(t_{10})=0.992.$$

因此

$$p_1=F(t_1)=0.008,\qquad p_2=F(t_2)-F(t_1)=0.022,$$
$$p_3=F(t_3)-F(t_2)=0.059,\quad p_4=F(t_4)-F(t_3)=0.120,$$
$$p_5=F(t_5)-F(t_4)=0.185,\quad p_6=F(t_6)-F(t_5)=0.212,$$
$$p_7=F(t_7)-F(t_6)=0.185,\quad p_8=F(t_8)-F(t_7)=0.120,$$
$$p_9=F(t_9)-F(t_8)=0.059,\quad p_{10}=F(t_{10})-F(t_9)=0.022,$$
$$p_{11}=1-F(t_{10})=0.008.$$

由这些数据计算得

$$\chi^2=\sum_{i=1}^{11}\frac{(n_i-300p_i)^2}{300p_i}=23.101.$$

而按 $\alpha=0.01$ 查表得 $\chi^2_{0.01}(11-2-1)=\chi^2_{0.01}(8)=20.09$．由于 $23.101>20.09$，因此拒绝假设 H_0，即认为棉纱的拉力不服从正态分布．

习　题

1. 已知某厂生产的铁钉长度服从正态分布 $N(5,0.04)$．现在从一批产品中随机抽出 15 个铁钉，测得长度（单位：cm）如下：

5.05	4.96	4.98	5.02	5.09	4.89	5.01	5.03
4.87	4.95	5.08	5.10	4.90	4.84	5.02	

如果估计方差没有变化，可否认为这批铁钉的平均长度仍为 5 cm（取 $\alpha=0.05$）？

2. 按规定，每 100 g 的罐头番茄中，维生素 C 的含量不得少于 21 mg，现从市场上的某种牌号的一批罐头番茄中任意抽 16 个，测得维生素 C 的含量（单位：mg）如下：

16	22	20	23	21	16	25	22
15	23	13	17	20	29	18	16

已知罐头番茄中维生素 C 的含量服从正态分布，试检验这种罐头番茄中维生素 C 的含量是

否合格(取 $\alpha=0.05$)?

3. 设木材的小头直径 X 服从正态分布 $N(\mu,\sigma^2)$,质检规定当 $\mu\geqslant 12$ cm 时为合格,今抽样 12 根木料,测得小头直径的样本均值为 $\overline{x}=11.2$ cm,样本方差为 $s^2=1.44$,问该批木材是否合格(取 $\alpha=0.05$)?

4. 某厂生产的一种电子元件,其寿命服从正态分布 $N(\mu,100^2)$,质量标准要求平均寿命不能低于 1 000 h. 现从一批产品中随机抽取 25 只进行测试得到平均寿命为 950 h,在估计方差不变的情况下,问该批元件是否合格(取 $\alpha=0.05$)?

5. 一台机床加工圆形零件,从产品中任抽 15 件测量零件的椭圆度,计算得 $s^2=0.025^2$. 若零件的椭圆度服从正态分布,当取 $\alpha=0.05$ 时,问该批产品椭圆度的总体方差与规定的 $\sigma_0^2=0.000\ 4$ 有无明显差别?

6. 为检验某种药品的溶解速度,随机抽取了该种药品 7 片,测定其溶解一半所需的时间,得数据(单位:min)如下:

$$5.3\quad 6.6\quad 5.2\quad 3.7\quad 4.9\quad 4.5\quad 5.8$$

假定该药品溶解一半的时间服从正态分布,取 $\alpha=0.1$,试问:

(1) 可否认为这种药品溶解一半所需时间的方差为 2?

(2) 可否认为这种药品溶解一半所需时间的方差小于 3.5?

7. 机器包装食盐,每袋净重量服从正态分布,规定每袋标准质量为 1 kg,标准差不超过 0.02 kg,某天开工后,测得 9 袋食盐的质量(单位:kg)为

$$0.994\quad 1.014\quad 0.95\quad 1.02\quad 0.982\quad 0.996\quad 1.021\quad 0.984\quad 1.015$$

问这天包装机的工作是否正常? 取 $\alpha=0.05$.

8. 甲、乙两个面积相同的农业试验区都种植玉米,除了甲区施磷肥外,其他实验条件都相同. 把这两个试验区均分成 10 个小区统计产量,得数据如下:

甲区	62	57	65	60	63	58	57	60	60	58
乙区	50	59	56	57	58	57	56	55	57	55

假定甲、乙区中每小区的玉米产量分别服从 $N(\mu_1,\sigma^2)$,$N(\mu_2,\sigma^2)$(μ_1,μ_2,σ^2 均未知),取 $\alpha=0.1$,问磷肥对玉米的产量有无显著影响?

9. 在大小相同的地块上对甲、乙两种水稻进行评比试验,得产量(单位:kg)的数据如下:

甲种水稻	951	966	1 008	1 082	983
乙种水稻	730	864	742	774	990

假定玉米产量服从正态分布,取 $\alpha=0.05$,问这两种水稻产量的方差是否相同? 若相同,那么这两种水稻产量的均值是否相同?

10. 某产品在工艺改进前与工艺改进后测得其一个参数指标如下:

工艺改进前	18	19	66	21	8	30	12	30	27	42
工艺改进后	4	8	20	7	15	13	24	19		

若这个参数服从正态分布，试在 $\alpha=0.05$ 下，问工艺改进前后这个产品此项参数有无明显变化？

11. 甲、乙两厂生产同一产品，该产品的质量都服从正态分布，现从各厂中随机抽得一批产品称重，得到如下数据（单位：kg）：

甲厂产品	93.3	92.1	94.7	90.1	95.6	90.0	94.7
乙厂产品	95.6	94.9	96.2	95.1	95.8	96.3	

取 $\alpha=0.05$，问甲厂产品的质量的方差是否比乙厂产品质量的方差小？

12. 某厂商宣称其减肥药能使服用者在两周内减肥 5 kg，有 7 位顾客服用了此药后，测得服药前后的体重（单位：kg）为：

服药前	64.5	66.5	68.0	76.0	70.5	69.0	62.5
服药后	65.0	60.5	60.4	68.5	64.5	66.0	60.0

假定顾客的体重近似服从正态分布，当取 $\alpha=0.05$ 时，问这个厂商宣称的减肥药是否有显著效果？

13. 抛掷一枚硬币 100 次，“正面”向上出现了 60 次，问这枚硬币是否匀称（取 $\alpha=0.05$）？

14. 一个正二十面体，其每个面上标有 0，1，…，9 十个数字中的一个，每个数字标在两个面上，现在抛掷这个正二十面体 800 次，标有 0，1，…，9 的各面向上的次数如下表：

朝上面的数字 ξ	0	1	2	3	4	5	6	7	8	9
出现的次数 n	75	93	84	79	82	69	74	77	91	76

判断这个正二十面体是否由均匀材料组成（取 $\alpha=0.05$）？

15. 在一批同型号电子元件中随机抽取 200 只进行寿命检验，测得元件寿命（单位：h）的频数分布为

元件寿命	$[0,200]$	$(200,300]$	$(300,400]$	$(400,500]$	$(500,+\infty)$
频数	90	29	22	17	42

并且根据计算这些元件的平均寿命为 325 h，试问这批元件的寿命是否服从指数分布（取 $\alpha=0.10$）？

16. 随机地抽取了某产品 50 件，测得其一个参数总体为下表：

2.52	3.54	2.60	3.32	3.12	3.40	2.90	2.42	3.28	3.10
2.98	3.16	3.10	3.46	2.74	3.01	3.70	3.46	3.50	1.60
3.70	3.34	3.10	2.50	3.46	3.70	2.94	3.28	2.96	2.90
3.30	2.88	3.12	2.98	4.60	3.48	3.80	2.78	3.74	3.22
3.34	2.50	3.06	2.94	3.58	3.40	3.30	2.98	2.68	3.64

试以 $\alpha=0.05$ 检验此参数是否服从正态分布．

§ 4　一元线性回归分析

变量之间有两类不同的关系．一类是确定的函数关系，当自变量 x 确定后，因变量 y 的值也随之唯一确定了．例如，圆面积与半径的关系 $S=\pi r^2$，当半径 r 确定时，面积 S 也就确定了．另一类是非确定性的关系，虽然一组变量之间存在着一定联系，但不能从一个变量的确定值，确定另一个变量的确定值．例如，单位面积的施肥量与农作物的亩产量之间的关系，显然它们之间有着密切的关系，但在相同施肥量的情况下，不同地块的单位亩产量不尽相同．这样的例子很多，如服药后的时间与药物被吸收的量之间的关系；人的血压与年龄之间的关系；居民收入与某种商品的需求量的关系，等等．这类关系有一个显著特点，变量之间的关系不能由确定的函数关系式表达出来，当自变量确定后，另一个与之有关系的变量的值并不完全确定，它是一个随机变量的取值．这类关系也称为**相关关系**．**回归分析**就是寻找这类不完全确定的变量间相关关系的数学模型，并进行统计推断的数学方法．如果这个模型是线性模型就称之为**线性回归分析**．

一元线性回归分析的数学模型

假设变量 Y 和 x 有着相关关系，其中 x 是普通的自变量（它是可以精确测量或可以控制的），Y 是依赖于 x 的变量，是对于每个给定的 x，它对应的一个随机变量 $Y(x)$．例如，若 x 表示身高，Y 表示体重，则当 x 给定之后，$Y(x)$ 便是身高为 x 的人群的体重这个随机变量．显然，考察 Y 与 x 的相关关系比较困难，但注意到 $E(Y(x))$ 是 $Y(x)$ 的平均取值，是一个确定的数值，因此可以研究 x 和 $E(Y(x))$ 之间函数关系，记为 $\mu(x)$，即 $\mu(x)=E(Y(x))$，它称为 Y 对 x 的**回归函数**，简称**回归**．这样，不确定性便可以消除，成为一种确定的函数关系．通过考察函数 $\mu(x)$，以达到探讨 Y 与 x 之间相关关系的目的，进而进行预测与控制，就是回归分析的基本内容．根据 $\mu(x)$ 的不同形式，回归分析又分为线性回归分析与非线性回归分析，而线性回归分析又分为一元线性回归分析和多元线性回归分析．

例 12.4.1　在研究钢丝碳含量对于电阻的效应时，得到以下数据：

含碳量 $x/\%$	0.10	0.30	0.40	0.55	0.70	0.80	0.95
$20^\circ\mathrm{C}$ 时电阻 $y/\mu\Omega$	15	18	19	21	22.6	23.8	26

将这些数据对看作 Oxy 平面上的点的坐标，并画在坐标平面上，如图 12.4.1 所示．从这张图可以看出，这些点分布在一条直线附近，因此可以推测碳含量与电阻值有着相关关系，并且可能与电阻平均值具有近似的线性关系．

一般地，为了考察变量 Y 与自变量 x 之间的关系，常先采用**图像法**．若对于自变量的 n 个取值 $x_i(i=1,2,\cdots,n)$，分别对 $Y(x_i)$ 进行独立的观测得到观测值 y_i，将这个容量为 n 的样本 $(x_i,y_i)(i=1,2,\cdots,n)$ 看作是 Oxy 平面上的一组点，并绘出这些点，称为**散点图**．然后就可以用总体比较接近于这些点的曲线的方程来粗略估计 $\mu(x)$ 具有什么形式．

如果散点图上的点大致位于一条直线附近（如图 12.4.1），就可以尝试用线性函数来估计 $\mu(x)$．也就是说，如何找出一个线性函数

$$y=\hat{a}+\hat{b}x$$

作为 $\mu(x)$，以刻画 Y 与 x 的相关关系．这个关系式也称为**（经验）回归函数**或**（经验）回归方程**，该方程表示的直线称为**（经验）回归直线**．

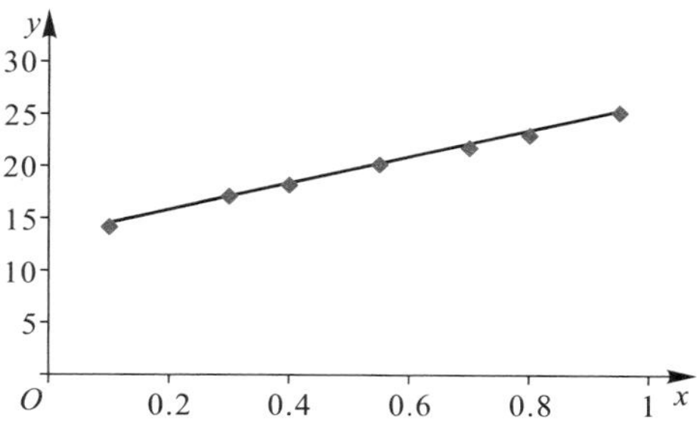

图 12.4.1

本节介绍的就是如何推断 $\mu(x)$ 为线性函数的统计方法，称为**一元线性回归分析**．

在一元线性回归分析中，我们假定对于自变量的每个 x 值，对应的随机变量 $Y(x)$ 满足

$$Y(x)=a+bx+\varepsilon,\quad 且\ \varepsilon\sim N(0,\sigma^2),$$

因此 $Y(x)$ 服从正态分布 $N(a+bx,\sigma^2)$（此时 $E(Y(x))=a+bx$），其中 a,b,σ^2 不依赖于 x，称 b 为**回归系数**．此外，我们还假定对于任何一组 $x_1,x_2,\cdots,x_n$，所对应的随机变量 $Y_1,Y_2,\cdots,Y_n$（$Y_i=Y(x_i),i=1,2,\cdots,n$）是相互独立的．这种数学模型称为**一元线性回归模型**．

回归函数的确定

推断 $\mu(x)$ 为线性函数，即找出回归函数 $y=\hat{a}+\hat{b}x$ 来估计 $\mu(x)=a+bx$，首先要对参数 a,b 作出估计．常见的估计方法有最大似然估计法和最小二乘法，我们下面采用最小二乘法．对于容量为 n 的样本 $(x_i,y_i)(i=1,2,\cdots,n)$，通常用

$$Q(a,b)=\sum_{i=1}^{n}(y_i-a-bx_i)^2$$

作为任意直线 $y=a+bx$ 与 n 个点 $(x_i,y_i)(i=1,2,\cdots,n)$ 总体偏离程度的衡量指标，自然希望它取最小值为好．

已经知道 $Q(a,b)$ 的最小值点，是下面**正规方程组**的解：

$$\begin{cases}\dfrac{\partial Q}{\partial a}=\displaystyle\sum_{i=1}^{n}(-2)(y_i-a-bx_i)=0,\\[2ex]\dfrac{\partial Q}{\partial b}=\displaystyle\sum_{i=1}^{n}(y_i-a-bx_i)(-2x_i)=0,\end{cases}$$

即

$$\begin{cases}na+\left(\displaystyle\sum_{i=1}^{n}x_i\right)b=\displaystyle\sum_{i=1}^{n}y_i,\\[2ex]\left(\displaystyle\sum_{i=1}^{n}x_i\right)a+\left(\displaystyle\sum_{i=1}^{n}x_i^2\right)b=\displaystyle\sum_{i=1}^{n}x_iy_i.\end{cases}$$

记 $\overline{x}=\dfrac{1}{n}\displaystyle\sum_{i=1}^{n}x_i,\overline{y}=\dfrac{1}{n}\displaystyle\sum_{i=1}^{n}y_i$，则上述方程组的解为

$$\begin{cases}\hat{a}=\overline{y}-\hat{b}\overline{x},\\ \hat{b}=\dfrac{\sum\limits_{i=1}^{n}(x_i-\overline{x})(y_i-\overline{y})}{\sum\limits_{i=1}^{n}(x_i-\overline{x})^2}.\end{cases}$$

于是参数 a,b 的**最小二乘估计量**为

$$\begin{cases}\hat{A}=\overline{Y}-\hat{B}\overline{x},\\ \hat{B}=\dfrac{\sum\limits_{i=1}^{n}(x_i-\overline{x})(Y_i-\overline{Y})}{\sum\limits_{i=1}^{n}(x_i-\overline{x})^2}.\end{cases}$$

由 a,b 的**最小二乘估计值** $\hat{a},\hat{b}$ 便确定了回归函数(或回归方程)

$$y=\hat{a}+\hat{b}x.$$

为了进一步的计算,记

$$l_{xx}=\sum_{i=1}^{n}(x_i-\overline{x})^2=\sum_{i=1}^{n}x_i^2-n\overline{x}^2,$$

$$l_{xy}=\sum_{i=1}^{n}(x_i-\overline{x})(y_i-\overline{y})=\sum_{i=1}^{n}x_iy_i-n\overline{x}\,\overline{y},$$

$$l_{yy}=\sum_{i=1}^{n}(y_i-\overline{y})^2=\sum_{i=1}^{n}y_i^2-n\overline{y}^2\ ,$$

以及统计量

$$L_{xY}=\sum_{i=1}^{n}(x_i-\overline{x})(Y_i-\overline{Y})=\sum_{i=1}^{n}x_iY_i-n\overline{x}\,\overline{Y},$$

$$L_{YY}=\sum_{i=1}^{n}(Y_i-\overline{Y})^2=\sum_{i=1}^{n}Y_i^2-n\overline{Y}^2.$$

于是 $\hat{B}=\dfrac{L_{xY}}{l_{xx}},\hat{b}=\dfrac{l_{xy}}{l_{xx}},\hat{b}$ 也是 $\hat{B}$ 的观测值.

例 12.4.2　假设例 12.4.1 中数据满足一元线性回归模型,求回归函数.

解　直接计算得(此时 $n=7$)

$$\overline{x}=\frac{1}{7}\sum_{i=1}^{7}x_i=\frac{1}{7}(0.10+0.30+0.40+0.55+0.70+0.80+0.95)=\frac{3.8}{7},$$

$$\overline{y}=\frac{1}{7}\sum_{i=1}^{7}y_i=\frac{1}{7}(15+18+19+21+22.6+23.8+26)=\frac{145.4}{7},$$

$$l_{xx}=\sum_{i=1}^{7}x_i^2-7\overline{x}^2=2.595-7\left(\frac{3.8}{7}\right)^2=0.532\ 14,$$

$$l_{xy}=\sum_{i=1}^{7}x_iy_i-7\overline{x}\,\overline{y}=85.61-7\left(\frac{3.8}{7}\right)\left(\frac{145.4}{7}\right)=6.678\ 57,$$

$$l_{yy}=\sum_{i=1}^{7}y_i^2-7\overline{y}^2=3\ 104.2-7\left(\frac{145.4}{7}\right)^2=84.034\ 29.$$

所以

$$\hat{b}=\frac{l_{xy}}{l_{xx}}=\frac{6.678\ 57}{0.532\ 14}\approx 12.550\ 4,$$

$$\hat{a}=\overline{y}-\hat{b}\overline{x}=\frac{145.4}{7}-12.550\ 4\times\frac{3.8}{7}\approx 13.958\ 4.$$

于是回归函数为

$$y=\hat{a}+\hat{b}x=13.958\ 4+12.550\ 4x.$$

现在计算估计量 $\hat{A},\hat{B}$ 的数学期望和方差．令 $\lambda_i=\dfrac{x_i-\overline{x}}{l_{xx}}(i=1,2,\cdots,n)$，则

$$\sum_{i=1}^{n}\lambda_i=0,\quad \sum_{i=1}^{n}\lambda_i^2=\frac{1}{l_{xx}},\quad \sum_{i=1}^{n}\lambda_i x_i=1,\quad \sum_{i=1}^{n}\lambda_i y_i=\hat{b},\quad \sum_{i=1}^{n}\lambda_i Y_i=\hat{B}.$$

因为 $Y_i=a+bx_i+\varepsilon(\varepsilon\sim N(0,\sigma^2))$，所以

$$E(\hat{B})=\sum_{i=1}^{n}\lambda_i E(Y_i)=\sum_{i=1}^{n}\lambda_i(a+bx_i)=b,$$

$$E(\hat{A})=E(\overline{Y})-E(\hat{B}\overline{x})=a+b\overline{x}-b\overline{x}=a,$$

所以，$\hat{A}$ 和 $\hat{B}$ 分别是 a 和 b 的无偏估计．进一步，

$$D(\hat{B})=\sum_{i=1}^{n}\lambda_i^2 D(Y_i)=\sum_{i=1}^{n}\lambda_i^2\sigma^2=\frac{\sigma^2}{l_{xx}},$$

$$D(\hat{A})=D\left[\sum_{i=1}^{n}\left(\frac{1}{n}-\lambda_i\overline{x}\right)Y_i\right]=\sum_{i=1}^{n}\left(\frac{1}{n}-\lambda_i\overline{x}\right)^2 D(Y_i)$$

$$=\sigma^2\left(\frac{1}{n}+\sum_{i=1}^{n}\lambda_i^2\overline{x}^2\right)=\frac{\sigma^2}{n}\left(1+\frac{n\overline{x}^2}{l_{xx}}\right).$$

估计量的分布

先引入一些概念与计算．记随机变量 $\hat{Y}_i=\hat{A}+\hat{B}x_i$，$\hat{y}_i=\hat{a}+\hat{b}x_i$ 是其观测值$(i=1,2,\cdots,n)$．考虑**离差平方和**

$$l_{yy}=\sum_{i=1}^{n}(y_i-\overline{y})^2=\sum_{i=1}^{n}[(y_i-\hat{y}_i)+(\hat{y}_i-\overline{y})]^2$$

$$=\sum_{i=1}^{n}(y_i-\hat{y}_i)^2+2\sum_{i=1}^{n}(y_i-\hat{y}_i)(\hat{y}_i-\overline{y})+\sum_{i=1}^{n}(\hat{y}_i-\overline{y})^2.$$

而 $\hat{a},\hat{b}$ 是正规方程组的解，则有

$$\sum_{i=1}^{n}(y_i-\hat{y}_i)(\hat{y}_i-\overline{y})=\sum_{i=1}^{n}(y_i-\hat{a}-\hat{b}x_i)(\hat{a}+\hat{b}x_i-\overline{y})$$

$$=(\hat{a}-\overline{y})\sum_{i=1}^{n}(y_i-\hat{a}-\hat{b}x_i)+\hat{b}\sum_{i=1}^{n}(y_i-\hat{a}-\hat{b}x_i)x_i=0.$$

于是

$$l_{yy}=\sum_{i=1}^{n}(y_i-\hat{y}_i)^2+\sum_{i=1}^{n}(\hat{y}_i-\overline{y})^2.$$

记

$$S_e=\sum_{i=1}^{n}(Y_i-\hat{Y}_i)^2,\quad s_e=\sum_{i=1}^{n}(y_i-\hat{y}_i)^2\text{ 为其观测值；}$$

$$S_R=\sum_{i=1}^{n}(\hat{Y}_i-\overline{Y})^2,\quad s_R=\sum_{i=1}^{n}(\hat{y}_i-\overline{y})^2\text{ 为其观测值}.$$

则

$$l_{yy}=s_R+s_e.$$

由于 $\hat{a}+\hat{b}\overline{x}=\overline{y}$，所以

$$\frac{1}{n}\sum_{i=1}^{n}\hat{y}_i=\frac{1}{n}\sum_{i=1}^{n}(\hat{a}+\hat{b}x_i)=\hat{a}+\frac{\hat{b}}{n}\sum_{i=1}^{n}x_i=\hat{a}+\hat{b}\overline{x}=\overline{y},$$

$$s_R=\sum_{i=1}^{n}(\hat{y}_i-\overline{y})^2=\sum_{i=1}^{n}[\hat{a}+\hat{b}x_i-(\hat{a}+\hat{b}\overline{x})]^2=\hat{b}^2\sum_{i=1}^{n}(x_i-\overline{x})^2=\hat{b}^2l_{xx}.$$

上式说明，s_R 不仅反映了 $\hat{y}_i(i=1,2,\cdots,n)$ 相对于平均值 $\overline{y}$ 的离散程度，而且还说明它是来源于 $x_i(i=1,2,\cdots,n)$ 的分散性，其大小主要取决于回归系数 $\hat{b}$. 称 s_R 为**回归平方和**.

称 s_e 为**剩余平方和**或**残差平方和**（观测值 y_i 与回归函数的拟合值 $\hat{y}_i=\hat{a}+\hat{b}x_i$ 之差称为第 i 个**残差**，$i=1,2,\cdots,n$），它正是前面讨论的 $Q(a,b)$ 的最小值，反映了其他因素或试验误差引起的 $y_i(i=1,2,\cdots,n)$ 偏离回归直线的程度.

进一步还有

$$s_R=\frac{l_{xy}^2}{l_{xx}},\quad s_e=l_{yy}-\hat{b}^2l_{xx}=l_{yy}-\frac{l_{xy}^2}{l_{xx}}.$$

定理 12.4.1　估计量 $\hat{A},\hat{B}$ 和 $\hat{\sigma}^2=\dfrac{S_e}{n-2}$ 有如下性质：

(1) $\hat{A}$ 服从 $N\left(a,\dfrac{\sigma^2(l_{xx}+n\overline{x}^2)}{nl_{xx}}\right)$ 分布；

(2) $\hat{B}$ 服从 $N\left(b,\dfrac{\sigma^2}{l_{xx}}\right)$ 分布；

(3) $\dfrac{(n-2)\hat{\sigma}^2}{\sigma^2}$ 服从自由度为 $n-2$ 的 χ^2 分布；

(4) $\overline{Y},\hat{B}$ 和 $\hat{\sigma}^2$ 三者相互独立.

由 $\hat{A},\hat{B}$ 的表达式可以看出它们服从正态分布，则(1)和(2)的结论便由前一小段关于它们期望和方差的计算得出. 定理的后半部分的证明从略. 从定理的结论(3)可以推知，$\hat{\sigma}^2$ 是 σ^2 的无偏估计. 这是因为当统计量 X 服从自由度为 n 的 χ^2 分布时，$E(X)=n,D(X)=2n$（见 §12.1 节习题 4），于是 $E\left(\dfrac{(n-2)\hat{\sigma}^2}{\sigma^2}\right)=n-2$，即 $E(\hat{\sigma}^2)=\sigma^2$.

回归系数的区间估计

定理 12.4.2　统计量

$$T=\frac{\hat{B}-b}{\hat{\sigma}}\sqrt{l_{xx}}$$

服从自由度为 $n-2$ 的 t 分布.

这个定理的证明从略.

利用定理 12.4.2 可以得到,回归系数 b 的置信度为 $1-\alpha$ 的置信区间为

$$\left(\hat{B}-\frac{\hat{\sigma}}{\sqrt{l_{xx}}}t_{\frac{\alpha}{2}}(n-2),\ \hat{B}+\frac{\hat{\sigma}}{\sqrt{l_{xx}}}t_{\frac{\alpha}{2}}(n-2)\right).$$

例 12.4.3　假设例 12.4.1 中数据满足一元线性回归模型.

(1) 求随机变量 ε 的方差 σ^2 的无偏估计值;

(2) 求回归系数 b 的置信度为 0.95 的置信区间.

解　(1) 利用例 12.4.2 的计算,得方差 σ^2 的无偏估计值为

$$\hat{\sigma}^2=\frac{s_e}{n-2}=\frac{1}{5}(l_{yy}-\hat{b}^2l_{xx})=\frac{1}{5}[84.03429-(12.5504)^2\times0.53214]=0.0431.$$

(2) 现在 $\alpha=0.05$,查附表 4 得 $t_{\frac{\alpha}{2}}(n-2)=t_{0.025}(5)=2.5706$. 由于

$$\hat{b}=12.5504,$$

$$\frac{\hat{\sigma}}{\sqrt{l_{xx}}}t_{\frac{\alpha}{2}}(n-2)=\sqrt{\frac{0.0431}{0.53214}}\times2.5706\approx0.7316.$$

于是回归系数 b 的置信度为 0.95 的置信区间为

$$\left(\hat{b}-\frac{\hat{\sigma}}{\sqrt{l_{xx}}}t_{\frac{\alpha}{2}}(n-2),\ \hat{b}+\frac{\hat{\sigma}}{\sqrt{l_{xx}}}t_{\frac{\alpha}{2}}(n-2)\right)=(11.81,13.28).$$

线性假设的显著性检验

就最小二乘法而言,对于平面上的任意有限个横坐标不完全相同点,都可以找出拟合直线满足要求(横坐标完全相同的点显然都在一条直线上). 然而,如此得到的回归函数是否符合客观实际,甚至 $\mu(x)$ 是否为线性函数,仍需要经过检验来判断. 进一步,就一元线性回归模型来说,若其假设

$$Y(x)=a+bx+\varepsilon,\quad 且\ \varepsilon\sim N(0,\sigma^2)$$

符合实际情况,则 b 不应为零. 否则的话,Y 就不依赖于 x 了. 因此需建立检验假设

$$H_0:b=0;\quad H_1:b\neq0.$$

若经检验能够拒绝 H_0,则认为自变量 x 对因变量 Y 有显著影响,此时称**回归效果显著**或 Y 与 x 有着**显著线性相关性**. 若不能拒绝假设 H_0,则称**回归效果不显著**.

若在实际应用中检验出回归效果不显著,则可能有以下原因:(1)影响 Y 取值的,除 x 外

还有其他因素;(2) Y 与 x 之间的相关性并不是线性的;(3) Y 与 x 之间没有关系.

检验这个假设有几种检验方法,下面仅介绍 **F 检验法**和 **t 检验法**.

(一) F 检验法

我们已经知道 $\hat{\sigma}^2=\dfrac{S_e}{n-2}$ 是 σ^2 的无偏估计. 而

$$E(S_R)=E\left[\sum_{i=1}^{n}(\hat{Y}_i-\overline{Y})^2\right]=E\left[\hat{B}^2\sum_{i=1}^{n}(x_i-\hat{x})^2\right]$$

$$=E(\hat{B}^2)\sum_{i=1}^{n}(x_i-\hat{x})^2=E(\hat{B}^2)\,l_{xx}$$

$$=[D(\hat{B})+E(\hat{B})^2]l_{xx}=\sigma^2+b^2l_{xx}.$$

因此 S_R 仅当假设"$H_0:b=0$"成立时,才是 σ^2 的无偏估计,否则它的期望值大于 σ^2. 这说明比值

$$F=\frac{S_R}{S_e/n-2}=\frac{(n-2)S_R}{S_e}$$

当假设 H_0 不成立时有偏大的倾向. 这也就是说,若 F 的取值较大,表明 x 对 Y 的影响大;反之,若 F 的取值较小,则没有理由认为 x 对 Y 有着影响. 于是若 S_R 超出 $\dfrac{S_e}{n-2}$ 较大,则可以认为 $b\neq 0$,从而拒绝假设 H_0. 因此用

$$F=\frac{S_R}{S_e/(n-2)}$$

作为检验 H_0 的统计量.

由于 $\hat{B}$ 服从 $N\left(b,\dfrac{\sigma^2}{l_{xx}}\right)$ 分布,于是 $\dfrac{\hat{B}-b}{\sigma/\sqrt{l_{xx}}}$ 服从 $N(0,1)$ 分布.

当 H_0 成立时,$\dfrac{\hat{B}}{\sigma/\sqrt{l_{xx}}}$ 服从 $N(0,1)$ 分布,从而得到 $\dfrac{S_R}{\sigma^2}=\left(\dfrac{\hat{B}\sqrt{l_{xx}}}{\sigma}\right)^2$ 服从 $\chi^2(1)$ 分布. 由定理 12.4.1 知,$\dfrac{S_e}{\sigma^2}$ 服从 $\chi^2(n-2)$ 分布,且 S_e 与 $\hat{B}$ 相互独立,因此 $F=\dfrac{S_R}{S_e/(n-2)}$ 服从 $F(1,n-2)$ 分布. 于是,在检验水平 α 下,拒绝域为 $\{f\geqslant F_\alpha(1,n-2)\}$,即当 F 的观测值 $f\geqslant F_\alpha(1,n-2)$ 时,拒绝假设 H_0,此时 Y 与 x 有着显著线性相关性,即回归效果显著. 否则就接受假设 H_0,此时 Y 与 x 的线性相关性不显著.

(二) t 检验法

当 H_0 成立时,由定理 12.4.2 知,统计量

$$T=\frac{\hat{B}}{\hat{\sigma}}\sqrt{l_{xx}}$$

服从自由度为 $n-2$ 的 t 分布. 在检验水平 α 下,拒绝域取为 $\{|t|\geqslant t_{\frac{\alpha}{2}}(n-2)\}$,即当 T 的观测值 t 满足 $|t|\geqslant t_{\frac{\alpha}{2}}(n-2)$ 时,拒绝假设 H_0,此时 Y 与 x 有着显著线性相关性,即回归效果显著. 否则就接受假设 H_0,此时 Y 与 x 的线性相关性不显著.

注意，F 检验法和 t 检验法的结论是一致的．

例 12.4.4　在显著性水平 $\alpha=0.05$ 下，检验例 12.4.2 中的回归函数的效果是否显著．

解　建立检验假设 $H_0:b=0$；　$H_1:b\neq 0$.

（1）用 F 检验法．由前面的计算知

$$s_R=\hat{b}^2 l_{xx}=(12.550\,4)^2\times 0.532\,14=83.818\,7,$$

$$s_e=l_{yy}-s_R=84.034\,29-83.818\,7=0.215\,59,$$

$$f=\frac{s_R}{s_e/(n-2)}=\frac{83.818\,7\times 5}{0.215\,59}\approx 1\,943.937\,57.$$

而 $F_\alpha(1,n-2)=F_{0.05}(1,5)=6.607\,9$，所以 $f>F_{0.05}(1,5)$，因此拒绝假设 H_0，即认为回归效果显著．

（2）用 t 检验法．由前面的计算知

$$\hat{b}=12.550\,4,\quad \hat{\sigma}^2=0.043\,1,\quad l_{xx}=0.532\,14.$$

$$t=\frac{\hat{b}}{\hat{\sigma}}\sqrt{l_{xx}}=12.550\,4\times\sqrt{\frac{0.532\,14}{0.043\,1}}\approx 44.099,$$

而 $t_{\frac{\alpha}{2}}(n-2)=t_{0.025}(5)=2.570\,6$，所以 $t>t_{0.025}(5)$，于是拒绝假设 H_0，即认为回归效果显著．

预测和控制

（一）预测

即使确定了 Y 与 x 之间具有某种线性关系，但它们之间的关系并非确定的关系，因此对于任意给定的 $x=x_0$，就不能确切地知道对应的 y_0．预测问题就是指如何对观测值 y_0 作出估计，并指出准确程度．

在经过检验发现回归效果显著之后，自然会认为回归函数 $y=\hat{a}+\hat{b}x$ 反映了实际情况，因此当 $x=x_0$ 时，便会用 $\hat{y}_0=\hat{a}+\hat{b}x_0$ 作为因变量 $Y_0=a+bx_0+\varepsilon_0$ 在 x_0 点的预测值 $y_0=a+bx_0+\varepsilon_0$. 但这可能有差异，因此还要考察预测量 $\hat{Y}_0=\hat{A}+\hat{B}x_0$ 的误差 $\hat{Y}_0-Y_0$，其理论根据是下面的定理．

定理 12.4.3　对任意固定的 x_0，统计量

$$T=\frac{\hat{Y}_0-Y_0}{\hat{\sigma}\sqrt{1+\frac{1}{n}+\frac{(x_0-\bar{x})^2}{l_{xx}}}}$$

服从自由度为 $n-2$ 的 t 分布．

利用定理 12.4.3，在 x_0 确定后，很容易求出 Y_0 的预测区间．对于给定的显著性水平 α，取 $t_{\frac{\alpha}{2}}(n-2)$ 使得 $P(|T|\geqslant t_{\frac{\alpha}{2}}(n-2))=\alpha$，此时有

$$P\left(-t_{\frac{\alpha}{2}}(n-2)<\frac{\hat{Y}_0-Y_0}{\hat{\sigma}\sqrt{1+\frac{1}{n}+\frac{(x_0-\bar{x})^2}{l_{xx}}}}<t_{\frac{\alpha}{2}}(n-2)\right)=1-\alpha,$$

因此得到

$$P(\hat{Y}_0-\delta(x_0)<Y_0<\hat{Y}_0+\delta(x_0))=1-\alpha,$$

其中

$$\delta(x_0)=t_{\frac{\alpha}{2}}(n-2)\hat{\sigma}\sqrt{1+\frac{1}{n}+\frac{(x_0-\bar{x})^2}{l_{xx}}}.$$

于是 Y_0 的置信度为 $1-\alpha$ 的预测区间为

$$(\hat{Y}_0-\delta(x_0),\hat{Y}_0+\delta(x_0)).$$

由 x_0 的任意性可知,自变量 x 对应的 Y 的置信度为 $1-\alpha$ 的预测区间为

$$(\hat{Y}-\delta(x),\hat{Y}+\delta(x)).$$

注　两条曲线

$$y^*(x)=\hat{a}+\hat{b}x+\delta(x),$$

$$y_*(x)=\hat{a}+\hat{b}x-\delta(x)$$

对称地分布在回归直线 $y=\hat{a}+\hat{b}x$ 的两侧(见图 12.4.2),围成一个喇叭形的带状区域．当 $x=\bar{x}$ 时,$\delta(x)$ 最小,带状区域在此处最窄．因此当 x 越靠近 $\bar{x}$ 时,预测效果就越佳;反之,若 x 越远离 $\bar{x}$,则效果便越差．若对超出自变量观测范围作预测,一般是没有意义的．

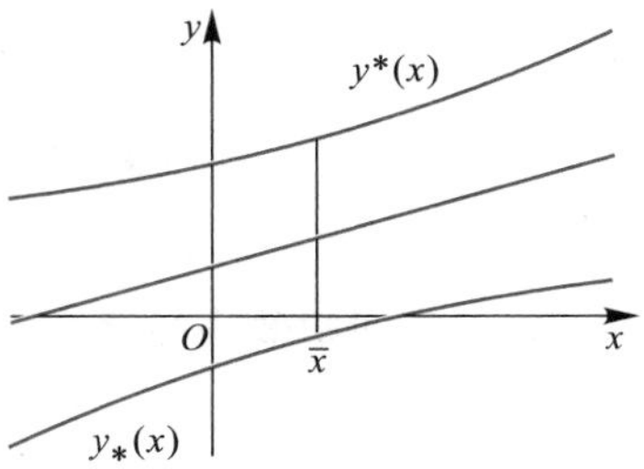

图 12.4.2

(二) 控制

控制问题就是通过控制 x 的范围,以便把 y 值控制在指定的范围内．控制可以看成是预测的逆问题,即要求 $Y(x)=a+bx+\varepsilon$ 的值以 $1-\alpha$ 的概率落在(y',y'')之内时,x 的取值范围是(x',x'')或(x'',x')．事实上,从图 12.4.2 可以看出,要使 Y 的值以 $1-\alpha$ 的概率落在(y',y'')之内,其对应的 x'值是方程 $y'=\hat{y}_*(x)=\hat{a}+\hat{b}x-\delta(x)$的解,对应的 x''是方程 $y''=\hat{y}^*(x)=\hat{a}+\hat{b}x+\delta(x)$的解,分别解这两个方程得到 x'和 x''就可确定控制范围(见图 12.4.3).

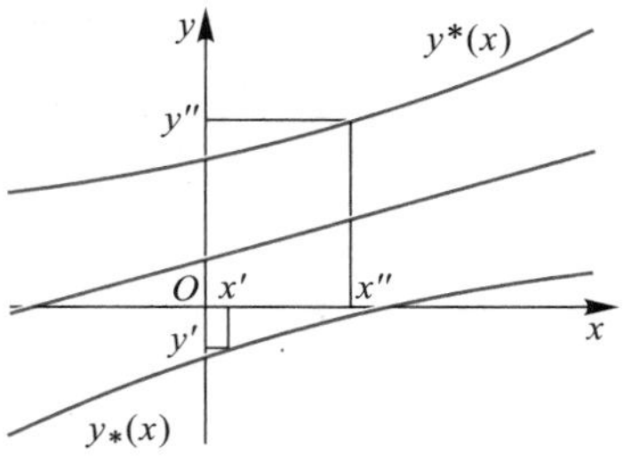

图 12.4.3

注　当 n 较大时,有近似公式

$$\sqrt{1+\frac{1}{n}+\frac{(x_0-\bar{x})^2}{l_{xx}}}\approx 1,$$

$$t_{\frac{\alpha}{2}}(n-2)\approx u_{\frac{\alpha}{2}}.$$

于是 $\delta(x_0)\approx\hat{\sigma}u_{\frac{\alpha}{2}}$,因此 Y_0 的置信区间就简化为

$$(\hat{Y}_0-\hat{\sigma}u_{\frac{\alpha}{2}},\hat{Y}_0+\hat{\sigma}u_{\frac{\alpha}{2}}).$$

控制区域也可以相应简化．

例 12.4.5　在例 12.4.1 中,求 $x=0.50$ 时,电阻值的置信度为 0.95 的预测区间．

解　此时 $x_0=0.50,\alpha=0.05$. 从回归函数计算得

$$\hat{y}_0=\hat{a}+\hat{b}x_0=13.958\ 4+12.550\ 4\times 0.5=20.233\ 6.$$

已算得

$$\bar{x}=0.542\ 9,\quad \hat{\sigma}^2=0.043\ 1,\quad l_{xx}=0.532\ 14,$$

且查表得 $t_{\frac{\alpha}{2}}(n-2)=t_{0.025}(5)=2.570\,6$，因此

$$\delta(x_0)=\hat{\sigma}t_{\frac{\alpha}{2}}(n-2)\sqrt{1+\frac{1}{n}+\frac{(x_0-\overline{x})^2}{l_{xx}}}$$

$$=0.207\,6\times2.570\,6\times\sqrt{1+\frac{1}{7}+\frac{(0.50-0.542\,9)^2}{0.532\,14}}\approx0.571\,4.$$

从而电阻值的置信度为 0.95 的预测区间是

$$(\hat{y}_0-\delta(x_0),\hat{y}_0+\delta(x_0))=(19.662\,2,20.805).$$

例 12.4.6　对某种半导体材料表面进行腐蚀刻线试验，得到腐蚀深度 y（单位：μm）与腐蚀时间 x（单位：s）对应的一组数据如下：

x_i	5	10	15	20	30	40	50	60	70	90	120
y_i	6	10	10	13	16	17	19	23	25	29	46

取显著性水平 $\alpha=0.05$，(1) 预测腐蚀时间为 75 s 时，腐蚀深度的范围；(2) 若要求腐蚀深度在 10～20 μm，腐蚀时间应如何控制？

解　先求回归函数．此时 $n=11,\alpha=0.05$，且由已知数据得到

$$\overline{x}=\frac{510}{11},\quad \overline{y}=\frac{214}{11},$$

$$l_{xx}=13\,104.55,\quad l_{xy}=3\,988.18,\quad l_{yy}=1\,258.73.$$

于是

$$\hat{b}=\frac{l_{xy}}{l_{xx}}=0.304,\quad \hat{a}=\overline{y}-\hat{b}\overline{x}=5.36.$$

从而腐蚀深度 Y 对腐蚀时间 x 的回归函数为

$$y=5.36+0.304x.$$

(1) 将 $x_0=75$ 代入到回归函数，得到 $\hat{y}_0=5.36+0.304\times75=28.16$．进一步计算得

$$\hat{\sigma}^2=\frac{1}{n-2}\left(l_{yy}-\frac{l_{xy}^2}{l_{xx}}\right)=\frac{1}{9}\left(1\,258.73-\frac{3\,988.18^2}{13\,104.55}\right)=4.998\,9,$$

$$\hat{\sigma}=2.24,\quad t_{\frac{\alpha}{2}}(n-2)=t_{0.025}(9)=2.26,$$

$$\delta(x_0)=\hat{\sigma}t_{\alpha}(n-2)\sqrt{1+\frac{1}{n}+\frac{(x_0-\overline{x})^2}{l_{xx}}}$$

$$=2.24\times2.26\times\sqrt{1+\frac{1}{11}+\frac{(75-46.36)^2}{13\,104.55}}=5.44.$$

因此腐蚀时间为 75 s 时，腐蚀深度的预测范围为

$$(\hat{y}_0-\delta(x_0),\hat{y}_0+\delta(x_0))=(28.16-5.44,28.16+5.44)=(22.72,33.60).$$

(2) 当要求腐蚀深度在 10～20 μm 之间时，解方程

$$20=5.38+0.304x+2.24\times2.26\times\sqrt{1+\frac{1}{11}+\frac{(46.36-x)^2}{13\,104.55}},$$

得到 $x'=30.55$；解方程

$$10=5.38+0.304x-2.24\times2.26\times\sqrt{1+\frac{1}{11}+\frac{(46.36-x)^2}{13\,104.55}},$$

得到 $x''=32.70$. 因此，腐蚀时间应该控制在 30.55 s 到 32.70 s 之间 .

习　题

1. 已知轮胎橡胶的扯断力 Y 受温度 t(单位:℃)影响，现有测试后的以下数据：

室温 t_i	17	19	20	21	23	27	30	31	34
扯断力 y_i	202	194	195	191	190	181	173	172	167

(1) 求 Y 对 t 的回归函数；

(2) 求回归系数 b 的置信度为 0.95 的置信区间；

(3) 取 $\alpha=0.05$，检验回归效果的显著性 .

2. 测量了 12 名女性的年龄 x(单位:岁)和收缩压 Y(单位:kPa)如下表：

i	1	2	3	4	5	6
x_i	59	42	72	36	63	47
y_i	19.60	16.67	21.28	15.73	19.86	17.07
i	7	8	9	10	11	12
x_i	55	49	38	42	68	60
y_i	19.93	19.93	15.33	18.67	20.19	20.59

(1) 求 Y 对 x 的回归函数；

(2) 取 $\alpha=0.01$，检验回归效果的显著性 .

3. 在硝酸钠($NaNO_3$)的溶解度试验中，对不同温度 t(单位:℃)测得溶解于 100 ml 的水中的硝酸钠重量 Y 的观测值如下表，且理论上 Y 与 t 满足线性关系 .

t_i	0	4	10	15	21	29	36	51	68
y_i	66.7	71.0	76.3	80.6	85.7	92.9	99.9	113.6	125.1

(1) 求 Y 对 t 的回归函数；

(2) 取 $\alpha=0.05$，检验回归效果的显著性；

(3) 取 $\alpha=0.05$，求 Y 在 $t=25^\circ$C 时的预测区间 .

4. 对变量 Z 和 x 作了 11 次独立观察，得到如下数据表，理论上 Z 与 x 满足关系 $Z=c_0e^{-kx}$，其中 c_0 和 k 未知 . 利用 $\ln Z=\ln c_0-kx$，求 Z 对 x 的回归函数 .

x_i	0	1	2	3	4	5	6	7	8	9	10
z_i	100	75	55	40	30	20	15	10	10	5	5

附表 1　Poisson 分布表

$$P(\xi=k)=\frac{\lambda^k}{k!}e^{-\lambda}$$

k	λ								
	0.1	0.2	0.3	0.4	0.5	0.6	0.7	0.8	0.9
0	0.904 837	0.818 731	0.740 818	0.670 320	0.606 531	0.548 812	0.496 585	0.449 329	0.406 570
1	0.090 484	0.163 746	0.222 245	0.268 128	0.303 265	0.329 287	0.347 610	0.359 463	0.365 913
2	0.004 524	0.016 375	0.033 337	0.053 626	0.075 816	0.098 786	0.121 663	0.143 785	0.164 661
3	0.000 151	0.001 092	0.003 334	0.007 150	0.012 636	0.019 757	0.028 388	0.038 343	0.049 398
4	0.000 004	0.000 055	0.000 250	0.000 715	0.001 580	0.002 964	0.004 968	0.007 669	0.011 115
5	0	0.000 002	0.000 015	0.000 057	0.000 158	0.000 356	0.000 696	0.001 227	0.002 001
6	0	0	0	0.000 004	0.000 013	0.000 036	0.000 081	0.000 164	0.000 300
7	0	0	0	0	0	0.000 003	0.000 009	0.000 019	0.000 039
8	0	0	0	0	0	0	0	0.000 002	0.000 004
9	0	0	0	0	0	0	0	0	0

k	λ								
	1.0	1.5	2.0	2.5	3.0	3.5	4.0	4.5	5.0
0	0.367 879	0.223 130	0.135 335	0.082 085	0.049 787	0.030 197	0.018 316	0.011 109	0.006 738
1	0.367 879	0.334 695	0.270 671	0.205 212	0.149 361	0.105 691	0.073 263	0.049 990	0.033 690
2	0.183 940	0.251 021	0.270 671	0.256 516	0.224 042	0.184 959	0.146 525	0.112 479	0.084 224
3	0.061 313	0.125 511	0.180 447	0.213 763	0.224 042	0.215 785	0.195 367	0.168 718	0.140 374
4	0.015 328	0.047 067	0.090 224	0.133 602	0.168 031	0.188 812	0.195 367	0.189 808	0.175 467

续表

k	λ								
	1.0	1.5	2.0	2.5	3.0	3.5	4.0	4.5	5.0
5	0.003 066	0.014 120	0.036 089	0.066 801	0.100 819	0.132 169	0.156 293	0.170 827	0.175 467
6	0.000 511	0.003 530	0.012 030	0.027 834	0.050 409	0.077 098	0.104 196	0.128 120	0.146 223
7	0.000 073	0.000 756	0.003 437	0.009 941	0.021 604	0.038 549	0.059 540	0.082 363	0.104 445
8	0.000 009	0.000 142	0.000 859	0.003 106	0.008 102	0.016 865	0.029 770	0.046 329	0.065 278
9	0	0.000 024	0.000 191	0.000 863	0.002 701	0.006 559	0.013 231	0.023 165	0.036 266
10	0	0.000 004	0.000 038	0.000 216	0.000 810	0.002 296	0.005 292	0.010 424	0.018 133
11	0	0	0.000 007	0.000 049	0.000 221	0.000 730	0.001 925	0.004 264	0.008 242
12	0	0	0	0.000 010	0.000 055	0.000 213	0.000 642	0.001 599	0.003 434
13	0	0	0	0.000 002	0.000 013	0.000 054	0.000 197	0.000 554	0.001 321
14	0	0	0	0	0.000 003	0.000 013	0.000 054	0.000 178	0.000 472
15	0	0	0	0	0	0.000 003	0.000 015	0.000 053	0.000 157
16	0	0	0	0	0	0	0.000 003	0.000 015	0.000 049
17	0	0	0	0	0	0	0	0.000 004	0.000 014
18	0	0	0	0	0	0	0	0	0.000 004
19	0	0	0	0	0	0	0	0	0.000 001
20	0	0	0	0	0	0	0	0	0

k	λ								
	6.0	7.0	8.0	9.0	10.0	15	20	30	40
0	0.002 479	0.000 912	0.000 335	0.000 123	4.54E-05①	3.06E-07	2.06E-09	9.36E-14	4.25E-18
1	0.014 873	0.006 383	0.002 684	0.001 111	0.000 454	4.59E-06	4.12E-08	2.81E-12	1.70E-16
2	0.044 618	0.022 341	0.010 735	0.004 998	0.002 270	3.44E-05	4.12E-07	4.21E-11	3.40E-15
3	0.089 235	0.052 129	0.028 626	0.014 994	0.007 567	0.000 172	2.75E-06	4.21E-10	4.53E-14
4	0.133 853	0.091 226	0.057 252	0.033 737	0.018 917	0.000 645	1.37E-05	3.16E-09	4.53E-13

① 4.54E-05 = 4.54×10^{-5}

续表

k	λ								
	6.0	7.0	8.0	9.0	10.0	15	20	30	40
5	0.160 623	0.127 717	0.091 604	0.060 727	0.037 833	0.001 936	5.50E−05	1.89E−08	3.63E−12
6	0.160 623	0.149 003	0.122 138	0.091 090	0.063 055	0.004 839	0.000 183	9.47E−08	2.42E−11
7	0.137 677	0.149 003	0.139 587	0.117 116	0.090 079	0.010 370	0.000 523	4.06E−07	1.38E−10
8	0.103 258	0.130 377	0.139 587	0.131 756	0.112 599	0.019 444	0.001 309	1.52E−06	6.91E−10
9	0.068 838	0.101 405	0.124 077	0.131 756	0.125 110	0.032 407	0.002 908	5.08E−06	3.07E−09
10	0.041 303	0.070 983	0.099 262	0.118 580	0.125 110	0.048 611	0.005 816	1.52E−05	1.23E−08
11	0.022 529	0.045 171	0.072 190	0.097 020	0.113 736	0.066 287	0.010 575	4.15E−05	4.46E−08
12	0.011 264	0.026 350	0.048 127	0.072 765	0.094 780	0.082 859	0.017 625	0.000 104	1.49E−07
13	0.005 199	0.014 188	0.029 616	0.050 376	0.072 908	0.095 607	0.027 116	0.000 240	4.58E−07
14	0.002 228	0.007 094	0.016 924	0.032 384	0.052 077	0.102 436	0.038 737	0.000 513	1.31E−06
15	0.000 891	0.003 311	0.009 026	0.019 431	0.034 718	0.102 436	0.051 649	0.001 027	3.49E−06
16	0.000 334	0.001 448	0.004 513	0.010 930	0.021 699	0.096 034	0.064 561	0.001 925	8.72E−06
17	0.000 118	0.000 596	0.002 124	0.005 786	0.012 764	0.084 736	0.075 954	0.003 397	2.05E−05
18	0.000 039	0.000 232	0.000 944	0.002 893	0.007 091	0.070 613	0.084 394	0.005 662	4.56E−05
19	0.000 012	0.000 085	0.000 397	0.001 370	0.003 732	0.055 747	0.088 835	0.008 941	9.60E−05
20	0.000 004	0.000 030	0.000 159	0.000 617	0.001 866	0.041 810	0.088 835	0.013 411	0.000 192
21	0.000 001	0.000 010	0.000 061	0.000 264	0.000 889	0.029 865	0.084 605	0.019 159	0.000 366
22	0	0.000 003	0.000 022	0.000 108	0.000 404	0.020 362	0.076 914	0.026 126	0.000 665
23	0	0	0.000 008	0.000 042	0.000 176	0.013 280	0.066 881	0.034 077	0.001 156
24	0	0	0.000 003	0.000 016	0.000 073	0.008 300	0.055 735	0.042 596	0.001 927
25	0	0	0	0.000 006	0.000 029	0.004 980	0.044 588	0.051 115	0.003 084
26	0	0	0	0.000 002	0.000 011	0.002 873	0.034 298	0.058 979	0.004 744
27	0	0	0	0	0.000 004	0.001 596	0.025 406	0.065 532	0.007 028
28	0	0	0	0	0.000 001	0.000 855	0.018 147	0.070 213	0.010 041
29	0	0	0	0	0	0.000 442	0.012 515	0.072 635	0.013 849
30	0	0	0	0	0	0.000 221	0.008 344	0.072 635	0.018 465

附表 2　标准正态分布数值表

$$\Phi_0(x)=P(\xi\leqslant x)=\frac{1}{\sqrt{2\pi}}\int_{-\infty}^{x}\mathrm{e}^{-\frac{t^2}{2}}\mathrm{d}t$$

x	0	0. 01	0. 02	0. 03	0. 04	0. 05	0. 06	0. 07	0. 08	0. 09
0	0. 500 000	0. 503 989	0. 507 978	0. 511 967	0. 515 953	0. 519 939	0. 523 922	0. 527 903	0. 531 881	0. 535 856
0. 1	0. 539 828	0. 543 795	0. 547 758	0. 551 717	0. 555 670	0. 559 618	0. 563 559	0. 567 495	0. 571 424	0. 575 345
0. 2	0. 579 260	0. 583 166	0. 587 064	0. 590 954	0. 594 835	0. 598 706	0. 602 568	0. 606 420	0. 610 261	0. 614 092
0. 3	0. 617 911	0. 621 719	0. 625 516	0. 629 300	0. 633 072	0. 636 831	0. 640 576	0. 644 309	0. 648 027	0. 651 732
0. 4	0. 655 422	0. 659 097	0. 662 757	0. 666 402	0. 670 031	0. 673 645	0. 677 242	0. 680 822	0. 684 386	0. 687 933
0. 5	0. 691 462	0. 694 974	0. 698 468	0. 701 944	0. 705 402	0. 708 840	0. 712 260	0. 715 661	0. 719 043	0. 722 405
0. 6	0. 725 747	0. 729 069	0. 732 371	0. 735 653	0. 738 914	0. 742 154	0. 745 373	0. 748 571	0. 751 748	0. 754 903
0. 7	0. 758 036	0. 761 148	0. 764 238	0. 767 305	0. 770 350	0. 773 373	0. 776 373	0. 779 350	0. 782 305	0. 785 236
0. 8	0. 788 145	0. 791 030	0. 793 892	0. 796 731	0. 799 546	0. 802 338	0. 805 106	0. 807 850	0. 810 570	0. 813 267
0. 9	0. 815 940	0. 818 589	0. 821 214	0. 823 814	0. 826 391	0. 828 944	0. 831 472	0. 833 977	0. 836 457	0. 838 913
1. 0	0. 841 345	0. 843 752	0. 846 136	0. 848 495	0. 850 830	0. 853 141	0. 855 428	0. 857 690	0. 859 929	0. 862 143
1. 1	0. 864 334	0. 866 500	0. 868 643	0. 870 762	0. 872 857	0. 874 928	0. 876 976	0. 878 999	0. 881 000	0. 882 977
1. 2	0. 884 930	0. 886 860	0. 888 767	0. 890 651	0. 892 512	0. 894 350	0. 896 165	0. 897 958	0. 899 727	0. 901 475
1. 3	0. 903 199	0. 904 902	0. 906 582	0. 908 241	0. 909 877	0. 911 492	0. 913 085	0. 914 656	0. 916 207	0. 917 736
1. 4	0. 919 243	0. 920 730	0. 922 196	0. 923 641	0. 925 066	0. 926 471	0. 927 855	0. 929 219	0. 930 563	0. 931 888

续表

x	0	0.01	0.02	0.03	0.04	0.05	0.06	0.07	0.08	0.09
1.5	0.933 193	0.934 478	0.935 744	0.936 992	0.938 220	0.939 429	0.940 620	0.941 792	0.942 947	0.944 083
1.6	0.945 201	0.946 301	0.947 384	0.948 449	0.949 497	0.950 529	0.951 543	0.952 540	0.953 521	0.954 486
1.7	0.955 435	0.956 367	0.957 284	0.958 185	0.959 071	0.959 941	0.960 796	0.961 636	0.962 462	0.963 273
1.8	0.964 070	0.964 852	0.965 621	0.966 375	0.967 116	0.967 843	0.968 557	0.969 258	0.969 946	0.970 621
1.9	0.971 284	0.971 933	0.972 571	0.973 197	0.973 810	0.974 412	0.975 002	0.975 581	0.976 148	0.976 705
2.0	0.977 250	0.977 784	0.978 308	0.978 822	0.979 325	0.979 818	0.980 301	0.980 774	0.981 237	0.981 691
2.1	0.982 136	0.982 571	0.982 997	0.983 414	0.983 823	0.984 222	0.984 614	0.984 997	0.985 371	0.985 738
2.2	0.986 097	0.986 447	0.986 791	0.987 126	0.987 455	0.987 776	0.988 089	0.988 396	0.988 696	0.988 989
2.3	0.989 276	0.989 556	0.989 830	0.990 097	0.990 358	0.990 613	0.990 863	0.991 106	0.991 344	0.991 576
2.4	0.991 802	0.992 024	0.992 240	0.992 451	0.992 656	0.992 857	0.993 053	0.993 244	0.993 431	0.993 613
2.5	0.993 790	0.993 963	0.994 132	0.994 297	0.994 457	0.994 614	0.994 766	0.994 915	0.995 060	0.995 201
2.6	0.995 339	0.995 473	0.995 603	0.995 731	0.995 855	0.995 975	0.996 093	0.996 207	0.996 319	0.996 427
2.7	0.996 533	0.996 636	0.996 736	0.996 833	0.996 928	0.997 020	0.997 110	0.997 197	0.997 282	0.997 365
2.8	0.997 445	0.997 523	0.997 599	0.997 673	0.997 744	0.997 814	0.997 882	0.997 948	0.998 012	0.998 074
2.9	0.998 134	0.998 193	0.998 250	0.998 305	0.998 359	0.998 411	0.998 462	0.998 511	0.998 559	0.998 605
3.0	0.998 650	0.998 694	0.998 736	0.998 777	0.998 817	0.998 856	0.998 893	0.998 930	0.998 965	0.998 999
3.1	0.999 032	0.999 064	0.999 096	0.999 126	0.999 155	0.999 184	0.999 211	0.999 238	0.999 264	0.999 289
3.2	0.999 313	0.999 336	0.999 359	0.999 381	0.999 402	0.999 423	0.999 443	0.999 462	0.999 481	0.999 499
3.3	0.999 517	0.999 533	0.999 550	0.999 566	0.999 581	0.999 596	0.999 610	0.999 624	0.999 638	0.999 650
3.4	0.999 663	0.999 675	0.999 687	0.999 698	0.999 709	0.999 720	0.999 730	0.999 740	0.999 749	0.999 758
3.5	0.999 767	0.999 776	0.999 784	0.999 792	0.999 800	0.999 807	0.999 815	0.999 821	0.999 828	0.999 835

附表 3　χ^2 分布的上侧分位数表

$\chi^2(n)$：$P(\chi^2(n) \geqslant \chi^2_\alpha(n)) = \alpha$

n	α							
	0.99	0.975	0.95	0.5	0.1	0.05	0.025	0.01
1	0.000 157	0.000 982	0.003 932	0.454 936	2.705 541	3.841 455	5.023 903	6.634 891
2	0.020 100	0.050 636	0.102 586	1.386 294	4.605 176	5.991 476	7.377 779	9.210 351
3	0.114 832	0.215 795	0.351 846	2.365 973	6.251 394	7.814 725	9.348 404	11.344 880
4	0.297 107	0.484 419	0.710 724	3.356 695	7.779 434	9.487 728	11.143 260	13.276 700
5	0.554 297	0.831 209	1.145 477	4.351 459	9.236 349	11.070 480	12.832 490	15.086 320
6	0.872 083	1.237 342	1.635 380	5.348 119	10.644 640	12.591 580	14.449 350	16.811 870
7	1.239 032	1.689 864	2.167 349	6.345 809	12.017 030	14.067 130	16.012 770	18.475 320
8	1.646 506	2.179 725	2.732 633	7.344 120	13.361 560	15.507 310	17.534 540	20.090 160
9	2.087 889	2.700 389	3.325 115	8.342 832	14.683 660	16.918 960	19.022 780	21.666 050
10	2.558 199	3.246 963	3.940 295	9.341 816	15.987 170	18.307 030	20.483 200	23.209 290
11	3.053 496	3.815 742	4.574 809	10.341 000	17.275 010	19.675 150	21.920 020	24.725 020
12	3.570 551	4.403 778	5.226 028	11.340 320	18.549 340	21.026 060	23.336 660	26.216 960
13	4.106 900	5.008 738	5.891 861	12.339 750	19.811 930	22.362 030	24.735 580	27.688 180
14	4.660 415	5.628 724	6.570 632	13.339 270	21.064 140	23.684 780	26.118 930	29.141 160
15	5.229 356	6.262 123	7.260 935	14.338 860	22.307 120	24.995 800	27.488 360	30.577 950
16	5.812 197	6.907 664	7.961 639	15.338 500	23.541 820	26.296 220	28.845 320	31.999 860

续表

n	α							
	0. 99	0. 975	0. 95	0. 5	0. 1	0. 05	0. 025	0. 01
17	6. 407 742	7. 564 179	8. 671 754	16. 338 180	24. 769 030	27. 587 100	30. 190 980	33. 408 720
18	7. 014 903	8. 230 737	9. 390 448	17. 337 900	25. 989 420	28. 869 320	31. 526 410	34. 805 240
19	7. 632 698	8. 906 514	10. 117 010	18. 337 650	27. 203 560	30. 143 510	32. 852 340	36. 190 770
20	8. 260 368	9. 590 772	10. 850 800	19. 337 430	28. 411 970	31. 410 420	34. 169 580	37. 566 270
21	8. 897 172	10. 282 910	11. 591 320	20. 337 230	29. 615 090	32. 670 560	35. 478 860	38. 932 230
22	9. 542 494	10. 982 330	12. 338 010	21. 337 040	30. 813 290	33. 924 460	36. 780 680	40. 289 450
23	10. 195 690	11. 688 530	13. 090 510	22. 336 880	32. 006 890	35. 172 460	38. 075 610	41. 638 330
24	10. 856 350	12. 401 150	13. 848 420	23. 336 730	33. 196 240	36. 415 030	39. 364 060	42. 979 780
25	11. 523 950	13. 119 710	14. 611 400	24. 336 580	34. 381 580	37. 652 490	40. 646 500	44. 314 010
26	12. 198 180	13. 843 880	15. 379 160	25. 336 460	35. 563 160	38. 885 130	41. 923 140	45. 641 640
27	12. 878 470	14. 573 370	16. 151 390	26. 336 340	36. 741 230	40. 113 270	43. 194 520	46. 962 840
28	13. 564 670	15. 307 850	16. 927 880	27. 336 230	37. 915 910	41. 337 150	44. 460 790	48. 278 170
29	14. 256 410	16. 047 050	17. 708 380	28. 336 130	39. 087 480	42. 556 950	45. 722 280	49. 587 830
30	14. 953 460	16. 790 760	18. 492 670	29. 336 030	40. 256 020	43. 772 950	46. 979 220	50. 892 180
40	22. 164 200	24. 433 060	26. 509 300	39. 335 340	51. 805 040	55. 758 490	59. 341 680	63. 690 770
50	29. 706 730	32. 357 380	34. 764 240	49. 334 940	63. 167 110	67. 504 810	71. 420 190	76. 153 800
60	37. 484 800	40. 481 710	43. 187 970	59. 334 670	74. 397 000	79. 081 950	83. 297 710	88. 379 430
70	45. 441 700	48. 757 540	51. 739 260	69. 334 480	85. 527 040	90. 531 260	95. 023 150	100. 425 100
80	53. 539 980	57. 153 150	60. 391 460	79. 334 320	96. 578 200	101. 879 500	106. 628 500	112. 328 800
90	61. 754 020	65. 646 590	69. 126 020	89. 334 220	107. 565 000	113. 145 200	118. 135 900	124. 116 200
100	70. 065 000	74. 221 880	77. 929 440	99. 334 130	118. 498 000	124. 342 100	129. 561 300	135. 806 900

附表 4　t 分布的上侧分位数表

$t_\alpha(n)$：$P(t \geqslant t_\alpha(n)) = \alpha$

n	α				
	0.1	0.05	0.025	0.01	0.005
1	3.077 685	6.313 749	12.706 150	31.820 960	63.655 900
2	1.885 619	2.919 987	4.302 656	6.964 547	9.924 988
3	1.637 745	2.353 363	3.182 449	4.540 707	5.840 848
4	1.533 206	2.131 846	2.776 451	3.746 936	4.604 080
5	1.475 885	2.015 049	2.570 578	3.364 930	4.032 117
6	1.439 755	1.943 181	2.446 914	3.142 668	3.707 428
7	1.414 924	1.894 578	2.364 623	2.997 949	3.499 481
8	1.396 816	1.859 548	2.306 006	2.896 468	3.355 381
9	1.383 029	1.833 114	2.262 159	2.821 434	3.249 843
10	1.372 184	1.812 462	2.228 139	2.763 772	3.169 262
11	1.363 430	1.795 884	2.200 986	2.718 079	3.105 815
12	1.356 218	1.782 287	2.178 813	2.680 990	3.054 538
13	1.350 172	1.770 932	2.160 368	2.650 304	3.012 283
14	1.345 031	1.761 309	2.144 789	2.624 492	2.976 849
15	1.340 605	1.753 051	2.131 451	2.602 483	2.946 726
16	1.336 757	1.745 884	2.119 905	2.583 492	2.920 788
17	1.333 379	1.739 606	2.109 819	2.566 940	2.898 232
18	1.330 391	1.734 063	2.100 924	2.552 379	2.878 442
19	1.327 728	1.729 131	2.093 025	2.539 482	2.860 943
20	1.325 341	1.724 718	2.085 962	2.527 977	2.845 336
21	1.323 187	1.720 744	2.079 614	2.517 645	2.831 366
22	1.321 237	1.717 144	2.073 875	2.508 323	2.818 761
23	1.319 461	1.713 870	2.068 655	2.499 874	2.807 337
24	1.317 835	1.710 882	2.063 898	2.492 161	2.796 951
25	1.316 346	1.708 140	2.059 537	2.485 103	2.787 438
26	1.314 972	1.705 616	2.055 531	2.478 628	2.778 725
27	1.313 704	1.703 288	2.051 829	2.472 661	2.770 685
28	1.312 526	1.701 130	2.048 409	2.467 141	2.763 263
29	1.311 435	1.699 127	2.045 231	2.462 020	2.756 387
∞	1.281 636	1.645 005	1.960 202	2.326 724	2.576 326

附表 5　F 分布的上侧分位数表

$$F_{\alpha}(n_1, n_2):P(F(n_1, n_2) \geqslant F_{\alpha}(n_1, n_2)) = \alpha$$

$$\alpha = 0.05$$

n_2	n_1								
	1	2	3	4	5	6	7	8	9
1	161.446 200	199.499 500	215.706 700	224.583 300	230.160 400	233.987 500	236.766 900	238.884 200	240.543 200
2	18.512 760	19.000 030	19.164 190	19.246 730	19.296 290	19.329 490	19.353 140	19.370 870	19.384 740
3	10.127 960	9.552 082	9.276 619	9.117 173	9.013 434	8.940 674	8.886 730	8.845 234	8.812 322
4	7.708 650	6.944 276	6.591 392	6.388 234	6.256 073	6.163 134	6.094 211	6.041 034	5.998 800
5	6.607 877	5.786 148	5.409 447	5.192 163	5.050 339	4.950 294	4.875 858	4.818 332	4.772 460
6	5.987 374	5.143 249	4.757 055	4.533 689	4.387 374	4.283 862	4.206 669	4.146 813	4.099 007
7	5.591 460	4.737 416	4.346 830	4.120 309	3.971 522	3.865 978	3.787 051	3.725 717	3.676 675
8	5.317 645	4.458 968	4.066 180	3.837 854	3.687 504	3.580 581	3.500 460	3.438 103	3.388 124
9	5.117 357	4.256 492	3.862 539	3.633 090	3.481 659	3.373 756	3.292 740	3.229 587	3.178 897
10	4.964 591	4.102 816	3.708 266	3.478 050	3.325 837	3.217 181	3.135 469	3.071 662	3.020 382
11	4.844 338	3.982 308	3.587 431	3.356 689	3.203 880	3.094 613	3.012 332	2.947 985	2.896 222
12	4.747 221	3.885 290	3.490 300	3.259 160	3.105 875	2.996 117	2.913 353	2.848 566	2.796 376
13	4.667 186	3.805 567	3.410 534	3.179 117	3.025 434	2.915 272	2.832 095	2.766 910	2.714 359
14	4.600 111	3.738 890	3.343 885	3.112 248	2.958 245	2.847 727	2.764 196	2.698 670	2.645 791

续表

n_2	n_1								
	1	2	3	4	5	6	7	8	9
15	4. 543 068	3. 682 317	3. 287 383	3. 055 568	2. 901 295	2. 790 465	2. 706 628	2. 640 796	2. 587 626
16	4. 493 998	3. 633 716	3. 238 867	3. 006 917	2. 852 410	2. 741 309	2. 657 195	2. 591 094	2. 537 668
17	4. 451 323	3. 591 538	3. 196 774	2. 964 711	2. 809 998	2. 698 656	2. 614 300	2. 547 957	2. 494 289
18	4. 413 863	3. 554 561	3. 159 911	2. 927 749	2. 772 850	2. 661 302	2. 576 719	2. 510 156	2. 456 282
19	4. 380 752	3. 521 890	3. 127 354	2. 895 106	2. 740 059	2. 628 319	2. 543 537	2. 476 767	2. 422 702
20	4. 351 250	3. 492 829	3. 098 393	2. 866 081	2. 710 891	2. 598 981	2. 514 014	2. 447 067	2. 392 817
21	4. 324 789	3. 466 795	3. 072 472	2. 840 096	2. 684 779	2. 572 712	2. 487 582	2. 420 464	2. 366 050
22	4. 300 944	3. 443 361	3. 049 124	2. 816 705	2. 661 274	2. 549 058	2. 463 771	2. 396 504	2. 341 935
23	4. 279 343	3. 422 130	3. 027 999	2. 795 538	2. 640 000	2. 527 656	2. 442 228	2. 374 811	2. 320 107
24	4. 259 675	3. 402 832	3. 008 786	2. 776 289	2. 620 652	2. 508 187	2. 422 631	2. 355 080	2. 300 244
25	4. 241 699	3. 385 196	2. 991 243	2. 758 711	2. 602 988	2. 490 410	2. 404 725	2. 337 060	2. 282 100
26	4. 225 200	3. 369 010	2. 975 156	2. 742 595	2. 586 788	2. 474 110	2. 388 312	2. 320 526	2. 265 452
27	4. 210 008	3. 354 131	2. 960 348	2. 727 766	2. 571 888	2. 459 110	2. 373 206	2. 305 313	2. 250 133
28	4. 195 982	3. 340 389	2. 946 685	2. 714 074	2. 558 124	2. 445 262	2. 359 258	2. 291 266	2. 235 979
29	4. 182 965	3. 327 656	2. 934 030	2. 701 398	2. 545 384	2. 432 436	2. 346 340	2. 278 249	2. 222 876
30	4. 170 886	3. 315 833	2. 922 278	2. 689 632	2. 533 554	2. 420 521	2. 334 346	2. 266 162	2. 210 697
40	4. 084 740	3. 231 733	2. 838 746	2. 605 972	2. 449 468	2. 335 852	2. 249 024	2. 180 172	2. 124 029
60	4. 001 194	3. 150 411	2. 758 078	2. 525 212	2. 368 267	2. 254 055	2. 166 541	2. 096 968	2. 040 096
120	3. 920 121	3. 071 776	2. 680 167	2. 447 237	2. 289 852	2. 175 007	2. 086 772	2. 016 428	1. 958 764
∞	3. 841 450	2. 995 733	2. 604 907	2. 371 934	2. 214 101	2. 098 599	2. 009 592	1. 938 414	1. 879 886

续表

n_2 \ n_1	10	12	15	20	24	30	40	60	120	∞
1	241.881 900	243.904 700	245.949 200	248.015 600	249.052 400	250.096 500	251.144 200	252.195 600	253.254 300	254.316 500
2	19.395 880	19.412 480	19.429 080	19.445 680	19.454 090	19.462 500	19.470 690	19.479 100	19.487 290	19.495 700
3	8.785 491	8.744 678	8.702 841	8.660 209	8.638 494	8.616 553	8.594 384	8.571 988	8.549 364	8.526 456
4	5.964 353	5.911 716	5.857 800	5.802 548	5.774 382	5.745 875	5.716 998	5.687 752	5.658 109	5.628 067
5	4.735 057	4.677 702	4.618 755	4.558 132	4.527 152	4.495 718	4.463 800	4.431 371	4.398 458	4.365 006
6	4.059 956	3.999 929	3.938 055	3.874 192	3.841 450	3.808 168	3.774 289	3.739 800	3.704 670	3.668 873
7	3.636 529	3.574 684	3.510 735	3.444 526	3.410 491	3.375 803	3.340 432	3.304 322	3.267 445	3.229 758
8	3.347 168	3.283 944	3.218 403	3.150 319	3.115 240	3.079 407	3.042 778	3.005 297	2.966 928	2.927 578
9	3.137 274	3.072 941	3.006 107	2.936 460	2.900 478	2.863 658	2.825 928	2.787 246	2.747 527	2.706 670
10	2.978 240	2.912 977	2.845 013	2.774 016	2.737 252	2.699 551	2.660 855	2.621 078	2.580 123	2.537 874
11	2.853 625	2.787 573	2.718 636	2.646 445	2.608 971	2.570 488	2.530 903	2.490 125	2.448 026	2.404 470
12	2.753 389	2.686 633	2.616 851	2.543 587	2.505 480	2.466 280	2.425 878	2.384 169	2.340 997	2.296 197
13	2.671 023	2.603 663	2.533 113	2.458 883	2.420 194	2.380 332	2.339 178	2.296 595	2.252 413	2.206 434
14	2.602 157	2.534 243	2.463 004	2.387 893	2.348 678	2.308 205	2.266 347	2.222 947	2.177 813	2.130 694
15	2.543 715	2.475 311	2.403 446	2.327 532	2.287 827	2.246 786	2.204 274	2.160 107	2.114 056	2.065 846
16	2.493 515	2.424 663	2.352 223	2.275 570	2.235 403	2.193 843	2.150 713	2.105 814	2.058 897	2.009 635
17	2.449 916	2.380 652	2.307 694	2.230 355	2.189 765	2.147 708	2.103 999	2.058 410	2.010 662	1.960 387
18	2.411 703	2.342 070	2.268 621	2.190 646	2.149 662	2.107 143	2.062 883	2.016 641	1.968 100	1.916 838
19	2.377 931	2.307 956	2.234 060	2.155 495	2.114 142	2.071 186	2.026 411	1.979 544	1.930 239	1.878 025
20	2.347 875	2.277 581	2.203 272	2.124 153	2.082 452	2.039 087	1.993 818	1.946 358	1.896 318	1.843 180

续表

n_2	n_1 = 10	12	15	20	24	30	40	60	120	∞
21	2. 320 952	2. 250 360	2. 175 668	2. 096 034	2. 054 005	2. 010 246	1. 964 516	1. 916 487	1. 865 740	1. 811 703
22	2. 296 694	2. 225 832	2. 150 777	2. 070 657	2. 028 319	1. 984 194	1. 938 020	1. 889 447	1. 838 018	1. 783 107
23	2. 274 724	2. 203 606	2. 128 218	2. 047 639	2. 005 009	1. 960 537	1. 913 939	1. 864 844	1. 812 761	1. 756 998
24	2. 254 737	2. 183 377	2. 107 676	2. 026 663	1. 983 757	1. 938 957	1. 891 955	1. 842 359	1. 789 644	1. 733 049
25	2. 236 476	2. 164 889	2. 088 889	2. 007 472	1. 964 306	1. 919 187	1. 871 800	1. 821 725	1. 768 395	1. 710 990
26	2. 219 718	2. 147 928	2. 071 644	1. 989 839	1. 946 429	1. 901 011	1. 853 255	1. 802 718	1. 748 795	1. 690 601
27	2. 204 295	2. 132 303	2. 055 756	1. 973 589	1. 929 941	1. 884 235	1. 836 128	1. 785 150	1. 730 651	1. 671 683
28	2. 190 042	2. 117 872	2. 041 070	1. 958 561	1. 914 685	1. 868 710	1. 820 265	1. 768 857	1. 713 801	1. 654 076
29	2. 176 847	2. 104 493	2. 027 459	1. 944 620	1. 900 531	1. 854 293	1. 805 525	1. 753 705	1. 698 108	1. 637 645
30	2. 164 580	2. 092 065	2. 014 804	1. 931 653	1. 887 361	1. 840 871	1. 791 790	1. 739 572	1. 683 453	1. 622 265
40	2. 077 250	2. 003 461	1. 924 462	1. 838 860	1. 792 937	1. 744 432	1. 692 797	1. 637 252	1. 576 609	1. 508 905
60	1. 992 593	1. 917 396	1. 836 437	1. 747 985	1. 700 116	1. 649 141	1. 594 273	1. 534 314	1. 467 267	1. 389 276
120	1. 910 461	1. 833 694	1. 750 497	1. 658 680	1. 608 438	1. 554 342	1. 495 202	1. 429 013	1. 351 887	1. 253 857
∞	1. 830 703	1. 752 174	1. 666 386	1. 570 521	1. 517 293	1. 459 100	1. 393 962	1. 318 033	1. 221 395	1

$\alpha = 0.025$

n_2	n_1 = 1	2	3	4	5	6	7	8	9
1	647. 793 100	799. 482 200	864. 150 900	899. 599 400	921. 834 700	937. 114 200	948. 202 800	956. 642 900	963. 278 600
2	38. 506 190	39. 000 040	39. 165 570	39. 248 330	39. 298 360	39. 331 100	39. 355 650	39. 372 940	39. 386 580
3	17. 443 430	16. 044 170	15. 439 130	15. 101 020	14. 884 790	14. 734 720	14. 624 450	14. 539 860	14. 473 020

续表

n_2	n_1								
	1	2	3	4	5	6	7	8	9
4	12. 217 920	10. 649 050	9. 979 203	9. 604 491	9. 364 499	9. 197 265	9. 074 142	8. 979 555	8. 904 635
5	10. 006 940	8. 433 631	7. 763 560	7. 387 882	7. 146 355	6. 977 700	6. 853 043	6. 757 205	6. 681 034
6	8. 813 117	7. 259 871	6. 598 782	6. 227 140	5. 987 545	5. 819 743	5. 695 483	5. 599 645	5. 523 418
7	8. 072 675	6. 541 541	5. 889 831	5. 522 594	5. 285 244	5. 118 579	4. 994 888	4. 899 334	4. 823 221
8	7. 570 861	6. 059 452	5. 415 984	5. 052 641	4. 817 281	4. 651 696	4. 528 545	4. 433 275	4. 357 219
9	7. 209 280	5. 714 696	5. 078 107	4. 718 061	4. 484 406	4. 319 730	4. 197 034	4. 101 963	4. 025 992
10	6. 936 716	5. 456 400	4. 825 608	4. 468 347	4. 236 085	4. 072 120	3. 949 822	3. 854 893	3. 778 950
11	6. 724 122	5. 255 885	4. 630 010	4. 275 080	4. 044 011	3. 880 643	3. 758 629	3. 663 814	3. 587 900
12	6. 553 762	5. 095 870	4. 474 202	4. 121 205	3. 891 131	3. 728 303	3. 606 516	3. 511 786	3. 435 844
13	6. 414 268	4. 965 273	4. 347 186	3. 995 893	3. 766 672	3. 604 256	3. 482 668	3. 387 981	3. 312 039
14	6. 297 910	4. 856 702	4. 241 713	3. 891 927	3. 663 416	3. 501 356	3. 379 938	3. 285 294	3. 209 294
15	6. 199 514	4. 765 042	4. 152 810	3. 804 274	3. 576 417	3. 414 669	3. 293 366	3. 198 735	3. 122 707
16	6. 115 101	4. 686 683	4. 076 810	3. 729 411	3. 502 123	3. 340 631	3. 219 441	3. 124 825	3. 048 754
17	6. 042 001	4. 618 869	4. 011 156	3. 664 752	3. 437 947	3. 276 682	3. 155 577	3. 060 975	2. 984 862
18	5. 978 052	4. 559 666	3. 953 858	3. 608 335	3. 381 970	3. 220 919	3. 099 871	3. 005 269	2. 929 113
19	5. 921 606	4. 507 513	3. 903 438	3. 558 711	3. 332 715	3. 171 849	3. 050 872	2. 956 256	2. 880 057
20	5. 871 470	4. 461 242	3. 858 702	3. 514 685	3. 289 060	3. 128 349	3. 007 415	2. 912 799	2. 836 543
21	5. 826 621	4. 419 917	3. 818 769	3. 475 407	3. 250 079	3. 089 511	2. 968 633	2. 874 003	2. 797 705
22	5. 786 319	4. 382 770	3. 782 887	3. 440 135	3. 215 092	3. 054 637	2. 933 803	2. 839 158	2. 762 818
23	5. 749 826	4. 349 204	3. 750 486	3. 408 275	3. 183 487	3. 023 160	2. 902 340	2. 807 695	2. 731 312
24	5. 716 629	4. 318 736	3. 721 084	3. 379 355	3. 154 810	2. 994 582	2. 873 804	2. 779 132	2. 702 706
25	5. 686 388	4. 290 939	3. 694 282	3. 353 009	3. 128 690	2. 968 548	2. 847 798	2. 753 112	2. 676 643

续表

n_2	n_1								
	1	2	3	4	5	6	7	8	9
26	5. 658 649	4. 265 473	3. 669 726	3. 328 893	3. 104 773	2. 944 716	2. 823 981	2. 729 280	2. 652 783
27	5. 633 126	4. 242 082	3. 647 187	3. 306 738	3. 082 803	2. 922 832	2. 802 125	2. 707 395	2. 630 856
28	5. 609 564	4. 220 510	3. 626 411	3. 286 317	3. 062 553	2. 902 652	2. 781 960	2. 687 216	2. 610 648
29	5. 587 765	4. 200 558	3. 607 198	3. 267 445	3. 043 823	2. 883 993	2. 763 315	2. 668 557	2. 591 946
30	5. 567 529	4. 182 056	3. 589 349	3. 249 923	3. 026 472	2. 866 699	2. 746 020	2. 651 262	2. 574 609
40	5. 423 942	4. 051 003	3. 463 271	3. 126 118	2. 903 718	2. 744 386	2. 623 779	2. 528 864	2. 451 941
60	5. 285 614	3. 925 265	3. 342 521	3. 007 656	2. 786 308	2. 627 374	2. 506 795	2. 411 667	2. 334 403
120	5. 152 344	3. 804 644	3. 226 887	2. 894 311	2. 673 985	2. 515 407	2. 394 799	2. 299 409	2. 221 732
∞	5. 023 878	3. 688 882	3. 116 128	2. 785 825	2. 566 502	2. 408 228	2. 287 535	2. 191 818	2. 113 637

n_2	n_1									
	10	12	15	20	24	30	40	60	120	∞
1	968. 633 700	976. 724 600	984. 873 600	993. 080 900	997. 271 900	1 001. 405	1 005. 596	1 009. 787	1 014. 036	1 018. 256
2	39. 398 400	39. 414 770	39. 431 140	39. 447 510	39. 456 610	39. 464 790	39. 472 980	39. 481 170	39. 489 350	39. 497 540
3	14. 418 900	14. 336 590	14. 252 690	14. 167 430	14. 124 230	14. 080 570	14. 036 460	13. 992 120	13. 947 330	13. 902 080
4	8. 843 926	8. 751 158	8. 656 571	8. 559 937	8. 510 824	8. 461 257	8. 411 121	8. 360 416	8. 309 144	8. 257 302
5	6. 619 189	6. 524 544	6. 427 740	6. 328 548	6. 278 015	6. 226 855	6. 175 071	6. 122 548	6. 069 286	6. 015 284
6	5. 461 345	5. 366 246	5. 268 646	5. 168 403	5. 117 215	5. 065 203	5. 012 453	4. 958 906	4. 904 450	4. 849 085
7	4. 761 119	4. 665 822	4. 567 795	4. 466 756	4. 415 000	4. 362 391	4. 308 873	4. 254 389	4. 198 910	4. 142 322
8	4. 295 117	4. 199 677	4. 101 224	3. 999 446	3. 947 207	3. 894 002	3. 839 773	3. 784 436	3. 727 934	3. 670 181
9	3. 963 862	3. 868 223	3. 769 344	3. 666 912	3. 614 190	3. 560 416	3. 505 477	3. 449 301	3. 391 790	3. 332 843
10	3. 716 792	3. 620 954	3. 521 677	3. 418 535	3. 365 358	3. 311 015	3. 255 394	3. 198 409	3. 139 917	3. 079 791
11	3. 525 670	3. 429 619	3. 329 944	3. 226 148	3. 172 516	3. 117 620	3. 061 331	3. 003 535	2. 944 077	2. 882 786

续表

n_2	n_1									
	10	12	15	20	24	30	40	60	120	∞
12	3. 373 543	3. 277 279	3. 177 206	3. 072 770	3. 018 712	2. 963 276	2. 906 347	2. 847 770	2. 787 360	2. 724 931
13	3. 249 667	3. 153 175	3. 052 719	2. 947 672	2. 893 188	2. 837 254	2. 779 700	2. 720 355	2. 659 021	2. 595 456
14	3. 146 852	3. 050 161	2. 949 321	2. 843 692	2. 788 809	2. 732 378	2. 674 227	2. 614 158	2. 551 928	2. 487 241
15	3. 060 194	2. 963 276	2. 862 095	2. 755 897	2. 700 645	2. 643 731	2. 585 011	2. 524 231	2. 461 121	2. 395 353
16	2. 986 155	2. 889 053	2. 787 516	2. 680 792	2. 625 171	2. 567 816	2. 508 528	2. 447 067	2. 383 111	2. 316 270
17	2. 922 192	2. 824 891	2. 723 027	2. 615 799	2. 559 830	2. 502 041	2. 442 228	2. 380 105	2. 315 325	2. 247 432
18	2. 866 372	2. 768 886	2. 666 724	2. 559 005	2. 502 702	2. 444 509	2. 384 184	2. 321 421	2. 255 838	2. 186 923
19	2. 817 245	2. 719 574	2. 617 114	2. 508 941	2. 452 325	2. 393 733	2. 332 925	2. 269 552	2. 203 194	2. 133 270
20	2. 773 675	2. 675 833	2. 573 103	2. 464 489	2. 407 560	2. 348 600	2. 287 322	2. 223 359	2. 156 241	2. 085 336
21	2. 734 765	2. 636 767	2. 533 767	2. 424 734	2. 367 528	2. 308 212	2. 246 480	2. 181 949	2. 114 092	2. 042 228
22	2. 699 807	2. 601 652	2. 498 410	2. 388 987	2. 331 504	2. 271 840	2. 209 674	2. 144 596	2. 076 028	2. 003 219
23	2. 668 244	2. 569 941	2. 466 450	2. 356 650	2. 298 904	2. 238 920	2. 176 343	2. 110 724	2. 041 475	1. 967 734
24	2. 639 595	2. 541 142	2. 437 432	2. 327 269	2. 269 275	2. 208 978	2. 146 002	2. 079 872	2. 009 948	1. 935 305
25	2. 613 461	2. 514 895	2. 410 957	2. 300 453	2. 242 224	2. 181 622	2. 118 263	2. 051 635	1. 981 057	1. 905 526
26	2. 589 552	2. 490 850	2. 386 706	2. 275 883	2. 217 419	2. 156 526	2. 092 804	2. 025 700	1. 954 483	1. 878 085
27	2. 567 575	2. 468 752	2. 364 416	2. 253 273	2. 194 597	2. 133 426	2. 069 342	2. 001 784	1. 929 948	1. 852 690
28	2. 547 310	2. 448 374	2. 343 846	2. 232 412	2. 173 522	2. 112 088	2. 047 663	1. 979 650	1. 907 217	1. 829 125
29	2. 528 580	2. 429 523	2. 324 818	2. 213 099	2. 154 010	2. 092 314	2. 027 562	1. 959 116	1. 886 100	1. 807 184
30	2. 511 186	2. 412 037	2. 307 154	2. 195 158	2. 135 877	2. 073 946	2. 008 875	1. 940 009	1. 866 418	1. 786 695
40	2. 388 163	2. 288 161	2. 181 906	2. 067 715	2. 006 871	1. 942 915	1. 875 200	1. 802 768	1. 724 203	1. 637 126
60	2. 270 198	2. 169 195	2. 061 306	1. 944 471	1. 881 695	1. 815 202	1. 744 048	1. 666 791	1. 581 036	1. 482 150
120	2. 157 009	2. 054 819	1. 944 990	1. 824 919	1. 759 723	1. 689 944	1. 614 147	1. 529 941	1. 432 676	1. 310 434
∞	2. 048 317	1. 944 720	1. 832 561	1. 708 479	1. 640 171	1. 565 976	1. 483 542	1. 388 294	1. 268 429	1

部分习题答案与提示

第七章　多元函数微分学

§1　多元函数的极限与连续

1. (1)0；(2)2；(3)0；(4)不存在；(5)0；(6)不存在；(7)0；(8)不存在.

2. (1)ln 2；(2)0；(3)$-\dfrac{8}{5}$；(4)0.

3. (1)不连续；(2)不连续；(3)连续.

4. (1)当 $x\neq m\pi$ 且 $y\neq n\pi(m,n\in\mathbf{Z})$ 时连续；(2)当 $x^2+y^2<1$ 时连续；

(3)除点(a,b)外都连续.

5. (1)当$|x|\neq|y|$时连续；(2)除点$(0,0)$外都连续.

§2　全微分与偏导数

1. (1)$\dfrac{\partial z}{\partial x}=3x^2y+6xy-y^3$，$\dfrac{\partial z}{\partial y}=x^3+3x^2-3xy^2$；

(2)$\dfrac{\partial z}{\partial x}=-\dfrac{y}{x^2}+\dfrac{1}{y}$，$\dfrac{\partial z}{\partial y}=\dfrac{1}{x}-\dfrac{x}{y^2}$；

(3)$\dfrac{\partial z}{\partial x}=-\dfrac{y}{x^2\cos\dfrac{y}{x}\sin\dfrac{y}{x}}$，$\dfrac{\partial z}{\partial y}=\dfrac{1}{x\cos\dfrac{y}{x}\sin\dfrac{y}{x}}$；

(4)$\dfrac{\partial z}{\partial x}=x^{xy}y(\ln x+1)$，$\dfrac{\partial z}{\partial y}=x^{xy+1}\ln x$.

2. (1)$z'_x(1,2)=\dfrac{1}{\sqrt{3}}$，$z'_y(1,2)=-\dfrac{1}{2\sqrt{3}}$；

(2)$u'_x(1,2,-1)=-\dfrac{\sqrt{6}}{36}$，$u'_y(1,2,-1)=-\dfrac{\sqrt{6}}{18}$，$u'_z(1,2,-1)=\dfrac{\sqrt{6}}{36}$；

(3)$u'_x(-2,1,2)=(3\cos 6-2\sin 6)\mathrm{e}^{-2}$，$u'_y(-2,1,2)=4\mathrm{e}^{-2}\cos 6$，$u'_z(-2,1,2)=-5\mathrm{e}^{-2}\sin 6$；

(4)$u'_x\left(\dfrac{\pi}{4},1\right)=1$.

3. (1)$(2axy+2bx)\mathrm{d}x+ax^2\mathrm{d}y$；

(2)$4\tan(x^2+y^2)\sec^2(x^2+y^2)(x\mathrm{d}x+y\mathrm{d}y)$；

(3) $\dfrac{1}{\sqrt{x^2-y^2}}\mathrm{d}x-\dfrac{y}{\sqrt{x^2-y^2}\,(x+\sqrt{x^2-y^2})}\mathrm{d}y$;

(4) $(\mathrm{e}^{-y}-y\mathrm{e}^{-x})\mathrm{d}x+(\mathrm{e}^{-x}-x\mathrm{e}^{-y})\mathrm{d}y$;

(5) $-\dfrac{2xy}{x^4+y^2}\mathrm{d}x+\dfrac{x^2}{x^4+y^2}\mathrm{d}y$;

(6) $-\mathrm{e}^{x^2}\mathrm{d}x+\mathrm{e}^{y^2}\mathrm{d}y$.

4. 倾角：arctan 2； 切线方程：$\begin{cases} z-2x-y+5=0, \\ y=2. \end{cases}$

5. (1)不可微； (2)不可微.

6. (1)2.847； (2)−0.28.

7. 3.2 cm^2.

8. (1) $\dfrac{\partial^2 u}{\partial x^2}=-a^2\sin(ax-by)$， $\dfrac{\partial^2 u}{\partial x\partial y}=ab\sin(ax-by)$， $\dfrac{\partial^2 u}{\partial y^2}=-b^2\sin(ax-by)$；

(2) $\dfrac{\partial^2 u}{\partial x^2}=a^2\mathrm{e}^{ax}\cos by$； $\dfrac{\partial^2 u}{\partial x\partial y}=-ab\mathrm{e}^{ax}\sin by$， $\dfrac{\partial^2 u}{\partial y^2}=-b^2\mathrm{e}^{ax}\cos by$；

(3) $\dfrac{\partial^2 u}{\partial x^2}=y^3\mathrm{e}^{xy}$， $\dfrac{\partial^2 u}{\partial x\partial y}=(xy^2+2y)\mathrm{e}^{xy}$， $\dfrac{\partial^2 u}{\partial y^2}=(x^2y+2x)\mathrm{e}^{xy}$；

(4) $\dfrac{\partial^2 u}{\partial x^2}=\dfrac{x^{\ln y}\ln y(\ln y-1)}{x^2}$， $\dfrac{\partial^2 u}{\partial x\partial y}=\dfrac{x^{\ln y}(\ln x\ln y+1)}{xy}$， $\dfrac{\partial^2 u}{\partial y^2}=\dfrac{x^{\ln y}\ln x(\ln x-1)}{y^2}$.

9. $f'_x(0,y)=\begin{cases} -y, & y\neq 0, \\ 0, & y=0, \end{cases}$ $f'_y(x,0)=\begin{cases} x, & x\neq 0, \\ 0, & x=0. \end{cases}$ $f''_{xy}(0,0)=-1$， $f''_{yx}(0,0)=1$.

12. 提示：$u'_{x_i}=(2-n)x_i(x_1^2+\cdots+x_n^2)^{-\frac{n}{2}}$，

$u''_{x_ix_i}=(n-2)nx_i^2(x_1^2+\cdots+x_n^2)^{-\frac{n}{2}-1}+(2-n)(x_1^2+\cdots+x_n^2)^{-\frac{n}{2}}\quad(i=1,\cdots,n)$.

13. (1) $J=\begin{pmatrix} \mathrm{e}^x\cos y & -\mathrm{e}^x\sin y \\ \mathrm{e}^x\sin y & \mathrm{e}^x\cos y \end{pmatrix}$， $\begin{pmatrix} \mathrm{d}u \\ \mathrm{d}v \end{pmatrix}=\begin{pmatrix} \mathrm{e}^x\cos y\mathrm{d}x-\mathrm{e}^x\sin y\mathrm{d}y \\ \mathrm{e}^x\sin y\mathrm{d}x+\mathrm{e}^x\cos y\mathrm{d}y \end{pmatrix}$；

(2) $J=\begin{pmatrix} \dfrac{x}{x^2+y^2} & \dfrac{y}{x^2+y^2} \\ -\dfrac{y}{x^2+y^2} & \dfrac{x}{x^2+y^2} \end{pmatrix}$， $\begin{pmatrix} \mathrm{d}u \\ \mathrm{d}v \end{pmatrix}=\begin{pmatrix} \dfrac{x\mathrm{d}x+y\mathrm{d}y}{x^2+y^2} \\ \dfrac{-y\mathrm{d}x+x\mathrm{d}y}{x^2+y^2} \end{pmatrix}$.

14. (1) $\begin{pmatrix} 1 & 1 \\ 2x & 2y \end{pmatrix}$； (2) $\begin{pmatrix} \cos v & -u\sin v \\ \sin v & u\cos v \\ 0 & 1 \end{pmatrix}$.

15. 切平面方程：$8x+8y-z-12=0$； 法线方程：$\dfrac{x-2}{8}=\dfrac{y-1}{8}=\dfrac{z-12}{-1}$.

16. 切线方程：$\begin{cases} \dfrac{x}{-2}=\dfrac{z-\frac{\pi}{2}}{1}, \\ y=1; \end{cases}$ 法平面方程：$2x-z+\dfrac{\pi}{2}=0$.

17. $\dfrac{x-\frac{\pi}{2}+1}{1}=\dfrac{y-1}{1}=\dfrac{z-2\sqrt{2}}{\sqrt{2}}$.

18. $(-1,1,-1)$和$\left(-\frac{1}{3},\frac{1}{9},-\frac{1}{27}\right)$.

§3 链式求导法则

1. $\frac{\partial z}{\partial x}=\frac{2x\ln(3x-2y)}{y^2}+\frac{3x^2}{y^2(3x-2y)}$, $\frac{\partial z}{\partial y}=-\frac{2x^2\ln(3x-2y)}{y^3}-\frac{2x^2}{y^2(3x-2y)}$.

2. $\frac{\partial w}{\partial u}=2u+2v+2uv^2+\cos(u+v+uv)(1+v)$, $\frac{\partial w}{\partial v}=2u+2v+2u^2v+\cos(u+v+uv)(1+u)$.

3. $\frac{\partial z}{\partial r}=3r^2\sin\theta\cos\theta(\cos\theta-\sin\theta)$, $\frac{\partial z}{\partial \theta}=r^3(-2\sin^2\theta\cos\theta+\sin^3\theta+\cos^3\theta-2\sin\theta\cos^2\theta)$.

4. $\frac{\mathrm{d}z}{\mathrm{d}t}=-\frac{3+12t^2}{\sqrt{1-9t^2-24t^4-16t^6}}$.

5. $\frac{\mathrm{d}z}{\mathrm{d}x}=\frac{\mathrm{e}^x(1+x)}{1+x^2\mathrm{e}^{2x}}$.

6. $\frac{\mathrm{d}u}{\mathrm{d}x}=\mathrm{e}^{ax}\sin x$.

7. (1) $\frac{\partial u}{\partial x}=2xf_1'+y\mathrm{e}^{xy}f_2'$, $\frac{\partial u}{\partial y}=-2yf_1'+x\mathrm{e}^{xy}f_2'$;

(2) $\frac{\partial u}{\partial x}=\frac{1}{y}f_1'-\frac{y}{x^2}f_2'$, $\frac{\partial u}{\partial y}=-\frac{x}{y^2}f_1'+\frac{1}{x}f_2'$.

8. $\varphi'(1)=17$.

10. 提示：$\frac{\partial u}{\partial x}=y+f\left(\frac{y}{x}\right)-\frac{y}{x}f'\left(\frac{y}{x}\right)$, $\frac{\partial u}{\partial y}=x+f'\left(\frac{y}{x}\right)$.

11. (1) $\frac{\partial^2 z}{\partial x^2}=y^2f_{11}''$, $\frac{\partial^2 z}{\partial x\partial y}=xyf_{11}''+yf_{12}''+f_1'$, $\frac{\partial^2 z}{\partial y^2}=x^2f_{11}''+2xf_{12}''+f_{22}''$;

(2) $\frac{\partial^2 z}{\partial x^2}=f_{11}''+\frac{2}{y}f_{12}''+\frac{1}{y^2}f_{22}''$, $\frac{\partial^2 z}{\partial x\partial y}=-\frac{1}{y^2}\left(xf_{12}''+\frac{x}{y}f_{22}''+f_2'\right)$, $\frac{\partial^2 z}{\partial y^2}=\frac{x^2}{y^4}f_{22}''+\frac{2x}{y^3}f_2'$.

(3) $\frac{\partial^2 z}{\partial x^2}=-\cos xf_1'+\sin^2xf_{11}''$, $\frac{\partial^2 z}{\partial x\partial y}=\sin x\sin yf_{12}''$, $\frac{\partial^2 z}{\partial y^2}=-\cos yf_2'+\sin^2yf_{22}''$;

(4) $\frac{\partial^2 z}{\partial x^2}=2yf_1'+4x^2y^2f_{11}''+4xy^3f_{12}''+y^4f_{22}''$, $\frac{\partial^2 z}{\partial x\partial y}=2xf_1'+2yf_2'+2x^3yf_{11}''+5x^2y^2f_{12}''+2xy^3f_{22}''$,

$\frac{\partial^2 z}{\partial y^2}=2xf_2'+x^4f_{11}''+4x^3yf_{12}''+4x^2y^2f_{22}''$.

12. $\frac{\partial^2 u}{\partial x^2}=f_{11}''+2f_{12}''+2yf_{13}''+f_{22}''+2yf_{23}''+y^2f_{33}''$, $\frac{\partial^2 u}{\partial x\partial y}=f_{11}''+(x+y)f_{13}''-f_{22}''+(x-y)f_{23}''+xyf_{33}''+f_3'$.

13. $-2\mathrm{e}^{-x^2y^2}$.

14. 提示：直接计算各个导数.

15. $$\begin{pmatrix}\frac{t^2-2st-s^2}{(s^2+t^2)^2} & \frac{s^2-2st-t^2}{(s^2+t^2)^2}\\ \frac{t(t^2-3s^2)}{(s^2+t^2)^3} & \frac{s(s^2-3t^2)}{(s^2+t^2)^3}\\ -\frac{t}{s^2} & \frac{1}{s}\end{pmatrix}.$$

16. $\frac{2}{x^2+y^2}\begin{pmatrix} x\ln\sqrt{x^2+y^2}-y\arctan\frac{y}{x} & y\ln\sqrt{x^2+y^2}+x\arctan\frac{y}{x} \\ x\ln\sqrt{x^2+y^2}+y\arctan\frac{y}{x} & y\ln\sqrt{x^2+y^2}-x\arctan\frac{y}{x} \end{pmatrix}$.

18. λ,μ 是方程 $A+2Br+Cr^2=0$ 的两个根 .

19. $\frac{\partial^2 w}{\partial v^2}=0.$

20. $u=\varphi(x-at)+\psi(x+at)$，其中 φ,ψ 是任意二阶连续可微的一元函数 .

§4　隐函数微分法及其应用

1. (1) $\frac{\mathrm{d}y}{\mathrm{d}x}=-\frac{\mathrm{e}^x+\cos(x+y)+y}{\cos(x+y)+x}$；　(2) $\frac{\mathrm{d}y}{\mathrm{d}x}=\frac{\mathrm{e}^x\cos y+\mathrm{e}^y\cos x}{\mathrm{e}^x\sin y-\mathrm{e}^y\sin x}$.

2. (1) $\frac{\partial z}{\partial x}=-\frac{y-z}{2yz-x-12z^2}$，　$\frac{\partial z}{\partial y}=-\frac{z^2+x}{2yz-x-12z^2}$；

(2) $\frac{\partial z}{\partial x}=-\frac{\cos x\sin x}{\cos z\sin z}$，　$\frac{\partial z}{\partial y}=-\frac{\cos y\sin y}{\cos z\sin z}$；

(3) $\frac{\partial z}{\partial x}=\frac{yz-\sqrt{xyz}}{\sqrt{xyz}-xy}$，　$\frac{\partial z}{\partial y}=\frac{xz-2\sqrt{xyz}}{\sqrt{xyz}-xy}$；

(4) $\frac{\partial z}{\partial x}=\frac{z}{x+z}$，　$\frac{\partial z}{\partial y}=\frac{z^2}{y(x+z)}$.

3. $\frac{\partial z}{\partial x}=-\frac{F_1'+F_2'+F_3'}{F_3'}$，　$\frac{\partial z}{\partial y}=-\frac{F_2'+F_3'}{F_3'}$.

5. $\frac{\partial^2 z}{\partial x\partial y}=\frac{z(z^4-2xyz^2-x^2y^2)}{(z^2-xy)^3}$.

6. $\frac{\partial^2 z}{\partial x^2}=\frac{y^2z(2\mathrm{e}^z-2xy-z\mathrm{e}^z)}{(\mathrm{e}^z-xy)^3}$.

7. (1) $\begin{pmatrix} -\frac{x+6xz}{2y(1+3z)} \\ \frac{x}{1+3z} \end{pmatrix}$；　(2) $\begin{pmatrix} \frac{z-x}{y-z} \\ \frac{x-y}{y-z} \end{pmatrix}$.

8. (1) $\frac{1}{u[\mathrm{e}^u(\sin v-\cos v)+1]}\begin{pmatrix} u\sin v & -u\cos v \\ \cos v-\mathrm{e}^u & \mathrm{e}^u+\sin v \end{pmatrix}$.

(2) $\frac{-1}{2xvyf_1'g_2'-xf_1'-2vyg_2'-f_2'g_1'+1}\begin{pmatrix} 2uvyf_1'g_2'-uf_1'+f_2'g_1' & f_2'[(2vy-v^2)g_2'-1] \\ -g_1'[(u+x)f_1'-1] & -f_2'g_1'+xv^2f_1'g_2'-v^2g_2' \end{pmatrix}$.

9. 提示：对 $y=f(x,t)$ 和 $F(x,y,t)=0$ 分别关于 x 求导，再解出 $\frac{\mathrm{d}y}{\mathrm{d}x}$.

10. 切平面方程：$x+2y-4=0$；　法线方程：$\begin{cases} \frac{x-2}{1}=\frac{y-1}{2}, \\ z=0. \end{cases}$

11. $x-y+2z-\frac{\sqrt{22}}{2}=0$ 和 $x-y+2z+\frac{\sqrt{22}}{2}=0.$

12. 提示：先求出切平面的方程，再算截距 .

13. $\dfrac{\partial z}{\partial x}=\dfrac{3}{2}(y-x^2)$, $\dfrac{\partial z}{\partial y}=\dfrac{3}{2}x$.

14. $4x-2y-3z-3=0$.

15. $x_0x+y_0y+z_0z=a^2$.

16. 切线方程：$\dfrac{x-1}{16}=\dfrac{y-1}{9}=\dfrac{z-1}{-1}$； 法平面方程：$16x+9y-z-24=0$.

17. 提示：都过点(a,b,c).

§5 方向导数、梯度

1. $1+2\sqrt{3}$.

2. $\dfrac{98}{13}$.

3. $-2n\sqrt{n}$.

4. $\dfrac{\partial u}{\partial \boldsymbol{l}}$的最大值为$\sqrt{14}$，沿$(1,2,3)$方向； $\dfrac{\partial u}{\partial \boldsymbol{l}}$的最小值为$-\sqrt{14}$，沿$(-1,-2,-3)$方向.

5. $\left.\dfrac{\partial u}{\partial \boldsymbol{n}}\right|_{(1,1,1)}=\dfrac{11}{7}$.

6. (1)提示：$\lim\limits_{(x,y)\to(0,0)}f(x,y)=0$. $f'_x(0,0)=f'_y(0,0)=0$.

7. (1)$\dfrac{1}{\sqrt{x^2+y^2}}(x,y)$；

(2)$\dfrac{1}{(x+y+z)^2}((y+z)yz,(x+z)xz,(x+y)xy)$；

(3)$(1,1,\cdots,1)$.

8.

$$\frac{\partial^2 u}{\partial \boldsymbol{l}^2}=\frac{\partial^2 u}{\partial x^2}\cos^2\alpha+\frac{\partial^2 u}{\partial y^2}\cos^2\beta+\frac{\partial^2 u}{\partial z^2}\cos^2\gamma+2\frac{\partial^2 u}{\partial x\partial y}\cos\alpha\cos\beta+2\frac{\partial^2 u}{\partial x\partial z}\cos\alpha\cos\gamma+2\frac{\partial^2 u}{\partial y\partial z}\cos\beta\cos\gamma.$$

9. 提示：(1)利用方向导数的计算公式，并注意$\begin{pmatrix}\cos\alpha_1 & \cos\beta_1 & \cos\gamma_1\\ \cos\alpha_2 & \cos\beta_2 & \cos\gamma_2\\ \cos\alpha_3 & \cos\beta_3 & \cos\gamma_3\end{pmatrix}$是正交矩阵； (2)利用第8题的结论.

§6 Taylor 公式

1. (1)$y-xy-\dfrac{1}{2}y^2+o(x^2+y^2)$；

(2)$x+y+z-\dfrac{1}{2}x^2-\dfrac{1}{2}y^2-\dfrac{1}{2}z^2-xy-xz-yz+o(x^2+y^2+z^2)$.

2. $\dfrac{1}{2}+\dfrac{1}{2}\left(x-\dfrac{\pi}{4}\right)+\dfrac{1}{2}\left(y-\dfrac{\pi}{4}\right)-\dfrac{1}{4}\left(x-\dfrac{\pi}{4}\right)^2-\dfrac{1}{4}\left(y-\dfrac{\pi}{4}\right)^2+\dfrac{1}{2}\left(x-\dfrac{\pi}{4}\right)\left(y-\dfrac{\pi}{4}\right)+o\left(\left(x-\dfrac{\pi}{4}\right)^2+\left(y-\dfrac{\pi}{4}\right)^2\right)$.

3. $\displaystyle\sum_{k=0}^{n}\frac{(x+y)^k}{k!}+o\left((x^2+y^2)^{\frac{n}{2}}\right)$.

5. 提示：对$\sin(x+y)$运用在原点处的2阶 Taylor 公式.

6. 85.74.

§7 极　　值

1. $f(1,1)=f(-1,-1)=-1$ 为极小值,无极大值.

2. $f\left(\frac{1}{2},-1\right)=-\frac{\mathrm{e}}{2}$为极小值,无极大值.

3. 无极值.

4. $(0,0),(1,1),(-1,1),\left(\pm\frac{\sqrt{2}}{2},\frac{3}{8}\right)$是驻点; $(0,0),(1,1),(-1,1)$不是极值点,$\left(\pm\frac{\sqrt{2}}{2},\frac{3}{8}\right)$是极小值点,$f\left(\pm\frac{\sqrt{2}}{2},\frac{3}{8}\right)=-\frac{1}{64}$为极小值.

5. 提示:$(2n\pi,0)$ $(n=0,\pm1,\pm2,\cdots)$为极大值点.

6. f 的最小值为 0,在边界上取到,如 $f(0,0)=0$. $f\left(\frac{2\pi}{3},\frac{2\pi}{3}\right)=\frac{3\sqrt{3}}{2}$为最大值.

7. f 的最大值为 $\max\{0,ae^{-1},be^{-1}\}$,最小值为 $\min\{0,ae^{-1},be^{-1}\}$.

8. 提示:利用 $1-\frac{x^2}{2}<\cos x<1-\frac{x^2}{2}+\frac{x^4}{24}$.

9. $x=\frac{3\alpha-2\beta}{2\alpha^2-\beta^2}$, $y=\frac{4\alpha-3\beta}{2(2\alpha^2-\beta^2)}$.

10. $f(3,3)=-18$ 为最小值, $f\left(\frac{4}{3},\frac{4}{3}\right)=\frac{64}{27}$为最大值.

11. 当 $x=y=z=\sqrt[3]{2}$时用料最省.

12. $\left(\frac{8}{5},\frac{16}{5}\right)$.

13. 点$\left(\frac{1}{3},\frac{1}{3}\right)$到三顶点的距离的平方和为最小,最小值为$\frac{4}{3}$.
点$(0,1)$和$(1,0)$到三顶点的距离的平方和为最大,最大值为 3.

14. $\left(\frac{1}{n}\sum_{k=1}^{n}a_k,\frac{1}{n}\sum_{k=1}^{n}b_k\right)$.

15. 当 $x=\frac{bc}{ab+bc+ac}$, $y=\frac{ac}{ab+bc+ac}$, $z=\frac{ab}{ab+bc+ac}$时取最小值$\frac{abc}{ab+bc+ac}$.

16. 最短距离$\sqrt{3}$,它在$(-1,1,\pm1)$点取到.

17. 最短距离$\sqrt{9-5\sqrt{3}}$,它在$\left(\frac{-1+\sqrt{3}}{2},\frac{-1+\sqrt{3}}{2},2-\sqrt{3}\right)$点取到;
最长距离$\sqrt{9+5\sqrt{3}}$,它在$\left(\frac{-1-\sqrt{3}}{2},\frac{-1-\sqrt{3}}{2},2+\sqrt{3}\right)$点取到.

18. 最短距离$\frac{\sqrt{3}}{6}$,它是点$\left(\frac{1}{2},\frac{1}{2},\frac{1}{2}\right)$到平面的距离.

19. 函数的最小值为 0(在$\left(\frac{2\sqrt{3}}{3},\frac{2\sqrt{3}}{3},\frac{2\sqrt{3}}{3}\right)$和$\left(-\frac{2\sqrt{3}}{3},-\frac{2\sqrt{3}}{3},-\frac{2\sqrt{3}}{3}\right)$点取到).
最大值为 12(在$\left(\frac{\sqrt{6}}{3},-\frac{2\sqrt{6}}{3},\frac{\sqrt{6}}{3}\right)$和$\left(-\frac{\sqrt{6}}{3},\frac{2\sqrt{6}}{3},-\frac{\sqrt{6}}{3}\right)$点取到).

20. 长、宽、高分别为$\frac{2\sqrt{3}}{3}a,\frac{2\sqrt{3}}{3}b,\frac{\sqrt{3}}{3}c$ 时体积最大,最大值为$\frac{4\sqrt{3}}{9}abc$.

21. 当 $x=y=\dfrac{a}{2}$时取条件最小值$\dfrac{a^4}{16}$. 证明略.

22. 当 $x=R,y=\sqrt{2}R,z=\sqrt{3}R$ 时取条件最大值 $\ln(6\sqrt{3}R^6)$. 利用所得的结论,再令 $x^2=a,y^2=b,z^2=c$ 便推出所要证明的结论.

23. (1)当 $x_1=1.5,x_2=1$ 时 R 取最大值;

(2)当 $x_1=0.75,x_2=1.25$ 时 R 取条件 $x_1+x_2=2$ 下的最大值.

24. $y=0.378\ 45x+1.253\ 1$.

25. $m=78.448\mathrm{e}^{-0.104\ 43t}$(提示:设 $m=a\mathrm{e}^{bt}$.)

26. $y=-0.025\ 746x^2+0.688\ 29x+6.250\ 7$(提示:设 $y=ax^2+bx+c$.)

§8　空间曲线和曲面的几何特征

1. (1)5;　(2)$\dfrac{3\sqrt{3}}{4}$.

3. 曲率:$\dfrac{3}{25|\sin t\cos t|}$;　挠率:$\dfrac{4}{25\sin t\cos t}$.

4. 曲率:$\dfrac{1}{3(1+t^2)^2}$;　挠率:$\dfrac{1}{3(1+t^2)^2}$.

5. 提示:证明该曲线的挠率为 0.

6. $\mathrm{I}=\sec^2\alpha\mathrm{d}r^2-b\tan\alpha\mathrm{d}r\mathrm{d}\theta+(r^2+b^2)\mathrm{d}\theta^2$,　$\mathrm{II}=\dfrac{1}{\sqrt{r^2\sec^2\alpha+b^2}}(-b\mathrm{d}r\mathrm{d}\theta-r^2\tan\alpha\mathrm{d}\theta^2)$.

7. sinh1.

8. $\mathrm{I}=\mathrm{d}u^2+\mathrm{d}v^2$,　$\mathrm{II}=-\dfrac{1}{a}\mathrm{d}u^2$,　$\kappa_n=-\dfrac{\mathrm{d}u^2}{a(\mathrm{d}u^2+\mathrm{d}v^2)}$.

9. $H=\dfrac{f'(1+f'^2)+uf''}{2u(1+f'^2)^{\frac{3}{2}}}$,　$K=\dfrac{f'f''}{u(1+f'^2)^2}$.

第八章　多元函数积分学

§1　重积分的概念及其性质

1. $\dfrac{2}{3}\pi r^3$.

3. $\iiint\limits_D\sin^2(x+2y+3z)\mathrm{d}\sigma<\iiint\limits_D(x+2y+3z)^2\mathrm{d}\sigma$.

4. (1)$\dfrac{\sqrt{2}}{4}\pi^2\leqslant I\leqslant\dfrac{1}{2}\pi^2$;　(2)$\dfrac{8}{\ln 2}\leqslant I\leqslant\dfrac{16}{\ln 2}$;　(3)$\dfrac{\pi}{4}\leqslant I\leqslant\dfrac{\pi}{4}\mathrm{e}^{\frac{1}{4}}$.

5. $\dfrac{4\pi}{3}f(a,b,c)$.

§2　二重积分的计算

1. (1)$\dfrac{\mathrm{e}}{2}-1$;　(2)$\ln 2$;　(3)$\dfrac{32}{21}$;　(4)$\dfrac{4}{5}$;　(5)-2;　(6)$\dfrac{\pi}{2}$.

2. (1) $\int_0^{\ln 2}\mathrm{d}y\int_{e^y}^{2}f(x,y)\,\mathrm{d}x$； (2) $\int_0^1\mathrm{d}x\int_{\frac{x^2}{2}}^{x^2}f(x,y)\,\mathrm{d}y+\int_1^{\sqrt{2}}\mathrm{d}x\int_{\frac{x^2}{2}}^{1}f(x,y)\,\mathrm{d}y$；

(3) $\int_0^1\mathrm{d}x\int_0^{\sqrt{x}}f(x,y)\,\mathrm{d}y+\int_1^2\mathrm{d}x\int_0^{2-x}f(x,y)\,\mathrm{d}y$； (4) $\int_0^1\mathrm{d}x\int_{\sqrt{x}}^{2-x^2}f(x,y)\,\mathrm{d}y$；

3. $\frac{88}{105}$.

4. $\frac{1}{24}(b^2-a^2)$.

5. $\frac{28}{3}\ln 3$.

6. (1) $-6\pi^2$； (2) $\frac{45}{2}\pi$； (3) $\frac{2\pi}{15}+\frac{512}{75}-\frac{98\sqrt{3}}{25}$； (4) $\frac{\pi}{2}$.

7. $\frac{3}{4}\pi+\frac{5}{6}$.

8. $\frac{ab\pi}{2}$.

9. $\frac{a^2b^2}{4c^2}$.

10. (1) $\frac{\pi}{6}$； (2) $e-\frac{1}{e}$； (3) $\frac{(\pi^2-8)a^2}{16}$.

11. 提示：交换积分次序 .

12. 提示：注意 $\iint\limits_{[a,b]\times[a,b]}\frac{1}{f(y)}\mathrm{d}x\mathrm{d}y=\iint\limits_{[a,b]\times[a,b]}\frac{1}{f(x)}\mathrm{d}x\mathrm{d}y$.

13. 提示：注意 $\iint\limits_D[\sin(x^2)+\cos(y^2)]\,\mathrm{d}x\mathrm{d}y=\iint\limits_D[\sin(x^2)+\cos(x^2)]\,\mathrm{d}x\mathrm{d}y$.

14. 提示：对二重积分 $\iint\limits_{|x|+|y|\le 1}f(x+y)\,\mathrm{d}x\mathrm{d}y$ 作变量代换 $u=x+y,v=x-y$.

*15. (1) $\frac{1}{3}$； (2) $\ln\frac{2e}{1+e}$.

*16. $\frac{2}{y}\ln(1+y^2)$.

*17. (1) $\pi\ln\frac{\alpha+\sqrt{\alpha^2-1}}{2}$；(2) 0.

*18. 提示：利用积分号下求导定理直接验证 .

§3 三重积分的计算及应用

1. (1) $\frac{1}{364}$； (2) $\frac{1}{80}$； (3) $\frac{\pi}{4}-\frac{1}{2}$； (4) 0.

2. (1) $\pi^3-4\pi$； (2) $\left(\frac{1}{3}H^3+R^2H\right)\pi$； (3) $\left(0,0,\frac{2}{3}\right)$.

3. (1) $\frac{324}{5}\pi$； (2) 0； (3) $\frac{2}{5}\pi$.

4. (1) $\frac{\pi}{16}(e^{16}-e)$； (2) $\left(\ln 2-\frac{(\ln 2)^2}{4}-\frac{1}{2}\right)\pi$； (3) 0； (4) $\frac{\pi}{10}$.

5. (1) $\frac{9}{4}e(e^3-1)$； (2) $\frac{1}{4}\pi^2abc$.

6. 取球心为原点，半球底面所在平面为 Oxy 平面，z 轴铅直向上，则质心为$\left(0,0,\dfrac{8}{15}a\right)$.

7. 提示：$I_x=\dfrac{1}{2}\pi HR^4\rho+\dfrac{2}{3}\pi H^3R^2\rho, I_z=\pi HR^4\rho$，其中 ρ 是密度.

8. (1)$\left(0,0,\dfrac{3}{2}\right)$； (2)$\dfrac{3}{10}M$； (3)$\dfrac{11}{20}M$； (4)$\left(0,0,6\left(1-\dfrac{2\sqrt{5}}{5}\right)GmM\right)$.

§4 反常重积分

1. (1)$p<1$ 收敛，$p\geqslant 1$ 发散； (2)$p<\dfrac{3}{2}$收敛，$p\geqslant\dfrac{3}{2}$发散.

2. (1)$\dfrac{1}{(q-1)(p-q)}$； (2)$\dfrac{ab\pi}{\mathrm{e}}$； (3)$\pi^{\frac{3}{2}}$.

3. 收敛，且 $I=\pi^2$.

4. 提示：注意 $\displaystyle\iint\limits_{0\leqslant y\leqslant x\leqslant a}\frac{f(y)}{\sqrt{(a-x)(x-y)}}\mathrm{d}x\mathrm{d}y=\int_0^a\mathrm{d}y\int_y^a\frac{f(y)}{\sqrt{(a-x)(x-y)}}\mathrm{d}x$，再利用 $\displaystyle\int\frac{\mathrm{d}x}{\sqrt{(b-x)(x-a)}}=\arcsin\frac{2x-a-b}{b-a}+c$（作变换 $x-\dfrac{a+b}{2}=t$ 计算）.

§5 两类曲线积分

1. (1)$2\pi R^{2n+1}$； (2)$2a^2$； (3)$2a^2$； (4)$a^{\frac{7}{3}}$； (5)$\dfrac{16\sqrt{2}}{143}$； (6)$\dfrac{2\sqrt{2}}{3}a^3$.

2. $\dfrac{56}{3}$.

3. $\left(\dfrac{4a}{3},\dfrac{4a}{3}\right)$.

4. (1)$-\dfrac{4}{3}ab^2$； (2)$\dfrac{22}{21}$； (3)$\dfrac{1}{35}$； (4)-2π； (5)$\dfrac{1}{3}k^3\pi^3-a^2\pi$； (6)$\dfrac{1}{2}$.

5. $\dfrac{1}{2}k(a^2-b^2)$ （k 为比例系数）.

6. $-k\dfrac{\sqrt{a^2+b^2+c^2}}{|c|}\ln 2$ （k 为比例系数）.

7. $\displaystyle\int_L\frac{P+2tQ+3t^2R}{\sqrt{1+4t^2+9t^4}}\mathrm{d}s$.

§6 第一类曲面积分

1. (1)$\dfrac{2\pi\left[(1+a^4)^{\frac{3}{2}}-1\right]}{3a^2}$； (2)$\dfrac{4}{3}\left(\dfrac{5}{3}-\dfrac{\pi}{4}\right)a^2$； (3)$4\pi^2ab$.

2. (1)$2\pi R\ln\dfrac{R}{h}$； (2)$-\pi R^3$； (3)$\dfrac{\pi}{2}(1+\sqrt{2})$； (4)$\dfrac{64\sqrt{2}}{15}a^4$； (5)$2\pi\arctan\dfrac{H}{a}$； (6)0.

3. $\dfrac{2\pi}{15}(6\sqrt{3}+1)$.

4. $\left(0,0,\dfrac{a}{2}\right)$.

5. $\dfrac{3\pi}{2}+\sqrt{2}\pi$.

§7 第二类曲面积分

1. (1) $\iint\limits_{\Sigma}\left(\dfrac{3}{5}P(x,y,z)+\dfrac{2}{5}Q(x,y,z)+\dfrac{2\sqrt{3}}{5}R(x,y,z)\right)\mathrm{d}S$；

(2) $\iint\limits_{\Sigma}\dfrac{2xP(x,y,z)+2yQ(x,y,z)+R(x,y,z)}{\sqrt{1+4x^2+4y^2}}\mathrm{d}S$.

2. (1) 3； (2) 0； (3) $2\pi e^2$； (4) $\dfrac{abc^2}{4}\pi$.

3. (1) $\dfrac{11}{6}-\dfrac{5}{3}e$； (2) 128π； (3) 0； (4) $\dfrac{\pi^3}{6}$.

4. $\dfrac{3\pi}{16}$.

5. πh^3.

§8 Green 公式与 Stokes 公式

1. (1) $\dfrac{1}{2}$； (2) 0； (3) $\dfrac{3}{10}$； (4) $\dfrac{1}{5}(1-e^{\pi})$.

2. (1) $\dfrac{1}{6}a^2$； (2) $3\pi a^2$； (3) $\dfrac{2}{3}$.

3. (1) $-\dfrac{7}{6}+\dfrac{1}{2}\sin 1\cos 1$； (2) $\dfrac{2}{3}\pi^3-3(\pi-1)e^{\pi}-\sin 2+2\cos 2-3$.

4. (1) $-\sqrt{3}\pi a^2$； (2) 0； (3) $-2\pi a(a+b)$； (4) $-\dfrac{9}{2}$.

5. 提示：利用 Green 公式可得

$$\oint_C xf(y)\mathrm{d}y-\frac{y}{f(x)}\mathrm{d}x=\iint\limits_D\left[f(y)+\frac{1}{f(x)}\right]\mathrm{d}x\mathrm{d}y.$$

注意 $\iint\limits_D f(y)\mathrm{d}x\mathrm{d}y=\iint\limits_D f(x)\mathrm{d}x\mathrm{d}y$ 便有

$$\oint_C xf(y)\mathrm{d}y-\frac{y}{f(x)}\mathrm{d}x=\iint\limits_D\left[f(x)+\frac{1}{f(x)}\right]\mathrm{d}x\mathrm{d}y\geqslant 2\iint\limits_D\mathrm{d}x\mathrm{d}y.$$

6. 提示：利用 Green 公式可得 $\int_{\partial D}\dfrac{F(xy)}{y}\mathrm{d}y=\iint\limits_D f(xy)\mathrm{d}x\mathrm{d}y$，再对二重积分作变量代换 $u=xy, v=\dfrac{y}{x}$.

§9 旋度和无旋场

1. (1) $(3xz+3x, 3x^2-3yz, -3z-2)$； (2) $(x^2-2zx, y^2-2xy, z^2-2yz)$； (3) $(0,0,0)$.
2. 12π.
3. (1) π； (2) 0.
4. (1) 势函数：$\sin(xy)-\cos z+c$； (2) 势函数：$y^2\cos x+x^2\cos y+c$.
5. (1) 原函数：x^2y+c； (2) 原函数：$x^3y+4x^2y^2+12ye^y-12e^y+c$.
6. (1) $\dfrac{175}{2}$； (2) 48； (3) $6+\dfrac{3\sqrt{3}}{2}$.

§10 Gauss 公式和散度

1. (1)$\frac{384}{5}\pi$； (2)$-\frac{\pi}{2}$； (3)$-\frac{2\pi}{5}a^3b^3c^3$； (4)-32π； (5)$\frac{194}{5}\pi$； (6)$(e^{2a}-1)\pi a^2$.

2. (1)4； (2)36.

3. 提示：

$$\begin{aligned}\mathbf{rot}\boldsymbol{G} &= -Y'_z\boldsymbol{i}+X'_z\boldsymbol{j}+(Y'_x-X'_y)\boldsymbol{k}\\ &= P(x,y,z)\boldsymbol{i}+Q(x,y,z)\boldsymbol{j}+\left[-\int_{z_0}^{z}P'_x(x,y,\xi)\,d\xi-\int_{z_0}^{z}Q'_y(x,y,\xi)\,d\xi+R(x,y,z_0)\right]\boldsymbol{k}.\end{aligned}$$

由于 $\boldsymbol{F}$ 是无源场，所以 $P'_x+Q'_y+R'_z=0$，于是

$$\begin{aligned}\mathbf{rot}\boldsymbol{G} &= P(x,y,z)\boldsymbol{i}+Q(x,y,z)\boldsymbol{j}+\left[\int_{z_0}^{z}R'_z(x,y,\xi)\,d\xi+R(x,y,z_0)\right]\boldsymbol{k}\\ &= P(x,y,z)\boldsymbol{i}+Q(x,y,z)\boldsymbol{j}+R(x,y,z)\boldsymbol{k}=\boldsymbol{F}.\end{aligned}$$

4. $4abc\pi$.

5. 提示：用反证法．若在某点 M 处有$\frac{\partial P}{\partial x}+\frac{\partial Q}{\partial y}+\frac{\partial R}{\partial z}=K\neq 0$，不妨设 $K>0$，则有 M 的某个邻域 $O(M,r)$，在其上成立$\frac{\partial P}{\partial x}+\frac{\partial Q}{\partial y}+\frac{\partial R}{\partial z}>\frac{K}{2}>0$. 于是由 Gauss 公式得

$$\begin{aligned}\iint\limits_{\partial O(M,r)}P\,dydz+Q\,dzdx+R\,dxdy &= \iiint\limits_{O(M,r)}\left(\frac{\partial P}{\partial x}+\frac{\partial Q}{\partial y}+\frac{\partial R}{\partial z}\right)dxdydz\\ &> \iiint\limits_{O(M,r)}\frac{K}{2}\,dxdydz=\frac{2K}{3}\pi r^3>0.\end{aligned}$$

与已知矛盾．

6. $f(r)=\frac{C}{r^3}$，C 为任意常数．

7. 提示：按定义直接计算．

8. 提示：按定义直接计算．

第九章　级　数

§1 数项级数

1. (1)发散； (2)收敛，和为$\frac{17}{6}$； (3)收敛，和为 1； (4)收敛，和为 $1-\sqrt{2}$；
(5)收敛，和为$\frac{1}{5}$； (6)发散； (7)收敛，和为$\frac{1}{4}$； (8)收敛，和为$\frac{\pi}{4}$.

2. (1)$\frac{4}{3n(n+1)\sqrt{n^2+n}}$； (2)$\frac{4}{3}$.

4. (1)收敛； (2)发散； (3)收敛； (4)收敛； (5)收敛； (6)收敛；
(7)收敛； (8)收敛； (9)收敛； (10)收敛； (11)收敛； (12)发散；
(13)发散； (14)收敛； (15)收敛； (16)收敛； (17)发散； (18)收敛．

5. 提示：(1)证明级数 $\sum_{n=1}^{\infty}\frac{n^n}{(n!)^2}$ 收敛； (2)证明级数 $\sum_{n=1}^{\infty}\frac{(2n)!}{a^{n!}}$ 收敛．

6. (1)收敛； (2)收敛； (3)发散．

7. 提示：若 $\sum_{n=1}^{\infty}x_n$ 收敛，则当 n 充分大时成立 $x_n^2<x_n$．反之，$\sum_{n=1}^{\infty}x_n^2$ 收敛，不一定能推出 $\sum_{n=1}^{\infty}x_n$ 收敛．例如，$\sum_{n=1}^{\infty}\frac{1}{n^2}$ 收敛，但 $\sum_{n=1}^{\infty}\frac{1}{n}$ 发散．

8. 提示：当 $p>\frac{1}{2}$ 时，利用 $\frac{\sqrt{x_n}}{n^p}\leqslant\frac{1}{2}\left(x_n+\frac{1}{n^{2p}}\right)$．当 $0<p\leqslant\frac{1}{2}$ 时，结论不一定成立．例如，$x_n=\frac{1}{n(\ln n)^{\frac{3}{2}}}$ $(n=2,3,\cdots)$，$\sum_{n=2}^{\infty}x_n$ 收敛，但 $\sum_{n=2}^{\infty}\frac{\sqrt{x_n}}{n^p}$ 发散．

9. 提示：$\{nx_{n+1}\}$ 是单调增加数列．

10. (1)当 $x\neq 0$ 时条件收敛，当 $x=0$ 时绝对收敛； (2)当 $|\sin x|<\frac{1}{\sqrt{2}}$ 时绝对收敛；当 $|\sin x|=\frac{1}{\sqrt{2}}$ 时条件收敛；当 $|\sin x|>\frac{1}{\sqrt{2}}$ 时发散； (3)绝对收敛； (4)发散； (5)条件收敛； (6)条件收敛； (7)发散； (8)条件收敛； (9)条件收敛； (10)当 $|a|<1$ 时绝对收敛；当 $|a|\geqslant 1$ 时发散； (11)当 $|x|<3$ 时绝对收敛；当 $|x|\geqslant 3$ 时发散； (12)当 $|x|<1$ 时绝对收敛，当 $|x|>1$ 时发散．当 $x=1$ 时，$p>1$ 时绝对收敛；$p=1$ 时，若 $q>1$，绝对收敛，若 $q\leqslant 1$，发散；$0<p<1$ 时发散．当 $x=-1$ 时，$p>1$ 时绝对收敛；$p=1$ 时，若 $q>1$，绝对收敛，若 $q\leqslant 1$，条件收敛；$0<p<1$ 时条件收敛．

11. 不一定．例如，级数 $1-\frac{1}{2^2}+\frac{1}{3}-\frac{1}{4^2}+\cdots+\frac{1}{2n-1}-\frac{1}{(2n)^2}+\cdots$ 发散．

12. 不一定，例如，$x_n=\frac{(-1)^{n-1}}{\sqrt{n}}$，$y_n=x_n+\frac{1}{n}$，$\sum_{n=1}^{\infty}x_n$ 收敛，但 $\sum_{n=1}^{\infty}y_n$ 发散．

13. 收敛．提示：$\lim_{n\to\infty}a_n$ 存在．

14. 提示：从 $\lim_{x\to 0}\frac{f(x)}{x}=0$ 可知 $f(0)=0$，$f'(0)=0$. 因此由 Taylor 公式可知 $f\left(\frac{1}{n}\right)\leqslant\frac{M}{2}\frac{1}{n^2}$，其中 $M=\max_{x\in[-1,1]}|f''(x)|$.

15. (1)1； (2)提示：作变换 $\tan x=t$ 得

$$a_n=\int_0^{\frac{\pi}{4}}\tan^n x\mathrm{d}x=\int_0^1\frac{t^n}{1+t^2}\mathrm{d}t<\int_0^1 t^n\mathrm{d}t=\frac{1}{n+1}.$$

§2 幂级数

1. (1)$(-\infty,0)\cup(2,+\infty)$； (2)$(-\infty,0)$； (3)$(-\infty,+\infty)$.

2. (1)收敛半径 $R=1$，收敛域 $[4,6)$；

(2)收敛半径 $R=+\infty$，收敛域 $(-\infty,+\infty)$；

(3)收敛半径 $R=\frac{1}{3}$，收敛域 $\left[-\frac{1}{3},\frac{1}{3}\right)$；

(4)收敛半径 $R=1$，收敛域 $(-2,0]$；

(5)收敛半径 $R=\mathrm{e}$，收敛域 $(-\mathrm{e},\mathrm{e})$；

(6)收敛半径 $R=\sqrt{2}$，收敛域 $[-\sqrt{2},\sqrt{2}]$；

(7)收敛半径 $R=1$，收敛域 $(0,2)$；

(8)收敛半径 $R=\mathrm{e}$,收敛域$(-\mathrm{e},\mathrm{e})$;

(9)收敛半径 $R=\dfrac{1}{a}$,收敛域$\left[-\dfrac{1}{a},\dfrac{1}{a}\right)$;

(10)收敛半径 $R=a$,收敛域$(-a,a)$.

3. (1)$\begin{cases}\dfrac{1}{2x}\ln\dfrac{1+x}{1-x}, & x\in(-1,1)\text{且 }x\neq 0,\\ 1, & x=0;\end{cases}$

(2)$\dfrac{x^2}{(1-x)^2},\quad x\in(-1,1)$;

(3)$\dfrac{1}{(2x-1)(x-1)},\quad x\in\left(-\dfrac{1}{2},\dfrac{1}{2}\right)$;

(4)$\dfrac{x(1-x)}{(1+x)^3},\quad x\in(-1,1)$;

(5)$\dfrac{2x}{(1-x)^3},\quad x\in(-1,1)$;

(6)$\begin{cases}(1+x)\ln(1+x)-x, & x\in(-1,1],\\ 1, & x=-1;\end{cases}$

(7)$\begin{cases}\dfrac{1}{1-x}+\dfrac{\ln(1-x)}{x}, & x\in(-1,1)\text{且 }x\neq 0,\\ 0, & x=0;\end{cases}$

(8)$\dfrac{x^2+2}{(x^2-2)^2},\quad x\in(-\sqrt{2},\sqrt{2})$;

(9)$\begin{cases}-\dfrac{1}{x}\ln\left(1-\dfrac{x}{2}\right), & x\in[-2,2)\text{且 }x\neq 0,\\ \dfrac{1}{2}, & x=0;\end{cases}$

(10)$(1+2x^2)\mathrm{e}^{x^2},\quad x\in(-\infty,+\infty)$.

4. (1)12; (2)$\dfrac{\sqrt{3}}{6}\pi$; (3)$\ln 2$; (4)$-\dfrac{1}{3}\ln 2+\dfrac{\sqrt{3}}{9}\pi$; (5)$\dfrac{11}{27}$;

(6)$\dfrac{5}{8}-\dfrac{3}{4}\ln 2$; (7)$3\mathrm{e}$; (8)$\dfrac{1}{2}(\mathrm{e}^2-1)$.

5. (1)$10+11(x-1)+7(x-1)^2+(x-1)^3,\quad x\in(-\infty,+\infty)$;

(2)$\dfrac{1}{3}\sum\limits_{n=0}^{\infty}\left[1+(-1)^{n+1}\dfrac{1}{2^n}\right]x^n,\quad x\in(-1,1)$;

(3)$x+\sum\limits_{n=2}^{\infty}\dfrac{(-1)^n}{n(n-1)}x^n,\quad x\in[-1,1]$;

(4)$2\ln 2+\sum\limits_{n=1}^{\infty}\dfrac{(-1)^{n+1}}{n\cdot 4^n}(x-4)^n,\quad x\in(0,8]$;

(5)$\mathrm{e}\sum\limits_{n=0}^{\infty}\dfrac{(-1)^n}{n!}(x-1)^{2n},\quad x\in(-\infty,+\infty)$;

(6)$\sum\limits_{n=0}^{\infty}\left(\dfrac{1}{2^{n+1}}-\dfrac{1}{3^{n+1}}\right)(x+4)^n,\quad x\in(-6,-2)$;

(7)$\dfrac{1}{2}\sum\limits_{n=0}^{\infty}\dfrac{(-1)^n}{(2n)!}\left(x-\dfrac{\pi}{6}\right)^{2n}+\dfrac{\sqrt{3}}{2}\sum\limits_{n=0}^{\infty}\dfrac{(-1)^n}{(2n+1)!}\left(x-\dfrac{\pi}{6}\right)^{2n+1},\quad x\in(-\infty,+\infty)$;

(8) $\sum_{n=1}^{\infty}\frac{(-1)^{n-1}}{2n(2n-1)}x^{2n},\quad x\in[-1,1]$;

(9) $\sum_{n=0}^{\infty}\frac{(-1)^{n}}{(2n+1)(2n+1)!}x^{2n+1},\quad x\in(-\infty,+\infty)$;

(10) $x+\sum_{n=1}^{\infty}\frac{(2n-1)!!}{(2n)!!}x^{4n+1},\quad x\in(-1,1)$.

7. (1) 0.494; (2) 0.946; (3) 0.905.

8. $\sum_{n=0}^{\infty}\left(\sum_{k=0}^{n}\frac{1}{k!}\right)x^{n}\quad(x\in(-1,1))$. $f'''(0)=16$.

9. $\sum_{n=0}^{\infty}\binom{-\frac{1}{2}}{n}\frac{1}{2n+1}x^{2n+1}$.

10. $\sum_{n=0}^{\infty}\frac{(n+1)^2}{n!}x^n=(x^2+3x+1)e^x\quad(x\in(-\infty,+\infty))$, $\sum_{n=0}^{\infty}\frac{(n+1)^2}{2^n n!}=\frac{11}{4}\sqrt{e}$.

11. $\frac{\sqrt{2}x^2}{(1-\sqrt{2}x^3)^2},\quad x\in\left(-\frac{1}{\sqrt[6]{2}},\frac{1}{\sqrt[6]{2}}\right)$.

12. 1.

13. $\ln(2+\sqrt{2})-\frac{\sqrt{2}}{2}$.

14. 提示：$u'=w,v'=u,w'=v$，再证明函数 $F=u^3+v^3+w^3-3uvw$ 为常数．

§3 Fourier 级数

1. (1) $\pi^2+1+12\sum_{n=1}^{\infty}\frac{(-1)^n}{n^2}\cos nx$;

(2) $\frac{18\sqrt{3}}{\pi}\sum_{n=1}^{\infty}\frac{(-1)^{n-1}n}{9n^2-1}\sin nx$;

(3) $\frac{b-a}{4}\pi+\frac{2(a-b)}{\pi}\sum_{n=1}^{\infty}\frac{1}{(2n-1)^2}\cos(2n-1)x+(a+b)\sum_{n=1}^{\infty}\frac{(-1)^{n+1}}{n}\sin nx$;

(4) $\frac{2}{\pi}+\frac{4}{\pi}\sum_{n=1}^{\infty}\frac{(-1)^{n+1}n}{4n^2-1}\cos 2nx$.

2. (1) $\frac{2}{\pi}\sum_{n=1}^{\infty}\frac{1-\cos nh}{n}\sin nx$;

(2) $\sum_{n=1}^{\infty}\frac{1}{n}\sin nx$;

(3) $2\sum_{n=1}^{\infty}\frac{1}{n}\left(1-\frac{2}{n\pi}\sin\frac{n\pi}{2}\right)\sin nx$;

(4) $\frac{8}{\pi}\sum_{n=1}^{\infty}\frac{n}{4n^2-1}\sin nx$.

3. (1) $\frac{\pi+2}{2}-\frac{4}{\pi}\sum_{n=1}^{\infty}\frac{1}{(2n-1)^2}\cos(2n-1)x$;

(2) $\frac{\pi^2}{6}-\sum_{n=1}^{\infty}\frac{1}{n^2}\cos 2nx$;

(3) $\frac{1}{\pi}+\frac{1}{2}\cos x+\frac{2}{\pi}\sum_{n=1}^{\infty}\frac{(-1)^{n+1}}{4n^2-1}\cos 2nx$;

(4) $\dfrac{1}{\pi}(e^{\pi}-1)+\dfrac{2}{\pi}\sum\limits_{n=1}^{\infty}\dfrac{(-1)^n e^{\pi}-1}{n^2+1}\cos nx.$

4. (1) $\dfrac{4}{3}\pi^2+4\sum\limits_{n=1}^{\infty}\left(\dfrac{1}{n^2}\cos nx-\dfrac{\pi}{n}\sin nx\right)$;

(2) $-\dfrac{1}{2}+\sum\limits_{n=1}^{\infty}\left\{\dfrac{6[1-(-1)^n]}{n^2\pi^2}\cos\dfrac{n\pi}{3}x+\dfrac{6(-1)^{n+1}}{n\pi}\sin\dfrac{n\pi}{3}x\right\}$;

(3) $\dfrac{C}{2}-\dfrac{2C}{\pi}\sum\limits_{n=1}^{\infty}\dfrac{1}{2n-1}\sin\dfrac{(2n-1)\pi}{T}x$;

(4) $\dfrac{1-e^{-3}}{6}+\sum\limits_{n=1}^{\infty}\left\{\dfrac{3[1-e^{-3}(-1)^n]}{n^2\pi^2+9}\cos n\pi x+\dfrac{[-1+e^{-3}(-1)^n]n\pi}{n^2\pi^2+9}\sin n\pi x\right\}$;

(5) $10\sum\limits_{n=1}^{\infty}\dfrac{(-1)^n}{n\pi}\sin\dfrac{n\pi}{5}x.$

5.

$$-\frac{5}{4\pi}(2-\sqrt{2})-\frac{5}{4\pi}\cos\omega t+\frac{5(7\pi+2)}{8\pi}\sin\omega t$$
$$+\frac{5}{2\pi}\sum_{n=2}^{\infty}\left[\frac{1}{n+1}\cos\frac{(n+1)\pi}{4}-\frac{1}{n-1}\cos\frac{(n-1)\pi}{4}+\frac{2}{n^2-1}\right]\cos n\omega t.$$
$$+\frac{5}{2\pi}\sum_{n=2}^{\infty}\left[\frac{1}{n+1}\sin\frac{(n+1)\pi}{4}-\frac{1}{n-1}\sin\frac{(n-1)\pi}{4}\right]\sin n\omega t.$$

6. $f(x)=\dfrac{1}{\pi}+\dfrac{1}{2}\sin x+\dfrac{2}{\pi}\sum\limits_{n=1}^{\infty}\dfrac{1}{(1-4n^2)}\cos 2nx,\quad x\in[-\pi,\pi]$; $\quad\sum\limits_{n=1}^{\infty}\dfrac{1}{1-4n^2}=-\dfrac{1}{2}.$

7. $f(x)=-\dfrac{8}{\pi^2}\sum\limits_{n=1}^{\infty}\dfrac{1}{(2n-1)^2}\cos\dfrac{(2n-1)\pi}{2}x,\quad x\in[0,2].$

8. $f(x)=\dfrac{1}{4}\sum\limits_{n=1}^{\infty}\dfrac{1+3(-1)^n}{n}\sin nx\,(\pi<x<2\pi)$. 和函数在 $x=10\pi$ 的值为 0, 在 $x=\dfrac{21}{2}\pi$ 的值为 $-\dfrac{\pi}{8}$.

9. 提示: $a_{2n-1}=\dfrac{1}{\pi}\int_{-\pi}^{0}f(x)\cos(2n-1)x\mathrm{d}x+\dfrac{1}{\pi}\int_{0}^{\pi}f(x)\cos(2n-1)x\mathrm{d}x$, 对第二个积分作变换 $x=t+\pi$ 便得 $a_{2n-1}=0$. 其他类似证明.

10. (1) $\tilde{a}_n=a_n\quad(n=0,1,2,\cdots)$, $\quad\tilde{b}_n=-b_n\quad(n=1,2,\cdots)$;

(2) $\tilde{a}_n=a_n\cos nC+b_n\sin nC$, $\quad\tilde{b}_n=b_n\cos nC-a_n\sin nC\quad(n=1,2,\cdots)$;

(3) $\tilde{a}_0=a_0^2$, $\quad\tilde{a}_n=a_n^2-b_n^2$, $\quad\tilde{b}_n=2a_nb_n\quad(n=1,2,\cdots)$.

12. $\dfrac{\pi^4}{96}$.

*§4 函数项级数的一致收敛性

1. (1) (a) 一致收敛; (b) 非一致收敛;

(2) (a) 非一致收敛; (b) 非一致收敛;

(3) 非一致收敛;

(4) 一致收敛.

2. (2) $\lim\limits_{n\to\infty}\int_0^1 S_n(x)\mathrm{d}x=\dfrac{1}{2}$, $\quad\int_0^1\lim\limits_{n\to\infty}S_n(x)\mathrm{d}x=0.$

3. (2) 在 $x=0$ 处等式不成立.

4. 提示:说明 $u_n(x)=n\left(x+\frac{1}{n}\right)^n$ $(n=1,2,\cdots)$ 在 $(-1,1)$ 上不一致收敛于 $u(x)=0$.

5. 提示:$u_n(x)=x^{\alpha}e^{-nx}$ 在 $[0,+\infty)$ 上的最大值为 $\left(\frac{\alpha}{e}\right)^{\alpha}\frac{1}{n^{\alpha}}$.

6. 提示:说明 $\sum\limits_{n=1}^{\infty}\frac{d}{dx}\left(\arctan\frac{x}{n^2}\right)$ 在 $(-\infty,+\infty)$ 上一致收敛.

7. 提示:证明函数项级数 $\sum\limits_{n=1}^{\infty}(u_n(x)-u_{n-1}(x))$ 在 $[a,b]$ 上一致收敛,从而其部分和函数列一致收敛.

§5 Fourier 变换初步

1. (1) $\frac{2a}{a^2+\omega^2}$; (2) $\frac{1}{2+\omega i}$; (3) $\frac{2(\omega^2+2)}{\omega^4+4}$.

2. 提示:(1) 利用

$$\begin{aligned} f(x) &= \frac{1}{2\pi}\int_{-\infty}^{+\infty}d\omega\int_{-\infty}^{+\infty}f(t)e^{i\omega(x-t)}dt \\ &= \frac{1}{2\pi}\int_{-\infty}^{+\infty}d\omega\int_{-\infty}^{+\infty}f(t)[\cos\omega(x-t)+i\sin\omega(x-t)]dt \\ &= \frac{1}{2\pi}\int_{-\infty}^{+\infty}d\omega\int_{-\infty}^{+\infty}f(t)\cos\omega(x-t)dt, \end{aligned}$$

以及 f 是偶函数,则 $\int_{-\infty}^{+\infty}f(t)\sin\omega t dt=0$, $\int_{-\infty}^{+\infty}f(t)\cos\omega t dt=2\int_{0}^{+\infty}f(t)\cos\omega t dt$.

(2) 与 (1) 类似.

3. 提示:先说明 $\int_{0}^{+\infty}\frac{\sin x}{x}dx=\frac{\pi}{2}$.

4. (2) $\varphi(x)=e^{-|x|}$.

5. $\frac{\pi}{2}$.

6. $u(x)=\frac{C}{2\pi}\int_{-\infty}^{+\infty}e^{i\left(\frac{1}{3}\omega^3+\omega x\right)}d\omega$ (C 为任意常数).

第十章 常微分方程

§1 常微分方程的概念

1. (1) 不是; (2) 是; (3) 不是; (4) 是.

§2 一阶常微分方程

1. $y=\ln x-2$.

2. (1) $y=\frac{3}{4}x^{\frac{4}{3}}-x+C$,图略; (2) $y=\frac{3}{4}x^{\frac{4}{3}}-x+\frac{5}{4}$.

3. (1) $\ln y=-\frac{1}{\ln x+C}$(注意:$y=1$ 也是解,但不包含在通解中. 本章答案中将只给出通解);

(2) $\frac{(y+1)^3}{3}+\frac{x^4}{4}=C$； (3) $y[C+a\ln(1-x-a)]=1$；

(4) $\cos x\cos y=C$； (5) $\tan x\tan y=C$； (6) $2^x+2^{-y}=C$； (7) $\arcsin x-\arcsin y=C$；

(8) $(e^x+1)(e^y-1)=C$； (9) $\sec y(1+e^x)=C$； (10) $\cos x+(1+x)e^y=C$.

4. (1) $e^{2x}+2e^{-y}-3=0$； (2) $x^2y=1$； (3) $(1+e^x)\sec y=2\sqrt{2}$； (4) $\cos x\cos y=\frac{\sqrt{2}}{2}$.

5. $Q(t)=Q_0e^{-\frac{\ln 2}{1600-t_0}(t-t_0)}$.

6. $u=\sqrt{\frac{9}{200}t+\frac{1}{25}}$.

7. 提示：解方程$\begin{cases}\frac{dN}{dt}=kN(t),\\ N(0)=N_0\end{cases}$得 $N(t)=N_0e^{kt}$. 从 $N(t_i)=N_0e^{kt_i}(i=1,2)$中消去 k 即可.

8. 1 000ln 2 min.

9. 提示：由 $dp=k(p_{\max}-p)$（k 为比例系数）得 $p=p_{\max}-(p_{\max}-p_0)e^{-k(t-t_0)}$，其中 $p(t_0)=p_0$ 为在 t_0 时的人口数量.

10. 6 389 s.

11. (1) $y+\sqrt{x^2+y^2}=C$； (2) $-\frac{1}{4}\ln\frac{2y^2-2xy+x^2}{x^2}-\ln x+\frac{3}{2}\arctan\frac{2y-x}{x}=C$；

(3) $y^3=x^3+Cx^{\frac{3}{2}}$； (4) $\ln\frac{y}{x}=Cx+1$； (5) $1+\left(\frac{y}{x}\right)^2=(\ln x+C)^2$.

12. (1) $y^2=2x^2(\ln x+2)$； (2) $\frac{x+y}{x^2+y^2}=1$； (3) $-\frac{1}{4}\ln\frac{2y^2-2xy+x^2}{x^2}-\ln x+\frac{3}{2}\arctan\frac{2y-x}{x}=-\frac{3\pi}{8}$.

13. (1) $(y+1)^2-4(y+1)(x-1)-(x-1)^2=C$；

(2) $(4y-3x+1)^2(x+y+2)^5=C$；

(3) $3\ln(x+y+2)-2x-y=C$.

14. $f(x)=\begin{cases}x(1-4\ln x), & 0<x\leqslant 1,\\ 0, & x=0.\end{cases}$

15. (1) 是，通解为 $x^5+\frac{3}{2}x^2y^2-xy^3+\frac{1}{3}y^3=C$；

(2) 是，通解为 $\frac{4}{3}x^3+x^2y+xy^2+\frac{1}{3}y^3=C$；

(3) 是，通解为 $xe^y-y^2=C$；

(4) 是，通解为 $x\sin y+y\cos x=C$；

(5) 是，通解为 $x^3+3x^2y^2+\frac{4}{3}y^3=C$；

(6) 不是.

16. (1) 积分因子：$\frac{1}{y^2}$，通解：$\frac{x}{y}=C$；

(2) 积分因子：$\frac{1}{y^2}$，通解：$\frac{x^2}{2}-\frac{1}{y}-3xy=C$；

(3) 积分因子：$\frac{1}{x^2+y^2}$，通解：$\ln(x^2+y^2)=2x+C$；

(4) 积分因子：$\frac{1}{x^2}$，通解：$\frac{y^2}{x}+\ln x=C$；

(5) 积分因子：$\frac{1}{xy}$，通解：$2\ln x-\frac{3}{2}x^2-\ln y=C$；

(6) 积分因子：$\frac{1}{x^2y^2}$，通解：$-\frac{1}{xy}+\ln\frac{x}{y}=C$.

17. (1) $y=-x+\frac{1}{4}+Ce^{-4x}$； (2) $y=\frac{x^2}{4}-x+1+\frac{C}{x^2}$； (3) $y=(x+C)\cos x$；

(4) $y=-e^{-2x}+Ce^{-x}$； (5) $y=1+Ce^{-x^2}$； (6) $y=\frac{2(x-2)^2}{3}+\frac{C}{x-2}$；

(7) $x=y^3\left(C+\frac{1}{2y}\right)$； (8) $x=\frac{1}{2}\ln y+\frac{C}{\ln y}$； (9) $e^y=\frac{1}{x+1}(C-\cos x)$.

18. (1) $y=\frac{x}{\cos x}$； (2) $y=\frac{-\cos x+\pi-1}{x}$； (3) $y=\frac{1-5e^{\cos x}}{\sin x}$； (4) $y=\frac{1}{2}x^3-\frac{1}{2}x^3e^{x^{-2}-1}$.

19. $\cos^2 y=\sqrt{1+x^2}\,[\ln(1+x^2)+C]$.

20. $y=2e^x-2x-2$.

21. $f(x)=\frac{1}{3\sqrt{x}}+\frac{2}{3}x$.

22. $f(t)=(4\pi t^2+1)e^{4\pi t^2}$.

23. (1) $y=\frac{3x^2}{3C-x^3}$； (2) $\frac{1}{y}=-\frac{1}{3}+Ce^{-\frac{3}{2}x^2}$； (3) $\frac{1}{y^2}=\frac{2}{5}\cos x-\frac{6}{5}\sin x+Ce^{2x}$；

(4) $y^{-3}=-2x-1+Ce^x$； (5) $y=\frac{2}{Cx-x(\ln x)^2}$； (6) $y^2(4x^3+6x^3\ln x-C)+9x^2=0$.

24. $\frac{1}{\sin y}=-\frac{1}{2}(\sin x+\cos x)+Ce^{-x}$.

25. 提示：微分方程的解为 $y=\frac{be^{-cx}}{a-c}+ke^{-ax}\ (a\neq c)$ 或 $y=(bx+k)e^{-ax}\ (a=c)$，其中 k 为常数．

26. 函数 f 满足的微分方程 $y^2=\frac{1}{3}(2xy+x^2y')$，特解：$y=\frac{x}{1+x^3}$.

27.

k	x	y	k	x	y
0	0.5	1.000	3	0.8	1.394
1	0.6	1.123	4	0.9	1.542
2	0.7	1.254	5	1.0	1.698

§3 二阶线性微分方程

1. (1) $y=C_1e^{-3x}+C_2e^{-2x}$； (2) $y=C_1e^{3x}+C_2e^{-3x}$；

(3) $y=C_1\cos 2x+C_2\sin 2x$； (4) $y=(C_1+C_2x)e^{\frac{5}{2}x}$；

(5) $y=(C_1+C_2x)e^{3x}$； (6) $y=C_1e^{-4x}+C_2$；

(7) $y=C_1+C_2e^{3x}+C_3e^{2x}$；

(8) $y=C_1\cos\sqrt[4]{ax}+C_2\sin\sqrt[4]{ax}+C_3e^{\sqrt[4]{ax}}+C_4e^{-\sqrt[4]{ax}}$；

(9) $y=(C_1+C_2x)\sin x+(C_3+C_4x)\cos x$;

(10) $y=C_1+C_2x+(C_3+C_4x)e^x$.

2. (1) $y=\frac{1}{2}\sin 2x$;

(2) $y=\frac{7}{6}e^{3x}+\frac{5}{6}e^{-3x}$;

(3) $y=-\left(\cos\frac{\sqrt{3}}{2}x+\frac{\sqrt{3}}{3}\sin\frac{\sqrt{3}}{2}x\right)e^{-\frac{x}{2}}$;

(4) $y=2e^{2x}-4xe^{2x}$;

(5) $y=\frac{29}{7}e^{x}+\frac{6}{7}e^{-6x}$;

(6) $y=-\frac{1}{2}+\frac{1}{2}e^{2x}$.

3. $y=x^3+C_1x^2+C_2x$.（提示：设方程的特解为 $u(x)x$.）

4. $y=C_1e^x+C_2(1+2x)$.（提示：设方程的特解为 $u(x)e^x$.）

5. (1) $y=\frac{41}{216}x+\frac{7}{72}x^2+\frac{5}{36}x^3+\frac{1}{24}x^4+C_1+C_2e^{2x}+C_3e^{3x}$;

(2) $y=-\frac{1}{6}x^2-\frac{1}{9}x+C_1+C_2e^{-3x}$;

(3) $y=C_1e^{3x}+C_2e^{-3x}+\left(\frac{1}{18}x^2-\frac{1}{36}x+\frac{19}{108}\right)xe^{3x}$;

(4) $y=\frac{1}{16}x\cos 2x+\frac{1}{8}x^2\sin 2x+C_1\cos 2x+C_2\sin 2x$;

(5) $y=\left(\frac{22}{125}+\frac{4}{25}x\right)e^x\cos x+\left(\frac{4}{125}+\frac{3}{25}x\right)e^x\sin x+(C_1+C_2x)e^{3x}$;

(6) $y=\left(\frac{1}{13}x-\frac{29}{338}\right)\cos x-\left(\frac{3}{26}x+\frac{1}{169}\right)\sin x+C_1e^{5x}+C_2e^{-x}$;

(7) $y=\left(-\frac{51}{250}-\frac{2}{25}x+\frac{1}{10}x^2\right)\cos x+\left(-\frac{19}{250}-\frac{1}{5}x+\frac{1}{10}x^2\right)\sin x+C_1e^{-2x}+C_2e^{-3x}$;

(8) $y=-\frac{1}{3}\cos 2x+\frac{1}{2}e^x+C_1\sin x+C_2\cos x$;

(9) $y=-\frac{4}{25}x\cos 2x+\left(\frac{11}{125}-\frac{1}{10}x^2\right)\sin 2x+C_1e^x+C_2e^{-x}$;

(10) $y=\frac{1}{50}-\frac{9}{3\,362}\cos 2x+\frac{20}{1\,681}\sin 2x+(C_1+C_2x)e^{\frac{5}{2}x}$.

6. (1) $y=-\frac{29}{81}+\frac{29}{81}e^{3x}-\frac{2}{27}x-\frac{1}{9}x^2-\frac{1}{9}x^3$;

(2) $y=-\frac{343}{648}e^{3x}-\frac{305}{648}e^{-3x}+\left(\frac{1}{18}x^2-\frac{1}{36}x+\frac{19}{108}\right)xe^{3x}$;

(3) $y=\frac{2\sqrt{3}}{3}e^{-\frac{1}{2}x}\sin\frac{\sqrt{3}}{2}x+(2-x)\cos x+\sin x$;

(4) $y=\left(\frac{22}{125}+\frac{4}{25}x\right)e^x\cos x+\left(\frac{4}{125}+\frac{3}{25}x\right)e^x\sin x+\left(\frac{228}{125}-\frac{146}{25}x\right)e^{3x}$;

(5) $y=e^{-\frac{1}{2}x}\left(\frac{21}{13}\cos\frac{\sqrt{3}}{2}x+\frac{43\sqrt{3}}{39}\sin\frac{\sqrt{3}}{2}x\right)+\frac{1}{2}+\frac{1}{13}\sin 2x-\frac{3}{26}\cos 2x$.

7. $\frac{d^2\theta}{dt^2}+\frac{g}{l}\theta=0.$

8. $\lambda=\left(k+\frac{1}{2}\right)^2,\quad k=0,1,2,\cdots.$

9. $f(x)=\frac{1}{2}xe^x+\frac{3}{4}e^x+\frac{1}{4}e^{-x}.$

10. $f(x)=\frac{3}{2}x^2-4e^{-x}-3x+4,\quad u(x,y)=\left[\frac{3}{2}x^2+3x+4e^{-x}-2\right]y+C.$

11. $y=\begin{cases}-e^x, & x\leqslant 0,\\ \left(\frac{1}{3}x-1\right)e^x, & x>0.\end{cases}$

12. (1) $y=C_1e^x+C_2xe^x-xe^x+xe^x\ln x$;

(2) $y=C_1\sin x+C_2\cos x+\sin x\ln\sin x-x\cos x$;

(3) $y=x\sin x+\cos x\ln(\cos x)+C_1\cos x+C_2\sin x.$

13. 提示：利用常数变易法.

14. (1) $y=C_1x\cos(\ln x)+C_2x\sin(\ln x)$;

(2) $y=C_1x+C_2x^2+C_3x\ln x$;

(3) $y=C_1x^n+C_2x^{-(n+1)}$;

(4) $y=C_1\cos\ln(x+1)+C_2\sin\ln(x+1)$;

(5) $y=\frac{1}{2}x^2\ln x-x^2+3x\ln x+C_1x+C_2x\cos(\ln x)+C_3x\sin(\ln x)$;

(6) $y=\frac{1}{2}(\ln x)^2+\frac{1}{2}\ln x+\frac{1}{4}+C_1x+C_2x^2.$

§4 可降阶的高阶微分方程

1. (1) $y=\frac{1}{2}x^2(\ln x-2)+\frac{1}{4}\cos^2x+C_1x+C_2$;

(2) $y=(x-3)e^x+C_1x^2+C_2x+C_3$;

(3) $y=C_1+C_2\ln x$;

(4) $C_1y+\sqrt{1+(C_1y)^2}=C_2e^{\pm C_1x}$;

(5) $(2\sqrt{y}-C_1)\sqrt{4\sqrt{y}+C_1}=\pm 6x+C_2$;

(6) $\sin(y+C_1)=C_2e^x$;

(7) $\begin{cases}x=t^4+5t,\\ y=\frac{16}{45}t^9+\frac{7}{3}t^6+C_1t^4+\frac{25}{6}t^3+5C_1t+C_2;\end{cases}$

(8) $y=\frac{1}{36}x^4+C_1x(\ln x-1)+C_2x+C_3$;

(9) $y=C_1(x^2-\sin^2x)+C_2x+C_3+\frac{x^2}{2}$;

(10) $y^2=C_1x^2+C_2$;

(11) $\ln y+\sqrt{C_1+(\ln y)^2}=C_2e^{\pm x}$;

(12) $y=C_1+C_2x+C_3e^{-4x}$;

(13) $y=C_1e^{-x}+C_2e^{2x}+C_3x+C_4-\frac{3}{8}x^2+\frac{1}{12}x^3-\frac{1}{24}x^4.$

2. (1) $y=xe^x-2e^x+x+2$;

(2) $y=xe^x-3e^x+ex+e$;

(3) $y=-\ln(x+1)$;

(4) $y=\left(\frac{1}{2}x+1\right)^4$;

(5) $y=x+\ln(1+e^{-2x})-\ln 2$;

(6) $y^2=2x-x^2$.

3. $s(t)=s_0-\frac{m}{k}\ln 2+\sqrt{\frac{mg}{k}}t+\frac{m}{k}\ln\left(e^{-2\sqrt{\frac{kg}{m}}t}+1\right)$,其中 k 为空气阻力与物体下落速度的平方之间的比例系数,s_0 是物体静止时的高度.

4. $y^3=\frac{1}{2}\left(3x+\frac{1}{2}\right)^2$.

5. $y=e^x$.

§5 微分方程的幂级数解法

1. (1) $y=-1+Cx^3$;

(2) $y=Ce^x(x-3)^3$. 提示:设 $y=(x-3)^r\sum\limits_{n=0}^{\infty}c_n(x-3)^n$;

(3) $y=C_1x^{m+1}\left(1+\frac{1}{m+2}x+\sum\limits_{n=2}^{\infty}\frac{1}{(m+2)(m+3)\cdots(m+n+1)}x^n\right)+C_2e^x$.

2. (1) $y=1+\sum\limits_{n=0}^{\infty}\frac{(-1)^n}{(2n+1)n!}x^{2n+1}$; (2) $y=x$.

§6 一阶线性微分方程组

1. (1) $\begin{cases}y_1=e^{-4x}[C_1(\cos x-\sin x)-C_2(\sin x+\cos x)],\\ y_2=2e^{-4x}(C_1\sin x+C_2\cos x);\end{cases}$

(2) $\begin{cases}y_1=C_1e^{2(\sqrt{3}-1)x}+C_2e^{-2(\sqrt{3}+1)x},\\ y_2=(2\sqrt{3}-3)C_1e^{2(\sqrt{3}-1)x}+(-2\sqrt{3}-3)C_2e^{-2(\sqrt{3}+1)x};\end{cases}$

(3) $\begin{cases}y_1=2e^{2x}(C_1\sin 2x-C_2\cos 2x),\\ y_2=e^{2x}(C_1\cos 2x+C_2\sin 2x);\end{cases}$

(4) $\begin{cases}y_1=-e^x[C_1+C_2(x+1)+2C_3],\\ y_2=e^x(C_1+C_2x),\\ y_3=C_3e^x;\end{cases}$

(5) $\begin{cases}y_1=C_1e^x+C_2e^{-2x},\\ y_2=C_1e^x+(C_3-C_2)e^{-2x},\\ y_3=C_1e^x-C_3e^{-2x};\end{cases}$

2. (1) $\begin{cases}y_1=C_1e^{-4x}+C_2(1+x)e^{-4x}-\frac{1}{36}e^{2x}+\frac{4}{25}e^x,\\ y_2=-C_1e^{-4x}-C_2(2+x)e^{-4x}+\frac{7}{36}e^{2x}+\frac{1}{25}e^x;\end{cases}$

(2) $\begin{cases} y_1 = C_1e^x + C_2e^{-x} - \dfrac{1}{4}(1-2x)e^x - \dfrac{1}{4}(2x+1)e^{-x}, \\ y_2 = C_1e^x - C_2e^{-x} + \dfrac{1}{4}(1+2x)e^x + \dfrac{1}{4}(2x-1)e^{-x}; \end{cases}$

(3) $\begin{cases} y_1 = e^{-4x}[C_1(\sin x - \cos x) - C_2(\sin x + \cos x)] + \dfrac{29}{26}e^x - \dfrac{93}{17}, \\ y_2 = e^{-4x}(2C_1\sin x + 2C_2\cos x) + \dfrac{4}{13}e^x + \dfrac{6}{17}; \end{cases}$

(4) $\begin{cases} y_1 = \left(C_1 - C_2x + \dfrac{1}{2}C_3x^2\right)e^{-x} + x^2 - 3x + 3, \\ y_2 = (C_2 - C_3x)e^{-x} + x, \\ y_3 = C_3e^{-x} + x - 1. \end{cases}$

(5) $\begin{cases} y_1 = 3 + C_1\cos x + C_2\sin x, \\ y_2 = -C_1\sin x + C_2\cos x; \end{cases}$

(6) $\begin{cases} y_1 = C_1e^{-5x} + C_2e^{-\frac{1}{3}x} + \dfrac{8\sin x + \cos x}{65}, \\ y_2 = -\dfrac{4}{3}C_1e^{-5x} + C_2e^{-\frac{1}{3}x} + \dfrac{61\sin x - 33\cos x}{130}. \end{cases}$

3. $\begin{cases} y_1 = 2\cos x - 4\sin x - \dfrac{1}{2}e^x, \\ y_2 = 14\sin x - 2\cos x + 2e^x. \end{cases}$

4. $\begin{cases} y_1 = 4\cos x + 3\sin x - 2e^{-2x} - 2e^{-x}\sin x, \\ y_2 = \sin x - 2\cos x + 2e^{-x}\cos x. \end{cases}$

5. (1) $\begin{cases} y_1 = -C_1x^{-2} + 3C_2x^2, \\ y_2 = C_1x^{-2} + C_2x^2; \end{cases}$

(2) $\begin{cases} y_1 = C_1x^2 + C_2x^{-1} + C_3x, \\ y_2 = -C_1x^2 + 2C_2x^{-1} + C_3x, \\ y_3 = 3C_1x^2 + C_2x^{-1} + 2C_3x. \end{cases}$

第十一章　概　率　论

§1　概　　率

1. (1)$A_1A_2A_3A_4$； (2)$A_1+A_2+A_3+A_4$； (3)$A_1A_2\overline{A}_3\overline{A}_4+A_1\overline{A}_2\overline{A}_3A_4+\overline{A}_1A_2\overline{A}_3A_4+\overline{A}_1A_2A_3\overline{A}_4+A_1\overline{A}_2A_3\overline{A}_4+\overline{A}_1\overline{A}_2A_3A_4$；

(4) $\overline{A}_1+\overline{A}_2+\overline{A}_3+\overline{A}_4$. (5) $\overline{A}_1\overline{A}_2\overline{A}_3\overline{A}_4$； (6)$\overline{A}_1A_2A_3A_4+A_1\overline{A}_2A_3A_4+A_1A_2\overline{A}_3A_4+A_1A_2A_3\overline{A}_4$.

2. (4)成立. 3. $\dfrac{8}{15}$.

4. 前两个邮筒没有信的概率:0.25. 第一个邮筒只有一封信的概率:0.375.

5. $\dfrac{19}{36}$. 6. $\dfrac{1}{1\ 260}$.

7. $\dfrac{C_M^k C_{N-M}^{n-k}}{C_N^n}$.　8. 0.066 973.　9. 0.006 383 5.

10. 0.891.　11. $\dfrac{41}{81}$.　12. 0.5.

13. $\dfrac{k^m-(k-1)^m}{n^m}$.　14. $\dfrac{\sqrt{3}}{2}$.　15. $\dfrac{1}{4}$.

16. (1)0.68;　(2)0.597;　(3)0.593.

17. 0.121.　18. $\dfrac{2l}{\pi a}$.　19. 0.3.

20. $P(\overline{A}B)=\dfrac{3}{20}, P(A\overline{B})=\dfrac{2}{5}$.　21. 0.282 06.

22. 提示:不妨设 $P(A)\leqslant P(B)$,则

$$P(AB)-P(A)P(B)\leqslant P(B)-P(A)P(B)\leqslant P(A)[1-P(A)],$$

再利用不等式 $x(1-x)\leqslant\dfrac{1}{4}(x\in\mathbf{R})$便得结论.

23. $\dfrac{5}{8}$.

§2　条件概率与事件的独立性

1. $\dfrac{5}{13}$.　2. 0.973.　3. 0.9.　4. 0.428 571.

5. 次品的概率:$\dfrac{2}{25}$. 甲厂产品的概率:$\dfrac{5}{8}$.

6. $\dfrac{5}{12}$.　7. 0.455 207.　8. 11.

9. 工作正常:0.665. 发生故障:0.335.

10. 0.900 9.　11. $\dfrac{1}{3}$.　12. 0.825.　13. $\dfrac{1}{3}$.

14. 灯亮的概率:0.812 5.　a 与 b 同时关闭的概率:0.307 7.

15. $\dfrac{mp}{1+(m-1)p}$.　16. 0.737 28.

17. 三局两胜制:0.648. 五局三胜制:0.683. 九局五胜制:0.733. 比赛盘数越多,对强手越有利.

18. 0.901.　19. (1)$\dfrac{448}{475}$;　(2)$\dfrac{95}{112}$.

20. (1)$\dfrac{2^{2r}C_n^{2r}}{C_{2n}^{2r}}$;　(2)$\dfrac{2^{2r-4}C_n^2C_{n-2}^{2r-4}}{C_{2n}^{2r}}$;　(3)$\dfrac{C_n^r}{C_{2n}^{2r}}$.

§3　一维随机变量

1. ξ 的分布律:

ξ	0	1	2	3	4
P	$\dfrac{C_5^0C_5^4}{C_{10}^4}$	$\dfrac{C_5^1C_5^3}{C_{10}^4}$	$\dfrac{C_5^2C_5^2}{C_{10}^4}$	$\dfrac{C_5^3C_5^1}{C_{10}^4}$	$\dfrac{C_5^4C_5^0}{C_{10}^4}$

2. $P(\xi=k)=\left(\frac{7}{10}\right)\left(\frac{3}{10}\right)^{k-1}$, $k=1,2,\cdots$.

3. (1) $P(\xi=2)=0.1$;

(2) ξ 的分布律:

ξ	1	2	3
P	0.4	0.1	0.5

ξ 的分布函数: $F(x)=\begin{cases}0, & x<1,\\ 0.4, & 1\leqslant x<2,\\ 0.5, & 2\leqslant x<3,\\ 1, & x\geqslant 3.\end{cases}$

4. $c=\frac{37}{16}$, $P(\xi<1\mid\xi\neq 0)=0.32$.

5. $k=-\frac{1}{2}$, $P(1.5<\xi<2.5)=0.0625$.

6. (1) $A=1$;

(2) $F(x)=\begin{cases}0, & x<-2,\\ \frac{1}{4\pi}\left(2\pi+4\arcsin\frac{x}{2}+x\sqrt{4-x^2}\right), & -2\leqslant x<2,\\ 1, & x\geqslant 2.\end{cases}$ 图略.

7. ξ 的分布律:

ξ	0	1	2	3	4	5	6
P	0.6^6	$C_6^1 0.6^5\cdot 0.4$	$C_6^2 0.6^4 0.4^2$	$C_6^3 0.6^3 0.4^3$	$C_6^4 0.6^2 0.4^4$	$C_6^5 0.6\cdot 0.4^5$	0.4^6

η 的分布律:

η	0	1	2	3	4	5	6
P	0.4	$0.4\cdot 0.6$	$0.4\cdot 0.6^2$	$0.4\cdot 0.6^3$	$0.4\cdot 0.6^4$	$0.4\cdot 0.6^5$	0.6^6

8. $\frac{19}{27}$. 9. 16. 10. 0.888 889. 11. $1-\frac{1}{e^2}$.

12. η 的分布律:

η	0	1	2	3	4	5
P	q^5	$C_5^1 pq^4$	$C_5^2 p^2q^3$	$C_5^3 p^3q^2$	$C_5^4 p^4q$	p^5

其中 $p=e^{-2}$, $q=1-p=1-e^{-2}$.

13. $P(\xi<2.5)=0.99379$, $P(\xi\geqslant -1)=0.841345$, $P(-1.5\leqslant\xi\leqslant 1)=0.774538$.

14. $P(\xi>-1.5)=0.5497375$, $P(\xi<8)=0.987776$, $P(|\xi|<4)=0.667723$.

15. (1) 1.96; (2) 1.96; (3) 2.24.

16. (1) 0.954 5; (2) 0.000 7.

17. 0.682 69. 18. $\sigma\leqslant 227.27$. 19. 0.2. 20. 0.027 2.

21. (1) T 服从参数为 λ 的指数分布; (2) $1-\left(1+3\lambda+\frac{9}{2}\lambda^2\right)e^{-3\lambda}$; (3) $e^{-8\lambda}$.

22. ξ 的分布函数：$F(x)=\begin{cases}0, & x<0,\\ \dfrac{x}{2}, & 0\leqslant x<1,\\ 1, & x\geqslant 1.\end{cases}$ 注意，从分布函数可以看出，随机变量 ξ 既不是连续型的，也不是离散型的.

§4 二维随机变量

1. 联合分布表：

ξ_1	ξ_2		
	0	1	2
0	$\frac{4}{16}$	$\frac{4}{16}$	$\frac{1}{16}$
1	$\frac{4}{16}$	$\frac{2}{16}$	0
2	$\frac{1}{16}$	0	0

关于 ξ_1 的边缘分布律：

ξ_1	0	1	2
P	$\frac{9}{16}$	$\frac{6}{16}$	$\frac{1}{16}$

2. $a=\frac{1}{24},\quad b=\frac{3}{8},\quad c=\frac{1}{12}$ 或 $a=\frac{1}{8},\quad b=\frac{1}{8},\quad c=\frac{1}{4}$.

3. (1) 联合分布表：

ξ	η		
	$-\frac{1}{2}$	1	3
-2	$\frac{1}{8}$	$\frac{1}{16}$	$\frac{1}{16}$
-1	$\frac{1}{6}$	$\frac{1}{12}$	$\frac{1}{12}$
0	$\frac{1}{24}$	$\frac{1}{48}$	$\frac{1}{48}$
$\frac{1}{2}$	$\frac{1}{6}$	$\frac{1}{12}$	$\frac{1}{12}$

(2) $P(\xi+\eta=1)=\frac{1}{12},\quad P(\xi+\eta\neq 0)=\frac{3}{4}$.

4. (1) $A=\frac{1}{\pi^2},\quad B=C=\frac{\pi}{2}$； (2) $\varphi(x,y)=\dfrac{6}{\pi^2(x^2+4)(y^2+9)}$；

(3) $F_\xi(x)=\dfrac{1}{\pi}\left(\dfrac{\pi}{2}+\arctan\dfrac{x}{2}\right),\quad \varphi_\xi(x)=\dfrac{2}{\pi(x^2+4)}$；

$F_\eta(y)=\dfrac{1}{\pi}\left(\dfrac{\pi}{2}+\arctan\dfrac{y}{2}\right)$，　$\varphi_\eta(x)=\dfrac{3}{\pi(y^2+9)}$；

(4)ξ 与 η 相互独立．

5. $\dfrac{\pi}{4}$.

6. (1) $\varphi_\xi(x)=\begin{cases}\dfrac{2}{\pi}\sqrt{1-x^2}, & |x|\leqslant 1,\\ 0, & \text{其他},\end{cases}$　$\varphi_\eta(y)=\begin{cases}\dfrac{2}{\pi}\sqrt{1-y^2}, & |y|\leqslant 1,\\ 0, & \text{其他}.\end{cases}$

(2)ξ 与 η 不相互独立．

7. $c=6$，　$P(\eta>2\xi)=\dfrac{1}{2}$.　8. $\dfrac{65}{72}$.

9. (1)ξ 与 η 相互独立；　(2)$e^{-0.1}$.

10. (1)e^{-2}；　(2)$2e^{-2}$.

11. η 的分布律：

η	-1	0	1
P	$\dfrac{2}{15}$	$\dfrac{1}{3}$	$\dfrac{8}{15}$

12. $\varphi_\eta(y)=\begin{cases}\dfrac{1}{\sqrt{2\pi}\,y}e^{-\frac{(\ln y)^2}{2}}, & y>0,\\ 0, & \text{其他}.\end{cases}$

13. $\varphi_\eta(y)=\begin{cases}\dfrac{4}{\alpha^3 m}\sqrt{\dfrac{2y}{m\pi}}e^{-\frac{2y}{m\alpha^2}}, & y>0,\\ 0, & \text{其他}.\end{cases}$

14. $\varphi_\eta(y)=\dfrac{2e^y}{\pi(1+e^{2y})}, -\infty<y<+\infty$.

15. $\varphi_\eta(y)=\begin{cases}ye^{-y}, & y>0,\\ 0, & \text{其他}.\end{cases}$

16. $\varphi_\eta(y)=\begin{cases}\sqrt{\dfrac{2}{\pi}}e^{-\frac{y^2}{2}}, & y>0,\\ 0, & \text{其他}.\end{cases}$

18. (1)(ξ,η)关于 ξ 的边缘分布：

ξ	0	1	2
P	0.4	0.45	0.15

(2)$\xi+\eta$ 的分布律：

$\xi+\eta$	0	1	2
P	0.1	0.4	0.5

(3)ξ 与 η 不相互独立．

19. 提示：记 $q=1-p$，则

$$P(\xi+\eta=k)=\sum_{i=0}^{k}P(\xi=i,\eta=k-i)=\sum_{i=0}^{k}P(\xi=i)P(\eta=k-i)$$
$$=\sum_{i=0}^{k}C_{n_1}^{i}p^{i}q^{n_1-i}C_{n_2}^{k-i}p^{k-i}q^{n_2+i-k}=\left(\sum_{i=0}^{k}C_{n_1}^{i}C_{n_2}^{k-i}\right)p^{k}q^{n_1+n_2-k}$$

注意到 $\sum_{i=0}^{k}C_{n_1}^{i}C_{n_2}^{k-i}=C_{n_1+n_2}^{k}$，便得 $P(\xi+\eta=k)=C_{n_1+n_2}^{k}p^{k}q^{n_1+n_2-k}$.

20. 提示：

$$P(\xi+\eta=k)=\sum_{i=0}^{k}P(\xi=i,\eta=k-i)=\sum_{i=0}^{k}P(\xi=i)P(\eta=k-i)$$
$$=\sum_{i=0}^{k}\frac{\lambda_1^{i}}{i!}e^{-\lambda_1}\frac{\lambda_2^{k-i}}{(k-i)!}e^{-\lambda_2}=\frac{e^{-(\lambda_1+\lambda_2)}}{k!}\sum_{i=0}^{k}\frac{k!}{i!\ (k-i)!}\lambda_1^{i}\lambda_2^{k-i}$$
$$=\frac{e^{-(\lambda_1+\lambda_2)}}{k!}(\lambda_1+\lambda_2)^{k}.$$

21. $F_{\zeta}(z)=\begin{cases}1-e^{-\frac{z^2}{2\sigma^2}}, & z>0,\\ 0, & 其他,\end{cases}$ $\varphi_{\zeta}(z)=\begin{cases}\dfrac{z}{\sigma^2}e^{-\frac{z^2}{2\sigma^2}}, & z>0,\\ 0, & 其他.\end{cases}$

22. $F_{\xi}(z)=\begin{cases}0, & z<0,\\ \dfrac{a^2-(a-z)^2}{a^2}, & 0\leqslant z<a,\\ 1, & z\geqslant a.\end{cases}$

23. $\varphi_{\zeta}(z)=\begin{cases}\dfrac{1}{2}e^{-\frac{z}{2}}, & z>0,\\ 0, & 其他.\end{cases}$

24. $\varphi_{\mu}(z)=\begin{cases}\dfrac{z^2}{2}e^{-z}, & z\geqslant 0,\\ 0, & 其他.\end{cases}$

25. 0. 000 634.

26. 利用例 11. 4. 10 的结论以及 B 函数与 Γ 函数的关系 .

§5　随机变量的数字特征

1. 种子甲:4 944;种子乙:4 959.

2. $E\xi=2$,　$D\xi=2$.

3. $a=12$,　$b=-12$,　$c=3$.

4. (1) $E\xi=0$,　$D\xi=2$;　(2) $E\xi=\dfrac{67}{44}$,　$D\xi=\dfrac{787}{9\ 680}$;

(3) $E\xi=0$,　$D\xi=\dfrac{\pi^2}{12}-\dfrac{1}{2}$.

5. $E\xi=\dfrac{\pi}{2}-1$,　$D\xi=\pi-3$.

6. 提示：

$$D\xi=E(\xi-E\xi)^2=E[(\xi-c)-E(\xi-c)]^2$$
$$=D(\xi-c)=E(\xi-c)^2-[E(\xi-c)]^2=E(\xi-c)^2-(E\xi-c)^2.$$

7. 提示：

$$D(\xi\eta)-D\xi D\eta=\{E(\xi\eta)^2-[E(\xi\eta)]^2\}-[E\xi^2-(E\xi)^2][E\eta^2-(E\eta)^2]$$
$$=[E\xi^2-(E\xi)^2](E\eta)^2+[E\eta^2-(E\eta)^2](E\xi)^2=D\xi(E\eta)^2+D\eta(E\xi)^2\geqslant 0.$$

8. 数学期望：1；方差：$\frac{1}{3}$.

9. 数学期望：$\frac{3}{10}$；方差：$\frac{351}{1\ 100}$.

10. $300e^{-\frac{1}{4}}-200$.

11. 11.67 min.

12. 3 500.

13. $E(\sin\xi)=0,\quad D(\sin\xi)=\frac{1}{4}$.

14. ζ 的分布律：

ζ	1	2	3
P	$\frac{5}{9}$	$\frac{1}{3}$	$\frac{1}{9}$

数学期望：$E\zeta=\frac{14}{9}$.

15. (1) $c=6$； (2) $P(\xi+\eta\leqslant 1)=\frac{3}{4}$； (3) $EZ=\frac{3}{2},\quad DZ=\frac{3}{20}$.

16. $E(\xi-\eta)=\frac{1}{18},\quad D(\xi-\eta)=\frac{1\ 019}{324}$.

17. 提示：注意 $\max\{\xi,\eta\}=\frac{1}{2}(\xi+\eta+|\xi-\eta|)$，而 $E\xi=E\eta=0$. 由于 $\xi-\eta\sim N(0,2)$，所以

$$E(|\xi-\eta|)=\frac{1}{2\sqrt{\pi}}\int_{-\infty}^{+\infty}|z|e^{-\frac{z^2}{4}}dz=\frac{2}{\sqrt{\pi}},$$

于是 $E(\max\{\xi,\eta\})=\frac{1}{\sqrt{\pi}}$.

18. 提示：

$$P(\xi\geqslant a)=\int_a^{+\infty}\varphi_\xi(x)dx\leqslant\int_a^{+\infty}\frac{e^{\lambda x}}{e^{\lambda a}}\varphi_\xi(x)dx$$
$$=\frac{1}{e^{\lambda a}}\int_a^{+\infty}e^{\lambda x}\varphi_\xi(x)dx\leqslant\frac{1}{e^{\lambda a}}\int_{-\infty}^{+\infty}e^{\lambda x}\varphi_\xi(x)dx=e^{-\lambda a}Ee^{\lambda\xi}.$$

19. (1) $E\xi=\frac{n+1}{2},\quad D\xi=\frac{n^2-1}{12}$. (2) $E\xi=n,\quad D\xi=n(n-1)$.

20. $E\xi=0.8,\quad E\eta=0.6,\quad E(\xi\eta)=0.5,\quad E(\xi^2+\eta^2)=\frac{16}{15}$.

21. (1) $\rho=0$； (2) ξ 与 η 不独立.

22. $\mathrm{Cov}(\xi,\eta)=\begin{cases}n!!, & n\text{ 为奇数},\\ 0, & n\text{ 为偶数},\end{cases}\quad \rho(\xi,\eta)=\begin{cases}\frac{n!!}{\sqrt{(2n-1)!!}}, & n\text{ 为奇数},\\ 0, & n\text{ 为偶数}.\end{cases}$

23. (1) $E\xi=E\eta=\frac{7}{6}$； (2) $D\xi=D\eta=\frac{11}{36}$； (3) $\mathrm{Cov}(\xi,\eta)=-\frac{1}{36},\quad \rho(\xi,\eta)=-\frac{1}{11}$.

24. $E\bar{\xi}=0$, $E\eta=2$, $\mathrm{Cov}(\bar{\xi},\xi_1)=\frac{1}{3}$, $\mathrm{Cov}(\bar{\xi},\eta)=0$.

25. 提示：显然 $E\xi=P(A)$，$E\eta=P(B)$，$E(\xi\eta)=P(AB)$. 因此

$$\mathrm{Cov}(\xi,\eta)=E(\xi\eta)-E(\xi)E(\eta)=P(AB)-P(A)P(B).$$

这就说明，ξ 和 η 不相关等价于 A 与 B 独立，而显然 A 与 B 独立等价于 ξ 和 η 相互独立. 因此，ξ 和 η 相互独立等价于 ξ 和 η 不相关.

26. (1) $E\zeta=\frac{1}{3}$, $D\zeta=3$; (2) $\rho(\xi,\zeta)=0$; (3) ξ 与 ζ 不一定相互独立. 提示：ζ 不一定服从正态分布，因此 (ξ,ζ) 也不一定服从二维正态分布.

27. 提示：证明 $D(\sqrt{\xi})=0$，并利用方差的性质(1).

28. 提示：考虑二次函数 $E(t\xi-\eta)^2=t^2E(\xi^2)-2tE(\xi)E(\eta)+E(\eta^2)$。等式情形利用上题结论.

§6 大数定律和中心极限定理

1. 0.709. 2. 250.

3. 提示：

$$\begin{aligned}E(|\xi|^r) &= \int_{-\infty}^{+\infty}|x|^r\varphi_\xi(x)\,\mathrm{d}x \geqslant \int_{|x|\geqslant\varepsilon}|x|^r\varphi_\xi(x)\,\mathrm{d}x\\ &\geqslant \varepsilon^r\int_{|x|\geqslant\varepsilon}\varphi_\xi(x)\,\mathrm{d}x = \varepsilon^rP(|\xi|\geqslant\varepsilon).\end{aligned}$$

4. 0.000 2. 5. 0.181 4. 6. (1) 0; (2) 0.010 724.

7. 0.5. 8. 321Q W. 9. 643 件. 10. 103 只.

11. 12 655 只. 12. 14 条. 13. 0.179 28.

14. 提示：充分性显然. 必要性：利用

$$\begin{aligned}0\leqslant P(|\xi-E\xi|>0)&=P\left(\bigcup_{n=1}^{\infty}\left\{|\xi-E\xi|\geqslant\frac{1}{n}\right\}\right)\\ &\leqslant\sum_{n=1}^{\infty}P\left(|\xi-E\xi|\geqslant\frac{1}{n}\right)\leqslant\sum_{n=1}^{\infty}\frac{D\xi}{1/n^2}=0,\end{aligned}$$

可得 $P(\xi=E\xi)=1$. 取 $a=E\xi$.

15. 提示：易知 $D(\xi_i^2)=\alpha_4-\alpha_2^2\ (i=1,2,\cdots,n)$. 由中心极限定理知，当 n 充分大时，$\dfrac{\sum\limits_{i=1}^{n}(\xi_i^2-\alpha_2)}{\sqrt{n(\alpha_4-\alpha_2^2)}}$，即 $\dfrac{\eta_n-\alpha_2}{\sqrt{\frac{1}{n}(\alpha_4-\alpha_2^2)}}$ 近似服从标准正态分布，因此 η_n 近似服从正态分布，且近似地有 $\eta_n\sim N\left(\alpha_2,\frac{1}{n}(\alpha_4-\alpha_2^2)\right)$.

第十二章 数理统计

§1 样本与抽样分布

1. $E(\bar{X})=\lambda$, $D(\bar{X})=\frac{\lambda}{n}$.

2. 提示：(1) $\overline{X}_{n+1}=\dfrac{n}{n+1}\overline{X}_n+\dfrac{1}{n+1}X_{n+1}$；

(2) 利用(1)的结论．

3. 提示：利用数学归纳法及上题(1)的结论．

4. 提示：设 $X=Y_1^2+Y_2^2+\cdots+Y_n^2$，其中 $Y_1,Y_2,\cdots,Y_n$ 相互独立，且都服从 $N(0,1)$ 分布．由于 $E(Y_i)=0$，$D(Y_i)=E(Y_i^2)=1(i=1,2,\cdots,n)$，因此

$$E(X)=E(Y_1^2)+E(Y_2^2)+\cdots+E(Y_n^2)=n.$$

利用分部积分法得

$$E(Y_i^4)=\frac{1}{\sqrt{2\pi}}\int_{-\infty}^{+\infty}x^4\mathrm{e}^{-\frac{x^2}{2}}\mathrm{d}x=\frac{3}{\sqrt{2\pi}}\int_{-\infty}^{+\infty}x^2\mathrm{e}^{-\frac{x^2}{2}}\mathrm{d}x=3E(Y_i^2)=3.$$

所以 $E(X^2)=\sum\limits_{i=1}^{n}E(Y_i^4)+\sum\limits_{i\neq j}E(Y_i^2)E(Y_j^2)=3n+n(n-1)=n(n+2)$．于是

$$D(X)=E(X^2)-[E(X)]^2=2n.$$

5. $C=\dfrac{1}{3}$．　6. $P(|\overline{X}-80|>3)=0.133\ 614$.

7. 提示：设 $X=\dfrac{Y}{\sqrt{Z/n}}$，其中 $Y\sim N(0,1)$，$Z\sim\chi^2(n)$，且 Y，Z 相互独立．由于 $Y^2\sim\chi^2(1)$，因此 $X^2=\dfrac{Y^2/1}{Z/n}\sim F(1,n)$.

8. $t(9)$．　9. $F(10,5)$．　10. $t(n-1)$．

11. (1) 约为 0.95；　(2) $P(\min\limits_{1\leqslant i\leqslant 5}\{X_i\}\leqslant 10)\approx 0.578\ 5$，　$P(\max\limits_{1\leqslant i\leqslant 5}\{X_i\}>15)\approx 0.292\ 3$.

§2 参数估计

1. μ 的矩估计量 $\hat{\mu}=\overline{X}=\dfrac{1}{n}\sum\limits_{i=1}^{n}X_i$，　σ^2 的矩估计量 $\hat{\sigma}^2=\dfrac{1}{n}\sum\limits_{i=1}^{n}(X_i-\overline{X})^2$.

2. $\hat{\alpha}=3\overline{X}$.

3. $\hat{\theta}_1=\overline{X}-\sqrt{\dfrac{3(n-1)}{n}}S_n$，　$\hat{\theta}_2=\sqrt{\dfrac{12(n-1)}{n}}S_n$，　其中 $S_n=\sqrt{\dfrac{1}{n-1}\sum\limits_{i=1}^{n}(X_i-\overline{X})^2}$.

4. 矩估计量：$\hat{p}=\dfrac{1}{\overline{X}}$．最大似然估计量：$\hat{p}=\dfrac{1}{\overline{X}}$.

5. 矩估计量：$\hat{\alpha}=\dfrac{2\overline{X}-1}{1-\overline{X}}$．最大似然估计量：$\hat{\alpha}=-\dfrac{n}{\sum\limits_{i=1}^{n}\ln X_i}-1$.

矩估计值：1.33．最大似然估计值：1.55.

6. 矩估计量：$\hat{\sigma}=\sqrt{\dfrac{1}{2n}\sum\limits_{i=1}^{n}X_i^2}$．最大似然估计量：$\hat{\sigma}=\dfrac{1}{n}\sum\limits_{i=1}^{n}|X_i|$.

7. $\hat{\theta}=\sqrt{\dfrac{1}{n}\sum\limits_{i=1}^{n}X_i^2}$．　8. $\dfrac{5}{6}$．　9. 15 000.

10. $\hat{\mu}_2$ 最有效．　11. $k=\dfrac{1}{2(n-1)}$.

12. (1) 提示：X 的概率密度为 $\varphi_X(x)=\begin{cases}1, & \theta\leqslant x\leqslant\theta+1,\\ 0, & 其他,\end{cases}$

$X_{(n)}$的概率密度为 $\varphi_{X_{(n)}}(x)=\begin{cases} n(x-\theta)^{n-1}, & \theta\leqslant x\leqslant\theta+1, \\ 0, & 其他; \end{cases}$

(2)当 $n\geqslant 8$ 时,θ_2 比 θ_1 有效;当 $1<n\leqslant 7$ 时,θ_1 比 θ_2 有效;当 $n=1$ 时,$\theta_1=\theta_2$.

13. (0.99,1.03).

14. (1)(1 498.265 4,1 501.735 5); (2)121.

15. (5.608,6.392).

16. μ 的置信区间:(291.38,307.28). σ^2 的置信区间:(48.817 9,392.71).

17. (-0.002,0.006). 18. (1)(-72.74,29.45); (2)(0.160 8,4.188 4).

§3 假设检验

1. 仍为 5 cm. 2. 合格. 3. 不合格.

4. 不合格. 5. 无显著差异.

6. (1)可以认为方差为 2; (2)可以认为方差小于 3.5.

7. 工作正常. 8. 有显著影响.

9. 可以认为方差相同,但均值不同.

10. 有明显变化. 11. 甲厂产品的重量的方差比乙厂的大.

12. 有显著效果. 13. 硬币不匀称.

14. 这个正二十面体由均匀材料构成.

15. 服从指数分布. 16. 服从正态分布.

§4 一元线性回归分析

1. (1)$y=234.5-2.007t$; (2)(-2.216,-1.798); (3)回归效果显著.

2. (1)$y=10.992+0.147x$; (2)回归效果显著.

3. (1)$y=67.531\,3+0.871\,9t$; (2)回归效果显著; (3)(86.811 3, 91.845 0).

4. $z=100.9\mathrm{e}^{-0.315x}$.

郑重声明

读者意见反馈

为收集对教材的意见建议，进一步完善教材编写并做好服务工作，读者可将对本教材的意见建议通过如下渠道反馈至我社。

咨询电话　400-810-0598

反馈邮箱　hepsci@pub.hep.cn

通信地址　北京市朝阳区惠新东街4号富盛大厦1座
高等教育出版社理科事业部

邮政编码　100029

防伪查询说明

用户购书后刮开封底防伪涂层，使用手机微信等软件扫描二维码，会跳转至防伪查询网页，获得所购图书详细信息。

防伪客服电话　(010) 58582300